Gesamtverzeichnis des deutschsprachigen Schrifttums (GV) 1700 – 1910

Bearbeitet unter der Leitung von
Hilmar Schmuck und Willi Gorzny
Bibliographische und redaktionelle Beratung:
Hans Popst und Rainer Schöller

56

Hap - Hat

K · G · Saur München · New York · London · Paris 1982

CIP-Kurztitelaufnahme der Deutschen Bibliothek

Gesamtverzeichnis des deutschsprachigen Schrifttums :
(GV). – München, New York, London, Paris : Saur.
Bd. 1 – 6 bearb. unter d. Leitung von Peter Geils
u. Willi Gorzny.
ISBN 3-598-30000-X

1700 – 1910 / bearb. unter d. Leitung von Hilmar
Schmuck u. Willi Gorzny. Bibliograph. u. red.
Beratung: Hans Popst u. Rainer Schöller

NE: Schmuck, Hilmar [Bearb.]

56. Hap - Hat. - 1982.

Techn. Realisierung und Druck: Norbert Gärtner, Mainz-Kastel
Binden: Karl Schaumann, Darmstadt
Printed in the Federal Republic of Germany
ISBN 3-598-30000-X (Gesamtwerk)

Hape, politische Blätter. Nr. 1—3. Grünberg 862. Weiß. 8. Jede Nr. 2½ ngr.
Inhalt: 1. Die preußische Verfassung. (18 S.) — 2. Die deutsche Frage. (15 S.) — 3. Die Militairfrage. (20 S.)

Hape, C., Dante-Album, s. **Dante-Album.**

Hape, Ch. F., unsere Zeitrechnung ist noch falsch und wo, wie und warum sie anders behandelt werden muß. Ein Wort an Alle, die mit der Zeitrechnung zu thun haben. 1. Aufl. (15 S.) und 2., verm. Aufl. gr. 8. (24 S.) Schwiebus 852, Wagner'sche Buchh. *

Hape, Ch. F., 36 zweistimmige deutsche Volkslieder f. Schule u. Haus. gr. 16. (31 S.) Schwiebus 849, Wagner in Comm. n. 1 ngr.

Häpe, Gemeinde-Krankenversicherungen u. Orts-Krankenkassen. Eine Auskunftsertheilg. Leipz. 885.

Häpe, F., das Ausstopfen der Raupen. Genaue Beschreibung e. einfachen, kurzen u. höchst billigen Verfahrens, Raupen f. entomolog. Sammlungen haltbar herzustellen. Eine prakt. Zugabe zu jedem Schmetterlingswerke. Mit 2 lith. Taf. gr. 8. (VIII u. 62 S.) Zürich 852, Hanke. n. 12 ngr.

Häpe, Geo., Bemerkgn. zu d. Entwurfe e. Gesetzes üb. d. Verwaltungsrechtspflege. gr. 8. (32 S.) Leipzig 898. Veit & Co. n. — 80

Häpe, Geo., **Gemeinde-Krankenversicherungen u. Orts-Krankenkassen im Bezirke der Stadt Leipzig u. der kgl. Amtshauptmannsch. Leipzig. Eine Auskunftsertheilung f. Arbeitgeber u. Arbeitnehmer. 8. (42 S.) Leipzig 885. Roßberg.** n.n. — 30

— **das Krankenversicherungsrecht nach dem Reichsgesetze vom 15. Juni 1883. gr. 8. (VII, 116 S.) Ebend. 885. n. 3. —; Einbd. n.n. 1. 20**

Häpe, Dr. Geo., Sozialreform und innere Mission. Vortrag, geh. in der Generalversammlung des Landesvereins für innere Mission zu Dresden am 21. April 1885. gr. 8⁰. Leipzig, Lehmann, 1885.

— **Sozialreform u. innere Mission. Vortrag, geh. in der Generalversammlg. d. Landesvereins f. innere Mission zu Dresden am 21. Apr. 1885. gr. 8. (56 S,) Leipzig 885. Fr. Richter.** n. 1. 50

Häpe, G., R. Heinze, L. Ludwig-Wolf, J. Hübschmann, Verfassung u. Verwaltungsorganisation der Städte des Königr. Sachsen, s.: Schriften des Vereins f. Socialpolitik. 120. Hft.

Häpe, Geo., die Zwangsenteignung nach dem im Königr. Sachsen geltenden Recht. gr. 8. (VIII, 124 S.) Leipzig 891. Veit & Co. n. 3. 50

Haepe, Hugo, Fest-Rede, geh. im Musiksaale der königl. Universität zu Breslau am 17. Septbr. 1876 bei Gelegenheit der 25-jährigen Jubelfeier des Gabelsberger Stenographen-Vereins. gr. 8. (24 S.) Breslau 876. Goerlich in Comm. — 30

— die Herberge zur Heimath, s.: **Bibliothek, kleine, f. innere Mission.**

Häpe, Hugo, über den Rechtscharakter u. die Competenz der Stadtverordneten im Königr. Sachsen. Ein Beitrag zum öffentl. Rechte. gr. 8. Leipzig 846, Teubner. n. ⅓ ℛ︎

Häpe, Hugo, d. Stenographie i. d. Schule, s.: **Sammlung** v. Vorträgen a. d. Gebiete d. Stenographie.

Häpe, Hugo, die Stenographie als Unterrichtsgegenstand. Ein Beitrag zur Lösung der Frage: Ob und nach welchem Systeme die Stenographie in Schulen zu lehren sei. Nebst 32 autograph. Taf. Dresden 863. Adler. gr. 8. (XII, 178 S.) n. 1 ℛ︎

Häpe, H., das stenographische Vereinswesen, s.: **Sammlung** v. Vorträgen aus dem Gebiete der Stenographie.

Hapel, Manfred, aus Günthersdorf: **Studien über einige Hydroxylaminderivate.** *Erlangen 1898: E. Th. Jacob.* (36 S.) 8°
Erlangen, Phil. Diss. v. 14. Dez. 1898

HAPF, Konrad: Bemerkungen über Raupenfrass auf der in der Standesherrschaft Muskau in der Oberlausitz gelegenen Forstreviere Mulkwitz, vom Jahre 1819 bis 1827; nebst Beschreibung eines zur Zeit noch nicht ausführlich bekannt gewesenen Insektes, (die Lyda pratensis, Wiesenplattwespe). - Bamberg 1829. 31 S., 1 Abb.

Hapf, K., Bemerkungen üb. Raupenfraß auf d. in d. Standesherrschaft Muskau in d. Oberlausitz geleg. Forstrevier Mulkwitz, v. J. 1819—1827; nebst Beschreib. e., zur Zeit noch nicht als schädl. bekannt gewes. Insektes. Mit e. Nachschr. v. Chr. Fr. Schwägrichen. M. 1 ill. Kpfrt. gr. 8. (2 B.) Bamberg 829, Dresch.
Aus der „Zeitschrift f. d. Forst- u. Jagdwesen v. Meyer u. Behlen" abgedruckt.

Haphtaroth [Urtext in hebräischer Schrift]. gr. 8. (97 S.) Berlin 889. Dümmler's Verlagsh. n. — 25

Hapke, Franz: Aus d. Univ.-Frauenklinik Freiburg i. B. Ueber ein neues diagnostisches Phänomen der Zwillingsschwangerschaft. Mit 2 Abb. im Text. Emmendingen: Dölter 1910. 73 S. 8°
Freiburg i. B., Med. Diss. v. 1910, Ref. Krönig
[Geb. 20. Mai 81 Hameln; Wohnort: Freiburg i. B.; Staatsangeh.: Preußen; Vorbildung: Realgymn. Goslar Reife O. 03; Studium: München 1, Bonn 5, Kiel 1, Würzburg 2, Berlin 1, Würzburg 1, Freiburg i. B. 3 S.; Coll. 22. Juli 10.] [U 11. 1073

Hapke, Karl, Karlmanns Bubenstreiche, s.: Sinnhold, Karl.

Hapke, *Johann Friedrich Wilhelm Ludwig*: Das Mikroskop in der Realschule. 4 (S. 3—12). Rsch. in d. Altstadt *Bremen* 1899 (773).
Progr.

Hapke, Theodor [app. Arzt aus Wollershausen]: Ueber die Bestimmung der Herzresistenz bei Kindern ... Göttingen, Druck d. Dieterich'schen Univ.-Buchdr., 1893; 42 S., 1 Bl., 1 Tab. 8.
Göttingen, Med. Fak., Inaug.-Diss. v. [17. Mai] 1893

Hapke, Thdr., üb. die Bestimmung der Herzresistenz bei Kindern. Diss. gr. 8. (42 S. m. 1 Tab.) Göttingen 893. (Vandenhoeck & Ruprecht.) n. 1. —

Häpke, ichthyologische Beiträge: Fische und Fischerei im Wesergebiete, — Beiträge zur Kenntniss der Meteoriten, } s. **Abhandlungen**, hrsg. vom naturwissenschaftl. Verein zu Bremen.

Häpke, Gustav: Kritische Beiträge zu Jacques Milet's Drama „La Destruction de Troye la Grant". *Greifswald 1897: F. W. Kunike.* (64 S.) 8° ¶(**Erscheint vollständig in den Ausgaben und Abhandlungen aus dem Gebiete der romanischen Philologie.**)
Greifswald, Phil. Diss. v. 28. Aug. 1897

Häpke, Gust., kritische Beiträge zu Jacques Milets' dramatischer Istoire de la destruction de Troye la Grant, s.a. Ausgaben u. Abhandlungen aus dem Gebiete der roman. Philologie. 96. Hft.

Kritische Beiträge zu Jacques Milets' [!] dramatischer Istoire de la destruction de Troye la Grant v. Gustav Häpke, Dr. phil. Im Anh.: J. Milets' unedirte Epistre adjacent et epillogative hrsg. v. E[dmund] Stengel. *Marburg: N. G. Elwert 1899.* (1 Bl., 140 S.) 1 Bd 8.
- Ausgaben u. Abhdlgn a. d. Gebiete d. roman. Philologie. H. 96. 19/305

Häpke, L. Beiträge zur Physiographie der Gewitter. 50 S. Progr. Altst. Rech. *Bremen* 1881.

L. HÄPKE, Beiträge zur Physiographie der Gewitter. Aus dem Programm der Realschule in der Altstadt. Separat-Abdruck herausgegeben vom Naturwissenschaftlichen Vereine zu Bremen. Bremen 1881. C. Ed. Müller. 4°.

Häpke, L., Bemerkungen über Meteoriten, s. Abhandlungen, hrsg. vom naturwissenschaftl. Verein zu Bremen.

Häpke, L.: Fabricius und die Entdeckung der Sonnenflecke. Vortrag, gehalten im Naturwissenschaftlichen Verein zu Bremen. ([S.-A.] Abhandlungen des Naturwissenschaftlichen Vereins zu Bremen. Bd. 10) Bremen 1888. 24 S. 8°.

Häpke, L., die Selbstentzündung v. Schiffsladungen, Baumwolle u. anderen Faserstoffen, Steinkohlen, Heuhaufen, Tabak etc., sowie deren Verhütung. 2., erweit. Aufl. gr. 8. (VI, 105 S. m. 10 Abbildgn.) Bremen 893. C. E. Müller's Verl. n. 2.40

Häpke, L[udwig], Prof. Dr.: Das **Mikroskop** in der Realschule. *Bremen 1899: A. Guthe.* (S. 3—12.) 4°
Bremen, R in d. Altstadt, OP 1899 (773)

Niederländische Akten und Urkunden zur Geschichte der Hanse und zur Deutschen Seegeschichte. Herausgegeben vom Verein für Hansische Geschichte, bearbeitet von RUDOLF HÄPKE.
Bd. 1.: 1531—1557. München und Leipzig 1913. Verlag von Dunker & Humblot. 4°.

Häpke, Rudolf, a. Bremen: Brügges Entwicklung zum mittelalterlichen Weltmarkt. Kap. 7, 2 u. Kap. 8. (Berlin: K. Curtius 1908.) (39 S.) 8° ¶ (Erschien vollst. 1908 als „Abhandlungen z. Verkehrs- u. Seegeschichte, im Auftrage d. hansischen Geschichtsv. hrsg. v. D. Schäfer" Bd 1.)
Berlin, Phil. Fak., Ref. Schäfer, Diss. v. 5. Juni 1908
[Geb. 29. Okt. 84 Bremen; Wohnort: Bremen; Staatsangeh.: Bremen; Vorbildung: Gymn. Bremen Reife M. 03; Studium: Bonn 2, Berlin 3, München 1, Berlin 2 S.; Rig. 25. Juli 07.]

Häpke, Rud., Brügge's Entwicklung zum mittelalterlichen Weltmarkt, s.a. Abhandlungen zur Verkehrs- u. Seegeschichte. 1. Bd.

Brügges Entwicklung zum mittelalterlichen Weltmarkt von Rudolf Häpke. Mit 1 Pl. Berlin: K. Curtius 1908. (XXIV, 290 S.) 8°
— Abhandlungen z. Verkehrs- u. Seegeschichte. Bd 1. 08. 11749

Haplucheiris Michaelis versus e. cod. Neapol. ed. Max Treu — Veterum rhetorum de sententiarum figuris doctrina scr. H. Monse. 4. (24 S.) Waldenburg 874. Berlin, Calvary & Co. n. 1. 50

HAPP, JOSEF BURKHARD. Ueber Chinolin-p-Sulfonsäure und ihre Derivate. Freiburg i. B., 1884.

Happ, Karl Friedrich

— — Verminum intestinorum hominis historia. Diss. med. Lpz. (Holl) 22. IX. 1780. 48 Seiten. (6.—) 13100

Happ, Carl Friedrich (Marienberg). De instrumentorum musicorum quae flatu administrantur incommodis disserit et viro Polychronio Demetrio medic. baccal. summos in arte medica honores societ. disput. viri Joh. Gottfried Leonhardi ausp. florentis nomine gratul. Lpz. (Langenheim) 25. IX. 1778. 8 S. (4.50) 13099

HAPP, KARL OTTO. Bacteriologische und chemische Untersuchungen über die schleimige Gährung. (Basel) Berlin, 1893. Diss.

Happ, Martin, Referendar: Die Gestaltung der Forderung aus § 812 BGB. gegenüber einem Schuldversprechen im Sinne des § 780 BGB. Pleschen 1910: Joachim. IX, 51 S. 8°
Erlangen, Jur. Diss. v. 5. Nov. 1910, Ref. Binder
[Geb. 17. Jan. 86 Pleschen; Wohnort: Posen; Staatsangeh.: Preußen; Vorbildung: Gymn. Ostrowo Reife O. 05; Rig. 12. Juli 10.] [U 11. 809

Happ, Robertvs (geb. am 24 Febr. 1846 in Elberfeld): De advocatia ecclesiastica ... Bonnae, typ. I. F. Carthavsii (1870). 2 Bl., 32 S., 1 Bl. 8.
Bonn, Jur. Fak., Diss. v. 15 Febr. 1870

Häpp, C., d. geschlechtl.-sittl. Verhältnisse d. evang. Landbewohner im Königr. Bayern, s. a. **Verhältnisse, d. geschlechtl.-sittl.**

Häpp, C., Die geschlechtl.-sittl. Verhältnisse d. evang. Landbewohner im Königr. Bayern. (100 S.) Hann.-Münden 1896. R. Werther.

Häpp, die geschlechtlich-sittlichen Verhältnisse der evangelischen Landbewohner im Königr. Bayern, dargestellt. Leipzig 896.

Happach. Lösung einiger Aufgaben üb. Maxima u. Minima. Dessau 4 34 p.
Schul-/Univ.-Schrift 1864.

Happach, Jh. Kasimir

Happach, J. Cas., comment. de calumnia religiosa etc. 4. Cobg. Ahl. 749.

— Progr. Conatus translationem biblior. emendandi. 4. Coburg 773. Ahl. 4 gr.

— s. Obadjah u. d. 72. Psalm.

— n. Uebersetzung d. Proph. Obadjah u. d. 72. Ps. m. Anm. 8. Ebend. 779.

Happach, Jh. Kasimir, († d. 11. Aug. 1783.) opuscula. Vol. I. II. 8. Coburg 780, 82. (Riemann). 8 gr.

Happach, K. L., Grundriß d. deutschen Sprache für Anfänger; nebst e. Verzeichniß d. unregelmäßigen Zeitwörter. 8. Berl. 823. Voß. 8 gr.

Happach, Karl [aus Dessau]: Begriff und Ursachen der Ozaena. Strassburg, 1879. (Druck von Ed. Frommann in Jena.) 8. 36 S.

Happach, Karl Max Über die südliche Abweichung fallender Körper von der Vertikalen. 15 S. Progr. *Buchsweiler* 1881

Happach, L. P. S., s. Happach, Lorenz Philipp Gottfried

Happach, Lor. Ph. Gf., († d. 20. Juli 1814.) physiol. Ansichten. 1r Bd. 8. Quedlinb. 809. Basse. 1 rß

— Archiv für d. Juden. 1s Heft. 8. Leipz. 805. Fr. Fleischer. 12 gl

Happach, L. P. G. Beobachtung und Erklärung merkwürdiger Naturerscheinungen. Quedlinburg. 1812. kl. 8. (Enthält die zwei Abhandlungen: Ueber die Beschaffenheit des künftigen Lebens nach dem Tode, und: Einzige Ursache des Winterschlafes mancher Thiere.)

— Beobachtung u. Erklärung merkwürd. Naturerscheinungen. 8. Quedlinb. 812. Basse. 20 gl

Lr. Ph. Gf. **Happach** üb. d. Beschaffenh. d. künft. Lebens nach d. Tode aus Ansicht d. Natur. *Quedlinb.*, Basse. 809. 8° 16 gl 2s Bdch. Aus Ans. d. Bibel, m. e. Widerleg. d. unnatürl. u. unbibl. Behauptt. d. Dr. *F. V. Reinhard* in d. Pred. am Gründonnerst. 1809. *Eb.* 811. 8° 18 gl N. A. 821. 2 Thle. 8° 1 ßl 10 gl

— an Geistliche; wenns gut ist. Allen guten Regenten u. ihrer guten Diener Herzen zugeschrieben. 8. Quedlinb. 787.

— Handbüchlein für Bürger u. Bauern. 8. Halle 794. (Laue in Berl.) 4 gl

— ist es rathsam, Predigerstellen abzuschaffen? u. den Predigern ihre Ackerländereien zu nehmen? 8. Dessau 806. Tänzer. 8 gl Schrbp. 10 gl

— s. Vossagung e. Anhaltiners.

— Materialien zu neuen Ansichten für d. Erfahrungsseelenkunde. 4 Stücke. 8. Hamb. 802—7. (Campe). 2 ßl 20 gl

— Naemann Syrus seu comment. philolog. ad locum diffic. 2 Reg. V, 17. 18. illustr. 8. Brem. 773. Cramer. 3 gl

Happach, L. P. S., Naaman Syrus comment. philol. ad locum diffic. 2 Reg. VI. 17—19. illustr. 8. Brem. Cramer. 774.

— theolog. Nebenstunden. 5 Samml. 8. Dessau 798—804. Tänzer. 7 gl Schrbp. 8 gl

— s. Religionsedikt, über d. Preußische.

— Versuch über d. 22e Ode in einem Buche d. Horaz; e. Denkmal auf A. D. Penzel. 8. Zerbst 774.

Happach, P(aul) O(tto): Überblick über die Geschichte des alten Chemnitzer Lyceums. Chemnitz (1908): Pickenhahn. S. 3—17. 4°
Chemnitz, RG P 1908 (723)** [S 08. 161

Happack, Josef

Happack, J., d. Rathgeber für Katholiken in den Tagen ihrer Versuchung. gr. 12. Olmütz 828. (Wien, v. Mößle). 20 gl

Happack, Jos., Der Ratgeber für Katholiken in den Tagen ihrer Versuchung. Auch für Seelsorger beim sechswöchentl. Unterrichte brauchbar. Olmütz, Skarnitzl, 1828, 8°.
Ist eine kurze Darlegung der Lehre von d. Kirche, den Sakram., der Bibel (Kontroverslehren). Vgl. Katholik 1827, Bd. 26 S. 367—80.

Happack, Jos., was lehrt die kathol. Kirche? Beiträge zu dem in den k. k. österreich. Staaten beim Uebertritte zu einer tolerirten Confession gesetzlich vorgeschrieb. sechswöchentl. Religions-Unterrichte. Lex.-8. (11½ B.) Wien 816, Kaulfuß Wwe., Prandel u. Comp.

Happe, Andr. Fr., Abbild. ökonom. Pflanzen. 3 Hfte. Fol. Berlin, 1792—94. Verf. 5. 22½

— Abbildd. d. Schmetterlinge in Afrika, Asien u. Amerika z. aus d. holländ. Ausg. P. Cramer's ins Deutsche übersetzt, nach Linné zusammengetragen, verm. u. herausg. 2 Hefte. Fol. Berl. 783, 84. Verf. 4 ßl 16 gl

— Abbild. d. Schmetterlinge in Afrika, Asia u. Amerika, a. d. Holl. d. Cramers. 3 Hfte. Fol. Ebend. 783.

Happe, And. F., Botanica pharmaceutica, exhib. plantas officin. quar. nom. indispensat. Brandenb. recens. c. icon. color. fasc. I-LXXVIII. Fol. Berlin. (Gräff, Lips.) 788—806. 14

Happe, Andr. Fr., botanica pharmaceutica, exhib. plantas officin., quar. nomina in dispensat. Brandenburg. recens., c. icon. color. Fasc. I—LXXVIII. Fol. Berl. 788—806. Verf. 140 ßl

— flora plantar. cryptogamicar. depicta, seu muscor. et lichenum iisque affinium plantar. icon. Decuria I—V. Fol. Berl. 788. Verf.

— plantae rariores et selectae. XXVI fasc. Fol. Berl. 787—94. Verf. 63 ßl 10 gl

Happe, F. A.

Happe: Der homerische Hektor. 31 S. – Coblenz, Progr. 1863

Häppe, Frz. Stimmungen u. Gestalten. Gedichte. 12. (VI, 108 S.) Paderb. 889, F. Schöningh. * 1 50; geb. * 2 50

[S.] Stimmungen und Gestalten. Gedichte v. Franz **Happe**. 2. verb. u. verm. Aufl. *Heiligenstadt: F. W. Cordier 1897.* (3 Bl., 244 S., 4 Taf.) 1 Bd 8.
[97. 1827

Nichts Besseres als die Akzise, wenn man nur will, nichts Böseres als die Akzise, wenn man nicht will, oder ausführliche Beschreybung, was an der Akzise zu loben und zu schelten sey u. s. w. Durch C. v. H. G. Gedruckt im Monath Juli 1717. 4°. Augsburg u. Frankfurt. 4°. Frankfurt u. Leipzig 1727. (Verfasser nach Inama-Sternegg: Gottlob Christian v. Happe.)

Happe, Gottlob Christian von

Der in seiner eignen gemachten Gruben sich selbst fangende Wolff, oder Gottlob Christian von Happens [Happe] abgenöthigte Beantwortung auff Herrn Prof. Wolffens zu Halle hrsg. sehr anzügliche Erleuterung der Entdeckung von der wunderlichen Vermehrung des Getreidigs... Berlin: Rudiger (1719). 128 S. 8°

Happe, Gustav, aus Alfeld a/Leine (Prov. Hann.): [1.] Über α-Piperidylessigsäure. [2.] Über einige Alkine in der Pyridinreihe. (Die Hauptresultate erschienen 1902 u. 1903 in: Berichte d. Deutsch. Chem. Ges.) *München 1903: C. Wolf & Sohn.* (VIII, 67 S.) 8°
München, Phil. Diss. v. 1903

Happe, H., über die Placenta der Schwanzaffen, s.: Strahl, H.

Happe, Helmuth, approb. Arzt aus Braunschweig: Über **Graviditas** abdominalis beim Kaninchen. *Wiesbaden: J. F. Bergmann 1903.* (18 S.) 8°
Gießen, Med. Diss. v. 1903

Happe, Ioach., Comment. succincta ad institutiones Justinian. recens. notas adj. ed. Walch. II Tmi. 4. Frft. Varrentrapp. 772.

Happe, Karl

Happe, Carl, approb. Arzt aus Attendorn: **Aus d. Kgl. Frauenklinik** zu Marburg. Uebergroße **Entwicklung** der ganzen Frucht oder einzelner Teile als Geburts-Hindernis. *Marburg 1904: J. Hamel.* (33 S.) 8°
Marburg, Med. Diss. v. 21. Jan. 1904

Happe, Kurt

Happe, Curt, Regierungs-Assessor: Die Schlüsselgewalt der Ehefrau nach dem Recht des Bürgerlichen Gesetzbuches für das Deutsche Reich. Braunschweig [1907]: J. Krampe. (46 S.) 8° [F.]
Jena, Jur. Fak., Ref. Thon, Diss. v. 20. Dez. 1906
[Geb. 14 Aug. 71 Braunschweig; Wohnort: Braunschweig; Staatsangeh.: Braunschweig; Vorbildung: Neues Gymn. Braunschweig Reife O. 91; Studium: Freiburg i. B. 1, Marburg 3, Berlin 2 S.; Rig. 4. Dez. 06.]

Happe, Ludw., die Bestimmungen des Sehbereichs und dessen Correction nebst Erlauterungen über den Mechanismus der Accommodation. Für Aerzte, besonders Militärärzte. Braunschweig 860. Schwetschke & Sohn. gr. 8. (52 S.) 7½ ngr.

Happe, Ludw., über den physiologischen Entwicklungsgang der Lehre von den Farben. Vortrag, geh. vor der Versammlung der Medicinalpersonen des Landes Braunschweig am 1. Juli 1876. Mit 10 (eingedr.) Holzschn. gr. 8. (44 S.) Leipzig 877. Voit & Co. n. 1. 40

— das dioptrische System des Auges in elementarer Darstellung für Mediciner, besonders angehender Ophthalmologen bearb. Mit 26 Fig. auf 4 lith. Taf. gr. 4. (VIII, 39 S.) Berlin 877. Hirschwald. n. 3. --

— zwei Vorträge über Gesundheitspflege. Gehalten im ärztl. Verein am 11. Decbr. 1880 u. im Verein für öffentl. Gesundheitspflege am 18. Decbr. 1880 zu Braunschweig. gr. 8. (23 S.) Braunschweig 881. (Goeritz & zu Putlitz.) n. — 60

Happek, George, Gerichtsassessor: **Das Eintrittsrecht in die** Rechte des befriedigten **Gläubigers nach BGB. Berlin** 1909: Seydel. 83 S. 8°
Erlangen, Jur. Diss. v. 18. Dez. 1909, Ref. Binder
[Geb. 16. April 81 Berlin; Wohnort: Berlin; Staatsangeh.: Preußen; Vorbildung: Friedrich-Wilhelms-Gymn. Berlin Reife M. 03; Studium: München 2, Berlin 4 S.; Rig. 24. Nov. 08.] [U 10.695

Happ, Kot[illegible] Crefeld [illegible]
Schul-/Univ.-Schrift 1464

Happel, Jehn. Ein Beitrag zum Verständnisse der alttestamentl. Geschichtschreibg. (36 S.) gr. 8. Passau 905. (G. Kleiter.) n.n. — 75
Sonderabdruck aus: „Theologisch-prakt. Monatsschr."

Happel, Experiment. Untersuchungen üb. d. Funktion d. einz. Kehlkopfmuskeln. [Aus: „Klin. Jahrb."] gr. 8. (20 S. m. 2 Abb.) Jena 898. G. Fischer. n. -- 75

Happel, Eberhard Guerner, s. Happel, Everhard Guerner

Romanische Bauwerke in Niederhessen. Mit 24 Zeichn. von Ernst **Happel,** Ingen. Cassel: C. Victor 1906. (110 S.) 8° [F.] [06. 8638 4

Mittelalterliche Befestigungsbauten in Niederhessen. Mit 52 Ansichten u. 5 Grundrissen. Text- u. Naturfederzeichnungen von Ernst Happel, Ing. *Kassel: C. Vietor 1902.* (IX, 83 S.) 8° [F.] [03. 3— 4

— die Burgen im oberen Hessen. Mit 89 Zeichngn. u. 1 Burgenkarte v. Hessen. (XV, 152 S.) 8. Marburg 905. N. G. Elwert's Verl. n. 3. —; geb. n. 3. 60; m. „Die Burgen in Niederhessen u. dem Werragebiet" in 1 Bd. geb. u. d. T.: Hessische Burgenkunde n. 6. —

— s.a. Burgen, hessische.

Hessische Burgen. Von Ernst Happel, Ing. 1—3. *Cassel: C. Victor 1902.* 3 Bde 8° [Ant. u. F.]
1 — Gesch. u. Beschreibung d. Ruine Kogelberg bei Volkmarsen.
2 — ... Weidelburg. 3 — ... Felsberg, Altenburg u. Falkenstein. [04. 6138

Die Burgen in Niederhessen und dem Werragebiet. Mit 67 Zeichn. Von Ernst **Happel.** *Marburg: N. G. Elwert 1903.* (VIII, 159 S.) 8° [F.] [03. 10981

Geschichte und Beschreibung der Ruine Felsberg, Altenburg und Falkenstein. Mit 9 Ansichten u. Grundriss. Von Ernst Happel, Ing. *Cassel: C. Victor 1902.* (26 S.) 8° [F.]
— Burgen, Hessische. 3. [04. 3737

Geschichte und Beschreibung der Ruine Kogelberg bei Volkmarsen. Mit **4 Ansichten u. 1 Grundriß.** Von Ernst **Happel,** Ing. *Cassel: C. Vietor 1902.* (31 S.) 8° [F.]
— **Happel:** Hessische Burgen. 1. [04. 6133

Geschichte und Beschreibung der Ruine Weidelburg. Mit 5 Ansichten u. Grundr. Von Ernst Happel, Ing. *Cassel: C. Victor 1902.* (34 S.) 8° [F.]
— Burgen, Hessische. 2. [04. 6134

Als blauer Junge. Erzählung aus d. Soldatenleben d. Kais. Marine von Ernst **Happel.** Mit Federzeichn. von Friedrich Fennel. Kassel: C. Vietor [um 1907]. (125 S.) 8° [F.] [07. 9816 4

'Tapfer und treu'. Geschichte aus d. Tagen d. Kurhess. Leibgarde-Regiments von Ernst **Happel.** Kassel: (Selbstverl.; Gebr. Schönhoven in Komm.) 1905. (105 S.) 8° [F.] [05. 9011 4

Happel, Everhard Guerner

Happel, Eberh. Guern., Gesch. d. heutig. Europas bis 1683. 5 Thle. m. K. Fol. Ulm. 722.

— — Clara, Die Portugiesische. 4 Thle. Ebd. 1710. 8°. 93 Bogen.
Aus dem Nachlass Happel's? — Georgi's Europ. Bücher-Lex.

— Kernchronik d. merkw. Welt- u. Wundergesch. v. 1618 bis 1734. 10 Bde. m. K. 8. Hamb. 690—735.

Happel, E. G., Peitschen, Martern u. Morden im Sinnentaumel der Grausamkeit. Beiträge zur Geschichte u. Psychologie des Flagellantismus u. der Leibes- u. Lebensstrafen, entnommen den „Relationes curiosae" des H., Hamburg 1683. 8. (65 S.) Coethen (902). R. Schumann. n. 2. —

[—] Relationes Curiosae, Oder Denckwürdigkeiten der Welt. Worinnen Allerhand remarquable Seltenheiten, merckwürdige und bißher unbekannte Geschichte, Lebens-Beschreibungen berühmter, insonderheit um die Hamburgische Republique und Kirche verdienter Männer, ernsthaffte und lustige Sinn- und Grabschrifften ... Einem jeden curieusen Liebhaber zur sonderbahren Gemüths-Belustigung aus der Physic, Moral-Philosophie, Mathematic und andern Wissenschaften ... zusammengetragen. [3 Teile in 1 Bde.] Hamburg (später Hamburg & Leipzig), im Reumannischen Verlag, 1707—1709. 4°. 1 Bl. 656 S. 6 Bl.; 2 Bl. 400 S. 6 Bl.; 1 Bl. 454 S. und 29 *teilw. gefalt. Kupfertafeln sowie einige Kupfer und Holzschnitte im Text.* Einband d. Z. Holzdeckel mit Pgtbezug, Rsch., etwas fleckig, Vorderdeckelbezug unten beschädigt.
Dieses Werk besteht aus seit dem 2. Oktober 1705 erschienenen wöchentlichen „Nachrichten", die in diese 3 Bände unter Beigabe von 3 Band-Titelblättern vereinigt wurden. Sie bilden eine selbständige Fortsetzung zu Happels „Größten Denkwürdigkeiten", die von 1683—1691 erschienen und in 5 Bände zusammengefaßt waren und lt. Graeße (VII. 228) das erste deutsche „Pfennig-Magazin" darstellten.

§ — — Academischer Roman, Oder abgeschildertes Studenten-Leben, Der ehrliebenden Jugend in einer artigen (stellenw. sehr schlüpfrigen) Liebes-Geschichte vor Augen geleget von *Beninden.* Franckfurt und Leipzig, 1741. 8°.
Titel (roth u. schwarz) u. 232 S. -- Sehr selten!

— — Thesaurus exoticorum oder Schatzkammer ausländischer Raritäten und Geschichten, fürstellend asiatische, africanische, americanische Nationes. Beschreibung der Türkey. Beschreibung von Ungarn. Lebenslauf Leopoldi I. Mahomets Alcoran übers. von Joh. Lange. Mit zahlr. großen Kupfertafeln und Holzschnitten im Text. Hamburg. Thomas v. Wiering, 1688. Fol.
Culturgeschichtliche Fundgrube. — Auct. Lobris no. 884.

— — Dasselbe. Franckfurt und Leipzig 1709. 8⁰. 50 Bogen.
Georgi's Europ. Bücher-Lex.

— sächsisch. Wittekind. 8. Ulm. 709.

Happel, Friedrich [aus Cassel]: Das Resorptionsvermögen der menschlichen Haut für zerstäubte Lösungen ...
Strassburg, Buchdr. C. Goeller, 1891; 31 S. 1 Bl. 8⁰
Strassburg, Med. Fak., Inaug.-Diss. v. 1891

Happel, Friedrich: Tobias Smollett und der Humor. Marburg 1910: Noske, Borna-Leipzig. 77 S. 8°
Marburg, Phil. Diss. v. 10. Okt. 1910, Ref. Viëtor
[Geb. 16. Febr. 84 Rotthausen; Wohnort: Marburg; Staatsangeh.: Preußen; Vorbildung: Oberrealsch. Essen Reife O. 03; Studium: Marburg 2, Berlin 3, Marburg 5 S.; Rig. 29. Juni 10.] [U 11. 3453

Happel, Georg Konrad

Happel, Ge.: Anleitung zum Verfahren, Concursprocesse abzuwenden. Giessen 1799.

— Anleit. zum Verfahren, Concursprocesse abzuwenden. gr. 8. Gießen 800. Heyer. 20 gr (Krieger in Cassel). 12 gr

— — dass. gr. 8. Marb. Krieger.

Happel, (Geo. Konr., († d. 7. Febr. 1819.) Beobachtt. beim Ausbruche e. Concurses u. bei Zurückforder. des vom Schuldner vorher veräußerten Vermögens. 8. Gießen 801. Heyer. 12 gr

— Erörterung der beim Concursproceß vorkommenden wichtigsten Gegenstände. 8. Gießen 803. Tasché. 1 Thlr

— d. Rechte d. Gläubiger, in Ansehung d. Faustpfänder u. antichretischer Versätze rc. 8. Gießen 802. Heyer. 1 Thlr 6 gr

Happel, Geo. Conr.: Rechte d. Gläubiger in Ansehung d. Faustpfänder u. d. antichretischen Versatze, insbesond. bei ausgebrochenem Concurse. *Giessen*, Heyer. 820. 8. (1 Thl. 6 Gr.)

— *Uebersicht*, tabellar., d. Concursgläubiger nach gem. Rechte. gr. Fol. *Berlin*, Nauck. 830. (5 Gr.)

— Unterr. für Vormünder.

(Happel, G.:) Unterricht f. Vormünder, m. vorzügl. Rücks. auf d. Hessen-Cassel. Lande; nebst Formularien zu Inventarien, Vormundschaftsrechnn. u. Vertheill. *Marbach*, akad. Dr. 793. 4. (1 Thl.)

Happel, Hans: Zur Theorie und Prüfung der Zustands-Gleichung. Leipzig: J. A. Barth 1900. (41 S.) 8°
Tübingen, Naturw. Fak., Hab. Schr. v. 1906
(Nicht für den Austausch)

Happel, Hans, aus Cassel: Untersuchungen über die Convergenz der beim Problem der drei Körper auftretenden Reihenentwickelungen. *Göttingen 1900: Dieterich.* (60 S.) 8°
Göttingen, Phil. Diss. v. [9. Febr.] 1901

Happel, Hans, Untersuchungen üb. die Convergenz der beim Problem der drei Körper auftretenden Reihenentwickelungen. Diss. Lex.-8. (60 S. m. 2 Fig.) Göttingen 900. (Vandenhoeck & Ruprecht.) n. 1. 40

Happel, Heinrich [aus Frankfurt a. M.]: Die Behandlung der Syphilis mit subcutanen Injektionen von Hydrargyrum oxydatum carbolicum .... Würzburg, k. Universitätsdr. v. H. Stürtz, 1888; 27 S. 8°
Würzburg, Med. Fak., Inaug.-Diss. v. 1888

Happel, J. (Hrsg.), s. Zeitschrift für Missionskunde und Religionswissenschaft.

Happel, J. S. De iure fodinarum. 8⁰. Lipsiae 1747.

Happel, Jakob

Happel, Jac., die Boxkunst. Anleitung zur selbstständigen Erlernung des Hand- und Fußboxens. Mit 32 in den Text gedr. (Abbildgn.) Leipzig 863. Weber. 8. (XXVI, 121 S.) n. 24 ngr.

Happel, Jac., das Freifechten. Anleitung zur selbstständ. Erlernung der Ring-, Box- u. Rutzkunst. Leipzig 865. Weber. gr. 8. (VIII, 152 S. mit 57 in den Text gedr. Abbild. in Holzschn.) n. 26 ngr

Happel, Jacob. Das Freifechten. Anleitung zur selbständigen Erlernung der Ring-, Box- und Rutzkunst. Leipzig. Verlagsbuchhandlung von J. J. Weber 1865
VIII + 100 S. m. 57 Abb. 8°

Happel, J[acob]. Das Geräthfechten. Das Stock-, Stab-, Säbel- und Schwertfechten. Antwerpen 1877. (Brönners Druckerei)
IX + 100 S. m. 51 Abb. 8°

Happel, J., das Geräthfechten. Das Stock-, Stab-, Säbel- u. Schwertfechten. Mit 51 in den Text gedr. (Holzschn.-) Abbildungen. gr. 8. (IX, 100 S.) Antwerpen 877. (Leipzig, Strauch.) n. 3. —

Happel, J., Die Körperhaltungen beim Turnen. Schaubilder v. Fritz Hering. Leipzig 1900. 8°.

Happel, Jak., d. Sprachlaute d. Menschen, ihre Bildng. u. Bezeichng. nebst e. Vergleichg. der deutschen, engl. u. französ. Schriftsprache m. ihrer Lautsprache. 2. Aufl. Lex.-8. (120 S.) Antwerpen 872. Kornicker in Comm. n. 4. —

Happel, Joh. Ambros. Christoph. Henr. Conr.: Demonstratio aeterna deitatis ...,
s. Roll, Reinhard Heinrich (Präs.)

Happel, Joh. Christoph Helfrich: Diss. theolog. de Deo et attributis divinis ...,
s. Liebknecht, Johann Georg (Präs.)

Happel, Jul., die Anlage des Menschen zur Religion vom gegenwärtigen Standpunkte der Völkerkunde aus, betrachtet u. untersucht. Von der Teylor'schen Gesellschaft gekrönte Preisschrift. gr. 8. (VI, 388 S.) Haarlem 877. (Leipzig, Harrassowitz.) cart. n. 6. —

— das Christentum u. die heutige vergleichende Religionsgeschichte. gr. 8. (IV, 90 S.) Leipzig 882. O. Schulze. n. 2. —

Happel, Jul., der Eid im alten Testament vom Standpunkte der vergleich. Religionsgeschichte aus betrachtet. gr. 8. (VII, 72 S.) Leipzig 893. W. Friedrich. n. 2. —

Die religiösen und philosophischen Grundanschauungen der Inder. Aus d. Sanskritquellen vom völkergeschichtl. Standpunkte d. Christenthums aus dargest. u. beurth. von Julius **Happel**. *Giessen: J. Ricker 1902.* (VIII, 252 S.) 8°

Happel, J., Laut- u. Schriftkunde. Bildung u. Bezeichng. der Sprachlaute des Menschen vom Ursprung der Schrift u. ihrer allmäligen Entwicklung bis auf unsre Tage. Mit 90 Abbildgn. u. 36 Schrifttaf. (154 autogr. S.) 4. Antwerpen 905. (R. Ackermann.) Geb. in Leinw. n. 16. —

Laut- u. Schriftkunde. Bildung und Bezeichnung der Sprachlaute des Menschen vom Ursprung der Schrift und ihrer allmäligen Entwicklung bis auf unsre Tage. Von J[ulius] **Happel**. Mit 90 Abb. Antwerpen: Verf. 1905. (154 S.) 4° [F.] [Text autogr.]

Happel, Jul., Richard Rothes Lehre v. der Kirche, nach ihren Wurzeln untersucht, ihrem Gehalt u. ihren Folgerungen geprüft. Vom Kuratorium der Rich. Rothe-Stiftg. gekrönte Preisschrift. (VII, 152 S. m. 1 Bildn.) Lex. 8. Leipzig 909. M. Heinsius Nachf. 4. 25

— die altchinesische Reichsreligion vom Standpunkte der vergleichenden Religionsgeschichte. gr. 8. (46 S). Ebend. 882. n. 1. —

Happel, Justus Helfrich

Happelius, Justus Helffricus, Brevis institutio linguae Arabicae; D. Joh. Henr. Maji Hebraicae, Chaldaicae, Syriacae, Samaritanae ac Aethiopicae harmonica. Accedit glossarium Arabicum cum reliquis orientis linguis harmonicum, in IV. Geneseos capita priora et tres praecipuas Alcorani suratas. Francofurti ad Moenum 1707.

Happel, Justus Helfr.: . . . qua decus terrae sanctae, occasione Ezech. XX, 6... adumbrat,
s. May, Joh. Heinr. (Präs.)

Das Buch des Propheten Habackuk. Erklärt von Dr. Otto **Happel**, Pred. in Kitzingen. *Würzburg: A. Göbel 1900.* (V, 71 S.) 8°

Happel, Otto, Dr. (theol.), Prediger in Kitzingen: **Das Buch des Propheten Nahum.** Erklärt. *Würzburg: Göbel & Scherer 1902.* (V, 106 S.) 8°
Würzburg, Theol. Hab.-Schr. v. 1902
(Nur in beschränkter Zahl für den Austausch)

Happel, Otto, Dr. Katholisches und Protestantisches Christentum nach der Auffassung der alten katholischen Polemik insbesondere des Martinus Becanus. Preisgekr. von d. theol. Fakultät d. Univ. Würzburg. *Würzburg: A. Göbel 1898.* (IV, 103 S.) 8°
Würzburg, Theol. Diss. v. 1898

Happel, Otto, Med. Prakt. a. Minden i. W.: Aus der medizinischen Klinik zu Marburg. Über die Folgen der Unterbindung der Außführungsgänge des Pankreas beim Hunde. Marburg 1906: J. Hamel. (17 S.) 8°
Marburg, Med. Fak., Ref. Brauer, Diss. v. 15. Juni 1906
[Geb. 29. Nov. 78 Petershagen, Bez. Minden; Wohnort: Marburg; Staatsangeh.: Preußen; Vorbildung: Gymn. Gütersloh Reife Juli 00; Studium: Marburg 4, Berlin 1, München 1, Marburg 3 S.; Coll. 18. April 06; Approb. 1 Juni 06.]

Der Psalm Nahum. (Nahum 1.) Krit. untersucht von Dr. Otto **Happel**, Pred. in Kitzingen. *Würzburg: A. Göbel 1900.* (34 S.) 8°

Happel, Otto [aus Warzenbach bei Wetter]: Ueber eine Schusswunde des Herzens mit Einheilung des Projektils. '(Aus d. patholog. Institut zu Marburg.)' . . . Marburg, Buchdr. v. J. Hamel, 1897; 1 Bl., 33 S. 8.
Marburg, Med. Fak., Inaug.-Diss. v. 25. März 1897

Happel, R. F., Analecta critica ad Quintil. L. 7-9. Hal. 810. 8.

Happell, Christian Valentin, De recursu ad Caesaream majestatem, vel ad comitia universalia. Diss. jur. Erfurt (Joh. Heinr. Grosch) 2. III. 1702. 22 S. (6.20) 13105

— — Dasselbe. Lpz. (Langenheim) 1736. 24 S. (6.—) 13106

Haeppen, David Gottfried (Königsberg/Pr.), De homicidio a pluribus commisso. Präs. Peter Müller. Jena (Jo. Zachar. Nis) Febr. 1690. 40 S. (6.50) 12668
Widm. v.: Jo. Philipp Slevogt, Präs., Johann Georg Simon, J. F. Budde.

— — Dasselbe. Germanis: Von denen mancherley Arten des Todschlages; Auch von desselben Bestraffung, wenn unter vielen der eigentliche Thäter nicht auszumachen. Jena (Jo. Bernh. Heller) 1744. 56 S. (6.50) 12669
Widm. v.: Präs., J. F Budde.

HAPPERSBERGER, Johannes (Grünstadt): Die Lebensalter und ihr Einfluss auf die Krankheiten.- München: Wolf 1843. 16 S.
22.8.1840 - Urk (Titel: Aetates, earumque vis in morbos.); F 64
Diss. Ingolst.-Landsh.-Mchn.

Happich, Arbeit im Lichte d. Wortes Gottes m. Streiflichtern üb. die Gegenwart. Vortrag. gr. 8. (24 S.) Cassel 890. Röttger. n. — 50

Happich C. u. Nesmelow W.: Untersuchungen d. Butter d. Baltischen- u. Nordwestgebietes Russlands. Jurjew 1908. (34) S. 4°.
(Ogsaa russisk Tit. Russisk Tekst, tysk Resumé).

Happich, Carl, s. Happich, Karl

Happich, Chr.

Happich, Chr., Kopfrechenaufgaben in naturgemäßer Stufenfolge für die Hand der Gehilfen beim wechselseitigen Unterricht in Volksschulen. 16 Heft. Die vier Grundrechnungsarten mit gleichbenannten Zahlen in 16 Stufenbüchern enthaltend. Nebst 4 Einheitstafeln. 8. Erfurt 840. Müller. 1 1/6 ℛ

Happich, Chr., prakt. Kopfrechenschule, mit besond. Rücksicht auf die gleichzeitige Beschäftigung mehrerer in einer Klasse versammelten Abtheilungen. 2. Aufl. 8. (289 S.) Langensalza 847, Schulbuchh. des Thüringer Lehrervereins. (Wesel, Bagel.) 22 ngr

Happich, Chr., praktische Kopfrechenschule, mit besond. Rücksicht auf die gleichzeitige Beschäftigung mehrerer in einer Klasse versammelten Abtheilungen. 2. Aufl. (289 S.) 1847., 3. Aufl. r und 4., verb. und verm. Aufl. 8. (VIII und 356 S.) Langensalza 852(53,) Schulbuchhandlung des Thüringer Lehrervereins. * —

Happich, Chr., praktische Kopfrechenschule, mit besonderer Rücksicht auf die gleichzeitige Beschäftigung mehrerer in einer Klasse versammelten Abtheilungen. 4., durchaus verb. u. sehr verm. Aufl. 853. — 5. rc. Aufl. 856. — 6. rc. Aufl. Langensalza 858. Schulbuchhdlg. d. Thür. Lehrervereins. 8. (VIII, 356 S.) 24 ngr

Happich, Chr., praktische Kopfrechnenschule, mit besonderer Rücksicht auf die gleichzeitige Beschäftigung mehrerer in einer Klasse versammelten Abtheilungen und des deutschen Neu-Gewichts. 7., durchaus verb. u. sehr verm. Aufl. Langensalza 862. Greßler. 8. (VIII, 356 S.) 24 ngr.

Happich, Chr., praktische **Kopfrechenschule**, mit besond. Rücksicht auf die gleichzeit. Beschäftigung mehrerer in einer Klasse versammelten Abtheilungen u. des deutschen Neu-Gewichts. 8., durchaus verb. u. sehr verm. Aufl. Langensalza 867. Schulbuchh. von Greßler. 8. (VIII, 356 S.) 24 ngr.

Happich, Chr., praktische Kopfrechenschule, mit besond. Rücksicht auf die gleichzeit. Beschäftigung mehrerer in einer Klasse versammelten Abtheilungen und der neuen Maße, Gewichte und Münzen. 9., durchaus verb. und sehr verm. Aufl. — 11. Aufl. 8. (VIII, 356 S.) Langensalza 873—75, Schulbuchh. von Greßler.

Happich, Chr., praktische Kopfrechenschule. Mit besonderer Berücksichtigung der neuen Maße, Gewichte u. Münzen. 12. Aufl. 8. (VI, 356 S.) Langensalza 878. Schulbuchhandlung. 2. 40

Happich, Chr., praktische Kopfrechenschule, m. besond. Rücksicht auf die gleichzeit. Beschäftigg. mehrerer in e. Klasse versammelten Abteilgn. u. der neuen Maße, Gewichte u. Münzen. 13. Aufl. gr. 8. (VIII, 356 S.) Langensalza 887. Schulbuchh. 2. 40

Chr. **Happichs** Praktische Kopfrechenschule, mit besond. Rücks. auf d. gleichzeit. Beschäftigung mehrerer in e. Klasse versammelten Abteilungen, bearb. von K. H. L. Magnus, Sem.-Lehrer. 14. Aufl. Langensalza: F. G. L. Gressler 1906. (VI, 349 S.) 8° [F.] [07. 4921 3

Happich's, Chr., praktische Kopfrechenschule, m. besond. Rücksicht auf die gleichzeitige Beschäftigung mehrerer in e. Klasse versammelten Abteilungen, bearb. v. K. H. L. Magnus. 14. Aufl. (VIII, 349 S.) 8. Langensalza 906. Schulbuchh. n. 3. 60

— **Rechenaufgaben** für Volksschulen. Ein Hilfsbuch für Lehrer zur gleichzeit. Beschäftigung mehrerer in einer Klasse versammelten Abtheilungen u. ein Beiwagen zu jedem andern Aufgabenhefte. Langensalza 863. Verlags-Comptoir. 8. (VIII, 282 S.) 24 ngr.

— **Uebungs-Aufgaben** im Tafelrechnen für die Hand der Kinder in Volksschulen. 1. u. 2. Heft. Ebend. 865, 8. (16 S. u. 26 S.) Jedes Heft 1½ ngr.

Happich, E. v., Hieb u. Stich, s.: **Bücherei**, lustige.

Happich, Karl, neue Exempeltafeln zur Uebung in d. vier Grundrechnungen. Ein noch unbenutztes Hülfsmittel für Lehrer in Volksschulen. Mit 2 Zoll hohen Ziffern. gr. 8. Quedlinb. 817. Basse. 16 gr.

Happich, Karl, der erste Lehrgang im Singen nach Tonziffern f. Volksschulen. Nebst 32 Wandtaf. mit Uebungsstücken in 2 Zoll hohen Ziffern. (32 B. gr. Fol.) gr. 8. (3 B. Text.) Quedlinburg 832, Basse.

Happich, Carl, Assistenzarzt an der Königl. Univ.-Frauenklinik zu Marburg: Aus der Frauenklinik und dem anatomischen Institute der Universität Marburg. Über Oesophagusmissbildungen. Zugleich ein Beitrag zur Kenntnis der Entwickelungsgeschichte von Oesophagus und Trachea. Marburg 1905: R. Friedrich. (65 S.) 8°

Marburg, Med. Fak., Ref. Ahlfeld, Diss. v. 1. Mai 1905

[Geb. 19. April 78 Speckswinkel, Kr. Kirchhain; Wohnort: Marburg; Staatsangeh.: Preußen; Vorbildung: Gymn. Marburg Reife O. 98; Studium: Marburg 4, München 1, Marburg 5 S.; Coll. 15. März 05; Approb. 18. Juli 03.]

—— 15 arithmet. **Wandtafeln** mit 2 Zoll hohen Ziffern. Enthalt. 2700 Aufgaben z. Uebung in d. Grundrechnungsarten mit ungleich benannten Zahlen; nebst e. Anh. v. den im gem. Leben vorkomm. Zeitberechn. u. v. d. Gebr. d. röm. Ziffern. (15 B. gr. Fol. u. 4½ B. 8.) Quedlinburg 831, Basse.

— neue **Wandvorschriften** nach mathemat. u. ästhet. Grundsätzen bearbeitet, zur Förderung e. wirksamen Schreibunterrichts in Volksschulen. Mit 16 Steintaf. mit Buchstaben in 5 viertelzöll. Grundstrichhöhe. 8. Quedlinb. 822. Basse. 12 gr. 2s Heft, mit 25 Steintaf. mit Schrift in 6viertelzöll. Grundstrichhöhe. Ebd. 830. 1 ₰

Happich, Carl, über giftige u. tödliche Wirkung des Kampfers u. Chloralhydrates, s.: **Mitteilungen** aus den hamburgischen Staatskrankenanstalten. VIII, 1.

Happich, Margar., heimgefunden, s.: **Vereinsbühne**.

Zur Frage der Gemeinschaftsbewegung innerhalb der luth. Diözese Oberhessen. Bericht vor d. Diözesansynode zu Marburg 1909 erstattet durch Th[eodor] **Happich**, Superint. Marburg: Elwert 1909. 19 S. 8° [10. 6529 4

[F.] Über die Gemeinschaftsbewegung. Conferenzvortrag v. Theodor **Happich** ... *Marburg: N. G. Elwert 1898.* (27 S.) 1 Bd 8. [98. 7993 M

— Predigt, s.: **Leimbach**, J. H., d. 6. Säcularfeier d. Einweihg. d. luther. Pfarr- u. Stadtkirche zu Marburg.

Happoldt, Wilhelm, appr. Arzt: Kasuistischer Beitrag zur Lehre von der Pseudoleukämie. München 1912: Kastner & Callwey. 49 S. 8°

München, Med. Diss. v. 12. Mai 1899, Ref. Bollinger

[Geb. 6 Febr. 73 Braunsbach, Wohnort: München; Staatsangeh.: Württemberg; Vorbildung: Gymn. Tübingen Reife Juli 93; Studium: Tübingen 4, Berlin 2, München 5 S.; Coll. 12 Mai 99; Approb. April 99.] [U 12. 6393

Happrich, Vict., Manege-Sterne. Bunte Skizzen aus der Künstlerwelt. gr. 8. (119 S. m. 36 Abbildgn.) Berlin 902. (Stuhr.) n. 2. —

Manege-Sterne. Bunte Skizzen aus d. Künstlerwelt von **Victor Happrich**. Mit vielen Ill. 2. verm. Aufl. *Berlin: Selbstverl. 1903.* (137 S.) 8° [04. 8.8]

Happrich, Vict., Manege-Sterne. Bunte Skizzen aus der Künstlerwelt. 2. verm. Aufl. (137 S. m. Abbildgn.) gr. 8. Berlin 903. (Stuhr.) n. 2. —

Happrich, Vict., interessante Menschen. Plaudereien aus d. Künstlerleben. (111 S.) 8. Berlin-Charlottenburg 908. (Berlin, M. Lilienthal.) 2. —

Interessante Menschen. Plaudereien aus d. Künstlerleben von Victor **Happrich**. 2. Aufl. Charlottenburg: Selbstverl. 1909. 111 S. 8° [09. 14159

[Türk. u. Ant.] Turkğadan älmänğaja luğat-kitabi. Aṭar-i-Ġalānġizāda **Ḥaqqī** Tawfiq. Türkisch-Deutsches Wörterbuch von Hacki Tewfik (Galandjizade), Beamter d. Deutschen Bank. Leipzig: O. Holtze's Nachf. 1907. (VI S., IV Doppel-S., 388 S.) 8° [07. 14547

Har Harmor. Rechtsgutachten (in hebräischer Sprache.) kl. Fol. (23 Bg.) Wien, Schlesinger. 1 fl.

1161

Die Meister der Japanischen Schwertzierathen. Ueberblick ihrer Gesch., Verz. d. Meister mit Daten über ihr Leben u. mit ihren Namen in d. Urschrift. Von Shinkichi Hara. Eingeleit. von Justus Brinckmann. *Hamburg 1902: Reichsdr. zu Berlin.* (XLIII S.) 4°(8°)

Aus e. grösseren Werke des Verf

= **Jahrbuch** d. Hamburg. Wiss. Anstalten. Jg. 20, Beih. [02. 1278

Haračić, Ambrogio, L'isola di Lussin, il suo clima e la sua vegetazione. Lavoro publicato nell'occasione del 50. anniversario dell'istituzione dell'i. r. scuola nautica di Lussinpiccolo a favore del fondo „Giubileo Francesco Giuseppe I" per sussidi degli scolari poveri. (VIII, 291 S.) gr. 8. Lussinpiccolo 905. (Triest, F. H. Schimpff.) n.n. 3. —

Haračić, A., Storia naturale. La distribuzione geografica delle piante e degli animali con particolar riguardo ai prodotti naturali che hanno maggior importanza nel commercio mondiale. gr. 8. (133 S.) Triest 901. (F. H. Schimpff.) n.n. 2. —

Harada, Toyokitsi, die japanischen Inseln. Eine topographisch-geolog. Uebersicht. 1. Lfg. Hrsg. v. der kaiserl japan. geolog. Reichsanstalt. gr. 8. (126 S. m. 5 Karten.) Berlin 890. P. Parey. n. 5. —

Harada (T.), Versuch einer geotektonischen Gliederung der japanischen Inseln. Tokyo 1888. 8.

Haradauer, Carl v., k. k. Major und Vorstand des Karten-Archivs im k. k Kriegs-Archiv. Die Kartographie auf der historischen Ausstellung der Stadt Wien 1883 aus Anlass der 2. Säcularfeier der Befreiung von den Türken. Mit ausführlichen Biographien der beiden Kartographen Daniel Suttinger und Leander Anguissola. Vortrag, gehalten am 27. November 1883 in der k. k. geographischen Gesellschaft. Separat-Abdruck aus den „Mittheilungen der k. k. geographischen Gesellschaft in Wien", Jahrgang 1884. gr. 8. Wien 1884.

Harald, oder der Kronenkrieg, eine nordische Erzählung. Kaschau 1794. V: *Gleich, Joseph Alois.* (MGT) (Ky) (WBL)

HARALD, oder der Kronenkrieg, eine nordische Erzählung. 2 Thle. Mit 1 Titelkpfr. u. 1 Titelvign. Kaschau in Ober-Hungarn, verlegt von Karl Chrn. Scheibler. 1794. 8°. Zahm.

Harald, Red.: Rußlands Ziele oder von Moskau über die Erde. Berlin 1877.

[Inhalt:]
1. Einleitung.
2. Grundlagen der russischen Politik.
3. Das Testament Peters des Großen.
4. Rußlands Handeln u. Europa's Warten.

Harald, Gust. Ad., s. K. F. W. Böttger, chronolog. Uebersicht.

Harald, Karl

— s.a. Grabi-Harald, M.

— s.a. Harald, M.

Harald, Karl, s.: Jugend, d., Wunderborn.

s. a. Jugend=Album

[F.] Jugend-Album. Unterhaltg f. Geist u. Gemüt d. Mädch. u. Knaben im Alter v. 10—15 J. Unter Mitw. v. ... hrsg. v. Karl Harald. M. 10 ... Farbendruckb. v. Franz Biza, J. H. Müller, E. Voigt u. W. Schäfer; vielen in d. Textgedr. Zeichn. u. 5 Blumentaf. *(Wesel: W. Dums [1896?].)* (256 S., 10 Taf.) 1 Bd 8.

— der schwarze Ritter. E. histor. Erzählg. f. reif. Knaben. Nach engl. u. französ. Quellen bearb. M. 4 Tonbild. u. 20 Text-Illustr. v F. Schmidt-Kahring. gr. 8. (197 S.) Leipzig 895. Abel & Müller. Geb. in Leinw n. 4. —

— der schwarze Ritter. Eine histor. Erzählg. f. reifere Knaben. Nach engl. u. französ. Quellen bearb. Mit 4 Tonbildern u. 20 Text-Illustr. v. F. Schmidt-Kahring. 2. Aufl. gr. 8. (197 S.) Ebd. (900). Geb. in Leinw. n. 4. —

[F.] Der Jugend Wunderborn. Märchen, Erzählgn u. Schausp. f. Knaben u. Mädch. v. 7 bis 12 J. M. Beitr. v. ... hrsg. v. Karl Harald. M. 5 ... Farbendruckb. nach Aquar. v. M. Hohneck u. E. Voigt. *(Wesel: W. Dums [1896].)* (191 S., 4 Taf.) 1 Bd 8.

Harald, M. (Frau Magdalene Grabi), s. a.: Grabi, M.

— s.a. Harald, K.

Harald, M., Kapitän Jack, der wilde Jäger vom Juniata. Eine histor. Erzählg. f. die reifere Jugend, nach dem Amerikan. Deutsch bearb. v. H. Mit 20 Textillustr. u. 4 Vollbildern v. H. Klingebeil. 1. u. 2. Aufl. gr. 8. (VI, 234 S.) Leipzig 894. Abel & Müller. Geb. in Leinw. n. 4. —

— Kapitän Jack, der wilde Jäger v. Juniata. Eine histor. Erzählung f. die reifere Jugend, nach dem Amerikan. Deutsch bearb. v. H. Mit 20 Textillustr. u. 4 Vollbildern v. H. Klingebeil. 3. Aufl. gr. 8. (VI, 234 S.) Leipzig (900). Abel & Müller. Geb. in Leinw. n. 4. —

Harald, M. (Frau Magdalene Grabi), Kapitän Jack, der wilde Jäger vom Juniata. Eine histor. Erzählg. f. die reifere Jugend, nach dem Amerikan. Deutsch bearb. v. H. Mit 20 Textillustr. u. 4 Vollbildern v. H. Klingebeil. 4. Aufl. (VI, 234 S.) gr. 8. Leipzig 903. Abel & Müller. Geb. in Leinw. n. 4. —

— der schwarze Ritter. Eine histor. Erzählg. f. reifere Knaben. Nach engl. u. französ. Quellen bearb. Mit 4 Tonbildern u. 20 Text-Illustr. v. F. Schmidt-Kahring. 3. Aufl. (197 S.) gr. 8. Ebd. (904). Geb. in Leinw. n. 4. —

Haraldsburg. Novelle, s. Skizzen aus d. vornehmen Welt.

Haran=Hussein=Ozim, od. d. Fluch d. Menschheit, v. W. Hamann. 8. Zeitz. Reimer. 802.

HARAN Hussein Ozim, oder der Fluch der Menschheit. Aus einer persischen Handschrift. Mingrelien 1802. 8°. (7 Sgr. Steinkopf, Stuttg., 1874; jetzt theurer!)

Harand, Karl, der deutsche Aufsatz in der Volksschule. 2. Aufl. 8. (48 S.) Reichenberg 884. Schöpfer's Sort. n. — 60

Harang, Julius

Harang, J. Parallèle de Racine et de Victor Hugo comme poètes dramatiques. Halle, R., 1864. 23 S. 4. Progr.

— Racine und Victor Hugo als dramatische Dichter. Eine Parallele. Diss. Jena 1874. 35 S.

Harang, Jul., Racine u. Victor Hugo als dramatische Dichter. Eine Parallele. Inaugural-Dissertation. gr. 8. (35 S.) Halle 875. (Jena, Deistung.) n. — 60

Harangue au congé de Frédéric VI. Roi de Dannemarc et de Norvège . . . de Kiel . . . Altona 1809. V: *Herbst, J. G.* (schles)

Haranta, Cr., Cesta do země svaté a do Egyptu, s. Bibliothéka, staročeská.

Haras, les royaux hongrois, de l'état et les domaines de la couronne royale à Gödöllő. Publié par le ministre roy. hong. de l'agriculture. gr. 8. (86 S.) Budapest 896. (O. Nagel jr.) n. 1. —

HARASCHDI, Jul. (ps.), Adolfo. — Oskar und Rosamunde. Zwei Novellen. Quedlinburg, Ernst, 1837. 8°. 16½ Bogen.
A. G. Schmidt, Gallerie etc.

Haraschin, Carl, Album für Cotillon-Touren. Choreographische Holzschn. von Vict. Ender. 16. (96 S.) Wien 878, (Wenedikt.) 1 20

Haraschin, Carl, Album der Cotillon-Touren. Mit 33 erläut. Illustr. 4. Aufl. 16. (96 S.) Wien 880, (Manz'sche Hofverlagsb.)
1.—3. Aufl. erschienen im Selbstverlage des Verfassers.

— unsere Gesellschaftstänze. Mit vielen choreograph. Illustr. und drei Orig.-Tanz-Musikpiecen. 16. (VII, 135 S. u. 12 S. Musikbeilage in 4.) Ebend. 880. n. 3. —

— die Convenienz. Conventionelle Umgangsformen, der Tanz-Unterricht als Erziehungsfaktor, die Quadrille française u. deren Geschichte. Mit zahlreichen (eingedr. Holzschn.-)Illustr. 8. (VI, 75 S.) Ebend. 879. n. 2. —

— — Die Convenienz. Conventionelle Umgangsformen, der Tanzunterricht als Erziehungsanstalt und deren Geschichte. Mit 29 erläuternd. Illustr. 2. Aufl. Ebd. 1880. 8°. VIII—75 S.

HARASCHIN, Carl (quiesc. k. k. Akademie-Tanzlehrer), Tanz-Fragmente. Wien, Selbstverlag des Verfassers, 1874. 8°. (2 Mk. Max Harrwitz, c. 1903.) 69 S.
Bartholomäus p. 11.

Harasiewicz, Michael, Annales ecclesiae ruthenae, gratiam et communionem cum s. Sede Romana habentis, ritumque graecoslavicum observantis, cum singulari respectu ad dioeceses ruthenas Leopoliensis, Premisliensem et Chelmensem. Lemberg 862. (Wild.) 8. (XXVIII, 1184 S.) n. 3 *Rthlr* 10 *ngr.*

Harasser, Urban, *Dom-Kapellm. u. Benefiziat in Brixen.* Gedankenstriche zu S. Stehlin's „Neuere Schicksale des alten Choralgesanges." *Innsbruck* 1858. Gedr. bei *Felic. Rauch.* 34 S., 8°.

Harat Export G. m. b. H.: Kataloge über elektrische Schweißmaschinen usw. 1911 ff. Berlin

Dr. C. Harraeus. Zur Methode des Unterrichts in der griechischen Formenlehre. S. 21—46. Weinheim, P 1855

Harazim, Franz [pr. Arzt zu Prieborn, Kr. Strehlen]: Die Grundwasserbrunnen der Stadt Breslau . . . (Aus: Zeitschr. f. Hyg. u. Infectionskrankh., Bd XXII.) Leipzig, Veit & C., 1896; 48 S., 1 Bl. 8.
Breslau, Med. Fak., Inaug.-Diss. v. 8. Aug. 1896

Harb, W., der Heldedoktor, s.: Weber's moderne Bibliothek.

— Am Sanatorium Annabrunnen, s.: Weber's moderne Bibliothek.

— Mein Nebenbuhler, s.: Weber's moderne Bibliothek.

— Die Schatten der Vergangenheit, s.: Weber's mod. Bibliothek.

Harband, Beatrice, Sundari, s.: Familienbibliothek, Calwer.

Harbart, D. J., England als Weltmacht im 20. Jahrh., s. a. Abhandlungen, koloniale. 24. Heft.

England als Weltmacht im zwanzigsten Jahrhundert von **Harbart** d. J. Berlin: Süsserott [1909]. 14 S. 8°
(Koloniale Abhandlungen. H. 24.) 109. 13141

Harbauer, J[oseph]: **Katalog** der merowingischen Altertuemer von Schretzheim im bayer. Schwaben. T. 1. Mit 4 Taf. Abb. *Dillingen (1901): J. Keller.* (62 S.) 8°
Dillingen, k. humanist. G, P 1901*

Harbauer, J[oseph]: **Katalog** der merowingischen Altertuemer von Schretzheim im bayer. Schwaben. T. 2. Mit 2 Taf. Abb. *Dillingen (1902): J. Keller.* (S. 63—98.) 8° ¶ (Forts. d. P-Beil. 1901.)
Dillingen, k. humanist. G, P 1902*

Harbauer, Karl, s.: Bibliothek, militärtechnische.

Harbauer, Karl, die praktische Geometrie (Feldmeßkunst). Mit 186 Zeichngn. u. 5 Taf. 2. Tausend. (IV, 136 S.) gr. 8. Wien 906. C. W. Stern. n. 4. 50

— Handbuch f. den Unterricht der Terrainlehre an den Freiwilligen- u. Unteroffiziersschulen. Mit Zeichngn. im Texte u. 7 Taf. 2. Aufl. (55 S.) 8. Ebd. 906. n. 1. 50

— Kolin—Berlin—Breslau. Gedenkblätter zur 150jähr. Wiederkehr der ruhmvollen Tage v. 1757. (VIII, 91 S. m. Abbildgn.) gr. 8. Wien 908. C. W. Stern. 3. —

— s. a. Trautenau—Custoza—Lissa 1866.

Trautenau-Custoza-Lissa 1866. Hrsg. von Oberlt. Karl **Harbauer**. T. 1. 2. Wien & Leipzig: C. W. Stern 1906. 2 Bde 8° [J.]
Aus: Die militär. Welt. 1906. [06. 16600

Harbauer, Karl, s.: Welt, die militärische.

Harbaugh, Heinrich

--Harbaugh's Harfe. Gedichte in P-isch-Dter Mundart. Phila. 1870.

Harbaugh's, H., Harfe. Gedichte in pennsylvanisch-deutscher Mundart. Hrsg. v. B. Bausmann. gr. 8. (117 S. m. 6 Holzschntaf.) Philadelphia 871. (Schäfer & Koradi.) geb n. 8. —

Harbaugh, Heinrich. Harbaughs Harfe. Philadelphia, 1874.
UC

Harbeck, Ernst [von Partilled bei Gothenburg, Schweden]: I. Vergleichende Untersuchungen über einige Methoden zur Bestimmung des Kohlenstoffes in Eisen. II. Quantitative Scheidung des Aethylens- und Benzoldampfes. III. Ueber die Einwirkung von Kohlenoxyd auf Platin und Palladium. Andelfingen 1897. 65 S. 2 Tafeln. 8°.
Bern, Phil. Diss. 1897/98.

Harbeck, Johs., kurzgef. Lehrbuch d. Volksmedizin. Gesundheitswinke u. Hausrezepte. Anleitg. z. Selbstbehandlg. Auf Grund 20jähr. eig. Erfahrg., unt. Benutzg. d. Schriften tücht. Aerzte verf. 12. (104 S.) Flensburg 898. (Dresden, E. Steyer.) 1. —

****Harberl, J.*** Anleitung zur Berechnung des Wertes der Renten und Lebensversicherungspolicen. St. Pölten 1864.

Harbers, Chr., der Dilettanten-Photograph. Kurze Anleitg. zur Herstellg. photograph. Aufnahmen u. Photographieen. 8. (16 S.) Leipzig 886. (Garte.) n. — 50

Harbers, Chr., e. Fortschritt in der Cigarren-Fabrikation. Die Beseitigg. der Formenarbeit u. die allgemeinere Wiedereinführg. der Handarbeit. Vortrag. gr. 8. (8 S.) Leipzig 884. (Kummer.) n. — 30

Harbers, Paul: Aus dem pathologischen Institute zu Kiel. Zur Lehre von der Übertragung der Tuberkulose auf den Fötus. *Kiel 1898: H. Fiencke.* (37 S.) 8°
Kiel, Med. Diss. v. [12. Apr.] 1898

Harberts, Harbert, üb. Dies u. üb. Das. Kleine Geschichten u. allerhand Plauderkram. 8. (VIII, 152 S.) Reudnitz-Leipzig 883. Rühle. n. 2. —

Harberts, Harbert, Geschichte der Hamburger Cholera-epidemie v. 1892. Nach den Quellen geschildert. gr. 8. (48 S.) Hamburg 892. (Leipzig, Köhling.) n. 1

Harberts, Harbert, der Honoratioren-Tisch in Dingsda. Eine fröhliche Geschichte aus dem Rathskeller. 8. (64 S. m. eingedr. Holzschn.) Hamburg 882. B. S. Berendsohn. n. 1. —

— Clara Horn. Ein Charakterbild ihres Lebens u. Wirkens. Mit e. Sammlg. Portraits nach Orig.-Photogr. v. E. Bieber (auf 1 Bl.). 2. Aufl. 8. (80 S.) Hamburg 884. Günther. n. 3. —; geb. m. Goldschn. n. 4. —

Harberts, H., wilde Ranken. Gedichte. Emden 867. Haynel. 16. (XI, 92 S.) geb. mit Goldschn. n.n. 22½ ngr.

— rothe Rosen. Neue Gedichte. 8. (X, 228 S.) Hamburg 884. J. F. Richter. geb. m. Goldschn. n. 6. —

Aus d. pathol.-anat. Inst. in Kristiania. Untersuchungen über die Häufigkeit, Lokalisation und Ausbreitungswege der Tuberkulose, insbes. mit Berücks. ihres Sitzes in d. Lymphdrüsen u. ihres Vorkommens im Kindesalter von Francis **Harbitz**. Kristiania: J. Dybwad in Komm. 1905. (164 S.) 4°(8°)
= **Skrifter** udg. af Videnskabsselskabet i Christiania. 1904. Math.-nat. Kl. No 8. 05. 1907

Pathologisch-anatomische Untersuchungen über akute Poliomyelitis und verwandte Krankheiten von den Epidemien in Norwegen 1903–1906 von Francis **Harbitz** u. Olaf Scheel. Mit 17 Taf. u. 11 Fig. Christiania: Dybwad in Komm. 1907. (220 S.) 4°(8°)
[illegible] Videnskabs-Selskabet i Christiania. 1907. [illegible] Math.-naturw. Kl. [illegible]

Harboe, C. F. F., dansk-engelsk samt engelsk-dansk Marine-Lexicon, indeholdende Benævnelser paa alt hvad der vedkommer Söväsenet, samt Commando-Ord og Talemaader, som bruges til Söes. (1ste Deel. Dansk-engelsk.) 8. Kjöbenh. 838. Reitzel. n. 1 rtl.

v. **Harboe**, Edr., D Primrose; od. die Reformation im Kerker; aus d. Engl. 8. Altona 818.

Harboe E. G.: Das Erdbeben von Agram am 9. November 1880. U. St. o. A. (15) S. (Særtr.). P.

Harboe E. G.: [Særtryk]. P.
(Erwiderung auf die Bemerkung d. Herrn S e m p e r zu meinem Aufsatz üb. »Vereisung u. Vulkanismus«. (Berl.). 1899. (12) S. – Erdbeben-Herdlinien. 2. Leipz. 1903. (40) S.).

Harboe, Ludw., Nachr. v. d. Schicksalen des Joh. a. Lasco u. s. a. Engl. vertriebn. Gemeine in Dänemark. 8. Koppb. Pelt. 758. -

– Dass., s.a. H a r b o n , Ludwig

— Rede b. d. Confirmat. d. Dän. Kronpr. n. s. Bekenntn. gr. 8. Hamb. Herold. 765. -

— — dies. u. Cramer's Rede. 8. Flensb. Korte. 765. -

Harbolla, Max [pr. Arzt aus Schoppinitz O. S.]: Beitrag zur Frage der direkten Vererbung von Geisteskrankeiten ... Breslau, Druck d. Bresl. Gen.-Buchdr., 1893; 2 Bl., 44 S., 1 Bl., 1 Tab. 8.
Breslau, Med. Fak., Inaug.-Diss. v. 28. Juni 1893

Harbolla, Paul *Alois Anton* [app. Arzt aus Milowice '(Russ.-Polen)']: Die Lupusbehandlung ... Leipzig, Druck v. A. Edelmann, *1893;* 76 S., 1 Bl. 8.
Leipzig, Med. Fak., Inaug.-Diss. v. 31. Juli 1893

Harbon, Ldw., Nachr. von den Schicksalen des Joh. Lasco u. Zwerg's Lebensbeschreib. d. Pet. Palladius rc. 8. Kopenh. 768. Pelt. (Wienbrack in Leipz.) 6 gr

– Dass., s.a. H a r b o e , Ludwig

Harbordt, Adolph (geb. Gladenbach in Hessen-Nassau 22 [illegible]): Ueber Amputation mit Erhaltung des Periostes. Berlin 1867 (30 S.) 8°
Berlin, Med. Diss. v. 2. Aug. 1867

[F.] Aus dem Leben einer Achtzigjährigen. E. Beitr. z. Gesch. d. Christl. Buchhandels v. F. **Harbordt**. *Strassburg i. E.: Schriftenniederlage d. Evang. Ges. 1897.* (24 S.) 1 Bd 8. 98 88

Harbordt. Ferd., Grundriss der Physik f. die höh. Schulen des Deutschen Reiches, s.: Mach, E.

Harbordt, Ferdinand (Laubach)
Das simultane System einer biquadratischen & einer quadratischen bin. Form.
[In: Mathemat. Annalen, Bd 1, 1869.]
Dr. phil. Giessen 18.3.1868.

Harbort, Erich

Harbort, E., die Fauna der Schaumburg-Lippe'schen Kreidemulde, s.a. Abhandlungen der königl. preuss. geologischen Landesanstalt u. Bergakademie. N. F. 45. Hft.

Die Fauna der Schaumburg-Lippe'schen Kreidemulde. Von Dr. phil. E[rich] **Harbort** in Berlin. Mit 11 Taf., 1 Übersichtskarte u. 1 Profil. Hrsg. von d. Kgl. Preuß. Geol. Landesanst. u. Bergakad. Berlin: Kgl. Geol. Landesanst. u. Bergakad. 1905. (112 S.) 4°(8°)
— **Abhandlungen** d. K. Preuß. geol. Landesanstalt. N. F. H. 45. 06. 6403

Harbort (E.). Über die Gliederung des Diluviums auf den Blättern Pillau und Lochstädt. Ber. üb. d. Aufnahmen im J. 1908.
Aus: Jahrbuch d. Kgl. Preuss. Geol. Landesanstalt f. 1908, Bd 29, T. 2, H. 3.

Harbort, Erich, aus Dransfeld: Die Schaumburg-Lippe'sche Kreidemulde. *Stuttgart: E. Schweizerbart 1903.* (S. 59--90.) 8°
¶(Aus: N. Jahrbuch f. Mineralogie etc., 1903, Bd 1.)
Göttingen, Phil. Diss. v. [16. Febr.] 1903

Harbort, E., Probleme der Erzlagerstättengeologie. Auszug u. Referat nach Stelzner-Bergeat, „Die Erzlagerstätten". (43 S.) Lex. 8. Berlin 908. M. Krahmann. 2. —
Sonderabdruck aus: „Ztschr. f. prakt. Geol."

— Über die Verbreitung von Jura, Kreide u. Tertiär im Untergrunde des Diluviums der Umgebg. v. Neustadt a. Rbg. u. Nienburg a. W. (36 S. m. 1 Kartenskizze u. 1 farb. Taf.) Lex. 8. Berlin (N. 4, Invalidenstr. 44) 910. Vertriebsstelle der kgl. geolog. Landesanst. nn 2. —
Sonderabdr. a.: „Jahrb. d. kgl. preuss. geol. Landesanst."

Harbort, Fr., Sozialdemokratie u. Volksschule. gr. 8. (58 S.) Hannover 891. C. Meyer. n. — 80

Harbort, L., u. K. Meyer, Heimatskunde f. die Schulen der Stadt Nordhausen. Als Leitfaden f. den Unterricht in der heimatl. Geographie bearb. 7., verb. Aufl. 8. (56 S. m. 1 eingedr. Karte.) Nordhausen 896. (G. Wimmer.) n. — 40

Harbort, L., Heimatskunde f. die Schulen der Stadt Nordhausen, 8. Aufl. s.: Meyer, Karl.

von **Harbou**, Bodo (Ernst Julius Alb.) (geb. Meiningen 20. 2. 1860): Zur Geschichte des Erysipelas. Berlin (1884). (31 S.) 8°
Berlin, Med. Diss. v. 5. Apr. 1884

Harbou, H. W., Aufzeichnungen über die Familie Harbou, deutsch von M. von Harbou. Mit Stammtfln. 1891.

Die nach uns kommen. Roman von Thea v. **Harbou**. Stuttgart & Berlin: Cotta 1910. 259 S. 8° A 12.1051 II

Weimar. Ein Sommertagstraum. – Tiefurt. Aus d. Memoiren e. Sonnenstrahls. - Belvedere. In e. Vollmondnacht. (Märchendichtung von Thea v. **Harbou**. Bilderschmuck von Horst v. Harbou.) (Weimar: Huschke [1908].) 28 Bl. quer-8°(4°)

Harbrecht, Ph., der Rechtschreibunterricht nach dem neuen Unterrichtsplan der bad. Volksschulen. In Regeln bearb. (24 S.) 8. Bühl 907. Konkordia. — 35

Harburg [Schlagwort]

Harburg, s. a. Deutschland. Uebersichtskarte.

Harburg a/E. Gier, H., Plan der Stadt Harburg a/E. 1:4000. Autogr. u. kolor. 89 × 64,5 cm. Harburg 892. G. Elkan. n. 4. —

— Hoffmeyer, Fritz, kleiner Schulplan v. Harburg. Farbendr. 40 × 26 cm. Harburg 892. G. Elkan. n.n. — 15

Harburg, Umgebung. Hoffmeyer, Fritz, der schönste Theil v. Harburgs Umgegend: Haake, Emme, Kiekeberg u. Rosengarten. Nach amtl. Quellen gezeichnet. 1:20,000. 3. Aufl. 48 × 34,5 cm. Farbendr. Harburg 895. G. Elkan. n. — 50

Harburgi Ichnographia, munitissimae urbis elect. Hannover. cum munimentis vallisque suis accurate delineata. Herausgegeben von M. Seuttern, K. Geogr. in Augspurg. 1 : 2000. 1 Bl.

Harburg, Stadt. Schlütor, Plan d. Stadt Harburg nebst Umgebung. Nach amtl. Unterlagen bearb. im J. 1894. 1:4000. 3 Blatt à 103,5 × 51,5 cm. Lith. u. kolor. Harburg 895. (F. H. W. Reichenau.) n. 5. —; auf Leinw. m. Stäben n.n. 8. 50

— — dasselbe. Kleine Ausg. 1:10,000. 41 × 61 cm. Lith. u. kolor. Ebd. 895. n. 1. —

Harburg [sachl. OW]

Harburg u. die nächste Umgegend: Haacke u. Emme. Rosengarten, Kleckenwald u. Doren. Mit 4 Karten. 12. (52 S. m. 4 Steintaf.) Harburg 885. Dannkwerts. n. 1. —

Harburger, s.: Raub u. Erpressung usw.

Harburger, die Theilnahme an dem Verbrechen, s.: Festgabe für J. J. W. v. Planck.

Harburger, E. Album. Munchen, Braun & Schneider 1882.
60 Bl. Karikaturen. 4°.

Harburger, E., 50 Bilder. (50 Bl.) 28 × 42,5 cm. München (902). Braun & Schneider. Geb. in Leinw. n. 10. —

Harburger, E., s.: Bilder aus dem modernen Leben.

Harburger, Heinr., der strafrechtliche Begriff Inland u. seine Beziehungen zum Völkerrecht u. Staatsrecht. Drei Beiträge zum sogen. internationalen Strafrecht. gr. 8. (VI, 208 S.) Nördlingen 882. Beck. n. 4. —

HARBURGER, Heinrich (Bayreuth): Die remuneratorische Schenkung.- Nördlingen: Beck 1875. IV S., 1 Bl., 113 S.
25.11.1875 - Urk (Titel: De donatione remuneratoria.); Chr 1875/76,13
Diss.Ingolst.-Landsh.-Mchn.

Harburger, d. remunerator. Schenkg. Nördlingen 876.

Harburger, Heinr., Strafrechtspraktikum. Strafrechtliche Fälle, zum akadem. Gebrauche u. zum Selbststudium gesammelt u. bearb. gr. 8. (IV, 148 S.) Stuttgart 892. F. Enke. n. 3. —

— Die Theilnahme an dem Verbrechen aus § 159 R. St. G. B., s. Festgabe zum Doktor-Jubiläum von J. J. W. v. Planck.

Harburger, Heinr.: Die Theilnahme an dem Verbrechen aus § 159 RStGB. durch Anstiftung oder Beihülfe. München 1887.

Harburger I., J., Konkursordnung f. das deutsche Reich, nebst Einführungsgesetz vom 10. Febr. 1877, nebst dem Reichsgesetz vom 21. Juli 1879, betr. die Anfechtg. v. Rechtshandlgn. e. Schuldners außerhalb d. Konkursverfahrens. Textausgabe m. Anmerkgn., den vom Reichsgerichte u. dem k. b. obersten Landesgerichte ausgesprochenen Rechtsgrundsätzen u. Sachregister. 16. (VIII, 113 S.) Nördlingen 884. Beck. cart. n. 1. —

Harburger I., Konkursordnung f. das deutsche Reich u. Einführungsgesetz vom 10. Febr. 1877 m. der Novelle vom 9. Mai 1894 u. den einschläg. Bestimmgn. der die Erwerbs- u. Wirtschaftsgenossenschaften u. die Gesellschaften m. beschränkter Haftpflicht betreff. Reichsgesetze, ferner das Reichsgesetz vom 21. Juli 1879, betr. die Anfechtg. v. Rechtshandlgn. e. Schuldners außerhalb des Konkursverfahrens Textausg. m. Anmerkgn., den vom Reichsgerichte u. dem k. b. obersten Landesgerichte ausgesprochenen Rechtsgrundsätzen u. Sachregister. 2., völlig neu bearb. u. sehr verm. Aufl. gr. 16. (X, 147 S.) München 894. C. H. Beck. Kart. n. 1. 40

Harburger, J., Konkursordnung f. das Deutsche Reich u. Reichsgesetz, betr. die Anfechtung v. Rechtshandlgn. e. Schuldners außerhalb des Konkursverfahrens, in der Fassg. der Bekanntmachg. des Reichskanzlers vom 20. V. 1898. Handausg. m. Erläutergn. 8. (VII, 222 S.) München 900. C. H. Beck. Geb. in Leinw. n. 2. 40

Harburger, J., Konkursordnung f. das Deutsche Reich u. Reichsgesetz, betr. die Anfechtg. v. Rechtshandlgn. e. Schuldners außerhalb des Konkursverfahrens, in der Fassg. der Bekanntmachg. des Reichskanzlers vom 20. V. 1898. Handausg. m. Erläutergn. 2., neubearb. Aufl. (VIII, 262 S.) 8. München 907. C. H. Beck. Geb. in Leinw. n. 2. 50

Harburger, J., s. **Massecheth Derech.**

Harburger, J. [Rechtsanwalt]: Über den Begriff anfechtbare Rechtshandlung und die Anfechtung der Unterlassungen des Gemeinschuldners nach deutschem Konkursrechte. Berlin, W. Moeser Hofbuchdr., 1880; 51 S. 8°.
Erlangen, Jur. Fak., Inaug.-Diss. v. 1880.

Harburger, J., über den Begriff anfechtbare Rechtshandlung und die Anfechtung der Unterlassungen des Gemeindeschuldners nach deutschem Konkursrechte. Diss. Erlangen 1886, Th. Blaesing. 8°. 51 S.

HARBURGER, Isidor (Bayreuth): Das constitutum possessorium im römischen und heutigen Rechte. Ein civilistischer Versuch.- Erlangen: Jacob 1881. 3 Bl.,88 S.
8.3.1881 - Urk (Titel: De constituto possessorio.); Chr 1880/81.13
Diss. Ingolst.-Landsh.-MCHN.

Harburger, Isidor, das constitutum possessorium im römischen u. heutigen Rechte. Ein civilist. Versuch. gr. 8. (V, 88 S.) Erlangen 881. Deichert. n. 2. —

Harburger-Album. gr. 4. (60 Holzschntaf. m. eingedr. Text.) München 882. Braun & Schneider. geb. n. 5. 50

Harburger Schweiz [Schlagwort]

Harburger Schweiz. Lohmann, W., Touristenkarte von der Harburger Schweiz (Haake, Emme, Rosengarten). 2. Aufl. 39,5×48 cm. Farbdr. Harburg (902). G. Elkan. — 60

Harburger Schweiz. Lohmann, W., Touristenkarte v. der „Harburger Schweiz" (Haake, Emme, Rosengarten). 1 : 25,000. 4. Aufl. 39,5×48 cm. Farbdr. Harburg (905). G. Elkan. — 60

Harburger Schweiz. Lohmann, W., Touristenkarte v. der „Harburger Schweiz" (Haake, Emme, Rosengarten). 1 : 25,000. 5. Aufl. 39,5×48 cm. Farbdr. Harburg (908). G. Elkan. — 60

Harck, s.: Bestimmungen, d. russischen, üb. Nachtmärsche u. Nachtgefechte.

Harck, Fritz [Ludwig] [von Leipzig]: Das Original von Dürers Postreiter. Ein Beitrag zu der Frage nach dem Meister W. ([S. A. aus:] Mitth. d. Instituts f. ö. G. I [S. 579–605]). Innsbruck H. Wagner 1880. 1 Taf., 27 S. 8°.
Zürich. Phil. Diss. [v. 24. Juli 1880].

Harcke, August Friedrich Wilhelm (Braunschweig), Cogitata quaedam de lactatione infantum. Diss. med. Jena (Mauk) 15. XI. 1794. 40 S. (6.—) 13108

[Gedicht.] Dem Hochfürstl: feyerlichen acht und sechzigsten Geburts-Tage Sr: des Herrn Herrn Herzogs Ferdinand von Braunschweig Lüneburg Hochfürstl: Durchl: Zur unterthänigsten verehrungsvollesten Verpflichtung von J. W. Harcken. Hamburg, auf den 12. Jan. 1789. [Hamburg 1789]: C. Müller. 2 Bl. 2° [Umschlagtit.]
Kl. 1768. „Durchlauchtigster Herzog! O Bester der Fürsten!"

Harcourt, Amalie, u. Louise Darrington, a. d. Engl. s. Lpz. Schwickert. 778.

d'Harcourt, Madame, geb. Gräfin Saint-Aulaire, Madame la duchesse d'Orléans, s. Orléans.

— Helene Herzogin v. Orleans, s. Helene.

HELENE, Herzogin von Orleans, Prinzessin von Mecklenburg-Schwerin. Ein Lebensbild. Aus d. Französ. (der Comtesse *d'Harcourt*, née Comtesse *Saint-Aulaire*). Berlin 1859.
Anon.-Lex. V. p. 154 (nach Kayser).

— — Aus dem Französ. von Maria v. F. Berlin 859. F. Schneider. 8. (149 S.) 20 ngr.

— — 2. Aufl. Ebend. 859. 8. (142 S. m. lith. Portr.) 20 ngr.

— — 3. Aufl. Mit Portr. der Herzogin v. Orleans in Stahlst. Ebend. 859. 8. (150 S.) 20 ngr.; geb. 26 ngr.

d'Harcourt, Madame, geb. Gräfin Saint-Aulaire, die Herzogin von Orleans, Helene von Mecklenburg-Schwerin. Ein Lebensbild. Aus dem Französ. Berlin 859. J. Springer. gr. 8. (1 Bl., 121 S.) 20 ngr.; Velinp. 1 ₰

German for beginners. A reader a. grammar by L. **Harcourt.** 2. ed. revis. a. enlarg. *Marburg: N. G. Elwert 1898.* (XII, 202 S.) 1 Bd 8. [98. 7994 Ma

Harcourt, L., German for beginners. A reader and grammar in 2 parts. 4. and 5. ed. 8. Marburg, N. G. Elwert's Verl. 2.70; geb. 3. 60
I. (VII, 151 S.) 8. 909. 1.20; geb. 1. 60
II. Deutsches Lesebuch f. Ausländer. (VII, 230 S. m. 20 Abbildgn.) 910. 1.50; geb. 2. —

Deutsches Lesebuch für Ausländer nebst Grammatik u. Übungen von L. **Harcourt**. Mit 20 Bild. Marburg: N. G. Elwert 1907. (VI, 220 S.) 8° [F.]
[07. 8305 4

— Deutsches Lesebuch f. Ausländer nebst Grammatik u. Übungen. 2. Aufl. (VI, 230 S. m. 20 Abb.) 8. Ebd. 910. 1.50; geb. 2. —

Harcz, a török-orosz, európai és azsiai szinhelyének részletes leirása, történet bevezetéssel és az egész harcztért ábrázoló térképpel. gr. 8. (37 S. mit 1 lithogr. Karte in qu. Imp.-Fol.) Wien 854, [Wallishausser's Hoftheater-Druckerei.]

Harosyk, Ignaz [Prof. Dr.]: Erläuterungen zu Racines Phädra. (Th. 1.) Breslau, Druck v. Graß, Barth & C., 1897; 1—42 S. 4.
Breslau, st. Johannes-G, OP 1897 (182)

Harosyk, Ignaz: Erläuterungen zu Racines Phädra. ((n. T.)) *Breslau 1898: Graß, Barth & C.* (1—24 S.) 4° ¶(Fortsetzung d. P-Beilage 1897.)
Breslau, st. Johannes-G, OP 1898 (185)

Beichte einer Gefallenen von Hedwig **Hard**. Mit e. Einl. von Hans Ostwald. 3. u. 4. Taus. Berlin: F. Ledermann 1906. (215 S.) 8° [F.] 08. 3303 11

Beichte einer Gefallenen von Hedwig **Hard**. Mit e. Einl. von Hans Ostwald. 5. u. 6. Taus. Berlin: F. Ledermann 1906. (215 S.) 8° [F.] 07. 12340

Hard, Hedw., Beichte einer Gefallenen. Mit e. Einleitg. v. Hans Ostwald. 7.—10. Taus. (215 S.) 8. Berlin 906. 09. Dr. F. Ledermann. 3.—; geb. 4. —

Hard, Hedw., Beichte einer Gefallenen. Mit e. Einleitg. v. Hans Ostwald. 1.—6. Taus. (à 215 S.) 8. Berlin 906. Dr. F. Ledermann. n. 3. —; geb. n. 4. —

— Die im Schatten gehen. (269 S.) 8. Berlin (907). Hesperus-Verlag. 3.—; geb. 4. —

Hedwig **Hard**. Die im Schatten gehen. Berlin: G. Riecke Nachf. [1907]. (264 S.) 8° [F.] 07. 10776

Hedwig **Hard**. Die im Schatten gehen. 2. Aufl. Berlin: G. Riecke Nachf. [1907]. (269 S.) 8° [F.] 08. 8866 11

— Tagebuch e. anständigen Frau. (134 S.) 8. München 909. A. Langen. 2.—; geb. 3. —

Hard, K., s. Lahard.

Hard, K. de la, Abel. v. Hanse. 8. Prag, Schönfeld. 785.

Hardcastle, C. B., Aufgaben zum Übersetzen aus dem Deutschen ins Englische als Übungsstoff f. Schüler höh. Klassen u. als Vorbereitung f. das Examen. (Mit Wörterverzeichnis.) 8. (III, 49 S.) München 899. J. Lindauer. n. —70; kart. n. —80; Schlüssel nur f. den Gebrauch des Lehrers. (43 S.) n.n.n. 1. —

Hardebeck, C[arl]: Ueber das Verhalten einiger Legierungen zum Gesetze von Wiedemann und Franz. 1909. 40 S., 1 Tab. 8°
Aachen, Dr.-Ing.-Diss. v. 11. 5. 1909

Hardebeck, Wilh., Beschreibg. d. Kirchen im Kreise Bersenbrück. gr. 8. (IV, 169 S m. 16 Taf.) Ankum 888. Selbstverl. 1. —

Hardebeck, Wilh., Beschreibung der Kirchen im Kreise Bersenbrück. gr. 8. (168 S. mit 10 Taf.) Quackenbrück 888, (Nackhorst'sche Buchh.) * 2 —

Hardebeck, Wilh., Uebersicht u. Beschreibung der früh- u. vorgeschichtlichen Erd- u. Steindenkmäler usw. im Kreise Bersenbrück, s. a. Mitteilungen des Vereins für Geschichte u. Alterthumskunde des Hasegaus. 1. Hft.

Übersicht und Beschreibung der früh- u. vorgeschichtlichen Erd- und Steindenkmäler, Leichenfelder, Urnenfriedhöfe, Landwehren, Ringwälle und Ansiedelungsplätze im Kreise Bersenbrück. Von Wilh. **Hardebeck**. 2. Aufl. *Lingen 1902: R. van Acken.* (51 S.) 8° [F.]
— **Mitteilungen** d. Vereins f. Geschichte u. Altertumskunde d. Hasegaus. H. 1. 2. Aufl. 03. 8415

Hardeck, v. Ursachen, warum die Unterthanen so verderbt, die herrschaftliche Intraden und Accise verringert worden. 4°. 1718.

Hardeck, George Christoph von: „Die entlarvte Masque, oder eröffnete wahrhaffte Ursachen, warum biss anhero in vielen Königreichen, Chur- und Fürstenthumern auch anderer grosser Herren Ländern, die armen Unterthanen so verderbet, die Gerechtigkeit sehr schlecht verwaltet . . . . und alle . . . . ausgegangene Patente, Edicte und Ordnungen den geringsten Nutzen nicht gehabt . . . auch wie grosse Herren solchen harten Gebrechen auff leichte, gerechte und allezeit beständige Art, ohne alle andere vormahls dazu gebrauchte Mittel, in Zukunfft vollkommen abhelffen können", o. O. 1718. — Vorh.: Bibl. des Oberlandesgerichts Celle — (an Ah. 217).

Hardeck, J., s. a. Bemerkk. über d. Proceß-Ordnung ꝛc.

(Hardeck, J.:) Bemerkk. üb. d. Process-Ordn. f. d. Untergerichte d. K. Hannover. *Hildesheim*, Gerstenberg. 828. 8. (6 Gr.)

Hardeck, J., über das Justizwesen im Königr. Hannover, s. Zeitung, juristische. 8r Jahrg. Ergänzungsheft. Nr. 17.

(Hardeck, J.,) über d. Proceß-Ordnung f. d. Untergerichte d. Königr. Hannover, s. Bemerkungen ꝛc.

— über das Hildesheimische Stadtrecht. gr. 8. Hildesheim 835. Gerstenberg. 3/4 ℛ

Der Fahnenträger von St. Privat. Eine wahre Begebenheit aus d. deutsch-franz. Kriege. Erzählt von Maximilian **Hardeck**. Dresden: Dresdner Roman-Verl. 1906. 32 S. 8°
(Der Krieg. Bd 1.) 09. 18605

Hardege, Heinrich Zacharias (Wernigerode), Cogitata quaedam de incertitudine experientiae medicae. Diss. med. Jena (Prager & Co.) 6. I. 1801. 23 S. (5.50) 13109
Gew.: Christ. Wilh. Hufeland.

Hardegen, Frdr., Imperialpolitik König Heinrichs II. v. England, s. a. Abhandlungen, Heidelberger, zur mittleren u. neueren Geschichte. 12. Hft.

Hardegen, Friedrich, a. Barmen: Imperialpolitik König Heinrichs II. von England. Abschnitte 1—7. (Heidelberg: C. Winter 1905.) (38 S.) 8° [F.] ¶(Ersch. vollst. als: Heidelberger Abhandlungen z. mittleren u. neueren Geschichte, H. 12.)
Berlin, Phil. Fak., Ref. Schäfer, Tangl, Diss. v. 22. Juli 1905
[Geb. 13. Okt. 82 Barmen; Heimatsort: Berlin; Staatsangeh.: Preußen; Vorbildung: Gymn. Barmen Reife O. 01; Studium: Lausanne 2, Bonn 1, Berlin 5 S.; Rig. 2. März 05.]

Hardegg, Ausführungen zum Entwurf eines Gesetzes betreffend die Abänderung der Gewerbeordnung. Sonderdruck. (47 S) Tubingen 1908

Hardegg. Bericht über die Kriegs-Übungen der Kgl. Württemb. Truppen im Spätjahr 1830. Stuttgart (1830) 8°

Hardegg: Geschichte des 3. Württemb. Inf.-Reg. Nr. 121. 1716–1861, s. Schempp, v.

Hardegg, Dominik Graf, Einiges über die derzeitigen Verhältnisse der Landespferdezucht in Nieder-Oesterreich. gr. 8. (36 S.) Wien 877. (F. Beck.) n. 1. —

— über **Pferdezucht.** Vortrag, gehalten am 9. März 1880. [Aus: „Oesterr. Ztschr. f. Hippologie u. Pferdezucht".] gr. 8. (IV, 26 S.) Ebend. 880. n. 1. 60

Hardegg, E., Bibel-Gerbstoff in Pillen! Ein geistl. Gesundheitsmittel, besonders wirksam gegen Unglauben u. sittl. Fäulnis. 8. (163 S.) Jaffa 887. (Stuttgart, J. F. Steinkopf.) n. 1. 60

BIBEL. — Hardegg, E., Bibel-Gerbstoff in Pillen! (A. d. Stadt Simons d. Gerbers.) Jaffa 1891. Selten! (1 Mk. Wilh. Scholz, Brnschw., 1896.)

Hardegg, E., s.: **Evangelium,** d. ewige.

Hardegg, E., Aus der Stadt d. Tabea. Germania stehe auf! (177 S.) Stuttgart 1889. Steinkopf.

Hardegg, E., „Stehe auf, Petre, schlachte u. iß!" Mahlzeiten f. die Brautgemeinde. 8. (442 S.) Jaffa 893. (Stuttgart, J. F. Steinkopf.) Kart. n. 3. —

Hardegg, G., Arbeitnehmer- u. Arbeitgeberverbände. 2 Vorträge, geh. am 22. II. u. 1. III. 1905 im württ. Goethebund. (76 S.) 8. Stuttgart 905. K. Wittwer. n. 1. 50

— **aus der deutschen Gewerkschaftsbewegung Vortrag, geh. am 5. III. 1908 im württ. Bezirksverein deutscher Ingenieure. (40 S.) gr. 8. Ebd. 908.** n. — 80

Hardegg G. Techn. Hochschule u Gewerbeinspektion. (5 S) 4° Stuttgart 1901

Hardegg, G. D., das ewige Evangelium oder die Mittel zur Lösung der socialen Frage. Versuch eines Programms für die Freunde Jerusalems in Europa, Asien u. Amerika. Stuttgart 866. (Schober.) gr. 8. (III, 71 S.) **n. 10** *ngr.*

Hardegg, Johann Georg (Ludovicopolitanus), De fungo articulari. Diss. chirurg.-med. Präs. Gottlieb Conr. Christian Storr. Tübing. (Fues) Sept. 1792. 36 S. (6.—) 13110

Hardegg, Julius v.

Hardegg, J. v., s. **Anleitung** zum Studium der Kriegsgeschichte.

Hardegg, J., Anleitung zum Studium der Kriegsgeschichte. 2. verm. Auflage. 3 Theile. Darmstadt 1868—76. 8.

v. **H(ardegg), J.** Anleitung zum Studium der Kriegsgeschichte. Zweite verm. und verb. Aufl. der „Vorlesungen über Kriegsgeschichte", fortgesetzt von Th. v. Troschke. M. Krt. Pl. u. Holzschn. 3 B. (1973) 8. Darmstadt 1868–78. 45,30

Hardegg, Julius v., württembergischer General-Lieutenant etc. und Th. Freih. v. **Troschke,** königl. preuss. General-Lieutenant z. D. etc. Anleitung zum Studium der Kriegsgeschichte. Ergänzungsbd. 4. Hauptabschnitt von 1866 bis 1880. (Auch unter dem Titel: „Geschichte der Kriege der Neuzeit. Als Anleitung zu deren Studium bearbeitet von ..... Ergänzungsbd. Beispiele aus dem deutsch-französischen Kriege von 1870—1871 und dem russisch-türkischen Kriege von 1877–1878 bearbeitet von **K. Endres,** Major und Abtheilungs-Kommandeur im königl. bayer. 3. Feldartillerie-Reg. etc.") (Mit Fig., Plänen und Karten.)
8. Darmstadt und Leipzig **1894**–(**1897**).

Hardegg, J. v., die Belagerung von Sebastopol, s. **Belagerung,** die.

Belagerung von Sebastopol im Jahre 1854/55 nach „Journal des opérations du génie etc." des Gen. Niel. (Von J. v. Hardegg.) Mit 1 Bl. Stuttgart 1859. 92 S.

Dass. Ausz. deutsch u. d. T.: Die Belagerung von **Sebastopol 1854/55,** (von J. v. **Hardegg**). Stuttgart **1859.** 8°.

H(ardegg), J. v. Generalstabswissenschaft. 3. Aufl. Stuttgart 1865. 8°. (1. Aufl. 1854.)

Hardegg, J. v., Grundzüge einer Anleitung zum Studium der Kriegsgeschichte, s. **Grundzüge.**

H(ardegg), J. v. Grundzüge einer Anleitung zum Studium der Kriegsgeschichte, zum Zwecke des Unterrichtes im königlich württembergischen General-Quartiermeisterstab. Mit 9 synchronistischen Uebersichten. 8. Stuttgart 1851.

Hardegg, Jul. de, science de l'état-major-général. Esquisse d'un cours. Traduction par D. Dekeuwer. Paris 856. (Stuttgart, Aue.) 16. (XXI, 321 S.) n. 1 ₰ 18 *ngr*

Hardegg, J. v., **Skizze eines Vortrages über Generalstabswissenschaft,** s. **Skizze.**

Hardegg, J. v. Skizze eines Vortrages über Generalstabswissenschaft. Mit 1 Nachtr. Stuttgart 1854. 340 S.
— — 3. verm. u. verb. Aufl. u. d. T.: Generalstabswissenschaft. Stuttgart 1865. 427 S.

— **Vorlesungen über Kriegsgeschichte,** s. **Vorlesungen.**

(Hardegg, J. v.) Vorlesungen über Kriegsgeschichte. T. 1—3. Stuttgart 1852—62. 8°.
Dass u. d. T.: Anleitung zum Studium der Kriegsgeschichte. 2. Aufl. Bd 1—3. (Mit) Erg. Bd von Enders. Leipzig 1868—94.
Dass. Erg. Bd. 1897.

— — Vorlesungen über Kriegsgeschichte. 1. Th. von 550 v. Chr. bis 1350 n. Chr. Mit 40 in den Text eingedruckten Figuren u. Holzschnitten u. 9 angehängten Lithographien. 2. Th. von 1350—1790 mit 43 in den Text eingedruckten Figuren u. Holzschnitten u. 7 angehängten Lithographien. (2 Bde.)
8. Stuttgart 1852—1856.

— — Vorlesungen über Kriegsgeschichte. Fortgesetzt mit Einwilligung des Verfassers von M. **Biffard.** 3. Th. von 1790—1860 mit 30 in den Text eingedruckten Figuren u. Holzschnitten u. 9 angehängten Lithographien. 8. Darmstadt und Leipzig 1862.

Hardegg, Max Eug. Graf, meine praktischen Erfahrungen mit dem Kunstdünger. Eine landwirthschaftl. Studie. gr. 8. (21 S.) Wien 888. (Frick.) n. 1. —

Hardegger, Augustin. Kurzer bricht was sich uf der burg Waldegg bi Schönenwegen erouget und erloffen hat. Sinen fründen und bekannten zum nüwen jar, da man zalt nünzechenhundert und darnach drü jar zuogaignet durch Augustinum Hardegger. [Illustriert.] 16 S. 8. ([St. Gallen,] truckery der « Ostschweiz », 1903.)

(H[ardegger], A[ugust].) Die Frauen zu St. Katharina in St. Gallen. Mit [Illustrationen und] einer Tafel. Njbl. Hist. Ver. St. Gallen. 4. St. Gallen 1885.

— s.: Kunstschätze d. Kirchen v. Disentis & Umgebung.

Hardegger, Aug. Mariaberg bei Rorschach. Hrsg. vom histor. Verein in St. Gallen. gr. 4. (63 S. m. Abbildgn. u. 2 Taf.) St. Gallen 891, Huber u. Comp. * 2 —
—— dass. — s. Neujahrsblatt d. histor. Vereins in St. Gallen.

Mariazell zu Wurmsbach von August Hardegger. Mit 2 Taf. u. zahlr. Textill. St. Gallen: Fehr 1908. 63 S. 4°
(Neujahrsblatt d. Hist. Vereins in St. Gallen 1908.) (09. 1596

Hardegger, August. Mariazell zu Wurmsbach. Mit zwei Tafeln und zahlreichen Textillustrationen. ([Nebst:] St. Galler Chronik für ... 1907 [sowie:] St. Gallische Literatur aus ... 1907.) II + 64 S. 4. St. Gallen, Zollikofer & Cie., 1908. [fr. 2. 40]
(Neujahrsblatt.) Hrg. vom Historischen Verein des Kantons St. Gallen.

Hardegger, A[ugustin]. Die Pfarrei St. Gallen. Zwei Vorträge, gehalten in St. G' im städtischen Katholikenverein. 72 S. 8. St. Gallen, Buchdr. der «Ostschweiz», 1901. [fr. —. 50]
(1. Das religiöse Leben in St. Gallen vor der Reformation. — 2. Joachim Vadianus.)

St. Johann im Turthal. Von August Hardegger. M. 2 Taf. Hrsg. v. histor. Ver. in St. Gallen. *St. Gallen: Fehr 1896.* (58 S., 1 Kt., 1 Taf.) 1 Bd 4.
— Neujahrsblätter d. histor. Vereins in St. Gallen. 1896. (96. 1409

Hardegger, Aug., die Cistercienserinnen zu Maggenau, | s.a. Neujahrsblatt, St. Gallisches.

Hardegger, August. Die Cistercienserinnen zu Maggenau. Mit [1 Karte und] einer Tafel. Njbl. Hist. Ver. St. Gallen. 4. St. Gallen 1893.

Hardegger, J., Alt- und Neugriechisch. St. Gallen 1864.
Progr.

Hardegger, Jacob [prakt. Arzt von Gams (Ct. St. Gallen)]: Faltungsgesetz der Ohrmuschel. Buchs, St. Gallen 1900. 33 S. 1 Taf. 8".
Zürich. Med. Diss. 1899/1900.

Hardegger, J[oseph]. und Wartmann. H[ermann]. Der Hof Kriessern. St. Gallen 1878 s. Gemeindearchive. St. Gallische G.-A. [Band 1.]

Hardegsen [Schlagwort]

Hardegsen, s.: Geologische Karten. Karte (Preussen).

Hardeland, Antwort auf den Vortrag des sozialdemokrat. Wanderredners u. früheren Pastors Herrn Stern aus Berlin üb. das Thema: Gibt es e. Gott?, in der sozialdemokratischen Versammlung am 10. X. 1906 sowie im Familienabend d. ev.-luth. Kirchgemeinde Zittau am 23. X. 1906 kurz mündlich u. nun schriftlich etwas ausführlicher gegeben. 2. Aufl. (28 S.) 8. Zittau 906. R. Menzel Nachf. — 30

— Goethe in seinem Faust e. Zeuge f. die Wahrheit des Evangeliums wider das Geschlecht unserer Tage. Volkstümlicher Vortrag, geh. in den „Kronensälen" in Zittau. 2. Aufl. (26 S.) 8. Ebd. 908. — 40

— Können die Gottesleugner unserer Tage wie Horneffer u. Stern sich m. Recht auf die großen Denker aller Zeiten, insbes. auf Schiller u. Goethe berufen? 3 volkstüml. Vorträge: 1. Schiller, in seinen Gedichten e. Rufer zum himml. Frieden, 2. Schiller, in seinen Dramen ein Prediger auf der Bühne, 3. Goethe, in seinem Faust ein Zeuge f. die Wahrheit des Evangeliums wider das Geschlecht unserer Tage, geh. in den Kronensälen in Zittau. (69 S.) gr. 8. Ebd. 906. 1. 25

Hardeland, die erste Predigt in der wiederhergestellten St. Michaelis-Kirche am 6. S. n. Tr., d. 19. Juli 1857. Hildesheim 857. Gerstenberg in Comm. 8. (22 S.) 3 ngr

—— die letzte Predigt in der St. Martini-Kirche am Sonntage Misericordias Domini den 26. April 1857. 8. (23 S.) Hildesheim 857, Gerstenberg'sche Buchh.

— Häckels Welträtsel, die „Bibel der Sozialdemokratie", im Lichte der Wissenschaft. 3. u. letzte Antwort auf die Gotteslästergn. des sozialdemokrat. Agitators Pastor a. D. Stern, des gelehrigen Schülers Häckels. (28 S.) 8. Ebd. 907. — 30

Hardeland, Antwort. — Goethe in seinem Faust. — Können die Gottesleugner &c. — Haeckels Welträtsel. Jetzt: Leipzig, M. Koch.

[F.] Hardeland, Adolf [Dr., Referendar in Hildesheim]: Die Behandlung der Geisteskranken im Privatrecht ... (Aus: Jhering's Jahrb. f. d. Dogmat. d. bürgerl. Rechts, Bd XXXVII. 2. F. 1.) Jena, G. Fischer, 1897; 2 Bl., 95—190 S. 8.
Erlangen, Jur. Fak., Inaug.-Diss. v. 1897

Geschichte der speciellen Seelsorge in der vorreformatorischen Kirche und der Kirche der Reformation. Von August Hardeland, Superintend. zu Uslar. (In 2 Hälften.) ... *Berlin: Reuther & Reichard 1897. 98.* (4 Bl., 532 S., 1 Bl.) 1 Bd 8. (98. 3803

Hardeland, Aug., die schrift- u. bekenntnismäßige Lehre vom heil. Abendmahl im Gericht der neuesten Kritik, s: Verhandlungen der 62. Pfingstkonferenz zu Hannover.

Pastoraltheologie. Gedanken u. Erwägungen aus d. Amt f. d. Amt. Von August Hardeland, Superint. Leipzig: A. Deichert Nachf. 1907. (488 S.) 8° [F.] (06. 11920

Hardeland, Aug., Versuch einer Grammatik der Dajackschen Sprache, s. Versuch.

— dajacksch-deutsches Wörterbuch, s. Wörterbuch.

Hardeland, Otto, Andenken an d. Tag d. Konfirmation. Konfirmationsreden. 8. (V, 55 S.) Leipzig 896. A. Deichert Nachf. n. — 70

-- d. unterrichtl. Behandlg. d. 6. Gebotes in d. Schule u. im Konfirmandenunterrichte. [Aus: „Pastoralblätter f. Homiletik rc."] gr. 8. (21 S.) Leipzig 898. Fr. Richter. n. — 40

Hardeland, Otto, Paul Gerhardt, der liebliche Sänger unserer Kirche. Ein Erinnerungsblatt, zur Feier seines 300jähr. Geburtstages f. jung u. alt geschrieben. (48 S. m. 1 Bildnis.) 8. Leipzig 907. F. Jansa. n. — 20

Hardeland, Otto, Geschichte der lutherischen Mission, s.: Plitt.

— Grabreden. (96 S.) gr. 8. Ebd. 906. n. 1. —; geb. n. 1. 60

— Dr. theol. Julius Hardeland, Missionsdirektor der evang.-luther. Mission zu Leipzig von 1860—1891. (40 S. m. 5 Abbildgn.) gr. 8. Leipzig 905. Verlag der ev.-luth. Mission. n. — 30

— 52 Konfirmandenstunden. Ein Handbuch f. Geistliche, nach d. Verf. Leitfaden f. d. Konfirmandenunterricht bearb. gr. 8. (XI, 377 S.) Ebd. 898. n. 5. —; geb. n. 6. —

Hardeland, Otto, 52 Konfirmandenstunden. Ein Handbuch f. Geistliche, nach des Verf. Leitfaden f. den Konfirmandenunterricht bearb. 2. durchgeseh. Aufl. gr. 8. (XVI, 404 S.) Dresden (902). F. Richter. n. 4. —; geb. in Leinw. n. 4. 80

Hardeland, Otto, Lebensbrot f. jeden Tag des Jahres im Anschluß an die kirchl. Perikopen der Hausgemeinde dargeboten. (IV, 404 S.) 8. Wismar 910. H. Bartholdi. Geb. in Leinw. 2.75; in Ldr. 5. —

Hardeland, Otto, Lebensbrod. Jetzt: Leipzig, M. Koch. Geb. in Leinw. 2.75; in Leder 5.50.

— Leitfaden f. den Confirmanden-Unterricht. Kurze Sätze zur Erklärg. d. kleinen Katechismus Mart. Luthers m. Berücksicht. der f. die sächs. Volksschulen zum Memoriren vorgeschriebenen Sprüche u. Lieder. 5., neubearb. Aufl. gr. 8. (32 S.) Leipzig 891. J. Naumann. n.n. — 25

— Leitfaden f. den Konfirmandenunterricht. Kurze Sätze zur Erklärg. des kleinen Katechismus D. Martin Luthers m. Berücksicht. der bekanntesten Sprüche u. Lieder. 29. durchgeseh. Aufl. (36 S.) 8. Leipzig (906). J. Naumann, Verl. n.n. — 25

— Wilhelm Löhe. Ein Gedenkblatt zum 21. II. 1908. (32 S. m. 1 Bildnis.) kl. 8. Leipzig 908. F. Jansa. n — 20

— Schiller, e. Rufer zum himmlischen Frieden. Predigt, geh. am Sonntag Jubilate, 14. V. 1905, in der Kirche zu St. Petri u. Pauli in Zittau. (16 S.) 8. Dresden 905. C. L. Ungelenk. n. — 20
Sonderabdruck aus: „Pastoralblätter f. Homiletik usw."

— was können wir thun, damit der Tag der Konfirmation den uns anvertrauten Kindern e. Tag des Segens werde? Konferenzvortrag. gr. 8. (20 S.) Leipzig 899. Ebd. n. — 30
Sonderabdruck aus: „Pastoralblätter f. Homiletik rc."

Das Bad der Wiedergeburt. Von Th[eodor] Hardeland, Pastor zu Lüneburg. *Hannover, Berlin: C. Meyer 1902.* (40 S.) 8° [F.] [03. 1064 7]

[F.] Die katechetische Behandlung des kleinen Katechismus D. M. Luthers im Geiste seines Verfassers in ausgeführten Unterredgn v. Theodor Hardeland, Pastor in Lüneburg. *Berlin: Reuther & Reichard 1899.* (V S., 1 Bl., 320 S.) 1 Bd 8.

Hardeland, Th., die Evangelisation m. bes. Rücksicht auf d. Heiligungsbewegung. gr. 8. (55 S.) Leipzig 898. A. Deichert Nachf. n. — 60

[F.] Evangelisationsfragen, in lutherischem Sinne erwogen v. Theodor Hardeland, Pastor in Lüneburg. *Leipzig: A. Deichert 1899.* (2 Bl., 184 S.) 1 Bd 8.

Biblische Fragen. Den religionsgeschichtl. Volksbüchern gegenüber erwogen von Th[eodor] **Hardeland**, Pastor. Hannover: H. Feesche 1907. (45 S.) 8° [F.] [08. 4239 7]

— die Heilsarmee nach Geschichte, Wesen u. Wert, s.a. Zeitfragen d. christl. Volkslebens.

[F.] Die Heilsarmee nach Geschichte, Wesen und Wert. Von Theodor Hardeland, Pastor in Lüneburg. *Stuttgart: Ch. Belser 1898.* (34 S.) 8. = Zeitfragen d. christlichen Volkslebens. Bd 23. H. 6.

Hardeland, Thdr. Der kleine Katechismus D. Martini Lutheri f. die gemeine Pfarrherrn u. Prediger, nach Luthers Schriften ausgelegt u. m. Auszügen aus Luthers Schriften versehen. gr. 8. (VI, 230 S.) Gött. 889. Vandenhoeck u. Ruprecht. * 3 60

Leitfaden zu Luthers kleinem Katechismus von Theodor Hardeland, Pastor in Lüneburg. *Berlin: Reuther & Reichard 1900.* (60 S.) 8° [F.]

Harden, Arthur [aus Manchester (England)]: Ueber das β Nitrosoα-naphtylamin. Erlangen, Druck d. Univ.-Buchh. v. E. Th. Jacob 1888; 25 S. 8°
Erlangen, Phil. Fak., Inaug.-Diss. v. 1888

Harden, Arth., d. Entstehg. d. Dalton'schen Atomtheorie in neuer Beleuchtg., s.: Roscoe, Henry, E.

Harden, Gisela, Blätter im Winde. Gedichte. (172 S.) kl. 8. Leipzig 908. Verlag f. Literatur, Kunst u. Musik. 3.—; geb. n 4. —

Referat zu dem Punkt 2 der Tagesordnung des gemeinsamen Logentages in Eisenach am 12. Mai 1901. [Unterz.:] J. Heinr. W. Harden. [o. O. 1901.] 7 S. 8° [Kopftit.]
Aus: HZC. 85 (1901—1902) S. 27—33.
Betr. Aufstellung gemeinsamer deutscher Bezeichnungen für frmrische Funktionen u. Begriffe.

Harden, Max, s. Harden, Maximilian

Harden, Maximilian [Pseud.]
[Pseud. auch Apostata]
[d.i. Felix Ernst Wittkowski]

Harden, Max., Apostata. 1.—3. Aufl. [1. 6. Tausd.] gr. 8. (VI, 209 S.) Berlin 892. G. Stilke. n. 2. —

— dasselbe. Neue Folge. 1.—3. Taus. 8. (VII, 212 S.) Ebd. 892. n. 2. —

Harden, Max., Apostata. 2 Thle. 8. Berlin, G. Stilke. à n. 2. —
1. 5. Aufl. 10. Taus. (VI, 209 S.) 892.
2. 3. Taus. (VII, 212 S.) 893.

Harden, Max, Berlin als Theaterhauptstadt. 8. (46 S.) Berlin 888, F. und P. Lehmann. * 1 —

Harden, Max., Johanna Bismarck, s.: Hahn, B., Barzin.

— Köpfe. 4. Aufl. (VII, 465 S. m. Bildnis.) 8. Berlin 910. E. Reiss. 5.—; geb. 6.50; in Halbldr. 7.50; in Ldr. 9.—

Maximilian Harden. Köpfe. T. 1. 2. Berlin. Reiss 1910 11. 8°
1. 6 Aufl. 1910. 2. 8. Aufl. 1911. A 12. 11607

Maximilian Harden. Köpfe. 13. Aufl. Berlin: Reiss 1910. 465 S. 8°
[10. 15096

Harden, Maximilian. Köpfe. Berlin 1910. 8°.
[Dasselbe.] 14. Aufl. Berlin 1910. 8°.

Maximilian Harden. Köpfe. 24. Aufl. Berlin: Reiss 1910. 465 S. 8°
[11. 6408 11

[F.] Literatur und Theater v. Maximilian Harden. *Berlin: Freund & Jeckel 1896.* (VI S., 1 Bl., 232 S.) 1 Bd 8. 97. 3593

Kampfgenosse Sudermann von Maximilian Harden. *Berlin: Zukunft 1903.* (63 S.) 8° [F.] [03. 28507

Harden, Max., s.: Zukunft, die.

Hardenberg, Friedrich v., [genannt Novalis.] Eine Nachlese aus den Quellen d. Familienarchivs hrsg. v. e. Mitglied der Familie. 8. (V, 251 S. m. e. Holzschntaf.) Gotha 873. F. A. Perthes. n. 2. 80

Hardenberg, F. v., Eine Nachlese aus den Quellen des Familienarchivs. Gotha 1878. 8.

Hardenberg, Friedrich v. [genannt Novalis]. Eine Nachlese, aus den Quellen d. Familienarchivs hrsg. v. e. Mitglied der Familie. 2. Aufl. Mit (Lichtdr.-) Portr. gr. 8. (VI, 278 S.) Gotha 883. F. A. Perthes. n. 5. 40

HARDENBERG, Theodor, oder die Folgen der Erziehung. 3 Thle. Mit hübschen Titelkpfrn. u. gestoch. Titeln. Königsberg, Unzer, 1802. Gr. 8°. Zahm. (3 Mk., defektes Expl., Südd. Antiqu., München, 1907; 6 Mk., prachtvolles, ganz unbeschn. Expl., Max Jaeckel, Potsdam, 1908.)
I: Gestoch. Tit. u. 262 S. II: Gestoch. Tit., 302 S., 1 weißes Bl. III: Gestoch. Tit. u. 312 S.

Hardenberg, Theodor, oder die Folgen der Erziehung. 3 Theile. Neue unveränderte Ausgabe. 8. Königsberg, Unzer. 817.

1808. 1908. Zur Jahrhundertfeier der Selbständigkeit der Stadt Velbert. Denkschrift verf. von Rektor Hardenberg. Velbert: Stadt Velbert 1908. (56 S.) 8° [F.] [08. 13638 5

Das scheidende Jahr Asträens geliebter Söhne auf Deutschlands Heredon gesehen am 23/24. Juny 5810. [Von Frh. v. Hardenberg.] [Bayreuth 1810]: Höreth. 16 S. 8° [Umschlagtit.]
Kl. 1163. Preist die Maurer glücklich, die der Weisheit u. Wahrheit dienen u. das Panier der Menschenrechte hochhalten.

[Hardenberg, Gräfin v.:] Ein kleinstaatlicher Minister des 18. Jahrhunderts. Leben und Wirken Friedrich August's, Freiherrn von H. Leipzig: Duncker & H. 1877.

Allgemeines: **Rede, gehalten über Kaltsinn und Lauigkeit auf der ersten Stufe der Maurerei in der g. u. v. □ zur Sonne im Or. von Bayreuth am 4. Febr. 1810 durch v. Hardenberg bei der Weihe seines geliebtesten Neffen des Br Carl v. Münchhausen zum Mitglied dieser □. [Bayreuth 1810.] Höreth. 16 S. 8° [Umschlagtit.]**

Rede, die der Br. v. Hardenberg, in der Loge Minerva zum Zirkel zu Leipzig am Johannisfeste gehalten, welche auf Verlangen der sämmtlichen Brüder zum Druck befördert worden. [Leipzig] 1747. 19 S. 4° [Umschlagtit.]
Kl. 812. Sehr selten. Widerlegung von Vorwürfen gegen den Bund; Mahnung, die frmrischen Pflichten zu beobachten.

v. Hardenberg, Alex. Graf, s.: Patrimonialgerichte, üb., u. deren Reform.

Hardenberg, Aug. Ulr. ab., de aequitate. 4. Helmstädt. 731.

Hardenberg, D. A., geführtes Lehramt u. dess. nächste Folgen. gr. 4. Brem. Cramer. 779.

Hardenberg, Gräfin Elisab., Luise Prinzessin v. Preußen. Erinnerungsblätter. 4. (20 S. m. 1 Bildnis.) Leipzig (902). Giesecke & Devrient. n. 1. 20
Sonderabdruck aus: „Hohenzollern-Jahrb."

Hardenberg's, F. A., des Staatskanzlers Fürsten v., Denkwürdigkeiten, s. Ranke, L. v.

Hardenberg, Fr. Geo. v., s. a. Novalis.

v. Hardenberg, Fr. Ldw., († d. 25. März 1801.), s. Novalis.

Hardenberg, Friedrich von [wirkl. Name], s. Novalis [Pseud.]

Rede gehalten in der □ Urania zur Unsterblichkeit im Oriente von Berlin durch den Bruder Freiherrn [Georg Adolf Gottl.] von Hardenberg am 6. Februar 5812 bey dessen Affiliation in gedachter □. Bayreuth [1812]: Höreth. 16 S. 8°. [Umschlagtit.]
Sehr selten.
Glaube, Liebe, Hoffnung.

v. Hardenberg, Geo. Ant., s. Rosdorf.

[F.] Held Wilhelm! E. Kaisergedicht. Wilhelm dem Ersten ... z. hundertj. Geburts-Feier. Mit d. Schlusswort: Des deutschen Volkes Liebe v. Gottfried M. Hardenberg. *Leipzig: J. Milde [1897].* (13 S.) 1 Bd 8.
[97. 1377

Breslauer Märchen. Von Heinz v. **Hardenberg**. Mit Bilderschmuck von Walter Queck u. Max Loose. Bd 1. 2. Leipzig: v. Schalscha-Ehrenfeld 1905–1906. 8°
1. 1. Aufl. 2. 2. Aufl. Ill. 5475 2

Der Sieg der Freimaurer-Loge über die Religionen der Welt. Von K. Hardenberg. Zürich: Litteratur-Büreau [1885]. 64 S. 8°
L. 9 (1886) S. 16 (B. Cramer).
Tt. 1611 a. Erörtert mancherlei Gebrechen der alten Religionen u. verherrlicht zum Schluss die Frmrei als harmonische Vereinigung aller Menschen nach den Prinzipien der Humanität.

Hardenberg, Karl Aug. v., Denkschrift über Preussens innere Politik in Ansbach u. Bayreuth, s.: Studien, historische. 49.

Denkschrift (des Fürsten Karl August von) **Hardenberg** über die Reorganisation des Preussischen Staates. September 1807. (Leipzig. 1877.) Siehe in: Denkwürdigkeiten des Staatskanzlers Fürsten von Hardenberg. Hrgg. v. Leopold von Ranke. Bd. 1. 8°.

Hardenberg, d. Staatskanzlers Fürsten v., Denkwürdigkeiten, s. a. Ranke, L. v.

Denkwürdigkeiten des Staatskanzlers Fürsten (Karl August) von **Hardenberg.** Hrgg. v. Leopold von Ranke. 8°.
Bd. 1: bis zum Jahre 1806. Leipzig. 1877.
Bd. 2–3: Eigenhändige Memoiren. Bd. 1–2. Leipzig. 1877.
Bd. 4: vom Jahre 1806 bis zum Jahre 1813. Mit einer Denkschrift Hardenberg's über die Reorganisation des preussischen Staates vom Jahre 1807. ebd. dass. J.
Bd. 5. Actenstücke ebd. dass. J.

Preußens innere Politik in Ansbach und Bayreuth in den Jahren 1792–1797. Enth. d. Denkschrift d. Staatsministers Karl August v. **Hardenberg**. Von Dr. Christian Meyer, Staatsarchivar a. D. Berlin: E. Ebering 1904. (210 S.) 8°
= Studien, Historische. H. 49. Ins. 116 2

Hardenberg, Karl Aug. Frhr. v., s. Ranke, Leop. v.

v. Hardenberg, Karl Gli. Albr., († d. 28. Mai 1813.), s. Pilgrimschaft nach Eleusis,

Hardenberg, Karl Gottlieb Albrecht, s. Rostorf

Hardenberg, Sophie von: Zur Frauenfrage. — Leipzig: Reichardt 1882. 48 S. 8°

Hardenberg, Winfried

Hardenberg, W., das Erzgebirge. Praktisches Reisehandbuch für den Touristen. 8. (IV, 170 S. mit ausführl. Karte.) Dresden 888, Bloem. *

Hardenberg, W., das Erzgebirge. Praktisches Reisehandbuch f. den Touristen. (Neue Titel-Ausg.) 8. (IV, 170 S. m. farb. Karte.) Chemnitz 890, Troitzsch. n. 1. 50

Hardenberg, Winfried. Das Erzgebirge. Praktisches Reisehandbuch f. den Touristen. (Neue Ausg.) Mit Karte u. e. Nachtrage. (Zusätze b. z. J. 1892.) 8. (IV, 185 S.) Chemn. 892, Troitzsch. * 1 50

Hardenberg, W., die Sächsische Schweiz incl. Dresden u. Teplitz, s.: Cray's Sammlung v. Reiseführern.

Hardenberg's, F. A. Frhrn. v., Leben u. Wirken, s.: Minister, e. kleinstaatlicher, d. 18. Jahrh.

Hardenbicker, Josef (geb. am 17 März 1858 in Bommerhaus Kr. Wipperfürth): Aus d. Poliklinik f. Ohrenkunde in Bonn. — Ueber Fremdkörper im Ohre . . . Bonn, Druck v. L. Hünewinkel & Co. 1884. 40 S., 1 Bl. 8.
Bonn, Med. Fak., Diss. v. 30 Juli 1884

Hardenstein, Wilhelmine von, Schauip. von Rábiger. 8. Halle, Gebauer. 792.

[Hardeor]: Gegenbemerkungen zu der Schrift: Bemerkungen über die Proceß-Ordnung für die Untergerichte des Königreichs Hannover. Göttingen 1828.

Harder, Gastpredigt geh. am Sonntag Jubilate 1875 in der Hauptkirche zu Plauen. gr. 8. (13 S.) Plauen 875. Neupert. n. — 25

Harder u. **Sommer**, moderne Malereien. gr. Fol. (6 farb. Taf.) Breslau 892. (Berlin, A. Frantz.) n. 10. –

Wider den Gelben Drachen. Abenteuer u. Fahrten zweier deutscher Jünglinge im Lande d. Boxer von A. **Harder**. Mit Titelbild, 8 Vollbild. u. 32 Kapitelvign. *Bielefeld & Leipzig: Velhagen & Klasing 1900.* (VIII, 531 S.) 8° [J.] Ioi. 2428

— Gesänge u. Lieder aus d. Sonntage von Krummacher, ein-, zwei-, drei- u. vierstimmig, mit Clavier- oder Pianoforte-Begleitung. Ein Beitrag zur Beförder. d. einfachen Gesanges in Volks- u. Bürgerschulen. 16, 26 Bdchen. Essen 809. Bädeker. 1 ℛ 12 𝒢

Harder, A., Gesänge u. Lieder aus d. Sonntage v. Friedr. Ad. Krummacher. Ein- zwei- drei- u. vierstimmig mit Klavier- od. Pianoforte-Begleit. in Musik gesetzt. Ein Beitr. z. Beförder. d. einfachen Gesanges in Volks- u. Bürger-Schulen, wie auch in häusl. Zirkeln. 2. Aufl. gr. 4. (3 B. u. 1 B. in Lex.-8.) Essen 833, Bädeker.

Harder, A., vierstimmige Gesänge, ein Geschenk für Schulen u. Singchöre. 16 Hft. Berl. Kunst- u. Indust. Comt. 812.

Harder, A., vierstimmige Gesänge, ein Geschenk für Schulen u. Singchöre. 16 Heft. Berl. 812. (Schlesinger). 1 ℛ

— neue theoret.-prakt. Guitarrenschule. Berl. 820, Schlesinger. 2 ℛ 8 𝒢

— leichter u. faßl. Unterricht, d. Pianoforte zu stimmen. gr. 8. Leipz. 822. 2e A. 829. Lauffer. 2 𝒢

— Wein u. Liebe in Liedern v. G. E. Lessing f. 3 Männerstimmen, z. Unterhaltung in fröhlichen Zirkeln. 16 Hft. Leipz. Peters. 812.

— — dass. mit Begleitung d. Pianoforte. Berl. Kunst u. Ind. Comt. 812.

Harder, Agnes, anno dazumal. Roman aus dem Ostpreußen der vierziger Jahre. (336 S.) 8. Dresden 910. E. Reißner. 4.—; geb. n 5. —

Rahel Baldbereit. Novelle von Agnes **Harder**. Berlin: C. A. Schwetschke & Sohn 1907. (110 S.) 8° [F.] [07. 4923

Bis ans Ende. Ein vergessener Kuss. Leitmotive (a. d. Umschl.: Und hätte der Liebe nicht.) Novellen von Agnes **Harder**. *Magdeburg: Faber 1900.* (140 S.) 8° [00. 11381

[F.] Doktor Eisenbart. Familienroman v. Agnes **Harder** ... *Berlin: O. Janke [1897].* (2 Bl., 301 S.) 1 Bd 8.
(Collection Otto Janke.) [97. 1447

Engelchen und Bengelchen. Ein Buch f. junge Mädchen u. junge Mütter von Agnes **Harder**. *Berlin: H. Costenoble 1903.* (205 S.) 8° [F.] [04. 11772 11

Engelchen und Bengelchen. Ein Buch f. junge Mädchen u. junge Mütter von Agnes **Harder**. 2. Aufl. *Berlin: H. Costenoble 1903.* (205 S.) 8° [F.] [04. 5381

Harder, Agnes, Engelchen u. Bengelchen. Ein Buch f. junge Mädchen u. junge Mütter. 1.—3. Aufl. (VII, 205 S.) 8. Jena 903. 904. H. Costenoble. n. 2. 50; geb. n. 3. —

— dasselbe. 2. Bd.: Bredablick. (V, 161 S.) 8. Ebd. 906. n. 2. 50; geb. n. 3. —

— Engelchen u. Bengelchen. Ein Buch f. junge Mädchen u. junge Mütter. 4. Aufl. (VII, 205 S.) 8. Jena 909. H. Costenoble. Geb. in Leinw. 3. —

Harder, Agnes, Erkämpft. Roman. 8. (306 S.) Berlin 893. O. Janke. n. 5 —

— thönerne Füße. Die Geschichte e. Enttäuschg. (267 S.) gr. 8. Dresden 904. C. Reißner. n. 3. —; geb. n. 3. —

[F.] Mein Gummimännchen. Aus heiteren Stunden v. Agnes **Harder**. *Berlin: O. Janke [1896].* (2 Bl., 138 S., 1 Bl.) 1 Bd 8.
(Collection Otto Janke.) [96. 4641

[F.] Stille Helden. Roman v. Agnes **Harder** ... *Berlin: O. Janke [1898].* (2 Bl., 302 S.) 1 Bd 8.
(Collection Otto Janke.) [98. 5045

— unter goldenem Joch. s.: Deva-Roman-Sammlung.

Im Wunderlande Italien. Reisen u. Studien deutscher Jünglinge. Von A[gnes] **Harder**. Mit 9 Bild. u. 214 Abb. *Bielefeld & Leipzig: Velhagen & Klasing 1902.* (IV, 154 S.) 8° [F.] [02. 2319

[F.] Im Kaleidoskop. Roman v. Agnes **Harder**. Bd 1—3 ... *Berlin: O. Janke 1899.* 3 Bde 8.
1. (2 Bl., 207 S.) 2. (2 Bl., 215 S.) 3. (2 Bl., 218 S.)

Agnes **Harder**. Liebe. Bilderschmuck von Fidus. Berlin: C. A. Schwetschke & Sohn 1905. (IX, 151 S.) 8° [F.] [06. 4305

— Liebe. 2. Aufl. (Den Titel zeichnete Luise Rudolph.) (XI, 133 S.) 11. 8. Leipzig 910. F. Eckardt. Geb. in Leinw. 3. —

— irdische u. himmlische Liebe. Roman. (245 S.) 8. Leipzig 905. E. Polz. n. 2. 50; geb. n. 3. —

— Irdische u. himmlische Liebe. Roman. 2. [Titel-]Aufl. (245 S.) 8. Leipzig [905] (907). P. List. 2. 50; geb. 3. 50

Harder, Agnes, irdische u. himmlische Liebe. Jetzt: Leipzig, P. List. Geb. erh. Pr. n. 3. 50.

— Frau Maja. Roman. (318 S.) 8. Dresden 909. C. Reißner. 4. —; geb. 5. —

Harder, Agnes, nach Amerika durchgebrannt. Eine wahre Geschichte. Zum Besten der Jugend erzählt. Mit 4 Farbenbildern nach Aquarellen v. O. Herrfurth. (150 S.) 8. Stuttgart (903). K. Thienemann. Geb. in Leinw. n. 2. —

Agnes **Harder**: Vom Rain des Lebens. Goslar, Leipzig, Berlin: F. A. Lattmann [1907]. (IV, 146 S.) 8° [F.] [08. 13660 7

— Siebenschläfer. Roman. (314 S.) 8. Dresden 904. C. Reißner. n. 3. 50; geb. n. 4. 50

— Sommervögel. Eine laun. Sommergeschichte. 8. (292 S.) Ebd. 895. n. 4. —

— aus heiteren Stunden. Humoresken. (Neue [Titel-] Ausg. v.: „Mein Gummimännchen".) 8. (139 S.) Berlin [896.] (898.) O. Janke. n. — 50

Harder, Alb., die wichtigsten Lehren der Ackerbauchemie zur Belehrung für die ländliche Jugend in Schule u. Haus. In Fragen u. Antworten zusammengestellt. Mit in den Text eingedr. Holzst. Braunschweig 869. Vieweg & Sohn. gr. 16. (V, 56 S.) 7½ ngr.

— die Philosophie Will. Shakespeare's in 300 Auszügen aus seinen Dramen mit möglichst zeilenmäß. Uebersetzg. (Engl. u. Deutsch.) Magdeburg 868. Heinrichshofen'sche Buchh. 8. (II, 156 S.) n. 24 ngr.

— die Philosophie William Shakespeare's in 300 Auszügen aus seinen Dramen mit möglichst zeilenmäß. Uebersetzung. (Englisch und Deutsch.) 8. (II, 156 S.) Magdeburg 869, Heinrichshofen'sche Buchh. [Gera, Griesbach's Verlag.] (*M.* 2,40.)

Harder, Alex. v., die Beitreibung von Schuldforderungen im Deutschen Reiche, s. a. Wie treibt man Schuldforderungen im Auslande ein? 6. Bd.

Die Beitreibung von Schuldforderungen im Deutschen Reich. Zum prakt. Gebr. f. d. Geschäftswelt bearb. von Alexander v. **Harder**, Rechtsanw. in Mannheim. *Berlin: Universum (1903).* (VIII, 156 S.) 8°
= Wie treibt man Schuldforderungen im Ausland ein? Bd 6. [04. 5965

— unser Gerichtswesen, s. a. Bibliothek der Rechts- u. Staatskunde 15. Bd.

Harder, A. v., Unser Gerichtswesen. Stuttgart, 1906. 98 S.

Harder, Alex. v., s.: Kosmodiko.

Harder, Alex v., s.: Zeitschrift f. das gesamte Aktienwesen.

Harder, Andr., Sonn-, Fest- u. Feiertägl. Evangelien u. Episteln, mit Kpf. 8. Nürnb. 787. Schneider u. W. 8 gl.

Paul Ertel. Hero und Leander (Des Meeres und der Liebe Wellen). Sinfonische Dichtung f. großes Orchester op. 20. Analytisch erl. (Zum Notenbeisp.) von B. S. Harder. Leipzig. Junne [1908] 6 S.

Harder, Bertha, method. französische Sprechschule, s.: Harnisch, H.

Hardor, Bruno, aus Konitz: Die **Reime** von Butlers 'Hudibras'. Eine metrische u. lautl. Untersuchung. (1. Einleitung. Einfluss von Konsonanten auf den Vokal. Verstummen von Konsonanten.) *Königsberg i. Pr. (1900): Hartung.* (33 S.) 8°
Königsberg, Phil. Diss. v. 23. Juli 1900

Harder, C., s. Harder, Karl

Antworten zu den Aufgaben im Rechenbuche für Lehrerseminare v. C. H. Harder. Schleswig. 1903. 8°.

Harder, C. H., Aufgaben fürs Kopfrechnen, s.: Nissen, J. H.

Rechenbuch für Lehrerseminare. Von C. H. Harder, Seminarl. in Eckernförde. [Nebst] Antworten zu d. Aufgaben. *Schleswig: J. Bergas 1903.* 2 Bde 8° [F.]

Harder, C. H., Rechenbuch für Lehrerseminare. (VIII, 200 S.) gr. 8. Schleswig 906. J. Bergas Verl. Geb. in Leinw. n. 2. 80; Antworten zu den Aufgaben. (61 S.) n. 1. —

— Rechenbuch f. die Oberstufe der Mädchenschulen. Eine Parallelausg. zu dem III. Tl. (Oberstufe) v. Grünfelds Rechenbuch f. Volksschulen, bearb. v. C. H. Harder. 8. (III, 216 S. m. 23 Fig.) Schleswig 900. J. Bergas Verl. Kart. n. 1. 20; Antworten. (32 S.) n.n. — 30

Harder, C. H., Rechenbuch f. die Oberstufe der Mädchenschulen. Eine Parallelausg. zu dem III. Tl. (Oberstufe) v. Grünfelds Rechenbuch f. Volksschulen, bearb. v. C. H. Harder. 3. Aufl. (III, 235 S. m. 23 Fig.) 8. Schleswig 910. J. Bergas Verl. Geb. 1. 20

Rechenbuch für Präparandenanstalten. [Nebst] Antworten zu den Aufgaben im Rechenbuche ... Von C. H. Harder, Seminarl. in Eckernförde. Schleswig: J. Bergas 1905. 2 Bde 8° [F.]

Harder, C. H., Rechenbuch f. Volksschulen, s.a. Grünfeld.

— Rechenbuch f. Volksschulen. 3 Tle. Ebd. Kart. 2. 80
I. Für die Unterstufe. 15. Aufl. (45. Aufl. des I. Tls. des Rechenbuches v. Grünfeld.) (83 S.) kl. 8. 910. Geb. — 60
II. Für die Mittelstufe. 11. Aufl. (41. Aufl. des II. Tls. des Rechenbuches v. Grünfeld.) (II, 175 S.) 8. 910. Geb. 1.—; Antworten. (35 S.) (909.) — 30
III. Für die Oberstufe. 8. Aufl. (38. Aufl. des III. Tls. des Rechenbuches v. Grünfeld.) (IV, 255 S.) 8. 909. Geb. 1.20; Antworten. (42 S.) (909.) — 30

Rechenbuch für Volksschulen v. C. H. Harder. T. 3. Für die Oberstufe. 9. Aufl. ‹39. Aufl. des 3. Teils des Rechenbuches von Grünfeld.› Schleswig. 1911. (1910.) 8°

[F. u. Ant.] Harder, Christian [Dr.]: Die Accentlehre (Umschlagt.: Der Accent) als Gegenstand des griechischen Unterrichts. Neumünster, R. Hieronymus' Buchdr., 1894; 3 20 S. 4.
Neumünster, PG u. RPG, P 1894 (284)

Harder, Christian (geb. Greifswald 16. 12. 1798): De haemorrhagia arteriae intercostalis sistenda. Berolini (1823). (30 S.) 8°
Berlin, Med. Diss. v. 16. Dez. 1823

Harder, [Christian], Dr.: Das Buch Hiob im Religionsunterricht. *Neumünster 1901: R. Hieronymus.* (S. 3—34.) 4° [F.]
Neumünster, PG nebst R, P 1901 (305)

Harder, Christian: Historiae Primatium ecclesiae Nestorianorum ab 'Amro filio Matthaei Arabice scriptae versionis specimen. Neumünster, R. Hieronymus Buchdr., 1890; S. 3–12. 4°
Neumünster, PG u. RPG, OP 1890

Harder, Christian, Homer. Ein Wegweiser zur ersten Einführg. in die Ilias u. Odyssee. Mit 96 Abbildgn. u. 3 Karten in Farbendr. (VIII, 282 S.) 8. Leipzig 904. G. Freytag. — Wien, F. Tempsky. Geb. in Leinw. n. 4. 60

Harder, Christian [Gaardensis Holsatus]: De Joannis Tzetzae historiarum fontibus quaestiones selectae .... Kiliae, ex offic. H. Fiencke, 1886; 2 Bl. + 89 + 2 S. 8°.
Kiel, Phil. Fak., Inaug.-Diss. v. 15. Mai 1886.

Harder, Chrn., de Joannis Tzetzae historiarum fontibus quaestiones selectae. gr. 8. (89 S.) Kiel 886. (Lipsius & Tischer.) n. 1. 60

Harder, Chrn., Schulwörterbuch zu Homers Ilias u. Odyssee. Mit 2 Karten u. 95 Abbildgn. gr. 8. (XXVI, 339 S.) Leipzig 900. G. Freytag. Geb. in Leinw. n. 4. —

HARDER, Christian
Schulwörterbuch zu Homers Ilias und Odyssee von Christian Harder. Mit 2 Karten und 95 Abbildungen. Wien und Prag. 1900. Tempsky. Gr.-8°. XXVI, 339 S. Geb. K 4.80

Harder, Christian, Schulwörterbuch zu Homers Ilias u. Odyssee. 2. verb. Aufl. (XXIII, 281 S. m. 97 Abb. u. 2 farb. Karten.) gr. 8. Wien 910. F. Tempsky. — Leipzig, G. Freytag. Geb. in Leinw. 4. —

– (Hrsg.), s. Thukydides. 1905.

Harder, [Christian]: Ein Vorschlag zur Erweiterung der lateinischen Schullektüre. Neumünster (1908): Simonsen. S. 3—26. 4°
Neumünster, G u. OR i. E. P 1908 (365) [S 08. 162

Harder, Eph., († d. 16. Aug. 1818.), s. Stender, lett. Grammatik.

Harder, Ernst, der Einfluss Portugals bei der Wahl Pius VI. Inaugural-Dissertation. gr. 8. (130 S.) Königsberg 882. (Hartung.) n. 2. —

Deutsch-arabisches Handwörterbuch. Von Dr. Ernst Harder. *Heidelberg: C. Winter 1903.* (VIII, 804 S.) 8°

Methode Gaspey-Otto-Sauer. Arabische Konversations-Grammatik mit besond. Berücks. d. Schriftsprache von Ernst Harder, Dr. phil. Mit e. Einführung von Prof. Martin Hartmann, Berlin. [Nebst] Schlüssel. Heidelberg: J. Groos 1898. 2 Bde 8° [F.]

Harder, Ernst, Arabische Konversations-Grammatik m. bes. Berücksicht. d. Schriftsprache. M. e. Einführg. v. Mart. Hartmann. gr. 8. (XI, 475 S.) Heidelberg 898. J. Groos. Geb. in Leinw. n. 10. —; Schlüssel (103 S.) kart. n. 2. 80

Arabische Konversations-Grammatik m. besond. Berücks. d. Schriftsprache. Von Ernst Harder, Dr. phil. Mit e. Einführung von Prof. Martin Hartmann, Lehrer am Orient. Seminar, Berlin. [Nebst] Schlüssel. 2. verb. Aufl. Heidelberg: Groos 1910. 8°
(Methode Gaspey-Otto-Sauer.)

Harder, Florenz (Hrsg.), s. Beschreibung. – Wahrheitsgetreue Beschreibung eines ... 3 fachen Raubmordes ...

Harder, Fr., Bilder aus der Heimathskunde der Herzogth. Schleswig-Holstein mit Hamburg, Lübeck u. dem Fürstenthum Lübeck für die Schule dargestellt. [Aus Preuß u. Vetter, Kinderfreund.] Königsberg 869. Bon's Verl. gr. 8. (48 S.) n. 2 ngr.

Harder, Franziscus (geb. Berlin 8. 11. 1855): De alpha vocali apud Homerum producta. Halis Sax. (1876). (106 S.) 8°
Berlin, Phil. Diss. v. 20. Dez. 1876

Harder, Frz., de Alpha vocali apud Homerum producta. Dissertatio inauguralis. gr. 8. (106 S.) Halis Sax. 876. (Berlin, Mayer & Müller.) n. 1. 50

Harder, Franz: Astrognostische Bemerkungen zu den römischen Dichtern. Berlin, R. Gaertner, 1893; 26 S. 4.
Berlin, Luisenstädt. G, OP 1893 (64)

Harder, Frz., Griechische Formenlehre z. Gebr. an Schulen. 2., umgearb. Aufl. gr. 8. (IV, 95 S.) Dresden 897. L. Ehlermann. Geb. n. 1. 20

Harder, Franz [Dr.]: Über die Fragmente des Maecenas. Berlin, R. Gaertners Verlagsbuchh. H. Heyfelder, 1889; 23 S. 4°
Berlin, Luisenst. G, OP 1889 (63)

Harder, Franz [Hrsg.], s. Herodot; Auswahl.

Harder, Franc., Index copiosus, s. Lachmanni, C., in T. Lucretii Cari de rerum natura libros commentarius.

Harder, F., Index copiosus ad K. Lachmanni commentarium in T. Lucretii Cari de rerum natura libros. 1882. 62 S. 1.50

— index Lucilianus. Supplementum editionis Lachmannianae. gr. 8. (IV, 68 S.) Berlin 878. G. Reimer. n. 1. —

— Schülerkommentar zu der Auswahl aus Herodot v. Frz. Harder. 8. (IV, 100 S.) Leipzig 893. G. Freytag. n. — 70; geb. n.n. 1. —

Harder, Frz., Schülerkommentar zu der Auswahl aus Herodot. 2., verb. Aufl. (110 S.) 8. Leipzig 908. G. Freytag. — Wien, F. Tempsky. Geb. 1. 20

— u. R. **Paukstadt,** griechische Schulgrammatik. 2 Tle. gr. 8. Dresden 892. L. Ehlermann. Kart. n. 2. —
1. Griechische Formenlehre zum Gebrauch an Schulen, bearb. v. Frz. Harder. (VI, 71 S.) n. 1. 20
2. Syntax, bearb. v. R. Paukstadt. (VIII, 39 S.) n. — 80

— u. R. **Paukstadt,** Griechische Schulgrammatik. 2. Tl. gr. 8. Berlin 897. R. Gärtner. Geb. n. 80
Griech. Syntax z. Gebrauch an Schulen. Von R. Paukstadt. 2., verb. Aufl. (X, 40 S.)
Der 1. Tl. Griechische Formenlehre ist von F. Harder allein bearb.

Harder, Frz., Werden u. Wandern unserer Wörter. Etymologische Plaudereien. 8. (IX, 188 S.) Leipzig 884. Reissner. cart. n. 3. —

— Werden u. Wandern uns. Wörter. Etymologische Plaudereien. 2., wesentlich verm. u. verb. Aufl. 8. (IV, 204 S.) Berlin 896. R. Gaertner. Geb. n. 3. —; neuer Abdr. 897. Geb. n. 3. —

Werden und Wandern unserer Wörter. Etymomolog. Plaudereien v. Dr. Franz **Harder,** Prof. ... zu Berlin. 2., wesentl. verm. u. verb. Aufl. Neuer Abdr. *Berlin: R. Gaertner 1897.* (2 Bl., 204 S.) 1 Bd 8. [96. 9134

Werden und Wandern unserer Wörter. Etymol. Plaudereien von Dr. Franz **Harder,** Prof. zu Berlin. 3., wesentl. verm. u. verb. Aufl. Berlin: Weidmann 1906. (259 S.) 8° [06. 11097

Harder, Frz., s.: Wochenschrift f. klass. Philologie.

Blumenlese vom Felde der Dichtkunst. Eine Sammlung poetischer Natur- und Lebensbilder, in besonderer Beziehung zu dem theoretisch-praktischen Handbuch für den Anschauungsunterricht v. Friedrich **Harder.** Altona. 1853. 8°. A. u. d. T.:
Poetische Blumenlese zur Belebung des Anschauungsunterrichts. Gesam. u. hrgg. v. Friedrich **Harder.** Altona. 1853. 8°.

Blumenlese vom Felde der Dichtkunst. Eine Sammlung poetischer Natur- und Lebensbilder in besonderer Beziehung zu dem theoretisch-praktischen Handbuch für den Anschauungsunterricht v. Fr[iedrich] Harder. Altona. 1863. 8°
Auch u. d. T.:
Poetische Blumenlese zur Belebung des Anschauungsunterrichtes. Ges. u. hrgg. v. Fr[iedrich] Harder. 2. verm. u. verb. Aufl. ebd. 1863. 8°

Harder, Fr., Blumenlese vom Felde der Dichtkunst. Eine Sammlg. poet. Natur- u. Lebensbilder, in besond. Beziehg. zu dem theoretisch-prakt. Handbuch f. den Anschauungsunterricht. 3. verm. u. verb. Aufl. 8. (XVI, 157 S.) Altona 875. Hammerich. 1. 50

— Grundlagen f. den ersten Unterricht in der deutschen Sprache in Form von Aufgaben zur mündl. u. schriftl. Bearbtg. methodisch zusammengestellt. 1. u. 2. Hft. 8. (48 u. 40 S.) Altona 871. Schlüter. geb. à n. — 30

— dasselbe. 1. Hft. 2. Aufl. 8. (48 S.) Ebend. 873. n. — 40

Harder, Friedr., Grundlagen für den ersten Unterricht in der deutschen Sprache, in Form von Aufgaben zur mündl. und schriftl. Bearbeitung methodisch zusammengestellt. 2 Hefte. 8. Altona, Schlüter's Verlag. [1. Heft. 3. und 4. Aufl. (48 S.) 876,80.; 2. Heft. 2. Aufl. (40 S.) 876.] à Heft * 40 Pf. * — 80

Harder, Fr., Grundlagen für den ersten Unterricht in der deutschen Sprache, in Form von Aufgaben zur mündlichen u. schriftlichen Bearbeitung methodisch zusammengestellt. 1. u. 2. Hft. In vorgeschriebener Schreibweise. 8. (à 48 S.) Altona 881. Schlüter's Verl. à n. — 40
1. 5. Aufl. — 2. 3. Aufl.

Harder, Fr., Grundlagen f. den ersten Unterricht in der deutschen Sprache, in Form v. Aufgaben zur mündl. u. schriftl. Bearbeitg. methodisch zusammen gestellt. 1. Hft. 6. Aufl. 8. (48 S.) Altona 886. Schlüter. n. — 40

Harder F, Handbuch für den Anschauungsunterricht. 2. Auflage und 9. Auflage von J F Hüttmann. Altona 1858, Hannover 1885

Harder, Frdr., Handbuch f. den Anschauungsunterricht. Mit besond. Berücksicht. d. Elementarunterrichts in den Realien. 9., verb. u. verm. Aufl. Bearb. v. J. F. Hüttmann. gr. 8. (VIII, 276 S.) Hannover 885. Norddeutsche Verlagsanstalt. n. 7. —

Harder, Frdr., Handbuch f. den Anschauungsunterricht. Mit besond. Berücksicht. d. Elementarunterrichts in den Realien. 10. Aufl. Bearb. v. J. F. Hüttmann. gr. 8. (VIII, 576 S.) Hannover 891. Norddeutsche Verlagsanstalt. n. 6. —; geb. n. 7. —

— theoretisch-praktisches Handbuch für den Anschauungsunterricht. Mit besonderer Berücksichtigung des Elementarunterrichts in den Realien. 853. (XX, 636 S.) 2 *ℳ*. — 2. verm. u. verb. Aufl. Ebend. 858. gr. 8. (XXX, 524 S.) 1 *ℳ* 22½ *ngr*

— theoretisch praktisches Handbuch für den Anschauungsunterricht. Mit besonderer Berücksichtigung des Elementarunterrichts in den Realien. 3., verm. u. verb. Aufl. Ebend. 863. gr. 8. (XXXII, 526 S.) 1 *ℳ* 22½ *ngr*

— theoretisch-praktisches Handbuch für den Anschauungsunterricht. Mit besond. Berücksichtigung des Elementarunterrichts in den Realien. 4., verm. u. verb. Aufl. Altona 867. Hammerich. gr. 8. (XXXII, 528 S.) 1 ℛ︁ 22½ ngr.

— theoretisch-practisches Handbuch f. den Anschauungs-Unterricht. Mit besond. Berücksicht. d. Elementarunterrichts in den Realien. 7. neu durchgeseh. Aufl. gr. 8. (XXXII, 528 S.) Altona 873. Hammerich. n. 6. —

—— theoretisch-praktisches Handbuch für den Anschauungs-Unterricht. Mit besond. Berücksicht. des Elementar-Unterrichts in den Realien. 7. unveränd. Aufl. gr. 8. (XXXII, 528 S.) Altona 877, Hammerich. * 6 —

—— theoretisch-praktisches Handbuch für den Anschauungs-Unterricht. Mit besond. Berücksicht. des Elementar-Unterrichts in den Realien. 8. Aufl. gr. 8. (XXVIII, 528 S.) [Altona 880, Hammerich.] Leipzig, Fock.

— Handbuch beim Unterricht in der deutschen Sprache. [Ein Commentar zur deutschen Schulgrammatik des Verf.] Altona 869. Schlüter. gr. 8. (276 S.) 1 ℛ︁

— Hülfsbuch zur kleinen Schulgrammatik der deutschen Sprache. 90 Aufgaben zur Einübung der Rechtschreibung. 8. (45 S.) Altona 881. Schlüter's Verl. n. — 40

— deutsches Lesebuch für Stadt- u. Landschulen. 2. Thl. 2 Abthlgn. Neue Aufl. Ebend. 8. Jede Abth. 10 ngr.
2. Thl. 1. Abth. Für Mittel- u. Oberclassen. (VIII, 320 S.) 868.
2. Thl. 2. Abth. Für Oberclassen 3- u. 4class. Schulen. (IV, 315 S.) 867.

—— Lesebuch für Stadt- und Landschulen. 1. Thl.: Lesestücke in Poesie und Prosa, mit Rücksicht auf den Sprach- und Real-Unterricht; nebst 250 grammat. und stylist. Aufgaben. 8. (XII und 192 S.) Altona 855, Hammerich. *

— — 2. Thl. Ebend. 857. 8. (XI, 628 S.) n. 1 ℛ︁

Lesebuch für Stadt- und Landschulen. 2., verb. Aufl. 1. Thl.: Lesestücke in Poesie und Prosa mit Rücksicht auf den Sprach- u. Real Unterricht, nebst ca. 300 grammat. und stylistischen Aufgaben. Ebend. 860. 8. (XI, 167 S.) n. 16 ngr.

— Preußen. Deutschlands Kern. Ein Anh. zum deutschen Lesebuch. Ebend. 868. 8. (29 S.) 3 ngr.

— liturgische u. andere Sätze zum Gebrauch beim sonn- u. festtägl. Gottesdienste. 1. Hft. 8. (44 S.) Elmshorn 885. Groth. n. — 80

Harder, Friedrich (Hrsg.), s. Schulblatt für die Herzogthümer Schleswig u. Holstein.

— die Schule der Orthographie. 40 Aufgaben zur Einübung der üblichen Schreibweise nebst Resultaten des Unterrichts. Abdr. aus dem Schulblatt für die Herzogth. Schleswig u. Holstein. [Lau]enburg in H. 859. Fränckel. (Leipzig, Brauns.) 12. (13 S.) n. 4 ngr.

— heuristische Schulgrammatik für deutsche Volksschulen. (2 Bl., 161 S.) — 2. verm. Aufl. Altona 858. Schlüter. 12. (2 Bl., 188 S.) n. 8 ngr.

— heuristische Schulgrammatik der deutschen Sprache für Volksschulen 3. Aufl. 859. (IV, 188 S.) — 4. Aufl. 861. (IV, 163 S.) — 5. Aufl. 863. (IV, 140 S.) — 6. verm. u. verb. Aufl. Altona 864. Schlüter in Comm. 8. (142 S.) n. 9 ngr.

— kleine Schulgrammatik der deutschen Sprache. 7—12., verm. u. verb. Aufl. Ebend. 865, 70. 8. (144 S.) cart. n. 9 ngr.

— kleine Schulgrammatik der deutschen Sprache. 13., verm. u. verb. Aufl. 8. (157 S.) Altona 871. Schlüter. n. — 90

—— kleine Schulgrammatik der deutschen Sprache. 16.—18. verm. und verb. Aufl. (156 S.) 1874,76; 19. und 20. verm. und verb. Aufl. 8. (170 S.) Altona 877,78, Schlüter's Verlag. cart. * 1 —

—— kleine Schulgrammatik der deutschen Sprache. 21.—23. neubearb. Aufl., in vorgeschriebener Schreibweise. 8. (184 S.) Altona 881—84, Schlüter's Verlag. cart. *

Harder, F., kleine Schulgrammatik der deutschen Sprache. 25. Aufl. 8. (184 S.) Altona 889. Schlüter. cart. n. 1. —

—— s. Wrage, C., Denzel's Entwurf des Anschauungsunterrichts.

Harder, G., Orts- u. Zonen-Verzeichnis zur Berechnung d. Postpaket- u. Geldbriefportos etc., s.. Stephan, der kleine.

Harder, G., Postzonenbuch des kleinen Stephan. Hilfsbuch fürs Publikum. Ein Orts- u. Zonen-Verzeichnis zur Berechng. des Portos f. Postpakete u. Geldbriefe in Einzelausgaben für jeden Ort innerhalb Deutschlands. Enth. sämtl. Postorte m. Angabe der Taxquadratnummern, der postal. Zusätze, des Staates u. des Verwaltungsbezirks; e. Zonentabelle f. den betr. Ort; e. postal. Strassenverzeichnis v. Berlin u. e. alphabet. Verzeichnis der Staaten m. ihren Verwaltungsbezirken. 8. erweit. Aufl. Mit über 4000 Aendergn. Abgeschlossen am 20. XI. 1906. Ausg. A. (m. Eisenbahnkarte eingeteilt in Posttaxquadrate, nebst Erläutergn. zum Ablesen d. Zonen). (XXI, 178 S.) gr. 8. Dresden (906). G. Kühtmann. Geb. in Leinw. n. 4. —; Ausg. B. (ohne Eisenbahnkarte) n. 3. —; m. handschriftlich eingetragener Zonentabelle, Ausg. A n. 6. —; Ausg. B. n. 5. —

Harder, G., s. Stephan, der kleine.

Harder, G., Zonen-Verzeichnis zur Berechnung des Postpacket- u. Geldbriefportos innerhalb Deutschland, s.: Stephan, der kleine.

Bericht über das 1. bis 20. Semester der Theologischen Gesellschaft zu Greifswald. (Verf.: G[otthilf] Harder.) *(Diesdorf b. Gäbersdorf: Buchdr. d. Schreiberhau-Diesdorfer Rettungsanst. [1895?].)* (36 S.) 8° [[illegible]] [illegible]

Kulturgut in den Flurnamen der Elbdörfer v. H. Harder. (Blankenese.) o. J. 8°

Harder, H., s.: Motorbootsport-Kalender.

Harder, H., Predigt, gehalten am Bettage den 27. Juli 1870 über 1. Petri 5, 6. Heide 870. Pauly. gr. 8. (15 S.) 3 ngr.

Harder, H., die Vaterlandsliebe. Predigt über Luc. 19, 41—44, gehalten am letzten Sonntage des Jahres. Glückstadt 864. Fabricius. gr. 8. (15 S.) n. 3 ngr.

(H a r d e r, H. C.): „Ueber den Einfluß der Lebensversicherungs-Anstalten auf Familien- und National-Wohlfahrt", Hamburg 1843. — Vorh.: Com. Bibl. Hamburg.

Harder, H. W., das allgemeine Dienstverhalten des Soldaten. 8. Stralsund 842, Löffler'sche Buchh. 6¼ ngr.

Harder, H. W., Hauptm. in der k. preuss. 2. Artillerie-Brigade. Gebrauch der Artillerie vor dem Feinde, erläutert durch Beispiele aus der Kriegsgeschichte. In Vorlesungen; nebst Beilagen artilleristischen Inhalts. (Mit 6 Plänen.) (2 Bde.) 8. Berlin 1835—1838.

Harder, H. W., Gebrauch der Artillerie vor dem Feinde, erläutert durch Beispiele aus d. Kriegsgeschichte. In Vorlesungen; nebst Beilagen artilleristischen Inhalts. 1r Bd. gr. 12. Berlin. ... — 2r Bd. 1s—5s Hft. Mit 6 Plänen. gr. 12. Ebd. 835, 36. (Bechtold u. Hartje.) n. 1⅔ ℛ︀

Harder, Hans, appr. Arzt: Aus der medizinischen Poliklinik zu Jena. Ein Beitrag zur Paralysis spinalis luetica. Jena 1905: A. Kämpfe (15 S.) 8°
Jena, Med. Fak., Ref. Matthes, Diss. v. 1. Nov. 1905
[Geb. 26. Juni 74 Berlin; Wohnort: Jena; Staatsangeh.: Preußen; Vorbildung: Gymn. Putbus Reife M. 93; Studium: Rostock, Halle, Jena; Coll. 31. Okt. 04; Approb. 28. Febr. 03.]

Harder, Hans, Das Dorf an der Wolga. Ein deutsches Leben in Rußland. 307 S. Stuttgart: Verlag Steinkopf IfA, NBW

Festrede zur Einweihung des Denkmals, errichtet von alten Kameraden zum Gedächtnis der bei Friedrichstadt vom 29. Sept. — 4. Okt. 1850 gefallenen Krieger, gehalten v. Pastor [Hans] Harder in Hemmingstedt, ehemals Leutnant im 6. schlesw.-holst. Infanterie-Bataillon. Garding. 1893. 8°.

Harder, Hans, Die Hungerbrüder. Wolhyniendeutscher Roman. Salzer-Verlag, Heilbronn

Eine evangelische Kirchenverfassung (die badische) nach ihrer principiellen Bedeutung und praktischen Bewährung. Dargestellt v. H[ans] Harder. Kiel. 1871. 8°

Harder, H., e. evangelische Kirchenverfassung nach ihrer principiellen Bedeutung u. praktischen Bewährung. gr. 8. (VII, 136 S.) Kiel 871. Schwers. n. 2. 40

Die Schlacht bei Hemmingstedt. Wo hat die Schanze gestanden? Eine Entgegnung auf den Artikel des Herrn Adolf Bartels in Nr. 5 der „Heimath" 1898 v. Pastor [Hans] Harder. Hemmingstedt. Heide. 1899. 8°.

Harder, die Schlacht bei Hemmingstedt. Wo hat die Schanze gestanden? Eine Entgegnung auf den Artikel des Hrn. Adolf Bartels in Nr. 5 der „Heimath" 1898. gr. 8. (20 S. m. 1 Plan.) Heide 899. F. Pauly. n. — 50

Die Vaterlandsliebe. Predigt über Lucas 19,41—44 gehalten am letzten Sonntage des Jahres v. Hans Harder. 2. Aufl. Glückstadt. 1864. 8°.

Harder, H[ans] W[ilhelm]. Beiträge zur Schaffhauser-Geschichte. Hrg. von H. W. H. 3 Hefte. 8. Schaffhausen 1867—1870.
Heft 1: 1867 — Heft 2: 1868. — Heft 3: 1870

Harder, H. W., Beiträge zur Schaffhauser-Geschichte. 1. u. 2. Heft. Schaffhausen 867, 868. Brodtmann'sche Buchh. gr. 8. (S. 1—138.) Jedes Heft 9 ngr.

H[arder]. H[ans] W[ilhelm]. Historische Beschreibung des Munots zu Schaffhausen. (Mit einer Abbildung [Tafel].) 8. Schaffhausen 1846.

Harder, H. W., historische Beschreibung des Munots zu Schaffhausen. 3., verm. u. verb. Aufl. Schaffhausen 859. Brodtmann. 8. (60 S. u. 1 lith. Taf.) 7½ ngr.

Harder, H. W., historische Beschreibung des Munots zu Schaffhausen. Mit e. Titelbd. (Holzschntaf.) 4. Aufl. 8 (48 S.) Schaffhausen 874. Brodtmann — 90

Harder, H. W., historische Beschreibung des Munots zu Schaffhausen. Mit einem Titelbild (Holzschntaf.). 5. Aufl. gr. 8. (VI, 48 S.) Schaffhausen 877. Brodtmann. n. — 80

— Chronik der Stadt Schaffhausen, s. Im-Thurn, W.

*Harder, Hans Wilhelm s. Im-Thurn, Eduard, und Harder, Hans Wilhelm.

— das Clarissinnen-Kloster Paradies bis zum Schluß der Schirmvogtei der Stadt Schaffhausen. Ebend. 870. 8. (III, 82 S.) n. 12½ ngr.

— der Rheinfall und seine Umgebung. Historische Darstellung. Schaffhausen 864. Hurter. 8. (IV, 79 S. m. Holzschn. u. 1 Holzschntaf.) n. 12 ngr.

Harder, Hermann, approb. Arzt: Über einen seltenen Fall von Verätzung des Oesophagus durch Laugenstein, kompliziert mit Aortenperforation. *München 1901: C. Wolf & Sohn.* (12 S.) 8°
München, Med. Diss. v. 1901

Harder, J. Jac., Do cerobri humani structura naturali. Bas. 4°. 1710

Harder, J. P. Th., das römische Bad u. seine Bedeutung für Gesundheitspflege u. Heilkunde, mit besond. Berücksichtigung des neu eingerichteten u. verbesserten römischen Bades in Hamburg. Hamburg 867. (J. F. Richter.) br. 8. (30 S.) n. 3 ngr.

Harder, Jacob (Anglo-Schlesvicensis), Clericus percussor, quem ex I. Tim. III. 3. & tit. I. 7. descriptum. Präs. Johann Fecht. Rostock 28. XI. 1708 (1714). 32 S. (6.20) 13111

Harder, Johann

— — (Schaffhausen/Schweiz), De haemorrhoidariorum regimine et diaeta. Dissert. med. Präs. Michael Alberti. Halle (Christian Henckel) Dez. 1717. 48 S. (6.50) 13113

Harder, Jh. Chr., s. Fragmente aus meinem Tagebuche.

Harder. J[ohann] C[hristoph]. Statistischer Aufsatz über Schaffhausen, enthaltend: die Rechte, Befugnisse und Besizungen hiesiger Stadt bis zu Einführung der im Jahr 1798 aufgedrungenen Konstitution. 8. [Schaffhausen] 1814.

Harder, Jh. Jak., (✝ d. 4. Dec. 1775.), s. Bazin, Philosophie.

Harder, Jh. Jak., s. Pope: Versuch d. Menschen.

Johann Jakob Harder
1656–1711

Thesaurus observationum medicarum rariorum experimentis physico-medicis pluribus nec non scoliis, & iconibus...coll. a Joh[anne] Jacobo Hardero [Harder]. Acc.ind. ... Basileae 1736: Ex officina episcopiana. 376 S. 8°

Harder, Joh. Rud., Basel: Disputatio inauguralis medica de anorexia.
Basel; med. Diss. 1703

Harder, Johs., Crefelder Fräsformen. Eine neue Technik. Hrsg. v. der deutschen Möbel-Zeitg. (52 S. m. Abb.) Lex. 8. Erfurt 910. Gebr. Richters. Geb. in Leinw. 6. —

Harder, Karl

Harder, Carl, dabei wird Jedermann erkennen, daß ihr meine Jünger seid, so ihr Liebe unter einander habt. Predigt, am 1. Aug. 1875 in der Mennonitenkirche zu Elbing geh. gr. 8. (8 S.) Elbing 875. Saunier n.n. — 25

Harder, Carl, die Entstehung u. Ausbreitung des Christenthums in den ersten drei Jahrhunderten. Vorträge gehalten im Winter 1864—65. 2 Thle. Neuwied 865. Heuser. gr. 8. (407 S.) 2 ℛ

Harder, C., Festpredigten für das evangelische Volk. Neuwied 864. Heuser. 12. (V, 159 S.) 12 ngr.

Harder, Carl, Predigten. 1. und 2. Heft. 8. (V und 129 S., V und 159 S.) Neuwied 859. 60, Heuser. à Heft * 10 Ngr. *

— Rede zur Feier d. Friedensfestes, den 18. Juni 1871, in der Mennoniten-Kirche zu Elbing geh. gr. 8. (12 S.) Elbing 871. Meißner. n. — 25

Harder, Carl, Zweck u. Methode des Zeichen-Unterrichts. Nach den neuesten Systemen von F. Flinzer in Leipzig u. A. Stuhlmann zu Hamburg in gedrängtester Kürze zusammengestellt. Dazu ein Anhang, enth. die Prüfungs-Ordnung für Zeichenlehrerinnen an mehrklassigen Volks- u. an Mittelschulen vom 25. Septbr. 1878. gr. 8. (15 S.) Elbing 879. Saunier. n. — 40

Harder, Carl Wilh., handelsrechtliche Abhandlungen in zwanglosen Heften. 1. u. 2. Heft. Hamburg 870. Grüning. gr. 16. (71 S.) n. 12 ngr.
1. Zum Kommissionsgeschäfte
2. Zum Speditionsgeschäfte.

Harder, Karl Wilh., die Auslieferung der vier politischen Flüchtlinge Napper-Tandy, Blackwell, Meres (Morris) und George Peters im J. 1799 von Hamburg an Großbritannien unter Widerspruch von Frankreich. Nach den Akten des Hamburg. Staatsarchives mitgetheilt u. kritisch beleuchtet. Leipzig 857. O. Wigand. 8. (74 S.) n. 12 ngr.

Harder, Karl Wlh., Beitrag zur Lehre von der Bürgschaft nach Hamburgischem Rechte. 2 Hefte. gr. 12. Hamburg 840, 41, Hoffmann u. Campe. 1/2 ℛ

Beitrag zu den ehelichen Verhältnissen, insbesond. zu der rechtl. Stellung der Frauen, nach d. Hamburger Stadtrechte von 1270 rc. gr. 12. Hamburg 843, Kittler. n. 5/12 ℛ

Harder, Karl Wilh., kleine Beiträge zur Rechtswissenschaft, theilweise unter Bezugnahme auf Aktenstücke. In zwanglosen Hftn. 1. Hft. gr. 8. (VIII u. 141 S.) Hamburg 849, Tramburg's Erben. n. 2/3 ℛ

— s.: Emancipation der Tagelöhner.

Harder, Karl Wilh., zur Lehre von der Ansegelung. Eine Abhandlung aus dem deutschen Seerechte. Hamburg 861. Nolte. gr. 8. (VI, 49 S.) n. 12 ngr.

Harder, Carl Wilh., das Schiffs- und Seerecht. Abdr. aus dem Rechtslexikon. Leipzig (855.) O. Wigand. gr. 8. (75 S.) n. 12 ngr.

Harder, Knud, fantasia appassionata. (18 S. m. 1 Fig. u. Titelbild.) 30,5×23,5 cm. Strassburg 909. J. Singer. 1. —

Harder, Konr., e. Fall v. menstrueller Verblutung. gr. 8. (31 S.) Kiel 885. (Lipsius & Tischer.) n. 1. —

Harder, M., Bogen u. der Bogenberg. Eine geschichtliche Studie als Festgabe zum 800jähr. Jubiläum. Offizielle Ausg. des Festkomites. (167 S. m. Abbildgn.) 16. Straubing 904. C. Attenkofer. n. — 50

HARDER, Michael (Remmeltshofen): Zur Lehre vom Pterygium.- München: Oldenbourg 1882. 27 S.
27.3.1882 - Urk (Titel: Annotationes historicae de pterygio.); Chr 1881/82,8
Diss.Ingolst.-Landsh.-Mchn.

Harder, Mich., Rund um den Moskauer Congress. Eine Sommerfahrt durchs Land d. Zaren. gr. 8. (283 S. m. Titelbild.) Memmingen 898. (Th. Otto's Buchdr.) n. 2. 20

Harder, N. A.

Prophezeiung eines Einsiedlers über den Zeitlauf des [illegible] Jahrhunderts bis an das Ende der Welt. Welches von ihm selbst beschrieben und nach seinem Tode gefunden worden in einer Höhle in dem Walde bei Landau unweit St Johanneskreuz. Nebst seinem Lebenslauf im Jahre 1739. Herausgegeben von N. A. Harder. (Fig.: [illegible] symbolische Gegenstände unter einer Palme. 39 × 55) Oldenburg: Druck von Heinrich Klasser.
o. J. 4 Bl. n. n. [illegible]
LBO Jahrmarktslit. R. [illegible] Bänkelsängerlit. I, 59 und V, 11.
Eine andere Ausgabe [illegible] R. [illegible] ohne den Namen des Autors und ohne Fig. erschien als »Druck von J. F. R. [illegible] in Vegesack«. – Vgl. Riedel: Bänkelsang S. [illegible]

Harder, P. E., Ergänzungen u. Erläuterungen zu dem Werke: Das Molekulargesetz m. besond. Anwendg auf das Wasser, den Wasserdampf u. d. Luft. gr. 8. (48 S. m. eingedr. Holzschn.) Hamburg 874. O. Meissner. n. 1. — (Hauptwerk u. Ergänzgn.: n. 7. —)

Harder, P. E., das Molekulargesetz mit besond. Anwendung auf das Wasser, den Wasserdampf u. die Luft. Hamburg 866. O. Meissner. Lex.-8. (III, 169 S.) n. 2 ℛ

Harder, P. E., die Theorie der Bewegung des Wassers in Flüssen u. Kanälen, mit vergleich. Anwendg. Mit 2 (lith.) Fig.-Taf. gr. 8. (VII, 161 S.) Hamburg 878. O. Meissner. n. 4. —

Harder, Pauline v., Gerettet! Drama in 4 Akten. (VII, 106 S.) 8. Dresden 904. E. Pierson. n. 1. 50

Harder, Pauline v., im Reiche des Rübezahl. Novelle. gr. 8. 3. Aufl. (40 S.) Wiesbaden 897. (G. Quiel.) — 60

Harder, Pauline v., Suum cuique. Gedichte. Wiesbaden 867. Schellenberg'sche Hofbuchh. 8. (VI, 161 S.) n. 20 ngr.

— **Philipp Gottfried** (Augsburg), De paedobaptismo oppositae clariss. viro Antonio van Dalen. Observat. theol. Präs. Johann Franz Budde. Jena (Müller) Juni 1707. 48 S. (6.50) 13115
Widm. v.: Präs., Jo. Philipp Treuner.

Die Bedeutung des heiligen Abendmahls v. Richard **Harder**. (Garding.) o. J. 8°

Harder, R., Festrede zur Einweihung des Denkmals, errichtet v. alten Kameraden zum Gedächtnis der bei Friedrichstadt am 29. Septbr. bis 4. Oktbr. 1850 gefallenen Krieger. gr. 8. (12 S.) Garding 893. H. Lühr & Dircks. n. — 20

Grabmalkunst v. Richard **Harder**. o. O. [1909.] 8°

Grundsätze evangelischen Kirchenbaues. Eine Handreichung f. Kirchenvorstände ... von Richard **Harder**, Pastor. Kiel: R. Cordes 1906. (29 S.) 8° [F.] [08. 4000 8

Liederbuch der evangelischen Gemeinde für ihre geselligen und festlichen Versammlungen ⟨Gemeindeabende ... usw.⟩ sowie f. d. Hausgebr. Hrsg. von R. **Harder**. 2. verb. u. auf d. doppelten Umfang verm. Aufl. Garding: H. Lühr & Dircks [1906]. (64 S.) 8° [Umschlagt. F.] [07. 1443

— Liederbuch der evangelischen Gemeinden f. ihre geselligen u. festlichen Versammlungen [Gemeindeabende, Gustav-Adolf-, Missions-, Reformationsfeste, Feier vaterländ. Gedenktage u. s. w.]. 12. (32 S.) Ebd. 891. n. — 10

Harder, Rob[ert]. Neues zur Etymologie des Namens Schaffhausen. [Sep.-Abdr. aus: Schaffhauser Intelligenzblatt... Jahrg. 47, 1908, Nr. 67—72.] II + 16 S. 8. Schaffhausen, H. Meier & Cie., [1908].

Harder, W., das Karlsruher Hoftheater. Mit e. Anh.: Die Karlsruher Oper v. J. Siebenrock. 8. (76 S.) Karlsruhe 889. Braun. n. 1. 50

Harder, Wilh., s.: Grüsse aus Baden-Baden.

Harder, Wilh., Selbstunterricht, s. Robillard.

Harder, Wilh., Silhouetten Leipziger Bühnenkünstler. gr. 8. (86 S.) Leipzig 874. Webel. 1. 50

Haerderer, Friedrich

Härderer, Fr., d. Elementarschule des Denkrechnens. Eine Samml. von Uebungsaufgaben zum Kopfrechnen, welche nach einer naturgemäßen Stufenfolge geordnet u. berechnet sind. 1s Bdchen. 8. Bamb. 825. Dresch. 9 gr. 2e A. Ebd. 832. 6 gr.

— Fragen u. Beispiele über den in d. Sprachschule enthalt. Unterichtsstoff. 8. Bamb. 827. Dresch. 4 gr.

— s. Leseschule, kleine.

Haerderer Friedrich
Die kleine Rechenschule. Eine Sammlung stufenweise geordneter Uebungs-Aufgaben... Von Friedrich Harderer. Bdch. 2. Bamberg: Wesché 1824. 8°

Bdch. 2: 1824.

— d. kleine Rechnungsschule. 3 Bdchn. 8. Frankf. 824, 25. Wesché. (à 6 gr.) 18 gr.

— u. F. K. Offinger, Rechtschreibeschule, oder geordneter Stoff zu orthograph. Uebungen, welche mit dem ersten Schreib- u. Lehrunterrichte beginnen, mit dem Sprachunterr. fortschreiten u. den schriftl. Gedankenausdruck zweckmäß. vorbereiten. Mit 1 Steindr. 8. Bamb. 826. 2e A. 832. Dresch. 8 gr.

Härderer, F., u. F. K. Offinger, Rechtsschreibeschule. Mit 1 Beilage in Steindruck. 2. Ausg. 8. Augsburg 812, Kollmann. 1/2 ₰

— d. Sprachschule. Ein Hülfsbuch zur zweckmäßigen Wiederholung d. Anfangsgründe d. deutschen Sprachunterr. in Volksschulen, nebst Uebungsaufgaben. 8. Bamb. 826. Dresch. 6 gr. 2e Ausg. (2 Abtheill.) 8. Ebd. 832. 6 gr.

—— die Sprachschule. Ein Hülfsbuch z. zweckmäß. Wiederholung d. Anfangsgründe d. teutschen Sprach-Unterr. in Volksschulen. Nebst e. Anh. 2. Ausg. (14 B.) 832. 6 Gr., 3. Aufl. Durchges., verm. u. z. Theil umgearb. v. F. K. Offinger. (13¼ B.) 8. Bamberg 836, Dresch.

Härderer, Fr., die deutsche Sprachschule. Ein Hülfsbuch zur zweckmäßigen Wiederholung der Anfangsgründe des deutschen Sprachunterrichts in Volksschulen, nebst Uebungsaufgaben zur Selbstbeschäftigung der Schüler. 3e Aufl. Durchgesehen, vermehrt u. zum Theil umgearbeitet von F. K. Offinger. 8. Bamberg 836. Dresch. 1/2 ₰ — 4e verm. u. verb. Aufl. 8. Ebd. 839. 1/4 ₰

— geordneter Stoff zur zweckmäß. Wiederholung d. deutschen Sprachunterr. in Volksschulen, ein Hülfsbuch f. Lehrer u. Lernende. 8. Bamberg 822. Wesché in Frankf. a. M.

— geordneter Stoff zur zweckmäß. Wiederholung d. deutschen Sprachunterr. in Volksschulen, ein Hülfsbuch für Lehrer u. Lernende. 8. Bamb. 823. Wesché in Frankf. 5 gr.

— u. F. K. Offinger, Vorlegeblätter für den Schönschreibeunterricht in Volksschulen. 1 Heft, in engl. Schrift. 4. Bamb. 829. Dresch. 6 gr.

— u. Offinger, Vorlegeblätter für Volksschulen zur Uebung im Schönschreiben. 1s Heft, in deutscher Schrift. 4. Bamb. 827. Dresch. 6 gr.

Hardering, Albertus (geb. am 13 Sept. 1806 [nicht 1810] in Neu-Bäderich, jetzt Büderich Kr. Mörs): De cerebri tuberculis ... Bonnae, typ. C. Georgii 1837. VI, 33 S. 8.
Bonn, Med. Fak., Diss. v. 30 Aug. 1837

Hardermannli: Das Hardermannli
s. Oberländisches Volksblatt.

Harders Volkslieder. 2 Bde. 8. Lpz. Sommer.

Hardi's, Herrn, Mittheilungen üb. Buchhandel u. Buchdruck vor 140 Jahren. Nebst geschichtl. Abriß, Vorschlägen zur Reform u. Erfahrgn. bei Erziehg. der Lehrlinge. Neudruck aus Hilarius Goldsteins Leben u. Reisen u. Erzählg. der list. u. lust. Streiche der Kaufmannsjungen in großen Städten. Frankfurt 1752. gr. 8. (32 S.) Frankfurt a/M. 886. Lehmann & Lutz. n. 1. —

Hardi Ben Neer, am Ossiacher See. 6 Idyllen (Wahrheit u. Dichtg.), nebst einen kleinem Fremdenführer. 8. (107 S.) Klagenfurt 896. (J. Heyn.) n. 1. —

Hardie, William [aus England]: Die Fortbildungsschule ... (Soll vollst. in England ersch.) Halle a. S., Hofbuchdr. v. C. A. Kaemmerer & C., 1897; VIII, 63 S. 8.
Halle, Phil. Fak., Inaug.-Diss. v. [17. Juli] 1897

Die Verflüssigung der Gase geschichtlich entwickelt von **Willett L. Hardin**, Fellow in the Univ. of Pennsylvania. Übers. von Prof. Dr. I[sidor] Traube, Berlin. Mit 42 Abb. *Stuttgart: F. Enke 1900.* (VI, 184 S.) 8° (ω. 6470

Harding, C. L., Cogitationes, posteriores de harmonia inter animam et corpus praestabilita. 39 pp. Gott. 4°.

1738

Harding, Emily, u. Rob. Hertwig, Herzkindchens Busenfreund. Hier führt der nächste Weg Dich gleich in's allerschönste Bilderreich. Mit Illustr. v. E. H. u. Versen v. R. H. 4. (20 S. m. farb. Bildern.) Fürth 893. G. Löwensohn. Geb. 2. 50

Harding, Emily J., kommt, seht u. hört, s.: Rienold, Paul.

Harding, Everhart P., aus Minneapolis-Minnesota (Amerika): Ueber die Reduktion von 2.4.5. Trimethylbenzaldazin. *Heidelberg 1901: K. Rössler.* (46 S.) 8°
Heidelberg, Naturw.-math. Diss. v. 1901

Harding, H., aus jungen Tagen. Gedichte. 8. (IV, 79 S.) Leipzig 888. Rust. 1. 20

Harding, Jo. August Theodor (Hameln/Hannov.), De voluntate testatoris dubia ob errorem in nomine vel demonstratione heredis aut legatarii commissum. Präs. Franz Carl Conradi. Helmstedt (Paul Dietrich Schnorr) 25. IV. 1736. 38 S. (6.50) 13116
Gewidm.: Gerlach Adolph v. Münchhausen (Strausfurt). — Widm. v.: Heinrich August Stambke (dtsch.), Dysing (Bremen), M. R. Fricke (Braunschweig; dtsch.). — Betr. u. a. Rud. u. Martin Kühn (Cüstrin).

***Harding*, Karl Ldw. I., Atlas novus coelestis XXVII tabb. cont. stellas inter polum borealem et trigesim. gradum declinationis australis adhuc observatas. Neuer Himmelsatlas:c. Sect. I.—VII. gr. Fol. (Götting.) 809—22. (Vandenhöck u. R.) 28 ₰**

Harding, (C. L.,) Atlas novus coelestis XXVII. tab. cont. stellos inter polum borealem et trigesim. gradum declinationis australis adhuc observatas. 6 Part. gr. fol. Göttingen 823, (Vandenhök et R.)

Harding, Car. Ludov., Atlas novus coelestis in 27 tabulis continens stellas inter polum borealem et trigesimum gradum declinationis australis adhuc observatas. Editio nova. A. u. d. T.: Neuer Himmelsatlas von 27 Taf. (in Kpfrst.), enthltd. die bis jetzt zwischen dem Nordpol u. dem 30. Grade südl. Abweichung beobachteten Sterne. Neu herausg. u. sehr verb. von G. A. Jahn. Halle 856. Schmidt. Roy.-Fol. (Mit 2 Bl. Text.) n. 15 ₰

Harding, K. L. († d. 31. Aug. 1834.), s. Ephemeriden, kleine astronomische.

Harding, C. und **Wiesen,** G. Kleine astronomische Ephemeriden. Bd. I—VI. Göttingen. 1829—1834.

— s. Herschel, Untersuchung

Harding, Himmels-Atlas. 1e u. 2e Lief. Roy. Fol. Hamb. Perthes. Bog. 10. (à 3 Rthlr.)

Harding, Himmels-Atlas 3te u. 4te Lieferung in 4 Blättern. Göttingen. Vandenhöck u. R. (in Comm.) 812 u. 14. (à 3 Rthlr.)

Harding's, Himmelsatlas. 5te Lief. in 4 Blättern. Göttingen, Vandenhoeck und R. (in Comm.) 817.

Harding, K. L. II., s. über Vernunft u. d. luther. Kirche.

⊙ Ueber Vernunft und die Lutherische Kirche in Beziehung auf ... 95 Theses des Archidiakonus Harms und den ärgerlichen Gegen...it von einem Lutherischen Layen [d. i.: Karl Ludwig **Harding**]. Hamburg. 1818. 8°.

Harding, Carl Ludw., Verzeichniss beobachteter Sterne, s. Sternkarten, Blatt 16.

Gallegher und andere Geschichten. Von **Rebecca** u. Richard **Harding Davis**. Berecht. Übers. von Gertrude Hildebrandt-Eggert. M. Ill. von W. Roegge. *Berlin, Eisenach, Leipzig: H. Hillger [1903].* (10; 8° [F.]
= **Bücherschatz,** Kürschner's. No 361. (o. ;85

Harding, *Waldemar* [app. Arzt aus Wesselburen]: Ein Beitrag zur Kenntnis der congenitalen Halsfisteln. ... Kiel, Druck v. H. Fiencke, 1890; 22 S., 1 Bl. 8°
Kiel, Med. Fak., Inaug.-Diss. v. [14. Okt.] 1890

Harding, W., e. Beitrag zur Kenntnis der congenitalen Halsfisteln. Inaug.-Diss. gr. 8. (22 S.) Kiel 890. (Gnevkow & v. Gollhorn.) n. — 80

Hardion, Jacques

Hardion, ..., heil. u. weltl. Geschichte; aus d. Französ. 18 Thle. (1r—12r von Sal. Ranisch. 13r—18r v. Jh. Glo. Glück.) 8. Altenb. 760—74. (Acad. B. in Jena). 9 ₰ 4 gl

— Allgemeine Weltgeschichte. Aus dem Französ. von Sal. Ranisch und J. G. Glück. Altenb. 760-74. 18 Bände. 8. 9 rthl. 4 gr.

Hardmann, Jacobus, Liber Genesis in publica exercitatione Hebraico-scripturistica analytice, historice, dogmatice, ethice et polemice exponendus etc. Würzburg, 1760.

Hardmayer, Kasp. David, s. Hardmeyer, David Kaspar

Hardmeier, s.a. Hardmeyer

Hardmeier, K. W., deutsches Lesebuch zum Gebrauche in Schulen. In 3 Abthl. 1. u. 2 Abthl. gr. 8. Zürich 844, Schultheß. à n. $16^1/_4$ ngl

Hardmeier, K. W., Deutsches Lesebuch zum Gebrauch in Schulen. In 3 Abthlgn. 3. Abth. gr. 8. (VIII u. 327 S.) Zürich 848. Schultheß n. 16 ngl (1—3: n. 1 ₰ 18 ngl)

Hardmeier, [Carl Wilhelm]: Das tessinische Thal Maggia und seine Verzweigungen. Ein Beitrag zur geographischen Kenntniss des Schweizerlandes. Zür. F. Schulthess Dr. 1841. 1 Bl., 7 S., 1 Karte. 4. Programm der zürcher. Kantonsschule 1841.

Hardmeyer, C. D., s. H a r d m e y e r , David Kaspar

Hardmeyer, Carl Wilhelm, s. H a r d m e y e r , Karl Wilhelm

Hardmeyer, Chr. Relation v. Auf u. Abmarsch von der sog. Seuaberg oberhalb Weil. 4. 1713.

Hardmeyer, David Kaspar (auch: Kaspar David)

Hardmeyer, Dav. Käp., Christus am Kreuze. Auszug aus dem 8ten, 9ten u. 10ten Gesang d. Klopstockschen Messias, als Probestück einer für declamator. Vorträge eingerichteten Behandl. dieses Gedichts. gr. 8. Zürich 827. Orell. 2 ℛ

H a r d m e y e r , Casp. David, Darstellung seiner gegenwärt. Ansicht des Christenthums. Mit ein. Einleitung v. Joh. Jak. Heß. 8. Zürich, Geßner. 814.

Hardmeyer, C. D. Darstellung des Hardmeyer'schen Privat-Institutes in Zürich. 1812.

H a r d m e y e r , (C. D.) Idee eines umfassenden theoretisch-prakt. Unterrichtes im mündlichen Vortrage. gr. 8. Zürich 824, Orell.

— sechs letzte Predigten in Bayreuth. 8. Bayr. 800. (Grau in Hof). 14 ℛ

H a r d m e i e r , sechs letzte predigten in Bayreuth. 8. Bayr. Lübeck. 800.

Hardmeyer, C. D. Der Vernunft-Prediger in Baireuth oder Hardmeyers neues Christenthum. In Briefen. Zurich und Leipzig 1800.

H a r d m a y e r , Casp. Dav., wie kann d. Wirksamkeit d. protestant. Cultus nach d. Bedürfnissen d. gegenwärt. Zeit am leichtesten u. sichersten gehoben werden? Eine Rede. gr. 8. (2½ B.) Zürich 828, Orell, Füßli u. Comp.

Hardmeyer, J., s. H a r d m e y e r - J e n n y , Jakob

[H a r d m e y e r , Johann Caspar.] Der Eidgnössisch Toggenburger, Entgegengesetzet Dem Toggenburgischen Bidermanne.... Von einem wahrhaften Eidgenossen in den Truk verfertiget. In der Weise: Wilhelm bin ich der Telle. Von etc. 8. *o. O.* 1712

Hardmeyer, Karl Wilhelm

[H a r d m e y e r , Carl Wilhelm.] 1. Künstlerische Bestrebungen in Zürich bis auf die Reformation. [Mit 1 Tafel.] – 2. Bericht über die schweizerische Kunstausstellung im Jahr 1842. Njbl. Künstlerges. Zürich 1843. 4. [Zürich.]

[H a r d m e y e r , Carl Wilhelm.] ...das Leben des Kunstmahlers Johann Jakob Biedermann von Winterthur (1763–1830). [Mit 2 Tafeln.] Njbl. (Künstlerges. Zürich 1835). 4. [Zürich.]

[H a r d m e y e r . Carl Wilhelm.] ...das Leben und die Charakteristik des Malers Felix Maria Diog aus Urseren (1764–1834). [Mit 2 Tafeln.] Njbl. (Künstlerges. Zürich 1836). 4. [Zürich.]

[H a r d m e y e r , Carl Wilhelm.] Leben und Charakteristik des Bildhauers Heinrich Keller aus Zürich (1771–1832). 4. [Zürich.]
Ausg. A. [Mit 2 Tafeln.] Njbl. (Künstlerges. Zürich 1839).
Ausg. B. [Sep.-Ausg. von: Njbl. Künstlerges. Zürich 1839. Mit 4 Tafeln.] [1839.]

[H a r d m e y e r . Carl Wilhelm.] Leben und Charakteristik des Malers Jakob Christoph Miville aus Basel (1786–1836). [Mit 2 Tafeln.] Njbl. (Künstlerges. Zürich 1840). 4. [Zürich.]

[H a r d m e y e r . Carl Wilhelm.] Leben und Charakteristik des Malers Joh[ann] Jakob Wetzel, aus Uhwiesen, Kantons Zürich (1781–1834). [Mit 2 Tafeln.] Njbl. (Künstlerges. Zürich 1838). 4. [Zürich.]

[H a r d m e y e r . Carl Wilhelm.] 1. Leben des Malers Johannes Dünz aus Bern (1645–1736). – 2. Kunst und Künstler in Zürich von der Mitte des sechszehnten bis zur Mitte des siebzehnten Jahrhunderts. – 3. Bericht über die Schweizerische Kunstausstellung im Jahr 1844. [Mit 4 Tafeln.] Njbl. Künstlerges. Zürich 1845. 4. [Zürich.]

[H a r d m e y e r . Carl Wilhelm.] ...die Lebensbeschreibung und Charakteristik des Malers [Franz] Niklaus König aus Bern (1765–1833 [*d. i.* 1832]). [Mit 2 Tafeln.] Njbl. (Künstlerges. Zürich 1837). 4. [Zürich.]

[H a r d m e y e r . Carl Wilhelm.] ...eine kurzgefasste Lebens- und Charakterschilderung des Malers Leopold Robert aus La Chaux de Fonds (1794–1835). [Mit 2 Tafeln.] Njbl. Künstlerges. Zürich 1841. 4. [Zürich.]

[H a r d m e y e r . Carl Wilhelm.] Dietrich Meier [*d. i.* Meyer] (1572–16[5]8), seine Söhne und Enkel aus Zürich. [Mit 1 Tafel] *s.* [M e y e r , Heinrich.] Lebensbeschreibung von David Hess.... [Zürich] 1844.

[H a r d m e y e r . Carl Wilhelm.] 1. Notiz über den Maler (Joseph) Heinz aus Bern (1566 [*d. i.* 1564–1609]). [Mit 1 Tafel.] – 2. Bericht über die erste schweizerische Kunstausstellung im Jahr 1840, nebst einer Uebersicht der jetzt lebenden Schweizerkünstler. Njbl. Künstlerges. Zürich 1842. 4. [Zürich.]

Hardmeyer, Kaspar David, s. H a r d m e y e r , David Kaspar

Hardmeyer, Robert. Zürcher Festspiel 1903 in 36 Bildern [gezeichnet] von R' H'. [Humoristisches Kartenspiel, als Gabe zum Maskenfest des Lesezirkels Hottingen, 14. März 1903. In Chromolithogr.] 36 Bl., ***in Carton*** **8. Zürich, Verlag des L' H' (Druck: Gebr. Fretz).**

H a r d m e y e r - J e n n y , J[acob]. Dem Andenken des seligen Herrn Rudolf Zinggeler gewidmet von seinem Studiengenossen und Freunde J. H'-J'. 24. November 1819 – 11. Oktober 1897. 8. (Zürich 1897.)

Hardmeyer, J. Die malerische Ausschmückung des Rathhauses zu Schwyz, ausgeführt von *F. Wagner.* 14 Bilder in mehrfarb. Photodr. mit beschreib. Text. In-8⁰. 29 S. Zürich, Art. Institut Orell Füssli. *1891.* 2 —

Hardmeyer-Jenny, J., der Bergsturz von Elm im Glarnerlande. Mit einem Anh., enth. die Trauerrede bei der Todtenfeier, gehalten von F r i d o l i n L e n z i n g e r , u. mit 4 Ansichten in Farbendr., nebst 1 (lith.) Situationsplan. gr. 8. (32. S.) Zürich 881. Orell, Füßli & Co. n. 1. —

Hardmeyer-Jenny, J., Bericht üb. Unterrichtswesen, s.: W e t t s t e i n , H.

Hardmeyer, J., B i e l u. seine Umgebung, s. a. L'E u r o p e illustrée. — W a n d e r b i l d e r , europäische.

H a r d m e y e r [-Jenny]. J[acob]. Biel und seine Umgebung. Mit 33 Illustrationen von J[ohann] Weber [wovon 5 Tafeln] nebst einer Karte. (Europäische Wanderbilder. Nº 204. 205.) 8. Zürich ([18]92).

Hardmeyer[-Jenny]. J[acob]. Bienne et ses environs. Traduit de l'allemand. Avec 33 Illustrations de J[ohann] Weber [dont 5 planches] et une carte. (L'Europe illustrée. Nº 158. 159.) 8. Zurich ([18]92).

Hardmeyer, J., the Black Forest railway, s.a Europe, illustrated.

Hardmeyer[-Jenny]. J[acob]. The Black Forest Railway (Grand-Duchy of Baden). With 53 Illustrations by J[ohann] Weber [12 Plates]. and two Maps. (Illustrated Europe. Nº 77. 78. 79.) 8. Zurich. London ([18]86).

[Hardmeyer-Jenny. Jacob.] Blätter der Erinnerung an Carl Fierz-Landis (1852–1892). Von einem Freunde gesammelt. [Mit Porträt-Tafel.] 8. Zürich 1892.

— die Brünigbahn, s.a. Wanderbilder, europäische.

Hardmeyer[-Jenny]. J[acob]. Die Brünigbahn (von Luzern nach Interlaken). Mit 30 Illustrationen von J[ohann] Weber [wovon 6 Tafeln] und einer Karte. (Europäische Wanderbilder. Nº 130. 131.) 8. Zürich ([18]88).
Ausg. A. Mit 30 [*d. i.* 28] Ill'....
Ausg. B. Mit 30 (*°Umschlag:* 28) Ill'....

— the Brünig railway from Lucerne to Interlaken, s.a. Europe, illustrated.

Hardmeyer[-Jenny]. J[acob]. The Brünig Railway from Lucerne to Interlaken. With 30 Engravings [6 Plates] and 1 Map. (Illustrated Europe. Nº 80. 81.) 8. Zurich ([18]88).

Hardmeyer, J. La catastrophe d'Elm. In-8⁰, 31 p. Zürich, Orell Füssli & Cie. 1881. 1 —

— le chemin de fer du Brunig de Lucerne à Interlaken, s.a. l'Europe illustrée.

Hardmeyer[-Jenny], J[acob]. Le chemin de fer du Brunig de Lucerne à Interlaken. Avec 30 gravures de (*°Umschlag:* Illustrations par) J[ohann] Weber [dont 6 planches] et une carte. (L'Europe illustrée. Nº 91. 92.) 8. Zurich ([18]88).

—— le chemin de fer de la Forêt-Noire, s.a. l'Europe illustrée.

Hardmeyer[-Jenny], J[acob]. Le chemin de fer de la Forêt-Noire. Avec 53 Illustrations par J[ohann] Weber [dont 12 planches] et une carte (*°Umschlag:* deux cartes). (L'Europe illustrée. Nº 85. 86. 87.) 8. Zurich ([18]87).

– le chemin de fer du Monte Generoso, s.a. L'Europe. illustrée.

Hardmeyer[-Jenny], J[acob]. Le chemin de fer du Monte Generoso. Avec 13 Illustrations de J[ohann] Weber [dont 3 planches] et une carte. (L'Europe illustrée. Nº 140.) 8. Zurich ([18]90).

— le chemin de fer du Pilate, s.a. l'Europe illustrée.

Hardmeyer[-Jenny], J[acob]. Le chemin de fer du Pilate. Avec 32 Illustrations par J[ohann] Weber [dont 6 planches] et une carte. (L'Europe illustrée. Nº 118. 119.) 8. Zurich.
Ed. A. ([18]88–89) — *Ed. B.* ([18]93.)

Hardmeyer, J., Antonio Ciseri, s.a. Neujahrsblatt der Kunstgesellschaft in Zürich. 1899.

(Professor) Antonio Ciseri. (Vf.: J. Hardmeyer.) *[Zürich]: Buchdr. Berichthaus (1899).* (32 S., 1 Portr., 2 Taf.) 1 Bd 4.
= Neujahrsblatt d. Kunstgesellschaft in Zürich f. 1899. Neue Reihenfolge. [No.] 59.

Hardmeyer-Jenny, J[acob]. L'éboulement d'Elm, canton de Glaris. Par J. H'-J'. Traduit de l'allemand. Avec le discours funèbre prononcé par Fr[idolin] Lenzinger.... et quatre vues [hors texte]. 8. Zurich 1881. 31 S.

[Hardmeyer-Jenny, Jacob.] Erinnerungsblätter zur Einweihungsfeier des Pestalozzi-Denkmals in Zürich den 26. Oktober 1899. Im Auftrag der Denkmalskommission zusammengestellt von einem Mitglied derselben. [Mit 1 Illustration und 2 Tafeln.] 8. Zürich [1899].

— Festbegleiter am Eidgenössischen Sängerfeste in Zürich den 10., 11., 12. Juli 1880. 8. (64 S. m. eingedr. Holzschn. u. 6 Holzschntaf.) Ebend. 880. n. 1. —

[Hardmeyer-Jenny, Jacob.] Franzensbad en Bohème.... (Avec 47 Illustrations par J[ohann] Weber [dont 11 planches, 1 plan] et une carte. L'Europe illustrée. Nº 152. 153. 154.) 8. Franzensbad (*°Umschlag:* Zurich) ([18]91).

[Hardmeyer-Jenny, Jacob.] Curstadt Franzensbad in Böhmen.... (Mit 47 Illustrationen von J[ohann] Weber [wovon 11 Tafeln], nebst einem Situationsplan und einer Umgebungskarte. Europäische Wanderbilder. Nº 195. 196. 197.) 8. Franzensbad (*°Umschlag:* Zürich) [1891].

— die Gotthardbahn, s.a. Wanderbilder, europäische.

Hardmeyer[-Jenny], J[acob]. Die Gotthardbahn. (Europäische Wanderbilder. Nº 30. 31 – *°1. Aufl.:* und – 32.) 8.
[1. Aufl.] Mit 48 Illustrationen von J[ohann] Weber [wovon 12 Tafeln] und einer Karte. Zürich, (Paris. London) [1882].
2. Aufl. Mit 47 Ill'... und einer Karte. Z', (P'. L') [1883].
[3. Aufl.] Mit 57 Ill'... und einer Karte. Z' ([18]88).

Hardmeyer[-Jenny], J[acob]. Die Gotthardbahn. Mit 64 Illustrationen [wovon 1 Tafel] und einer Karte. 6. Aufl. IV + 152 S. 8. Zürich, Orell Füssli, [1907]. [fr. 2. —]
(Europäische Wanderbilder. No. 30, 31, 32, 33.)
Bis zur 5. Aufl., [1893,] bildete der Gotthardführer No. 30/32 der Europäischen Wanderbilder.

[Hardmeyer-Jenny, Jacob.] The Health-Resort of Franzensbad, Bohemia. With 47 Illustrations by J[ohann] Weber [12 Plates, a Plan] and a Map. (Illustrated Europe. Nº 145. 146. 147.) 8. Zurich ([18]91).

— Carlsbad, s.a. Europe, illustrated. — L'Europe, illustrée. — Wanderbilder, europäische.

Hardmeyer[-Jenny], J[acob]. Karlsbad. Mit 57 Illustrationen von J[ohann] Weber [wovon 9 Tafeln] und einer Karte. (Europäische Wanderbilder. Nº 186. 187. 188.) 8. Zürich ([18]91).

Hardmeyer[-Jenny]. J[acob]. Carlsbad. With 57 Illustrations by J[ohann] Weber [9 Plates] and one Map. (Illustrated Europe. Nº 159. 160. 161.) 8. Zurich ([18]93).

Hardmeyer[-Jenny]. J[acob]. Carlsbad. Par J. H'. Traduit par [Louis-Paul] G[uignand]. Avec 57 Gravures par J[ohann] Weber [dont 9 planches] et une carte. (L'Europe illustrée. Nº 170. 171. 172.) 8. Zurich ([18]93).

Hardmeyer-Jenny, J., Schweizer Kinderbuch. 2 Tle. gr. 8. Zürich 901. Art. Institut Orell Füßli. Kart. n. 6. 50
1. Für Kinder vom 7. bis 10. Altersjahr. (VII, 210 S. m. Abbildgn.) n. 3. —
2. Für Kinder vom 11. bis 14. Altersjahr. (VII, 272 S. m. Abbildgn.) n. 3. 50

Hardmeyer-Jenny, J[acob]. Schweizer Kinderbuch. 2 Teile. 2. verbesserte (*Teil 1: 2., vermehrte und verb') Aufl. 8. Zürich, Orell Füssli, [1907—1910]. [geb. je fr. 4. —]

Teil 1, für Kinder vom 7. bis 10. Altersjahr. Mit 133 (*Umschlag: 125) Illustrationen. VIII + 223 S. [1907.]
Teil 2, für K' vom 10. bis 14. Alt'. Mit 111 (*Umschlag: 120) Ill'. VIII + 216 S. [1910.]

Hardmeyer, J., le lac des Quatre-Cantons, s.a. l'Europe illustrée.

Hardmeyer[-Jenny]. J[acob]. Le lac des Quatre-Cantons. D'après J. H'. Avec 40 Illustrations par J[ohann] Weber et une carte. [Nouvelle éd.] (L'Europe illustrée. N° 61. 62.) 8. Zurich.

Ed. A. Avec 40 Ill' par (*Umschlag: de) J. W' [dont 6 planches].... Z' ([18]91 — *Umschlag: [18]90 —)
Ed. B. Avec 40 Ill' par J. W' [dont 5 planches].... Z' ([18]95).

— the lake of Lucerne, s.a. Europe, illustrated.

Hardmeyer[-Jenny]. J[acob]. The Lake of Lucerne. With 44 Illustrations by J[ohann] Weber [6 Plates] and a Map. [New Ed.] (Illustrated Europe. N° 55. 56.) 8. Zurich ([18]98).

— la ligne du St-Gothard, s.: l'Europe illustrée.

— Locarno u. seine Thäler, s.a. Wanderbilder, europäische.

Hardmeyer[-Jenny]. J[acob]. Locarno und seine Thäler. Mit 58 Illustrationen von J[ohann] Weber [wovon 13 Tafeln] nebst zwei (*Umschlag: und drei) Karten. (Europäische Wanderbilder. № 89. 90. 91.) 8. Zürich ([18]85 — *Umschlag: [18]87 —).

Hardmeyer[-Jenny], J[acob]. Locarno und seine Täler. Mit 58 Illustrationen [wovon 13 Tafeln] von J[ohann] Weber, nebst 2 Karten [im Text]. 3. Aufl. IV + 122 S. 8. Zürich, Art. Institut Orell Füssli, [1903]. [fr. 1. 50]

(Europäische Wanderbilder. N° 89. 90. 91.)

— Locarno et ses vallées, s.a l'Europe illustrée.

Hardmeyer[-Jenny]. J[acob]. Locarno et ses vallées. Par J. H'. Traduit par J[ean] A[damina]. Avec 58 Illustrations par J[ohann] Weber [dont 13 planches] et deux [*i. e.* trois] cartes. (L'Europe illustrée. N° 71. 72. 73.) 8. Zurich, (Paris [18]85).

— Locarno and its valleys, s.a. Europe, illustrated.

Hardmeyer[-Jenny]. J[acob]. Locarno and its Valleys. With 58 Illustrations by J[ohann] Weber [13 Plates] and 2 Maps. (Illustrated Europe. № 66. 67. 68.) 8. Zurich. London ([18]85).

— Lugano, s.: Wanderbilder, europäische. Nr. 114—116.

— Lugano et les lignes de raccordement entre les trois lacs, s.a l'Europe illustrée.

Hardmeyer[-Jenny]. J[acob]. Lugano et les lignes de raccordement entre les trois lacs. Avec 55 Illustrations par J[ohann] Weber et 4 cartes [dans le texte et sur 11 planches]. (L'Europe illustrée. № 88. 89. 90.) 8. Zurich ([18]87).

— Lugano e le linee di congiunzione dei tre laghi, s.a. Europa illustrata.

Hardmeyer[-Jenny]. J[acob]. Lugano e le linee di congiunzione dei tre laghi. Di J. H'. Traduzione di G[iovanni] Anastasi. Con 55 Illustrazioni di J[ohann] Weber [di cui 10 tavole] e 4 carte geografiche. (Europa illustrata. № 1. 2. 3.) 8. Zurigo ([18]86).

— Lugano u. die Verbindungslinie zwischen den drei oberitalienischen Seen, s.a. Wanderbilder, europäische.

Hardmeyer[-Jenny]. J[acob]. Lugano und die Verbindungslinie zwischen den drei oberitalienischen See'n. Mit 55 Illustrationen von J[ohann] Weber und vier Karten [im Text und auf 11 Tafeln]. (Europäische Wanderbilder. № 114. 115. 116.) 8. Zürich ([18]86).

Hardmeyer[-Jenny], J[acob]. Lugano und die Verbindungslinie zwischen den drei oberitalienischen Seen. Mit 54 Illustrationen von J[ohann] Weber und vier Karten [10 Tafeln]. 3. Aufl. 128 S. 8. Zürich, Art. Institut Orell Füssli, [1903]. [fr. 1. 50]

(Europäische Wanderbilder. N° 114. 115. 116.)

Hardmeyer[-Jenny], J[acob]. Lugano und die Verbindungslinie zwischen den drei oberitalienischen Seen. Mit 55 Illustrationen von J[ohann] Weber [u. A., wovon 2 Tafeln,] und vier Karten. 4. Aufl. 140 S. 8. Zürich, Orell Füssli, [1906]. [fr. 1.50]

(Europäische Wanderbilder. N° 114. 115. 116.)

— Mailand, s.a. Wanderbilder, europäische.

Hardmeyer[-Jenny]. J[acob]. Mailand. Mit 16 Illustrationen von J[ohann] Weber [wovon 6 Tafeln], nebst einem Plan. (Europäische Wanderbilder. № 20 & 21.) 8. Zürich, (Paris, London) [1881].

— Milan, s.a. Europe, illustrated. — l'Europe illustrée.

Hardmeyer[-Jenny]. J[acob]. Milan. With 16 illustrations by J[ohann] Weber [6 plates] and 1 map. (Illustrated Europe. № 15 & 16.) 8. Zurich, (Paris, London) [1881].

Hardmeyer[-Jenny]. J[acob]. Milan. Par J. H'. Traduit par J[ean] A[damina]. Avec 16 illustrations de J[ohann] Weber [dont 16 planches] et un plan. [Nouvelle éd.] (L'Europe illustrée. № 17. 18.) 8. Zurich ([18]87).

— die Monte-Generosobahn, s.a. Wanderbilder, europäische.

Hardmeyer[-Jenny], J[acob]. Die Monte Generosobahn. Mit 13 Illustrationen von J[ohann] Weber [wovon 3 Tafeln] und einer Karte. (Europäische Wanderbilder. № 180.) 8. Zürich (1890).

— the monte Generoso railway, s.a. Europe, illustrated.

Hardmeyer[-Jenny]. J[acob]. The Monte Generoso Railway. With 13 Illustrations by J[ohann] Weber [3 Plates], and a Map. (Illustrated Europe. № 128.) 8. Zurich (1890).

— the Mt. Pilatus railway, s.a. Europe, illustrated.

Hardmeyer[-Jenny], J[acob]. The Mt. Pilatus Railway. 3d Ed., with 32 Illustrations by J[ohann] Weber [6 Plates] and a Map. IV + 50 p. 8. Zurich, Orell Füssli, [1902]. ([fr. 1. —,] per number 6 d.)

(Illustrated Europe. № 114. 115.)

Hardmeyer[-Jenny], J[acob]. Nach Italien mit der Gotthardbahn. [Mit Illustrationen und 1 Karte.] 68 S. 8. Zürich, Art. Institut Orell Füssli, 1901.

Hardmeyer[-Jenny], J[acob]. Nach Italien mit der Gotthardbahn. [Mit Illustrationen und 1 Karte.] 68 S. 8. Zürich, Art. Institut Orell Füssli, 1903.

Hardmeyer[-Jenny], J[acob]. Nach Italien mit der Gotthardbahn. [Mit Illustrationen und 1 Karte.] 64 S. 8. Zürich, Orell Füssli, 1905.

Hardmeyer[-Jenny], J[acob]. Die Pilatusbahn. Mit 32 Illustrationen von J[ohann] Weber [wovon 6 Tafeln] und einer Karte. (Europäische Wanderbilder. Nº 153. 154.) 8. Zürich.
Ausg. A. ([18]88–89.)
Ausg. B. ([18]90–91.)

— dasselbe, s.a. Wanderbilder, europäische.

Hardmeyer-Jenny, Jacob *s.* Rambert, Eugène. La ligne du St-Gothard. Zurich, Paris ([18]85).

— s.: Rathaus, das, zu Schwyz.

Hardmeyer, J., siehe a. *Sängerfahrt.*

— u. W. **Bion**, Sängerfahrt des „Männerchor Zürich" nach Mailand 7. bis 11. April 1888 v. J. H. u. der Abstecher nach Genua v. W. B. 8. (141 S. m. Illustr.) Zürich 888. (Orell Füssli Verl.) n. 2. —

— The St. Gotthard Railway, s.a. Europe, illustrated.

Hardmeyer [-Jenny], J[acob]. The St. Gothard Railway. With 64 Illustrations [1 Plate] and one Map. 4th Ed. IV + 132 p. 8. Zurich, Orell Füssli, [1907]. ([fr. 2. —,] Each number 6d.)
(Illustrated Europe. No. 189, 190, 191, 192.)
Bis zur 3d Ed., 1890, *bildete der Gotthardführer* No. 24/26 *von* Ill' Europe.

– die badische Schwarzwaldbahn, s.a. Wanderbilder, Europäische.

Hardmeyer[-Jenny], J[acob]. Die Badische Schwarzwaldbahn. Mit 53 Illustrationen von J[ohann] Weber [wovon 12 Tafeln] und einer Karte (*Umschlag*: zwei Karten). (Europäische Wanderbilder. Nº 111. 112. 113.) 8. Zürich ([18]86).

Hardmeyer, J., d. schweizer. Seethalbahn, s.a. Wanderbilder, europäische.

Hardmeyer, J.: Die schweizerische Seethalbahn. Mit 11 Illustrationen und einem Kärtchen. (Europäische Wanderbilder. No. 240.) Zürich [1895]. 35 S. 8°.

Hardmeyer[-Jenny], J[acob]. Die Schweizerische Seethalbahn. Mit 11 Illustrationen und einem Kärtchen. [Neue Ausg.] (Europäische Wanderbilder. Nº 240.) 8. Zürich ([18]99).

(H[ardmeyer-Jenny, Jacob].) Gustav Siber-Gysi. Geb. 22. Nov. 1827. Gest. 29. Febr. 1872. [Mit Porträt.] 8. (Zürich.)

Hardmeyer-Jenny, J. Frohe Stunden. Zürcher Verse von *J. H.-J.* 8°. 152 S. m. Portrait des Verfassers. Zürich. Art. Inst. Orell Füssli. 2 60 *1901.* gebd. 3 50; Festausgabe 5
** Berichtigung der Aufnahme in No. 12. 1900.

Hardmeyer-Jenny, J. Heitere Stunden od. das kleine Protokoll. Erinnerungen an die schweiz. Landesausstellung in Zürich 1883. Mscr. f. Freunde. In-8°, 152 S. Zürich, Orell Füssli & Cie. *1884.*

— le Toggenbourg et Wil, s.a. l'Europe illustrée.

Hardmeyer[-Jenny]. J[acob]. Le Toggenbourg et Wil. Illustrations de J[ohann] Weber [dont 6 planches] et une carte. (L'Europe illustrée. Nº 141. 142.) 8. Zurich ([18]90).

— Toggenburg and Wil, s.: Europe, illustrated.

— Toggenburg u. Wil, s.a. Wanderbilder, europäische.

Hardmeyer[-Jenny], J[acob]. Toggenburg und Wil. Mit 33 Illustrationen von J[ohann] Weber [wovon 7 Tafeln] und einer Karte. (Europäische Wanderbilder. Nº 181. 182.) 8. Zürich ([18]90).

—— der Vierwaldstättersee, s.a. Wanderbilder, europäische.

Hardmeyer(-Jenny), J[acob]. Der Vierwaldstättersee (und seine Ufer). Mit 40 Illustrationen von J[ohann] Weber [wovon 7 Tafeln, und 1 Karte]. (Europäische Wanderbilder. Nº 75. 76.) 8. Zürich ([18]84).

Hardmeyer[-Jenny], J[acob]. Der Vierwaldstättersee (und seine Ufer). Mit 44 Illustrationen von J[ohann] Weber [wovon 6 Tafeln] und einer Karte. 4. Aufl. (Europäische Wanderbilder. Nº 75. 76.) 8. Zürich ([18]94).

— Widmungen, vorgelesen bei der Uebergabe der heiteren Stunden, Hotel Bellevue, den 21. Febr. 1884. In-16°, 23 S.

Hardmuth, F. v., Die Warenhausfrage und der niederösterreichische Entwurf einer Warenhaussteuer. Gr.-8°. (86 S.) K 1.20 Wien: Manz 1910.

Hardorf, J., s. Eduard, eine Novelle.

Hardorf, John, († 1814.) New engl. Grammar, oder neue engl. Sprachlehre. 8. Leipz. 801. 2e A. 805. Hinrichs. 15 *gr* Schrbp. 18 *gr*

Hardorff, G., Vorlegeblätter zum Nachzeichnen, Grundlinien zum Zeichnen des Kopfes u. dessen Theile in den vorzüglichsten Wendungen, auf Stein gezeichnet. qu. Fol. Hamb. 819. Perthes u. B. 3 *ß*

Hamburg: [Bauzeichnungen für] Freimaurer-Krankenhaus [in Hamburg]. [Von] Max **Hardorff** & Schomburck. Hamburg o. J.: Fenck. 3 Bl. 2°. [Photolith.]

Hardouin, Joann., Chronologia Veteris Testamenti ad Vulgatam versionem exacta et nummis antiquis illustrata: chronologiae ex nummis antiquis restitutae specimen alterum. Leipzig, 1709, 4°.

Hardouin-Mansart, Jules, s.: Dohme, R.

Hardrat, K., Saitenklänge. gr. 8. Greifsw. 821.

Hardt, Hanna. Charakterbild in einem Aufzuge . . . Wien [1905]. V: *Walter-Segel, Olga.* (EB) von der Hardt, A. J., de angelis hospitibus. Helmst. 771. 4.

Hardt, A. J. v. d., de momentis quibusdam historicis et chronologicis ad determinandam Chr. diem natalem necessariis. Helmst. 1754. 4.

Hardt, A. J. v. d., de symbolis pentecostes. Helmst. 1702. 4.

Hardt, Alfred, appr. Arzt: Pleuraempyem und allgemeiner acuter Pneumothorax beim Kinde. Heidelberg 1905: J. Hörning. (19 S.) 8°
Heidelberg, Med. Fak., Ref. Vierordt, Diss. v. 1905
[Geb. 17. Febr 78 Königsberg i. Pr.; Wohnort: Elbing; Staatsangeh.: Preußen; Vorbildung: Gymn. Elbing Reife O. 96; Studium: Tübingen 1, Leipzig 2, Berlin 1, Königsberg 3, Heidelberg 7 S.; Coll. 28. Juli 04; Approb. 8. Febr. 04.]

Hardt, Anton Julius von der, Concordia. Progr. in festo pentecostes. Helmstedt (P. D. Schnorr's Wwe.) 1781. 14 S. (4.—) 13118

v. d. Hardt, Ant. Jul., († d. 27. Juni 1785.) Grammatica hebraica. 8. Helmst. 756.

Hardt, Bernhard: Untersuchungen über die chemische Zusammensetzung des Röhrbeins (Metacarpus) von Lauf- und Schrittpferden. Halle a. S. 1910: John. 59 S. 8°
Jena, Phil. Diss. v. 22. Juni 1910, Ref. v. Nathusius
[Geb. 22. Okt. 73 Koesfeld; Wohnort: Leipzig; Staatsangeh.: Sachsen; Vorbildung: Landw. Schule Bitburg bis O. 03; Studium: Bonn 4, Jena 4 S.; Rig. 26. Febr. 10.] [U 10. 2343

Hardt, Carl, s. Hardt, Karl

Hardt, Charlotte, Frau Talina, s. a. Kürschner's Bücherschatz.

[F.] Frau Talina. Originalroman v. Charlotte Hardt. M. Ill. v. Martin Ränike. *Berlin, Eisenach, Leipzig: H. Hillger [1898].* (128 S.) 1 Bd 8.
= Bücherschatz, Kürschners. No 84. [98. 4716

— **Daniel Ferdinand** (Comburg), De jure reformandi ex communi hactenus in imperio usitata praxi deducto. Diss. eccles.-polit. publ. Rector Carl Philipp Heinrich Frh. v. Greiffenclau zu Vollraths (Gundheim). Präs. Johann Philipp Hahn. Mainz (Goubler) 2. IV. 1746. 47 Seiten. (6.80) 13119
Gew.: Johann Veit Frh. v. Wurzburg, Johann Philipp Heinrich Frh. v. Erthal, Franz Wolffgang Grf. v. Ostein, Philipp Adolph Wilhelm Frh. u. Anton Georg Adolph Heinrich v. Hettersdorff, Ferdinand Christoph Peter Frh. v. Sickingen, Adalbert Philipp Frh. v. Hutten (Stolzenberg), Philipp Anton Christoph Ernst Frh. v. Guttenberg.

Hardt, Emmy, aber!!! Novellen aus dem Leben. (192 S.) 8. Berlin-Zehlendorf (908). Berlin, R. Eckstein Nachf. 2.—

Aber!!! Novellen aus d. Leben von Emmy Hardt. Berlin-Zehlendorf: Krüger [1908]. 192 S. 8° [08. 825

— Eine Enterbte des Lebens. Bekenntnisse einer Verirrten. Bearb. u. hrsg. (250 S.) 8. Berlin (909). R. Eckstein Nachf. 8.—

— Maienstünde. Roman e. Grossstadt-Ehe. (Dr. P. Langenscheidt's Bibliothek der Zeit.) 1.—5. Taus. (246 S.) 8. Gr.-Lichterfelde (910). Berlin, Dr. P. Langenscheidt. 3.—; geb. 4.—

Bunt ist das Leben. Novellen von Ernst Hardt. *Köln: Schafstein & Co. (1902).* (214 S.) 8° [F.] [02. 6735

Hardt, Ernst (Ernst Stöckhardt), gesammelte Erzählungen. (III, 184 S.) 8. Leipzig 909. Insel-Verlag. 3.—; geb. in Halbperg. 4.—

Hardt, Ernst (Ernst Stöckhardt), der Kampf ums Rosenrote. Ein Schauspiel in 4 Akten. (V, 110 S.) gr. 8. Leipzig 903. Insel-Verlag. n. 3.—; geb. n. 4.—

— Ninon v. Lenclos. Drama in 1 Akt. (42 S. m. Titelbild.) 8. Ebd. 905. n. 3.50; geb. in Perg. n. 6.—

Hardt, Ernst (Ernst Stöckhardt), Priester d. Todes. 13 Novellen. 8. (205 S.) Berlin 898. S. Fischer, Verl. n. 2.50

HARDT, Ernst (in Weimar, geb. 9. Mai 1876 in Graudenz), Aus den Tagen des Knaben. Gedichte. Mit Buchschmuck von M. Behmer u. Titelkopf (so!) in Rötheldruck v. J. Toorop. Leipzig 1904. 8°. (12 Mk., Orig.-Prgtbd., Edm. Meyer, Berlin, 1907: „Ausgabe auf Kaiserl. Japanpapier, nur in 30 Exempl. gedruckt, mit eigenh. Signatur des Verfassers. Nicht im Handel!")

Tantris der Narr. Drama in 5 Akten von Ernst Hardt. Leipzig: Insel-verl. 1907. 134 S. 8° [07. 7

— Tantris der Narr. Drama in 5 Akten. 2. Aufl. (2.—5. Taus.) (160 S.) 8. Leipzig 909. Insel-Verlag. 3.—; geb. in Halbperg. 4.—; auf Bütten, geb. in Perg. 20.—

— an den Toren des Lebens. Novelle. (80 S.) 12. Ebd. 904. n. 2.—
Sonderabdruck aus: „H., bunt ist das Leben".

— An den Toren des Lebens. Eine Novelle. (2. Aufl.) (66 S.) 8. Ebd. 909. 2.—; geb. in Halbperg. 3.—

— Tote Zeit. Drama in 3 Aufzügen. 8. (88 S.) Ebd. 898. n. 1.—

Hardt, Fred B., s.: Hartleben, Otto Erich, Briefe an seine Freundin.

Hardt, Friedrich [app. Arzt aus Plön in Holst.]: Ein Fall von hypertrophischer Form der portalen Lebercirrhose ... Tübingen, Druck v. H. Laupp jr, 1894; 17 S. 8.
Tübingen, Med. Fak., Inaug.-Diss. v. 1894

Hardt, H., A. **Kreusel** u. W. **Nickel,** ausgeführte Kalkulationen zum Gebrauche an gewerblichen Fortbildungsschulen sowie zum Selbstunterricht f. Meister u. Gesellen. 1. Heft. Maurergewerbe. Mit 7 Zeichngn. u. 2 Textfig. (34 S.) 8. Frankfurt a/M. (905). Kesselring. n. —60

Hardt, H., A. **Kreusel** u. W. **Nickel,** ausgeführte Kalkulationen zum Gebrauche an gewerbl. Fortbildungsschulen sowie zum Selbstunterricht f. Meister u. Gesellen. 2. Heft. Schlossergewerbe. Mit 15 Zeichngn. (60 S.) 8. Frankfurt a/M. (907). Kesselring. —75

Hardt, Hans, zwei Novellen, s.: Engelin's Roman- u. Novellenschatz 72. Bd.

Hardt, Hans, aus dem Paradiese. Roman. (432 S.) 8. Leipzig 910. Berlin, Sonnen-Verlag. 4.50; geb. 6.—

Im Zukunftsstaat. Roman von Hans Hardt. Berlin, Leipzig, Paris: Hüpeden & Merzyn 1905. (262 S.) 8° [F.] [05. 5491

Hardt, Helene s. Familienbibliothek, Schweizer. Nr. 114.

Hardt, Helene [Übers.]
s. Robinson, F.W.: Die wilde Blume ... 1869.

Hardt, Helene, ein unüberlegtes Wort u. anderes, s.: Engelin's Roman- u. Novellenschatz 28. Bd.

Hardt, Hermann von der

Hardt, Herm. v. d., Aenigmata prisci orbis, Jonas in luce in hist. Manassis et Josiae etc. fol. Helmstädt, Hamm. 723.

Hardt, Hermannus von der, Sūratu fātiḥati 'l-Kitābi Arabia Graeca in antiquitatis honorem pro optimarum literarum luce orbi erudito commendata Helmstadii 1714.

— Arion citharoedus a delphine in mari servatus. — Cithara Arionis in mari in tergo delphinis. 1719. 48, 16 S. 4°. 2.—

Hardt, Hermann von der: In Bacchum vini & cerevisiae Aegypti inventorem, pro Diodoro Siculo illustrando: De recto mythologiae Graecae fundo. Helmstadii : Hammian 1715. 50 S. -- 29*.M 49

– (Hrsg.), s. Clémanges, Mathieu Nicolas de: De diebus festis et sabbato.

— Concilium magn. Constantiense etc. VI Tmi. c. ind. s. T. VII. c. fig. fol. Frft. 700–702.

— Elementa arabicae linguae. 5. Helmstädt. (Weygand in Lps.) 718.

— Elementa Syriacae linguae. 8. Helmstädt. (Weygand in Lpz.) 718. —

Hardt, Herm. v. d., brevia hebraica linguae fundamenta. ed. A. I. v. d. Hardt. 8. Helmstädt. (Weygand in Lps.) 739. thibit. —

Hardt, H. d. v., Hercules ex Carcharia in Homerum, Strabonem, Lycophronem, Apollodorum, Diodorum Siculum, Ovidium, Virgilium, Valerium Flaccum, aliosque. Pr. 1719. 168 S. 4° 2.—

— hist. literar. reformationis etc. fol. Halae, Renger. 717. 2

Hardt, Herm. von der, Historia regni Babylonici a Cyro eversi. Helmst. 726. 8.

— Iaddus pro republica a. effigies etc. s. pontificis. 8. Wolfenbütt. Meisner. 716. —

— Comment. in Iobum. c. fig. fol. Lemgo, Meyer. 728. 3

— laudes P. Virgilii Maronis. fol. Helmst. (Weygand. Lps.) 740. —

— de tecta Mythologia graecor. in decant. pygmaeorum, gruum et perdicum bello. 8. Gosl. König. 716. —

– (Hrsg.), s. Nicolaus de Clemangis: De diebus festis et sabbato.

— — De Pherecyde & Herodoto, Diodoro Siculo & Apollodoro, historicis vetustis, eorumque symbolico scribendi charactere. Helmstedt (Salom. Schnorr) Okt. 1719. 16 S. (4.20) 13121

Hermann von der Hardt πικρίδια Intybum sylvestre in Elisae mensa, mors in olla, αγριοσταφιλίς, bryonia in Esaiae vinea. Helmstad. 1719. 4.

Hardt, Herm. von der, Proteus cum phocis cetis in Homero. Helmst. 719. 4. 4 gr.

— Proteus cum phocis cetis in Homerum. 4. Helmstädt, Hechtel. 719. —

Hardt, Herm. von der: Rerum concilii oecumenici Constantiensis tom. 1–6. Francofurti et Lipsiae 1697–1700. 3 Bde fol.

T. 1. De universali eccles. disciplinae reformatione. 1697.
„ 2. De pace ac unione ecclesiae. 1697.
„ 3. De religionis et fidei momentis. 1698.
„ 4. Corpus actorum et decretorum magni Constantiensis concilii de ecclesiae reformatione unione ac fide. 1699.
„ 5. De praeclaro apparatu et incomparabili pompa magni hujus concilii. 1699.
„ 6. De autoritate jure et fatis magni hujus concilii. 1700.

— — Rheam Cybelen magnam deum matrem spectabile Graecae vetustatis monumentum in Montfauconium opt. doctori theol. Henrico Philippo Gudenio Bonifacii Angli Germanorum epescopi interpreti eleganti antiquarum rerum optimarumque literarum exacte conscio veteri amico. Helmstedt (Herm. Dan. Hamm) 8. X. 1720. 24 Seiten. (5.50) 13122

— Hermann von der, De silendi et fugiendi scientia. Helmstedt (Gg. Wolfg. Hamm) 6. XI. 1704. 16 Bl. (5.—) 13120
Gew.: Georg Engelbrecht, Christoph Heinrich Ritmeier, Henning Bernhard Witter.

— — Silenus priscum Luneburgensium numen Luciani encomio serenior. auspic. natalis tertii acad. regiae Georgiae Augustae 17. IX. 1739 ex laetior. auguriis ill. comitis Rutheni Henrici XI. ex remota antiquitate deorum et heroum in academiae Juliae theatro nuper spectatoris, . . . nec non veteris cujuscunque nostrique novi orbis perit. emin. historici Joh. Davidis Koehleri . . . Helmstedt (P. D. Schnorr) 1738. 48 S. mit Abb. d. Silenus. (6.50) 13123

Hardt, Herm. von der, Varia historica, geographica, philologica, mythologica, exegetica. Guelph. 716 8. 20 gr.

— varia hist. geogr. philol. etc. 8. Wolfenbüttel, Meisner. 716. —

— via in Chaldaeam. 8. ibid. 732.

Hardt, H. v. d., de virtutibus priscorum Christianorum a posteris imitandis. Helmst. 1723. 4.

Hardt, Ign., († d. 16. April 1811.)
— s. 1) Catalogus Cod. Mss. Bibl. reg. Bavaricae. 2) Jul. Pollucis hist. etc.

Hardt, Ignatz (sic). (1749–1811), über den Zustand der churfl. Hofbibliothek überhaupt, u. insbes. über die *griechischen Handschriften* derselben, e. Rede, ... geles. in einer öffentl. Versamml. d. Akad. München. bey Jos. Lindauer. 1803. 4°. 34 S. Cart.

Hardt, Joh., Elementarbuch zum mechanisch richtigen Lesenlernen. 8. Köln 834. Du Mont-Schauberg. n. 1/12 ℛ

— **Johann Heinrich von der** (Goslar), Dissertat. de manumissionibus in ecclesia itemque de Franconiae ducatu. Präs. Caspar Achaz Beck. Jena (Werther) 6. VII. 1712. 32 S. (6.—) 13124

Hardt, Iulius (geb. Witten 2. 12. 1833): De gastromalacia. Berolini (1857). (32 S.) 8°
Berlin, Med. Diss. v. 21. Nov. 1857

HARDT, Iwer (Ödis/Dänemark): Ueber Nadeln im Herzen.- München: Wolf 1884. 25 S.,1 Bl. 3.7.1884 - Urk (Titel: De acubus in corde defixis.); Chr 1884/85,19
Diss.Ingolst.-Landsh.-Mchn.

Hardt, K. W. L., Worte des Lebens aus der Bibel, s. Sommerlad, F. W.

Hardt, Karl

Hardt, Carl, Demetrius. Tragödie. Hamburg 869. Hoffmann & Campe. gr. 8. (III, 207 S.) 1 ℛ

Demetrius. Tragödie in 5 Akten u. 1 Vorspiel, mit freier Benutzung d. Schillerschen Fragments u. einiger Szenen aus d. Russ. von Carl **Hardt**. Als Ms. gedr. Hamburg 1905: H. O. Persiehl. (144 S.) 8° [F.] [06. 3003]

Hardt, Carl, aus Usingen: **Ueber die Einwirkung von Alkyljodiden auf die Kaliumsalze der Amidosäuren.** *Erlangen 1899: E. Th. Jacob.* (26 S.) 8°
Erlangen, Phil. Diss. v. 14. Juli 1898

Massinissa und Sophonisbe. Tragödie in 5 Acten von Carl **Hardt**. Als Ms. gedr. *Hamburg: Poult & v. Döhren 1903.* (160 S.) 8° [F.] [03. 4363]

Hardt, Frl. Käte, s.: Wald, Otto.

Hardt, Leon, im Vaterhause. Roman aus Livland's jüngster Vergangenheit. 2 Thle. in 1 Bd. 8. (240 u. 254 S.) Dresden 886. Meinhold & Söhne. n. 6.—; geb. n. 7.50

Hardt, Maria, der Beweis, s.: Unterhaltungs-Bibliothek, Steyler. Nr. 26.

Hardt, Mathias: Der Echternacher Grenzbote. Luxemburg. 4°

Hardt, Mathias, u. Nicolas Theis: Métaglottéon ou cours progressif de versions de français en allemand. Ire partie. Recueil de plus de 100 exemples, arrangés d'après l'ordre des XII tableaux du Précis de grammaire allemande. IIme partie. Choix de morceaux de littérature française en prose et en vers. Bruxelles 1840. 8°

Hardt, Mathias: Der Patriot. Organ zur gesetzlichen Vertheidigung und Fortbildung unserer Institutionen. Luxemburg. fol.

Hardt, Mathias, u. Nicolas Theis: Précis de grammaire allemande (Formenlehre), en XII tableaux. Seconde édition, entièrement revue. Bruxelles 1840. 47 p. 8°

Hardt, Mathias: Rede, gehalten am Progymnasium zu Echternach, den 24. August, beim Schlusse des Schuljahres 1842–1843. Diek: Schroell. 49 S. 16°

Hardt, Mathias, u. Nicolas Theis: Thuiscon ou cours de langue et de littérature allemandes par les auteurs du Précis de grammaire allemande. Bruxelles o.J. 8°

Hardt, Mathias, u. Nicolas Theis: Thuiscon ou Cours de langue allemande (procédant du plus simple au plus difficile). Ire partie. Recueil de 800 exemples, servant d'explication aux règles de la grammaire. IIme partie. Choix de morceaux de littérature allemande en prose et en vers. Seconde édition. Bruxelles 1839. – Thuiscon oder deutscher Sprachcursus (vom Leichteren zum Schwereren fortschreitend). 1. Theil. Beispielsammlung zur Erklärung der Grammatik. 2. Theil. Auswahl von Musterstücken deutscher Prosaiker und Poeten. Zweite Auflage. Brüssel 1839. IX, 363 S. 12°

– Dass. Bruxelles 1840. 8°

Hardt, Mathias: Vocalismus der Sauer-mundart. S. 1–29. Echternach, Progymn., Progr. 1842/43

Hardt, Mathias: Der Volksfreund. Luxemburg. 4°

Hardt, Mathias: Luxemburger Weisthümer als nachlese zu Jacob Grimm's Weisthümern, gesammelt und eingeleitet. Luxemburg: Bück 1868–1870. LXIII, 795, 1, III S. 8°

Hardt, Mathias: Luxemburger Zeitung. – Journal de Luxembourg. Luxemburg: Bück. fol.

Hardt, S. tor, die Maffeis. Trauersp. in 5 Aufz. 8. (10 B.) Quedlinburg 828, Basse.

Hardt, V. v., **Geographischer Atlas für gewerbliche Fortbildungsschulen. 5 Blatt (Kronlandskarte, Oesterreich-Ungarn, Europa, Erdansichten, Planiglobien, Mittel- und Südeuropa). Wien 1882. Eduard Hölzl. Preis 18 kr.**
— — Ausgabe in böhmischer Sprache. Preis 20 kr.
— — Ausgabe in italienischer und polnischer Sprache. Preis 22 kr.

v. **Hardt**, V. Wandkarte der Alpen. 1:600.000. Wien 1882. 6 Bl. c. L. Ff.

Hardt, W., Gedanken über den biblischen Geschichts-Unterricht. [Aus: „Evangel. Blätter".] gr. 8. (19 S.) Darmstadt 878. Diehl's Verl. — 21

Hardt, W., die Kirche u. die Fragen der Zeit. Offener Brief an Hrn. Karl Voigt, deutsch-kathol. (freirelig.) Prediger, Hrsg. der „Morgenröte der Reformation des 19. Jahrh." gr. 8. (18 S.) Leipzig 890. Buchh. d. Evang. Bundes v. C. Braun. n. — 20

Hardt, Walth., die Bedeutung der Kunst f. die Erziehg. 8. (24 S.) Langensalza 902. Schulbuchh. Kart. — 30

— Bibelkritik u. Religionsunterricht, s.a. Abhandlungen, pädagogische. VII. 6.

Bibelkritik und Religionsunterricht. Von Walther **Hardt**, Konrektor in Polzin. *Bielefeld: A. Helmich (1902).* (20 S.) 8° [F.]
— **Abhandlungen, Pädagogische. N. F. Bd 7, H. 6.** [03. 1409]

— zur Geburtstagsfeier Sr. Maj. des Kaiser Wilhelms II. in der Schule, s. Meyer, G. E.

Geschichte unserer Deutschen Kriegsflotte. Für Schule, Haus u. Heer erzählt von Walther **Hardt**, Konrektor. *Leipzig: E. Peter 1902.* (71 S.) 8° [F.] [03. 1459]

— die Lehrerinnenfrage, s.a. Blätter, pädagogische, aus der deutschen Ostmark. 8. Hft.

Die Lehrerinnenfrage. Von Walther **Hardt**, Rektor. Lissa i. P.: F. Ebbecke 1905. (64 S.) 8°
— **Blätter**, Pädagog., aus d. deutschen Ostmark. H. 3. [07. 9268

— Der Lehrermangel nach seinen Ursachen u. Wirkungen, s. a. Blätter, pädagogische, aus der deutschen Ostmark.

Der Lehrermangel nach seinen Ursachen und Wirkungen. Beitrag zu d. gleichen Verbandsaufgabe d. deutschen Lehrervereins f. d. Geschäftsperiode 1906–1908 von Walther **Hardt**, Rektor. Lissa i. P.: F. Ebbecke 1907. (60 S.) 8° [07. 8349

Hardt, Walth., der Lehrermangel nach seinen Ursachen u. Wirkungen. Beitrag zu der gleichen Verbandsaufgabe des deutschen Lehrervereins f. die Geschäftsperiode 1906—1908. (57 S.) gr. 8. Lissa 907. O. Eulitz. 1. —

Liederschatz für die Feier des Geburtstages Sr. Maj. des Kaisers Wilhelm II. in der Schule. 80 geistl. u. weltl. Gesänge, hrsg. von Walther **Hardt**, Rektor, u. August Stein, Kantor. Lissa i. P.: F. Ebbecke 1905. (VII, 121 S.) 8° [F.] [05. 16'98

— — dasselbe. (Umschlag: 2. Aufl.) (VII, 121 S.) 8. Ebd. 905. n. — 60

Zur Silber-Hochzeit des Kaiserpaares in der Schule und beim Volksunterhaltungsabend. Festreden, Festspiele u. Gedichte von Walther **Hardt** u. G[ustav] E[duard] Meyer, Bankau. Lissa i. P.: F. Ebbecke 1906. (52 S.) 8° [F.] [06. 1448

— u. G. E. **Meyer**, zum 100jährigen Todestage d. Königin Luise. Festreden, Festspiele u. Gedichte zur Schulgedenkfeier. (75 S.) 8. Lissa 910. O. Eulitz. 1. —

Hardt, Wilh., der Bauhandwerker oder praktisch-theoretische Anleitung zur Decimalbruchrechnung, zum Wurzelausziehen u. zur Flächen- u. Körperberechnung mit vielen vollständig ausgerechneten Beispielen erläutert u. mit 640 Uebungs-Aufgaben aus allen Branchen des Handwerkers versehen ꝛc. Ein Lehr- u. Hülfsbuch für Lehrer u. Zöglinge sowohl, als auch zum Selbstunterricht. Gießen 860. Ferber. (Roth.) 8. (VIII, 192 S. m. Holzschn.) n. 15 ngr.

Hardt, Guilelmus: De Aeschinis emendatione. Halis Saxonum 1882: Ploetz. 66 S. 8°
Halle-Wittenberg, Phil. Diss. v. [7. Sept.] 1882
Geb. Eberbach (Kr. Rheingau) 28. 8. 1857. V.

Hardt, Wilhelm, Kurze Mitteilungen über den Turnverein Lauterbach (Gau Hessen), IX. Kr. d. D. T., 1862—1887, 32 S., Kl.-8°.

Hardt, Wilhelm, aus Limburg a. d. Lahn: **Spektroskopisches Verhalten und elektrische Leitfähigkeit des Kobaltchlorids in verschiedenen Lösungsmitteln.** *Braunschweig 1901: F. Vieweg & Sohn.* (41 S.) 8°
Erlangen, Phil. Diss. v. 16. Jan. 1901

Hardt, Wilm, es werde Licht; denn finster ist es auf der Tiefe! 1. u. 2. Aufl. gr. 8. (16 S.) Heidelberg 894. J. Hörning. — 30

Hardt v. Hutten, Freiherr Ludwig, der wohlerfahrene Jäger, s. a. Hutten.

Hardt v. Hutten, Freiherr Ludwig. Der wohlerfahrene Jäger. Für Jäger, Jagdfreunde u. Jagdbesitzer. Mit 3 Farben Tafeln. 8. (IV. 188 S.) Wien. Dirnböck.

Hardt-Stremayr Emil Ritter von, Dr.: Über Azetylderivate der Zellobiose. S. 116. IIb. 3 . . . . vgr.
Separatabdruck

— Über die Azetylierung einiger Oxyzellulosen. S. 116. IIb. 13 . . . . vgr.
Separatabdruck

Hardten, Herm. v., zu Luthers Ehren 1883. Festgrüße. Mit dem (Holzschn.-)Bildniß Dr. Mart. Luthers. 8. (16 S.) Chemnitz 883. Hager. — 25

Hardter's

— zweites Lese- und Lehr-Buch für gehobene Elementar-Klassen. Mit besond. Rücksicht auf die Bedürfnisse unserer amerikan.-deutschen Schulen und Schüler bearb. und hrsg. 8. (96 S. mit eingedr. Holzschn.) New-York 866, Steiger. cart. –

Hardter's illustrirtes Lesebüchlein für Anfänger. Ein sicherer Weg, Kinder in wenigen Wochen deutsch lesen u. schreiben zu lehren. (Des deutschen Lese- u. Sprachunterrichts-Büchleins 1. Thl.) 10. Ster.-Ausg. New-York 866. Steiger. 8. (48 S. mit eingedr. Holzschn.) cart. 7 ngr.

— kleines lutherisches **Schul-Gesangbüchlein.** Lieder u. Lieder-Verse aus dem „Gesangbuche der evangel. luther. Kirche in den Vereinigten Staaten". Vorzugsweise für den Gebrauch in Sonntagsschulen u. Wochenschulen, Kinderlehre u. Confirmanden-Unterricht ausgewählt. 2. Ster.-Aufl. Ebend. 866. 16. (48 S.) cart. 7 ngr.

Härdtl, Aug. Frhr. v., Gasteiner Chronik. Nach alt. Handschriften aus dem 16. u. 17. Jahrh. hrsg. gr. 8. (VIII, 68 S.) Salzburg 870. (Dieter.) n. 3. – –

Härdtl, Aug. v., die Heilquellen und Kurorte des österreichischen Kaiserstaates und Ober-Italien's. Mit einem Vorworte von den Vorständen des Balneologischen Comité's Joh. Oppolzer u. Carl Sigmund. Nach amtlichen Mittheilungen bearb. Wien 862. Braumüller. Lex.-8. (VIII, 644 S.) n. 4 ℛ

Haerdtl, Eduard von

Haerdtl, Ed. Frhr. v., die Bahn des periodischen Kometen Winnecke in d. J. 1858—1886, nebst e. neuen Bestimmung der Jupitersmasse. [Aus: „Denkschr. d. k. Akad. d. Wissensch."] Imp.-4. (96 S.) Wien 888. (Tempsky.) n. 4. 80

— dasselbe. II. Thl. Imp.-4. (38 S.) Ebd. 889. n. 2. —

Haerdtl, Ed. Frhr. v., Bahnbestimmung des Planeten „Adria". [Aus: „Sitzungsber. d. k. Akad. d. Wiss."] Lex.-8. (15 S.) Wien 882. (Gerold's Sohn.) n.n. — 30

Haerdtl, Ed. Frhr. v., **Bahnbestimmung** d. Planeten „Adria". 2. u. 3. Thl. Lex.-8. Wien, (Gerold's Sohn). n.n. — 65 (1—3: n.n. — 95)
2. (12 S.) 883. n.n. — 25. — 3. (24 S.) 885. n. — 40

— astronomische **Beiträge** zur assyrischen Chronologie. Imp.-4. (44 S.) Ebend. 884. n. 2. 50

Haerdtl, E. Frhr. v., zur **Frage** der Periheisbewegung des Planeten Mercur. [Aus: „Sitzungsber. d. k. Akad. d. Wiss."] Lex.-8. (13 S.) Wien 894. (F. Tempsky.) n. — 30

Haerdtl, E. Frhr. v., Notiz betr. d. Säcularacceleration d. **Mondes.** [Aus: „Sitzungsber. d. k. Akad. d. Wiss."] gr. 8. (7 S.) Wien 896. (C. Gerold's Sohn.) n. — 80

-- Skizzen zu e. speciellen Fall d. Problems der drei Körper. [Aus: „Abhandlgn. d. k. bayer. Akad. d. Wiss."] Imp.-4. (56 S. m. 3 Taf.) München 891. (G. Franz' Verl.) n.n. 2. 50

-- über zwei langperiodische Störungsglieder d. Mondes, verursacht durch die Anziehg. d. Planeten Venus. [Aus: „Denkschr. d. k. Akad. d. Wiss."] Imp.-4. (24 S.) Wien 892. (F. Tempsky.) n. 1. 60

Grundbegriffe des Jagdrechtes und deren Anwendung im n. ö. Jagdgesetze. Von Dr. Heinrich Frh. v. Haerdtl, Advokat in Wien. *Wien: Manz 1903.* (59 S.) 8° [J.] (03. 6417)

Haerdtl, Heinr. Frhr. v., das Privatbeamtenversicherungsgesetz. Vorträge, geh. am 18. XII. 1906 im Wiener Jagdklub u. am 8. II. 1907 im Klub der Land- u. Forstwirte. Ausgearb. durch Frdr. Ritter v. Haymerle. (48 S.) Lex. 8. Wien 907. C. Fromme. —85

Haerdtl Hugo Über die Einwirkung von Cyanessigsäure auf Crotonaldehyd. S. 114. IIb. 927 . . . . vgr.
Separatabdruck

Haerdtl, J. C. A. W. Frhr. v., die Pferderassen des niederländisch-indischen Archipels, s. a. Pferde, unsere. 26. Hft.

Haerdtl (J. C. A. W. v.). Die Pferderassen des Niederländ. Ind Archipels. (26 S.) Stuttg. 1903. M. 1.—

Haerdtl, Josef Freiherr von. Crayonskizzen aus dem Lagerleben 1848. Als Manuscript gedruckt. 8. Wien 1879.

[Härdtl, Joseph Freiherr v.] Fünfundzwanzig Jahre im Staatsdienste. Lose Blätter aus dem Papierkorbe eines Unbedeutenden. Wien: Selbstverl. 1882 (S. 107–06 u. 143–45: *Schilderungen von Czernowitz und der Bukowina im Jahre 1854.*)

Härdtl, Jos., der Wirkungskreis der Ortsgemeinden, nach dem neuen Gemeindegesetze vom 17. März 1849. In acht Sitzungs-Protokollen praktisch dargestellt. gr. 8. (IV u. 47 S.) Wien 851. Seidel. n. 8 ngr

Härdtl, Th. K., über die verschiedenen Arten der Anrechnung in den Pflichttheil nach dem k. k. österreichischen allgemeinen bürgerlichen Gesetzbuche. Ueber die Berechnung der Erbtheile unter Testamentserben nach §. 556–558 des a. b. G. B. gr. 8. (Mit 2 Tabellen.) Wien 838. Beck's Buchh. 1½ ngr

Haerdtl, Thdr., s.: Berg- u. Hütten-Kalender, österreich.-ungar.

Hardtmann, Buchführung u. Wechsellehre, s.: **Winkler**, R.

-- der kleine Kaufmann u. seine Buchführung nebst Wechsellehre. Ein Handbuch zum Selbstunterricht f. alle kleineren Kaufleute, Gewerbetreibende etc. (4. Aufl. des R. Winkler'schen Werkes.) 8. (VI, 195 S.) Leipzig (902). F. Reinboth. n. 1. —

Hardtmann, König Alberts Mitarbeit am Ausbau des Deutschen Reiches, s.: Festreden f. Schulen u. patriot. Vereine z. Geburtstagsfeier d. Königs Albert v. Sachsen.

Hardtmeyer, K., durch's ganze Haus (umfass. d. ganze Gebiet d. modernen ornamentalen Dokorations-Malerei). I. Serie. In 5 Lfgn. Fol. (à 10 z. Tl. farb. Lichtdr.) Zürich 898. M. Kreutzmann. à Lfg. n. 8. —

Die Warenhausfrage und der niederösterreichische Entwurf einer Warenhaussteuer. Von Dr. Friedrich v. **Hardtmuth**. Wien: Manz 1910. 35 S. 8° (10. 17181)

Hardtmuth, Joh. Bapt., das Abendglöcklein. Eine Reihe moralischer und historischer Erzählungen zur Bildung des Verstandes und Veredlung des Herzens. 8. (188 S. mit Bild.) Wien 860, Pichler's Wwe. und Sohn.

Hardtmuth, Joh. Bapt., Abendgrüße. Eine Reihe moralischer u. historischer Erzählungen zur Bildung des Verstandes u. Veredelung des Herzens. Der reiferen Jugend geweiht. Wien 861. Pichler. (Leipzig, Liebeskind.) 8. (2 Bl., 214 S. u. 1 Holzschn.) 15 ngr

Hardtmuth, Joh. Bapt., die Abteien Niederösterreichs. Verfaßt u. der reiferen Jugend zur Bildung des Verstandes und Veredlung des Herzens geweiht. Wien 856. Pichler. (Leipzig, Liebeskind.) 12. (VIII, 160 S. u. 1 Holzschn.) 12 ngr

Hardtmuth, Joh. Baptist, die Abteien Niederösterreichs. 2., verb. Aufl. Wien 862. Pichler Wwe. & Sohn. 8. (IX, 194 S.) n. 15 ngr; geb. n. 18 ngr

Hardtmuth, Joh. Bapt., *dirig. Oberlehrer zu St. Ulrich in Wien u. s. w.* Die Abteien Oberösterreichs und Salzburgs. Verfasst und der reiferen Jugend zur Bildung des Verstandes und Veredlung des Herzens geweiht. Vom hochwürdigsten f. e. Ordinariate zu Wien als zulässig erklärt. *Wien* 1858. Druck u. Verl. v. *A. Pichler's Wwe. & Sohn.* 191 S., 8°. Mit einem Titelbilde.

Hardtmuth, Johann Baptist. Jugendblüthen. Eine Reihe moralischer und historischer Erzählungen, zur Bildung des Verstandes und Veredlung des Gemüthes. Von — — —. 8 (262 S.) Wien. Gedruckt bei Leopold Grund. 1854.

-- Jugendfreuden. Eine Sammlung moralischer und belehrender Erzählungen. 2. verb. Aufl. Mit 1 Titelbilde (in Holzschn.). Wien 854. Pichler. (Leipzig, Liebeskind.) 8. (1 Bl., 222 S.) 12 ngr

—— **Jugendfreuden.** Eine Sammlung moralischer und belehrender Erzählungen. 8., verb. Aufl. 8. (222 S. mit Bild.) Wien 860, Pichler's Wwe. und Sohn.

— **Jugendfreuden.** Eine Reihe moralischer u. histor. Erzählungen zur Bildung des Verstandes u. Veredlung des Herzens. 4., verb. Ausg. Ebend. 863. 8. (222 S. mit 1 Titelbilde.) n. 14 ngr

Hardtmuth, Johann Baptist. Jugendspende. Eine Reihe moralischer und historischer Erzählungen zur Belehrung und Veredlung des Gemüthes. Von — — —. 8. (156 S.) Wien. Gedruckt bei Leopold Grund. 1852

— **Morgenglöcklein.** Eine Reihe moral. u. histor. Erzählungen zur Bildung des Verstandes u. Veredlung des Herzens. Verfaßt u. der reiferen Jugend geweiht. Wien 866. Mayer & Co. 8. (212 S. mit Titelkpfr. in Holzschn.) n. 14 ngr

— Vater und Sohn. Eine moralische Erzählung zur Bildung des Verstandes u. Veredelung des Herzens. Der reiferen Jugend geweiht. Ebend. 863. 8. (168 S. u. 1 Holzschntaf.) 12 ngr

Härdtner, Max, s.: Taubstummen-Kalender, deutscher.

Hardtung, Eduard

Hardtung, Ed., über die Producte der Sulfurirung isomerer Nitramido- u. Diamidobenzole. Inaugural-Dissertation. 8. (32 S.) Göttingen 880. (Vandenhöck & Ruprecht.) n. — 80

Harduin, R. P., Commentarii in N. Testam. Fol. Amst. Pott. 741. 6

Hardung, A. V., zur Reclamation des Düsseldorfer Bilder-Galerie-Hauptschatzes. Studien. [Ein patriot. Versuch als Actenbeitrag.] Düsseldorf 869. Mischel. 8. (XI, 244 S.) n. 3 ₰

Hardung II., Andr., das Wechselrecht der allgemeinen deutschen Wechselordnung. Köln 858. Eisen. gr. 8. (XVI, 124 S.) n. 20 ngr

Hardung, Andr., das Wechselrecht der allgemeinen deutschen Wechselordnung. 2. revid. Aufl. Köln 862. Hassel. gr. 8. (XI, 124 S.) n. 20 ngr

Hardung, Klemens W. Ad.

– Gegenerklärung auf die in d. Essenschen Zeitung allgemeine polit. Nachricht. Nr. 21. xc. 8. Düsseld. 805. Schreiner. 2 K

Hardung, Clem. W. Ad.: Staatsrecht. Untersuchungen üb. die Gewalt der neuen Regenten in d. säcularis. Reichslanden; in e. Samml. jurist., für d. Unterthanen d. Preuss. Entschädigungslande Essen u. Verden verfasster, u. bei d. allerhöchsten Hofe zu Berlin, dann auch bei den nachgeordneten Staatsbehörden eingez. Schriften, nebst den darauf ertheilten — Entschliess.; Landesgrundverträge, ständ. Repräsentation, städt. Regimentsverfass., Steuerwesen, Militair-Conscription, Bergregal u. s. w. betr. *Düsseld.* Schreiner. 805. 4 Hft. 4. (2 Thl. 16 Gr.)

Hardung, D., Bemerkungen über die Aechtheit oder Unächtheit der magnetischen Erscheinungen bey Maria Rubel xc. 8. Elberfeld, Büschler. 820.

Hardung, D., Bemerkk. über d. Aechtheit oder Unächtheit d. magnet. Erscheinungen bei Maria Rübel xc. 8. Elberf. 820. Schönian). 2 K

Otto Vating ab Hardung de pharmaceuticae recentioris praestantia. Altorf. 1720.

Hardung, V. (Hrsg.), s. Litteratur-Kalender, Schweizerischer.

Hardung, V. E., romanceiro portuguez, s.: Collecçao de autores portuguezes.

Hardung, Vict., die Brokatstadt. Roman. (190 S.) 8. Frauenfeld 909. Huber & Co. 3.—; geb. in Leinw. 4.—

— Die Gedichte. (116 S. m. Titelbild.) 8. Zürich (910). H. Bachmann-Gruner. 4.—; geb. 5.—; Luxus-Ausg. n 16.—

Hardung, Vict. Die Kreuzigung Christi. Entwurf zu e. Kirchen-Drama. gr. 8. (24 S.) Paderb. 889, F. Schöningh. * 1 —

Kydippe. Ein Lustspiel von Victor **Hardung**. Buchschmuck von M. Honegger. Schkeuditz: W. Schäfer 1905. (160 S.) 8°

Hardung, Vict., im Reigen. Neue Lieder. 8. (80 S.) Glarus (895). Schweizer Verlags-Anstalt. 1.50

Hardung, Vict., Königin Rose. Ein Liebeslied. 8. (VII, 94 S.) St. Gallen 893. Hasselbrink & Ehrat. n. 3.—; geb. m. Goldschn. n. 4.—

Hardung, Victor. Sälde. Eine dramatische Dichtung. VIII + 107 S. 8. Frauenfeld, Huber & Co., 1903. [fr. 2.—]

Hardung, Victor. Seligkeiten. [Legenden und Märchen.] 139 S. 8. Zürich und Berlin, Arnold Bopp, 1907. [geb. fr. 3.—] N 5787

— Sonnwendfeuer. Lieder. 8. (V, 66 S.) Zürich 891. Verlags-Magazin. n. 1.—

— Symphonie, s.: Evers, Fr.

Die Wiedertäufer in Münster. Ein Trauerspiel in 5 Aufz. von Victor **Hardung**. Glarus: Vogel 1895. (154 S.) 8° [F.]

Hardwich, T. Fr., Manual der photographischen Chemie mit besond. Berücksichtigung des Collodion-Verfahrens. 5 Lfgn. 8. (VIII und 574 S. mit in den Text gedr. Holzschn.) Berlin 862,63, Th. Grieben. à Lfg. * 20 Ngr.

Hardwich, T. Fr., Manual der photographischen Chemie mit besonderer Berücksichtigung des Collodion-Verfahrens. Mit in den Text gedr. Holzschn. Berlin 863. Grieben. 8. (VIII, 574 S.) n. 3 ₰ 10 ngr

Hardwig, Gust. Chr., resp. **Vahlkampff**. Diss. de ecstasi. Rost. 4°.
1755

—, resp. W. F. **Lieb**. De dormientibus secunda, agens de justa somni salutaris quantitate et mensura. 17 pp. Rost. 4°.
1755

—, resp. Ch. Lud. **Bohm**, De salubri sub somno situ. Dissertationum phys.-medicarum de dormientibus tertia. 37 pp. Rost. 4°. 1755

Hardy, der unentbehrliche Hausarzt f. Auswanderer nach Nordamerika. Ganz einfache, im Blockhause e. jeden Ansiedlers vorzügliche Hausmittel u. Wasserkur. 8. (80 S.) München 849, Fleischmann.

Hardy: Zweiwagen-Bremse. Berlin 1883

Hardy, Alexandre, le theatre. 1. Neudruck der Dramen v. Pierre Corneille's unmittelbarem Vorläufer nach den Exemplaren der Dresdener, Münchener u. der Wolfenbütteler Bibliothek v. E. Stengel. 5 tms. 8. (XVIII, 321; 287; 265; IV, 381 u. 294 S.) Marburg 883. 84. Elwerts Verl. n. 23.—

— dasselbe. Feine Ausg. auf Büttenpap. 5 Bde. gr. 8. (XVIII, 321; 287, 265, 381 u. 294 S.) Ebend. 883 u. 84. n. 40.—

Hardy, Ashley Kingsley, aus Keene, N. H., U. S. A.: Die Sprache der Blickling Homilien. *Leipzig: E. Glausch 1899 [vielm. 1900].* (124 S.) 8°
Leipzig, Phil. Diss. v. [15. Sept.] 1900

Hardy, E., der Begriff der Physis in der griechischen Philosophie. 1. Thl. gr. 8. (VI, 229 S.) Berlin 884. Weidmann. n. 6. —

Hardy, E. J., s. Hardy, Edward John

Hardy, E. St., die Reise in die Welt, s.: Clément, Bertha.

Hardy, Edm., König Asoka. Indiens Kultur in der Blütezeit des Buddhismus. Mit 1 Karte u. 62 Abbildgn. (Weltgeschichte in Karakterbildern, hrsg. v. Frz. Kampers, Seb. Merkle u. Mart. Spahn. 1. Abtlg.: Altertum.) gr. 8. (IV, 72 S.) Mainz 902. München, Kirchheim. In Leinw. kart. n. 4. —

Hardy, Edm., Buddha, s.a. Sammlung Göschen.

Buddha von Prof. Dr. Edmund **Hardy**. Leipzig: Göschen 1903. 131 S. 8°
(Sammlung Göschen. 174.) [11. 14800 11

Hardy, E., d. Buddhismus, nach älteren Pâli-Werken dargestellt, s.a. Darstellungen aus dem Gebiete der nichtchristlichen Religionsgeschichte.

Hardy, Edm., Der Buddhismus nach ältern Pâli-Werken dargestellt. Mit 1 Karte „Das heilige Land des Buddhismus". Münster, Aschendorff, 1890, gr. 8°, VIII, 158 S., 2,75 Mk.

Hardy, Edm., Hamlet, s.: Broschüren, Frankfurter zeitgemäße.

Indiens Kultur in der Blütezeit des Buddhismus. König Asoka. Von Edmund **Hardy**. Mit 1 Karte u. 62 Abb. *Mainz: F. Kirchheim 1902.* (72 S.) [illegible]
— Weltgeschichte in Karakterbildern. Abt. 1, [illegible]

— Friedrich Ozanam. Ein Leben im Dienste der Wahrheit u. Liebe. gr. 8. (VIII, 212 S.) Mainz 878. Kirchheim. n. 2. —

Hardy, Edm., die vedisch-brahmanische Periode der Religion d. alten Indiens, s.a. Darstellungen aus dem Gebiete der nichtchristlichen Religionsgeschichte.

Hardy, Edm., Die vedisch-brahmanische Periode des alten Indiens. Nach den Quellen dargestellt. Münster, Aschendorff, 1893, 8°, VIII, 219 S., 4 Mk.

Hardy, Edm., Rede zur Feier des 50jähr. Priesterjubiläums Sr. Heil. Papst Leo XIII. Gehalten zu Freiburg am 26. Dezbr. 1887. 8. (24 S.) Freiburg i. Br. 888, Herder'sche Verlagsh. *

Hardy, Edm., indische Religionsgeschichte, s.a. Sammlung Göschen.

Indische Religionsgeschichte v. Prof. Dr. Edmund **Hardy**. *Leipzig: G. J. Göschen 1898.* (152 S.) 1 Bd 8.
(Sammlung Göschen.) [illegible]

Indische Religionsgeschichte von Prof. Dr. Edmund **Hardy**. 2., durchges. u. verb. Aufl. Leipzig: Göschen 1904. 143 S. 8°
(Sammlung Göschen. 83.) [illegible] 11

—— Die allgemeine vergleichende Religionswissenschaft im akademischen Studium unserer Zeit. Eine akadem. Antrittsrede. Freiburg, Herder, 1887, 8°, 40 S, 60 Pf.

— Schliemann u. seine Entdeckungen auf der Baustelle des alten Troja, s.: Broschüren, Frankfurter zeitgemäße.

Hardy, Edward John

Hardy, E. J., Frauenkünste, — allerlei schwierige Künste, } s.: Zehnpfennig-Bibliothek.

— u. Berta **Katscher**, die Kunst, Mensch zu sein. Herzensworte u. Lebensweisheit. Durchgesehen u. hrsg. v. L. Katscher. 8. (VIII, 146 S.) Leipzig 887. Wartig's Verl. n. 2. 50; geb. n. 3. 50

Hardy, Edward John, das Liebes- u. Eheleben berühmter Männer. Autoris. freie Bearbeitg. v. Berta Katscher. 1. u. 2. Aufl. gr. 8. (à V, 230 S.) Leipzig 899. O. Wigand. 4. 50

Hardy, E. J., s. Zehnpfennig-Bibliothek Nr. 6.

Hardy, Florence, Wechsel-Bilder. 4. (16 S. m. Abbildgn. u. 6 farb. Ziehbildern.) Nürnberg (899). Th. Stroefer. Geb. 3. —

Hardy, Friedrich (Londinensis), **Animadversiones** quaedam de cura syphilidis. Diss. med. Lpz. (Staritz) 13. V. 1831. 28 S. (6.—) 13128
Gew.: Johann August Christian Clarus.

Hardy, Fritz, Jungherrs Lieb' u. Leid. Gedichte. (44 S.) 8. Strassburg 906. J. Singer. n. 1. —

Hardy, Georg Augustin (Seligenstadt)
Thesen, welche zur Erlangung der Würde eines Doctors beider Rechte ... den 10.10.1828 öffentlich vertheidigen wird: Georg Augustin Hardy aus Seligenstadt.
Giessen: Schröder 1828. 6 S.
Dr. jur. 16.9.1828. vorh. 26.

Hardy, J. A., s.: Jäger, Heim., d. Obstbaumschnitt.

Hardy, J. A., der Obstbaumschnitt, s. Bibliothek des landwirthschaftl. Gartenbaues.

Hardy, J. D., Glencairn, s.: Asher's collection of english authors.

Hardy, J. L.

— l'art de connoitre le monde et de s'y bien conduire. II Vols. 8. Prag 801. Dresd. 803. Walther. 18 ℛ

Hardy, J. L., contes, ou tableaux de l'humanité etc. 8. Dresd. 803. Walther. 18 ℛ

— Grundsäße d. französ. Sprache. gr. 8. Prag 782. 2e A. 792. Walther in Dresd. 1 ₰ 16 ℛ

Hardy, T. B., Seestudien, s.: Universal-Malvorlagen. Nr. 79.

Hardy, Thom, Bosheiten des Schicksals. Novellen. Aus dem Engl. übers. v. Leop. Rosenzweig. (172 S. m. 1 Bildnis.) 8. Stuttgart 904. Deutsche Verlags-Anstalt. n. 2. —; geb. n. 3. —

Hardy, Th., far from the madding crowd, s.: Collection of brit. authors.

Hardy, Thom., a group of noble dames, s.: Collection of British authors.

Hardy, Th., the hand of Ethelberta, s.: Collection of brit. authors.

Life's little Ironies. A set of tales with some colloquial sketches entitled A few crusted characters. By Thomas **Hardy**. Copyright ed. Leipzig: Tauchnitz 1894. 295 S. 8°
(Collection of British authors. Tauchnitz Ed. Vol. 2985.) [11. 6007

– Dass., s.a. Collection of British Authors.

Hardy, Thom., Juda, der Unberühmte. Roman. Aus dem Engl. übers. v. A. Berger. 8. (662 S.) Stuttgart 901. Deutsche Verlags-Anstalt. n. 4. —; geb. n. 5. —

Jude the Obscure. By Thomas **Hardy**. Copyright ed. In 2 vol. Vol. 1. 2. Leipzig: Tauchnitz 1896. 8°
(Collection of British authors. Tauchnitz Ed. Vol. 3105/6.) [11. 8098

Hardy, Thomas, a Laodicean, s. Collection of British Authors.

Hardy, Th., a pair of blue eyes, s.: Collection of British authors.

– The return of the native, s. Collection of British Authors.

Tess of the d'Urbervilles. A pure woman. Faithfully presented by Thomas **Hardy**. Copyright ed. In 2 vol. Vol. 1. 2. Leipzig: Tauchnitz 1892. 8°
(Collection of British authors. Tauchnitz Ed. Vol. 2800/1.) [11. 7869

– Dass., s.a. Collection of British Authors.

– The trumpet-major, s. Collection of British Authors.

– Two on a tower, s. Collection of British Authors.

Hare's Abhandlung über die Rechtfertigung des Sünders vor Gott. Frei nach dem Engl. bearb. von Wilh. Nast. gr. 16. (224 S.) Cincinnati 857. (Bremen, Heyse's Verlag.) geb. * –

Hare, Augustus J. C., Freifrau v. Bunsen. Ein Lebensbild, aus ihren Briefen zusammengestellt. Deutsche Ausg. von Hans Tharau. 2 Bde. gr. 8. (IX, 388 u. V, 361 S.) Gotha 881. F. A. Perthes. n. 12. —

Hare, Augustus J. C., Freifrau v. Bunsen. Ein Lebensbild, aus ihren Briefen zusammengestellt. Deutsche Ausg. von Hans Tharau. 2 Bde. (IX, 388; V, 361 S.) 1881; 2. und 3. Aufl. gr. 8. (IX, 388; V, 361 S. mit Lichtdr.-Portr.) Gotha 883, F. A. Perthes. *M 12.; geb. in 1 Bd. *

Hare, Augustus J. C., Freifrau v. Bunsen. Ein Lebensbild, aus ihren Briefen zusammengestellt. Deutsche Ausg. v. Hans Tharau. 2 Bde. 4. Aufl. Mit (Lichtdr.-) Portr. gr. 8. (IX, 388 u. V, 361 S.) Gotha 885. F. A. Perthes. n. 12. – ; geb. n. 13. 20

Hare, Augustus J. C., Freifrau v. Bunsen. Ein Lebensbild, aus ihren Briefen zusammengestellt. Deutsch von Hans Tharau. 2 Bde. 6. Aufl. Mit e. Portr. gr. 8. (IX, 388 u. V, 361 S.) Gotha 890. F. A. Perthes. n. 12. —; geb. in 1 Bd. n. 13. 20

Hare, Augustus J. C., Freifrau v. Bunsen. Ein Lebensbild, aus ihren Briefen zusammengest. Deutsche Ausg. v. Hans Tharau. 2 Bde. 7. Aufl. gr. 8. (IX, 388 u. V, 361 S. m. 1 Portr.) Gotha 899. F. A. Perthes. n. 12. —; geb. u. 13. 20

Hare, Robert, Abhandlung über den Gebrauch des Löthrohrs, und der Mittel, es mit Luft zu unterhalten etc. Der Chemicalischen Gesellschaft in Philadelphia vorgelegt von —. (Uebersetzt von Gehlen.) (Aus: Neues Allgem. Journ. der Chemie, 1. B., 3. H., I. Abhandl., 9. Chemicalischer Apparat.)

Hare, Rob., Einige physikalische Bemerkungen. (Gilbert's Ann. der Physik. Bd. 75, St. 2, J. 1823, St. 10.)

Hare, Rob., experiment. Untersuchungen über Geister-Manifestationen, s.a. Bibliothek des Spiritualismus.

Hare, Rob., experimentelle Untersuchgn. üb. Geister-**Manifestationen. Mit 4 (lith.) Abbildgn.** Als eine **wissenschaftl. Streitschrift gegen d. jüngsten** Dogmen **d. vatican. Concils üb. die allein** wahre u. unfehl**bare Inspiration u. Offenbarg.** In Auszügen aus der 5. amerikanisch-engl. Ausg. in's Deutsche übers. v. Greg. Const. Wittig u. hrsg. v. Alex. Aksákow. gr. 8. (LXXXI, 196 S.) Leipzig 871. Wagner. n. 5.

Hare, Robert B. *(geb. Ottawa in Canada 27. 10. 1845)*: Die Serpentin-Masse von Reichenstein und die darin vorkommenden Mineralien. Breslau 1879. (46 S.) 8° *[Im Buchhandel 1879 bei Kochner in Breslau]*
Breslau, Phil. Diss. v. 27. März 1879

Hare, T. Leman, s.: Meisterbilder in Farben.

Hare, W. Loftus, die Religion der Griechen, s.: Weltreligionen, die, in gemeinverständlicher Darstellung.

[Harel, P. Marie-Maximilien.] ([François-Marie] Arouet de) Voltaire. Recueil des particularités curieuses de sa vie & de sa mort. 8. Porrentruy 1781.

Harems Freud u. Leid. Erbauliche Geschichten, den großen Kindern erzählt v. dem Weisen Said Saidi. Aus dem Franz. ins Deutsche übertr. v. P. Heichen. 8. (157 S.) Berlin 888. Jacobsthal. n. 2. —

Haren [Schlagwort]

Haren, s: Deutschland. Karte. (Abt. Preussen.)

Haren, s.: Geologische Karten. Karte (Preussen).

Haren [Verfasser]

Haren, R., Aufgabensammlung zur Festigkeitslehre m. Lösungen, s.a. Sammlung Göschen.

Aufgabensammlung zur Festigkeitslehre mit Lösungen von R. **Haren**. Mit 40 Fig. Leipzig: Göschen 1910. 84 S. 8°
(Sammlung Göschen. 491.) A... 3011

Haren Noman, D. van, casuistique et diagnostic photographiques des maladies de la peau. 1. et 2. livr. 4. (12 Taf. m. 35 Bl. Erläutergn.) Haarlem 889. 890. Wien, Deuticke. à n. 8.—

— s.a. Mitteilungen aus der Klinik und Poliklinik für Haut- und venerische Geschlechtskrankheiten zu Amsterdam.

Haren-Noman, Prof. Dr. D. van, Mittheilungen aus der Klinik und Poliklinik für Haut- und venerische Geschlechts-Krankheiten. Bericht über die in den Jahren 1886 bis 1888 auf der Poliklinik vorgekommenen Fälle, nebst klinischen und therapeutischen Bemerkungen von Dr. B. G. E. W. van Dugteren und Dr. A. J. van Walsen. 8. (IV, 180 S.) 2.—
Wien: Deuticke 1889.

Harenberg, (Frid.) Car. (geb. Stettin 25. 12. 1822): De diagnosi morborum genu. Berolini (1848). (31 S.) 8°
Berlin, Med. Diss. v. 29. März 1848

Harenberg, J. Ch. Imperii Turcici Europaei terra, in primis Graecia cum continiis ad intelligendos scriptores N. T. ceterosque graecos et latinos accomodata. Nürnberg 1741. 1 Bl. c. K. v.

Harenberg, J. Chr., Vernünftige u. christl. Gedanken üb. d. Vampire od. blutsaugenden Todten. Wolfenb. 8°.
1733

Harenberg, J. Chr., von Vampyren. Wolfenbüttel 739. 8.

Harenberg, Johann Christoph

Harenberg, Jh. Cph., († d. 12. Nov. 1774.) Aufklärung d. Buchs Daniels aus den Grundsprachen, d. Geschichte u. übrigen rechten Hülfsmitteln ꝛc. 2 Thle. 4. Quedlinb. 770. Ernst. 1 ℛß 20 ℋ

**Beweis, dass die Freymäurergesellschaft in allen Staaten sowohl etwas überflüssiges, als auch ohne Einschränkung, etwas gefährliches, schädliches und verbietungswürdiges sey. Zur Vertheidigung des Edicts, welches der Rath in Danzig dagegen 1763, 3. Oct. publiciret hat, wider die Schrift eines Freymäurers. [Von Joh. Christoph Harenberg.] Danzig und Leipzig [Braunschweig: Schröder] 1764. 70 S. 8° [Umschlagtit.]

°[Dasselbe.] Ebendas. 1779. 70 S. 8°
Kl. 2912. Selten.

– Dass., s.a. B e w e i s , daß die ...

— zehn Briefe von d. Kraft d. Wortes Gottes. 8. Braunschw. 756.

Encrinus seu Lilium lapideum pro specimine lithologiae in posterum plenius elaborandae et ad modum demonstrationis genvinae, quantum fieri potest, revocandae ex commentatione Joannis Christophori Harenbergi [Harenberg]. o.O. 1729. 24 S. 8°

— epistola de Laur. Martyre et condito in ejus honorem Monasterio ad Schoeningum. 8. Leipz. 763.

Ad virum amplissimum ac celeberrimum Franciscum Ernestum Bruckmannum med.doct.Acad.Caesar.nat. curiosor. ...Epistola lithologica Io[annis] Christophori Harenbergi [Harenberg]. Wolfenbuttelae 1729. 4 Bl. 8°

— Erklärung d. Offenbarung Johannis. 4. Braunschw. 759. Meyer. 22 ℋ

Harenberg, Joh. Chrph.: Pragmatische Geschichte des Ordens der Jesuiten, seit ihrem Ursprunge bis auf gegenwärtige Zeit. Halle u. Helmstädt 1760.

— pragmat. Geschichte d. Ordens d. Jesuiten, seit ihrem Ursprunge bis auf gegenwärt. Zeit. 2 Thle. 4. Halle 760, 61. Schwetschke u. S. 5 ℛß

— hist. ecclesiae Gandershemens. cathedr. etc. c. fig. fol. Hannov. Helwing. 734. 8
V-Imp. 8

Harenberg, Joh. Chrph (Pr.) de lenitate frigoris hiberni in Germania sensim crescente. Goslariae 1721. 4.

— commentatio de Thomae Aquinatis libro adhuc Msto de essentiis essentiarum. 4. Jena 772.

— Monumenta historica adhuc inedita: die aus sonst ungedruckten Schriften erläuterte Geschichte Deutschlands u. d. angrenzenden Lande. 3 Stücke. 8. Hildesh. 758—62.

Das Nord-Licht als ein Spiegel der göttlichen Güte und Gerechtigkeit... von Johann Christoph Harenberg. Braunschweig (1729:) Keitel. 6 Bl. 8°

— d. neue Offenbar. üb. d. Evangel. St. Harenbergs so J. C. Edelmann herausgeg. 8. Ebend. 748. —

Harenberg, Johann Christoph, Stirpis Estensis origines, progenitores serenissimorum ducum Brunsvico-Luneburgicorum vetustissimos septem, programmate Brunsvicensi tertio ex diplomatibus, actis, ac codicibus tum priscis tum novis, ejusque rarioribus, historiae ecclesiasticae habita ratione. Braunschweig (Keitel) 3. II. 1748. 56 S. (7.—) 13129

– s. P a e a n u s : Metaphrasis Graeca in Eutropium.

De parabolanis veteris ecclesiae Christianae, quorum in codice Theodosii et Iustiniani contracta iniicitur mentio, succincte commentatur ac programmate IV Brunsvicensi praelectionibus suis, in ... Collegio Carolino expromendis, proludit ... anno 1748, mense Sept. **Ioannes Christophorus Harenberg.** 16 S. 8° *Wolfenbüttel HzglB*

– s. R e i c h s u n m i t t e l b a r k e i t des Stiftes Goslar.

– d. gerett. Religion od. Widerl. d. Glaubensbek. J. C. Edelmanns. 2 Thle. u. Register. 8. Braunschw. Schroder. 747. 48. —

– s. S c h r a d e r , Christoph: Tabulae chronologicae.

— Diss. de secta non timentium Deum. 8. Braunschw. 756. Schulbuchh. 4 ℊℊ

Ioannis Christophori Harenbergii programma Brunsvicense primum, quo verum et genuinum sensum capitis VIII Danielis ex historia ecclesiastica et civili, ex antiquitatibus Iudaicis et orientalibus, ex geographia, ac reliquis fontibus philologicis in gratiam recentiorum, qui fatorum mirabilium proxime instantium sunt praecones, edisserit, ac simul praelectiones suas indicit, in Carolino, gloriossissime Brunsvici instituto, ad 21 Octobris 1745 inchoandas. (Dat. 1745, 11. Oct.) 36 S. 8⁰ *Br StB*

De theologia primorum Christianorum dogmatica, ex monumentis patrum ecclesiasticis collecta, programmatis secundi Brunsvicensis loco disserit et praelectiones suas publicas semestri proximo peragendas, atque in . . . Carolino Brunsvici . . . expromendas, denuo indicit **Io. Christophorus Harenberg,** praep. coen. S. Laurentii supra Scheningam, gen. schol. insp., doc. in Carolino honorarius. 1746. Pasch. 96 S. 8⁰ *Br StB*

Disputatio historica politica aeque ac ecclesiastica de primis Tatarorum vestigiis victricibus, Silesiae funestis, quam . . . in Carolino Brunsvici publico eruditorum examini submittunt praeses **Ioannes Christoph. Harenberg,** prof. Collegii Carolini honorarius et autor respondens **Ernestus Gottlieb Latzke.** 1750. 9. Oct. 84 S. 8⁰

— D. de primis Tatarorum vestigiis victricibus. 4. Braunschw. 750. N. A. 8. Bremen 771. Cramer. 5 ℊℊ

— — idem liber. 8. Leipz. Barth. 771.

de primis Tatarorum vestigiis victricibus. 8. Brem. Cramer. 772.

– s. W e i t e n k a m p f , Joh. Fr.: Gedanken über wichtige Wahrheiten der Vernunft und Religion. – Weitenkampf: Vernünftige Trostgründe bei den traurigen Schicksalen der Menschen.

Harenburg, W[alter], Referendar: Die **Rückwirkung der Bedingung.** *Greifswald 1902: J. Abel.* (61 S.) 8°
Greifswald, Jur. Diss. v. [21. Juni] 1902

Harendza, Guilelmus, Silesius: De oratorio genere dicendi, quo Hieronymus in epistulis usus sit. Vratislaviae 1905: H. Fleischmann. (73 S.) 8°
Breslau, Phil. Fak., Ref. Norden, Diss. v. 21. Dez. 1905
[Geb. 18. Febr. 83 [illegible], Kr. Cosel O.-S.; Wohnort: [illegible] Kr. Cosel; Staatsangeh.: Preußen; Vorbildung: Gymn. Neiße Reife O. 02; Studium: Breslau 6 S.; Rig. 15. Nov. 05.]

Harethi, **Moallakah, cum scholiis Zuzenii. Ex codice Manuscripto arabico edidit, vertit. et illustr. Wyndham Knatshbull. gr. 8. Oxford 820. 16 ℊℊ**

— id. lib. latine vertit et commentario instr. Joa. Vullers. 4maj Bonn 827. Habicht. 1 ₰ 16 ℊℊ

Haerëtis, M. Ch.: Der Korinthenbau. 16°. 1 Bd. 541 S. Bibliothek Zappas. Athen. 1888.

Harf, Alfred: Ueber Epithelkörperbefunde, insbesondere bei **Eklampsie.** München 1909: Kastner & Callwey. 50 S. 8°
München, Med. Diss. v. 8. Juni 1910, Ref. Döderlein
[Geb. 29. Dez. 84 Seibersbach; Wohnort: Frankfurt a. M.; Staatsangeh.: Preußen; Vorbildung: Kgl. Gymn. Bonn Reife O. 04; Studium: Bonn 5, München 2, Berlin 1, München 2 S.; Coll. 8. Juni 10; Approb. 19. Mai 10.]
[U 10. 3512

Harfe, Die. Eine Operette. Offenbach 1793. V: *Schreiber, Alois Wilh.* (Ky) (EE)

Harfe, die, herausg. von Fr. Kind. 4 Bdchen. m. K. 8. Leipz. Göschen. 814—16. (à 1 Rthlr. 20 gr.)

Harfe, die, von Fr. Kind. 5s — 8s und letztes Bändchen. 8. Leipzig, Göschen. 817 — 19. (à 1 Rthlr. 20 Gr.)

Harfe, die, Wochenschrift z. Belehr. u. Unterhalt. f. alle Stände. Redact. u. Verlgr.: A. Mylius. 1. Jahrg. 1840. 52 Nrn. (Bog.) 4. Meiningen, (Blum.)

Harfe, die, Wochenschrift zur Belehrung und Unterhaltung für alle Stände. Redacteur u. Verleger: A. Mylius. 1r Jahrg. 1840. 52 Numm. 4. Meiningen (Keyßner.) n. 1²/₃ ₰

Harfe, die. Anthologie geistlicher Lieder zur Erbauung am häuslichen Herd für Pianoforte und Gesang. Leipzig 862. E. Schäfer. gr. 8. (IV, 356 S.) 2 ₰

DIE GEISTLICH-GERÜHRTE HARFFE DAVIDS. Oder der von dem seel. Luthero doppelt-verteutschte Psalter, Zur Erbauung des wahren Christenthums, Mit nöthigen Summarien, Eintheilungen, Erläuterungen und Nutz-Anwendungen versehen, Gleichwie sonsten auch bey dem Neuen Testament geschehen. Ausgefertiget von D. Joh. Reinh. Hedinger. - Bremen: Saurmann 1718. 602 S.

Harfe, die, des Kassanno. Eine Erzählung f. die edle Lesewelt, namentl. die reifere Jugend vom Verf. des „Glockenbuben." Mit 1 Stahlst. 8. Augsburg 846, Jenisch u. Stage. 12 ngl

Kleine Harfe. Die . . . gestimmt v. unterschiedlichen lieblichen oder Lobgesängen . . . zweite Auflage Balt. 1797.

Harfe, kleine, m. drittehalb Dutzend Saiten nebst e. klingenden Glöcklein. Einige Lieder von e. ganz geringen Sänger. 12. (68 S.) Schreiberhau 852. (Breslau, Dülfer & Geiser.) n. 1 ngl

— die kleine geistliche, der Kinder Zions, od. auserlesene geistreiche Gesänge, allen wahren heilsbegierigen Säuglingen d. Weisheit, insonderheit aber allen christl. Gemeinden des Herrn zum Dienst u. Gebrauch m. Fleiß zusammen getragen, u. in gegenwärt. Form u. Ordnung gestellt; m. e. dreyfachen Register, nebst e. Zugabe. 5. Aufl., auf Verordng. der Mennonisten Gemeinden. 12. (IV u. 456 S. m. 1 Holzschn.) Doylestown 848. (Philadelphia, Schäfer & Koradi.) In Lederbd. n. 1½ ₰

— u. Kreuz. Geistliches Lieder-Schatzkästlein. Hrsg. v. Jul. Leop. Pasig. 16. (X u. 484 S. m. 1 Kpfr.- u. 1 lith. Taf.) Leipzig 852, Teubner. 27 ngr; in Engl. Einb. m. Goldschn. 1 1/3 rthlr

Harfe und Kreuz. Geistliches Lieder-Schatzkästlein. Hrsg. von Jul. Leop. Pasig. 2. Aufl. 16. (X und 493 S. mit 1 Kpfr.- und 1 Stnt.) Leipzig 856, Teubner. Thlr.

Harfe und Leyer. Jahrbuch lyrischer Originalien herausg. von Karl Barthel und Ludw. Grote. Hannover 854. Rümpler. 16. (XVI, 284 S.) 1 rthlr 3 3/4 ngr

— — 2. Jahrg. herausg. von Ludw. Grote. Ebend. 855. 16. (XI, 310 S.) 1 rthlr 3 3/4 ngr

Harfe u. Leyer. Jahrbuch lyrischer Originalien. 1. Jahrg. Hersg. von Karl Barthel u. Ludw. Grote. 2. (Titel-)Ausg. Halle (854) 867. Barthel. 16. (XVI, 284 S.) n. 6 ngr; geb. mit Goldschn. n. 8 ngr

— — 2. Jahrg. Hersg. von Ludw. Grote. 2. (Titel-)Ausg. Ebend. (855) 67. 16. (XI, 340 S.) n. 6 ngr; geb. mit Goldschn. n. 8 ngr

Harfe, Lob-Klingende, dess Neuen Testaments, so den wahren Gott ... ehret und preiset ... König-Gratz 1730. V: *Koniass, Anton.* (JES)

Harfen-Grüsse aus Deutschland u. d. Schweiz durch A. L. Follen. 1823. Nebst Kupfern u. Musik ... 3 Bl., 182 S., 1 Bl. Zürich. Goed. VIII, 110, 259.

Harfenklang, s. Gesangbuch.

Harfenklänge. Eine Samml. d. erhabensten u. schönsten Stellen großer Denker über Wahrheit u. Tugend, (Gedichte). Herausg. für gebildete Jünglinge u. Jungfrauen, welche ihre hohe Bestimmung ahnen u. sie erreichen wollen, von W. A. J. Roßnagel. 8. Dillingen 826. Roßnagel. (Leipz., Centr.-Compt.) 11 gr

Harfenklänge. Paderborn 1864. H: *Kampschulte, Heinrich.* (ADB)

Harfenklänge. Sammlung auserlesener lyrischer Poesien religiösen Inhalts aus deutschen Dichterwerken. Paderborn 864. Schöningh. 16. (XII, 236 S.) 15 ngr; cart. 21 ngr; geb. 27 ngr

Harfenklänge, antisemitische. Illustrirtes humorist. Taschenliederbuch, nebst e. Zusammenstellg. ernster u. vaterländ. Gedichte. Mit zahlreichen Illustr. 16. (93 S.) Berlin 883. M. Schulze. n. — 50

Harfenklänge, antisemitische. Ernste u. heitere Lieder u. Declamationen. 2., verm. Aufl. 12. (238 S.) Marburg 889. Verlag des „Reichs-Herold". — 60

Harfenklänge vom Libanon. Aus dem Syrischen. Vom Benedittiner P. Pius Zingerle. gr. 8. Innsbruck 840. (Regensburg, Manz.) n. 3/4 rthlr

Harfen-Klänge der Loge zur goldnen Harfe in Marienwerder gewidmet von Br. K. Text-Buch. Marienwerder 1831. V: *Kretschmar, Gottl. August.* (Wolfstieg II, 810)

Harfenklänge, neue. Sammlung auserlesener lyrischer Poesien religiösen Inhalts aus deutschen Dichterwerken. Paderborn 869. Schöningh. 16. (XII, 289 S.) 15 ngr; geb. 22½ ngr

Harfenklange. Patriotische H'. Ein Denkmal des ruhmvollen Kampfes der Bürger von Basel-Landschaft. (2 Abtheilungen.) 8. Sursee 1834.

— Polens Erinnerungen u. seinen Heimathlosen geweiht. Gesammelt aus Druckschriften u. Zeitblättern u. mit Hinzufügung mehrerer bis jetzt ungedruckten Gedichte von Ph. Bopp, K. Buchner, G. Pfizer, Ph. Schlinck u. A.; so wie e. musikal. Composition v. Gf. Weber (in gr. 4.) 8. Darmst. 832. Leske. 8 gr

Harfenklänge aus Gottes Wort. Ein Erbauungsbuch aus d. besten Dichtungen üb. Geschichten u. Lehren d. heil. Schrift, nebst eingewebten Gedichten allgem. relig. Inhalts, zusammengestellt u. herausgeg. v. C. G. Krüger. Durchgesehen u. m. Vorwort v. J. C. R. Käuffer. Mit 2 Stahlst. Lex. 8. (576 S.) Dresden 847, Adler u. Dietze. 1 rthlr 21 ngr

— eines Wallers durch Polens Schlachtgefilde. gr. 16. Schneeb. 832. Schumann. 9 gr

Harfenmädchen, Das. Vom Verfasser des Jägermädchens. Rudolstadt 1799. V: *Peschek, Chn. August.* (Biblport) (Vgl. II, 8801; GGr V/510, Nr. 10/23)

Harfenmädchen, das; Schspl. in 5 A., s. a. Er. Bornschein.

Harfenmädchen, Das, ein Schauspiel in fünf Akten. Leipzig 1800. V: *Bornschein, Joh. Ernst Daniel.* (NN) (MGT)

Harfenmädchen, das,. Schausp. in 5 Aufz. v. E. Bornschein. 8. Leipz. Joachim. 800.

— — dasselb. 2te Aufl. 8. Eisenberg, Schöne. 804.

Harfenmädchen, Das, vom Verfasser des Jägermädchens. Rudolstadt 1800. V: *Cramer, Carl Gottlob.* (MGT)

Harfenmädchen, d., v. K. G. Cramer. 8. Rudolst. Klüger. 806.

Mosestheater. Berliner Zeitbild von **Harfenmeister**. Zeichnungen von Paul Scheurich. Berlin: Continent [1908]. (68 S.) 8° [F.] '08, 9'01

Harfenspiel, Gott-geheiligtes, der Kinder Zion ... Siebente Aufl. Spelldorf 1804. H: *Tersteegen, Gerhard.* (BrMm)

Harfenton, E. R., Juleika. Ein Seelengemälde in vier Schilderungen frei nach Byron's „Braut v. Abydos." 8. Stendal 845, Franzen u. G. 3/4 ß

Harfentöne, ein Taschenbuch zur Unterhaltung. Mit Beyträgen von Adrian, J. Dinger, J. P. v. Hornthal, Horstig, M. v. Prieser u. A. Herausgegeben von J. G. Keller. 16 Bdchn. 12. Bamberg, Göbhardt. 816.

— ein Taschenbuch zur Unterhaltung. Mit Beitrr. von Adrian, J. Dinger, J. P. v. Hornthal, Horstig, M. v. Prieser u. A. Herausg. von J. G. Keller. 16 Bdchen. 12. Bamb. 816. (Wesché in Frkf.) 1 ß 4 K

Harfentöne, Andachtsbuch für gebildete Christen. Mit Bildern u. Randzeichnungen, entworfen von F. Lentner, auf Stein gezeichnet von E. Grünwedel u. H. Ehrl. 16. München 840. Bergmann u. Roller. n. 2 1/3 ß

– Andachtsbuch für gebildete Christen. In 124 Bildern u. Randzeichn. von J. F. Lentner entworfen rc. 16. München 841, Roller. 2 ß 9 ngl

Harfentöne eines Barden von Hainenkamp . . . Ansbach 1791. V: *Keerl, Johann Heinrich.* (Adel) (MGT) (BB)

Harfentöne, Christliche, Sammlung neuerer und älterer Gedichte und Lieder. Hamburg 1840. H: *Köbner, Jul. Johannes Wilhelm.* (schr)

Harfentöne, christliche. Sammlung neuerer u. älterer Gedichte u. Lieder. 5. verm. Aufl. Hamburg 865. J. G. Oncken. 16. (350 S.) cart. 7 1/2 ngr

Harfentöne, christliche. Sammlung neuerer u. älterer Gedichte u. Lieder. 7. Aufl. 12. (350 S.) Hamburg 883. Oncken Nachf. geb. 1. 20

Harfentöne, deutsche. Germanien 813. (Götting., Vandenhöck u. R.) 3 K

Harfentöne aus der Hütte eines Einsamen am Rhein. Freiburg 1840. V: *Brugger, Josef.* (Alemannia. N. F. 8, S. 67 f.) (Zeitschr. f. Büch. 1923, S. 87)

— aus der Hütte eines Einsamen am Rhein. 8. Freiburg 840. Fr. Wagner. n. 1/2 ß

— — nordische, s. G. C. Klausen.

——, des jungen Sängers, s. a. Prämien-Bibliothek f. d. liebe Jugend, 5. Bdchn.

Harfentöne, des jungen Sängers, eine Auswahl von Liedern u. Gedichten, mit besond. Rücksicht für Gedächtniß- u. Deklamations-Uebungen gesammelt u. der Jugend gewidmet. Mit 4 (illum.) Bildern. (Aus der Prämien-Bibliothek von Bemmer.) 12. Wesel 841, Bagel. 3/8 ß

Harfentöne am Throne des Ewigen. Andachtsbuch für gebildete Christen. Hechingen 1840. V: *Reiser, H.* (Th)

— aus dem Ungarlande, s. a. G. Treumund.

Harfentöne aus dem Ungarlande in einzelnen Klängen. Leipzig 1835. Ü *Steinacker, Gustav Wilhelm* (ps. *G. Treumund*) (BrMm)

Harfentöne aus d. Ungarlande. In einzel. Klängen v. G. Treumund. (Gedichte.) 8. (5 1/2 B.) Leipzig 835, Einhorn. Thlr.

Harff, Arnold v. Die Pilgerfahrt des Ritters Arnold von Harff von Cöln durch Italien, Syrien, Aegypten, Arabien, Aethiopien, Nubien, Palästina, die Türkei, Frankreich und Spanien, wie er sie in den Jahren 1496 bis 1499 vollendet, beschrieben und durch Zeichnungen erläutert hat. Nach den ältesten Handschriften ... herausgegeben von E. von Groote. Cöln, Verlag von J. M. Heberle (H. Lempertz) 1860
LI S. 2 Bl. 280 S. m. 47 Holzschn. 8°

Harff, Gustav (geb. am 19 Sept. 1847 in Köln): Ueber die anatomische und pathologische Structur des Tonsillengewebes ... Bonn, Druck v. J. F. Carthaus (1875). 23 S., 1 Bl. 8.
Bonn, Med. Fak., Diss. v. 27 Juli 1875

Harff, Karl

Harff, K. Anseïs de Mes, chanson de geste aus dem 13. Jahrhundert. Erfurt, H. B., 1885. 28 S. 4. *Progr.*

Harff, Woldemar, approb. Arzt aus Blagoweschtschensk: Zur Casuistik der Fremdkörper im Ösophagus. *München 1902: C. Wolf & Sohn.* (41 S.) 8°
München, Med. Diss. v. 1902

Harffe, s. Harfe

[Harfin, Jean.] Lucerne. Avec 16 illustrations par J[ohann] Weber [dont 3 planches, et 1 carte. Nouvelle éd.]. (L'Europe illustrée. № 14.) 8. Zurich ([18]88).

[Harfin, Jean.] Lucerne and its Environs. With 13 Illustrations by J[ohann] Weber [4 Plates] and a Map. (Illustrated Europe. № 13.) 8. Zurich. (Paris.) London [1881].

Harfin, J., Lucerne et ses environs, s.: L'Europe illustrée.

[Harfin, Jean.] Luzern. Mit 16 Illustrationen von J[ohann] Weber [wovon 2 Tafeln, und 1 Karte. Neue, verkürzte Ausg.]. (Europäische Wanderbilder. № 16.) 8. Zürich ([18]88 – *Umschlag:* [18]89 –).

[Harfin, Jean.] Luzern und seine Umgebung. Mit 13 Illustrationen von J[ohann] Weber [wovon 4 Tafeln] nebst 1 Karte. (Europäische Wanderbilder. № 16.) 8. Zürich. (Paris. London) [1881].

— statistische Tafel der Schweiz. 1878. Imp.-Fol. Zürich 878. Orell, Füssli & Co. Verl. n. 1. —

— Zurich and its environs, s. a. Europe, illustrated.

[Harfin, Jean.] Zurich and its Environs. With fifteen Wood-cuts by J[ohann] Weber [4 Plates] and one Map. [New Ed.] (Illustrated Europe. № 9.) 8. Zurich. (Paris.) London [1883].

Zurich et ses environs, s. a. L'Europe, illustrée.

Harfin, Jean.] Zurich et ses environs. Avec 18 illustrations par J[ohann] Weber [dont 5 planches] et un plan (*Umschlag: 20 Ill. par J. W. et une carte). 5e éd. (L'Europe illustrée. № 10.) 8. Zurich. (Paris) [1883].

Harfin, J. Zürich. Siehe: *Wanderbilder № 10.*

— Zürich u. seine Umgebung. Mit 22 (Holzschn.-) Illustr. von J. Weber, nebst 2 Plänen. (2. Aufl.) 8. (40 S.) Zürich 879. Orell, Füssli & Co. n. — 50

Harfner, Der, oder der Sohn zweier Väter. Braunschweig 1791. V: *Curio, Johann Carl Daniel.* (MGT) (BGE)

Harfner, der, oder der Sohn zweier Väter. (v. J. K. D. Curio). 8. Braunschw. 791. Schröder. 1 ⁄

— der; od. nach dem Sprichwort: es ist nichts so klar gesponnen ꝛc. Ritterschauspiel v. Bruhl. 8. Hamburg, Vollmer. 796.

Harfner, Der, oder nach dem Sprichworte: Es wird nichts so klar gesponnen . . . Dresden 1804. V: *Brühl, Friedr. Alois Reichsgraf von.* (JL)

— der,. Ritterschausp. in 3 Aufz. v. A. F. Graf v. Brühl. 8. Dresden, Walther. 804.

Harfner, Der blinde. Schauspiel. Donauwörth 1790. V: *Mayr, Beda.* (ML) (Zeitschr. f. Büch. 1923, S. 88)

Harfner, Der blinde, ein Schauspiel in vier Aufz. . . . Wittenb. 1791. V: *Lohmann, Johanna Friderike geb. Ritter.* (Schl) (MGT) (Ky) (Adel)

Harfner, der blinde. Schspl. nach Veit Webers Sagen, (v. J. Frieder. Lohmann). 8. Wittenb. 791. Kühne. 8 gr

Harfner auf Wittelsbach. Vaterländische Poesien und Gesänge. München 1837. V: *Röckl, Carl Ad.* (Bücher-Samml. d. hist. Ver. v. u. f. Oberbayern. Münch. 1867.)

Harfner, Ferdinand (Hrsg.), s. Schuhmacherzeitung, Wiener Allgemeine.

Harford, Ch. F., Ratgeber f. die Ausrüstung v. Reisenden nach Übersee u. Tropen. Deutsche Ausg., bearb. v. F. Paech u. J. Steiner. Prakt. Ratschläge f. Forschungsreisende, Expeditionen, Auswanderer nebst ausführl. Verzeichnis v. Büchern u. Karten. (VII, 148 S.) 8. Berlin (910). D. Reimer. 1. —

Harger, Herm. [geb. Neuenhaus in Hann. 7. 8. 1844]: Thesen. Berlin (1870). (2 Bl.) 8°
Berlin, Med. Thes. v. 19. Juli 1870

Harger, Joh. Georg, Kurze Einleitung in der Götter Geschichte der alten Griechen u. Römer, nach Anleitung des berühmten Franz Pomey, aus den Hauptquellen selbst geschöpft, mit nötigen Kupfern erläutert u. ans Licht gestellt. Chemnitz 1762, 8°, mit 44 Gravuren.

Harger, John [aus Liverpool '(Engl.)']: I. Versuche über α-Methyladipinsäure. II. Versuche über substituierte Succinanilsäuren und ihre Anhydride … Heidelberg, Univ.-Buchdr. v. J. Hörning, 1896; 39 S. 8.
Heidelberg, Naturw.-math. Fak., Inaug.-Diss. v. [22. Mai] 1896

Hargrave, Julie,. Lustsp. von Schelle. 8. Grätz, Ferstl. 792.

Hargreaves, Alexander, of Adlington, Lancashire: A Grammar of the Dialect of Adlington (Lancashire). P. I. *Heidelberg: C. Winter 1903.* (VIII, 63 S.) 8° ¶(Erscheint vollst. als Anglist. Forschungen, H. 13.)
Heidelberg, Phil. Diss. v. 1903

Hargreaves, Alex., A grammar of the dialect of Adlington (Lancashire). s.a. Forschungen, anglistische. 13. Hft.

A Grammar of the Dialect of Adlington (Lancashire) by Alexander Hargreaves. *Heidelberg: C. Winter 1904.* (VIII, 121 S.) 8°
— Forschungen, Anglistische. H. 13. (04. 18)

Hargreaves, John W. H., Englands Handel im J. 1864. Nach dem „Economist“ bearb. Hamburg 865. O. Meissner. Lex.-8. (III, 108 S.) n. 18 ngr

— — im J. 1865. Nach dem „Economist“ bearb. Ebd. 866. Lex.-8. (III, 103 S.) 18 ngr

d'Hargues, Eugène, Rede zur Einweihung u. Enthüllung d. Calvin-Denkmals am 28. Octbr. 1885 geh. gr. 8. (14 S.) Berlin 885. Plahn. n. — 40

Hargues, Friedrich d'

d'Hargues, Fr., Lehrbuch der französischen Sprache. Unterstufe. gr. 8. (VIII, 183 S.) Berlin 882. Oehmigke's Verl. n. 1. —

— dasselbe. Mittelstufe. 1. Hälfte. 8. (IV, 168 S.) Ebend. 882. n. 1. —

d'Hargues, Fr., Lehrbuch der französischen Sprache. Mittelstufe, 2. Hälfte, u. Oberstufe. gr. 8. (VI, 271 S.) Berlin 885. Oehmigke's Verl. n. 2. 40; geb. n. 2. 65 (cplt.: n. 4. 40; geb. n. 5. 15)

— dasselbe. Unterstufe. 2., rev. Aufl. 8. (XII, 190 S.) Ebend. 884. geb. n.n. 1. 20

d'Hargues, Fr., Lehrbuch der französischen Sprache. Unterstufe u. Mittelstufe, 1. u. 2. Hälfte m. Oberstufe. gr. 8. Berlin 900. L. Oehmigke's Verl. 4. 65
Unterstufe. 6. Aufl. (XII, 208 S.) 1. 25
Mittelstufe. 1. Hälfte. 2. Aufl. (IV, 168 S.) 1. —
Mittelstufe. 2. Hälfte u. Oberstufe. 2. Aufl. (VI, 271 S.) 2. 40

d'Hargues, Fr., methodischer Lehrgang für den Unterricht in der französischen Sprache. Eine auf die Muttersprache sich gründende Darstellung. Nebst einem Anhange über die Aussprache. Für Lehrer u. Lernende. 1. Cursus. 854. (X, 192 S.) n. 10 ngr. — 2. Aufl. 2 Hefte. Berlin 858. F. Schneider. 8. (VIII, 115; 2 Bl., 123 S.) 1.: n. 8 ngr; 2.: n. 9 ngr n. 17 ngr

— — 2. Cursus. 2 Abthlgn. Ebend. 856, 57. 8. (3 Bl., 552 S.) 1.: n. 12 ngr; 2.: n. 20 ngr n. 1 rf 2 ngr d'Hargues, Fr., methodischer Lehrgang für den Unterricht in der französischen Sprache. Eine auf die Muttersprache sich gründende Darstellung. Nebst einem Anhang über die Aussprache. Für Lehrende u. Lernende. 1. Cursus. I. u. II. 3. Aufl. Berlin 860, 61. F. Schneider. 8. (XII, 115; VII, 177 S.) I.: n. 8 ngr.; II.: n. 10 ngr.

d'Hargues, Fr., methodischer Lehrgang für den Unterricht in der französischen Sprache. Eine auf die Muttersprache sich gründ. Darstellg. Nebst e. Anh. über die Aussprache. Für Lehrende u. Lernende. 1. Cursus. 1. u. 2. Abth. Berlin 870. Weber's Verl. gr. 8. n. 18 ngr.
I. 1. 6. Aufl. 868 u. 7. Aufl. (XII, 115 S.) n. 8 ngr.
I. 2. 5. Aufl. (VII, 177 S.) n. 10 ngr.

d'Hargues, Fr., methodischer Lehrgang f. den Unterricht in der französischen Sprache. Eine auf die Muttersprache sich gründ. Darstellg. Nebst e. Anh. über die Aussprache. 1. Cursus. 1. Abth. 8. Aufl. 8. (XII, 115 S.) Berlin 873. Weber. n. — 80

Hargues, F. d', berlin. Lesebuch, s.: Schulz, Otto.

d'Hargues, F., französisches Lesebuch, s.: Benecke, A.

-- die neueste Methode für den Unterricht in der französischen Sprache; oder: Wie Herr Dr. Ploetz Schulbücher schreibt. Ein offenes Wort. Berlin 855. Rauh. 8. (1 Bl., 28 S.) n. 5 ngr.

— die deutsche Orthographie im 19. Jahrhundert. Eine historische Darlegung u. Beurtheilung der verschiedenen Forderungen nach Umgestaltung der deutschen Orthographie. Zur Orientirung für Schulmänner. Berlin 862. Th. Enslin. gr. 8. (2 Bl., 156 S.) n. 20 ngr.

—— Schiller. Ansichten des Dichters über Gott, Natur und Menschheit aus seinen Gedichten und Dramen züsammengestellt. 12. (XII und 70 S.) Berlin 859, [Kastner und Comp.]

-- Schiller. Ansichten des Dichters über Gott, Natur und Menschheit aus seinen Gedichten und Dramen zusammen gestellt. Berlin 859. Mohr & Co. 12. (XII, 70 S.) 6 ngr.

[F.] Kriegserinnerungen eines Lazarethgehilfen des 1. Westpreussischen Grenadier-Regiments Nr. 6. Von B. Harhausen, Superintend. in Ostrowo. *Ostrowo: H. Hayn 1898.* (127 S.) 1 Bd 8. [97. 7480

[F.] Kriegs-Erinnerungen eines Lazarethgehilfen d. 1. Westpreussischen Grenadier-Regiments Nr. 6. Von B. Harhauson, Superint. in Ostrowo. *Berlin: Schriftenvertriebsanst. 1899.* (160 S.) 1 Bd 8.
= Volksbücher, Neue. Bdch. 60. [99. 4081

Harhoff, Johann Heinrich (Soest/Westf.), De subtilitatibus quorundam jurium. Präs. Conrad Ludeking. Rinteln (Hermann Augustin Enax) Sept. 1709. 30 S. (6.50) 13130

Hariaden, der Renegat, das Schrecken von Afrika ... Chemnitz 1806. V: *Bornschein, Johann Ernst Dan.* (MGT) (Ky) (NN)

Hariaden der Seeräuberkönig oder das Schrecken von Afrika. Ein historisch romantisches Gemälde vom Verfasser der Seeräuber-Königin Antonia della Roccini. Chemnitz 1814. Chemnitz 1819. V: *Bornschein, Johann Ernst Daniel.* (BGE III[2], 86)

Hariaden, der Seeräuberkönig, oder das Schrecken von Afrika. Ein historisch-romant. Gemälde von dem Verf. der Seeräuberkönigin Antonia della Roccini. 2 Thle. neue Aufl. 8. Chemnitz, Starke. 814.

Hariaden, der Seeräuberkönig, (v. Er. Bornschein). 2 Bde. 8. Chemnitz 819. Starke. 1 ℛ 16 gr

Harig, Ferd. Ehrenreich, Gesänge z. Gebr. bei Begräbniß-feierlichkeiten rc., s. a. Gesänge.

Harig, Fd. Ehrenreich, Gesänge, zum Gebrauche bei Begräbniß-Feierlichkeiten gesammelt. 8. Freiberg 812, Engelhardt. n. 1/6 ℛ

Der neue Volksarzt. Menschen höret d. Wahrheit ... Von Fr. Harig in Exten. 3. verm. u. verb. Aufl. *(Rinteln [1902?]): C. Bösendahl.)* (48 S.) 8° [Umschlagt. F.] [03. 6767 4

Harig, Thdr., und M. Schlimpert, das neue Testament, s. Schlimpert, M.

Harig, Volkmar Theodor

Harig, Volkmar Th., Eins ist noth. Ein vollständ. Jahrgang Predigten (zugl. d. beiden Sammlgn. in d. Kirche zu Großenhain geh. Predigten, 2., um d. Doppelte verm. Aufl.) 2 Halbbde. gr. 8. (VIII, 655 S.) Großenhain 895. H. Starke. à n. 4. —; geb. in Leinw. n. 8. 50; m. Goldschn. n. 9. —; ermäß. Preis n. 5. 50; geb. n. 6. —; geb m. Goldschn. n. 6. 50
Erschien auch in 10 Lfgn. à n. — 80.

Harig, V. Th., halte, was du hast! Predigt über Offenbarg. Johannis 3, 11, am Reformationsfeste 1890 in der Kirche zu Großenhain geh. 2. u. 3. Aufl. gr. 8. (12 S.) Großenhain 890. Hentze. n.n. — 15

Harig, Volkmar Thdr., Predigten, in der Kirche zu Großenhain geh. 8. (III, 179 S.) Großenhain 884. (Hentze.) n. 2. —; geb. n. 2. 50

— Predigten. 2. Sammlg. gr. 8. (III, 214 S.) Ebd. 889. n. 3. —; geb. n. 3. 50 (1. u. 2.: n. 5. —; geb. n. 6. —)

— „Uns ist bange, aber wir verzagen nicht!" (2. Corinther, 4, 8.) 2 Predigten üb. denselben Text, die eine vor 25 Jahren am außerordentl. Kriegsbettage, d. 3. Aug. 1870 in Dornreichenbach, d. and. am Jubeltage d. Schlacht v. Sedan, d. 1. Septbr. 1895 in Großenhain geh. gr. 8. (26 S.) Ebd. 895. n.n. — 25

Harig, „Was macht uns den Tag der Trennung zu e. Festtage?" Abschiedspredigt üb. Hebräer 13, 8, am Sonntag Misericordias domini 1899 in der Kirche zu St. Wolfgang in Schneeberg geh. 8. (12 S.) Schneeberg 899. B. F. Goedsche. n. — 25

Harig, „wie feiert ein dankbares Volk sein Jubiläums-Siegesfest?" Festpredigt z. 25. Sedanfeier, d. 1. Septbr. 1895 geh. gr. 8. (12 S.) Schneeberg 895. B. F. Goedsche. n. — 25

Harig, Walter, approb. Arzt aus Dresden: **Ist Württemberg relativ immun gegen Eklampsie?** *Tübingen: F. Pietzcker 1901.* (21 S.) 8°
Tübingen, Med. Diss. v. 1901

Haring, A.
Repetitorium zu Stöckhardt's Schule der anorganischen Chemie. Braunschweig, 1864. 8vo.

Haring, Carl, s. Haring, Karl

Haring, Erich: Der Kriegszug des Fürsten Christian von Anhalt nach Frankreich im Jahre 1591. (T. 1.) Magdeburg 1910: Baensch. 36 S. 8°
Magdeburg, k. Dom-G OP 1910 (334) [S 10. 160

Haring, Friedrich: Ueber Bronchialasthma. Halle (1875): Plötz. 29 S. 8°
Halle-Wittenberg, Med. Diss. v. 10. März 1875
Geb. Gröbzig (Anhalt) 20. 5. 1848. V.

Haring, G. H. Die Blüthezeit des englischen Dramas. Hamburg, Unterrichtsanstalten des Kl. St. Johannis, 1876. 88 S. Progr.

Haring, G. H., die Blüthezeit d. englischen Drama's. gr. 8. 88 S.) Hamburg 876. O. Meißner. 1. 80

Haring, G. H., historisch-kritische Darstellung der dialektischen Methode Hegel's, s.: Michelet, C. L.

Haring, J., Leitfaden der Krankenpflege in Frage u. Antwort. Für Krankenpflegeschulen u. Schwesternhäuser bearb. Mit e. Vorwort v. A. Fiedler. (VIII, 136 S.) 8. Berlin 910. J. Springer. Geb. p 2. —

Haring, J. G., das Bild einer Bauernfamilie in den letzten funfzig Jahren. Erfurt 855. Körner's Verlag. gr. 8. (30 S.) nn. $2^{1}/_{2}$ ngr

— Festbüchlein für fromme Christen. Besonders auch für die auswandernden Brüder u. Schwestern zur Erinnerung an die heimathlichen Feste. Ebend. (857.) 16. (X, 70 S.) $3^{3}/_{4}$ ngr

Haring, J. G., Sprachgang f. Unterklassen in Landschulen zur Einübung d. Sprachformen. 8. (32 S.) Lützen 852. (Leipzig, Keil.) n. 2 ngr

— Worte liebevoller Ermahnung an unsere Dienstboten. 16. (VIII u. 40 S.) Erfurt 851, Körner. — 3. Aufl. 16. (VIII u. 39 S.) Ebd. 852. — 4. Aufl. 16. (VIII u. 39 S.) Ebd. 852. — 5. verb. Aufl. 16. (VIII u. 40 S.) Ebd. 852. $1^{1}/_{2}$ ngr

Haring, Johann (B.)

Haring, Joh., s. Anzeiger, literarischer.

— Das neue Ehedekret „Ne temere". Eine Gegenüberstellg. der alten u. neuen kirchl. Eheschliessungsform. 1. u. 2. unveränd. Aufl. (Je 35 S.) 8. Graz 907. U. Moser. — 50

— Einführung in das Studium der Theologie. (III, 88 S.) gr. 8. Ebd. 911. 1.50; geb. n 1. 80

Grundzüge des katholischen Kirchenrechtes von Dr. theol. et jur. Johann B. Haring. Abt. 1. Graz: U. Moser 1906. 8° [06. 1040

— Grundzüge des kathol. Kirchenrechtes. 2. u. 3. (Schluss-)Abtlg. Ebd. gr. 8. 6. 75
(Kplt. in 1 Halbldr.-Bd. 13. —)
II. (VII, S. 303—640 u. 10 S.) 908. 3. 75
III. (XIV u. S. 641—881.) 910. 3.—; geb. n 4. 50

— Kirche u. Staat, s. a. Glaube u. Wissen.

Haring, J. B., Kirche u. Staat. (95 S.) kl. 8. München, Münchener Volksschriftenverlag. 1907. Jedes Heft —. 50.
„Glaube u. Wissen" Heft 12.

— Die Neuordnung der päpstl. Behörden auf Grund der Konstitution Sapienti consilio, 29. VI. 1908. (12 S.) kl. 8. Graz 908. Styria. nn — 35
Sonderabdruck aus: „Literar. Anzeiger."

Der Rechts- und Gesetzbegriff in der katholischen Ethik und modernen Jurisprudenz. Von Dr. Johann Haring. Graz: U. Moser 1899. (VI S., 1 Bl., 111 S.) 1 Bd 8. [99. 2704

— die Schadenersatzpflicht des Erben für Delikte des Erblassers nach kanonischem Rechte, s. a. Studien, theologische, der Leo-Gesellschaft. 6.

Die Schadenersatzpflicht des Erben für Delikte des Erblassers nach Kanonischem Rechte. Unter Berücks. d. Bestimmungen d. Römischen u. German. Rechtes, dargest. von Dr. theol. et jur. Johann B. Haring, Prof., Graz. Wien: Mayer & Co. 1903. (67 S.) 8°
— Studien, Theologische, d. Leo-Gesellschaft. 6. [03. 4040

Haring, Johannes, aus Leipzig, Unterarzt im 8. Kgl. Sächs. Inf.-Reg. No 107: Ein Beitrag zur Diagnostik u. Behandlung der Nierentuberkulose. *Bischofswerda 1902: F. May.* (22 S.) 4°(8°)
Leipzig, Med. Diss. v. (29. Apr.) 1902

Haring, Karl

Haring, Carl, approb. Arzt aus Ballenstedt a. Harz: Ueber die Prognose der bei tuberculöser Spondylitis auftretenden Lähmungen. *Halle a. S. 1901: C. A. Kaemmerer & Co.* (39 S.) 8°
Halle, Med. Diss. v. 10. Aug. 1901

Haring, Kurt: Beiträge zur Ebullioskopie. Weida i. Th. 1910: Thomas & Hubert. 80 S. 8°
Leipzig, Phil. Diss. v. 19. April 1910, Ref. Beckmann, Hantzsch
[Geb. 19. Juni 78 Leipzig-Reudnitz; Wohnort: Leipzig; Staatsangeh.: Sachsen; Vorbildung: Realgymn. Plauen i. V. Reife O. 05; Studium: Leipzig 8 S.; Rig. 7. Dez. 09.] [U 10. 3147

Haring, Otto, praktischer Tierarzt, Helbra, Mansfelder Seekreis: Ein Beitrag zur Kenntnis der infectiösen Euterentzündungen der Schafe. (Aus dem Hygienischen Institut der Kgl. Tierarztlichen Hochschule zu Hannover.) Helbra 1909. IV + 27 S. 8°. [7. V. 09.]
Bern, Vet.-med. Diss. 1909/10.

Haring, Wilh. [aus Ostrau]: '[Aus d. Augenklinik zu Jena.]' Beitrag zur Kenntniss der pathologischen Anatomie des Pyramidalstaars mit Hornhautadhärenz ... M. e. Taf. (Aus: v. Graefe's Arch. f. Ophthalmol., Bd XLIII Abth. 1.) Leipzig, W. Engelmann, 1896; 18 S., 1 Taf. 8.
Jena, Med. Fak., Inaug.-Diss. v. [24. Nov.] 1896

Häring, der, dessen Fang, Behandlung u. Sortirung nach holländischer Art. 8. (24 S.) Emden 874. (Leer, Leendertz.) n. — 30

Haering

— s. a. Hering.

Häring, wo ich bin, da soll mein Diener auch sein. Predigt, am 27. Juni 1891 in der Kirche d. Henriettenstiftes zu Hannover geh. [Aus: „Blätter üb. u. f. die Diakonissensache".] 12. (8 S.) Hannover 891. (H. Feesche.) n. — 20

Häring, Zusammenstellung der Kennzeichen der in Deutschland wachsenden verschiedenen Eichengattungen, und ihrer hauptsächlichsten Fehler. Unter Benutzung des dän. Werkes Praktisk Skibbyggerie af D. H. Funch. Underskibbymester. Kjobenhavn 1833, zum Anhalt für diejenigen Commissionen, welche in Preußen Eichenhölzer für die Königl. Marine abzunehmen haben, bearbeitet. Berlin 853. (Ernst u. Korn.) Fol. (180 lith. S. u. 56 lith. Taf., wovon 32 in Farbendr.) n. 10 ℳ

Häring, A., Repetitorium zu Stöckhardt's Schule der anorganischen Chemie. Braunschweig 864. Vieweg & S. 8. (IX, 88 S.) n. 10 *ngr.*

Ueber das Recht der Päbste, allgemeine Synoden zu bestätigen. Von Franz X. Häring, P. der Rel. — 1840. Ebend. — S. 1–37.
Progr. München.

Haering, Georg

— Lehrbuch der analytischen Geometrie der Ebene f. die Oberstufe der höher. Lehranstalten u. zum Selbstunterricht. (VII, 59 S. m. 48 Abbildgn.) 8. Ebd. 908. Kart. -- 90

Häring, Geo., Lehrbuch der Geometrie f. die Oberstufe der höh. Lehranstalten u. zum Selbstunterricht. (V, 96 S. m. 97 Fig.) 8. München 908. R. Oldenbourg. Kart. nn 1. 30

Haering, Georg Wilhelm Heinrich, s. Häring, Wilhelm

Haering, Günther, appr. Arzt a. Hirschberg i. Schl. Stabsarzt d. L. II: Ueber gonorrhoische Infektion paraurethraler Gänge und Cysten des Penis nebst Mitteilung eines Falles. Leipzig 1907: B. Georgi. (27 S.) 8°
Leipzig, Med. Fak., Ref. Hoffmann, Diss. v. 24. Dez. 1907
[Geb. 29. Juni 67 Hirschberg; Wohnort: Leipzig; Staatsangeh.: Preußen; Vorbildung: Gymn. Brandenburg a. H. Reife M. 86; Studium: Friedrich-Wilhelms-Institut Berlin 9 S.; Coll. 30. Dez. 07; Approb. 15. Juli 94.]

Haering, Henr. Albert. Petrus (geb. Muskau 2. 6. 1824): De delirio tremente. Berolini (1848). (20 S.) 8°
Berlin, Med. Diss. v. 18. März 1848

Häring, J. Observations sur une controverse d'histoire littéraire suivie de quelques remarques sur l'enseignement du Français dans nos gymnases. München, Wilh.-G., 1853. 24 S. 4. (Der erste Theil, bis S. 19, handelt über die Originalität des Gil Blas.) Progr.

Observations sur une controverse d'histoire littéraire suivies de quelques remarques sur l'enseignement du Français dans nos Gymnases par J. Haering, Prof. de langue et de littérature Françaises. — 1853. Munich, imprimerie et librairie royale classique et d'éducation. — S. 3–24.
Progr. München.

Haering, J., observations sur une controverse d'histoire littéraire suivies de quelques remarques sur l'enseignement du français dans nos gymnases. Munich 853. (Franz.) gr. 4. (24 S.) n. 10 *ngr.*

Häring Josef: Grundzüge der kinetischen Gastheorie. 20. Mödling 00. Progr.

Häring, Konr., Bauernbriefe, welche auch gebildete Herrenleute lesen dürfen. 1. Cyclus. gr. 8. (47 S.) Würzburg. 871, Woerl. — 40

– Die liberalen Blutegel, s.a. Compaß für das katholische Volk.

Häring, Konrad, Die liberalen Blutegel. Würzburg, Woerl, 1872, 8°, 81 S., 20 Pf. (Kompaß f. das kath. Volk. Bd. 1, Nr. 3.)

– Beelzebubs Jagd, s. Compaß für das katholische Volk.

– Katholiken rraus, s. Compaß für das katholische Volk.

— die hl. Monika. Ein Spiegel f. das fromme weibl. Geschlecht. gr. 16. (48 S.) Würzburg 876. Woerl n. — 25

Häring, Konr., die heilige Monika. Ein Spiegel für das fromme weibliche Geschlecht. 2. Aufl. 16. (48 S.) Würzburg 877. Woerl. n. — 30

– Die Neujahrsnacht, s. Compaß für das katholische Volk.

– Die Presse, s. Compaß für das katholische Volk.

– Der katholische Priester, s. Compaß für das katholische Volk.

– Merkwürdige Prophezeiungen, s. Compaß für das katholische Volk.

– Der Sonntag, s. Compaß für das katholische Volk.

— drei Sterne für das Christenvolk. 16. (80 S.) Ebend. 876. n. — 40

— aus meinem Wanderbuche. 1. u. 2. Bd. à 10 Hfte. (à ca. 50 S.) gr. 8. Würzburg 874. Woerl. à Hft. — 40

— warum lieb' ich meine Kirche, s.a. Compaß f. das katholische Volk.

Häring, Konrad, Warum lieb' ich meine Kirche? Würzburg, Wörl, 1872, 10 S., 20 Pf. (Kompaß f. d. kath. Volk Nr. 13.)

Häring, M., die Nutz- & Rassegeflügel-Zucht in ihrer heutigen Bedeutg. gr. 8. (224 S. m. Abb. u. 6 farb. Taf.) Ravensburg (901). Dorn. Geb. in Leinw. n. 2. 80

Häring, M., die Nutz- u. Rassegeflügel-Zucht in ihrer heutigen Bedeutung. (2. Aufl.) (231 S. m. Abbildgn. u. 6 farb. Taf.) 8. Ravensburg (905). F. Alber. Geb. in Leinw. n. 2. 80

Häring, M., wie soll d. Landmann s. Geflügel behandeln, um aus demselben Nutzen zu ziehen? Kurze Anleitg. z. e. prakt. Geflügelzucht, bearb. f. d. Landmann. gr. 8. (45 S.) Heilbronn 898. O. Weber. n. — 60

Häring, M., wie soll der Landmann sein Geflügel behandeln, um aus demselben Nutzen zu ziehen? Kurze Anleitg. zu e. prakt. Geflügelzucht, bearb. f. den Landmann. (2. Aufl.) (41 S.) gr. 8. Heilbronn (910). O. Weber. — 60

Häring, Osk., vom deutschen hohen Adel. Eine rechtsgeschichtl. Abhandlg. (19 S.) gr. 8. Berlin 909. O. Häring. — 50

Häring, Osk., Choräle u. and. geistl. Gesänge f. Männerstimmen, 2., verm. Aufl. gr. 8. (II, 75 S.) Stolp 896. C. Schrader. n. — 60

Häring, Osk., Choräle für Männerstimmen, nebst einem Anhang, die gebräuchlichsten liturgischen Choräle enth. Den Seminarien, Gymnasien, Realschulen ꝛc. dargeboten. 8. (64 S.) Stolp 877. Schrader. n. — 50

Häring, Osk., Choral-Melodieen der evangelischen Kirche, nebst anderen geistl. und liturg. Gesängen. 1. Heft. Besonders für Schulen bestimmt. [Die bekanntesten Choräle enth.] 8. (IV, 47 S.) Stolp 888, Schrader. *

Häring, Osk. (II.). Choral-Melodieen der evangelischen Kirche, nebst anderen geistl. u. liturg. Gesängen. 2. Heft. [die weniger bekannten unter d. gebräuchl. Chorälen u. die Psalmentöne enth.]. gr. 8. (IV, 56 S.) Stolp 890, Schrader. * — 30
1. Heft. Ebd. 1888. * — 25.

Häring, Osk., Choralmelodieen d. evang. Kirche. Ergänzungsheft, enth. d. 30 Choralmelodieen d. Melodieenbuches z. evang. Militär-Gesang- u. Gebetbuche, welche durch Ministerial-Erlaß z. Einübg. vorgeschrieben sind. Zum f. Schulen hrsg. gr. 8. (III, 15 S.) Stolp 897. C. Schrader. n. — 10
(Hauptwerk m. Ergänzungsheft: n. — 65)

Gedichte von Oskar Häring. Berlin: Häring 1908. VIII, 165 S. 8°
[illegible]

Häring, Oscar. Geschichte der preussischen Garde. (1740—1890.) 8. Berlin 1891.

Häring, Osk. (I.). Geschichte der preußischen Garde. gr. 8. (359 S.) Berl. 891, Brachvogel u. Ranft. * 6 —; geb. * 7 50

Häring, Osk., Liederheft f. die oberen Klassen in vielklassigen Volksschulen, Mittelschulen u. höheren Mädchenschulen. Eine Sammlg. zwei- u. dreistimm. Gesänge. gr. 8. (IV, 91 S.) Stolp 885. Schrader. n. — 60

— Liederheft f. die oberen Klassen in vielklass. Volksschulen, Mittelschulen u. höh. Mädchenschulen. E. Sammlung 2- u. 3stimm. Gesänge. 2. Aufl. gr. 8. (IV, 99 S.) Ebd. 896. n. — 60

Häring, Osk., Liederheft für Volksschulen. Auswahl ein- und zweistimm. Schul- und Volkslieder. 8. (64 S.) Stolp 871, Schrader. *

Häring, Osk., Liederheft f. Volksschulen. Auswahl ein- u. zweistimm. Schul- u. Volkslieder. 2. verm. u. verb. Aufl. 8. (80 S.) Stolp 874. Schrader. n. — 40

—— Liederheft für Volksschulen. Auswahl ein- und zweistimm. Schul- und Volkslieder. 2. verm. und verb. Aufl. 8. (80 S.) Ebendas. 876. *

— Liederheft für Volksschulen. Auswahl ein- u. zweistimmiger Schul- u. Volkslieder. 3., verm. u. verb. Aufl. 8. (IV, 99 S.) Ebend. 880. n. — 40

— Liederheft f. Volksschulen. Auswahl ein- u. zweistimm. Schul- u. Volkslieder. 4. Aufl. 8. (IV, 100 S.) Ebend. 884. n. — 40

—— Liederheft für Volksschulen. Auswahl ein- und zweistimm. Schul- und Volkslieder. 5. Aufl. 8. (IV, 92 S.) Ebendas. 887. *

—— Liederheft f. Volksschulen. Auswahl ein- u. mehrstimm. Kinder- u. Volkslieder. 6. Aufl. gr. 8. (IV, 96 S.) Ebd. 889. * — 40

— Liederheft für Volksschulen. Auswahl ein- u. zweistimm. Schul- u. Volkslieder. 6. Aufl. 8. (IV, 92 S.) Ebd. 890. n. — 40

— Liederheft f. Volksschulen. Ausw. ein- u. mehrstimm. Kinder- u. Volkslieder. 8. Aufl. gr. 8. (IV, 107 S.) Ebd. 897. n. — 40

Liederheft für Volksschulen. Auswahl ein- u. mehrstimmiger Kinder- u. Volkslieder, hrsg. von **Oskar Häring**, Sem.-Musikl. 9. Aufl. ⟨In neuester Orthographie.⟩ *Stolp: K. Schrader 1902.* (IV, 108 S.) 8° [F.] [illegible]

Liederheft für Volksschulen. Auswahl ein- u. mehrstimmiger Kinder- u. Volkslieder, hrsg. von Oskar **Häring**, Musikdir. 10. verb. Aufl. Stolp: C. Schrader 1905. (IV, 140 S.) 8° [F.] [illegible]

Häring, Osk., Liederheft f. Volksschulen. Auswahl ein- u. mehrstimm. Kinder- u. Volkslieder. 11. Aufl. (IV, 140 S.) 8. Stolp 908. C. Schrader. — 50

— Liedersammlung f. achtklassige Volksschulen. 3 Hefte. gr. 8. Leipzig, B. G. Teubner. n. 1. —
1. (24 S.) (903.) n. — 20. — 2. (52 S.) (903.) n. — 30.
3. (126 S.) (903.) n. — 50.

— Liedersammlung f. 8klassige Volksschulen. (In Anschluß an den Grundlehrplan der Berliner Gemeindeschule hrsg.) 2. u. 3. Heft. (Neue Aufl.) 8. Leipzig (908). B. G. Teubner. — 80
2. (Für die Mittelstufe [Klasse 5. 4].) (52 u. 16 S.) — 30
3. (Für die Oberstufe [Klasse 3, 2, 1].) (129 u. 24 S.) — 50

Haering, Oscar, Justizref. in Heilbronn: **Die Strafbestimmungen des sogenannten Depotgesetzes ⟨Gesetz betr. die Pflichten der Kaufleute bei Aufbewahrung fremder Wertpapiere⟩ vom 5. Juli 1896 in ihrem Verhältnis zu den Begriffen der Unterschlagung und des Bankerotts.** *Heilbronn 1899: C. Rembold & Co.* (66 S.) 8° [F.]
Tübingen, Jur. Diss. v. 1899

Häring, Osk., Weihnachtsklänge. Advents- u. Weihnachtslieder f. Gesang, auch m. Begleitg. d. Pianofortes od. Harmoniums. Lex.-8. (48 S.) Cöslin 890. C. G. Hendess. Kart. n. 1. 60; geb. 2. 50

Häring, Otto, O. S. B., ausführliche katechetische Skizzen f. den Firmungsunterricht. (IV, 104 S.) 8. Graz 909. Styria. 1. 20

Haering, Peter Paul (Warschau), De hydrothorace. Dissert. med. Präs. Johann Carl Gehler. Lpz. (Klaubarth) 27. IX. 1790. 40 S. (6.—) 12670

Häring, Thdr., s.: Abhandlungen, theologische.

Häring, Thdr., Abschiedspredigt, gehalten am Sonntag Lätare 4. April 1886. gr. 8. (14 S.) Stuttgart 886, Greiner und Pfeiffer. *

Häring, Thdr., über das Bleibende im Glauben an Christus. Eine christologische Studie. gr. 8. (107 S.) Stuttgart 880. J. F. Steinkopf. n. 1. 60

Einladung zur akademischen Feier des Geburtsfestes S. M. des Königs Wilhelm II von Württemberg auf den 25. Febr. 1896 im Namen des Rektors und akademischen Senats der kgl. Eberhard-Karls-Universität Tübingen. — Beigefügt ist e. Abh.: Δικαιοσύνη θεοῦ bei Paulus. Von Theodor **Häring**, Dr. u. o. Prof. d. Theol. in Tübingen. Tübingen, Druck v. W. Armbruster & O. Riecker, 1896; 2 Bl., 72 S. 4.

Häring, Thdr., δικαιοσύνη θεοῦ bei Paulus. 4. (72 S.) Tübingen 896. J. J. Heckenhauer. n. 1. 80

Häring, Theodor. Gedichte. Cincinnati. 1885.

Der christliche Glaube (Dogmatik) dargest. von D. Th[eodor] **Haering**, Prof., Tübingen. Hrsg. v. Calwer Verlagsver. Calw & Stuttgart: Vereinsbuchh. 1906. (616 S.) 8° [06. 9018 9

— Unser Glaube an Christus im täglichen Leben, s. a. Predigt-Bibliothek, moderne. V, 4.

Unser Glaube an Christus im täglichen Leben. Predigten von Theodor Häring. Göttingen: Vandenhoeck & Ruprecht 1908. (13 S.) 8° (Moderne Predigt-Bibliothek Reihe 5. H. 4.) [09. 1900 7

— s.: Kelle u. Schwert.

— von der Langenweile. Vortrag. 8. (20 S.) Stuttgart 885. Buchh. der Evangel. Gesellschaft. n. — 20

Häring, Th., das christliche Leben auf Grund des christlichen Glaubens. Christliche Sittenlehre. Hrsg. vom Calwer Verlagsverein. 8. (455 S.) Calw & Stuttgart 902. Vereinsbuchh. n. 4. —; geb. in Halbfrz. n. 5. —

Das christliche Leben (Ethik). Dargest. von D. Th[eodor] **Haering**, Prof. Hrsg. v. Calwer Verlagsverein. 2. Aufl. Calw & Stuttgart: Vereinsbuchh. 1907. (464 S.) 8° [07. 10661 11

— die Lebensfrage d. systemat. Theologie d. Lebensfrage d. christl. Glaubens. Rede z. Antritt d. akadem. Lehramts an d. Universität Tübingen, geh. am 2. Mai 1895. gr. 8. (19 S.) Ebd. 895. n. — 40

Der Duisburg'sche Nachlaß und Kants Kritizismus um 1775. Von Dr. Theodor **Haering**. Mit 4 Facs. Tübingen: Mohr 1910. 160 S. 8° [10. 13166 3

Häring, Th., Predigt, am Osterfest-Nachmittag 21. Apr. 1889 geh. in der Fraumünsterkirche in Zürich. Ev. Luc. 24, 13—35. 8. (11 S.) Zürich 889. Schultheß. n. — 40

Zeitgemässe Predigt. Von Theodor **Häring**, Prof. in Tübingen. *Göttingen: Vandenhoeck & Ruprecht 1902.* (44 S.) 8° [F.] [03. 2003 7

— s. a. Predigten, 3, bei der Hauptversammlung des evangel. Vereins der Gustav Adolf-Stiftung geh.

Drei Predigten bei der 58. Hauptversammlung des Evangel. Vereins der Gustav Adolf-Stiftung in Augsburg 1906 geh. von Prof. D. [Theodor] **Häring** aus Tübingen, Pfarrer [Herm.] Lembert aus München [&] Gen.Superint. D. [Theodor] Kaftan aus Kiel u. Eine Katechese in d. Kindergottesdienst geh. von Pastor [Paul] Zauleck aus Bremen. Leipzig: Ev. Ver. d. Gustav Adolf-Stiftung 1906. (35 S.) 8° [F.]
— **Bericht** über d. 58. Hauptversammlung d. Ev. Vereins d. Gustav Adolf-Stiftung. 1906, [Anh.] [07. 3073

— (Hrsg.), s. Reischle, Max: Aufsätze und Vorträge.

— Sonntagsgedanken üb. unsern Werktagsberuf. Vortrag. 12. (20 S.) Stuttgart 892. Buchh. der Evang. Gesellschaft. n. — 20

Unsere persönliche Stellung zum geistlichen Beruf. Den theolog. Commilitonen. Von Th[eodor] **Häring**, Prof. in Tübingen. 3. verm. Ausg. *Göttingen: Vandenhoeck & Ruprecht 1899.* (130 S.) 8° [F.] [00. 8031 7

— unsere persönliche Stellung zum geistlichen Beruf. Den theolog. Comuilitonen. 1. u. 2. unveränd. Aufl. 8. (IV, 116 S.) Göttingen 893. 894. Vandenhoeck & Ruprecht. n. 1. 60; geb. n. 2. 40

Häring, Theodor, Prof. d. Theologie in Zürich. Die Theologie u. der Vorwurf der „doppelten Wahrheit". Rede zum Antritt des akademischen Lehramts an der Universität Zürich gehalten am 1. Mai 1886. Gr. in-8°, 31 S. Zürich, S. Höhr. 1886 1 —

— s.: Tröstungen u. Ratschläge aus der Erfahrg.

— zur Versöhnungslehre. Eine dogmat. Untersuchg. gr. 8. (VI, 94 S.) Ebd. 893. n. 1. 80

— zu Ritschl's Versöhnungslehre. [Aus: „Verhandlgn. der Allg. Schweizer. Predigergesellschaft".] gr. 8. (45 S.) Zürich 888. Höhr. n. — 90

Haering, Theodor, Dr., d. Z. Rektor: Das Verständnis der Bibel in der Entwicklung der Menschheit. Tübingen 1905: G. Schnürlen. (34 S.) 4°
Tübingen, Rede gehalten am Geburtsfest d. Königs 1905

— s.: Werde Licht!

— Ziel u. Weg, Kampf u. Sieg. 2 Predigten, geh. am 21. u. 28. Juli 1889 im Fraumünster zu Zürich. gr. 8. (18 S.) Ebd. 889. n. — 60

(F) **Häring**, V. O., Ausführliche katechetische Skizzen für den Firmungsunterricht. 8°. (VI, 103 S.) K 1.40
Graz: Styria 1909.

Haering, W[alther]. Eisenbahn-Frachten-Tarif der Station Schaffhausen für den direkten Verkehr mit sämtlichen schweiz. Eisenbahnstationen sowie der badischen Strecke Sch'-Basel und Sch'-Konstanz. In alphabetischer Reihenfolge zusammengestellt von W. H', Speditionsbeamter, Sch'.... IV + 32 S. 4. Schaffhausen, im Selbstverlag des Herausgebers (Druck H. Meier & Co.), Februar 1906.

Häring, Wilhelm [wirkl. Name], s.a. Alexis, Willibald [Pseud.]

Häring (Georg Wilh. Heinr.), †(Willib. Alexis), Andalusien, s. Andalusien.

Cabanis. Vaterländ. Roman von Willibald Alexis (W[ilhelm] **Häring**). Mit e. Vorbemerkung von H[ans] Marshall u. d. Bilde d. Dichters. *Halle a. d. S.: O. Hendel [1904].* (703 S.) 8° [F.] (Bibliothek d. Gesamtlitteratur d. In- u. Auslandes. No [illegible].) [04. 14767

Dorothe. Vaterländ. Roman von Willibald Alexis. (W[ilhelm] **Häring**.) 4. Aufl. *Berlin: O. Janke [1896].* (480 S.) 8° [F.] [00. 12564 8

Dorothee. Vaterländischer Roman von Willibald Alexis (W[ilhelm] **Häring**). Mit e. Vorbemerkung von H[ans] Marshall u. d. Bilde d. Verf. Halle a. d. S.: O. Hendel (1904). (486 S.) 8° [F.] (Bibliothek d. Gesamtlitteratur d. In- u. Auslandes. No 1829—34.) [05. 10356

Erinnerungen von Willibald Alexis [d. i. Wilhelm **Häring**]. Hrsg. von Dr. Max Ewert. *Berlin: Concordia 1900.* (XLII, 388 S.) 8° [F.] = Jahrhundert, Aus d. Neunzehnten. Bd 4. [00. 3153

— s. Frelmüthige, der, J. 1833 — 1835.

—— Warren Hastings. Ein Vortrag gehalt. am 9. März im wissenschaftl. Vereln. gr. 8. (2 B.) Berlin 844. [Adolph. u. Comp.] * Vgl. † Alexis W.

Häring, W., (psdn. Willib. Alexis,) Warren Hastings. Ein Vortrag gehalten am 9. März im wissenschaftl. Verein. gr. 8. Berlin 844, Buchh. des Berl. Lesekabinets. n. 8 ngl

Haering, Wilhelm [Hrsg.]
s. Hitzig, J.E.: Der neue Pitaval. 1853.

Die Hosen des Herrn v. Bredow. Vaterländischer Roman von Willibald Alexis (Wilhelm Häring.) 6. Aufl. Th. 1—2. Berlin o. J. 8°.

Die Hosen des Herrn v. Bredow. Vaterländ. Roman von Willibald Alexis. (W[ilhelm] Häring.) 15. Aufl. *Berlin: O. Janke [1896].* (327 S.) 8° [F.]

Die Hosen des Herrn von Bredow. Vaterländischer Roman von Willibald Alexis (W[ilhelm] Häring). 14. Aufl. Mit 6 Bildern von Hans Looschen. *Berlin: O. Janke [1901].* (327 S.) 8° [F.]

Die Hosen des Herrn von Bredow. Vaterländ. Roman von Willibald Alexis (W[ilhelm] Häring.) Mit e. Vorbemerkung von H. Marshall u. d. Bilde d. Verf. *Halle a. d. S.: O. Hendel (1902).* (V, 296 S.) 8° [F.]
(Bibliothek d. Gesamtlitteratur d. In- u. Auslandes. No 1512—15.)

Die Hosen des Herrn von Bredow. Vaterländ. Roman von Willibald Alexis [d. i. Wilhelm Häring]. T. 1. 2. Berlin: Deutsche Bücherei [1904]. 2 Bde 8° [F.]
= Bücherei, Deutsche. Bd 9. 10.

Ja in Neapel. Letzte Erzählung v. Willibald Alexis (Wilhelm Häring). 2. Aufl. Berlin. 1872. 8°.

Isegrimm. Vaterländ. Roman von Willibald Alexis. (W[ilhelm] Häring.) 5. Aufl. *Berlin: O. Janke [1899].* (609 S.) 8° [F.]

Isegrimm. Vaterländ. Roman von Willibald Alexis (W(ilhelm) Häring.) Mit e. Vorbemerkung von H[ans] Marshall u. d. Bilde d. Verf. *Halle a. d. S.: O. Hendel [1903.]* (598 S.) 8° [F.]
— Bibliothek d. Gesamtlitteratur d. In- u. Auslandes. No 1690—1696.

Häring, (Geo.) W(ilh.) (Heinr.), † (Willibald Alexis.) Berliner Conversations-Blatt, s. Conversations-Blatt.

– s. Martineau, H.: Die Ansiedler im eigenen Hause.

– s. Martineau, H.: Rolf und Erika.

— der neue Pitaval, s. Pitaval, der neue.

Der Roland von Berlin. Vaterländ. Roman von Willibald Alexis (W[ilhelm] Häring). Mit e. Vorbemerkung von H. Marshall u. d. Bilde d. Verf. *Halle a. d. S.: O. Hendel (1902).* (550 S.) 8° [F.]
(Bibliothek d. Gesamtlitteratur d. In- u. Auslandes. No 1555—60.)

Der Roland von Berlin. Vaterländ. Roman von Willibald Alexis (W[ilhelm] Häring). 6. Aufl. *Berlin: O. Janke [1903].* (520 S.) 8° [F.]
= Häring: Vaterländ. Romane. Bd 2.
(Collektion Otto Janke.)

Willibald Alexis' [d.i. Wilhelm Häring] historische Romane. Mit e. Einl.: Willibald Alexis, s. Leben u. s. Werke von A[nnemarie] v. Auerswald. [1—8.] Berlin: A. Weichert [1904]. 24 Bde 8° [F.]
1. Der falsche Waldemar. Bd 1—3. 2. Der Roland von Berlin. Bd 1—3.
3. Die Hosen d. Herrn v. Bredow. Bd 1. 2. 4. Der Werwolf. Bd 1. 2.
5. Dorothee. Bd 1—3. 6. Cabanis. Bd 1—4.
7. Ruhe ist die erste Bürgerpflicht. Bd 1—4. 8. Isegrimm. Bd 1—3.

Willibald Alexis (W[ilhelm] Häring): Vaterländische Romane. 8 Bde. Bd 1. *Berlin: O. Janke [1903].* 8° [F.]
(Kollektion Otto Janke.)

Ruhe ist die erste Bürgerpflicht. Vaterländ. Roman von Willibald Alexis. (W[ilh.] Häring.) 5. Aufl. *Berlin: O. Janke [1898].* (782 S.) 8° [F.]

Ruhe ist die erste Bürgerpflicht. Vaterländ. Roman von Willibald Alexis (W(ilhelm) Häring). Mit e. Vorbemerkung von H[ans] Marshall u. d. Bilde d. Verf. *Halle a. d. S.: O. Hendel [1903].* (827 S.) 8° [F.]
— Bibliothek d. Gesamtlitteratur d. In- u. Auslandes. No 1739—1747.

Häring, Geo. Wilh. Heinr., der Salzdirector, Original-Lustspiel, s.: Jahrbuch Deutscher Bühnenspiele, 30. Jahrg.

Häring, Georg Wilh. Hnr., (u. d. Namen Willib. Alexis), Schattenrisse aus Süddeutschland. Berlin 1834. 8.

Häring, Wilh., gesammelte Werke, s. Alexis, Wilib.

Der Werwolf. Vaterländ. Roman von Willibald Alexis. (W[ilhelm] Häring.) 7. Aufl. T. 1. 2 (in 1 Bd). *Berlin: O. Janke [1899].* 8° [F.]

Der Werwolf. Vaterländ. Roman von Willibald Alexis (W[ilhelm] Häring). Mit e. Vorbemerkung von H. Marshall u. d. Bilde d. Verf. *Halle a. d. S.: O. Hendel (1902).* (384 S.) 8° [F.]
(Bibliothek d. Gesamtlitteratur d. In- u. Auslandes. No 1566—70.)

Der falsche Woldemar. Vaterländ. Roman von Willibald Alexis (W(ilhelm) Häring). Mit e. Vorbemerkung von H. Marshall u. d. Bilde d. Verf. *Halle a. d. S.: O. Hendel (1902).* (579 S.) 8° [F.]
(Bibliothek d. Gesamtlitteratur d. In- u. Auslandes. No 1583—89.)

Der falsche Woldemar. Vaterländ. Roman von Willibald Alexis (W[ilhelm] Häring). 6. Aufl. *Berlin: O. Janke [1903].* (619 S.) 8° [F.]
— Häring: Vaterländ. Romane. Bd 1.
(Kollektion Otto Janke.)

Häringe, Neue, gefangen auf den pommerschen Küsten, gepöckelt zu Berlin . . . Leipzig [Gera] 1803—4. V: *Bornschein, Johann Ernst Daniel.* (MGT) (cb) (Mn) (Wr) dagegen: (GGr V, 519)

Haringer, Michael

— tägl. Andacht zu d. unbefleckten Jungfrau u. Mutter Gottes Maria, s.: Bonaventura.

Haringer, Mich., Anleitung zur Verwaltung d. heiligen Bußsacramentes. gr. 8. (IV u. 240 S.) Regensburg 851, Manz. 2/3 ₰ — 2. verm. Aufl. gr. 8. (VIII u. 303 S.) Ebd. 851. 11/12 ₰

Haringer, Mich., Bedrängnisse d. ehrwürdigen Dieners Gottes Clemens Maria Hofbauer während der preußischen Regierung in Warschau. Eine Kulturkampf-Geschichte aus dem Anfange d. 19. Jahrh. Ein Nachtrag zum Leben d. P. Hofbauer. gr. 8. (31 S.) Regensburg 883. Pustet. n. — 20

Haringer, M., Gebet- u. Ablaßbuch. Kurze Zusammenstellung sämmtlicher mit Ablässen versehenen Gebete nach authentischer Uebersetzung. Mit einer Beigabe von Morgen-, Meß-, Beicht-, Communion- u. Abendgebeten. Hrsg. v. einem Priester der Congregation d. allerh. Erlösers. Mit 1 Stahlst. gr. 16. (XX, 446 S.) Regensburg 879. Manz. 1. 80

Haringer, Mich., einige Gebete des Dieners Gottes Clemens Maria Hofbauer, General-Vikar der Congregation des allerheiligsten Erlösers. 4., verm. Aufl. Wien 865. Sartori. 16. (50 S. mit dem Bilde des Dieners Gottes in Stahlst.). n. 4 ngr

[F.] Die Hauptpflichten des Priesters in kurzen Erwägungen und Gewissenserforschungen. Besonders geeignet f. d. Zeit d. Exercitien. Von P. M. Haringer aus dem Redemptoristen-Orden. Neu bearb. v. P. Jos. Alois Krebs, C. SS. R. . . . *Dülmen i. W.: A. Laumann 1897.* (101 S., 1 Bl.) 1 Bd 8.

— Krankentrost. Ein Trost- u. Erbauungsbuch für Kranke u. Leidende. Größtentheils aus den Schriften des heil. Kirchenlehrers u. Bischofs Alphons Maria v. Liguori. Mit einem Anh. von Gebeten für Kranke u. Sterbende. Uebers. u. hrsg. gr. 16. (X, 424 S. m. 1 Stahlst.) Passau 878. Bucher. 1. 50

—— Leben des ehrwürdigen Dieners Gottes Clemens Maria Hofbauer, General-Vicars und vorzügl. Verbreiters der Congregation des allerheiligsten Erlösers. Mit dem (Stahlst.-) Bilde des Dieners Gottes. gr. 8. (528 S.) Wien 877. (Regensburg, Pustet.)

— Leben des ehrwürdigen Dieners Gottes Clemens Maria Hofbauer, General-Vicars u. vorzügl. Verbreiters der Congregation des allerheiligsten Erlösers. 2., verm. Aufl. Mit dem (Stahlst.-)Bilde des Dieners Gottes. gr. 8. (XVI, 520 S.) Regensburg 880. Pustet. n. 3. 20

Haringer, Mich., s. Liguori sämmtl. Werke.

Haringer, Mich., das heilige Sakrament der Ehe. Ein Handbuch für Seelsorger. Regensburg 854. Manz. gr. 8. (6 Bl., 386 S.) 1 ₰ 3¾ ngr

Haringer, M., die geistliche Schatzkammer. Von der heil. Congregation der Ablässe durch Decret v. 3. März 1887 gutgeheißene u. für authentisch erklärte Uebersetzung der „Sammlg. v. Gebeten u. frommen Werken, s. welche die Päpste heil. Ablässe verliehen haben". Ins Deutsche übergetragen von M. H. Autoris. Ausg. 12. (XVI, 690 S.) Regensburg 888. Verlags-Anstalt. n. 4. 50

Häringer, G.: Launoy's e p i s t o l a VII. (L. V.) ad Gulielmum Voellum und die verschiedenen Erklärungen von „petra" in der Stelle Matth. XVI, 28 nach kirchlichen Zeugnissen. 41 S. – Dillingen, Progr. 1870.

Haringmann's Tagebuch e. Reise nach Marokko rc., s. Bibliothek d. n. u. wicht. Reisebeschreibb. 26r Bd.

Haringman, H.: Tagebuch einer Reise nach Marokko und eines achtwöchentlichen Aufenthaltes in diesem Lande im Gefolge einer im J. 1783 nach Mequinez abgegangenen Holländischen Gesandtschaft. Aus dem Holländischen übersetzt und mit Einleitung, Anmerkungen und Zugabe versehen von T. F. Ehrmann. in: Bibliothek der neuesten und wichtigsten Reisebeschreibungen. Bd 26. Weimar 1805. LII, 123 S. 8°.

Haringmann, H., Tagebuch e. Reise nach Marokko, a. d. Holländ. gr. 8. Weimar, L. Ind. Compt. 805. —

Härings- u. Frischfischfang, der holländische. 4. (22 S.) Emden 871. (Haynel.) — 75

Harington, John E. M., ostindischer Thee. Geschichtliche Darstellung seiner Cultur u. seines Handels. Uebers. durch C. F. Böttjer. gr. 8. (18 S.) Hamburg 891. O. Meissner's Verl. n. — 60

al-Harīrī, Abū Muhammad al-Qāsim

[F.] Friedrich Rückert, Die Makamen des Hariri. M. d. Bilde Rückerts u. e. Vorbemerkg v. Dr. Oskar Linke. *Halle a. S.: O. Hendel (1897).* (IV, 234 S., 1 Portr.) 1 Bd 8.
= Bibliothek d. Gesamtlitteratur d. In- u. Auslandes. No 1007—1010.

Haririi Bazrensis narrationum, consessuum nomine celebratarum, decas. Ex Arabum sermone in latinum transtulit edidítque C. R. S. Peiper. 4. Hirschberg 831. (Lpz. Fr. Fleischer). 14 Gr.

Haririi Bazrensis narrationum, consessuum nomine celebratarum, Pars maxima. Ex Arabum sermone in Latinum transtulit. Narrationes, consessuum nomine celebratae, sex priores, una cum ejusdem praefatione. Ex Arabico serm. in Lat. vertit, notulis subjunctis explicuit edidítque Diac. Car. Rud. Sam. Peiper. 4. Hirschberg 832. (Leipz., Fr. Fleischer). 4 ₰

Haririi Bazrensis narrationes, consessuum nomine celebratae, decas. Ex Arabico in Latinum vertit, subj. notis expl. C. R. S. Peiper. Ed. altera, emend. et notis aucta. 4. Leipzig 835. (Fr. Fleischer.) $1^1/_3$ ₰

— narrat., consess. nomine celebr., sex priores. Ex Arab. in Latinum translat. ed. C. R. S. Peiper. Edit. II. 4. Leipzig 836. (Fr. Fleischer.) $1^1/_3$ ₰

al-Harisi, Jehuda ben Salomon, s.a. J e h u d a ben Salomon al-Charisi

Harizii, Judae, macamae, Pauli de Lagarde studio et sumptibus editae. Lex.-8. (IV, 204 S.) Göttingen 883. (Dieterich's Sort.) n. 8. —

Harkányi, Baron Béla, die Reflexionserscheinungen an bewegten Wasserflächen, s.a. Resultate der wissenschaftl. Erforschung des Balatonsees. I 5.

Die Reflexionserscheinungen an bewegten Wasserflächen von Dr. Bn Béla **Harkányi**. Mit 8 Fig. Wien: E. Hölzel in Komm. 1906. (21 S.) 4°(8°)
= **Resultate** d. wissenschaftl. Erforschung d. Balatonsees. Bd 1, T. 5, Sect. 3.

Harkavy, Alb.

Harkavy, A., neuaufgefundene hebräische Bibelhandschriften, s: Mémoires de l'académie impériale des sciences de St.-Pétersbourg.

— altjüdische Denkmäler aus der Krim, mitgetheilt v. Abraham Firkowitsch [1839—1872], s.: Mémoires de l'académie impériale des sciences de St.-Pétersbourg.

Harkavy, Alb., die Juden u. die slawischen Sprachen. (In hebr. Sprache.) Wilna 867. Breslau, Schletter'sche Buchh. 8. (VIII, 136 S.) n.n. 24 ngr.

Harkavy, A.: C a t a l o g der hebräischen Bibel-Handschriften, s. C a t a l o g der hebräischen u. samaritanischen Handschriften der kaiserlich. öffentl. Bibliothek in St. Petersburg.

Harkavy, A. J., litterarische Correspondenz neuerer jüdischer Gelehrten, nebst Anmerkungen u. Einleitung hrsg. 1. Hft. (In hebr. Sprache.) gr. 8. St. Petersburg 881. Leipzig, Voss' Sort. n. 2. —
Briefe des Oberrabb. zu Prag S. L. Rappoport an S. D. Luzzatto, Prof. am Collegium rabbinicum in Padua [1829—1860]. Nebst einigen Anmerkgn. v. S. J. Halberstam in Bielitz. (70 S.)

—— die samaritanischen Pentateuchhandschriften, s. Catalog der hebräischen und samaritanischen Handschriften der kaiserl. Oeffentl. Bibliothek in St. Petersburg.

— Studien u. Mittheilungen aus der kaiserl. öffentlichen Bibliothek zu St. Petersburg. 1. u. 3. Thl. 8. St. Petersburg 879. 80. Leipzig, Voss' Sort. n. 9. 50
1. Poetisches von Samuel Ha-Nagid, genannt Ismail Ibn-Nagdilah, Vezier von Granada [1027—1055]. Nebst Einleitung u. erläut. Anmerkungen. (IV, XII, 192 S.) n. 7. —
3. Leben u. Werke des Samuel Ibn-Chofni, Rectors der talmud. Akademie in Sora [st. 1034]. (III, 60 S.) n. 2. 50
Der 2. Thl. erscheint später.

Harkavy, A., Studien u. Mittheilungen aus der kaiserl. öffentl. Bibliothek zu St. Petersburg. 4. Thl. 3 Hfte. u. 5. Thl. 1. Hft. gr. 8. Berlin u. St. Petersburg. (Leipzig, Voss' Sort.) n.n. 18. — (I u. III—V, 1.: n.n. 27. 50)
4. Responsen der Geonim, nebst Anmerkungen u. Einleitung v. A. H. 3 Hfte. (XXXI, 418 S.) 885—887. n.n. 12. —
5. Leben u. Werke d. Saadjah Gaon [Saïd al-Fajjumi, 892—942], Rectors der talmud. Akademie in Sora. 1. Hft. (In hebr. Sprache.) (238 S.) 891. n.n. 6. —

Harkavy, A., Studien u. Mitteilungen aus der kaiserl. öffentl. Bibliothek zu St. Petersburg. 8. Thl. Likkute Kadmoniot II. Zur Geschichte des Karaismus u. der karäischen Literatur. 1. Heft. Aus den ältesten karäischen Gesetzbüchern (v. Anan, Beniamin Nehawendi u. Daniel Kummissi). (In hebr. Sprache.) (XII, 211 S. m. 3 Lichtdr.-Taf.) gr. 8. St. Petersburg 903. (Leipzig, Voss' Sort.) n.n. 7. 50 (I, III. V, 1 u. VIII, 1: n.n. 23. —)

Harkawy, Alexander [aus Russland]: Ueber basische Fäulniss-Producte der Bierhefe. Strassburg, Buch- und Steindruckerei von J. Schneider, 1877. 8. 21 S.

Harke, A. F. Wilhelm, s. Harke, Wilhelm

Harke, W., der Dorfarzt. Homöopathisches Noth- u. Hülfsbüchlein f. Prediger u. Lehrer auf dem Lande. 2 Thle. 8. 1. Die Krankheiten der Menschen. (176 S.) 2. Die Krankheiten der Thiere. (175 S.) Langensalza 852, Schulbuchhandlung des Thür. Lehrervereins. (à $^{1}/_{3}$ ℛ) $1^{1}/_{2}$ ℛ

Harke, W., der Dorfarzt. Homöopathisches Noth- und Hülfsbüchlein für Prediger u. Lehrer auf dem Lande. 1. Thl.: Die Krankheiten der Menschen. 2. Aufl. Langensalza 856. Schulbuchhdlg. d. Thür. Lehrervereins. 8. (168 S.) 12 ngr

Harke, W., der Dorfarzt. Homöopathisches Noth- u. Hülfsbüchlein für Prediger u. Lehrer auf dem Lande. 3. Aufl. Langensalza 860. Greßler. 8. (168 S.) 12 ngr

Harke, Thdr., Beiträge zur Pathologie u. Therapie der oberen Athmungswege einschliesslich des Gehörs. Auf Grund v. Beobachtgn. an Lebenden u. der Leiche. gr. 8. (VIII, 104 S.) Wiesbaden 895. J. F. Bergmann. n. 3.

Harke, Th. [approb. Arzt]: Ein Fall von dreimaliger Magenresection wegen Magenbauchwandfistel .... Kiel, Druck v. Schmidt & Klaunig, 1887; 13 + 1 S. + 1 Bl. 8°
Kiel, Med. Fak., Inaug.-Diss. v. 20. Dez. 1887

Harke, Th., e. Fall v. dreimaliger Magenresection wegen Magenbauchwandfistel. Inaug.-Diss. gr. 8. (13 S.) Kiel 887. (Lipsius & Tischer.) n. — 80

Harke, Wilhelm

— s. B. Collomb, medicin. Werke.

Zuruf an alle Aerzte, eine gänzliche, aber allein und sicher heilbringende Reform in der Heilkunde betr. Vom Wilh[elm] Harcke [Harke].Braunschweig: Reichard 1809. VIII,64 S. 8

Harke, A. F. Wlh., Zuruf an alle Aerzte rc. 8. Braunschw. 809. Reichard. (Vogler in Potsd.) 6 K

Harkensee, *Christian* Heinrich *Theodor*: Beiträge zur Geschichte der Emigranten in Hamburg. I. Das französische Theater. 4 (41 S.). II. Madame de Genlis. 8 (46 S.).
Pg. des Johanneums 1896 (750) Oberrealsch. u. Rsch. vor dem Holstenthore zu *Hamburg* 1900
Progr.

Harkensee, Heinr., Beiträge zur Geschichte d. Emigranten in Hamburg. I. Das französ. Theater. Progr. gr. 4. (41 S.) Hamburg 896. (Herold's Verl.) n. 2. 40

Harkensee, Heinrich [Dr.]: Beiträge zur Geschichte der Emigranten in Hamburg. 1. Das französ. Theater. Hamburg, gedr. bei Lütcke & Wulff, 1896; 1 Bl., 41 S. 4.
Hamburg, RG d. Johanneums, OP 1896 (750)

Harkensee, Heinr., Beiträge zur Geschichte der Emigranten in Hamburg. II. Madame de Genlis. Progr. gr. 8. (46 S.) Hamburg 900. (Herold.) n. 2. 50
I. Ebd. 896. n. 2. 40.

Harkensee, Heinrich: Die Schlacht bei Marignano. ⟨13. u. 14. Sept. 1515.⟩ Göttingen 1909: Huth. VIII, 123 S. 8°
Göttingen, Phil. Diss. v. 28. Jan. 1909, Ref. Brandi
[Geb. 5. Sept. 84 Eutin; Wohnort: Eutin; Staatsangeh.: Oldenburg; Vorbildung: Gymn. Eutin Reife O. 04; Studium: Lausanne 1, Berlin 4, Göttingen 3 S.; Rig. 29. Juli 08.] [U 09. 1351

Harkensee, Heinr., Untersuchungen über das Spielmannsgedicht Orendel. Inaugural-Dissertation. gr. 4. (79 S.) Kiel 879. Lipsius & Tischer. n. 3. —

Harker, John Allen [aus Stockport, Dalton Chemical Scholar in the Owens' Coll., Manchester]: Über den Umsatz von Wasserstoff mit Chlor und Sauerstoff. Eine Studie üb. chemisches Gleichgewicht ... (Aus: Zeitschr. f. physik. Chemie. IX. Bd. 6. Heft. 1892.) Leipzig, W. Engelmann, 1892; 31 S. 8.
Tübingen, Naturw. Fak., Inaug.-Diss. v. 1892

Harkordt, K. W. A., illustrirtes Handbuch der kaufmännischen Buchhaltung, Correspondenz u. Rechenkunst, letztere mit Bezug auf Werthpapiere, Börsencourse rc., sowie Anleitung zur Anfertigung aller anderen schriftl. kaufmänn. Arbeiten. Nebst Beigabe sämmtl. im Handelsverkehr vorkomm. Papiere, als Wechsel, Contracte, Verträge rc. in wirkl. Ausführung. Für Kaufleute u. Industrielle aller Art. (In 24 Liefgn.) 1—4. Liefg. Leipzig 866—68. M. Schäfer. gr. 8. (1. Bd. S. 1—228 mit Steintaff. in 4.) Jede Liefg. 6 ngr

Harkort vor dem Criminalgericht in Berlin. Anklage, Vertheidigung u. Freisprechung d. Bürger- u. Bauernbriefes v. Frdr. Harkort, [Abgeordneten rc.] vor dem Königl. Criminalgericht in Berlin am 22. Septbr. 1851. gr. 8. (32 S.) Elberfeld 851, (Iserlohn) Bädeker. $^{1}/_{6}$ ℛ

Harkort, Gesellschaft: Die Entwicklung der Fachwerkbogenbrücke mit aufgehobenem Horizontalschub, verbunden mit der freischwebend eingehängten Fahrbahntafel. Duisburg a. Rh. [1910]

(Harkort, Ed.,) Aus Mejicanischen Gefängnissen. Bruchstück aus Ed. Harkort's hinterlassenen Papieren. Herausg. von F. Gust. Kühne. Leipzig 858. Lorck. 8. (116 S.) n. 16 ngr

— Probirkunst mit dem Löthrohre, oder Versuch e. Anweis., wie man Erze, Mineralien u. Hüttenprodukte mit Hülfe d. Löthrohrs, auch verschied. Metallgehalte mit hinreich. Genauigkeit untersuchen kann. 1s Heft, d. Silberproben. 8. Frberg 827. (Craz u. G.) 15 gGr

v. Harkort, Ed., plani-stereometr. Schieblineal. Beschreibung u. Gebrauch eines Instruments, welches gewöhnl. Rechnungen verrichtet u. zugleich als Lineal, Dreieck, Maßstab, Transporteur rc. dient. Nach e. engl. Erfindung. Mit 1 Steint. gr. 8. Köln 824. Bachem. 16 gGr

— d. Universal-Planimeter, oder Beschreib. u. Gebrauch eines neuen Instruments, welches zum Auftragen, Verjüngen, zum Copiren u. Berechnen d. geometr. Karten dient. Mit 1 Steint. gr. 8. Köln 824. Bachem. 7 gGr

Harkort, Friedr.

Harkort, F., Arbeiter-Spiegel. 8⁰. s. l. 1874. 3. Aufl. 8⁰. Hagen 1875.

Harkort, Frdr., Arbeiter-Spiegel. 10. Aufl. gr. 8. (16 S.) Hagen 875. Butz. 25

Harkort, Friedr., über Armenwesen, Kranken- und Invalidenkassen. Herausg. vom techn. Verein. Hagen 856. Butz in Comm. gr. 8. (32 S.) 6 Ngr

Harkort, Friedrich. Beiträge über die Grundsteuer-Verfassungen in Preußen in Bezug auf die Ueberbürdung der Provinzen Rheinland und Westphalen. Leipzig, Renger 1838. 36 S. 8.

Harkort, Friedr., Beiträge üb. d. Grundsteuer-Verfassung in Preußen in Bezug auf d. Ueberbürdung d. Provinzen Rheinland u. Westphalen. gr. 8. (4 B.) Leipzig 838, Volckmar.

Harkort, Frdr., Beleuchtung der Eisenzoll Frage und des gegenwärtigen Standes der einheimischen Eisen-Industrie. Iserlohn 859. Bädeker. gr. 8. (24 S.) 5 Ngr

Harkort, Friedr., Bemerkungen üb. das Bedürfniß der Errichtung einer Actienbank f. Westphalen. gr. 8. (1⅝ B.) Dortmund 845. (Krüger.) *

Harkort, Frdr., Bemerkungen üb. die Grundsteuer-Ausgleichung. gr. 8. (20 S.) Berlin 849. (Ernst & Korn.) n. 1/6 Thlr

—— Bemerkungen üb. die Hindernisse der Civilisation u. Emancipation der unteren Klassen (Fortsetzung der „Bemerkungen über die preuß. Volksschule." 8. (9½ B.) Elberfeld 844, Baedeker. *

— Bemerkungen über den Nutzen der Schiedsgerichte. Nebst Statuten des Schiedsgerichts in Wetter. Hagen 853. Butz. 8. (15 S.) 2½ Ngr

— Bemerkungen üb. die preußische Volksschule unter dem Ministerium d. Herrn v. Mühler. 8. (30 S.) Berlin 872. (Puttkammer & Mühlbrecht.) n. — 60

— Bemerkungen über die Preuß. Volksschule u. ihre Lehrer. gr. 8. Hagen 842. (Iserlohn, Müller.) n. 12 Ngr

Harkort, F. Brief an die Arbeiter. Deckersche Geheime Ober-Hofbuchdruckerei. 2 Bl. 4.
Flugblatt. Berlin, 21. Nov. 1848.

Harkort, Friedrich. Brief an die Arbeiter. Berlin, Ende Mai 1849. Gedruckt bei R. Decker. 2 Bl. 4.
Flugblatt. Berlin, 18. Mai 1849.

Harkort, F. Brief an die Handwerker. Gedruckt bei J. Sittenfeld. 2 Bl. 8.
Flugblatt. Berlin, 13. Jan. 1849.

Harkort, Friedrich. Offener Brief an die Berliner und die Provinzen. (Erster Brief.) Aus der Haude- und Spenerschen Zeitung Nr. 131. Gedruckt bei Gebr. Unger. 1 Bl. 4.
Flugblatt. Berlin, 30. Juni 1848.

— Bürger- und Bauernbrief. 8⁰. Braunschweig 1851.

— Bürger- u. Bauernbrief. 2. Aufl. gr. 8. (23 S.) Braunschweig 851, J. H. Meyer. 1/6 Thlr

— zweiter Bürger- u. Bauernbrief. gr. 8. (28 S.) Elberfeld 852, (Iserlohn) Bädeker. 1/6 Thlr

Harkort, Friedr., die Eisenbahn v. Minden nach Cöln. Nebst 1 Karte (: Plan d. Terrains d. Eisenbahn v. Minden nach Cöln u. deren Seitenverbindungen, v. Henze u. Harkort, in gr. Fol.) u. 7 (z. Thl. ill.) Stnt. gr. 8. (5 B.) Hagen 833. (Leipzig, Hinrichs.)

—— dass. Statt der Karte mit 1 Längenprofil d. Eisenbahn v. Minden b. Düsseldorf (qu. ½ gr. Fol.) Hagen 833. (Essen, Bädeker.)

— Erzählungen für Alt u. Jung auf dem Lande. 1. Flachs-Martha. 2. Gärtner Heinrich. Neue (Titel-)Ausg. Brandenburg 858. Müller. 32. (58, 60 S.) 3 Ngr

— der Westphälische Flachsbau, in seiner Anwendung auf das gesammte Deutschland. Nach L. Upmeyer hrsg. gr. 8. (35 S. m. 3 eingedr. Holzschn.) Berlin 851, Klemann. 6 Ngr

Harkort, F., Flachsmartha, s.: Familien-Bibliothek für's deutsche Volk.

— ältere Geschichte des Steinkohlen-Bergbaues und der Eisen- u. Stahl-Erzeugung in der Grafschaft Mark. Herausg. durch den technischen Verein. Hagen 855. Butz in Comm. gr. 8. (2 Bl., 8 S.) 1½ Ngr

—— Geschichte des Vereins für die deutsche Volksschule, s. Geschichte.

—— die preußische Handels- und Kriegsmarine und ihre Stellung zum Zollverein. gr. 8. (52 S.) Berlin 852, Klemann. *

Harkort, Friedr. Die Landwehr und das Budget von 1852. gr. 8⁰. Berlin, Klemann. 1. und 2. Aufl., 1852.

— die deutsche und preußische Marine und ihre Häfen. Hagen 863. Butz. gr. 8. (79 S. u. 1 lith. Karte in Fol.) n. 8 Ngr

— die preußische Marine und die deutsche Flotte. Berlin 861. G. Reimer. gr. 8. (88 S.) 7½ Ngr

Harkort, Friedrich: Plan des Terrains der Eisenbahn von Minden nach Cöln und deren Seitenverbindungen, s. Henze

Harkort, Friedr., über das Proletariat, die Theilbarkeit des Grundbesitzes u. die Erzeugung billigerer Lebensmittel. Nebst einem Anhang: Bemerkungen über die verschiedenen Düngungsmittel u. deren Verwendung. Herausg. durch den technischen Verein. Ebend. 855. gr. 8. (29 S.) 6 ngr

— die Vereine zur Hebung der untern Volksklassen nebst Bemerkungen üb. d. Central-Verein in Berlin. 12. (2 B.) Elberfeld 845, Baedeker. *

Harkort, F. An das Volk. An die Bewohner der Dorfschaften Prettmin, Zpie, Rehmer, Garrin und Roffentin bei Colberg. Gedruckt bei R. Decker. 2 Bl. 8.
Flugblatt. Berlin, 18. Dez. 1848.

— über Volksbanken. gr. 8. (24 S.) Ebd. 851. 1/6 ℛ

— Volksschriften. 1 u. 2. (Bdchn.) 32. 1. Flachsmartha. (58 S.) 2. Gärtner Heinrich. (60 S.) Ebd. 851. (à 1½ ngr) 3 ngr

— die preußische Volksschule u. ihre Vertretung im Abgeordnetenhause von 1848 bis 1873. gr. 8. (36 S.) Hagen 875. Butz. — 60

Harkort, Friedrich. Wahl-Katechismus pro 1852 für das Volk. Braunschweig 1852. 16 S. 8.

die Zeiten des ersten Westphälischen (16.) Landwehrregiments. Ein Beitrag zur Geschichte der Befreiungskriege, 1813, 1814, 1815. Mit illum. Titelbild u. 2 Schlachtplänen. 8. Essen 841, Bädeker. n. $1^1/_6$ ℛ

Harkort, G.: „Mittheilung an den Handelsstand Leipzigs", Dresden 1848. — Vorh.: Com. Bibl. Hamburg.

Harkort, Gust., u. A. Dufour-Feronce, Versuch ꝛc., s.: Dufour-Feronce, A.

Harkort, Hermann: Beitrag zum Studium des Systems Eisen-Wolfram. Halle: Knapp 1907. 66 S. 4° ¶ Auch in: Metallurgie. Jg. 4.
Aachen, Dr.-Ing.-Diss. v. 29. 1. 1908

Harkort-Bergfest, das. Festzeitung f. das Rhein. Westf. Volkswettturnen auf dem alten Stamm bei Wetter a. d. Ruhr. Nr. 13. 1893. Im Auftrage des Festausschusses hrsg. v. Thdr. Reininghaus. Fol. (4 S.) Witten 893. (B. Kroeßold & Co.) n.n. — 20

[F.] Das preussische Kataster und seine Verbindung mit dem Grundbuch. E. Beitr. z. deutschen Vermessgs-, Kataster- u. Grundbuchwesen v. W. Harkson, Hzgl. Anhalt. Obergeometer ... M. 12 in d. Text gedr. Abb. *Dessau: P. Baumann 1896.* (VI S., 1 Bl., 156 S., 1 Bl.) 1 Bd 8. (96. 1870

Harkup, Josef

Harkup, J., Beitrr. zur Kenntniß d. Handlungs- u. Gewerbsverfassung d. österreich. Kaiserstaats, mit vorzügl. Rücksicht auf d. Gesetzgebung über Erfindungsprivilegien. gr. 8. Wien 829. Gerold. 1 ℛ 8 gr

Harkut, F., moderne Argonauten. Humoristischer Roman. 8. (336 S.) Jena 889. Costenoble. n. 5. —

Harl, Er und über Ihn . . .
Culmbach 1808. V: *Krause, Chn Siegmund.*
(MGT) (Ky) (Hr) (Stam)

— Er, u. üb. ihn, m. e. amtl. Bericht üb. Gemeinheitstheilungen. 8. Kulmbach, Spindler. (a. Rein in Lpz.) 809. —

Harl, Johann Paul

Harl, Ansichten über die zeitgemäße Einrichtung eines National-Wirtschaftsrathes des Königreichs B., oder eines Landwirtschafts-, Gewerbes- und Handelsrathes. 1831 München
Verf. Prof. der Kameralwissenschaften in Erlangen. Interessanter Vorläufer späterer Entwicklung.

— allgem. Archiv f. Staatswissenschaft, s. Archiv.

Harl, Ritter Johann Paul (Hersg.): „Allgemeines Archiv für die gesammte Staatswissenschaft, Gesetzgebung und Staatsverwaltung, mit alleiniger Ausnahme der Politik und mit besonderer Rücksicht auf Deutschlands gegenwärtige Gewerbs- und Handelsverhältnisse", 12 Hefte, Frankfurt 1825 (Gebhardt in Grimma).

Harl, Ritter Johann Paul (Herausgeber): „Allgemeines Archiv für die gesammte Staats-, Cameral- und Gewerbswissenschaft, für alle Zweige der Gesetzgebung .....", 1 Band, 3 Lieferungen, Heidelberg 1827. — Vorh.: UB Heidelberg. — K 11.

Harl. Beitrag zur Geschichte des deutschen Steuerwesens im Anfang des 17. Jahrhunderts, oder Steuerordnung einer deutschen Hauptstadt vom J. 1606. 8°. Erlangen 1812.

Harl, Ritter Jh. Paul. Beitrag zur Revision der Gesetzgebung, Emporhebung des Staats-Credits, Deckung des Staatsbedarfs und gleichheitlichen Besteuerung, Beförderung des Ackerbaues und der Gewerbe, etc. 8°. (Erlangen) 1817.

Harl, Ritter Johann Paul: „Rationelle Beiträge zur Reform der Gesetzgebung", 1. (einziger) Band (auch u. d. T.: „Entwurf eines Polizeygesetzbuches für die hohe Sicherheit, öffentliche Ruhe und allgemeine Ordnung . . ."), Erlangen 1822 (Palm).

Harl, Ritter Johann Paul: „Beyträge zur Revision der Gesetzgebung, Emporhebung des Staats-Credits, Deckung des Staatsbedarfs und gleichheitlichen Besteuerung, Beförderung des Ackerbaues und der Gewerbe, Erleichterung der mit beiden beschäftigten Volksklassen und Sicherung gegen Mangel und Theuerung des Getreides", Erlangen 1817.

— krit. Bemerkk. üb. neue Formen u. neue Gesetzbücher f. deutsche Staaten u. üb. d. bei ihrer Entwerfung, Bearbeit. u. Einführung unumgänglich nothwend. Rücksichten. gr. 8. Erlangen 822, Palm.

Harl, Ritter Johann Paul: „Progr. kritische Bemerkungen über neue Formen und neue Gesetzbücher für deutsche Staaten und über die bei ihrer Entwerfung, Bearbeitung und Einführung unumgänglich nothwendigen Rücksichten", Erlangen 1823 (Palm).

— Biographie d. Hrn. Stadtraths J. Mt. Schenkl in Amberg. 8. Erlang. 818.

Harl, J. P. (Hrsg.), s. Cameral-, Oekonomie-, Forst- u. Technologie- Correspondent, Allgemeiner, . . .

— Charakteristik d. Gefängnisse, (aus d. 2ten Bde d. allgem. alphabet. Repertoriums abgedr.) gr. 8. Erlang. 820.

— Charakteristik d. französ. geheimen Polizei unter Bonaparte seit d. J. 1800 bis zum J. 1815. Aus den zuverläss. Quellen. 8. Erlang. ... (Aus d. Kammer-Correspondent abgedr.)

— — De cultu doctrinarum oeconomiae publicae rei cameralis et politiae ex ordine instructo in Germania universe promovendo, nec non de iis quae ad cursum studiorum cameralium vel politico-oeconomicor. in universitatibus litterariis Germanorum conficiendum requirantur I/II. Erlang. (Hilpert) 7. III./11. IV. 1818. 10 u. 10 Seiten. (5.—) 13132

— Entwickelung der aus d. Säcularisationssystem ꝛc. hervorgehenden Reformen ꝛc, s. Deutschlands Staats- u. Kirchenveränderungen.

Harl, J. P. Entwurf eines rationellen und allgemeinen Armen-Versorgungs-Systems mit Armen-Erziehungs- und Armen-Beschäftigungs-Anstalten. *Erlangen Palm.* 1809

Harl, Ritter Jh. Paul, Entwurf eines rationellen und allgemeinen Armen-Versorgungssystems, mit Armenerziehungs- und Armenbeschäftigungs-Anstalten etc. gr. 8°. Frankfurt 1825. (Gebhardt in Grimma.)

— Entwurf eines rationellen u. allgem. Armen-Versorgungs-Systems, mit Armenerziehungs- u. Armenbeschäftigungs-Anstalten ꝛc. gr. 8. Frankf. 825, H. Wilmans.

Harl, J. P.: Entwurf eines Polizei-Gesetzbuchs ... nebst einer Polizei-Gerichts-Ordnung. Erlangen 1822.
(Harl: Rationelle Beiträge z. Reform d. Gesetzgebung. Bd 1.)

— Entwurf e. Polizeigesetzbuchs od. e. Gesetzbuchs f. d. hohe Sicherheit, öffentl. Ruhe ꝛc. 1r Bd. gr. 8. Erlang. 827, Palm.

H a r l, Ritter Johann Paul: „Encyclopädie der gesammten Geldwissenschaft", 1. (einziger) Teil, „welcher die Geschichte des Geldes und eine allgemeine staatswissenschaftliche Theorie desselben enthält", Erlangen 1806 (Palm). — Vorh.: Com. Bibl. Hamburg.

— d. Finanz-Ideal u. d. Methode s. Realisation. gr. 8. Erlang. Palm. 810. —

Harl, Ritter Jh. Paul. Das Finanz-Ideal und die Methode seiner Realisation. 2. Aufl. 8°. Erlangen, Palm, 1816.

Harl, Ritter Jh. Paul. Ueber die dermaligen wichtigen Finanzverbesserungen in deutschen Staaten. 8°. Erlangen 1810. (Nürnberg, Stein.)

Harl, J. P., üb. die dermal. wichtigsten Finanz-Verbesserungen in Deutschland. gr. 8. Erlang. (Nürnb. Stein.) 811.

Über die gemeinschädlichen Folgen der Vernachlässigung einer den Zeitbedürfnissen angemessenen Polizei in Universitäts-Orten überhaupt u. in Ansehung der Studierenden ins Besondere. Eine Antwort auf die Anfragen von einem kosmopolitischen Polizei-Manne (d. i. *Joh. Paul Harl*). Vorerst nur als Handschrift gedruckt. (Lat. Motto aus Cicero.) O. O. 1811. Hoch-8°. 48 S. (lat. Lett.).
Anon.-Lex. IV. p. 219 (nach Meusel).

H a r l, Ritter Johann Paul: „Ueber die gemeinschädlichen Folgen der Vernachlässigung einer den Zeitbedürfnissen angemessenen Polizey in den Universitätsorten überhaupt und in Ansehung der Studirenden insbesondere", Nürnberg 1811 (Campe).

— neue Gallerie der Charlatanerien ꝛc. s. Gallerie.

* **HARL**, Prof., Neue Gallerie der Charlatanerien, Unvollkommenheiten, Vorurtheile, Mißbräuche und Karrikaturen aller Nationen und Stände. Zur Beförderung der Nationalkultur. Hrsg. vom —. Berlin, Späth, 1803. 8°. (In Berlin: Yy 8291.) Rarl
Auch m. d. Titel: Neue satyrisch-grotesk-komische Gemäldegallerie des 19ten Jahrhunderts.

— neue satyrisch-groteskkomische Gemälde-Gallerie d. 19ten Jahrh. Berl. Späten.

Harl, Ritter Jh. Paul, höhere Gesichtspunkte für d. Würdigung d. deutschen Preßfreiheit ꝛc. Nebst einigen national-ökonom. u. finanziellen Ansichten d. Preßfreiheit. Ein Versuch. gr. 8. Frankf. 818. Varrentrapp. 4 gr

Über das Gesindewesen (von *Johann Paul Harl*). (Salzburg 1802.)
Anon.-Lex. IV. p. 201 (nach Meusel).

Harl, Ritter Jh. Paul. Grundlinien einer Theorie des Staates (der Staatswissenschaftslehre), des Geldes und der Staatswirthschaft, wie auch der Erziehung und des Unterrichtes. gr. 8°. Erlangen, Palm, 1805.

— Grundriß e. General-Finanzstatistik. Zuerst entworfen u. dargestellt. Nur als Handschrift gedruckt. gr. 8. Erlangen 810. Palm. 8 gr

— Handbuch d. gesammten Steuerregulirung, m. K. u. Tabellen. 2 Thle. gr. 8. Ebend. 813 u. 15.

Harl, Ritter Jh. Paul. Systematisches Handbuch der sämmtlichen Staats- und Kameralwissenschaften. (A. u. d. T.: Vollständiges Handbuch der Polizeiwissenschaften etc. und System der reinen und angewandten Staatslehre von H. Bensen. Neue Ausg., 2. Thl.). gr. 8°. Erlangen, Palm, 1809.

H a r l, Ritter Johann Paul: „Vollständiges Handbuch der Kriegspolizeywissenschaft und Militärökonomie, mit vorzüglicher Rücksicht auf die älteste und neueste Gesetzgebung und Literatur, für Civil- und Militärbeamte . . . .", 2 Teile, Landshut 1812 (Krüll).

H a r l, Ritter Johann Paul: „Vollständiges Handbuch der Polizeywissenschaft, ihrer Hülfsquellen und Geschichte", Erlangen 1809 (Palm).

— vollständ. Handbuch d. Staatswirthschaft u. Finanz, ihrer Hülfsquellen u. Gesch. ꝛc. (a. unt. d. Tit. vollständ. Handbuch der Staatswirthschafts- u. Finanzwissenschaft ꝛc. mit Rücksicht a. alt. u. neueste Gesetzgebung.) 2 Theile. gr. 8. Ebend. 811.

— vollständ. Handbuch d. Staatswirthschaft u. Finanz, ihrer Hülfsquellen u. Geschichte, mit vorzügl. Rücksicht auf d. neueste französ., baier., westphäl. ꝛc. Gesetzgebung u. Literatur. 2 Thle. gr. 8. Erlang. 812. (Grau in Hof). (Campe in Nürnb.) 3 ₰ 2e Aufl. 2 Thle. gr. 8. Landsh. 820. Krüll. 3 ₰ 21 gr

— vollständ. Handbuch d. Staatswissenschaft und Finanzwissenschaft, ihrer Hülfsquellen u. Geschichte, mit vorzüglicher Rücksicht auf d. neueste Gesetzgebung u. Literatur. 2 Bde. gr. 8. Erlang. Palmsche Verlagsbuchh. (in Comm.). 811.

— vollständ. theoret.-prakt. Handbuch d. gesammten Steuer-Regulirung, oder d. allgemeinen Steuerwissenschaft ꝛc. 2 Bde, mit Urkunden. gr. 8. Erlang. 814, 16. (1r Bd. A. u. d. T.: Erster Versuch d. Geschichte d. Steuerwesens u. d. Steuer-Literatur ꝛc. bis z. J. 1814. 2r Bd. A. u. d. T.: Besondere Steuerwissenschaft, oder System d. gesammten u. vollständig durchgeführten Steuer-Rektifikation ꝛc.) gr. 8. Ebd. 816. (Palm). 3 ₰ 12 ℊ (Grau in Hof). 4 ₰ N. Aufl. 2 Bde. gr. 8. Heidelb. 827. Oswald. 4 ₰ 8 ℊ

— Pr. De genuina politices ac politicorum indole. 8maj. Berl. 805. Späthen. (a. Palm in Erlang.) 4 ℊ

Harl, Jo. Paul, De genuina politices ac politicorum indole. Erlang. (Hilpert) Mai 1805. 39 Seiten. (6.—) 13131

H a r l , Ritter Johann Paul und andere: „Der allgemeine Cameral-, Oekonomie-, Forst- und Technologie-Correspondent von und für Deutschland", 1.—10. Jahrgang, Erlangen 1806—1815 (Palm). Anmerkung: Nachweisbar ist heute nur noch der Jahrgang 1807. Vorh.: UB Göttingen. Lt. Auskunftsbüro der deutschen Bibliotheken in Berlin besteht die Wahrscheinlichkeit, daß ab 1808 eine Zusammenlegung mit dem „Verkündiger" — herausgegeben von Johann Michael Leuchs, Nürnberg — (s. vorher Nr. 1296) erfolgte.

H a r l , Ritter Johann Paul: „Rede von den Zwecken der National-Industrie und Landescultur . . . .", 6. Ausgabe, Erlangen 1821 (Stein in Nürnberg).

HARL, Ritter Johann Paul: Allgemeines alphabetisches Repertorium des Neuesten, Wissenswürdigsten und Anwendbarsten aus den gemeinnützigsten und wichtigsten Wissenschaften der Polizey-, Staats-, National- und Privatökonomie, politischen Arithmetik, Naturgeschichte, Land- und Forstwirthschaft, des Bergbaus, der Technologie, des Handels, wie auch der Geld- und Wechselwirthschaft. - Erlangen 1818, 1820 u. 1825. 3 Bd. - 2. Aufl. d. 1. Bd. ebd. 1820

— Deutschlands neueste Staats- und Kirchenveränderungen, histor. polit. staats- und kirchenrechtlich entwickelt ꝛc. gr. 8. Berlin. Maurer. 804.

– Dass., s.a. D e u t s c h l a n d s Staats- und Kirchenveränderungen.

H a r l , Ritter Johann Paul: „Ueber Steuerbewilligung und Steuer-Regulierung durch die Landstände, mit Rücksicht auf das baierische Steuerwesen", Erlangen 1819 (Palm).

— besondere Steuerwissenschaft, s. Handbuch d. Steuer-Regulirung.

Harl, J. P., Système général d'administration pour les pauvres, ou Projet d'un réglement relatif au soin des pauvres, ayant sur tout pour but les établissements d'édication pour les pauvres, et les moyens de les occuper. 2de édit. original. revue et augm. gr. in-8. Stoutgard 837. Brodhag. 1/2 ₰

Harl, J. P., Système général d'administration pour les pauvres, ou projet d'un réglement relatif au soin des pauvres, ayant sur tout pour but les établissements d'édication pour les pauvres, et les moyens de les occuper. 2. édit. original, revue et augm. par l'auteur même. gr. in-8. (3 B.) Stoutgard 837. [Scheible, Rieger et Sattler.]

— katechet. Unterredung über d. Zukunft, eine Christenlehrgeschichte für Kinder. 8. Salzb. 802. Mayr. 1 ℊ

— üb. Unterricht u. Erziehung, nach d. Principien d. Wissenschaftslehre; als Propädeutik e. allgem. Erziehungs-Wissenschaft. gr. 8. Salzb. 800. Mayr. 4 ℊ

Harl J. P.: Versuch einer Beantwortung d. Frage: »Welches sind die besten Ermunterungsmittel z. Aufnahme d. Ackerbaues?« Eine gekr. ... sehr verm. Preisschr. Erlang. 1806. (49) 407 S.

H a r l , Ritter Johann Paul: „Ueber einige der wichtigsten Vortheile und Vorzüge der neuen Verfassungsurkunde des Königreichs Bayern", Erlangen 1818 (Palm).

Harlacher, A. R., die hydrometrischen Arbeiten in der Elbe bei Tetschen. Mit 15 lith. Taf. Hrsg. v. der hydrographischen Commission d. Königr. Böhmen, hydrometr. Section. gr. 8. (IV, 27 S.) Prag 883. (Calve.) cart. n. 8. —

Harlacher, A. R., Beiträge zur Hydrographie des Königr. Böhmen. 1. Lfg. 1. Beitrag: Bestimmung der Wassermenge von Flüssen und Wassermessung im Elbestrom an der böhmisch-sächs. Gränze. Lex.-8. (S. 1—32 mit 2 lithogr. Taf. in qu. Fol.) Prag 872, Calve'sche Universitäts-Buchh. *

—— dass. — 2. Lfg. 2. Beitrag: Die Abflussmengen der Elbe an der böhmisch-sächs. Gränze innerhalb eines bestimmten Zeitraumes auf Grund mehrerer Wassermessungen und der Wasserstandsbeobachtungen. Lex.-8. (S. 33—84 mit 5 lithogr. Taf. in qu. Fol.) Ebendas. 873. *

—— dass. — 3. Lfg. 3. Beitrag: Fortsetzung der im 2. Beitrag begonnenen Untersuchungen, mit besond. Rücksicht auf das Hochwasser im Mai 1872. Lex.-8. (S. 85—116 mit 4 lithogr. Taf. in qu. Fol.) Ebendas. 875. *
Aus: Technische Blätter, besonders abgedruckt.

Harlacher, A. R. Hydrometrische Beobachtungen. Nr. 1—6, 10, 13. Prag 1878—89. 4. (Nr. 1 = hydrograph. Karte.)

Harlacher, A. R., die hydrometrischen Beobachtungen in den Jahren 1877, 1878 u. 1879. Tabellarisch u. graphisch dargestellt. Mit 60 Tab. u. 6 lith. Taf. gr. 4. (VI, 68 S.) Prag 881. (Calve.) n. 4. —

— dasselbe, im Jahre 1880. Mit 26 Tab. u. 2 lith. Taf. gr. 4. (VI, 26 S.) Ebend. 881. n. 2. —

— die hydrometrischen Beobachtungen im J. 1881. Tabellarisch u. graphisch dargestellt. Mit 27 Tab. u. 2 lith. Taf. gr. 4. (VI, 27 S.) Ebend. 882. n. 2. —

— dasselbe. Im J. 1882. gr. 4. (VI, 34 S.) Ebend. 883. n. 2. —

— dasselbe, im J. 1883. Mit 42 Tab. u. 3 lith. Taf. gr. 4. (IV, 42 S.) Ebend. 884. n. 3. —

- dasselbe, im J. 1884. Mit 48 Tab. u. 3 lith. Taf. gr. 4. (VI, 48 S.) Ebend. 885. n. 3. —

— dasselbe, im J. 1885. Mit 49 Tab. u. 3 lith. Taf. gr. 4. (VI, 50 S.) Ebend. 886. n. 3. —

Harlacher, A. R., die hydrometrischen Beobachtungen im J. 1886. Tabellarisch u. graphisch dargestellt. Mit 52 Tab. u. 3 lith. Taf. Hrsg. v. der hydrograph. Commission d. Königr. Böhmen, hydrometr. Section. gr. 4. (VI, 52 S.) Prag 887. (Calve.) n. 3. —

— dasselbe, im Jahre 1887. Mit 56 Tab. u. 3 lith. Taf. gr. 4. (VIII, 56 S.) Ebd. 888. n. 3. —

— Bericht üb. die bis Ende 1879 ausgeführten hydrometrischen Arbeiten, nebst den Wasserstandsbeobachtungen in den Jahren 1875—1876. Mit 28 Tab. u. 4 lith. Taf. gr. 4. (26 u. 32 S.) Ebend. 880. n. 4. —

Harlacher, A. R., Wetli's Eisenbahnsystem zur Ueberwindung starker Steigungen. Sein absoluter u. relativer Werth f. den Locomotivbetrieb steiler Bahnen u. seine Verwendg. f. die schweizer. Alpenbahnen. Mit e. lith. Taf. (in gr. 4.) [Aus „Jahrbuch d. Ges. ehem. Stud. d. Eidg. Polyt. Schule."] gr. 8. (70 S.) Zürich 871. (Meyer & Zeller.) n. 2. 40

Harlacher, A. R., Hydrographische Karte des Königreiches Böhmen im Maassstab 1 : 500000 mit Angabe der Wasserscheiden und Flussgebiete nebst Flussgebiets-Tabelle. (Hydrographische Commission des Königreichs Böhmen.) (Hydrometrische Section No. 1.) Prag 1878. Fol.

— die Messungen in der Elbe u. Donau u. die hydrometrischen Apparate u. Methoden d. Verfassers. Mit 50 (eingedr.) Holzschn. u. 5 lith. Taf. Imp.-4. (VI, 61 S.) Leipzig 881. Felix. cart. n. 17. —

Harlacher, A. R. Die Methode und der Apparat Harlacher-Henneberg-Smreker zur directen Messung von Geschwindigkeiten. Vortrag. Prag 1884.

Harlacher, A. R. und H. Richter. Mittheilungen über eine einfache Ermittlung der Abflussmengen von Flüssen und über die Vorherbestimmung der Wasserstände. Wien 1886. fol.

Harlacher, A. R. Das Reservoir im Bösen Loch bei Komotau. Prag 1875.

Harlacher, A. R., Die Stützlinie im Gewölbe. Vortrag. Prag, 1870. 20 S. mit 1 Taf. [Ed 33

Harlacher, A. R. Die Überschwemmung in Böhmen Ende Mai 1872. Prag 1873.

Harlan, R., Beschreibung der fossil. Knochen des Megalonyx laqueatus, s.: Bulletin de la société Imp. des naturalistes de Moscou, tome XX, 2. partie.

Harlan, Walt., im April. Lustsp. a. d. vierziger Jahren. gr. 8. (VII, 116 S.) Leipzig 895. C. Wild. n. 2. 50

Harlan, Walt., sein Beruf. Schauspiel. 8. (35 S.) Leipzig 894. W. Friedrich. n. 2. —

Der tolle Bismarck. Lustspiel in 4 Aufz. von Walter Harlan. *Berlin: E. Bloch (1900).* (119 S.) 8° [F.] [02. 3891

Harlan, Walt., die Dichterbörse, s. a. Bücher, die, des deutschen Hauses.

— die Dichterbörse. Roman. 8. (V, 363 S.) Berlin 899. [F. Fontane & Co.] E. Fleischel & Co. n. 5. —; geb. n. 6. —; erhöht. Preis geb. n. 6. 50

Die Dichterbörse. Roman von Walter **Harlan**. Ill. von Ernst Stern. Berlin-Leipzig: Buchverl. fürs Deutsche Haus 1908. (304 S.) 8° [F.]
= **Bücher**, Die, d. Deutschen Hauses. Reihe 2, Bd 28. [08. 1991

Harlan, Walt., Jahrmarkt in Pulsnitz, ein dionys. Schwank in 3 Akten. 2. Aufl. (112 S.) 8. Berlin (905). E. Bloch. n. 2. —
1. Aufl. (115 S.) 904. n. 2. —.

— das Mantelkind. Lustspiel in 5 Akten. (140 S.) 8. Ebd. (904). n. 2. —

— o herziges Menschenleben! Gedichte. 8. (94 autogr. S.) Ebd. 894. In Celluloid-Decke. n. 6. —

Schule des Lustspiels. Von Walter **Harlan**. 3.–10. Hundert mit einigen Erg. *Berlin: E. Bloch 1903.* (157 S.) 8° [F.] [04. 13725

— Die Sünde an den Kindern. Eines Schulmeisters Leben, Sterben u. Fahrt in das Allherz. (374 S.) 8. Berlin 908. E. Fleischel & Co. 5.—; geb. 6. —

— neue Traktätchen. (Innere Mission. D. Schäfchen d. armen Mannes. D. Ironismus, e. Rezept.) M. e. Umschlagzeichng. v. W. Caspari. 2.—4. Aufl. 8. (155 S.) Ebd. 895. n. 2.50

Harland's neues Butterfaß im Vergleich mit d. Peßlerschen. Aus d. Engl. Mit 1 Kpf. 4. Leipz. (804.) Baumgärtner. 6 gr

Harland, H., Geschichte der Herrschaft und Stadt Blotho, nebst Chronik der Schule daselbst. Nach den Akten des luther. Pfarrarchivs zu Blotho u. anderen Quellen bearb. gr. 8. (IV, 426 S. mit dem Wappen, 1 Ansicht u. 1 Karte.) Blotho 888. Thorem & Sitte. n. 3. —; geb. n. 4. 50

Harland, H. L., Geschichte der Stadt Einbeck, nebst geschichtlichen Nachrichten über die Stadt und ehemalige Grafschaft Dassel, die um Einbeck liegenden Dörfer ꝛc. 1. Bd. 7 Hefte u. 2. Bd. 1—6. Heft. Einbeck 854—58. Ehlers in Comm. gr. 8. (1. Bd.: XVI, 440 S.; 2. Bd.: IV, S. 1—384. u. 1 Lithogr.) n. 2 $ $11\frac{3}{4}$ ngr
1. Bd. 1—7. Heft: à n. 5 ngr; 2. Bd. 1—5. Heft: à n. $5\frac{3}{4}$ ngr; 6.: n. 8 ngr

Harland, H. L., Geschichte der Stadt Einbeck, nebst geschichtlichen Nachrichten über die Stadt u. ehemalige Grafschaft Dassel, die um Einbeck liegenden Dörfer, Kirchen, Kapellen ꝛc. 2. Bd. 7. Heft. Einbeck 859. Ehlers in Comm. gr. 8. (S. 385—448. u. 2 lith. Taf.) n. 8 ngr

Harland, H. L., Geschichte der Stadt Einbeck von der ältesten Zeit bis zu Ende des Mittelalters, nebst geschichtl. Nachrichten über die ehemal. Grafen v. Dassel, v. Northeim, v. Catlenburg u. Einbeck. gr. 8. (XVI, 192 S.) Einbeck 881. Ehlers in Comm. n. 1. 50

—, Wedemeyer, Beckmann, Bruns, v. Hosen u. Ruhmann, Lieder für Volks-Schulen, gesammelt u. stufenmäßig geordnet. (Ebend.) 867. 8. (48 S.) n.n. $1\frac{1}{2}$ ngr

— topographisch-statistische und historische Nachrichten über das Königl. Schloß Rotenkirchen, die Burgen Grubenhagen und Salzderhelden, die Stadt Einbeck u. das ehemal. Fürstenthum Grubenhagen. Ebend. 853. gr. 8. (1 Bl., 46 S.) n. 5 ngr

Harland, H. L., u. W. Beckmann, kalligraphische Vorlege-Blätter. 1. Cursus für Unter- u. Mittel-Classen. Einbeck 867. (Ehlers.) 8. (16 lithogr. S.) cart. n.n. $1\frac{1}{2}$ ngr

Harland, H. L., u. W. Beckmann, kalligraphische Vorlegeblätter nach der amerikanischen Schnellschreibemethode. 2 Hefte. Einbeck 867. (Ehlers.) 4. Jedes Heft n. 5 ngr
1. Heft. Deutsche Currentschrift. (24 lith. S.)
2. „ Lateinische Schrift. (24 lith. S.)

Harland, Henry, s. a. Luska, Sidney.

— The royal end, s. a. Collection of British authors.

The royal End. A romance. By Henry **Harland**. Copyrighted. Leipzig: Tauchnitz 1909. 304 S. 8°
(Collection of British authors. Tauchnitz Ed. Vol. 4104.) [11. 8828

— eine erlauchte Frau (The lady paramount), s.: Engelhorn's allgemeine Roman-Bibliothek. 22. XXIV.

— The lady paramount, s.a Collection of British authors.

The Lady Paramount. By Henry **Harland**. Copyright ed. Leipzig: Tauchnitz 1903. 272 S. 8°
(Collection of British authors. Tauchnitz Ed. Vol. 3688.) [11. 8383

Harland, Henry, mein Freund Prospero, s.: Engelborn's allgemeine Roman-Bibliothek.

— My friend Prospero, s.a Collection of British authors.

My friend Prospero. By Henry **Harland**. Copyright ed. Leipzig: Tauchnitz 1904. 272 S. 8°
(Collection of British authors. Tauchnitz Ed. Vol. 3725.) [11. 8349

— des Kardinals Schnupftabaksdose, s.: Engelhorn's allgemeine Roman-Bibliothek. 21. XIX.

Harland, Henry, the cardinal's snuff-box, s.a Collection of British authors.

The Cardinal's Snuff-Box. By Henry **Harland**. Copyright ed. Leipzig: Tauchnitz 1903. 272 S. 8°
(Collection of British authors. Tauchnitz Ed. Vol. 3671.) [11. 8307

Harland, Marion, Moß-Side, s. Bibliothek, amerikanische.

Harland, Marion, the hidden path, s. Dürr's collection of standard american authors.

— der dunkle Pfad. Aus dem Engl. von A. Kretzschmar. 3 Thle. Leipzig 856. Einhorn. (Wien, Hartleben.) 8. (190; 195; 177 S.) 1 ℳ 12 ngr

— der verborgene Weg, s. Bibliothek, amerikanische.

Harlander, Edwin: Ueber tuberculöse Basilarmeningitis. Statistische Studie am Material des Kgl. pathol.-anatom. Institutes in München vom Jahre 1881—1895 incl. *München 1898: M. Ernst.* (40 S.) 8°
München, Med. Diss. v. 1898

Harlander, Otto Geo., Phantasien eines Einsamen. Märchen. (63 S.) gr. 8. München (906). O. Th. Scholl. n. 1. —

Harlander, Otto G[eorg]: Alfred de Vignys pessimistische Weltanschauung. Ein Beitr. z. Geschichte d. Romanticismus in Frankreich. München 1910: (Junge, Erlangen). VI, 89 S. 8°
München, Phil. Diss. v. 1. März 1910, Ref. Breymann, Schick
[Geb. 4. März 85 München; Wohnort: München; Staatsangeh.: Bayern; Vorbildung: Maximilians-Gymn. München Reife Juli 04; Studium: München 10 S.; Rig. 1. März 10.] [U 10. 3651

P. Harlander, Bienenbüchlein. Wohlmeinender Rath für Freunde der Bienenzucht. Regensburg 1859

P. Harlander, Obstbüchlein. Der kleine Obstbaumgärtner. Regensburg 1859

Harlas, Fritz: Die Kunstbestrebungen Kaiser Maximilians I. und seiner Zeit.
Prag, Phil. Diss. 1893/94

Harlay, de, et de Beaumont Catéchisme, ou abrégé de la foi. 18. Presb. Pluchart. 809.

Zum Andenken an August Ludwig **Reyscher**. Reden gehalten v. Helfer Härle. Lebens-Abriss. Cannstatt. (1880.) 8°.

Rede am Grabe des Fräulein Anna **Reyscher**. Gehalten v. Oberhelfer Härle. Cannstatt. (1882.) 8°.

Haerle, Carl, s. Haerle, Karl

Haerle, Conrad, s. Haerle, Konrad

Härle, Ernst Friedrich [aus Calw]: Ueber Purpura und ihr Verhältnis zum Skorbut ... Heidelberg, Univ.-Buchdr. v. J. Hörning, 1896; 32 S. 8.
Heidelberg, Med. Fak., Inaug.-Diss. v. [9. Dez.] 1896

Haerle, Franz Xaver [pr. Arzt aus Biberach]: Die bindegewebigen Neubildungen der Bauchdecken ... München, kgl. Hof- u. Univ.-Buchdr. v. Dr. C. Wolf & Sohn, 1895; 1 Bl., 36 S. 8.
München, Med. Fak., Inaug.-Diss. v. 1895

Härle, G. Die Kriegsereignisse 1693 in der Umgegend von Heilbronn. Heilbronn 1882. 8°.

Haerle, Karl

Haerle, Carl, Justizreferendär in Reutlingen: Der Heuervertrag der Schiffsmannschaft und der Schiffsoffiziere nach seiner privatrechtlichen Seite. Tübingen: J. C. B. Mohr 1905. (VII, 139 S.) 8°
Tübingen, Jur. Fak., Ref. Heck, Diss. v. 19. Dez. 1905
[Geb. 26. Aug. 79 Königseggwald, Württ.; Wohnort: Reutlingen; Staatsangeh.: Württemberg; Vorbildung: Realgymn. Ulm Reife M. 97; Ergänzungsprüfung Karlsgymn. Stuttgart Reife M. 01; Studium: Tübingen 3, Leipzig 3 S.; Coll.: Justizdienstprüfung.]

Haerle, Carl, der Heuervertrag der Schiffsmannschaft u. der Schiffsoffiziere nach seiner privatrechtlichen Seite. (VIII, 139 S.) Lex.-8. Tübingen 906. J. C. B. Mohr. n. 3. 60

Haerle, Konrad

Haerle, Conrad [aus Reutlingendorf]: Beitrag zur Histogenese des Rundzellensarcoms. . . . Würzburg, P. Scheiner's Buchdr., 1891; 23 S., 1 Bl. 8°
Würzburg, Med. Fak., Inaug. Diss. v. 1891

Härle, Sebast., kurze sonntägl. Christenlehrpredigten. 2 Thle. gr. 8. Wien 794. (anonym). 2e A. 799. Al. Doll. 1 ℳ 8 K

Härle, S., kurze sonntägl. Christenlehrpredigten. 2 Thle. gr. 8. Wien, Aloys. Doll (a. Liebeskind in Leipzig) (u. Kösel in Kempten) 796.

— s. Geschäfte d. Menschen.

— Predigten v. Geschäfte des Menschen n. Schönberg. 8. Kempten, Kösel. 798.

Harlekin, s.a. Arlekin

Harlekin, od. Vertheidigung d. Groteskkomischen. 8. Hamb. 761.

Harlekin oder Vertheidigung des Groteske-Komischen. Hannover 1761. Neue Ausg. Bremen 1777. V: *Möser, Justus.* (ML)

Harlekin, Friseur, oder die Zaubertrompete. Eine Pantomime in drei Aufz. 1778. V: *Lanz.* (MN)

Harlekin, Der, oder: Es hat alles in der Welt zwey Seiten. Eine Posse in einem Aufzug. Coburg 1801. V: *Facius, Johann Friedrich.* (MGT) (GGr)

Harlekin, der, oder es hat alles in der Welt zwei Seiten. Posse in 1 Aufz. (v. J. F. Facius). 8. Coburg 801. Sinner. 4 ggr

— Papa, König u. Söhnchen Harlekin. Aus d. Französ. d. Choiseul v. Großmann. 8. Hannov. 791. Ritscher. 4 ggr

HARLEKIN, Der lustige, erzeiget sich hier in Erzählung allerhand lustigen u. traurigen Geschichten, curieusen Historien u. artigen Schertz-Reden. O. O. 1729. 12°. 12 Bog. Sehr selten!

Harlekin u. Pierot. Ein neues Gesellschaftsspiel mit 32 Figuren, 30 rothen u. 30 schwarzen Nummerkarten. Französ. u. deutsch. Wien, Müller. 1 Rthlr 8 ggr

Harlekin, Der lustig singende, Oder Pickelhärings-Hochzeit. O. O. [1743]. V: **nicht:** *Reuter, Christian.* (Bolte, Singsp. d. engl. Komödianten. Leipzig 1893.)

Harlekin, der, aus dem Lande Ulond. Ein Drama in unbestimmten Acten. 1. Act in 4 Scenen. gr. 8. (14 S.) Bremen 850, Kaiser. n. 2 ngr — 2. Act: Harlekin's Triumph. gr. 8. (8 S.) Ebd. 850. n. 1 ngr

Harlekin's Reisen u. Abenteuer. 8. Hartmann, B. (a. Dreyssig in Halle.) 798.

Harlekins Reisen u. Abentheuer, (von Chr. A. Vulpius). 8. Halle 798. (Dreyssig). 20 ggr

Harlekin's Wiedergeburt, ein Spiel lustiger Intrigue, v. H. Schorch. 8. Erfurt, Hennings.

[Harlekin Stücke.] o. O. [um 1820].
29 + 29 + 32 + 32 S. 8°.
1. Arlequin protégé par la magie. Pantomime italienne.
2. La naissance d' Arlequin. pantomime en trois actes. entremêlée de ballets par Mr. Lauchery nebst dtsch. Übersetzung.

Harlem Post: 1895?--1906?
Independent weekly. Merged with Der Beobachter. Place of publication varies: Oak Park, Ill., 1895--1904. Circulation: 1900, 700; 1906, 1335; Edited & published by Frank Lehmann, 1895—1905; by Adolph Pässler, 1906. See *Scott*, who gives place as Harlem, Ill.
Chicago, IL

Härlemann, Karl, 1e u. 2e Reise durch einige Schwed. Provinzen. Mit Kpf. 8. Stockh. 754—64. (Brockhaus in Leipz.) (1r 6 ggr 2r 20 ggr) 16 ggr

Härlemann, K., Reisen d. einig. schwed. Provinz. 2 Thle. 8. Stockh. (Gleditsch in Lpz.) 754–64. (1r 6 gr. 2r 10 gr.)

Harlequin, Monsieur Le. Oder des Harlequins Hochzeit. In einem Singe-Spiele vorgestellet. Gedıuckt zu Haarburg im Hochzeit-Hause in diesem Jahr. [Budissin 1710.] V: ***Reuter, Christian.*** (BGE III², 87) (Zarncke: Christian Reuter. Leipzig 1884)

Harlequin, Monsieur Le, oder des Harlequins Hochzeit vorgestellet in einem Singe-Spiel, ganz neu gedruckt in diessem Jahr. Harlequins Kind-Betterin-Schmauss in einem Singe-Spiele vorgestellet. O. O [ca. 1720]. V: ***Reuter, Christian.*** (BGE III², 88) (Zarncke, Christian Reuter. Leipz. 1884)

HARLEQUIN, Der ungedultige, hernach aber mit Gewalt gedultig gemachte Hahnrey. O. O. 1743. Goedeke, 2. A., III. S. 373, 102 (nach Gottsched's Vorrath I, 317).

Harles, Christian Friedrich, s. Harless

Harles, Gottlieb Christoph (auch: Harles(s), Theophil Christoph)

— anthologia graeca poëtica. 8maj. Nürnb. 775. Felsecker. 16 ggr Editio nova, multo auctior et correctior. 8maj. Bayr. 792. (Grau in Hof). 20 ggr

Harles oder Harless, Gli. Cph., († d. 2. Nov. 1815.) anthologia graeca prosaica. 8. Nürnb. 781. Stein. 18 ggr

— anthologia latina poëtica. 8. Altenb. 774. (Hennings in Neisse). 14 ggr

Harless, Gottl. Christoph (Hrsg.), s. Anzeigen und Beurtheilungen akademischer und anderer kleinen Schriften.

– (Hrsg.), s. Aristophanes: Nubes. 1788.

– (Hrsg.), s. Aristophanes: Plutus. 1776.

– (Hrsg.), s. Aristoteles: De arte poetica. 1780.

– (Hrsg.), s. Aurelius Victor, Sextus: Historia Romana. 1787

Harles, Gottl. Christoph (Präs.), s. Besenbeck, Caspar Jacob: Aeschyli locorum quorundam interpretatio.

– (Hrsg.), s. Bion: Idyllia. 1780.

Harles, Progr. I-IV. Super Coluthi carmina. Erlang. 775-77. f.

– s. Cellarius, Christoph: Orthographia Latina.

— chrestomathia graeca poëtica, curavit et animadvers. illustr. 8. Coburg 768. Ahl. 18 ggr

Harlesii, T. C., Chrestomathia graeca poëtica. Acc. Aristophanis Plutus c. Bergleri et Dukeri notis. Coburg. 768. 8. 18 gr. Ib. 780. 8.

Harlesii, Chrestomathia latina poëtica. C. notis. Altenb. 770. 8. Ib. 774. 8. 14 gr.

— — latina poetica. 8. Altenb. (Accad. Bhdl. in Iena) 770.

— chrestomathia latina poëtica animadvers. illustrata. 8. Altenb. 770. (Hennings in Neisse). 14 ggr

– (Hrsg.), s. Cicero, Marcus Tullius: Orationes Verrinae [Actiones in Verrem]. 1784–85.

– (Hrsg.), s. C i c e r o , Marcus Tullius: Epistolae. 1779.

– (Hrsg.), s. C i c e r o , Marcus Tullius: De oratore. 1776.

— — **Thomae T y r w h i t t i conjecturae in Strabonem typis repetendas curavit et praefatus. Erlangen (Johann Jacob Palm) 1788. VIII, 70 S. (6.50)** **13138**
Gew.: Georg Jubb.

– (Hrsg.), s. C o r n e l i u s Nepos: Vitae excellentium imperatorum. 1806.

– (Hrsg.), s. D a w e s , Richard: Miscellanea critica.

Harles, Theophil Christoph (Präs.), s. D e g e n , Joh. Friedrich: Specimen urbanitatis Horatianae.

– (Hrsg.), s. D e m o s t h e n e s : Oratio de corona.

– (Hrsg.), s. E u t r o p i u s , Flavius: Breviarium historiae Romanae. 1778.

– (Hrsg.), s. F a b r i c i u s , Johann Albert: Bibliotheca Graeca.

— **Gedanken von den Realschulen, 8. Brem. 766. Müller. 5 gr.**

– (Hrsg.), s. G e s n e r , Andr. Sam.: Selectae exercitationes ...

– (Hrsg.), s. H i m e r i u s : Oratio.

Harles, T. C., De interpretatione Homeri. Pr. 1770. 16 S. 4°.

H a r l e s , T. C., Progr. I. II. de interpretatione loci cujusd. difficilioris in Aristotelis arte poetica. Erlang. 779. 80. f.

— **introductio in historiam linguae graecae. 8maj. Altenb. 778. Editio altera emendat. et auct. II Tom. ibid. 792. (Schnuphase; a. Weigel in Leipz.) 4 Rthl.**

H a r l e s i i , G. C., Introductio in historiam linguae Graecae. Ed. nova. Altenb. 793-95. 2 Vol. 3 P. 8. 3 rthl. 8 gr. Supplem. Ib. 804. 806. 2 Vol. 8. 3rthl. 4gr. (Vol. II. 1rthl 16gr.)

— **supplementa ad introductionem in histor. ling. graecae. II Tom. 8maj. Altenb. 804, 6. (Weigel in Lpz.) 3 Rthl. 4 gr.**

— **introductio in hist. linguae latinae. 8. Brem. 764. Ed. II. ibid. 772. Leipz. 789. Mit n. Titel. 8. Altenb. 794. (Henningsin Neisse). 10 gr.**

— **introductio in notitiam literaturae Romanae, imprimis scriptorum latinorum. Prs I. et II. 8maj. Leipz. 781. Mit n. Titelblatt 794. Barth. 2 Rthl.**

– (Hrsg.), s. J u l i a n u s Apostata: Caesares.

— — **Laudationem funebrem honori et memoriae regis dum viveret potent. ac sereniss. domini Frider. Guilelmi II regis Borussorum electoris Brandenburgici . . Erlang. (Kunstmann) 31. I. 1798. 6 Bl. (5.—)** **13139**
Hdschr. Widm. d. Verfassers.

– (Hrsg.), s. M a r t i n i , Georg Heinrich: Akademische Vorlesungen.

— **memoria Jo. Paul. Reinhard. 4. Erlang. 779. (Heyder). 3 gr.**

— — **Memoriam Joachim. Ehrenfried Pfeifferi dum viveret. Erlang. (Ellrodt) 18. XII. 1787. 23 S. m. genealog. Biogr. P.'s. (M.: A. A. Barnstorf). (7.—)** **13137**

— **krit. Nachrr. von kleinen theolog., philosoph., histor. u. philolog. Schriften. 1r Bd., 1s, 2s Stück. 8. Nürnb. 782. Schmidmer. 12 gr. 1r Bd., 3s u. 4s, u. 2n Bds 1s u. 2s Stck. (à 10 gr.) 3s u. 4s Stck. (à 8 gr.) 8. Hof 783—85. Grau. 2 Rthl. 4 gr. Fortsetzung derselben. 2 Bde. 8. Halle 785 u. 86. Hendel. 1 Rthl. 12 gr.**

Harles, Th. Chr., de nominibus Graccorum. Jenae 763. 8. 5 gr.

— de n o m i n i b u s Graecorum. 8. Ienae, Melchior. 783.

— **brevior notitia literaturae graecae, inprimis scriptorum graec., ordini temporis adcommodata, in us. studiosae juventutis. 8. Leipz. 812. Weidmann. 2 Rthl. Schrbp. 2 Rthl. 12 gr.**

Harless, Theoph. Chrstph., brevior. notitiam litteraturae graecae in primis scriptor. Graecor., ordine temporis adcomm. in us. scholar. adornavit Sam. Frider. Guil. Hoffmann. — Additamenta. 8. (15 B.) Lipsiae 829, Weidmann. 18 Gr., Schrbp.
Das Hauptwerk Ebendas. 1812. 2 Thlr., Schrbp. 2 Thlr. 12 Gr.

— **brevior notitia literaturae Romanae, imprimis script. latinor., ordini temporis adcommodata, in usum scholarum. 8. Leipz. 789. Weidmann. 1 Rthl. 8 gr. Schrbp. 1 Rthl. 20 gr. id. liber in us. scholarum conscripta. 8. ibid. 803. 1 Rthl. Additamenta ad breviorem notit. literat. Romanae. Auct. C. F. H. Klügling. In usum schol. 8. ibid. 819. 9 gr. Schrbp. 12 gr. Additamenta ad brevior. notit. literat. Rom. in us. schol. adornavit S. F. W. Hoffmann. 8. ibid. 829. 18 gr.**

— **supplementa ad brevior. notit. literaturae Rom. II Pts. 8. Leipz. 799, 801. Weidmann. 2 Rthl. 20 gr. Schrbp. 3 Rthl. 20 gr. Prs III. cont. C. F. H. Klügling. 8maj. ibid. 817. 1 Rthl. 4 gr. Schrbp. 1 Rthl. 8 gr.**

H a r l e s i i , Prolus. Num a Phaedri fabulis primordia latinae linguae sint capienda. Culmb. 754. 4.

H a r l e s i i , T. C., Specimen observationum in Xenophontis Cyropaediam. Jen. 761. 4.

Harles, T. C., Observationes in Eudociae Violarium. Progr. Erlang. 785. f.

Harles, Theophil (Gottlieb) Christoph (Culmbach), De praeconum apud Graecos officiis diatribe. Viro Johann Christoph Silchmüller (Culmbach) de nuptiis mense maio 1760 Culmbaci celebr. gratul. Jena (Schill). 16 S. (5.50) 13133

— **opuscula varii argumenti. Accedunt spec. thesauri epistol. Schwarziani et alia. 8maj. Halle 773. Gebauer. 1 Rthl. 6 gr.**

— — u. **Johann Vollrath Keysler** (Thurnau), **De originatione vocabuli Nurenberg disquisitio problematica. Erlang. (Walther) 7. VII. 1764. 12 S. (6.—)** **13135**

– (Hrsg.), s. O v i d i u s Naso, Publius: Tristia. 1772.

– (Hrsg.), s. P e r i z o n i u s , Jak.: Animadversiones historicae.

— de praeconibus apud Graecos diatribe. Jenae 760. 4. (16 Seiten).

– (Hrsg.), s. Q u i n t i l i a n u s , M. Fabius: Institutiones oratoriae. 1773.

– (Hrsg.), s. R e i n h a r d , J. P.: Geschichte der Beredsamkeit.

– (Vorr.), s. S a l l u s t i u s Crispus, Caius: Bellum Catilinarium atque Iugurthinum. 1778.

— — De sapientia in verbis quam armis prius quaerenda ad illustrandum et vindicandum Terentii locum in eunucho IIII sc. VII v. 19. Comment. crit. qua societatis latinae mandatu viri Johann Adam Emmrich (Salzungen) abitum ex alma hac musarum sede faustum et felicem esse jubet. Jena (Schill) März 1761. 16 S. (2.50) 13134

– (Hrsg.), s. S c h w a r z , Chr. Gottlieb: Opuscula quaedam academica.

– (Hrsg.), s. S n e l l , Karl Ph. Michael: Chrestomathia oeconomica.

— — Ad orationem pro capessendo munere invitat idemque de Mercurii statuis ante aedes januasque apud Graecos positis disputat. Erlang. (Wolfgang Walther) 3. V. 1765. 16 S. (5.50) 13136

– (Hrsg.), s. S u c r o , Christoph Josef: Kleine deutsche Schriften.

– (Hrsg.), s. T h e o c r i t u s : Reliquiae. 1780.

– (Hrsg.), s. T y r w h i t t , Thomas

— Uebersichten d. altgriech. u. röm. Literaturgeschichte, zunächst f. Fuldische Gymnasiasten u. Lyceisten v. ihrem S. Fr. C. Petri. 8. Schmalkalden 822. Varnhagen. 2 gr

– (Hrsg.), s. V a l e r i u s Flaccus, C.: Argonautica.

— Vita. Ed. C. F. Harlesius. Erlang. 818. 4. 9 gr.

— vitae philologorum. IV Voll. 8. Bremen 764—72. Müller. 1 rthl 8 gr

H a r l e s i i , G. C., Vitae philologor. nostra aetate clarissimorum. Brem. 770-78. 4 Vol. 8. 1 rthl. 8 gr.

H a r l e s , J. C. F., Comparatio chori Euripidis cum Senecae choro in utriusq. Hippolyto. Erlang. 791. 8.

Harleß' Lebensbild, s.: S t ä h l i n , A. v.

Harleß, A. v., Erinnerungsblatt an denselben, s.: Raumer, K. v.

Harleß, Christian Friedrich, weil. Königl. Preuß. Geh. Hofrath u. ord. Prof. d. Med. an d. Rhein. Fr.-Wilh.-Universität zu Bonn. Eine biograph. Skizze. Mit einem Nachwort von H. A l b e r s u. einem bibliograph. Anhang. Berlin 857. Rauh. 8. (51 S.) n. 10 ngr

Harleß (Mitarb.), s. A b h a n d l u n g e n a.d. Gebiete d. Jugenderziehung.

Harless, A. von, s. H a r l e s s , Gottlieb Christoph Adolph von

Harless, Christian Friedrich

Harles, Chr. Fr.: Dem hochwürd. Meister v. Stuhle Chr. Fr. Harles am Tage seiner Verbindung mit Chr. Saalmüller v. s. Brüdern d. Loge Libanon z. d. 3 Cedern. Erlangen 1807. 4 S. 8°. Zit. in Antiquariatskatal. der Fa. K. F. Koehler, Leipzig. 1924. H. 292.

Harles, Chr. Fr., gab auch heraus: Abhandl. d. physikal.-medicin. Societät zu Erlangen.

— **Christian Friedrich** (Bonn), Die Amsactus-Quelle im alten Samniterland; nebst einigen ähnlichen Geister-Quellen und Orakel-Hölen im Alterthum. — Eine kleine Freundesgabe, seinem lieben Jugendfreund, dem Herrn Hofrath, Leibarzt u. Kreisphysicus zu Berleburg, Dr. Ludwig Heinrich Otto Winckel, zur Feier seines funfzigjährigen Doctor-Jubiläums am 18. III. 1844 dargebracht. Bonn (Carl Georgi) 11. S. (5.50) 13141

Chr. Frid. H a r l e s diss. analecta de dysenteria et inprimis eius therapia in antiquitatibus. Erlang. 1801. 8. — *Redit in* Ejusd. Opp. minora acad. Lips. 1815. 8.

— analecta hist. critica de A r c h i g e n e medico et de Apollonii medicis, eorumque scriptis et fragmentis. 4maj. Bamb. Kunz. 816

Harless, Chr. Fr., A n a l e c t a historico-critica de Archigene etc. 4. 1816. Jetzt Dresch in Bamberg. 1/3 rthl

Chr. F. H a r l e s s analecta historico-critica de Archigene medico et de Apolloniis medicis eorumque scriptis et fragmentis. Accedit Apollonii Erasistratei de scarificatione fragmentum graecum. Lips. 1816. 4.

Harles oder Harless, (Jh.) Chr. Fr., Analecta historico-critica de Archigene Medico et Apollonio Medico eorumque scriptis et fragmentis. Accedit Apollonii Erasistrati de scarificatione fragmentum Graecum. 4maj. Erlang. u. Bamb. 818. Kunz. 8 gr Schrbp. 10 gr

H a r l e s , C. F., Annalen d. Chirurgie, s. Journal.

— s. A n n a l e n d. neuesten engl. u. französ. Chirurgie.

Harless, (Johann) Christian Friedrich (Hrsg.)

s.: Annalen, Heidelberger klinische. Bd 1-9, Suppl. 4.

JB 6.072

Harleß, Chr. Fr., Annalen der englischen, franz., ital., span. u. holländischen Medicin u. Chirurgie, s. Journal, neues, d. ausländischen medicinisch-chirurgischen Literatur.

Harles oder Harleß, (Jh.) Chr. Fr., d. Bad zu Bertrich im Großherzogth. Niederrhein, nach seinen physikal.-chem. Verhältnissen u. nach seinen Heilkräften beschrieben. Mit 2 Abbildd. gr. 12. Coblenz 827. Hölscher. 1 rthl 20 gr

CHRISTIAN FRIEDRICH HARLES, Ueber die Behandlung der Hundswuth und insbesondere über die Wirksamkeit der Datura Strammonium gegen dieselbe. Eine Abhandlung. Frankfurt am Main 1809. Bei Friedrich Wilmans. A. u. d. T.: CHRISTIAN FRIEDRICH HARLES, Ueber die Behandlung der Hundswuth und insbesondere über die Wirksamkeit der Datura Strammonium gegen dieselbe. Eine Einladungsschrift zur öffentlichen Jahres-Sitzung der Physikalisch-Medizinischen Societät zu Erlangen. Am 22. des Junius 1809. ib. 1809. — 4°.

— über d. Behandlung d. Hundswuth u. insbesondere d. Datura strammonium gegen dieselbe. gr. 4. Frankf. a. M. 809. Fr. Wilmans. 18 gr

Harless, Chr. Fr., ein Beitrag z. Bildungsgeschichte der mineralischen Wasser im Allgem. u. der muriatischen Wasser insbesondere. Mit Ansichten u. Bemerkungen üb. die muthmaasl. Verhältnisse der Salzbildung überhaupt. gr. 8. (4 B.) Bonn 845. [Cramer u. Comp.]

Harleß, Chr. Fr., ein Beitrag zur Bildungsgeschichte der mineralischen Wasser im Allgemeinen, u. der muriatischen Wasser insbesondere. Mit Ansichten u. Bemerkungen über die muthmaßlichen Verhältnisse der Salzbildung überhaupt. gr. 8. Bonn 845, Enke. 1/4 rthl

— Beyträge z. Kritik d. gegenw. Zustandes d. theoretischen Arzneywissenschaft rc. 18 gr. 8. Altenb. (Acad. Hdl. in Jena) 797.

— Beitrr. zur Kritik d. gegenwärt. Zustandes d. theoret. Arzneiwissenschaft rc. 18 Stück. gr. 8. Altenb. 797. (Hennings in Neisse). 12 gr

Harles, Chr. Fr., Bemerkungen üb. einige d. wichtigsten Entzündungen d. Brust u. Unterleibsorgane im Kindeskörper. 4. Leipz. Reclam. 811.

— einige prakt. Bemerkk. über innere Entzündungen bei Kindern, gr. 4. Nürnb. 811. Felssecker. 16 gr

— d. gerechten Besorgnisse u. d. gegründ. Vorkehrr. gegen d. gelbe Fieber rc. gr. 8. Sulzb. 805. v. Seidel. 1 rthl 16 gr (A. u. d. T.: Untersuch. über d. Natur, Entstehung u. Ansteckungskraft d. gelben Fiebers).

– s. Bibliothek der neuesten und interessantesten Reisebeschreibungen. Bd 12.

Harleß, Chr. Fr., Deutsche Bundes-Kriegshäfen als Bedürfniß f. eine deutsche Kriegsmarine. Eine Denkschrift, sachkundigen deutschen Männern zur Prüfung vorgelegt. gr. 8. (VIII u. 63 S.) Bonn 848. (Wittmann.) n. 1/3 rthl

Solemnia natalitia ... Friderici Wilhelmi III d. III Aug. 1833 ... ab universitate Fridericia Wilhelmia Rhenana ... celebranda ... indicit Dr. Christianus Fridericus **Harless**, ord. med. h. t. decanus. — Praemittitur Servilii Damocratis Carminum Medicinalium Pars I [*un.*], graece et latine, cum Prolegomenis. Bonnae, typ. C. Georgii (1833). 1 Bl., 38, 41–46 S. 4. ¶ Erschien gleichzeitig selbständig in Komm. bei Habicht in Bonn *u. d. T.*: S. D. quae supersunt Carmina med. Gr. et lat. Primum coll. et seorsim ed. cum prol. C. F. Harless Part. I.

Enth. zugleich d. **Preisaufgaben** f. d. J. 1833–34 und in einem später ausgegebenen Anhang (mit falscher Zählung S. 41–46; [*Kopft.*] Iudicia quinque ordinum ... de certaminis litt. eventu a. 1833 ...) d. **Ergebnisse d. Preisbewerbung** d. J. 1832–33

— Servilii Damocratis quae supersunt Carmina medicinalia. Graece et latine. Primum collegit et seorsim edidit cum prolegomenis. 4maj. Bonn 834. Habicht. 1/2 rthl

— d. Indische Cholera nach allen ihren Beziehungen, geschichtl., patholog.-diagnostisch, therapeut. u. als Gegenstand d. Staats- u. Sanitäts-Polizei dargestellt. 2 Abtheill. in 3 Heften. gr. 8. Braunschw. 831, Vieweg. 3 rthl 16 gr

Christian Friedrich Harless

De neuralgiae facialis Curationibus variis et notabilioribus. [Resp.:] Laurentius Mar(ia) Josephus Farina. Bonnae (1823:) Thormann. 52 S. 8°

Bonn, Med. Diss. v. 20. März 1823

Harless, (Johann) Christian Friedrich: Über die Entzündung des Rückenmarks. Nürnberg: 1814

s.a. Brera, Valeriano Luigi: Über die Entzündung des Rückenmarks. (Della Rachialgite, cenni patologici. Dt.)

JB 4.502

Harles, Chr. Fr., u. V. L. Brera, üb. die Entzündung des Rückenmarks. gr. 8. Nürnb. Schrag. 814.

— nöthig gewordene Erklärung an d. Publikum über mein Verhältniß zum hiesigen klinischen Institute. 8. Erlang. 816.

— die Errichtung einer allgemein. deutschen Nationalpharmacopoe nach ihrem Bedürfniß, ihrer Wichtigkeit u. ihren Vortheilen, von Neuem in Anregung gebracht und weiter ausgeführt. Mit 1 Tab. gr. 8. Bonn 834. (Habicht.) 1 rthl

Oratio academica quam natalibus ... Friderici Guilelmi III pie celebrandis auctoritate Reg. universitatis litt. Borussicae Rhenanae d. III Aug. 1822 ... habuit Christianus Fridericus **Harless** ... [De fontibus rationibusque temporum praeteritorum laudationis]. Bonnae, litt. C. F. Thormanni (1822). 20 S., 2 Bl. 4.

Enth. zugleich d. **Ergebnisse d. Preisbewerbung** d. J. 1821–22, jedoch ohne begründende Urteile, für die auf das nächste Jahr verwiesen wird

Christianus Fridericus Harless: Oratio academica quam natalibus... [Geburtstagsrede auf Fridericus Guilelmus III. Rex Borussiae, vielm. Friedrich Wilhelm III. König von Preussen, 1770–1840, 3. Aug. 1822]. - Bonnae (1822): Thormann. 20 S. 8°

Harless, (Johann) Christian Friederich: Ueber die Gefahr der Ausbreitung des gelben Fiebers in Europa, und über die kräftigsten und zuverlässigsten Schutzmittel dagegen. 204 S., gbd.

Nürnberg u. Sulzbach: Seidel 1804

JB 5.111

Harless, (Johann) Christ(ian) Friedr(ich): Ueber die Gefahr der Ausbreitung des gelben Fiebers in Europa, und über die kräftigsten und zuverlässigsten Schutzmittel dagegen. Der allgemeinen Beherzigung übergeben. 156 S., gbd.

Nürnberg u. Sulzbach: 1805

JB 5.112

Der Geist und das Wirken des ächten Freimaurer-Vereins. Ein Wort der Wahrheit für erleuchtete u. menschenfreundliche Fürsten und Regierungen, zur Widerlegung der neuerlichst gegen diese Gesellschaft öffentlich ausgesprochenen Beschuldigungen. [Von Harles.] Germanien [Bamberg: Kunz] 1815. 109 S. 8°
Recens: Neues JfFr. 1812—1820 S. 277—284.
cf. EzJALZ. 1818 Nr 94.
Kl. 585. 3533, Tt. 1586.

Die vorzüglicheren salinischen und eisenhaltigen Gesundbrunnen im Grossherzogthum Niederrhein, insbes. die Mineralquellen zu Roisdorf, Heppingen, Tönnestein, Heilbrunnen u. zu Godesberg. Nebst e. Ueberblick über die...Mineralquellen in der Eifel, sodann am rechten Ufer des Mittelrheins u. auf dem Hundsrücken. ...dargest. von Chr[istian] Friedr[ich] Harless. Hamm: Wundermann 1826. XXVI, 176 S. 8°

– s. H a l l e r , A. von: Grundriß der Physiologie.

Harless, (Johann) Christian Friedrich: Handbuch der ärztlichen Klinik. Bd 1: Grundzüge der allgemeinen Krankheitslehre mit den Elementen der allgemeinen Biologie und der Physiologie des Menschen insbesondere. Bd 2-3/1 Neues praktisches System der speciellen Nosologie. Bd 1 - 3/1, gbd.

Bd 1: Leipzig: Weidmann 1817
Bd 2-3/1: Coblenz: Hölscher 1824 - 1826

JB 2.420

— die sämmtl. bisher in Gebrauch gekommenen Heilquellen u. Kurbäder des südl. u. mittl. Europa's, West-Asien's u. Nord-Afrika's, in alter u. neuster Zeit. In 2 Bdn. 1. Bds. 1. Abthl. A. u. d. T.: Die Heilquellen u. Kurbäder Griechenlands u. seiner Inseln, der Europ. Türkei, West-Asiens, sammt d. Kaukasus, Palästina's, Arabiens u. Nord-Afrika's. Mit einer besond. Einleitung. gr. 8. Berlin 846, Nauck u. Comp. n. 1 3/4 ₰

— die sämmtl. bisher in Gebrauch gekommenen Heilquellen u. Kurbäder des südl. u. mittleren Europa's, West-Asiens u. Nord-Afrika's, in alter u. neuester Zeit. 1. Bd. 2. Abthlg. A. u. d. T.: Die Heilquellen u. Kurbäder Italien's, vollständig in ihren histor., topograph., physisch-chem. u. therapeut. Beziehungen dargestellt. gr. 8. (XVI u. 645 S.) Berlin 848, Nauck & Co. 3 1/2 ₰ (I. 1. 2.: 5 1/4 ₰)

— — historiae neurologiae veterum speciminis secundi pars prior. Erlang. 1796. 8.

Harles, Jo. Chr. Fr., resp. G. Schneider, Hist. neurologicae veterum speciminis secundi Sectio 1. 2. 103 pp. Erl. 4°.
1796

Jo. Chr. F. Harles diss. inaug. exhibens historiam physiologiae sanguinis antiquissimae. Erlang. 1794. 8. — *German. ab auctore recognita:* Versuch einer Geschichte der Physiologie des Blutes im Alterthume *in* Sprengelii Beiträgen zur Geschichte d. Medicin, 3. Stück. 1796. S. 151—264.

Harless, (Johann) Christian Friedrich (Hrsg.):

s.a. Jahrbücher der teutschen Medicin und Chirurgie. Bd 1-3. Nürnberg: 1813

JB 6.062

— Jahrbücher d. deutschen Medicin u. Chirurgie, mit Zusätzen des Neuesten u. Besten aus der ausländ. medicinischen Literatur. 3 Bde. m. K. gr. 8. Nürnb. Schrag. 813. Rthlr.

— neue, od. rhein. Jahrbücher d. deutschen Medizin IV. 1s 2s Stck. V. 1s—3s. VI. 1s—3s u. VII. 1s—3s Stck. gr. 8. Elberfeld 821—24, Schönian. (IV. 1s 2s 2 Rthlr., V. VI. VII. 1—3s à 2 Rthlr. 12 gr.)

— dass. VIII. 1s—3s u. IX. 1s—3s Stck. A. u. d. T.: Rheinwestphälische Jahrb. 1r u. 2r Bd. gr. 8. Hamm 824—26, Wundermann. 8r Bd. 2 Rthlr. 21 gr. 9r Bd. 2 Rthlr. 16 gr.

— zu Obigem: zweiter Supplementband. gr. 8. Hamm 827, Wundermann.

— — rheinische Jahrbücher der Medicin und Chirurgie, mit Zugabe des Neuesten und Wissenswürdigsten aus der med. chirurg. Literatur des Auslandes. 1r Bd. 1s und 2s Heft. gr. 8. Bonn, Marcus. 818 u. 819.
Auch unter dem Titel:
Neue Jahrbücher.

— — 2n Bandes 1s 2s und 3n Bds. 1s u. 2s Stück. 8. Bonn, Büschler. 820 u. 821. à 1 Rthlr.
Auch unter dem Titel:
Neue Jahrbücher der deutschen Medicin und Chirurgie.

– s. J o u r n a l der praktischen Arzneikunde.

Harless, (Johann) Ch(ristian) Fr(iedrich) (Hrsg.):

s.: Journal, Neues, der ausländischen medizinisch-chirurgischen Literatur. Bd 4-10 Nürnberg, Sulzbach, Erlangen: 1805-1810

JB 6.057

—— die edelsten Juwelen in der Fürsten-Krone. Eine akadem. Rede gehalten zu Bonn am 15. Octbr. 1840. Aus der latein. Urschrift von d. Verf. selbst frei übersetzt. gr. 8. (3 B.) Bonn 843. (Habicht.)

Harless, (Johann) Christ(ian) Friedr(ich): Über die Krankheiten des Pankreas, mit besonderer Berücksichtigung der Phthisis pancreatica und miteinleitenden Bemerkungen über die Schwindsuchten überhaupt. 78 S., gbd.

Nürnberg: Schrag 1812

JB 2.547

Harles, Chr. Friedr., Lehrbuch der speciellen Heilkunde. Zum Behuf des akademischen Unterrichts, in 2 Bänden. 1n Bds. 1r Thl. gr. 8. Leipzig, Weidmann. 816. Druckp.

Harless, (Joh.) Christn. Friedr., die Litteratur d. ersten hundert Jahre nach d. Erfind. d. Typographie, in d. meisten Hauptfächern d. Wissenschaften, mit besond. Rücksicht auf klass. Philol., Gesch. u. Chronik, Erd- u. Länderkunde, Reisen, Naturgesch., Medicin u. ihre Zweige, Dichtkunst u. Romantik. Ein Beitr. z. Gesch. dieser Wissenschaften im Mittelalter u. seinem Uebergange z. neuern Zeit. gr. 8. (19⅛ B.) Leipzig 840, Fest'sche Vrlsbuchh.

Natalem ... Friderici Guilelmi III d. III Aug. a. 1828 a regia litt. universitate Fridericia Guilelmia Rhenana ... celebrandum ... indicit Dr. Christianus Fridericus **Harless** ... ord. med. h. a. decanus. — Praemittitur Medicorum veterum Asclepiades dictorum lustratio historica et critica. Bonnae, typ. Thormannianis (1828). 38 S. 4.

Enth. zugleich d. Ergebnisse d. Preisbewerbung d. J. 1826—27 und d. Preisaufgaben f. d. J. 1828—29

— das Mineralwasser von Geilnau an der Lahn, nach seinen Eigenschaften u. Heilkräften dargestellt. gr. 12. Bonn 834. Marcus. ⅓ ₰

Oratio academica ad celebranda solemnia natalitia ... Friderici Wilhelmi IV ... d. XV m. Oct. a. 1845 auctoritate et nomine reg. litt. universitatis Fridericiae Wilhelmiae Rhenanae ... recitata a D. Christiano Friderico **Harless** ... ord. med. seniore [De naturae muneribus, quibus terrae Rhenanae confinesque Westphalicae insigniuntur]. Bonnae, typ. C. Georgii 1845. 17 S. 4.

Harless, (Johann) Christian Friedrich: Opera minora academica medici, physiologici et antiquarii argumenti conscripta. Tom.1, 406 S., gbd.

Lipsiae: Weidmann 1815

JB 2.419

Harless, Chr. Fried., Oratio panegyrica in memoriam magni nostri Lutheri et in laudem bonorum quae ex reformatione sacrorum in litterarum campum in universum et speciatim in philosophiam atque physicen redundaverint. Erlang. (Kunstmann) 3. XI. 1817. 48 S. (6.—) 13140

Jo. Chr. F. Harles neurologiae primordia. Erlang. 1795. 8.

— nevrologiae primordia, comment. anat. hist. I. et II. 8maj. Erlang. 797. Walther. 14 gr

— guter Rath f. das zuträglichste Verhalten der Gesunden zur Zeit der herrschenden od. nahenden Cholera. Zunächst zur Beherzigung f. seine Mitbürger u. Landsleute am Rhein. gr. 8. (23 S.) Coblenz 849, Hergt. 1/12 ₰

Christ(ianus) Friedericus Harless: De Ratione tam asphyxiae quam mortis animantium in aqua submersorum, experimentis illustr. [Resp.:] Fridericus Gerecke. Bonnae (1820:) Kupferberg. 22 S. 4

Bonn. Med. Diss. v. 21. März 1820

Der Republicanismus [Republikanismus] in der Naturwissenschaft und Medicin, auf der Basis und unter der Aegide des Eclecticismus. Worte für unsere Zeit ... Chr[istian] Fr[iedrich] Harless. Bonn: Marcus 1819. 86 S. 8

— s. Scarpa, Antonio: Über Pulsadergeschwülste.

Harless, (Johann Christian Friedrich) (Hrsg.):

s.: Schönberg, J(oergen) J(ohan) A(lbrecht von): Über die Pest zu Noja, in den Jahren 1815 und 1816. Aus officiellen Berichten und aus Beobachtungen von Augenzeugen. (Over Pesten i Noja 1815 og 1816. Dt.) Nürnberg: 1818

JB 5.027

— u. G. Bischoff, d. Stahlquellen zu Lambscheid im Bezirk Coblenz, nach ihren physikal.-chemischen Eigenschaften 2c. 8. Bonn 827. (Weise in Elberf.) 10 gr

— s. Sue, J. J.: Physiologische Untersuchungen ...

Harless, (Johann) Chr(istian) Fr(iedrich): Die Tabaks- und die Essig-Fabrikation, zwei wichtige Gegenstände der Sanitätspolizei. Zur Beherzigung zunächst für Sanitäts- und Polizei-Magistrate, so wie auch für das consumirende Publicum. 124 S., gbd.

Nürnberg: Riegel & Wiesner 1812

JB 5.781

Neue Untersuchungen über das Fieber überhaupt, und über die Typhusfieber insbes. Mit vorzüglicher Rücks. auf Begründung e. richtigern Heilart der letzteren. Von Christian Friedrich Harles [Harless] Leipzig: Hartknoch 1803. X,541 S. 8

— neueste Unters. üb. d. Fieber überhaupt, u. d. Nerven u. Faulfieber insbesondere 2c. gr. 8. Ebend. 802.

— de arsenici usu in medicina. 8. Nürnb. 811. Schrag. 1 ₰ 12 gr

— d. Verdienste d. Frauen um Naturwissenschaft u. Heilkunde. Mit Abbildd. gr. 8. Götting. 820. Vandenhöck u. R. 2 ₰ 8 gr

Harless, Christian Friedrich: Die Verdienste der Frauen um Naturwissenschaft, Gesundheits- u. Heilkunde, so wie auch um Länder-, Völker- u. Menschenkunde v. d. ältesten Zeit bis auf d. neueste. Ein Beitrag z. Gesch. geistiger Cultur u. d. Natur- u. Heilkunde insbesondere. M. Abb. — Göttingen: Van den Hoek, Ruprecht 1830. XVI,295,83 S. 8°

Akademische Rede zur Feier des Geburtsfestes ... Friedrich Wilhelm's des Dritten von Preussen, Stifters der Rheinischen Friedrich-Wilhelms-Universität, im Namen Derselben am 3. Aug. 1847 gehalten von ... Dr. Christian Friedrich **Harless**, d. med. Fac. Senior [Über die Verdienste des verewigten Monarchen]. Bonn, gedr. bei C. Georgi 1847. 25 S. 4.

Harles, C. F., Versuch e. vollständigen Geschichte der Hirn- u. Nervenlehre. Frkf. a. M. 1791. 1800. 8°.

— Vers. e. vollst. Gesch. d. Hirn- u. Nervenlehre im Alterth. 1r Thl. gr. 8. Erlang. Gredy u. Br. 801.

Schreibr.

— Versuch e. vollständ. Geschichte d. Hirn- u. Nervenlehre im Alterthume. 1r Thl. gr. 8. Erlang. 801. (Heyder). 1 Thlr

Harless, (Johann) Christian Friedrich: Versuch einer vollständigen Geschichte der Hirn- und Nervenlehre im Alterthume. Th.1, 248 S., gbd.

Erlangen: Schubart 1801

JB 4.490

Christ[ian] Friedr[ich] Harless: De salutari Vi quarundam regionum ad Rhenum inferiores sitarum, phthisin, e tuberculis pulmonum oriundam, praecavendi et coercendi. [Resp.:] Christ(ianus) Fried(ericus) Heydrich. Bonnae (1825:) Thormann. 35 S. 4°

Bonn, Med. Diss. v. 9. März 1825

Oratio academica ad celebranda solemnia natalitia ... Friderici Wilhelmi IV ... d. XV m. Oct. a. 1840 auctoritate et nomine reg. litt. universitatis Fridericiae Wilhelmiae Rhenanae ... recitata a D. Christiano Friderico Harless ... [De iis principum virtutibus, quae omnium maxime faciant ad imperii gratiam, regni et populorum felicitatem nominisque benedictam et immortalem memoriam condendam]. Bonnae, typ. C. Georgii 1840. 18 S., 1 Bl. 4. ¶ Erschien 1843 bei Habicht in Bonn, vom Verf. frei ins Deutsche übers. *u. d. T.:* Die edelsten Juwelen in der Fürsten-Krone.

Harless, C. F., Vita G. Chr. Harless. 1817. 26 S. 4°. —.75

— vita viri dum viveret amplissimi Theoph. C. Harles. 4maj. Erlang. 818 (Nürnb., Riegel u. W.) 9 gr

— Vorschlag u. Aufforderung an d. Medicinalbehörden u. Aerzte Deutschlands zu Gründung u. Einführung e. allgem. deutschen National-Pharmakopöe. 8. Bamb. 816 Kunz. 14 gr Schrbp. 18 gr

— Vorschlag und Aufforderung an die Medicinalbehörden u. Aerzte Teutschlands zur Gründung e. allgem. teutschen Nationalpharmacopoe gr. 8. 1816. Jetzt Dresch in Bambrg. 7/12 Thlr

— Wahrnehmungen an den Heilquellen zu Teplitz, insbesond. über d. Stickgas in denselben. gr. 8. Hamm 824. Wundermann. 8 gr

[Worte.] Am lezten [!] Abend des Jahrs 1801 in d. g. u. v. L[oge] L[ibanon] z[u] d[en] d[rei] Z[edern] zu den Brüdern und Schwestern gesprochen von dem Redner [d. i. Joh. Christian Friedr. Harless]. Erlangen [1801]. 8 Bl. 8°
[Umschlagtit.]
Kl. 1130. Gelegenheitsworte u. Betrachtung üb. den Wert geschlossener gesellschaftlicher Verbindungen.

— s. Worte, Einige, zur Feier des letzten Abends des Jahres 1802.

Einige Worte des Mstrs. v. St. [d. i. Joh. Christian Friedr. Harless] am letzten Abend des Jahres 1807 vor den Brüdern und Schwestern in der festlichen Versammlung in der Loge L[ibanon] z. d. d[rei] Z[edern]. Erlangen [1808]. 16 S. 8° [Umschlagtit.]
Gelegenheitsrede. Üb. Bedeutung u. Wert des Augenblicks für Sinne u. Gemüt.

Harless, Emil

Harless, Em., Beiträge zu einer wissenschaftlichen Begründung der Lehre vom Mienenspiel. Aus d. Abhdlgn. d. k. bayer. Akad. d. W. München (855.) Franz in Comm. gr. 4. (26 S.) nn. 9 ngr

Harless, Emil, physiolog. Beobachtung u. Experiment. Eine methodolog. Skizze. gr. 8. (48 S.) Nürnberg 848, Bauer & Raspe. 1/3 Thlr

Harless, Emil, neurophysiologische Forschungen. (Abdr. aus der Monatsschrift des wissenschaftl. Vereins in Zurich.) Zurich 860. Meyer & Zeller. gr. 8. (44 S.) n. 10 ngr

— die elementaren Funktionen der kreatürlichen Seele. Psychologisches Fragment aus dem Nachlass des Verf. Herausg. von A. v. Harless. München 862. Fleischmann. gr. 8. (X, 105 S.) n. 16 ngr

Harless, Emil, die elementaren Funktionen der kreatürlichen Seele. Psychologisches Fragment aus dem Nachlass des Verf. Hrsg. von A. v. Harless. gr. 8. (X und 105 S.) München 862, [Merhoff's Verlag.] *

Harless, E., die Gestalt des Menschen, s.: Fritsch, Gust.

— Grenzen und Grenzgebiete der physiologischen Forschung. Festrede gehalten in der öffentlichen Sitzung der k. Akad. der Wissensch. am 28. Novbr. 1860. München 860. (Franz.) 4. (28 S.) n. 11 ngr

— Lehrbuch der plastischen Anatomie enthltd. die Gesetze für organ. Bildung u. künstlerische Darstellung der menschl. Gestalt im Allgemeinen u. in den einzelnen Situationen. Für academ. Anstalten u. zum Selbstunterricht herausg. Mit 164 schematischen Holzschn. (im Text) u. 9 Zahlentabellen. 3 Abthlgn. Stuttgart 856. Ebner u. Seubert. gr. 8. n. 4 Thlr
1. Abth.: Der Kopf. (XII, 170 S. u. 3 lith. Taf. in Fol.) n. 1 Thlr 2 ngr
2. Abth.: Der Rumpf u. die Extremitäten in ihrer Gliederung u. Beweglichkeit. Mit schematischen Holzschn. (im Text) u. 20 Steindrucktaf. (in 8. u. 4.) mit Copien photographirter Akte. (XII, 180 S.) n. 1 Thlr 14 ngr
3. Abth.: Die ganze Figur in ihrer Ruhe und Bewegung. (X, 218 S.) n. 1 Thlr 14 ngr

Harless, E., Lehrbuch der plastischen Anatomie f. akademische Anstalten u. zum Selbstunterricht. 2. Aufl. Hrsg. v. R. Hartmann. (in ca. 4 Lfgn.) 1. u. 2. Lfg. Lex.-8. (S. 1—320 m. 225 eingedr. Holzschn.) Stuttgart 876. Ebner & Seubert. à n. 4. —

Harless, E., Lehrbuch der plastischen Anatomie für akadem. Anstalten u. zum Selbstunterricht. 2. Aufl. Hrsg. u. mit einem Anh. versehen v. R. Hartmann. 3. (Schluss-) Lfg. Lex.-8. (XVI u. S. 321—544 m. 174 eingedr. Holzschn. u. 25 lith. Taf. in gr. 8. qu. gr. 4.) Stuttgart 876. Ebner & Seubert. n. 7. — (cplt.: n. 15. —)

—— Maassbestimmung der Polarisation durch das physiologische Rheoscop. gr. 4. (44 S. mit 1 Stnt.) München 861, (Franz.) *

—— zur inneren Mechanik der Muskelzuckung und Beschreibung des Atwood'schen Myographion. gr. 4. (66 S. mit 1 lithogr. Fig.- und 1 lithogr. Curven-Taf. in Fol.) München 862, (Franz'sche Buchh.) *
Aus: Abhandlungen der k. bayer. Akademie der Wissenschaften, besonders abgedruckt.

— die statischen Momente der menschlichen Gliedmassen. Aus d. Abhdlgn. d. k. bayer. Akad. d. W. München 857. Franz in Comm. gr. 4. (28 S. u. 1 lith. Taf.) n. 12 ngr

— — 2. Abhldg. Aus d. Abhdlgn. d. k. bayer. Akad. d. W. Ebend. 857. gr. 4. (38 S.) n. 13 ngr

Harleß, Em., Monographie über den Einfluß der Gase auf die Form der Blutkörperchen v. Rana temporaria. Mit 2 Kupfertaf. Erlangen 846, Heyder. 1/3 Thlr

die Muskelirritabilität. (Abgedr. aus d. Abhandlgn. der II. Cl. d. königl. Bayer. Akad. d. Wiss. V. Bd. 2. Abthlg.) gr. 4. (30 S.) (Munchen 851, Franz.) n. 1/3 Thlr

— Tabellen zur Auscultation u. Percussion, als Beitrag zur physical. Diagnostik der Brustorgane. (5 Tab. in Fol.) Erlangen 847, Enke. n. 1/3 Thlr

—— Theorie und Anwendung des „Seitendruckspirometers" eines neuen Instrumentes zur Bestimmung der Respirationsluft. gr. 8. (31 S.) München 855, (Franz.) **
Aus: Abhandlungen der k. bayr. Akademie der Wissenschaften, besonders abgedruckt.

—— molekuläre Vorgänge in der Nervensubstanz. 1—4. Abhandl. gr. 4. München 858—61, (Franz.) **{
Abhandl. 1. Vorsuntersuchungen. (67 S. mit 2 Stnt. in qu. Fol. und gr. Fol.) * 20 Ngr.
» 2. Voruntersuchungen. (95 S. mit 2 Stnt. in qu. gr. Fol.) * 26¼ Ngr.
» 3. Maassbestimmung der Reizbarkeit. (65 S. mit 1 Stnt. in qu. Fol.) ** 1 Thlr.
» 4. Maassbestimmung der Reizbarkeit im allgemeinen (Fortsetzung) und bei der Quellung insbesondere. (63 S.) * 24 Ngr.
aus: Abhandlungen der k. bayer. Akademie der Wissenschaften, besonders abgedruckt.

— populäre Vorlesungen aus dem Gebiet der Physiologie u. Psychologie. Mit 103 in den Text eingedr. Holzschn. gr. 8. (X u. 293 S.) Braunschweig 851, Vieweg & Sohn. n. 1 2/3 Thlr

— uber den Zahnbau von Myliobates u. dem verwandten Rochen Trikeras. Mit 3 (lith.) Taf. (Aus den Abhandlgn. der mathem.-physikal. Classe der k. Bayer. Akademie d. Wissensch. abgedr.) gr. 4. (36 S.) München 850. (Franz.) n. 18 ngr

Harless, Gottlieb August Wilhelm Hermann, s. Harless, Hermann

Harless, Gottlieb Christoph, s. Harles

Harleß, Gtlieb. Chrph. Adolph, Abschiedspredigt gehalten am Sonnt. Seragesimä den 3. Febr. 1850 zu Leipzig u. Antrittspredigt gehalten am Sonnt. Reminiscere den 24. Febr. 1850 zu Dresden. gr. 8. (32 S.) Leipzig 850, Teubner. 6 ngr

Harleß, Gttli. Chrstph. Ad., offene Antwort an den anonymen Verfasser der zwei Sendschreiben die Frage v. der „Kniebeugung der Protestanten" betreffend. gr. 8. (1½ B.) München 843, Palm's Vrlgsh.

Harleß, G. Chr. Adph. v., Aus welcher Quelle fließt die gesegnete Tüchtigkeit zum Werke der Mission? Predigt am Missionsfeste zu Leipzig den 21. August 1855 gehalten. Leipzig 855. Teubner. gr. 8. (15 S.) 3 ngr

Harleß, Gtli. Chrstph. Ad., das Band d. christl. Gemeinschaft. Prcd. gr. 8. (1½ B.) Stuttgart 839, S. G. Liesching.

—— die krit. Bearbeitung d. Lebens Jesu v. Dr. Dav. Friedr. Strauß nach ihrem wissenschaftl. Werthe beleuchtet. gr. 8. (8 B.) Erlangen 836, Heyder.

— u. Th. Harnack, die kirchlich-religiöse Bedeutung der reinen Lehre von den Gnadenmitteln. Mit besonderer Beziehung auf das heil. Abendmahl. Drei Abhandlungen. Erlangen 869. Deichert. gr. 8. (VIII, 223 S.) n. 24 ngr

— die Bedeutung der Mission. Predigt am Jahresfeste d. sächs. Central-Missions-Vereins d. 16. Aug. 1849 gehalten zu Dresden. gr. 8. (19 S.) Dresden 849, Naumann. 3 ngr

Harleß, G. C. Adf. v., Jakob Böhme und die Alchymisten. Ein Beitrag zum Verständniß J. Böhme's. Nebst einem Anhang: J. G. Gichtel's Leben und Irrthümer. gr. 8. (VIII, 187 S.) Berlin 870, Schlawitz. [Leipzig, Hinrichs' Verlag.] *

Harleß, G. C. Adf. v., Jacob Böhme u. die Alchymisten. Ein Beitrag zum Verständniß J. Böhme's. Nebst 2 Anhängen: J. G. Gichtel's Leben u. Irrthümer u. über ein Rosenkreuzerisches Manuscript. 2., verm. Ausg. gr. 8. (X, 194 S.) Leipzig 882. Hinrichs' Verl. n. 2. —

Harleß, G. Chr. Adph. v., s.a. Bruchstücke aus dem Leben e. süddeutschen Theologen.

Harleß, A. v., Bruchstücke aus dem Leben eines süddeutschen Theologen, Bielefeld u. Leipzig 1872 u. 1875, 200 S., 8°.
— — N. F. 168 S., 8°. 2 Bde.

Harleß, A. v., das Buch von den ägyptischen Mysterien. Zur Geschichte der Selbstauflösung des heidnischen Hellenenthums. München 858. Literar.-artist. Anstalt. gr. 8. (VII, 132 S.) n. 22 ngr

Harleß, G. Chr. Adph. v., die Ehescheidungsfrage. Eine erneute Untersuchung der neutestamentlichen Schriftstellen. Stuttgart 861. S. G. Liesching. gr. 8. (VIII, 132 S.) n. 24 ngr

—— theolog. Encyklopädie u. Methodologie vom Standpunkte d. protestant. Kirche. Grundriß f. akadem. Vorlesn. 8. (17 B.) Nürnberg 837, Schrag.

—— christliche Ethik. 1—3., unveränd. Abdr. gr. 8. (à 18½ B.) Stuttgart 842—45, S. G. Liesching, Verl. à

— christl. Ethik. 4. verb. u. verm. Aufl. gr. 8. (XX u. 311 S.) Stuttgart 849, S. G. Liesching. 1 Thlr 18 ngr

— christliche Ethik. 5. Aufl. Ebend. 853. 8. (XX, 310 S.) 1 Thlr 18 ngr

— christliche Ethik. 5. Aufl. 2. Abdr. 860. (XX, 310 S.) 1 Thlr 18 ngr — 6. verm. Aufl. Ebend. 864. (XVI, 608 S.) 2 Thlr 27 ngr

— christliche Ethik. 7. theilweise verm. Aufl. gr. 8. (XXX, 588 S.) Gütersloh 875. Bertelsmann. n. 9. —

Harleß, G. Chr. Adph. v., christliche Ethik. 8., teilweise verm. Aufl. gr. 8. (XXXVI, 632 S.) Gütersloh 893. C. Bertelsmann. n. 9. —; geb. in Halbfrz. n. 10. 50

— die wahre Freiheit. Predigt am Sonnt. Jubilate den 3. Mai 1846 gehalten. gr. 8. Leipzig 846, Hinrichs'sche Buchh. 3 ngl

Harleß, G. C. Adf. v., an die deutschen Gemeinden evangelisch-lutherischen Bekenntnisses. gr. 8. Gotha 873. Leipzig, Lehmann. *

—— an die deutschen Gemeinden evangelisch-lutherischen Bekenntnisses. Ein Sendschreiben. gr. 8. (34 S.) Gotha 873, Schloeßmann. *

— Geschichtsbilder aus der lutherischen Kirche Livlands vom Jahre 1845 an. 1. u. 2. unveränd. Aufl. Leipzig 869. Duncker & Humblot. gr. 8. (IX, 221 S.) n. 1 ₰ 15 ngr.

—— etliche Gewissensfragen hinsichtlich der Lehre von Kirche, Kirchenamt und Kirchenregiment. Ein Votum. gr. 8. (60 S.) Stuttgart 862, S. G. Liesching. *

Harleß, Gli. Cph. Ad., Grabrede bei der Beerdigung eines im Duell Gebliebenen. Auf Anordnung des königlich. akademischen Senates der Friedrich-Alexanders-Universität zu Erlangen gedruckt. gr. 8. (Erlangen 841, Bläsing.) 1/12 ₰

— die falsche Höhe u. die wahre Niedrigkeit. Predigt über Luc. 18, 9—14 gehalten am 3. Aug. 1845 zu Bayreuth. 8. Bayreuth 845. (Buchner'sche Buchh.) 1/8 ₰

— Jesus Christus, gestern und heute und derselbige auch in Ewigkeit. Predigt. 8. Nürnberg 837. Raw. 1/12 ₰

— Kirche und Amt nach lutherischer Lehre. In grundlegenden Sätzen mit Luther's Zeugnissen zusammengestellt. Stuttgart 853. S. G. Liesching. 8. (VIII, 32 S.) n. 6 ngl

— die evangel.-luther. Kirche in Bayern u. die Insinuationen des Hrn. Prof. Döllinger. Zur Beleuchtung der Schrift: „Der Protestantismus in Bayern u. d. Kniebeugung. Sendschreiben an Hrn. Prof. Harleß von Dr. J. Döllinger." (Abdruck aus d. Zeitschrift f. Protestantismus u. Kirche.) gr. 8. Erlangen 843, Bläsing. 1/3 ₰

Harless, Gtl. Chrstph. Ad., Commentar üb. d. Brief Pauli an die Epheser. gr. 8. (41 B.) Erlangen 834, Heyder.

— Commentar über den Brief Pauli an die Ephesier. 2. unveränd. Aufl. Stuttgart 858. S. G. Liesching. 8. (LXXIX, 574 S.) n. 2 ₰ 24 ngl

— aus dem Leben in Lied u. Spruch. Stuttgart 865. Gütersloh, Bertelsmann. 16. (V, 244 S. mit 1 Holzschntaf.) n. 1 ₰ 6 ngr. geb. in Goldschn. 1 ₰ 15 ngr.

— aus Luther's Lehrweisheit. Ein Brevier für Geistliche u. Laien. München 867. Kaiser. 8. (VIII, 160 S.) 22½ ngr. Pracht-Ausg. mit Stahlst. geb. mit Goldschn. n. 2 ₰

—— das Leiden u. die Seligkeit des Evangeliums, Predigt am Sonntag Reminiscere den 3. März 1844 gehalten. gr. 8. (1 B.) Erlangen 841, Bläsing.

— das Licht in der Finsterniß. Missionspredigt, gehalten in Wittenberg den 26. Juni 1848. 8. (15 S.) Wittenberg 848, Kölling. 3 ngl

—— die Liebe, das Kennzeichen des wahren Lehrers. Predigt am Sonnt. Estomihi d. 22. Febr. 1846. 1. u. 2. Aufl. gr. 8. (à 1 B.) Leipzig 846, Teubner.

—— Lucubrationum evangelia canonica spectant. Ps. I. et II. Fabula de Matthaeo syro-chaldaice conscripto. — De compositione evangelii, quod Matthaeo tribuitur. 4. (5⅛ B.) Erlangae 841, 42, Blaesing.

— s. Luther's, M., kl. Katechismus.

— Predigt, s. Demmler.

— Predigt am Reformationsfeste 1847, gehalten in Leipzig. gr. 8. (16 S.) Leipzig 847, Vogel. baar 3 ngl

—— Predigt am 1. Sonnt. p. Trin. in der protestant. Pfarrkirche zu München am 18. Juni 1843 gehalten. 8. (1¼ B.) München 843, Fleischmann.

—— zwölf Predigten. gr. 8. (10¾ B.) Erlangen 838, Heyder.

—— Rede gehalt. am Todestage Luther's den 18. Febr. 1846 im Auftrage des Ausschusses d. Lutherstiftung. gr. 8. (1⅛ B.) Leipzig 846, Barth. *

—— Christi Reich u. Christi Kraft. Zwanzig Predigten. gr. 8. (19¾ B.) Stuttgart 840, S. G. Liesching. *

—— de revelatione et fide. Dissert. theol. 8maj. (8 B.) Erlangae 830, Heyder.

— die Segensmacht wahrhaft apostol. Christenthums. Predigt d. 6. Juni 1847 gehalt. zu Dresden. gr. 8. (18 S.) Dresden 847, Naumann. 3 ngl

—— Sind wir des Bundes Kinder, den Gott gemacht hat mit unsern Vätern? Predigt am 2. Adventsonnt. 1845. gr. 8. (1 B.) Leipzig 846. [Dörffling u. Franke.]

— die Sonntagsweihe. Predigten. 1—6. Bd. (Jeder Bd.:) 20 Predigten. 8. (1: VIII u. 318 S. 2: IV u. 324 S. 3: IV u. 320 S. 4: IV u. 320 S. 5: IV u. 326 S. 6: IV u. 320 S.) Leipzig 848—52, Teubner. (à 1 ₰) 6 ₰

— die Sonntagsweihe. Predigten. 7. Bd. 1. u. 2. Abth. Ebend. 854, 56. gr. 8. (VI, 320 S.) 1 ₰

—— die Sonntagsweihe. Predigten, gehalten in Leipzig, Dresden und München. 2. Aufl. 4 Bde. gr. 8. (1. und 2. Bd. VIII und 670 S., 3. Bd. IV und 383 S., 4. Bd. IV und 370 S.) Leipzig 859. 60, Teubner. à Bd. 1 Thlr.

— Staat u. Kirche oder: Irrthum u. Wahrheit in den Vorstellungen von „christlichem" Staat u. „freier" Kirche. Leipzig 870. Duncker & Humblot. gr. 8. (VII, 99 S.) n. 16 ngr.

— die Stimme des Herrn der Herrn. Heerpredigt an die Deutschen. [1. Bd., 10. Predigt der Sonntagsweihe.] Gehalten am Sonntag Invocavit, den 12. März 1848. 2. Aufl. gr. 8. (16 S.) Ebd. 848. — 3. Aufl. gr. 8. (16 S.) Ebd. 848. 3 ngl

—— de supernaturalismo gentilium, seu de via et ratione superstitionem a religione recte distinguendi. 8maj. (2⅛ B.) Erlangae 838, Heyder.

Harleß, G. Chr. Adph. v., das Verhältniß des Christenthums zu Cultur- und Lebensfragen der Gegenwart. Erlangen 863. Bläsing. (Deichert.) 8. (VII, 85 S.) n. 12 ngr.

— das Verhältniß des Christenthums zu Cultur- u. Lebensfragen der Gegenwart. 2. verm. Aufl. Erlangen 866. Deichert. 8. (VI, 180 S.) n. 20 ngr.

—— Votum üb. d. eidl. Verpflichtung d. protest. Geistlichen in Sachsen auf d. kirchl. Symbole u. d. Aenderung od. Aufhebung dieser Verpflichtung. gr. 8. (2¾ B.) Leipzig 846. [Dörfling u. Franke.] *

Harleß, G. Chr. Adph. v., Wann Christi Diener ihr Amt als wahre Nachfolger Christi treiben. Predigt gehalten am Eröffnungstage der evangel.-luther. General-Synode in Bayreuth, den 2. Octbr. 1853. Leipzig 853. Teubner. gr. 8. (15 S.) 3 ngr.

— wann haben wir Christum bei uns? Predigt am Palmsonntage 1847 gehalten. gr. 8. (15 S.) Leipzig 847, Hinrichs. 3 ngr.

— Wann haben wir Ursache, uns beim Blick auf unser Missionswerk vor Gott zu freuen? Predigt über Jesaias 55, 8—11 gehalten am Missionsfest in Nürnberg den 19. Juni 1855. Nürnberg 855. Raw. 8. (16 S.) 2 ngr.

— was es heiße: Christo nachfolgen. Predigt den 25. April 1847 gehalten zu Leipzig. gr. 8. (15 S.) Dresden 847, Naumann. 3 ngr.

—— was heißt: Sich nicht schämen des Evangeliums? Predigt gehalt. am 11. Sonnt. nach Trinit. z. Erntefest. gr. 8. (1 B.) Leipzig 846. [Dörfling u. Franke.]

(Harleß, Gottlieb Christoph Adolf v.) Was unserem Volk in dieser Zeit Noth thue. Predigt zur Eröffnung des Landtags gehalten am 22. Juli 1850. (Aus Harleß Sonntagsweihe Bd 4. Leipzig. B. G. Teubner 1850. S. 211—224.) 8.

—— Welches sind die Propheten, deren wir bedürfen. Predigt, gehalten am 3. Adventsonntage 1846. gr. 8. (1 B.) Leipzig 846. [Dörfling u. Franke.]

— das Wesen u. der Segen christl. Bürgerthums. Predigt am Constitutionsfeste d. 4. Septbr. 1847. gr. 8. (12 S.) Leipzig 847, Hinrichs. 3 ngr.

— Wie Geistliche sich in Kriegszeiten verhalten sollen. Eine Stimme Luthers an die Zeitgenossen. (Aus „Gesetz und Zeugniß" abgedr.) Leipzig 859. Teubner. gr. 8. (15 S.) n. 4 ngr.

Harleß, Glieb. Chrph. Adolph, worin stehet die Freudigkeit u. die Kraft eines Predigers im evangel. Predigtamte? Antrittspredigt gehalten an der Kirche zu St. Nicolai am 11. Juli 1847. gr. 8. (15 S.) Leipzig 847, Fr. Fleischer. 3 ngr.

— s. Zeitschrift für Protestantismus und Kirche.

Harless, Hermann

Harleß, H. Die Ackergesetzgebung C. Jul. Cäsars, im Zusammenhange mit den vorausgegangenen Rogationen. 13 S. . . . . .

Progr. Herford 1841

Harless, Herm., die Bildung des Kunstsinnes als Schönheitssinnes auf den Gymnasien. gr. 8. (2¾ B.) Münster 842, Theissingsche Buchh.

Aus: Museum d. rhein.-westphäl. Schulmänner-Vereins etc. besond. abgedruckt.

Harleß, Herm., die Bildung zur deutschen Sprache u. Rede u. zum Ausdruck d. selbständ. Denkens auf d. Gelehrtenschulen u. ähnl. höheren Anstalten. gr. 8. (9½ B.) Bielefeld u. Herford 836, Helmich. *

— de Epicharmo. 8. Essen 822 Bädeker. 8 gr.

— Hermann (Prorector), Commentatio de historia Graecorum et Romanorum litteraria in scholis docenda. (Ad examina sollemnia gymnasii Fridericiani Herfordensis invitat Ernst Knefel, Director). Herford (Jo. Heinr. Wenderoth) 26./27. IX. 1825. 18 S. mit Schulnachrichten. (5.50)
13142

Harleß, Herm., die höhere Humanitätsbildung in ihren Hauptstufen. Ein Versuch z. tief. Begründ. ders., mit besond. Beziehung auf Gymnasien. (A. d. Zeitschrift „Levana" abgedr.) gr. 8. (4¼ B.) Rinteln 829, Osterwald.

Harless, H. De primis Boeotiae incolis quibusdam vere Graecis. 20 S. . . . .

Progr. Herford 1833

— Lineamenta histor. Graecor. et Romanor. liter. schol. in us. gr. 8. Lemgo 827. Meyer. (Erié in Hamb.) 12 gr.

Harless, G. A. W. H. Quaestiunculae crit. in Plutarchum et Platonem. (In Plut. libell. «Quomodo adolescens poetas audire debeat.» In Plat. sympos.) 12 S. . . . .

Progr. Herford 1829

Harless, Gottlieb August Wilhelm Hermann: De Epicharmi vi in comoediam graecam.

Halle-Wittenberg, Phil. Diss. v. 3. Mai 1821

Geb. [Erlangen 19. 2. 1801]
Die versprochene Disputation unterblieb. Verf. wurde abwesend promoviert. Ms. fehlt. — Die Diss. ersch. in vollständiger Bearb. u. d. T.: De Epicharmo. Essendiae: Baedeker 1822. 65 S. 8° vorh. Leipzig UB

— s. Westfalen und Rheinland.

Harleß, J. S. H., Abriß der Erziehungslehre zunächst als Unterlage für den Unterricht in evangelischen Schullehrer-Seminarien nach den besten Quellen und eigenen Erfahrungen entworfen. 2 Hefte. Nürnberg 859, 60. Raw. gr. 8. (82; 89 S.) 1.: n. 10 ngr.; 2.: n. 11 ngr.

Harleß, J. S. H., Abriß der Erziehungslehre. Nach den bewährtesten Quellen und eigenen Erfahrungen entworfen. 2., verb. und verm. Aufl. 1. und 2. Abthl. gr. 8. Nürnberg 865, Raw'sche Buchh. *

Inhalt:

Abthl. 1. Erziehung im engeren Sinne. (86 S.) * 10 Ngr.
" 2. Unterricht. A. Allgemeiner Theil. (III und 95 S.) * 11 Ngr.

Harleß, J. S. H., Abriß der Erziehungslehre. Nach den bewährtesten Quellen und eigenen Erfahrungen entworfen. 2 Abthlgn. 3. Aufl. gr. 8. [Nürnberg, Raw'sche Buchh.] Gütersloh, Bertelsmann. *

Inhalt:

Abthl. 1. Erziehung im engeren Sinne. (III, 84 S.) 872. * M 1,20.
" 2. Unterricht. Allgemeiner Theil. (IV, 129 S.) 874. * M 2.

Harleß, J. C. H., Summa der Biblischen Geschichte des Alten Testaments nach ihrem Zusammenhang in Frag u. Antwort bearb. 8. (VI u. 213 S.) Stuttgart 851, S. G. Liesching. n. 12 ngr

— Summa der Biblischen Geschichte des Alten Testaments nach ihrem Zusammenhang in Frag und Antwort bearb. 2., durchgeseh. Aufl. Stuttgart 859. S. G. Liesching. gr. 8. (VII, 213 S.) n. 12 ngr

Harleß, J. C. H., Summa der biblischen Geschichte des neuen Testaments nach ihrem Zusammenhang in Frag u. Antwort zusammengestellt. 16. (7 B.) Stuttgart 845, S. G. Liesching, Verl.

— Summa der Biblischen Geschichte des Neuen Testaments nach ihrem Zusammenhang in Frag u. Antwort bearb. 2. durchgeseh. Aufl. 8. (VIII u. 79 S.) Ebd. 851. n. 4 ngr

— Summa der biblischen Geschichte des Neuen Testaments nach ihrem Zusammenhang in Frag und Antwort bearb. 3., verb. Aufl. Ebend. 862. 8. (VIII, 85 S.) n. 4 ngr

Harless, Johann Christian Friedrich, s. Harless, Christian Friedrich

Harless, Theophil Christoph, s. Harles, Gottlieb Christoph

Harleß, Wold., Beiträge zur Kenntnis der Vergangenheit des Bergischen Landes in Skizzen zur Geschichte d. Amt u. Freiheit Hückeswagen. Mit 12 archival. Beigaben u. 2 Bildtaf. gr. 8. (VI, 262 S.) Düsseldorf 890. Voß & Co. cart. n. 4. —

Harless, Woldemarus (geb. am 27 März 1828 in Bonn): De Fabiis et Aufidiis rerum Romanarum scriptoribus ... Bonnae, form. C. Georgii 1853. 2 Bl., 52 S., 1 Bl. 8.
Bonn, Phil. Fak., Diss. v. 22 Jan. 1853

Harless, W., erster Jahresbericht des german. Nationalmuseums, s. Jahresbericht.

Harleß, Wold., s.: Zeitschrift d. Bergischen Geschichtsvereins.

Harlessem, A. A. v., Antwort auf die Brochure „Nationalliberale Partei, nationalliberale Presse u. höheres Gentlemanthum v. e. Nichtreichsfeind". gr. 8. (52 S.) Leipzig 876. O. Wigand. n. 1. —

Harlessem, A. A. v., Graf Harry v. Arnim als Diplomat. Eine Beleuchtung seines an den Fürsten von Bismarck im Septbr. 1876 aus Genf gerichteten Briefes. gr. 8. (72 S.) Berlin 877. Wedekind & Schwieger. n. 1. 20

— pro multo. Entgegnung der Brochure „Pro nihilo!" gr. 8. (IV, 82 S.) Ebend. 876. 1. 50

Harlessem, W. B. v., Stammtafel derer von Harlessem, ritterbürtigen Patriziergeschlecht zu Hildesheim. Hildesheim 1882. fol.

Harleville, Collin d', Melpomène et Thalie, poème allégorique. gr. 8. Berl. Hottmann.

— les Moeurs du jour; ou l'école des jeunes femmes. 8. Par. (Sommer in Leipz.) 802.

d'Harleville, Collin, les moeurs du jour. Com. en 5 A. Braunschw. 809. Pluchart. 9 g̃r

Harley, d. Lady Juliane, Gesch., a. d. Engl. d. Frau Griffith. 8. Lpz. Junius. 777.

Harley, George, die Leberkrankheiten. Handbuch für Aerzte und Studirende. Unter Autoris. des Verf. deutsch hrsg. von J. Krauss und C. G. Rothe. gr. 8. (XII, 496 S. mit eingedr. Holzschn. und 2 Chromolithogr.) Leipzig 883, Abel. geb.

Harley, George, die Leberkrankheiten. Handbuch f. Aerzte u. Studirende. Unter Autor. d. Verf. deutsch hrsg. v. J. Krauss u. C. G. Rothe. gr. 8. (XII, 496 S. m. eingedr. Holzschn. u. 2 Chromolith.) Leipzig 886. Abel. geb. n. 15.

Harley, Will., Lehrbuch der engl. Sprache. 1. Hft. enth.: Eine method. Anleitung zur schnellen u. sichern Erlernung d. Aussprache u. Formenlehre. 8. (3½ B.) Marienwerder 845, Levysohn. *

—— dass. 2. Hft. enth.: Leseübungen mit genauer Bezeichnung d. engl. Aussprache u. wörtl. Verdeutschung. 8. (5 B.) Ebds. 845. *

Harlez, C. de, de l'exégèse et de la correction des textes avestiques. gr. 8. (XVI, 256 S.) Leipzig 883. Gerhard. n. 6. —

Harlez, C. de, [Anzeige von] Karl Geldner, Studien zum Avesta. Strassburg 1882. [S.A. aus „Philologische Wochenschrift." Herausgegeben von Wilhelm Hirschfelder. 1883. No. 9. 3. März.] o. O. [1883]. 8°.

Harlez, C. de, les religions de la Chine. Aperçu historique et critique. gr. 8. (270 S.) Leipzig 891. R. Gerhard. n. 6. —

Harlez, C. de, Vocabulaire bouddhique sanscrit-chinois. Han-Fan Tsih-yao. Précis de doctrine bouddhique. [Aus: „T'oung pao".] gr. 8. (66 S.) Leiden 897. Buchhandlung u. Druckerei vorm. E. J. Brill. n.n. 3. —

Harlfinger, vaterländisches Gedenk-Blatt aus der Geschichte d. 4. badischen Infanterie-Regiments Nr. 112. Zur Feier d. 25jähr. Chef-Jubiläums Sr. Großherzogl. Hoh. d. Prinzen Wilhelm v. Baden. Im Auftrage d. Regiments bearb. Mit e. Festbericht u. e. Prolog von Vict. v. Scheffel nebst 5 photograph. Abbildgn. der vom Dichter entworfenen leb. Bilder. gr. 8. (68 S.) Mülhausen i/E. 885. Bufleb's Sort. n. 2. 40

— dasselbe. Wohlf. Ausg. gr. 8. Ebend. 886. n. — 50

Harlick, Julius, Turnverein-Gebäude in Altona, Parterre, Etage u. Keller, Vorderansicht u. Querschnitt, Längenschnitt u. Seitenansicht, 4 Bl.

Härlin, das Pferdefleisch als Nahrungsmittel. Als Einladung zu Gründung eines Vereins für Einführung desselben ꝛc. gr. 8. (2 B.) Ulm 842. [Stettin'sche Sort.-Buchh.] Thlr.

Härlin, ..., (Kreis-Medizinalrath Dr.,) das Pferdefleisch als Nahrungsmittel. Als Einladung zu Gründung eines Vereins für Einführung desselben ꝛc. gr. 8. Ulm 842, Wagner. ⅛ ß

Härlin, A., das Mineralbad Berg bei Stuttgart. Seine Anwendung u. Wirkung mit besonderer Berücksichtigung der kalten Bäder. Nebst 1 Ansicht des Bades (Holzschn. in qu. 8.) u. 1 (lith.) Karte der Umgegend von Berg (in 4.). Cannstadt 854. Bosheuyer. 8. (VIII, 65 S.) n. 15 ngr

Härlin, A., der Proceß gegen Emil Schärr, früher Kassier des Comptoir Zürich der Eidg. Bank punkto Unterschlagung von Fr. 3,250,000 nach den Akten u. Gerichtsverhandlungen dargestellt. Zürich 870. (Orell, Füßli & Co.) 8. (43 S.) 6 ngr

Härlin, C. B. F., die Naturkunde d. Obstbaues, nebst d. Naturbeschreibung d. Obstbaumes u. Naturgesch. d. darauf einwirk. nützl. u. schädl. Thiere. gr. 8. (10⅛ B.) Stuttgart 841, Schweizerbart.

Härlin, Carl, s. Härlin, Karl

Härlin, Emma, Anleitung zum Schneiden u. Nähen v. Weißzeug. Bearb. f. Frauenarbeitsschulen. 8. (39 S.) Ravensburg 883. (Dorn.) n. — 67

Haerlin, G.F.: De conjugio. – Tubing. 1718.

Haerlin, Georg Fried. Christoph (Stuttgart), De providentia dei speciali, a praecipuis objectionibus vindicata. Diss. theol. Präs. Christoph Friedrich Schott. Tübing. (Joh. A. Sigmund) Nov. 1766. 26 S. mit Widm. v. Präs. (3.—) 12671

H(ärlin), H., über Geschäfts-Vereinfachung u. Ersparnisse in d. Staatsverwaltung Württembergs. Mit e. Anh. üb. Besoldungen. 8. (2½ B. u. 2 Tab.) Stuttgart 828, [Beck u. Fränkel.]

H(ärlin), H., über Geschäfts-Vereinfachung u. Ersparnisse in d. Staatsverwaltung Würtembergs. Mit e. Anhange über Besoldungen. 8. Stuttg. 828. Löflund. 6 gr

Härlin, Heinrich, s. Härlin, Nathanael Heinrich

— **Johann Gottfried** (Ulm), Positiones quaedam extemporales de syndicis vel consiliariis civitatum imperialium. Präs. Gottfried Daniel Hoffmann. Tübing. (Fues) 20. VII. 1775. 36 Seiten. (6.—) 12672

Härlin, Johann Gottfried Benjamin

Härlin, J. Gf. Bj.: „Abhandlung von dem Rechte des Fiscus, vorzügl. nach königlich bayerischen Gesetzen“, Ulm 1810 (Stettin).

Härlin, J. Gf. Benj., genannt Tritschler, rechtl. Abhandlung üb. Eheverlöbnisse nach evangel.-lutherischen u. besonders den beim Würtemb. Ehegericht angenommenen Grundsätzen. 8. Tübing. 818. Osiander. 6 gr

Härlin, J. G. B., rechtliche Abhandlung von d. stillschweigenden Einwilligung. 8. Tübing. Osiander. 814.

Härlin, J. Gfd. Benj.: Rechtl. Abhandlung v. d. stillschweig. Einwillig. *Ulm*, Stettin. 814. 8. (6 Gr.)

Härlin gen. Tritschler. Joh. Gottfr. Benj.: Rechtliche Abhandlung über das Verbrechen der Getränke-Verfälschung überhaupt und der Wein-Verfälschung insbesondere. Nebst einer Anzeige aus den bewährtesten neuern Schriftstellern, was für Mittel zu Entdeckung der verfälschten Weine zu gebrauchen seyen. Stuttgart: Steinkopf 1819. 76 S. -- 12°
Heinsius: 1820.

Härlin gen. Tritschler, J. G. B.: „Abhandlung über Zolldefraudation und deren Bestrafung, vorzüglich nach Württembergischen Gesetzen“, Stuttgart 1818 (Steinkopf).

Härlin, (J. G. B.) Darstell. d. z. unserer Zeit hauptsächl. mitwirkenden Ursachen d. Verarmung u. d. zweckmäßigsten Vorbeugungsmittel derselb., nebst zwei, d. Einrichtung einer Versorgungsanstalt f. Dienstbothen u. einer Gewitterschaden-Versicherungsanstalt beabsichtigenden Plänen. gr. 8. Stuttg. 822. Sattler.

— über das Vergnügen d. Landleute. 8. Ulm 804.

— **Joh. Gottlieb u. Eberh. Draing** (Hamburg), Positiones juridicae usum theorico-practicum distinct. rerum in mobiles & immobiles concernentes. Tübing. (Hiob Francke) 13. IX. 1715. 26 Seiten. (5.50) 12673

Härlin, Karl

Härlin, Carl, zur Casuistik der Amputationen d. cervix uteri in der Schwangerschaft. Inaugural-Dissertation. 8. (17 S.) Tübingen 879. (Fues.) n. — 50

Härlin, Nathan. Heinr., Concordanz d. Liederverse d. neuen wirtemberg. Gesangbuchs. 4 Thle.: Systemat. Zusammenstellung pass. Liederverse zu d. verschied. Abschnitten d. Glaubens- u. Sittenlehre. — Alphabet. Sachregister. — Spruchregister. — Alphabet. Register üb. d. Anfangsworte d. Liederverse. 8. (19½ B.) Stuttgart 837, Metzler'sche Buchh.

Härlin, Nathanael Heinr., prakt. Rechenbuch f. Bürgerschulen. 2 Hfte. gr. 8. 1. Hft. Aufgaben. (XII u. 99 S.) 2. Hft. Auflösungen. (VI u. 128 S.) Stuttgart 852, Metzler. (1: 13 ngr 2: 16 ngr) 29 ngr

Härlin, Nathan. Heinr., Sach- u. Spruchregister zu d. Gesangbuch f. die evangel. Kirche in Württemberg. 8. (10¾ B.) Eßlingen 843, Dannheimersche Buchh. *

— Sprüchwort u. Gottes Wort. Deutsche Sprüchwörter mit Bibelsprüchen u. kurzen Erklärgn. oder Erzählgn. 8. (VI u. 146 S.) Stuttgart 851, J. F. Steinkopf. ¼ Thlr.

— Versuch einer prakt. Anleitung zu method. Behandlung der Lehre von den gemeinen Brüchen in den Volksschulen. gr. 8. (9¾ B. u. 5 Figurent.) Kempten 840, Dannheimersche Bh.

— Versuch e. prakt. Anleitung zu method. Behandlung der Schluß-Rechnung. gr. 8. (10 B.) Eßlingen 842, Dannheimersche Buchh.

Härlin, Richard., Blüten der Dichtung. Kirchheim u. T. 865. Riethmüller. 16. (VIII, 378 S.) n. 1 Thlr.

Härlin, Samuel

— unsere Ansprüche auf Fortdauer nach d. Tode vor das Forum des gesunden Menschenverstandes. (Eine Vorlesung.) gr. 8. Stuttgart 836. Brodhag. ½ Thlr.

Härlin, Sam., unsere Ansprüche auf Fortdauer nach d. Tode vor d. Forum d. gesunden Menschenverstandes. Eine Vorles. gr. 8. (6 B.) Stuttgart 836, [Scheible, Rieger u. Sattler.] Thlr.

Härlin, [Sam.]: Gedanken bei Erscheinung des Entwurfs einer Württ. Pharmakopoee. Ulm: Wagner 1846.

Härlin, Sam., mein Glaubensbekenntniß v. der Medicinal-Reform. Auf den Grund 40jähr. Erfahrung öffentl. abgelegt. gr. 8. (XXII u. 104 S.) Stuttgart 848. Metzler. 1/2 ₰

Härlin, Sam., die Homöopathie im Lichte des gesunden Menschenverstandes. Vorgetragen in der Versammlung des würtemberg. ärztlichen Vereins zu Stuttgart (am 26. Mai 1834.) 8. Stuttgart 834. Brodhag. 1/6 ₰

Harling, Bernard. G(uil.) H(ubert.) A(pollinarius) (geb. Cöln a. Rh. 3. 4. 1827): De vulneribus sclopetariis eorumque dignitate in foro. Berolini (1852). (32 S.) 8°
Berlin, Med. Diss. v. 3. Apr. 1852

[F.] Geschichte der Kirche und Reformation zu Ueffeln v. J. B[ernard] **Harling** ... (Zum 600jähr. Jubiläum d. Kirche zu Ueffeln.) *Ilecke: Selbstr.*; (a. d. Umschl. übergekl.: *Osnabrück: F. Schöningh) 1892.* (41 S.) 1 Bd 8. [97. 1614

Harling, Otto v., 100 Jahre Judenmission. s.: **Schriften**, kleine, zur Judenmission. 4.

— s.: **Saat** auf Hoffnung.

Eine Wehrsteuer für Deutschland. Von Otto v. **Harling**. Berlin: Vaterländ. Schriftenverband 1910. 35 S. 8° [10. 16585 II

Harling, Rudolf *Heinrich* [app. Arzt aus Sulingen]: Aus d. medizin. Poliklinik zu Kiel. Ueber angeborene Pulmonalstenosen ... Kiel, Druck v. P. Peters, 1894; 25 S., 1 Bl. 8.
Kiel, Med. Fak., Inaug.-Diss. v. [14. Sept.] 1894

Harlingsson, S. G., De poesi Latina Augustei aevi. Pr. 1765. 24 S. 4°.

Harlles, Ferd., Dienstvorschrift der freiwilligen Feuerwehr Berndorf, Niederösterreich. Hrsg. zufolge Beschlusses der Generalversammlg. dto. Berndorf, 1. Jänner 1884. gr. 8. (IV, 179 S. m. 2 Karten.) Berndorf 885. (Wien, Schroll & Co.) geb. n. 7. —

Chronik der Kirchengemeinde Pronstorf von G[ustav] **Harloff**, Pastor. Ahrensbök 1899: Hormann. 56 S. 8° [09. 8334

Harlott, C., Hochzeitsklänge. Ernste u. heitere Aufführgn. f. Polterabend u. Hochzeit besserer Kreise. 8. (III, 78 S.) Steglitz-Berlin 895. R. Auerbach. 1. 20

Harlow, Claus, die Ernährung beim Sport. 8. (77 S.) Berlin 902. Vogel & Kreienbrink. n. 1. —

Harlow, Claus, Wandersport. Praktisches u. hygien. Vademecum f. Wanderer u. Radfahrer. (VI, 74 S.) 12. Berlin 903. Vogel & Kreienbrink. n. 1. —

Harlowe, s. **Clarisse**, Harlowe.

Harm, Carl, s. Harm, Karl

Harm, Fritz, Sommerfäden. 12. (40 S.) Dresden 896. E. Pierson. n. 1. —

Harm, Karl, aus Rom (Meckl.): Die Entwicklungsgeschichte von Clava squamata. Mit 3 Taf. *Leipzig: W. Engelmann 1902.* (55 S.) 8° ¶(Aus: Zeitschr. f. wiss. Zool., Bd 73, H. 1.)
Rostock, Phil. Diss. v. [28. Febr.] 1902

Harm, Carl, z. Z. i. Assistenzarzt am ev. Krankenh. 'Huyssenstiftung' zu Essen-Ruhr: Ein Fall von Sklerodermia diffusa et circumscripta mit Sklerodaktylie bei einem neunjährigen Mädchen. *Neustrelitz 1903: O. Wagner.* (48 S.) 8°
Rostock, Med. Diss. v. [5. Nov.] 1903

Harm, Martin

Harm, M., Gott od. Natur? (26 S.) 8. Leipzig(-Dölitz), 906. Monist. Centralbuchh., E. Teichmann. — 60

Harm, Mart., Gut u. Böse im Spiegel der monistischen Weltanschauung. (20 S.) 8. Leipzig (907). Teichmann & Co. bar — 25

Harmars, ..., s. **Beobachtt. über d. Orient.**

Harmayer, ..., der Tag d. eröffneten Augartens. gr. 8. Wien 775. Trattner. 2 gr.

Harmel, Arthur [aus Breslau]: Ueber Hemiplegie nach Diphtherie ... Berlin, C. Vogts Buchdr., *1895*; 31 S. 8.
Berlin, Med. Fak., Inaug.-Diss. v. 13. Aug. 1895

Harmel, Léon, die christliche Arbeiter-Corporation zu Val-des-Bois dargestellt. Mit einem Vorwort von Chrph. Moufang. Aus dem Franz. gr. 8. (XIII, 352 S.) Mainz 879. Kirchheim. n. 4. —

Harmening, A., chemische Untersuchung der Mineralwasser zu Germete bei Warburg in Westphalen. Inaug.-Dissert. Göttingen 857. (Vandenhoeck u. Ruprecht.) gr. 8. (32 S.) n. 6 ngr

Harmening, Ernst, üb. d. sozialen u. polit. Aufgaben uns. Zeit. Vortrag, geh. am 26. Oktbr. 1891 i. d. Versammlg. d. freisinn. Vereins zu Jena. gr. 8. (49 S.) Jena (892). B. Vopelius. — 30

Harmening, Ernst, die notwendige Entwicklung der Industrie zum Trust. (22 S.) Lex.-8. Berlin 904. Schlachtensee, Verlag der Archiv-Gesellschaft. n. — 60
Sonderabdruck aus: „Archiv f. Rassen- u. Gesellsch.-Biol."

® **Harmening**, E., Entwicklung d. Industrie z. Trust. 904. (KBL 33.) Jetzt: Leipzig, B. G. Teubner.

Harmening, Ernst, Erde u. Eden. 16. (III, 119 S.) Jena 883. Mauke. geb. m. Goldschn. n. 2. 50

[Autogr.] **Festlied der Loge Friedrich zur ernsten Arbeit in Jena zur Weihefeier am 27. April 1890.** [Unterz.:] Ernst **Harmening.** [Jena 1890.] 2 Bl. 4° [Umschlagtit.]
Ohne Noten: „Ihr Brüder, bald trennt uns der schwindende Tag, ..."

Harmening, E., Festrede, geh. bei der Enthüllung des Reuter-Denkmals zu Jena am 22. Juli 1888. 8. (16 S.) Jena 888. Mauke. n.n. — 25

— s. Gilon, E. Der Kampf um d. Wohlfahrt.

Harmening, Dr. Ernst, Die Lösung der socialen Frage durch die Bodenbesitz-Reform. Vortrag, geh. am 16. März 1891 in öffentl. Versammlung des deutschen Bundes für Bodenbesitz-Reform zu Berlin. gr. 8°. Berlin. W. Latte, 1891.

Harmening, Ernst, Mirjam. Hohes Lied der Liebe. 8. (159 S.) Mülhausen i/E. 881. Buffleb. geb. m. Goldschn. n. 5. —

— Mirjam, Hohes Lied der Liebe. 2. (Titel-)Aufl. 8. (159 S.) Ebd. 888. geb. n. 5. —

— Osterburg. Tagebuchblätter. gr. 8. (VI, 162 S. mit 1 Abbildg.) Ebd. 891. n. 2. 40; geb. n.n. 3. 50

— Matthias Overstolz. Roman aus Kölns Vergangenheit. 2 Bde. 8. (VII, 188 u. 191 S.) Ebend. 881. n. 5. —

— Matthias Overstolz. Roman aus Kölns Vergangenheit. Neue (Titel-)Ausg. 2 Thle. in 1 Bd. 8. (VII, 188 u. 191 S.) Ebd. 888. n. 5. —; geb. n.n. 6. 20

— peace the right of nations. Translated by William Henkel. gr. 8. (III, 59 S.) Breslau 891. Leipzig, [L. Freund] H. Paul. n. 1.

— s.: Prozeß gegen E. H.

— das Recht der Völker auf Frieden, s.: Freund's politische Handbücher.

— Verrohung od. Veredelung des Kampfes um die Wohlfahrt, s.: Zusammenkunft, die Eisenacher.

Völkerrecht und Völkerfriede. Von S. Rhamon [d. i. Ernst Harmening]. Leipzig: Findel 1881. 53 S. 8⁰
Recens: HL. 14 (1881) S. 1073—1075 (F. Glitza), abgedr. in: Bh. 24 (1881) S. 177—178 u. in: Lgisl. 9 (1881—1882) No 9; vgl. ferner: FZ. 35 (1881) S. 153—157 (K. Beyer).
cf. Bh. 24 (1881) S. 17—18 (J. G. Findel).
Tt. 1612. Will das Heranreifen des Weltfriedens aus unleugbaren Tatsachen nachweisen.

— Das Weltparlament. Vortrag, geh. in der staatswissenschaftl. Gesellschaft zu Jena. (31 S.) gr. 8. Jena 910. B. Vopelius. 1. —

Harmening, Ernst: Wer da? Eine nöthige Frage als Antwort auf einen unnützen Angriff von Ernst Harmening. Leipzig: Findel 1889. 75 S. 8⁰

°[Dasselbe.] 2. verb. Aufl. 1889. 76 S. 8⁰
Bezeichnet Herzog Ernst II. von Sachsen-Koburg-Gotha als Verf. der Druckschrift „Auch ein Programm aus den 99 Tagen".

— wer da? Eine nöth. Frage als Antwort auf e. unnützen Angriff. 1.—4. Aufl. gr. 8. (77 S.) Leipzig 889. Findel. n. 1. —

Harmening, (Carolus Fridericus) Rudolphus *(geb. Loderslében bei Querfurt 17. 2. 1840)*: In rei vindicatione sitne forum rei sitae, an sit domicilii quoque forum competens secundum praecepta Romani, Germanici, canonici, communis et imprimis Borussici juris. Vratislaviae (1864). (44 S.) 8⁰
Breslau, Jur. Diss. v. 20. Dez. 1864

Harmenopulus, Constantinus

Harmenopuli, Const., manuale legum sive hexabiblos cum appendicibus et legibus agrariis. Ad fidem antiquor. libror. mss. editionum recensuit, scholiis nondum editis locupletavit, Latinam Reitzii translationem correxit, notis criticis, locis parallelis, glossario illustravit Gust. Ernest. Heimbach. gr. 8. (XXXII u. 1003 S.) Lipsiae 851, T. O. Weigel. n. 5⅓ ₰

[Harmenopulus, Const.]: Ὁ πρόχειρος νόμος. Imperatorum Basilii, Constantini et Leonis prochiron. Codd. mss. ope nunc primum ed., prolegomenis, annotationibus et indicibus instruxit C. E. Zachariae. Acc. commentatio de bibliotheca Bodlejana ejusque codicibus ad jus Graeco-Romanum spectantibus. Heidelbergae 1837.

Harmens, Harmen Meits, (Böttcher u. Destillateur zu Nersei in Ostfriesland,) Schifffahrt zum Himmel, in welchem erstlich funfzehn Theile zur Vergleichung angeführt werden, u. darnach werden die 15 Theile mit kleinen Seufzern wiederholet, sodann wird es als ein Sinnbild vorgestellet, wie die Seele als ein Schifflein Christi nach d. seligen Ewigkeit hinfährt. Mit Kpf. 12. o. O. 796. Auf Kosten d. Verf.

Harmer, s.: Abhandlungen zur Geschichte des Stereoskops.

Harmer, K., Freikorpslieder. 12 Gedichte. 8. (14 S.) Hof 848, Grau in Comm. n. ⅙ ₰

Harmes, Christian

— — De legatis in testamento infirmato relictis. Diss. jur. Präs. Heinr. Ern. Kestner. Rinteln (Joh. Gottfr. Enax) Juli 1721. 50 S. (7.—) 13146
Widm. v.: Präs., Jo. Casp. Santoroc (Marburg), Casp. u. Dithmar v. Rheden (Bremen), Joh. Havighorst (Bremen), Carl Kessler (Bremen), Bernhard Lüder Schlepe (Wanfried/Hess.; Bremen), F. F. Pome.

Harmes, Christian (Bremen), De perpetua feminarum tutela. Von der immerwährenden Vormundschafft, unter welcher die Weiber stehen. Diss. jur. Präs. Eberhard Otto. Duisburg 12. VII. 1719. Halle (Hendel). 52 S. mit Widm. v. Präs. (6.50) 13145

— Gerhard (Bremen), De vero debitore perjurio absoluto. Disp. jur. valedictoria. Präs. Caspar v. Rheden. Bremen (Hermann Brauer) 3. IX. 1715. 42 S. (7.—) 13147
Widm. v.: Jocobus Wilhelmi, Herm. Heinecken (Brem.), Henrich Kannengiesser (O. O., dtsch.), Heinrich Bendleben, Heinrich Elderhorst (dtsch.), F. C. v. Büren.

— — De praesumtione debiti ex solutione usurarum. Diss. jur. Präs. Melch. Dethmar Grolmann. Giessen (Jo. Reinh. Vulpius' Wwe.) & E. H. Lammers) Nov. 1718. 64 S. (7.—) 13148
Widm. v.: Bernh. Ludwig Mollenbec, Präs.

— — Dasselbe. Giess. (Joh. Reinh. Vulpius' Wwe.). 68 S. (7.—) 13149
Ferner Widm. v.: L. Frantz, Immanuel Weber, Johann Caspar Santoroc, Heinr. Kannengiesser.

— — Dasselbe. Wittbg. (Hake) 1749. 64 S. ohne Widm. (6.50) 13150

Harmes, H. Ludw., praes. **Büttner,** Diss. in causas morborum et mortis subjecti cujusdam maniaci. 32 pp. Regiom. 4°.
Ebenso in: *Haller,* Disp. ad morb. 4°. Laus. 1757, I, 125—156.
1744

Harmes, Diss. in causas morborum et mortis subjecti maniaci. Regiom. 4°. *Haller,* Coll. diss. pr. I n. 15.
1774

— **Heinr. Reinhold Christian** (Bremen), Analecta quaedam practica de hydrope. Diss. med. Gött. (Johann Christian Dieterich) 1. VI. 1786. 42 S. (6.—) 13152

Harmes, Henriette, s. Emilie, od. die Macht wahrer Liebe.

Emilie oder die Macht wahrer edler Weiblichkeit. Ein Seitenstück zu der Frau von Pichler Agathokles u. deren Frauenwürde, von *Henr. H—s.* (Zahmer Roman von *Henriette Harmes,* hrsg. von Frau Richerz.) 3 Bde. Erfurt, Gotha u. Wien 1819. 8°. (7 Mk. Südd. Antiqu., München, 1907.)
Anon.-Lex. II. p. 21 (nach Kayser, Meusel, Schindel u. Goedeke), ohne den vollen Namen der Verfasserin.

— **Matthias** (Bremen), De justa liberos heredes instituendi forma. Diss. jur. Präs. Johann Friedr. Wahl. Gött. (Hager) 18. V. 1751. 86 S. (7.—) 13153

Harmlos, Fritz, Burschenauszug. Ein komisches Heldengedicht. 8. (Leipzig, Knobloch) 819.

Harmlos, Fritz, (psdn.) Burschenauszug. Ein komisches Heldengedicht. 8. Marb. 819. Krieger. 8 gr.

Harmlos, Innocenz, verfalzen, s.: Volksbühnenwerke.

Harmonia.

— — Vaterlands- und Kriegsgedichte der Deutschen. s. Handbuch z. Bildung d. Offiziers.

Harmonia: Eine Zeitschrift in zwanglosen Heften aus d. Gebiet der Politik rc. 1s Hft. 8: Frankf. a. M. 802. Behrens. 8 gr.

Harmonia. Ein Roman. 3 Bde. 8. Berl. 835. Fincke. 3½ rthl.

Harmonia. Ein Roman. 3 Bde. 8. (44 B.) Berlin 835, [Nöse.]

Harmonia. Wochenschrift für Wissenschaft und Kunst, geistige Anregung und Erholung, harmonischen Lebens- und Geschäftsverkehr, Auskünfte und Anzeigen. Herausg., verlegt und redigirt von John Wolfgang Dubjánski. 1861. 52 Nrn. 4. Oedenburg, Selbstverlag. 6 fl.

Harmonia, Organ für Wissenschaft und Kunst, geistige Anregung und Erholung, Lebens- und Geschäftsverkehr, Auskünfte und Anzeigen. Neue Folge. 12. Jahrg. 1862. Hrsgbr. und verantwortl. Redact.: Joh. Wolfg. Dubjanski. 104 Nrn. gr. 4. Oedenburg, Selbstverlag. *

Harmonia Euangelica, nebst der Harmonia animae cum Christo. Regenspurg 1711. Ü: *Geyersberg, Hector Maximilian Graf von.* (Myl)

Harmonia Evangeliorum.
— — quatuor c. reliquis N. T. libris. Graece ed. E. Stephanus. Argent. 779. 8. 1 rthl. 8 gr. Giess. 780. 8. 1 rthl. 8 gr.

Harmonia quatuor evangeliorum juxta Sectiones Ammonianas et Eusebii Canones. 4maj. Oxonii. 805.

Harmonia Gesell [Dayton]. Die Gesell Harmonia ihren lieben Freunden und Gönnern zur freundlichen Rückerinng an d Vergnugungs-Saison, 1898-99. Dayton, 1899.

Harmonia und angenehme Ordnung zwischen den sechs Schöpfungs-Tagen. O. O. [1740]. V: *Bonorden, Joh. Friedrich.* (Adel) (ML)

Harmonia sacra. Monatschrift f. kathol. Kirchenmusik. Hrsg. u. red. v. Ant. Ditko. 1. Jahrg. 1886. 12 Nrn. (½ B.) Lex.-8. Krems, (Lamprecht). n. 2. 60

Harmonia sacra. Monatsschrift für kathol. Kirchenmusik. [Mit e. Musik-Beilage.] Hrsg. u. red. v. Ant. Ditko. 2.—5. Jahrg. 1887—1890. à 12 Nrn. (½ B.) Lex.-8. Krems, (Lamprecht). à Jahrg. n. 2. 60

Harmonia sacra. Monatschrift f. kathol. Kirchenmusik. [Mit e. Musik-Beilage.] Organ d. Cäcilien-Vereines der Diöcese St. Pölten rc. Hrsg. u. red. v. Ant. Ditto. 6.—8. Jahrg. 1891—1893. à 12 Nrn. (½ Bog.) Lex.-8. Krems, (F. Lamprecht). à Jahrg. n. 2. 60

Harmonicon. – Evangelion Harmonicon, s. Kayser, Johann

Harmonie, Die, oder Grundplan zu einer bessern Erziehung . . . des weiblichen Geschlechts. A. d. Engl. Deutschland [Regensb.] 1788. Ü: *Grossing, Franz Rudolph Edler von.* (MGT) (Wr) (Krusche) (WBI.) (Ky) (SzMJ)

— die, od. Grundplan zu e. bessern Erziehung d. weibl. Geschlechts; aus d. Engl. übers. von Karl Reichsgraf. v. F—. (Frz. R. Grossing.) 8. Reutling. 788. Montag u. W. in Regensb. 12 gr.

Harmonie
⑤ 1858 ⑮ E. Jaccard écrit dans son article sur la liberté de la presse dans le Canton de Vaud (Le Progrès. Genève. 1860. no. 1): «Il y a deux ans, dans le commencement de l'année 1858, nous nous proposions d'éditer un journal à Lausanne, auquel on voulait donner le nom de l'Harmonie, publication politique et littéraire, mais nous ne pûmes le faire, grâce au peu de protection qu'accorde à l'école intellectuelle la liberté de la presse, encore à l'état d'embryon dans le canton de Vaud.»

Harmonie: L'Harmonie
① Organe des intérêts matériels de la contrée ⑤ 25. 5. 1867—20. 12. 1867 ⑥ in-2° ⑧ Ste-Croix ⑬ BGSZ: 12, p. 91.

Harmonie, Ein Beitrag zur Beförderung des Geisteslebens. Stuttgart 867. Schober. gr. 8. (V, 288 S.) 1 rthl. 10 ngr.

Harmonie. Centralblatt für die gesammten Interessen des Zitherspiels. Hauptorgan für alle im deutschen Reiche, in der Oesterreichisch-Ungar. Monarchie, der Schweiz, Grossbritannien, Amerika, sowie in allen übrigen Ländern wirk. Zither-Vereine, mit Berücksicht. auch der Guitarre-Vereine. 1. und 2. Jahrg. 1881 und 1882. à Jahrg. 12 Nrn. (à Nr. 1½ Bog.) gr. 4. Leipzig, Eulenburg. à Jahrg. 3
Nicht weiter erschienen.

Harmonie. Central-Organ f. d. ausschliessl. Interesse d. ausüb. Musiker. Red.: Otto Girschner. 8.—11. Jahrg. 1895—1898. à 24 Nrn. (à ca. 12 S.) gr. 4. Hannover, L. Oertel. à Jahrg. 1.—

Harmonie. Eine Wochenschrift f. die musikal. Welt, insonderheit f. die Interessen der ausüb. Musiker. Red.: Otto Girschner. 12. u. 13. Jahrg. 1899 u. 1900. à 52 Nrn. gr. 4. (à ca. 12 S.) Hannover, L. Oertel. à Jahrg. 1.—

— dasselbe. Zeitschrift f. die musikal. Welt, insonderheit f. die Interessen der ausüb. Musiker. Red. u. Hrsg.: Otto Girschner. 14. Jahrg. 1901. 40 Nrn. gr. 4. (à ca. 8 S.) Ebd. n. 4.—

Harmonie: Band 1, Jan. 1900–?
Monthly. Sub-title: Eine Monatsschrift zur Förderung aller Bestrebungen der Chicago Turn-Gemeinde. Quarto, each issue 8 pages; illustrated, incl. portraits. Published by the Chicago Turn-Gemeinde unter der Redaktion des Press-Ausschuß. DABZ reports on Dec. 16, 1900 that the Max Stern Printing Co. published the HARMONIE.
Chicago, IL

Harmonie [Chic. Ill]. Eine Monatsschrift zur Förderung aller Bestrebungen der Chicago Turn-Gemeinde. 8v. Chicago, 1900-08.

Harmonie, die. Zeitschrift der Vereinigg. deutscher Lehrer-Gesangvereine. Schriftleiter: Mart. Kirschstein. 1. u. 2. Jahrg. 1909 u. 1910. à 12 Nrn. (IV, 240 u. IV, 240 S. m. 7 Abb.) Lex. 8. Hamburg, H. Kampen. à Jhrg. 2.—

Harmonie der neuesten Baierischen Ehescheidungsgesetze, mit Schrift u. Tradition. (Von Jh. Jos. Batz.) gr. 8. Bamb. 809. (Wesché in Frankf.) 12 gr

BAYERN. — Harmonie der neuesten baierschen Ehescheidungsgesetze. Hamburg (Bamberg, Göbhardt) 1809.
Weller, fing. Dr.

Harmonie der vier Evangelien, in Gedächtnißversen, nebst e. Uebersicht der Apostelgeschichte u. e. an die Harmonie sich anreihenden geistl. Perlenschnur. Eine Gabe f. Schulen u. Familien. Mit e. Anh. v. Liedern. gr. 8. (VIII u. 180 S.) Basel 851, Bahnmaier in Comm. n. 12 ngr

Harmonie der wahren Grundsätze der Kirche . . . mit der bürgerlichen Verfassung des Klerus von Frankreich . . . a. d. Franz. Salzburg 1792. V: *Stattler, Bernhard* (Jes) oder *Stöger, Bernh.* (ML) (Ky) (Hr)

— der wahren Grundsätze der Kirche, Moral u. Vernunft, mit d. bürgerl. Verfass. d. französ. Klerus; aus d. Französ. (von Bh. Stöger). gr. 8. Salzb. 792. Mayr. 8 gr

— — dasselbe. 8. Grät. Tusch. 792.

— über die, der Lebenskräfte der Geschöpfe im Reiche der Natur. 8. Leipz. 807. (W. Nauck). 20 gr

— üb. die, der Lebenskräfte d. Geschöpfe im Reiche der Natur. 8. Lpz. Sommer. 807.

— du monde, où il est traité de Dieu et de la nature, son essence etc. III Livres. 8. Berl. Rottmann.

Harmonie, La parfaite. 1809—1865. Mulhouse 1865. V: *Klenck, August.* (wolfstieg I, 605)

— über, des Styls, s. Marmontel.

'Theater-Bibliothek Harmonie'. [1.] *Berlin: Harmonie [1903].* 8°
[ß.] [04. 091

— die wahre, als d. einzige Grund d. Vollkommenheit in d. physischen u. moral. Welt; eine Rede in d. Loge zum rothen Stein d. Ordens d. Harmonie gehalten. 4. Jena 764. (Knobloch in Lpz.) 3 gr

Harmonie, die wahre, als der einzige Grund der Vollkommenheit in der physikalischen und moralischen Welt, in einer Rede in der gerechten und vollk. Loge zum rothen Stein des Ordens der Harmonie am Tage der Stiftung vorgestellet von dem Bruder Redner. Jena, Melchiors Wittwe. 1764. 4. 20 S.
Damit zusammengedruckt: Die Glückseligkeit eines Staats, dessen Regent ein Harmonist ist, in dem grossen Beyspiele Heinrichs des IV. Königs von Frankreich in einer Rede geschildert und abgelesen in der ger. u. vollk. Loge zum rothen Stein des Ordens der Harmonie von dem Br. Redner. 1764. 8. S. 21—48.

Harmonieorden: Die wahre Harmonie als der einzige Grund der Vollkommenheit in der physikalischen und moralischen Welt in einer Rede in der ger. und vollk. Loge zum rothen Stein des Ordens der Harmonie am Tage der Stiftung vorgestellet von dem Br Redner. Jena: Melchior 1764. 48 S. 4⁰
[Beigedr.:] D. Glückseligkeit e. Staats dessen Regent e. Harmonist ist. 1764.
Kl. 2784, 2785, Tt. 793.

— die, der Welt nach individuellem Blicke, od. meine Vorstellungen von Gott, vom Menschen u. v. d. Welt. 8. Hanau 814. (Frkf. am M., Jäger). 16 gr

Harmonieen evangelischer Zeugnisse. Charakterist. Mahnworte aus Schweden, England, Frankreich u. Deutschland. gr. 8. (5 B.) Stuttgart 845, J. F. Steinkopf.

Harmonie-Kalender, s. a. Haus- u. Familien-Almanach, musikalischer.

Harmonie-Kalender. Violine „zur Begleitg." durch d. J. 1901. (Ausgestanzt in Form e. Violine.) Fol. (39 S. m. Abbildgn.) Berlin, Harmonie. n. 1.—

— dasselbe. Ein klangreiches Pianino „zur Begleitg." durch's J. 1902. Musikalischer Haus- u. Familien-Almanach. (Ausgestanzt in Form e. Klaviers.) qu. gr. 4. (30 S. m. Abbildgn. u. Musikbeilage 4 S. in gr. 4.) Ebd. Kart. n. 1.—

Harmonielehre mit besonderer Rücksicht auf das Wesen der Con- und Dissonnanzen der Tonart zum Gebrauch für Lehrer u. Lernende dargestellt. Nebst einem Anhang praktischer Generalbassbeispiele zur Uebung im Aussetzen einer Generalbassstimme. (Von Adph. Reichel.) Dresden 862. Kuntze. gr. 8. (XII, 203 S.) n. 1 ngr

Harmonielehre, kleine, f. Dilettanten. Od.: Anweis. z. leichten Erlernung der Kunst, eine Melodie mit Pianoforte, Guitarre, Harfe od. mehren verschied. Instrum. zu accompagniren. Nach d. Franz. bearb. v. Jul. Becker. gr. 8. (2½ B.) Leipzig 813, Friedlein u. Hirsch.

Harmonien der Götterlehren aller Völker und Zeiten. Leipzig 1776. V: *Behrisch, Henrich Wolfgang.* (Behrisch, Wiener Autoren. 1784.)

Harmonien, romantische. 8. Leipz. 797. (Rauck). 1 ℛ

HARMONIEN, Romantische. (7 zahme Erzählgn.) Mit reizendem Titelkpf. u. Titelvign. Neu-Ruppin, J. B. Kühn, 1797. 8⁰. (1 Rthl.) (5 Mk. Max Jaeckel, Potsdam, 1906.)

1. Melinda, od. die Geliebte eines Verheiratheten. 2. Eleonore, od. Liebesintriguen im Zusammenhange. 3. Emilie, od. Raserei aus Liebe. 4. Eleonore v. Valesko, od. die Liebe in Ritterkleidung. 5. Elmina, e. Erzählung (die etwas mehr als Dichtung, u. etwas weniger als Wahrheit ist, u. von vielen Lesern für e. Begeb. unsrer Tage gehalten werden möchte). 6. Almira, od. die natürlichen Wunder der Liebe. E. oriental. Erzählung. 7. Octavio u. Montreval, od. der unerwartete Ehekonsens. — Anzeige des Verlegers.

Harmonien, romant. 8. Ruppin, Kühn. (Sommer in Lpz.) 797.

les Harmonies **de la nature, poëme en 5 chants, trad. librement de H. v. Loghem et augm. d'une invocation et d'un épisode, suivi de l'amour de la patrie, poëme par Clavareau. Nouv. Edit. gr. 8. Leipz. 829. W. Vogel. 1 ℛ**

Harmonie-Statuten der Loge Karl zum Lindenberg. Genehmigt in der Lehrlingsloge den 29. Nov. 1884. [Frankfurt a. M. 1884: Weisbrod.] 5 S. 8⁰ [Kopftit.]

Harmoniesystem, das. — Nach M. Hauptmann. [Aus: „vom Ende's Schatzkästlein".] gr. 4. (4 S.) Köln (899). H. vom Ende. — 20

Harmonika, christl., in einer Auswahl v. geistl. Liedern, mit (beigedr.) 3stimm. Melodien. 3e A. 8. Basel 826. (Spittler). 3 K

Harmonika, christl., e. Auswahl v. geistl. Missions- u. Kinder-Liedern, mit 3- u. 4stimm. Melodieen. 3—5., verb. Aufl. gr. 8. (à 6¼ B.) Basel 837—39, [Bahnmaier's Buchh.] à *

Harmonika, christliche, eine Auswahl von geistlichen, Missions- u. Kinder-Liedern, mit 3- u. 4 stimmigen Melodieen. 3e verb. Aufl. gr. 8. Basel 837. 5e Aufl. 839. Spittler. n. ⅛ ℛ

Harmonika, christliche. Eine Auswahl von geistlichen, Missions- u. Kinder-Liedern mit 3- u. 4stimmigen Melodieen. 11. Aufl. oder 9. Stereot.-Abdr. Basel 864. Bahnmaier. gr. 8. (100 S.) n. 6 *ngr.*

Harmonika, christliche. Eine Auswahl von geistl. Missions- u. Kinder-Liedern mit 3- u. 4stimm. Melodieen. 12. Aufl. Basel 866. Bahnmaier's Verlag. gr. 8. (40 S.) cart. n. 6 ***ngr.***

Harmonika, neue. 25 vierstimm. Chorallieder f. kirchl. Sängerchöre. 8. (1½ B.) Zürich 845, Hanke.

Harmonium, das. Zeitschrift f. Hausmusik. Central-Organ f. die künstler. u. industriellen Interessen des Harmoniums. Organ des Vereins der Harmoniumfreunde in Berlin u. des Vereins der Harmonium-Musikfreunde in Wien. Hrsg. von Walt. Lückhoff. Oktbr. 1902—Septbr. 1903. 12 Nrn. hoch 4. (à ca. 20 S. m. Musikbeilagen.) Berlin, Verlag des Harmonium. n. 6. —

Harmonium, das. Zeitschrift f. Hausmusik. Organ des Vereins der Harmoniumfreunde in Berlin u. des Vereins der Harmonium-Musikfreunde in Wien. Hrsg.: Walt. Lückhoff. Aug.—Dezbr. 1904. 6 Nrn. (96 S. u. Musikbeilagen.) 4. Leipzig, Verlag des „Harmonium". n. 3. —

— dasselbe. Organ des Vereins der Harmoniumfreunde in Berlin, des Vereins der Harmonium-Musikfreunde in Wien, des Vereins der Freunde zur Pflege der Hausmusik zu Hamburg. Hrsg. u. unt. Red. v.: Walt. Lückhoff. 4. u. 5. Jahrg. 1905 u. 1906. à 12 Nrn. (192 u. 192 S. u. Musikbeilagen.) 4. Ebd. à Jhrg. n. 6. —

Harmonium, das. Zeitschrift f. Hausmusik. Hrsg. v. Walt. Lückhoff. 6. Jahrg. 1907/1908. 6 Nrn. (VI, 96 S. u. 6 Musikbeilagen.) 31,5×23,5 cm. Leipzig, Verlag des Harmonium. 3. —

— dasselbe 7. u. 8. Jahrg. 1909 u. 1910. à 12 Nrn. (196 u. 192 S. m. Abbildgn. u. je 12 Musikbeilagen.) 31,5×23,5 cm. Ebd. à Jahrg. 6. —

Harmonium, das, in seiner Construction u. Behandlung. Geschrieben von einem bad. Pfarrer. Mit 8 lith. Taff. Basel 868. Riehm. gr. 8. (VIII, 68 S.) 18 ***ngr.***

Harmonium-Album. Sammlung beliebter Tonstücke für Harmonium übertragen von Ernst Stapf. Leipzig u. Berlin. C. F. Peters (ca. 1875). Fol. 38 S.

Harms, Stammliste des Marine-Sanitäts-Offizierkorps, s.: Uthemann.

Harms, Antoine Frederic. Tables historiques et chronologiques des plus fameux Peintres, anciens et modernes. Bronsvic 1742. Fol.

Harms, Tables hist. et chronologiques des pl. fameux Peintres anciens et modernes. fol. Wolfb. 750.

Harms, Armin, die Provinz Hannover. Zugleich als Anh. zum Leitfaden der Geographie von D. Sommer. Braunschweig 869. Bruhn. 8. (15 S.) n. 1 ℛ 20 ***ngr.***

Falsche und wahre Grundlinien über die Entstehung des Christentums. Eine Gegenschrift gegen d. Buch von Paul Wernle: 'Die Anfänge unserer Religion'. Von **B. Harms**, Pastor in Proskau. *Gütersloh: C. Bertelsmann 1905.* (48 S.) 8° [F.] 04. 13407 B

Harms, Bernh., das Arbeitskammergesetz. Eine krit. Rede. Geh. in der vom christl. Gewerkschaftskartell veranstalteten Versammlg. zu Essen am 31. I. 1909 nebst anschließ. Diskussion m. Reden v. Giesberts u. Behrens u. Effert. (28 S.) 8. Essen 909. Fredebeul & Koenen. n — 10

Harms, B., und M. v. **Schulz**, Über Arbeitskammern. Referat, erstattet der 2. Generalversammlung der Gesellschaft für Soziale Reform, Mainz 1904. Jena, 1904. 46 S.

Harms, Bernhard. Deutsche Arbeitskammern. Untersuchungen zur Frage einer gesetzlichen Interessenvertretung der Unternehmer und Arbeiter in Deutschland. XII + 96 S. 8. Tübingen, H. Laupp, 1904. [M. 1. 80]
Darin S. 33—37: Die «Arbeitskammer» in Zürich *und* Die Genfer «Chambre de travail».

Harms, Bernhard, Dr.: Die holländischen **Arbeitskammern.** Ihre Entstehung, Organisation u. Wirksamkeit. *Freiburg i. B. 1902: C. A. Wagner.* (XII, 198 S.) 8°
Tübingen, Staatswiss. Hab.-Schr. v. 1902
(Nicht für den Austausch)

die holländischen Arbeitskammern. Ihre Entstehg., Organisation u. Wirksamkeit. (XII, 198 S.) gr. 8. Tübingen 903. J. C. B. Mohr. n. 5. —

— dasselbe, s.a. Schriften der Gesellschaft f. soziale Reform. 12. Hft.

Harms, Bernh., Arbeitskammern u. Kaufmannskammern. Gesetzliche Interessenvertretgn. der Unternehmer, Angestellten u. Arbeiter. (III, 56 S.) gr. 8. Tübingen 906. H. Laupp. n. — 80

Harms, Bernhard, Dr. d. Staatswiss.: **Zur Entwickelungsgeschichte der Deutschen Buchbinderei in der zweiten Hälfte des 19. Jahrhunderts.** Technisch — Statistisch — Volkswirtschaftlich. Mit 6 Tab. *Tübingen & Leipzig: J. C. B. Mohr 1902.* (VIII, 184 S.) 8°
Tübingen, Staatswiss. Diss. v. 1902
(Nicht für den Austausch)

Harms, evang. u. kath. Gesch., s. Festgaben f. Neumann.

— **die örtliche Herkunft der evangel. u. kathol. Geistlichen in Württemberg, s.: Festgaben f. Friedrich Julius Neumann.**

Ist das deutsche Handwerk konkurrenzfähig? Von Bernhard **Harms.** Leipzig: Grübel & Sommerlatte 1900. 57 S. 8° A 15.14046 B

Harms, Bernh., ist das deutsche Handwerk konkurrenzfähig? gr. 8. (57 S.) Leipzig 900. Bernh. Meyer. n. 1. —

— Ferdinand Lassalle u. seine Bedeutung f. die deutsche Sozialdemokratie. (VII, 128 S.) 8. Jena 909. G. Fischer. 1.50; geb. 2. —

Harms, Bernh., der Maximalarbeitstag. Vortrag, geh. auf der 17. Tagg. des evangelisch-sozialen Kongresses in Jena. (51 S.) gr. 8. Tübingen 907. H. Laupp. n. — 80
Sonderabdruck aus: „Verhdlgn. d. 17. ev.-soz. Kongr."

— Die Münz- u. Geldpolitik der Stadt Basel im Mittelalter, s.a. Zeitschrift f. die gesamte Staatswissenschaft.

Die Münz- und Geldpolitik der Stadt Basel im Mittelalter. Von Bernhard **Harms.** Mit 2 Diagr. Tübingen: H. Laupp 1907. (XII, 254 S.) 8°
= **Zeitschrift** f. d. gesamte Staatswissenschaft. Erg. H. 23. [07. 4931]

— s. **Probleme der Weltwirtschaft.**

— s.: **Staat u. Wirtschaft.**

Harms, Bernhard. Der Stadthaushalt Basels im ausgehenden Mittelalter. Quellen und Studien zur Basler Finanzgeschichte. Mit Unterstützung der Historischen und Antiquarischen Gesellschaft zu Basel hrg. von Dr B' H'.... Abteilung I: Band 1. — *A. u. d. T.:* Der St' B' im ausg' M'. Abteilung I: Die Jahresrechnungen 1360—1535. Band 1: Die Einnahmen. XXVI + 532 S. gr.-8. Tübingen, Komm. H. Laupp, 1909. [M. 25. —]

Harms, Bernhard. Der Stadthaushalt Basels im ausgehenden Mittelalter. Quellen und Studien zur Basler Finanzgeschichte. Mit Unterstützung der Historischen und Antiquarischen Gesellschaft zu Basel hrg. von Dr B' H'.... Abteilung I: Band 2. — *A. u. d. T.:* Der St' B' im ausg' M'. Abteilung I: Die Jahresrechnungen 1360—1535. Band 2: Die Ausgaben 1360—1490. IV + 503 S. gr.-8. Tübingen, Komm. H. Laupp, 1910. [M. 25. —]

Harms, Carsten, s. Harms, Karsten

Harms, Christian

Harms, Chr., zwei Abhandlungen üb. den Rechenunterricht. Das Rechnen m. den Zahlen 1 bis 100, e. didakt. Skizze. Über Rechenunterricht u. Rechenbücher, e. Rück- u. Umschau. gr. 8. (IV, 72 S.) Oldenburg 889. Stalling's Verl. n. — 80

Harms, Christn., method. geordnete Aufgaben z. Uebung im schriftl. Rechnen, f. gehobene Volksschulen u. die unteren Classen der Gymnasien u. Realschulen. 8. (25 B.) Oldenburg 841, Stalling.

Harms, Chrn., methodisch geordnete Aufgaben zur Uebung im schriftlichen Rechnen, f. gehobene Volksschulen u. die unteren Classen der Gymnasien u. Realschulen. 2. Aufl. 8. (VIII u. 392 S.) Oldenburg 850, Stalling. n. 1/2 ₰

Harms, Chrn., methodisch geordnete Aufgaben zunächst zur Uebung im schriftlichen Rechnen für gehobene Volksschulen u. die untern Classen der Gymnasien u. Realschulen. 4. Aufl., worin die neuen Gewichts- u. Münzverhältnisse berücksichtigt, u. die auch fürs Kopfrechnen geeigneten Aufgaben besonders (mit einem Sternchen) bezeichnet sind. Oldenburg 857. Stalling. 8. (VIII, 408 S.) n. 15 ngr.

Harms, Chrn., methodisch geordnete Aufgaben zunächst zur Uebung im schriftlichen Rechnen für gehobene Volksschulen und die unteren Classen der Gymnasien u. Realschulen. 5. Aufl. (Die auch fürs Kopfrechnen geeigneten Aufgaben sind besonders [mit einem Sternchen] bezeichnet.) Oldenburg 860. G. Stalling. 8. (VIII, 408 S.) n. 15 ngr.

Harms, Chrn., methodisch geordnete Aufgaben zunächst zur Uebung im schriftlichen Rechnen für gehobene Volksschulen u. die unteren Classen der Gymnasien u. Realschulen. 6., auf Grund der neuen Maß- u. Gewichtsordnung umgearb. Aufl. Oldenburg 869. Stalling's Verlag. 8. (VIII, 392 S.) n. 15 ngr.

Harms, Chrn., methodisch geordnete Aufgaben zunächst zur Uebung im schriftlichen Rechnen f. gehob. Volksschulen u. die unteren Classen der Gymnasien u. Realschulen. 7. Aufl., auf Grund der neuen Maß- u. Gewichtsordng. umgearb. 2. Aufl. 8. (X, 391 S.) Oldenburg 871. Stalling's Verl. n. 1. 50

— Bemerkgn. üb. methodisches Rechnen, s.: Programm, 7., der Vorschule u. höh. Bürgerschule zu Oldenburg.

— kurze Darstellung der Entwicklung des Schulwesens der Stadt Oldenburg. Oldenburg 859. Schulze. gr. 8. (55 S. u. 1 Tab. in 4.) 6 ngr.

—— Fabeln, Parabeln u. Räthsel über Gegenstände d. Natur f. d. Jugend. gr. 8. (3¼ B. u. 8 Stnt.) Oldenburg 842, Stalling.

— Fibel für Schule u. Haus. Oldenburg 867. Schulze'sche Buchh. gr. 8. (48 S.) 3 ngr.

— — 2. Aufl. Ebend. 870. gr. 8. (80 S.) n. 4 ngr.

Harms, Chr. Zur Geschichte des Schulwesens in der Stadt Oldenburg. XXIV S. Progr. OR. Oldenburg 1878.

Harms, Chr., Kopfrechenbuch, eine Anleitung zur Lösung vieler angewandten Kopfrechenaufgaben. gr. 8. (VIII, 103 S.) Oldenburg 877. Stalling's Verl. n. 1. 50

— das Kopfrechnen in Mittelclassen. Oldenburg 860. G. Stalling. 8. (IV, 80 S.) n. 5 ngr.

— das neue Maß- u. Gewichtssystem nebst einigen Bemerkungen über den Rechenunterricht. Ebend. 869. gr. 8. (40 S.) 7½ ngr.

— das Real-Schulwesen des Großherzogthums und die Erhebung der höheren Bürgerschule in Oldenburg zur Staatsanstalt. Ein Vortrag, gehalten im literar.-geselligen Verein zu Oldenburg. Ebend. 858. 8. (37 S.) n. 4 ngr.

— und Alb. Kuckuck, Rechenbuch für Gymnasien, Realschulen, Gewerbeschulen und höhere Bürgerschulen. 1. Aufl. 1870, und 2. Aufl. 8. (VIII, 300 S.) Oldenburg 872, Stalling's Verlag. *

— — dass. — für Gymnasien, Realschulen, Gewerbeschulen, höhere Bürgerschulen, Seminare &c. 3. Aufl. 1874, und 4. Aufl. 8. (VIII, 262 S.) Ebendas. 875. *
Resultate (27 S.) **

— und Alb. Kallius [Kuckuck]. Rechenbuch für Gymnasien, Realschulen, Gewerbschulen, höhere Bürgerschulen-Seminare &c. 5.—7. Aufl. gr. 8. (VIII, 262 S.) Ebendas. 877—79. *

— und Alb. Kallius, Rechenbuch für Gymnasien, Realschulen, Gewerbeschulen, höhere Bürgerschulen, Seminare &c. 8.—11. Aufl. gr. 8. (VIII, 262 S.) Ebendas. 881—84. *

— und Alb. Kallius, Rechenbuch für Gymnasien, Realgymnasien, Ober-Realschulen, Realschulen, höhere Bürgerschulen, Seminare &c. 12. Aufl. (VIII, 262 S.) 1885; 13. Aufl. gr. 8. (VIII, 264 S.) Ebendas. 887. * 2 25

— u. A. Kallius, Rechenbuch f. Gymnasien, Realgymnasien, Ober-Realschulen &c. 14. Aufl. gr. 8. (VIII, 264 S.) Ebd. 889. n. 2. 25; geb. n.n. 2. 55

— — dasselbe. Antworten zu den Aufgaben im Rechenbuche. gr. 8. (28 S.) Ebd. 890. n. — 40

— u. Alb. Kallius. Rechenb. f. Gymnasien, Realgymn., Ob.-Realsch. &c. 15. Aufl. gr. 8. (VIII, 264 S.) Ebd. 891. * 2 25; geb. ** 2 75

— u. Alb. Kallius, Rechenbuch f. Gymnasien, Realgymnasien, Ober-Realschulen, Realschulen, höhere Bürgerschulen, Seminare u. s. w. 17. Aufl. (100.—115. Taus.) gr. 8. (VIII, 264 S.) Ebd. 894. Geb. in Leinw. n. 2. 75; Antworten zu den Aufgaben (28 S.) n.n. — 50

— u. Alb. Kallius, Rechenbuch f. Gymnasien, Realgymnasien, Ober-Realschulen, Realschulen, höh. Bürgerschulen, Seminare u. s. w. Antworten zu d. Aufgaben. (Neudruck.) gr. 8. (28 S.) Ebd. 896. n. — 80

Harms, Chr., u. Alb. Kallius, Rechenbuch f. Gymnasien, Realgymnasien, Ober-Realschulen, Realschulen, höhere Bürgerschulen, Seminare u. s. w. 20. Aufl. 150. bis 170. Taus. gr. 8. (VIII, 264 S.) Oldenburg 899. G. Stalling's Verl. Geb. in Leinw. n. 2. 85

— — dasselbe. Antworten zu den Aufgaben. (Neudr.) gr. 8. (28 S.) Ebd. 900. n. — 80

— u. Alb. Kallius, Rechenbuch f. Gymnasien, Realgymnasien, Ober-Realschulen, Realschulen, höhere Bürgerschulen, Seminare u. s. w. 23. Aufl. (VIII, 264 S.) gr. 8. Ebd. 905. Geb. in Leinw. n. 2. 80; Antworten zu den Aufgaben. (Neudr.) (28 S.) n. — 80

— Rechenbuch f. die Oberklassen gehobener Volks- u. Fortbildungsschulen u. die mittleren Classen höherer Schulen (der methodisch geordneten Aufgaben. 8. Aufl.) II. Thl. 8. (IV, 91 u. 15 S.) Ebend. 876. n. 1. —

Harms, Chrn., Rechenbuch für Volksschulen. Kleine Ausg. der „Methodisch geordneten Aufgaben," enthaltend: Das Rechnen mit gleich- und ungleichbenannten Zahlen vollständig; — das Rechnen mit und nach Brüchen im Auszuge. 1. Aufl. 1859. 7½ Ngr. und 2. Aufl. 8. (IV und 188 S.) Oldenburg 860. G. Stalling's Verlag. *

— Rechenbuch für Volksschulen. Kleine Ausg. der 6. Aufl. der „Methodisch geordneten Aufgaben." 4. Aufl. Oldenburg 869. Stalling's Verl. 8. (VI, 228 S.) n. 10 ngr.

— Rechenbuch für Volksschulen und die unteren Classen höherer Schulen. 5. Aufl. gr. 8. (VI, 277 S.) Oldenburg 874, Stalling's Verlag. *

— Rechenbuch f. Volksschulen u. die unteren Classen höherer Schulen (der methodisch geordneten Aufgaben. 8. Aufl. 1. Thl. 6. Aufl. 8. (IV, 283 S.) Ebend. 876. n. 1. 50

— Rechenbuch für Volksschulen u. die unteren Classen höherer Schulen [der methodisch geordneten Aufgaben. 9. Aufl. 1. Thl.]. 7. Aufl. 8. (IV, 240 u. Antworten 44 S.) Oldenburg 880. Stalling's Verl. n. 1. 50

Harms, Christ., Rechenbuch für Volksschulen und die unteren Klassen höherer Schulen [der methodisch geordneten Aufgaben 10. Aufl. 1. Tl.]. 8. Aufl. gr. 8. (IV, 240 S., Antworten 44 S.) Oldenburg 887, Stalling's Verlag. [ℳ 1.50.] * 1 80

Harms, Chr., Rechenbuch f. Volksschulen u. die unteren Klassen höherer Schulen (der methodisch geordneten Aufgaben. 11. Aufl. I. Tl.). 9. Aufl. gr. 8. (VIII, 248 u. 44 S.) Oldenburg 894. G. Stalling's Verl. 1. 50

Harms, Chr., Rechenbuch f. Volksschulen u. die unteren Klassen höherer Schulen. 10. Aufl. Bearb. von J. H. Oehlmann u. H. Ribken. 8. (VIII, 264 S. m. Fig.) Oldenburg 900. G. Stalling's Verl. n. 1. 60

— dasselbe. Antworten u. Erläutergn. Bearb. von J. H. Oehlmann u. H. Ribken. 8. (56 S.) Ebd. 900. n.n. — 35

Harms, Chr., Rechenbuch f. Volksschulen u. die unteren Klassen höherer Schulen. Bearb. v. J. H. Oehlmann u. H. Ribken. 2 Bde. 11. Aufl. (VIII, 144 u. IV, 120 S. m. Fig.) 8. Oldenburg 906. G. Stalling's Verl. Geb. à n.n. 1. 05

Harms, Chr., Rechenbuch f. Volksschulen u. die unteren Klassen höh. Schulen. Bearb. v. J. H. Oehlmann u. H. Ribken. I. Bd. 12. Aufl. (VIII, 144 S. m. Fig.) 8. Oldenburg 909. G. Stalling's Verl. Geb. nn 1. 05

— Rechenbuch für die Vorschule. 8. (VIII, 72 S.) Oldenburg 870, Stalling's Verlag. * — 60

— dass. — 1. und 2. Heft. 2. Aufl. 8. Ebendas. 868. *
Inhalt:
Heft 1. Das Rechnen im Zahlenkreise von 1—10; 1—20; 1—100. (IV, 44 S.) * 40 Pf.
" 2. (IV, 34 S.) * 70 Pf.

— Rechenbuch f. die Vorschule. 1. u. 2. Hft. 2. Aufl. 8. Ebend. 875. n. 1. 10
1. Das Rechnen im Zahlenkreise von 1—10; 1—20; 1—100. (IV, 44 S.) n. — 40
2. (IV, 84 S.) n. — 70

—— Rechenbuch für die Vorschule. 2 Hefte. 3. Aufl. 8. Ebendas. [1. Heft. (IV, 44 S.) 879. * 40 Pf.; 2. Heft. (IV, 83 S.) 878. * 70 Pf.] *

Harms, Chr., Rechenbuch f. die Vorschule. 1. u. 2. Hft. 4. Aufl. 8. Oldenburg 881. Stalling's Verl. n. 1. 10
1. (IV, 44 S.) n. — 40
2. (IV, 83 S.) n. — 70; cart. n. — 80

Harms, Chr., Rechenbuch f. die Vorschule. 2 Hfte. 5. Aufl. 8. Oldenburg 883. Stalling's Verl. n. 1. 10; Einbände à n. n. — 8
1. (IV, 44 S.) n. — 40. — 2. (IV, 88 S.) n. — 70

—— Rechenbuch für die Vorschule. 2 Hefte. 6.—8. Aufl. 8. Ebendas. 885—89. [1. Heft. (IV, 44 S.) cart. * 50 Pf.; 2. Heft. (IV, 88 S.) * 80 Pf.] * 1 30

Harms, Chr., Rechenbuch f. d. Vorschule. 1. Hft. 9. Aufl. 8. (IV, 44 S.) Oldenburg 893. G. Stalling's Verl. Kart. n. — 50

Rechenbuch f. die Vorschule. 2. Hft. 9. Aufl. 8. (IV, 92 S.) Ebd. 892. Kart. n. — 80

— Rechenbuch f. die Vorschule. 1. Hft.: das Rechnen im Zahlenkreise von 1—10; 1—20; 1—100. 11. Aufl. 8. (IV, 44 S.) Ebd. 900. Kart. n. — 50

— Rechenbuch f. die Vorschule. 1. u. 2. Hft. 8. Ebd. 905. Kart. n. 1. 60
1. Das Rechnen im Zahlenkreise von 1—10; 1—20; 1—100. 13. umgearb. Aufl. (IV, 64 S. m. Abb.) Kart. n. — 60
2. Das Rechnen im Zahlenkreise von 1—1000; 1—10,000; 1—1,000,000 rc. 15. umgearb. Aufl. (VII, 98 S.) Kart. n. — 90

— Rechenbuch f. die Vorschule. I. Heft: Das Rechnen im Zahlenkreise von 1—10; 1—20; 1—100. 15. Aufl. (IV, 64 S.) 8. Ebd. 909. Kart. — 60

— dasselbe. Antworten (zum I. u. II. Bde.). (44 S.) 8. Ebd. 909. nn — 50

— das abgekürzte Rechnen u. das Rechnen m. abgekürzten Zahlen. gr. 8. (IV, 32 S.) Ebend. 872. n. — 50

— das Rechnen mit ungleich benannten Zahlen, hauptsächlich in ihrer Anwendung auf die neuen Gewichts- u. Münzverhältnisse. (Abdr. aus des Verf. Rechenbuch; zugleich als Ergänzungsheft zu den früheren Aufl.) Ebend. 847. 8. (48 S.) 3 ngr

—— das Rechnen mit ungleich benannten Zahlen, hauptsächlich in ihrer Anwendung auf die neuen Gewichts- und Münzverhältnisse. (Abdr. aus der 2. Ausg. der 4. Aufl. von des Verf. Rechenbuch; zugleich als Ergänzungsheft zu den früheren Aufl.) 8. (48 S.) Oldenburg 857, G. Stalling's Verlag.

—— das Rechnen mit den Zahlen von 1—100, eine didaktische Skizze. gr. 8. (40 S.) Oldenburg 860, G. Stalling's Verlag. *

Harms, Chr. Das Schulwesen des Grofsherzogtums Oldenburg. 12 S. Progr. OR. *Oldenburg* 1882.

— die erste Stufe des mathematischen Unterrichts in e. Reihenfolge methodisch geordneter arithmet. u. geometr. Aufgaben dargestellt. 1. Abthlg.: Arithmetische Aufgaben. gr. 8. (VIII u. 112 S.) Ebd. 852. n. 5/12 ₰

— die erste Stufe des mathematischen Unterrichts in einer Reihenfolge methodisch geordneter arithmetischer u. geometrischer Aufgaben dargestellt. 2. Abth. Geometrische Aufgaben. Ebend. 854. gr. 8. (XII, 103 S.) n. 12½ ngr

— die erste Stufe des mathematischen Unterrichts in einer Reihenfolge methodisch geordneter arithmet. u. geometr. Aufgaben dargestellt. 1. Abthl. Arithmetische Aufgaben. 2. Aufl. Ebend. 869. gr. 8. (IV, 128 S.) n. 12½ ngr

— — 2. Abthl.: Geometrische Aufgaben. 2. Aufl. Ebend. 868. gr. 8. (VIII, 96 S.) n. 12½ ngr

— die erste Stufe d. mathematischen Unterrichts in e. Reihenfolge methodisch geordneter arithmet. u. geometr. Aufgaben. 1. Abth. Arithmetische Aufgaben. 3. Aufl. gr. 8. (IV, 131 S.) Ebend. 873. n. 1. 25

— die erste Stufe des mathematischen Unterrichts in einer Reihenfolge methodisch geordneter arithmetischer u. geometrischer Aufgaben dargestellt. 1. u. 2. Abth. 8. Ebend. 879. 80. à n. 1. 25
1. Arithmetische Aufgaben. 4. Aufl. (IV, 132 S.)
2. Geometrische Aufgaben. 3. Aufl. (X, 89 S.)

Harms, Christoph: Zur Prophylaxe der Thrombose und Embolie im Wochenbett. Freiburg 1908: (Vopelius, Jena). 43 S. 8°
Freiburg i. B., Med. Diss. v. 1908, Ref. Krönig
[Geb. 31. Dez. 77 Goslar; Wohnort: Aurich; Staatsangeh.: Preußen; Vorbildung: Gymn. Aurich Reife O. 02; Studium: Freiburg i. B. 7, München 2, Tübingen 1 S; Coll. 26. Juli 07.] [U 09. 932

Harms, Cl., die Schule e. Stätte des Lichts, der Liebe u. des Lebens. Ansprache, geh. bei seiner Einführung als Rektor der Mädchenschule in Preetz. gr. 8. (8 S.) Braunschweig 901. H. Wollermann. — 15

Harms, Claus, s. Harms, Klaus

Harms, Clemens, s. Harms, Klemens

Harms, E. M. (E. M. Hamann), Abriß der Geschichte der deutschen National-Litteratur, s.: Brugier, G.

Harms, Erich, unter Verschwörern, s. a. Welt, alle.

Unter Verschwörern. Novelle von Erich Harms. *Berlin: A. Weichert [1900].* (47 S.) 8° [ℱ]
= Welt, Alle. Bd 18. [08. 1180

Harms, Erich, Tierarzt: Aus d. Tropenabt. d. hygien. Inst. d. Tierärztl. Hochsch. zu Berlin ⟨Leiter: Frosch, Abteilungsvorst.: Knuth⟩. Chemotherapeutische Versuche bei der Nagana. Berlin 1910: Schumacher. 47 S. 8° ¶(Aus: Archiv f. wiss. u. prakt. Tierheilk. Bd 36.)
Gießen, Veterinär-Med. Diss. v. 4. Okt. 1910, Ref. Olt
[Geb. 6. Dez. 83 Güstrow; Wohnort: Berlin; Staatsangeh.: Mecklenburg-Schwerin; Vorbildung: Realgymn. Güstrow Reife M. 03; Studium: Tierärztl. Hochschulen Hannover 5, Berlin 5 S.; Rig. 9. Juli 09.] [U 11. 1286

Harms, F. M., s.: Blätter f. Seemanns-Mission.

Harms, F. M., die Seemannsmission, s.: Zimmer's Handbibliothek der praktischen Theologie.

Harms, Frdr., Abhandlungen zur systematischen Philosophie. Berlin 868. Hertz. gr. 8. (XIII, 297 S.) n. 1 *aℬ* 20 *ngr.*

Harms, Friedr., der Anthropologismus in der Entwicklung der Philosophie seit Kant u. Ludwig Feuerbachs Anthroposophie. gr. 8. (17 B.) Leipzig 845, Otto Wigand. *

Harms, F., Begriff, Formen u. Grundlegung d. Rechtsphilosophie. Aus dem handschriftl. Nachlasse des Verf. hrsg. v. H. Wiese. gr. 8. (VIII, 151 S.) Leipzig 889. Grieben. n. 3. —

—— über den Begriff der Psychologie. gr. 4. (77 S.) Berlin 874, Dümmler's Verlag. *
Aus: Abhandlungen der k. Akademie der Wissenschaften zu Berlin, besonders abgedruckt.

— über den Begriff der Wahrheit. [Aus: Abhandlgn. d. k. Akad. d. Wiss. zu Berlin".] gr. 4. (37 S.) Ebend. 876. n. 1. 50

Harms, F., Einleitung in die Physik, s. Karsten, G.

Harms, F., Encyklopadie der Physik.
I. Karsten, G., Philosophische Einleitung in die Physik.
V. Grashof, Angewandte Mechanik.
IX. Helmholtz, Physiologische Optik.
XX. Kuhn, Angewandte Elektricitätslehre. 1., 3. Abschn.

— Ethik. Aus dem handschriftl. Nachlasse d. Verf. hrsg. v. H. Wiese. gr. 8. (XI, 283 S.) Ebd. 889. n. 6. —

Harms, Frdr., Johann Gottlieb Fichte. Ein Vortrag gehalten am 15. März 1862. Kiel 862. Homann. gr. 8. (24 S.) n. 6 *ngr.*

Flieder und Asparagus. Lehrb. d. Anzucht, Kultur u. Treiberei d. Flieders, sowie der Grosskultur d. Schnittgrün-Asparagus. Beschreibg d. besten Sorten u. deren lohnendste Verwendg. Von Friedrich **Harms**. M. 4 Taf. u. 29 Abb. im Text. *Erfurt: L. Möller 1897.* (4 Bl., 94 S.) 1 Bd 8. [98. 9792 IIa

Harms, Frdr., die Formen der Ethik. [Aus: „Abhandlgn. d. kgl. Akad. d. Wiss."] gr. 4. (42 S.) Berlin 878. Dümmler's Verl. in Comm. n. 2. —

— über die Lehre v. Friedrich Heinrich Jacobi. [Aus: „Abhandl. d. k. Akad. d. Wiss. zu Berlin."] gr. 4. (17 S.) Berlin 876. Dümmler's Verl. n. — 60

Harms, Frdr., Logik. Aus dem handschriftl. Nachlasse d. Verf. hrsg. v. Heinr. Wiese. gr. 8. (XII, 308 S.) Leipzig 886. Th. Grieben. n. 6. —

— Metaphysik. Aus dem handschriftl. Nachlasse d. Verf. hrsg. v. Heinr. Wiese. gr. 8. (XI, 145 S.) Breslau 885. Köhler. n. 2. 40

— Methode d. akademischen Studiums. Aus dem handschriftl. Nachlasse d. Verf. hrsg. v. Heinr. Wiese. gr. 8. (VIII, 119 S.) Leipzig 885. Th. Grieben. n. 1. 60

– (Hrsg.), s. Monatsschrift, Allgemeine, für Wissenschaft und Literatur.

Harms, Frdr., Naturphilosophie. A. d. handschriftl. Nachlasse d. Verf. hrsg. v. Heinr. Wiese. gr. 8. (IV, 204 S.) Leipzig 895. Th. Grieben. n. 3. —

— die Philosophie Fichte's nach ihrer geschichtlichen Stellung u. nach ihrer Bedeutung. Ebend. 862. gr. 8. (36 S.) n. 7½ *ngr.*

— die Philosophie in ihrer Geschichte. 1. u. 2. Thl. 8. Berlin 878. 81. Th. Hofmann. n. 12. 30
1. Geschichte der Psychologie. 2. (Titel-) Ausg. (X, 398 S.) n. 7. 50
2. Geschichte der Logik. (VIII, 240 S.) n. 4. 80

— dasselbe. s. a. Bibliothek für Wissenschaft u. Literatur.

Harms, F., die Philosophie seit Kant, s. a. Bibliothek f. Wissenschaft u. Literatur.

(Bibliothek für Wissenschaft und Literatur. Bd. 8. Philosoph. Abth. Bd. 2.)
Die Philosophie seit Kant v. Friedrich **Harms**. Berlin. 1876. 8°.

— die Philosophie seit Kant. 2. (Titel-)Ausg. gr. 8. (XIII, 603 S.) Berlin 879. Th. Hofmann. n. 12. –

Harms, Arthur Schopenhauer's Philosophie. Ein Vortrag. gr. 8. (44 S.) Berlin 874. Hertz. n. 1. —

— allgemeine Physik, s. Encyklopädie, allgemeine, der Physik.

Harms, Frdr., Prolegomena zur Philosophie. gr. 8. (XVI u. 215 S.) Braunschweig 852, Schwetschke & Sohn. 1 *aℬ* 9 *ngr.*

[F.] Psychologie v. Dr. Friedrich **Harms**, weil. o. Prof. ... zu Berlin ... A. d. hs. Nachl. d. Vfs hrsg. v. Dr. Heinrich Wiese. *Leipzig: Th. Grieben 1897.* (XII, 204 S.) 1 Bd 8. [97. 2561

— über die Psychologie v. Johann Nicolas Tetens. [Aus: „Abhandlungen d. kgl. Akad. d. Wiss."] gr. 4. (32 S.) Berlin 878. Dümmler's Verl. in Comm. n. 1. 50

— Rede zur Feier des 100jährigen Geburtstages von Joh. Glieb. Fichte an der Christian-Albrechts-Universität gehalten am 19. Mai 1862. Kiel, (Akadem. Buchhdlg.) gr. 4. (15 S.) n. 4 *ngr.*

—— Rede zur Feier des 100jährigen Geburtstages von Joh. Glieb. Fichte an der Christian-Albrechts-Universität gehalten am 19. Mai 1862. gr. 4. (15 S.) Kiel 862, (G. v. Maack's Verlag.) *

— die Reform der Logik. [Aus: „Abhandlungen d. k. Akad. d. Wiss. zu Berlin".] gr. 4. (49 S.) Berlin 874. Dümmler's Verl. in Comm. n. 3. —

Ueber den Staat. Von Friedrich **Harms**. (Festprogramm zur Feier des Geburtstages Herzogs Friedrich VIII.) Kiel. 1865. 4°.

—— Siehe in: Schriften d. Univ. zu Kiel. Bd. 12. 4°.

Zur Erinnerung an Georg Wilh. Friedr. Hegel. Vortrag gehalten in der Königl. Friedrich-Wilhelms-Universität am 3. Juni 1871 von Friedr. **Harms**. Berlin 1871. (29 S.) 4° *) Wieder abgedr. in d. Philosoph. Monatsheften VII 1871 S. 145-161.

Harms, F[ritz], Dr.: Studien über die elektrischen Erscheinungen bei der Phosphoroxydation. *Würzburg 1904: H. Stürtz.* (34 S.) 8°
Würzburg, Phil. Hab.-Schr. v. 1904

Harms, Fritz, aus Wolfenbüttel: Ueber die Verwendung des Calorimeters zu Messungen mit schnellen elektrischen Schwingungen. *Würzburg 1901: Stahel.* (42 S.) 8°
Göttingen, Phil. Diss. v. [31. Mai] 1901

Harms, Fritz, über die Verwendung des Calorimeters zu Messungen m. schnellen elektr. Schwingungen. Diss. gr. 8. (43 S.) Würzburg 901. (Göttingen, Vandenhoeck & Ruprecht.) n. 1. —

Harms, *Gustav* [cand. med.]: Ueber perforierende Karzinome der Schädeldecken und ihre Aussichten ... Oldenburg, Druck v. A. Littmann, 1893; 25 S. 8.
Erlangen, Med. Fak., Inaug.-Diss. v. 7. März 1892

Harms, Gustav, aus Norden: Aus d. Königl. Frauenklinik zu Bonn. Üble Zufälle bei Gebärmutterausspülungen im Wochenbett. *Bonn 1898: J. Bach Wwe.* (27 S.) 8°
Bonn, Med. Diss. v. [30.] Juli 1898

Harms, Heinrich: A r a l i a c e a e , s. E n g l e r , Adolf, u. K. Prantl: Die natürlichen Pflanzenfamilien.

Harms, Heinrich, cand. med.: Beitrag zur Fluorfrage der Zahn- und Knochenaschen. (Aus d. pharmakolog. Institut zu München.) *München 1899: R. Oldenbourg.* (16 S.) 8°
München, Med. Diss. v. 1899

– C o r n a c e a e , s. E n g l e r , Adolf, u. K. Prantl: Die natürlichen Pflanzenfamilien.

Harms, H., Erdkunde in entwickelnder, anschaulicher Darstellung. I. Vaterländ. Erdkunde. M. 80 Abb. im Text u. 4 farb. Kärtchen. 2. Aufl. gr. 8. (XV, 356 S.) Braunschweig 898. H. Wollermann. n. 4. —; geb. in Halbfrz. n. 4. 75

— Erdkunde in entwickelnder, anschaulicher Darstellung. I. Vaterländische Erdkunde. Mit 104 Abbildgn. im Text u. 4 farb. Kärtchen. 5. verm. Aufl. gr. 8. (XVI, 440 S.) Ebd. 902. Geb. in Leinw. n. 5. —

— Erdkunde in entwickelnder, anschaulicher Darstellung. 1. Bd. Vaterländische Erdkunde, m. Anh.: Deutschlands Kolonien. Mit 188 Abbildgn. im Text u. 4 farb. Kärtchen. 7. verm. Aufl. (XVI, 518 S.) gr. 8. Ebd. 906. Geb. in Leinw. od. Halbfrz. n. 5. —

Harms, H[einrich]. Erdkunde in entwickelnder, anschaulicher Darstellung. Band 2.... — *A. u. d. T.:* Länderkunde von Europa, einschliesslich Völker- und Wirtschaftskunde. Mit 259 Abbildungen. XVI + 500 S. 8. Leipzig, List & von Bressensdorf, 1908. [geb. M. 5. —]
Darin S. 145—187: Die Alpen; *S. 187—198:* Die Schweiz; *s. auch S. 8 f. 11 15. 419 etc.*

— **Erdkunde in entwickelnder, anschaulicher Darstellung. 1. u. 2. Bd. gr. 8. Leipzig, List & v. Bressensdorf. Geb. à 5. —**
1. Vaterländische Erdkunde m. Anh.: Deutschlands Kolonien. Mit 183 Abbildgn. im Text u. 4 farb. Kärtchen. 8. neubearb. u. verm. Aufl. (XVI, 528 S.) 909.
2. Länderkunde v. Europa, einschließlich Völker- u. Wirtschaftskunde. (XVI, 500 S. m. 259 Abbildgn.) 908.

Harms, Heinrich, Festschrift aus Anlaß der 60 jähr. Jubelfeier des M o e r s e r Turnvereins, 4.–5. 6. 1910, 40 S., 8°.

Harms, H., Genera Siphonogamarum, s.: **Dalla Torre**, Karl Wilhelm von

Harms, H: Grundsätze für einen neuen Schulatlas. Hamburg 1891

Harms-Dörnick, H., die Hirten bei Bethlehem. E. Weihnachts-Aufführg. f. reifere Knaben od. Erwachsene. 12. (14 S.) Ebd. 898. n. — 25

— **Die Hirten bei Bethlehem. Eine Weihnachts-Aufführg. f. reifere Knaben od. Erwachsene. 2. Aufl. (14 S.) 8. Braunschweig 907. Leipzig, List & v. Bressensdorf. — 50**

Harms, H., Deutschlands Kolonien. [Aus: „Vaterländ. Erdkunde".] gr. 8. (36 S.) Braunschweig 902. H. Wollermann. n. — 50

Harms, H., Deutschlands Kolonien. 2. verm. Aufl. (61 S. m. 35 Abbildgn.) gr. 8. Braunschweig 904. [H. Wollermann.] Leipzig, List & v. Bressensdorf. n. — 60
Sonderabdruck aus: „Vaterländ. Erdkunde".

— **Deutschlands Kolonien. (Aus: „Vaterländ. Erdkunde. [8. Aufl.]") 3. Aufl. (64 S. m. 31 Abb.) gr. 8. Leipzig 909. List & v. Bressensdorf. — 60**

– M a l e s h e r b i a c e a e , s. E n g l e r , Adolf, u. K. Prantl: Die natürlichen Pflanzenfamilien.

– M e l i a c e a e , s. E n g l e r , Adolf, u. K. Prantl: Die natürlichen Pflanzenfamilien.

Harms, H.(Red.), s. M i s s i o n s b l a t t , Hannoversches.

– P a s s i f l o r a c e a e , s. E n g l e r , Adolf, u. K. Prantl: Die natürlichen Pflanzenfamilien.

– u. C. Reiche: P l a n t a g i n a c e a e , s. E n g l e r , Adolf, u. K. Prantl: Die natürlichen Pflanzenfamilien.

— Schulatlas. Geographischer Bilderatlas. gr. 4. (28 S.) Ebd. (901). — 30

Neuer Schulatlas (mit eingedruckten Namen). (Atlas-Ausg. A). In Übereinstimmung mit d. 'Vaterländ. Erdkunde' u. d. Schulwandkarte von Deutschl. Gez. in 7–10 beleucht. Höhenschichten. Bearb. von **H. Harms**, Lehrer in Dörnick. Des Stummen Schulatlas 2. Aufl. [Nebst] Geogr. Bilderatlas. *Braunschweig & Leipzig: H. Wollermann 1901.* (28, 24 S.) 4° [8.–]
[illegible]

— der Schulatlas, die Schulwandkarte u. der geographische Unterricht. Begründungen zu den Hand- u. Wandkarten v. demselben Verf. u. Beiträge zur Methodik des geograph. Unterrichts. 2. Aufl. 8. (84 S.) Ebd. 901. n. — 80

Harms H, stummer Schulatl. m Namen-Skizzen. Ausgabe B. Atl. m Anh. 4° Hamburg
— derselbe mit Pergament-Namenblättern. Ausgabe C (für Lehrer) mit Anhang und Broschüre: Der Schulatlas und der geograph. Unterricht. 4° Hamburg 1893

Harms, H., der Schul-Atlas u. der geographische Unterricht. Eine Begründg. zum „stummen Schulatlas" v. demselben Verf. u. Beiträge zur Methodik d. geograph. Unterrichts. gr. 8. (43 S.) Hamburg 893. Verlagsanstalt u. Druckerei A.-G. n. — 60

— **Erdkundliches Schülerheft unter besond. Berücksicht. Deutschlands u. seiner Kolonien. Ein Hilfsbuch f. den einpräg. Unterricht. Für die Oberklassen der Volks-, Bürger- u. Mittelschulen. Mit 88 Einprägeskizzen u. Bildern. In Übereinstimmg. m. H. Harms' Schulwandkarten u. Lehrbüchern. (96 S.) gr. 8. Ebd. 909. — 60; durchsch. — 80; Ausg. f. Lehrer m. method. Begleitwort. (XVI, 96 S.) — 70; durchsch. — 90**

— fünf Thesen zur Reform d. geogr. Unterrichts. Ein Vortrag. 2. Aufl. gr. 8. (30 S.) Ebd. 897. n. — 50

— fünf Thesen zur Reform des geographischen Unterrichts. Ein Vortrag. 3. Aufl. gr. 8. (31 S.) Ebd. 899. n. — 50

— **Fünf Thesen zur Reform des geographischen Unterrichts. Ein Vortrag. 5. Aufl. (31 S.) 8. Braunschweig 907. [H. Wollermann]. Leipzig, List & v. Bressensdorf. — 50**

Die ländliche Volkshochschule v. H[einrich] Harms. Mohrkirch-Osterholz. o. J. 8°

— in der einklassigen Volksschule. gr. 8. (64 S. m. 2 Plänen.) Ebd. 900. n. 1. —

— in der einklassigen Volksschule. 2. Aufl. (62 S. m. 2 Tab.) gr. 8. Ebd. 906. n. 1. —
Auch die übrigen Harms'schen Schriften u. Atlanten des Westermann'schen Verlags sind an obige Firma übergegangen.

— Vorschlag zur Ergänzung der „Lois de la nomenclature botanique de 1867", s.: Notizblatt des königl. botanischen Gartens u. Museums zu Berlin. Appendix XIII.

Harms, Hermann [cand. med. aus Wienhausen '(Hannover)']: Ueber Polydaktylie m. bes. Berücks. d. Aetiologie ... München, Buchdr. v. Kastner & Lossen, 1895; 32 S., 1 Bl., 1 Taf. 8.
München, Med. Fak., Inaug.-Diss. v. 1895

Harms, Hermann *August Theodor* [aus Berlin]: Über die Verwertung des anatomischen Baues für die Umgrenzung und Einteilung der Passifloraceae '(1. Tl.)' ... (Aus: Engler's Bot. Jahrb., Bd. xv.) Leipzig, W. Engelmann, 1893; 61 S., 1 Bl. 8.
Berlin, Phil. Fak., Inaug.-Diss. v. 22. Febr. 1893

Harms, Jürgen [dirig. Arzt am Helenenstift zu Hage]: Die Malaria in Ostfriesland .... Berlin, gedr. bei L. Schumacher, 1888; 23 S. 8°
Berlin, Med. Fak., Inaug.-Diss. v. 8. März 1888

Harms, Karsten

Harms, Carstens, Beiträge zur Histologie der Hautdrüsen der Haussäugethiere. Mit 1 (lith.) Taf. Abbildgn. Hannover 868. Schmorl & v. Seefeld. 8. (14 S.) n. 4 *ngr.*

Harms C.: Die Echinococcen-Krankheit d. Rindes. (Festschr.). Hann. 1870. 19 S. P.

Harms, Carsten, die Echinococcen-Krankheit d. Rindes. gr. 8. (19 S.) Hannover 870. Schmorl & v. Seefeld. — 60

Harms, C., Erfahrungen über Rinderkrankheiten u. deren Behandlg. In der Praxis gesammelt u. systematisch geordnet. gr. 8. (X, 308 S. m. 5 eingedr. Abbildgn.) Berlin 890. Th. Chr. Fr. Enslin. n. 10. —; geb. n. 11. —

Harms, Carsten. Erfahrungen üb. Rinderkrankheiten u. deren Behandlung. In d. Praxis ges. u. systemat. geordnet. gr. 8. (X, 308 S. m. 5 eingedr. Abbildgn.) Berl. 890, Schötz. * 10 —; geb. ** 11 —

Harms, Carstens, Erfahrgn. üb. Rinderkrankheiten u. deren Behandlg. In d. Praxis gesammelt u. systemat. geordnet. 2., umgearb. u. verm. Aufl. gr. 8. (IV, 812 S.) Berlin 895. R. Schoetz. n. 10. —; geb. n.n. 11. —

— Lehrbuch der thierärztlichen Geburtshülfe. Ebend. 867. gr. 8. (VIII, 192 S. mit 52 in den Text eingedr. Holzschn.) n. 1 *ℛ* 10 *ngr.*

Harms, Carsten, Lehrbuch der tierärztlichen Geburtshilfe. 2. gänzlich umgearb. und bedeutend verm. Aufl. gr. 8. (VIII, 320 S. mit 59 eingedr. Holzschn.) Hannover 884, Schmorl und v. Seefeld.

— Lehrbuch d. tierärztlichen Geburtshilfe. 2., gänzlich umgearb. u. bedeutend verm. Aufl. gr. 8. (VIII, 320 S. m. 59 Holzschn.) Ebd. 890. n. 6. —

Lehrbuch der tierärztlichen Geburtshilfe v. Prof. Dr. Carsten Harms, vorm. Leiter d. externen Klinik ... an d. Kgl. Tierarzneischule zu Hannover unter Mitw. v. A[lbert] Eggeling u. Dr. R[einh.] Schmaltz, Professoren ... zu Berlin. 3. gänzl. umgearb. u. stark verm. Aufl. Tl II. [Tl I erscheint später!] *Berlin: R. Schoetz 1896.* S. [96. 6.15

— Lehrbuch d. tierärztlichen Geburtshilfe, unt. Mitwirkg. v. A. Eggeling u. R. Schmaltz. 3., gänzl. umgearb. u. stark verm. Aufl. 2 Bde. gr. 8. Berlin 899. R. Schoetz. n. 22. —; geb. n. 24. —
1. Das Geschlechtsleben der Haussäugetiere von Reinold Schmaltz. (XXIV, 362 S.) 899. n. 10.
2. Pathologie u. Therapie. (XVI, 495 S. m. 90 Fig.) 896. n. 12. —

Harms, Carsten, das Milchfieber des Rindes. Nach eigenen Beobachtungen, Untersuchungen u. Versuchen bearb. gr. 8. (44 S.) Hannover 878. Schmorl & v. Seefeld. n. — 80

— der Rothlauf des Schweines — die Schweineseuche. — Nach eigenen Beobachtungen u. Untersuchungen bearb. Ebend. 869. gr. 8. (77 S.) n. 10 *ngr.*

Harms C.: Die Rumination. [Leipz. 1877]. (13) S. (Sætr.). P.

— — Die Rumination. S.-A. aus der Deutschen Zeitschrift f. Tiermedizin

Harms, Klaus

Harms, Claus, die drey Artikel d. christl. Glaubens. In je neun Predigten, die ersten: Von der Erlösung, die zweyten: Von der Heiligung, die dritten: Von der Schöpfung. (Mit d. Bildn. u. fac-simile d. Verf.) gr. 8. Kiel, Universitäts-Buchh. 2 Thlr. 14 Gr., ohne Bildn. Thlr.
(Art. 1.) Von d. Erlösung. Nach d. Erklärung d. 2. Art. im Lutherischen kl. Katechismus. (11 B.) 830. 18 Gr.
(„ 2.) Von d. Heiligung. Ueber Galater 5, 16—25. (11 1/4 B.) 833. 18 Gr.
(„ 3.) Von d. Schöpfung. (10 1/4 B.) 834. 18 Gr.

Harms, Claus, der 16. Artikel der augsburg. Confession: Von Policei u. weltlichem Regiment rc. gr. 8. (1 1/4 B.) Kiel Universitäts-Buchh.

Harms, Claus, der 16. Artikel der Augsburg. Confession: Von Policei u. weltlichem Regiment, gepred. am 8. Sonnt. n. Trin., 2. Aug. 840. gr. 8. Kiel 840, Acad. Buchh. 3/8 *ℛ*

Harms, Claus (Hrsg.), s.a. A r z e n e i , bittere, f.d. Glaubensschwäche der Zeit.

Bittere Arznei für die Glaubensschwäche der Zeit. Verordnet von Claus **Harms**, und geprüft von dem Herausgeber des Magazins für christliche Prediger (d. i.: Claus Harms). Aus dem 2. Bande des Magazins besonders abgedruckt. Hannover und Leizig. 1817. 8°.

Vermischte Aufsätze publicistischen Inhalts. Ein patriotischer Nachlass bey meinem Weggang aus Dithmarschen. Von Claus **Harms**. Kiel. Friedrichstadt. 1816. 8°.

Harms, Claus, vermischte Aufsätze, publicistischen Inhalts. 8. Kiel, akadem. Buchhdl. (in Comm.) 816.

Harms, Claus, vermischte Aufsätze, publicistischen Inhalts. 8. Kiel 816. (Hesse). 1 *ℛ* 8 *gr*

Harms, Claus, vermischte Aufsätze und kleine Schriften, einige bisher noch nicht gedruckte, die Landwirthschaft, das publicistische und politische Leben, die Sprache, das Schul- und Kirchenwesen betreffende. Herausg. von ihm selber. 853. n. 1 *ℛ* 18 *ngr* — 2., mit der (lith.) Ansicht des Harms'schen Denkmals verm. (Titel-) Ausg. Kiel 858. Akademische Buchhdlg. 8. (VI, 364 S.) n. 1 *ℛ*

— e. Aeußerungen u. Mittheill. zu Funks Geschichte d. neuesten Altonaer Bibelausgabe. 8. Lübeck 824. Aschenfeld. 5 *gr*

Harms, Claus, approb. Arzt aus Hannover: Aus d. psychiatr. u. Nerven-Klinik zu Kiel. Ein Beitrag zur Lehre von der Meningitis tuberculosa. *Kiel 1904: H. H. Peters.* (18 S.) 8°
Kiel, Med. Diss. v. [2. Apr.] 1904

Harms, Claus, Beleuchtung d. vielfält. Tadels, mit welchem in d. „Ev. Kirchen-Zeitung" Febr. 1830 u. in d. „Hom. Lit. Correspondenzblatt" 1830, 2. das neue Berliner Gesangbuch angegriffen worden ist. Geschr. im Mai d. J. Für e. öffentl. Blatt bestimmt gewesen. Jetzt als Bröchure gegeben. 8. (2¼ B.) Berlin 830, Reimer.

Harms, Claus, die Bergrede d. Herrn. In 21 Predigten vorgetragen. gr. 8. (19½ B.) Kiel 841, Universität-Buchh. *

— den bloodtüngen för unsen gloobm, Henrick van Zutphen syn saak, arbeid, lyde un dood in Dithmarschen. Tom 31sten Octbr. Ao. 1817 heruntgehbm. 8. Kiel 817. Hesse. 6 gr.

Den bloodtüügn tör unsen gloobm, Henrick van Zütphen syn saak, arbeid, lydn un dood in Dithmarschen. Beschrebbm un tom 31den October Ao. 1817 heruutgehbm vau Claus Harms. Kiel. 1817. 8°.

— s. Bodmeyer, Predigten.

— — üb. dessen Briefe, z. nähern Verständigung üb. verschiedene seiner Thesen, in einem Schreiben an den ungenannten Verfasser der Schrift: über Vernunft und die lutherische Kirche rc. 8. Ebend. 818.

— Briefe zu einer nähern Verständigung über verschiedene meine Thesen betreffende Punkte. Nebst einem Briefe an Herrn Dr. Schleiermacher. gr. 8. Kiel 817. Hesse. 16 gr.

Harms, Cl., das Christenthum, in einem kl. Katechismus. 16. Kiel, Acad. Buchhdl. 810.

Harms, Claus, das Christenthum, d. Jugend in einem kl. Katechismus aufs neue gelehrt u. gepriesen. 3te verm. Aufl. 16. Kiel, Academische Buchh. 814.

— das Christenthum u. Jugend in einem kl. Katechismus. 16. Kiel 810. Hesse. 2 gr. 3e Aufl. 16. Ebd. 814. Ebd. 2 gr.

— daß es mit der Vernunftreligion nichts ist. Antwort an Lehmus in Ansbach. gr. 8. Kiel 819. Hesse. 18 gr.

— — Delationsschrift gegen den Senator Witthöfft, nebst des letztern Erklärung. 8. Kiel, (Leipzig, Hartmann.) 819.

— Delationsschrift gegen den Senator Witthöfft in puncto sacrilegii; nebst des Letztern Erklärung. 8. Kiel 819. Hesse. 8 gr.

— Denkschrift v. d. Jubelfeste, welches am ersten Pfingsttage 1826 in Dänemark, Schleswig, Holstein u. Lauenburg, wegen der das. vor 1000 Jahren geschehenen Einführung des Christenthums gefeiert worden ist. gr. 8. Hamb. 826. Perthes u. B. 12 gr.

— s. a. Einführungsrede.

Einführungsrede und Antrittspredigt. die erste gehalten am 21. Trinitatis v. [Claus] Harms, die andere gehalten v. [Ludwig] Schrader. Kiel. 1849. 8°.

— die Einweihung d. neuen Kirchhofes d. Gemeinde Kiel, geschehen im Jahr 1836, Nov. 23. 8. (1 B.) Kiel 837, Universität-Buchh. *

— von d. gemeinschaftl. Erbauungen in d. Häusern! 3 Predigten. gr. 8. Altona 824. (Aue). 10 gr.

— v. d. gemeinschaftl. Erbauungen in d. Häusern. 3 Predigten. gr. 8. Altona 824, Busch.

— meine Erklärung auf d. Schrift: „des Archidiaconus Harms Delationsschrift gegen Witthöfft in puncto sacrilegii; nebst d. Erstern Erklärung." 8. Kiel 820. Hesse. 1 gr.

— von d. Erlösung. Nach der Erklärung des zweiten Artikels im Lutherschen kleinen Katechismus; in 8 Fastenpredigten u. einer Osterpredigt. gr. 8. Kiel 830. Universitäts-B. 18 gr.

— von der Erlösung. Nach der Erklärung des zweiten Artikels im Lutherschen kleinen Katechismus. In acht Fastenpredigten u. einer Osterpredigt. Die 2e, eine hie u. da veränderte Aufl. gr. 8. Kiel 836. Universitäts-Buchh. ¾ rl.

— frommes Erwägen unserer persönl. Angelegenheiten. 8. Altona 825. (Aue). 4 gr.

— frommes Erwägen unserer persönl. Angelegenheiten. 8. Altona 825, Busch.

Die Evangelien und Episteln, die Passionsgeschichte, ein Altar- u. ein Kirchengebet . . . und die ungeänderte Augsburgische Confession. Zum Druck besorgt theils u. theils überlassen v. [Klaus] Harms. Ein Anhang zum Schl.-Holst. Gesangbuch. Kiel. 1842. 8°

Harms, Claus, Festpredigten. — Mit Zungen! lieben Brüder, m. Zungen reden! s. a. Bibliothek theologischer Klassiker.

Festpredigten v. Claus Harms. Gotha. 1891. 8°

— — Fibel. 8. Kiel, akadem. Buchhdl. 818.

— Fibel. 8. Kiel 818. Hesse. 1½ gr.

— zum Gedächtniß d. nun vor 300 Jahren erschien. Ausg. d. ganzen v. Dr. Mart. Luther verdeutschten Bibel. Eine Säcularpredigt mit angehängten Noten u. Notizen. gr. 8. (1½ B.) Kiel 834, Universitäts-Buchh.

— s. Gesangbuch, christlosophisches.

— Gesänge für die Andacht, s. a. Gesänge.

Gesänge für die gemeinschaftliche und für die einsame Andacht, gesam. v. [Claus] Harms. Schleswig. 1828. 8°.

— z. Hrn. Compastors Funks Geschichte d. neuesten Altonaer Bibelausgabe einige Aeußerungen u. Mittheilungen. 8. Lübeck 824, Aschenfeld.

Harms, Claus, des Christen Glauben u. Leben in 28 nachgelassenen Predigten. Hamburg 869. Agentur d. Rauh. Hauses. gr. 8. (IV, 403 S.) n. 1 rl.

— vom Glauben an Jesum Christum, den Sohn Gottes. Eine polem. Predigt am 18. Trinit. 1845 geh. gr. 8. (1 B.) Kiel 845, Universitäts-Buchh.

— — schleswig-holsteinischer Gnomon, s. a. Gnomon.

Schleswig-Holsteinischer Gnomon, ein allgemeines Lesebuch, insonderheit für die Schuljugend. [Hrgg. v. Claus Harms.] Kiel. 1843. 8°.

—— Hrgg. v. Claus Harms. 2., an Stellen verm. Aufl. Kiel. 1843. 8°.

— Gnomon, ein Volks- und Schullesebuch insonderheit für die Herzogthümer Schleswig und Holstein. 3., an Stellen berichtigte u. verm. Aufl. Kiel (854). Schwers. 8. (XII, 496 S.) n. 15 ngr

— das Göttliche in der Vergebung. Was einem Priester obliege. Wahl- u. Antrittspredigt, in Kiel gehalten. gr. 8. Kiel 817. Hesse. 6 gr.

Das Grab giebt seine Todten wieder! Ein Ruf zur Andacht und zum Seelenfrieden. Geistiger Aufschwung in erbaulichen Oden und Cantaten v. Claus Harms. Mit entsprechenden Kupferstichen. Kopenhagen. o. J. 8°.

Dr. Claus Harms als Seelsorger und Freund. Briefe nebst zwei Reden von ihm, zum Säculartage seiner Geburt, 25. Mai 1878, hrgg. v. Hans Friedrich Neelsen. Mit einem Anhang: Die Leichenrede an Harms' Sarge von Hauptpastor Hasselmann. Kiel. 1878. 8°.

Pastor Claus Harms gegen Senator Witthöfft-Kiel. Eine Glaubensfehde aus den Jahren 1819—20. Aus Zeitschriften, Archiven und Familienpapieren zsgest. u. hrgg. v. Franz Reimers. Kiel 1910. 8°

— von d. Heiligung. In 9 Predigten, über Galater 5, 16—25, gehalten an den ersten Trinitatissonntagen 1831. gr. 8. Kiel 833 (832). Universitäts-B. 18 gr

— s. K. Glo. Hoffmann, Auslegung.

⊙ Jetzt eine Blume auf ihr Grab, ursprünglich Worte, am Sarg im Trauerhause . . . d. 27. Mai 1835, als wir begruben Madame Wilhelmine Friederike Brauer, geb. Schmidt, geb. d. 2. Juli 1788, gest. d. 22. Mai 1835 v. [Claus] Harms gesprochen. Kiel. (1835.) 8°, geb. in 4°

— der Jüngling am Scheidewege. Ein Erinnerungsblatt f. meine Confirmanden. 8. ... 808.

Harms, Claus, 2 Casual-Predigten. gr. 8. Kiel 817. Hesse. 6 gr

—— unsere lutherische Kirche, in demjenigen Licht angesehen, welches aus Joh. 17, 6—8 auf sie fällt. Eine Reformationspredigt 1841 geh. M. e. Nachwort üb. den heil. Rock. gr. 8. (1 B.) Kiel 841, Universitäts-Buchh.

Harms, Claus, über ein Kleines. Eine Predigt am Sonntag Jubilate 1818 gehalten. 8. Kiel, akadem. Buchhdl. (in Comm.) 820. Rthlr.

Harms, Claus, üb. ein Kleines. Eine Predigt am Sonntage Jubilate 1818 gehalten. 8. Kiel 820. (Hesse). 4 gr

⊙ Ueber ein Kleines. Eine Predigt gehalten am Sonntage Jubilate 1818. v. Claus Harms. ⟨Aus einer neuen Auflage seiner Sommer-postille, darein diese Predigt aufgenommen ist, aus Rücksicht auf die Besitzer einer früheren Auflage, besonders abgedruckt.⟩ Angehängt eine Erzählung. Schleswig. 1820. 8°.

—— über ein Kleines und aber über ein Kleines, am Sonnt. Jubilate 1848, zur Traurigkeit und zum Trost gepredigt. gr. 8. (17 S.) Kiel 848, Akademische Buchh.

— ein kleiner Kompas, oder Leitfaden bei seinem Confirmanden-Unterricht im J. 1821. 12. Schleswig 822. Taubst.-Inst. 3 gr

Harms, Claus, die Augsburgische Confession in 15 Predigten gelehrt, vertheidigt u. gelobt. gr. 8. (XX u. 243 S.) Kiel 847, Akadem. Buchhandlung. 1 ℛ

Harms, Claus, die augsburgische Confession in 15 Predigten gelehrt, vertheidigt und gelobt. gr. 8. (XX und 243 S.) Kiel 847, [v. Maack's Verlag.]

Harms', Claus, Leben in Briefen, hrsg. v. Heinr. Zillen, s.a. Schriften des Vereins f. schleswig-holstein. Kirchengeschichte. 4. Hft.

Claus Harms' Leben in Briefen, meist von ihm selber. Mit Harms' Bildn. Hrsg. von Heinrich Zillen. Kiel: Cordes in Komm. 1909. VIII, 425 S. 8° (Schriften d. Vereins f. schleswig-holstein. Kirchengeschichte. Reihe 1, H. 4.) [09. 1676]

Harms, Claus, Lebensbeschreibung, s. a. Bibliothek theologischer Klassiker.

— Lebensbeschreibung verfasset v. ihm selber. Nebst 5 Beilagen u. dem (lith.) Bildnisse des Verfassers. gr. 8. (VIII u. 256 S.) Ebd. 851. — 2. Aufl. gr. 8. (VIII u. 256 S.) Ebd. 851. n. 1 ℛ 18 ngr

— diesjähriger Leitfaden in der Vorbereitung seiner Confirmanden. 8. Schlesw. 820. (Kiel, Hesse). 6 gr

— Leitfaden v. d. J. 1821 in d. Vorbereitung seiner Confirmanden; nebst einigen Abschnitten aus verschied. christl. Schriften, daß d. Leitfaden zugleich eine Erbauungsschrift sei. 8. Schlesw. 822. Taubst.-Inst. 16 gr

— mit nachstehenden Worten hat genommen u. nimmt Abschied v. der Gemeinde Kiel u. v. der Propstei Kiel. gr. 8. (24 S.) Ebd. 849. n. 1/6 ℛ

— s. Nissen, J., Unterredungen über die biblischen Geschichten.

— die Offenbarung Johannis, gepredigt nach einzelnen Abschnitten aus derselbigen. gr. 8. (11 B.) Kiel 841, Universitäts-Buchh.

—— die heil. Passion. In acht während d. Fastenzeit 1837 gehalt. Predigten. gr. 8. (7½ B.) Kiel 838, Universität-Buchh.

Harms, Cl., Pastoraltheologie in Reden an Theologie-Studierende, s. a. Bibliothek theologischer Klassiker.

—— Pastoraltheologie. In Reden an Theologiestudirende. 3 Bücher. Mit d. Verf. Bildn. u. fac-simile. gr. 8. Kiel, Universitäts-Buchh. 3 Thlr. 17 Gr., ohne Bildn. A. u. d. Titn.:
Buch 1. Der Prediger, wie ihm die Pastoraltheologie thun lehret, hinsichtl. d. Predigt, d. Kinderlehre u. d. Vorbereitung d. Confirmanden. (15½ B.) 830.
„ 2. Der Priester, wie ihm die Pastoraltheologie seyn u. thun lehret, hinsichtl. d. öffentl. Gottesdienstes u. der mehrern einzelnen priesterl. Handlungen. (24½ B.) 831.
„ 3. Der Pastor, wie ihm d. Pastoraltheol. seyn u. thun lehret, hinsichtl. d. besond. Seelsorge, d. Schulwesens, d. Armenwesens u. d. mehrern persönl. Verhältnisse. (15⅛ B.) 834.
Die 3 Bücher werden nicht getrennt.

—— Pastoraltheologie. In Reden an Theologiestudirende. 3 Bücher (Thle.). 2., unveränd. Aufl. gr. 8. (55⅛ B.) Kiel 837, Universität-Buchh.

— Pastoraltheologie. 3. tre Böger. 1 B. Prædikanten. Oversat af Hans Egede Glahn. gr. 8. Kjøbenhavn 844, Philipsen. 1 ℛ

dass. Anden Bog: Præsten. Oversat af Hans Egede Glahn. gr. 8. Ebend. 846. 1⅙ ℛ (1. 2: 2⅙ ℛ)

Harms, Claus, Pastoraltheologie. In Reden an Theologiestudirende. 3. Aufl. Mit beigefügten erläut. Anmerkungen u. vorm. mit einer autobiograph. Skizze d. Verf. gr. 8. (XII, 360 S.) Kiel 878. v. Maack. n. 6.—

— Pastoraltheologie in Reden an Theologie-Studirende. Nach der Orig.-Ausg. [1830—1834] aufs neue hrsg. in 2 Tln. 1. Tl. 2. Aufl. gr. 8. (VII, 312 S.) Gotha 891. F. A. Perthes. Geb. n. 2. 40

Harms, Claus, Pastoraltheologie in Reden an Theologie-Studierende. Nach den Orig.-Ausg. (1830—1834) aufs neue hrsg. in 2 Tln. 2. Tl. 2. Aufl. 8. (VIII, 312 S.) Gotha 893. F. A. Perthes. Geb. n. 2. 40

—— Predigt bei seiner Einführung in die erste Predigerstelle an d. Nikolaikirche zu Kiel. gr. 8. (1½ B.) Kiel 835, Universität-Buchh.

— Predigt bei der Eröffnung der Landesversammlung, am 15. Aug. 1848, gehalten. gr. 8. (24 S.) Ebd. 848. n. 3 ngr

—— Predigt zur Jubelfeyer wegen d. 1530 d. 25. Juni auf d. Reichstage zu Augsburg verles. u. übergeb. Confession. gr. 8. (2 B.) Kiel 830, Universitäts-Buchh.

— Predigten. gr. 8. Kiel 808. (Hesse).

— Predigten üb. das heil. Abendmahl, an Grünen-Donnerstagen gehalten u. als Beitrr. zu Communionandachten mitgetheilt. gr. 8. Kiel 822. Hesse. 15 gr Schrbp. 22 gr

— ausgewählte Predigten, s.: Predigt, die, der Kirche.

—— Predigten üb. die Bibel, ihrer zehn, im Sommer 1841 gehalten. gr. 8. (10 B.) Kiel 842, Universitäts-Buchh.

— christologische Predigten. gr. 8. Kiel 821. Hesse. 2 ℛ 16 gGr Schrbp. 3 ℛ

— Predigten, mit welchen d. Winterpostille in ihrer (dritten) Aufl. ergänzt ist. Für die Besitzer der frühern Auflagen besonders abgedruckt. gr. 8. Kiel 817. Hesse. 18 gGr

— geistl. Rath f. Hebammen aller Länder. Harms: Für Hebammen in Schleswig u. Holstein, d. Hebammen-Verordnung angehängt. 8. Altona 824. (Aue). 7 gGr

— geistl. Rath f. Hebammen aller Länder. Harms: Für Hebammen in Schleswig u. Holstein, d. Hebammen-Verordnung angehängt. 8. Altona 824, Busch.

—— geistlicher Rath für Hebammen aller Länder. 2. Aufl. 12. (47 S.) Kiel 858, [Homann.] *

— geistlicher Rath für Hebammen aller Länder. 2. Aufl. Kiel 858. Schwers. 12. (47 S.) n. 6 Ngr

Geistlicher Rat für Hebammen von Dr. Claus Harms, weil. Probst in Kiel. Neuhrsg. u. durchges. von Probst W[ilhelm] Becker. Kiel. 3. Aufl. *Kiel: M. Liebscher [1899].* (18 S.) 8° [A.]

— drei Reformationspredigten, gehalten an den jährl. Reformationsfesten 1820, 21, 22. gr. 8. Altona 823. (Aue). 12 gGr

— drei Reformations-Predigten, gehalten an d. jährl. Reformationsfesten. 1820, 21, 22. gr. 8. Altona 823, Busch.

— zwei Reformationspredigten, gehalten am dritten Säcular-Jubelfeste im J. 1817. gr. 8. Kiel 817. Hesse. 8 gGr Schrbp. 12 gGr

— zwei Reformationspredigten, 1818 u. 1819 gehalten. gr. 8. Schleswig 820. (Kiel, Hesse). 8 gGr

— die Religion d. Christen. In einem Katechismus aufs Neue gelehrt. 8. Kiel 814. Hesse. 16 gGr

—— die Religionshandlungen d. luther. Kirche. In neun Predigten. gr. 8. (9½ B.) Kiel 839, Universität-Buchh.

— — Sätze von einem aufgeklärt denkenden Theologen commentirt und beurtheilt. 8. Jena, Schmid. 818.

⊙ Schlussrede, bei der Versammlung der Kieler Bibelgesellschaft, am 10. Nov. 1818, v. Claus **Harms**. Schleswig. 1820. 8°.

— der Scholiast. Eine Verdeutschung u. Verdeutlichung fremder, fremd gewordener, nicht allgemein verständlicher Wörter, Namen u. Sätze, welche sich auf dem Sprachgebiet der Kirche u. Schule, insbesond. in Bibel, Gesangbuch u. Katechismus finden, großentheils mit Angabe ihrer Herkunft, in alphabet. Ordnung hrsg. gr. 8. (VI u. 110 S.) Ebd. 851. n. 18 Ngr

—— von d. Schöpfung, s. dess. „die drei Artikel" ꝛc., 3. Art.

— von der Schöpfung. In 9 Predigten. gr. 8. Kiel 834. Universitäts-Buchh. ¾ ℛ

— Sommerpostille, oder Predigten an den Sonn- u. Festtagen von Ostern bis Advent. 1r Thl. 2e A. 815. u. 2r Thl. gr. 8. Kiel 815. 1r Thl. 3e A. u. 2r Thl. 2e A. 820. gr. 8. Ebd., Hesse. (à 1 ℛ 9 gGr) 2 ℛ 18 gGr Schrbp. 3 ℛ 16 gGr

— neue Sommerpostille, oder Predigten vom 1. Sonntage nach Ostern bis letzt. Sonntag Trinitatis. gr. 8. Altona 827. (Aue). 2 ℛ 16 gGr weiß Pap. 3 ℛ

— neue Sommerpostille, od. Predigten v. 1. Sonntage nach Ostern bis letzt. Sonntage Trinitatis. gr. 8. Altona 827, Busch.

Harms, Claus. 95 Theses oder Streitsätze ... Altona 1817. H: *Bertels, Johann David.* (GGr) (NN)

— das sind die 95 Theses od. Streitsätze Dr. Luthers, theuern Andenkens. Zum besond. Abdruck besorgt u. mit andern 95 Sätzen als mit einer Uebersetzung aus Ao. 1517 in 1817 begleitet. gr. 8. Kiel. 1e — 3e Aufl. 817. Hesse. 6 gGr Dies., von e. aufgeklärten Theologen commentirt u. beurtheilt. 8. Jena ... Schmid. 12 gGr

—— des Volkes Trauer u. Trost üb. d. Heimgang seines Königes. Eine angeord. Trauerpredigt in Veranlassung d. Ablebens d. Höchstsel. Königs Frederik d. Sechsten. gr. 8. (1½ B.) Kiel 840, Universität-Buchh.

— Trauerpredigt am 26. Febr. 1848, am Tage der Bestattung Christian's VIII. zu Kiel gehalten. gr. 8. (12 S.) Ebd. 848. n. 3 Ngr

— Trostpredigten, genauer, die Lehre vom Trost, in sechs Predigten, aus 1833. gr. 8. (VIII u. 87 S.) Ebd. 852. n. 12 Ngr

— Uebungen im Uebersetzen aus der plattdeutschen Sprache in die hochdeutsche. Auch als Lesebuch zu gebrauchen bei der Lautmethode. 8. Kiel 813. N. Aufl. 817. Hesse. 3 gGr

—— das Vaterunser. In eilf Predigten. gr. 8. (12 B. u. H's. Bild. u. Facsim.) Kiel 838, Universität-Buchh.

Harms, Claus, das Verlangen der Kirche nach der Wiederkunft Lutheri. Predigt über Math. 12, 30. 8. (15 S.) Leipzig 883, Drescher.
Aus: Winter- und Sommerpostille, besonders abgedruckt.

— — was die lutherische Kirche thut, wenn sie das Wort des Herrn zu Simon Petrus, Luk. 22, 31, 32, gesprochen als ein zu ihr gesprochenes Wort höret. Eine Reformationspredigt 1843 geh. gr. 8. (1½ B.) Kiel 843, Universitäts-Buchh.

—— Was ist es, das gethan wird, wenn heute d. König nebst d. Königin gekrönt u. gesalbt wird? Eine Predigt am Tage d. Krönung u. Salbung Ihr. Maj. d. Königs Christian VIII u. d. Königin Caroline Amalie d. 28. Juni 1840. gr. 8. (1 B.) Kiel 840, Universität-Buchh.

— Weisheit u. Witz, Sprüchw. 8, 12. in Sprüchen u. andern kurzen Redarten. 8. (46 S.) Ebd. 850. n. 6 Ngr; Schrbp. n. 9 Ngr

—— wie wir d. Trennung ꝛc., s. a. Schriften, kl., z. Beförderung d. christl. Glaubens ꝛc., No. 26.

— wie wir die Trennung anzusehen haben, welche durch die sogenannt. neuern religiösen Ansichten innerhalb unserer Kirche entstanden ist. Ein goldenes Wort zu seiner Zeit. Aus d. neuen Sommerpostille aufs neue abgedr. 8. Nürnb. 827. Raw. 1 gGr

Einige Winke und Warnungen betr. Angelegenheiten der Kirche. Drey zum besonderen Abdruck überlassene Vorreden, zu denen noch zwey kleine Aufsätze hinzugefügt sind v. Claus **Harms**. Kiel. 1820. 8°.

— Winterpostille, oder Predigten an d. Sonn- u. Festtagen vom Advent bis Ostern. gr. 8. Kiel 808. 2e A. 812. 3e A. 817. 4e A. 820. Hesse. 2 ℛ Schrbp. 2 ℛ 16 gGr

— neue Winterpostille, f. die Sonn- u. Festtage vom Advent bis Ostern. gr. 8. Altona 824. (Aue). 1 ℛ 20 gGr weiß Druckp. 2 ℛ 4 gGr

— neue Winterpostille f. d. Sonn- u. Festtage v. Advent bis Ostern. gr. 8. Altona 824, Busch. 1 Rthlr. 20 gr. Wsdrckp.

Neue Winterpostille für die Sonn- und Festtage von Advent bis Ostern. Von Klaus **Harms**. Altona. 1825. 8°.

—— Winter- u. Sommer-Postille, od. Predigten an d. Sonn- u. Festtagen d. ganzen Jahres. 2 Thle. 5., verm. Ausg. gr. 8. (62¼ B.) Leipzig 836, [Kollmann.] *
Thl. 1. Von Advent bis Himmelfahrt.
„ 2. Von Exaudi bis z. 27. Sonnt. nach Trinit.

— Winter- u. Sommerpostille, oder Predigten an den Sonn- u. Festtagen des ganzen Jahres. 6. mit drei Predigten, mit einer Weihnachts-, einer Pfingst- u. einer Erndtepredigt verm. Aufl. 2 Thle. gr. 8. Leipzig 846, Kollmann. n. $3^1/_3$ ß

Harms, Claus, Winter- und Sommerpostille. 2 Thle. 6. Aufl. gr. 8. Leipzig 871, Drescher. * ℳ 4,50.; geb. *

Harms, Claus, Winter- u. Sommer-Postille od. Predigten an den Sonn- u. Festtagen d. ganzen Jahres. 2 Thle. 6., m. 3 Predigten, m. e. Weihnachts-, e. Pfingst- u. e. Erntepredigt verm. Aufl. gr. 8. Leipzig 871. Kollmann. n. 10. —
1. Von Advent bis Himmelfahrt. (X, 510 S.)
2. Von Exaudi bis zum 27. Sonntage nach Trinitatis. (VI, 505 S.)

— christl. Wochenbetts-Segen, in Lehren, Sprüchen u. Gebeten, wie sie vor u. nach d. Noth zu gebrauchen sind. 8. Altona 823, (Aue). 10 gl Schrbp. 14 gl

— christl. Wochenbetts-Segen, in Lehren, Sprüchen u. Gebeten, wie sie vor u. nach d. Noth zu gebrauchen sind. 8. Altona 823, Busch. 10gr. Schrbp.

— christlicher Wochenbetts-Segen in Lehren, Sprüchen und Gebeten wie sie vor und in und nach der Noth zu gebrauchen sind. 2. Aufl. Kiel 855. Schwers. 12. (X, 86 S.) n. 12 ngr

Harms, Klemens

Harms, Clemens, approb. Arzt aus Wienhausen ⟨Hann.⟩: Ueber Endotheliom und Sarkom des oberen Humerusendes ⟨Absetzung des Schultergürtels⟩. *München 1900: Kastner & Lossen.* (37 S.) 8°
München, Med. Diss. v. 1900

Harms, Clemens, Dr. med., Assistent der Universitäts-Augenklinik zu Tübingen, früherer Volontärarzt der Universitäts-Augenklinik zu Breslau: ⟨Aus den Universitäts-Augenkliniken zu Breslau und Tübingen.⟩ Anatomische Untersuchungen über Gefässerkrankungen im Gebiete der Arteria und Vena centralis retinae und ihre Folgen für die Zirkulation mit besonderer Berücksichtigung des sog. haemorrhagischen Infarktes der Netzhaut. Leipzig: W. Engelmann 1905. (244 S.) 8° ¶(Aus: v. Graefe's Archiv für Ophthalmologie Bd 61, H. 1 u. 2.)
Tübingen, Med. Hab.-Schr. v. 1905
(Nicht für den Austausch)

Harms, Louis, goldne Aepfel in silbernen Schalen. Erzählungen. 2—4. Aufl. Hermannsburg 866—69. Leipzig, J. Naumann. 8. (VI, 352 S. mit lith. Portr. in Tondr.) 15 ngr

Harms, Louis, goldene Aepfel in silbernen Schalen. Erzählungen. 4.—6. Aufl. 8. (VII, 352 S. mit lithogr. Portr. in Tondr.) Hermannsburg 869—75, Missionshausdruckerei. *

Harms, L., goldene Aepfel in silbernen Schalen. Erzählungen. 7. Aufl. 8. (VI, 352 S.) Hermannsburg 881. Missionshausdruckerei. n. 1. —; geb. in Halbcallico n. 1. 60; in Callico n. 1. 80

Harms, L., goldene Aepfel in silbernen Schalen. Erzählgn. 10. Aufl. 8. (VI, 352 S. m. Portr.) Hermannsburg 888. Missionshausdruckerei. n. 1. —; geb. n. 1. 75

Harms, L., goldne Aepfel in silbernen Schalen. Erzählungen. 11. Aufl. 8. (VI, 352 S. m. 1 Bildnis.) Hermannsburg 892. Missionshandlg. n. 1. —

— dasselbe. 12. Aufl. 12. (VI, 352 S.) Ebd. 894. n. 1. —; geb. in Leinw. n. 1. 60

Harms, L., goldne Aepfel in silbernen Schalen. Erzählungen. 15. Aufl. Billige Ausg. 8. (VII, 352 S. m. Bildnis.) Hermannsburg 900. Missionhdlg. Kart. n. — 60

— u. Thdr. Harms, goldene Aepfel in silbernen Schalen. 2. Tl. Erzählungen. (VI, 83 u. 101 S. m. Titelbild u. Bildnis.) kl. 8. Hermannsburg 905. Missionshandlg n. — 80; geb. n. 1. 20; billige Ausg. kart. n. — 60

Harms, L., goldene Äpfel in silbernen Schalen. 1. Bd. Erzählungen. Neu ausgestattet m. vielen Bildern v. H. Warmführ. 20. Aufl. (XXIV, 320 S.) gr. 8. Hermannsburg 908. Missionshandlg. Geb. in Leinw. 4.—; auf Kunstdr.-Pap. 5. —

— Auslegung der ersten Epistel St. Petri. Hersg. von Th. Harms. (Ebend. 870.) 8. (IV, 232 S.) 12 ngr

—— geistlicher Blumenstrauß. Predigten über das Leben Johannes des Evangelisten, das güldene A-B-C und das apostol. Glaubensbekenntniß. 1. Aufl. 1870, und 2. Aufl. 8. (IV, 503 S.) Hermannsburg 874, Missionshausdruckerei. *

Harms, L., geistlicher Blumenstrauß. Predigten üb. das Leben Johannes d. Evangelisten, das güldene ABC u. das apostol. Glaubensbekenntniß. 3. Aufl. 8. (V, 503 S) Hermannsburg 884. Missionshausdruckerei. n. 1. 50; Einbd. n n. — 60

— Briefe. Hrsg. von Th. Harms. 8. (III, 272 S.) Ebend. 879. n. 1. —

— Brosamen aus Gottes Wort. 2 Bde. 8. (à IV, 320 S.) Ebend. 878. 79. à n. 1. —

— biblische Einleitung. Vorgetragen im Missionshause 1857—1861. gr. 8. (VIII, 264 S.) Ebend. 879. n. 2. —

— das Ende der Wege Gottes. [Aus: „Missionsblatt."] 8. (16 S.) Ebend. 875. n. — 10

— das Ende der Wege Gottes. [Aus: „Hermannsb. Missionsblatt".] 6. Aufl. gr. 8. (16 S.) Ebd. 891. — 10

— die Epistel an die Hebräer. Hrsg. v. Th. Harms. (III, 360 S.) Ebend. 871. 1. 50

——, C. Huberinus und J. Spangenberg, Erbauliches, s. Huberinus, C.

— Festbüchlein. Betstunden u. Predigten auf die drei Hauptfeste der Christenheit, Weihnachten, Ostern u. Pfingsten. 8. (V, 392 S.) Ebend. 871. n. 1. 60

Harms, L., ein Gespräch über den Katechismus. 15. u. 16. Aufl. Hermannsburg 862. (Celle, Schulze.) 8. (16 S.) n. ½ ngr

— Honnig. Vertellen un Utleggen in sin Moderspraf. Utgäwen van Th. Harms. 1. Heft. Hermannsburg 869. (Leipzig, J. Naumann.) 8. (VII, 64 S.) 4 ngr

— Honnig. Vertellen un Utleggen in sin Moderspraf. Utgäven van sin Broder u. Nafolger Th. Harms. 2. u. 3. Hft. Mehr schall folgen, as de HErr tolett. 8. (S. 65—252.) Ebend. 871. à — 60 (1—3.: n. 1. 60)

—— Honnig. Vertellen un Utleggen in sin Moderspraf. Utgäven van sin Broder un Nafolger Th. Harms. 1.—3. Heft oder 1. Bd.: 2. und 3. Uplag. 8. (VII, 252 S.) Ebendas. 874.77. *

—— dass. — 4. Heft oder 2. Bd. 1. Heft. 8. Ebendas. 878. *

— über die Juden-Mission. (Abgedr. aus den „Stimmen der Wahrheit.") Altona 862. Mentzel. gr. 8. (20 S.) n. 2 ngr.

— die Charwoche [Klagewoche]. Betstunden. 8. (69 S.) Ebend. 884. n. — 40

Harms, L., Katechetik u. Erklärung des kleinen Katechismus Dr. Martin Luthers. 2 Bde. gr. 8. Erlangen 882. Deichert. n. 8. —
1. Katechetik. (XI, 196 S.) n. 3. —
2. Erklärung des kleinen Katechismus Dr. Martin Luthers. (VII, 382 S.) n. 5. —

— Katechismuspredigten. Lex.-8. (VI, 502 S.) Ebend. 872. 3. 75

Harms, Louis, Katechismuspredigten. 4. Aufl. (II, 502 u. II S. m. Bildnis.) gr. 8. Hermannsburg 903. Missionshandlg. n. 2. 40; geb. in Halbfrz. n. 3. 80

— die Lehre der heiligen Schrift von den letzten Dingen [Tod, Auferstehung, Gericht, Ewigkeit]. (Abgedr. aus den Hermannsburger Missionsblättern.) 5. Aufl. Dramburg 859. (Halle, Fricke.) 8. (16 S.) n. 1 ngr.

die kleine Marie, s.a. Missions-Traktate, kleine.

—— die kleine Marie. Bearb. nach einer Erzählung. 1. und 2. Aufl. 16. (16 S.) Ebendas. 871,77.

— die kleine Marie. Nach e. Erzählg. v. H. 6. Aufl. (16 S.) kl. 8. Basel (906). Basler Missionsbuchh. n. — 10

— die ersten Missionsberichte, s.: Missionsschriften, kleine Hermannsburger. Nr. 42.

— Nachlaßpredigten üb. die Episteln d. Kirchenjahres. Hrsg. v. Th. Harms. gr. 8. (IV, 601 S.) Ebend. 870. n. 4. —

— Nachlaßpredigten über die Evangelien des Kirchenjahres. Hrsg. von Th. Harms. Ebend. 868. gr. 8. (VI, 522 S.) n. 1 ℛ︀

—— die Offenbarung St. Johannis erklärt. 1. Aufl. 1873, und 2. Aufl. 8. (315 S.) Hermannsburg 874, Missionshausdruckerei. *

— die Offenbarung St. Johannis. 3. Aufl. 8. (IV, 315 S.) Hermannsburg 878. Missionshausdruckerei. n. 1. —

— die Offenbarung St. Johannis. Erklärt v. L. H. 4. Aufl. 8. (VI, 315 S.) Hermannsburg 892. Missionshandlung. n. 1. —

— die heilige Passion. 1—3. Aufl. [Aus: Epistelpredigten.] Hermannsburg 864—70. (Leipzig, J. Naumann. — Celle, Schulze'sche Buchh.) gr. 16. (IV, 259 S.) n. 8 ngr.

—— Die heilige Passion. 4. Aufl. gr. 16. (IV, 256 S.) Ebd. 891. * — 60

— die hl. Passion. [Aus: „H., Epistelpredigten".] 5. Aufl. 12. (IV, 258 S.) Ebd. 891. n. — 60

— letzte Predigt u. Nachmittagsvorlesung, geh. am 3. Sonntage nach Epiph., den 25. Jan. 1865. gr. 8. (23 S.) Ebend. 885. n. — 15

— Predigten über die Episteln des Kirchenjahrs. 1—3. Heft. Ebend. 862—64. Lex.-8. (S. 1—808.) Jedes Heft n. 17 ngr.

— Predigten über die Episteln des Kirchenjahres. 4. Heft. Hermannsburg 865. Leipzig, J. Naumann. Lex.-8. (IV u. S. 809—1132.) n. 20 ngr.

— Predigten üb. die Episteln d. Kirchenjahrs. 2. Aufl. Lex.-8. (IV, 1132 S.) Ebend. 875. n. 5. 20

— Predigten üb. die Episteln des Kirchenjahres. 4. Aufl. gr. 8. (III, 1132 u. II S. m. Bildnis.) Ebd. 891. n. 5. 20; geb. in Halbldr. n.n. 6. 45; in Halbfrz. n.n. 6. 95

Harms, L., Predigten üb. d. Episteln d. Kirchenjahrs. 5. Aufl. Billige Ausg. gr. 8. (II, 1132 S. m. Bildn.) Hermannsburg 895. Missionshandlg. n. 3. 20; geb. n. 4. 20

—— Predigten über die Evangelien des Kirchenjahrs. 4 Hefte. 1. Aufl. 1858—60. und 2. Aufl. Lex.-8. (IV und 1083 S.) Hermannsburg 859—61. Leipzig und Dresden, Naumann. (Celle, Schulze'sche Buchh.) [1. und 2. Heft à * 14 Ngr., 3. Heft * 17 Ngr., 4. Heft * 20 Ngr.] *

— Predigten über die Evangelien des Kirchenjahrs. 860. — 2. Aufl. 861. (IV, 1083 S.) — 3. Aufl. Ebend. 862. gr. 8. (IV, 1071 S.) n. 2 ℛ︀ 5 ngr.

— Predigten über die Evangelien des Kirchenjahres. 5. Aufl. Ebend. 868. gr. 8. (IV, 1071 S.) n. 2 ℛ︀ 5 ngr.

— Predigten üb. die Evangelien d. Kirchenjahrs. 11. Aufl. gr. 8. (IV, 1071 S.) Ebd. 891. n. 4. 80; geb. in Halbldr. n.n. 6. 5; in Halbfrz. n.n. 6. 55

— dasselbe. 12. Aufl. (Billige Ausg.) gr. 8. (IV, 1071 S.) Ebd. 894. n. 2. 80; geb. n. 3. 80

— Predigten üb. d. Evangelien d. Kirchenjahrs. 13. Aufl. gr. 8. (IV, 1071 S. m. Bildn.) Ebd. 896. n. 4. 80; geb. in Halbfrz. n. 6. 50

Harms, L., sechs Predigten u. Dr. Luther's Anweisung zum Gebet. gr. 8. Celle 846. (Schulze.) geb. baar $^{5}/_{12}$ ℛ︀

Harms, L., sechs Predigten u. Dr. Luthers Anweisung zum Gebet. gr. 8. (128 S.) Celle 847. (Schulze.) baar $^{5}/_{12}$ ℛ︀ — 2. Aufl. gr. 8. (143 S.) Celle 847. (Schulze.) baar $^{5}/_{12}$ ℛ︀ — 3. durch vier Fastenpredigten u. eine Bußpredigt verm. Aufl. 8. (VIII u. 240 S.) Ebd. 851. baar n. $^{2}/_{3}$ ℛ︀

— zwei Predigten über Matth. 13, 47—50. u. Joh. 12, 1—8. auf dem Missionsfeste zu Marburg am 12. Juni 1861 gehalten. Frankfurt a. M., Heyder & Zimmer in Comm. gr. 8. (17 S.) 3 ngr.

Harms, L., zwei Predigten bei der Vorstellung in Hermannsburg und am ersten Advent. Halle 860. Petersen. gr. 8. (30 S.) n. 4 ngr.

Harms, L., zwölf Predigten, seinen lieben Zuhörern gewidmet. gr. 8. (VI u. 233 S.) Ebd. 849. n. ⅔ ₰

— der **Psalter** erklärt. Ebend. 868. br. 8. (VII, 576 S.) n. 24 ngr.

— der **Psalter** erklärt. 2. Aufl. 8. (VII, 576 S.) Ebend. 870. n. 2. 40

— dasselbe. 3. Aufl. 8. (VII, 576 S.) Ebend. 875. n. 1. 80

— das **Recht** der evangel.-lutherischen Gemeinde u. das heilige Predigtamt. gr. 8. (16 S.) Ebend. 884. n. — 10

— **Tod** u. **Begräbniß**. 4. Aufl. 8. (47 S.) Ebend. 874. n. — 30

— **Vergißmeinnicht**. 18 Nrn. [Aus: „Goldene Aepfel in silbernen Schalen".] 16. Ebend. 881. 82. n.n. — 95

1. Die kleine Marie. Am Bette eines kranken Tagelöhners. 2 Geschichten. (16 S.) n. — 5
2. Tiefenthal u. Pfr. Grünhagen. 2 Fragen beantwortet. 2 Geschichten. (24 S.) n. — 8
3. Die Herzen der Kinder bekehrt zu den Vätern. Ein alter Bauersmann. 2 Geschichten. (24 S.) n. — 8
4. Pastor Breyhan. Paulus Boccatius. 2 Geschichten. (16 S.) n. — 5
5. Halte, was du hast, daß Niemand deine Krone nehme. Bormwisch. 2 Geschichten. (16 S.) n. — 5
6. Christoffersen's Heimgang. Ein Räthsel vom Stutengelde. Die da arm sind und doch reich machen. 3 Geschichten. (16 S.) n. — 5
7. Bugenhagen's Bekehrung. Eine Geschichte. (16 S.) n. — 5
8. Havemanns Bekehrung. Zwei Missionsgaben. 2 Geschichten. (16 S.) n. — 5
9. Eine Nachtwächtergeschichte. Der Pastor u. der Pächter. 2 Geschichten. (16 S.) n. — 5
10. Die Hochzeitsfeier unter den Kaffern. Aus Glauben in Glauben. 2 Geschichten. (16 S.) n. — 5
11. Bekehrung der Eltern durch ihren Sohn. Eine Geschichte. Ein Brief. 3 Geschichten. (16 S.) n. — 5
12. Joh. Arnd, Generalsuperintendent in Celle. Gespräch mit dem Freunde. 2 Geschichten. (16 S.) n. — 5

13—15. Der Heilsbote Landolf. Hermann Billung. Beschreibung der Hermannsburger Kirche. 2 Geschichten. (84 S.) n. — 20

16. Eine plattdeutsche Erzählung. Peter Paasch. Kaiser Lothar. 3 Geschichten. (16 S.) n.n. — 5
17. Dageförde. Der Hof Remmiga. 2 Geschichten. (16 S.) n.n. — 5
18. Die Hühnenburg. Queloh. 2 Geschichten. (16 S.) n.n. — 5

—— **Weissagung** und Erfüllung. 8. (326 S.) Hermannsburg 872, Missionshausdruckerei.

Festschrift zum 25jährigen Jubiläum des Vereins deutscher Fechtmeister an Universitäten und Hochschulen. (Verf. auf Grund d. Vereinsprotokolle von Ludwig Harms.) Marburg 1900: Bauer. 15 S. 8° [09. 12281 J

Harms, Ludw., über Spondylitis cervicalis. (Caries des Atlas und Hinterhauptbeins.) Inaugural-Dissertation. 8. (56 S.) München 885, (Ernst.) * — 90

Harms, Paul, die deutschen Fortunatus-Dramen u. e. Kasseler Dichter d. 17. Jahrh., s.a. Forschungen, theatergeschichtliche.

[J.] **Harms**, Paul *Dietrich Nikolaus* [aus Elberfeld]: Die **deutschen Fortunatus-Dramen** des 17. Jahrhunderts ... (Erscheint vollst. als Heft 5 d. Theatergeschichtl. Forsch. hrsg. v. Litzmann u. d. T.: D. dt. Fort.-Dr. u. e. Kasseler Dichter d. 17. Jhs.) Marburg, Hamburg, L. Voss, 1891; VIII, 54 S., 1 Bl. 8. Marburg, Phil. Fak., Inaug.-Diss. v. [27. Apr.] 1892

Harms, Paul, die nationalliberale Partei. Ein Gedenkblatt zu ihrer geschichtl. Entwicklg. Mit 423 Bildnissen nationalliberaler Politiker. (64 S. m. 30 Taf. u. 1 Fksm. 4 S. in 8.) Lex.-8. Berlin 907. Puttkammer & Mühlbrecht. n.n. 4. —

Sonderabdruck aus: „Denkschrift f. d. Teilnehmer d. nationalliberalen Parteitages zu Goslar".

— dasselbe, s.a. **Denkschrift** f. die Teilnehmer des nationalliberalen Parteitages zu Goslar.

Harms, Paul, die Schlacht bei Liegnitz. Ein Soldatenspiel in 4 Aufzügen. (54 S.) 8. Liegnitz 910. Reisner. — 50

Harms, Richard: Landmiliz und stehendes Heer in Kurmainz namentlich im 18. Jahrhundert. Göttingen 1909: Winter, Darmstadt. VIII, 59 S. 8° ¶ (Ersch. auch in: Archiv f. Hessische Geschichte u. Altertumsk. N. F. Bd 6.)

Göttingen, Phil. Diss. v. 22. Mai 1909, Ref. Lehmann

[Geb. 16. Mai 86 Wehlau; Wohnort: Wehlau; Staatsangeh.: Preußen; Vorbildung: Gymn. Sondershausen Reife O. 04; Studium: Göttingen 4, Kiel 1, Göttingen 4 S.; Rig. 4. Nov. 08.] [U 09. 1352

Harms, Th.

—— der zweite **Brief Petri**. 8. (123 S.) Hermannsburg 873, Missionshausdruckerei. *

Harms, Th., der 2. **Brief Petri**. Ausgelegt v. Th. H. 2. Aufl. 8. (III, 123 S.) Hermannsburg 889. Missionshandlung. n. 60

Harms, Th., die letzten **Dinge**. 1.—3. Aufl. 8. (IV, 100 S.) Hermannsburg 872, Missionshausdruckerei.

Harms, Th., die letzten Dinge. 3. Aufl. 8. (IV, 100 S.) Hermannsburg 875. Missionshausdr. n. — 50

— zu **Jesu Füßen**. Predigten. 8. (VI, 680 S.) Ebend. 877. n. 2. 50

—— **Gedächtnißpredigt** über den Kreiseinnehmer a. D. Geo. Heinr. Friedr. Endhausen gehalten. gr. 8. (15 S.) Hermannsburg 869, Missionshausdruckerei.

Harms, Th., Gedächtnißpredigt über den Kreiseinnehmer a. D. Geo. Heinr. Frdr. Endhausen gehalten. Hermannsburg 869. (Leipzig, J. Naumann.) gr. 8. (15 S.) 1½ ngr.

—— der **Heilsweg**. 18 Predigten. 8. (V, 256 S.) Hermannsburg 871, Missionshausdruckerei.

Harms, Th., der Heilsweg. 22 Predigten. 3. verm. Aufl. 8. (V, 327 S.) Hermannsburg 877. Missionshausdruckerei. n. 1. 40

—— des Christen **Himmelsreise**. Fünf Predigten, gehalten in den Betstunden vor Pfingsten. 1. und 2. Aufl. 8. (88 S.) Ebendas. 875. * — 40

—— Des Christen **Himmelsreise**. 5 Predigten. 4. Aufl. 8. (II, 88 S.) Ebd. 891. * — 40

— des **Christen Himmelsreise**. 5 Predigten, geh. in den Betstunden vor Pfingsten. 5. Aufl. 8. (88 S.) Ebd. 892. n. — 40

— das **Hohelied**. Kurz erklärt. Ebend. 870. 8. (IV, 80 S.) n. 4 ngr.

Harms, Th., die Charwoche [Klagewoche]. Betstunden. 8. (69 S.) Hermannsburg 884, Missionshausdruckerei.

die Charwoche [Klagewoche]. Betstunden. 2. Aufl. 8. (71 S.) Ebd. 891. n. — 40

— Lebensbeschreibung des Pastor Louis Harms, geb. den 5. Mai 1808 zu Walsrode, gest. den 14. Novbr. 1865 zu Hermannsburg. 2. Aufl. Ebend. 868. 8. (V, 199 S.) 10 ngr.

— **Lebensbeschreibung d. Pastor Louis Harms, geb. den 5. Mai 1808 zu Walsrode, gest. den 14. Nov. 1865 zu Hermannsburg. 4. Aufl. 8. (V, 199 S.) Ebend. 874.** n. — 80

— Lebensbeschreibung d. Pastor Louis Harms, geb. den 5. Mai 1808 zu Walsrode, gest. den 14. Nov. 1865 zu Hermannsburg. 5. Aufl. 8. (VII, 199 S.) Ebend. 877. n. — 80

— der Prophet Maleachi erklärt. 8. (III, 40 S.) Ebend. 878. n. — 80

— **das dritte Buch Mose. Kurz ausgelegt. 8. (175 S.) Ebend. 871.** n. — 80

— Offenb. 20. Daß es mit der Lehre vom 1000jährigen Reiche nichts sei. 8. (53 S.) Ebend. 877. n. — 30

Harms, Th., letzte Predigt und Nachmittagsvorlesung, gehalten am 3. Sonntage nach Epiph., den 25. Jan. 1885. gr. 8. (23 S.) Hermannsburg 885, Missionshausdruckerei. * — 15

—— Predigten auf alle Sonn- und Festtage des Kirchenjahres. 1. Heft, vom 1. Advent bis 6. Epiphanias. gr. 8. (160 S.) Ebendas. 888. * 1 —

Harms, Th., Predigten auf alle Sonn- u. Festtage des Kirchenjahres. 4 Hfte. gr. 8. (VI, 710 S. m. Portr.) Hermannsburg 889. Missionshausdruckerei. n. 4. —; geb. n. 5. 60

Harms, Th., Predigten auf alle Sonn- u. Festtage des Kirchenjahrs. 2. Aufl. gr. 8. (VI, 710 S. m. Bildnis.) Ebd. 901. n. 3. —; geb. n. 4.

Harms, Th., die neun Seligpreisungen. In d. Betstunden vor Pfingsten 1883 ausgelegt. 12. (52 S.) Ebd. 895. — 30

Harms, W(ilhelm, Dr.): Aus d. biol. Labor. d. Univ. Bonn. Über funktionelle Anpassung bei Regenerationsvorgängen. Regeneration des Schwanzes bei jungen und erwachsenen Urodelen und den Larven von Anuren. (Mit 8 Textfig. u. 3 Taf.) Bonn a. Rh.: Hager 1910. 80 S. 8° (Aus: Pflüger's Archiv f. d. ges. Physiol. Bd 132.)
Marburg, Phil. Hab.-Schr. v. 1910 [U 10. 3413
(Nicht für den Austausch)

Harms, Wilhelm, a. Bargdorf: Zur Biologie und Entwicklungsgeschichte der Najaden. Marburg 1908. (43 S.) 8°
Marburg, Phil. Fak., Ref. Korschelt, Diss. v. 20. Febr. 1908
[Geb. 3. Febr. 84 Bargdorf, Kr. Uelzen (Hannover); Wohnort: Marburg; Staatsangeh.: Preußen; Vorbildung: Landwirtschaftsch. Helmstedt, Oberrealsch. Bremen Reife M. 04; Studium: Marburg 6 S.; Rig. 17. Juli 07.]

Harms, Wilh., über Lage u. Gestalt des menschlichen Darmes u. üb. Eingeweidebrüche, s. a. Arbeiten der chirurg. Universitätsklinik Dorpat. 4. Hft.

Über Lage und Gestalt des menschlichen Darmes und über Eingeweidebrüche. Ein krit. Versuch auf Grund von 58 Leichenöffnungen von Dr. Wilhelm **Harms**, Libau.
(Berlin: O. Rothacker in Comm. 1900.) (88 S.) 8°
= Arbeiten d. chirurgischen Universitätsklinik, Dorpat. H. 4.

Harms, Wilh. Die Zerbster Mädchenschule nach ihrer Geschichte u. Aufgabe. Rede, zur Feier d. 50jähr. Bestehens der Volksschulen zu Zerbst. gr. 8. (20 S.) Zerbst 890, Luppe. * — 40

Harms-Dörnick, H., s. Harms, Heinrich

Harmsdorf, Kurt, modernes Sklavenleben. Roman aus der Gegenwart. 2 Bde. 8. (234 u. 206 S.) Mannheim (902). J. Bensheimer's Verl. n. 6. —

Harmsen, Jan, der Waisenknabe. Mit 8 bunten (lith.) Bildern geschmückt. Neu-Ruppin 860. Bergemann. 16. (16 S.) n. 2½ ngr.

Wodanslieder aus dem Weltkriege v. Adolf Harmsen. (Wernigerode i. ... o. J.) 8°

Harmsen, C. (Hrsg.), s. Grundtvig, N. F. S.: Polit. Betrachtungen . . .

Harmsen, Claus, s. Harmsen, Klaus

Harmsen, E., das Soolbad Rothenfelde bei Osnabrück [Provinz Hannover]. Bericht über die Saisons 1866 u. 1867. [Aus der allgem. balneolog. Zeitung.] Neuwied 868. Heuser. gr. 8. (12 S.) 3 ngr.

Harmsen, E., wie wird d. Mensch d. gött. Seligkeit theilhaftig? Eine Predigt. gr. 8. (1 B.) Göttingen 830, Vandenhoeck u. Ruprecht.

Harmsen, Ernst, approb. Arzt u. Apotheker aus Lüneburg: Aus d. Physiol. Institut d. Universität Kiel. **Beiträge zur Bestimmung des Leberglykogens.** *Kiel 1900: P. Peters.* (29 S.) 8°
Kiel, Med. Diss. v. [5. Jan.] 1901

Harmsen, J. Jak., Bedenken u. Bitten an alle Jünglinge, welche Theologie studiren wollen, in e. Reihe v. Briefen. gr. 8. Göttingen, 826. Vandenhöck u. R. 12 gl.

— s. Harms, Claus.

Harmsen, Johann Hermann (Lübeck), De unica salutis per Christum via ex Act. IIII. 12. declarata. Dissert. exeget.-polemica. Präs. Jo. Christoph Koecher. Jena (Meyer) 13. III. 1756. 52 Seiten. (6.50) 13155
Widm. v.: Präs., Ehregott Nicolaus Bagge, Peter Hermann Becker, Franz Bernhard Bruns.

Harmsen, Klaus

⊙ Bemerkungen über den bekannten Aufsatz: „Auch das noch" aus der „Heimath" des Verfassers [v. Claus (Harmsen)]. Altona. 1839. 8°

Harmsen, Matth., Ansprache an vaterländ. Schullehrer zunächst im Dithmarschen, in Bezieh. auf d. großen Katechismus d. Hrn. Claus Harms, auf Veranlass. desselben. 8. Husum 816.

— s. Sendschreiben an Cl. Harms.

— **Sittenspiegel f. weibl. Dienstboten in Städten u. auf d. Lande. Ein patriot. Versuch. 8. Itzehoe 818.**

Harmsen, Otto [aus Rothenfelde]: Beitrag zur Diagnose und Prognose der Hirnsyphilis. . . . Berlin, Buchdr. v. Gustav Schade (Otto Francke) (1890); 31 + 1 S. 8°
Berlin, Med. Fak., Inaug.-Diss. v. 18. Jul. 1890

Harmsen, Thdr., de verborum collocatione apud Aeschylum, Sophoclem, Euripidem capita selecta. Dissertatio inauguralis. gr. 8. (44 S.) Fribergae 880. Göttingen, Akadem. Buchh. in Comm. n. 1. —

Harmsen, Theodor Der Pessimismus vom christlichen Standpunkte aus beurteilt. (Umschlagtitel: Der Pessimismus und das Christentum.) 4 (XIII S.). Progr. Rg. u. Rsch. *Altona* 1887 (272).

Harmsen, W., die Fabrikation der Theerfarbstoffe u. ihrer Rohmaterialien. Mit 84 Illustr. 8. (VII, 317 S.) Berlin 889. S. Fischer, Verl. geb. n. 10. —

HARMSEN, W. Ueber Nitroxylol und Nitroxylolsulfonsäure. Rostock, 1881.

Harmstorf, Gerd., aus dem Papierkorb, s. a. Welt, alle.

Aus dem Papierkorb. Novelle von Gerd Harmstorf. *Berlin: A. Weichert [1900].* (48 S.) 8° [J.]
= Welt, Alle. Bd 10.

Harmuth, C. F. Aug., der chronologische Rhythmus d. Alten Testaments. Eine historisch-philosoph. Studie. gr. 8. (40 S.) Breslau 887. Preuss & Jünger. n. 1. —

Harmuth, Carl, s. Harmuth, Karl

Harmuth, F. A., Perikopenfreude in Liedern. 1. Thl.: Lieder zu den Evangelien. 1. Hälfte. Vom ersten Adventssonntage bis zum Himmelfahrtsfeste. 8. (III, 366 S.) Hagen 882. Risel & Co. n. 4. —

Harmuth, F. A., Perikopenfreude in Liedern. 1. Thl. A. u. d. T.: Lieder zu den Evangelien. 2. Hälfte. Vom Sonntage Exaudi bis zum 27. Sonntage nach Trinitatis. 8. (352 S.) Hagen 883. Risel & Co. n. 3. —
(1. Thl. cplt.: n. 7. —)

Harmuth, Karl

Harmuth, Carl [aus Sagan]: Cephalhaematoma neonatorum. . . . Jena, Druck v. G. Neuenhahn, 1889; 26 S. 8°
Jena, Med. Fak., Inaug.-Diss. v. [6. Aug.] 1889

Harmuth, C., Cephalhaematoma neonatorum. Inaug.-Diss. gr. 8. (26 S.) Jena 889. (Neuenhahn.) n. — 70

Harmuth, Carl Frdr. Aug., Missionspredigten oder ausgewählte Vorträge über die wichtigsten Glaubens- u. Sittenlehren der kathol. Kirche, zur Belehrung u. Erbauung. Breslau 866. (Aderholz'sche Buchh.) gr. 8. (VIII, 607 S.) n. 1 ₰ 10 ngr.

Harmuth, Thdr., Beiträge zur Theorie der Function E (x). Inaugural-Dissertation. gr. 8. (45 S.) Göttingen 875. (Vandenhoeck & Ruprecht's Verl.) n. 1. —

Harmuth, Thdr., Beiträge zur Theorie der Function F (x). Inaugural-Dissertation. gr. 8. (45 S.) Göttingen 875, (Vandenhoeck und Ruprecht's Verlag.) * 1 —

Harmuth, Theodor: Ueber die Darstellung von ganzzahligen Faktoriellen und Potenzen durch Produkte gemischter Zahlen. *Berlin 1898: Trowitzsch & Sohn.* (3—8 S.) 4°
Berlin, k. Wilhelms-G, P 1898 (65)

Harmuth, Theodor: Textgleichungen aus dem Gebiet der Kegelschnitte. Berlin 1908: Trowitzsch. S. 19—35. 8°
Berlin, k. Wilhelms-G, in Festschr. z. 50j. Jubil. P 1908** [S 08. 163

Harmuth, Th., Textgleichungen geometrischen Inhalts. Für den Gebrauch beim Unterricht entworfen. gr. 8. (IV, 66 S.) Berlin 888. Springer. cart. n. 1. 20

Textgleichungen geometrischen Inhalts. Für d. Gebr. beim Unterr. entworfen von Dr. Th[eodor] Harmuth, Prof., Berlin. 2. verb. u. verm. Aufl. *Berlin: J. Springer 1900.* (75 S.) 8° [J.] [00. 8958

Harmuth-Lieberose, A., praktisches Handbuch f. Schafzüchter u. Ratschläge zur Hebung der Viehzucht im Allgemeinen. (Umschlagzeichnung v. Alfr. Drews-Thiele.) (IV, 151 S.) kl. 8. Berlin 907. Dr. F. Ledermann. Kart. 2. —

Harnach, G. H., die Tropenlehre (Theorie der Bildersprache), oder gründliche u. prakt. Anleitung zum schönen u. blühenden Style durch Tropen u. bildliche Redefiguren. Mit beigefügten Muster-Beispielen, in latein. u. deutscher Sprache rc. Nebst einem mit allerlei Tropen reichlich ausgestatteten Anhange von größeren lateinischen u. deutschen Aufsätzen. 8. Prag 833. v. Mayregg. (Leipzig, Central-Compt.) 1 ₰

Harnack, Adolf, und das alte Gymnasium in der modernen Zeit. Basel 1905. V: *Plüss, Theodor.* (zuwzür 1912)

Harnack, Adolf, u. die Naturwissenschaft. Von e. Rerum naturalium curiosus. (70 S.) 8. Basel 905. B. Schwabe. n. 1. 20

Harnack, Adf., zur Aberciua-Inschrift, s.: Texte u. Untersuchungen z. Geschichte d. altchristlichen Literatur.

Harnack, Adf., s.: Abhandlungen, theologische.

Harnack, Adf.: Die Acta Archelai und das Diatessaron Tatians, s. Gebhardt, Osc. v., und A. Harnack: Texte und Untersuchungen zur Geschichte der altchristl. Literatur.

Harnack, Adolf: Die Acta Archelai u. das Diatesseron Tatians, s. Texte u. Untersuchungen.

Harnack, Adf., die Adresse des Epheserbriefs des Paulus. (S. 696—709.) Lex. 8. Berlin 910. G. Reimer. — 50
Sonderabdr. a.: „Sitzungsber. d. preuss. Akad. d. Wiss."

Harnack, Adolf: Die Königlich Preussische Akademie der Wissenschaft. Rede z. 200jahrfeier in d. Festsitzung am 20. März 1900 geh. von —. (Berlin 1900: Reichsdr.) 22 S. 4°

Harnack, Adf., die kgl. preussische Akademie der Wissenschaften. Rede zur Zweihundertjahrfeier, in der Festsitzg. am 20. III. 1900 geh. gr. 4. (22 S.) Berlin (900). (G. Reimer.) n. 1. —

Harnack, Adf., die Akten des Karpus, des Papylus und der Agathonike, eine Urkunde aus der Zeit Marc Aurel's, s. Texte und Untersuchungen zur Geschichte der altchristlichen Literatur.

Harnack, Adf.: Die Altercatio Simonis Judaei et Theophili Christiani, s. Gebhardt, Osc. v., und A. Harnack, Texte und Untersuchungen zur Geschichte der altchristl. Literatur.

Harnack, Adolf: Die A l t e r c a t i o Simonis Judaei et Theophili Christiani, s. T e x t e u. Untersuchungen.

— Friedrich **A l t h o f f**. Trauerrede, geh. in der Kirche zu Steglitz. (14 S. m. 1 Bildnis.) 8. Berlin 908. A. Scherl. — 50

Sonderabdr. a.: „Int. Wochenschr. f. Wiss., Kunst u. Technik".

— zu den **A m h o r s t - P a p y r i**. gr. 8. (12 S.) Ebd. 900. n. — 50

Harnack, Adf., Analecta zur ältesten Geschichte des Christentums in Rom, s.a. **T e x t e u. U n t e r s u c h u n g e n zur Geschichte der altchristlichen Literatur. XIII, 2.**

Harnack, Adolf: A n a l e c t a zur ältesten Geschichte des Christentums in Rom v. –. Leipzig: J. C. Hinrichs 1905. (9 S.) 8°

= Texte u. Untersuchungen z. Gesch. d. altchristl. Lit. Bd 28, H. 2,[2.]

– Antwort auf die Streitschrift Cremers: „Zum Kampf um das Apostolikum", s.: H e f t e zur „Christlichen Welt".

Harnack, Adf., de A p e l l i s gnosi monarchica. Commentatio historica. gr. 8. (VIII, 92 S.) Leipzig 874. Bidder. n. 2. —

— ein in georgischer Sprache überliefertes **A p o k r y p h o n** des Joseph v. Arimathia. gr. 8. (12 S.) Ebd. 901. n. — 50

— das **A p o s t e l d e c r e t** (Act. 15, 29) u. die Blass'sche Hypothese. gr. 8. (27 S.) Ebd. 899. n. 1. —

3 Sonderabdrucke aus: „Sitzungsber. d. preuss. Akad. d. Wiss."

Die Apostelgeschichte. Untersuchungen von Adolf **Harnack**. Leipzig: J. C. Hinrichs 1908. (VI, 225 S.) 8° [Umschlagt.]

— **Harnack**: Beiträge z. Einleitung in d. Neue Testament. 3. [08. 2399 3

— die **A p o s t e l l e h r e** u. die jüdischen beiden Wege. Erweiterter Abdruck aus der Realencyklopädie f. protestant. Theologie u. Kirche, nebst Texten. gr. 8. (III, 59 S.) Leipzig 886. Hinrichs' Verl. n. 1. —

— die **A p o s t e l l e h r e** u. d. jüd. beiden Wege. 2., verb. u. verm. Aufl. d. kleineren Ausg. gr. 8. (III, 65 S.) Leipzig 896. J. C. Hinrichs' Verl. n. 1. 10

Harnack, Adolf: Ein jüngst entdeckter Auferstehungsbericht. *Göttingen 1897.*

in: Studien, Theologische, ... B. Weiss zu s. 70. Geburtst. dargebr. [97. 1105

die **A u f g a b e** der theologischen Facultäten u. die allgemeine Religionsgeschichte. (Rektoratsrede, geh. am 3. VIII. 1901.) 1.—3. Aufl. gr. 8. (à 22 S.) Giessen 901. J. Ricker. n. — 50

Harnack, Adolf: Die **Aufgabe** der theologischen Facultäten und die allgemeine Religionsgeschichte. *Berlin 1901: G. Schade.* (20 S.) 4°

Berlin, Rede zur Gedächtnisfeier Friedrich Wilhelms III. 1901

— **B e i t r ä g e** zur Einleitung in das Neue Testament. I. Lukas der Arzt, der Verfasser des dritten Evangeliums u. der Apostelgeschichte. (Eine Untersuchg. zur Geschichte der Fixierg. der urchristl. Überlieferg.) (VI, 160 S.) gr. 8. Leipzig 906. J. C. Hinrichs' Verl. n. 3. 50; geb. n. 4. 30

— **B e i t r ä g e** zur Einleitung in das Neue Testament. II. u. III. gr. 8. Leipzig, J. C. Hinrichs' Verl. à 5.—; geb. in Leinw. à 5. 80

II. Sprüche u. Reden Jesu. Die zweite Quelle des Matthäus u. Lukas. (IV, 220 S.) 907.
III. Die Apostelgeschichte. (VI, 225 S.) 908.
I. Ebd. 906. 3.50; geb. 4. 30.

— einige **B e m e r k u n g e n** zum 6. Buch der Kirchengeschichte des Eusebius nach der neuen Ausgabe v. Eduard Schwartz. (8 S.) gr. 8. Berlin 903. (G. Reimer.) n. — 50

— vorläufige **B e m e r k u n g e n** zu dem jüngst syrisch u. lateinisch publicirten „Testamentum domini nostri Jesu Christi". gr. 8. (14 S.) Berlin (899). G. Reimer. n. — 50

Harnack, Ad., B e r i c h t üb. die Abfassung der „Geschichte der kgl. preussischen Akademie der Wissenschaften zu Berlin." gr. 8. (10 S.) Berlin (900). G. Reimer. n. — 50

— der **B r i e f** des britischen Königs Lucius an den Papst Eleutherus. (8 S.) Lex.-8. Ebd. 904. n. — 50

2 Sonderabdrucke aus: „Sitzgsber. d. preuss. Akad. d. Wiss."

— der **B r i e f** des Ptolemäus an die Flora. Eine religiöse Kritik am Pentateuch im 2. Jahrh. gr. 8. (39 S.) Ebd. 902. n. 2. —

2 Sonderabdrucke aus: „Sitzungsber. d. preuss. Akad d. Wiss."

— s.: **B r i e f e**, die apokryphen, des Paulus an die Laodiceuer u. Korinther.

— über verlorene Briefe u. Actenstücke, die sich aus der cyprian. Briefsammlung ermitteln lassen, s: T e x t e u. U n t e r s u c h u n g e n zur Geschichte der altchristl. Literatur. N. F. VIII. 2.

— **B r o d** u. Wasser: die eucharist. Elemente b. Justin, — **B r u c h s t ü c k e** d. Evangeliums u. der Apokalypse d. Petrus. } s.: **T e x t e** u. **U n t e r s u c h u n g e n** zur Geschichte der altchristlichen Literatur.

Harnack, Adolf: Sieben neue B r u c h s t ü c k e d. Syllogismen d. Apelles. – Die Gwynn'schen Cajus- u. Hippolytus-Fragmente, s. T e x t e u. Untersuchungen z. Geschichte d. altchristlichen Literatur.

— d. **C h r i s t e n t u m** u. d. Geschichte. Ein Vortrag. 4. Aufl. gr. 8. (20 S.) Ebd. 897. n. — 50

Harnack, Adf., das C h r i s t e n t u m u. die Geschichte. Ein Vortrag. 5. Aufl. (20 S.) gr. 8. Leipzig 904. J. C. Hinrichs' Verl. n. — 50

Die Chronologie der altchristlichen Litteratur bis Eusebius von Adolf **Harnack**. Bd 1. 2. *Leipzig: J. C. Hinrichs 1897–1904.* 2 Bde 8°

1. Die Chronol. d. Litt. bis Irenäus nebst einleit. Untersuchungen. 1897.
2. Die Chronol. d. Litt. von Irenäus bis Eusebius. 1904.

— **Harnack**: Geschichte d. altchristl. Litt. bis Eusebius. Th. 2. [04. 3818

— **Diodor** v. Tarsus, s.a. **T e x t e** u. **U n t e r s u c h u n g e n** zur Geschichte der altchristl. Literatur. N. F. VI. 4.

Diodor von Tarsus. 4 pseudojustinische Schriften als Eigentum Diodors nachgewiesen von Adolf **Harnack**. *Leipzig: J. C. Hinrichs 1901.* (251 S.) 8°

— **Texte** u. **Untersuchungen** z. Geschichte d. altchristl. Literatur. Bd 21, H. 4. [01. 6804

— **Dogmengeschichte**, s.a. **Grundriss der theologischen Wissenschaften. IV. 3.**

Dogmengeschichte von D. Adolf **Harnack**. 3. verb. Aufl. Freiburg i. B., Leipzig & Tübingen: Mohr 1898. XII, 408 S. 8°
(Grundriss d. theolog. Wissenschaften. Reihe 1. T. 4, Bd 3.) [10. 14915 6

Dogmengeschichte von D. Adolf **Harnack**, Prof., Berlin. 4. verb. u. bereicherte Aufl. Tübingen: J. C. B. Mohr 1905. (XII, 446 S.) 8°
— **Grundriss** d. Theolog. Wissenschaften. T. 4, Bd 3. [06. 3607 11

Harnack, Adolf: D. Edict d. Antonius Pius, s. Texte u. Untersuchungen z. Geschichte d. altchristl. Literatur.

Harnack, Adolf: Entstehung und Entwickelung der Kirchenverfassung und des Kirchenrechts in den zwei ersten Jahrhunderten. Nebst e. Kritik d. Abhandlung R. Sohm's: 'Wesen u. Ursprung des Katholizismus' u. Untersuchungen über 'Evangelium'. 'Wort Gottes' u. das trinitarische Bekenntnis. Von —. Leipzig: Hinrichs 1910. XI, 252 S. 8°

— s.: Erbschaftsabgabe, die, u. die Reichsfinanzreform.

Harnack, Adolf: Das Evangelienfragment v. Fajjum, s. Texte u. Untersuchungen z. Geschichte d. altchristlichen Literatur.

Harnack, Adf.: Der angebliche Evangeliencommentar des Theophilus von Antiochien, s. Gebhardt, Osc. v., und A. Harnack, Texte und Untersuchungen zur Geschichte der altchristl. Literatur.

— der angebliche **Evangeliencommentar** d. Theophilus v. Antiochien, s.: **Texte u. Untersuchungen.**

—— Evangeliorum codex graecus purpureus Rossanensis (Σ), s. Gebhardt, Osc. v.

— u. Hans Delbrück, Evangelisch-Sozial. gr. 8. (127 S.) Berlin 896. H. Walther. n. 1. —

— Festrede, geh. in der öffentl. Sitzung der königl. preuss. Akad. d. Wissenschaften am 27. I. 1910 zur Feier des Geburtsfestes Sr. Maj. d. Kaisers u. Königs u. d. Jahrestages König Friedrich's II. (11 S.) Lex. 8. Berlin 910. G. Reimer. — 50
Sonderabdr. aus: „Sitzungsber. d. preuss. Akad. d. Wiss."

— **Forschungen auf dem Gebiete der alten grusinischen u. armenischen Litteratur. Referat.** (10 S.) gr. 8. Berlin 908. (G. Reimer.) n. — 50

— ein neues **Fragment** aus den Hypotyposen des Clemens. (8 S.) Lex.-8. Ebd. 904. n. — 50
2 Sonderabdrucke a.: „Sitzungsber. d. preuss. Akad. d. Wiss."

Harnack, Adf., über zwei v. Grenfell u. Hunt entdeckte u. publicirte **altchristliche Fragmente**. [Aus: „Sitzungsber. d. preuss. Akad. d. Wiss."] gr. 8. (5 S.) Berlin 898. (G. Reimer.) n. — 50

— **Geschichte der königl. preussischen Akademie d. Wissenschaften zu Berlin.** Im Auftrage d. Akademie bearb. 3 Bde. Lex.-8. (VII, VI, 1091; XII, 660 u. XIV, 588 S. m. 8 Portr.) Berlin 900. (G. Reimer.) n. 60.—

— dasselbe. Ausg. in 1 Bde. gr. 8. (VIII, 790 S.) Berlin 901. G. Stilke. n. 10. —; geb. n. n. 12. —

— **Geschichte** der altchristlichen Litteratur bis Eusebius. 1. Thl. Die Überliefergr. u. der Bestand. Bearb. unter Mitwirkg. v. Erwin Preuschen. gr. 8. (LXI, 1021 S.) Leipzig 893. J. C. Hinrichs' Verl. n. 35. —; geb. n. 38. —

— Goschichte d. **altchristlichon Littoratur** bis Eusebius. 2. Thl. Die Chronologie. 1. Bd. A. u. d. T.: D. Chronologie d. altchristl. Litteratur bis Eusebius 1. Bd. D. Chronologie d. Litteratur bis Irenäus, nebst einleit. Untersuchgn. gr. 8 (XVI, 732 S.) Leipzig 897. J. C. Hinrichs' Verlag. n. 25. ; geb. n. 28.
(I u. II, 1.: n. 60 —; geb. n. 66. —)

— **Geschichte** der altchristlichen Litteratur bis Eusebius. II. Thl. Die Chronologie. 2. Bd. Die Chronologie der Litteratur von Irenaeus bis Eusebius. (XII, 564 S.) gr. 8. Leipzig 904. J. C. Hinrichs' Verl. n. 14. 40; geb. in Halbfrz. n.n. 17. 40
I u. II. 1. Ebd. 893. 897. n. 60.—; geb. n.n. 66. —.

Harnack, Adf., s.: **Geschichte** der christl. Religion.

— das apostolische **Glaubensbekenntniß**. Ein geschichtl. Bericht nebst e. Nachwort. 1.—6. Aufl. gr. 8. (41 S.) Berlin 892. A. Haack. n. — 75

— dasselbe. 7.—26., durch Zusätze verm. Aufl. gr. 8. (44 S.) Ebd. 892. 893. n. — 75

Vgl.: Bertling. — Bithorn, Wilh. — Bornemann, W. — Brückner, Wilh. — Cassel, Paulus. — Cremer, Herm. — Flugschriften, katholische z. Wehr u. Lehr'. Nr. 61. — Für d. Apostolikum. — Glaubensbekenntniß, das apostolische. — Hoensbroech, Paul v. — Lüdecke, Hugo. — Zahn, Thdr.

— das **apostolische Glaubensbekenntniß**. Ein geschichtl. Bericht nebst e. Nachwort. 27. Aufl. gr. 8. (42 S.) Berlin 896. A. Haack. — 75

Harnack, A.: Über eine der antiken Grundlagen der modernen Kultur. 8° (15 S.)
Wien: Fromme 1910.

— **Grundriss** der Dogmengeschichte. Die Entstehung d. Dogmas u. seine Entwickelung im Rahmen der morgenländ. Kirche. gr. 8. (VII, 183 S.) Freiburg i/Br. 889. J. C. B. Mohr. geb. n. 4. —

— **Grundriss** der Dogmengeschichte. (II.) Die Entwickelg d. Dogmas im Rahmen der abendländ. Kirche. gr. 8. (VI, 138 S.) Freiburg i/B. 891. J. C. B. Mohr. Geb. n. 3. — (kplt.: n. 7. —)

— **Grundsätze** der evangel.-protestant. Mission. Vortrag, geh. auf der Generalversammlg. des allgem. evang.-prot. Missionsvereins am 26. IX. 1900 in Hamburg. 1. u. 2. Aufl. gr. 8. (à 14 S.) Berlin 900. A. Haack. — 30

— **Grundsätze** der evangelisch-protestantischen Mission. Vortrag, geh. auf der Gen.-Versammlg. des Allgem. evang. prot. Missionsvereins am 26. IX. 1900 in Hamburg. 3. Aufl. (14 S.) 8. Berlin 905 A. Haack. n. — 30

— s. Hahn, Aug.: Bibliothek d. Symbole u. Glaubensregeln d. alten Kirche.

Harnack, Adolf, s. Hefte z. „Christlichen Welt."

— über die **Herkunft** der 48 (47) ersten Päpste. (19 S.) Lex.-8. Berlin 904. (G. Reimer.) n. 1. —

— s.: **Jablonski**, J. Th., Berichte an G. W. Leibniz.

— Über d. 3. Johannesbrief, s. a. Texte u. Untersuchungen z. Geschichte d. altchristl. Literatur.

Über den dritten Johannesbrief von Adolf Harnack. *Leipzig: J. C. Hinrichs 1897.* (27 S.) 8.
= Texte u. Untersuchgn z. Geschichte d. altchristl. Literatur. Bd XV. H. 3. [2].

— s.: Irenäus, des hl., Schrift zum Erweise der apostol. Verkündigung.

— die Pfaff'schen Irenäus-Fragmente als Fälschungen Pfaffs nachgewiesen. Miscellen zu den apostolischen Vätern, den Acta Pauli, Apelles, dem Muratorischen Fragment, den pseudocyprianischen Schriften u. Claudianus Mamertus, s.a. Texte u. Untersuchungen zur Geschichte der altchristl. Literatur. N. F. V. 3.

Die Pfaff'schen Irenäus-Fragmente als Fälschungen Pfaffs nachgewiesen. Miscellen zu d. apostol. Vätern, den Acta Pauli, Apelles, dem murator. Fragment, den pseudocyprian. Schriften u. Claudianus Mamertus von Adolf Harnack. *Leipzig: J. C. Hinrichs 1900.* (148 S.) 8°
= Texte u. Untersuchungen z. Geschichte d. altchristl. Literatur. 20, 3.

— ius ecclesiasticum. Eine Untersuchg. üb. den Ursprung des Begriffs. (15 S.) gr. 8. Ebd. 903. n. — 50
2 Sonderabdrucke a.: „Sitzungsber. d. preuss. Akad. d. Wiss."

— der Ketzer-Katalog d. Bischofs Maruta v. Maipherkat, s.a. Texte u. Untersuchungen zur Geschichte der altchristl. Literatur. N. F. IV.

Harnack, Adolf: Der Ketzer-Katalog des Bischofs Maruta von Maipherkat v. –. Leipzig: J. C. Hinrichs 1899. (2 Bl., 17 S.) 8°
= Texte u. Untersuchgn. z. Geschichte d. altchristl. Literatur. [Bd] 19. [H.] 1. N. F. Bd IV. H. 1. [No 2.]

— Der 1. Klemensbrief. Eine Studie z. Bestimmg. des Charakters des ältesten Heidenchristentums. (S. 38—63.) Lex. 8. Berlin 909. G. Reimer. b 1. —
Sonderabdr. a.: „Sitzungsber. d. preuss. Akad. d. Wiss."

— Augustin's Confessionen. Ein Vortrag. gr. 8. (31 S.) Giessen 888. Ricker. n. — 60

— Augustin's Confessionen. Ein Vortrag. 2. Aufl. gr. 8. (32 S.) Giessen 895. J. Ricker. n. — 60

— Augustins Konfessionen. Ein Vortrag. 3. Aufl. (32 S.) 8. Gießen 903. A. Töpelmann. n. — 60

— zur gegenwärt. Lage d. Protestantismus, s.a. Hefte z. „Christlichen Welt".

Harnack, Adolf: Zur gegenwärtigen Lage des Protestantismus. E. Vortr. v. Adolf Harnack, Prof. ... in Merlin. Leipzig: F. W. Grunow 1896. (24 S.) 8°
= Hefte z. 'Christlichen Welt'. No 25.

— Lehrbuch der Dogmengeschichte. 1. Bd. Die Entstehg. d. kirchl. Dogmas. gr. 8. (XX, 696 S.) Freiburg i/Br. 886. Mohr. n. 14. —; geb. n.n. 16. 50

— Lehrbuch der Dogmengeschichte. 2. u. 3. Bd. gr. 8. Ebd. n. 26. —; geb. n. 30. 50 (cplt.: n. 40. —; geb. n. 47. —)
2. Die Entwickelg. d. kirchl. Dogmas. I. (XV, 483 S.) 887. n. 9. —; geb. n. 11. —
3. — dasselbe. II. III. Register zu den 3 Bdn. 1. u. 2. Aufl. (XX, 789 S.) 890. n. 17. —; geb. n. 19. 50

— dasselbe. 1. u. 2. Bd. gr. 8. Ebd. 888. n. 23. —
1. Die Entstehung d. kirchlichen Dogmas. 2., verm. u. verb. Aufl. (XXIV, 752 S.) n. 14. —
2. Die Entwickelung d. kirchlichen Dogmas. I. 2., unveränd. Aufl. (XX, 483 S.) n. 9. —

— Lehrbuch der Dogmengeschichte. 1. u. 2. Bd. 3., verb. u. verm. Aufl. gr. 8. Ebd. 894. n. 27. —; geb. n.n. 32. —
1. Die Entstehg. des kirchl. Dogmas. (XVIII, 800 S.) Ebd. 894. n. 17. —; geb. n.n. 19. 50
2. Die Entwickelg. des kirchl. Dogmas I. (XV, 483 S.) n. 10. —; geb. n.n. 12. 50

— Lehrbuch d. Dogmengeschichte. (Sammlg. theol. Lehrbücher.) In 3 Bdn. 3., verb. u. verm. Aufl. gr. 8. (XVIII, 800; XV, 483 u. XXII, 840 S.) Freiburg i/B. 894 u. 897. J. C. B. Mohr. n. 45. —; Einbde. à n.n. 2. 50
Erschien auch in 40 Lfgn. à n. 1. —.

— Lehrbuch der Dogmengeschichte. (Sammlg. theologischer Lehrb.) 3 Bde. 4. neu durchgeseh. u. verm. Aufl. Lex. 8. Tübingen, J. C. B. Mohr. 58. —; geb. 67. —; auch in 12 Lfgn.
1. Die Entstehg. des kirchl. Dogmas. (XIX, 826 S.) 909. 20. —; geb. 23. —
2. Die Entwickelg. des kirchl. Dogmas I. (XVI, 538 S.) 909. 14. —; geb. 17. —
3. Dasselbe. II, III. Register zu den 3 Bdn. (XX, 959 S.) 910. 24. —; geb. 27. —; f. Subskribenten 20. —

—— Lehre der zwölf Apostel, s.a. Gebhardt, Osc. v., und A. Harnack, Texte und Untersuchungen zur Geschichte der altchristlichen Literatur.

— Lehre der zwölf Apostel, nebst Untersuchgn. zur ältesten Geschichte der Kirchenverfassg. u. d. Kirchenrechts, s.a. Texte u. Untersuchungen.

— Lehre der zwölf Apostel, nebst Untersuchgn. zur ältesten Geschichte der Kirchenverfassg. u. d. Kirchenrechts. Anastatischer Druck der Ausg. v. 1884. gr. 8. (70 u. 294 S.) Leipzig 893. J. C. Hinrichs' Verl. n. 10.

— Augustin's Lehre von der Unsterblichkeit u. Immaterialität der menschlichen Seele. Diss. 1874. 89 S. 1.25

— s.: Literaturzeitung, theologische.

— s.: Litteraturzeitung, theologische.

Lukas der Arzt, der Verfasser des dritten Evangeliums und der Apostelgeschichte. Eine Untersuchung z. Gesch. d. Fixierung d. urchristl. Überlieferung von Adolf Harnack. Leipzig: J. C. Hinrichs 1906. (V, 160 S.) 8°
= Harnack: Beiträge z. Einleitung in d. Neue Test. H. 1.

Harnack, Adf., Martin Luther in seiner Bedeutung f. die Geschichte der Wissenschaft u. der Bildung. Festrede. gr. 8. (30 S.) Giessen 883. Ricker. n. — 60

— Martin Luther in seiner Bedeutung f. die Geschichte der Wissenschaft u. der Bildung. 3. durchgeš. Aufl. gr. 8. (27 S.) Gießen 901. J. Ricker. n. — 60

— das Magnificat der Elisabet (Luc. 1, 46—55) nebst einigen Bemerkungen zu Luc. 1 u. 2. gr. 8. (19 S.) Berlin 900. (G. Reimer.) n. 1. —
Sonderabdruck aus: „Sitzungsber. d. preuss. Akad. d. Wiss."

— Medicinisches aus der ältesten Kirchengeschichte. [Aus: „Texte u. Untersuchgn. z. Geschichte d. altchristl. Lit."] gr. 8. (VII, 116 S.) Ebd. 892. n. 4. —

— dasselbe, s.a. Texte u. Untersuchungen zur Geschichte der altchristlichen Literatur.

— Philipp Melanchthon. Akad. Festrede, geh. zur Melanchthon-Feier am 16. Febr. 1897 an d. Universität Berlin. gr. 4. (22 S.) Berlin 897. J. Becker. n. — 75

Philipp Melanchthon. Rede bei d. Feier z. vierhundertjähr. Gedächtniss d. Geburt Philipp Melanchthon's geh. in d. Aula d. Kgl. Friedrich-Wilhelms-Universität in Berlin am 16. Febr. 1897 v. Adolf **Harnack.** Berlin, Druck v. W. Büxenstein, 1897; 24 S. 4.

— Militia Christi. Die christl. Religion u. der Soldatenstand in den ersten drei Jahrhunderten. (VII, 129 S.) gr. 8. Tübingen 905. J. C. B. Mohr. n. 2. —; geb. n. 2. 80

— die Mission u. Ausbreitung des Christentums in den ersten drei Jahrhunderten. gr. 8. (XII, 561 S.) Leipzig 902. J. C. Hinrichs' Verl. n. 9. —; geb. in Leinw. n. 10; in Halbfrz. n. 12. —

Die Mission und Ausbreitung des Christentums in den ersten drei Jahrhunderten. Von Adolf **Harnack.** 2. neu durchgearb. Aufl. mit 11 Karten. Bd 1. 2. Leipzig: J. C. Hinrichs 1906. 2 Bde 8°
1. Die Mission in Wort u. Tat. 2. Die Verbreitung. [06. 8149]

— das Mönchthum, seine Ideale u. seine Geschichte. Eine kirchen-histor. Vorlesung. gr. 8. (48 S.) Giessen 881. Ricker. n. — 80

— dasselbe. 2., verb. Aufl. gr. 8. (56 S.) Ebend. 882. n. 1. —

— das Mönchthum, seine Ideale u. seine Geschichte 3. Aufl. — Martin Luther in seiner Bedeutung f. die Geschichte der Wissenschaft u. der Bildung. 2. Aufl Zwei kirchenhistor. Vorlesgn. gr. 8 (88 S.) Ebend. 886. n. 1. 60

— d. Mönchthum, s. Ideale u. s. Geschichte. 4., verb. Aufl. gr. 8. (62 S.) Giessen 895. J. Ricker. n. 1. 40

— das Mönchthum, seine Ideale u. seine Geschichte. 5. verb. Aufl. gr. 8. (60 S.) Gießen 901. J. Ricker. n. 1.20

— das Mönchtum, seine Ideale u. seine Geschichte. 6. verb. Aufl. (63 S.) gr. 8. Giessen 903. A. Töpelmann. n. 1. 20

— Das Mönchtum, seine Ideale u. seine Geschichte. 7. verb. Aufl. (64 S.) 8. Giessen 907. A. Töpelmann. 1. 40

— Das ursprüngl. Motiv der Abfassung v. Märtyrer- u. Heilungsakten in d. Kirche. (S. 106—125.) Lex. 8. Berlin 910. G. Reimer. 1. —
Sonderabdr. a.: „Sitzungsber. d. preuss. Akad. d. Wiss."

— die Notwendigkeit der Erhaltung des alten Gymnasiums in der modernen Zeit. Vortrag, geh. in der Versammlg. der Vereinigg. der Freunde des humanist. Gymnasiums in Berlin u. der Prov. Brandenburg am 29. XI. 1904. (22 S.) 8. Berlin 905. Weidmann. n. — 50

— Die Notwendigkeit der Erhaltung des alten Gymnasiums in der modernen Zeit. Vortrag, geh. in der Versammlg. der Vereinigg. d. Freunde d. humanist. Gymnasiums in Berlin u. d. Prov. Brandenburg am 29. XI. 1904. 2. Abdr. (22 S.) 8. Berlin 910. Weidmann. — 50

— Über d. „Ordinationes" im Papstbuch. [Aus: „Sitzungsber. d. k. preuss. Akad. d. Wiss".] gr. 8. (18 S.) Berlin 897. (G. Reimer.) n. 1. —

— s.: Patrum apostolicorum opera.

— s.: Philotesia.

Harnack, Adolf: Üb. das gnostische Buch Pistis - Sophia, s. Texte u. Untersuchungen zur Geschichte der altchristlichen Literatur.

— Das Problem des 2. Thessalonicherbriefs. (S. 560—578.) Lex. 8. Berlin 910. G. Reimer. 1. —
Sonderabdr. a.: „Sitzungsber. d. preuss. Akad. d. Wiss."

— Probleme im Texte der Leidensgeschichte Jesu. gr. 8. (16 S.) Berlin 901. (G. Reimer). — 50

Harnack, Adolf: Protestantismus und Katholizismus in Deutschland. Berlin 1907: G. Schade. (28 S.) 4°
Berlin, Rede am Geburtstage d. Kaisers 1907

— Protestantismus u. Katholizismus in Deutschland. Rede zur Feier des Geburtstages Sr. Maj. des Kaisers u. Königs, geh. in der Aula der königl. Friedrich-Wilhelms-Universität zu Berlin am 27. I. 1907. (31 S.) 8. Berlin 907. G. Stilke. — 60
Sonderabdruck aus: „Preuß. Jahrbb."

Harnack, A., Der Process d. Christen Apollonius vor d. praefectus praetorio Perennis u. d. römischen Senat. S A. 1893. 26 S. 1.—

— s.: Psalmbuch, e. jüd.-christl., a. d. 1. Jahrh.

Harnack, A., Die Quelle d. Berichte über d. Regenwunder im Feldzuge Mac Aurel's gegen die Quaden. S.-A. 1894. 48 S. 1.20

— die Quellen der sogenannten apostolischen Kirchenordnung nebst e. Untersuchung üb. den Ursprung d. Lectorats u. der anderen niederen Weihen, s.: Texte u. Untersuchungen zur Geschichte der altchristlichen Literatur.

—— zur Quellenkritik der Geschichte des Gnosticismus. gr. 8. (88 S.) Leipzig 873, Bidder.

— Rede bei der Begräbnisfeier Theodor Mommsens, am 5. XI. 1903 in der Kaiser Wilhelm Gedächtnis-Kirche geh. (14 S.) gr. 8. Leipzig 903. J. C. Hinrichs' Verl. n. — 50

— Rede auf August Neander, geh. z. Feier seines 100jähr. Geburtstags am 17. Jan. 1889 in der Aula der Berliner Universität. [Aus: „Preuß. Jahrbb."] 8. (34 S.) Berlin 889. G. Reimer. n. — 50

— Reden u. Aufsätze. 2 Bde. 1. u. 2. Aufl. (à IX, 349 u. VII, 379 S.) gr. 8. Giessen 904. 906. A. Töpelmann. n. 10. —; geb. in Leinw. n. 12. —

— s.a. Religion, die christliche.

Die christliche **Religion** mit Einschluß der israelitisch-jüdischen Religion von J(ulius) Wellhausen, A(dolf) Jülicher, A(dolf) Harnack [u. a.]. Lfg. 1. Berlin & Leipzig: B. G. Teubner 1905. 4°(8°)
= **Kultur,** Die, d. Gegenwart. T. 1, Abt. 4. [05. 13760]

— die Retractationen Augustin's. (36 S.) Lex.-8. Berlin 905. (G. Reimer.) n. 2. —
Sonderabdruck aus: „Sitzungsber. d. preuss. Akad. d. Wiss."

— über die beiden Recensionen der Geschichte der Prisca u. des Aquila in Act. Apost. 18, 1—27. gr. 8. (12 S.) Ebd. 900. n. — 50
2 Sonderabdrucke a.: „Sitzungsber. d. preuss. Akad. d. Wiss."

Harnack, Adolf: Eine bisher nicht erkannte Schrift Novatian's v. J. 249/50 [„Cyprian", de laude martyrii], s. Texte u. Untersuchungen z. Geschichte d. altchristl. Literatur.

Harnack, Adolf: Eine bisher nicht erkannte Schrift d. Papstes Sixtus II. v. J. 257/8, z. Petrusapokalypse, Patristisches zu Luc. 16, 19, s.a. Texte u. Untersuchungen z. Geschichte d. altchristl. Literatur.

Harnack, Adf : Eine bisher nicht erkannte Schrift des Papstes Sixtus II. vom Jahre 257 8. Zur Petrusapokalypse, Patristisches zu Luc. 16. 19. Drei Abhandlungen von –. Eine bisher unbekannte Version des Ersten Teiles der 'Apostellehre' gefunden u. besprochen von L. E. Iselin in Riehen, übers. von A[dolf] Heusler in Basel. Leipzig: J. C. Hinrichs 1895. (78, 30 S.) 8°
= Texte u. Untersuchungen z. Geschichte d. altchristl. Literatur. Bd 13, H. 1.

— drei wenig beachtete cyprianische Schriften u. die „Acta Pauli", s.: Texte u. Untersuchungen zur Geschichte der altchristl. Literatur. IV. 3.

Harnack, Adolf: **Sokrates und die alte Kirche.** *Berlin 1900: G. Schade.* (24 S.) 4°
Berlin, Rede bei Antritt d. Rektorats 1900

— Sokrates u. die alte Kirche. (Rektoratsrede.) gr. 8. (24 S.) Giessen 901. J. Ricker. n. — 60

— Über d. jüngst entdeckten Sprüche Jesu [B. P. Grenfell and A. S. Hunt, λόγια Ἰησοῦ, sayings of our Lord from an early Greek papyrus. London 1897.] gr. 8. (36 S.) Freiburg i/B. 897. J. C. B. Mohr. n. — 80

Sprüche und Reden Jesu, die zweite Quelle des Matthäus und Lukas. Von Adolf Harnack. Leipzig: J.C. Hinrichs 1907. (IV, 219 S.) 8° [Umschlagt.]
= Harnack: Beiträge z. Einleitung in d. Neue Testament. 2.

— s.: Studien, theologische.

— Die angebliche Synode v. Antiochia im J. 324/5. (S. 477—491.) Lex. 8. Berlin 908. (G. Reimer.) — 50

— dasselbe. 2. Artikel. (S. 401—425.) Lex. 8. Ebd. 909. 1. —
Sonderabdr. a.: „Sitzungsber. d. preuss. Akad. d. Wiss."

Harnack. A.. Tertullian in der Literatur der alten Kirche. Gel. 1895. 85 S. 1.20

— das neue Testament um das J. 200. Theodor Zahn's Geschichte d. neutestamentlichen Kanons [1. Bd., 1. Hälfte], geprüft. gr. 8. (112 S.) Freiburg i/Br. 889. J. C. B. Mohr. n. 2. —

— über den ursprünglichen Text Act. Apost. 11, 27. 28. gr. 8. (12 S.) Berlin 899. (G. Reimer). n. — 50

— s.: Texte u. Untersuchungen z. Geschichte d. altchristl. Literatur.

— der pseudocyprianische Tractat de aleatoribus, s.: Texte u. Untersuchungen zur Geschichte der altchristlichen Literatur.

— der pseudocyprianische Traktat De singularitate clericorum, e. Werk des donatistischen Bischofs Macrobius in Rom. — Die Hypotyposen des Theognost. — Der gefälschte Brief des Bischofs Theonas an den Oberkammerherrn Lucian, s.a. Texte u. Untersuchungen zur Geschichte der altchristlichen Literatur.

Der pseudocyprianische Traktat De singularitate clericorum ein Werk des donatistischen Bischofs Macrobius in Rom. Die Hypotyposen des Theognost. Der gefälschte Brief des Bischofs Theonas an den Oberkammerherrn Lucian. Von **Adolf Harnack**. *Leipzig: J. C. Hinrichs 1903.* (117 S.) 8°
— **Texte** u. Untersuchungen z. Geschichte d. altchristl. Literatur. Bd 24 (N. F. Bd 9), H. 3.

— die Ueberlieferung der griechischen Apologeten d. 2. Jahrh. in der alten Kirche u. im Mittelalter, s.: Gebhardt, O. v., u. A. Harnack, Texte u. Untersuchungen zur Geschichte der altchristlichen Literatur.

Harnack, Adolf: Zur Überlieferungsgeschichte der altchristlichen Literatur, s. Texte u. Untersuchungen zur Geschichte der altchristlichen Literatur.

Harnack, Adolf: Die griechische Uebersetzung d. Apologeticus Tertullian's. – Medicinisches aus der ältesten Kirchengeschichte, s. Texte u. Untersuchungen zur Geschichte der altchristlichen Literatur.

– Universität u. Schule, s.: Klein, Fel.

— Untersuchungen üb. den apokryphen Briefwechsel der Korinther m. dem Apostel Paulus (38 S.) Lex.-8. Berlin 905. (G. Reimer.) n. 2. —
Sonderabdruck aus: „Sitzungsber. d. preuss. Akad. d. Wiss."

Harnack, Adolf [ord. Prof. der Kirchengeschichte zu Giessen]: Ueber den Ursprung des Lectorats und der anderen niederen Weihen. Giessen, *Druck v. Aug. Pries, Leipzig,* 1886; 47 + 1 S. 8°.
Giessen, akad. Gratulationsschr. für Wasserschleben v. 26. Jun. 1886.
(Nicht für den Austausch.)

Harnack, Adolf, über den Ursprung des Lectorats und der anderen niederen Weihen. Akad. Gratulationsschrift. Giessen 1886. 8°. 47 S.
Sonder-Abdruck aus: Texte und Untersuchungen zur Geschichte der altchristlichen Litteratur. II. Band 5. Heft. Leipzig, J. C. Hein-richssche Buchh.

Harnack, A.: Ueber die Verwertung der elliptischen Functionen für die Geometrie der Curven 3. Grades. 1875. 8°
Diss. Erlangen

— erste u. zweite Vorstudie zu e. Geschichte der Verbreitung des Christenthums in den ersten drei Jahrhunderten. gr. 8. (36 u. 29 S.) Ebd. 901. n. 3. —; (1. n. 2. —; 2. n. 1. —)
2 Sonderabdrucke aus: „Sitzungsber. d. preuss. Akad. d. Wiss."

— der Vorwurf des Atheismus in den drei ersten Jahrhunderten, s.a. Texte u. Untersuchungen zur Geschichte der altchristlichen Literatur. N.F. XIII. 4.

Der Vorwurf des Atheismus in den drei ersten Jahrhunderten von Adolf Harnack. Leipzig: J. C. Hinrichs 1905. (16 S.) 8°
— Texte u. Untersuchungen z. Gesch. d. altchristl. Lit. Bd 28, 4. [1.]

— s.: Werde Licht!

— das Wesen des Christentums. 16 Vorlesgn., vor Studierenden aller Facultäten im Wintersemester 1899/1900 an der Universität Berlin geh. 1.—5. Aufl. (1. bis 28. Tauf.) gr. 8. (VII, 189 S.) Leipzig 900. 901. J. C. Hinrichs' Verl. n. 3. 20; geb. in Leinw. n. 4. 20; in Liebhaberbd. n. 6. —

— dasselbe. Akademische Ausg. gr. 8. (IV, 190 S.) Ebd. 902. n. 1. —; geb. n. 1. 50

— das Wesen des Christentums. 16 Vorlesgn., vor Studierenden aller Fakultäten im Wintersemester 1899/1900 an der Universität Berlin geh. 29. u. 30. Tauf. (Je VII, 189 S.) gr. 8. Leipzig 902. J. C. Hinrichs' Verl. n. 3. 20; geb. in Leinw. n. 4. 20; in Liebhaberbd. n. 6. —

— dasselbe. 45.—54. Taus. (Je VII, 189 S.) gr. 8. Ebd. 903—906. n. 2. —; kart. n. 2. 50; geb. in Leinw. n. 3. —; in Liebhaberbd. n. 5. —

— Das Wesen d. Christentums. 16 Vorlesgn., vor Studierenden aller Facultäten im Wintersemester 1899/1900 an d. Universität Berlin geh. 56—60. Taus. Durch Anmerkgn. verm. Ausg. (XVI, 189 S.) gr. 8. Leipzig 908. J. C. Hinrichs' Verl. 2.—; kart. 2.50; geb. in Leinw. 3.—; in Liebhaberbd. 5.—; Anmerkgn. allein (XVI S.) — 10

— über einige Worte Jesu, die nicht in den kanonischen Evangelien stehen, nebst einem Anh. über die ursprüngliche Gestalt des Vater-Unser. (39 S.) gr. 8. Berlin 904. (G. Reimer.) n. 2. —
Sonderabdr. aus: „Sitzungsber. d. preuss. Akad. d. Wiss.'

— Zwei Worte Jesu. [Matth. 6,13 = Luk. 11,4; Matth. 11,12 f. = Luk. 16,16.] (16 S.) Lex. 8. Berlin 907. (G. Reimer.) — 50

— die Zeit des Ignatius u. die Chronologie der Antiochenischen Bischöfe bis Tyrannus nach Julius Africanus u. den späteren Historikern. Nebst einer Untersuchung über die Verbreitung der Passio S. Polycarpi im Abendlande. gr. 8. (III, 92 S.) Leipzig 878. Hinrichs' Verl. n. 3. —

— Die Zeitangaben in der Apostelgeschichte des Lukas. (24 S.) Lex. 8. Ebd. 907. 1. —
2 Sonderabdr. a.: „Sitzungsber. d. preuss. Akad. d. Wiss."

Harnack, A., Das Zeugniss d. Irenäus über d. Ansehen d. römischen Kirche. S.-A. 1893. 17 S. —.90

Harnack, Anna

Der Kurdenarschak. Aus d. Leben e. armen. Knaben. (Verf.: Anna Harnack.) Groß-Lichterfelde: Deutsche Orientmission 1905. (16 S.) 8° [J.] [c8. 4740

Harnack, Axel

—— Leibniz' Bedeutung in der Geschichte der Mathematik. Rede, zur Feier des Geburtstages Sr. Maj. des Königs gehalten in der Aula des Polytechnikums zu Dresden. gr. 8. (26 S.) Dresden 887, v. Zahn und Jaensch. *

Harnack A. Ueber eine Behandlungsweise algebr. Differentiale in homogenen Coordinaten. 1876. 8.
Habil.-schr. Leipzig

Harnack, Axel, die Elemente der Differential- u. Integralrechnung. Zur Einführung in das Studium dargestellt. Mit Fig. im Text. gr. 8. (VIII, 409 S.) Leipzig 881. Teubner. n. 7. 60

Harnack, Axel, die Grundlagen der Theorie des logarithmischen Potentiales und der eindeutigen Potentialfunktion in der Ebene. gr. 8. (IV, 158 S.) Leipzig 887, Teubner. *

Harnack, Axel, Naturforschung u. Naturphilosophie. Vortrag. gr. 8. (27 S.) Leipzig 885. Teubner. — 60

Harnack, Axel, s. Serret, Joseph Alfred: Lehrbuch der Differential- und Integral-Rechnung

Harnack, Erich, die Bedeutung pharmakologischer Thatsachen f. die Physiologie des Froschherzens. Vortrag. gr. 8. (27 S.) Halle 881. Niemeyer. n. — 80

Harnack, Erich, die Bibel u. die alkoholischen Getränke. [Aus: „Festschrift der Facultäten zur 200jähr. Jubelfeier der Universität Halle".] gr. 4. (18 S.) Berlin 894. A. Hirschwald. n. 1.

Harnack, E., die Dosen unserer officinellen u. neu eingeführten Arzneimittel. Als Leitfaden f. den Unterricht, sowie zur Erleichterg. der Einübung zusammengestellt. gr. 16. (IV, 60 S.) Halle a/S. 890. Niemeyer. geb. n. 1. —

— dasselbe. 2., nach der Pharm. German. Ed. III. bearb. Aufl. gr. 16. (IV, 68 Blatt.) Ebd. 891. geb. n. 1. 20

Harnack, Erich, das Gift in der dramat. Dichtg. u. in der antiken Literatur. Ein Beitrag zur Geschichte d. Giftkunde. (78 S.) Lex. 8. Leipzig 908. F. C. W. Vogel. 3. —

— die Hauptthatsachen der Chemie. Für das Bedürfnis d. Mediziners, sowie als Leitfaden für den Unterricht zusammengestellt. 8. (X, 106 S.) Hamburg 887. Voss. geb. n. 2. —

Harnack, Erich, d. Hauptthatsachen d. Chemie. Für d. Bedürfnis d. Mediziners, sow. als Leitfaden f. d. Unterricht zusammengest. 2., neu bearb. Aufl. 8. (VIII, 156 S. m. 1 Tab.) Hamburg 897. L. Voss. Geb. n. 2. 50

Harnack, Erich, Lehrbuch der Arzneimittellehre u. Arzneiverordnungslehre. Auf Grund der 3. Aufl. d. Lehrbuchs der Arzneimittellehre v. R. Buchheim u. der Pharmacopoea germanica, ed. II. bearb. gr. 8. (XVIII, 883 S.) Hamburg 883. Voss. n. 17. —; geb. n. 19. —

Harnack, Erich, Livonus, Zur Pathogenese und Therapie des Diabetes mellitus. Diss. Dorpat. 8°. 50 pp. mit 3 Tabellen. 1873.

Harnack, Erich, s.: Psychiatrie etc.

Harnack, Erich, Studien über Hautelektrizität u. Hautmagnetismus des Menschen. Nach eigenen Versuchen u. Beobachtungen. (V, 65 S. m. 8 Fig.) gr. 8. Jena 905. G. Fischer. n. 1. 60

— Tierschutz u. Vivisektion, s.a. Christentum, das moderne. I. 3.

Tierschutz und Vivisektion von Erich Harnack, Geh. Med.R. in Halle. Berlin: Hüpeden & Merzyn 1906. (103 S.) 8° [F.]
= Christentum, Das moderne. Ser. 1. H. 3. [o4. 8189

Harnack, Erich: Über die Vergiftung durch Speisekartoffeln. *Halle a. S. 1904: Waisenhaus.* (S. 1—10.) 4°
Halle, Progr. zur akadem. Preisverteilung 1904

Harnack, Otto, die klassische Ästhetik der Deutschen. Würdigung der kunsttheoret. Arbeiten Schiller's, Goethe's u. ihrer Freunde. Mit dem Facs. e. ungedruckten Gedichts v. Schiller. gr. 8. (VIII, 243 S.) Leipzig 892. J. C. Hinrichs' Verl. n. 5. —; geb. n. 6.

Harnack, Otto, Demetrius, s.: Hebbel, Frdr.

Harnack, Otto, Essais u. Studien zur Literaturgeschichte. gr. 8. (VIII, 393 S.) Braunschweig 899. F. Vieweg & Sohn. n. 6. —; geb. n. 7. —

Harnack, Otto, der Gang der Handlung in Goethes Faust. 8. (28 S.) Darmstadt (902). A. Bergstraeßer. n. — 40

Harnack, O., Goethe in der Epoche seiner Vollendung. [1805—1832.] Versuch e. Darstellung seiner Denkweise u. Weltbetrachtg. gr. 8. [XLVI, 249 S.) Leipzig 887. Hinrichs' Verl. n. 5. —; geb. n. 6. —

— Goethe in der Epoche seiner Vollendg. 1805—1832. Versuch e. Darstellg. seiner Denkweise u. Weltbetrachtg. 2. umgearb. Aufl. gr. 8. (XII, 316 S.) Leipzig 901. J. C. Hinrichs' Verl. n. 5. —; geb. in Leinw. n. 6. —

Harnack, Otto, Goethe in der Epoche seiner Vollendung. 1805—1832. Versuch e. Darstellg. seiner Denkweise u. Weltbetrachtg. 3. verb. Aufl. (XIII, 326 S.) 8. Leipzig 905. J. C. Hinrichs' Verl. n. 5. —; geb. in Leinw. n. 6. —

— der deutsche Klassizismus im Zeitalter Goethes. Eine literarhistorische Skizze. (VII, 103 S.) 8. Berlin 906. E. Felber. n. 2. —; geb. n. 3. —

Harnack, Otto, deutsches Kunstleben in Rom im Zeitalter d. Klassik. E. Beitrag z. Kulturgeschichte. gr. 8. (XX, 208 S.) Weimar 896. E. Felber. n. 3. 50; geb. in Halbfrz. n. 5. —

Harnack, Otto, das Kurfürstencollegium bis zur Mitte des 14. Jahrh. Nebst krit. Abdrucke der ältesten Ausfertigungen der Goldenen Bulle. Eine von der philosoph. Facultät der Universität Göttingen mit dem ersten Preise der Beneke-Stiftung gekrönte Abhandlung. gr. 8. (XI, 271 S.) Gießen 883, Ricker. *

— Livland als Glied d. deutschen Reichs vom 13.—16. Jahrh. Ein Vortrag. gr. 8. (28 S.) Berlin 891 G. Reimer. n. —50

— zur Nachgeschichte der italienischen Reise, s.: Schriften der Goethe-Gesellschaft.

Harnack, Otto, Napoleon. Dramatisches Gedicht in Vorspiel u. 5 Acten. 8. (VII, 206 S.) Dorpat 881. Karow. n. 3. 60

Harnack, Otto, das karolingische u. das byzantinische Reich in ihren wechselseitigen politischen Beziehungen. Nebst einem Excurs über den officiellen oder privaten Ursprung der grossen karoling. Annalen. gr. 8. (104 S.) Göttingen 880. Peppmüller. n. 2. —

— Rom, s.a. Rom.

Rom. 1-3. Stuttgart, Berlin & Leipzig: Union (1903–[04]). 3 Bde 8°
1. Antike Kunst. Die Ruinen Roms von Prof. Dr. Heinr. Holtzinger. Die Antiken-Sammlungen von Dr. Walther Amelung. Mit 253 Abb. u. 3 Pl. [1904.]
2. Neuere Kunst seit Beginn d. Renaissance von Prof. Dr. Otto Harnack. Mit 159 Abb. (1903.)
3. Die Umgebung. Von Dr. Thassilo v. Scheffer. Mit 86 Abb. u. 1 Karte. (1903.)
— Cicerone, Moderner. [2.] [03. 6370

— Rom. II. Neuere Kunst seit Beginn d. Renaissance. (Moderner Cicerone.) 2. verm. u. verb. Aufl. (XII, 273 S. m. 171 Abb.) kl. 8. Stuttgart 910. Union. Geb. in Leinw. m. Goldschn. 4. —

— Schiller, s.a. Geisteshelden.

[F.] Schiller. Von Otto Harnack. M. 2 Bildn. *Berlin: E. Hofmann & C. 1898.* (4 Bl., 418 S., 2 Portr.) 1 Bd 8.
— Geisteshelden. Bd 28. 29. '(Sammlg v. Bd 4. 5.)' [98. 3418

— Schiller. Mit 10 Bildnissen u. 1 Handschrift. 2. u. 3. verb. Aufl. (à XIII, 446 S.) 8. Berlin 905. E. Hofmann & Co. Geb. in Leinw. n. 7. —

Harnack, Otto [Hrsg.], s. Schiller, Friedrich von: Sämtliche Werke, Bd 4.

Harnack, Otto: Ueber Goethe's Verhältnis zu Shakespeare. 1896. 24 S. 8°
¶ Etwas gekürzt in: Harnack: Essais u. Studien zur Literaturgeschichte. Braunschweig 1899.

Ueber die Verwendung historischer Stoffe in der Dichtung. Rede z. Feier d. Geburtst. d. Grossh. Ernst Ludwig u. d. Grossherzogin Victoria Melita v. Hessen 1899 in d. Techn. Hochschule zu Darmstadt geh. von Prof. Dr. Otto Harnack. *Darmstadt 1899: H. Menzlaw.* (17 S.) 8° [00. 7193 3

Harnack, Theodor

Harnack, Theodosius, Alles u. in Allem Christus. Zwei Pred. Hrsg. v. Friedr. Wilh. Krummacher. gr. 8. (2¼ B.) Elberfeld 841, Hassel.

Harnack, T., die kirchlich-religiöse Bedeutung der reinen Lehre, s. Harleß, A. v.

Harnack, Th., Beurtheilung des Entwurfs einer Agende für die evangelisch-lutherische Kirche des Königr. Sachsen. 8. (32 S.) Leipzig 879, Hinrichs'sche Buchh. — 50

Christ fuhr gen Himmel! Was sandt er uns hernieder? Predigt den 7. Mai 1844 zu Dorpat gehalten. gr. 8. Dorpat 845. (Gläser.) 6 ngr

Harnack, Thdr., Dein Reich komme! Predigt zum 50jährigen Jubiläum der Kaiserl. Universität Dorpat, am 12. Decbr. 1852 gehalten. gr. 8. Dorpat 852, Gläser. 3 ngr

Harnack, Thdr., Dein Reich komme! Predigt zum fünfzigjährigen Jubiläum der Kaiserl. Universität Dorpat, am 12. Decbr. 1852 gehalten. Dorpat 853. (Glaeser.) gr. 8. (15 S.) 3 ngr

—— Liturgische Formulare. Zur Vervollständigung und Revision der Agende für die evangelisch-luther. Kirche im russ. Reiche hrsg. 1. und 2. Heft: Taufe und Confirmation. gr. 8. Dorpat, Gläser. (Schnakenburg.) [1. Heft. (IV, 63 S.) 872. *M 1,20.; 2. Heft. (76 S.) 874. *M 1,80.] *

— der christliche Gemeindegottesdienst im apostolischen und altkatholischen Zeitalter. Erlangen 854. Bläsing. gr. 8. (XLI, 484 S.) n. 2 ℛ 10 ngr

— der christliche Gemeine-Gottesdienst im Apostolischen Zeitalter. Dorpat 852. (Gläser.) gr. 4. (71 S.) n. 20 ngr

—— s. Graul, K., die Unterscheidungslehren.

Harnack, Theodos., die Grundbekenntnisse d. Ev.-Luth. Kirche: Die 3 ökumenischen Symbole u. die augsburg. Confession. Für die Glieder dieser Kirche, mit e. ausführl. Einleitung u. m. Anmerkgn. hrsg. gr. 8. (18⅝ B.) Dorpat 845, Gläser's Verl.

Harnack, Th., theologisches Gutachten über das Corpus der Synodal-Beschlüsse der evangelisch-lutherischen Kirche in Preußen. Auf Aufforderung eines hochwürd. Ober-Kirchen-Collegiums zu Breslau abgegeben. Erlangen 863. Deichert. gr. 8. (IV, 56 S.) 9 ngr

— Hebet eure Häupter auf, darum daß sich eure Erlösung nahet! Predigt über Luc. XXI, v. 25 bis 36, am 2. Adventsonntage 1859 im akademischen Gottesdienste zu Erlangen gehalten. Ebend. 859. gr. 8. (16 S.) n. 2 ngr

Harnack, Th., d. Idee der Predigt, entwickelt aus d. Wesen des protest. Cultus. Dorpat 1844. 8.

—— Jesus der Christ, oder der Erfüller des Gesetzes und der Prophetie. Ein biblisch-theologischer Versuch auf Grundlage von Ev. Matth. 5, 17. gr. 8. (13½ B.) Elberfeld 842, Hassel.

Harnack, Th., üb. den Kanon u. die Inspiration der heiligen Schrift. Ein Wort zum Frieden. gr. 8. (36 S.) Dorpat 885. Karow. n. — 90

Harnack, Theodosius, Katechetik und Erklärung des kleinen Katechismus Dr. Martin Luthers. 2 Bde. gr. 8. Erlangen 882, Deichert. *

Inhalt:

Bd. 1. Katechetik. (XI, 196 S.) *ℳ 3.

2. Erklärung des kleinen Katechismus Dr. Martin Luthers. (VII, 382 S.) *ℳ 5.

— der kleine Katechismus Dr. Martin Luthers in seiner Urgestalt. Kritisch untersucht u. herausg. Stuttgart 856. S. G. Liesching. 4. (LIV, 91 S.) n. 1 Thlr 10 ngr

— die Kirche, ihr Amt, ihr Regiment. Grundlegende Sätze mit durchgehender Bezugnahme auf die symbolischen Bücher der lutherischen Kirche, zur Prüfung und Verständigung hinausgegeben. Nürnberg 862. Sebald. gr. 8. (XIV, 90 S.) 16 ngr

— die lutherische Kirche im Lichte der Geschichte. Ein Conferenz-Vortrag gehalten zu Leipzig am 22. Aug. 1855. Leipzig, Dörffling u. Franke. gr. 8. (36 S.) n. 6 ngr

— die lutherische Kirche Livlands und die herrnhutische Brüdergemeinde. Ein Beitrag zur Kirchengeschichte neuerer u. neuester Zeit. Erlangen 860. Bläsing. (Deichert.) gr. 8. (XIV, 400 S.) n. 2 Thlr

die kirchliche Missionsarbeit ist Ausrichtung des Missionsamtes Christi. Predigt über Ev. Johann. X, 16. gehalten am Missionsfeste in Nürnberg den 15. Juni 1858. Nürnberg 858. Raw. gr. 8. (23 S.) n. 2½ ngr

—— die kirchliche Missionsarbeit ist Ausrichtung des Missionsamtes Christi. Predigt über Ev. Joh. X, 16. gehalten am Missionsfeste in Nürnberg den 15. Juni 1858. gr. 8. (28 S.) Nürnberg 858(60), Raw'sche Buchh. **

— zwölf Predigten. gr. 8. (XVI u. 214 S.) Dorpat 848, Karow. (Gläser). 1 Thlr

—— Schauet an die Güte und den Ernst der Gnade Gottes. Predigt. gr. 8. (1¼ B.) Berlin 842, Wohlgemuth's Buchh.

— so seid nun Gottes Nachahmer! Predigt über Ephes. 5, 1. u. 2. Dorpat 867. Gläser's Verlag. gr. 8. (14 S.) 3 ngr

— de theologia practica recte definienda et adornanda disputatio. gr. 8. (119 S.) Dorpati 847. (Gläser.) ¾ Thlr

— Luthers Theologie mit besonderer Beziehung auf seine Versöhnungs- und Erlösungslehre. (In 2 Abthlgn.) 1. Abth. Luthers theologische Grundanschauungen. Ebend. 862. gr. 8. (VIII, 599 S.) n. 2 Thlr 20 ngr

—— Luthers Theologie mit besonderer Beziehung auf seine Versöhnungs- und Erlösungslehre. 2. Abthl.: Luthers Lehre von dem Erlöser und der Erlösung. gr. 8. (IV, 486 S.) Erlangen 886, Deichert'sche Verlagsh., Nachf. *

1. Abthl. Ebendas. 1862. [*ℳ 8.—] *ℳ 4.—.

— praktische Theologie. 1. u. 2. Bd. gr. 8. Erlangen, 877. 78. Deichert. n. 18. —

1. Einleitung u. Grundlegung der prakt. Theologie. Theorie u. Geschichte des Cultus. (XII, 636 S. m. 4 Tab.) n. 10. —

1. Geschichte u. Theorie der Predigt [Homiletik]. Geschichte u. Theorie der pastoralen Gemeindeleitung [Seelsorge]. (X, 543 S.) n. 8. —

—— tabellarische Uebersicht der Geschichte der Liturgie des christlichen Hauptgottesdienstes, zum Behuf seiner Vorlesungen entworfen. 2 Bog. in qu. Imp.-Fol. Erlangen 858, Deichert.

Harnack, Thdr., die Union und ihr neuester Vertreter. Beleuchtung der Schrift des Herrn Dr. Jul. Müller: die evangelische Union, ihr Wesen und göttliches Recht. (Abgedr. aus der „Zeitschrift für Protestantismus und Kirche".) Erlangen 855. Bläsing. gr. 8. (107 S.) n. 10 ngr

— die freie lutherische Volkskirche. Der luther. Kirche Deutschlands zur Prüfung u. Verständigung vorgelegt. Erlangen 870. Deichert. gr. 8. (XII, 165 S.) n. 20 ngr

Harnack, Theodosius, s. Harnack, Theodor

Harnapp, Paul, Bacc. iur., Ref. in Bischofswerda: Die Beendigung des kaufmännischen Lehrverhältnisses. Leipzig 1906: O. Wigand. (87 S.) 8°

Leipzig, Jur. Fak., Diss. v. 2. Juli 1906

[Geb. 5. Mai 82 Demitz-Thumitz; Wohnort: Demitz-Thumitz; Staatsangeh.: Sachsen; Vorbildung: Realgymn. Zittau O. 01; Askan. Gymn. Berlin Reife O. 03; Studium: Leipzig 5, Berlin 4 S.; Rig. 12. Juli 05.]

Harnapp, Paul, die Beendigung des kaufmännischen Lehrverhältnisses. (XI, 78 S.) 16. Hannover 908. Helwing. 1.20

Harnau, Alois, Beiträge zur Lehre v. dem Einfluss pyrogener Substanzen auf die Temperaturverhältnisse d. tierischen Organismus. gr. 8. (42 S.) Königsberg 883. (Beyer.) n. 1.—

Harne, Th., engl. u. deutsche Gespräche, e. prakt. Lehr- u. Hülfsbuch für Anfänger, um ihnen d. Sprechen zu erleichtern etc. Zu Bezeichnung d. richtigen Aussprache mit Accenten versehen von J. Ebers. 8. Leipz. 803. 2e Aufl. 814.

Harnecker: Beiträge zur Geschichte der Verfassung u. Verwaltung der Stadt Breslau von der preussischen Besitznahme bis z. Einführung d. neuen Städteordnung. 29 S. – Liegnitz, G., Progr. 1864.

Harnecker, Schlüssel zur Wetterberechnung für Deutschland vom 51.—53. Breitengrade und Wetterberechnung für das Jahr 1881. Nach Constellation des Mondes und der Planeten zur Erde. (2 Einblattdr. o. O. u. J.) Fol.

Harnecker, Carl Otto, s. Harnecker, Karl Otto

Harnecker, H., d. Malen auf Stoffen, s.: Lehrmeister-Bibliothek.

Harnecker, Karl Otto

Harnecker, Carolus Otto [Francofurtensis]: Adnotationes ad Ciceronis de oratore librum II . . . . Lipsiae, *Friedebergae, ex offic. typogr. E. Eisermann,* 1888; 1 Bl. + 19 + 1 S. 4°

Leipzig, Phil. Fak., Inaug.-Diss. v. 5. März 1888

Harnecker, Carolus Otto, adnotationes ad Ciceronis de oratore librum II. Diss. Leipzig 1888, Gustav Fock. 4°. 19 S.

Harnecker, O. Beitrag zur Erklärung des Catull. 22 S. Progr. *Friedeberg NM.* 1879.

— Catulli carm. LXVIII. Pr. 1881. 14 S. 4°. 1.50

— Das 68. Gedicht des Catullus. 14 S. Progr. *Friedberg NM.* 1881.

Harnecker, das 68. Gedicht des Catullus. gr. 4. (14 S.) Frankfurt a/O. 882. (Harnecker & Co.) n. — 80

— Qua necessitudine coniunctus fuerit cum Cicerone Catullus. 8 S. Progr. *Friedberg NM.* 1882.

Harnecker, qua necessitudine coniunctus fuerit cum Cicerone Catullus. gr. 4. (8 S.) Frankfurt a/O. 882. (Harnecker & Co.) n. — 80

Harnecker, Otto, s.a. Harnecker, Karl Otto

Harnecker, Otto, Prof. Dr.: Unser Anstaltsgebäude 1882 bis 1907. Frankfurt a. O. 1907: Trowitzsch & S. (8 S.) 8° Frankfurt a. O., k. Friedrichs-G OP 1907 (80)

Harnecker, Otto, d. Erdbeben v. Tocopilla. 9. V. 1877. Studie e. Augenzeugen. Dieses Erdbeben zerstörte durch darauffolg. Meeresaustritt d. 3 Städte Cobija, Tocopilla u. Guanillos (Nord-Chile). Aus d. Span. übertr. v. Rud. Franck. gr. 8. (24 S.) Frankfurt a/O. 897. (G. Harnecker & Co.) n. — 40

Harner, Fr.: Wenzel als deutscher König und dessen Absetzung nach Quellen bearbeitet. 59 S. 8°–Troppau OR., Progr. 1860

Harnier, Adf. v., Gottes Rettungswerk u. dessen Schwerpunkt. Andeutungen für selbstständige Bibelleser. 8. (VI, 167 S.) Basel 882. Spittler. n. 1. 60; geb. n. 2. 40

Harnier, Adf., wie kann uns geholfen werden? Ein Gespräch zwischen Brüdern. gr. 8. (16 S.) Darmstadt 893. J. Waitz. n. — 30

Harnier, Ed., die gemeinrechtlichen Entscheidungen d. Reichsoberhandelsgerichts, im Anschluss an B. Windscheid's Lehrbuch des Pandektenrechts zusammengestellt. gr. 8. (III, 62 S.) Stuttgart 881. Ebner & Seubert. n. 1. 60

Harnier, Eduard, Gesetz üb. die Sicherung der Bauforderungen, s.a. Guttentag's Sammlung deutscher Reichsgesetze.

Harnier, Edu., Gesetz über die Sicherung der Bauforderungen. Vom 1. Juni 1909 Textausg. m. Einl., Anmerk. u. Sachreg. Berlin 1909. 8°. (Guttentag'sche Sammlung Deutscher Reichsgesetze. Nr 93)

Harnier, Eduard: Das Gesetz über die Sicherung d. Bauforderungen vom 1. Juni 1909. Vortr. (Cassel 1909.) (2°) 8°
(Veröffentlichungen d. Handelskammer zu Cassel. Jg. 1909, H. 3.Anl.)

Harnier, Eduard: Das Gesetz über die Sicherung der Bauforderung vom 1. Juni 1909. Vortrag d. Just. R. Dr. Eduard Harnier im Handels- u. Gewerbeverein zu Cassel. (Cassel 1909: Gebr. Gotthelft.) 2 Bl. 2° [Kopft.]

Harnier, Eduard Ludwig (Frankfurt/M.), De regula Catoniana commentatio inauguralis. Heidelberg 1820. Druck: Frankfurt/M. (Heinrich Ludwig Brönner). 74 S. (6.50) 13156

Harnier, Jul., Anleitung z. Französ.-Lesen nach e. neu erfund. Methode. gr. 8. (5½ B.) Berlin 835, Eichler.

— s. Bibliothèque française.

—— Etude complète de langue franç. conçue dans un ordre graduel et subordonné selon l'age et les capacités des écoliers de toutes les classes d'un institut quelconque, consistant en six Parties. I. Tom. — A. s. I. t.: Prem. Part. Nouvelle méthode phonique de prononciat. et de lecture au moyen d'un alphabet nouvellem. inventé pour répr. les sons de l'écriture vulgaire et rendre superflues toutes les règles des grammaires ordinaires. gr. in-8. (10 B.) Berlin 836, [Förstner.]

Harnier, R. A., dissertatio inaug. de probatione bonae fidei in praescriptionibus. 8 maj. (4½ B.) Cassellis 843. (Libr. Krieger.) Thlr. *

Harnier, R. M., indicationes ad methodum rumrendorum aquarum in partu. 8. Marb. 794. Krieger, 4 g

Harnier, Richard

Harnier, R., Résumé d'analyse et d'expérience sur la nature et l'usage des Eaux minérales de Pyrmont. Dédié aux Médecins étrangers. 8. (15 B.) Hanovre 828, Hahn.

Harnier, Rich., a medical Sketch of Pyrmont, the most ancient and celebrated Spa of Northern Germany. Offered as a fragmentary supplement to Mr. Granville's Spas of Germany. 8. (4⅞ B. u. 1 Tab.) Frankfort of M. 843, Jugel. *

— **Richard Maria** (Cassel), Indicationes et methodum rumpendarum aquarum in partu. Diss. med.-obstet. Marburg 24. IX. 1794. 94 S. (6.—) 13157
Gew.: Georg Wilhelm Stein.

Harnier's, Wilh. v., Reise am oberen Nil. Nach dessen hinterlassenen Tagebüchern hersg. von Adph. v. Harnier. Mit einem Vorwort von A. Petermann. Darmstadt 866. Zernin. qu. gr. 4. (VII, 84 S. mit chromolith. Titel u. 27 Bll. Erläuterungen nebst 1 lith. u. color. Specialkarte u. 27 lith. Originalzeichnungen Wilh. v. Harnier's, ausgeführt in Farbendr. von J. M. Bernatz.) geb. n. 16 ℳ

Harnisch, A., s. Hansa-Album.

Harnisch, A., die altprovenzalische Praesens- u Imperfect-Bildung m. Ausschluss der A-Conjugation, s.a. Ausgaben u. Abhandlungen aus dem Gebiete der romanischen Philologie.

Harnisch, A. Die altprovenzalische Präsens- und Imperfect-Bildung mit Ausschluss der A-Conjugation. Nach den Reimen der Trobadors. Diss. Marburg 1885. 56 S.

— u. John G. Robertson, methodische engl. Sprechschule. Englische Texte, systemat. Wörterverzeichnis, Phraseologie. 1. Tl. Mit e. (farb.) Plane v. London. (VIII, 119 S.) 8. Ebd. 904. Geb. n. 1. 80; ohne Plan n. 1. 40

Harnisch, A., u. A. Duchesne, methodische französische Sprechschule. Französische Texte. Systematisches Wörterverzeichnis. Phraseologie. I. Tl. Mit e. Plane v. Paris. Ausg. A. Für die Mittelstufe der Realanstalten u. für Gymnasien. (VI, 137 S.) 8. Leipzig (903). O. R. Reisland. Geb. n.n. 2. —

— — dasselbe. Ausg. B. Für den Unterricht an höheren Mädchenschulen eingerichtet von Bertha Harder. (VI, 140 S.) 8. Ebd. (903). Geb. n.n. 2. —

— — dasselbe. (Neue [Titel-]Ausg.) (VI, 140 S.) 8. Ebd. [903] 904. Geb. n. 1. 20

Harnisch, A., u. A. **Duchesne,** method. französ. Sprechschule. Französ. Texte. Systemat. Wörterverzeichnis. Phraseologie. I. Tl. Mit e. (farb.) Plane v. Paris. Ausg. A. Für die Mittelstufe der Realanstalten u. f. Gymnasien, sowie f. den Privat- u. Selbstunterricht. 4., verb. Aufl. (VIII, 138 S.) 8. Leipzig 907. O. R. Reisland. Geb. nn 2.—; ohne Plan 1. 60

— u. J. E. **Pickering,** views of English national life. Für die Oberstufe der Vollanstalten u. zum Selbststudium. (Method. engl. Sprechschule, II. Tl.) (VIII, 167 S.) 8. Ebd. 909. Geb. 2. —

Harnisch, Adalbert

Hans Dudeldee. Ein Märchen f. Knaben v. 40 Jährchen. gr. 8. (120 S.) Berlin 874. Lichtwerck. n. 2. —

Hans Dudeldee, ein Märchen für Knaben von vierzig Jährchen. [Von Adalbert **Harnisch.**] Als Ms. f. Freunde gedruckt [Löwenberg i. Schl.: 1874.] 141 S. 8°
cf. FZ. 28 (1874) S. 125 (O. Henne-Am-Rhyn), abgedr. in: Z. 4 (1874) S. 108.
TB. 376. In Knittelversen. Kap. 42: „Wie Pommerellen als Frmr galt u. die Frmrei verflucht wurde", 43: „Wie Schwester Grethe mit den Kindern ankam".

Harnisch, Adalb., Gedichte. Oppeln 860. Clar in Comm. 16. (VIII, 196 S.) n. 20 ngr.

Harnisch, A., vom Hausmäuschen u. Feldmäuschen in Stadtschlößchen u. Landhäuschen. Breslau 866. (Trewendt.) gr. 16. (63 S. mit 12 Bildern in Holzschn., gez. von Otto Speckter u. gest. von Brend'amour.) cart. n. 20 ngr.

Harnisch, Adalbert. *Vom Hausmäuschen und Feldmäuschen* in Stadtschlößchen und Landhäuschen. Was sie gemacht und was sie gedacht . . . Alles in zierliche Reime gebracht . . . Otto Speckter's fleißige Hand / Bilderchen zur Geschichte erfand, Brend'amour dann schnitzte flugs / Mit dem Messerchen sie in Buchs . . . Breslau, E. Trewendt [1870?]. 2 Bl. 52 S. Mit 12 Holzschnitten im Text. 8°. Or.Karton m. Titelholzschnitt. 22.—
Ehmcke 49. Rümann 2482. Dritte Auflage des Textes, 2. Auflage mit d. Speckterschen Illustrationen. — Etwas lose, Karton benutzt, neuer Leinenrücken.

Harnisch, Adalb., vom Hausmäuschen u. Feldmäuschen in Stadtschlößchen u. Landhäuschen. 6. Aufl. 3. Aufl. m. Bildern. gr. 16. (63 S. m. 12 Holzschntaf.) Breslau 871. Trewendt. geb. n. 2. —

Harnisch, Adb., vom Hausmäuschen u. Feldmäuschen im Stadtschlößchen u. Landhäuschen. Illustrirt von Otto Speckter. 7. Aufl. gr. 8. (IV, 51 S. mit eingedr. Holzschnitten.) Breslau 877. Trewendt. cart. 1. 50

Kottbus: **[Lied.] Zum Stiftungsfest [Unterz.:] A[dalb.] Harnisch. [Cottbus] o. J.: [Heine]. 1 Bl. 8° [Kopftit.]**
Ohne Noten: „Heute, wo zuerst vor wenig Jahren . . ."

Neisse: **[Lied.] Zum Stiftungsfest [der Loge zu den sechs Lilien] 1869. [Unterz.:] A[dalbert] Harnisch. [Neisse 1869: Bär.] 2 Bl. 8° [Umschlagtit.]**
Ohne Noten: „Heute, wo zuerst vor langen Jahren . . ."

— was kann da sein. Ein Sylvestermärchen. 16. (77 S.) Löwenberg 873. Köhler's Buchh. n. 1. —

Harnisch, A[lbert]: Von der Aufgabe und Eigenart des Reform-Realgymnasiums. Kiel 1908: Handorff. 12 S. 4°
Kiel, Reform-RG OP 1908 (374) [S 08. 104

Harnisch, Albert Badghis, Land und Leute. Nach den geographischen Ergebnissen der Afghanischen Grenzkommission von 1884—88. 4 (20 S.).
Progr. II. städt. höh. Bürgersch. *Berlin* 1891 (109).

Harnisch, Albert [Dr.]: Badghis, Land und Leute. Nach d. geograph. Ergebnissen d. Afghanischen Grenzkommission v. 1884 1888. Berlin, R. Gaertner, 1891; 20 S. 4°
Berlin, II. st. HB, OP 1891 (109)

Harnisch, Albert [kommiss. Dir. Dr.]: Die Berechtigungen der Realschulen und Oberrealschulen. ([Umschlagt.:] Ueber Wesen und Zweck der Realschule. Zur Orientierg f. Eltern u. Erzieher . . . C) Die Berechtigungen . . .) Quedlinburg, Druck v. Gessler & Strauss, 1895; 23—25 S. 4.
Quedlinburg, st. R, P 1895 (278a)

Harnisch, Albert [Dr., kommiss. Dir.]: Zur Geschichte der Anstalt. Quedlinburg, Druck v. Gessler & Strauss, 1895; 34—41 S. 4.
Quedlinburg, st. R, P 1895 (278a)

Harnisch, Albert [kommiss. Dir. Dr.]: Die Lehrziele der Realschule. ([Umschlagt.:] Ueber Wesen und Zweck der Realschule. Zur Orientierg f. Eltern u. Erzieher . . . B) Die Lehrziele . . .) Quedlinburg, Druck v. Gessler & Strauss, 1895; 17—23 S. 4.
Quedlinburg, st. R, P 1895 (278a)

Harnisch, Albert: Über W e s e n und Zweck der Realschule, s. L o r e n z , Hermann

Harnisch, Andreas Adolph (Nausiss. Thüring.), Specim. juris digestorum ad tit. de justitia et jure. Präs. August Friedrich Schott. Lpz. (Langenheim) 10. V. 1775. 12 S. (4.80) 13158

Harnisch, C. W.

Harnisch, C., bildl. Darstellungen in Arabeskenform zu Göthe's Faust. gr. Fol. (6 sauber lith. Blätter u. 1 B. Text). Berl. 832. Reimer. 1 Thlr 20 gr Chines. Pap. 2 Thlr 16 gr

Harnisch, C. W., bildliche Darstellungen in Arabeskenform zu Ossians Gedichten. (6 Steintaf. u. 1 Blatt Text. 1/2 Roy.-Fol. Berlin 835. Reimer. 2 1/3 Thlr Chinesisches Pap. 3 Thlr

Harnisch, Carl, s. H a r n i s c h , Karl

Harnisch, Friedrich Wilhelm

Harnisch, F. W., Entwicklung. Neue Wege u. Abwege in der modernen Theologie. (VII, 72 S.) 8. Halle 905. R. Mühlmann's Verl. n. — 80

— das Halten am Bekenntnis — eine Forderung des christlichen Hauses an die Schule. (26 S.) 8. Berlin 906. F. Zillessen. n. — 30

Harnisch, F. W., D. Wilhelm Harnisch u. die Schulaufsichtsfrage. [Aus: „Kehr's pädagog. Blätter".] gr. 8. (24 S.) Gotha 887. Thienemann. n. — 40

Harnisch, F(riedrich) Wilhelm: Das Leiden, beurteilt vom theistischen Standpunkt. Ein historisch-kritischer Versuch. Halle 1880: Karras. 32 S. 8°
Halle-Wittenberg, Phil. Diss. v. [30. Dez.] 1880
Geb. Elbey (Kr. Wolmirstedt) 10. 3. 1854. V.
Ersch. vollst. im Buchhandel Halle: Niemeyer 1881. 108 S.

Harnisch, F. Wilh., in necessariis unitas! Beurteilung der Vorschläge d. Hrn. Meißner üb. die evangel. Kirche u. die Volksschule. Referat. gr. 8. (8 S.) Berlin 893. Buchh. der Deutschen Lehrerzeitg. n. — 20

Harnisch, F. Wilh., d. Pfarrer u. d. Schule, insonderheit d. Stellg. d. Pfarrers im Schulvorstand u. in d. Schuldeputation. [Aus: „Kirchl. Monatsschr."] gr. 8. (26 S.) Berlin 895. Buchh. d. Deutschen Lehrer-Zeitg. n. — 30

Harnisch, F. W., Stoffverteilungspläne f. den Unterricht im Christentum. Im Anschluß an Armstroff's evangel. Religionsbuch aufgestellt. gr. 8. (III, 54 S.) Langensalza 902. H. Beyer & Söhne. n. — 80

Tauflieder. gr. 16. (7 S.) Ebd. 896. n.n. — 15

— Wetter= u. Hagelfeierpredigten, s.: Bode, H.

— Ziele u. Wege der Pfarrer=Vereine. 8. (16 S.) Magdeburg 892. (E. Baensch jun.) n. — 40

Harnisch, J. G., die Schlösser Augustusburg und Lichtenwalde nebst ihren Umgebungen. Gleichzeitig ein Führer für Fremde, welche das Erzgebirge, namentlich das herrliche Zschopau u. Flöhathal zu bereisen gedenken. Mit 4 lith. Ansichten. Schellenberg 863. (Chemnitz, Focke.) Lex. 8. (12 S.) n. 10 ngr.

Harnisch, Johann Andreas

— Abhandl., wodurch erwiesen wird, daß d. kupfernen Geschirre in d. Haushaltung nicht so schädlich sind, als d. eisernen. 8. Frkf. a. M. 773.

Johann Andreas Harnisch

Medicinische Gedanken von Säugung eines neugebohrnen Kindes, worinnen erwiesen wird, daß es beßer sey, ein Kind durch eine Saugamme, als durch e. Mutter zu stillen: in e. Abh. vorgestellet... von Johann Andreas Harnisch. Gera 1753. 36 S. 8°

Harnisch, Jh. Andr., († ...) Gedanken, wie Hebammen ihr Amt u. Pflicht in Acht nehmen sollen. 8. Leipz. 755. (Brockhaus). 2 ℳ

Harnisch, J. A., Gedanken, wie Hebammen ihr Amt und Pflicht in Acht nehmen sollen. 8. Lpz. Gleditsch. 755.

— meditat. botanico-medicae de planta quadam Marchiae propria, Pimpinella nigra etc. 4. Leipz. 753. (Brockhaus). 3 ℳ

— medicin.=prakt. Untersuchung d. Frage: was von d. heutzutage Mode seienden Wassertrinken zu halten; nebst e. Grundriß d. Stadt Gera u. ihren Wasserleitungen. 8. Leipz. 760. (Brockhaus). 4 ℳ

Harnisch, Johann Andreas: Medicinisch-practische Untersuchung der Frage: Was von dem heut zu tage mode seyenden Wassertrinken zu halten? Nebst einer Betrachtung über die Quellwasser zu Gera... 128 S., 1 Bl., 1 Taf.

Leipzig: Lank 1760

JB 2.705

Harnisch, Jh. Chr., († 1814.) s. 1) *Dictionnaire* de poche. 2) *Dictionary*, the new Pocket, of the Engl. 3) *Dizionario* portatile Italiano-Tedesco. 4) Handwörterbuch der deutschen Sprache

— **Johann Georg** (Kirchheilingen/Thüring.), Arrii Menandri ICti fragmenta legum de re militari cum commentatio Celestini Mirbelli illustr. denuo ed. notas et duplicem indicem adjecit. Lpz. (Langenheim) 1752 (Biturgis [Johann Crist] 1667). 74 S., 5 Bl. (6.50) 13160
Gew.: Dionysius Talon.

Harnisch, Johs. W., s. a.: Wedderkopp, Frank.

— Harden, Eulenburg u. — Moltke. (64 S.) gr. 8. Berlin 908. Herm. Walther. 1. —

Harnisch, K., Gedichte f. Kinder, m. 52 Abbildgn. u. e. Anh. 112 ausgewählte Kinderlieder enthalt. 8. (12½ B.) Berlin 842, Hasselberg's Verl. 22½ Ngr. Color.

Harnisch, Karl

Harnisch, Carl [aus Dessau]: Über die Wirkung des Malakins, eines neuen Antipyreticums ... Würzburg, Becker's Univ.-Buchdr., 1894; 23 S. 8.
Würzburg, Med. Fak., Inaug.-Diss. v. 1894

Harnisch, L., der gelöste Bann, s.: Jugendheim.

Harnisch, L., Obokiah. Gedicht. gr. 8. (15 S.) Möckmühl 900. (Cassel, J. G. Oncken Nachf.) n.n. — 25

— der mißglückte Versuch oder: Aus Gnaden selig, s.: Jugendheim.

Harnisch, L. Hermann: Die Ersatzansprüche des Inhabers eines ungedeckten Schecks gegen den Aussteller desselben. Cottbus 1909: Heine. VII, 63 S. 8°
Rostock, Jur. Diss. v. 20. Okt. 1909, Ref. Lehmann
[Geb. 11. Febr. 80 Kottbus; Wohnort: Kottbus; Staatsangeh.: Preußen; Vorbildung: Gymn. Kottbus Reife O. 00; Studium: München 1, Berlin 1, Kiel 1, Leipzig 1, Berlin 3 S.; Rig. 2. Aug. 09.] [U 10. 3841

Harnisch, L. Hermann: Ueber märkisches Provinzialrecht und die Cottbuser Willkür vom Tage Fabian Sebastian 1409. (Vortrag geh. 1909.) Von Rfdr [L. Hermann] Harnisch. Cottbus: [Verein f. Heimatkunde] 1909. 28 S. 8°
Aus: Cottbuser Anzeiger. (Aus dem alten Cottbus.)

Harnisch, Lina, s.: Fischer's, des alten, Fund.

Harnisch, Lina, deutscher Küchenkalender für Hausmannskost. Ein Speisezettel für alle Tage des Jahres mit besond. Berücksicht. der Jahreszeit, nebst Anweisung zur schmackhaften Zubereitung der darin angegebenen Speisen. Ein Vademecum für junge Hausfrauen und Wirthinnen. 1. Aufl. 1872, und 2. verm. und verb. Aufl. gr. 16. (164 S.) Berlin 874, Cronbach. *

Harnisch, Lina, deutscher Küchenkalender f. Hausmannskost. Ein Speisezettel f. alle Tage d. Jahres m. besond. Rücksicht der Jahreszeit nebst Anweisg. zur schmackhaften Zubereitg. der darin angegebenen Speisen. 3. Aufl. 8. (III, 192 S.) Berlin 886. Cronbach. geb. n. 2. —

Obokiah. Gedicht von L[ina] Harnisch. ⟨Zum Vortragen geeignet.⟩ *(Cassel): Selbstverl. [1901].* (15 S.) 8° [Umschlagt. J.] [01. 5154 4

Harnisch, Max, Referendar in Gera ⟨Reuß⟩, z. Zt. Einj.-Freiw. im Ulanen-Rgt. No. 18, Leipzig: Der Beginn der Anspruchsverjährung nach § 198 B.G.B. Borna-Leipzig 1907: R. Noske. (VIII, 44 S.) 8°
Heidelberg, Jur. Fak., Ref. Bekker, Diss. v. 11. Febr. 1907
[Geb. 16. Febr. 82 Schöna (Reuß j. L.); Wohnort: Leipzig; Staatsangeh.: Reuß j. L.; Vorbildung: Gymn. Gera Reife O. 03; Studium: Jena 1, Oxford 1, Genf 1, Berlin 1, Jena 2 S.; Rig. 16. Jan. 07.]

Harnisch, Ottomar

Harnisch, O., die Bergpredigt des HErrn nach dem Evangelium des Matthäus, f. Seminaristen u. Lehrer erläutert. gr. 8. (35 S.) Breslau 901. C. Dülfer's Verl. n. — 50

— Bibelkunde. Ein Handbuch f. den evangel. Religionsunterricht in Lehrer- u. Lehrerinnen-Bildungsanstalten, wie auch f. Lehrer u. Lehrerinnen. 1. Tl. gr. 8. Ebd. 903. n. 2. 80; geb. in Leinw. n. 3. 40
Einleitung ins Alte Testament. Zum Studium u. Unterricht in der Bibelkunde. Für Seminaristen, Lehrer u. Lehrerinnen. Nach den neuen Lehrplänen bearb. (VIII, 230 S.)

Harnisch, O., Bibelkunde. Ein Handbuch f. den evangel. Religionsunterricht in Lehrer- u. Lehrerinnen-Bildungsanstalten, wie auch f. Lehrer u. Lehrerinnen. I. Tl. u. II. Tl. 2 Abtlgn. gr. 8. Breslau, C. Dülfer. n. 6. 40; geb. in Halbleinw. n. 7. 80

1. Einleitung ins Alte Testament. 2. verb. Aufl. Mit 3 Karten. (XVI, 254 S.) 904. n. 3. —; geb. n. 3. 60

II. 1. Einleitung ins Neue Testament. Zum Studium u. Unterricht in der Bibelkunde. Für Seminaristen, Lehrer u. Lehrerinnen. Nach den neuen Lehrplänen bearb. 1. Abtlg. Die vier Evangelien. Mit 2 Karten. (VII, 159 S.) 903. n. 1. 80; geb. n. 2. 20

2. Dasselbe. 2. Abtlg. Die Apostelgeschichte, Briefe u. Offenbarg. Mit 1 Karte. (S. 161–301.) 904. n. 1. 60; geb. n. 2. —

— dasselbe. (In 2 Tln.) Nach den neuen Lehrplänen bearb. 2. Tl. Einleitung ins Neue Testament. 2. durchgeseh. Aufl. (VIII, 306 S. m. 3 Karten.) gr. 8. Ebd. 905. n. 3. 40; geb. n. 4. —

Harnisch, O., Bibelkunde. Ein Handbuch f. d. evangel. Religionsunterricht in Seminaren. Gekürzte Ausg. 2 Tle. Nach den neuen Lehrplänen bearb. gr. 8. Breslau, C. Dülfer. 4.—; geb. 4. 80

1. Einleitung ins Alte Testament. 2. verb. Aufl. (IV, 152 S.) 908. 1.80; geb. 2. 20

2. Einleitung ins Neue Testament. 2. verb. Aufl. (190 S.) 908. 2.20; geb. 2. 60

— Didaktik u. Methodik des evangelischen Religionsunterrichts in der Volksschule. Zum Gebrauch in Seminaren wie auch für Lehrer u. Lehrerinnen bearb. (IV, 172 S.) gr. 8. Ebd. 906. n. 2. —; geb. n 2. 40

Einleitung in das Alte Testament. Zum Studium u. Unterricht in d. Bibelkunde. Für Seminaristen, Lehrer u. Lehrerinnen. Nach d. neuen Lehrplänen bearb. von **O. Harnisch**, Sem.Dir. *Breslau: C. Dülfer 1903.* (VIII, 239 S.) 8° [F.]

— **Harnisch**: Bibelkunde. T. 1.

Einleitung ins Neue Testament. Zum Studium u. Unterr. in d. Bibelkunde. Für Seminaristen, Lehrer u. Lehrerinnen. Nach d. neuen Lehrplänen bearb. von O. **Harnisch**, kgl. Dir. Abt. 1. 2. Breslau: C. Dülfer 1903–04. 2 Bde 8° [F.]

1. Die 4 Evangelien. Mit 2 Karten. 1903.

2. Die Apostelgeschichte, Briefe u. Offenbarung. Mit 1 Karte. 1904.

— **Harnisch**: Bibelkunde. T. 2, Abt. 1. 2.

— Biblische Geschichte. Ein Handbuch für evangel. Präparandenanstalten, zugleich e. Hilfsbuch f. den bibl Geschichtsunterricht in den oberen Klassen der Volks- u. Mittelschulen. (In 3 Tln.) Nach den neuen Lehrplänen bearb. 1. Tl. Geschichte des Volkes Israel. (IV, 169 S. m. 11 Abbildgn. u. 3 Karten.) gr. 8. Ebd. 907. n. 2. —; geb. n. 2. 40

— Biblische Geschichte. Ein Handbuch f. evangel. Präparandenanstalten, zugleich e. Hilfsbuch f. den bibl. Geschichtsunterricht in den oberen Klassen der Volks- u. Mittelschulen. (In 3 Tln.) Nach den neuen Lehrplänen bearb. 2. Tl. Geschichte Jesu Christi. (IV, 188 S. m. 2 Karten.) gr. 8. Ebd. 909. 2.40; geb. 2. 80

— die Geschichte des Reiches Gottes im alten, bezw. neuen Bunde, s.: Kahle, F. Herm.

— Musterlektionen aus den verschiedenen Disziplinen des evangelischen Religionsunterrichts. Zunächst zur Ergänzung seiner Didaktik u. Methodik gesammelt u. hrsg. (IV, 172 S.) gr. 8. Ebd. 906. n. 1. 60; geb. n. 2. —

Harnisch, Rud.

Harnisch, R., prakt. Anleitg. z. Einrichtg. u. Führg. v. Krankenkassen nach d. Reichsgesetz v. 15. Juni 1883/10. Apr. 1892. Ein Hülfsbuch f. Kassenvorstände, Rechnungsführer, Gemeindebehörden, Fabrikbesitzer, Gewerbetreibende u. Arbeiter. gr. 8. (III, 40 S.) Düsseldorf 894. Bismeyer & Kraus. n. 1. —

Harnisch, Rud., die Deichgesetzgebung am Niederrhein. Sammlung sämmtl., das Deichwesen am Niederrhein betr. Gesetze, Verordnungen, Konventionen, Statuten und Instruktionen. gr. 8. (XIV, 213 S.) Düsseldorf 886, (Schmitz und Olbertz.)

Harnisch, R., Erläuterungen u. Ausführungsvorschriften zum Gesetz üb. die eingeschriebenen Hülfskassen vom 7. Apr. 1876 in der Fassg. des Gesetzes vom 1. Juni 1884, sowie die auf Hülfskassen sich bezieh. Bestimmgn. des Krankenversicherungs-Gesetzes vom 15. Juni 1883/ 10. Apr. 1892, nebst e. Musterstatut f. eingeschriebene Hülfskassen. 8. (IV, 75 S.) Neuwied 894. Heuser's Verl. n. 1. —; geb. n. 1. 60

— die preußische Fischereigesetzgebung. Zusammenstellung der auf das Fischereiwesen bezügl. gesetzl. Bestimmgn., behördl. Verordngn. u. gerichtl. Entscheidungen. Mit Erläutergn. hrsg. gr. 8. (VII, 93 S.) Düsseldorf 887. A. Bagel. n. 1. 80

Harnisch, R., die Gemeinde-Ordnung f. die Rheinprovinz in ihrer heutigen Gestalt. gr. 8. (IV, 68 S.) Düsseldorf 890. Schwann. cart. n.n. 1. 50

Harnisch, Rud.: Die Gemeinde-Ordnung für die Rheinprovinz in ihrer heutigen Gestalt. Von R[ud.] Harnisch, Regiergssekr. 2. vollst. umgearb. u. verm. Aufl. Düsseldorf: L. Schwann 1895. (3 Bl., 178 S.) 1 Bd 8°

— d. Gemeinde-Ordnung f. d. Rheinprovinz in ihrer heut. Gestalt. Erläut. v. H. 3., verm. Aufl. gr. 8. (VI, 267 S.) Düsseldorf 897. L. Schwann. Kart. n. 4. —

Harnisch, Rud., die Gemeinde-Ordnung f. die Rheinprovinz in ihrer heutigen Gestalt. Erläutert. 4., umgearb. Aufl. (IV, 283 S.) 8. Düsseldorf 906. L. Schwann. Kart. n. 4. 50

— s.: Jahrbuch f. den Reg.-Bez. Düsseldorf.

— die Polizei-Verordnungen u. sonst. polizeil. Vorschriften f. d. Reg.-Bez. Düsseldorf. Systemat. zusammengest. 2., vollständig umgearb. Aufl. gr. 8. (IV, 366 S.) Düsseldorf 897. (Schrobsdorff.) Kart. n.n. 6. —

— die Polizei-Verordnungen u. sonstigen polizeilichen Vorschriften f. den Reg.-Bez. Düsseldorf. 3. umgearb. Aufl. gr. 8. (IV, 414 S.) Düsseldorf 900. (Schrobsdorff). Kart. n.n. 7. —

— die Sonntagsruhe. Die Bestimmgn. üb. die Regelg. der Sonn- u. Festtagsruhe, f. Behörden, Kaufleute, Handwerker, Gastwirte rc. zusammengestellt u. m. Erläutergn. versehen. 8. (48 S.) Neuwied 892. Heuser's Verl. n. — 80

— die Städte-Ordnung f. die Rheinprovinz v. 15. V. 1856 in ihrer heutigen Gestalt. Für den prakt. Gebrauch erläutert. 12. (VI, 170 S.) Düsseldorf 900. L. Schwann. Geb. n. 3. —

— die Städte-Ordnung f. die Prov. Westfalen vom 19. III. 1856 in ihrer heutigen Gestalt. Für den prakt. Gebrauch erläutert. 12. (VI, 138 S.) Ebd. 901. Geb. in Leinw. n. 2. 50

— Vermögens-Rechnung f. Orts-, Betriebs-(Fabrik-), Bau-, Innungs- u. Gemeinde-Krankenkassen. Fol. (II, 17 S.) Ebd. 894. n. 1. —

Harnisch, Wilh., (eigentl. Chr. W.) Abendandachten, gehalten in dem evangel. Schullehrer-Seminar zu Breslau. 16 Bdchn. gr. 12. Bresl. 824. Graß, Barth u. C. 15 gl

— erste faßl. Anweis. zum vollständ. deutschen Sprachunterricht. Mit bewegl. Buchstaben u. 5 Lesetaf. gr. 8. Bresl. 814. 4e A. 822. 5e A. 832. Graß, B. u. C. 16 gGr. Zweite faßl. Anweis. ꝛc. 8. Ebd. 818. 2e A. 822. 3e A. 831. 20 gGr.

— — erste faßl. Anweisung zum vollständ. ersten deutschen Sprachunterricht. Mit 2 Kupfern, 1 Buchstabenfolge und 5 Lesetaf. 3te Aufl. 8. Ebend. (Leipzig, Barth.) 820.

— erste faßl. Anweis. z. vollständ. deutschen Sprachunterricht. Mit bewegl. Buchstaben u. 5 Lesetaf. 4te ganz umgearb. Aufl. gr. 8. Breslau 822, Graß, B. u. C.

— Anweis. zum Rechnen, vollständig erweitert u. mit einer Beispielsammlung versehen von K. H. Mücke. gr. 8. Bresl. 817. Max u. Comp. 2e Aufl., unt. d. T.: faßl. Anweis. zum Kopf- u. Ziffer-Rechnen, nach d. naturgemäß. Grundsätzen f. Lehrer u. Lernende. 8. Ebd. 823. 6 gGr.

—— Anweisung z. Unterricht im Christenthum; im Juli 1827 vierzig Schullehrern ertheilt, u. sein. theuern Lehrer, d. Hrn. Pred. Chr. Woltersdorff in Salzwedel, zu sein. 50jähr. Lehrerjubiläum am 31. Jan. 1828 gewidmet. 8. (9 B.) Halle, Anton.

— — zweite faßliche Anweisung zum vollständigen ersten deutschen Sprachunterricht, betreffend das Denken in der Sprache und dessen Darstellung durch dieselbe, für Volksschullehrer bearbeitet. 8. 818. Breslau, Ebendas. 818.

— dass. 2te faßl. Anweis. ꝛc. 2te Aufl. 8. Ebend. 822.

Harnisch, Wilh., zweite faßl. Anweisung z. vollständ. Unterricht in d. deutschen Sprache, enthalt. d. Denken in d. Sprache u. dess. Darstell. durch dies., mit Zuziehung mehr. Schulmänner f. Lehrer an Schullehrer-Bildungsanstalten, an Gelehrten-, Bürger- u. geförderten Volksschulen bearb. 3. Aufl. 8. (24½ B.) Breslau 832, Graß, Barth u. Comp. Thlr.

Harnisch, Wilh., auch eine Erklärung des Gleichnisses vom sogenannten ungerechten Haushalter; Luc. 16, 1—13. Ein Versuch. gr. 8. (62 S.) Magdeburg 847, Falckenberg & Co. ¼ Rthlr.

Harnisch, W., Aufklärung und Berichtigung einiger Stellen in der „Vorläufigen Erklärung des Herrn Prorector Menzel gegen den Herrn Prof. Passow", Breslau 1818, 15 S., 8°.

Harnisch, Wilh. (I.), Auskunft üb. d. kgl. Schullehrer-Seminar zu Weißenfels, f. diejen., welche Kinder od. Pflegbefohlene darin haben, od. deren Aufnahme in dass. wünschen. 8. (2 B.) Berlin 838, Lüderitz'sche Vrlgh.
Aus dess., das weißenfelser Schullehrer-Seminar ꝛc., besond. abgedruckt.

— besteht noch eine urkundlich begründete evangel. Kirche? Zwei Schreiben; das eine an den Hrn. Prediger Wislicenus, u. das andere an den Hrn. Pastor Uhlich. 8. (3½ B.) Magdeburg 845. (Heinrichshofen.)

—— erbaul. Betrachtungen üb. Luthers klein. Katechismus. Zum Gebr. in d. Kirchen, Schulen u. Häusern. 1. Thl. — A. u. d. T.: Ueber d. heil. zehn Gebote. gr. 8. (19 B.) Braunschweig 835, [Vieweg u. Sohn.] 1⅓ Thlr., Vlnp.

Harnisch, Wilh. (I.), Briefe an seine Tochter, auf e. Reise durch Böhmen, Oestreich, Tyrol u. d. Lombardei, wie durch d. Schweiz, einige Rhein- u. Mainländer geschrieben. gr. 12. (9 B.) Essen 841, Bädeker. Thlr.

—— die deutsche Bürgerschule. Eine Anweis., wie f. d. gesammten Mittelstand zweckmäß. Schulen zu begründen, in d. rechte Verhältniß zu d. besteh. Schulanstalten zu setzen u. in gesegn. Fortgange zu erhalten sind; f. sämmtl. Staats- u. Gemeindebeamte ꝛc., besond. aber f. Schulmänner u. ihre Vorgesetzten verfaßt. 8. (15½ B.) Halle 830, [Anton.]

— ausführl. Darstellung u. Beurtheilung des Bell-Lancasterschen Schulwesens in England u. Frankreich. Nach Hamel bearbeitet. 8. Bresl. 819. Graß, Barth u. C. 8 gGr.

— die alte christliche Deutschheit des Herrn Prorektor Menzel. 8. Bresl. 819. Graß, B. u. Comp. 4 gGr.

—— Entwürfe u. Stoffe zu Unterredungen üb. Luthers kl. Katechismus; e. Hülfsbuch f. Lehrer im evangel. Christenthum. 1. Thl. — A. u. d. T.: Entwürfe u. Stoffe zu Unterredn. üb. d. zehn Gebote nach Luthers kl. Katechismus. 8. (36½ B.) Weißenfels 834. (Halle, Anton.)

—— Entwürfe u. Stoffe zu Unterredungen üb. Luthers kleinen Katechismus; ein Hülfsb. f. Lehrer im evangel. Christenthum. 3 Thle. 8. Weißenfels. (Halle, Anton.)

A. u. d. Ttln.:

Thl. 1. Entwürfe ꝛc. üb. d. zehn Gebote. 2., u. 3., neu-verb. Aufl. 8. (à 35 B.) 837, 41. à 1 Thlr. 8 Gr.
" 2. Entwürfe u. Stoffe zu Unterredungen üb. d. drei Artikel d. christl. Glaubens. 1. Aufl. (28 B.) 837., u. 2., verb. Aufl. 8. (30 B.) 841. à 1 Thlr. 4 Gr.
" 3. Entwürfe ꝛc. üb. d. drei letzt. Hauptstücke d. kl. luther. Katechismus. 8. (31½ B.) 840. 1 Thlr. 8 Gr.

Harnisch, Wilh., Entwürfe u. Stoffe zu Unterredungen über Luthers klein. Katechismus, ein Hülfsb. f. Lehrer im evangel. Christenthum. 3. u. letzt. Theil. A. u. d. T.: Entwürfe u. Stoffe zu Unterredungen üb. die 3 letzten Hauptstücke d. kleinen Lutherschen Katechismus. 2., verb. Aufl. 8. (32 B.) Weißenfels 845. Halle. (Anton.)
1. Thl. 3. Aufl. u. 2. Thl. 2. Aufl. Ebendas. 1841. 2 Thlr. 15 Ngr.

—— Frisches u. Firnes zu Rath u. That. Hrsg. f. d. Erzieh., d. Unterr., d. Schule u. d. Leben. 3 Bdchn. 8. Eisleben. [Berlin, Hermes.]

A. u. d. Ttln.:

Bdchn. 1. Der gesunde Schullehrer. Ein Wort f. die, welche es bleiben, u. f. die, welche es werden wollen. Angehängt ist Etwas üb. Krankenpflege in öffentl. Erziehungs-Anstalten, nebst Beschreib. einer solchen in d. weißenfelser Seminar. (5½ B.) 835. 9 Gr.
" 2. Die Schullehrerbildung. Für die, welche sie suchen, u. f. die, welche sie befördern. Angehängt sind Ideen zu e. allgem. Ordn. f. Schullehrer-Seminare im preuß. Staate. (14 B.) 836. 1 Thlr.
" 3. Die Erziehung z. Gottesfurcht u. z. Kunstsinnigkeit. Für alle aus allen Ständen, welche zu helfen Lust haben. In Verbind. mit Ernst Hentschel hrsg. (10¼ B.) 839. 16 Gr.

Harnisch, Wilhelm, s. Gaitskell, J. A.: Über Ursachen, Symtome etc. der Geisteszerrüttung.

—— die Geschichte des Reiches Gottes auf Erden. Als ein erbaul. Lehr- u. Leseb. f. höhere Bürgerschulen, Berufsschulen, Schullehrerseminare u. Gymnasien, so wie f. d. häusl. Gebrauch bearb. 2., verb. Aufl. 8. (24½ B.) Halle 844, Anton.

— Geschichte des Turnwesens u. der Turnstreitigkeiten in Schlesien. 8. Bresl. 820. Graß, B. u. Comp. 18 gGr.

Harnisch's, Wilh., Handbuch f. das deutsche Volksschulwesen, s. a. Bibliothek pädagogischer Klassiker.

— Handbuch f. das deutsche Volksschulwesen, den Vorstehern, Aufsehern u. Lehrern bei den Volksschulen gewidmet. (2e Aufl., die deutschen Volksschulen). 8. Bresl. 820. 3e Aufl. 829. Graß, B. u. C. 1 Rthlr.

—— Handbuch f. d. deutsche Volksschulwesen. Den Vorstehern, Aufsehern u. Lehrern bei d. Volksschulen gewid. 2., ganz umgearb. Aufl. (3. Aufl. d. deutschen Volksschulen.) 8. (30 B.) Breslau 829, Graß, Barth u. Comp.

—— Handbuch f. d. deutsche Volksschulwesen. 3., umgearb. Aufl. (4. Aufl. d. deutschen Volksschulen.) 8. (37½ B.) Breslau 839, Graß, Barth u. Comp.

— d. 6 Hauptstücke d. luth. Katechismus, s. Hauptstücke.

— d. Himmelsgarten, ein Weihnachtsgeschenk f. Kinder u. kindl. Gemüther. Mit 4 ausgem. Kpf. u. 1 Notenbl. gr. 12. Bresl. 824. Max u. C. 2 Rthlr. 8 gGr. Velinp. 3 Rthlr. 8 gGr. Wohlf. Ausg., mit (4) schwarz. Kpf. kl. 4. Ebd. 833 (832). 16 gGr.

— der Himmelsgarten. Eine Weihnachtsgabe f. Kinder u. kindliche Gemüther. N. Ausg. mit 4 Kpfrn. 4. Breslau 839. Max u. Comp. 2/3 ℛ

— — Luther's kleiner Katechismus, s.a. Luther.

Harnisch, W., Luthers kleiner Katechismus, mit Entwickelungen, Erörterungen und Hinweisungen auf die Bibel und das Gesangbuch, als ein Lehrbuch bearb. für evangel. Volksschullehrer und ihre größeren Schüler, so wie für Hausväter. 6. Aufl. 12. (XII und 174 S.) Eisleben 858, Christlicher Verein im nördlichen Deutschland. — Halle, Anton. Thlr. *

Harnisch, W., Luthers kleiner Katechismus, einfach zergliedert, mit biblischen Geschichten, Sprüchen und Liederversen als ein Lernbuch für die mittlere evangelische Schuljugend versehen. 17. Aufl. 12. (IV und 98 S.) Eisleben 860, Christlicher Verein im nördlichen Deutschland. — Halle, Anton.

— Luthers kleiner Katechismus, einfach zergliedert, mit biblischen Geschichten, Sprüchen u. Liederversen als ein Lernbuch für die mittlere evangelische Schuljugend versehen. 17. Aufl. 860. — 18. Aufl. 862. — 19. Aufl. Halle 863. Anton. 12. (98 S.) n. 2½ ngr.

— Luthers kleiner Katechismus, einfach zergliedert, mit bibl. Geschichten, Sprüchen u. Liederversen als ein Lernbuch für die mittlere evangel. Schuljugend versehen. 20., unveränd. Aufl. Halle 865. Anton. 12. (98 S.) n. 2½ ngr.

Harnisch, W., Luther's kleiner Katechismus, einfach zergliedert, mit bibl. Geschichten, Sprüchen und Liederversen als ein Lernbuch für die mittlere evangel. Schuljugend versehen und hrsg. von dem christl. Vereine im nördl. Deutschland. 21. Aufl. 1871, und 22. unveränd. Aufl. 16. (98 S.) Halle 874, Anton. **

Harnisch, W., Luther's kleiner Katechismus, einfach zergliedert, m. bibl. Geschichten, Sprüchen u. Liederversen als e. Lernbuch f. die mittlere evangel. Schuljugend versehen u. hrsg. v. dem christl. Vereine im nördl. Deutschland. 22. unveränd. Aufl. 16. (98 S.) Halle 874. Anton. n.n. — 25

Harnisch, W., Luthers kleiner Katechismus, einfach zergliedert, mit bibl. Geschichten, Sprüchen und Liederversen als ein Lehrbuch für die mittlere evangel. Schuljugend versehen. Hrsg. vom christl. Vereine im nördl. Deutschland. 23. unveränd. Aufl. gr. 16. (98 S.) Eisleben 876. (Halle, Anton.) ** — 25

Harnisch, W., Luthers kleiner Katechismus, einfach zergliedert, m. biblischen Geschichten, Sprüchen u. Liederversen als ein Lernbuch für die mittlere evangel. Schuljugend versehen. Hrsg. vom christlichen Vereine im nördlichen Deutschland. 23. unveränderte Aufl. gr. 16. (98 S.) Eisleben 881. Halle, Anton in Comm. n.n. — 25

— Luthers kleiner Katechismus, einfach zergliedert, m. bibl. Geschichten, Sprüchen u. Liederversen als ein Lernbuch f. die mittlere evangel. Schuljugend versehen. 27. unveränd. Aufl. gr. 16. (III, 98 S.) Eisleben 888. Christl. Verein im nördl. Deutschland. Geb. — 88

Harnisch, W., Luthers kleiner Katechismus, einfach zergliedert, m. bibl. Geschichten u. Sprüchen als e. Lehrbuch f. d. mittl. evangel. Schuljugend vers. Neue, gänzl veränd. Aufl. 8. Abdr. 12. (IV, 91 S.) Eisleben 891. Christl. Verein im nördl. Deutschland. Geb. n. — 25

Harnisch, W., Luthers kleiner Katechismus, einfach zergliedert, m. bibl. Geschichten, Sprüchen u. Liederversen als e. Lernbuch f. die mittlere evangel. Schuljugend versehen. 28. unveränd. Aufl. (III, 98 S.) 16. Eisleben 895. Christl. Verein im nördl. Deutschland. Kart. nn — 25

— d. wichtigsten neuern Land- u. Seereisen f. d. Jugend bearbeitet. 2r — 10r Thl. Mit Chart. u. Kupf. 8. Lpz. 821—27, G. Fleischer. 14 Rthlr. 20 gr. 1r — 10r Thl.

— die wichtigsten neuern Land- u. Seereisen. Für d. Jugend u. and. Leser bearb. 11—16. Thl. Jeder m. 1 Karte u. 2 Kpfr. 8. Leipzig, G. Fleischer. (Frohberger.) [11. (23½ B.) 828., 12. (22¼ B.) 829., 13. (23½ B.) 830., 14. (33¼ B.) 831. à 18 Gr., 15. (38¾ B.) 831. 1 Thlr., 16. (24 B.) 832. 18 Gr.]
1—10. Thl. Ebendas. 1821—27., herabges. Pr. à 18 Gr. — Die von dem 1—12. Thle. 1829—31 erschienene „Neue wohlf. Ausg." hat nur einen neuen Titel.

Harnisch, Wilh., (eigentl. Chr. W.) Langendorf u. Würker. Aus d. Volksschullehrer abgedruckt. 8. Halle 824. Anton. 3 g

— das Leben des 50jähr. Hauslehrers Felix Kaskorbi, oder d. Erziehung in Staaten-, Ständen- u. Lebensverhältnissen. 2 Bde. 8. Bresl. 817. Holäufer. 3 ℛ 12 g (Max u. C. das.) 2 ℛ

— Lebensbilder aus d. Preuß. Sachsenlande. Mit 1 Karte. 8. Halle 827. (Anton). 1 ℛ 11 g

Harnisch, Wilh., mein Lebensmorgen. Nachgelassene Schrift. Zur Geschichte der Jahre 1787—1822. Hersg. von H. E. Schmieder. Berlin 865. Hertz. 8. (XVIII, 473 S.) 1 ℛ 18 ngr.

— s. Lerche, Ch. G.: Schreibtafeln.

— siehe: Lese- u. Sprachbuch.

— drittes Lese- u. Sprachbuch. Hrsg. v. K. Fulda. — A. u. d. T.: Deutsches Lesebuch f. Seminare u. Bürgerschulen, so wie f. d. Oberklass. gehobener Volksschulen. 8. (22¾ B.) Zeitz 842, Schieferdecker.

— erstes Lese- u. Sprachb., oder Uebungen, um richtig sprechen, lesen u. schreiben zu lernen. 8. Bresl. (813). 6e A. 821. 7e A. 2r Abdr. 824. 16e A. 832. Graß, B. u. C. 2 g Zweites Lese- u. Sprachbuch, oder Uebungen ꝛc. 6e A. 832. Ebd. 12 g

(——) erstes Lese- u. Sprachbuch, od. Uebungen, um richtig sprechen, lesen u. schreiben zu lernen, mit Zuzieh. mehr. Schulmänner f. Volksschulen hrsg. 23—26. Aufl. 8. (à 5½ B.) Breslau 837—40, Graß, Barth u. Comp. à *

(——) erstes Lese- u. Sprachbuch, od. Uebungen, um richtig sprechen, lesen u. schreiben zu lernen, mit Zuziehung mehrerer Schulmänner für Volksschulen hrsg. 28—30. Aufl. Nebst 1 Stnt. engl. u. deutscher Currentschrift. 8. (à 5½ B.) Breslau 842—44, Graß, Barth u. Comp., Verl. à *

Harnisch, Wilh., erstes Lese- und Sprachbuch, oder: Uebungen, um richtig sprechen, lesen und schreiben zu lernen, mit Zuziehung mehrer Schulmänner für Volksschulen herausg. 37. verm. u. verb. Aufl. Mit 1 lith. Taf. englischer und deutscher Current-Schrift. Breslau 854. Graß, Barth u. Co. 8. (96 S.) n. 2½ ngr.

Harnisch, W., erstes Lese- und Sprachbuch, oder: Uebungen, um richtig sprechen, lesen und schreiben zu lernen. 38—42. verm. u. verb. Aufl. Mit 1 xylographischen Tafel englisch u. deutscher Current-Schrift. Breslau 856—62. Graß, Barth & Co. 8. (94 S.) n. 2½ ngr.

— erstes Lese- und Sprachbuch, oder: Uebungen, um richtig sprechen, lesen und schreiben zu lernen, mit Zuziehung mehrerer Schulmänner für Volksschulen hrsg. 40. Aufl. 1859. und 41., verm. und verb. Aufl. 8. (94 S. mit 1 Holzschnt. englisch und deutscher Current-Schrift.) Breslau 861, [Morgenstern.] *

—— erstes Lese- und Sprachbuch, oder: Uebungen, um richtig sprechen, lesen und schreiben zu lernen. 42., verm. und verb. Aufl. 8. (94 S. mit 1 xylograph. Taf. englisch und deutscher Current-Schrift.) Breslau 862, [Morgenstern.] *

—— zweites Lese- u. Sprachbuch, od. Uebungen im Lesen u. Reden, Schreiben u. Aufschreiben, Begreifen u. Urtheilen, mit Zuzieh. mehr. Schulmänner f. gelehrte, Bürger- u. Volksschulen hrsg. 8. Aufl. 8. (24¼ B.) Ebds. 838.

—-- zweites Lese- u. Sprachbuch, od.: Uebungen im Lesen und Reden, Schreiben u. Aufschreiben, Begreifen u. Urtheilen, mit Zuziehung mehrer Schulmänner f. gelehrte, Bürger- u. Volksschulen hrsg. 9. u. 10., von Neuem durchges. Aufl. 8. (à 24¼ B.) Breslau 812, 15, (Graß, Barth u. Comp., Berl. * -

— Lesetafeln z. Erleichterung des Lesenlernens. Fol. Bresl. 810. Holäufer. 4 Gr

– s. Lüben, A.: Anweis. zum Unterricht in der Pflanzenkunde.

– s. Mielitz, R. W.: Galligraph.-orthograph. Vorlegeblätter.

– s. Otto, Fr.: Das Geheimniß ...

— d. Raumlehre od. d. Meßkunst. Mit 7 Steintaf. gr. 8. Bresl. 822. Max u. Comp. 18 Gr

—— die Raumlehre od. die Meßkunst, gewöhnl. Geometrie genannt; mit gleichzeit. Beachtung v. Wissenschaft u. Leben, f. Lehrer u. Lerner bearb. M. 7 Stnt. 2., verb. Aufl. 8. (17¼ B.) Breslau 837, Max u. Comp.

—— Reisen, s. Weltkunde.

Harnisch, Guil., (I.) Comment. med. de Remediis nonnullis quorum effectus in sano corpore humano symptomatibus quibusdam morborum similes sunt. 4 maj. (13½ B.) Gottingae 834, Dieterich.

— das Preuß. Sachsenland. Mit 1 Karte. 8. Halle. 827. (Anton). 21 Gr

— Schlesien, ein Hülfsbuch für Lehrer in der Kunde u. Geschichte dieses Landes, ein Lesebuch für Schüler u. eine Unterhaltungs-Schrift f. Männer u. Frauen. gr. 8. Bresl. 820. Graß, Barth u. Comp. 18 Gr

— — Schlesien, ein Hülfsbuch für Lehrer in der Kunde und Geschichte dieses Landes, ein Lesebuch für Schüler und eine Unterhaltungs-Schrift für Männer und Frauen. gr. 8. Breslau, Graß Barth und Comp. (Barth in Leipz.) 821

– s. Scholz, Chr. G.: Anweisung zum Kopf- u. Zifferrechnen.

– s. Scholz, Chr.Gli.: Prakt. Rechenlehrer.

—- das weißenfelser Schullehrer-Seminar u. seine Hülfsanstalten. Ein klein. Beitr. z. Gesch. d. Seminarien, d. Volksschulen u. d. Taubstummenanstalten; als e. thatsächl. Lehrbuch hrsg. 8. (26 B. u. 1 Tab.) Berlin 838, Lüderitz'sche Vrlch.

Harnisch, Wilhelm [Hrsg.], s.a. Schulrat, Der, aus der Oder

Der Schulrat an der Oder (Der Erziehungs- u. Schulrat), f. Vorsteher d. Volksschulen, Lehrer an denselben u. andere Freunde u. Beförderer d. Volksschulwesens, hrsg. v. Daniel Krüger u. Wilhelm Harnisch, Jg. 1814--1820, Breslau, 8°. 11 Bde.

Harnisch, der Schulrat an der Oder. Ueberarb. u. neu hrsg. v. Jul. Plath. gr. 8. (VII, 322 S.) Leipzig 900. Dürr'sche Buchh. n. 6.—

— d. städtische Schulwesen in Bezug auf Weißenfels. 4. Halle 827. (Anton). 4 Gr

— Sonntags-Erzählungen v. Graf Schlag v. Rugenroth s.a. Fr. Heldmann, Kinderbibliothek.

— Sonntags-Erzählungen v. Graf S. v. Rugenroth f. große u. kleine Kinder. M. 1 Kupf. 16. Darmst. 827. Leske. 8 gr. ill.

— erstes Sprachbuch, od. Uebungen um richtig zu sprechen, lesen u. schreiben.. 8. Ebend. 814.

— — erstes Sprachbuch, oder Uebungen um richtig sprechen, lesen und schreiben zu lernen. 5te Aufl. 8. Ebend. 820.

— zweites Sprachbuch, oder Uebungen im Lesen u. Reden, Schreiben u. Aufschreiben, Begreifen u. Urtheilen, f. Volksschulen herausgegeben. 8. Ebd. 818. 2e Aufl. Auch u. d. T.: Lesebuch f. die deutsche christl. Jugend. 822. 12 Gr Hbg. Pr. 6 Gr

—-- der jetzige Standpunkt des gesammten preuß. Volksschulwesens; mit besond. Beachtung sein. Behörden, wie der Bildung u. äußern Stellung seiner Lehrer; geschichtl. nachgewiesen, mehr f. Beamte u. Ständemitglied. als Lehrer. gr. 8. (26½ B.) Leipzig 844. [Kummer.]

— der jetzige Standpunkt des gesammten Preuß. Volksschulwesens; mit besonderer Beachtung seiner Behörden, wie der Bildung u. äußern Stellung seiner Lehrer; geschichtlich nachgewiesen, mehr für Beamte u. Ständemitglieder als Lehrer. gr. 8. Leipzig 844, Weichardt. 1½ Thlr

— die künftige Stellung der Schule, vorzüglich der Volksschule, zu Kirche, Staat u. Haus; oder: Auch ein Wort über die Emancipation der Schule. gr. 8. (72 S.) Erfurt 848. Leipzig, Dörffling & Franke. n. ⅓ Thlr

— das Turnen in seinen allseitigen Verhältnissen. 8. Bresl. 810. Graß, B. u. Comp. 18 Gr

—— vollständ. Unterricht im evangel. Christenthume. (Geschichte u. Lehre mit Erbauung.) Ein Lehrb. f. höh. Volksschulen, Bürgerschulen, Berufsschulen, Schullehrerseminarien u. Gymnasien, so wie e. Erbauungsbuch f. gebild. Christen. 1. Thl. Geschichte. — A. u. d. T.: Die Geschichte d. Reiches Gottes auf Erden. 8. (21 B.) Halle 831, Anton.

—— dass. 2. Thl. Lehre. — A. u. d. T.: Die evangel. Christenlehre. 8. (15½ B.) Ebds. 831.

— vollständ. Unterricht in der deutschen Sprache, wissenschaftlich begründet, unterrichtlich dargestellt, u. mit dazu gehörigen Uebungen versehen. 1r Thl., die Lautlehre. 814. 2e Aufl. 818. Mit 1 Kpf. 16 Gr 2r Thl., Wortlehre. 818. 20 Gr 3r Thl., Satzlehre. 818. 10 Gr 4r Thl., Aufsatzlehre. 818. 1 Thlr 8. Bresl., Graß, B. u. Comp. 2 Thlr 22 Gr

— deutsche Volksschulen mit besond. Rücksicht auf die Pestalozzischen Grundsätze. 8. Berl. Realschulbuchh. 812.

— d. deutsche Volksschulen mit besond. Rücksicht auf die Pestalozzischen Grundsätze. 8. Berl. 812. Reimer. 20 Gr

— der Volksschullehrer, s. 8. Bd.: Volksschullehrer.

— die Weltkunde, s.a. Weltkunde.

Harnisch, C. W., die Weltkunde, ein Leitfaden beym Unterrichte in der Erd-, Mineral- Pflanzen-, Thier-, Völker- rc. Kunde. 3te Aufl. 8. Breslau, Max und Comp. 820. Rthlr. -

— d. Weltkunde. Ein Leitfaden beim Unterricht in d. Erd-, Mineral-, Stoff-, Pflanzen-, Thier-, Menschen-, Völker-, Staaten- u. Geschichtskunde. 8. Bresl. 817. 2e Aufl. 821. 4e A. 3 Thle. (1r Thl. A. u. d. T.: Schlesien. 2r Thl. A. u. d. T.: Deutschland. 3r Thl. Auch u. d. T.: die ganze Erde.) gr. 8. Ebd. 827. Graß, B. u. C. à 9 gr 1 ₰ 3 gr

— d. Weltkunde. 2 Thle. 2r Thl. A. u. d. T.: d. Preuß. Sachsenland. Mit 2 Chart. 8. Halle 827, (Anton.)

— die Weltkunde rc. Supplemente, s. Heinzelmann.

– s. Winter, K. F.: Wand-Lesefibel.

Harnisch, Wilh. (H.), über d. Zulässigkeit d. homöopath. Heilverfahrens, od. unt. welchen Bedingungen vermögen gewisse Mittel ähnliche Beschwerden, als sie bei Gesunden erzeugen, bei Kranken zu heilen? Eine von d. medizin. Facult. zu Göttingen gekr. Preisschr. Auch a. d. Lat. frei übers. 1. u. 2. Ausg. gr. 8. (à 19 B.) Weimar 836, 41, Voigt. à

Harnisch, Wlh. H., über die Zulässigkeit des homöopathischen Heilverfahrens oder unter welchen Bedingungen vermögen gewisse Mittel ähnliche Beschwerden, als sie bei Gesunden erzeugen, bei Kranken zu heilen? Eine gekrönte Preisschrift. Verfaßt u. aus dem Latein. frei übersetzt. 2. Ausg. gr. 8. Weimar 841, Voigt. 1½ ₰

Harnischer, Seraphin

— der in seinem Leiden erniedrigte Gott, u. durch die Sünde vernichtete Mensch. 4. Wien 762. (Heubner). 20 gr

Harnischer, Seraph., sämmtl. Werke, bestehend in Sonntags-, Passions- u. Fasten-Predigten. 4 Thle. gr. 8. Bresl. ... N. Aufl. 769. J. F. Korn. 5 ₰ 8 gr Sonntagspredigten allein. 2 ₰ 16 gr Fastenpredigten allein. 2 ₰ 16 gr

Harnischmacher: Ueber die Bewegung, welche einen Punkt macht, der sich in einem senkrecht stehenden kreisförmigen holen Canale befindet, wenn sich dieser um seinen verticalen Durchmesser mit constanter Geschwindigkeit dreht. 16 S. – Brilon, Progr. 1871.

Harnischmacher: Einige Dreiecksconstructionen, wenn drei hervorragende Punkte d. Dreieckes gegeben sind. 11 S. u. Fgtf.–Brilon, Progr. 1863

Harnischmacher, Pfarrer, ..., 6 Fest- u. Gelegenheitsreden. 8. Köln ... Imhoff-Schwarz. 4 gr

Harnischmacher, Gedächtnißrede auf Se. Maj., unsern in Gott ruhenden Kaiser u. König Wilhelm, geb. am 18. März 1888 in der Münsterkirche zu Bonn bei d. Trauerfeier der kathol. Schüler d. Königl. Gymnasiums. gr. 8. (19 S.) Bonn 888. Hauptmann. n. – 30

Harnischmacher, Jacob., De Essenorum apud Judaeos societate. Bonn, 1866, 4°, 26 S., Gymnas.-Progr.
Recens. von Langen, (Bonner) Theol. Litt.-Bl. 1870, S. 47 ff.

Harnist, Karl: Über die Addition von Phosphorpentachlorid an Äthylenkörper. Freiburg ⟨Schweiz⟩ 1910: St.-Paulus Dr. 48 S. 8°
Straßburg, Math.-naturwiss. Diss. v. 27. Juli 1910, Ref. Thiele
[Geb. 3. Nov. 83 Thann E.-L.; Wohnort: Thann; Staatsangeh.: Elsaß-Lothringen; Vorbildung: Gymn. Mulhausen i. E. Reife 03; Studium: Straßburg 2, Lausanne 2, Straßburg 10 S.] [U 11. 4318

Harnoch, Agathon

Harnoch, Agath., der betende Christ am Neujahrstage. Predigt über Psalm 106, Vers 1—7. Brieg 870. Bräuer's Verl. 8. (15 S.) n. 2 ngr.

Harnoch, Agathon, Chronik u. Statistik der evangelischen Kirchen in den Provinzen Ost- u. Westpreußen. Nach gedr. u. ungedr. Quellen dargestellt. gr. 8. (IX, XXIX, 679 S.) Neidenburg 890. Nipkow's Verl. n.n. 6. —

Harnoch, Agathon, de Philonis Judaei λόγῳ inquisitio, quam in usum theologorum scripsit. gr. 8. (38 S.) Königsberg 879. Hartung. n. 1. —

Harnoch, G. A., Wegweiser in der Kirchen- und Dogmengeschichte. Ein Hülfs- und Wiederholungsbuch für Theologie-Studirende, Geistliche und Religionslehrer an höheren Lehranstalten. gr. 8. (XVI, 251 S.) [Eisenach 875, Baemeister.] Leipzig, Drescher. (*M. 4.) * 1 50

d'Harnoncourt jun., Hub. Graf, gesammelte Nachrichten üb. die Familie der Grafen De La Fontaine-d'Harnoncourt-Unverzagt. gr. 4. (XV, 348 S. m. Abbildgn., Taf. u. Tab.) Wien 894. (W. Braumüller.) Geb. in Leinw. n. 60. —

Harnoth, Adolf, aus Friedersdorf: Versuche über den Einfluss einiger Futtermittel auf die Qualität des Milchfettes. *Merseburg 1902: F. Stollberg.* (38 S.) 8° ¶ [Aus: Mitteil. d. Landw. Institute d. Kgl. Univ. Breslau.]
Breslau, Phil. Diss. v. 21. Juni 1902

[Umschlagt.:] [F.] Harnoth, Franz [Dr.]: Der Oberschlesische Muschelkalk als Waldboden ... (Aus: Zeitschr. f. Forst- u. Jagdwes., Jg. XXVII.) *Berlin, Druck v. E. Dreyer, 1895;* 63 S. 8. [Vgl. 1894/95 Breslau No 41.]
Breslau, Phil. Fak., Inaug.-Diss. v. [21. Juni] 1895

Harnprobe, die. Vademecum f.inst. Rigorosanten v. D. Eff. 12. (16 S.) Wien 895. J. Eisenstein & Co. n. – 60

Harnsäure, die, als Krankheitsursache. Zugleich e. krit. Betrachtg. d. Haigschen Theorien. (31 S.) gr. 8. Leipzig (907). O. Borggold. 1. —
Sonderabdr. aus: „Henseliana".

Harnußberger, Joh. Friedrich (Strassburg), De potentatu magistratuum et officiorum. Von Förchterlichem Gewalt Beampter Personen. Dissert. Justinianea. Präs. Friedrich Schrag. Strassburg (Josias Staedel) 18. X. 1679. 38 S. (6.50) 13162

— — Dasselbe. Von Fürchterlicher Gewalt Beamter Personen. Halle (Hendel) 1735. (6.20) 13163

Harold, von, s. Mittheilungen des Münchener entomologischen Vereins

Harold, B. de, Catalogus coleopterorum hucusque descriptorum synonymicus et systematicus, s. Gemminger.

Harold, E. v., s.: **Hefte, coleopterologische.**

v. Harold, Edm., s. 1) Ossian, Gedichte.

v. Harold, Frhr. Edm., Sulmora, Tochter Guthullins. Drama in 5 A. nach Ossian. gr. 8. Düsseld. 802. Dänzer. (Barth; a. Hinrichs in Leipz.) 10 gl

Haroska, Antonius *(geb. Grzenzin in Schles. 22. 2. 1827)*: De exstirpatione ovarii. Vratislaviae (1853). (29 S.) 8°
Breslau, Med. Diss. v. 22. Okt. 1853

Haroske, T., Erdmannsdorfer Büsten-Fabrik: Preisliste. Berlin (1892?)

Haroske: J u b i l ä u m s - K a t a l o g der Berliner und Erdmannsdorfer Büstenfabriken. s. B o e h m.

Harpagiander [Pseud.], s. H a r s d ö r f f e r, Georg Philipp

Harpar Murner, oder der Keuschheitswächter unter dem Bette, ein Schwank f. Haynreilustige. 8. Krems. (Leipz. Bauer.) 812.

Harpe, s.a. L a H a r p e

Harpe, de la, Abregé de l'Histoire gén. des voyages XXIII Vol. 8. Strasb. Acad, 780—86.

Harpe, de la, du Malheur de la guerre et des avantages de la paix. 8. Leipz. Hilscher. 767. Michr.

Harpe, Bruno von [aus Dorpat]: **Synthese der 3,3'-Dioxyflavons. Jurjew (Dorpat) 1902. 54 S. 8°.**
Bern. Phil. Diss. 1901/1902.

de la Harpe, Mélanie. Drame. gr. 12. Basel 770. Schweighäuser. 4 gl

— Oeuvres. 2 Vol. gr. 8. Hamb. Herold. 777.

Harpe, Charles de la

Harpe, Ch. de la, étude sur les oeuvres philosophiques de Frédéric le Grand. Progr. des Französ. Gymn. Berlin 1848. 4°. 25 S.

Harpe, C. de la: Etude sur les oeuvres poétiques de Frédéric le Grand. 41 S. – Progr. Berlin Fr. Wilh. 1852.

Harpe, C(harles) de la, Manuel de la langue française. gr. 8. (X und 146 S.) Berlin 847, Deckersche geheime Ober-Hofbuchdr.

de la Harpe, Charles, Manuel de la langue française. gr. 8. (X u. 146 S.) Berlin 849, Decker. 1/2 ℛ

— Französische Schulgrammatik. Deutsch bearb. v. Max Strack. 12. (VIII u. 108 S.) Berlin 851, Herbig. n. 1/3 ℛ

Harpe, Emanuel de la (Lausanne/Schweiz), **De jure aquaeductus. Dissertat. jur. Präs. Julius Friedrich Malblanc. Tübing. (Reis & Schmid) Dez. 1805. 39 S. mit Widm. v. Präs. (6.—) 13164**

Harpe, Eugène de la, La Suisse balnéaire et climatique, ses eaux minérales, bains, stations climatiques d'été et d'hiver, établissements hydro-thérapiques, etc. 2. ed., revue et augmentée. 8. (VIII, 406 S. m. Abbildgn. u. 1 farb. Karte) Zürich 898. C. Schmidt. Geb. in Leinw. n. 5. –

Harpe, Friedr. Cäs. de la, Beitrag z. Lebensgeschichte d. Nicol. Friedr. v. Mülinen, Schultheißen d. Stadt u. Republik Bern. gr. 8. (3½ B.) Bern 837, Fischer.
Abgedruckt a. d.: Schweiz. Geschichtsforscher, 9. Bd.

Harpe, J. F. la, du fanatisme dans la langue révolutionnaire. 8. Paris et Cöln, Tourneisen Sohn.

— — le même. 8. Strasb. Levrault.

— v. Fanatismus in d. Revolutionssprache rc. a. d. Frz. 8. Wien, Degen. 797.

— grammaire raisonnée, voyez Grammaire.

— Philosophie du 18. siècle. III Vol. 12. Braunschw. Pluchart.

— Warwick; ein Trspl. in 5 Handl., aus d. Französ. (v. M. Jos. Grafen v. Daun). 8. Münch. 773., s. auch Warwick.

— Was heißt Schwärmeren in d. Spr. d. Staatsumwälz. a. d. Franz. 8. Dortmund, Mallinkrodt. 790.

Harpe, J. Fr. de la, Lycée ou Cours de littérature ancienne et moderne. Paris 1799–1805. 16 Tom. (19 Vol.) 8. Ib. 1817. 5 Vol. 8. 10 rthl. Ed. 3. Paris 1820. 10 Tom. 12. 10 rthl. Hamb. 1801. 14 Vol. 12 14 rthl.

Harpe, Phil. de la, étude des Nummulites de la Suisse et révision des espèces éocènes des genres Nummulites et Assilina. 3 parties. Avec 9 planches. [Aus: „Mémoires de la société paléontologique suisse".] gr. 4. (180 S. m. 9 Bl. Erklärgn.) Genève 881—83. (Berlin, Friedländer & Sohn.) n. 9. 60

(F) **Harpe-Hagen**, H., Auf klingenden Bahnen. 8°. (XXI, 255 S.) K 4.—, geb. K 5.—
Wien: Braumüller 1908.

Harpeck, Carolus (Christianus) *(geb. Nimmersath in Schles. 19. 9. 1831)*: De polypis recti. Vratislaviae (1855). (30 S., 2 Taf.) 8°
[Im Buchhandel 1855 bei Gosohorsky in Breslau.]
Breslau, Med. Diss. v. 15. Nov. 1855

Die Harpener-Bergbau-Aktiengesellschaft in Dortmund. Düsseldorf, 1902. 40 S. mit Abb. und 3 Tab.

Harper, A. H. Bibelgrüsse aus dem heiligen Lande ... mit erläuterndem [1857]. V: *Sachsenröder, Eduard.* (Kat. d. stat. Bureaus. Dresden 1896.)

Harper, A. H.: B i l d e r g r ü ß e aus dem heiligen Lande, s.a. G e i k i e, C.

Harper, A. H., u. C. Geikie, Bildergrüße aus dem hl. Lande. 400 Orig.-Illustr. v. A. H. H. m. erläut. Text v. C. G. 1.—20. Lfg 4. (S. 1—640.) Charlottenburg 893. 894. O. Brandner. à — 50

Harper, Andrew

— Abhandl. üb. d. wahre Ursache u. Heilung d. Wahnsinnes. Aus d. Engl. (v. G. W. Ch. Consbruch). 8. Marb. 792. 2e A. 798. Krieger. 4 K

— Abhandlung . . .

— üb. d. wahre Ursache u. Heil. d. Wahnsinns. 8. Marb. Krieger (Lpz. Bohme.) 798.

Harper, Andrew. Abhandlung über die wahre Ursache und Heilung des Wahnsinns. A. d. Engl. Marburg 1892. Ü: *Consbruch, Georg Wilh. Chph.* (Ky) (EngM)

Harper, Andr., A treatise on the real cause and cure of insanity, in which the nature and distinctions of the disease are fully explained, and the treatment established on new principles. 69 pp. Lond. 8°. Uebers. v. G. W. Cousbragh. 58 S. Marb. 1792, 12°. 2. Aufl. 1798. 8°. Ausführlich in: *Friedreich*, Literaturgesch. 1830 S. 498. Salzb. Med. chir. Zt. 1780, II, 211. J. de méd LXXXIII, 116. N. A. D. B. XII, 419. *Kahn*, Med. ger. Bibl. I n. 2. *Hufeland*, Bibl. d. ger. Heilk. I, n. 2 p. 1. A. L. Z. 1783 n. 99.

Harper, Andr., diätet. Taschenbuch, a. d. Engl. 8. Lpz. Böhme. 792.

Harper, Andr., diätet. Taschenbuch; aus d. Engl. 8. Leipz. 793. (Snobloch). 4 K

Harper, Charles A. [aus Cincinnati U. S. A.]: Ueber einige Derivate des Isocumarins, Isochinolins und Isocarbostyrils ... Berlin, A. W. Schade's Buchdr., 1896; 26 S., 2 Bl. 8.
Berlin, Phil. Fak., Inaug.-Diss. v. 9. Mai 1896

Harper, Edward J.: Die babylonischen Legenden von Etana, Zu, Adapa und Dibbarra. Im Originaltext u. in Umschrift veröffentl., übs. u. erkl. ... [Erschien vollst. in: Beitr. z. Assyriol. u. vgl. semit. Sprachwiss., Bd II Heft 2.] Leipzig, Druck v. A. Pries, 1892; 1 Bl., 32 S., 1 Bl. 8.
Leipzig, Phil. Fak., Inaug.-Diss. v. [15. Okt.] 1892

Harper, H. A., s. Harper, A. H.

Harper, Robert Almer

Harper, R. A., s.: Studien, cytologische, aus d. Bonner botan. Institut.

Harper, Robert *Almer* [aus Chicago]: Über das Verhalten der Kerne bei der Fruchtentwicklung einiger Ascomyceten ... Bonn, Univ.-Buchdr. v. C. Georgi, 1896; [nur Titelbl., Vita u. Thesen.] 2 Bl. 8.
Bonn, Phil. Fak., Inaug.-Diss. v. 15. Juli 1896

Harper, Robert *Almer* [aus Chicago]: Über das Verhalten der Kerne bei der Fruchtentwickelung einiger Ascomyceten ... (Aus: Jahrb. f. wiss. Bot., Bd. XXIX.) Berlin, Gebr. Borntraeger, 1896; 1 Bl., 31 S., 1 Bl., 2 Taf. 8. [vgl. 1895/96 Bonn No 77.]
Bonn, Phil. Fak., Inaug.-Diss. v. 15. Juli 1896*)

Harper, Robert Francis [aus Chicago, U. S. A.]: Cylinder A of the Esarhaddon Inscriptions transliterated and translated, with textual notes, from the original copy in the British Museum; together with the hitherto unpublished texts of Cylinder C; 80, 7–19, 15 PS. and K. 1679 .... New Haven, Tuttle, Morehouse & Taylor, 1888; IV + 56 S. + 1 Bl. 8°
Leipzig, Phil. Fak., Inaug.-Diss. v. 12. März 1888

Harper, Walt. B., die Destillation industrieller u. forstwirtschaftl. Holzabfälle. Erweiterte deutsche Bearbeitg. v. R. Linde. (VIII, 323 S. m. 128 Fig.) gr. 8. Berlin 909. J. Springer. 10.—; geb. in Leinw. n 11.—

Harperath, Christian, (geb. Cöln a. Rh. 1814): De cognitione morborum nonnullorum medullae spinalis eiusque membranarum. Berolini (1838). (25 S.) 8°
Berlin, Med. Diss. v. 20. Dez. 1838

Harperath, Ludw., chemische Briefe. Deutsche Ausg. 1. Briefbuch 4. (64 autogr. S. m. 1 Tab.) Córdoba 894. (Köln, M. Du Mont-Schauberg.) n. 3.—

Harperath, Ludw., chemische Briefe. V. D. Weltbildg. 500 Thesen üb. d. Weltbildg. im Allgemeinen: Entstehg. u. Umbildg. d. Materie u. d. Eigenschaften d. Materie, sow. d. chem. Element-Bildg. im Besond. Lex.-8. (X, 87 S.) Buenos-Aires 894. Köln, M. Du Mont-Schauberg. n. 5.— (I. u. V.: n. 8.—)
Die Briefe II–IV erscheinen nicht.

Harperath, Ludw., sind die Grundlagen der heutigen Astronomie, Physik, Chemie haltbar? Beitrag zur Lösung der „Welträtsel", gestützt auf Berzelius u. Koppernikus. Vortrag, geh. in der 75. Versammlung deutscher Naturforscher u. Aerzte zu Cassel. (III, 67 S. m. Fig. 2 Taf. u. 1 Bl. Erklärgn.) gr. 8. Berlin 903. Mayer & Müller. n. 1.—

Harpetoner, nordiske, eller gnomisk Blomstersammling of Danske Digtern. s. Klausen, G. C.

HARPF, A.
Flüssiges Schwefeldioxyd. Darstellung, Eigenschaften und Verwendung desselben; Anwendung des flüssigen und gasförmigen Schwefeldioxydes in Gewerbe und Industrie. Stuttgart, 1900. 8vo. Ill.

Harpf, Adf., s. a.: Hagen, Adf.

— Carneri's Bedeutg. als Schriftsteller. Eine Studie. 12. (15 S.) Marburg a. d. D. (886). Leoben, Dr. A. Harpf. —30

Harpf, Adf., Darwin in der Ethik. Festschrift zum 80. Geburtstage Carneri's. 8. (23 S.) Leoben 901. Neue Leobener Buchdruckerei, J. H. Prosl & Co. (Nur direkt). n. 1.—

Harpf, Adf., die Ethik d. Protagoras u. deren zweifache Moralbegründung, kritisch untersucht. gr. 8. (72 S.) Heidelberg 884. Weiss' Verl. n. 1.60

— der völkische Gedanke, das aristokratische Prinzip unserer Zeit, s.a. Ostara. 9. Hft.

Harpf, Adolf. Der völkische Gedanke, d. aristokrat. Prinzip unserer Zeit. Rodaun bei Wien 1906. 8°.
(Ostara. H. 9.)

Harpf, Adf., Geschichte d. Leobner Stadttheaters, zu dessen 100jähr. Bestande verf. nach Akten d. ehemal. Theater-Archives. gr. 8. (III, 28 S.) Leoben 892. (Leipzig, Literar. Anstalt A. Schulze.) n. 1.60

— der völkische Kampf der Ostmarkdeutschen. Volks- u. Zeittumsfragen. (238 S.) 8. Dresden 905. H. L. Diegmann. n. 3.—

Harpf, A., Der völkische Kampf der Ostmarkdeutschen. Volks- u. Zeitungsfragen. (238 S.) 8. Dresden, H. L. Diegmann. 3.—

Harpf, Adf., zur Lösung d. brennendsten Rassenfrage d. heut. europ. Menschheit. E. soziolog. Studie m. e. Anh. z. Begründg. d. Sozialethik. gr. 8. (IV, V, 78 S.) Wien 898. M. Breitenstein. n. 1. 80

— Morgen- u. Abendland. Vergleichende Kultur- u. Rassenstudien. (XV, 348 S.) gr. 8. Stuttgart 905. Strecker & Schröder. n. 5. —; geb. n. 6. —

Harpf, Adf., Natur- u. Kunstschaffen. Eine Schöpfungskunde. (XII, 241 S.) Lex. 8. Jena 910. H. Costenoble. 5.—; geb. 6. —

— Ostara, die Auferstehung des Menschen, s.: Ostara. 7. Hft.

— Ueber deutschvolkliches Sagen u. Singen. Streifzüge im Gebiete deutschen Schrift- u. Volksthumes m bes. Rücksicht auf d. deutsche Ostmark. gr. 8. (VIII, 148 S.) Leipzig 898. J. Werner. n. 2. —

— Das Weibwesen, s. a. Ostara.

HARPF, Adolf. Das Weibwesen. Eine Kulturstudie. Rodaun 1906. Gr. 8°. 33 S.

— Die Zeit des ewigen Friedens, e. Apologie des Krieges als Kultur- u. Rassenauffrischer, s.: Ostara.

Harpf, Aug., Beiträge zur Kenntniss der chemischen Vorgänge beim Sulfitverfahren. Eine chemisch-technolog. Studie. 8. (44 S.) Leipzig 893. G. Fock. n. — 60

Harpf, Aug., die Erzeugung v. Holzschliff u. Zellstoff. Lex.-8. (56 S. m. Abbildgn.) Wien 901. (M. Perles). n. 1. 60
Sonderabdruck aus: „Geschichte d. österr. Land- u. Forstwirtschaft u. ihrer Industrien 1848—1898".

— flüssiges Schwefeldioxyd, s.: Sammlung chemischer u. chemisch-techn. Vorträge. V. 7—10.

— Wandtafeln f. den Unterricht in der allgemeinen Chemie, s.: Schroeder, Geo. v.

Harpf, Jos. Adf., s.: Hagen, Adf.

Harpf, Josef Adolf, s. Harpf, Adolf

Haerpfer, A., die Probleme v. Hansen u. Snellius, s. a. Abhandlungen zur Geschichte d. mathemat. Wiss. 26, I.

Haerpfer, A.: Die Probleme von Hansen und Snellius von Dr. Ing. A. Haerpfer in Prag. Leipzig & Berlin: Teubner 1910. 20 S. 8°
(Abhandlungen z. Geschichte d. math. Wissenschaften. H. 26, 1.)

Haerpfer, Julius Dietrich (Langenburg/Hohenlohe), Dissertationum ad jus Justinianeum privatum prima, de jurisprudentia et jure in genere. Präs. Jo. Balthasar Wernher. Wittbg. (Chn. Schroedter) 25. II. 1702. 43 S. (6.50) 12675

Seelen-erqvickendes Harpffen-Spiel, Das ist: Schweinfurthisches neu-aufgelegtes Gesangbuch .... Editio III. Schweinfurth, druckts und verlegts J. C. Drechsler, 1704. M. TR.

Harpke, A., Seide u. Seidenwaaren, s.: Ausstellungs-Bericht, officieller.

Harpner, Gust., das österreichische Strafverfahren. Rechte u. Pflichten d. Behörden u. Staatsbürger. Leichtfaßl. dargest. gr. 16. (XII, 152 S.) Wien 898. Wiener Volksbuchh. Geb. in Leinw. n. 1. —

Harpner, Vikt., der Veredlungsverkehr u. die österr.-ungarische Textilindustrie. (14 S.) 8. Wien (905). M. Kuppitsch' Wwe. n.n. 1. —

Harpocration et Moeris ex recensione Imm. Bekkeri. 8 maj. (16 B.) Berolini 833, Reimer. 1 Thlr. 12 Gr., f. Pap.

Harpocrationis lexicon, cum annotat. interpret. lectionibusque libri M. S. Vratislaviensis. 2 Vol. 8 maj. Lips. 824, Hartmann. 5 Rthlr. 12 gr. Schreibp.

Harpocrationis lexicon, cum annotat. interpret. lectionibusque libri M. S. Vratislaviensis. II Voll. 8 maj. Lpz. 824. (Lehnhold). 5 ℛ 12 gGr Schrbp. 7 ℛ

Harpocrationis Lexicon in decem oratores atticos ex recensione Guil. Dindorfii. 2 tomi. Oxonii 853. (Parker.) gr. 8. (XXXII, 352; LVIII, 489 S.) n. 7 ℛ 10 ngr

Harpocrationis lexicon in decem oratores atticos ex recensione Gulielmi Dindorfii. II Tomi. 8maj. (XC und 841 S.) Oxonii 853. (Lipsiae, T. O. Weigel.) **

Harpprecht, s.a. Harprecht

Harpprecht: Ius contractus vitae in concursu creditorum. Tubingae 1754.

Harpprecht, Christian Ferdinand, Commentatio de absolutione ab instantia in civilibus & criminalibus ex originibus deducta & praxi accommodata. Tübing. (Bauhof & Franck) 1747. 176 S. (7.50) 13165

Harpprecht, C. Ferd., de absolutione ab instantia. 4. Frcf. et Leipz. (Cotta in Tüb.) 753.

Harpprecht, Christian Ferdinand (Präs.), s. Eisenbach, Joh. Friedr.: De Eo, quod justum est, circa conversionem actuum ... jurid. jamjam peractorum.

HARPPRECHT, Chr. Fd.: Flores sparsi ad jura privata singularia Germanica. *Tubing.* 755. 4.

— fontes juris civil. Wirtemberg. 4. Tüb. Cotta. 724.

Harpprecht, Christian Ferdinand (Präs.), s. Gabler, Joh. Friedr.: De liquidatione in concursu creditorum ...

Harpprecht, Christian Ferdinand (Präs.), s. Griesinger, Georg Christoph: De jure subditorum emigrandi restricto.

Harpprecht, Christian Ferdinand (Präs.), s. Hallwachs, Joh. Konrad: De eo quod justum est circa probationem tabulis testamenti amissis.

Harpprecht, C. Fr., jura privata singul. Wirtemb. 4. Tüb. 755.

— **Christoph Friedrich,** De I. colligendo corpore juris Wurtembergici. II. scribendis institutionibus juris Wurtembergici privati omnis. III. edenda bibliotheca juridico-historica jurium, queis speciales in Imperio Rom. Germ. respublicae utuntur. IV. adornanda commentatione suis numeris absoluta ad leges privatas tam universales quam particulares ducatus Wurtembergici. Consultatio. Tübing. (Hiob Franck) 1727. 31 S. (6.20) 13166

— — De recte praeparando et conformando studio juris ad usum scholarum illustrium oratio. Tübing. (Franck) 19. VI. 1730. 72 S. (6.50) 13167
Gew.: Christoph Peter v. Forstner (Dambenoy).

HARPPRECHT, F. Chr., De jure liberorum . . . . Vom Recht der Kinder so von zwey Verlobten Personen vor der priesterlichen Trauung, die nachgehends nicht erfolget, sind erzeuget worden. Halle 1730. 8°. (1 Mk. 50 Pfg. R. Kaufmann, Stuttg., 1902.)

Harpprecht, Ferdinand Christoph

HARPRECHT, F. Chr.: Abhandl. v. Pfandungsr. ins Deutsche übers. *Zelle.* 718.

— — De assecuratione aedium. Diss. polit.-jur. Präs. Gottfried Daniel Hoffmann. Tübing. (Erhardt) 3. III. 1761. 70 S. (6.50) 13176

Harpprecht, Ferdinand Christoph (Präs.), s. Baumgartner, Johann Christian: De regressu ad bona, ab illustribus praec. filiabus renunciata, ...

Harpprecht, Ferdinand Christoph (Präs.), s. Bethoncourt, Heinrich Jacquin von: De Regressu ad bona ab illustr. praec. filiabus renunciata ...

Harpprecht, Ferd. Christoph (Präs.), s. Cappel, Joh.: De Venditione ad credentiam . . .

Harpprecht, Ferd. Christoph (Präs.), s. Caroc, Georg Adolf: De Compensatione debitorum publicorum.

Harpprecht, Ferdinand Christoph (Präs.), s. Caspart, Joh. Wolfgang: De ususfructus statutarii materni eidemque combinatae administrationis adjunctis, et effectibus lucrosis.

Harpprechtus, Ferd. Chrph.: Consultationum criminalium et civilium, potissimam partem, nomine inclytae facultatis juridicae conscriptarum, vol. novum. P. (1.) 2. Tubingae 1710. 12. **fol.**

Harprecht, Ferd. Ch., consultationum criminal. et civil. vol. nov. III Tom. fol. Norimb. 715.

– Theorematis Tayloriani demonstratio, s. Pfleidinger, Christ. Friedrich

— dissertationes academicae, c. indice. II Vol. 4. Tüb. Heerbrand. 737.

Harpprecht, Ferdinand Christoph (Präs.), s. Haeberlin, Johann Jacob (Resp.): De ususfructus statutarii materni effectibus onerosis.

— — **De jure aurigarum circa contractus, et quae ad illorum securitatem et indemnitatem spectant, cet. — Vom Recht der Fuhrleute, bey Schließung und Vollziehung der Contracte, Sicherheit und Schadloßhaltung, etc.** Tract. jur. Halle (Hendel) 1739. 54 S. (6.50) 13175

— — **Tractatus de jure mortuario, in bonis defuncti hominis proprii, ejus domino competente; vulgò: Haupt=Recht / Haupt=Fall / etc. etc.** Tübing. (Georg Heinrich Reis' Wwe.) 1718. 109 Seiten. (9.50) 13174

Harpprechtus, Ferd. Chrph.: Dissertationum acad. vol. duo, quae exhibent opus juxta solemnem Pandectarum ordinem congestum atque conscriptum. Praemittitur praef., in qua vita autoris describitur. Vol. 1. 2. Tubingae 1737.
2 Bde

— — De praescriptione immunitatis a collectis. Tractat. jur. Altdorf (Jod. Wilhelm Kohles) 1709. 126 S. (8.—) 13172

Harp(p)recht, Ferd. Chrph.: „Das Recht der Fuhr-Leuthe. Mit einem Anhang von dem Pfändungs-Recht", Zelle 1706. — Vorh.: Bibl. des Kammergerichts Berlin — F. 10. — 3. Auflage, Leipzig 1718, vorh.: Com. Bibl. Hamburg.

— Recht d. Fuhrleute. 4. Hannov. Helwing. 718.

Harpprecht, Ferdinand Christoph (Präs.): De regressu ad bona, s. Baumgartner, Johann Christian (Resp.)

— — **De renuntiatione acquaestus conjugalis, Vom Verzüg der Ehelichen Errungenschafft.** Tract. theoret.-pract. Tübing. (Gottfried Stoll) 1711. 210 S. mit Reg. (10.—) 13173

— responsa juris criminalis et civ. VI Part. c. supplem. fol. Stuttg. Erhard. (Löflund, a. Metzler) 701.

— de successione monialium nobil. renunciatar. 4. Ulm. Wohler. 708.

— — De **usufructu statutario materno, ejusque tum constitutione, tum eidem combinatae administrationis adjunctis, tum effectibus lucrosis, atque onerosis, tum etiam impedimentis atque modis eundem constitutum solvendi, olim [1704] in alma Tubingensi univers. quatuor disput., ventilatus.** Tübing. (Joachim Speymann) 1720. 226 S. (9.50) 13171
Respondenten: Gg. Heinr. u. Joh. Jac. Haeberlin (Stuttgart), Johann Wolffgang Caspart (Essling.), Philipp Jacob Seiler (Leutkirch).

Harpprecht, Heinrich, approb. Arzt aus Holzgerlingen: **Beiträge zur Selbstmordstatistik des Oberamts Tübingen.** *Tübingen: F. Pietzcker 1903.* (21 S.) 8°
Tübingen, Med. Diss. v. 1903

Harpprecht, Johann

— — Conclusiones juridicae inaugurales. Präs. Michael Grass. Tübing. (Joseph Sigmund) Novemb. 1716. 20 S. (6.50) 13180
Widmung v.: Präs., M. F. Grass, Joh. Fried. Hobhan, F. W. Bayer, Joh. Burckh. Boch (Durlach; dtsch.), Joh. Georg Fischer (Tübingen; dtsch.).

— — (Tübingen), De electione certae personae industriae. Disp. jur. Präs. Jacob David Moegling. Tübing. (Gg. Heinr. Reis' Wwe.) Okt. 1715. 88 S. (7.—) 13179
Widm. v.: Präs., M. F. Grass, W. R. Schmalkalder (dtsch.), SB. Buttex.

Harpprecht, Johann Heinrich von

Frhr. v. HARPPRECHT, J. H.: Abdruck v. d. an d. — kais. Commission n. — R. Visit. Deputation erstatt. Bericht, d. Unterhalt.-Werk d. kais. u. R. K. G. betr. *Frkf. a. M. u. Leipz.*, Esslinger. 766. 4. (1 Thl.)

Harpprecht, Joh. Heinr. Frh. v.: Geschichte des Kaiserlichen und Reichs-Cammergerichts von den Jahren 1545 bis 1558 als eine Fortsetzung des Cammergerichtlichen Staats-Archivs. Ulm 1785.

Harprecht, J. H. v., Geschichte d. K. u. Reichskammergerichts. 4. Ulm, Stettin. 785.

— Geschichte d. k. u. Reichs-Kammergerichts unter d. Regierung Karl V. (1520 — 1544). 4. Frankf. 767. Andreä. 1 fl 8 K. Dass. von d. J. 1545 — 1558. 4. Ulm 769. Mit neuem Titel. 785. (Stettin). 1 fl 8 K (Als 1e u. 2e Fortsetzung d. Staats-Archivs.)

— **Johann Heinrich** (Stuttgart), De uno eodemque jure et modo ferendi leges tam publicas quam privatas. Disp. jur. Präs. Gottfried Daniel Hoffmann. Tübing. (Fues) 4. VIII. 1775. 48 Seiten. (6.50) 13181
Gew.: Johann Heinrich Frh. v. Harpprecht.

v. Harpprecht, Frhr. Jh. Hnr., († d. 26. Oct. 1783.) Nachricht von d. Schicksalen d. k. Reichs-Kammergerichts in Kriegszeiten. 8. Frankf. a. M. 759. (Gebhardt u. K. z. a. Brönner). 8 K.

Harprecht, J. H., Nachr. v. d. Schicksal. d. K. Reichs-Kammergerichts in Kriegszeit. 8. Frankf. Hermann (Gebhardt u. K. a. Brönner) 759.

Frhr. v. HARPPRECHT, J. H.: Nachrichten v. d. K. G. Schicksalen in Kriegszeiten. *Frankfurt*, Garbe. 760 8. (8 Gr.)

Harpprecht, Joh. Heinr.: Urkundliche Nachrichten von des Kayserlichen und Reichs-Cammergerichts Schicksalen in Kriegszeiten. Frankfurt a. M. 1759.

— Staatsarchiv d. k. u. Reichs-Kammergerichts, oder Samml. v. Actis publ. 4 Thle. 4. Ulm 757—60, (Wohler). 4 fl 8 K —

[Harpprecht, Joh. Henr. Frh. v.]: Staats-Archiv des Kayserl. und des H. Röm. Reichs Cammer-Gerichts oder Sammlung von gedruckten u. mehrentheils ungedruckten actis publicis, Archival-Urkunden . . . Zu einer historischen Einleitung und pragmatischen Erläuterung derer Geschichten des Reichs-Cammer-Gerichts zusammen getragen. Th. 1—5. 5 Bde
Th. 1—4, (Abth. 1). Ulm 1757—60.

Th. 4, Abth. 2. [u. d. Tit.:] Anfang der Geschichte von der Wiederaufrichtung des Kaiserl. Reichs-C.-G. unter der Regierung Carl des V. Franckfurt u. Leipzig 1760.
5. [u. d. Tit.:] Geschichte des Kaiserl. und Reichs-Cammer-Gerichts unter der ... Regierung Carl des V. Frankfurt a. M. 1767.
[Th. 6 fehlt.]

— Staatsarchiv d. K. Kammerger. oder Samml. v. actis publ. 6 Thle. 4. Frkf. Andreä. 759—67.

— **Moritz Dav.** (Stuttgart), De investituris episcoporum per annulum et baculum. Diss. histor. Präs. Otto Christian v. Lohenschiold. Tübingen (Erhardt) 6. XI. 1750. 56 S. (6.50) 13182

Harpprecht

— **von Harpprechtstein, Johann Friedrich,** Memoria viri politici aevo suo maximi, Mercurini Arborei de Gattinara, imp. gl. Carolo V. a literis et consiliis sanctioribus, in salutari reformationis opere egregias partes sumentis, ad memor. reform. Holsaticae jam bisecul. instaur. renov., atque secund. Fridericianam constitut. Präs. Philipp Friedrich Hane. Kiel (Jo. Chph. Reuther) 31. I. 1728. 62 S. (7.—) 13183

— — — De utilitate ac necessitate remedii provisionalis in judiciis imp. aulico et camerali. Disp. jur. [Altdorf] (Magnus Daniel Meyer) 25. IX. 1731. 48 S. (6.20) 13184

Harpprecht von Harpprechtstein, Stephan Christoph

Harpprechtus de Harpprechtstein, Stephan Chrph.: Decretum Divi Marci commentatione acad. illustratum. Rec. Kiliae 1725.

— de cretum divi Marci illustr. 4. Kilon. Korte. 724.

Harprecht, Steph. Chr., jus sessionis et praecedentiae immed. nobilitatis prae civitatib. imperial. 4. Hamb. 727.

Disquisitio inauguralis iuridica de servitute legali eiusque variis in iure effectibus quam praeside Stephano Christophoro Harpprechto de Harpprechtstein pro licentia summos in utroque iure honores consequendi Ioannes Ludovicus Heubel, publico eruditorum examini submittet 1725. Kiliae (1725.) 4°

Harpprecht von Harpprechtstein, Stph. Chrph.: Speculi Suevici praesertim juris feudalis Alamannici in foris vicariatus Suevo Franconico palatini non usus modernus.
Auß der Teutschen Reichs-Historie und Grund-Gesetzen erwiesen u. dargethan. Kiel 1723.

— non usus Speculi Suevici. praes. juris feudal. alemann. in foris Vicariatus etc. 4. Kilon. Iversen. 723.

Harprecht, s.a. H a r p p r e c h t

Harprecht: Der Rechenunterricht in der Realschule. 38 S.–Berlin Elis., Progr. 1866

Harprecht, (Frid. Guil.) Adalbert. (geb. Fichtwerder bei Landsberg a. W. 1. 3. 1840): De computationibus functionum ellipticarum, quarum moduli sunt reales. Berolini (1862). (42 S.) 8°
Berlin, Phil. Diss. v. 12. Febr. 1862

Harprecht, F. C. De compensatione debitorum publicorum, von Abrechnung der Staats- und Stadtschulden. 8°. Tubing. 1703.

Harprecht, Friedrich Wilhelm Adalbert, s. H a r p r e c h t , Adalbert

H a r p r e c h t , Geo. F., decisiones et consultat. criminales, potiss. part. nomine facult. jur. Tübingens. conscr. etc. fol. Tub. Berger. 746.

H a r p r e c h t , I., Commentar. in IV libros institutionum juris civil. IV Tom. fol. Frcf. Stock. 748.

— — id. lib. fol. Lausanne, Bousquet. 748.

Harprecht, Stephan Christoph, s. H a r p p r e c h t von Harppprechtstein

Harpstedt [Schlagwort]

Harpstedt, s.: Preussen. Messtischblätter.

Harpuder, Heinr., Entstehg. u. Entwicklg. des Wirtschaftslebens. (IV, 187 S.) 8. München (909). Süddeutsche Volksbuchh. 2.—

Harpyen, Die, von Madrid oder die Postkutsche. A. d. Spanischen des Verfassers der Donna Rufina. Wien 1791. V: *Sollórzano, Alonso Castillo.* (BGE ³IV/341) (KY 8/59) (Auct. Bruckstein 23/351) (BIBLPORT)

Harpyen, d., v. Madrit, od. d. Postkutsche, a. d. Spanisch. des Verfassers d. Donna Rufina, m. K. 8. Wien, Alberti. 792. Rthlr.

Harpyen, die, von Madrit, oder die Postkutsche, aus dem Spanischen des Verf. der Donna Rufina, mit Kupf. 8. Wien, 792. Degen. 15 sgl.

Harr, Griechenlands Finanzen, s.: **Georgii.**

Harr, Carl, s. H a r r , Karl

Harr, Gustav (Bearb.), s. A r m e n - A r z t , Der.

Harr, Herm., Preziosa od. das Mädchen unter den Zigeunern. Eine span. Volkserzählg. 8. (64 S.) Reutlingen 883. Bardtenschlager. —25

Harr, Karl

Harr, Carl, Formular-Sammlg. f. Parteischriften im Verkehr m. den Amtsgerichten, s.: **Dettling, C.**

Harrach, Komtesse Marianne, s.: N o u v e l l e s maritimes des bords d'Adriatique.

Harrach, A., der Käfersammler. Praktische Anleitung zum Fangen, Präparieren, Aufbewahren und zur Aufzucht der Käfer. Herstellung von trockenen Insektenpräparaten, Anfertigung mikroskop. Objekte, Anlage biolog. Sammlungen, Insektarien ꝛc. Nebst ausführl. Käferkalender. 8. (XI, 308 S.) Weimar 884, B. F. Voigt. cart.

Harrach, Alexander, a. St. Goarshausen ⟨Hessen-Nassau⟩: John Philips ⟨1670—1708⟩. Beitrag zur englischen Literaturgeschichte. Kreuznach 1906: F. Harrach. (138 S.) 8°
Leipzig, Phil. Fak., Ref. Wülker u. Birch-Hirschfeld, Diss. v. 12. Juli 1907
[Geb. 26. Febr. 78 St. Goarshausen (Hessen-Nassau); Wohnort: St. Goarshausen; Staatsangeh.: Preußen; Vorbildung: Kgl. Realgymn. Wiesbaden Reife O. 97; Studium: Gießen 4, München 1, Marburg 2, Berlin 1, Leipzig 7 S.; Rig. 22. Febr. 06.]

Harrach, Ferdinand Bonaventura von

v. Harrach, Graf Fd. Bonaventura, (†d. 28. Jan. 1778.) die Schafzucht, nach Grundsätzen u. Erfahr. für jeden Landmann eingerichtet, aus seinen nachgelaß. Schriften herausgeg. von F. St — r. 8. Wien 800. v. Mösle. 1 ℳ

Harrach, Graf Ferd. Bonaventura v., Tagebuch während seines Aufenthaltes am spanischen Hofe in den J. 1697 u. 1698. Nebst 2 geheimen Instructionen. Hrsg. v. A. Gaedecke. [Aus „Archiv f. oesterreich. Geschichte".] Lex.-8. (140 S.) Wien 872. Gerold's Sohn in Comm. n. 2. 50

(**Harrach,** Ferdinand Bonaventura, Graf) Ein Tagebuch während der Belagerung von Wien im Jahre 1683. Mitgetheilt von Ferd **Menčik.** (Aus dem: „Archiv für österr. Geschichte", 86. Bd., 1. Hälfte. S. 205 separat abgedruckt.) 8. Wien 1898.

Harrach, Graf und Gräfin F(ranz), L(eopoldine). Tagebuch einer Reise um die A d r i a. 8. Wien 1890.

Harrach, K. H., die Hussiten vor Brüx. Ein Epos. gr. 8. (1¾ B.) Leitmeritz 830. (Leipzig, Central-Compt.)

Harrach, Karl Graf von (Übers.u.Comm.):

s.: Good, James Mason: Über Krankheiten der Gefängnisse und Armenhäuser. (A Dissertation on the diseases of prisons and poor-houses. Dt.) Wien: 1798

JB 5.377

Harrach, Otto Graf, Rohrau. Geschichtliche Skizze der Grafschaft m. besond. Rücksicht auf deren Besitzer. 1. Tl. 1240—1688. (VII, 197 S. m. Abbildgn. u. 3 Taf.) Lex. 8. Wien 906. (Gerold & Co.) 10.—

BLICK, Ein prüfender, auf die inneren Staatseinrichtungen der Reichsstadt Nürnberg. (Vf.: *Rud. Chr. Carl Siegm. Holzschuher von Harrach.*) O. O. 1801. 8°. (In Breslau, Kgl. u. Univ.-Bibl.: Hist. Germ. V 8° 1277.)
Anon.-Lex. I. p. 247 (nach Will).

Harrach-Arco, Helene Gräfin, einiges v. der Sonne. (Was man v. ihr weiss u. v. ihr sagt.) (49 S. m. 23 farb. Abb.) 19,5×24 cm. Berlin 908. Edm. Meyer. Kart. 10.—

Die Graf Harrach-Gallerie in Wien. Wien 1886. Fol.

Harraden, Beatrice

— **The scholar's daughter,** s.a. **Collection of British authors.**

The scholar's Daughter. By Beatrice **Harraden**. Copyright ed. Leipzig: Tauchnitz 1906. 204 S. 8°
(Collection of British authors. Tauchnitz Ed. Vol. 3875.) [11. 8633

Harraden, Beatrice, the fowler, s.a. **Collection of British authors.**

The Fowler. 'Our soul is escaped even as a bird out of the snare of the fowler'. By Beatrice **Harraden**. Copyright ed. In 2 vol. Vol. 1. 2. Leipzig: Tauchnitz 1899. 8°
(Collection of British authors. Tauchnitz Ed. Vol. 3358/9.) [11. 8273

Harraden, Beatrice, Katharine Frensham, s.a. **Collection of British authors.**

Katharine Frensham. A novel. By Beatrice **Harraden**. Copyright ed. Leipzig: Tauchnitz 1903. 8°
(Collection of British authors. Tauchnitz Ed. Vol. 3701/2.) [11. 8538

– dasselbe. Roman. Mit Erlaubnis der Verf. aus dem Engl. übertr. von E. v. Kraatz. 2 Tle. in 1 Bde. (423 S.) 8. Minden (906). J. C. C. Bruns. n. 3. 60; geb. n. 4. 50

Harraden, Beatrice, **Interplay,** s.a. **Collection of British authors.**

Interplay. By Beatrice **Harraden**. Copyright ed. In 2 vol. Vol. 1. 2. Leipzig: Tauchnitz 1908. 8°
(Collection of British authors. Tauchnitz Ed. Vol. 4084/5.) [11. 8814

Harraden, Beatrice: in varying moods, s.a. Collection of British authors.

In varying Moods. Short stories. By Beatrice **Harraden**. Copyright ed. Leipzig: Tauchnitz 1894. 272 S. 8°
(Collection of British authors. Tauchnitz Ed. Vol. 2994.) [11. 8013

— **Rosebud and Violet, hrsg. v. Heinr. Saure, s.: Authors, modern English. VII.**

Harraden, Beatrice, Schiffe, die nachts sich begegnen, s.a. **Engelhorn's Romanbibliothek.**

— **Schiffe, die nachts sich begegnen. Roman. Autoris. Uebersetzg. aus dem Engl. v. Luise Niemeyer. (Engelhorn's allgemeine Romanbibliothek. Salonausg.) (160 S.) kl.8. Stuttgart 901. J. Engelhorn Nachf. Geb. in Halbleinw. (Urspr. Pr. 2.—)**

– Ships that pass in the night, s. Collection of British authors.

— **Hilda Strafford,** s.a. **Weltbibliothek. 5. Bd.**

— **Hilda Strafford, and The remittance man,** s.a.: **Collection of British authors.**

Hilda Strafford, and The remittance man. Two Californian stories. By Beatrice **Harraden**. Copyright ed. Leipzig: Tauchnitz 1897. 246 S. 8°
(Collection of British authors. Tauchnitz Ed. Vol. 3199.) [11. 8138

— **Things will take a turn, hrsg. v. F. Kundt,** s.a. **Authors English.**

Things will take a turn. By B[eatrice] **Harraden**. Mit Anm. z. Schulgebr. hrsg. von F[rieda] Kundt, Lehrerin zu Berlin. [Nebst] Anh. [&] Wörterbuch. Bielefeld & Leipzig: Velhagen & Klasing 1907. 3 Bde 8°
= Sammlung, Velhagen & Klasings, franz. u. engl. Schulausgaben. English Authors. Ausg. B. Lfg 110. [07. 1830

— **Die Tochter des Gelehrten. Autoris. Übersetzg. aus dem Engl. von E. v. Kraatz. (231 S.) 8. Minden (907). J. C. C. Bruns. 2.50; geb. 3. 25**

Harras, Ritter Dietrich von, oder: Der Harrassprung bei Lichtenwalde im Erzgebirge. Historisch-romantische Erzählung u. vaterländisches Sittengemälde aus dem Ende des 15. Jahrhunderts. Nach der bekannten Volkssage u. anderen geschichtlichen Nachrichten bearb. von E. W. J. Oederan 863. Schlesinger. 8. (512 S. u. 16 color. Lithogr.) 1 Thlr 10 ngr.; für Sachsen nur 1 Thlr 2 ngr.

Harras, Ritter Dietr. v., od. der Harrassprung bei Lichtenwalde im Erzgebirge. Historisch-romant. Erzählg. u. vaterländ. Sittengemälde aus dem Ende d. 15. Jahrh. Nach der bekannten Volkssage u. anderen geschichtl. Nachrichten bearb. v. E. W. J. 8. (475 S.) Oederan 891. Schlesinger. n. 2. 40

Harras, Adolf: **Die hippokratische Augenheilkunde.** *Erlangen 1897: E. Th. Jacob.* (27 S.) 8°
Erlangen, Med. Diss. v. 22. Juli 1896

Harras, Heinrich: Technologisches Lexikon der Textil-Industrie und verwandten Gebiete. Von –. T. 1. 2. Elbersfeld: Farbenfabriken (1900). 8°
1. Technolog. Wörterbuch. Deutsch-Engl.
2. Sachwörterbuch.

Harras, Jo(an.) God(ofr.) Im(man.) Guil. (geb. Magdeburg 1792): De partu per paracentesin ovi tempestive eliciendo. Berolini (1819). (43 S.) 8°
Berlin, Med. Diss. v. 30. Dez. 1819

Harras, Joh. Michael Hermann

— **Grundriß der christl. Religionslehre, nach dem Lehrbuche der christlichen Religion für die höhere Erziehung bearbeitet. gr. 8. Hannov. 819. Hahn. 4 gr**

— **Lehrbuch der christl. Religion, für die höhere Erziehung. gr. 8. Hannov. 816. Hahn. 12 gr**

Harras, Jh. Mch. Herm., Rede an meine Gemeinde am Tage des Friedensfestes. gr. 8. Hannov. 814. Hahn. 3 gr

Harras von Harrasowsky, Philipp

Harras Ritter v. Harrasowsky, Ph., s.a. **Codex Theresianus, der, u. seine Umarbeitungen.**

Harras, Dr. Phil. Ritter v. Harrasowsky, Der Codex Theresianus u. seine Umarbeitung. IV. Bd. gr. 8. (857 S.) Ebds. 6 fl. 75 kr. 1885.

Harrasowsky, Phil. Harras Ritter v., Geschichte der Codification des österreichischen Civilrechts. Wien 868. Manz' Verlag. gr. 8. (XII, 167 S.) n. 1 Thlr 10 ngr.

Harras Harrasowsky, Phil., Grundzüge der Verlassenschafts-Abhandlung nach österreichischem in Vergleiche mit gemeinem preußischem u. französischem Rechte. Wien 862. Gerold. gr. 8. (IV, 80 S.) n. 16 ngr.

Harras Ritter v. Harrasowsky, Phpp., die Parteienvernehmung u. der Parteieneid nach dem gegenwärtigen Stande der Civilprocessgesetzgebung. gr. 8. (XVI, 364 S.) Wien 876. Manz. n. 5. —

Harras Ritter v. Harrasowsky, Phpp., die Rechtsmittel im Civilprocesse nach dem gegenwärtigen Stande der Gesetzgebung. gr. 8. (XI, 569 S.) Wien 879. Hölder. n. 13. —

— die Vorbereitung der mündlichen Verhandlung nach dem gegenwärtigen Stande der Civilprocessgesetzgebung. gr. 8. (VIII, 191 S.) Berlin 875. Vahlen. n. 4. —

Harrasowsky, Philipp Harras von, s. Harras von Harrasowsky

Harrass, Albertus: De Bernhardo Italorum rege. Halis Saxonum (1868): Ploetz. 35 S. 8°
· Halle-Wittenberg, Phil. Diss. v. 1. Mai 1868
Geb. [Weissensee a. d. Unstrut] 1. 5. 1842 [vielmehr: 1838]. V.

Harrass, B.

— Entwürfe moderner Möbel, Spiegel, Regulatourgehäuse etc. mit Verzierungen aus künstlichem Holze der Thüringer Kunstholz-Manufactur von B. Harrass in Böhlen bei Grossbreitenbach in Thüringen. Nach Entwürfen von A. Gräf. gr. 4. (36 Steintaf. m. 1 Bl. Text.) Erfurt 877. Bartholomäus. In Mappe. 5. —

— Entwürfe zu wohlfeilen Möbel- und Bautischler-Arbeiten, ornamentirt mit Verzierungen aus künstl. Holze der Thüringer Kunstholz-Manufactur von B. Harrass in Böhlen bei Grossbreitenbach in Thüringen. Zusammengestellt von C. Hettwig. 1.—6. Heft. hoch 4. (à 5 Stnt.) Leipzig 877,78, Selbstverlag. à Lfg. ℳ 1,50. * 9 —

Harrass, B., Entwürfe zu wohlfeilen Möbel- u. Bautischler-Arbeiten, ornamentirt mit Verzierungen aus künstlichem Holze der Thüringer Kunstholz-Manufactur von B. Harrass in Böhlen bei Grossbreitenbach in Thüringen. Zusammengestellt von C. Hettwig. 1—6. Heft. hoch 4. (à 5 Steintaf.) Leipzig 877. 78. Stroller in Comm. à 1. 50

Harrass, Paul, der Thorax phthisicus, s.: Hart, Carl.

— Vorbereitung zum Arbeiten im Röntgenlaboratorium. (VIII, 108 S. m. 54 Abbildgn.) Lex. 8. Stuttgart 909. F. Enke. 3.60; geb. in Leinw. n. 4. 60

Harraß, Paul, appr. Arzt aus Böhlen: Ueber die narkotische und krampferregende Wirkung aliphatischer und aromatischer Säuren und ihrer Amide. *Jena 1903.* (37 S.) 8°
¶ Aus: Internat. Archiv f. Pharmakodynamie u. Therapie, Bd 11.
Jena, Med. Diss. v. (7. Apr.) 1903

Harrasser, Geo., S. J., Dichter-Gärtlein. Eine Blütenlese aus kathol. Dichtern Österreichs. (96 S. m. 11 Bildnissen.) kl. 8. Klosterneuburg (907). (Wien, Styria.) — 50

Harrasser, Geo., S. J., Gebete u. Lieder, zum Gebrauche bei den gewöhnlichen Versammlungen der marianischen Kongregationen zusammengestellt. 1.—10. Taus. (48 S.) 16. Wien (906). (Ravensburg, F. Alber.) n. — 13; geb. n. — 40

— s.a. Präsidestag, der, in Innsbruck.

(F) **Harrasser**, P. G., Der Präsidestag in Innsbruck vom 28. bis 30. August 1908. Gr.-8°. (80 S.) †
Graz: Styria 1909.

— s.a. Reden u. Referate des allgemeinen deutschen Sodalentages in Linz 1907.

(F) **Harrasser**, P. G., Reden und Referate des allgemeinen deutschen Sodalentages in Linz 1907. Gr.-8°. (ill. 20) S.) K 2 40
geb. K 3.40

Bibliotheca theologica William Jackson: Paris. Verzeichnet von Otto **Harrassowitz**. Leipzig: Harrassowitz (1910). 398 S. 8°
[Gesamt-Ausg. der 5 getrennt erschienenen antiquarischen Bücher-Kataloge Nr 327–331.] [10. 1112

Harrassowitz, Otto. Antiquarischer Catalog 175. Semitica und Hamitica vornehmlich aus der Bibliothek des Prof. Dr. J. Gildemeister in Bonn. Leipzig 1891. Ac 183.

— — Antiquarischer Catalog 221. Indische Philologie und Alterthumskunde grossentheils aus der Bibliothek von Professor Dr. Rud. von Roth in Tubingen Leipzig 1897.

— — Antiquarischer Catalog 233. Bibliophilie. Schrift- und Bibliothekswesen. Buchdruck und Buchhandel. Bibliographie. Nebst Anhang werthvoller Zeitschriften. Leipzig 1898.

— — Antiquarischer Catalog 235. Orientalia. Neue Erwerbungen, wobei auch die Bibliothek des Professors P. V. Carletti in Brüssel. Leipzig 1898.

— — Antiquarischer Catalog 236. Africa. Aegyptologie. Leipzig 1898.

— — Lager-Catalog 229. Indochinesische, ostasiatische und polynesisch-malayische Sprachen. Leipzig 1898.

Verzeichniss der Verlags-, Commissions- und Partie-Artikel von Otto **Harrassowitz** in Leipzig. 1. Juli 1900. (Leipzig: O. Harrassowitz 1900.) (60 S.) 8° [Umschlagt.] [08. 17897 10

[Harrassowitz]: Zusammenstellung der bei der Credit-Deputation des Stadtgerichts [Berlin] in Concurssachen zur Anwendung kommenden Grundsätze. [Berlin 1870.] fol.

(Harrassowitz): Zusammenstellung der bei dem Stadtgerichte [Berlin] in Nachlaßsachen zur Anwendung kommenden Grundsätze. (Berlin 1868.) fol.

Harraeus, Karl, zwei Evangelien d. Monismus, Strauß' „alter u. neuer Glaube" u. Haeckel's „Welträtsel", s.a. Zeitfragen des christl. Volkslebens. 204.

Zwei Evangelien des Monismus. Strauss' 'alter u. neuer Glaube' u. Haeckels 'Welträtsel' verglichen u. beleuchtet von Karl Harraeus. *Stuttgart: Ch. Belser 1902.* (48 S.) 8° [F.]
= Zeitfragen d. christlichen Volkslebens. Bd 27, H. 4. [02 655

— David Friedrich Strauß, s.a. Männer der Zeit. 10.

Harraeus, Carl. David Friedrich Strauss. Sein Leben und seine Schriften unter Heranziehung seiner Briefe dargestellt von Karl Harraeus. [Mit Porträt-Tafel.] VIII + 408 S. 8. Leipzig, Hermann Seemann Nachf., [1901]. [br. M. 4. —, geb. M. 4. 60]

(Männer der Zeit. Lebensbilder hervorragender Persönlichkeiten der Gegenwart und der jüngsten Vergangenheit. Band 10....)

Harre, (Franc. Frid.) Paulus (geb. Spandau 18. 11. 1845): De verborum apud Pindarum conlocatione. Berolini (1867). (56 S.) 8°
Berlin, Phil. Diss. v. 23. Nov. 1867

Harre, Paul, lateinische Formenlehre f. untere u. mittlere Klassen. gr. 8. (144 S.) Berlin 883. Weidmann. n. 1. 60

Harre, Paul, Hauptregeln der lateinischen Formenlehre. 8. (54 S.) Berlin 892. Weidmann. Kart. n.n. — 50

Harre, Paul, Hauptregeln der lateinischen Syntax zum Auswendiglernen, nebst e. Auswahl v. Phrasen. Als Anh. zu der Grammatik v. Ellendt-Seyffert zusammengestellt. 1. u. 2., vielfach verb. Aufl. gr. 8. (VI, 72 S.) Berlin 876. Weidmann. n. 1. —

Harre, Paul, Hauptregeln der lateinischen Syntax zum Auswendiglernen, nebst einer Auswahl von Phrasen. Als Anhang zu der Grammatik von Ellendt-Seyffert zusammengestellt. 3. Aufl. gr. 8. (VI, 72 S.) Berlin 877. Weidmann. n. 1. —

— Hauptregeln der lateinischen Syntax zum Auswendiglernen, nebst einer Auswahl von Phrasen. Mit Verweisung auf die Grammatik von Ellendt-Seyffert zusammengestellt. 4.—6. verb. Aufl. (IV, 111 S.) 1879—81. * 80 Pf.; 7. und 8. verb. Aufl. 8. (IV, 124 S.) Ebendas. 883,84. cart. *

Harre, Paul, Hauptregeln der lateinischen Syntax zum Auswendiglernen, nebst einer Auswahl von Phrasen. Mit Verweisung auf die Grammatik von Ellendt-Seyffert zusammengestellt. 9.—11. Aufl. 8. (IV, 124 S.) Berlin 885—87, Weidmann'sche Buchh. cart. *

Harre, P., Hauptregeln der lateinischen Syntax zum Auswendiglernen, nebst e. Auswahl von Phrasen. Mit Verweisg. auf die Grammatik v. Ellendt-Seyffert zusammengestellt. 12. Aufl. 8. (IV, 124 S.) Berlin 889. Weidmann. cart. n. 1. 20

—— Hauptregeln der lateinischen Syntax, nebst e. Auswahl v. Phrasen. Mit Verweisg. auf die Grammatik v. Ellendt Seyffert zusammengestellt. 13. Aufl. 8. (IV, 124 S.) Ebd. 891. cart. * 1 20

— Hauptregeln der lateinischen Syntax, nebst e. Auswahl v. Phrasen. Mit Verweisg. auf die Grammatik v. Ellendt-Seyffert zusammengestellt. 14. Aufl. 8. (IV, 128 S.) Ebd. 894. Kart. n. 1. 20

Harre, Paul, Hauptregeln d. lateinischen Syntax, nebst e. Auswahl v. Phrasen. 15. Aufl., besorgt v. Ferd. Becher. gr. 8. (128 S.) Berlin 900. Weidmann. Geb. in Leinw. n. 1. 60

Harre, Paul, Hauptregeln der lateinischen Syntax, nebst e. Auswahl v. Phrasen. 16. Aufl., besorgt v. H. Meusel. (IV, 128 S.) 8. Berlin 906. Weidmann. Geb. n. 1. 60

— Rede zum Andenken an Karl Goetschke, s.: Goetschke, C., adnotationum Sophoclearum specimen.

— kleine lateinische Schulgrammatik. gr. 8. (VIII, 144 S.) Ebd. 890. geb. n. 1. 60

— kleine lateinische Schulgrammatik. 2. Aufl., bearb. v. H. Meusel. gr. 8. (VIII, 228 S.) Ebd. 901. Geb. in Leinw. n. 2. 20

— Kleine lateinische Schulgrammatik. 8. Aufl., bearb. v. H. Meusel. (VIII, 252 S.) 8. Ebd. 908. Geb. in Leinw. 2. 60

— lateinische Schulgrammatik. 1. Tl. Lateinische Formenlehre. gr. 8. (IV, 156 S.) Ebend. 885. n. 1. 20

— lateinische Schulgrammatik. 2. Tl. Lateinische Syntax. gr. 8. (IV, 204 S.) Ebd. 888. n. 1. 80
(1. u. 2.: n. 3. —)

— lateinische Schulgrammatik. 1. u. 2. Tl. gr. 8. Ebd. n. 3. —
1. Lateinische Formenlehre. 3. Aufl. (VIII, 118 u. XXV S.) 891. n. 1. 20
2. Lateinische Syntax. 2. Aufl. (VIII, 160 u. XLV S.) 893. n. 1. 80

— lateinische Schulgrammatik. 1. Tl. Latein. Formenlehre. 4. Aufl. Besorgt v. Ferd. Becher. gr. 8. (VIII, 122 u. XXVII S.) Ebd. 899. n. 1. 20

— dasselbe. 2. Tl.: Syntax. 3. Aufl., bearb. v. H. Meusel. gr. 8. (XII, 244 S.) Ebd. 900. Geb. in Leinw. n. 2. 40

— lateinische Schulgrammatik. 1. Tl. Lateinische Formenlehre. 5. Aufl. Besorgt v. Heinr. Meusel. (XII, 164 S.) 8. Ebd. 906. Geb. n. 1. 80

Harre, Paul, lateinische Schulgrammatik. 2. Tl.: Syntax. 4. Aufl., bearb. v. Heinr. Meusel. (XIV, 256 S.) 8. Berlin 907. Weidmann. Geb. 2. 60

Harre, Paul, u. Max Giercke, Lateinisches Übungsbuch. Entworfen u. begonnen v. H., fortgef. v. G. 1. Tl.: Sexta. In 2 Abtlgn. gr. 8. (187 S.) Leipzig 898. G. Freytag. Geb. in Leinw. u. geh. n. 2. —

— u. Max Giercke, lateinisches Übungsbuch. 1. Tl: Sexta. 2. umgearb. u. verb. Aufl. In 2 Abtlgn. gr. 8. (VI, 198 S.) Leipzig 901. G. Freytag. Kart. u. geh. n. 2.40

— lateinische Wortkunde im Anschluß an die Grammatik. gr. 8. (V, 106 S.) Ebd. 889. cart. n. 1. 50

Harre, Paul, lateinische Wortkunde im Anschluß an die Grammatik. 2. Aufl. gr. 8. (VI, 106 S.) Berlin 894. Weidmann. Kart. n. 1. 60

Harre, Paul, lateinische Wortkunde im Anschluß an d. Grammatik. 3. Aufl., bearb. v. H. Meusel. gr. 8. (VII, 111 S.) Berlin 902. Weidmann. Kart. n. 1. 60

— Lateinische Wortkunde im Anschluß an die Grammatik. 4. Aufl., bearb. v. H. Meusel. (VIII, 111 S.) 8. Ebd. 907. Kart. 1. 60

Harren, F. Gefechts-Album von dem Treffen bei Kissingen. Kissingen 1869. 10 Bl.

Harren, Johannes [aus M.-Gladbach]: Desquamative Zustände bei der parenchymatösen Nephritis. ... Würzburg, P. Scheiner's Buchdr., 1890; 89 S. 8°
Würzburg, Med. Fak., Inaug.-Diss. v. 1890

Harren, Joseph [aus Oidtweiler]: Aus d. medizin. u. chirurg. Klinik in Bonn. Ueber temporäre Schädelresection bei Gehirntumoren und bei Epilepsie ... Köln, Druck v. H. J. Breuer, *1895*; 36 S. 8.
Bonn, Med. Fak., Inaug.-Diss. v. [25. Apr.] 1895

Harren, Wilhelm, a. München-Gladbach: Zur Reform der Volksversicherung. Kiel 1907: Schmidt & Klaunig. (78 S.) 8°
Kiel, Phil. Fak., Ref. Bernhard, Diss. v. 21. Dez. 1907
[Geb. 22. März 78 M.-Gladbach; Wohnort: M.-Gladbach; Staatsangeh.: Preußen; Vorbildung: Oberrealsch. St. Johann-Saarbrücken; Studium: Bonn 1, Berlin 1, Kiel 5 S.; Rig. 7. Dez. 07.]

Harrepeter, Johann Conrad (Nürnberg), De Conrado IV imperatore Hallensium haereticorum aliquando defensore. Dissert. histor. Präs. Joh. Gottfr. Bernhold. Altdorf (Jo. Georg Meyer) 26. VI. 1758. 48 S. (6.50) 13188
Widm. v.: Joh. Barthol. Riederer, Präs., M. Joh. Rupprecht (Weissenb. / Nordgau), Georg Friedrich Behaim v. Schwarzbach, Daniel Ternztyenszky (Ungarn), Wolfgang Jacob Herold.

— s. F. K. v. Baer (eigentl. Bär), Versuch üb. die Atlantiker.

— s. Laplatière, Kunst &c.

— s. Levieil. Kunst auf Glas zu malen.

— s. Stapart, Kunst.

Harrer, Ant., architectonisches Album. Eine Sammlung malerischer Ansichten nebst Details aus dem Gebiete der neuesten Eisenbahn- und modernen Privatbauführungen in Lindau u. Umgebung. Gez. u. herausg. nach eigenen Entwürfen für Privatgebäude in farbigen Lithogr. 1. u. 2. Liefg. Lindau 855, 57. (Stettner.) gr. Fol. Jede Liefg. von 4 lith. Taf. n. 2 ß

— Beiträge zur Architektur d. Mittelalters. Eine Sammlg. v. Skizzen u. Orig.-Entwürfen zu Bau- u. Kirchen-Einrichtungs-Gegenständen, nebst Zeichngn. v. erst ausgeführten u. bereits bestehenden Kunstprodukten dieser Epoche, in Sonderheit der aus d. J. 1422 stammenden Steinkanzel in der Martinskirche zu Landshut m. ihrem kühn anstreb. Stein-Aufsatze. Zum ersten Male veröffentlicht im Anschlusse an den v. J. Rheingruber in Stein grav. Aufriß u. die Constructions-Zeichngn. d. berühmten altdeutschen Hochalters zu Moosburg. Als Motive zur Benützg. f. Architekten, Baubeamte, Bauassistenten ꝛc. 2. Lfg. Die Blätter der Kanzelzeichng. in Tondr. m. 2 Beilagen 1. Taufstein m. Aufsatz in der Pfarrkirche zu Weißensberg, 2. Orgel in der Pfarrkirche zu Reutin. gr. Fol. (4 Steintaf., wovon 2 in Tondr. in Fol. u. Imp.-Fol.) Ebend. 870. n. 2. 80

Harrer, A., Beiträge zur Holzarchitektur d. Mittelalters. Details d. Hochaltares in der Stadtpfarrkirche zu Moosburg. Im 15. Jahrh. in Holz geschnitzt. Zur Benützg. f. Architekten, Bildhauer, Ciseleurn ꝛc. gr. Fol. (10 Steintaf. wovon 2 in Tondr. u. 1 Bl. Text.) Lindau 857. Stettner. n. 6. —

Harrer, Ant., technische Bibliothek für Meubeltischler. Einrichtung eines Zimmers in gothischem Style. Eine nach verschied. Stylen geordnete Sammlung von Thoren, Thüren, Fenstern, Plafonds, Fußböden, Trägern ꝛc., zur vollständigen inneren Ausrüstung von Wohngebäuden für Tischler, Holzschnitzer u. andere Baugewerbe. 1 — 6. Lfg. Imp. 4. (4 S. Text u. 24 lith. Taf.) München 850. 51, Roller. (à 6¾ ngr) 1¼ ß

— und F. Diebold, technische Bibliothek für Meubeltischler. Meubel und Zimmereinrichtungen in gothischem Style. Eine nach verschiedenen Stylen geordnete Sammlung von Thoren, Thüren, Fenstern, Plafonds ꝛc. 7 — 9. Liefg. München 853. Roller. gr. 4. (Text: S. 3 — 4 u. 12 lith. Bl.) Jede Liefg. 6¾ ngr

— Chorgestühl der Cathedrale zu Freising. Beitrag zur Kenntniß der Holzschnitzkunst des 15. Jahrh. Enth. eine Sammlung von Maaßwerksverzierungen, Spruchbändern, Pflanzenwerk u. andern Details zum Gebrauch für Holzschnitzer, Tischler, Schlosser, Broncearbeiter ꝛc. 1 — 3. Hft. 4. (36 lith. Taf. in Thondr.) Ebd. 847—49. (à 21 ngr) 2 ß 3 ngr

— Mustersammlung für Bau- u. Meubeltischler, s.: Krug, Ed.

Harrer, A., Sammlung theils ausgeführter, theils projektirter architekton. Entwürfe u. Baugegenstände mit besonderer Berücksichtigung der Details u. Konstruktionen. I. Heft. qu. gr. 4. (12 lith. Taf.) Landshut 845, Thomann. n. ¾ ß

— Sammlung theils ausgeführter, theils projektirter architekton. Entwürfe u. Baugegenstände m. besond. Berücksicht. d. Details u. Konstruktionen. II. u. III. Hft. qu. 4. (24 lith. Taf. u. 2 Bl. Text.) Landshut 847. 48, Thomann. à n. ¾ ß (1 — 3 : n. 2¼ ß)

Harrer, A(nton), mittelalterliche Verzierungen aus dem 15. Jahrhundert für Tischler, Holzschnitzer ꝛc. und alle Gewerbe, die sich mit Dekorationen beschäftigen. Enthaltend eine Sammlung von Maaßwerkverzierungen, Spruchbändern, Pflanzenwerk und andern Details. Entnommen dem berühmten Chorgestühl der Kathedrale zu Freysing. 1—9. Lfg. 4. (36 Stnt. in Tondr.) München 852—53, Roller. à Lfg. 6 Ngr.

Harrer's, Floribus, christ-katholische Erbauungsreden f. stud. Jünglinge hrsg. v. Konr. Meindl. 1. u. 2. Jahrg. 8. (VIII, 404 u. IV, 379 S.) Regensburg 873. 74. Manz. à 3. 30

Harrer, Friedr., Christus und Antichristus, in populären Dialogen nach Lucian. 2. (Titel-)Aufl. 24. (299 S.) Regensburg (853)62, Manz.

Der Dichter Joannes Baptista Masculus. Von Harrer, Oberl. — 1852. Ebd. — 2. 3 - 12.
Progr. Regensburg.

Die Trinitats-Lehre des Kirchenlehrers Origines. Von J. Harrer, Sdl. — 1858. Ebend. — 2. 3 - 17.
Progr. Regensburg.

Harrer, Ge. Wolfg. Alex., Exercitatio philologica de dualitatis ratione nominum Hebraeorum maximo adpellativorum. Quam praeside . . . Christ. Ern. de Windheim . . . defendet auctor respondens —. Erlangae 1753.

Harrer, Geo. Albr., Beschreibung derjen. Insekten, welche J. C. Schäffer in CCLXXX Kupft. unt. d. T.: Icones insector. circa Ratisbon. in 3 Thlen herausgeg. 1r Bd. gr. 4. Wien 791. v. Mösle. 2 ß Schrbp. 2 ß 12 ngr Velinp. 4 ß

— Nomenclatur u. Beschreib. von J. C. Schäffers Abbildb. Regensburg. Insekten. 1r Bd. gr. 4. Regensb. 784. Keyser. 2 ß 20 ngr

Harrer, Georg Theophil (Regensburg), De dominio litis. Diss. jur. Präs. Justus Henning Böhmer. Halle (Joh. Christ. Zahn) März 1709. 58 S. mit Widm. v. Präs. (6.50) 13189

— — Dasselbe. Halle (Chn. Henckel) 1716. (6.20) 13190

— — Dasselbe. Halle (Joh. Gruner) 1723. 48 S. (6.20) 13191

— — Dasselbe. 1730. (6.20) 13192

— — Dasselbe. Halle (Joh. Friedr. Grunert) 1738. (6.20) 13193

Harrer, Gust., Erzählungen für Mädchen und Knaben reiferen Alters von 11 — 15 Jahren. Mit 8 lithogr. und schön ill. Bildern. gr. 8. Stuttgart 855(56,) Chelius.

Harrer, G. *Erzählungen* für Mädchen und Knaben reiferen Alters von eilf bis fünfzehn Jahren. Von Gustav Harrer. Mit [8] schön colorirten Bildern. Stuttgart, Rud. Chelius, 1856. Titelbl. u. 166 S. Größeres 8°-Format. Schwarzer Or.Leinenbd. m. sehr schöner großer Komposition (Schwan, Wasserpflanzen) u. d. Titel „Harrer's Erzählungen" in Gold u. vielen Farben. Goldschnitt. 45.—

★ Scheint die einzige Ausgabe dieses schön ausgestatteten Buches u. dieser hübschen Geschichten zu sein. Die sehr reizvollen, getönten u. fein handkolor. Lithogr. sind von RIGAL. — Kleiner Tintenfleck am weißen Rand der meisten Bll., Einband ganz unbedeut. benutzt. Schönes Ex. ★★

Harrer, Gust., Erzählungen für Mädchen und Knaben reiferen Alters von 11 bis 15 Jahren. 2. verm. Aufl. 1869, und 3. Aufl. Mit 8 (lithogr. und color.) Bildern. br. 8. (III, 203 S.) Stuttgart 872, Chelius. [Leipzig, Berndt's Verlag.] geb.

Harrer, Gust., Erzählungen für Mädchen u. Knaben reiferen Alters von 11 bis 15 Jahren. 3. Aufl. Mit (8) color. Bildern. 8. (203 S.) Leipzig 879. Berndt. cart. 3. —

Harrer, Gust., Festgabe, s. Festgabe.

v. Harrer, Hub., Karlsbad u. die umlieg. Gegend, zum Unterricht u. Vergnügen. Mit Kpf. 8. Prag 797. (N. Aufl.) 802. Barth. 1 ß

Harrer, J. v., Die Komposition des plautinischen Pseudolus. Pr. 1912. 17 S. 2.—

Harrer, J. E., Geschichte einer Wasserschen ꝛc. i. Regensb. Montag u. 20. 786.

Harrer, Ign., die Hochquellenleitung vom Fürstenbrunnen am Untersberge in die Stadt Salzburg, eröffnet am 31. X. 1875. Denkschrift aus Anlaß des 25jähr. Bestandes dieser Wasserleitg. (IV, 227 S. m. 1 Taf. u. 1 Karte.) gr. 8. Salzburg 903. (E. Höllrigl.) n. 5.—

Harrer, Joh., s.a. Ortschafts- u. Firmenverzeichniss d. Bezirkes d. Pressburger Handels- u. Gewerbe-Kammer.

Harrer, Johann, Ortschafts- und Firmenverzeichniss des Bezirkes der Pressburger Handels- und Gewerbekammer. I. u. II. Thl. cplt. Gr.-8. (164+80 244 S.) In Comm.* —.80

Pressburg: Heckenast (Drodtleff) 1897.

HARRER, JOHANN NEP.: Kurze Anrede über die christliche Freygebigkeit des Freyh. Jacob v. Meskó, als er das Gotteshaus bey S. Johann in Oedenburg dem dasigen Collegiat-Capitel übergab. Oedenburg o. J. o. Dr. 14 S. - 8°

HARRER, JOHANN NEPOMUK: Kurze Anrede über die christliche Freygebigkeit des ... Freyherrn älteren Jakob von Meskó ... Vorgetragen von Johann Nepomuk Harrer. Oedenburg (1800): Druck Sieß. 14 S

HARRER, JOHANN NEPOMUK: Ehren-Rede über das Hochfeyerliche Jubelfest Eines groß und verdienstvollen Priesters, da der Hochwürdige Herr Georgius Primes etc eifrigster Seelenhirt der königl. Freystadt Oedenburg das Dank und Freudenopfer seines fünfzigjährigen Priesterthumes dem Herrn der Heerscharen etc 1775 abgestattet. Oedenburg 1775 Gedr. bey Joh. Jos. Sieß. 20 S. - 2°

HARRER, JOHANN NEP.: Rede bei Gelegenheit als in der Hauptstadtpfarrkirche Oedenburg das Titularfest ... am 5-ten Oktober 1794 feierlich begangen worden von Johann Nep. Harrer in W. Neustadt Priester ... Oedenburg 1794: Druck. Sieß (6 f.)

Harrer, M., Gedichte. Hannover 860. Hahn'sche Hofbuchh. 12. (244 S.) 1 ℛ︎

Harrer, M., der arme Tom. Historischer Roman aus der Zeit Karls II. von England. 2 Bde. Berlin 864. Janke. 8. (533 S.) 2 ℛ︎ 7½ ngr.

— **Unterhaltungen mit meinen jungen Freundinnen.** Eine Festgabe. Breslau 866. Trewendt. gr. 16. (VI, 250 S.) cart. 24 ngr.

Harres, B., ausgeführte Bauconstructionen in Vorlegeblättern für Gewerbeschulen und technische Lehranstalten sowie zum Gebrauche für Architecten und Bauhandwerker. I. Abth.: Vorlegeblätter für Zimmerleute. 1. Heft. — II. Abth.: Vorlegeblätter für Maurer. 1. Heft. Darmstadt 856. Kern. qu. Fol. Jedes Heft von 6 lith. Taf. n. 1 ℛ︎ 10 ngr

Harres, B.: Die landwirthschaftliche Baukunst, s.a. Schule d. Baukunst.

Harres, B., die landwirthschaftliche Baukunst. Praktisches Handbuch für Architekten und Bauhandwerker, sowie für Bau- und Gewerbschulen, Land- und Forstwirthe. In 2. gänzlich umgearb. und verm. Aufl. bearb. und hrsg. von Ed. Harres. Mit 371 (eingedr. Holzschn.-)Abbild. nach Zeichnungen der Verf. 8. (IX, 334 S.) [Leipzig 880, Spamer.] Berlin, Toeche. *M 5.; geb.

Harres, B., Beitrag zur Besprechung der gewerbl. Zeitfrage. 8. (8 S.) Darmstadt 848, Pabst. 2 ngr

Harres, B: Brücken- und Wehrbau. 3. Aufl. von E. Harres. Leipzig 1879. (Die Schule der Baukunst. Bd 2 Abth. 1. 2 T. 2)

Harres, B., die höhere Gewerb- u. Real-Schule zu Darmstadt. In 6 Stnt. mit (1 B.) Text. Roy.-Fol. Darmstadt 845, Jonghaus. *

– Die Schule des Maurers, s.a. Schule d. Baukunst.

— die Schule des Maurers. Praktisches Hand- u. Hülfsbuch für Architekten u. Bauhandwerker, sowie für Bau- u. Gewerbschulen. Neu hrsg. von dessen Sohn Ed. Harres. 5., verm. u. verb. Aufl., nebst einem Anhang über die „Feuerungsanlagen" für Fabrik- u. Gewerbebetrieb. Mit 391 (eingedr.) Abbildungen nach Zeichnungen der Verfasser in Holz geschnitten. gr. 8. (X, 289 S.) Ebend. 881. n. 3. 50

– Die Schule des Steinmetzen, s.a. Schule d. Baukunst.

Harres, B., die Schule des Steinmetzen. Praktisches Hand- u. Hilfsbuch f. Architekten u. Bauhandwerker, sowie für Bau- u. Gewerbeschulen. 3. verm. u. verb. Aufl. Bearb. u. hrsg. v. Eduard Harres. Mit 368 Abbildgn., nach Zeichnungen der Verfasser. (240 S.) 8. München 910. E. Pohl. 3.20; geb. in Leinw. 3.60

Harres, B., die Schule d. Zimmermanns, s.a. **Schule, die, der Baukunst.**

Harres, B., die Schule des Zimmermanns. Praktisches Hand- und Hülfsbuch für Architekten und Bauhandwerker, sowie für Bau- und Gewerbeschulen. Neu hrsg. von dessen Sohn Ed. Harres. 2 Thle. gr. 8. [Leipzig, Spamer.] Berlin, Toeche. à Thl. * M 3,50. * 7 —

Inhalt:

Thl. 1. Hochbauten. 6. verb. und verm. Aufl. Mit 322 (eingedr.) Abbild. nach Zeichnungen der Verf. in Holz geschnitten. (VIII, 226 S.) 873.
„ 2. Brücken- und Wehrbau. 3. verb. und verm. Aufl. Mit 296 (eingedr.) Abbild., nach Zeichnungen der Verf. in Holz geschnitten. (VIII, 230 S.) 879.

Harres, B., die Schule d. Zimmermanns. Praktisches Hand- u. Hülfsbuch f. Architekten u. Bauhandwerker, sowie f. Bau- u. Gewerbschulen. Neu hrsg. v. dessen Sohn Ed. Harres. 1. Thl. Hochbauten. 7., verb. u. verm. Aufl. Mit 344 Abbildgn., nach Zeichngn. der Verff. in Holz geschnitten. gr. 8. (VIII, 237 S.) Berlin 889. Toeche. n. 3. 50

Harres, B., Vorlegeblätter für Bau-Schreiner. Ausgeführte Bauconstructionen in Vorlegeblättern für Gewerbschulen u. technische Lehranstalten, sowie zum Gebrauche für Architecten u. Bauhandwerker. 1. Heft. Oppenheim a. R. 861. Kern. Fol. (6 lith. Taf.) 27 ngr.

— **Vorlegeblätter für Bau-Schreiner.** Ausgeführte Bauconstructionen in Vorlegeblättern für Gewerbschulen u. technische Lehranstalten, sowie zum Gebrauche für Architekten u. Bauhandwerker. 2. Heft. Oppenheim a. R. 866. Kern. gr. Fol. (6 Steintaff.) In Couvert. 27 ngr.

— Vorlegeblätter für Maurer. Ausgeführte Bauconstructionen in Vorlegeblättern für Gewerbschulen und technische Lehranstalten sowie zum Gebrauche für Architecten u. Bauhandwerker. 1. u. 2. Heft. Oppenheim a. d. R. 860, 61. Kern. Fol. Jedes Heft (à 6 lith. Taf.) 27 ngr.

Harres, B., Vorlegeblätter für Steinmetzen. Ausgeführte Bauconstructionen in Vorlegeblättern für Gewerbschulen u. technische Lehranstalten, sowie zum Gebrauch für Architecten u. Bauhandwerker. 3 Hefte. Ebend. 864. Jedes Heft (à 6 lith. Taf.) 27 ngr.

— Vorlegeblätter für Steinmetzen. Ausgeführte Bauconstructionen in Vorlegeblättern für Gewerbschulen u. techn. Lehranstalten, sowie zum Gebrauch für Architecten u. Bauhandwerker. 3. Heft. Ebend. 869. gr. Fol. (6 Steintaff.) In Couvert. 27 ngr.

— Vorlegeblätter für Zimmerleute. Ausgeführte Bauconstructionen in Vorlegeblättern für Gewerbschulen und techn. Lehranstalten sowie zum Gebrauche für Architecten und Bauhandwerker. 1. und 2. Heft. (à 6 Stnt.) gr. Fol. Oppenheim a. R. 860. 61, Kern. à Heft 27 Ngr.

Harres, Johann Christian (Weimar), De eo, quod justum est circa dispensationem matrimonii, ob legem consanguinitatis vel affinitatis jure divino prohibiti. Dissert. jur. Präs. Andreas Götsche. Halle (Chn. Henckel) 12. XI. 1718. 54 Seiten. (6.50) 13194

Harres, Wilhelm, Zahnarzt aus Darmstadt: Über Zähne in Dermoidcysten. Darmstadt J. C. Herbert Dr. 1892. 71 S., 2 Taf. 8°.
Zürich. Med. Diss. [v. 12. März 1892].

Harress, Richard [(Dr.) pr. Arzt aus Oberlind]: Aus d. patholog. Institut zu Würzburg. Beitrag zur Lehre von der Tuberculosis testis ... Sonneberg, Gräbe & Hetzer, 1896; 26 S. 8.
Würzburg, Med. Fak., Inaug.-Diss. v. 1896

Harrestorf, C. C. J. von, Abhandl. üb. die Eigenheit d. Gesetze in Ansehung d. Zeiten. gr. 8. Frankf. am M. Jäger. 815.

Harret. Aus dem Engl. übers. 16. (12 S.) Barmen 883. Wiemann. — 5

Harrich, Josef, Der Weg zum Socialismus. 8°. Graz, Groden Michl, 1905.

Harrich, Jos., proletarische Ziele. Eines Arbeiters Beitrag zur Arbeiterbewegg. des XX. Jahrh. (87 S.) 8. Klagenfurt (903). (R. Hanel.) n.n. — 60

Harriehausen, (Ludwig August), Assistenzarzt im Husaren-Reg. Landgraf Friedrich II. v. Hessen-Homburg (2. Kurhess.) No 14: Aus d. Poliklinik d. hydrotherapeut. Anstalt d. Universität Berlin unter Leitung d. Hrn Geheimrat Prof. Dr. Brieger. Zur Casuistik der Pektoralisdefekte. *Göttingen 1903: L. Hofer.* (37 S.) 8°
Göttingen, Med. Diss. v. [17. Juli] 1903

Harriehausen, zur Casuistik der Pektoralisdefekte. Diss. (35 S.) gr. 8. Göttingen 903. (Vandenhoeck & Ruprecht.) n. — 80

Harriehausen, Ludw., das Grundbuchrecht in der Prov. Hannover [mit Ausschluß des Jadegebiets]. Gesetze und allgemeine Verfügungen, zusammengestellt und mit Anmerkungen versehen. gr. 8. (VI, 308 S.) Celle 884, Capaun-Karlowa'sche Buchh. *

Harries, Beurtheilung des Entwurfs einer Civil-Proceßordnung für den norddeutschen Bund unter Berücksichtig. der Proceßgesetze Württemberg's u. Baiern's u. des kgl. sächs. Civilgesetzbuchs. Berlin 870. Puttkammer & Mühlbrecht. gr. 8. (III, 121 S.) n. 16 ngr.

Harries, Entscheidungen d. Oberhandelsgerichts in Versicherungsstreitigkeiten. [Aus „Gruchot's Beiträge". gr. 8. (36 S.) Berlin 872. Vahlen. n. — 60

Harries, C., über den gegenwärtigen Stand der Chemie des Kautschuks. Vortrag, geh. am 12. III. 1910 vor dem österr. Ingenieur- u. Architekten-Verein, Wien. (16 S.) 8. Berlin (910). Union, Zweigniederlassung.
Sonderabdruck aus: „Gummi-Ztg." 1. —

Harries, Carl, s. Harries, Karl

Harries, Carl Dietrich, s. Harries, Karl Dietrich

Harries, D., üb. die Aussichten des Altkatholicismus u. seiner Unionsbestrebungen. Vortrag, geh. im Hamburger Protestanten-Verein am 9. Decbr. 1873. gr. 8. (22 S.) Kiel 874. Schwers. n.n. — 40

— das Gebet f. die Gemeinde. Predigt bei Gelegenheit der Anwesenheit Sr. Maj. d. Kaisers in der St. Nicolai-Kirche in Kiel am 20. Septbr. 1874. gr. 8. (15 S.) Ebend. 874. — 30

Harries, D., das Gleichniß vom verlorenen Sohn. In 12 Predigten. 8. (113 S.) Kiel 885. Lipsius & Tischer. n. 1. —; geb. n. 1. 60; m. Goldschn. n. 2. —

Harries, Didr., quid de articulis puris mixtisque ecclesiae nostrae doctores senserint exposuit et dijudicavit etc. Commentatio in concertatione civium Acad. Georg. Augustae etc. praemio regio ornata. Gottingae 857. (Dieterich. — Vandenhoeck u. Ruprecht.) gr. 4. (VIII, 60 S.) n. 16 ngr

Harries, Friedrich

Harries, Fr., u. W. Andermann, Buchführung f. Handwerker. E. Ergänzungsheft zu d. „Rechenaufgaben f. Fortbildungsschulen. 8. (48 S.) Hannover 898. L. Ost. n. — 40

Harries, Frdr., Einweihungsfeier der neuerrichteten Bürgerschulen 61/62 an der Kollenrodtstraße Nr. 3 zu Hannover. 8. (26 S. m. 1 Plan, 5 Grundrissen u. 3 Vollbildern.) Hannover (899). (F. Cruse). n. — 30

— u. W. Andermann, Handbuch f. den deutschen Unterricht in Fortbildungsschulen. 8. (XV, 152 S.) Hannover 899. [L. Ost.] E. Büsing. n. 1. —; geb. n. 1. 25

— — Muster zu Aufsätzen f. den schriftl. Verkehr. 8. (III, 30 S.) Ebd. 899. n.n. — 15

— — Rechenaufgaben f. Fortbildungsschulen. Auf Grund d. Verfügg. d. Handelsministers v. 5. VII. 1897. I.—IV. Stufe. Schülerheft. 8. Ebd. 898. n.n. 1. 30
I. (48 S. m. 1 Taf.) n. — 35. — II. (39 S.) n. — 35.
III. (38 S.) n. — 35. — IV. (20 S.) n. — 25.

— — dasselbe. 1.—4. Stufe. Lehrerheft. 8. Ebd. 898. n. 3. —
1. (95 S. m. 1 Taf., Rückseiten leer.) n. — 80
2. (90 S., Rückseiten leer.) n. — 80
3. (80 S., Rückseiten leer.) n. — 80
4. (VI, 25 S., Rückseiten leer.) n. — 60

— — Schülerabende. Eine Sammlg. poet. Vortragsstücke f. das schulpflicht. Alter. 12. (XX, 224 S.) Hannover 899. A. Sponholtz. Kart. n. 1. 60

— — Übungsbeispiele zur Satz- u. Interpunktionslehre, nebst e. Anh. f. Kapitulanten-, Regiments- u. Fortbildungsschulen. gr. 8. (V, 67 S.) Hannover 901. C. Meyer. Kart. n. — 60

— — Übungsbuch zu Aufsätzen f. den schriftl. Verkehr. 2. Aufl. Fol. (40 S.) Hannover (902). Hannov. Geschäftsbücherfabrik W. Oldemeyer Nachf. (Nur direkt). n.n. — 50

— — dasselbe. 3. erweit. Aufl. Fol. (64 S.) Ebd. 901. n.n. — 75

— wie können wir unsere Kinder am besten f. d. Schule vorbereiten? Thema e. Elternabends an der Bürgerschule 39/40. gr. 8. (16 S.) Ebd. 901. n. - 20

Harries, Heinrich [wirkl. Name], s.a. S a i n t H i l a i r e [Pseud.]

[illegible] oder auserlesene Silbenräthsel v. Saint Hilaire [illegible] Heinrich Harries. Altona u. Leipzig [illegible]

Harries, Hnr., († d. 28. Sept. 1802.) der glückl. Friede v. 1802; nebst e. Te Deum. 4. Kiel 803. Hesse. 5 ß Das Te Deum apart. 2 ß

— Gedichte, herausg. mit e. Lebensbeschreib. d. Verf. von Ghrd. Holst. Mit Harries' Bildn. 2 Thle. 8. Altona 804. Hammerich. 3 ℳ 8 ß Velinp. 5 ℳ

— s.a. J. Heeschen.

Der neue holsteinische Apostel Joachim Heeschen aus Henstedt. Nebst allerley über Christus-Verherrlichung, heiligen Geist, alte u. neue Lehre, Drachen zu Babel etc. [Verf.: H e i n r i c h H a r r i e s.] — Altona: Hammerich 1798. 70 S. 8°

Die Heimreise unsers Kronprinzen, und Seiner Gemahlin, von Pyrmont (v. [Heinrich] Harries). Geleyert von Flensburgs frohen Einwohnern. o. O. u. J. 2 Bl. 4° k.

Eine Reise nach Berlin im Jahre 1787. Mittheilungen aus Heinrich Harries Tagebuche von G. W o l f r a m. — Berlin: Verein f. d. Gesch. Berlins; Mittler in Komm. 1897. S. 40—71. 8°
(Schriften des Vereins f. d. Geschichte Berlins. H. 34, 3.)

— der fromme Seefahrer. 8. Flensb. 792.

— s.a. Thomsons Jahrszeiten.

James Thomsons Jahreszeiten in deutschen Jamben v. [Heinrich] Harries. (Mit Thomsons Bildniss.) Altona. 1796. 8°.

Harries, Heinr. R., Jesus das Licht der Welt, u. Was die christl. Gemeinde von dem Prediger, u. der christl. Prediger von der Gemeinde begehret; Wahl- u. Antrittspredigt am 1. u. am 26. Octbr. 1851 gehalten. gr. 8. (31 S.) Altona 851, Schlüter in Comm. n. 1/6 ℳ

Harries, Hermann, Dr.: Naturalistische Darstellung seelischer Affekte in der tragischen Kunst der Griechen. (Rede, geh. auf d. Provinzialvers. der h. Lehrer Schleswig-Holsteins.) *Ratzeburg 1903: H. H. C. Freystatzky.* (23 S.) 4° [F.]
Lauenburgische Gelehrten-S, G zu Ratzeburg, OP 1903 (330)

Harries, Herm., Gedächtnisrede zur Feier des 100jähr. Todestages der Königin Luise, geh. in der Aula der Lauenburg. Gelehrtenschule. (20 S.) 8. Ratzeburg 910. G. Schetelig. nn — 40

Harries, Hermannus [Holsatus]: Tragici Graeci qua arte usi sint in describenda insania. . . . Kiliae, ex offic. H. Fiencke, 1891; 2 Bl., 61 S., 1 Bl. 8°
Kiel, Phil. Fak., Inaug.-Diss. v. [12. Aug.] 1891

Harries, Herm., tragici Graeci qua arte usi sint in describenda insania. gr. 8. (61 S.) Kiliae 891. (Leipzig, G. Fock.) n. 1. —

Harries, Hermann: Lehrgang des griechischen Unterrichts in Unter- und Obertertia. Ratzeburg 1908: Freystatzky. 50 S. 8°
Ratzeburg, Lauenburgische Gelehrten-S G OP 1908 (367) [S 08. 165

— Lehrgang des griechischen Unterrichts in Unter- und Obertertia. (50 S.) gr. 8. Leipzig 908. Quelle & Meyer. — 80

Harries, Karl

Ueber Art und Wesen der alten Griechen v. Carl **Harries.** Meldorf. 1863. 4°. Gymn.-Progr.

Harries, Carl, Lehrbuch der organischen Chemie, s.: M e y e r, Vict.

Harries, Karl Dietrich

Harries, Carl Dietrich [aus Luckenwalde]: Über einige neue Abkömmlinge des Salicylaldehyd. . . . Berlin, Druck v. M. Driesner (1890); 49 + 1 S. + 1 Bl. 8°
Berlin, Phil. Fak., Inaug.-Diss. v. 9. Aug. 1890

Harries. [Th.]: Beurtheilung des Entwurfs einer Civil-Proceßordnung fur den Norddeutschen Bund unt. Berücks. der Proceßgesetze Würtemberg's u. Baiern's u. des Kgl. Sächs. Civilgesetzbuches. Berlin 1870.

[F.] Marschall Bazaine. E. Episode aus d. Schlacht bei Vionville v. G e o r g e s H a r r i e t. *Styrum a. d. R. & Leipzig: A. Spaarmann [1895].* (48 S.) 1 Bd 8.
— Erzählungen, Patriotische. No 28. [96. 0369

Harriet, Georges,
— in d. Schlucht v. Verneuilles,
s.a. Erzählungen, patriotische.

[F.] In der Schlucht von Verneuilles. Erlebnisse aus d. französ. Kriege geschildert v. George **Harriet.** *Styrum a. d. R. & Leipzig: A. Spaarmann [1896].* (47 S.) 1 Bd 8.
— Erzählungen, Patriotische. No 29. [96. 0369

Harriet, William

Harriet, Wm., Geschichte der Prostitution aller Völker. Eine ausführl. Abhandlg. der Sittenverderbnis u. ihrer Opfer. Von den ältesten Zeiten bis auf die Gegenwart. Mit besond. Berücksicht. der Prostitution in Berlin, Hamburg, Paris, Brüssel, sowie in Wien, München, London, New-York u. St. Petersburg. Auf Grund der wissenschaftl. Forschgn., der Quellen u. Literatur ergänzt u. bis auf die Gegenwart fortgeführt v. Berthold Klein. (XII, 332 S.) gr. 8. Berlin (904). R. Jacobsthal. n. 6. —

Harriet, William: G e s c h i c h t e der Prostitution aller Völker. Eine ausführl. Abhandlung d. Sittenverderbnis u. ihrer Opfer. Von d. ältesten Zeiten bis auf d. Gegenwart. Mit besond. Berücks. d. Prostitution in Berlin, Hamburg, Paris, Brüssel ... Hrsg. von Dr. –. Auf Grund d. wissenschaftl. Forschungen, d. Quellen u. Literatur erg. u. bis auf d. Gegenwart fortgeführt von Berthold Klein. 2. Aufl. Berlin: Jacobsthal [um 1908]. XII, 331 S. 8°

Harring, Harro (Mitarb.), s. A b e n t e u e r zur See.

Das Bild der Rose. [Unterz.: Harro?] Harring. o. O. u. J. 1 Bl. 8° [Kopftit.]
Gedicht: „In einem Thale friedlich stille, . . .“

Harring, (Harro,) Blüthen. Vermischte Gedichte. 2te Aufl. Nebst e. Anh. gr. 12. Luzern 825, Meyer. (Schmidt in Lpz.)

Harring, Harro P., Blüthen d. Jugendfahrt. Vermischte Gedichte. 8. Kopenh. 821. 2e Aufl., nebst e. Anh. gr. 12. Luzern 825. (Schmidt in Leipz.) 16 ß

Blutstropfen. Deutsche Gedichte v. Harro **Harring.** Strafsburg 1832. 8°.

Der Carbonaro zu Spoleto. Politisch-satyrische Novelle von Harro Harring. Leipzig: Liter. Museum 1831. 12°
TB. 255.

Harring, (H. P.,) Dichtungen 8. Schleswig 822, Taubst. Anst. (Leipz., Cnobloch.)

Dolores. Ein Charaktergemälde aus Süd-Amerika v. Harro **Harring.** Nach der 3. engl.-amerikanischen Stereotyp-Ausg., mit Anmerkungen u. Beilagen. ⟨Vollständig in 4 Bänden oder 8 Büchern.⟩ Bd. 1—4. Basel. London. Rio de Janeiro. 1858—59. 8°

Harro-Harring, Dolores. Ein Charaktergemälde aus Süd-Amerika. Nach der 3. englisch-amerikanischen Stereot.-Ausg. mit Anmerkungen u. Beilagen. 4 Bde. Basel 858, 59. Krüsi. gr. 8. (VIII, 1312 S.) n. 3 ₰ 15 ngr.

-- **die Dynastie.** Trauerspiel in 5 Aufzügen. London 859. (Basel, Krüsi.) 8. (213 S.) n. 25 ngr.

Elegie an Bernhard Moßdorf, als Haupt der Verschwörung zu Dresden verhaftet. v. Harro **Harring.** o. O. (1831.) 8°

Erinnerungen aus Warschau. Nachträge zu den Memoiren über Polen v. Harro **Harring.** Nürnberg. 1831. 8°.

— Erzählungen. Der Brigg-Commandeur. Blitz-Toni. Gaspero Velino, oder der Sturm. gr. 12. München 825, Finsterlin.

—Erzählungen. Der Brigg-Commandeur. Blitztoni. Gasparo Velino, od. der Sturm. gr. 8. Münch. 826. (Finsterlin). 16 gr

—Erzählungen aus d. Papieren eines Reisenden. Enthält: Der Mönch. Das gebrochene Herz. Der Flüchtling. gr. 12. Münch. 827. Lindauer. 1 ₰ 6 gr, Wohlf. Ausg. gr. 12. Ebd. 831. 16 gr

——Faust im Gewande d. Zeit. Ein Schattenspiel mit Licht. 16. (10 B.) Leipzig 831, Literar. Museum.

—— Firn-Matthes, d. Wildschützen Flucht. Scenen im Bayrischen Hochlande. Eine Novelle. Mit Liedern in Volksweisen. 8. (10 B.) Leipzig 831, Wienbrack.

Gedanken über Wahrheit, Liebe und Gerechtigkeit. Entwurf zu einer Volksvertretung und zur Bildung eines Volkes nach demokratischen Grundsätzen. Hrgg. v. Harro **Harring.** Straßburg. 1832. 8°

Harring's, Harro, republikan. Gedichte. 1. Bd. 1. Hft. gr. 8. (80 S.) Leipzig 848, Beyer in Comm. n. 6 ngr

Harro-Harring's Republikanische Gedichte. Bd. 1, H. 1. (Einziges.) Rendsburg. 1848. 8°.

— d. Ipsariot, — d. Khan. Poetische Erzählungen. gr. 12. Luzern 825. Meyer. (Schmidt in Leipz.) 8 gr

—— Julius v. Dreyfalken. Des Schwärmers Wahn u. Ende. Ein Roman. 2 Thle. 8. (30 B.) Braunschweig 831, G. C. E. Meyer.

Harring, Harro P., die Mainotten. — Der Corsar. Dram. Gedichte. gr. 12. Luzern 825. Meyer. (Leipz., Schmidt). 18 gr

H a r r i n g, H a r r o (aus Ibenshof im Friesenlande, „verabschied. Junker vom Kais. Russ. Leib-Guide-Lancier-Regiment"). M e m o i r e n ü b e r P o l e n u n t e r R u s s i s c h e r H e r r s c h a f t (speziell unter der des entmenschten Wütherichs Großfürsten Constantin Cezarewitsch). Nach z w e i j ä h r i g e n (so!) A u f e n t h a l t i n W a r s c h a u

Rede ich unwahr, so beweise es.
Johannes 18, 23.

Deutschland, 1831. Selbstverlag des Verfassers. 8°.

(Harring, Harro P.) Der Grossfürst Constantin, wie er war. 8. Fürth (Leipzig) 1832.

HARRO (d. i. *Harro Harring*, 1798—1870), D i e D e u t s c h e n M ä d c h e n, e i n B i l d d e r Z e i t. Dramatische Szenen von —. Brügge, in Flandern, 1835. 8°. 203 S. Sehr selten! (15 Mk., beschäd. Expl., Taussig, Prag, c. 1905.)
„Beschränkte Ausgabe: Für Freunde d. Verfassers."
Motto:

„Im kerker componirt,
Im elend ausgeführt;
Mit schulden publicirt."

Der deutsche Mai. Dramatische Szenen in 3 Aufzügen v. Harro **Harring.** Paris. 1836. 8° (= desselben: Das Volk. St. 2)

Deutsches Mailied (v. Harro **Harring**) o. O. u. J. [vermutlich Straßburg. 1832]. 1 Bl. 4°, geb. in 8°. Kopft.

Die Mainotten. Der Corsar. Dramatische Gedichte v. Harro **Harring.** Luzern. 1825. 8°.

Männer-Stimmen zu Deutschland's Einheit. Deutsche Gedichte. Hrgg. v. Harro **Harring.** Straßburg. 1832. 8°

Memoiren über Polen unter Russischer Herrschaft. Nach zweijährigem Aufenthalt in Warschau v. Harro **Harring.** Deutschland [d. i.: Leipzig]. 1831. 8°.

—— Mémoires sur la Pologne sous la domination Russe, rédigés, après un sejour de deux années à Warsovie. Trad. de l'allemand par Ehrenfr. Stoeber. gr. in-8. (16¾ B.) Strasbourg 833. (Mayence, Rauch.)

—— der Livorneser Mönch. Ein Roman nach Thatsachen. 8. (16½ B.) Leipzig 831, Wienbrack.

-- **Moses zu Tanis.** Historisches Drama. 2. Aufl. Basel 859. Krüsi. gr. 8. (99 S.) n. 15 ngr.

Die Möwe. Deutsche Gedichte v. Harro **Harring.** London. 1835. 8°.

Die Passions-Möwe. Psalmen eines Verbannten v. Harro **Harring.** London. 1838. 8°.

— d. Phariot, — d. Khan. Poetische Erzählungen. gr. 12. Luzern 825, Meyer. (Schmidt in Leipz.)

Poesie eines Skandinaven. Von **Harro-Harring.** Rio de Janeiro. Montevideo. 1843. 8°.

H a r r i n g, Harro, D e r P o l e. Charakter-Gemälde aus dem 3. Decennium unseres Jahrhunderts. 3 Bde. Bayreuth 1831. 8°. (5 Rthl.) (6 Mk. A. Bielefeld, 1911.)

Pranger ⟨Zweite Edition⟩. An Herrn Rudolph **Lexow** aus Tönning an der Eider, ehemals Kaufmann in Hull, gegenwärtig „verantwortlicher" Redakteur der New-Yorker Criminal-Zeitung zu New-York. P a u l H a r r o H a r r i n g. London. 1855. 1 Bl. 4°.

Der Psariot. Der Khan. Poetische Erzählungen v. Harro **Harring.** Luzern. 1825. 8°.

Harro-Harring's erste Rede an die Nordfriesen. Über den Geist der Bewegung unserer Zeitepoche. Rendsburg. (1848.) 8°.

—— der Renegat auf Morea. Trauersp. in 3 Aufz. Nach d. Neugriech. d. Olympiers Geo. Lassanis, ehemals Officier d. heil. Schaar u. Adjutant d. verstorb. Fürsten Alex. Ypsilanti. 8. (6½ B.) Braunschweig 831, [Horneyer.]

— der Renegat auf Morea. Trspl. in 3 Aufz. Nach d. Neugriech. des Olympiers Georg Lassanis, ehemals Officier der heiligen Schaar u. Adjutant des verstorb. Fürsten Alexander Ypsilanti. 8. Braunschw. 832. Verlags-Comptoir. Velinp. 16 gr

— der Renegat auf Morea. 8. Braunschweig ..., jetzt Fischer in Cassel ⅔ ₰

Harring, Harro (Paul), Rhonghar Jarr. Fahrten e. Friesen in Dänemark, Deutschland, Ungarn, Holland, Frankreich, Griechenland, Italien und der Schweiz. 4 Bde. 8. (86½ B.) München 828, Lindauer. Thlr.

4. Bd mit e. Anh.: Fragment üb. d. griech Insurrection. Das Ganze ist eine Autobiographie; in dem Namen des Helden findet man durch Versetzung d. Buchstaben den des Verf. wieder.

Des Maurers Rose. Den Schwestern als Johannis-Gruss, von Harro Harring. 1831. [Leipzig: 1831.] 2 Bl. 8° [Kopftit.]
Gedicht: „Die Rose blüht, — des Maurers innig Leben . . .“

—— die Schwarzen von Gießen od. d. Deutsche Bund. Eine Novelle. 2 Thle. gr. 12. (14¼ B.) Leipzig 831, (Kayser.) 2 Thlr., hrbgf. Pr.

Harring, Harro, P., die Schwarzen von Gießen, oder der deutsche Bund. Eine Novelle. 2 Thle. gr. 12. Leipz. 831. Wolbrecht. 2 ₰

—— Serenaden u. Phantasien e. friesischen Sängers, nebst Klängen während des Stimmens. gr. 12. (11 B.) München 828, Lindauer.

Skizze aus London. Besondre Vorrede zur Autobiographie eines ... v. Harro-Harring. Straßburg. 1838. 8°.

—— Splitter u. Balken. — Erzählungen, Lebensläufe, Reiseblumen, Gedichte u. Aphorismen, nebst Briefen üb. Literatur. 2 Thle. 8. (32 B.) Hof 832, (Grau.)

Der Student von Salamanca. Ein dramatisches Gedicht in fünf Aufzügen v. Harro Harring. Luzern. 1825. 8°.

Europa's Symbol. (Gedicht v. Harro-Harring. Tönning. 1848.) 2 Bl. 4° k.

—— Szapary u. Batthiany. Heldengedicht aus d. Ungar. Türkenkriege. 12. (2½ B. u. 1 Bign.) München 828, [Jaquet.]

— Theokla. — Der Armenier. Trauerspiele. 8. Münch. 825, J. Lindauer.

—— Theokla. — Der Armenier. Trauersp. Wohlf. Ausg. 8. (14½ B.) München 831, Lindauer.

—— der russ. Unterthan. Schluß zu den Memoiren üb. Polen. 8. (9 B.) Bayreuth 831. Grau.

Der russische Unterthan. Schluß zu den Memoiren über Polen v. Harro Harring. Ein deutsches Wort zu seiner Zeit, als Antwort auf ein anonymes Pamphlet. Straßburg. 1832. 8°

Verrath und Enthüllungen. Schleswig-Holstein vor dem Forum der Geschichte v. Harro-Harring. Rendsburg. (1849.) 8°.

Harring, Harro, s. a. V o l k , Das. Eine demokratische Zeitung.

Das Volk. Dramatische Szenen zur Darstellung durch Volksfreunde v. Harro Harring. Stück 1, jedoch ein Ganzes für sich. Straßburg. 1832. 8°

—— Stück 2, wie das erste ein Ganzes für sich. Paris 1836. 8°
Auch u. d. T.:
Der deutsche Mai. Dramatische Szenen in 3 Aufzügen v. Harro Harring. ebd. 1836. 8°

Die Völker. Ein dramatisches Gedicht v. Harro Harring. Straßburg. 1832. 8°

Vorläufer des Rhongharr Jarr. Fahrten eines Friesen in Dänemark, Deutschland, Ungarn, Holland etc. etc. In 4 Banden v. Harro Harring. München. 1828. 8°. A. u. d. T.:
Serenaden und Phantasien eines friesischen Sängers, nebst Klängen während des Stimmens v. Harro Harring. München. 1828. 8°.
Rhongharr Jarr. Fahrten eines Friesen in Dänemark, Deutschland etc. etc. v. Harro Harring. Bd. 1—4. München. 1828. 8°.

Harro-Harring's sämmtliche Werke. Auswahl letzter Hand. Bd. 1. New-York. 1841. Bd. 2. ebd. 1844/46. 8°.

— der Wildschütz. Ein Trauerspiel in 4 Aufz. gr. 12. Luzern 825, Meyer.

Worte eines Menschen. Dem Glaubigen [!] von La Meunais gewidmet v. Harro Harring. Strasburg. [!] 1834. 8°

Die letzten Zehn vom Vierten Regiment bei ihrem Uebergang auf die preußische Granze. Vert. [Julius Mosen. Rückseite dieses Blattes] Nachklang v. Harro Harring. Dem Andenken der Offiziere Sporni, Paszinecki, Jannowicz, Slubitzki etc., gewidmet. Straßburg. [1832?] 1 Bl. 8°

— Cypressenlaub. Erzählungen. gr. 12. Luzern 825, Meyer.

Harring, Harro Paul, s. H a r r i n g , Harro

Harring, Johannes (Pseud.), s. a. B a g g e r , Carl

Harring, Joh., (Carl Bagger), Meines Bruders Leben. Eine Erzählung. Aus dem Dän. übertr. v. Jul. Reuscher. 8. (VI u. 214 S.) Berlin 847, C. H. Schultze. 1 ₰

Harring, Martin

Harring, M., Bibel u. Vernunft. Ein populäres Wort auf dem Gebiete d. freien Protestantismus. gr. 8. (16 S.) Rendsburg 847, Oberreich in Comm. ⅛ ₰

Erster Brief an den S. T. orthodoxen Herrn Amtsbruder in Ditmarschen v. Martin Harring. Eckernförde. 1842. 8°

— s. Geographie rc.

Harring, Mt., kurzgefaßte Geschichte d. israelit. Volkes, mit erläut. Bemerkk. f. die größere Jugend in Bürger- u. Landschulen. 8. Schleswig 825. Taubst.-Institut. 12 gr

Harring, Mart., allerlei Nützliches in Poesie u. Prosa, z. Unterhaltung u. Belehrung gesammelt. 8. (9¼ B.) Hamburg (829), Schuberth u. Niemeyer.

— allerlei Nützliches in Poesie u. Prosa, zur Unterhaltung u. Belehrung gesammelt. 8. Hamb. u. Itzehoe 832. Schuberth u. Niemeyer. 12 gr

Harring, Mt., Predigten. 8. Schleswig 821. Koch. 14 gr

Die Rechtfertigung durch den Glauben. Ein Wort zur Belehrung für Viele v. Martin Harring. Itzehoe. 1844. 8°

Rede bei der Hinrichtung des Louis Wilhelm **Stieber** zu Ludwigsburg, den 9. November 1841, gehalten von M[artin] Harring. Nebst einem Anhang über Stieber. — Schleswig 1841: Kgl. Taubst.-Inst. 14 S. 8°

Harring, M., Sendwort auf das Vorwort des Past. Koopmann in Helde mit dem Endworte: Nicht Rationalismus oder Orthodoxie, sondern Rationalismus und Orthodoxie. gr. 8. Itzehoe 843. (Altona, Aue, Schlüter.) n. 1/6 ß

Harring, M., Sendwort auf das Vorwort des Past. Koopmann in Heide mit dem Endworte: Nicht Rationalismus od. Orthodoxie, sond. Rationalismus u. Orthodoxie. gr. 8. (1 1/8 B.) Itzehoe 843. (Dessau, Aue.) *

Harring, Willi, Andreas Gryphius und das Drama der Jesuiten, s.a. Hermaea. V.

Harring, Willi, a. Wegeleben: Andreas Gryphius und das Drama der Jesuiten. Kapitel 1. Halle a. S. 1907: E. Karras. (33 S.) 8° ¶(Erscheint vollst. als H. 5 d. Hermaea.)

Halle, Phil. Fak., Ref. Strauch, Diss. v. 16. Mai 1907

[Geb. 8. Mai 83 Wegeleben; Wohnort: Halle a. S.; Staatsangeh.: Preußen; Vorbildung: Gymn. Wernigerode Reife O. 02; Studium: Halle 1, Berlin 1, Halle 8 S.; Rig. 30. Nov. 06.]

Härring, E., Entwürfe f. moderne Kunstschlosser- u. Kunstschmiede-Arbeiten, s.: Brand, F.

Härring, E., s.: Sammlung von Musterblättern f. Schlosser u. Schmiede.

Harrington, Sir Williams, Geschichte. 4 Thle. 8. Leipz. 771. Junius. 1 ß

Harriotte, J., Reiseabentheuer in vier Welttheilen. Herausgeg. von Chr. A. Fischer. 8. Dresden 818. Hartknoch. 1 ß 12 K Velinp. 2 ß 16 K

Harris, Sachalien Island. Sertunay Anchorage. Drawn by L. Friederichsen. hoch 1. Hamburg 868, Friederichson und Comp.*

HARRIS, Lucretia, oder Tugend ist die beste Mitgabe. 2 Thle. Dresden 1791. 8°.

R. Zinke's Dresdener Novbr.-Auct. 1905, no. 1936: „Sehr seltenes, merkw. u. pik. Buch."

Harris, Lucretia, oder Tugend ist die beste Mitgabe, in zwey Theilen, aus dem Engl. 8. Dresden, 791. Gerlach. 13 sgl.

Harris, Lukretia, od. Tugend ist die beste Mitgabe. 2 Thle. 8. Leipz. 807. (Rauck). 10 K

Harris, Lukretia, od. Tugend ist d. beste Mitgabe. 2 Thle. 8. Dresd. (Sommer in Lpz.) 807.

Harris, Charles Ernest [aus Liverpool (Engl.)]: Zur Kenntniss des o-Naphtylendiamins ... München, kgl. Hof- u. Univ.-Buchdr. v. Dr. C. Wolf & Sohn, 1892; 24 S. 8.

Erlangen, Phil. Fak., Inaug.-Diss. v. 1893

HARRIS, CHARLES H. Zur Kenntniss des o-Naphtylendiamins. (Erlangen) München, 1892.

Harris, Elijah P., the chemical constitution and chronological arrangement of meteorities. Inaugural dissertation. gr. 8. (132 S.) Göttingen 859, (Vandenhoeck und Ruprecht's Verlagsh.) * *

Harris jun., E. P. [aus Amherst, Massachusetts, U. St. A.]: I. Ueber die Einwirkung von Harnstoffchlorid auf aromatische Kohlenwasserstoffe. II. Beiträge zur Kenntniss des Siliciums. ... Göttingen, Druck d. Univ.-Buchdr. v. E. A. Huth. 1888: 43 + 1 S. 8°

Göttingen. Phil. Fak., Inaug.-Diss. v. 6. Aug. 1888

Harris jun., E. P., I. Ueber die Einwirkung v. Harnstoffchlorid auf aromatische Kohlenwasserstoffe. II. Beiträge zur Kenntniss d. Siliciums. Inaug.-Diss. gr. 8. (43 S.) Göttingen 888. (Vandenhoeck & Ruprecht's Verl.) n. 1. —

Harris, Ernest Lloyd [aus Rock Island im Staate Ill., U. S. A.]: Church and State in the Maryland Colony ... Heidelberg, Univ.-Buchdr. v. J. Hörning, 1894; 4 Bl., 54 S., 1 Bl. 8.

Heidelberg, Phil. Fak., Inaug.-Diss. v. [27. Febr.] 1894

Harris, Ernest Lloyd, church and state in the Maryland colony. Diss. gr. 8. (VII, 54 S.) Heidelberg 894. (J. Hörning.) n. 1. 20

Harris, G. Shirley, the nephew as uncle. s.: Uebungsbibliotek zum Uebersetzen in die neueren Sprachen.

Harris, J. L., über den Gottesdienst, s.: Darby, J. N.

Harris, Jakob

Harris, J. Abhandlung über Kunst, Musik, Dichtkunst und Glückseligkeit. A. d. Engl. Halle 1780. Ü: *Schulz, Johann Christoph Frdr.* (stri) (HS) (MGT)

— Dass., übers. von Jh. C. F. Schulz. gr. 8. Halle 780. Gebauer. 16 K

Harris, J. Drey Abhandlungen über die Kunst ... A. d. Engl. Danz. 1756. Ü: *Müchler, Johann Georg Philipp.* (GGr) (Ky) (MGT)

Harris, Jak., drei Abhandll., üb. Kunst, Musik, Malerei u. Poesie, u. über Glückseligkeit; aus d. Engl. (v. J. G. Müchler). 8. Danzig 756. Schuster. 4 K

— s.a. Geschichte d. vereinigt. Niederlande in d. Zeitraume v. 1777—87.

— Geschichte d. verein. Niederlande v. 1777—87. v. A. G. Gebhard. gr. 8. Lpz. Reinicke. 792.

Harris, (Lord Malmesburg,) Geschichte d. vereinigten Niederlande in d. Zeitraume v. 1777—87. Aus d. Engl. v. A. G. Gebhardt. 1r Thl. gr. 8. 792. (ist Verl. v. Reinicke u. C. in Halle.)

— Handbuch, oder philos. Kritik d. Literatur, a. d. Engl. m. Anmerk. v. Jenisch. gr. 8. Berl. (Friedrich in Lpz.) 789. -

— Handbuch, oder philosoph. Kritik der Literatur; aus d. Engl. mit Anmerkk. von D. Jenisch. gr. 8. Berl. 789. (Lpz., Rein). 16 K

— Hermes, oder philosoph. Untersuchung über die allgem. Grammatik, übers. (aus d. Engl.) v. Chr. G. Ewerbeck, mit Anmerkk. von F. A. Wolf. 1r Thl. gr. 8. Halle 788. Gebauer. 1 ß 9 K

— Hermes, ou recherches philosoph. sur la gramm. univers. trad. de l'Angl. gr. 8. Strassb. 798. König. 1 ß 18 K

Harris, James

Harris, J., Tagebücher rc., s.a. Bibliothek, historische, interess. Memoiren. 13—15. Bd.

Harris, James. Tagebücher und diplomatischer Briefwechsel seines Grossvaters..... während seiner Missionen bei den Höfen von Berlin, Petersburg, dem Haag, Madrid und Paris. Aus den Originalbriefen und Depeschen herausgegeben von Lord Malmesbury, gegenwärtiger brittischer Minister des Auswärtigen. (3 Bde.)

8. Grimma und Leipzig 1852.

Harris, John, Mammon. A. d. Engl. gr. 12. (8⅓ B.) Hamburg 838, Perthes-Besser u. Mauke.

—– Mammon, od. d. Geiz, d. Sünde d. christl. Kirche. A. d. Engl. übers. v. Carl Becker. Gekr. Preisschr. gr. 8. (14 B.) Frankfurt a. M. 838, Brönner.

Harris, Isaac: Aus d. Kgl. Physiol. Institut. Die **Zerstörung** des Adrenalins im lebenden Tier. *Königsberg i. Pr. 1904 O. Kümmel.* (28 S.) 8°
Königsberg, Med. Diss. v. 2. Aug. 1904

Harris, M. Anstice, a glossary of the Old English gospels, Latin-Old English, Old English-Latin. gr. 8. (III, 111 S.) Leipzig 902. Buchh. G. Fock. n. 6. –

Harris, Ronald Hamlyn-, aus England: Die **Statocysten der** Cephalopoden. Mit 5 Taf. und 10 Abb. im Text. *Jena: G. Fischer 1903.* (32 S.) 8° ¶(Aus: Zool. Jahrbücher, Abth. f. Anat. u. Ontogenie d. Tiere, Bd 18, H. 3.)
Tübingen, Naturw. Diss. v. 1903

Harris, W. Cornwallis: Harris' Gesandtschaftsreise nach Schoa und Aufenthalt in Südabyssinien 1841–1843. Deutsch von K. v. K. Mit einer Karte von Abyssinien und angränzender Länder. Abth. 1. 2. (Reisen und Länderbeschreibungen der älteren und neuesten Zeit. Lfg 30 u. 32.) Stuttgart u. Tübingen 1845 u. 1846. 2 Bde. LVI, 414, 12 S., 1 Krt.; VIII, 316, 260 S. 8°.

– Dass., s.a. Reisen und Länderbeschreibungen, 32. Lfg.

Harris, Walter [aus Cambridge, Engl.]: I. **Ueber den Molekularzustand des Calomeldampfes.** II. **Ueber die Dampfdichte des Quecksilberchlorides und des Phosphortrichlorides bei** Temperaturen über 1000° C. ... Heidelberg, Univ.-Buchdr. v. J. Hörning, 1894; 47 S. 8.
Heidelberg, Naturw.-math. Fak., Inaug.-Diss. v. [7. Nov.] 1894

Harris, Walt., üb. d. Molekularzustand d. Calomeldampfes. – Ueb. d. Dampfdichte d. Quecksilberchlorides u. d. Phosphortrichlorides b. Temperaturen üb. 1000° C. Diss. gr. 8. (47 S.) Heidelberg 894. (J. Hörning.) n. 1. 20

Harris, Walt., de morbis acutis infantum. 8. Amst. Waesberg. 715.

Harris, William Tell

Harris, W. T., Bemerkk. auf einer Reise durch die vereinigten Staaten von Nordamerika zc. s.a. neue Bibliothek d. Reisebeschreibb. 30r Bd.

[Harris, William Tell]: Bemerkungen auf einer Reise durch die Vereinigten Staaten von Nord-Amerika, in den Jahren 1817, 1818 und 1819, von William Tell Harris, in einer Reihe von Briefen an Freunde in England. *Aus dem Englischen übersetzt von* C. Fl. Leidenfrost. *Weimar: im Verlag des G. H. S. pr. Landes-Industrie-Comptoirs 1822. VIII, 236 S.*
=Neue Bibliothek der wichtigsten Reisebeschreibungen zur Erweiterung der Erd- und Völkerkunde; . . . herausgegeben von F. J. Bertuch. Zweite Hälfte der ersten Centurie. Dreißigster Band, [1. Hälfte.]

Harrison, Facies Hippocratica levi penicillo adumbrata. Jen. 4°.
Doering, I, 309.
1784

Harrison, Diss. de pertussi. Gott. 4°. Gött. Anz. 1791, p. 2019.
Salzb. med. chir. Zt. 1794, II, 301.
1793

Harrisson, Dr. [Pseud.]
s.a. Warren, Samuel [Wirkl. Name]

Harrison, Dr. (Samuel Warren) s.a. Mittheilungen aus dem Tagebuche eines Arztes.

Harrison, Dr., Mittheilungen aus dem Tagebuche eines Arztes. Braunschweig 1833—36. V: *Warren, Samuel.* (EngM)

Harrison, Dr., † (Samuel Warren,) Mittheilungen aus d. Tagebuche e. Arztes. A. d. Engl. 2. Aufl., durchges. u. mit e. Vorw. begl. v. K. H. Hermes. 5 Thle. 8. (113 B.) Braunschweig 839, Vieweg u. Sohn. Thlr.

—– dass. durchges. v. K. H. Hermes. 8 Thle., s.a. Bibliothek d. neuesten u. best. Romane d. engl. Literatur, 43 – 50. Bd.

— sämmtliche Werke, s. Marryat.

Lullus. Hersfeld by A. D. **Harrison.** Hersfeld: Brunnengesellsch. 1906. (11 S.) 8°

Harrison, Agnes, Martin's vineyard, s.: Collection of brit. authors.

— Martin's Weinberg. Mit Autoris. der Verfass. aus dem Engl. übersetzt v. Amalie Schmidt. 2 Bde. gr. 16 (à 165 S.) Leipzig 874. Kollmann. n. 4. 50

Harrison, Mrs. Burton, s. Harrison, Constance Cary

Harrison, C., der Fluch des Hauses oder der Finger Gottes. Romantische Erzählung. 4 Bde. in 21 Heften. Berlin 865. Weyl & Co. gr. 8. (1022 S.) Jedes Heft 3 ngr.

Harrison, C. G., d. transcendentale Weltenall. 6 Vorträge üb. Geheimwissen, Theosophie u. d. kathol. Glauben, geh. vor d. „Berean Society", aus d. Engl. übers. v. Carl Graf zu Leiningen-Billigheim. gr. 8. (131 S.) München 897. (Th. Ackermann.) n. 5. —

Harrison, Constance Cary

Harrison, Mrs. Burton, the Anglomaniacs, s.: Library, the English.

Harrison, E. Philip, aus Cambridge, England: On the variation with temperature of the magnetic permeability of nickel and iron. Zürich [London] 1904. 27 S. 8. S.-A. aus: Philosoph. Magazine for August 1904. [24. IX. 04.]
Zürich. Phil. Diss. II S. 1904/1905.

Harrison, Elisab., die christl. Lehrerin, od. Handbüchlein f. junge Töchter u. Knaben, worin ihnen d. Pflichten gegen Gott u. ihre Eltern eingeschärft werden. 2 Thle. 8. Basel 759, 60. (J. F. Korn in Bresl.) 1r Thl. 1 ℔ 2r Thl. ...

Harrison, Jenny, das alte Hinterzimmer, s. Sammlung von Kinderschriften.

Harrison, **Jh., Diss. inaug. de pertussi. 4 maj. Götting. 793. Dieterich.** 6 gr

Harrison, Leonard Hubert: Diffusion in Systemen von geschmolzenen Salzen. Freiburg i. B.: Speyer & Kaerner 1911. 55 S. 8°
München, Phil. Diss. v. 20. Dez. 1910, Ref. v. Baeyer
[Geb. 20. April 85 Christchurch, Neu-Seeland; Wohnort: Christchurch; Staatsangeh.: Großbritannien; Vorbildung: Gymn. Christchurch Reife Nov. 04, Univ. Neu-Seeland B. A. 06, Univ. Manchester, B. Sc. Juli 08, M. Sc. 09; Studium: Neu-Seeland 6, Manchester 6, Zürich 1, Frankfurt a. M. Akad. f. Handels- u. Sozialwiss. 1 S.; Rig. 20. Dez. 10.] [U 11. 3796

Harrison, Mrs. Mary St. Leger, s.: **Malet**, Lucas.

Harrison, Ross Granville, Dr. phil., aus Baltimore, U.S.A.: Aus d. anat. Institut zu Bonn u. d. anat. Laboratorium d. Johns Hopkins Universität zu Baltimore. Ueber die Histogenese des peripheren Nervensystems bei Salmo salar. *Bonn: F. Cohen 1901.* (95 S.) 8° ¶ Aus: Archiv f. mikrosk. Anatomie u. Entwicklungsgesch., Bd 57.
Bonn, Med. Diss. v. [14. Aug.] 1899

Harrison, W. H. The Campaign. Nos 1 to 25. April 1840 to May 1841. (436.) 8. Frankfort.

Harrison Calender: 1841? Philadelphia, PA
Published by Georg W. Mentz & son.

Harritschendra od. d. Bekehrung e. Brahmanen, s.: **Missionsschriften**, kleine Hermannsburger.

Harro [Pseud.], s. Harring, Harro

Harro der Lotse. Wieder daheim. Berlin 1897. V (Harro d. L.): *Man, G.* (W. daheim): *Dequede, Else von.* (Berl)

Harro, Ferd., die Auferstehung u. Himmelfahrt Christi. Kritische Beleuchtg. der bibl. Auferstehungsberichte. Ein freies Wort an das deutsche Volk. gr. 8. (44 S.) Leipzig (900). Blumberg & Co. n. — 50

Harro-Harring [Pseud.], s. Harring, Harro

Harrod, Frances, das verborgene Modell, s.: **Engelhorn's** allgemeine Roman-Bibliothek. XXII, 4.

HARROW, GEORGE H. W. Ueber Carbopyrotritarsäure und Pyrotritarsäure. Würzburg, 1878.

Harrower, George Hatfield [aus Sand Lake, New York, U. S. A.]: Alexander Hamilton als Nationalökonom .... Halle a/S., *G. Piltz'sche Buchdr. (Lippert & Co.), Naumburg a/S.*, 1887; IV + 54 S. + 1 Bl. 8°
Halle, Phil. Fak., Inaug.-Diss. v. [2. Sept.] 1887

Harroy, J.

1782. Traité de géométrie pratique fur le terrein, par *J. Harroy,* avec figures. A Leipfic, chez la Veuve M. Merkus. 12.

Harrsch, Frhr. v., die Belagerg. v. Freiburg im Breisgau 1713. Tagebuch des österreich. Kommandanten v. H. im Auftrage der Gesellschaft f. Geschichtskde. bearb. von Frz. v. der Wengen. gr. 8. (LXIII, 434 S. m. 2 Taf.) Freiburg i/B. 898. (E. Stoll). n.n. 8. —
Sonderabdruck aus: „Zeitschr. d. Gesellsch. f. Geschichtskde. zu Freiburg".

Harrsch, Frhr. v., die Belagerung v. Freiburg im Breisgau 1713. Tagebuch des österreichischen Kommandanten v. H. Im Auftrage der Gesellschaft f. Geschichtskunde zu Freiburg i. Br. Bearb. v. Fr. v. der Wengen. 2. [Titel-]Ausg. (LXIII, 434 S. m. 2 Taf.) gr. 8. Freiburg i/B. [898] 906. F. E. Fehsenfeld. n. 8. —

Harrsch, Albert Jacob (Essingensis), De ictero colicae juncto. Dissert. med. Präs. Jo. Christian Stock. Jena (Marggraf) 6. IV. 1757. 32 Seiten. (6.20) 13196
Widm. v.: Präs., Jeremias Daniel Brebiz (Rotenb./Frank.), F. C. G. Scheidemantel (Eisenach), I. C. F. Stock (Jena), Johann Lorenz Jacob Thieringer (Schwäb. Hall).

Harrsen, B[ernhard] J[akob]: Nachweisung über die Nachkommen der Maria Margarethe **Harrsen**, verw. Samuelsen, geb. Tetens auf Pellworm. 4° Aus: ?

Harrden, Gust. (G. David), s. a.: **David, Gust.**

— **Erzählungen** aus dem Soldatenleben. 3 Bde. 8. Wien 892. Verlagsanstalt Reichswehr. à 2. —; geb. in Leinw. 2. 80 (kplt. geb. in Leinw. in Karton 8. —)
(1.) Rittmeister Isegrimm u. andere Erzählungen aus dem Soldatenleben. (III, 220 S.)
(2.) Unter Sequester u. andere Erzählungen aus dem Soldatenleben. (210 S.)
(3.) Ein Fixpunkt u. andere Erzählungen aus dem Soldatenleben. (III, 216 S.)

P **Harrden**, Gust. (G. David). Rittmeister Isegrimm u. andere Erzählungen aus dem Soldatenleben. 8. (III, 220 S.) Wien 892, Verlagsanstalt „Reichswehr". 2 —; geb. 2 80

Harrwitz, D., Lehrbuch des Schachspiels enth. die Analyse der Eröffnungen und Endungen nebst Beispielen in wirklich gespielten Partieen von Anderssen, Boden, Horwitz etc. 8. (VIII und 335 S.) Berlin 862, Dümmler's Verlag. geb. *

Harrwitz, Fritz

Harrwitz, Fr., s.a. **Adressbuch** f. die deutsche Mechanik u. Optik.

Adressbuch für die Deutsche Mechanik und Optik und verwandte Berufszweige mit e. Auswahl der f. d. Mechanik u. Optik in Betracht kommenden Bezugsquellen u. e. Verzeichnis von in- u. ausländ. Instituten, Lehranst. ... 2., vollst. neu bearb. u. sehr verm. Ausg. Hrsg. von F[ritz] **Harrwitz**. Bd 1. 2. *Berlin: F. & M. Harrwitz 1898–1900.* 2 Bde 8°

Harrwitz, Fritz, s.a. **Adressbuch** der deutschen Präzisionsmechanik usw.

Adressbuch der Deutschen Präzisionsmechanik und Optik und verwandter Berufszweige ⟨Glasinstrumentenindustrie, Elektromechanik⟩. Zsgest. von F[ritz] **Harrwitz**. 3. vollst. neu bearb. Aufl. Berlin: 'Der Mechaniker' 1906. (376 S.) 8° [08. 17893

— s.: **Mechaniker**, der.

— s.: **Taschenbuch** f. Präzisionsmechaniker etc.

— **Verzeichnis** d. Adressen sämtlicher Sternwarten, Universitäten, techn. Hochschulen u. zahlr. and. wissenschaftl. Institute u. Lehranst. d. In- u. Auslandes, sow. v. deutschen u. ausländ. Gesellschaften u. Vereinen, welche f. d. Absatz v. wissenschaftl. Apparaten u. Instrumenten v. Interesse sind. Im Anschl. hieran näh. Angaben üb. Ausbildungs-Anst. u. Stiftgn. f. Mechaniker, Mechaniker-Vereine u Zeitschriften, welche zum Zwecke d. Studiums od. d. geschäftl. Reclame v. Bedeutg. sind. gr. 8. (101 S.) Berlin 897. M. Harrwitz. n. 3. —

Harrwitz, Julius (geb. Breslau 3. 10. 1819): De cladosporio herbarum. Berolini (1845). (40 S.) 8°
Berlin, Phil. Diss. v. 23. Juli 1845

Harrwitz, Max, Bibliographie üb. Helgoland, s.: **Danckworth, Casp., Helgoland.**

Harrwitz, Max: Helgoland einst und jetzt, s. Danckwerth, Casper.

Harrwitz, Max, s. Mitteilungen aus dem Antiquariat

Harrwitz, Max, allgemeiner Portrait-Katalog. 6. Heft. gr. 8. (S. 241—288.) Berlin 888, M. Harrwitz. **
1.—5. Heft, s. Lutz, A. à ** 50 Pf.

Harrwitz, Max. Allgemeiner Portrait-Katalog. 7. u. 8. Heft. gr. 8. (96 S.) Berl. 892, Harrwitz. à Heft * — 50; * 1 —
1.—6. Heft. Ebd. 1887,88. à ** — 50.

Harrwitz, Max, allgemeiner Portrait-Katalog. 9. Heft. (S. 97—149.) gr. 8. Berlin (903). M. Harrwitz. n. — 50

Freie Vereinigung der fünf unabhängigen Logen Deutschlands. Logentag am 17. Mai 1903 in Gera. Bericht über die dem internationalen Frm.-Kongress in Genf vom 5. bis 7. Sept. 1902 von [Pierre] Tempels vorgelegten Thesen. [Unterz.:] Paul Harrwitz. [Köstritz 1903: Seifert.] 12 S. 8° [Kopftit.]

Harrwitz, Paul, Repetitorium des Kirchenrechts. Für Studirende u. Prüfungscandidaten, mit besonderer Rücksicht auf die neuere Entwickelung nach den Lehrbüchern von Richter, Walter u. Schulte bearb. u. mit einer kirchengeschichtlichen Tabelle hrsg. 8. (VIII, 256 S.) Leipzig 877. Rossberg. cart. n. 2. —

Harrwitz, Paul, Repetitorium d. deutschen Privatrechts f. Studirende u. Prüfungs-Candidaten. Unter besond. Berücksicht. v. Gerbers System d. deutschen Privatrechts bearb. 8. (VIII, 140 S.) Leipzig 876. Roßberg. n. 1. 50

— Repetitorium d. sächsischen Privatrechts f. Studirende u. Prüfungs-Candidaten. 8. (VIII, 188 S.) Ebend. 876. n. 2. —

— Repetitorium d. Deutschen Strafrechts m. Berücksicht. der Strafrechtsnovelle vom 26. Febr. 1876. Für Studirende u. Prüfungscandidaten bearb. 8. (IV, 128 S.) Ebend. 876. n. 1. 50

Harry, E., Wald- u. Feldblüthen aus dem XIX. Jahrh. der Jugend des XX. Jahrh. gr. 16. (V, 144 S.) Pressburg 900. (G. Heckenast's Nachf.) 2. —; geb. n. 3. —

Harry, Herrm., von Fall zu Fall. Tendenz-Roman. 3 Bde. 8. (348, 365 u. 416 S.) Jena 873. Costenoble. 18. —

Harry, Myriam, die Eroberung v. Jerusalem. Autoris. Uebersetzg. aus dem Franz. v. Alfr. Peuker. (390 S.) 8. Dresden (905). E. Reißner. n. 4. —; geb. n. 5. —

Harry, Siegm., Traum u. Leben. Gedichte. 8. (VIII, 160 S.) Dresden 899. E. Pierson. n. 2. 50; geb. n. 3. 50

Härry, A.: Bilder aus der Geschichte der schweizerischen Flußschiffahrt. Von Ingen. –, Referat, geh. 1910. o. O. (1910). 20 S. 8° [Kopft.]
(Nordostschweizerischer Verband f. Schiffahrt Rhein-Bodensee. Verbandsschrift. H. 5.)

Härry, Herm., die Störche u. ihre Nester im Kt. Zürich u. and. Teilen d. Schweiz. [Aus: „Tierwelt".] gr. 8. (43 S.) m. Abbildgn.) Aarau 900. H. R. Sauerländer & Co. n. — 80

Harrys, Georg

HARRYS, Georg (kein Ps.), Blitzableiter für melancholische Gewitterschauer. Allen Hypochondristen, Kopfhängern etc. aufrichtigst geweihet. Hannover 1823. 8° 224 S.
Sehr curios, besonders der „Hieroglyphische Hochzeitsgruss" mit Holzschnitt-Fig. — R. Zinke's März-Auct. 1906, no. 1273.

— Blitzableiter f. melanchol. Gewitterschauer. 8. Hannov. 823. (Hahn). 1 ₰ 8 gr

— — Das Buch mit vier Titeln, um der Titulomanie Genüge zu leisten. Zur beliebigen Auswahl für Diejenigen, die nur den Titel eines Buches lesen. (6 Zeilen poet. Motto.) Leipzig 1826, im Verlage der Weygandschen Buchhandlung. Kl. 8°. (3 Mk. Mayer & Müller, Berlin, 1892.)
Ausser obigem noch 4 vollständige Titel, alle verschieden. XIV—306 S., 1 Bl. Err. Enth. Gedichte, dramat. Scenen (in Versen), Anekdoten, 1 Dialog in Prosa, Charaden, Räthsel u. allerlei Jokoses (in decenter Darstellg.).
Mit d. Motto: Mancher Leser möchte fragen „was will solcher Schnickschnack sagen?" Bitte, ohne Scheu u. Zagen, nur 4 Seiten umzuschlagen: Stimmen Euch die Titel heiter, o, dann bitt' ich: leset weiter!

Harrys, Geo., das Buch mit 4 (5) Titeln, um d. Titulomanie Genüge zu leisten. Zur belieb. Auswahl f. Diejenigen, d. nur d. Titel eines Buches lesen. 8. Leipz. 826. Weygand. 1 ₰ 12 gr
(Die andern 4 Titel sind: Kurze Modewaaren f. lange Winterabende. Der Doctor u. Apotheker f. hypogastrische Beschwerden. Proviant f. Lebenslustige, enthalt. tausend Späße u. noch weniger ꝛc. Kurze Processe f. lange Gesichter.)

Harrys, Geo., Gift gegen Langeweile. Eine Sammlung von Erzählungen. 2 Thle. 8. Celle 833. Schulze. 2 ₰

Harrys, Geo., Gift gegen Langeweile. Eine Samml. v. Erzähln. 2 Thle. 8. (23 B.) Celle 834, Schulze.

GUCKKASTCHEN, Das, oder Alles durcheinander (von *J. Georg C. Harrys*). Hannover 1814.
Anon.-Lex. II. p. 246 (nach Kayser u. Goedeke).

Harrys, Georg, Der Himmel auf Erden, oder die Tage des Freyschießens, von den Bürgern der Neustadt Hannover gefeyert zu Herrenhausen 1814. Hannover 1814. (In Hannover, Stadtbibl.) Rarl

Harrys, Geo., das Kaiserbuch. Erinnerungen an Napoleon u. d. große Armee. Mit Portr. gr. 8. (9¾ B.) Weimar 837, Voigt.

Kukkästchen (so!), Das, oder Alles durcheinander. Eine Kleinigkeit zur Beförderung froher Laune vom Verfasser des Quodlibets *(Joh. Geo. Carl Harrys)*. Hannover, gedruckt bey Ludwig Pockwitz. O. O. (ca. 1815). 8°. 56 S. (4 Mk. Ernst Frensdorff, 1909.)
Goedeke VII, 861, no. 187.

Harrys, Geo., zur bunten Lachtaube. Eine neue Restauration für fröhl. Gäste. 2 Thle. gr. 12. Leipz. 829. Focke. 1 ₰ 18 gr

—— Paganini in seinem Reisewagen u. Zimmer, in seinen redsel. Stunden, in gesellschaftl. Zirkeln u. seinen Concerten. Aus d. Reisejournale d. Verf. 16. (5 B.) Braunschweig 830, Vieweg.

—— die Posaune, s. Posaune.

Harrys, G., polit. Quodlibet, oder musikal. Probekarte. gr. 8. Hannov. 3 Auflagen. 814. Helwing. 8 gr

Harrys, (G.,) Taschenbuch dramat. Blüthen f. d. J. 1825 — 27, 1r—3r Jahrg. 16. Hannov., Helwing. à 1 Rthl. 8 gr.

— Taschenbuch militär. Gesänge, theils abgefaßt, theils entlehnt. 8. Hannov. (822). Hahn. 16 gr

Harrys, H., s. Morgenzeitung.

Harry's, Herm., Thomas Hood, s. Hood, Thomas.

Harrys, Herm., s.: Michelangelo's u. Raffael's Gedichte.

Harrys, Herm., Sagen, Märchen u. Legenden Niedersachsens. 1e Abth. Historische Sagen u. Legenden. gr. 12. Celle 840. Schulze. 5/12 ℛ — 2e Abthl. Der Harz. gr. 12. Ebd. 840. 5/12 ℛ — 3e Abthl. Romant. Sagen. gr. 12. Ebd. 840. 5/12 ℛ

Harrys, Herm., Volkssagen, Mährchen und Legenden Niedersachsens. Neue Ausg. Celle 862. Schulze. 12. (XXII, 170 S.) n. 10 ngr.

Harrys, Johann Georg Carl, s. H a r r y s, Georg

Hars, Dr. C., Ueber die Entstehung des fetten Oeles in den Oliven. Mit II. Tafeln. (Sonder-Abdr. a. d. Sitzungsber. d. k. Akad. d. Wiss.) gr. 8. (17 S.) Wien, Gerold in Comm. 75 kr.
1870.

Harsch, (Frid. Car.) Otto (geb. Liegnitz 7. 5. 1830): Analecta ad variolarum historiam. Berolini (1854). (35 S.) 8°
Berlin, Med. Diss. v. 6. Febr. 1854

Harsch u. Almendingen, Ferd. Ludw. von

— vergl. v. Almendingen, Harscher Ldw.

v. Harsch u. Almendingen-Graf Ferd. Ldw., (†...) pyrotechnia sublimis saeculi primaevi, vel liber meteor. 8 maj. Wien 778. Trattner. 20 𝒦

Harscher, C., Pyrotechnia sublimis saeculi primaevi, vel liber Metiorum. 8. maj. Vien. Tendler. 778.

Harscher, Ferd., Vorlagen zur Selbsterlernung und Uebung im Situations-Planzeichnen. Gründliche Anweisung im Situations-Planzeichnen für ökonomische Pläne, topograph., statist. u. militär. Karten, nebst mehreren Fortifications-Figuren für Geometer, Forstmänner, Regimentsschulen u. Erziehungsinstitute 2c. 12 Blätter. qu. gr. 8. München 840. Bergmann u. Roller. n. 5/12 ℛ

Harscher, Fr. v.

— Anleit. zum Situations- oder Plan-Zeichnen, s. Symon, Frz. St.

v. Harscher, Fr., Vorlagen zum Situations-Planzeichnen. 12 Bl. qu. 8. München 844, Roller. 12 ngr

Harscher, Jh. Evangelist, der denkende u. durch Leidensbeispiele ermunterte Christ auf seinem Krankenlager; e. Zugabe z. Krankenbesuch. gr. 8. Augsb. 796.

— der Katechet, nebst 3 Anhängen. gr. 8. Augsb. 791. Rieger. 1 ℛ 4 𝒦

Harscher, J. E., d. Katechet, n. 3 Anh. gr. 8. Augsburg, Riegar. 807.

— s. Krankenbesuch.

— die feierl. Opfer d. Seelsorgers im Zirkel sr. Heerde; od. liturg. Messe-, Gelegenheits- u. Vesper-Gebete. Mit 1 Kpf. 8. Augsb. 800.

— Unterricht zur Bildung e. Katecheten, mit prakt. Beispielen erläutert. 3. Augsb. 807. Rieger. 1 ℛ 4 𝒦

Harscher, Jh. Hnr., (†...) vorläufige Beschreib. e. von ihm in dem Gebiet d. Stadt Basel, nicht weit v. dem Dorfe Augst entdeckten Münzwerkstätte u. der daselbst gefundenen Münzmodelle. 8. Basel 761.

Harscher, Nikolaus: De c o n d i t i o n i b u s quibus nascuntur respublicae. (Resp.: Werner Huber). 19 S. –
Basel, Phil.Diss.v. 5.April 1718.

Harscher, Nic., Basel: Disputatio medica inauguralis de t o n o ventriculi et intestinorum naturali et praeternaturali.
Basel, Med. Diss. 1704

Harscher von Almendingen, s. Almendingen.

– s.a. H a r s c h u. Almendingen

Harscher von Almendingen, Ludwig

(Harscher v. Almendingen, L.): Archiv für Aufklär. staatsrechtl. Gegenstände. *Frkf. a. M.* u. *Leipz.*, (*Marb.*), Krieger. 1—3s H. 796. 8. (10 Gr.)

H a r s c h e r v. A l m e n d i n g e n, L. (Herausgeber): „Archiv zur Aufklärung staatswissenschaftlicher Gegenstände", 2 Stücke, Frankfurt und Leipzig 1797 (Krieger in Cassel).

Harscher v. Almendingen, Ludw. (Hrsg.), s. B i b l i o t h e k des peinlichen Rechts....

L. Harscher v. Almendingen's Darstell. d. rechtl. Imputation. *Giess.*, Tasché u. Müller. 803. 8° 1 ℛ 16 gl

[Harscher] von Almendingen, [Ludw.] v.: Ueber den materiellen u. formellen Concurs der Gläubiger. Gegen Dabelow. Giessen 1797.

Harscher v. Almendingen, L.: Metaphysik d. Civilprocesses, od. Darstell. d. obersten Grundsätze des gerichtl. Verfahrens in d. bürgerl. Rechtsstreitigkeiten (d. kl. jur. Schriften 4n Th. 1.—3. H.; d. prakt. Ausarbeitt. üb. d. Verfahren in bürgerl. Rechtsstreitt. 1. Bd.) *Giessen* u. *Wetzlar*, Tasché u. Müller. 807—8. gr. 8. 2. Aufl. *Giessen*, Heyer, Vater. 819. (2 Thl. 4 Gr.)

Harscher v. Almendingen, L.: Recherches sur les droits et la forme de la Diète germanique pendant la vacance du trône impérial. *Göttingen*, Vandenhöck. 792. 8. (6 Gr.)

H[arscher] von Almendingen, L[udw.]: Kleine juridische Schriften. Giesen.
Th. 1. Darstellung der rechtl. Imputation. [1803.]
„ 2. Untersuchungen über das kulpose Verbrechen. [1804.]

Harscher v. Almendingen, L.: Kl. jurid. Schriften. *Giessen*, Tasché u. Müller. gr. 8. 1—2r. B. Imputation u. Culpa. 804. (1 Thl. 12 Gr.) 3r. B. Schutz-Verfahren u. d. Gerichtsstand des Verbrechers. 806. (8 Gr.) 4r B. prakt. Ausarbeitt. üb. d. Verfahren in bürgerl. Rechtsstreitigkk. 807. (2 Thl. 4 gr.) 5r B. Ansichten üb. d. Einführ. d. Code Napoleon, u. Vers. e. vollständ. dogmat. Darstell. d. Lehre d. französ. Rechts von Minderjährigk., Vormundsch. und Emancipation. 809. 6—7r B. Vorträge üb. d. Code Napol. 810—12. (à 2 Thl.)

Harscher v. Almendingen, L.: Untersuchh. üb. d. culpose Verbrechen. *Giess.*, Tasché. 804. 8. (20 Gr.)

Feier des 75jährigen Stiftungsfestes der g. u. v. Loge Joseph zur Einigkeit im Or. von Nürnberg am 26./VI. 5836. [Hrsg. von Chr. Karl Harsdorf, Edl. v. Enderndorf.] Nürnberg [1836]: Campe. 88 S. 8⁰
Kl. 3012, Tt. 524. Bericht, Ritual u. Reden. Gesch. der Loge von Harsdorf.

Harsdörffer, Georg Philipp

Harsdörffer, Geo. Ph., Gedichte, s. Bibliothek deutscher Dichter. 9r Bd.

Harsdörffer, (G. P.) Gedichte, s. W. Müller Biblioth. deutscher Dichter. 9r Bd.

Harsdörffer's Gesprächspiele, s. Hodermann, Rich. Bilder a. d. deutschen Leben d. 17. Jahrh.

Harpagiander, Compendieuses Lexikon apophtegmaticum oder stark fliessende Quelle künstlicher Redens-Arten u. sinnreicher Lehren. Alles aus Hebr., Syr., Arab. etc. Scribenten gesammelt. Mit e. Zugabe von 30 schertzhafften Briefen. Ebd., Endter, 1718. 8⁰. (6 Mk. Bernh. Liebisch, Lpz., 1907.)

Harsdörffer, Geo. Phil., großer Schauplatz lust- u. lehrr. Geschichten, 16 u. 28 Hund. 8. Hamb. 703.

Harsefeld [Schlagwort]

Harsefeld, s.: Geologische Karten, Preussen 106.

Harsefeld, s.: Preussen. Messtischblätter.

Harseim, A., das Militär-Strafgesetzbuch f. das deutsche Reich, s. a. Zeit- u. Streitfragen, militairische.

Harseim, A., das Militär-Strafgesetzbuch für das deutsche Reich, mit Bezug auf das preußische Militär-Strafrecht. Leipzig 1872. 8.

Harseim, A., s.: Sammlung der in Elsaß-Lothringen gelt. Gesetze.

Harseim, F. W. Festalbum zu der am 17., 18. und 19. März 1840 stattgefundenen militärischen Jubelfeier Sr. Maj. des Königs Ernst August von Hannover. Mit Schlachtenkalender. 8. Hannover 1840.

Harseim FW und C Schlüter, statistisches Handbuch für das Königreich Hannover. 4° Hannover 1848

– Dass., s.a. Harsein

Harseim, Fr[iedrich]: Beiträge zum Vokalismus, mit besonderer Berücksichtigung der nebenton. und unbetonten Vortonsilben, im Französischen (vom 16. Jahrhundert an). *Hamburg 1898: Lütcke & Wulff.* (1—28 S.) 4°
Hamburg, R auf d. Uhlenhorst, P 1898 (779)

Harseim, F. Vocalismus und Consonantismus im Oxforder Psalter. Diss. Strassburg 1879. 47 S.

Harseim, Friedrich: Vocalismus und Consonantismus im Oxforder Psalter. (Separat-Abdruck aus den Romanischen Studien, hrsg. von Ed. Boehmer.) Bonn, Eduard Weber's Verlag (Julius Flittner), 1879. 8. (47 S.)

Harsein, F. W. und Schlüter, C.: „Statistisches Handbuch für das Königreich Hannover", Hannover 1848. — Vorh.: Bibl. des Oberlandesgerichts Celle — Td. 109.

– Dass., s.a. Harseim

Harsing, Erich: Wolfgang Menzel und das junge Deutschland. Düsseldorf 1909: (Ohligschläger). 75 S. 8°
Münster, Phil. Diss. v. 3. Mai 1909, Ref. Schwering
[Geb. 23. Okt. 83 Düsseldorf; Wohnort: Münster i. W.; Staatsangeh.: Preußen; Vorbildung: Oberrealsch. Düsseldorf Reife O. 04; Studium: Bonn 3, Berlin 1, Münster 5 S.; Rig. 19. Dez. 08.] [U 09. 3587

Harsing, Karl

Harsing, Carolus: De optativi in chartis Aegyptiis usu. Bonnae 1910: Georgi. 57 S. 8°
Bonn, Phil. Diss. v. 23. Febr. 1910, Ref. Brinkmann
[Geb. 6. März 85 Düsseldorf; Wohnort: Düsseldorf; Staatsangeh.: Preußen; Vorbildung: Kgl. Gymn. Düsseldorf Reife O. 04; Studium: Bonn 2, München 1, Berlin 1, Bonn 8 S.; Rig. 4. Aug. 09.] [U 10. 375

Harsink, J. J., Beschreib. von Guinea, od. d. wilde Küste in Süd-Amerika. gr. 8. Berl. 784. Unger. 1 ₰ 12 gr.

Harst, des ungarischen Arztes, eines Würtembergers, erprobte Behandlung der Cholera, seinen Landsleuten zugesandt u. mit einem Vorworte begleitet vom Oberamts-Arzt D. Just. Kerner zu Weinsberg. 8. Heilbr. 831. Drechsler. 1 gr.

Harst, Edm., Ginster u. Heidekraut. Gedichte. (66 S.) gr. 8. Dießen 904. J. C. Huber. n. 2.—; geb. n. 3.—

Lieder der Liebe. Von Edmund **Harst**. Berlin-Wilmersdorf: A. R. Meyer 1908. 4 Bl. 8° [10. 4012 11

'Auf silberner Schale'. Poet. Flugblatt von Edmund **Harst**. (Göttingen: L. Hofer 1907.) (8 S.) 8° [07. 4985 7

van der Harst Jr., Jan Jacobus [Arzt aus Middelburg in Holland]: Ueber Haemoglobingehalt und Menge der rothen Blutkörperchen bei anaemischen Zuständen. . . . Middelburg, J. C. & W. Altorffer, 1880; 3 Bl., 48 S., 2 Taf. 8⁰
Freiburg i. B., Med. Fak., Inaug.-Diss. v. 21. Nov. 1880

(HARSTER,) Katalog der historischen Abteilung des Museums in Speier. (Zur sechzigjährigen Gedenkfeier der Gründung des historischen Vereines der Pfalz. (1827 bis 1887.)) (Mit 1 Tafel.) Speier. 1888. H. Gilardone'sche Buchdruckerei. 8°.

Harster, Richard: Vergleichende Untersuchungen über die Ermittelung des Wirkungswertes einer salzsauren Zinnchlorürlösung unter Anwendung verschiedener Urprüfungssubstanzen. 1909. 75 S. 8⁰
München, Dr.-Ing.-Diss. v. 28. 2. 1909

Harster, Thdr., u. Jos. Cassimir, Kommentar zum bayer. Wassergesetze vom 23. III. 1907, zur Verordnung vom 1. XII. 1907 u. zur Vollzugsbekanntmachung vom 3. XII. 1907. Mit zahlr. Abbildgn. (XV, 922 S.) Lex. 8. München 908. J. Schweitzer Verl. 18.—; geb. n 19. 50; auch in 5 Lfgn.

Harster, Thdr., das Strafrecht der freien Reichsstadt Speier in Theorie u. Praxis, s. a. Untersuchungen zur deutschen Staats- u. Rechtsgeschichte. 61. Hft.

Das Strafrecht der freien Reichsstadt Speier in Theorie und Praxis, dargest. von Theodor **Harster**. *Breslau: M. & H. Marcus 1900.* (X, 287 S.) 8°
—Untersuchungen z. Deutschen Staats-u. Rechtsgeschichte. H. 61.
[00. 5318

Harster, Theodor: Das Strafrecht der freien Reichsstadt Speier in Theorie und Praxis. (Altwasser [1906]: O. Hilliger.) (63 S.) 8° ¶ (Aus: Untersuchungen z. deutschen Staats- u. Rechtsgeschichte H. 61.)

Tübingen, Jur. Fak., Ref. Rietschel, Diss. v. 18. Dez. 1906

[Geb. 13. Apr. 76 Speier; Wohnort: Kelheim; Staatsangeh.: Bayern; Vorbildung: Kgl. Gymn. Speier Reife O. 93; Studium: München 8 S.; Rig. 13. Dez. 06.]

Harster, W., Versuch einer Speierer Münzgeschichte. [Aus: „Mittheilgn. d. histor. Vereines der Pfalz".] gr. 8. (VII, 166 S. m. 2 Lichtdr.-Taf.) Speyer 882. Neidhard. n. 4. 50

Vualtheri Spirensis Vita et Passio Sancti Christophori Martyris. — Von Dr. W. Harster, Stdl. — 1878. Speier, Fr. Straub in München. — Vorw. III—X. S. 1—130°.

Progr. Speier, K. Lyceum

Harster, W., Vualtheri Spirensis Vita et Passio Sancti Christophori Martyris. gr. 8. (130 S.) München 878. (Speyer, Neidhard's Buchh.) * 2 50

Walther von Speier, ein Dichter des X. Jahrhunderts. — Von Dr. W. Harster, Stdl. — 1877. Speier, ibid. — S. 5—60°. (Professor Dr. Leonhard von Spengel zum 50jährigen Doctorjubiläum in dankbarer Verehrung gewidmet.)

Progr. Speier, K. Lyceum

Harster, Wilhelm

Harster, W., Die Bauten der röm. Soldaten zum öffentl. Nutzen. Pr. 1878. 18 S. 4°.

Harster, Wilh., die Bauten der römischen Soldaten zum öffentlichen Nutzen. 4. (18 S.) Speyer 874. (Berlin, Calvary & Co.) n. 1. —

[F.] **Harster,** *Wilhelm* [Dr., Prof.]: Der Güterbesitz des Klosters Weissenburg i. E. I. Tl. Speier, Druck d. Dr. Jäger'schen Buchdr., 1893; 2 Bl., 117 S. 8.
Speier, k. Humanist. G, P 1893*

[F.] **Harster,** *Wilhelm* [Dr., Prof.]: Der Güterbesitz des Klosters Weissenburg i. E. II. Tl. [Forts. d. P-Beil. 1893.] Speier, Druck d. Dr. Jäger'schen Buchdr., 1894; 90 S. 8.
Speier, k. Humanist. G, P 1894*

— die Nationen d. Römerreiches in den Heeren der Kaiser. gr. 8. (58 S.) Speyer 873. Neidhard. n. 1. 40

Nekrolog auf Dr. Georg Autenrieth, K. Oberstudienrat u. G.-R. a. D. (Beigabe zum Jahresbericht 1900) — Von Dr. Wilhelm Harster, G.-R. — Ebenda. — P. 41—43.

Progr. Nürnberg, K. Altes Gymn.

Harster, *Wilhelm* [Dr., Rektor]: Kurze Vorgeschichte des k. humanistischen Gymnasiums Fürth. Fürth, Buchdr. v. L. Limpert, 1897; 48 S. 8.
Fürth, k. humanist. G, P 1897*

HARSTINGEN, Robert von. Eine (zahme) Geschichte aus dem mittlern Zeitalter. Limburg, 1793. bey C. F. Hüttner. 8°.
336 S. (incl. Tit. u. 2 Bll. Vorr.). Gleichen Inhalts mit einem früheren Roman, „Edda von Rabenburg" betitelt.

v. Harstingen, Robert. 8. Lüneb. 793. Hüttner. 20 gr

Harstrick, August [aus Hildesheim]: Untersuchung über die Praepositionen bei Alfred dem Grossen. . . . Kiel, Druck v. H. Fiencke, 1890; 2 Bl. + 56 S. + 1 Bl. 8°
Kiel. Phil. Fak., Inaug.-Diss. v. 7. Jun. 1890

Harstrick, A. Untersuchungen über die Präpositionen bei Alfred dem Grossen. Diss. Kiel 1890. 56 S.

Härsu, Melchior [aus Ploiesti in Romänien]: Beitrag zur Aetiologie der Haematocele retrouterina. . . . Berlin, Buchdr. v. G. Schade, *1890;* 30 S., 1 Bl. 8°
Berlin, Med. Fak., Inaug.-Diss. v. 4. Okt. 1890

Hart, Encyklopädie d. Geldwissenschaft. Theil I: Geschichte d. Geldes u. staatswirthschaftl. Theorie desselben. Erlangen 806.

Hart, van der, Exercitienbüchlein f. Geistliche u. Laien, welche sich den heiligen Übungen unterziehen. 16. (VIII, 169 S.) Regensburg 885. Verlags-Anstalt. 1. —

Hart: Excursion nach dem Saarbrückener Gebiet. (o. O. 1878?)

Hart, A., Liederbuch für die Gemeindeschulen Stettins, s.: Schmidt, W.

Hart, Adolf, approb. Arzt aus Aulendorf: Aus d. Tübinger Universitäts-Augenklinik. Klinisch-statistischer Bericht über 4305 erblindete Augen. Aus d. Materiale d. Klinik. T. 1. *Tübingen: F. Pietzcker 1900.* (20 S.) 8° ¶ [T. 2 bildet d. Diss. v. Em. Schwarzkopf, Tübingen 1900.]
Tübingen, Med. Diss. v. 1900

Hart, Ad.: De Dionysii Thracis grammaticae epitoma partim inedita quae est in codice veneto Marciano DXXXI. 35 S. – Berlin Luisst. G., Progr. 1871.

Hart, Adf., de Dyonisii Thracis grammaticae epitoma partim inedita, quae est in codice Veneto Marciano DXXXI. 4. (35 S.) Berlin 871. Weber. n. 1. —

Hart, Adolph. Herm. (geb. Pölitz in Pomm. 6. 4. 1842): Observationes criticae in Apollonium Rhodium. Berolini (1863). (38 S.) 8°
Berlin, Phil. Diss. v. 25. Juli 1863

Hart, Carl, s. Hart, Karl

Hart, Ferdinand [aus Münster i. W.]: Eine neue Methode und Beiträge zur Untersuchung der Fette. . . . Münster, E. O. Brunn's Buchdr., 1891; 20 S. 8°
Erlangen, Phil. Fak., Inaug.-Diss. v. 1891

Hart, Fred, ewige Liebe, s. a. Liebesabenteuer. Nr. 1.

HART, Fred. Ewige Liebe. Eine diskrete Novelle. Berlin, Berliner Roman-Verlag, 1905. Kl. 8°. 64 S. (Aus der Reihe: Liebesabenteuer Nr. 1.)

Hart, Frdr., ein Tag in der Paulskirche. Skizzen u. Portraits aus dem Reichstag in Frankfurt a. M. I. u. II. (Hft.) 8. (59 u. 61 S.) Leipzig 848. 49, Spamer. (à n. 1/3 ℛ) n. 2/3 ℛ

De Medelidinge der hilgen Junckfruwen Marien. Niederdeutscher Text nach einer Handschrift vom Jahre 1480. — Herausg. von Dr. Georg Hart, G.-L. — 1899, Aschaffenburg, Schippner'sche Druckerei. — P. III–XI und 1—51.

Progr. Aschaffenburg, K. Gymn.

Hart, Georg [Assist. f. neuere Sprachen]: Ursprung und Verbreitung der Pyramus- und Thisbe-Sage. . . . (Beilage zum Jahresber. d. k. Kreisrealschule in Passau pro 1889.) Passau, Druck v. J. Bucher, 1889; 56 S. + 1 Bl. 8°
München, Phil. Fak., Inaug.-Diss. v. 1889

Hart, G., Ursprung u. Verbreitung der Pyramus- u. Thisbe-Sage. Teil e. Münchener Inaug.-Dissertation. gr. 8. (57 S.) Passau 889. (Leipzig, Fock.) n. 1. 60

— Die Pyramus- und Thisbe-Sage in Holland, England, Italien und Spanien. II. Teil zu Ursprung und Verbreitung der Pyramus- und Thisbe-Sage. Nebst zwei lateinischen Texten aus dem 13. Jahrh. Passau, R., 1891. 61 S.
Progr.

Hart, Geo., die Pyramus- u. Thisbe-Sage in Holland, England, Italien u. Spanien. 2. Tl. zu Ursprung u. Verbreitg. der Pyramus- u. Thisbe-Sage Nebst 2 latein Texten aus dem 13. Jahrh. nach e. Handschrift der herzogl. Braunschweig. Bibliothek zu Wolfenbüttel. gr. 8. (63 S.) Passau 891. (Leipzig, G. Fock.) n. 2 30
(1 u. 2.: n. 4. –)

Hart, Gustav

Hart, G., de Tzotzarum nomine vitis scriptis. [Aus: „Jahrbb. f. class. Philol." 12. Suppl. Bd.] gr. 8. (75 S.) Leipzig 880. Teubner. n. 2. —

Hart, Gustav Zur Seelen- und Erkenntnislehre des Demokrit. 4 (32 S.). Progr. G. *Mülhausen i. Els.* 1886 (468).

Hart, Gust., zur Seelen- u. Erkenntnislehre d. Demokrit. gr. 4. (32 S.) Leipzig 886. (Teubner.) n. 1. —

Hart, Hans (Hans Ritter v. Molo), das hl. Feuer. Ein Hochschulroman. 1.–4. Taus. (Je 454 S.) 8. Leipz. 909. L. Staackmann. 4.50; geb. in Leinw. 6. —

— Liebesmusik. Eine Alt-Wiener Geschichte. 1. u. 2. Taus. (363 S.) 8. Ebd. 910. 4.—; geb. in Leinw. 5. —

Vom trotzigen Sterben. Von Hans Hart. Berlin: Eckstein [1909]. 263 S. 8° A 11. 6411

— Vom trotzigen Sterben. (263 S.) 8. Berlin (909). [R. Eckstein Nachf.] Leipzig, L. Staackmann. 3.—; geb. n 4. —

— Was zur Sonne will. Ein Gymnasiastenroman. (236 S.) 8. Berlin 907. L. Simion Nf. 3.—; geb. 4. —

Hart, Heinrich

— u. Jul. Hart, das Buch der Liebe. Eine Blütenlese aus der gesammten Liebeslyrik aller Zeiten u. Völker. In deutschen Uebertragungen. 12. (XVI, 456 S.) Leipzig 882. O. Wigand. geb. m. Goldschn. n. 7. —

— u. J. Hart, das Buch der Liebe. Eine Blütenlese aus der gesammten Liebeslyrik aller Zeiten u. Völker. In deutschen Uebertragngn. 2. (Titel-)Aufl. 12. (XVI, 456 S.) Leipzig 889. O. Wigand. geb. m. Goldschn. n. 6. —

Hart, Heinr., s.: Bühne, die deutsche.

Hart, Heinr., s.: Gemeinschaft, neue.

Hart, Heinrich u. Julius

— — G. Landauer, F. Holländer, die neue Gemeinschaft, e. Orden vom wahren Leben, s.: Reich, das, d. Erfüllg.

Hart, Heinr., deutsches Herz und deutscher Geist. Eine Blütenlese aus vier Jahrhunderten deutscher Dichtung von Luther bis auf die jüngste Gegenwart. 8. (XXXI, 560 S. mit chromolithogr. Titelbild in 13 Farben.) Leipzig 884, Hoffmann und Ohnstein. geb. mit Goldschn. *

Hart, Heinr., deutsches Herz u. deutscher Geist. Eine Blütenlese aus 4 Jahrhunderten deutscher Dichtg. von Luther bis auf die jüngste Gegenwart. Mit chromolith. Titelbild u. 6 Holzschn.-Illustr. nach Zeichngn. v. L. Richter, P. Thumann, J. Grünenwald u. A. 2. Aufl. 12. (XXXI, 560 S) Leipzig 886. Hoffmann & Ohnstein. geb. m. Goldschn. n. 6. —

Hart, Heinr., Peter Hille, s.a. Dichtung, die. 14. Bd.

Peter Hille. Von Heinrich Hart. *Berlin & Leipzig: Schuster & Loeffler [1904].* (78 S.) 8°
= Dichtung, Die. Bd 14. [04. 1670]

Hart, H., das Lied der Menschheit. Ein Epos in 24 Erzählgn. 8. Großenhain 888. Baumert & Ronge. n. 4. —; in 1 Bd. geb. n. 5. 50
1. Tul u. Nahila. (XV, 118 S.) n. 2. —
2. Nimrod. (XI, 170 S.) n. 2. —

— d. Lied d. Menschheit. Ein Epos in 24 Dichtgn. 3. Bd. Mose. gr. 8. (VIII, 220 S.) Großenhain 896. Baumert & Ronge. n. 2. —

— s.: Mann, Franziska, Wege hinauf.

Hart, Heinr., Sedan. Eine Tragödie in 5 Akten. Mit einem Prolog. gr. 8. (V, 124 S.) Leipzig 882. O. Wigand. n. 2. —

— Träume der Mittsommernacht. (II, 195 S.) 8. Jena 905. E. Diederichs. n. 4. —; geb. n. 5. —; Luxusausg. n. 10. —

— u. Jul. Hart

— — kritische Waffengänge. 1.—6. Heft. gr. 8. Ebendas. à Heft *M 1. *

Inhalt:
Heft 1. Wozu, Wogegen, Wofür? — Der Dramatiker Heinr. Kruse. (58 S.) 882.
" 2. Offener Brief an den Fürsten Bismarck. — Paul Lindau als Kritiker. — Für und gegen Zola. (55 S.) 882.
" 3. Hugo Bürger. — Ein Lyriker à la mode. (68 S.) 882.
" 4. Das „Deutsche Theater" des Hrn. L'Arronge. (69 S.) 882.
" 5. Graf Schack als Dichter. (64 S.) 883.
" 6. Friedrich Spielhagen und der deutsche Roman der Gegenwart. (74 S.) 884.

Hart, Heinr., Weltpfingsten. Gedichte eines Idealisten. gr. 16. (71 S.) Bremen 879, Kühtmann und Comp. geb. mit Goldschn. * 4 —

— Weltpfingsten. Gedichte eines Idealisten. gr. 16. (71 S.) Norden 879. Fischer Nachf. geb. m. Goldschn. n. 4. —

— Weltpfingsten. Gedichte e. Idealisten. 2. (Titel-)Aufl. 12. (71 S.) Norden 887. Fischer Nachf. n. 3. —

Hart, Heinr., gesammelte Werke. Hrsg. v. Jul. Hart unter Mitwirkg. v. Wilh. Bölsche, Hans Beerli, Wilh. Holzamer, Frz. Herm. Meißner. 1.—4. Bd. 8. Berlin 907. E. Fleischel & Co. à 4. —; geb. à 5. —
1. Gedichte. Das Lied der Menschheit. 1. Tl. Tul und Nahila. 2. Tl. Nimrod. (XV, 388 S. m. Bildnis.)
2. Das Lied der Menschheit. 3. Tl. Mose. 4. Tl. Fragment des „Menschheitsfrühlings". Prosadichtungen. (V, 370 S.)
3. Literar. Erinnerungen. Ausgew. Aufsätze. (VII, 332 S.)
4. Ausgew. Aufsätze. Reisebilder. Vom Theater. (VII, 355 S.)

— u. Jul. Hart, vom höchsten Wissen. Vom Leben u. Licht, s.a. Reich, das, der Erfüllung. 1. Hft.

Heinrich Hart u. Julius Hart. Vom höchsten Wissen. Vom Leben im Licht. Ein vorläufig Wort an d. Wenigen u. an Alle. Leipzig: Diederichs 1900. 94 S. 8°
(Das Reich d. Erfüllung. H. 1.) [10. 10173]

Hart, Helmine, der deutschen Hausfrau Feierstunden. Kleine Romane u. Erzähln. 2 Thle. 8. (40½ B.) Leipzig 841, Kollmann.

Hart, Helmine, der Deutschen Hausfrau Feierstunden. Kleine Romane u. Erzählungen. 2 Thle. kl. 8. Leipzig 844, Kollmann. 2¾ ₰

— Willibald's Lieder. Eine Phantasie. 2 Thle. gr. 12. (20½ B.) Magdeburg 842, Creutz'sche Buchh.

—— Tante Luise. Eine Samml. Erzähln. f. d. Jugend. Mit 4 col. Bildern. (15 B.) Berlin 810. [Leipzig, Brauns.]

—— Novellen. Mit 6 Abbild. 8. (16 B.) Berlin 812, Hasselberg'sche Vrlgsh. 25 Ngr.; col.

Hart, Helmine, Herzog Wilhelm. Roman in 2 Abthlgn. gr. 12. (15⅔ B.) Magdeburg 813, Baensch.

Hart, J., Heimatkunde d. Reg.-Bez. Koblenz, s.: Pötsch, J.

Hart, J: Construotionen und Entwürfe aus dem Gebiete des Maschinenbaues. Mannheim 1861. Fol.

Hart, J. Constructionen aus dem Gebiete des Maschinenbaues. Mappe I: Wasserräder, Turbinen. Pumpenwerke. Mappe II: Hebemaschinen. Atlas I: Wasserräder und Turbinen. Mannheim. 1861 und 1876/77.

Hart: Constructionen aus dem Maschinenbau. Dampfkessel. Dampfmaschinen. 2. Abdr. Carlsruhe 1876. Fol. (Jahrbuch d. Polytechn. Vereins zu Carlsruhe. 1869 Th. 3)

Hart, J: Skizzenblätter zu den Notizen über Maschinenbau. Carlsruhe 1867—1874

Hart, J., die Werkzeugmaschinen f. den Maschinenbau zur Metall- u. Holzbearbeitung. Mit 72 lith. Taf. 2. umgearb. u. erweit. Aufl. gr. 8. (X, 407 S.) Mit Atlas in qu. Fol. (72 Taf.) Heidelberg 872—74. Bassermann. n. 27. —

Hart, J., die Werkzeugmaschinen der Maschinenfabriken zur Metall- und Holzbearbeitung. (In 4 Liefgn.) 1. Liefg. Mannheim 864. Bassermann. qu. Fol. (15 lith. Taf. u. 64 S. Text in gr. 8.) n. 3 ℳ

Hart, J., die Werkzeugmaschinen der Maschinenfabriken zur Metall- u. Holzbearbeitung. 2—4. Liefg. Heidelberg 865—67. Bassermann'sche Verlagsh. qu. Fol. (15 Steintaff. mit 198 S. Text in gr. 8.) Jede Liefg. n. 3 ℳ

Hart, J. Die Werkzeugmaschinen zur Metall- und Holzbearbeitung. Mit Atlas. Mannheim, 1864.

Hart J, d. Werkzeugmaschinen z. Metall- u Holzbearbeitung. Mit Atlas. Heidelberg 1867

Hart, J. P.: Ueber einige der wichtigsten Vortheile u. Vorzüge der Baier. Verf.-Urk. *Erlangen*, Palm. 819. 8. (20 Gr.)

Hart, James W. T., Judas Ischarioth. Eine Selbstbiographie. Charakterstudie. Übertr. ins Deutsche v. H. Ballhorn. gr. 8. (110 S.) Leipzig 898. Dürr'sche Buchh. 2. —

Hart, Joh., Besoldungsverhältnisse der preußischen Volksschullehrer einst u. jetzt, nebst Vorschlägen zur Erlangg. besserer u. gesetzlich geregelter Gehaltsverhältnisse. 12. (60 S.) Frankfurt a/M. 898. Berlin, P. Weber. n. — 60

Hart, Joh., die französische Revolution, s.: Jugend-Bibliothek, katholische.

Hart, Joh., die Schule im socialdemokrat. Zukunftsstaate, s.a. Broschüren, Frankfurter zeitgem.

Hart, Joh., Die Schule im socialdemokratischen Zukunftsstaate. Nach socialdemokratischen Schriften dargestellt. (Frankfurter zeitgemässe Broschüren, N. F. Bd. 16, Heft 3.) gr. 8°. Frankfurt a. M. 1895.

—- Weihnachtsbüchlein, s.: Kinder-Bibliothek, kathol.

Hart, Jos. Der mündliche Ausdruck in der Volksschule. gr. 8. (12 S.) Düsseld. 889, Schwann. — 25
Aus: Kathol. Zeitschr. f. Erziehg. u. Unterricht, besonders abgedruckt.

Hart, Jos., die Obstbaumzucht. Kurze Belehrg. f. Schule u. Haus. gr. 8. (23 S.) Bendorf 892. (Coblenz, W. Groos.) u.n. — 30

Hart, Jul., eine Blütenlese aus spanischen Dichtern aller Zeiten, s. Collection Spemann.

Hart, Jul., Divan der persischen Poesie, s. Bibliothek der Gesamt-Literatur des In- und Auslandes.

— England u. Amerika. Fünf Bücher engl. u. amerikan. Gedichte von den Anfängen bis auf die Gegenwart. In deutschen Uebersetzgn. Chronologisch geordnet m. litterarhistorisch-krit. Notizen u. e. Einleitg.: Ueber Geist u. Entwickelg. der engl. Poësie. 8. (XXXVIII, 436 S.) Minden 885. Bruns. n. 6. —

Hart, Jul., s.: Gemeinschaft, neue.

Hart, Jul., Geschichte der Weltlitteratur u. des Theaters aller Zeiten u. Völker, s.a. Hausschatz des Wissens.

[F.] Geschichte der Weltlitteratur und des Theaters aller Zeiten und Völker v. Julius Hart. In 2 Bdn. Gegen 1000 Abb. im Text. Zahlr. Taf. in Schwarz- u. Farbendr. Bd I. II. *Berlin: W. Pauli's Nachf.* (Bd II: *Neudamm: J. Neumann) 1894—96.* 2 Bde 8.
I. 1894. (3 Bl., 847 S., 5 Bildertit., 4 Facs.)
II. 1896. (3 Bl., 1037 S., 5 Bildertit., 2 Facs.)
= Hausschatz d. Wissens. Abt. x. (Bd 15 u. 16.) [96. 5540

Julius Hart. Der neue Gott. Ein Ausblick auf d. kommende Jahrhundert. Mit Kopfleisten von W. Caspari. Florenz & Leipzig: E. Diederichs 1899. (349 S.) 8° [F.]
= Hart: Zukunftsland. Bd 1. [97. 167 11

— Homo sum! Ein neues Gedichtbuch. Nebst e. Einleitg.: Die Lyrik der Zukunft. Lex.-8. (XX, 119 S.) Großenhain 890. Baumert & Ronge. n. 2. —; geb. n. 3. 50

Hart, Jul. v. der, Leitfaden der griechischen Gramatik. Nach der latein. Grammatik bearb. Mit e. artist. Schriftvorlage. 8. (IV, 175 S.) Freiburg i. B. 873. Herder. n. 1. 50

Hart, Jul., (G. J. Schlachter,) Myrtenblüthen. 1s Bdchn. Dessau 821.

— in der Nacht. Visionen. Das Hünengrab. Media in vita. Mit aesthet. Nachwort. Buchschmuck v. B. Pankok. 8. (169 S.) Florenz 898. Leipzig, E. Diederichs. n. 3. —; geb. in Leinw. n. 4. —

—— fünf Novellen. [Die Anklägerin. — Haidenacht. — Alter schützt vor Thorheit nicht. — Der neue Pygmaleon. — Trennungsstunde.] 8. (264 S.) Großenhain 888, Baumert und Ronge. *ℳ 3.—.; geb. *

—— Orient und Occident. Eine Blütenlese aus den vorzüglichsten Gedichten der Welt-Litteratur. In deutschen Uebersetzungen. Nebst biographisch-krit. Anhang. gr. 8. (XXIII, 588 Sp.) Minden 885, Bruns. *

— der Rächer. Eine Tragödie. 8. (111 S.) Leipzig 884. Mutze. n. 1. —

Hart, Jul., Revolution der Ästhetik als Einleitung zu e. Revolution der Wissenschaft. 1. Buch: Künstler u. Ästhetiker. (318 S.) gr. 8. Berlin (909). Concordia. 4. —; geb. 5. —

Hart, Jul., Sanfara. Ein Gedichtbuch. gr. 16. (VIII, 102 S.) Bremen 879. Kühtmann und Comp. geb. mit Goldschn. * 3 —

Hart, Jul., Sanfara. Ein Gedichtbuch. gr. 16. (VIII, 102 S.) Norden 879. Fischer Nachf. geb. m. Goldschn. n. 3. —

— Sanfara. Ein Gedichtbuch. 2. (Titel-)Aufl. 12. (VI, 102 S.) Norden 887. Fischer Nachf. n. 2. —

— Sehnsucht. gr. 8. (118 S. m. Vignetten.) Berlin 893. S. Fischer Verl. n. 2. —; geb. n.n. 3. —

— Don Juan Tenorio. Eine Tragödie in 4 Aufzügen. 8. (63 S.) Rostock 881. Meyer. n. 2. —

Hart, Jul., Leo Tolstoj, s.a. Dichtung, die. 5. Bd.

Leo Tolstoj. Von Julius **Hart**. *Berlin & Leipzig: Schuster & Loeffler [1904].* (80 S.) 8°
— Dichtung. Die. Bd 5. [04. 13453

Julius **Hart**. Triumph des Lebens. Gedichte. Buchschmuck von Fidus. Florenz & Leipzig: Diederichs 1898. VIII, 223 S. 8° A 10. 1972

— Julius Wolff und die „moderne" Minnepoesie, s.: Volkshefte, litterarische.

— Zukunftsland. 1. u. 2. Bd. Im Kampf um e. Weltanschaung. gr. 8. Leipzig, E. Diederichs. à n. 5. —; geb. à n. 6. —
1. Der neue Gott. Ein Ausblick auf das komm. Jahrhundert. Mit Kopfleisten v. W. Caspari. (VII, 350 S.) 899.
2. Die neue Welterkenntnis. Mit Kopfleisten v. W. Caspari. (IV, 324 S.) 902.

Hart, Karl

Hart, Carl, prakt. Arzt aus Laucha a. Unstrut: **Ein Beitrag zur Struma suffocatoria.** *Erlangen 1901: E. Th. Jacob.* (27 S.) 8°
Erlangen, Med. Diss. v. 6. Juli 1901

Hart, Carl, die mechanische Disposition der Lungenspitzen zur tuberkulösen Phthise. Preisgekrönte Monographie. (III, 267 S. m. 23 Abbildgn.) Lex.-8. Stuttgart 906. F. Enke. n. 8. —

Hart, Carl, u. Paul **Harras**, der Thorax phthisicus. Eine anatomisch-physiolog. Studie. (VII, 116 S. m. 15 Abbildgn. u. 34 Taf.) 34×25,5 cm. Stuttgart 908. F. Enke. Kart. 28. —

Hart, Marie, drei G'schichtlen üs de 60er Johr, s. a. Volksschriften, elsässische. Nr. 44.

Drei G'schichten üs de sechziger Johr. Unseri Schwowevetter. Unseri Pariser. 's End vom Stilllewe. Von Marie **Hart**. Straßburg: Heitz [1900]. 32 S. 8°
(Elsässische Volksschriften. 44) [10. 5693

Hart, Marie, d'r Stadtnarr. Volksstück in 3 Aufzügen in elsäss. Mundart. (67 S.) 8. Straßburg 907. Schlesier & Schweikhardt. 1. 50

Hart, Meta

Hart, M., s.: Hoffmann, Heinr., Briefe.

– s. Hoffmann, Heinrich: Aus dem Tagebuche.

Hart, Sigism., das große Fragezeichen! Ein Bild der Zeit in 5 Aufzügen. (213 S.) 8. Berlin (909). H. Steinitz. 3. —

Hart, T. E.: Elemente der Geometrie auf der geraden Linie. Diss. Heidelberg 1866.

Hartard, J., s.: Missale.

Hartard, v. u. zu Hartstein, die Hoheit d. deutschen Reichs-Adels. 3 Thle., mit Supplm. u. Kpf. Fol. Bamb. 754. Göbhard. 16 ₰

Hartau [Schlagwort]

Hartau, s.: Preussen, Messtischblätter.

Hartberg. Historisch-topographische Skizze der Hauptpfarre, Stadt und Umgebung. Graz 1859. V: *Hofrichter, Jos. Carl.* (JOANSTYRA)

Hartberg, Antonie, Lieb u. Leid. Gedichte. (IV, 42 S.) 8. Dresden 904. E. Pierson. n. 1. —; geb. n. 2. —

Hartberg, Otto, s.: Saling's Börsen-Papiere.

Hartcop, Gust. (geb. Opladen bei Cöln a. Rh. 27. 2. 1816): De strabismo Berolini (1840). (37 S.) 8°
Berlin, Med. Diss. v. 31. Juli 1840

Hartcop, Johann Friedr. (geb. Burscheid im Rheinl. 9. 1. 1848): Achtzig Fälle von Placenta praevia. Berlin (1872). (36 S.) 8°
Berlin, Med. Diss. v. 18. Juli 1872

Hartdegen, Ferd., kurzer Abriss der Geometrie, s.: Bibliothek, kleine.

— Die Differenzial- u. Integral-Rechnung, s.: Unterrichts-Briefe, mathematische.

Hartdegen, Luise, die Küche d. Friedrich-Stifts, s.: Gruben, Lina v.

Hart, Bret, s.a. Bret Harte

Harte, Bret, The ancestors of Peter Atherly and other tales, s.a. Collection of British authors.

The Ancestors of Peter Atherly, and other tales. By Bret **Harte**. Copyright ed. Leipzig: Tauchnitz 1897. 279 S. 8°
(Collection of British authors. Tauchnitz Ed. Vol. 3233.) [11. 8105

Harte, Bret, Argonauten-Geschichten, s. a. Bibliothek der Gesamt-Litteratur d. In- u. Auslandes.

Argonauten-Geschichten von Bret **Harte**. Deutsch von Johannes Hoops. 1–5. Halle a. S.: Hendel (1892–96). 327 S. 8°
1. 2. (1892.) 3. (1893.) 4. 5. (1896.)
(Bibliothek d. Gesamtlitteratur d. In- u. Auslandes. Nr 594. 595. 689. 913. 982.)
[10. 14338

Harte, Bret, die Argonauten-Geschichten, spanischen und amerikanischen Sagen und Stadt- und Charakterskizzen. Uebers. von Busch. 3 Bde. 8. Leipzig 873,75. Gera, Griesbach's Verlag. à Bd. *M* 4,50.

Harte, Bret, die Argonauten-Geschichten, spanischen und amerikanischen Sagen und Stadt- und Charakterskizzen. Uebers. von Mor. Busch. 1. und 2. Bd. 8. (VIII, 298; IV, 282 S.) Leipzig 873, Grunow. à Bd. **M* 4,50. *

—— dass. — 3. Bd.: Idyllen aus den Vorbergen. 8. (250 S.) Ebendas. 875. *

-- the bell-ringer of Angel's, etc., s.a. Collection of British authors.

The Bell-Ringer of Angel's etc. By Bret Harte. Copyright ed. Leipzig: Tauchnitz 1894. 272 S. 8°
(Collection of British authors. Tauchnitz Ed. Vol. 3025.) (11. 3025

– s. Bibliothek der Gesamt-Litteratur des In- und Auslandes.

Harte, Bret, Thankful Blossom and other Tales, s.a. Collection of Britisch Authors.

—— dass. — s. Universal-Bibliothek Nr. 870.

—— Thankful Blossom. Eine Liebesgeschichte aus dem J. 1779. Autoris. deutsche Ausg. 8. (138 S.) Stuttgart 877, [Auerbach.] Abenheim'sche Verlagsh. (**M* 1,50.) * 1 —

—— in the Carquinez Woods, s. Asher's Collection of English Authors.

Harte, Bret, s.: Christmas posy, a.

— Clarence, s.a. Collection of British authors.

Clarence. By Bret Harte. Copyright ed. Leipzig: Tauchnitz 1895. 255 S. 8°
(Collection of British authors. Tauchnitz Ed. Vol. 3085.) (11. 3085

– Colonel Starbottle's client, s.a. Collection of British Authors.

Colonel Starbottle's Client, and some other people. By Bret Harte. Copyright ed. Leipzig: Tauchnitz 1892. 278 S. 8°
(Collection of British authors. Tauchnitz Ed. Vol. 2811.) (11. 2877

– s. Collection of British Authors.

—— Gabriel Conroy, s.a. Collection of British Authors.

—— dass. — s. Lese-Cabinet, neues belletristisches.

—— dass. — s. Novellisten, amerikanische.

—— dass. — s. Roman-Bibliothek, transatlantische.

—— dass. — s. Universal-Bibliothek, Nr. 771—775.

—— Gabriel Conroy. Roman aus dem Engl. 8. (364 S. mit Portr. des Verf. in Holzschn.) Berlin 876, Janke. 1 50

Harte, Bret

Gabriel Conroy. Roman. Von Bret Harte [d.i. Francis Bret]. Ins Deutsche übertr. von Moritz Busch. Th. 1.2. Leipzig: Grunow 1876. 8°

—— dass. — Deutsch von Udo Brachvogel. Einzige autoris. Uebersetzung. 3 Bde. 8. (312; 366; XVI, 255 S.) Stuttgart 876, Hallberger. **M* 9.; geb. * 12 —

Harte, Bret

Cressy. Roman. Von Bret Harte [d.i. Francis Bret]. Stuttgart, Leipzig, Berlin, Wien: Dt. Verl.-Anst. 1893. 231 S. 8°

Harte, Bret, Cressy. Roman. (Neue [Titel-] Ausg.) 8. (231 S.) Stuttgart [893.] (902). Deutsche Verlags-Anstalt. n. 1.—; geb. n. 1.25

Harte, Bret F., the crusade of „Excelsior", s. Collection of British Authors.

– Sally Dows etc., s.a. Collection of British authors

Sally Dows etc. By Bret Harte. Copyright ed. Leipzig: Tauchnitz 1893. 269 S. 8°
(Collection of British authors. Tauchnitz Ed. Vol. 2918.) (11. 2961

– A drift from Redwood Camp, s. Collection of British Authors.

—— Drift from two Shores, s. Collection of British Authors.

– Eingeschneit, s.a. Kürschner's Bücherschatz.

[R.] Eingeschneit. Kalifornisches Lebensbild v. Bret Harte. M. Ill. v. R. A. Jaumann. *Berlin, Eisenach, Leipzig: H. Hillger [1898].* (128 S.) 1 Bd 8. = Bücherschatz, Kürschners. No 113.

Harte, Bret, die Erbin von Red Dog und andere Erzählungen. gr. 16. (161 S.) Stuttgart 879, Abenheim'sche Verlagsh. *

-- die Erbschaft v. Deblow Marsh, s.: Meyer's Volksbücher.

-- das Erbteil in den Deblow-Marschen, s.: Bibliothek der fremden Zungen.

Harte, Bret, ausgewählte Erzählungen. 8. Leipzig 873, Payne. *

— dasselbe, s.a. Hesse's, Max, Volksbücherei.

Harte, Bret. Ausgewählte Erzählungen. Deutsch v. A. Mürenberg u. P. Heichen. 3. Aufl. gr. 8. (199 S.) Berl. 890, Lüstenöder. * 1 50

— ausgewählte Erzählungen. I u. II. 8. Stuttgart, R. Lutz. à n. 2.—; geb. n. 3.—

I. Drei Teilhaber. Roman. Autoris. Uebersetzg. v. Margarete Jacobi. (323 S.) 901.
II. Jack Hamlin als Vermittler u. andere Erzählungen. Autoris. Uebersetzg. v. Margarete Jacobi u. a. (300 S.) 902.

— ausgewählte Erzählungen. III—V. 8. Stuttgart, R. Lutz. à n. 2.—; geb. à n. 3.—

III. Die Postmeisterin v. Laurel Run u. andere Erzählungen. Autoris. Übersetzg. v. Margarete Jacobi. (268 S.) 904.
IV. Der Sheriff v. Siskyou u. andere Erzählungen. Autoris. Uebersetzg. (250 S.) 905.
V. Das Geheimnis der Sierra. Autorisiert. (262 S.) 905.

—— fünf neue Erzählungen. Deutsch von Heichen-Abenheim. Autoris. Ausg. 8. (110 S.) Stuttgart 877, Abenheim'sche Verlagsh. *

Inhalt:
Mein Freund Landstreicher. — New-York zwischen 6 und 7. — Der Hirte von Solano. — Eine Nacht im Schlafwaggon. — Sanherib's Tod.

— Kalifornische Erzählungen, s.a. Bücher, die, des deutschen Hauses.

Kalifornische Erzählungen. Von Bret **Harte**. Deutsch von Wilhelm Hertzberg u. Wilhelm Mießner. Berlin: Buchverl. fürs Deutsche Haus 1909. 287 S. 8°
(Die Bücher d. Deutschen Hauses. Bd 67.) 10. 12363

—— californische Erzählungen, s.a. Universal-Bibliothek Nr. 607, 629, 671, 712, 1069, 1127, 1164, 1204, 1230.

— Kalifornische Erzählungen, s.a. Von Buch zu Buch.

— 2 Erzählungen, s.: Lutz' Kriminal- u. Detektiv-Romane.

— zwei Erzählungen, s.: Sammlung ausgewählter Kriminal- u. Detektiv-Romane.

— auf der alten Fährte, s.: Engelhorn's allgemeine Roman-Bibliothek. XXII. 19.

— eine vornehme Familie, s.a. Kürschner's, Jos., Bücherschatz.

Eine vornehme **Familie**. Roman von Bret **Harte**. Einzig rechtmäßige Übers. von Hermann Limbach. Mit Ill. von A. Lewin. *Berlin, Eisenach, Leipzig: H. Hillger [1903].* (110 S.) 8° [F.]
= **Bücherschatz**, Kürschner's. No 364. 04. 568

— a first family of Tasajara, s.: Collection of British authors

— Flip and other Stories, s. Collection of British Authors.

—— Roger Catron's Freund und andere Erzählungen. gr. 16. (152 S.) Stuttgart 879, Abenheim'sche Verlagsh. * 1 —

— Kapitän Jims Freund, s.: Bibliothek der fremden Zungen.

— dasselbe, s.: Meyer's Volksbücher.

— From Sand-Hill to Pine, s.a. Collection of British Authors.

From Sand-Hill to Pine. By Bret **Harte**. Copyright ed. Leipzig: Tauchnitz 1900. 286 S. 8°
(Collection of British authors. Tauchnitz Ed. Vol. 3432.) 00. 8331

— On the Frontier, s. Collection of British Authors.

—— das Geheimniß von Dead-Wood und andere Erzählungen. gr. 16. (154 S.) Ebendas. 879. *

— ein Geheimnis d. Telegraphenhügels, s.: Meyer's Volksbücher.

—— die Geschichte einer Mine, s. Haus-Bibliothek.

—— dass. — s. Universal-Bibliothek Nr. 1039, 1040.

—— ein Gespenst der Sierras und andere Erzählungen. Deutsch von A. Passow. 16. (137 S.) Ebendas. 878. *

— das Glück v. Devils Fort. Erzählung. 8. (146 S.) Mannheim 893. J. Bensheimer's Verl. n. 2. —; geb. n.n. 1. —

—— von der Grenze, s. Engelhorn's allgemeine Romanbibliothek.

— der Grubenmillionär. Peter Schroeder, s.a. Kürschner's, Jos., Bücherschatz.

Der Grubenmillionär. Peter Schroeder. Von **Bret Harte**. Deutsch von Arthur Roehl. Mit Ill. von R. A. Jaumann. *Berlin, Eisenach, Leipzig: H. Hillger [1902].* (124 S.) 8° [F.]
= **Bücherschatz**, Kürschners. No 278. 02. 34

— Das anvertraute Gut u. andere Erzählungen, s.: Engelhorn's allgemeine Roman-Bibliothek.

—— das Heidenkind und andere Erzählungen. 16. (151 S.) Ebendas. 878. *

—— an Heiress of red Dog and other Sketches, s. Collection of British Authors.

— Die Höhle am Hügel. Jack Despard, s.a. Kürschner's Bücherschatz.

[F.] Die Höhle am Hügel. Jack Despard. Enriquez Saltillo. Von **Bret Harto**. M. 25 Ill. v. M. Ränicke. *Berlin, Eisenach, Leipzig: H. Hillger [1897].* (128 S.) 1 Bd 8.
= **Bücherschatz**, Kürschners. No 37. 97. 6399

— In a hollow of the hills ..., s.a. Collection of British Authors.

In a Hollow of the hills, and The devotion of Enriquez. By Bret **Harte**. Copyright ed. Leipzig: Tauchnitz 1896. 279 S. 8°
(Collection of British authors. Tauchnitz Ed. Vol. 3110.) 11. 8101

—— Idyls of the Foothills, s. Collection of British Authors.

Harte, Bret, in der Prairie verlassen, s.a. Engelhorn's allgemeine Romanbibliothek.

[F.] In der Prairie verlassen '(A waif of the Plains)'. Von [Francis] Bret **Harte**. Autoris. Uebs. a. d. Engl. v. Emmy Becher. *Stuttgart: J. Engelhorn 1893.* (159 S.) 1 Bd 8.
= **Romanbibliothek**, Engelhorns Allgemeine. Jg. 9. Bd 12. 98. 10389 Gr

— in der Prairie verlassen. Autoris. Uebersetzg. aus dem Engl. v. Emmy Bechler. Mit 4 Farbdr.-Bildern v. Fritz Bergen. (179 S.) 8. Stuttgart (905). G. Weise. Geb. in Leinw. n. 3. —

— der Kreuzzug des „Excelsior", s.a. Union-Sammlung moderner Romane. 29. Bd.

Fr[ancis] Bret **Harte**. Der Kreuzzug des 'Excelsior' [The crusade of the 'Excelsior']. Autor. Übers. von Dr. W. H. Meyer. *Stuttgart, Berlin, Leipzig: Union [1902].* (231 S.) 8° [F.]
= **Union-Sammlung** moderner Romane. 29. 02. 1758

Harte, Bret, Jeff Briggs's Love Story and other Tales, s. Collection of British Authors.

—— die beiden Männer von Sandy-Bar, s. Universal-Bibliothek Nr. 916.

—— Maruja, s. Collection of British Authors.

—— dass. — s. Engelhorn's allgemeine Romanbibliothek.

— Mr. Jack Hamlin's mediation and other stories, s.a. Collection of British authors.

Mr. Jack Hamlin's Mediation, and other stories. By Bret **Harte**. Copyright ed. Leipzig: Tauchnitz 1899. 264 S. 8°
(Collection of British authors. Tauchnitz Ed. Vol. 3398.) [11. 8395

—— two Men of Sandy Bar, s. Collection of British Authors.

– s. Meyer's Volksbücher.

– A millionaire of Rough- and Ready, s. Collection of British Authors.

—— ein Millionair von Rough-and-Ready, s. a. Roman-Bibliothek der Deutschen Illustrirten Zeitung.

— ein Millionär v. Rough-and-Ready. Erzählung. 8. (169 S.) Mannheim 898. J. Bensheimer's Verl. n. 3. —; geb. n.n. 4. —

— - die Mine in der Teufelsschlucht. Eine californ. Erzählung. In's Deutsche übertragen von Heichen-Abenheim. 1. Aufl. (251 S.); 2. Aufl. 8. (256 S.) Stuttgart 878, Abenheim'sche Verlagsb. *

—— californische Novellen. Uebersetzt von Wilh. Hertzberg. gr. 16. (X, 130 S.) Leipzig 873, Quandt und Händel. *

—— neueste Novellen, 1882—1883, übers. von Bettina Wirth. Vom Verf. autoris. Ausg. 8. (III, 230 S.) Leipzig 883, Breitkopf und Härtel. *ℳ 3.; geb. *

– Three partners, s.a. Collection of British Authors.

Three Partners, or The big strike on Heavy Tree Hill. By Bret **Harte**. Copyright ed. Leipzig: Tauchnitz 1898. 285 S. 8°
(Collection of British authors. Tauchnitz Ed. Vol. 3287.) [11. 8284

— der Pflegling der goldenen Pforte, s. a. Bibliothek der Gesamt-Litteratur d. In- u. Auslandes.

— Der Pflegling der goldenen Pforte, s. a. Hendel's, Otto, Reisebibliothek.

Der Pflegling der goldenen Pforte [Ward of the golden gate]. Roman von Bret **Harte**. Deutsch von Paul Heichen. Halle a.S.: O. Hendel [1908]. (160 S.) 8° [F.]
(Otto Hendel's Reisebibliothek. Ser. 1. No 3.) [08. 16873 3

– A Phyllis of the Sierras, s. Collection of British Authors.

— Pioniere des Westens, s.: Engelhorn's allgemeine Roman-Bibliothek. XXI. 16.

—— Prose and Poetry, s. Collection of British Authors.

a protégée of Jack Hamlin's etc., s. a. Collection of British authors.

A Protégée of Jack Hamlin's etc. By Bret **Harte**. Copyright ed. Leipzig: Tauchnitz 1894. 262 S. 8°
(Collection of British authors. Tauchnitz Ed. Vol. 2974.) [11. 7990

– Under the redwoods, s.a. Collection of British Authors.

Under the Redwoods. By Bret **Harte**. Copyright ed. Leipzig: Tauchnitz 1901. 286 S. 8°
(Collection of British authors. Tauchnitz Ed. Vol. 3501.) [11. 8379

— ein fahrender Ritter der Foot-Hills, s.: Bibliothek der fremden Zungen.

— dasselbe. s.: Meyer's Volksbücher.

dasselbe u. andere Novellen. 8. [illegible] Stuttgart [illegible]. Deutsche Verlags-Anstalt. n. 1 [illegible]; geb. n. 1.50

—— eine Sage aus Sammtstadt und andere Erzählungen. 16. (170 S.) Ebendas. 879. *

– Enriquez Santillo, s. Kürschner's Bücherschatz.

– A Sappho of Green Springs, s. Collection of British Authors.

— ein Schiff v. anno '49, s.: Weber's moderne Bibliothek.

—— aus meinem Seeräuberleben und andere Erzählungen. 16. (141 S.) Ebendas. 878. *

– By shore and sedge, s. Collection of British Authors.

– Snow-Bound at Eagle's and Devil's Ford, s. Collection of British Authors.

– Stories in light and shadow, s.a. Collection of British Authors.

Stories in light and shadow. By Bret **Harte**. Copyright ed. Leipzig: Tauchnitz 1899. 283 S. 8°
(Collection of British authors. Tauchnitz Ed. Vol. 3331.) [11. 8254

—— the Story of a Mine, s. Collection of British Authors.

– Susy, s.a. Collection of British Authors.

Susy. By Bret **Harte**. Copyright ed. Leipzig: Tauchnitz 1893. 272 S. 8°
(Collection of British authors. Tauchnitz Ed. Vol. 2892.) [11. 7941

—— Baby Sylvester und andere Erzählungen. 16. (124 S.) Ebendas. 878. *

—— Tales of the Argonauts, s. a. Library, English.

—— tales of the Argonauts. Students' Tauchnitz edition. Mit deutschen Erklärungen von G. Tanger. gr. 8. (XII, 173 S.) Leipzig 886, B. Tauchnitz. *ℳ 1.40.; cart. *

– Tales of train and town, s.a. Collection of British Authors.

Tales of trail and town. By Bret **Harte**. Copyright ed. Leipzig: Tauchnitz 1898. 278 S. 8°
(Collection of British authors. Tauchnitz Ed. Vol. 3299.) [11. 8233

– On the old trail, s.a. Collection of British Authors.

On the old Trail. By Bret **Harte**. Copyright ed. Leipzig: Tauchnitz 1902. 278 S. 8°
(Collection of British authors. Tauchnitz Ed. Vol. 3578.) [11. 8437

— Trent's trust and other stories, s. a. Collection of British authors.

Trent's Trust, and other stories. By Bret **Harte**. Copyright ed. Leipzig: Tauchnitz 1903. 287 S. 8°
(Collection of British authors. Tauchnitz Ed. Vol. 3660.) [11. 8499

—— the **Twins of Table Mountain**, s. Collection of British Authors.

—— im Walde von Carquinez, s. Collection Spemann.

— im Walde v. Carquinez, s. Romane, moderne, aller Nationen.

(Fr[a]ncis]) Bret **Harte**. Im Walde von Carquinez [In the Carquinez Woods]. (Vorr.: Eugen Zabel.) *Stuttgart, Berlin, Leipzig: Union [1900].* (200 S.) 8° [J.]
— Romane, Moderne, aller Nationen. 10. [01. 13080

– A wart of the golden gate, s. Collection of British Authors.

Harte, Car. Theod. Ericus (geb. Naueu 10. 3. 1842): De menstruatione. Berolini (1866). (32 S.) 8°
Berlin, Med. Diss. v. 2. Juli 1866

Harte, Walter. Geschichte Gustav Adolphs, Königs von Schweden. Deutsch von G. H. Martini, mit Vorrede von J. G. Böhme. 2 Bde. 4. M. Krtn. u. Plän. Leipzig 1760. 61.

Harte, Walther. Das Leben Gustav Adolphs des Grossen, Königs von Schweden. Aus dem Englischen übersetzt von George Heinrich Martini, und mit einer Vorrede und Anmerkungen begleitet von Johann Gottlob Bohmen. Mit Kupfern. (2 Bde.)
4. Leipzig 1760—1761.

Harte, Walter, Leben Gustav Adolph d. Großen rc. Aus d. Engl. ins Deutsche übers. von G. H. Martini. Mit Anmerkk. u. Vorrede v. J. G. Böhme. Mit Pl. u. Landkart. 2 Bde. gr. 4. Lpz. 761. Duck. 6 ℔ Schrbp. 7 ℔

Hartel, E., historische Bilder aus dem deutschen Ordenslande. Illustrirt m. 45 (lith.) Abbildgn. der Wappen sämmtl. Hochmeister. gr. 8. (102 S.) Danzig 875. Bertling. n. 2. 25

HARTEIS, J. Michael (Dürrn): I. Herniotomie, Operation und Verband nach Lister'schen Regeln. Heilung in vier Wochen. II. Beweise, dass die Antiseptik auch in der Landpraxis nothwendig und ausführbar ist.- München: Wolf 1879. 22 S.
31.10.1879 - Urk (Titel: De herniotomie deque methodo antiseptica ruri adhibenda.); Chr 1879/1880,14
Diss.Ingolst.-Landsh.-Mchn.

Harteker, Josef [app. Arzt aus Göllsdorf '(Württemb.)']: **Die Heilwirkung des Tannigens bei den Darmkatarrhen des Kindesalters ... Grünstadt, Druck v. F. Ch. Riedel,** ***1896;*** 29 S. 8.
Heidelberg, Med. Fak., Inaug.-Diss. v. [6. Dez.] 1895

Hartel

— **s. a. Härtel.**

Hartel, Anton Friedrich Wilhelm

Hartel, A. F. G., de febris phthisicorum natura et curatione. 8. Götting. 788. Brose. 4 ℊ

Hartel, Anton Friedr. Wilhelm (Hildesheim), De febris phthisicorum natura et curatione. Diss. med. Götting. (H. M. Grape) 13. IX. 1788. 60 S. (6.—) 13199

Hartel, Aug.

Hartel, A., Altäre u. Kanzeln. Eine Sammlg. v. Aufnahmen aus den berühmtesten Kirchen d. Mittelalters u. der Neuzeit. [Aus: „Architekton. Details".] gr. Fol. (30 Lichtdr.-Taf. m. 1 Blatt Text.) Berlin 892. Hessling & Spielmeyer. In Mappe. n. 32. —

Hartel, Aug., Altäre u. Kanzeln. Eine Sammlg. v. Aufnahmen aus d. berühmtesten Kirchen d. Mittelalters u. d. Neuzeit. 2. [Titel-]Aufl. (Sep.-Ausg. aus „Architekton. Details".) gr. Fol. (30 Lichtdr.-Taf.) Berlin (892) 896. B. Hessling. In Mappe n. 32. —

Hartel, A., Altäre u. Kanzeln. Eine Sammlg. v. Aufnahmen aus den berühmtesten Kirchen des Mittelalters u. der Neuzeit. [Aus „Architekton. Details".] 3. Aufl. (30 Lichtdr.-Taf. m. III S. Text.) 49×34,5 cm. Berlin (910). Ornamentverlag.
In Halbleinw.-Mappe 32. —

— d. hervorragendsten älteren Bauwerke in Cöln a/Rh. D. Dom, d. Rathhaus, d. Kirchen: St. Gereon, St. Maria im Capitol, St. Cunibert, Gross St. Martin, St. Andreas, St. Ursula, Jesuitenkirche, Apostelkirche, d. Severinsthor etc. gr. Fol. (40 Lichtdr.-Taf.) Leipzig 896. Berlin, M. Spielmeyer. In Mappe n. 27. —

Hartel, A., architektonische Details d. Mittelalters. (1. Serie.) Fol. (60 Lichtdr.-Taf. m. 1 Bl. Text.) Berlin 889. Claesen & Co. In Mappe. n. 45. —

— dasselbe. Eine Sammlg. photograph. Aufnahmen berühmter Bauwerke aus der roman. u. goth. Epoche, f. Architekten, Bildhauer, Archäologen, Schulen etc. hrsg. 2. Aufl. (In 10 Lfgn.) 1.–4. Lfg. gr. Fol. (à 6 Lichtdr.-Taf.) Ebd. 890. In Mappe. à n. 4. 50

architektonische Details u. Ornamente der kirchl. Baukunst in den Stylarten des Mittelalters. Portale, Strebepfeiler, Säulen, Kapitäle, Statuetten, Wölbgn., Chöre, innere Totalansichten, Orgeln, Altäre, Kanzeln u. sonst. charakterist. Einzelheiten der berühmten Dome zu Trier, Mainz, Limburg, Halberstadt, Magdeburg, Strassburg i. E. u. anderer Meisterwerke des Mittelalters, sowie hervorrag. kirchl. Bauwerke der Neuzeit. 1. u. 2. Serie. gr. Fol. Ebd. 891. In Mappe n. 85. —; 1. Serie auch in 10 Lfgn. à n. 4. 50
1. 2. Aufl. 60 Lichtdr.-Taf. n. 45. — 2. 50 Lichtdr.-Taf. n. 40. —.

— Architektonische Details u. Ornamente d. kirchl. Baukunst in d. Stylarten d. Mittelalters. Portale, Strebepfeiler, Säulen, Statuetten, Wölbgn., Chöre, inn. Totalansichten, Orgeln, Altäre, Kanzeln u. sonst. charakterist. Einzelheiten d. berühmten Dome zu Trier, Mainz, Limburg a/L., Halberstadt, Magdeburg, Strassburg i/E. u. a. Meisterwerke d. Mittelalters, sow. hervorrag. kirchl. Bauwerke d. Neuzeit. Mit kunsthistor. Text v. D. Joseph. 3. Aufl. gr. Fol. (110 Lichtdr.-Taf. m. 40 Sp. Text.) Berlin 896. B. Hessling. 2 Serien in Mappe à n. 40. —
Erschien auch in 10 Lfgn à n. 8. —

— moderne Kirchenbauten. 1.–6. Lfg. Fol. (à 10 Lichtdr.-Taf.) Berlin 888. Wasmuth. In Mappe. à n. 10. —

— u. Engelb. **Seibertz**, moderne Kirchenbauten. 7.–10. Lfg. Fol. (40 Lichtdr.-Taf.) Berlin 889–894. E. Wasmuth. In Mappe. à n. 10. —
Lfg. 1–8 sind von A. Hartel allein hrsg.

— u. Engelb. **Seibertz,** moderne Kirchenbauten. 11. u. 12. Lfg. Fol. (20 Lichtdr.-Taf.) Berlin 898. E. Wasmuth. In Mappe à n. 10. —

Hartel, Aug., u. Engelb. **Seibertz,** moderne Kirchenbauten. 13. u. 14. (Schluss-)Lfg. Fol. (20 Lichtdr.-Taf. m. 2 S. Text.) Berlin 900. E. Wasmuth. In Mappe à n. 10. —

Hartel, A., Cöln. 1. Abthl.: Bauwerke der Neuzeit. 1. und 2. Serie. Fol. (30 S. mit je 30 Lichtdr.) Leipzig 887. 888. . Hiersemann. In Mappe. à Serie n. 20. —

— dasselbe. 2. Abthl.: Bauwerke des Mittelalters. Fol. (40 S. mit 40 Taf.) Ebd. 888. In Mappe. n. 27. —

— u. **Neckelmann,** aus unserer Mappe. Auswahl hervorrag. Entwürfe. 1886—1887. Fol. (36 Lichtdr.-Taf. m. 1 Bl. Text.) Leipzig 888. Hiersemann. — Berlin, Claeson & Co. In Mappe. n. 30. —

— dasselbe. II. Serie. Fol. (40 Lichtdr.-Taf. m. 1 Bl. Text.) Berlin 889. Claeson & Co. In Mappe. n. 36. —

Hartel, Georg [app. Arzt aus Mainz]: Bericht über tausend Geburten der königl. Universitäts-Frauenklinik zu Würzburg. E. Beitr. z. geburtshilfl. Statistik ... Erfurt, Druck v. Ruebsam & Söhne, 1897; 48 S. 8.
Würzburg, Med. Fak., Inaug.-Diss. v. 1897

Hartel Ubald: Diodors Quellen in der Alexandergeschichte.
H. 1884 PN 362 Diss. Wien, Univ. 694

Hartel, Wilhelm August Ritter von

Hartel, Dr. Wilhelm v., Abriss der Grammatik des Homerischen und Herodotischen Dialektes. Sonderabdruck aus der mit hohem k. k. Ministerialerlass vom 13 August 1887, Zahl 12835, zulässig erklärten 17. Auflage von Dr. Curtius Griechischer Schulgrammatik. 8°. (56 S.) Prag, Tempsky. fl. —.35, geb. fl. —.45.
1887.

Hartel, W. v., **Abriß** der Grammatik d. homerischen u. herodotischen Dialekts, im Anschluß an die 18. Aufl. v. Curtius' griech. Schulgrammatik bearb. gr. 8. (II, 56 S.) Leipzig 888. Freytag. n. — 60; geb. n. — 80

Hartel, Wilh. v. Analecta. Aus spanischen Handschriften, s.: Studien, Wiener, 7., 9. u. 10. Jahrg.

Hartel, W., Analecta. S.-A. 1885. 18 S.

Hartel, W., Analecta. (ad Ennodium). S.-A. 1880. 81 S.

Hartel, W. v., Analecta ad Frontinum. S.-A. O. J. 24 S.

Hartel, W., Analecta (ad Theognidem.) S.-A. 1880. 26 S.

— Demosthenische Anträge. S.-A. 1894. 21 S. 4°.

—— Über Aufgaben u. Ziele der classischen Philologie. Inaugurationsrede. 2. Aufl. Lex.-8. (36 S.) Prag 890, Tempsky. — Lpz., Freytag. * — 75

Hartel, W. v., Ueb. Aufgaben u. Ziele d. klassischen Philologie. Gel. 1891. 34 S.

Hartel, W., Ueb. d. Aussprache d. Latein in unsern Schulen. S.-A. s. a. 14 S.

Hartel, W. v., Krit. Beiträge z. V. Decade d. L. S.-A. 1866. 20 S.

— *Bibliotheca patrum latinorum Hispaniensis. 1. Escorial. (Real biblioteca de San Lorenzo.)* Nach Aufzeichnungen von Dr. Gustav Loewe. S. 111. 465.
— — 2. *Escorial.* Nach Aufzeichnungen von Dr. G. Loewe. S. 112. 161.
— — 3. Madrid, Toletaner Handschriften der *bibliotheca nacional.* Nach Aufzeichnungen von Dr. G. Loewe. S. 112. 169.
— — 4. Nationalbibliothek in Madrid. 2. Teil. Nach Aufzeichnungen von Dr. G. Loewe. S. 113. 47.
— — 5. Nationalbibliothek in Madrid. (Schluß.) Nach Aufzeichnungen von Dr. G. Loewe. S. 113. 25.
— — 6. Privatbibliothek Sr. Majestät des Königs. *Real academia de la historia. Archivo historico nacional. Museo arqueologico nacional. Biblioteca del noviciado de la Universidad central.* Nach Aufzeichnungen von Dr. G. Loewe. S. 113. 489. Alle 6 Abhandlungen zusammen . . . . 8.—
Separatabdruck

—— bibliotheca patrum latinorum hispaniensis. I. Bd. Nach den Aufzeichnungen Gust. Loewe's hrsg. und bearb. Lex.-8. (III, 542 S.) Wien 887, (Tempsky.) * 8 —
Aus: Sitzungsberichte der k. Akademie der Wissenschaften, besonders abgedruckt.

Hartel, W. v., Bonitz u. sein Wirken in Oesterreich. S.-A. 1889. 36 S.

Hartel, W. v., Die Caesarausgabe des Hirtius. S. A. 1890. 9 S.

Hartel, W., Corpus script. ecclesiast. Lat., ed tum consilio et impensis Acad Litt. Vindobon. vol. I. S.-A. 1868. 17 S. —.90

— Curtius u. Kaegi. Eine Vertheidigg. gr. 8. (59 S.) Wien u. Prag 888. Tempsky. — Leipzig, Freytag. n. — 70

Hartel, W. v., Rec. „D. Dialekt d. Hesiodos" (v. A. Rzach) u. „D. dialect. Digamma d. H." (v. H. Flach). S.-A. 1876. 23 S. 1.20

Hartel, W., Ueber die Entstehung d. Odyssee. S.-A. 1864. 70 S.

— Eutropius und Paulus Diaconus. S. 71. 27 . . . . Ngr.
Separatabdruck

Hartel, Wilh., Eutropius u. Paulus Diaconus. [Aus „Sitzungsber. der k. Akad. d. Wiss."] Lex.-8. (86 S.) Wien 872. Gerold's Sohn in Comm. n. 1. 40

— Festrede z. Enthüllung des Thun-Exner — Bonitzdenkmals. 1893. 32 S.

Hartel, Wilh. Ritter v., s.: Genesis, d. Wiener.

— u. Frz. **Wickhoff,** die Wiener Genesis, s.: Jahrbuch der kunsthistorischen Sammlungen des Allerhöchsten Kaiserhauses.

— Grammatik d. hom. Dialekts. 1887.

Hartel, W., Ein griechischer Papyros aus dem Jahre 487 n. Christus. S.-A. 1883. 41 S. u. 1 Taf. 1.25

— Ein Problem d. homer. Textkritik u. d. vergleich. Sprachwissensch. (v. K. Brugmann). S.-A. 1876. 9 S. —.75

— Über die griechischen Papyri Erzherzog Rainer. Vortrag, gehalten anläßlich des 25jährigen Kuratorjubiläums Seiner k. und k. Hoheit des Erzherzogs Rainer am 10. März 1886 . . . . K 1.60
Separatabdruck

Hartel, Wilh. Ritter v., üb. die griechischen Papyri Erzherzog Rainer. Vortrag. gr. 8. (82 S.) Wien 886. (Gerold's Sohn.) n. 1. 60

— Rede zur Feier des 50jährigen Bestandes der k. k. Zentralanstalt für Meteorologie und Erdmagnetismus in Wien am 26. Oktober 1901. Al. 1902. 99 . . . . —.60
Separatabdruck

— Regulativ für die Anlage d. Ausgaben d. corpus scriptorum ecclesiasticorum latinorum. 1901. 80 S. —.90

Hartel, Wilh. v., griech. Schulgrammatik, s.: Curtius, Geo.

— Demosthenische Studien. 1. Teil. S. 87. 7 . . . . vgr.
— — 2. Teil. S. 88. 35 . . . . 2.40
Separatabdruck

Hartel, Wilh., demosthenische Studien. I. u. II. [Aus: „Sitzungsber. d. k. Akad. d. Wiss."] Lex.-8. Wien 877. 78. Gerold's Sohn in Comm. n. 3. 40
I. (62 S.) n. 1. —. — II. (136 S.) n. 2. 40

Hartel Wilhelm August Ritter von. Dr.: Homerische Studien. 1. Teil. S. 68. 381 . . . 1.20
Separatabdruck

— Homerische Studien. 2. Teil. S. 76. 320 . . . . vgr.
— — 3. Teil. S. 78. 7 . . . . vgr.
Separatabdruck

— homerische Studien. I. III. [Aus „Sitzungsber. d. k. Akad. d. Wiss."] Lex.-8. (98 u. 50 S.) Ebend. 871—74. n. 3. —

— dasselbe. Beiträge zur homer. Prosodie u. Metrik. 2. Aufl. gr. 8. (IV, 130 S.) Berlin 873. Vahlen. n. 3. —

— Patristische Studien. 1. Zu *Tertullian de spectaculis, de idololatria*. S. 120,6 . 1.—
— 2. Zu *Tertullian ad nationes*. S. 121 2 . . . . 1.60
— — 3. Zu *Tertullian ad nationes, de testimonio animae, scorpiace*. S. 121 6 . . 1.60
— — 4. Zu *Tertullian de oratione, de baptismo, de pudicitia, de ieiunio, de anima*. S. 121 11 . . . . 1.60
— — 5. Zu den Briefen des heil. Paulinus von Nola. S. 132 4 . . . . 1.40
— 6., in welchen eine Reihe textkritisch schwieriger Stellen des 30. Bandes des *Corpus scriptorum ecclesiasticorum latinorum*, welcher die Gedichte des Paulinus von Nola umfasst, behandelt wird. S. 132 7 . . . . 2.—
Separatabdruck

Hartel, Dr. Wilhelm, Patristische Studien. I. Zu Tertulian de spectaculis, de idololatria. Gr.-8. (56 S.) —.50
Wien:Tempsky 1890.

Hartel, Dr. Wilhelm von, Patristische Studien. II. Zu Tertulian ad nationes. Gr.-8. (84 S.) —.80
Wien:Tempsky 1890.

— III. Zu Tertulian ad nationes, de testimonio animae scorpiace. Gr.-8. (88 S.) —.80
Wien:Tempsky 1890.

Hartel, Dr. Wilhelm von, Patristische Studien. IV. Zu Tertullian de oratione, de baptismo de pudicitia de Jeiunio, de anima. Gr.-8. (90 S.) —.80
Wien:Tempsky 1890.

Hartel, Dr. Wilhelm, Patristische Studien. V. Zu den Briefen des H. Paulinus v. Nola. Gr.-8. (74 S.) —.70
Wien:Tempsky 1895.

Hartel, Dr. Wilhelm von, Patristische Studien. VI. Zu den Gedichten des Hl. Paulinus von Nola. Gr.-8. (95 S.) 1.—
Wien:Tempsky 1895.

— Studien über attisches Staatsrecht und Urkundenwesen. 1. Teil. S. 90. 563 . . . . 4.80
— — 2. Teil. S. 91. 101 . . . . vgr.
Hartel Wilhelm August Ritter von. Dr.: Studien über attisches Staatsrecht und Urkundenwesen. 3. Teil. S. 92. 87 . . . . vgr.
Separatabdruck

—— Studien über attisches Staatsrecht und Urkundenwesen. Lex.-8. (288 S.) (Ebendas.) 878. *
aus: Sitzungsberichte der k. Akademie der Wissenschaften, besonders abgedruckt.

— s.: Studien, Wiener.

Hartel, W., die Universitäten, s.: Ausstellungs-Bericht, officieller.

Hartel, W., Tertullian's Verhältnis zu Minucius Felix v. A. Ebert. S.-A. 1868. 21 S.

— Kritische Versuche zur fünften Dekade des Livius. S. 116. 581 . . . . 1.20
Separatabdruck

—— kritische Versuche zur fünften Dekade des Livius. gr. 8. (80 S.) (Ebendas.) 888. * 1 20
Aus: Sitzungsberichte der k. Akademie der Wissenschaften, besonders abgedruckt.

— s.: Zeitschrift f. d. österr. Gymnasien.

(Härtel) s. Breitkopf.

— s. a. Hartel, Hertel.

Bundeslied. [Am Ende:] Comp. von Härtel. [Ged. von] A. Lehmann. [Leipzig] o. J.: [Wassermann]. 1 Bl. 8° [Kopftit.]
Ohne Noten: „So viel der Blumen dem Erdenrund . . ."

Ein Christbäumchen für die geliebten Brüder. Gezogen v. [Karl] Gärtner, angeputzt v. Härtel. [Leipzig 1858: Leiner.] 2 Bl. 8° [Umschlagtit.]
Abgedr. in: Bh. 2 (1859) S. 16.
Tt. 2439. Lied ohne Noten: „Es ist ein Freudenfeuer . . ."
[Dasselbe u. d. Tit.:]
[Lied.] Zum Feste Johannis des Evangelisten, am 26. Dec. 5860. [Am Ende:] Gedichtet von [Karl] Gärtner, comp. von Härtel. [Leipzig 1860: Leiner.] 1 Bl. 8° [Kopftit.]
Ohne Noten.

Des Maurers Johannismorgen-Lied. Comp. v. Härtel. Ged. v. Gärtner. [Leipzig] o. J.: [Wassermann]. 2 Bl. 8° [Kopftit.]
Ohne Noten: „Die Morgensonn' am Himmel steht, . . ."

Härtel, A. E., kleine Bilderfibel, s. Flegel, J. G.

Härtel, Aug., kleines Herbarium. 1. Frühlings-Flora. Roßleben 862. (Querfurt, Burow.) 8. (50 Bl. mit aufgeklebten Pflanzen) n. 1 ₰ 5 ngr.

—— landwirthschaftliches Herbarium. Fol. (96 Blatt mit aufgeklebten Pflanzen und Handbüchlein dazu 84 S. in 8.) Querfurt 861, (Burow.) geh. und in Mappe. *

Härtel, August: Interessantes aber nicht Jedermann Bekanntes. Nach dem Englischen. Leipzig 1859

Härtel, Aug. (II.), deutsches Liederlexikon. Eine Sammlung der besten und beliebtesten Lieder und Gesänge des deutschen Volkes. Mit Begleitung des Pianoforte. 12 Lfgn. hoch 4. (XII und 767 S.) Leipzig 864, Ph. Reclam jun. à Lfg. * 5 Ngr. *

Härtel, Aug., deutsches Liederlexikon. Eine Sammlung der besten u. beliebtesten Lieder u. Gesänge des deutschen Volkes. Mit Begleitung des Pianoforte. 2. (Titel-)Aufl. Leipzig (864) 867. Ph. Reclam jun. Lex.-8. (VIII, 767 S.) n. 2 *ß*; geb. n.n. 2 *ß* 10 *ngr.*

Härtel, Aug., deutsches Liederlexikon. Eine Sammlung der besten und beliebtesten Lieder und Gesänge des deutschen Volkes. Mit Begleitung des Pianoforte. 3.—7. Aufl. Lex.-8. (IV, VIII, 767 S.) Leipzig 868—79, Ph. Reclam jun. * ℳ 6.; geb. *

HARTEL, A., Deutsches Liederlexikon. Eine Sammlung der besten und beliebtesten Lieder und Gesänge des deutschen Volkes. Mit Begleitung des Pianoforte. 7. Aufl. Leipzig, o. J. 4⁰. (Mk. 7—.) (3 Mk. 50 Pfg., Hfz., G. Fritzsche, Hamburg, 1892.)
Enthält 1000 Volkslieder m. Melodien u. Pianof.-Begleitung. — Zuerst: Leipzig 1864. 8⁰. (2 Rthlr.) (Karajan's Bibl. I. Lpz. 1875. no. 4569.)

Haertel, Benno, Beiträge u. Erweiterungen zu verschiedenen Kapiteln der Harmonielehre nebst prakt. Übungen zur besond. Vorbereitung f. die Modulation u. den Choralsatz. (V, 46 S.) gr. 8. Leipzig 905. Breitkopf & Härtel. n. 1. 20

Theoretische und praktische Modulationslehre von Benno **Haertel**, Prof. Hannover: Lehne & Ko. [1908]. (47 S.) 4°(8°) 108. 5493

Härtel, C. A., üb. d. gänzliche Abschaffung aller Eidschwüre v. Gericht. 8. Gotha, Steudel. 810.

Härtel, C. Fr.

—— s. **Anders, F. G.**

Härtel, C. Fr., Brief- u. Fahrpost-Bericht. Nach amtl. Materialien bearb. zum Handgebrauche f. das correspondirende Publikum. 3. Jahrg. 1871. 4 Nrn. Imp.-Fol. Leipzig, Loewe. 1. 50; einzelne Nrn. n. — 50

— dasselbe. 4. Jahrg 1872. 2 Nrn. hoch 4. (Nr. 1. 28 S.) Ebend. 1. 20; einzelne Nrn. — 75

—— dass. — 5. Jahrg. 1873. 2 Nrn. hoch 4. (à Nr. 24 S.) Ebendas. à Nr. 80 Pf.

—— dass. — nebst Telegraphen-Tarif. Nach amtl. Materialen bearb. zum Handgebrauch für das correspondirende Publicum. 6. Jahrg. 1874. 2 Nrn. hoch 4. (à Nr. 24 S.) Ebendas. à Nr. 80 Pf.

Härtel, C. Fr., Brief- und Fahrpost-Bericht nebst Telegraphen-Tarif. Nach amtl. Materialien bearb. zum Handgebrauch für das correspondirende Publikum. 7.—10. Jahrg. 1875—1878. à Jahrg. 2 Hefte. Mit Anhang: Bestimmungen über den Fahrpostverkehr nach dem Auslande. hoch 4. (à Heft ca. 24 S.) Leipzig, (Rühe.) à Jahrg.
Einzelne Hefte
Ausg. ohne Anhang à Jahrg.
Einzelne Hefte à

Nicht weiter erschienen.

—— Porto-Taxe für Leipzig nach allen Postorten in den Ober-Postdirections-Bezirken Leipzig und Dresden, sowie den häufiger vorkomm. Postorten in den übr. Postdirections-Bezirken und in Bayern, Württemberg und Oesterreich-Ungarn, mit Angabe der Zonen, nebst Tabellen zur Berechnung des Packetporto's und des Porto's für Briefe mit Werthangabe. hoch 4. (4 S.) Leipzig 874, Löwe.

Härtel, Chr. Gottlieb

Härtel, (Pfarrer,) fliegende Blätter zum Heil d. christkathol. Kirche Schlesiens. 16 Hft. gr. 8. Breslau 827, Grüson u. C.

Härtel, Chr. Gtl., (Pfarrer,) fliegende Blätter zum Heil d. christkathol. Kirche Schlesiens. 16 Hft. gr. 8. Bresl. 827. (Henge). 6 *gl*

— üb. die Einführung d. neuen Kirchenagende, besonders bei Landgemeinden. 8. Bresl. 826.

— an den Hrn. Major v. Poser; nebst e. Anh. über die Milde, die in diesem Jahre von d. Schles. Geistlichkeit (?) erwartet ward. 8. Leipz. u. Bresl. 806.

— u. Grdfe, d. schlesische Volksfreund, s. Volksfreund.

Härtel, Christian August

Über die öffentlichen und gemeinschaftlichen Vergnügungen der Landleute; ein Versuch, Policeydirectoren, Menschenfreunden, Obrigkeiten und wahren Volksfreunden zur Prüfung vorgelegt (von *C. A. H.*, d. i. *Chrn. Aug. Härtel*). Altenburg und Erfurt, Schnuphase, 1804. Kl. 8⁰. (9 ggr.) (In Hamburg: Bibl. colleg. sanit. Cat. de 1829. No 739.) (1/3 Rthl. J. M. Heberle, Cöln, c. 1870.)
Anon.-Lex. IV. p. 202 (nach Kayser).

Haertel, Christian Gottlieb (Breslau), **Selecta quaedam e Mosaica Genesi capita historiae artium atque scientiarum inservientia. Commentat. in memoriam Joannis Caspari Arletii, 24. I. 1784. defuncti. Halle (Hendel) 1791. 28 S. (2.—) 12676**
Gew.: Johann Ephraim Scheibel.

— — Dasselbe. II. — Viro Ernst Ludwig Friedrich Gedicke . . . nunc rectori scholae Budissinae design. gratul. 1791 (S. 29—46). (1.50) 12677
Gew.: J. E. Scheibel, E. L. F. Gedicke.

Härtel, Christian Wilhelm

Härtel, Chr. Wlh., **Diss. med. inaug. de oculo ut signo.** 8 maj. Götting. 786. Dieterich. 2 *gl*

Haertel, Christian Wilhelm: Ueber die Zeichendeutung des menschlichen Auges in Krankheiten. (De oculo ut signo. Dt.) Übers., nebst einer Vorerinnerung und einigen Zusätzen von Heinrich Nudow. 96 S., gbd.

Königsberg: Nicolovius 1791

JB 1.102

—- **Christoph Friedrich** (Schneeberg), De judice jurisprudentiae ignaro justo atque legitimo. Präs. Christian Heinr. Breuning. Lpz. (Langenheim) 10. V. 1765. 8 S. (3.—) 12678

Haertel, E., Album-Blätter m. Sprüchen u. Ansichten zur Erinnerung an die Wartburg. Nach Zeichngn. v. E. H. in Lichtdr. ausgeführt v. Gebr. Hoffmann in Meiningen. 8. (6 Bl.) Eisenach 888. Rasch & Coch. In Couvert. n. 1. 20

Haertel, E., Bilder-Thierbuch mit beweglichen Figuren. 10 (lithogr.) Blätter in Farbendr. mit Versen von Carl Wallen. 1. Aufl. 1863. und 2. Aufl. gr. 4. Berlin 864, F. Schulze's Buchh. cart. +

Haertel, E., Bilder-Thierbuch mit beweglichen Figuren. 10 (lith.) Blätter in Farbendruck mit Versen von Carl Wallen. 1. u. 2. Aufl. Berlin 864. F. Schulze's Buchhdlg. gr. 4. n. 1 ₰ 10 ngr.

Härtel, Else, Eva auf Reisen. Zur Unterhaltg. f. Mädchen von 8—10 Jahren. 8. (VII, 61 S.) Gotha 903. F. A. Perthes. Kart. n. 1. –

Härtel, F., etwas Neues u. Unentbehrliches für Hausfrauen, welche es lieben, sich u. ihre Familie mit blüthenweißer, reiner Wäsche zu umgeben, u. dabei dieselbe auf schnellem, billigem u. schonenderem Wege zu erzielen. Breslau 865. (Kern.) 8. (7 S.) Verklebt. n. 5 ngr.

Härtel, F., die Schönfärbung der deutschen und französischen Immortellen, Strohblumen, Gräser, Aehren und Farren, so wie das Bleichen oder Entfärben von Strohgeflechten aller Art. Leicht faßlich dargestellt für Kunst- u. Handelsgärtner, Strohhutfabrikanten, Blumen- u. Putzhandlungen. Breslau 864. Kern. 8. (16 S.) verklebt 10 ngr.

— **Franz Christoph** (Schneeberg/Misn.), De jure circa prodigos. Disp. jur. Erfurt (Joh. Christoph Hering) 8. X. 1737. 39 S. (6.50) 12679

Härtel, Friedrich *Adolf* [aus Zwickau in Sachsen]: I. Ueber Derivate des Diacetyl- und Dibenzoylbernsteinsäureesters. II. Beitrag zur Kenntnis der sterischen Hinderung chemischer Reaktionen ... Erlangen, Druck d. Univ.-Buchdr. v. E. Th. Jacob, 1897; 49 S. 8.
Erlangen, Phil. Fak., Inaug.-Diss. v. 20. Mai 1897

Härtel, Fritz, approb. Arzt aus Plauen: Ein Fall von Primärem Adeno-Carcinom in der Leber. Mit Abb. *München 1903: Kastner & Callwey.* (92 S.) 8°
München, Med. Diss. v. 1903

Härtel, Geo., die Behandlung u. Eichung d. Elektrizitätszähler. Handbuch f. d. Praxis. (58 S. m. Fig.) 8. Pressburg 908. (Berlin, H. Meusser.) 1. 80

Haertel, H: Verzeichniß von chirurgischen Instrumenten usw. Breslau 1887
Nebst: Nachtrag. 1893

— **Hermann** (Leipzig), De servitutibus per pacta et stipulationes constitutis ex jure Romano. Diss. jur. Lpz. (Breitkopf-Haertel) 28. VIII. 1828. 88 S. (7.—) 12680

Haertel, Hugo [aus St. Dié]: Differentialdiagnose zwischen Kohlendunst- und Leuchtgasvergiftung ... Berlin, Druck v. E. Ebering, *1897*; 29 S., 1 Bl. 8.
Berlin, Med. Fak., Inaug.-Diss. v. 23. Febr. 1897

Haertel, Hugo Joseph. Ant. (geb. Nicolai in Schles. 21. 3. 1841): De paralysi nervi facialis. Berolini (1863). (32 S.) 8°
Berlin, Med. Diss. v. 21. Aug. 1863

Haertel, J. G., praes. **M. Alberti**, De sensuum internorum usu in oeconomia vitali. 24 pp. Hal. 4°. 1726

Haertel, Joh. Ernst Cäsar, Zucht, Strafe, Arbeit. Probleme und Projekte zur Reform des Strafwesens und Organisation der Arbeit. gr. 8. (VIII, 100 S.) Leipzig 888, Friedrich. * 1 50

Haertel, Joannes Josephus Leopoldus (*geb. Koritau in Schles. 15. 10. 1801*): De sectionis conicae in amputationibus extremitatum adhibendae methodo nunc multo praestantiore, quam antea, reddita. Vratislaviae (1823). (VI, 26 S.) 8°
Breslau, Med. Diss. v. 23. Dez. 1823

Härtel, K. F. T., s. Härtell

Haertel, P., die neue Schriftform des Gabelsbergerschen Systems im Unterricht. (10 S.) 8. Osterwieck 905. (Leipzig, E. Zehl.) n. — 20
Sonderabdruck aus: „Praxis des stenograph. Unterrichts".

Haertel, Reinhold. Car. Julius (geb. Gutwohne in Schles. 13. 7. 1838): De iridectomiae usu et effectu in oculi affectionibus. Berolini (1863). (32 S.) 8°
Berlin, Med. Diss. v. 19. März 1863

Härtel, Richard, a. Reichenbach im Vogtlande: Über Farbe, Phototropie und Isomerie von Fulgiden und Ketopentadienverbindungen. I. Die Farbe acyklischer und cyklischer ungesättigter Ketone und ihrer Säureadditionsprodukte. II. Untersuchungen über Phototropie. III. Die drei Dicumylfulgide und ihre Isomerieverhältnisse. Weida i. Th. 1908: Thomas & Hubert. (139 S., 7 Taf.) 8°
Leipzig, Phil. Fak., Ref. Hantzsch-Beckmann, Diss. v. 4. Juli 1908
[Geb. 29. Mai 80 Reichenbach; Wohnort: L.-Lindenau; Staatsangeh.: Sachsen; Vorbildung: Realsch. Reichenbach i. V. Einj.-Zeugnis 96, Nachprüfung i. Obersek. Realgymn. Drei-König-Sch. Dresden; Studium: Leipzig 10 S.]

— **Traugott Christoph** (Schneeberg/Misn.), De partus naturalis adminiculis sectio prior. Dissert. med.-chir. Präs. Johann Carl Gehler. Leipzig (Langenheim) 3. VII. 1772. 28 S. (5.50) 12682

Härtel, Walter, Dresdensis: Studia Statiana. *Lipsiae 1900: O. Schmidt.* (49 S.) 8°
Leipzig, Phil. Diss. v. [11. Juni] 1900

Johann von Besser. Sein Leben u. s. Werke. Ein Beitrag z. Geschichte d. deutschen Hofdichtung von Wilhelm **Haertel**. Berlin: Felber 1910. 160 S. 8°
(Literarhistorische Forschungen. H. 46.) [11. 13544 2

Haertel, Wilhelmine, die praktische Köchin. Bestes ausführl. Kochbuch f. die gesammte deutsche bürgerl. Küche. 10., verm. Aufl. 8. (100 S.) Hainichen [illegible] G. C. Hoffmann. Geb. in Leinw. 3.

Haertel, Wilhelmine, d. prakt. Köchin. Bestes ausführl. Kochbuch f. d. deutsche bürgerl. Küche. Verm. u. verb. Aufl. 8. (487 S. m. 4 Taf.) Hainichen 896. G. C. Hoffmann. Kart. 2. 50; geb. in Leinw. 3. —

Bebauungs-Plan der Stadt Rixdorf. Angefertigt im Auftr. d. Magistr. auf Grund amtl. Materials u. örtl. Feststellungen v. Vermessungsbureau **Härtel & Jeschal**, Rixdorf, im J. 1901. Abth. 1–3 [in 2 Bl.]. (Maßst. 1:4,000.) (Berlin 1901: W. Schön.) (2 Kartenbl. Blattgröße je 112×82 cm.) [lith.] [kol.] [05. 4700

Hartelius, T. J., Lehrbuch der schwedischen Heilgymnastik. Deutsche Ausg. Übers. u. hrsg. v. Chr. Jürgensen und Preller. gr. 8. (XII, 316 S. m. 97 Abbildgn.) Leipzig 890. Grieben. n. 4. —

Hartelius, T. J., Lehrbuch der schwed. Heilgymnastik. Deutsche Ausg. Übers. u. hrsg. v. Chr. Jürgensen u. Preller. 2. Aufl., nach der 4. Aufl. des Originals hrsg. v. Chr. Jürgensen. (XII, 334 S. m. 97 Abbildgn.) gr. 8. Leipzig 907. Th. Grieben. 3.60; geb. n 4. 60

Härtell, Ueber die Art, wie in Gelehrtenschulen der Vortrag der höheren Analysis eingerichtet werden müsse. 12 S. . . .
Progr. Marienwerder 1827

Härtell, K. F. Traugott

Härtell, Leichtfassliche Darstellung der ebenen und sphärischen Trigonometrie. Züllichau und Freistadt 1821. 8.

Härtel, K. Fr. T.: „Leichtfassliche Darstellung der ebenen und sphärischen Trigonometrie nach einer ganz neuen Methode, als erster Kursus für Militair- und Baugewerkschulen", Züllichau 1822 (Darnmann).

Härtell, K. F. Trgtt., leichtfaßl. Darstell. d. ebenen u. sphär. Trigonometrie, nach einer ganz neuen Methode, Mit 1 Formentaf. u. 70 eingedr. Holzschn. 8. Züllichau 822. (Henning in Greiz) 1 ℳ

Haertelt, Christ. Ernestus Henricus *(geb. Waldau in d Oberlausit: 12. 9. 1796)*: De extractionis cataractarum praestantia methodique strenue antiphlogisticae, ipsa peracta, usu. Vratislaviae (1823). (VI, 58 S.) 4°
Breslau, Med. Diss. v. 17. Jan. 1823

Harten, Angelika (Frau Maria Schmitz), s. a.: Fabri de Fabris, R.

Harten, Angelika (Frau Jos. Schmitz), Besserweiß und Dummerchen, s.: Erzählungen f. Schulkinder. III. 5.

Aus Wildfangs Brautzeit. Der jungen Damenwelt erzählt von Angelica **Harten** [d. i. **Maria Schmitz**]. Mit Text-Ill. von C. H. Kuechler. *Köln: J. P. Bachem [1901]*. (187 S.) 8° [F.]
= [**Erzählungen**, Bachems illustr., f. Mädchen. 17.] [01. 6.] 5

— aus **Wildfangs** Brautzeit. Der jungen Damenwelt erzählt. Mit vielen Text-Illustr. v. C. H. Kuechler. 2. u. 3. Aufl. (à 187 S.) 8. Ebd. (902. 906.) n. 2. 60; geb. in Leinw. n. 4. —

Harten, Angelica, draußen in d. Welt. E. Mädchen-Geschichte. M. 4 Kunstdr.-Bild. v. Wilh. Rohm. 8. (V, 183 S.) Köln 896. J. P. Bachem. Geb. in Leinw. n. 2. 50

Harten, Angelica (Frau Joseph Schmitz), draußen in der Welt. Eine Mädchen-Geschichte. Mit 4 Kunstdruckbildern v. Wilh. Rohm. 3. Aufl. (191 S.) 8. Köln (902). J. P. Bachem. n. 2. —; geb. in Leinw. n. 2. 60

Draußen in der Welt. Eine Mädchen-Geschichte. Von Angelika Harten [d. i. Maria **Schmitz**]. Mit 4 Kunstdruckbild. von Wilhelm Rohm. 4. Aufl. Cöln: J. P. Bachem [1906]. (191 S.) 8° [F.]
= **Erzählungen**, Bachem's illustr., f. Mädchen. Bd 2. [08. 11407]

— **Heimchen.** Eine Mädchengeschichte. Illustriert v. W. Roegge jr. (218 S.) 8. Ebd. (903). n. 2. 60; geb. n. 4.—

[F.] Aus Wildfangs Kinderjahren. Erzählg f. junge Mädchen. Von Angelica **Harten.** M. 4 Kunstdruckbild. v. M. Simrock-Michael. *Köln a. Rh.: J. P. Bachem [1896]*. (3 Bl., 180 S., 4 Taf.) 1 Bd 8.
(Bachems ill. Erzählgn f. Mädchen.) [97. 1547]

— aus **Wildfangs** Kinderjahren. Erzählung f. junge Mädchen. Mit 4 Kunstdr.-Bildern v. M. Simrock-Michael. 5. u. 6. Aufl. (à 186 S.) 8. Ebd. (903. 906.) n. 2. —; geb. in Leinw. n. 2. 60

Zur Sonnwendzeit. Neue Märchen von Angelika **Harten** [d. i. Maria **Schmitz**]. Mit 8 Kunstdruckbild., vielen Textbild. ... von Prof. J. Kiener. 2. Aufl. Köln: J. P. Bachem [1904]. (193 S.) 8° [F.] [05. 13564]

— Swanhilde. Das Märchen vom braven Hirtenbüblein, Lügenliesel, s.: Jugendschriften, Münchener. Nr. 17.

Fräulein Uebermeer. Die Gesch. e. jungen Mädchens. Von Angelica **Harten** [d. i. **Maria Schmitz**]. *Köln a. Rh.: J. P. Bachem [1901]*. (200 S.) 8° [F.] [01. 8.] 5

Fräulein Uebermeer. Die Gesch. e. jungen Mädchens. Von Angelica **Harten** [d. i. **Maria Schmitz**]. *Köln: J. P. Bachem [1901]*. (200 S.) 8° [F.]
= [**Erzählungen**, Bachem's illustr., f. Mädchen. Bd 14.] [01. 6497]

— **Fräulein Uebermeer.** Die Geschichte e. jungen Mädchens. 3. Aufl. Mit vielen Textillustr. v. W. Roegge. (206 S.) 8. Köln (906). J. P. Bachem. n. 2. 60; geb. in Leinw. n. 4. —

— **Im Waldparadies.** Eine Geschichte f. die Jugend. Mit 4 Bildern v. Fritz Bergen. (150 S.) 8. Cöln (908). J. P. Bachem. 2.—; geb. in Leinw. 2. 50

Am Wichtelborn. Neue Märchen von **Angelika Harten**. Mit 8 Farbendr.-Vollbild. u. vielen Ill. *Köln a. Rh.: J. P. Bachem [1899]*. (197 S.) 8° [F.] [00. 2.] 5

— **Am Wichtelborn.** Neue Märchen. Mit 8 Farbendr.-Vollbildern u. vielen Illustr. v. Jos. Kiener. 3. Aufl. (VII, 197 S.) 8. Ebd. (908). 3.—; geb. in Leinw. 4. —

[F.] Wildfang im Pensionat. Erzählg f. junge Mädchen. Von **Angelika Harten.** M. 4 Kunstdruckbild. v. M. Simrock-Michael. *Köln a. Rh.: J. P. Bachem [1897]*. (4 Bl., 166 S., 4 Taf.) 1 Bd 8.
= **Erzählungen**, Bachem's illustr., f. **Mädchen.** Bd 4. [97. 7776]

— **Wildfang im Pensionat.** Erzählung f. junge Mädchen. Mit 4 Kunstdr.-Bildern v. M. Simrock-Michael. 5. u. 6. Aufl. (à 174 S.) 8. Ebd. (904. 906). n. 2. — ; geb. in Leinw. n. 2. 60

Wildfang im Pensionat. Erzählung f. junge Mädchen. Von Angelica **Harten** [d. i. Maria **Schmitz**]. Mit Kunstdruckbild. 6. Aufl. Köln: J. P. Bachem [1906]. (174 S.) 8° [F.]
= **Erzählungen**, Bachem's illustr., f. Mädchen. Bd 4. [08. 11407]

Im Zauberland. Neue Märchen u. Geschichten von Angelika **Harten** [d. i. Maria **Schmitz**]. Mit 8 Kunstdruck- u. vielen Textbild. von R. Wichtl. Cöln: J. P. Bachem [1906]. (146 S.) 8° [F.] [08. 11870]

Harten, E., s. a.: Martens, Pet. Christoph.

— **Album- u. Stammbuchverse**, nebst Sinnsprüchen u. Sprichwörtern. Mit e. Anh.: Blumensprache in Versen. In reicher Auswahl u. m. vielen Orig.-Beiträgen. gr. 16. (80 S.) Reutlingen (900). R. Bardtenschlager. —25; auf stärkerem Pap. m. farb. Umschlag —50

Harten, E., neuester **Briefsteller** in Liebes- u. Heiratsangelegenheiten. Ein treuer Ratgeber f. alle Stände u. Verhältnisse. (96 S.) kl. 8. Reutlingen (906). Enßlin & Laiblin. —50

— neueste **Erntefest-Reden & -Gedichte.** Ernste u. heitere Ansprachen, Toaste, Gedichte, Lieder u. Gesänge zu den mannigfaltigsten Anlässen u. Gelegenheiten in d. ganzen Erntezeit. gr. 16. (64 S.) Ebd. (900). n. —20; auf stärkerem Pap. m. farb. Umschlag —40

— neue Toaste, Tischreden, Polterabendscherze, Glückwünsche. (56 S.) 8. Leipzig (905). W. Strübig. — 75
Sonderabdruck aus: „Der gute Ton".

Harten, C., der gute Ton u. die Macht des Wortes. Ein Handbuch der guten Sitte u. f. gründl. Wortbeherrschg. (III, VIII, 46, 48; V, 64; III, 58 u. 56 S.) 8. Leipzig (905). W. Strübig. Geb. in Leinw. n. 2. 50

— wie lernt man dichten? Praktische, leichtfaßl. Unterweisg. in Lehre u. Beispielen nebst Übungsaufgaben. 8. (V, 58 S.) Ebd. (902). n. 1. —

— wie lernt man reden? Praktische, leichtfaßl. Unterweisg. in Lehre u. Beispielen nebst Übungsaufgaben. 8. (V, 54 S.) Ebd. (902). n. 1. —

— wie lernt man sich gut u. anständig benehmen? Ein Handbuch des guten Tons u. Tuns f. jedermann. Praktisch, leicht faßlich dargestellt. 3. Tauf. 8. (VIII, 46 S.) Dessau (902). Anhalt. Verlagsanstalt. 80

(b) Harten, C., wie lernt man sich benehmen. — Wie lernt man dichten. — Wie lernt man reden. 902. (KVL 31.) Sept: Leipzig, W. Strübig.

— wie lernt man sich gut unterhalten? Praktische, leichtfaßl. Unterweisg. in Lehre u. Beispielen nebst Uebungsaufgaben (Mnemotechnik). (48 S.) 8. Ebd. (905). — 75
Sonderabdruck aus: „Der gute Ton".

Harten, Hermann. Beitrag zur Kenntniss der Quellen der Hippursäure im Harne der Pflanzenfresser und des Menschen. Diss. Dorpat. 8°. 38 pp.
1667.

Harten, Herm., der Wundverband in der neuern Chirurgie. gr. 8. (24 S.) Warschau 878. Leipzig, K. F. Köhler in Comm. n. — 80

Harten, J.v., s. Bändchen, Schaffsteins blaue.

Harten, J. v., Niedersachsens Sagenborn, s.: Henniger, Karl.

— 100 Schwänke u. Schelmenstreiche, s.: Henniger, Karl.

— u. K. Henniger, niedersächs. Volksmärchen u. Schwänke. Gesammelt u. hrsg. Mit Zeichngn. v. Edm. Schaefer. 2 Bde. (120 u. 159 S.) 8. Bremen 908. C. Schünemann. Kart. à 1.—; in 1 Leinw.-Bd. 2. —

Harten, Thdr., eine Hochburg d. Hugenotten während d. Religionskriege, s. a. Schriften f. d. deutsche Volk.

[J.] Eine Hochburg der Hugenotten während der Religionskriege. Von Theodor Harten. *Halle a. S.: Ver. f. Reformationsgesch.; (Comm.-V. v. M. Niemeyer) 1898.* (23 S.) 1 Bd 8.
= Schriften f. d. deutsche Volk hrsg. v. Ver. f. Reformationsgesch. [No] 33. [illegible]

Harten, Theodor van, Gerichtsref. a. Hamminkeln: Natur und Wirkungen der Vereinbarung, daß aus beliebigem Grunde geschuldetes Geld künftig als Darlehn geschuldet werden soll. Borna-Leipzig 1906: R. Noske. (IX, 50 S.) 8° [J.]
Leipzig, Jur. Fak., Diss. v. 19. Mai 1906
[Geb. 12. Juli 76 Hamminkeln b. Wesel; Wohnort: Hamminkeln; Staatsangeh.: Preußen; Vorbildung: Gymn. Wesel Reife Juli 98; Studium: Berlin 1, Freiburg i. B. 1, Bonn 4 S.; Rig. 9. Okt. 02.]

Harten-Dillen, J. v., von'n Wersterstrann'. Plattdütsche Dichtgn. Heft I, IV u. VI. 12. Lipringen. (Hildesheim, H. Helmke.) à 50
I. [illegible] 893. IV. [illegible] (17 [illegible]) 893. VI. Rätselbeernis. [illegible]) 894.
Heft II, III u. V erscheinen später

Gedichte von Toni Harten-Hoencke. Berlin-Leipzig: C. Wigand 1907. (121 S.) 8° [08. 3884]

— Gedichte. (121 S.) 8. Leipzig 907. Modernes Verlagsbureau. 2.—; geb. in Leinw. 3. —

Harten-Hoencke, Toni: Zur grossen Frage: Mann und Weib. — Heilbronn: Salzer 1910. 69 S. 8°

Harten-Hoencke, Toni, z. großen Frage: „Mann u. Weib". 2. Aufl. (69 S.) 8. Heilbronn 910. E. Salzer. 1.—; kart. 1.50

Haerten, Gottfried Albert (Geldern), De emptione et venditione. Disp. jur. Duisburg (Johann Sas) Dez. 1720. 18 S. (6.—) 12683

Hartenau, Gert (Walth. Adf. Thiel), Gewehr ab! Drama in 3 Aufzügen. (72 S.) 8. Leipzig 910. Xenien-Verlag. 2. —

Hagar. Schauspiel in 3 Aufz. von Gert Hartenau [d. i. Walter Adolf Thiel]. Berlin-Leipzig: C. Wigand 1910. 148 S. 8° [10. 13811]

— Hagar. Schauspiel in 3 Aufzügen. (148 S.) 8. Leipzig 910. Modernes Verlagsbureau. 3. —

— Insulinde. Ostindisches Schauspiel nach wirkl. Begebenheiten in 3 Aufz. (155 S.) 8. Ebd. 910. 3. —

Insulinde. Ostindisches Schauspiel nach wirkl. Begebenheiten in 3 Aufz. von Gert Hartenau [d. i. Walter Adolf Thiel]. Berlin-Leipzig: C. Wigand 1910. 155 S. 8° [10. 13833]

— Ursula. Ein Roman. (Titel u. Einbd. v. Rich. Grimm.) (276 S.) 8. Leipzig 910. Xenien-Verlag. 3.—; geb. in Halbperg. n 4. —

Hartenau, Gert (Walth. Adf. Thiel), dramatische Werke. 1.—4. Bd. 8. München [C. Haushalter]. Verlag d. Süddtsch. Bauhütte. n. 7. —
1. Und führe uns nicht in Versuchung. Schauspiel in 4 Aufzügen. (98 S.) 904. n. 1. 50
2. Judas. Modernes Drama in 3 Aufzügen. (123 S. m. Bildnis.) 904. n. 2. —
3. Kreuz & Schwert. Drama in 3 Aufzügen. (102 S.) 904. n. 1. 50
4. Haute Volée? Schauspiel in 4 Akten. (198 S.) 904. n. 2.—

Hartenbach, Ewald. 1803. [Pseud.]
s. a. Schöpfer, Georg Karl Ludwig. [1c. 16251]

† Hartenbach, Ewald, (Geo. C. L. Schöpfer,) Buch f. Mütter üb. d. Pflege d. Kinder von d. Empfängniß bis zum jugendl. Alter. 2. Ausg. 8. (13⅓ B.) Quedlinburg 840, Ernst'sche Bh.

—— die Kunst, e. vorzügl. Gedächtniß zu erlangen. Nicht Marktschreierei, sond. auf Wahrheit, Erfahr. u. Vernunft begründet. 1—5. Aufl. 12. (à 5½ B.) Quedlinburg 837—42, Ernst'sche Buchh. à

Hartenbach, Ewald, die Kunst, ein vorzügliches Gedächtniß zu erlangen. Nicht Marktschreierei, sondern auf Wahrheit, Erfahrung u. Vernunft begründet. 6. Aufl. (4½ B.) 813 u. 7., verm. Aufl. 12. (4⅚ B.) Quedlinburg 846, Ernst'sche Bh. à

Ew. Hartenbach's Kunst, e. vorzügl. Gedächtniss zu erlangen; nicht Marktschreierei, sond. auf Wahrh., Erfahr. u. Vern. begr. u. auf fast alle Wissenschh. anwendb. *Quedl.*, Ernst. B. (837-46.) 8° sehr vb. A. 848. 12° 8 *gl*

Hartenbach's, Ew., Kunst, ein vorzügliches Gedächtniß zu erlangen. Nicht Marktschreierei, sondern auf Wahrheit, Erfahrung und Vernunft begründet und auf fast alle Wissenschaften anwendbar. Zum Besten aller Stände und aller Lebensalter. 9. verb. Aufl. 853. (2 Bl., 120 S.) — 9. (10.) verb. Aufl. Quedlinburg 858. Ernst. 12. (VIII, 117 S.) 10 *ngr*

Hartenbach's, Ewald, Kunst ein vorzügliches Gedächtniß zu erlangen. Zum Besten aller Stände u. aller Lebensalter. 10., verb. u. verm. Aufl. Quedlinburg 864. Ernst. 8. (VIII, 111 S.) n. 10 *ngr*

Hartenbach's, Ewald, Kunst ein vorzügliches Gedächtniß zu erlangen. Zum Besten aller Stände u. aller Lebensalter. 11. verb. u. verm. Aufl. Quedlinburg 868. Ernst'sche Buchh. 8. (VIII, 114 S.) n. 10 *ngr*

Hartenbach's, Ewald, Kunst, ein vorzügliches Gedächtniß zu erlangen. Nicht Marktschreierei, sondern auf Wahrheit, Erfahrung und Vernunft begründet, und auf fast alle Wissenschaften anwendbar. Zum Besten aller Stände und aller Lebensalter. 12. Aufl. 1871, und 13. verb. Aufl. 8. (VI, 104 S.) Quedlinburg 875, Ernst'sche Buchh. *

Hartenbach's, Ewald, Kunst ein vorzügliches Gedächtniß zu erlangen. Nicht Marktschreierei, sondern auf Wahrheit, Erfahrung und Vernunft begründet und auf fast alle Wissenschaften anwendbar. Zum Besten aller Stände und aller Lebensalter. 14. verb. Aufl. 8. (VI, 104 S.) Quedlinburg 878, Ernst'sche Buchh. *

Hartenbach's, Ewald, Kunst ein vorzügliches Gedächtniß zu erlangen. Nicht Marktschreierei, sondern auf Wahrheit, Erfahrung u. Vernunft begründet u. auf fast alle Wissenschaften anwendbar. Zum Besten aller Stände u. aller Lebensalter. 15., verb. Aufl. 8. (VI, 104 S.) Quedlinburg 882. Ernst. n. 1. —

Hartenbach's, E., Kunst, e. vorzügliches Gedächniß zu erlangen. 16., verb. Aufl. 8. (VI, 96 S.) Quedlinburg 886. Ernst. n. 1. —

Hartenbach's, Ewald, Kunst, e. vorzügl. Gedächtniß zu erlangen. 17., verm. Aufl. 8. (VIII, 116 S.) Halberstadt 893. Ernst. n. 1. —

Hartenbach, Ew., die Kunst, ein vorzügl. Gedächtnis zu erlangen. Eine prakt. Anleitg. zur Erlangg. u. Erhaltg. e. guten Gedächtnisses. 18. u. 19. verb. u. verm. Aufl. 8. (à IV, 120 S.) Leipzig (900). Ernst 1. —

Hartenbach, Ew., die Kunst, ein vorzügliches Gedächtnis zu erlangen. Eine prakt. Anleitg. zur Erlangg. u. Erhaltg. e. guten Gedächtnisses. 20. verb. u. verm. Aufl. (IV, 120 S.) 8. Leipzig (903). Ernst. 1 —

—— die Pflege d. Kinder von d. Empfängniß bis z. Eintritte d. Pubertät rc. Nebst 2 Anh. üb. die Kennzeichen d. Schwangerschaft u. das Einimpfen d. Pocken. Allgemein faßl. dargest. 8. (13½ B.) Quedlinburg 838, Ernst'sche Buchh.

Hartenbach, Joh. Ritschel v., s. Ritschel von Hartenbach, J.

Hartenberger, historia universalis etc. XI Tom. c. fig. 8. Bamb. Göbhard.

Härtenberger Guido: Bestimmung analytischer Gleichungen für die Seiten von Kegelschnittsvierecken und Anwendung derselben (mit 3 Taf.). S. 20. 541 . . . . . ngr.
Separatabdruck

Härtenberger, Heinr., Worte d. Trauer u. d. Trostes, am Grabe d. Hochwürd. Hrn. Karl Rutta, Doct. d. Philos. u. Theol. rc. an d. Kathedrale zu Würzburg, gesprochen. gr. 8. (¾ B.) Würzburg 837, (Etlinger'sche Vrlsbuchh.)

ab Hartenfels, Pr. de comate somnolento. Erf. 4°. 1764

von Hartenfels, Diss. de dolore hypochondriaco. Erf. 4°. 1791

Hartenfels, A. v., Original-Unterhaltungs-Blätter vom Boden-See, der Nord- u. Ost-See, aus allen Gauen Deutschlands u. der Nachbar-Länder, für Belletristik, Poesie, Literatur rc. 1. Jahrg. Juli 1866 bis Juni 1867. 12 Nrn. (Bgn.) Constanz, Magg. 8. 1 *ngr*

Hartenfels, A. v., Reise-Schilderungen zweier „Meerumschlungenen." I. Schaffhausen 866. Brodtmann'sche Buchh. 8. (16 S.) n. 4 *ngr*

Hartenfels, Arn. Friedr. v., (Reisenberg), neuer Gartensaal, od. vollständ. Beschreib. aller einheim. u. ausländ. Blumen-Gewächse, wodurch deren Anbau auf e. leichte Art erklärt wird etc. 2 Thle. 8. Frankfurt (1746). Neue Aufl. 1753. (Möller.) — 22½

Hartenfels, Arn. F. v., neuer Gartensaal. 8. Frkf. Kochendörfer. 753.

Hartenfels, Edw., s.: Album, vereinigtes, der Malerei, Poesie u. Musik.

Hartenfels, Edw., Grupello. Histor. Novelle, mit e. Vorw. v. Grabbe. gr. 12. (7⅔ B. u. Ttlkpfr.) Düsseldorf 840, Forberg.

Hartenfels, Edw., Grupello. Historische Novelle mit einem Vorwort von Grabbe. 2. (Titel-) Ausg. Frankfurt a. M. (840.) 853. (Leipzig, C. L. Fritzsche.) 8. (VIII, 175 S. u. 1 Titelkpfr.) n. 10 *ngr*

—— Panorama d. Heilbäder, s. Wiest, Fr.

Hartenfelss, s.a. Hartenfels

Hartenfelss, G. C. Petri ab: Elephantographia curiosa, seu elephanti descriptio juxta methodum et leges imperialis Academiæ, Leopoldino-Carolinæ naturæ curiosorum adornata . . . Erfordiæ 1715. 284 S 27 Tvl.

Hartenfelss, Geo. Chr., Elephantographia curiosa s. Elephanti descr. c. fig. 4. Erf. Crusius. 725.

Hartenkampf, Die Familie. Berlin o. J. V: *Förster, Karl Christoph.* (Fr. Förster, Kunst u. Leben, S. 21) (Zeitschr. f. Büch. 1923, S. 84)

Hartenkampf, die Familie, oder die Leiden der Rechtschaffenen, 8. Altenburg, 786. Richter. 20 sgl.

Hartenkeil, J. Jos., s. Hartenkeil, Joh. Jak.

Hartenkeil, Joh. Jak., s. Albinus, Bernhard Siegfried: Historia musculorum hominis.

Hartenkeil, Jh. Jak., († d. 7. Juni 1808.) de vesicae urinariae calculo, c. fig. 4 maj. Bamb. 785. Wesché in Frkf. 1 *ₛß*

(Hartenkeil, Joh Jak.) Über Laudons Krankheit und Tod. 8. s. l. (Salzburg) 1792

– Dass., s.a. L a u d o n s Krankheit und Tod.

— Schreiben an die Viehbesitzer im Lungau, in Betreff der ausgebrochenen Viehseuche. 8. Salzb. 797. Mayr. 4 *gl*

– s. U n t e r r i c h t für die Salzburger Hebammen.

– s. S c h a a r s c h m i d t , Aug.: Anatomische Tabellen.

Hartenkeil, J(ohann) J(akob) (Hrsg.):

s.: Zeitung, Medizinisch-chirurgische. Jg. 1790-1854. Erg.bde 1-42, 1841, 1846. Univ.Rep. 1790-1820. Salzburg, Innsbruck Leipzig, München: 1790-1854

JB 6.039
Z 3.688

Hartenschneider, Ulrich

—— und Weißbacher, das Decanat Altmünster ꝛc., s. D a r s t e l l u n g, histor. u. topograph. d. P f a r r e n ꝛc. 14. Bd.

Hartenschneider, Ulr., das Stift Kremsmünster u. das Stift Altmünster, s. Darstellung, histor. u. topogr., der Pfarren, Stifte u. Klöster ꝛc. 10r u. 14r Bd.

Ueber den vorzüglichen Werth des Studiums der Natur, insbesondere von Seite der Religion und Sittlichkeit betrachtet. Von Ulrich Hartenschneider, P. der Naturgesch. u. s. w. — 1836. Ebend. — S. 3–11 *)
Progr. Augsburg

Hartenschneider, Ulr., über d. vorzügl. Werth d. Studiums d. Natur, insbesond. v. Seite d. Religion u. Sittlichkeit betrachtet. Feier-Rede. gr. 8. (1 B.) Augsburg 836, [Kreuzer u. Ep.]

— über den vorzügl. Werth des Studiums der Natur, insbesond. von Seite der Religion u. Sittlichkeit betrachtet. Feier-Rede. gr. 8. Augsburg 836. Magazin für kathol. Literatur. 1/12 *ₛß*

Hartenstein, Franziska, in Briefen; ein Beitr. zum deutschen Originalroman. 8. Berl. 778. Rottmann. 16 *gl*

Hartenstein, Franziska, Geschichte in Briefen, ein Beytrag zu unsern deutschen Originalromanen, 8. Berlin, 779. Rottmann. 8 sgl.

v. Hartenstein, Herrmann, (von Chr. J. Sal. Contessa). 8. Bresl. 793. W. G. Korn. 14 *gl*

Hartenstein, Anna, aus dem Bürgerhause. Novellen. 8. Dresden 890. Verlag d. „Universum". n. 2.—; geb. n. 2.80
Im Banne der Pflicht. — Das Super'dentsrößel. (162 S.)

Hartenstein, Anna, Donate vom Freihof. Roman. 2 Bde. 8. (293 u. 282 S.) Berlin 898. F. Schirmer. n. 6. —; geb. n. 8. —

Hartenstein, Anna, die Freundin. Roman. 2. Aufl. (274 S.) 8. Stuttgart 903. Deutsche Verlags-Anstalt. n. 2. —; geb. n.n. 3. —

Hartenstein, Anna, die goldne Karla. Roman. 8. (332 S.) Berlin 893. [J. H. Schorer.] Leipzig, Paul List. n. 4. —; geb. 6. —

Hartenstein, Anna, offene Türen u. and. Novellen, s. a. U n i v e r s a l - B i b l i o t h e k.

Offene Türen u. andere Novellen von Anna **Hartenstein**. Leipzig: Ph. Reclam jun. [1907]. (122 S.) 8° [F.]
(Universal-Bibliothek. 4961.) [08. 4790

31 deutsche Volkslieder und Rundes zu Schnozelborn u. Thüring. Dorfleben in 4 Bild. Daheim u. draußen von August L u d w i g, Diakonus. Im reuß. Oberlande u. in Ost-Thüringen aus d. Munde d. Volkes gesammelt, 2- u. 4 stimmig ... gesetzt u. hrg. von C. **Hartenstein.** Werk 4. Gera: Böhme 1908. 47 S. 8° [11. 19032

Volkslieder zu Schnozelborn 1. Thüring. Dorfleben in 4 Bild. von August L u d w i g, Diakonus. Im reuß. Oberlande u. in Ost-Thüringen aus d. Munde d. Volkes gesammelt, 2- u. 4 stimmig ... gesetzt u. hrsg. von C. **Hartenstein.** Op. 3. Gera: Böhme 1908. 15 S. 8° [Umschlagt.] [11. 19031

Hartenstein, Carl, s. H a r t e n s t e i n , Karl

Hartenstein, Edwin Über abnorme Bodenkälte, und Beobachtungen, das Saalburger Eisloch betreffend. 4 (S. 5—31, 1 Taf.).
Progr. G. *Schleiz* 1886 (651).

Hartenstein, Emanuel

Hartenstein, E., e. perigrinirend. Weltbürgers Reise v. Berl. üb. Rostock u. Dresden. 8. Halle. Hendel. 761.

Hartenstein, Emanuel, (e. peregrinirend. Weltbürgers,) Reise von Berlin üb. Rostock u. Dresden. 8. Halle 780. Hendel. 12 *gl*

Hartenstein, Emil Reinhold, sieben Predigten. Neustadt a. d. O. 860. Wagner. gr. 8. (IV, 64 S.) n. 7½ *ngr.*

Hartenstein, Ernst [aus Schleiz]: Zur Kritik der psychologischen Grundbegriffe Herbarts ... Rostock, C. Boldt'sche Hof-Buchdr., 1892; 46 S. 8.
Rostock, Phil. Fak., Inaug.-Diss. v. [o. Dez.] 1892

Hartenstein, Gisa v., „Frau Helene". Roman. 8. (60 S.) Dresden 900. E. Pierson. n. 1. 50; geb. n. 2. 50

Hartenstein, Gustav

Hartenstein, G., hist.-philos. Abhandlungen. Leipzig 870. Voss. gr. 8. (XIII, 538 S.) n. 3 *ₛß* 20 *ngr.*

Hartenstein, G., Ueber d. Bedeut. d. megarischen Schule f. d. Geschichte d. metaphys. Probleme. S.-A. 1848. 18 S. 1.—

Hartenstein, Gust., Darstellung der Rechtsphilosophie des Hugo Grotius. [Aus dem I. Bd. der Abhandlungen der philol.-histor. Classe der K. Sächs. Gesellschaft der Wissenschaften.] hoch 4. (63 S.) Leipzig 850, Weidmann (jetzt: Hirzel). n. ⅔ *ₛß*

Gst. **Hartenstein** üb. d. neuesten Darstellungen u. Beurtheill. der Herbart. Philosophie. *Lpz.*, Hartknoch. 838. gr 8° 18 *gl*

Hartenstein, Gustav (Plauen / V.) u. **Friedrich Kraner** (Eibenstock) De Archytae Tarentini fragmentis philosophicis dissertatio. Leipzig (Wilhelm Haack) 9. II. 1833. 96 S. (6.80) 13200
Gew.: Johann Ern. Rud. Kaeuffer.

— — u. (Respond.) **C. V. Stoy,** De ethices a Schleiermachero propositae fundamento. Part. I. Lpz. (Staritz) 15. II. 1837. 69 S. (6.—) 13202

— — Dasselbe II. Lpz. (Staritz) 18. II. 1837. 26 Seiten. (3.—) 13203

Gst. **Hartenstein**: d. Grundbegriffe d. ethischen Wissenschaften. *Lpz.*, Brockhaus. 844. gr8° 2 ß 12 gl

— f. Herbart, Jh. Fr., kleinere philosoph. Schriften.

— — De interpolationibus Euripideae Iphigeniae in Aulide dissertat. pars prior praemissa vitis 17. AA. LL. Magistr. et philos. doctorum. Rector Ludwig v. Pfordten. Procancellar. Gottfried Hermann. Lpz. (Staritz) 1846/47. 23 Seiten. (4.50) 13208

Biogr. v.: Franz Timotheus Theophil Kleinpaul (Grossgrabov), Carl Benjamin Seltenreich (Leipzig; M.: H. Ph. A. Franck), Paul Martin Tzschirner (M.: M. Schlemm), Carl Hermann Duerbig (Lindenau/Lpz.; M.: F. Schilling), Robert Boehme (Plauen; M.: A. L. Mertz), Paul Heinrich August Moebius (M.: D. Roth), Rudolph Hugo Hofmann (Kreischa/Dresden; M.: R. Frenzel), Heinrich Armin Goell (Schleiz), Wilhelm Lierke (Breslau; M.: R. Schoebitz), Daniel Medacovits (Zermanja/Croatien), Moritz Kurnik (Santomysli/Posen), Friedrich Wilhelm Berthold (Dresden), Heinrich Ludwig Martin (Borna; M.: Ch. D. Straub), Christian Friedrich Gotthold Loescher (Langenbach b. Schneeberg; M.: J. L. Schreiter), Adolph Wilhelm Neumann (Cüstrin; M.: v. Fischer), Friedrich Wilhelm Andreas Huebner (Schweidnitz; M.: C. Feig).

– (Hrsg.), s. Kant, Immanuel: Sämtliche Werke.

Hartenstein, G., Locke's Lehre von der menschlichen Erkenntniss in Vergleichung mit Leibniz' Kritik derselben dargestellt. (Aus den Abhdlgn. der k. Sachs. Gesellsch. der Wissensch.) Leipzig 861. Hirzel. 4. (152 S.) n. 1 ß 10 ngr.

— — De methodo philosophiae logicae legibus adstringenda finibus non terminanda dissert. Lpz. (Staritz) 21. II. 1835. 38 S. (6.—) 13201

— — Commentatio de materiae apud Leibnitium notione et ad Monadas relatione. (Godofredi Guilielmi Leibnitii memoriam die 2. VI. 1846 quo ante hos ducentos annos natus est.) Lpz. (F. A. Brockhaus). 31 S. (5.50) 13205

— — Dasselbe. Additamentorum I. (Memor. Joh. Aug. Ernesti.) Lpz. (Staritz) 22. XII. 1851. 15 Seiten. (2.—) 13206

— — Dasselbe. Additamentorum II. (Memoria Friedr. Aug. Wilh. Spohn.) Lpz. (Staritz) 20. I. 1852. 16 S. (2.—) 13207

— — De psychologiae vulgaris origine ab Aristotele repetenda. Lpz. (Staritz) 1840. 19 S. (4.—) 13204

Gst. **Hartenstein**: d. Probleme u. Grundlagen d. allgem. Metaphys. *Lpz.*, Brockhaus. 836. gr8° 2 ß

— — De notionum juris et civitatis, quas Ben. Spinoza et Thom. Hobbesius proponunt, similitudine et dissimilitudine diss. I. (Memor. Joh. Aug. Ernesti.) Lpz. (A. Edelmann) 20. XII. 1856. 16 Seiten. (4.—) 13209

Hartenstein, H., Arithmetische Aufgaben, s.: Bardey, E.

— Grundriss der Physik, s.: Sumpf, K.

– Lehrbuch der Physik u. Chemie, s.: Sumpf, K.

— fünfstell. Briggische Logarithmen d. Zahlen v. 1 bis 10000, nebst d. sechsstell. Logarithmen d. Zahlen v. 10000 bis 10800, f. Realschulen u. verw. Anstalten, namentl. zu E. Bardey's arithmet. Aufgaben u. Lehrbuch d. Arithmetik hrsg. gr. 8. (32 S.) Leipzig 896. B. G. Teubner. — 30

— Schulphysik, s.: Sumpf, K.

— fünfstell. logarithm. u. trigonometr. Tafeln f. d. Schulgebr. hrsg. gr. 8. (III, 123 S.) Ebd. 897. Geb. n. 1. 40

— die Trigonometrie, s.: Böttger, A.

Hartenstein, Hermann, über die Integration der Differentialgleichung $\frac{d^2 f}{d x^2} + \frac{d^2 f}{d y^2} = k^2 f$ für Polar und elliptische Koordinaten nebst Behandlung eines mit derselben zusammenhängenden physikalischen Problems. Diss. Leipzig 1887, B. G. Teubner, 8°. 43 S.

Hartenstein, *Hermann* [Dr.]: Notizen über Wilhelm Gotthelf Lohrmann, einen Dresdner Geodäten, Meteorologen und Astronomen. Dresden, Druck v. A. Hille, 1895; 54 S. 4.
Dresden-Johannstadt, st. R, OP 1895 (575)

Hartenstein, Jos. Die topograph. Verbreitg. d. Vater'schen Körperchen beim Menschen. Diss. gr. 8. (50 S.) Dorpat 889, (Karow). * 1 —

Hartenstein, Karl, illustrirtes Gedenkbuch der Kriegsereignisse des Jahres 1866. Dargestellt unter Zugrundelegung amtl. Nachrichten u. Schilderungen von Augenzeugen. 39 Liefgn. Löbau 867, 68. Walde. 4. (310 S. mit 61 color. Steintaff.) Jede Liefg. 1½ ngr.

Hartenstein, Carl [aus Allstedt]: über die Lehren der antiken Skepsis, besonders des Sextus Empirikus, in betreff der Causalität .... Halle-Saale, Heynemann'sche Buchdr. (F. Beyer), 1888; 2 Bl. + 65 + 1 S. 8°
Halle, Phil. Fak., Inaug.-Diss. v. [18. Jul.] 1888

Hartenstein, Carl, über die Lehren der antiken Skepsis, besonders des Sextus Empirikus, in betreff der Causalität. Diss. Halle 1888, Lippertsche Buchh. 8°. 65 S.

Hartenstein, L. B. Specimen historiae patriae di Ulma per Lotharium Saxonum ao 1129 obsessa, occupata, distructa et per Conradum Suevum ao 1140 restaurate atque amplificata. Ulm 1732.

Hartenstein, Max [d. Z. Assist. am organ. chem. Laborat. d. Kgl. Techn. Hochschule z. Dresden]: Ueber α-Hydronaphtochinon und einige Derivate desselben ... Jena, Druck v. A. Kämpfe, 1892; 43 S. 8.
Jena, Phil. Fak., Inaug.-Diss. v. 1892

Hartenstein, Max, üb. α-Hydronaphtochinon u. einige Derivate desselben. Diss. gr. 8. (43 S.) Jena 892. (Rudolstadt, H. Dabis.) n. – 60

Hartenstein, Otto, Studien zur Hornsage, s. a. Studien, Kieler, zur englischen Philologie. 4. Hft.

Hartenstein, Otto, aus Plauen i. V.: Studien zur Hornsage. T. 1. Mit besond. Berücks. d. anglonormann. Dichtung vom wackern Ritter Horn u. mit einer Hornbibliographie versehen. Ein Beitrag zur Litteraturgeschichte d. Mittelalters. *Heidelberg: C. Winter 1902.* (67 S.) 8° ¶ [Erschien vollst. 1902 als: Kieler Studien zur engl. Philol., H. 4.]
Kiel, Phil. Diss. v. [11. Dez.] 1901

Hartenthurn, s.: Haardt v. Hartonthurn.

Hartenstein, Roder, d. Diskriminantenfläche d. Gleichgn. vierten Grades, s. a. Abhandlungen, mathematische, aus dem Verlage mathematischer Modelle v. Martin Schilling in Leipzig. N. F. 8.

Die Diskriminantenfläche der Gleichungen vierten Grades von Roderich **Hartenstein**. Abhandlung zu d. Modellen d. Ser. 33, Nr. 2 u. 3. Leipzig: Schilling 1909. 19 S. 8°
(Mathematische Abhandlungen. N. F. 8.) (11. 3381 7

Hartenstein, Werner, bacc. iur. Referendar in Dresden: Die Haftung für Tiere nach § 833 des Deutschen Bürgerlichen Gesetzbuchs. Leipzig 1904: W. Wigand. (53 S.) 8°
Leipzig, Jur. Fak., Diss. v. 14. Okt. 1904
[Geb. 6. Mai 79 Saarlouis; Wohnort: Kotzschenbroda b. Dresden; Staatsangeh.: Sachsen; Vorbildung: Gymn. Dresden N. Reife O. 98; Studium: Freiburg i. B. 3, Leipzig 3 S.; Rig. 24. Juni 04.]

Harter, sichere Verhütg. d. Empfängnis. Die existier. Mittel zur Verhütg. der Schwangerschaft, auf ihren Wert u. ihre moral. Berechtigg. geprüft, sowie ausführl. beschrieben. 5. Aufl. (30. Taus.) (48 S. m. Abb.) kl. 8. Hamburg (907). Stuttgart, W. Digel. 1. —

Harter, Al. M., s. Gronovius Epistolae.

Harter, Ernst Ludw., Liesa, e. Danklied. (70 S.) 8. Weimar (906). M. Grosse. Geb. in Leinw. n. 1. 50

Harter, D F., üb. den Glaubeneid als Beweisergänzungsmittel; eine civilist. Abhandlung. 8. Regensb. 831. (Reitmayr). 6 K

Harter, F. A. Erinngen aus d amischen Bürgerkriege. Ernstes u Heiteres aus bewegter Zeit. Chicago, 1895.

Harter, Franz (kgl. Lehrer der Mathematik) „Ueber die Ausführung der Körperschnitte in Modellen, als Beitrag zum Unterrichte in der descriptiven Geometrie". pg. 3—7. 4°. Mit 2 Tafeln. Biechele'sche Buchdr. (F. A. H. Nigg).
Amberg, Progr. 1846/47

Harter, Franz (Lehrer der Physik) „Ueber Ursprung und stufenweise Ausbildung der verschiedenen Telegraphen-Systeme". pg. 3—18. 4°. Mit 2 Tafeln. Dr. C. Wolf.
München, Progr. 1849/50

Harter, Hans, a. Illenau: Ein Beitrag zur Kenntnis der Handlipome. Freiburg i. B. 1906: Speyer & Kaerner. (22 S.) 8°
Freiburg i. B., Med. Fak., Ref. Kraske, Diss. v. 1907
[Geb. 24. Juni 80 Illenau; Wohnort: Freiburg i. B.; Staatsangeh.: Baden; Vorbildung: Gymn. Baden-Baden Reife 00; Studium: Tübingen 4, Heidelberg 1, München 1, Freiburg i. B. 1 S.; Coll. 23. Nov. 06.]

Harter, Hans, a. Schenkenzell (Baden): Über p-Aethylphenylhydrazin, Pikryl- und o-p-Dinitrophenyl-p-Aethyl-Phenylhydrazin und Derivate derselben. Freiburg i. Br. 1904: U. Hochreuther. (27 S.) 8°
Freiburg i. B., Phil. Fak., Ref. Gattermann, Diss. v. 1904
[Geb. 4. April 76 Schenkenzell; Wohnort: Freiburg i. B.; Staatsangeh.: Baden; Vorbildung: Gymn. Rastatt Reife Juli 96; Studium: Freiburg i. B. 7, München T.H. 1, Freiberg i. S. 1 S.; Rig. 26. Febr. 03.]

Harter, Herm., d. Lichte entgegen! Volksroman. (II, 443 S.) 8. Linz 910. Oberösterreichische Buchdr.- u. Verlagsgesellschaft. 3. —

Harter's, M. J. H. S., actenmäß. Proceßgeschichte von 1798 bis 1800, von ihm selbst beschrieben. Stuttg. 801. Sattler. 6 K

Harter, Leo, appr. Arzt aus Diersburg (Baden): Die Entwicklungsstörungen am weiblichen Körper bei Doppelmissbildung des Genitaltractus. *Oberweier i. B., 1901: H. Moser.* (33 S.) 8° [Ant. u. J.]
Freiburg i. B., Med. Diss. v. 1902

Härter, Franz Heinr., Bilder aus dem Leben desselben, s.: Hackenschmidt Vater, Ch.

Härter

— s. a. Haertler.

Härter, Alfred, approb. Arzt aus Straßburg i. E.: Zwei **Fälle** von perforierender Tuberkulose an den platten Schaedelknochen. *Erlangen 1903: H. Vollrath.* (30 S.) 8°
Erlangen, Med. Diss. v. 7. Aug. 1903

Härter, C., die göttliche Gnadenordnung in einer Reihe von Betrachtungen. Straßburg 865. (Berger-Levrault & Co.) gr. 8. (12 S.) 4 ngr.

Härter, Chr. Aug., († d. 1. Apr. 1816.) üb. die gänzl. Abschaffung aller Eidschwüre vor Gericht. 8. Gotha 808. Steudel. 6 K

— Predigten über Freiheit u. Gleichheit u. über e. wichtige Gegenstände d. häusl. u. bürgerl. Lebens. 8. Gotha 794. Ettinger. 8 K

— s. über die öffentl. u. gemeinschaftl. Vergnügungen d. Landleute.

Haerter, Eduard Dispositionen zu den Reden gegen Philipp, sowie zu der Rede: *Περὶ τῆς εἰρήνης* von Demosthenes zusammengestellt. 4 (18 S.). **Progr.** G. *Stendal* 1887 (237).

Härter, E.: Die 2. olympische O d e Pindar's, übersetzt und erklärt.
24 S. – Stendal, Progr. 1870.

Haerter, E., Uebersetzung u. Disposition der Rede d. Demosthenes: „Ueber die Angelegenheiten im Chersones", s. a. **Festschrift** zur Feier d. 550jährigen Bestehens d. Gymnasiums zu Stendal.

Haerter, Eduard [Prof.]: Übersetzung und Disposition der Rede des Demosthenes: „Ueber die Angelegenheiten im Chersones." Stendal, Druck v. Franzen & Grosse, 1888; S. 45 - 63; 4°
Stendal, G, Festschr. 1888 1890

— Uebersetzung u. Disposition der Rede des Demosthenes „Ueber die Angelegenheiten im Chersonnes". Pr. 1890. 18 S. 4°.

Härter, Ernst, Bonifacius als Apostel der Thüringer und die Johanniskirche auf dem Altenberge als erste christliche Kirche in Thüringen. Nebst der Festordnung für die den 5. Juni 1855 am Candelaber zu haltende 11. Hauptversammlung des gothaischen Landesvereins der Gustav-Adolf-Stiftung. Gotha 855. Thienemann. gr. 8. (31 S.) n. 4 ngr

Härter, Ernst, Predigt am Sonntage nach d. am 8. März zu Gräfenhain ausgebroch. verheer. Feuersbrunst in d. gerett. Kirche daselbst am 15. März 1840 gehalten. gr. 8. ($1\frac{1}{4}$ B.) Gotha, Müller.

Härter, F., der Beinahe-Christ und der völlige Christ. Predigt, gehalten am 24. S. nach Trin. 1855. Straßburg 856. Berger-Levrault. 8. (20 S.) 4 ngr

Härter, F., die Bergpredigt des Herrn und deren Anwendung nach Matthäus 7, 12. Eine Predigt gehalten den 7. Trinit.-Sonntag, 22. Juli 1860. Straßburg 860. Berger-Levrault. gr. 8. (20 S.) 4 ngr.

Härter, F., die Bergpredigt des Herrn und deren Anwendung nach Matthäus 7, 12. Eine Predigt gehalten den 7. Trin.-Sonntag, 22. Juli 1860. gr. 8. (20 S.) Straßburg 861, Wwe., Berger-Levrault und Sohn.

Das hat der Feind gethan, oder die Reformation des 16. Jahrhunderts gegenüber dem Abfalle der neuesten Zeit. Amtpredigt, gehalten am 23. Sonntage nach Trinitatis 1863. Ebend. 864. gr. 8. (20 S.) 4 ngr.

— das Ende. Ein Vortrag, nebst einer Zugabe. Ebend. 851. 12. (23 S.) 3 ngr

—— die richtige Erziehungsweise. Eine Schulpred. gr. 8. (1½ B.) Straßburg 837, (Rhein.)

— die herrliche Freiheit der Kinder Gottes. Predigt, gehalten am 4. Trinit.-Sonntage, den 1. Juli 1860 in der Neuen Kirche zu Straßburg. Straßburg 860. Berger-Levrault. gr. 8. (16 S.) 4 ngr

Härter, F., Fürchte dich nicht, glaube nur! Eine Predigt. gr. 8. (20 S.) Straßburg 857, (Wwe. Berger-Levrault und Sohn.) Thlr.

Härter, F., gehet ein durch die enge Pforte! Eine Predigt üb. Matth. 7, 13—29. gehalten. gr. 8. (1¼ B.) Straßburg 843, Levrault'sche Buchh. Thlr. *

Härter, F., Gesetz und Evangelium. Eine Betrachtung über Matth. 22, 34—46. Straßburg 855. Berger-Levrault. 8. (16 S.) 4 ngr

—— der Glaube, ein Bedürfniß f. die Schule, Schul-Predigt üb. Joh. 20, 24—31. gr. 8. (1¼ B.) Straßburg 844, Levrault'sche Buchh.

—— die göttliche Gnadenordnung in einer Reihe von Betrachtungen. gr. 8. (12 S.) Straßburg 865, (Wwe. Berger-Levrault und Sohn.)

—— Gottes Güte soll uns zur Buße leiten. Zwei Predigten. 2. Aufl. gr. 8. (1¼ B.) Straßburg 844, Levrault'sche Buchh.

—— die Herrlichkeit des Sohnes Gottes. Eine Predigt gehalten in der Neu-Münsterkirche zu Zürich den 30. Juni 1841. gr. 8. (1½ B.) Straßburg 841, Levrault'sche Buchh.

Härter, F., die augsburg. Confession, mit e. Vorberichte, genau verglich. Texte u. erläut. Anmerkn. gr. 12. (5¼ B.) Straßburg 838, [Rhein.]

—— der gute Rath f. Alle, die nach dem ewigen Leben fragen. Eine Predigt üb. Matth. 19, 16—26. gr. 8. (1¼ B.) Straßburg 844, Levrault'sche Buchh.

Härter, F., die Rechtfertigung. Eine Predigt gehalten am 22. Sonnt. nach Trin., 31. Oktbr. 1847. gr. 8. (19 S.) Straßburg 848. (Wwe. Levrault). 4 ngr

Härter, F., die verborgenen Seelenleiden und deren Heilung. Predigt am 24. Sonntage Trinit. 1858, über Matth. 9, 18—26. Ebend. 859. gr. 8. (20 S.) 4 ngr

Härter, F., Die Sonntagsfeier. 8°. Strassburg 1850.

—— die Sonntagsfeier nach göttl. u. menschl. Rechte. Predigt üb. Lukas 14, 1—6. gr. 12. (1 B.) Straßburg 845, Levrault'sche Buchh.

—— die Unbekanntschaft mit Jesu. Pred., geh. am 4. Adventsonnt. 1833. gr. 8 (1 B.) Straßburg 834, (Rhein.)

Härter, F., die Unbekanntschaft mit Jesu. Eine Predigt. gr. 8. Straßburg 834. (Scheurer.) 1/10 ß

—. die Weltversuchungsstunde. Amtpredigt gehalten am 4. Sonntage nach Epiphanias 1862. Ebend. 863. gr. 8. (16 S.) 4 ngr

— der Wunsch Pauli, daß wir doch Alle entschiedene Christen würden. Eine Predigt gehalten am 24. Sonntage nach Trinit. 1861. Ebend. 861. gr. 8. (16 S.) 4 ngr

Härter, Frz., s.: Beicht- u. Abendmahlsbüchlein.

Härter, Frz., Handbüchlein für Jung und Alt oder Katechismus der evangel. Heilslehre. 5. Aufl., als Anhang einen Ueberblick der Kirchengeschichte enth. 8. (VI, 86 S.) Straßburg 877. Schultz und Comp. cart. **

Härter, Frz., Handbüchlein für Jung u. Alt oder Katechismus der evangelischen Heilslehre. 6. Aufl., als Anhang einen Ueberblick der Kirchengeschichte enth. 8. (VI, 86 S.) Straßburg 881. Schultz & Co. cart. n.n. — 50

Härter, Frz., Handbüchlein für Jung und Alt oder Katechismus der evangelischen Heilslehre. 8. Aufl., als Anhang einen Ueberblick der Kirchengeschichte enthaltend. 8. (VI, 86 S.) Straßburg 888, Straßburger Druckerei und Verlags-Anstalt, vorm. Schultz und Comp. Verlag. cart. ** — 50

Härter, Frz., Handbüchlein f. Jung u. Alt od. Katechismus der evangel. Heilslehre. 9. Aufl., als Anh. e. Ueberblick der Kirchengeschichte enth. 12. (VI, 86 S.) Straßburg i/E. 890. Straßburger Druckerei & Verlagsanstalt. cart. n.n. — 50

Härter, Frz., Handbüchlein f. Jung u. Alt oder Katechismus der evangel. Heilslehre. 10. Aufl., als Anh. e. Ueberblick der Kirchengeschichte enth. 8. (VI, 86 S.) Straßburg 893. Straßburger Druckerei u. Verlagsanst. Kart. n.n. — 50

— Handbüchlein f. Jung u. Alt od. Katechismus der evang. Heilslehre. 12. Aufl., als Anh. e. Ueberblick der Kirchengeschichte enth. (VI, 102 S.) kl. 8. Straßburg 906. Straßburger Druckerei u. Verlagsanstalt. Kart. n.n. — 60

—— Manuel de la doctrine chrétienne. Traduit du „Handbüchlein für Jung und Alt". 3e édit. 8. (94 S.) Strassburg 878, (Vomhoff.) cart. *

— Dass., s.a. Härter, J. F.

Hærter, Fritz Franz [pr. Arzt aus Strassburg i. E.]: Ueber einseitige Vaginalatresie bei doppeltem weiblichem Genitalkanal ... Strassburg i. E., Buchdr. C. Goeller, 1894; 1 Bl., 54 S., 1 Bl. 8.
Strassburg, Med. Fak., Inaug.-Diss. v. 1894

Härter, G., Jesu Auferstehung. Eine Osterbetrachtung. (19 S.) 8. Straßburg 904. Buchh. der ev. Gesellschaft. n. — 20

Härter, G., das stellvertretende Leiden des HErrn. 8. (16 S.) Basel 880. Spittler. n. — 20

— die Unterscheidungsmerkmale der wichtigeren in Deutschland wachsenden Hölzer. [Specielle Xylotomie.] gr. 8. (22 S.) München 879. Rieger. n. — 80

Haerter, J. F., manuel de la doctrine chrétienne. Traduit du „Handbüchlein für Jung u. Alt". 3. éd. 8. (94 S.) Strassburg 878. (Vomhoff.) cart. n. 1. —

— Dass., s.a. Härter, Franz

— Studien über attisches Staatsrecht u. Urkundenwesen. [Aus: „Sitzungsber. d. k. Akad. d. Wiss."] Lex.-8. (288 S.) Ebend. 878. n. 4. 80

Haerter, Johann Friedrich Julius

— — Meditationes de praesumtione juris naturalis circa actiones liberas in genere. Dissert. philos. Erlang. (Joh. Dietr. Mich. Camerarius) 13. u. 15. V. 1756. 42 S. (6.50) 12685
Gew.: Ulrich Heinrich Frh. v. Lauterbach, Philipp Andreas Frh. v. Ellrod. — Respond. v. Tl. II (ab S. 23): Georg Friedrich Seyler (Crusia [= Kreußen]/Bayreuth).

Haerter, Johann Friedrich Julius (Frhl. v. Stein z. Altenstein'scher Secretär), Observationes de jure emigrandi et transmigrandi subditorum eorumque expulsione et transplantatione in genere. Präs. Johann Christoph Rudolph. Erlang. (Jo. Dietr. Mich. Camerarius) o. J. 46 Seiten. (6.50) 12684

Härter, Max, appr. Arzt aus Linden: Die doppelseitige Implantation der Ureteren in die Blase und ihre Methodik. *Jena 1901: A. Kämpfe.* (49 S.) 8°
Jena, Med. Diss. v. (31. Mai) 1901

Haerter, O., Geschäfts-Aufsätze, s.: **Hoffmann, J.**

Hartert, Albert: Schulaufsätze, ein Beitrag zum deutschen Unterricht in den oberen Klassen. Güterstoh, gedr. bei C. Bertelsmann, 1889: 40 S. 4°
Güterstoh, ev. G, OP 1889 (337)

Hartert, Ernst: Ornithologische Ergebnisse einer Reise nach den Niger-Benue-Gebieten. (S.-A.) Cabanis Journal für Ornithologie. Jahrg. 1886. October-Heft. S. 570—613.) Naumburg a/S. 1887. 44 S. 8°.

Hartert, Ernst, die Feinde der Jagd. Eine naturwissenschaftl. Studie üb. die dem Wildstande wirklich u. vermeintlich schadenbring. Thiere. Mit Illustr. v. Mützel, Kretschmer, Deiker, Specht, Bellecroix u. A. Lex.-8. (III, 123 S.) Berlin 885. Baensch. n. 4. —

ERNST HARTERT, Katalog der Vogelsammlung im Museum der Senckenbergischen Naturforschenden Gesellschaft in Frankfurt am Main. Abgeschlossen Mitte Januar 1891. Frankfurt a. M. Druck von Gebrüder Knauer. 8°.

Hartert, Ernst, Katalog d. Vogelsammlg. im Museum der Senckenbergischen naturforschenden Gesellschaft in Frankfurt a. Main. Abgeschlossen Mitte Jan. 1891. (XXII, 259 S.) gr. 8. Frankfurt a/M. (Viktoria-Allee 7) (891). Senckenberg. naturforsch. Gesellschaft. nn 1.50

Hartert, Ernst: Vom Niger Benuegebiet und seinen Handelsverhältnissen. (Deutsche Geographische Blätter Bd. 9. Heft 4. S. 320—331.) Bremen 1886. 12 S. 8°.

Hartert, Ernst, Podargidae, Caprimulgidae u. Macropterygidae, s.: **Tierreich, das.**

Hartert, Ernst: Reise im westlichen Sudan. Mit besonderer Berücksichtigung der pflanzlichen Reichtümer. ([S.-A.] Petermanns Geographische Mittheilungen. 1887. Heft 6.) Gotha 1887. 32 S. 4°.

Hartert, Ernst: Aus den Tabakspflanzungen und Wäldern in Nordost-Sumatra. (Deutsche Geographische Blätter. Bd. 14. Heft 2. S. 107—116.) Bremen 1891. 10 S. 8°.

Hartert, Ernst, Trochilidae, s. a. **Tierreich, das.** 9. Lfg.

Trochilidae bearb. von **Ernst Hartert,** Dir. d. Zoolog. Mus. in Tring. Mit 34 Abb. im Texte. *Berlin: R. Friedländer & Sohn 1900.* (IX, 254 S.) 8°
= **Tierreich,** Das. Lfg 9. (00. 2033)

Hartert, Ernst, die Vögel der paläarktischen Fauna. Systematische Übersicht der in Europa, Nord-Asien u. der Mittelmeerregion vorkomm. Vögel. 1.—3. Hft. (XII, 11 u. S. 1—384 m. 60 Abbildgn.) Lex.-8. Berlin 903—905. R. Friedländer & Sohn. à n. 4. —

— Die Vögel der paläarktischen Fauna. Systemat. Übersicht d. in Europa, Nord-Asien u. d. Mittelmeerregion vorkomm. Vögel. 4.—6. Heft. (I. Bd. XLIX u. S. 385—832 m. 74 Abb.) gr. 8. Berlin 907—910. R. Friedländer & Sohn. 16.— (I. Bd. vollst. 28. —)

— aus den Wanderjahren e. Naturforschers. Reisen u. Forschgn. in Afrika, Asien u. Amerika, nebst daran anknüpf., meist ornitholog. Studien. Lex.-8. (XV, 329 S. m. Abbildgn. u. 13 Taf.) Aylesburg 901. 902. (Berlin, R. Friedländer & Sohn.) Geb. in Leinw. n.n. 25.—

— einige Worte der Wahrheit üb. den Vogelschutz. Allgemeine u. specielle Erörtergn. v. zum Teil neuen Gesichtspunkten. gr. 8. (36 S.) Neudamm 900. J. Neumann. n. 1.—

Hartert, F. C., die Priorität der Gläubiger, mit Rücksicht auf Kurhessisches Recht. Marburg 855. Elwert. gr. 8. (VIII, 141 S.) 15 ngr.

Hartert, Frz. Karl, Auswahl aus Schillers Gedichten gemeinfaßlich erläutert für Schule u. Haus. Ein Hülfsbüchlein für Freunde und Freundinnen Schillers in den weitesten Kreisen, besonders zum Privat-Unterricht für Volksschullehrer. 1. Abth. Göttingen 864. Wigand. 8. (VIII, 190 S.) n. 20 ngr.

Hartert, Frz. Karl, Auswahl aus Schillers Gedichten gemeinfaßlich erläutert für Schule u. Haus. Ein Hülfsbüchlein für Freunde u. Freundinnen Schillers in den weitesten Kreisen, besonders zum Privat-Unterricht für Volksschullehrer. 2. Abthl. Göttingen 867. Wigand. 8. (VIII, 189 S.) n. 15 ngr.

— — **2 Abthln. in 1 Bde. 2. Ausg. Ebend. 867. 8. (X, 379 S.)** n. 1 ℛ

Hartert, Frz. Karl, Schiller's Gedichte gemeinfaßlich erläutert für das Haus und die Schule. Ein Hülfsbuch für Freunde und Freundinnen Schiller's in den weitesten Kreisen, auch zum Gebrauch in höheren Bürger- und Realschulen. Neue Ausg. 8. (VI, 379 S.) Kassel und Göttingen 878, Wigand. geb. *

Hartert, Frz. K., s.: Schiller's Gedichte in Auswahl.

Hartert, Frz. Thdr., Gedichte. 2 Bde. 8. Eisenach 806, Wittekind. 1 Bdchn. 8 K 2 Bdchn. ...

Hartert, Johann Franz (Hirsfeldensis/Hess.), Utrum sumtus quos in academiis pater filio suppeditavit in portionem ejus hereditariam veniant desumta ex L. 50. D. fam. ercisc. Diss. jur. Marburg (Phil. Casim. Müller) Dez. 1753. 36 S. (6.20)
Gew.: Jo. Phil. u. Jo. Theod. Ries. 13210

Hartert, Wilhelm, appr. Arzt a. Göttingen: Das Dioptometer. Ein neuer Apparat zur subjektiven und objektiven Refraktionsbestimmung. Göttingen 1900: Dieterich. (21 S., 1 Taf.) 8°
Göttingen, Med. Fak., Ref. Schieck, Diss. v. 5. Okt. 1906
[Geb. 7. Juli 80 Groß-Schneen; Wohnort: Göttingen; Staatsangeh.: Preußen; Vorbildung: Gymn. Göttingen Reife O. 01; Studium: Göttingen 4, München 1, Berlin 2, Göttingen 2 S.; Coll. 30. Juli 06; Approb. 3. März 06.]

Harte's, Bret, Lebensbild, s. Brachvogel, U.

Hartesius, Walt. Frauenlieb'. Schauspiel in 5 Akten. 8. (III, 189 S.) Lpz. 890, (Fock). * 1 25

Hartfelder, Karl, der Aberglaube Philipp Melanchthon's, s. Taschenbuch, historisches.

Hartfelder, K., Bericht üb. die Litteratur d. Jahre 1887 u. 1888, welche sich auf die Geschichte d. Hochschulen, Gymnasien, Lateinschulen etc. bezieht. S.-A. 1891. 112 S. 1.20

Hartfelder, K., Bericht üb. d Litteratur d J. 1886, welche sich auf Encyclopädie u. Methodologie der klass. Philologie, Geschichte d. Altertumswissensch. u. Bibliographie beziehen. (nebst Nachträg. z. d. frühern Jahren.) S.-A. 1887. 120 S. 2.50
— — Des Jahres 1887. S. A. 1890. 113 S. 2.25
— — Des Jahres 1888. S. A. 1891. 49 S. 1.20
— — Der Jahre 1889 u. 1890. S. A. 1892. 96 S. 2.—

Hartfelder, Karl Unedierte Briefe von Rudolf Agricola. Ein Beitrag zur Geschichte des Humanismus. 4 (S. 1—36).
In: Festschrift der Badischen G. zur Feier des 500jähr. Jubil. der Univ. Heidelberg. *Karlsruhe* 1886.
Nicht im Tauschverkehr.
Progr.

Hartfelder, Karl. Desiderius Erasmus von Rotterdam und die Päpste seiner Zeit, s. Taschenbuch, historisches.

Hartfelder, Karl, zur Geschichte d. Bauernkriegs in Südwestdeutschland. gr. 8. (VIII, 476 S.) Stuttgart 884. Cotta. n. 8. —

— badische Geschichtsliteratur d. J. 1880 bis 1882. [Aus: „Ztschr. f. die Geschichte d. Oberrhein".] gr. 8. (III, 59 S.) Karlsruhe 883. Braun. n. — 80

Hartfelder, Karl, badische Geschichtsliteratur des J. 1883. gr. 8. (26 S.) Karlsruhe 884, Braun'sche Hofbuchh. *

— dasselbe, d. J. 1884. gr. 8. (III, 29 S.) Ebend. 885. n. — 60

Hartfelder, K., Adalbert Horawitz geb. 13. Jan. 1840, gest. 6. Nov. 1888. 1889. 16 S.

—— der Humanismus und die Heidelberger Klöster, s. Festschrift zur fünfhundertjährigen Stiftungsfeier der Universität Heidelberg.

—— Das Ideal e. Humanistenschule. [Die Schule Colets zu St. Paul in London.] Vortrag, geh. zu München am 22. Mai 1891 in der pädagog. Sektion der 41. Versammlg. deutscher Philologen u. Schulmänner. gr. 4. (16 S.) Lpz. 892, (Teubner). * — 80
Aus: Verhandlg. d. 41. Versammlg. deutscher Philologen u. Schulmänner, besonders abgedruckt.

Hartfelder, Karl, badische Literatur in den Jahren 1877 bis 1879. [Aus: „Zeitschr. f. d. Geschichte d. Oberrheins".] gr. 8. (72 S.) Karlsruhe 881. Braun. n. 1. 20

Hartfelder, K., Philipp Melanchthon als Praeceptor Germaniae, s.: Monumenta Germaniae paedagogica.

—— s. Melanchthoniana paedagogica.

Hartfelder, K. Die Quellen von Ciceros zwei Büchern de divinatione. 24 S. Progr. G. *Freiburg i/Br.* 1878.

—— Werner v. Themar, ein Heidelberger Humanist. gr. 8. (102 S.) Ebendas. 880. *
aus: Zeitschrift für die Geschichte des Oberrheins, besonders abgedruckt.

Hartfelder, K. Deutsche Übersetzungen klassischer Schriftsteller aus dem heidelberger Humanistenkreis. 34 S. G. *Heidelberg* 1884.
Progr.

Hartfelder, Karl, deutsche Uebersetzungen klassischer Schriftsteller aus dem Heidelberger Humanistenkreis. gr. 4. (34 S.) Heidelberg 884. (Berlin, Calvary & Co.) n. 1. 60

Hartfelder, Karl Die alten Zunftordnungen der Stadt Freiburg. Teil I. Herausgeg. und mit Anmerkungen versehen. 46 S. Progr. G. *Freiburg Br.* 1879.

Hartfuß, M., s.: Rang- u. Wohnungsliste f. sämmtl. Kommandobehörden u. Truppentheile d. XV. Armeekorps.

Hartge, Alex., Beiträge zur Kenntniss der Chinidin-[Conchinin-]Resorption nebst Berücksicht. seines forensisch-chem. Nachweises. gr. 8. (54 S.) Dorpat 881. (Karow.) n. 1.
Diss.

Hartge, August [cand. med. aus Hamburg]: Ueber einen Fall von Skrofulose ... Hamburg, Buchdr. v. Heinatsch & Thiedemann, 1892; 26 S., 1 Bl. 8.
Freiburg i. B., Med. Fak., Inaug.-Diss. v. 1892

Hartger, Fr., Ataliba, letzter Ynka v. Peru. 8. Magdeb. 818. (Lauffer in Leipz.) 10 gr

— Hillers romantische Begebenheiten u. Abentheuer. 8. Magdeb. 817. (Lauffer in Leipz.) 1 rf

— der Eisenhamer am Fuß des großen St. Bernhards. 8. Magdeb. 819. (Lauffer in Leipz.) 20 gr

Hart Gipsdielen, Die, und ihre Verwendung als vorzügliches Bau- und Isolier-Material. Berlin 1890

Grusons Hartguß-Panzer. Ansichten der Panzerplatten nach der Beschießung. 14 Taf. Magdeburg 1886(?)

Harth [Schlagwort]

Harth. Münnich, Wegweiser durch die Harth u. ihre Umgebung. 20,5×26,5 cm. Farbdr. Zwenkau (902). (E. Stock.) n. — 20

Harth [Verfasser]

Harth, Predigt bei dem Beginn der General-Kirchen- und Schulen-Visitation in der Diöcese Grünberg, gehalten zu Grünberg den 23. Mai 1856. Grünberg 856. Weiß. 8. (16 S.) nn. 2½ ngr

Harth, C., Worte des Dankes für gnädige Errettung Ihrer Majestäten des Königs u. der Königin, gesprochen in d. evang. Kirche zu Grünberg am 8. Sonnt. p. Trin. gr. 8. (1 B.) Grünberg 844, Levysohn. *

Harth, F., Zur Frage des zweckmäßigsten Antriebs für Kompressoren. Essen-Ruhr, 1907. 6 S. mit 2 Abb.

Harth, F., s.: Lari Fari.

Harth, F., und W. Möser, Trauer-Kränze auf d. Sarkophag Sr. Hochsel. Maj. König Friedrich Wilhelm III., ehrfurchtsvoll niedergelegt. 2., verm. Aufl. 8. (6 B.) Berlin 840, Schroeder.

Harth, Fd., s. Erscheinungen 2c. aus d. Reiche d. Wirklichkeit.

Harth, Ferd., übernatürl. Erscheinungen, s. Erscheinungen

— s. Universal-Brimborium, unterhaltendes. — Zum Polterabend.

Harth, Heinrich [Dr.]: Katalog der Lehrer- und der Schüler-Bibliothek der Schule. Köln, Buchdr. v. J. B. Heimann, 1892; 1 Bl., 71 S. 8.
Köln, HB u. Handelskl., OP 1892 (489)**

Harth, Heinrich (geb. am 16 Febr. 1852 in Ohlenberg bei Linz a. Rh.): Die Qualität der Reinen Vokale im Neufranzösischen ... Oppeln, E. Franck 1884. 51 S. 8.
Bonn, Phil. Fak., Diss. v. 31 Mai 1884

Harth, Karl, Fürchtet Gott. Ehret den König. Habt die Brüder lieb. Predigt, gehalten zur Wahl der Stadtverordneten am Sonnt. Lätare. 8. (16 S.) Grünberg 819, Weiß. 1 1/2 ngr

Harth, Karl: Platons Philebus. Magdeburg 1908: Baensch jun. S. 3—38. 4°
Magdeburg, Pd z. Kloster U. L. Fr. P 1908 (313) [S 08. 166

Harth, Phpp., Wegweiser zur Beamten-Laufbahn f. d. hess. Staats- sow. Reichsdienst (Post, Telegraph, Reichsbank u. Militär), bearb. nach amtl. Quellen. 8. (59 S.) Worms 897. C. Bürchl. n. — 60

Harth, Theodor [aus Würzburg]: Über Quecksilber-Halogen-Doppelverbindungen ... Würzburg, P. Scheiner's Buchdr., 1896; 38 S., 1 Bl. 8.
Würzburg, Phil. Fak., Inaug.-Diss. v. 1896

Hartha [Schlagwort]

Hartha, s.: Geologische Karten. Spezialkarte. (Sachsen.)

Hartheim-Ehrenstetten [Schlagwort]

Hartheim-Ehrenstetten, s.: Geolog. Karten. Spezialkarto (Baden).

Hartherzigkeit u. Reue, oder d. Wiedervergeltung. Schspl. 8. Augsb., v. Jenisch u. St. 5 gr. u. K. Haas in Wien. 6 gr.

Hartherzigkeit und Reue; oder die Wiedervergeltung. Schauſp. 8. Augsb. Stage. 79?.

Harthus, F., biblische Geschichten f. das 3. u. 4. Schulj. (IV, 60 S.) 8. Hamburg (22, Berthastr. 6), (905). Herm. Kampen. Geb. n. — 60

Hartje, Albert, aus Vahlbruch (Prov. Hann.): Ein seltener Fall von Bauchblasengenitalspalte. *Göttingen 1902: L. Hofer.* (68 S.) 8°
Göttingen, Med. Diss. v. [23. Aug.] 1902

Hartje, Alb., ein seltener Fall v. Bauchblasengenitalspalte. Diss. (68 S. m. 1 Taf.) gr. 8. Göttingen 902. (Vandenhoeck & Ruprecht.) n. 1. 60

Hartjenstein, A., Ratgeber f. Gewerbetreibende, s.: Hoffmeister, Wilh.

(Hartig.) Genesis der Revolution in Oesterreich im Jahre 1848. 3., mit vielen Zusätzen verm. Aufl. 8. Leipzig 1851.

Hartig, das Möbel-Magazin, s.: Käkenhoff.

Hartig (A.). Die Unterscheidungsmerkmale der wichtigeren in Deutschland wachsenden Hoelzer. Specielle Xylotomie. Muenchen. 1879. 8°.

Hartig, Adam, der Morgen. Ein Gedicht aus d. Leben u. d. Natur. 8. (1 1/2 B.) Schwerin 816, Kürschner'sche Buchh. *

Hartig, Adf., „Irrlichter". Schauspiel in 4 Akten. (44 S.) gr. 8. Teplitz-Schönau 909. (A. Becker.) — 85

Hartig, Anton von: Von den Heilkräften und dem Gebrauche des Sztubitzer Mineralwassers, nebst angehängten Krankengeschichten.
49 S.(S.61 - 109), gbd.

Agram: v.Novoszel 1820
in: Baumbach, Fr.: Physisch-chemische Untersuchung der Mineralquellen von Sztubitza in Croatien. 1820

JB 2.785

Erziehung zur bürgerlichen Baukunst von Erdmann Hartig, Dir. zu Aachen. Aachen: M. Jacobi's Nachf. 1906. (24 S.) 8° [F.] [06. 4306

Hartig, Erdm., die Ruhmoshallo in Barmon. gr. Fol. (25 Taf. m. 8 S. illustr. Toxt.) Borlin 902. E. Wasmuth. In Mappe n. 25. —

Hartig, Erdm., Skizzen bürgerlicher Wohnhäuser (In 3 Reihen.) I. Reihe: Blatt 1 50. Wohnhäuser für 1 Familie. gr. 8. (2 S. Text.) Leipzig 894. E. A. Seemann. n. 2. 50

Hartig, Erdm., Skizzon bürgorlichor Wohnhäuser. I. Reiho: Blatt 1 50. Wohnhäusor f. 1 Familie. 2., unveränd. Aufl. gr. 8. (2 S. Toxt.) Loipzig 896. E. A. Seemann. n. 2. 50

Hartig, Ernst

— u. Thdr. Weiß, Atlas der mechanischen Technik. 34 Taf. in Holzschn. (in qu. Fol.) nebst erläut. Texte. [Aus der 2. Aufl. d. Bilder-Atlas.] qu. Fol. (47 S.) Leipzig 875. Brockhaus. n. 6. —; geb. n. 11. —

Hartig, E., s.: Civilingeniour, dor.

Hartig, Ernst, die Dampfkessel-Explosionen. Beiträge zur Beurtheilung der Maassregeln für ihre Verhütung. Leipzig 867. Teubner. gr. 8. (39 S. mit 2 Steintaff. in gr. 4. u. qu. Fol.) n. 20 ngr.

— (Hrsg.), s. Karmarsch, K.: Handbuch der mechanischen Technologie.

Hartig, E., Maschinenwesen u. Transportmittel, s.: Bericht, amtlicher, üb. die Wiener Weltausstellung.

Mittheilungen der Kön. Sächs. Polytechnischen Schule zu Dresden. (Verf.: Dr. Ernst Hartig, Lehrer (2. 3: Prof.) d. mechan. Technologie.) H. 1—3. Leipzig: Teubner 1864—73. 4°

1 = Hartig, Ernst: Versuche über den Kraftbedarf der Maschinen in der Streichgarnspinnerei und Tuchfabrikation, ausgeführt unter Mitw. der Polytechniker [Hermann Bruno] Arndt, [Hugo] Jüngling, [Ewald Richard] Klien u. [Gustav Adolph] Künzel. 1864. VIII, 72 S.

2 = Hartig, Ernst: Versuche über den Kraftbedarf der Maschinen in der Flachs- und Wergspinnerei, ausgeführt unter Mitw. der Polytechniker F[erdinand] H[ermann] Becker, E[rnst] E[mil] Freyberg, W[alther] C[äcil] Merkel, Heinrich Judenfeind-Hülsse, Herrmann Judenfeind-Hülsse, E[mil] H[ermann] Nacke u. P[aul] Püschel. Mit 2 Holzschn. u. 13 lithogr. Taf. 1869. 117 S., 13 Taf.

3 = Hartig, E[rnst]: Versuche über Leistung und Arbeits-Verbrauch der Werkzeugmaschinen. Ausgeführt unter Mitw. der Studirenden der mechanischen Abtheilung des K. S. Polytechnikum zu Dresden. Mit 24 lithogr. Taf. 1873. 243 S., 24 Taf.

— die Steinkohlen Deutschlands, s. Geinitz', H. B.

Hartig, E., Studien in der Praxis d. kaiserl. Patentamtes. gr. 8. (XI, 299 S. m. 35 Textfig.) Leipzig 890. Felix. n. 7. 50

Hartig, Dr. E., Tafel der Umdrehungsgeschwindigkeiten pro Secunde berechnet aus Durchmesser u. Umdrehungszahl pro Minute Weimar 1873. 8°.

— Tafel der Umfangsgeschwindigkeiten pro Secunde, berechnet aus Durchmesser u. Umdrehungszahl pro Minute. 8. (84 S.) Weimar 873. B. F. Voigt. 1. 50

Hartig, E: Ueber »Theilstücke« und »Begriffsmerkmale«. (Leipzig 1890)

Hartig, E: Untersuchung über Leistung und Arbeitsverbrauch der Getreide-Mähmaschinen. Leipzig 1881

Hartig, Ernst, Untersuchungen über die Heizkraft der Steinkohlen Sachsens, s.a. Steinkohlen, die, des Königreichs Sachsen.

Hartig, E: Untersuchungen über die Heizkraft der Steinkohlen Sachsens. Leipzig 1860

— über den Verlauf der Fitzfäden bei geweiften Gespinsten u. Gezwirnen. gr. 4. (2 S. m. 7 Fig.) Ebd. 899. — 60
Sonderabdruck aus: „Zeitschr. f. d. ges. Textil-Industrie".

— Versuche über den Kraftbedarf der Maschinen in der Streichgarnspinnerei u. Tuchfabrikation, s.a. Mittheilungen der k. sächs. polytechn. Schule zu Dresden.

Hartig E, Versuche über den Kraftbedarf der Maschinen 1. in der Streichgarnspinnerei und Tuchfabrikation, 2. in der Flachs- und Wergspinnerei. 4° (Mitteilungen der polytechnischen Schule in Dresden 1. 2) Leipzig 1864. 69

Hartig, E., Versuche über Leistung u. Arbeitsverbrauch von Futterschneidmaschinen, Schrotmühlen u. anderen landwirthschaftlichen Maschinen. Ausgeführt im Auftrage des Landesculturrathes für das Königreich Sachsen in Döbeln am 3. bis 6. Septbr. 1877 von Pfannenstiel, Blomeyer u. Hartig. Mit 5 (lith.) Taf. Abbildungen (in gr. 4.). gr. 8. (39 S.) Leipzig 878. Felix. n. 2. 40

— Versuche üb. Leistung u. Arbeits-Verbrauch der Werkzeugmaschinen, s.a. Mittheilungen der k. sächs. polytechnischen Schule zu Dresden.

Hartig, Dr. E., Versuche über Leistung u. Arbeitsverbrauch der Werkzeugmaschinen; ausgeführt unter Mitwirkung der Studirenden der mechan. Abth. des k. sächs. Polytechnikums in Dresden. Mit 24 lith. Tfln. (3. Heft der Mittheil. des Dresdener Polyt.) Leipzig 1873. med. 8°.

Hartig, E., zur technischen Wortschätzung patentierter Erfindungen. gr. 4. (4 S. m. Fig.) Leipzig-R. (899). L. A. Klepzig. — 75
Separatabdruck

HARTIG, Ernst Friedrich: Praktische Anleitung zum Baumroden nach den neuesten Versuchen. - Marburg 1827. 45 S., 1 Taf.

— prakt. Anleit. z. Baumroden nach d. neuesten Versuchen. Mit 1 Kpft. 8. Marb. 827. Krieger. 6 gGr.

HARTIG, Ernst Friedrich: Praktische Anleitung zum Vermessen und Chartiren der Forste in Bezug auf Betriebs-Regulirung. - Gießen 1828. XIV, 227, 47 S., 2 Taf., 7 Tab.

Hartig, Ritter Er. Fr.: „Praktische Anleitung zum Vermessen und Chartiren der Forste in Bezug auf Betriebs-Regulirung", Gießen 1828 (Heyer).

HARTIG, Ernst Friedrich: Anweisung zur Aufstellung und Ausführung der jährlichen Forstwirthschaftspläne nach Maßgabe einer systematischen Forstbetriebs-Einrichtung. - Gießen 1826. VIII, 224 S., 10 Tab.

Hartig, Ritter Er. Fr.: „Anweisung zur Aufstellung und Ausführung der jährlichen Forstwirthschaftspläne nach Maßgabe einer systematischen Forstbetriebs-Einrichtung", Gießen 1827 (Heyer).

Hartig E. F.: Die Forstbetriebs-Einrichtung nach staatswirthschaftlichen Grundsätzen. Cassel 1825. 238 S. 22 Tab.

Hartig, (Ernst Friedr.,) d. Forst-Betriebs-Einrichtung nach staatswirthschaftl. Grundsätzen gr. 8. M. 1 Tab. Cassel 825, Krieger.

Hartig, Ritter Er. Fr.: „Die Forstbetriebs-Einrichtung nach staatswirthschaftlichen Grundsätzen", Cassel 1826 (Krieger).

Hartig, Ritter E. F.: „Forstbetriebs-Regulierung nach staatswirthschaftlichen Grundsätzen", Cassel 1825 (Krieger).

HARTIG, Ernst Friedrich: Lehrbuch der Teichwirtschaft und Verwaltung in Verbindung mit der Wiesen- und Ackerverbesserung. - Cassel 1831. XVI, 560 S., 1 Taf., 12 Tab.

Hartig, Ritter Er. Fr.: „Lehrbuch der Teichwirthschaft und -verwaltung, in Verbindung mit der Wiesen- und Ackerverbesserung, nach den Anforderungen des rationellen Landwirthes abgefasst", Cassel 1831 (Krieger).

Hartig, F: Das elektrisch angetriebene Konvertergebläse des Peiner Walzwerks. Frankfurt a. M. 1909

Hartig, F., das kaiserl. Manifest vom 20. Septbr. 1848, s. Manifest.

Hartig, Fr., Beschreibung e. neuen Apparates z. Vereinigung d. gespalt. Gaumens ohne Nath; ferner: eines neuen Apparates z. Retention d. Unterkiefers u. Gesch. e. auf mechan. Weise hergestellten, verwachs. Mundes. Drei Beitr. z. chirurg. Operations- u. Maschinenlehre. gr. 8. (3 B. u. 6 Stnt.) Braunschweig 841, G. C. E. Meyer sen. *

HARTIG Franz de Paula Anton

— histor. Bemerk. über die Landwirthschaft. 8. Prag, Schönfeld. 786.

Hartig F. v.: Kurze historische Betrachtungen üb. die Aufnahme u. den Verfall d. Feldwirthschaft bey verschiedenen Völkern. Prag u. Wien 1786. 435 S.

— kurze Betracht. ub. die Aufnahme u. den Verfall d. Landwirthschaft bei verschied. Völkern. 8. Prag 786. Schönfeld. (Leipz., Andreä). 1 ℛ

— s. 1) Essai sur les avantages. 2) Lettre sur la France.

— mélange de vers et de prose, gr. 8. Paris. (Sommer in Leinzig.)

— melange de vers et de prose. gr. 8. Paris 788. (Gräffer u. Schmidt in Wien). 1 ℛ 8 𝒢

de Hartig, Frz. v. Paula, Graf Adm., († d. 1. Mai 1797.) observat. historiques, s. les Progrès et la décad. de l'agriculture chez différens peuples; trad. de l'Allem. par Leroi de Lozembrune. 8. Wien 789. (Gräffer). 20 𝒢

HARTIG, Friedrich Karl: Beschreibung eines wohlfeilen Winkelmeßinstruments, welches Astrolabium, Scheibe, Meßtisch, Boussole, Quadrant, Dendrometer und Wasserwaage gestellt und bei Forst- und anderen Messungen sehr vortheilhaft gebraucht werden kann. - Frankfurt a. M. 1796. 32 S., 1 Taf.

— Beschreib. eines wohlf. Winkelmaaßinstruments. Mit 1 Kpft. 8. Frankf. a. M. 796. Varrentrapp. 6 𝒢

Hartig F. K.: Die angewandte Forst-Geometrie. Leipz. 1811. 265 S. 14 Tvl. og Pl. (2 kol.).
(=: Die Hoch- u. Niederwaldbehandlung. Th. 4). 576.

Hartig F. K.: Die Forstgeonomie u. Lithologie. Leipz. 1810. 276 S. 1 kol. Tvl.
(=: Die Hoch- u. Niederwaldbehandlung. Th. 3). 576.

Hartig F. K.: Forst- u. Jagd-Staats-Recht. Leipz. 1809. 420 S. 2 Tvl.
(=: Die Hoch- u. Niederwaldbehandlung. Th. 2). 576.

Hartig, Fr. K.: „Das Forst- und Jagd-Staatsrecht", Leipzig 1809 (Baumgärtner). — Vorh. Bibl. des Kammergerichts Berlin — Ec. 2370.

HARTIG, Friedrich Karl: Vermischte Forstschriften. - Leipzig 1812. 1. Bd. 192 S., m. Tab.

Hartig, Fr. Karl: „Vermischte Forstschriften", 1. (einziger) Band, Leipzig 1812 (Baumgärtner).

— Gesetze üb. die Lehre eines Jägerjungen. Nürnb. u. Altdorf 1807. 30 S. P.

— Gesetze über die Lehre eines Jägerjungen. gr. 8. Nürnb. 807. Monath u. K. 3 𝒢

HARTIG, Friedrich Karl: Über die beste Hauzeit des Wurzelholzes. Eine Untersuchung. - Leipzig 1807. 32 S.

— üb. die beste Hauzeit des Wurzelholzes. 8. Lpz. (807). Baumgärtner. 4 𝒢

Hartig, Fr. Karl, über die beste Hauzeit des Wurzelholzes. 8. Leipz. Baumgärt. 808.

HARTIG, Friedrich Karl: Die Hoch- und Niederwaldbehandlung. - Leipzig 1808-1811. 4. Tl. - Tl. 1: Gründe für und wider die Behandlung. Untersuchung, ob die Hoch- und Niederwaldbehandlung nützlich oder schädlich sey? nebst einer Umformungsprobe. 1808 XXIV, 162 S., 4 Tab. - Tl. 2: Das Forst- und Jagd-Staats-Recht. 1809. XX, 420 S., 2 Taf. - Tl. 3: Die Forstgeonomie und Lithologie. 1810. XVI, 276 S., 1 Tab. - Tl. 4: Die angewandte Forst-Geometrie. 1811. XXIII, 265 S., 14 Tab.

— die Hoch- u. Niederwaldbehandlung. 4 Thle. gr. 8. Lpz. 808—11. Baumgärtner. 7 ℛ 4 𝒢 (I. Auch u. d. T.: Unters., ob die Hoch- u. Niederwaldbehandlung nützlich oder schädlich sei? Nebst e. Umformungsprobe. (808). 1 ℛ II. Auch u. d. T.: Forst- u. Jagd-Staatsrecht. Mit 2 Kpf. (809). 2 ℛ III. Die Forstgeonomie u. Lithologie. Mit 1 ill. Tab. (810). 1 ℛ 16 𝒢 IV. Die angewandte Forst-Geometrie. Mit 14 Kpf. (811). 2 ℛ 12 𝒢) compl. Hbg. Pr. 3 ℛ 12 𝒢

Hartig F. K.: Jagd-Gesetze od. Schussordnung. Nürnb. u. Altendorf 1807. 68 S. P.

— Jagdgesetze, oder Schußordnung. gr. 8. Nürnb. 807. Monath u. K. 8 𝒢

Hartig F. K.: Tabellarisch-terminologische Naturgeschichte d. Jagdthiere. Frankf. a. M. 1805. 14 S. (8o.). 21 dobb. Tab. Fol.

Hartig, Fr. Karl, tabellar.-terminolog. Naturgeschichte d. Jagdthiere. gr. 8. Frankf. a. M. 805. Varrentrapp. 2 ℛ

Hartig F. K.: Untersuchung, ob. die Hoch- u. Niederwaldbehandlung nützlich od. schädlich sey? nebst einer Umformungsprobe. Leipz. 1808. 162 S.
(=: Die Hoch- u. Niederwaldbehandlung. Th. 1). 576.

Hartig, Georg Ludwig

— s. a. Abhandll. über Gegenstände beim Forst- u. Jagdwesen.

HARTIG, Georg Ludwig (Hrsg.): Abhandlungen über interessante Gegenstände beim Forst- und Jagdwesen. - Berlin 1830. 297 S., 1 Taf.

Hartig, Geo. Ludw., Abhandlungen üb. interess. Gegenstände beim Forst- u. Jagdwesen. Nebst 1 lith. Taf. 8. (19 B.) Berlin 830, Duncker u. Humblot.

HARTIG, Georg Ludwig: Anleitung zur Berechnung des Geld-Werthes eines, in Betreff seines Natural-Ertrages, schon taxirten Forstes. Ein Nachtrag zu des Verfassers Anweisung zur Taxation und Beschreibung der Forsten. - Berlin 1812. 38 S.

Hartig, Georg Ludwig: „Anleitung zur Berechnung des Geld-Werthes eines schon taxirten Forstes", Berlin 1812 (Maurer).

HARTIG, Georg Ludwig: Anleitung zur Forst- und Weidmanns-Sprache oder Erklärung der älteren und neueren Kunstwörter beim Forst- und Jagdwesen. Ein Handbuch für Förster und Jagdliebhaber. - Tübingen 1809. 179 S. - 2. Aufl. Stuttgart, Tübingen 1821. 195 S.

— Anleit. zur Forst- u. Waidmanns-Sprache, od. Erklärung der ältern u. neuern Kunstwörter beim Forst- u. Jagdwesen. 8. Tübing. 809. v. Cotta. 20 𝒢 2e Aufl. gr. 8. Ebd. 821 1 ℛ

HARTIG, Georg Ludwig: Anleitung zur wohlfeilen Kultur der Waldblößen und zur Berechnung des dazu erforderlichen Zeit- und Geldaufwandes. Durch 680 Beyspiele erläutert. Für Forstbeamte und Gutsbesitzer. - Berlin 1826. IV, 95 S., 1 Taf., 3 Tab.

Hartig, Georg Ludwig: „Anleitung zur wohlfeilen Cultur der Waldblössen und zur Berechnung des dazu erforderlichen Zeit- und Geldaufwandes; durch 680 Beispiele erläutert", Berlin 1826 (Duncker & Humblot).

HARTIG, Georg Ludwig: Kurze Anleitung zum Unterricht junger Leute im Forst- und Jagdwesen. - Berlin 1827. 53 S.

— Anleit. zum Unterr. junger Leute im Forst- u. Jagdwesen. 8. Berl. 827. Duncker u. H. 8 𝒢

Hartig G. L.: Anleitung z. Prüfung d. Forstkandidaten. Berl. 1818. 42 S. P.

Hartig, G. L.: „Anleitung zur Prüfung der Forstcandidaten", Berlin 1818 (Nicolai).

—— Anleitung z. Prüfung d. Forstkandidaten. 2., verm. Aufl. gr. 8. (4 B.) Berlin 828, Nicolai.

— — Anleitung zur Taxation und Beschreibung der Forste, 2 Bände mit Karten und Tabellen. 4te Aufl. gr. 4. Giessen, Heyer. 819.

Hartig G. L.: Anleitung z. Vertilgung od. Verminderung d. Kiefern-Raupen. Berl. 1827. 44 S. P.

— Anleit. zur Vertilgung u. Verminderung der Kieferraupen. 8. Berl. 827. Duncker u. H. 8 gGr

— Anweis. zur Holzzucht für Förster. 8. Marb. 781. 2e A. 796. 3e A. 800. 4e A. 804. 5e A. 805. 6e A. 808. 7e Aufl. 817. 8. Ebd. Krieger. 1 Rthlr

HARTIG, Georg Ludwig: Anweisung zur Holzzucht für Förster. - Marburg 1791. XII, 144 S., 1 Tab. - 2. Aufl. ebd. 1796. - 3. Aufl. ebd. 1800. - 4. Aufl. ebd. 1804. - 5. Aufl. ebd. 1805. - 6. Aufl. ebd. 1808. - 7. Aufl. Cassel, Marburg 1818. 234 S.

— — 2. verm. u. verb. Aufl. Sst. 1796. 160 S.

Hartig G. L.: Anweisung z. Holzzucht f. Förster. 3. verm. u. verb. Aufl. Marburg 1800. 210 S. 2 Tab. Forf.s Portr.

— — 4. . . . verm. u. durchaus verb. Aufl. Sst. 1804. 224 S.

— — 7. abermals verm. u. verb. Aufl. Cassel u. Marburg 1818. 234 S.

HARTIG, Georg Ludwig: Anweisung zur Taxation der Forste, oder zur Bestimmung des Holzertrags der Wälder. Ein Beytrag zur höheren Forstwissenschaft. - Gießen, Darmstadt 1795. X, 200 S., 1 ill. Forstkt., Tab. - 2. Aufl. u. d. T.: Anweisung zur Taxation und Beschreibung der Forste. ebd. 1804 u. 1805. 2 Tl. - Erster oder theoretischer Theil: VIII, 208 S., 1 ill. Forstkt., Tab. - Zweyter oder practischer Theil: XII, 232 S., 1 ill. Forstkt., Tab. - 3. Aufl. u. d. T.: Anweisung zur Taxation und Beschreibung der Forste. Nebst einem Anhange über die Berechnung des Geldwerthes eines Forstes. Gießen 1813. Erster oder theoretischer Theil: VIII, 200 S., 1 ill. Forstkt., Tab. - Zweyter oder practischer Theil: XII, 232 S., 1 ill. Forstkt., Tab. - 4. Aufl. ebd. 1819. Erster oder theoretischer Theil: XII, 200 S., 1 ill. Forstkt., Tab. - Zweyter oder practischer Theil: V, 232 S., 1 ill. Forstkt., Tab.

— Anweis. zur Taxation d. Forste, oder zur Bestimmung des Holzertrags. Mit 1 Forst-Karte. gr. 8. Gießen 795. 2e Aufl., u. d. T.: Anweis. zur Taxation u. Beschreib. d. Forsten. 2 Bde. Mit Karten. gr. 4. Ebd. 805, 6. 6 Rthlr 12 gGr 3e Aufl. 814. 4e Aufl. 819. Ebd. Heyer. 6 Rthlr 12 gGr

— — 2. ganz umgearb. u. stark verm. Aufl., m. Tit.: Anweisung z. Taxation u. Beschreibung d. Forste. 2 Th. Giess. u. Darmst. 1804-05. (440) S. 1 kol. Tvl. 27 Tab. 1 Kt.
(1 Theoret. Th. — 2. Pract. Th.).

— Anweisung z. Taxation u. Beschreibung d. Forste. 2 Bde. mit 2 illum. Planen u. Tabellen. Nebst e. Anh. üb. die Berechnung d. Geldwerthes eines Forstes. 3te verb. u. verm. Aufl. gr. 4. Gieß. Heyer. 812.

— — 3. abermals verb. u. verm. Aufl.; [1] nebst e. Anh. üb. die Berechnung d. Geldwerthes eines Forstes. 2 Th. Giess. 1813. (432) S. 1 kol. Tvl. 1 Kt. 27 Tab.
(1. Theoret. Th. — 2. Pract. Th.).

— — 4. revid. Aufl. 2 Th. Sst. 1819. (432) S. 1 kol. Tvl. 1 Kt. 27 Tab. 4°.
(Do.).

Hartig, Geo. Lud., Anzucht der weißblühenden Accacien, mit K. und Tabellen. 8. Marb. Krieger. 802.

Hartig. G. L. Behandlung und Kultur des Waldes. 2. A. von Th. Hartig. Berlin 1859.

HARTIG, Georg Ludwig: Beitrag zur Lehre von Ablösung der Holz-, Streu- und Weideservituten. - Berlin 1829. 71 S.

Hartig, G. L.: „Beitrag zur Lehre von der Ablösung der Holz-, Streu- und Weideservituten", Berlin 1827 (Duncker & Humblot).

— Beytr. z. höhern Forstwissenschaft. gr. 8. Herborn. (Krieger in Marburg.) 807.

HARTIG, Georg Ludwig: Beyträge zur höheren Forstwissenschaft. - Marburg, Kassel 1807

Hartig, Geo. Ldw., kurze Belehrung über die Behandlung u. Kultur des Waldes. Für Privatwaldbesitzer u. Gemeindevorsteher, die ihren Wald selbst bewirthschaften, so wie für Privatförster u. Revierjäger, die kleine Walddistrikte zu administriren haben. gr. 8. Berlin 837. Nicolaische Buchh. 5/6 Rthlr

Hartig, Geo. Ludw., kurze Belehrung über die Behandlung und Kultur des Waldes. Für Privatwaldbesitzer u. Gemeindevorsteher, die ihren Wald selbst bewirthschaften, so wie für Privatförster u. Revierjäger, die kleine Walddistrikte zu administriren haben. 2., verm. Aufl., herausg. von Thdr. Hartig. Berlin 859. Nicolai's Verlhdlg. gr. 8. (XVI, 231 S.) 1 Rthlr 7½ ngr

— Beschreib. eines neuen Wolfs- u. Fuchs-Fanges. gr. 8. Leipz. 819. Kummer. 8 gGr

Hartig G. L.: Beweiss, dass durch die Anzucht d. weissblühenden Acacie . . . Brennholzmangel nicht abgeholfen werden kann. Nebst einem Vorschlag auf welche Art dieser grosse Zweck viel sicherer zu erreichen seyn möchte. [Cassel] 1798. 100 S. 1 Tvl.

HARTIG, Georg Ludwig: Beweiß, dass durch die Anzucht der weißblühenden Acacie schon wirklich entstandenem oder nahe bevorstehendem Brennholzmangel nicht abgeholfen werden kann. Nebst einem Vorschlag, auf welche Art dieser große Zweck viel sicherer zu erreichen seyn möchte. - Marburg 1798. 100 S. u. 16 S., m. Taf. u. Tab. - 2. Aufl. ebd. 1802. 102 S., 3 Tab., 1 Abb.

— Beweis, daß durch die Anzucht d. weißblühenden Accacien dem ꝛc. Brennholzmangel nicht abgeholfen werden kann. 8. Marb. 798. 2e Aufl. 802. Krieger. 8 gGr

HARTIG, Georg Ludwig: Entwurf einer allgemeinen Forst- und Jagd-Ordnung, mit besonderer Rücksicht auf den preussischen Staat. - Berlin 1833. 174 S.

—— Entwurf e. allgem. Forst- u. Jagd-Ordnung, mit besond. Rücksicht auf d. preuß. Staat. gr. 8. (12¼ B.) Berlin 833, Duncker u. Humblot.

— Erfahrungen u. Bemerkk. beim prakt. Forst- u. Jagdwesen. 1s Bdchn., a. u. d. T.: Forst- u. Jagd-Archiv, 7r Bd.

Hartig, Ge. Ldwg. Erfahrungen u. Bemerkungen beim praktischen Forst- u. Jagdwesen. Bdch. 1. Stuttgart 1826. 8.
A. u. d. T.: Forst- u. Jagd-Archiv. Bd. 7.

HARTIG, Georg Ludwig: Erfahrungen über die Dauer der Hölzer und über die Mittel, die Dauer des Holzes zu verlängern. - Berlin 1836. 24 S.

Hartig, Geo. Ludw., Erfahrungen üb. d. Dauer d. Hölzer u. üb. d. Mittel, die Dauer d. Holzes zu verlängern. 8. (1½ B.) Berlin 836, Nicolaische Buchh. Thlr.

— Forst- u. Jagd-Archiv, 1r—5r Jahrg. à 4 Hfte. gr. 8. Stuttg. 816—20. (1816. 4 Hefte bei Reimer in Berl. 3 Rthlr 12 gGr) v. Cotta. 12 Rthlr Allgem. Forst- u. Jagd-Archiv; oder: Forst- u. Jagd-Archiv von u. f. Preußen. 6r u. 7r Bd. 7r Bd. unt. d. T.: Hartig, Erfahrr. u. Bemerkk. beim Forst- u. Jagdwesen, 1r Bd. Nebst Steindr. u. Tabb. gr. 8. Stuttg. 822 u. 26. v. Cotta. 6r Bd. 1 Rthlr 18 gGr 7r Bd. 2 Rthlr 6 gGr 4 Rthlr

— — Forst- und Jagd-Archiv von und für Preußen. 1r bis 5r Jahrgang. Jeder Jahrgang in 4 Heften. gr. 8. Leipzig, Kummer. 816 — 820. à 3 Rthlr. 12 Gr. 1

HARTIG, Georg Ludwig: Vier Forsttabellen zum Behuf der großherzogl. Förster im Nassauischen. - Marburg, Kassel 1808

—— die Forstwissenschaft nach ihrem ganzen Umfange, in gedrängter Kürze. Ein Handb. f. Forstleute, Kameralisten u. Waldbesitzer. gr. 8. (36½ B. u. 4½ B. Tab.) Berlin 831, Duncker u. Humblot.

HARTIG, Georg Ludwig: Die Forstwissenschaft nach ihrem ganzen Umfange, in gedrängter Kürze. - Ein Handbuch für Forstleute, Kameralisten und Waldbesitzer. - Reutlingen 1832. 563 S. - Erstdruck Berlin 1831. 563 S.

Hartig, G. L.: Fragen an angehende Förster und Jäger. Beantwortung von G. Braun. 2. A. Ulm 1852.

H a r t i g , Georg Ludwig: „Grundsätze der Forstdirektion", Hadamar 1802 (Lanz in Weilburg); 2. Auflage, ebenda 1813.

HARTIG, Georg Ludwig: Grundsätze der Forst-Direction. - Hadamar 1803. VIII, 308 S., Tab. u. Formul. - 2. Aufl. ebd. 1813. XII, 209 S., Tab. u. Formul.

— Grundsätze d. Forstdirektion. 2te Aufl. gr. 8. Hadam. Neue Gel. Buchh. 814.

Schreibp.

HARTIG, Georg Ludwig: Gutachten über die Fragen: Welche Holzarten belohnen den Anbau am reichlichsten? und wie verhält sich der Geldertrag des Waldes zu dem des Ackers? - Berlin 1833. VII, 31 S., 2 tabell. Übers.

—— Gutachten üb. d. Fragen: welche Holzarten belohnen d. Anbau am reichlichsten? u. wie verhält sich d. Geldertrag d. Waldes zu dem d. Ackers? gr. 8. (2½ B. u. 1 Tab. qu. gr. Fol.) Berlin 833, Duncker u. Humblot.

— s. Hartig, Thdr., Untersuchungen über den Ertrag der Rothbuche.

— s. a. Instruction, wonach die Holzkultur ꝛc.

HARTIG, Georg Ludwig: Instruction, wornach die Holzkultur in den Königlich Preussischen Forsten betrieben werden soll. Publ. unter dem 14. April 1814. - Berlin 1814. 74 S. - 2. Aufl. ebd. 1834. V, 74 S.

— — Instruction, wonach die Holzkultur in den Königl. Preuß. Forsten betrieben werden soll. gr. 8. Berlin, Nicolai. 814.

—— Instruction, wonach d. Holzkultur in d. Kgl. Preuß. Forsten betrieben werden soll. Publicirt unt. d. 14. April 1814. Im Auftrage d. Kgl. Geh. Staats- u. Finanzministers Grafen v. Bülow verfaßt. 2. Aufl. gr. 8. (5 B.) Berlin 834, Nicolai.

—— Instructionen f. d. kgl. preuß. Forst-Geometer u. Forst-Taxatoren, durch Beyspiele erläut. 2., verb. Aufl. gr. 4. (16 B. u. 4¼ B. nebst 2 ill. Kart.) Berlin 836, Nicolaische Buchh.

HARTIG, Georg Ludwig: Neue Instructionen für die königlich-Preußischen Forst-Geometer und Forst-Taxatoren durch Beispiele erklärt. - Berlin 1819. X, 119 S., 1 Kt.-Schema, 1 Forstkt. - 2. neubearb. Aufl. Berlin 1836. 113 S., 1 ill. Kt., 1 Kt.-Schema

— — neue Instructionen für die Königl. Preuß. Forst-Geometer und Forst-Taxatoren. Mit Karten-Schema und 1 illum. Forst-Karte. gr. 4. Leipzig, Kummer. 819.

— Journal für das Forst-, Jagd- und Fischereywesen, s. a. Journal.

— Journal für das Forst-, Jagd- u. Fischereiwesen. 1r Jahrg. 4. Herborn 806. 2r u. 3r Jahrg. 4. Stuttg. 807 u. 8. Löflund. à 1 Thlr 8 gGr 4 Thlr

H e r t i g , G. L.: „Forstliches und forstnaturwissenschaftliches Conversationslexicon oder kurze Beschreibung aller im Forstwesen vorkommenden Gegenstände. Ein Hülfsbuch für alle, die sich für das Forstwesen und die dazu nöthigen Naturwissenschaften interessieren", Berlin 1834 (Nauck); 2. verb. Auflage ebenda 1836.

HARTIG, Georg Ludwig u. Theodor HARTIG: Forstliches und forstnaturwissenschaftliches Conversations-Lexikon. - Ein Handbuch für Jeden, der sich für das Forstwesen und die dazu gehörigen Naturwissenschaften interessirt. - Stuttgart, Tübingen 1834. XVI, 1034 S., 1 Bildn. G. L. Hartigs. - 2. vervielf. Aufl. ebd. 1836. XVI, 1034, 1 Bildn. G. L. Hartigs

—— und Theod. Hartig, forstl. u. forstnaturwissenschaftl. Conversations-Lexikon. Ein Handb. f. Jeden, d. sich f. d. Forstwesen u. die dazu gehör. Naturwissenschaften interessirt. 2., revid. Aufl. gr. 8. (65¾ B. u. G. L. Hartig's Bildn.) Stuttgart u. Tübingen 836, Cotta'sche Buchh.

HARTIG, Georg Ludwig: Cubik-Tabellen für geschnittene, beschlagene und runde Hölzer nebst Geld-Tabellen, nach Thalern und Gulden berechnet, und Potenz-Tabellen zur Erleichterung der Zinsberechnung. - Berlin 1815. 428 S. - 2. Aufl. ebd. 1818. - 3. Aufl. ebd. 1829. - 4. Aufl. ebd. 1837. - 5. Aufl. ebd. 1841. - 6. Aufl. ebd. 1847. - 7. Aufl. ebd. 1854. - 8. Aufl. ebd. 1859. - 9. Aufl. u. d. T.: Kubik-Tabellen für geschnittene, beschlagene und runde Hölzer, Kreisfläche-Tabellen für Durchmesser und Umfang. Geld-, Potenz- und Reduktions-Tabellen nebst einer Anleitung zur Messung liegender und stehender Bäume. Für das metrische System bearbeitete und durch Geldtabellen für die neue österreichische Währung vermehrte Auflage. ebd. 1871. LXVIII, 358 S. Aufl. 5-9 hrsg. v. Theodor Hartig

H a r t i g , Georg Ludwig: „Cubik-Tabellen für geschnittene, beschlagene und runde Hölzer, nebst Geld-Tabellen, nach Thalern und Gulden berechnet und Potenz-Tabellen zur Erleichterung der Zinsberechnung", Berlin 1815 (Nicolai); 2. Auflage ebenda 1818; 3. Auflage ebenda 1829.

Hartig, G. L., Cubik-Tabellen für geschnittene beschlagene und runde Hölzer, nebst Geld-Tabellen, nach Thalern und Gulden berechnet, und Potenz-Tabellen zur Erleichterung der Zinsberechnung. 2te Aufl. gr. 8. Berlin, Nicolai. 820.

—— Kubik-Tabellen f. geschnittene, beschlagene u. runde Hölzer, nach Thalern u. Gulden berechnet, u. Potenz-Tabn., zur Erleichterung d. Zinsberechn. 3. Aufl., welche durch nach Silbergroschen berechn. Tabn. verm. ist. gr. 8. (32 B.) Berlin 829, Nicolai. Thlr.

Hartig G. L.: Kubik-Tabellen für geschnittene, beschlagene u. runde Hölzer, nebst Geld-Tabellen ... u. Potenz-Tabellen ... 4. verb. Aufl. Berl. u. Elbing 1837. (20) 466 S.

—— Kubik-Tabellen f. geschnitt., beschlag. u. runde Hölzer, nebst Geld- u. Potenz-Tabellen. 4., verb. Aufl. (31 B. u. 1 Stnt.) 837. 2 Thlr., 5., verm. A. Nach d. Verf. Tode hrsg. v. Theod. Hartig. M. 1 Kpfrt.: Abbild. e. neuen Baum-Meßstockes. gr. 8. (32¼ B.) Berlin 841, Nicolaische Buchh.

— Kubik-Tabellen für geschnittene, beschlagene u. runde Hölzer, nebst Geld- u. Potenz-Tabellen. 6. verm. Aufl. hrsg. v. Th. Hartig. Mit Holzschn. gr. 8. (LXIV u. 487 S. nebst 1 Tab. in 4.) Ebd. 847. 2 1/12 Thlr

Hartig, Geo. Ludw., Kubik-Tabellen für geschnittene, beschlagene und runde Hölzer, nebst Geld- und Potenz-Tabellen. 7. verm. Aufl. herausg. von Thdr. Hartig. Mit Holzschn. (im Text.) Berlin 854. Nicolai'sche Verlhdlg. gr. 8. (LXXX, 499 S. u. 1 lith. Tab. in 4.) n. 2 Thlr 15 ngr

Kubik-Tabellen für geschnittene, beschlagene u. runde Hölzer nebst Geld- u. Potenz-Tabellen. 8., durch Geldtabellen für die neue österreichische Währung verm. Aufl., herausg. von Thdr. Hartig. Mit Holzschn. u. 1 (lith.) concentrirten Kubiktabelle (in 4.). Ebend. 859. gr. 8. (LXXX, 549 S.) n. 2 Thlr 15 ngr

— u. Thdr. **Hartig**, Kubiktabellen für geschnittene, beschlagene u. runde Hölzer nebst Geld- u. Potenz-Tabellen. 9., durch Geldtab. für die neue österreichische Währung, sowie durch Tab. für Meter-Maaß verm. Aufl. Berlin 866. Nicolai's Verlag. gr. 8. (LXXXIV, 623 S. mit eingedr. Holzschn. u. 1 lithogr. concentrirten Kubiktab. in 4.) geb. n. 2 Thlr 22½ ngr

— u. Thdr. **Hartig**, Kubiktabellen f. geschnittene, beschlagene und runde Hölzer, Kreisfläche-Tabellen f. Durchmesser u. f. Umfang, Geld-, Potenz- u. Reductions-Tabellen nebst e. Anleitg. zur Messg. liegender u. stehender Bäume. 10., f. das metr. System bearb. u. durch Geldtabellen f. die neue österreich. Währg. verm. Aufl. Mit (eingedr.) Holzschn. gr. 8. (LXVIII, 358 S.) Berlin 871. Nicolai's Verl. geb. n. 6. —

HARTIG, Georg Ludwig: Lehrbuch für Förster und die es werden wollen. - Tübingen 1808. 3 Bd. - 1. Bd., welcher die Vorbereitungs- und Hülfswissenschaften enthält. XVI, 262 S. - 2. Bd., welcher von der Holzzucht und dem Forstschutze handelt. VII, 376 S. - 3. Bd., welcher von der Forsttaxation und Forstbenutzung handelt. VIII, 212 S. - 2. Aufl. ebd. 1808. - 3. Aufl. Stuttgart, Tübingen 1811. - 4. Aufl. ebd. 1814. - 5. Aufl. ebd. 1816 u. 1817. - 6. Aufl. ebd. 1820. - 7. Aufl. ebd. 1827. - 8. Aufl. ebd. 1840 hrsg. v. Th. Hartig. 1. Bd. u. d. T.: Luft-, Boden- und Pflanzenkunde in ihrer Anwendung auf die Forstwissenschaft. - 9. Aufl. ebd. 1851. - 10. Aufl. Stuttgart 1861. - 11. Aufl. ebd. 1877. Hrsg. v. Th. u. R. Hartig

— Lehrbüch für Förster u. die es werden wollen. 3 Thle. gr. 8. Stuttg. 808—20. 6 Aufl. 7e Aufl. Mit 1 Steindr. gr. 8. Ebd. 827. v. Cotta. 4 ₰

— Lehrbuch für Förster. 3 Theile. gr. 8. Tübingen, Cotta. 811.

— Lehrbuch f. Förster. 3 Thle. 4te Aufl. gr. 8. Stuttgart u. Tübing. Cotta. 815.

Hartig, Georg Ludwig: „Lehrbuch für Förster und die es werden wollen . . . .", Stuttgart 1808; 2. Auflage ebenda 1808; 7. Auflage Tübingen 1828 (Cotta).

—— Lehrbuch für Förster und für die, welche es werden wollen. 9., verm. und verb. Aufl. Mit Kupfertafeln, Holzschnitten und Tabellen. Nach des Verf. Tode hrsg. von Thdr. Hartig. 3 Bde. gr. 8. Stuttgart 851, Cotta'sche Buchh. *

Bd. 1. Luft-, Boden- und Pflanzen-Kunde in ihrer Anwendung auf Forstwirthschaft. (XX und 335 S. mit 1 Kpfrt. und 48 Holzschn.)
„ 2. Von der Betriebslehre, von der Holzzucht und vom Forstschutze. (X und 243 S. mit 3 Kpfrt., wovon 2 ill. und 2 Tab. in gr. 8. und Fol.
„ 3. Die Forst-Taxation gänzlich, die Forst-Benutzung theilweise vom Hrsgbr. neu bearb. Mit Tabellen und Beilagen. (VIII und 319 S.)

— Lehrbuch für Förster und für die, welche es werden wollen. 10., vielfach verm. u. verb. Aufl. Nach des Verf. Tode herausg. von Thdr. Hartig. 1. u. 2. Bd. Stuttgart 861. Cotta. gr. 8. (XXVI, 815 S. m. Holzschn., Portr. des Verf. in Kpfrst. u. 4 Kpfrtaf.) n. 3 ₰ 16 ngr

— — 3. Bd.: Die Forst-Taxation u. Forstbenutzung vom Herausgeber neu bearb. Ebend. 861. gr. 8. (VI, 324 S.) n. 1 ₰ 4 ngr

Hartig's, Geo. Ludw., Lehrbuch f. Förster nach der 3. Aufl. [1811] f. den ersten Unterricht im Forstwesen zeitgemäß bearb. durch Bernh. Borggreve. gr. 8. (XXVIII, 396 S.) Berlin 871. Cronbach. n. 5. 50

— dasselbe. 2. verb. Ausg. gr. 8. (XXIII, 404 S.) Ebend. 875. n. 6. —

Hartig, Geo. Ludw., Lehrbuch für Förster u. für die, welche es werden wollen. 11., vielfach verm. u. verb. Aufl. Mit dem Portr. d. Verf. (in Stahlst.) m. Kpfrtaf., Holzschn. u. Tab. Nach d. Verf. Tode hrsg. von Thdr. u. Rob. Hartig. 3 Bde. gr. 8. (XIV, 386; VIII, 336 u. VI, 219 S.) Stuttgart 877. Cotta. n. 18. —

Hartig, Geo. Ludw., Lehrbuch für Förster und für die, welche es werden wollen. 11. vielfach verm. und verb. Aufl. Mit dem Portr. des Verf. (in Stahlst.) mit Kpfrt., Holzschn. und Tab. Nach des Verf. Tode hrsg. von Thdr. und Rob. Hartig. 3 Bde. gr. 8. (XIV, 386; VIII, 336; VI, 219 S.) Stuttgart 878, Cotta'sche Buchh. *

HARTIG, Georg Ludwig: Lehrbuch für Jäger und die es werden wollen. - Tübingen 1809. 2 Bd. - 2. Aufl. ebd. 1811. 2 Bd. 546 u. 559 S., 3 Taf. - 3. Aufl. ebd. 1817. - 4. Aufl. ebd. 1822. - 5. Aufl. Stuttgart, Tübingen 1832. - 6. verm. u. verb. Aufl. u. d. T.: Lehrbuch für Jäger und für die, welche es werden wollen. ebd. 1845. 2 Bd. 445 S. u. 401 S., 2 Tab. hrsg. v. Theodor Hartig. - 7. Aufl. ebd. 1852. 2 Bd. - Bd. 1: Die Jagdkunstsprache und die Naturgeschichte der Jagdthiere. XIV, 438 S. - Bd. 2: Die Wildzucht, der Wildschutz, die Wildjagd und die Wildbenutzung. VI, 399 S. - 8. Aufl. ebd. 1859. XX, 837 S., 2 Tab. - 9. Aufl. ebd. 1865. XX, 879 S., 1 Taf., 2 Abb. - 10. Aufl. Stuttgart 1877. 2 Bd. XII, 373 S. u. VI, 306 S., 2 Tab. - 11. Aufl. ebd. 1884. 2 Bd. XII, 374 S. u. VI, 328 S., 2 Tab. hrsg. v. Robert Hartig. - Georg Ludwig Hartig's Lehrbuch für Jäger und die es werden wollen. Neudamm 1903. XV, 516 S. unter Zugrundelegung d. letzten v. Verfass. selbst bearb. 5. Aufl.

— Lehrbuch f. Jäger u. die es werden wollen. 2 Bde. gr. 8. Tübing. 809. 2e Aufl. 811, 3e Aufl. 817. 4e Aufl., mit 3 Kpft. ... 5e Aufl., mit 4 Kpf. 832. v. Cotta. 6 ₰

Hartig G. L.: Lehrbuch f. Jäger u. die es werden wollen. 2. unveränd. Aufl. 2 Bd. Tübing. 1811. 2 Tvl.

— Lehrbuch f. Jäger u. d. es werden wollen. 2 Bde. Mit 4 K. 4te revid. Aufl. gr. 8. Stuttg. 822, v. Cotta.

— Lehrbuch für Jäger und für die, welche es werden wollen. 8. Aufl. herausg. von Thdr. Hartig. 2 Bde. Mit Holzschn., 1 Holzschn., 2 Tab. u. dem Bildniß des Verf. (in Stahlst.) Ebend. 859. gr. 8. (XX, 837 S.) n. 4 ₰

—— Lehrbuch f. Jäger u. die es werden wollen. 2 Bde. 5., verb. u. verm. Aufl. M. 4 Kpfrt. gr. 8. (71¼ B.) Stuttgart 832, Cotta.

Hartig, Geo. Ludw., Lehrbuch f. Jäger u. für die, welche es werden wollen. 6., verm. u. verb. Aufl. hrsg. v. Theod. Hartig. 2 Bde. Mit 2 Tab. u. Holzschn. gr. 8. (51½ B.) Stuttgart 845, Cotta'sche Buchh.

—— Lehrbuch für Jäger und für die, welche es werden wollen. 7. Aufl. hrsg. von Thdr. Hartig. 2 Bde. Mit (eingedr.) Holzschn. und 2 Tab. gr. 8. Stuttgart 852, Cotta'sche Buchh. Thlr. *

Inhalt:
Bd. 1. Die Jagdkunstsprache und die Naturgeschichte der Jagdthiere. (XIV und 438 S.)
„ 2. Die Wildzucht, der Wildschutz, die Wildjagd und die Wildbenutzung. (VI und 399 S.)

Hartig, Geo. Ludw., Lehrbuch für Jäger u. für die, welche es werden wollen. 2 Bde. 9. Aufl. hersg. von Thdr. Hartig. Stuttgart 865. Cotta'sche Buchh. gr. 8. (XX, 879 S. mit eingedr. Holzschn., 1 Holzschntaf. u. 2 Stahlst.) n. 4 ₰

— Lehrbuch für Jäger u. für die, welche es werden wollen. 10. Aufl., hrsg. von Thdr. Hartig. 2 Bde. Nebst Holzschn., 2 Tab., dem Bildniß d. Verf. u. der Ehrensäule desselben im Schloßgarten zu Darmstadt (in Stahlst.). gr. 8. (XII, 373 u. VI, 306 S.) Ebend. 877. n. 13. —

Hartig, Geo. Ludw., Lehrbuch für Jäger und für die, welche es werden wollen. In 6.—10. Aufl. hrsg. von Thdr. Hartig. 11. Aufl. hrsg. von Rob. Hartig. 2 Bde. Nebst Holzschn., 2 Tab., dem (Stahlst.) Bildniß des Verf. und dem (Stahlst.) Bildniß der Ehrensäule des Verf. im Schloßgarten zu Darmstadt. gr. 8. Stuttgart 881, Cotta'sche Buchh.

Inhalt:
Bd. 1. Geschichte und Literatur der Jagd, die Jagdkunstsprache und die Naturgeschichte der Jagdthiere. (XII, 374 S.)
2. Wildzucht, Wildschutz, Wildjagd und Wildbenutzung. (VI, 328 S.)

Hartig's, Geo. Ludw., Lehrbuch f. Jäger u. die es werden wollen. 6. Aufl., unter Zugrundelegg. der letzten vom Verf. selbst bearb. 5. Aufl. m. 1 Bildnis Hartigs u. erläut. Abbildgn. hrsg. v. der Red. der „Deutschen Jäger-Zeitg." unter Mitwirkg. hervorrag. Fachkräfte. (Jagdliche Klassiker.) (XV, 516 S.) gr. 8. Neudamm (903). J. Neumann. Geb. in Leinw. n. 6. —

HARTIG, Georg Ludwig: Lexikon für Jäger und Jagdfreunde, oder waidmännisches Conversations-Lexikon. - Berlin 1836. IV, 600 S., 2 Taf. - 2. Aufl. ebd. 1861. 634 S., 7 Taf. hrsg. v. Theodor Hartig.

—— Lexikon f. Jäger u. Jagdfreunde, od. waidmänn. Conversations-Lexikon. gr. 8. (38 B. u. 1 Taf.) Berlin 836, Nicolaische Buchh.

—— Lexikon für Jäger und Jagdfreunde, oder weidmänn. Conversations-Lexikon. Nebst 21 Zeichnungen. 2. (Titel-)Ausg. gr. 8. (IV und 602 S. mit 2 Stnt.) Berlin 851(52,) Nicolaische Buchh. *

—— Lexikon für Jäger und Jagdfreunde oder weidmännisches Conversations-Lexikon. 2., vielfach verm. und verb. Aufl. hrsg. von Thdr. Hartig. 6 Lfgn. gr. 8. (VI und 634 S. mit 7 Stnt., nach der Natur gez. von Rich. Hartig.) Berlin 859 —61, Nicolai'sche Verlagsh. à Lfg. * 15 Ngr. *
geb. *

HARTIG, Georg Ludwig: Forstwirthschaftliche Tabellen. - Kassel, Marburg 1807

Hartig, Georg Ludwig: „Forstwirthschaftliche Tabellen", Marburg 1807 (Krieger).

— Versuche üb. die Dauer d. Hölzer. Stuttg. u. Tübing. 1822. 67 S. 1 Tvl. P.

— Versuche über d. Dauer d. Hölzer. Mit 1 Steintaf. gr. 8. Stuttg. 822. v. Cotta. 12 gr

HARTIG, Georg Ludwig: Physicalische Versuche über das Verhältniss der Brennbarkeit der meisten deutschen Wald-Baum-Hölzer. Ein Beytrag zur höheren Forstwissenschaft. - Marburg 1794. 80 S., 1 Tab. - 2. Aufl. Herborn 1804. 55 S., 2 Tab. - 3. Aufl. ebd. 1807. 55 S., 2 Tab.

— physikal. Versuche über das Verhältniß d. Brennkraft u. der Schwere der meisten deutschen Waldhölzer. gr. 8. Gießen u. Marb. 794. 2e A. 807. 3e A. 814. gr. 8. Ebd. Krieger. 10 gr

Hartig, H. L., s. Hartig, Georg Ludwig

Hartig, Hans, aus Würzburg: Aus d. pharmakol. Institut d. Universität Würzburg. Wirkung des Strychnins auf den Stoffwechsel. *Würzburg 1901: H. Stürtz.* (16 S.) 8°
Würzburg, Med. Diss. v. 1901

Hartig, Josef

Hartig Zur Geschichte, Theorie und Kritik der Branntweinsteuer. Leipzig. 1867.

Hartig, Jos., zur Geschichte, Theorie u. Kritik der Branntweinsteuern. gr. 8. (III, 99 S. m. 2 Tab. in qu. Fol. u. 1 graph. Steintaf. in qu. 4.) Leipzig 876. Stauffer in Comm. n. 1. 20

Hartig, Jul., aus der Praxis f. die Praxis. Ein Handbuch f. Schiffsmaschinisten u. Schiffsoffiziere. gr. 8. (XIV, 227 S. m. 11 z. Tl. farb. Taf.) Bremerhaven 894. L. v. Vangerow. Geb. in Leinw. n. [illegible]

Hartig, Jul., a. d. Praxis f. d. Praxis. Ein Handbuch f. Schiffsmaschinisten u. Schiffsoffiziere. Anh.: Hülfsmaschinen. E. Handbuch f. Schiffsmaschinisten. gr. 8. (IV, 29 S. m. 2 Fig. u. 2 farb. Taf.) Bremerhaven 896. L. v. Vangerow. n. 2. 50
(Hauptwerk m. Anh. in 1 Leinwbd. n. 10.—)

— dasselbe. 2. Aufl. gr. 8. (IV, V, 340 S. m. Fig.) Nebst Atlas. qu. Fol. (33 z. Tl. farb. Taf.) Ebd. 898.
Geb. in Leinw. n. 16.

Hartig, Jul., aus der Praxis — f. die Praxis. Ein Handbuch f. Schiffsmaschinisten. 3. Aufl. gr. 8. (V, V, 382 S. m. Fig.) Nebst Atlas. qu. Fol. (34 z. Tl. farb. Taf.) Bremerhaven 902. L. v. Vangerow. Geb. in Leinw. n. 18.—

Hartig, Jul., aus der Praxis — f. die Praxis. Ein Handbuch f. Schiffsmaschinisten. 4. Aufl. (VI, VI, 399 S.) gr. 8. Mit Atlas. (III S. u. 36 farb. Taf.) 4. Bremerhaven 902. 903. L. v. Vangerow. Geb. in Leinw. n. 18. —

Hartig, Jul., aus der Praxis — für d. Praxis. Ein Handbuch f. Schiffsingenieure. 6. Aufl. 2 Tle. Text u. Atlas. (IX, VII u. 442 S. m. Abb. u. 38 [36 farb.] Taf. in 23×19,5 cm.) 8. Bremerhaven 908. L. v. Vangerow.
Geb. in Leinw. 18. —

Hartig, Leop. Graf, Gesetz- u. Normalien-Register f. d. polit. Verwaltg. im Königr. Böhmen. 8. (591 S.) Prag 897. F. Haerpfer. n. 5. 40

Hartig, Leop. Graf, Judikate des Reichsgerichtes usw. in Sachen des Kultus, des Unterrichtes u. der Stiftungen, s.: Fritsch, Benno.

Hartig, Ludwig, aus Würzburg: Untersuchungen über schädliche Einwirkungen auf die Zahnsubstanz. *Würzburg 1903: A. Borst.* (20 S.) 8°
Würzburg, Med. Diss. v. 1903

Hartig, M., im Bann der Lüge. Volksstück in 5 Aufzügen. 8. (140 S. m. 2 Vollbildern.) Hagen 900. G. Butz. n. 1.50

Hartig. Otto [approb. Arzt aus Halbersdorf]: Beitrag zur Kenntniss der Phosphornekrose .... München, Druck v. M. Ernst (vorm. G. Pollner), 1887; 22 S. 8°.
München, Med. Fak., Inaug.-Diss. v. 1887.

Hartig, Otto [aus Miltenberg]: Beiträge zur Lehre der Epithelnekrose bei Diabetikern .... Wurzburg, Becker's Univ.-Buchdr., 1887; 68 S. 8°
Würzburg, Med. Fak., Inaug.-Diss. v. 1887

Hartig, Otto, die Schedelsche Bibliothek, s.: Stauber, Rich.

Hartig, Otto: Ältere Entdeckungsgeschichte und Kartographie Afrikas mit Bourguignon d'Anville als Schlußpunkt ⟨1749⟩. Mit 1 Taf. u. 3 Kt. im Texte. Wien: Lechner 1905. 101 S., 1 Taf. 8° ¶ Aus: Mitteilungen d. K. K. Geogr. Gesellschaft in Wien. Bd 48.
München, Dr.-Ing.-Diss. v. 4. 7. 1904

Hartig, Robert

— Lehrbuch der Baumkrankheiten. 2., verm. Aufl. Mit 137 Textabbildgn. u. 1 Taf. in Farbendr. gr. 8. (IX, 291 S.) Ebd. 889. geb. n. 10. —

Lehrbuch der Pflanzenkrankheiten. Für Botaniker, Forstleute, Landwirthe u. Gärtner. Von **Robert Hartig**. Mit 280 Textabb. u. 1 Taf. 3., völlig neubearb. Aufl. d. Lehrbuches d. Baumkrankheiten. *Berlin: J. Springer 1900.* (IX, 324 S.) 8° (∞. 1139

— über die durch Pilze bedingten Pflanzenkrankheiten, s. a. Zur Aetiologie der Infectionskrankheiten mit besonderer Berücksichtigung der Pilztheorie.

HARTIG, Robert: Über die durch Pilze bedingten Pflanzenkrankheiten. - München 1881. IV, 29 S. Vortrag. - (Aetiologie d. Invectionskrankh. 1)

Hartig, Rob., die Rentabilität der Fichtennutzholz- u. Buchenbrennholzwirthschaft im Harze u. im Wesergebirge. Stuttgart 868. Cotta'sche Buchh. gr. 8. (XII, 200 S. mit 5 Tabb. in qu. gr. 4. u. Fol.) n. 1 rℳ 20 ngr

— die anatomischen Unterscheidungsmerkmale der wichtigeren in Deutschland wachsenden Hölzer. 3. Aufl. gr. 8. (40 S. m. 22 Holzschn.) München 890. Rieger. n. 1. —

— die anatom. Unterscheidungsmerkmale d. wichtigeren in Deutschland wachs. Hölzer. 4. Aufl. gr. 8. (IV, 42 S. m. 21 Holzschn.) Ebd. 898. n. 1. —

—— die Unterscheidungsmerkmale der wichtigeren in Deutschland wachsenden Hölzer. [Specielle Xylotomie.] gr. 8. (22 S.) München 879, Rieger'sche Universitäts-Buchh. *

Hartig, R., die Unterscheidungsmerkmale der wichtigeren in Deutschland wachsenden Hölzer. 2. Aufl. Mit 14 (eingedr.) Holzschn. gr. 8. (32 S.) München 883. Rieger. n. 1. —

HARTIG, Robert: Untersuchungen aus dem forstbotanischen Institut zu München. - Berlin 1880-1883. 3 Tl. - Tl. 1: 1880. VIII, 165 S., 9 Taf., 3 Holzschn. - Tl. 2: 1882. VI, 112 S., 16 Taf., 4 Holzschn. - Tl. 3: 1883. IV, 151 S., 11 Taf., 13 Holzschn.

— Untersuchungen aus dem forstbotanischen Institut zu München. I. gr. 8. (VIII, 165 S. mit 9 lithogr. Taf. und 3 eingedr. Holzschn.) Berlin 880, Springer. cart.

HARTIG, Robert: Vergleichende Untersuchungen über den Wachsthumsgang und Ertrag der Rothbuche und Eiche im Spessart, der Rothbuche im östlichen Wesergebirge, der Kiefer in Pommern und der Weisstanne im Schwarzwalde. - Stuttgart 1865. 75 S. - Diss. Univ. Marburg 1866

Hartig, R: Antwort auf die von Vertretern deutscher forstlicher Versuchsanstalten zu Wien abgegebene Erklärung. Frankfurt a. M. (1893)

Hartig, Rob., üb. d. Einwirkg. d. Hütten- u. Steinkohlenrauches auf d. Gesundheit d. Nadelwaldbäume. [Aus: „Forstlich-naturwissenschaftl. Zeitschr."] gr. 8. (48 S. m. 1 farb. Taf.) München 896. M. Rieger. n. 2.—

HARTIG, Robert: Über die bisherigen Ergebnisse der Anbauversuche mit ausländischen Holzarten. - München 1892. 43 S.

Hartig, Rob., das specifische Frisch- u. Trockengewicht, der Wassergehalt u. das Schwinden des Kiefernholzes. [Aus: „Zeitschrift f. Forst- u. Jagdwesen".] gr. 8. (37 S. m. 2 Tabellen.) Berlin 874. Springer's Verl. n. — 80

Hartig, Rob., die Gasdrucktheorie u. die Sachse'sche Imbibitionstheorie. Mit 1 (eingedr.) Holzschn. gr. 8. (22 S.) Berlin 883. Springer. n. — 80

Hartig R.: Der ächte Hausschwamm (*Merulius lacrymans Fr.*). Berl. 1885. 82 S. 2 kol. Tvl. 4°.
(=: Die Zerstörungen d. Bauholzes durch Pilze I).

Hartig, Rob., der echte Hausschwamm u. andere das Bauholz zerstörende Pilze. 2. Aufl., bearb. u. hrsg. von C. Frhr. v. Tubeuf. gr. 8. (VII, 105 S. m. 33 z. Tl. farb. Abbildgn.) Berlin 902. J. Springer. n. 4. —

Hartig, Rob., das Holz der deutschen Nadelwaldbäume. gr. 8. (VII, 147 S. mit 6 in den Text gedr. Holzschn.) Berlin 885, Springer. * 5 —

— u. R. **Weber**, das Holz der Rothbuche, in anatomisch-physiolog., chemischer u. forstl. Richtung bearb. Mit eingedr. Abbildgn. gr. 8. (VI, 238 S.) Berlin 888. Springer. n. 8. —

Holzuntersuchungen. Altes u. Neues. Von Dr. Robert Hartig, Prof., München. Mit 52 Textabb. *Berlin: J. Springer 1901.* (VI, 99 S.) 8° [illegible]

HARTIG, Robert: Die durch Pilze erzeugten Krankheiten der Waldbäume. Für den schlesischen Förster. - Breslau 1875. 23 S. - (Jb. schles. Forstver.) - 2. Aufl. u. d. T.: Die durch Pilze erzeugten Krankheiten der Waldbäume. Für den deutschen Förster. ebd. 1875. 24 S.

— die durch Pilze erzeugten Krankheiten der Waldbäume. Für den schles. Förster. [Aus: Jahrb. d. schles. Forstver."] 2. Aufl. gr. 8. (24 S.) Breslau 875. Morgenstern. n. — 50

— wichtige Krankheiten der Waldbäume. Beiträge zur Mykologie u. Phytopathologie f. Botaniker u. Forstmänner. Mit 160 Originalzeichngn. auf 6 lith. Doppeltaf. gr. 4. (VIII, 127 S.) Ebend. 874. geb. n. 12. —

Hartig, R., Lehrbuch der Anatomie u. Physiologie der Pflanzen, unter besond. Berücksicht. der Forstgewächse. gr. 8. (VIII, 308 S. m. 103 Abbildgn.) Berlin 891. Springer. n. 7. —; geb. n. 8. —

Hartig, Rob., Lehrbuch der Baumkrankheiten. Mit 186 Fig. auf 11 lith. Taf. u. 86 (eingedr.) Holzschn. gr. 8. (VIII, 198 S.) Berlin 882. Springer. geb. n. 12. —

— Über das Verhalten der Fichte gegen Kahlfraß, s. Pauly, A. Die Nonne.

— über die Vertheilung der organischen Substanz, des Wassers und Luftraumes in den Bäumen, und über die Ursache der Wasserbewegung in transpirirenden Pflanzen, s. Untersuchungen aus dem forstbotanischen Institut zu München.

— Ueber die Vertheilung d. organischen Substanz, d. Wassers u. Luftraumes in den Bäumen, u. üb. die Ursache d. Wasserbewegung in transpirirenden Pflanzen. Berl. 1882. 112 S. 16 gr. Tvl.
(=: Untersuchungen aus dem forstbotan. Institut zu München II). 612.

Hartig R.: Vertrocknen u. Erfrieren d. Kiefernzweige. 1892. [Rostr. Saml.].

Hartig, Rob., Berliner Volks- u. Strassendialekt. (Die Sprache des Berliners.) Mit vielen Beispielen, Redensarten u. Gassenfloskeln. (30 S.) kl. 8. Leipzig (908). E. Marré. — 50

Hartig, Rob., was ist in den europäischen Staaten von Seite derselben bis jetzt gethan worden, um die Erforschg der in forstl. Hinsicht wichtigen Pflanzenkrankheiten zu fördern u. die zerstör. Wirkgn. derselben zu reduciren, u. was kann u. muß in solcher Richtung noch gethan werden? [Aus: „Centralbl. f. d. ges. Forstwesen".] (Internationaler land- u. forstwirthschaftl. Congreß 1890, Hft. 10.) gr. 8. (6 S.) Wien 890. (W. Frick.) n — 80

Hartig R.: Ueber die Wasserleitung im Splintholze d. Bäume. 1888. [Rostr. Saml.].

— der Wurzelpilz d. Weinstockes Dematophora necatrix R. Hrtg. Die Weinstockfäule, Pourridié de la vigne. Pourriture. Blanc des racines. Blanquet. Champignon blanc. Aubernage. Mal nero. Morbo bianco. Mit 10 (eingedr.) Holzschn. gr. 8. (18 S.) Berlin 883. Springer. n. — 60

— die Zersetzungserscheinungen des Holzes der Nadelholzbäume und der Eiche in forstlicher, botanischer und chemischer Richtung. gr. 4. (VI, 151 S. mit 21 lithogr. Taf. in Farbendr.) Berlin 878, Springer. geb. *

HARTIG, Robert: Die Zerstörungen des Bauholzes durch Pilze. I. der ächte Hausschwamm (Merulius lacrymans Fr.). - Berlin 1885. VI, 82 S., 2 Taf. - 2. Aufl. u. d. T.: Der echte Hausschwamm und andere das Bauholz zerstörende Pilze. ebd. 1902. 105 S., 33 Abb. hrsg. v. C. Frhr. v. Tubeuf

Hartig, Rolf, aus Dresden, Oberveterinär bei der Kaiserl. Schutztruppe in Deutsch-Südwest-Afrika: Vergleichende Untersuchungen über die Lippen- und Backendrüsen der Haussäugetiere und des Affen. ⟨Aus dem physiologischen und histologischen Institut der Königl. S. Tierärztlichen Hochschule zu Dresden. (Geh. Med.-Rat Prof. Ellenberger.)⟩ Leipzig 1907. IV + 79 S. 8°. [22. IV. 08.]
Zürich. Vet.-med. Diss. 1907/08.

Hartig, S., Terminologie der Gewerbepolitik, zugleich e. Beitrag zur gewerbl. Mittelstandsfrage. (IV, 121 S.) gr. 8. Leipzig 908. A. Deichert Nachf. 2. 40

Hartig, Sigfr.[?] üb. d. Einfluss d. **Walkprozesses** auf d. Durchlässigkeit der Streichgarngewebe f. Luft u. Wasser. [Aus: „Ztschr. f. d. ges. Textil-Industrie.] gr. 4. (7 S. m. 8 Fig.) Leipzig Gohlis 898. L. A. Klopzig. n. — 50

über d. Fehler bei neueren **Lauftüchern** aus Drahtgewebe. [Aus: „Ztschr. f. d. ges. Textil-Industrie."] gr. 4. (3 S. m. 10 Fig.) Ebd. 898. n. — 50

HARTIG, Theodor: Abhandlung über die Verwandlung der polycotyledonischen Pflanzenzelle in Pilz- und Schwamm-Gebilde, und der daraus hervorgehenden sogenannten Fäulniss des Holzes. - Berlin 1833. 46 S., 2 Taf.

Hartig, Theod., Abhandlung üb. d. Verwandlung d. polycotyledon. Pflanzenzelle in Pilz- u. Schwamm-Gebilde, u. d. daraus hervorgeh. sogen. Fäulniß d. Holzes. M. 2 Stnt. gr. 8. ($3\frac{1}{2}$ B.) Berlin 833, Lüderitz.

Hartig, Theod., die **Aderflügler** Deutschlands, mit besond. Berücksichtig. ihres Larvenzustandes u. ihres Wirkens in Wäldern u. Gärten, f. Entomologen, Wald- u. Gartenbesitzer. I. Bd. — A. u. d. T.: Die Familien d. Blattwespen u. Holzwespen, nebst e. allgem. Einleit. z. Naturgesch. d. Hymenopteren. gr. 8. (27 B. u. 8 Stnt.) Berlin 837, Haude u. Spenersche Buchh.

Hartig, Thdr., **Anatomie** u. Physiologie der Holzpflanzen. Dargestellt in der Entstehungsweise u. im Entwicklungsverlaufe der Einzelzelle, der Zellsysteme, der Pflanzenglieder u. der Gesammtpflanze. Mit 113 in den Text gedr. Orig.-Fig. u. 6 lith. Taf. gr. 8. (XVI, 412 S.) Berlin 878. Springer. n. 20. —

— Über den Bau des Stärkemehls. mit 1 Taf. S. 63. II. [illegible] . . . . Ngr.
Separatabdruck

Hartig, Th., üb. den Bau d. Stärkemehls. [Mit 1 (lith.) Taf. (in 4.)] [Aus „Sitzungsber. der k. Akad. d. Wiss."] Lex.-8. (8 S.) Wien 871. (Gerold's Sohn.) n. — 50

Hartig, Theod., **Beiträge** zur Entwickelungsgeschichte d. Pflanzen. Mit besond. Beziehung auf die v. M. J. Schleiden in dessen: Grundzüge d. wissenschaftl. Botanik Bd. II. gegen meine neueren physiolog. Arbeiten erhob. Einwendungen. Roy.-4. ($3\frac{3}{4}$ B. u. 1 Taf. Abbild.) Berlin 843, Förstner. *

Beilage zu d. Verf. Lehrbuch d. Pflanzenkunde, so wie zur Befruchtungs Theorie desselben.

Hartig Th.: Ueber Bildung u. Befestigung d. Dünen längs den Meeres-Küsten u. üb. den Anbau d. Sandschollen mit Holz. Berl. 1830. 38 S. P.

—— über Bildung u. Befestigung d. Dünen, längs d. Meeres-Küsten u. üb. d. Anbau d. Sandschollen mit Holz. 8. ($2\frac{1}{2}$ B.) Berlin 831, Duncker u. Humblot.

HARTIG, Theodor: Über die Entwicklungsfolge und den Bau der Holzfaserwandung. - Wien 1870. 19 S., 1 Taf. - (Sitzungsber. d. k. Akad. d. Wiss. 61. Bd., Math. 1870, I. Abt.)

— über die **Entwicklungsfolge** u. den Bau der Holzfaserwandung. Mit Bezug der Angaben hierüber im Handbuche der physiolog. Botanik v. Hofmeister. Bd. I. 1867. [Mit e. (lith.) Taf.] [Aus d. Sitzungsber. d. k. Akad. d. Wiss.] Lex.-8. (19 S.) Ebend. 870. n. — 50

— **Entwickelungsgeschichte** des Pflanzenkeims, dessen Stoffbildung und Stoffverwandlung während der Vorgänge des Reifens und des Keimens. Für Pflanzenbau u. Pflanzenchemie. Mit 4 (lith.) Taf. in Farbendr. Leipzig 858. Förstner. gr. 4. (XII, 164 S. mit Holzschn. im Text.) n. 3 ß 10 ngr.

Hartig, Th., forstwissenschaftliches **Examinatorium** den Waldbau betreffend. Stuttgart 866. Cotta'sche Buchh. gr. 8. (XX, 141 S.) 25 ngr.

—— die **Familien** der Blattwespen und Holzwespen nebst einer allgemeinen Einleitung zur Naturgeschichte der Hymenopteren. Neue (Titel-)Ausg. gr. 8. (XIV und 416 S. mit 8 Stnt.) Berlin (837)60, Haude und Spener'sche Buchh.

— die **Forstculturpflanzen** Deutschlands. Mit 96 ill. Kpfrtaf. 16 Hft., mit 8 Kpfrtaf. gr. 4. Berlin 840. Förstner. n. $1\frac{1}{2}$ ß

HARTIG, Theodor: Über den Gerbstoff der Eiche. Für Lederfabrikanten, Waldbesitzer und Pflanzenphysiologen. - Stuttgart 1869. 40 S., 1 Tab.

s. **Hartig,** G. L., Kubik-Tabellen. — dess. Lehrbuch für Jäger.

—— **Jahresberichte** üb. d. Fortschritte d. Forstwissenschaft, s. Jahresberichte.

Hartig, Thdr., **Controversen** der Forstwirthschaft. Ueber das Grundsätzliche in den Vorschriften H. Cotta's und G. L. Hartig's, betreffend die Betriebseinrichtung und Ertragsberechnung des Hochwaldes mit specieller Beziehung zur Taxation der 9. Aufl. des Lehrbuches für Förster. Braunschweig 853. Vieweg. gr. 8. (VI, 78 S.) n. 15 ngr.

—— forstl. u. forst-naturwissenschaftl. Conversations-Lexikon, s. **Hartig,** Geo. Ludw.

—— **Kubik-** und **Geld-Tabellen** für Metermaaß und deutsche Reichsmark mit einer Uebersicht des Werthverhältnisses der Reichsmark zum Werthe der wichtigsten Münzen anderer Länder, so wie des Größenverhältnisses der metr. Länge-, Fläche- und Körper-Maaße zu denen der bisher. preuß. (rhein. und magdeburger) Maaß-Einheiten. Ein für das Verkaufsgeschäft der Hölzer in Schlagen, Lagerplätzen, Magazinen selbstständig verwendbarer Nachtrag zur 10. Aufl. der G. L. Hartig'schen Kubik-Tabellen. 1. Aufl. 1874, und 2. Aufl. gr. 8. (120 S.) Berlin 875, Nicolai's Verlag.

—— das **Leben** der Pflanzenzelle, deren Entstehung, Vermehrung, Ausbildung u. Auflösung. gr. 4. ($6\frac{1}{2}$ B. u. 2 Taf. Abbild.) Berlin 844, Förstner. *

— das Leben der **Pflanzenzelle,** deren Entstehung, Vermehrung, Ausbildung und Auflösung. Mit 2 Tafeln Abbild. gr. 4. Ebend. 845. n. $1\frac{1}{2}$ ß

Hartig, Thdr, Lehrbuch der Pflanzenkunde in ihrer Anwendung auf die Forstwirthschaft, für Forstleute, Landwirthe etc. Abth. 1. Berlin 1840—51. gr. 4.

—— **Lehrbuch** d. Pflanzenkunde in ihrer Anwend. auf Forstwirthschaft, f. Forstleute, Landwirthe etc. I. Abthl. — A. u. d. T.: Vollständ. Naturgeschichte d. forstl. Culturpflanzen Deutschlands. 1—4. Hft. gr. 4. Berlin 840—42, Förstner. [1. u. 2. (à 8 ill. Kpfrt. u. à $2\frac{1}{4}$ B. Text.) à * $1\frac{1}{3}$ Thlr., 3. (7 ill. u. 2 schw. Kpfrt. u. $2\frac{1}{2}$ B. Text.) * $1\frac{5}{6}$ Thlr., 4. (8 ill. Kpfrt. u. $2\frac{3}{4}$ B. Text.) * $1\frac{1}{3}$ Thlr.] *

—— **Lehrbuch** der Pflanzenkunde in ihrer Anwendung auf Forstwirthschaft. I. Abthl. Vollständ. Naturgeschichte der forstl. Cultur-Pflanzen Deutschlands. 5—12. Hft. (Schluss d. I. Abthl.) gr. 4. ($35\frac{1}{4}$ B. u. 71 col. Kpfr.) Berlin 843—47, Förstner. *

Hft. 1—4. Ebendas. 1840—42. * 6 Thlr. 10 Ngr.

Hartig, Theod., **Lehrbuch** der Pflanzenkunde in ihrer Anwendung auf Forstwirthschaft. I. Abthl.: Vollständige Naturgeschichte der forstlichen Cultur-Pflanzen Deutschlands. 13—15. (letztes) Heft. gr. 4. (S. 259—580 mit 16 ill. Kpfrt.) Berlin 849—51, Förstner'sche Buchh. *

I. Abthl. 1—12. Heft. Ebendas. 1840—47. * 20 Thlr. 20 Ngr.

Hartig Th.: Luft-, Boden- u. Pflanzen-Kunde in ihrer Anwendung auf Forstwirthschaft. Stuttg. u. Tübing. 1840. 232 S. 1 Tvl.
(= G. L. Hartig: Lehrbuch f. Förster ... 8. ... Aufl. ... Bd. 1). 574. (I de tidligere Udg.r, af G. L. H., u. Særtit.).
— Sst. 1851. 334 S. Fig. 1. Tvl.
(= do. do. 9. ... Aufl. ... Bd. 1). 574.

— Luft-, Boden- u. Pflanzenkunde in ihrer Anwendung auf Forstwirthschaft u. Gartenbau. Für alle Freunde u. Pfleger der wissenschaftl. Botanik. [Sep.-Ausg. d. 1. Bds. 11. Aufl. vom Lehrbuch f. Förster.] gr. 8. (VIII, 386 S. m. eingedr. Holzschn. u. 1 Kpfrtaf.) Stuttgart 877. Cotta. n. 6. —

— Monographie d. Betulaceen. gr. 4. Berlin, 1849. Förstner.

HARTIG, Theodor: Vollständige Naturgeschichte der forstlichen Culturpflanzen Deutschlands. - Berlin 1840-1851. 580 S., 120 Kupf.-Taf. -(= 1. Abt. v. Lehrbuch der Pflanzenkunde in ihrer Anwendung auf die Forstwirthschaft. Für Forstleute, Landwirthe und Freunde der Botanik.) - Neue uncol. Ausg. ebd. 1852. 2 Bd. - Bd. 1: 584 S., Reg., Erkl. d. Taf. - Bd. 2: 120 Taf. - Neue Titel-Ausg. Leipzig 1886. XVII, 576 S., 120 Kupf.-Taf., mehr. Holzschn., 75 Taf. Erkl.

— vollständige Naturgeschichte der forstlichen Culturpflanzen Deutschlands. Neue uncolor. Ausg. mit 120 Kpfrtaf. u. mehreren in den Text gedr. Holzschn. 1—9. Hft. gr. 4. (S. 1 — 584 u. Beilage 47 S.) Berlin 852, Förstner. (à 1 ₰) 9 ₰

Hartig, Thdr., vollständige Naturgeschichte der forstlichen Culturpflanzen Deutschlands. Neue Ausg. m. 120 color. Kpfrtaf. u. in den Text gedr. Holzschn. gr. 4. (XVII, 576 u. Taf.-Erklärgn. 75 S.) Leipzig 886. Felix. n. 52. —

HARTIG, Theodor: System und Anleitung zum Studium der Forstwirthschaftslehre. - Leipzig 1858. 4098.

— neue Theorie der Befruchtung der Pflanzen. Gegründet auf vergleich. Untersuchung der wesentlichen Verschiedenheit im Baue der weibl. Geschlechtstheile. gr. 4. (7 B. u. 1 Stahlst.) Braunschweig 842, Vieweg u. Sohn. *

— Untersuchungen über den Bestand u. die Wirkungen der explosiven Baumwolle, mit besond. Berücksichtigung des mikroskopisch Nachweisbaren vor, während u. nach der Explosion. Nebst einem Anhange vom C. Marx. Mit 1 (lith.) Taf. Abbildungen. Lex. 8. (40 S.) Braunschweig 847, Oehme & Müller. n. 1/3 ₰

— vergleichende Untersuchungen üb. den Ertrag der Rothbuche im Hoch- u. Pflanz-Walde, im Mittel- u. Niederwald-Betriebe nebst Anleitung z. vergl. Ertragserforschungen. Im Anh.: Ertragstaf. v. J. C. Paulsen u. G. L. Hartig; Kreisflächen-, Secanten-, Tangenten- u. Reductions-Tab. Mit Illustr. in Holzschn. gr. 4. (21¾ B.) Berlin 846, (47) Förstner.

HARTIG, Theodor: Vergleichende Untersuchungen über den Ertrag der Rothbuche im Hoch- und Pflanz-Walde, im Mittel- und Niederwald-Betriebe nebst Anleitung zu vergleichenden Ertragsforschungen. Im Anh.: Ertragstafeln von Johann Christian Paulsen und Georg Ludwig Hartig. Kreisflächen-, Seconten-, Tangenten- und Reduktions-Tabellen. - Berlin 1847. VI, 148, XXII S., Taf. - 2. Aufl. ebd. 1851. VI, 170 S., m. Abb.

— vergleichende Untersuchungen üb. den Ertrag der Rothbuche im Hoch- u. Pflanz-Walde, im Mittel- u. Niederwald - Betriebe nebst Anleitung zu vergleichenden Ertrags - Forschungen. Im Anh.: Ertragstafeln v. J. C. Paulsen u. G. L. Hartig; Kreisflächen-, Secanten-, Tangenten- u. Reductions - Tabellen. Mit Illustr. in (eingedr.) Holzschn. 2. unveränd. (Titel-)Aufl. gr. 4. (VI u. 170 S.) Berlin (846) 851, Förstner. 2 ₰

— über das Verhältniss des Brennwerthes verschiedener Holz- und Torf-Arten für Zimmerheizung und auf dem Kochherde. Ein Hülfsbuch für Alle, denen daran gelegen ist, ihren Feuerungsbedarf in mindest kostspieliger Weise zu befriedigen, je nach Verschiedenheit des Zwecks der Verwendung. Braunschweig 855. Vieweg. 8. (3 Bl., 109 S. u. 1 Tab. in Fol.) n. 25 ₰

Hartig Th.: Über die Verjauchung todter organischer Stoffe (mit 1 Taf.) S. 61. I. 63. ... 50
Separatabdruck

— über die Verjauchung todter organischer Stoffe. [Mit e. (lith.) Taf.] [Aus d. Sitzungsber. d. k. Akad. d. Wiss.] Lex.-8. (18 S.) Wien 870. Gerold's Sohn. n. — 50

Hartig-Attems, L., u. S. **Hartig-Attems,** ein Königstraum. Historisches Epos. (VII, 228 S.) 8. Wien 909. W. Frick. 4.—; geb. n 5. —

Hartig-Attems, L. S., aus rauher Zeit. Ein Sang aus der Wachau. (183 S.) 8. Wien 906. „Austria" F. Doll. n. 2. —

Härtig, Emil, appr. Arzt: Beiträge zur Perforation und Nekrose der Gallenblase. Tübingen 1910: Laupp. 30 S. 8° ¶(Aus: Beiträge z. klin. Chirurgie. Bd 68, H. 2.)
Heidelberg, Med. Diss. v. 2. Juli 1910, Ref. Narath
[Geb. 11. Mai 82 Grünsfeld; Wohnort: Karlsruhe i. B.; Staatsangeh.: Baden; Vorbildung: Gymn. Tauberbischofsheim Reife M. 02; Studium: Würzburg 6, Heidelberg 4 S.; Coll. 15. Febr. 10; Approb. 18. Jan. 09.] [U 10. 2059

Härtig, Rich., d. Phonetik u. d. Volksschullehrer. gr. 8. (VIII, 93 S.) Leipzig 897. E. Wunderlich. n. 1. 20; geb. n. 1. 60

Harting, D., Quaestionem de Marcione Lucani evangelii, ut fertur, adulteratore, collatis Hahnii, Ritschelii aliorumque sententiis, novo examini submisit. gr. 8. (VIII u. 212 S.) Trajecti ad Rh. 849. (Kemink & filius.) n. 1 ₰ 8 ₰

Harting H. Dr.: Über algebraische und numerische Berechnung der Mikroskopobjektive geringer Apertur (mit 10 Textfiguren) S. 107. IIa. 624 ... —.80
Separatabdruck

Harting, H., üb. algebraische u. numer. Berechng. d. Mikroskopobjective geringer Apertur. [Aus: „Sitzungsber. d. k. Akad. d. Wiss."] gr. 8. (33 S. m. 10 Fig.) Wien 898. (C. Gerold's Sohn.) n. — 80

Harting, H., die Dichte, Ausdehnung u. Kapillarität v. Lösungen reinen Rohrzuckers in Wasser, s.: Plato, F.

HARTING, H.
Ueber die Lage der astigmatischen Bildflächen bei optischen Systemen von Dr. H. Harting. (Aus den Sitzungsberichten der kaiserl. Akademie der Wissenschaften in Wien. Mathem.-naturw. Classe; Bd. CVIII. Abth. IIa, November 1899.) [Wien. 1899. In Comm. Gerold's Sohn.] Gr.-8°. 8 S. fl. —.5

— über die Lage der astigmatischen Bildflächen bei optischen Systemen. gr. 8. (8 S.) Wien (900). (C. Gerold's Sohn.) n.n. — 10
Sonderabdruck aus: „Sitzungsber. d. k. Akad. d. Wiss."

Harting, H: Zur Theorie der zweitheiligen verkitteten Fernrohrobjektive. Berlin 1898

Harting, H: Ueber einige optische Vervollkommnungen an dem Zeiß-Greenough'schen stereoskopischen Mikroskop. Jena 1898

Harting, Hans, optisches Hilfsb. f. Photographierende. (VII, 180 S. m. 56 Fig.) gr. 8. Berlin 909. G. Schmidt. 4.50; geb. n 5. 50

Harting, Heinr. Aug. Leop. (Berlin), De fracturis prope articulos. Diss. med.-chir. Bln. (Nietack) 25. V. 1836. 32 S. mit Biogr. (M.: A. Lerch.) (6.—) 13213
Oppon.: L. Meyer, F. Hammer, Mor. Heyland. — Gew.: C. J. Lohmeyer. — Krankengeschichte d. Christian Traenkel.

Hermann Friedrich Harting

De imaginationis maternae in foetum Efficacia.
Gottingae 1805: Baier. 51 S. 8°

Gottingen, Med. Diss. v. 1805

Harting, H. F., de imaginationis maternae in foetum efficacia. 8. Götting. 805. Brose. 4 gl

[R]EISEN zu Wasser und zu Land mit etwelchen [A]nhangseln .... (von *Joh. Nepom. Harting*). Sulzbach 1825.

Anon.-Lex. III. p. 366 (nach Engelmann u. Weller).

Harting, Johannes: Untersuchungen ueber den Lichtwechsel des Sternes β Persei. . . . München, akad. Buchdr. v. F. Straub, 1889; 60 S. 4°

München, Phil. Fak., Inaug.-Diss. v. 1889

Harting, P.

— die Macht des Kleinen sichtbar in der Bildung der Rinde unseres Erdballs oder Uebersicht der Gestaltung, der geograph. u. geolog. Verbreitung der Polypen, Foraminiferen u. kiesel-schal. Bacillarien. Aus d. Holländ. übers. v. A. Schwartzkopf, mit einem Vorworte v. M. J. Schleiden. gr. 8. (XII u. 171 S. m. 1 Holzschntaf. u. eingedr. Holzschn.) Leipzig 851, W. Engelmann. 1 ₰

Harting, P., die gebrauchlichen mikrometrischen Maasse in Decimalbruchen und in gemeinen Brüchen. Für praktische Mikroskopiker. (Abdr. aus des Verf. Werke über das Mikroskop.) Braunschweig 859. Vieweg & Sohn. 8. (23 S.) n. 10 ngr.

Harting, P., het mikroskoop, deszelfs gebruik, geschiedenis en tegenwoordige toestand. Een handboek voor natuur en geneeskundigen. 1. Deel. gr. 8. (X u. 413 S. m. 3 Tab. u. 5 lith. Taf. in qu. 4.) Utrecht 849. (Amersfoort, Gebr. Taats.) n. 3⅓ ₰

— das Mikroskop. Theorie, Gebrauch, Geschichte und gegenwartiger Zustand desselben. Deutsche Originalausgabe vom Verf. revidirt u. vervollstandigt. Aus dem Holland. übertragen von Fr. Wilh. Theile. Mit 410 in den Text gedr. Holzschn. u. 1 Taf. (Holzschn.) in Farbendr. Ebend. 859. gr. 8. (XIX, 950 S.) n. 5 ₰

Harting, P., das Mikroskop. Theorie, Gebrauch, Geschichte u. gegenwärt. Zustand desselben. Deutsche Orig.-Ausg. vom Verf. revidirt u. vervollständigt. Hersg. von Fr. Wilh. Theile. 2., wesentlich verb. u. verm. Aufl. 3 Bde. Mit 466 in den Text eingedr. Holzst. u. 1 Stntaf. in Farbendr. Braunschweig 866. Vieweg & Sohn. gr. 8.

1. Bd. Theorie u. allgemeine Beschreibung des Mikroskopes. (XIV, 348 S.) n. 1 ₰ 15 ngr.
2. Bd. Gebrauch des Mikroskopes u. Behandlung mikroskopischer Objecte. (VIII, 310 S.) n. 1 ₰ 25 ngr.
3. Bd. Geschichte u. gegenwärtiger Zustand des Mikroskopes. (IX, 452 S.) n. 2 ₰

— et W. H. de Vriese, Monographie de Marattiacées, s. Vriese, W. H. de.

— die vorweltlichen Schöpfungen, verglichen mit der gegenwärtigen. In Gemälden skizzirt. Aus dem Holländ. übers. von J. E. A. Martin. Mit einem Vorw. von M. J. Schleiden. Mit 19 Holzschn. (im Text) u. 4 lith. Taf. (in 8., 4. u. Fol.) Leipzig 859. Engelmann. gr. 8. (XV, 358 S.) 2 ₰ 7½ ngr.

Harting's, P., Skizzen aus der Natur. Aus dem Holländischen übersetzt von J. E. A. Martin. Mit einem Vorworte von M. J. Schleiden. Nebst 18 Holzschn. (im Text) u. 1 lith. Taf. Leipzig 854. W. Engelmann. gr. 8. (XI, 103 S.) 22½ ngl.

— — II. (Bd.) Aus dem Holländischen übersetzt von J. E. A. Martin. Mit einem Vorwort von M. J. Schleiden. Mit 16 Holzschn. (im Text) u. 1 lith. Taf. (in 4.) Ebend. 856. gr. 8. (VII, 167 S.) 24 ngl.

Härting, Carl, s. Härting, Karl

Haerting, Eduard (Pegau), De cardialgia. Dissert. med. Präs. Ernst Heinrich Weber. Lpz. (Staritz) 6. VII. 1827. 31 S. (6.—) 12686
Gew.: Johann Friedrich Pudor (Wehlitz).

Härting, *Karl* Franz [app. Arzt aus Schneeberg, Kgr. Sachsen]: Aus d. Frauenklinik zu Kiel. Beitrag zur Casuistik und Aetiologie des Auftretens von Gasgehalt in cystischen Geschwülsten der Unterbauchgegend ... Kiel, Druck v. C. M. Gärtner in Schneeberg i. S., 1893; 21 S. 8.

Kiel, Med. Fak., Inaug.-Diss. v. [21. Juli] 1893

Härting, Friedrich *Rudolf* [aus Leipzig]: Ueber subcutane Muskelrupturen und Muskelhernien ... Leipzig, Druck v. Grimme & Trömel, 1896; 60 S., 1 Bl. 8.

Leipzig, Med. Fak., Inaug.-Diss. v. 9. Juni 1896

— Friedrich Hugo (Altenburg), Nonnulla de iridectomia. Diss. ophthalm. Präs. Carl August Wunderlich. Lpz. (E. Polz) 9. XI. 1859. 19 S. mit Biogr. (M.: A. Kunz.) (5.—) 12687
Oppon.: Meissner, Stolper, Lagemann. — Krankengesch. v.: Wilhelmine Freisleben (Raguhn), Friederike Naumann (Cradefeld), Wilhelm Morgner (Sosensis), Eduard Heine (Bitterfeld), Gustav Jacob (Lpz.).

Härting, Karl

Härting, Carl (ed). Chicago's Schiller Denkmal. Erinngsbl z Enthüllungsfeier am 8. Mai 1886 ... Chicago, 1886.

Härting, R., ein Zeugniß über die Thesen des pädagogischen Vereins zu Chemnitz zu einer zeitgemäßen Reform des sächsischen Volksschulwesens. Zschopau 867. Hermann. gr. 8. (36 S.) n. 5 ngr.

Hartinger & Sohn A, Bilder aus der Geschichte für Schule und Haus. (16 T) Imp In Mappe. Mit Text. Wien

Hartinger, Anton

Hartinger, A., s.: Atlas d. Alpenflora.

Hartinger, Ant., Atlas der Alpenflora zu der von K. W. v. Dalla Torre verf., vom deutschen und österreich. Alpenvereine hrsg. „Anleitung zu wissenschaftl. Beobachtungen auf Alpenreisen". Abthl. Botanik. Nach der Natur gemalt. 1.—36. Lfg. 8. (à Lfg. 14 Chromolithogr.) Wien 881—84, (Gerold's Sohn.) à Lfg. *M 2. *
Text-Heft. 8. (249 S.) 882. *
— dass. — Schulausg. für den Anschauungsunterricht. Bl. 1, enthaltend 14 Pflanzen. Chromolithogr. gr. Fol. Ebendas. 882. *
Auf Pappe **
Nicht weiter erschienen.

HARTINGER, Anton: Atlas der Alpenflora, nach der Natur gemalt, mit Text von Karl Wilhelm v. Dalla-Torre. - Wien 1882-1884. 5 Bd. i. 36 Lfg. 249 S., 504 Taf. - 2. neubearb. Aufl. Graz 1896-1897. 10 Lfg. XV S., 504 Taf. Wiss. Redacteur: E. Palla. - Text a. u. d. T.: Alpenflora der österreichischen Alpenländer, Südbaierns und der Schweiz. München 1899. XVI, 270 S.

Atlas der Alpenflora. (Hrsg. vom D. u. Ö. Alpenverein.) 2. (neubearb.) Aufl. (Unter wissenschaftl. Red. von Dr. [Eduard] Palla. Ausführung der Farbtaf. nach Orig.-Vorlagen von A[nton] Hartinger u. Naturaufnahmen. In 10 Lfgen.) Bd 1–4 [nebst] Text. (München: Lindauer 18[96–]99) 8° [Umschlagt.]
Text [u. d. Tit.:] Die Alpenflora der österreichischen Alpenländer, Sudbaierns u. d. Schweiz ... von K. W. v. Dalla Torre. 1899. [illegible]

Hartinger, Anton, Auswahl der seltensten u. ausgezeichnetsten Blumen in naturgetreuen Abbildungen. 1. Liefg. Imp.-Fol. (4 lith. u. fein ausgem. Taf.) Wien 844, Müller. baar 5 2/3 ₰

Hartinger, Ant., Auswahl d. seltensten u. ausgezeichnetsten Blumen in naturgetreuen Abbild. Imp.-Fol. 1. Lief. (4 Taf.) Wien, 1844. (Gerold.) 5. 20

Hartinger, Ant., Deutschland's Forstcultur-Pflanzen in getreuen Abbildungen, nach der Natur gez. u. in Farbendruck ausgeführt. Mit einem erläuternden Texte von Ferd. Fiscali, und einer Einleitung in das Studium der Forstbotanik von L. Grabner. (5 Hefte.) Olmütz (851–56). Hölzel. (18 lith. Taf.) n. 10 ₰

Hartinger, A., Oesterreichs und Deutschlands wildwachsende oder in Gärten gezogene Giftpflanzen. Nothwendiger Atlas zu Ad. Nitsche's Giftpflanzenbuch und Giftpflanzenkalender. in naturgetreuen Abbild. 1 Lfg. Blatt 1–4. Wien, Wallishausser'sche B. (J. Klemm.) in Comm. 1860. 3 fl

Hartinger, Anton, Oesterreich's und Deutschland's wildwachsende oder in Gärten gezogene Giftpflanzen. Nothwendiger Atlas zu Adolf Nitsche's Giftpflanzenbuch und Giftpflanzen-Kalender, in naturgetreuen Abbildungen. 2. u. 3. Lfg. (Blatt 5–12. gr. Fol. Wien, Wallishausser'sche Buchh. (Jos. Klemm) in Comm. 6 fl. 1861.

Hartinger, Ant., Endlicher's paradisus Vindobonensis, s. Endlicher.

Hartinger, Ant., Paradisus Vindobonensis, s. Paradisus.

Hartinger (A.). Paradisus vindobonensis, auswahl seltener und schoenbluehender Pflanzen der Wiener Gaerten . . . Wien, 1844–60. fol.
Ed. by S. Endlicher and B. Seemann: also with title-page in German and English, New York, same date, etc.

— **Paradisus Vindobonensis. Auswahl von seltenen und schönblühenden Pflanzen in natürlicher Grösse abgebildet.** (2. Bd.) 2–4. Lfg. Imp.-Fol. (4 lithochrom. Bl.) Olmütz 852–55, Hölzel. à Lfg. * 2 Thlr. 20 Ngr. *

— die essbaren und giftigen Pilze in ihren wichtigsten Formen. Nach der Natur gez., lith. u. in Farben gedr. Zur Förderung des Schulunterrichtes herausg. von M. A. Becker. Olmütz (855). Hölzel in Comm. (6 Taf. in gr. Fol.) n. 6 ₰ 20 ngr

— **die essbaren und giftigen Pilze in ihren wichtigsten Formen. Nach der Natur gez., lithogr. und in Farben gedr. Zur Förderung des Schulunterrichts hrsg. von M. A. Becker. Imp.-Fol. (6 Blatt.) Wien 858, Typographisch-literarisch-artistische Anstalt.** *

Hartinger, Anton, Die essbaren und giftigen Schwämme in ihren wichtigsten Formen. Nach der Natur gezeichnet und in Farbendruck ausgeführt. 12 Tafeln. Folio. Im Auftrage des k. k. Ministeriums für Cultus und Unterricht beschrieben von J. G. Bill. 8. (59 S.) In Umschlag 6.60
Wien: Gerold 1893.

Hartinger, August

Hartinger, a.: Wandtafeln, 105, f. den naturgeschichtlichen Anschauungsunterricht.

Hartinger, Jos., der Chiemsee u. d. Chiemgauer. (84 S.) kl. 8. Rosenheim (910). Bernau a. Chiemsee (Bayer. Hochland), Selbstverlag. 1.—

— **Chiemseefluten. 3 Novellen. (147 S.) 8. Straßburg 909. J. Singer. 2. 50**

HÄRTINGER, Franz Martin (Ingolstadt): Die menschliche Stimme.- München: Deschler 1840. 40 S.
7.3.1839 - Urk; F 64
Diss. Ingolst.-Landsh.-Mchn.

Härtinger, M., das Grundgesetz der Stimmbildung f. den Kunstgesang. Versuch e. gemeinfassl. Darstellg. der Vorgänge u. d. Verhaltens d. Singenden bei der Tongebg. Ein Leitfaden f. Lehrer u. Schüler d. Gesanges. gr. 8. (85 S.) Mainz 872. Schott's Söhne. 2. 40

Das Grundgesetz der Stimmbildung für den Kunstgesang. Versuch e. gemeinfassl. Darstellung d. Vorgänge u. d. Verhaltens des Singenden bei d. Tongebung. Ein Leitfaden ... von Dr. med. M[artin] **Härtinger**, München. Mainz: B. Schott's Söhne 1907. (59 S.) 8° [07. 11893]

Hartisch, Friedrich Julius (Zeitz), De hernia umbilicali. Diss. med. Halle (Hendel) 10. IV. 1852. 20 S. mit Biogr. (M.: W. Clauss.) (5.50) 13216
Oppon.: A. Maylaender, M. Kaestner.

Hartisch, Hans [app. Arzt]: **Eine infektiöse Gehirnschwulst untersucht im Sommer 1891 im patholog. Institute d. Univ. Leipzig . . . München, Pössenbacher'sche Buchdr., 1895; 23 S. 8.**
Leipzig, Med. Fak., Inaug.-Diss. v. 2. Juli 1895

fehlt für den Austausch

Hartisch, Julius: Ueber Casuistik und Therapie der habituellen Schulter und Unterkieferluxation. Halle a. S. 1883: Plötz. 28 S. 8°
Halle-Wittenberg, Med. Diss. v. 31. Mai 1883
Geb. Stassfurt (Kr. Kalbe) 8. 3. 1860. V.

Hartitzch, s. Hartitzsch

v. Hartitzsch, Ad. Karl Hnr., s. Criminal-Gesetzbuch für das K. Sachsen.

Hartitzsch, Ado. Karl Heinr. v., Darstellung d. im Königr. Sachsen geltenden Erbrechts. gr. 8. (16 B.) Leipzig 830, Serig.

v. **Hartitzsch**, Ado. Karl Heinr.: Das im Königr. Sachsen gelt. Eherecht. *Dresden*, Grimmer. 836. gr. 8. (1 Thl.)

Hartitzsch, Ad. Karl Heinr. v., das im Königr. Sachsen gelt. Eherecht. gr. 8. (11½ B.) Dresden 836, [R. u. W. Kori.]

— Entscheidungen pract. Rechtsfragen, mit Rücksicht auf Erkenntnisse d. Oberbehörden bearb. gr. 8. (32 B.) Leipzig 840, Hinrichs'sche Buchh.

v. Hartitzsch, Ad. K. Hnr., das Erbrecht nach röm. u. heutiger Rechten, nach Haubold bearbeitet. gr. 8. Lpz. 827. Kaysers B. 2 ₰ 8 gl Velinp. 3 ₰

— **Handbuch d. in Deutschland gelt. Eherechts. Mit besond. Angabe d. Sächs. u. Preuß. Rechts. gr. 8. (34¼ B.) Leipzig 828, [Kayser.] 2 Thlr. 21 Gr., hrbgf. Pr.**

— **das Röm. Privatrecht in ausführl. tabellar. Darstell. gr. 8. (46¼ B.) Leipzig 831, Fr. Fleischer.**

Hartitzsch, Ad. E. H.: Das Römische Privatrecht in ausführlicher tabellar. Darstellung. *Leipzig*, Fleischer. 838. gr. 8. (3 Thl. 8 Gr.)

— **Versuch e. tabellar. Darstellung d. bürgerl. Processes, z. Gebr. akadem. Vorlesn. gr. 8. (14 B.) Leipzig 828, [Schumann.] 1 Thlr. 6 Gr., Velnp.**

— **Versuch einer tabellarischen Darstellung des bürgerlichen Prozesses. gr. 8. Leipzig 828. (jetzt Künzel.) 1¼ ₰**

Hartitzsch, F. G. von: De veterum arte luctandi, s. Auerswald, J. E. von [Praes.]

Hartitzch, Ferdinand Wilhelm von (equ. Misn.), De usu beneficii deliberandi aliorumque juris Romani capitum. Diss. jur. Präs. Jo. Balthas. Wernher. Wittbg. (Wwe. Gerdes) 21. XI. 1720. 58 S. (6.20) 13217

Hartitzsch, Georg Heinrich v.: De solutione die Solis sive Sabbati promissa et de L. Commissor., s. Hartitzsch, Georg Karl v.(Präs.)

Hartitzsch, Georg Karl von

Hartitzsch, Georg Carl von (equite Misnico), De alienatione feudorum Lusatiae superioris. Diss. jur. Präs. Wolfgang Adolph von Leubniz (Oberlaus. Adel). Wittbg. (Gerdes) Jan. 1721. 48 S., tlws. dtsch. (6.20) 13218

(—). Ordinarius senior facult. jurid. Lips. examen viri **Georg Heinrich von Hartitzsch** (equ. Misn.). Lpz. (Saalbach) 26. XI. 1798. 14 S. mit Biogr. (M.: S. H. E. Gersdorf.) (4.—) 13219
Responsor. Juris 95/96: De solutione die Solis sive Sabbati promissa et de L. Commissor. — Promissio, haeredem institutum iri stipulantem, non est obligatoria.

Hartitzsch, J. A. von: De veterum arte luctandi, s. Auerswald, J. E. von [Praes.]

— **Julius Alexander von** (equ. Misn.), De concione docimastica. Germanis Prob=Predigt. Dissert. acad. Präs. Jo. Gottfr. Kraus. Wittbg. (Gerdes) 5. I. 1720. 84 S. (6.50) 13220
Gew.: Christian Melch. von Hartitzsch (Colmnitz). — Widm. v. Präs.

— — Dasselbe. Ed. II. Wittbg. (Scheffler) 5. I. 1720. (6.20) 13221

Hartke, Guilelmus: 'Sit tibi terra levis' formulae quae fuerint fata. *Bonnae 1901: C. Georgi.* (69 S.) 8°
Bonn, Phil. Diss. v. 21. Dez. 1901

Hartknoch, Joh. Friedr. [Riga 1870.] V: *Eckardt, Jul. Wilh. Alb. von.* (cb)

Hartknoch, Jh. Fr. II., († d. 7. Sept. 1819.) Geschichte meiner Gefangenschaft unter d. Regierung Paul's I. 8. Lpz. 803. Hartknoch.

Hartknoch, Jh. Fr. I., († d. 1. April 1789.) s. Merkwürdigkeiten d. Morduanen rc.

Hartknopf, Andreas, eine Allegorie. Berlin 1786. V: *Moritz, Carl Philipp.* (Ky) (ML) (EE) (JL)

Hartknopf, Andreas; eine Allegorie, (von K. P. Moritz). 8. Berl. 787. (Reimer). 12 gr

Hartknopf, Andreas, eine Allegorie, 8. Berlin, 787. Unger. 15 sgl.

— — Predigerjahre, 8. Daselbst, 790. Derselbe. 15 sgl.

— Dess. Predigerjahre, (v. K. P. Moritz). 8. Berl. 789. (Reimer). 12 gr

v. Hartkol, G., Angabe einer sichern, sehr leichten u. wohlfeilen Weise, d. Fleisch, d. Häute, Bänder, Knorpel u. die Eingeweide d. Thiere in ein Fettwachs umzuwandeln, aus welchem Kerzen u. Seife dargestellt werden können. gr. 8. Brünn 824. Traßler. 1 rl 8 gr

v. Hartkol, (G.,) Angabe einer sichern, sehr leichten u. wohlfeilen Weise, d. Fleisch, d. Häute, Bänder, Knorpel u. d. Eingeweide d. Thiere in ein Fettwachs umzuwandeln, aus welchem Kerzen u. Seife dargestellt werden können. gr. 8. Brünn 825, Traßler.

Hartkopf u. Sohn, eine kom. Geschichte, (v. Jh. Gli. Backhaus). 2 Thle. 8. Leipz. 788. Hamann. 21 gr

Hartkopf u. Sohn soll nicht von Backhaus, sondern von Georg Karl Claudius sein. Ist Verlag von Joachim.

Hartkopf, Arthur [app. Arzt aus Solingen]: Über die Behandlung des Rectumcarcinoms ... Leipzig, Druck v. A. Edelmann, Univ.-Buchdr., *1893*; 23 S. 8.
Leipzig, Med. Fak., Inaug.-Diss. v. 10. Nov. 1893

Nicht für den Austausch

Hartkopf, A., über Rose'sche Milchpräparate. Ein neuer Weg zur Darstellg. v. Säuglings-, Reconvalescenten- u. Diabetes-Milch. gr. 8. (16 S.) Berlin 898. S. Karger. n. 40

Hartl, Alois

— Auf zur Spracheinheit! od. Lehrbuch der Perfektsprache. Ein Vorschlag, um auf Grund der latein. Sprache u. m. Berücksicht. d. roman., d. engl., deutschen u. and. Sprachen zu e. allgem. Weltsprache zu gelangen. (100 S.) 8. Linz 909. Zentraldruck. vorm. E. Mareis. 1.50

Vulgata. Hartl, Alois Sprachliche Eigenthümlichkeiten der Vulgata. 8 (21 S.). **Progr.** K. k. Staats-G. *Ried* 1895

HARTL, Alois
(F) **Johannes Ev. Habert,** Organist in Gmunden. Ein Lebensbild von Alois **Hartl.** Mit 2 eingeschalteten Bildern. **Wien.** 1900. Kirsch. Gr.-8°. VII, 723 S. K 10.—

Hartl, Alois, die Organisation des kirchlichen Armenwesens. Ein Beitrag zur Lösg. der socialen Frage m. verwalt. Rücksicht auf oberösterr. Verhältnisse. gr. 8. (14 S.) Ried 892. (Linz, F. I. Ebenhöch.) n. — 40

Hartl, Alois, s.: Proprium der Erzdiözese München-Freising.

Hartl, Ferdinand, a. München: Beiträge zur Chemie des Goldes und des Wismuts. München 1906: V. Höfling. (53 S.) 8°
München, Phil. Fak., Ref. v. Baeyer, Diss. v. 20. Juli 1906
[Geb. 1. Aug. 80 München; Wohnort: München; Staatsangeh.: Bayern; Vorbildung: Theresien-Gymn. München Reife Juli 00; Studium: München 13 S.; Rig. 26. Juli 06.]

Hartl, Hans, Aufgaben aus der Arithmetik und Algebra. Für den Gebrauch an höheren Gewerbeschulen und für das Selbststudium, mit 15 in den Text gedruckten Figuren. Reichenberg 1894. J. Fritsche. (Min.-Erl. v. 20. October 1894, Z. 23002.) Gebunden 2.40

Hartl, Hans, Aufgaben aus der Arithmetik und Algebra. Für den Gebrauch an höheren Gewerbeschulen und für das Selbststudium. Mit fünfzehn in den Text gedruckten Figuren. Gr.-8. (IV, 271 S.) 2.20
— — Resultate zu den Aufgaben aus der Arithmetik und Algebra. 8. (95 S.) —.90
Reichenberg: Fritsche 1898.

Hartl, Hans, Aufgaben aus der Arithmetik und Algebra. Für den Gebrauch an höheren Gewerbeschulen und für das Selbststudium. Mit 20 in den Text gedruckten Figuren. 2. Auflage. Leipzig und Wien 1898. Franz Deuticke.

(F) **Hartl, H.**, Resultate zu den Aufgaben aus der Arithmetik und Algebra. 2. Aufl. Gr.-8°. (96 S.)
Wien: Deuticke 1902.

Hartl, Hans, Aufgaben aus der Arithmetik u. Algebra. Für den Unterrichtsgebrauch u. f. das Selbststudium zusammengestellt u. method. geordnet. 3. Aufl. (VI, 268 S. m. 20 Fig.) 8. Wien 906. F. Deuticke. Geb. 3.—;
Resultate (III, 96 S.) 910. 1.80

(F) **Hartl, H.**, Resultate zu den Aufgaben aus der Arithmetik und Algebra. 3. Aufl. Gr.-8°. (96 S.) K 2.—
Wien: Deuticke 1910.

Hartl, Hans, Aufgabensammlung aus der Arithmetik und Algebra. Für den Unterrichtsgebrauch und für das Selbststudium zusammengestellt und methodisch geordnet. Mit 19 in den Text gedruckten Figuren. Gr.-8. (VI, 305 S.) 1.80
— — Die Rechenergebnisse der Aufgaben. Mit einer Figur. Gr.-8. (122 S.) 1.20
Wien: Deuticke 1898.

Hartl, Aufgabensammlung aus der Arithmetik und Algebra. (Für Mittelschulen) K 3.60 Wien: Deuticke 1904.

Hartl, Rechenergebnisse zur Aufgabensammlung brosch. K 2.40 Wien: Deuticke 1904.

Hartl, Hans (Bearb.), s. a. Auflösung, Die trigonometrische, des Dreiecks …

Hartl, Hans, die trigonometrische Auflösung d. Dreieckes u. der auf Dreiecke zurückzuführenden Figuren. Für den Gebrauch an Werkmeister- u. Baugewerbeschulen u. f. den Selbstunterricht bearb. Mit 45 in den Text gedr. Fig. u. über 200 Übungsbeispielen, nebst e. Taf. der trigonometr. Zahlen. gr. 8. (V, 33 S.) Wien 890. Hölder. cart. n.n. — 80

— die trigonometrische Auflösung des Dreieckes u. der auf Dreiecke zurückzuführenden Figuren. Für den Gebrauch an Werkmeister- u. Baugewerkeschulen u. f. den Selbstunterricht bearb. 2., verb. Aufl. Mit 52 in den Text gedr. Fig. u. 300 Übungsbeispielen sammt Resultaten, nebst e. Taf. der Winkelfunctionen. gr. 8. (III, 44 S.) Wien 900. A. Hölder. Geb. in Leinw. n. — 96

Hartl Hans, Die trigonometrische Auflösung des Dreieckes und der auf Dreiecke zurückzuführenden Figuren. Für den Gebrauch an Werkmeister- und Baugewerbeschulen und für den Selbstunterricht. 3., inhaltlich im wesentlichen unveränderte, sonach gemäß Min.-Erl. vom 11. Dezember 1899, Z. 32616, zulässige Auflage. Wien 1907. Alfred Hölder. Geb. K —.96.
46 S.

Hartl, H., Erste Einführung in die Elemente der Differential- und Integralrechnung und deren Anwendung zur Lösung praktischer Aufgaben. Gr.-8°. (ill. 58 S.) K 1.40
Wien: Deuticke 1908.

Hartl, Hans, zur Einführung in die Logarithmen-Lehre. Mit e. Sammlg. v. Beispielen, f. deren logarithm. Ausführg. keine Interpolationen nötig sind. (16 S.) 8. Wien 905. F. Deuticke. n. — 80

Einführung in die Wetterkunde. Beschreibung u. Erklärung neuerer meteorol. Instrumente … gemeinfasslich dargest. von Prof. Hans **Hartl**. Mit 31 Abb. Göttingen: W. Lambrecht 1900. (25 S.) 4° [F.] 108.11879

HARTL, Hans
(F) Einführung in die Wetterkunde. Beschreibung und Erklärung neuerer meteorologischer Instrumente. Mit besonderer Berücksichtigung der im Wetterhäuschen der Stadt Reichenberg angebrachten Apparate gemeinfasslich dargestellt von Prof. Hans Hartl. Mit 31 Abbildungen Reichenberg. 1900. Sollors. Gr.-8. 25 S. fl. —.50

Hartl, Hans, Lehrbuch der Planimetrie. Für den Unterrichts-Gebrauch und für das Selbststudium. Mit 216 in den Text gedruckten Figuren, einer Tabelle und zahlreichen Uebungsbeispielen. Gr.-8. (VII, 135 S.) In Lnwd. geb. 1.40
Wien: Deuticke 1896.

— Lehrbuch d. Planimetrie. Für d. Unterrichtsgebrauch u. f. das Selbststudium verf. 2., verb. Aufl. Mit 226 in den Text gedr. Fig., 1 Tab. u. zahlr. Übungsbeispielen. (V, 141 S.) 8. Ebd. 909. Geb. 2.40

Hartl, Hans, Lehrbuch der ebenen Trigonometrie. Für den Gebrauch an höheren Gewerbeschulen und für das Selbststudium. Mit 100 in den Text gedruckten Figuren und über 400 Uebungsbeispielen. Wien 1890. A. Hölder. —.50

— Lehrbuch der ebenen Trigonometrie. Für den Unterrichtsgebrauch u. f. das Selbststudium. Mit 117 in den Text gedr. Abbildgn. u. üb. 500 Uebungsbeispielen nebst deren Resultaten. 2., umgearb. Aufl. (III, 106 S.) gr. 8. Wien 906. A. Hölder. Geb. n. 1.44

Hartl, Prof. Hans, Der Rechenwinkel. Ein Hilfsmittel zur raschen graphischen Lösung wichtiger mathematischer Aufgaben. Mit 1 Figurentafel. Lex.-8. (18 S.) —.45
Reichenberg: Fritsche 1891.

Hartl, Hans, Uebungsbuch für den Unterricht in der allgemeinen Arithmetik und Algebra an Werkmeisterschulen, Baugewerkenschulen und verwandten Lehranstalten, Ausgabe für Oesterreich-Ungarn. Leipzig und Wien, 1896. Franz Deuticke. (Min.-Erl. vom 25. Jänner 1896, Z. 311.)

- dasselbe. Ausg. f. Deutschland. gr. 8. (IV, 160 S.) Ebd. 896. Geb. n. 2. —

Hartl, Hans, Uebungsbuch f. den Unterricht in der allgem. Arithmetik u. Algebra an Werkmeisterschulen, Baugewerkenschulen u. verwandten Lehranstalten. Mit 12 in den Text gesetzten Fig., gegen 3000 Aufgaben u. deren Ergebnissen. 2. verb. Aufl. (V, 161 S.) 8. Wien 902. F. Deuticke. Geb. in Leinw. n. 2. —

— Ubungsbuch f. den Unterricht in der allgem. Arithmetik u. Algebra an Werkmeisterschulen, Baugewerkenschulen u. verwandten Lehranstalten. Mit 12 in d. Text gesetzten Fig., gegen 3000 Aufgaben u. deren Resultaten. Ausg. f. Schulen im Deutschen Reiche. 2. Aufl. (VI, 161 S.) 8. Ebd. 908. Geb. 2. —

Hartl, Heinrich, Praktische Anleitung zum Höhenmessen mit Quecksilber-Barometern und mit Aneroiden. 2. umgearbeitete Auflage. gr. 8. (146 S. mit 3 lith. Taf.) Wien, R. Lechner's Hof- u. Univ.-Buchh. 1 fl. 80 kr.
1884.

Hartl, Heinrich. Praktische Anleitung z. trigonometr. Höhenmessen. 2., umgearb. Aufl. gr. 8. (171 S. mit 12 Taf.) Wien, *R. Lechner's k. k. H.- u. U.-B. 1 fl. 80 kr.
1884.

Hartl, Heinrich, k. k. Major im militär-geographischen Institute. Die Aufnahme von Tirol durch Peter Anich und Blasius Hueber. Mit einem Anhange: Beiträge zur Kartographie von Tirol. Eine historisch-geographische Studie. Separat-Abdruck aus den „Mittheilungen des k. k. militär-geographischen Institutes". 5. Bd. (Mit 7 Beilagen.) 8. Wien 1885.

Hartl, Heinrich: Meteorologische und magnetische Beobachtungen in Griechenland. Bericht 1. 2. ([S.-A.] Mittheilungen des k. u. k. Militär-geographischen Institutes. Bd. 14. 1894 u. 16. 1896.) Wien 1895 u. 1897. 2 Bde. 55 S., 5 Tf.; 32 S., 1 Tf. 8°.

Hartl, Heinr., meteorolog. u. magn. Beobachtungen in Griechenland. 2. Bericht. [Aus: „Mittheilgn. d. k. u. k. militär-geograph. Institutes".] gr. 8. (32 S. m. Fig. u. 1 Taf.) Wien 897. (R. Lechner's Sort.) n.n. 1. —
D. 1. Bericht erschien im 14. Bde. d. Mittheilgn. d. k. u. k. militär-geograph. Institutes, nicht als Separatabdruck.

Hartl Heinrich: Bestimmung von Polhöhe und Azimut auf der Sternwarte in Athen (mit 1 Textfigur). D 59. 541 . . . . 1.60
Separatabdruck

Hartl, Heinr., Bestimmung v. Polhöhe u. Azimut auf der Sternwarte in Athen. [Aus: „Denkschr. d. k. Akad. d. Wiss."] Imp.-4. (26 S. m. 1 Fig.) Wien 892. (F. Tempsky.) n. 1. 60

Hartl, Heinrich, k. k. Hauptm. im militär-geographischen Institute. Die Höhenmessungen des Mappeurs. Anleitung zum trigonometrischen und barometrischen Höhenmessen. (Mit 13 Taf.) 8. Wien 1876.

Hartl, Heinr., die Höhenmessungen d. Mappeurs. Anleitung zum trigonometr. u. barometr. Höhenmessen. 2. umgearb. Aufl. 1. u. 2. Thl. gr. 8. Wien 884. (Lechner's Sort.) à n.n. 3. 60
1. Praktische Anleitung zum trigonometrischen Höhenmessen. (VI, 170 S. m. 12 Steintaf.)
2. Praktische Anleitung zum Höhenmessen m. Quecksilber-Barometern u. m. Aneroiden. (VIII, 146 S. m. 3 Steintaf.)

Hartl, Heinrich, Oberstlieutenant im k. und k. milit. geogr. Institut. Die Landesvermessung in Griechenland. Separatabdruck aus den „Mittheilungen d. k. u. k. milit. geographischen Institutes". X. Bd. 8. Wien 1891.

Hartl, Heinrich: Materialien zur Geschichte der astronomisch-trigonometrischen Vermessung der österreichisch-ungarischen Monarchie. (Mit 2 Karten und 8 Tafeln.)
Wien [um 1884].

Hartl, Heinrich, k. k. Major im militär-geographischen Institute. Die Projectionen der wichtigsten vom k. k. Generalquartiermeisterstabe und vom k. k. militär-geographischen Institute herausgegebenen Kartenwerke. (Mit 4 Beilagen.) Separat-Abdruck aus den „Mittheilungen des k. k. militär-geograph. Institutes" VI. Band. 8. Wien 1886.

Hartl, Heinrich: Studien über flächentreue Kegelprojectionen. ([S.-A.] Mittheilungen des k. u. k. Militär-geographischen Institutes. Bd. 15.) Wien 1896. 47 S. 8°.

Hartl, Heinrich: Vergleiche von Quecksilber-Barometern mit Siede-Thermometern. Mit einer Beilage. ([S.-A.] Mittheilungen des k. u. k. Militär-geographischen Institutes. Bd. 12.) Wien 1893. 75 S. 8°.

Hartl, auch Hartel, J. C., Gemälde des häusl. Lebens u. Grundzüge des Charakters der Franzosen in den französ. Feldzügen 1814 u. 15. 8. Erlang. 817. Heyder. 12 gr.

– Dass., s.a. Härtl

Hartl, Joh.

Hartl, J., zur Geschichte der oberpfälzischen Volksschulen im J. 1643, s.a **Mitteilungen** der Gesellschaft f. deutsche Erziehungs- u. Schulgeschichte. 1. Beiheft.

J. **Hartl**, Zur Geschichte der oberpfälzischen Volksschulen im Jahre 1643. Berlin: A. Hofmann & Co. 1903. (39 S.) 8°
= Beiträge z. Geschichte d. Erziehung in Bayern. H. 3, [1.]
= Texte u. Forschungen z. Gesch. d. Erziehung u. d. Unterr. 6, [1.]
= **Mitteilungen** d. Ges. f. deutsche Erziehungs- u. Schulgeschichte. Beiheft 1, [1.]
les. 13330 4

Hartl, Karl

Hartl, K., s. Gesetze, österreichische.

Hartl, Karl, das Handlungsgehilfengesetz. Gesetz v. 16. I. 1910, R.-G.-Bl. Nr. 20 üb. den Dienstvertrag der Handlungsgehilfen u. anderer Dienstnehmer in ähnl. Stellg. Mit Anmerkgn. u. Erläutergn. (V, 36 S.) kl. 8. Wien 910. G. Schöpperl. — 80; geb. n 1. —

Hartl, Karl, Prüfungsfragen u. Antworten aus dem allgemeinen u. österr. Staatsrecht, s.a **Prüfungskandidat**, der. IV.

Hartl, K., Prüfungsfragen und Antworten aus dem allgemeinen und österreichischen Staatsrechte. [„Der Prüfungskandidat". IV.] 16°. (138 S.) K 1.80
Wien: Kuppitsch 1904.

Hartl, K., Prüfungsfragen und Antworten aus dem allgemeinen und österreichischen Staatsrecht. 2. Aufl. [Der Prüfungskandidat. IV.] 8°. (148 S.) K 1.80
Wien: Kuppitsch 1909.

— dasselbe aus der Verwaltungslehre u. dem österr. Verwaltungsrecht, s.a **Prüfungskandidat**, der. II.

Hartl, K., Prüfungsfragen und Antworten aus der Verwaltungslehre und dem österreichischen Verwaltungsrecht. [Der Prüfungskandidat. II.] 8°. (140 S.) K 1.35
Wien: Kuppitsch 1903.

Hartl, K., Prüfungsfragen und Antworten aus der Verwaltungslehre und dem österr. Verwaltungsrecht. 2. Aufl. [Der Prüfungskandidat, II.] 8°. (148 S.) K 1.80
Wien: Kuppitsch 1907.

— Die Staatsgrundgesetze. — Strafgesetz üb. Verbrechen, Vergehen u. Übertretungen. s. a. Gesetze, österreichische.

(F) Hartl, K., Die Staatsgrundgesetze und die in diesen angeführten und mit ihnen im Zusammenhange stehenden Gesetze. [Österr. Gesetze. 1. Bd.] 8°. (VI, 400 S.) K 2.70, geb. K 3.30
Wien: Schöpperl 1910.

(F) Hartl, K., Strafgesetz über Verbrechen, Vergehen und Übertretungen vom 27. Mai 1852. [Österr. Gesetze. 2. Bd.] 8°. (IV, 291 S.) K 2.—, geb. K 2.60
Innsbruck: Rauch 1910.

Hartl, Kaspar: Die wirtschaftliche und soziale Entwicklung des Kreises Recklinghausen im 19. Jahrhundert. München 1909. 8°
Münster, Rechts- u. staatswiss. Diss. v. (1909).

Hartl, Katharina —. Grundanleitung zum Maßnehmen, Schnittezeichnen und zum Verfertigen aller Arten von Damenkleidern, nach der neuen französ. Centimeter-Methode. 8. (20 S.) Wien. Mechitharisten-Buchdruckerei. 1854.

Hartl, M.: Allgemeine Karte des Kaisertums Österreich, s. Streit, F. W. von

Hartl, Mathias, Arithmetische Spielereien. (Sonderabdruck aus der pädagogischen Wochenschrift „Die Volksschule". Jahrgang XXX. 1890.) Gr.-8. (16 S.) —.30
Wien: Sallmayer 1891.

Hartl, R., s. Hartl, Karl

Hartl, Vinc., Eintausend Rechnungsaufgaben mit beigesetztem Facit, wovon die Hälfte Proben sind. Zur Uebung für Landkinder, welche aus der Schule treten, die vier Rechnungsarten in einfachen u. vermischten Zahlen, die einfach gerade u. verkehrte Dreisatz- u. Gesellschaftsregel zu rechnen verstehen rc. Nebst einem Anhange. 8. Grätz 816. Kienreich. 1/2 ℛ︀

Hartl, Wenzel, Geschichte d. Wiener Universität, s. a. Aschbach, Jos. Ritter v.

Hartl, Wenzel, und Dr. Carl Schrauf, Nachträge zum dritten Bande von Josef Ritter von Aschbach's Geschichte der Wiener Universität und ihre Gelehrten 1520—1565. Herausgegeben von der k. k. Universität in Wien. I. Bd. 1. Hälfte. Gr.-8. (380 S.) 3.40
Wien: Hölder 1898.

Hartl-Mitius, Philomene, das Annerl vom Grundlhof. Oberbayer. Volksstück in 4 Akten. Musik v. Herrm. Müller. 4. (100 autogr. S.) München (898). Rubinverlag. n. 2. 50

— u. M. H. Greinz, der goldene Boden. Volksstück in 3 Akten. 16. (104 S.) Ebd. (898). n. 1. —

Hartl-Mitius, Bühnengeschichten. 8. (III, 224 S.) Dresden 901. E. Pierson. n. 2.—; geb. n. 3.—

(B) Hartl-Mitius, Bühnengeschichten. 901. (KVL 31.) Jetzt: Berlin, Verlag Berlin-Wien.

Hartl-Mitius, [Philomena]: Erinnerungsblätter aus Hans Neuert's 50jähr. Schauspielerleben, dem Jubilar nacherzählt von Frau —.
München 1907: Knorr & Hirth. 40 S. 8°

— d. schlaue Mahm. Volksstück in 4 Akten. 4. (165 autograph. S.) Ebd. (898). n. 2. 50

Hartl-Mitius, Odysseus im Salon. Roman. gr. 8. (339 S. m. 6 Portr.) Stuttgart 890. Deutsche Verlags-Anstalt. n. 5. —; geb. n.n. 6. 50

Hartl-Mitius, Odysseus im Salon. Roman. Mit 6 Portr. (Neue Titel-Ausg.) 8. (339 S.) Stuttgart 894. Deutsche Verlags-Anstalt. n. 1. 50; geb. n. 1. 75

— der Protzenbauer. Gebirgsposse m. Gesang u. Tanz in 4 Aufz. Musik v. Herrm. Müller. 3. Aufl. gr. 8. (68 S.) Ebd. 889. n. 1. —

- durchs Standesamt, s.: Bibliothek, humorist.

[F.] Ph[ilomena] Hartl-Mitius. Sumpfherzblättchen. E. kleiner Roman. *Berlin: Schuster & Loeffler 1897.* (119 S.) 1 Bd 8. [97. 3556

— Theatertypen. 3 Bde. 8. Leipzig 887. Reinboth. à n. 2. —; cplt. in 1 Bd.: n. 5. —; geb. n. 6. —
1. Am Hoftheater. Mit dem Bilde u. Facs. der Verf. (146 S.)
2. Am Stadttheater. (145 S.)
3. Bei fahrenden Komödianten. (178 S.)

— am Wetterstein. Volksstück in 4 Aufzgn. Musik v. Jos. Krägel. gr. 8. (66 S.) München 888. Rubinverlag. n. 1. —

— am Wetterstein. Volksstück in 4 Aufzügen. Musik v. Jos. Krägel. (Neudr.) 16. (89 S.) München 899. Rubinverlag. n. 1. 50

[F.] Civil-Ehe. Volksstück m. Gesang in 4 Akten v. [Philomena] Hartl-Mitius. *München: Rubinverl. [1898].* (100 S.) 1 Bd 8. (Brakl's Rubinverlag.) [98. 11034

Härtl, J. C., Gemälde des häuslichen Lebens und Grundzüge des Charakters der Franzosen in den französ. Feldzügen 814. 15. 8. Erlangen, Heyder. 817.

— Dass., s. a. Hartl

Härtl, Ign., die Entwicklung d. Feuerlöschwesens in der Landeshauptstadt Salzburg während der letzten 25 Jahre, von 1858 bis 1883. gr. 8. (44 S.) Salzburg 883. (Kerber.) n. — 60

Härtl, Joseph, prakt. Arzt, Berlin: Ueber die Wirkung von Wasser und anisotonischen Kochsalzlösungen auf die Grundfunctionen der quergestreiften Muskelsubstanz und der motorischen Nerven. *Leipzig: Veit & Co. 1903.* (33 S.) 8° ¶(Aus: Archiv f. Anat. u. Physiol., 1904. Physiol. Abt.)
Berlin, Med. Diss. v. 22. Dez. 1903

HAERTL, Lorenz (Neuburg): De quassia in specie et aliis remediis amaris in genere.- Landishuti: Thomann 1826. 16 S.
19.8.1826 - Pe 424; F 58
Diss. Ingolst.-Landsh.-Mchn.

Härtl, M., Priester u. Volk. Eine Primiz-Rede. gr. 8. (1 B.) Landshut 834, Thomann.

Härtl, Mich., Geschichte der Stadt Landau a. d. Isar. Nach den besten Quellen bearb. Mit 1 Ansicht von Landau (in Stahlst.). Landshut 863. Thomann. 8. (VIII, 168 S. u. 3 lith. Taf.) n. 16 *ngr.*

Haertl, Paul, bitterböse Buben-Streiche aus dem Instituts-Bereiche. Mit (farb.) Zeichngn. v. Hans Schwegerle. (77 Bl.) gr. 8. München (905). F. Bassermann. Geb. n. 4. —

Haertl, Paul. Bakteriologische Untersuchungen über Staub aus Eisenbahnwagen, insbesondere: Die biologischen Eigenschaften der in ihm nachgewiesenen Microorganismen. Diss. Phil. Bern. *Kopftitel:* Aus dem Institut zur Erforschung der Infektionskrankheiten. Universität Bern. Direktor: Prof. Dr. [Wilhelm] Kolle. II + 48 S. 8. Rosenheim, M. Niedermayr, 1907.

Abschiedsgruss für die Streiter in China von Fh W. v. Ostini, Oberlt. comp. von A. Hartlaub. *Zweibrücken: F. Lehmann [1900].* (5 S.) 4° [illegible] 8

Hartlaub, Carl, s. Hartlaub, Karl

Hartlaub, Clemens, s. Hartlaub, Klemens

Hartlaub, G., Aconitum Stoerkianum Rchb., sein Vorkommen und seine Natur; nebst Bemerkungen über andere deutsche Aconite, und über das Genus Aconitum überhaupt, mit besond. Berücksicht. der Aconite des Riesengebirges, des Harzes etc. gr. 8. (64 S.) Prag 885. (Halle, Petersen.) * 1 —
Aus: Lotos, besonders abgedruckt.

– Dass., s.a. Hartlaub, H.

Hartlaub, G., Beitrag zur Fauna Centralpolynesiens, s. Finsch, O.

Hartlaub, Beitrag zur Ornithologie der östlich-äquatorialen Gebiete Afrikas, s. Abhandlungen, hrsg. vom naturwissenschaftl. Verein zu Bremen.

Hartlaub, G., Beitrag zur Ornithologie Westafrica's, siehe: Abhandlungen aus d. Gebiete der Naturwissenschaften. 2. Bd. 2. Abthl.

Hartlaub, G., ornithologischer Beitrag zur Fauna Madagascar's. Mit Berücksichtigung der Insel Mayotta, Nossi-Bé u. St. Marie, sowie der Mascarenen u. Seychellen. Mit zahlreichen Berichtigungen u. Zusätzen aus Cabanis Journal für Ornithologie abgedr. Bremen 861. Schünemann's Verlag. gr. 8. (XII, 87 S.) 18 *ngr.*

Hartlaub, G., System der Ornithologie Westafrica's. Bremen 857. Schünemann. gr. 8. (LXVIII, 280 S. u. 1 Tab. in Fol.) 2 ₰

— über die Vertheilung der organischen Substanz, des Wassers u. Luftraumes in den Bäumen, u. über die Ursache der Wasserbewegung in transpirirenden Pflanzen, } s.: Untersuchungen aus dem forstbotanischen Institut zu München.

— siehe: Verzeichniss, systemat., der naturhist. Sammlung der Gesellschaft Museum.

Hartlaub, G., Vögel, s.: Anleitung zu wissenschaftl. Beobachtungen auf Reisen.

Hartlaub, G., die Vögel Madagascars u. der benachbarten Inselgruppen. Ein Beitrag zur Zoologie der äthiop. Region. Mit einer kürzlich entdeckten Orig.-Abbildung der Dronte v. R. Savry (Holzschntaf.). gr. 8. (XLII, 425 S.) Halle 877. Schmidt. n. 12. —; geb. n. 13. 50

Hartlaub, G., die Vögel Ost-Afrika's, s. Decken's, C. C. v. der, Reisen.

— die Zersetzungserscheinungen des Holzes der Nadelholzbäume u. der Eiche in forstlicher, botanischer u. chemischer Richtung. Mit 21 lith. Taf. in Farbendr. gr. 4. (VI, 151 S.) Ebend. 878. geb. n. 36. —

Hartlaub, G. F., Balladen u. Lieder. (45 S.) 8. München-Schwabing 905. E. W. Bonsels & Co. n. 2. —

Hartlaub, G(ustav) F(riedrich): Siena im Quattrocento und seine kunsthistorische Bedeutung. Kap. 1. Göttingen 1910: Heitz. Strassburg. 33 S. 8° ¶(Ersch. vollst. u. d. T.: Matteo da Siena u. s. Zeit. als: Zur Kunstgeschichte d. Auslandes. H. 78.)
Göttingen, Phil. Diss. v. 28. März 1910, Ref. Vischer
[Geb. 12. März 84 Bremen; Wohnort: Bremen; Staatsangeh.: Bremen; Vorbildung: Gymn. Bremen Reife M. 04; Studium: Freiburg i. B. 2, Berlin 3, München 1, Wien 1, Göttingen 2 S.; Rig. 9. Febr. 10.] [U 10. 1418

Hartlaub, G. F., Matteo da Siena u. seine Zeit. s.a. Zur Kunstgeschichte des Auslandes. 78. Heft.

Matteo da Siena und seine Zeit. Von G. F. Hartlaub. Mit 15 Lichtdrucktaf. Strassburg: Heitz 1910. 143 S. 4°(8°)
(Zur Kunstgeschichte d. Auslandes. H. 78.) [illegible]

Hartlaub, H., Aconitum Stoerkianum Rchb., sein Vorkommen u. seine Natur; nebst Bemerkgn. üb. andere deutsche Aconite, u. üb. das Genus Aconitum überhaupt, m. besond. Berücksicht. der Aconite d. Riesengebirges, d. Harzes etc. [Aus: „Lotos".] gr. 8. (64 S.) Prag 885. (Halle, Peterson.) n. 1. —

– Dass., s.a. Hartlaub, G.

Hartlaub H., Kritik d. sogen. Pharmacopoea homöopatica polyglottica 1873. —.30

Hartlaub, H., Kritik der sogenannten Pharmacopoea homoeopathica polyglottica; od. die neue Pharmacopoe im Widerspruch m. der homöopath. Pharmacie, sowie m. der Homöopathie überhaupt u. m. sich selbst. gr. 8. (VIII, 37 S.) Jena 874. Fr. Frommann. n. — 50

Hartlaub, Karl

Hartlaub, Carl, Rechtsanw.: Der Solutionsgedanke bei der Kompensation. *Bremen 1902: H. M. Hauschild.* (109 S.) 8°
Freiburg i. B., Rechts- u. staatswiss. Diss. v. 1902

Hartlaub, Carl Geo. Chrstn., kurzer Abriß d. homöopath. Heilmethode z. Belehr. f. Laien. gr. 8. (4¼ B.) Leipzig 829, Focke.

—— Annalen d. homöopath. Klinik, s. Annalen.

—— und Carl Friedr. Trinks, reine Arzneimittellehre. 1—3. Bd. gr. 8. Leipzig, Brockhaus. [1. u. 2. (à 23½ B.) 828, 29., 3. (25 B.) 831. à 2 Thlr.]

Hartlaub, Karl Georg Christian: Systematische Darstellung der antipsorischen Arzneimittel in ihren reinen Wirkungen. Hrsg.v. Karl Georg Christian Hartlaub u.Karl Friedrich Trinks. Abt. 1-2. gbd.

Dresden, Leipzig: Arnold 1829
(Hartlaub, K.G.Ch,: Syst.Darstellung d.reinen Arzneiwirkungen. T. 7-8.)

JB 2.600/7-8

Hartlaub, (C. G. Ch.) systemat. Darstell. d. reinen Arzneiwirkungen z. prakt. Gebrauch f homöopat. Aerzte. 6 Thle. gr. 8. Leipz. 825—27, Baumgärtner.

Hartlaub, Karl Georg Christian: Systematische Darstellung der reinen Arzneiwirkungen zum practischen Gebrauch für homöopathische Aerzte. T. 1-8, gbd.

Leipzig, Dresden: 1826-29
T. 7-8: Hartlaub, K.G.Ch.u.K.F. Trinks: Syst. Darstellung d.antipsorischen Arzneimittel.Abt.1-2.1829.

JB 2.600

—— systemat. Darstellung d. reinen Arzneiwirkungen z. prakt. Gebr. f. homöopath. Aerzte. 7—9. (letzt.) Thl. A. u. d. T.: Systemat. Darstell. d. antipsor. Arzneimittel in ihren reinen Wirkungen, hrsg. v. Hartlaub u. C. Fr. Trinks. 3 Abthln. mit Register. gr. 8. (39⅓ B.) Dresden 829, 30, Arnold.
„C. G. Chrstn. Hartlaub, systemat. Darstellung d. reinen Arzneiwirkungen" rc. 1—6. Thl. gr. 8. Leipzig, Baumgärtner. 1825—27, ebdas. Pr. 12 Thlr.

—— die Erziehung d. Kinder. Ein Wort an Eltern u. Lehrer. 8. (3½ B.) Leipzig 829, [Volckmar.]
Vgl. dess. „homöopath. Kinderarzt."

– s.a. Grundzüge der neuen naturgemäßen Heillehre ...

Hartlaub, Dr., Grundzüge der neuen naturgemäßen Heillehre, gewöhnlich Homöopathie genannt, und deren Vorzüge und genaue Unterscheidungszeichen von der ältern Art, die Krankheiten zu behandeln, gewöhnlich Allöopathie genannt. Nebst einem allgemeinen Begriffe von Krankheiten und Heilung überhaupt, und dem Verhalten, welches jeder in Speise und Trank u. s. w. zu beobachten hat, so bald er sich nach dieser neuen Heilart behandeln läßt. Am Schlusse folgen mehrere Vorschriften für das ganze Leben, zur Erhaltung und Befestigung der Gesundheit überhaupt. gr. 8. 1834. geh. 2 gr.

(——) Grundzüge d. neuen naturgemäßen Heillehre, gewöhnl. Homöopathie genannt, u. deren Vorzüge u. genaue Unterscheidungszeichen v. d. älteren Art, d. Krankheiten zu behandeln, gewöhnl. Allopathie gen. Nebst e. allgem. Begriffe v. Krankheit u. Heilung überh., u. d. Verhalten, welches Jeder in Speise u. Trank rc. zu beobachten hat, sobald er sich nach dies. neuen Heilart behandeln läßt. Nebst Vorschriften f. d. ganze Leben. gr. 8. (1½ B.) Leipzig 834, Schumann.

– s. Katechismus der Chemie.

Karl Georg Christian Hartlaub

Katechismus der Homöopathie oder kurze und faßliche Darstellung der Grundsätze des homöopathischen Heilverfahrens... Von Carl Georg Christian Hartlaub. Leipzig: Baumgärtner 1826. XII,155 S. 8°

Hartlaub, Karl Georg Christian: Katechismus der Homöopathie oder kurze und faßliche Darstellung der Grundsätze des homöopathischen Verfahrens für Aerzte und Nichtärzte. 2.verm. und verbess.Aufl. 186 S., gbd.

Leipzig: Baumgärtner 1825

JB 2.599

—— Katechismus d. Homöopathie, od. kurze u. faßl. Darstellung d. Grundsätze d. homöopath. Heilverfahrens, f. Aerzte u. Nichtärzte. 3., verm. u. verb. Aufl. (9 B.) 829., 4., verm. u. verb. A. (9½ B.) gr. 8. Leipzig 834, Baumgärtner. à

—— der homöopath. Kinderarzt. Zum Hausbedarf f. Aeltern, Lehrer u. Erzieher. 2. Ausg. 8. (3½ B.) Leipzig 834, Volckmar.
Hat wörtl. Inhalt mit dess. „die Erziehung d. Kinder." Nur die Titl. sind verschieden.

—— Kunst d. Gesundheit zu erhalten u. d. Leben zu verlängern. Eine Würdigung d. vorzügl. Lebensverhältn. d. Menschen in diätet. Hinsicht, u. mit besond. Berücksichtigung d. Entdeckungen d. Homöopathie. 8. (19 B.) Leipzig 830, [Volckmar.]

—— (dass. u. d. neuen T.:) Kunst d. Gesundheit zu erhalten u. e. hoh. Alter zu erreichen. Ein Hand- u. Hülfsb. f. Gebildete im Volke. Nach d. Grundsätzen u. neuesten Erfahrn. in d. homöopath. Heilkunst prakt. dargest. 2. Ausg. 8. (19 B.) Leipzig 833, Volckmar. Thlr.

Hartlaub, Carl Georg Christian (Lichtenstein), Nonnulla de venaesectionis in organismum universum vi et in curanda nominatim inflammatione usu. Diss. med. Präs. Ernst Heinrich Weber. Lpz. (Hirschfeld) 12. IX. 1823. 29 S. (6.—) 13223

— Diss. inaug. de venaesectionis in organismum universum vi, et in curanda nominatim inflammatione usu. 8 maj. Leipz. 824. Voss. 6 gr.

Hartlaub, Carl Geo. Chrstn., Tabellen f. d. pract. Medicin nach homoeopath. Grundsaetzen. gr. Fol. (42 B.) Leipzig 829, Leo.

– s. Taschenencyklopädie.

— **Hermann** (Stollberg/Saxo), Num quis medicorum potest esse simul deditus homoeopathiae et allopathiae, salva conscientia? Dissert. med. Lpz. (Rueckmann/G. E. Portius) 15. II. 1833. 31 S. (6.—) 13224

Hartlaub, Klemens

Hartlaub, Clem., Beitrag zur Kenntniss der Comatulidenfauna d. Indischen Archipels. [Aus: „Nova acta d. ksl. Leop.-Carol. deut. Akad. d. Naturforscher".] gr. 4. (120 S. m. 5 lith. Taf.) Halle a/S. 891. (Leipzig, W. Engelmann.) n. 9. —

Die Comatuliden. Von C[lemens] Hartlaub. With 4 pl. Cambridge Mass., U. S. A.: Museum 1895. (S. 130–152.) 8°
= Reports on the dredging operations off the west coast of Central America to the Galapagos ... by the ... 'Albatross' ... 18.
= Bulletin of the Museum of Comparat. Zoölogy at Harvard Coll. Vol. 27 No 4.

Hartlaub, Clem., Revision der Sertularella-Arten. gr. 4. (143 S. m. 56 Fig. u. 6 Taf.) Hamburg 900. L. Friederichsen & Co. n. 8. —
Sonderabdruck aus: „Abhandlgn. a. d. Geb. d. Naturwiss."

— **Philipp Ehrhard** (Schweinfurt), Descriptionem constitutionis epidemicae sub fine praeteriti anni Jenae grassatae et in clinico ducali medico observatae. Diss. med. Präs. Christian Gottfried Gruner. Jena (Stranckmann) 5. IV. 1792. 24 S. u. Witterungstabelle v. J. 1791. (5.—) 13225
Widm. v.: Präs., Johann Paul Engelhart.

Hartle, Ludwig [prakt. Arzt aus Prien]: Radikale Heilung der habituellen Schulterluxationen .... München, k. Hof- u. Univ.-Buchdr. v. Dr. C. Wolf & Sohn, 1888; 11 S. + 1 Bl. 8°
München, Med. Fak., Inaug.-Diss. v 1888

Hartle, Ludwig, radikale Heilung der habituellen Schulterluxationen. Diss. München 1888, A. Buchholz. 8°. 11 S.

Hartleb, J. Fr., kurze Anleit. zur Erlernung d. Rechenkunst Ein Versuch, die Methode d. Rechnens zu vereinfachen u. zu verkürzen. 8. Ilmenau 821. 2e Aufl. 826. Voigt. 12 gr

Hartleb, J. F., zur Erlernung der Rechenkunst. Ein Versuch, die Methode des Rechnens zu vereinfachen und zu verkürzen. Sondershausen, Voigt. 821.

Hartleb, Johann Heinrich (Utleb. Elric.), De nullitate processus sanabili et insanabili. Diss. jur. Präs. Wilh. Hieron. Bruckner. Jena (Müller) März 1711. 40 S. (5.50) 13226

Hartleb, Karl, Knabe od. Mädchen? Gibt es noch Rätsel in der Frage zur Vorausbestimmg. des Geschlechts? Eine vollständ. Aufklärg. f. Verlobte u. Eheleute nach d. Prinzipien der Natur. (56 S.) 8. Kiel (Kattenstr. 6) (907). Selbstverlag. 3.—; erm. Pr. 2.—

Hartleb, Phpp., die Forderungen d. Gegenwart an d. Geschichtsunterricht d. Volksschule, s.a. Abhandlungen, pädagog. 4. Bd. 1. Hft.

Hartleb, Philipp: Die Forderungen der Gegenwart an den Geschichtsunterricht der Volksschule. Von –, Lehrer in Mainz. Bielefeld: A. Helmich [1898]. (31 S.) 8°
— Abhandlungen, Pädagogische. N. F. Bd 4, H. 1.

Hartleb, Phpp., Geschichte d. Großherzogt. Hessen, s.a. Weigand, H., u. A. Tecklenburg, deutsche Geschichte.

Hartleb, Philipp: Deutsche Geschichte ... bearb. v. H. Weigand u. A. Tecklenburg. Ergänzungsheft für das Grossherzogtum Hessen bearb. v. –.
Hannover: C. Meyer 1897. (44 S.) 1 Bd 8°
= Weigand, Heinrich, u. Tecklenburg, A.: Deutsche Geschichte. Ergänzungsheft (No 5).

— Geschichte v. Mainz u. Umgegend. Zugleich heimatgeschichtl. Ergänzungsheft z. deutschen Geschichte v. H. Weigand u. A. Tecklenburg, sow. z. Geschichte d. Großherzogt. Hessen v. Phpp. Hartleb. gr. 8. (92 S.) Hannover 898. C. Meyer. n. — 60

Hartleb, Richard [aus Gratzungen]: Versuche über Ernährung grüner Pflanzen mit Methylalkohol, Weinsäure, Aepfelsäure und Citronensäure ... München, Druck v. A. Huber, 1895; 1 Bl., 24 S. 4.
Erlangen, Phil. Fak., Inaug.-Diss. v. 30. Jan. 1895

Hartleben. – Collection Hartleben, s. Collection Hartleben.

Hartleben's, A., mechanisch-technische Bibliothek 14. Bd. gr. 8. Wien, A. Hartleben. n. 4.—; geb. n. 5.—
Die Technologie der Büchsenmacherkunst, umfassend die Rohstoffe, Werkzeuge, Vorrichtgn., Maschinen u. Arbeitsweisen. Von Rupert Schützelhofer. Mit 115 Abbildgn. (VIII, 165 S.) (906.)
Die früheren Bände erschienen ohne Sammeltitel.

Hartleben's, A., mechanisch-technische Bibliothek. 3. 5. 15.—18. Bd. gr. 8. Wien, A. Hartleben. 26.60; geb. 33.—
Dornig, Herm., die Praxis der mechanischen Weberei. Ein Hilfs- u. Lehrbuch f. Meister u. Schüler. Verständlich u. leicht fasslich dargestellt. Mit 24 Abbildgn., 6 Taf. u. e. General-Tabelle. 2. Aufl. (VIII, 120 S.) (907.) (Bd. 3.) 3.—; geb. 4.—
Hoch, Jul., Feuerschutztüren. Ein Handbuch f. Architekten, Ingenieure, Baumeister u. Baugewerksmeister, sowie f. die Beamten der Baupolizeibehörden, der Berufsfeuerwehr u. der Feuerversicherungsgesellschaften. Mit 111 Abbildgn. (VII, 120 S.) 908. (Bd. 15.) 4.—; geb. 5.—
Hofmann, Max, Handbuch der praktischen Werkstatt. Mechanik, Metall- u. Holzdreherei. Die Werkzeuge, Arbeitsmethoden, Materialien zur Herstellg. physikalisch-mechan., elektr. u. opt. Apparate. 2. Aufl. (XVI, 176 S. m. 140 Abbildgn.) (910.) (Bd. 5.) 3.60; geb. n 4.50
Nicolas, E., die Eisenbetonpraxis. Ein Leitfaden f. Techniker u. Architekten. (VI, 317 S. m. 301 Abbildgn.) 911. (Bd. 18.) 8.—; geb. n 9.50
Stephen, Geo. A., die moderne Grossbuchbinderei. Eine Beschreibg. der Herstellg. v. Bucheinbänden u. der dabei verwendeten Maschinen. Übers. u. f. österreich. u. deutsche Verhältnisse bearb. v. Herm. Scheibe. (VII, 195 S. m. 138 Abb.) 910. (Bd. 17.) 5.—; geb. 6.—
Weitzel, C. G., Pädagogik f. technische Lehranstalten. (VII, 124 S.) 908. (Bd. 16.) 3.—; geb. 4.—

Hartleben, A., s.a. Blitz-Fahrpläne, Hartleben's Wiener.

Hartleben's, A., Wiener Blitz-Fahrpläne. Mai 1899. 1 Blatt. 100×20,5 cm. Wien, A. Hartleben. n. —20

Hartleben's, A., Eisenbahnkarte der österr.-ungar. Monarchie. Maßstab: 1 : 1,800.000. Zusammengestellt und gezeichnet von Alois Rensz. Dritte Auflage. 6facher Farbendruck. In elegantem Carton. Gefalzt —.80
Wien: Hartleben 1895.

Hartleben's, A., Illustr. Führer durch die internat. elektrische Ausstellung in Wien 1883 nebst einem illustr. Führer durch die Elektrotechnik. Mit 64 Abbild. und einem Plan d. Ausstellung. 8. (95 S.) Wien, A. Hartleben. 30 kr. (Auch in 2. u. 3. Aufl.) 4633.

— **illustrierter Führer.** Nr. 2, 12, 34, 55 u. 56. Handbuch f. Touristen u. Geschäfts-Reisende. 12. Ebd. Geb. n. 19.10
2. Illustr. Führer durch Wien u. Umgebungen. Von Mor. Bormann. Mit 123 Illustr., 1 Plan v. Wien, 1 Karte der Umgebgn. v. Wien, 1 Karte der Donaufahrt von Passau bis Pressburg, 1 Karte des Semmerings u. 2 Plänen im Text. 7., verm. u. neu bearb. Aufl. (VIII, 266 S.) 901. n. 3.60
12. Führer, illustrirter, durch Dalmatien (Abbazia-Lussinpiccolo) längs der Küste v. Albanien bis Korfu u. nach den Ionischen Inseln. Mit 8 Separatbildern, 62 Abbildgn. im Texte u. 11 farb. Karten u. Plänen. 5., gänzlich umgearb. u. verm. Aufl. (XVI, 170 S.) 902. n. 3.60
34. Kleiner illustr. Führer durch Wien u. Umgebungen. Von Jul. Meurer. Mit 44 Illustr., 1 Plan v. Wien, 2 Planskizzen u. 1 Kärtchen des Semmering. 6. Aufl. (VIII, 108 S.) 902. n. 2.70
55. Illustr. Führer durch ganz Tirol u. Vorarlberg nebst angrenz. alpinen Gebietstheilen. Von Jul. Meurer. Mit 50 Illustr., 3 Karten u. 1 grossen Übersichtskarte des ganzen Gebietes. (XIV, 485 S.) 902. n. 7.20
56. Illustr. Führer durch Bosnien u. die Hercegovina. Von C. A. Neufeld. Mit 81 Abbildungen u. 1 Karte. (VIII, 92 S.) 903. n. 2.—

— illustrierte Führer. Nr. 10, 12, 15, 31 u. 56—58. 12. Ebd. Geb. in Leinw. n. 31. 40

10. Illustr. Führer durch Triest u. Umgebungen. Nebst Ausflügen nach Aquileja, Görz, Pola, Fiume, Abbazia u. Venedig, durch Istrien, im Quarnero, auf der Pontebbabahn, nach dem Wörther-See, Klagenfurt u. Ober-Krain. Mit 81 Abbildgn. u. 9 Karten. 6., gänzlich umgearb. u. erweit. Aufl. (VIII, 199 S.) 904. n. 3. 60

12. Illustr. Führer durch Dalmatien (Abbazia-Lussin), längs der Küste von Albanien bis Korfu u. nach den Ionischen Inseln. Mit 8 Separatbildern, 88 Abbildgn. im Texte u. 14 farb. Karten u. Plänen. 7., gänzlich umgearb. u. verm. Aufl. (VIII, 233 S.) 907. n. 3. 60

15. Illustr. Führer durch Salzburg u. das Salzkammergut. Mit besond. Berücksicht. der Umgebgn. v. Salzburg, Ischl, der Salzkammergutseen, des Gebietes der Hohen Tauern u. der Nachbargebiete v. Aussee, Schladming u. Berchtesgaden. Von Jos. Rabl. Mit 78 Illustr., 3 Panoramen u. 7 Karten. 4., verm. Aufl. (VIII, 299 S.) 904. n. 5. 40

31. Illustrierter Führer an den italienischen Alpenseen u. an der Riviera (Cannes—Genua—Livorno) sowie auf den Zugangsrouten m. den Standquartieren Mailand u. Genua. 2., gänzlich umgearb. u. bedeutend verm. Aufl. Mit 82 Abbildgn. u. 7 Karten. (VIII, 264 S.) 904. n. 5. 40

56. Illustr. Führer durch Bosnien u. die Hercegovina. Von C. A. Neufeld. Ergänzt v. Jul. Pojman. Mit 4- Abbildgn. u. 1 Karte. 2., vollkommen neu bearb. Aufl. (VIII, 113 S.) 907. n. 3

57. Illustr. Führer auf der Tauernbahn u. ihren Zugangslinien. Ein Führer auf den neuen Alpenbahnen Schwarzach-St. Veit-Spittal a. d. Drau (Tauernbahn), Klaus-Selztal (Pyhrnbahn), Klagenfurt-Assling u. Villach-Rosenbach (Karawankenbahnen), Assling-Podbrdo-Görz (Wocheinerbahn) u. Görz-Triest (Karstbahn). Bearb. m. Benützg. v. amtl. Daten der k. k. Eisenbahnbaudirektion. Von Jos. Rabl. Mit 46 Illustr. u. 6 Karten. (XIV, 280 S.) 906. n. 5. 40

58. Illustr. Führer an der nördlichen Adria u. ihren Zugangslinien v. München u. v. Wien, nebst e. Anh. m. kurzgefasstem Führer f. die dalmatin. Städte, die Inseln des Quarnero, den Gardasee u. Mailand. Von Jos. Rabl. Mit 34 Illustr. u. 4 Karten. (VI, 256 S.) 907. n. 5. –

— Illustrierter Führer Nr. 2. 12. 19. 34. 56. 59—63. kl. 8. Ebd. Geb. 45. 05

Alpenbahnen. Illustrierter Führer auf den Alpenbahnen in Nordtirol, Salzburg u. Oberösterreich, in Niederösterreich u. Obersteiermark sowie im bayer. Hochlande. Von Jos. Rabl. Mit e. Anh.: „Von Linz in den Böhmerwald". Mit 51 Illustr. u. 19 Karten. (VIII, 327 S.) 907. (Nr. 59.) Geb. 8. —

Bahnen, neue, in Südtirol. Illustrierter Führer auf den neuen Bahnen in Südtirol (Vintschgaubahn, Rittner Bahn, Mendel-Dermulo u. Trient-Malè) sowie auf den Linien Bozen-Ala u. Bozen-Mendel, Mori-Arco-Riva u. auf dem Gardasee. Von Jos. Rabl. Mit Beschreibg. der Zugangslinien v. München, Salzburg u. Villach. (VIII, 338 S. m. 40 Abbildgn. u. 6 [2 farb.] Karten.) 910. (Nr. 62.) Geb. 6. —

Bosnien. Illustrierter Führer durch Bosnien u. die Herzegowina. Von Jul. Pojman u. C. A. Neufeld. Mit 48 Illustr., 2 Plänen, 1 Übersichts- u. 1 Längenprofilkarte. 3., vollkommen neu bearb. Aufl. (XVI, 101 S.) 910. (Nr. 56.) Geb. 3. 60

Dalmatien. Illustrierter Führer durch Dalmatien (nebst Abbazia u. Lussin) an der österreich. Riviera längst der Küste von Albanien bis Korfu u. nach den Jonischen Inseln. 9., gänzlich umgearb. u. verm. Aufl. (XVI, 235 S. m. 100 Abbildgn., 9 Taf., 2 Text-Kärtchen u. 23 farb. Karten u. Plänen.) 910. (Nr. 12.) Geb. in Leinw. 4. 50

Dolomitenstrasse. Illustrierter Führer an der neuen Dolomitenstrasse u. durch die gesamten Dolomiten. Von Jos. Rabl. Mit 40 Illustr. u. 10 Karten. (VII, 332 S.) 909. (Nr. 61.) Geb. 6. —

Kärnten. Illustrierter Führer durch Kärnten m. besond. Berücksicht. der Städte Klagenfurt u. Villach sowie der kärntner. Seen u. ihrer Umgebungen. Von Jos. Rabl. Mit 33 Illustr., 2 Panoramen u. 5 Karten. 3. verb. u. bedeutend verm. Aufl. (VIII, 277 S.) 909. (Nr. 19.) Geb. 4. 50

Seebäder, die, der nordwestlichen Adria u. die Schwefeltherme v. Monfalcone. Ein Wegweiser f. Kurgäste u. Ferienreisende. Mit 1 farb. Übersichtskarte u. 43 Abb. im Texte. (VIII, 92 S.) 907. (Nr. 60.) Geb. 2. 25

Tauernbahn. Kleiner illustrierter Führer auf der Tauernbahn u. ihren Zugangslinien. Von Jos. Rabl. (VIII, 152 S. m. 21 Abb. u. 2 Karten.) 911. (Nr. 63.) Geb. 3. —

Wien. Illustrierter Führer durch Wien u. Umgebungen. Handbuch f. Touristen u. Geschäftsreisende. Von Mor. Bermann. Mit 86 Illustr., 1 Plan v. Wien, 1 Karte der Umgebgn. v. Wien, 1 Karte der Donaufahrt von Passau bis Pressburg, 1 Karte des Semmerings u. 2 Plänen im Text. 8., verm. u. neu bearb. Aufl. (VIII, 224 S.) 908. (Nr. 2.) Geb. 4. 50

— Kleiner illustrierter Führer durch Wien u. Umgebgn. Von Jul. Meurer. Mit 45 Illustr., 1 Plan v. Wien, 2 Planskizzen u. 1 Kärtchen des Semmerings. 7. Aufl. (VIII, 109 S.) 907. (Nr. 34.) Geb. 2. 70

Hartleben's, A., Gerichts-Bibliothek. Red. v. A. v. Horsetzky unter Mitwirkung hervorrag. Fachschriftsteller. 1. Jahrg. 24 Hfte. gr. 8. (1. Hft. 48 S.) Wien 888. Hartleben. à Hft. n. — 50

Hartleben's Kleiner Handatlas über alle Theile der Erde. 60 Kartenseiten. Mit erklärendem Texte von Prof. Dr. Friedrich Umlauft. Folio. in elegantem Halbfranzbande 5.—

Wien: Hartleben 1892.

Hartleben's Handlexikon d. ges. kaufm. Wissens. Herausg. v. Prof. Dr. M. Haushofer, Prof. Dr. Feichtinger u. Dr. J. Landgraf u. A. 2 Bde. gr. 8. (I. Bd. 622 S., II. Bd. 702 S.) geh. 7 fl. 20 kr., eleg. geb. (Mit Carton) 9 fl.

Wien: Hartleben 1881.

— Karte des Kriegsschauplatzes 1898. s. Karte von Cuba.

Hartleben's, A., Grosser Plan von Wien mit Angabe der neuen Bezirkseintheilung. 7. Aufl. 1895. Mit Strassenverzeichniss. In Leinwand-Carton 10

Wien: Hartleben 1895.

— — Neuester und vollständigster Plan von Wien, mit Angabe der neuen Bezirkseintheilung. Mit Verzeichniss sämmtlicher Strassen, Gassen und Plätze, sowie aller Sehenswürdigkeiten. Nach den neuesten Aufnahmen zusammengestellt. Nebst einer Ansicht von Wien in der Vogelperspective. 13. Auflage. 8. In steifem Carton —.25

Wien: Hartleben 1895.

Hartleben's, A., Neuester Plan von Wien mit der neuen Bezirks-Eintheilung. Maßstab: 1 : 14.500. Zweite Auflage. Mit Verzeichniss aller Gassen, Strassen und Plätze der 19 Bezirke von Wien und einem Verzeichnisse der Sammlungen und Sehenswürdigkeiten. In Farbendruck-Umschlag. Gefalzt —.80

Wien: Hartleben 1895.

A. Hartleben's neuester Plan der Reichshaupt- und Residenzstadt Wien. 10. Auflage. Maßstab: 1 : 20.000. Mit neuer Bezirkseinteilung und früheren Gemeindegrenzen. Ausgabe 1901. [Wien. 1901.] Hartleben. 84 × 95 *cm* Gefalzt in Umschlag K 2.—

Hartlebens Historisch-romantischer Polyglotter-Führer durch die Städte Pest und Ofen zu ihren Sehens- und Merkwürdigkeiten und ihren nächsten Umgebungen. In vier Sprachen: ungarisch, deutsch, französisch und englisch. Mit einem neuen Plane und einem Anhange enthaltend: Gespräche und Wörter in vier Sprachen. Deutsch von Mehrern. Ungarisch von J. O—Y. Französisch und englisch von J. Beyse. Leipzig. Dr. von Giesecke und Devrient. Pest, Wien und Leipzig. Hartlebens Verlags-Expedition. (181, 129 S. 8. Mit einem kolorirten Plan von Pest-Ofen.) 1857.

Hartleben, A., Reise- und Eisenbahnkarte des Deutschen Reiches. 1 : 1350000. Wien. Hartleben. 1888. Imp.-Fol. Chromolith. (M. 3.)

Hartleben's statistische Tabelle üb. alle Staaten der Erde. Uebersichtliche Zusammenstellung v. Regierungsform, Staatsoberhaupt, Thronfolger, Flächeninhalt etc. Wien. Jährl.

Hartleben's, A., statistische Tabelle über alle Staaten der Erde. 2. Auflage. Placatformat. Gefalzt —.30
Wien: Hartleben 1893.

Hartleben's, A., statistische Tabelle üb. alle Staaten der Erde. Uebersichtliche Zusammenstellg. v. Regierungsform, Staatsoberhaupt, Thronfolger, Flächeninhalt, absoluter u. relativer Bevölkerg., Staatsfinanzen (Einnahmen, Ausgaben, Staatsschuld), Handelsflotte, Handel (Einfuhr u. Ausfuhr), Eisenbahnen, Telegraphen, Zahl der Postämter, Werth der Landesmünzen in deutschen Reichsmark, Gewichten, Längen- u. Flächenmassen, Hohlmassen, Armee, Kriegsflotte, Landesfarben u. Hauptstadt u. wichtigsten Orten m. Einwohnerzahl nach den neuesten Angaben f. jeden einzelnen Staat. II. Jahrg. 1894. 90×70,5 cm. Wien 894. A. Hartleben n. —.50

A. Hartleben's statistische Tabelle über alle Staaten der Erde. III. Jahrg. 1895. Uebersichtliche Zusammenstellung von Regierungsform, Staatsoberhaupt, Thronfolger, Flächeninhalt, absoluter und relativer Bevölkerung, Staatsfinanzen (Einnahmen, Ausgaben, Staatsschuld), Handelsflotte, Handel (Einfuhr und Ausfuhr), Eisenbahnen, Telegraphen, Zahl der Postämter, Werth der Landesmünzen in deutschen Reichsmark, Gewichten, Längen- und Flächenmaßen, Hohlmaßen, Armee, Kriegsflotte, Landesfarben, Hauptstadt und wichtigsten Orten mit Einwohnerzahl, nach den neuesten Angaben, für jeden einzelnen Staat. Ein grosses Tableau (70/100 *cm*). Gefalzt —.30

Hartleben's, A., Statistische Tabelle über alle Staaten der Erde. IV. Jahrg. 1896. Ein grosses Tableau (70/100 Cent.). Gefalzt —.30

Hartleben's, A., Statistische Tabelle über alle Staaten der Erde. V. Jahrgang. 1897. Uebersichtliche Zusammenstellung von Regierungsform, Staatsoberhaupt, Thronfolger, Flächeninhalt, absoluter und relativer Bevölkerung, Staatsfinanzen (Einnahmen, Ausgaben, Staatsschuld), Handelsflotte, Handel (Einfuhr und Ausfuhr). Eisenbahnen, Telegraphen. Zahl der Postämter. Werth der Landesmünzen in deutscher Reichsmark und österreichischen Kronen, Gewichten, Längen- und Flächenmaßen, Hohlmaßen, Armee, Kriegsflotte, Landesfarben, Hauptstadt und wichtigsten Orten mit Einwohnerzahl nach den neuesten Angaben für jeden einzelnen Staat. Ein grosses Tableau (70/100 *cm*). Gefalzt .30

Hartleben's, A., statistische Tabelle üb. alle Staaten d. Erde. Uebersichtl. Zusammenstellg. v. Regierungsform, Staatsoberhaupt, Thronfolger, Flächeninhalt, absoluter u. relativer Bevölkerg., Staatsfinanzen (Einnahmen, Ausgaben, Staatsschuld), Handelsflotte, Handel (Einfuhr u. Ausfuhr), Eisenbahnen, Telegraphen, Zahl d. Postämter, Werth d. Landesmünzen in deutschen Reichsmark u. österreich. Kronen, Gewichten, Längen- u. Fächenmassen, Hohlmassen, Armee, Kriegsflotte, Landesfarben, Hauptstadt u. wichtigsten Orten m. Einwohnerzahl n. d. neuesten Angaben f. jeden einzelnen Staat. VI. Jahrg. 1898. 90×70,5 cm. Wien, A. Hartleben. n. —.50

A. Hartleben's Statistische Tabelle über alle Staaten der Erde. VII. Jahrgang. 1899. Uebersichtliche Zusammenstellung von Regierungsform, Staatsoberhaupt, Thronfolger, Flächeninhalt, absoluter und relativer Bevölkerung. Staatsfinanzen (Einnahmen, Ausgaben, Staatsschuld), Handelsflotte, Handel (Einfuhr und Ausfuhr), Eisenbahnen, Telegraphen, Zahl der Postämter, Wert der Landesmünzen in deutschen Reichsmark und österreichischen Kronen, Gewichten, Längen- und Flächenmassen, Hohlmassen, Armee, Kriegsflotte, Landesfarben, Hauptstadt und wichtigsten Orten mit Einwohnerzahl nach den neuesten Angaben für jeden einzelnen Staat. Wien. Pest. Leipzig. 1899. Hartleben. Ein Tableau (70/100 *cm.*). Gefalzt fl. —.30

A. Hartleben's Statistische Tabelle über alle Staaten der Erde. VIII. Jahrgang. 1900. Uebersichtliche Zusammenstellung von Regierungsform, Staatsoberhaupt, Thronfolger, Flächeninhalt, absoluter und relativer Bevölkerung, Staatsfinanzen (Einnahmen, Ausgaben, Staatsschuld), Handelsflotte, Handel (Einfuhr und Ausfuhr), Eisenbahnen, Telegraphen, Zahl der Postämter, Wert der Landesmünzen in deutschen Reichsmark und österreichischen Kronen, Gewichten, Längen- und Flächenmassen, Hohlmassen, Armee, Kriegsflotte, Landesfarben, Hauptstadt und wichtigsten Orten mit Einwohnerzahl nach den neuesten Angaben für jeden einzelnen Staat. Wien. Pest. Leipzig. 1900. Hartleben. Ein Tableau (70/100 *cm*). Gefalzt K —.60

A. Hartleben's statistische Tabelle über alle Staaten der Erde. Uebersichtliche Zusammenstellung von Regierungsform, Staatsoberhaupt, Thronfolger, Flächeninhalt, absoluter und relativer Bevölkerung, Staatsfinanzen (Einnahmen, Ausgaben, Staatsschuld), Handelsflotte, Handel (Einfuhr und Ausfuhr), Eisenbahnen, Telegraphen, Zahl der Postämter, Wert der Landesmünzen in deutschen Reichsmark und österreichischen Kronen, Gewichten, Längen- und Flächenmassen, Holzmassen, Armee, Kriegsflotte, Landesfarben, Hauptstädte und wichtigsten Orten mit Einwohnerzahl nach den neuesten Angaben für jeden einzelnen Staat. Wien. Pest. Leipzig. 1901. A. Hartleben. 70×100 *cm.* K —.60

— **statistische Tabelle üb. alle Staaten der Erde. Uebersichtliche Zusammenstellg. v. Regierungsform, Staatsoberhaupt, Thronfolger, Flächeninhalt, absoluter u. relativer Bevölkerg.,** Staatsfinanzen (Einnahmen, Ausgaben, Staatsschuld), Handelsflotte, Handel (Einfuhr u. Ausfuhr), Eisenbahnen, Telegraphen, Zahl der Postämter, Werth der Landesmünzen in deutschen Reichsmark u. österreich. Kronen, Gewichten, Längen- u. Flächenmassen, Hohlmassen, Armee, Kriegsflotte, Landesfarben, Hauptstadt u. wichtigsten Orten m. Einwohnerzahl nach den neuesten Angaben f. jeden einzelnen Staat. X. Jahrg. 1902. 101×71 cm. Ebd. n. — 50

Hartleben's, A., statistische Tabelle üb. alle Staaten der Erde. XII. Jahrg. 1904. 100,5×70,5 cm. Wien, A. Hartleben. —. 50.

Hartleben's, A., statistische Tabelle üb. alle Staaten der Erde. XIII. Jahrg. 1905. 100,5×70,5 cm. Wien, A. Hartleben. —. 50.

— statistische Tabelle üb. alle Staaten der Erde. Übersichtliche Zusammenstellg. v. Regierungsform, Staatsoberhaupt, Thronfolger, Flächeninhalt, absoluter u. relativer Bevölkerg., Staatsfinanzen (Einnahmen, Ausgaben, Staatsschuld), Handelsflotte, Handel (Einfuhr u. Ausfuhr), Eisenbahnen, Telegraphen, Zahl der Postämter, Wert der Landesmünzen in deutschen Reichsmark u. österreich. Kronen, Gewichten, Längen- u. Flächenmassen, Hohlmassen, Armee, Kriegsflotte, Landesfarben, Hauptstadt u. wichtigsten Orten m. Einwohnerzahl nach den neuesten Angaben f. jeden einzelnen Staat. XIV. Jahrg. 1906. 100,5×71 cm. Ebd. n. — 50

Hartleben's, A., statistische Tabelle üb. alle Staaten der Erde. XV. Jahrg. 1907. Wien, A. Hartleben. —. 50.

Hartleben's, A., statistische Tabelle üb. alle Staaten der Erde. XVI. Jahrg. Wien, A. Hartleben. —. 50.

Hartleben's, A., statistische Tabelle üb. alle Staaten der Erde. XVII. Jahrg. 1909. Wien, A. Hartleben. —. 50.

— Statistische Tabelle üb. alle Staaten der Erde. Übersichtl. Zusammenstellg. v. Regierungsform, Staatsoberhaupt, Thronfolger, Flächeninhalt, absoluter u. relativer Bevölkerg., Staatsfinanzen (Einnahmen, Ausgaben, Staatsschuld). Handelsflotte, Handel (Einfuhr u. Ausfuhr), Eisenbahnen, Telegraphen, Zahl der Postämter, Wert der Landesmünzen in deutschen Reichsmark u. österreich. Kronen, Gewichten, Längen- u. Flächenmassen, Hohlmassen, Armee, Kriegsflotte, Landesfarben, Hauptstadt u. wichtigsten Orten m. Einwohnerzahl nach den neuesten Angaben f. jeden einzelnen Staat. 18. Jahrg. 1910. 100,5×71 cm. Wien, A. Hartleben. — 50

Hartleben's, A., Kleines statistisches Taschenbuch über alle Länder der Erde. 1894 Nach den neuesten Angaben bearbeitet von Professor Dr. Friedrich Umlauft. Kl.-8 (96 S. mit Notizblättern.) Geb. —.70
Wien: Hartleben 1894.

— — Kleines statistisches Taschenbuch über alle Länder der Erde. III. Jahrgang. 1896. Nach den neuesten Angaben bearbeitet von Professor Dr. Friedr. Umlauft. 12. (98 S.) Gebunden —.80

Hartleben's, A., Kleines statistisches Taschenbuch über alle Länder der Erde. Vierter Jahrgang. 1897. Nach den neuesten Angaben bearbeitet von Prof. Dr. Friedrich Umlauft. 12. (98 S.) Geb. —.80

Hartleben's, A., kleines statistisches Taschenbuch üb. alle Länder d. Erde. 5. Jahrg. 1898. N. d. neuesten Angaben bearb. v. Frdr. Umlauft. 16. (IV, 98 S.) Wien, A. Hartleben. Geb. in Leinw. n. 1. 50

A. Hartleben's Kleines statistisches Taschenbuch über alle Länder der Erde. VI. Jahrgang. 1899. Nach den neuesten Angaben bearbeitet von Professor Dr. Friedrich Umlauft. Wien. Pest. Leizig. 1899. Hartleben 16°. 96 S. Geb. fl. —.80

A. Hartleben's Kleines statistisches Taschenbuch über alle Länder der Erde. VII. Jahrgang. 1900. Nach den neuesten Angaben bearbeitet von Professor Friedrich Umlauft. Wien. Pest. Leipzig. 1900. Hartleben. 16°. 96 S. Geb. K 1.60

A. Hartleben's kleines statistisches Taschenbuch über alle Länder der Erde. VIII. Jahrgang. 1901. Nach den neuesten Angaben bearbeitet von Professor Dr. Friedrich Umlauft. Wien. Pest. Leipzig. 1901. Hartleben. 16°. 103 S. Geb. K 1.60

— kleines statistisches Taschenbuch üb. alle Länder der Erde. 9. Jahrg. 1902. Nach den neuesten Angaben bearb. v. Frdr. Umlauft. (IV, 103 S.) 16. Ebd. Geb. in Leinw. n. 1. 50

A. Hartleben's kleines statistisches Taschenbuch über alle Länder der Erde. 10. Jahrg. 1903. 8°. (104 S.) geb. K 1.60

— kleines statistisches Taschenbuch üb. alle Länder der Erde. 11. Jahrg. 1904. Nach den neuesten Angaben bearb. v. F. Umlauft. (IV, 104 S.) 16. Ebd. Geb. in Leinw. 1. 50.

— kleines statistisches Taschenbuch üb. alle Länder der Erde. 12. Jahrg. 1905. Nach den neuesten Angaben bearb. v. F. Umlauft. (IV, 104 S.) 16. Ebd. Geb. in Leinw. 1. 50.

— kleines statistisches Taschenbuch üb. alle Länder der Erde. 13. Jahrg. 1906. Nach den neuesten Angaben bearb. v. Frdr. Umlauft. (IV, 104 S.) 16. Ebd. Geb. in Leinw. n. 1. 50

— kleines statistisches Taschenbuch üb. alle Länder der Erde. 14. Jahrg. 1907. Nach den neuesten Angaben bearb. v. F. Umlauft. (IV. 104 S.) 16. Wien Ebd. Geb. in Leinw. 1. 50.

— kleines statistisches Taschenbuch üb. alle Länder der Erde. 15. Jahrg. Nach den neuesten Angaben bearb. v. Fr. Umlauft. (IV, 105 S.) 16. Ebd. Geb. in Leinw. 1. 50.

— kleines statistisches Taschenbuch üb. alle Länder der Erde. 16. Jahrg. 1909. Nach den neuesten Angaben bearb. v. F. Umlauft. (IV, 105 S.) 16. Ebd. Geb. in Leinw. 1. 50.

Hartleben's, A., kleines statistisches Taschenbuch üb. alle Länder der Erde. 17. Jahrg. 1910. Nach den neuesten Angaben bearb. v. Frdr. Umlauft. (IV, 105 S.) 16. Wien, A. Hartleben. Geb. in Leinw. 1. 50

Hartleben, A., Universal-Handatlas, 93 Hauptkarten und 112 Nebenkarten zur mathematischen, physikalischen, politischen und historischen Geographie, mit einem begleitenden Texte von Dr. Friedrich Umlauft und Dr. Franz Heiderich. Wien, Pest und Leipzig. A. Hartleben's Verlag. (Min.-Erl. v. 21. März 1893, Z. 4528.) In dauerhaftem Halbfranzbande 12.50

1892.

Nachtrag zum Verlags-Katalog von A. Hartleben's Verlag in Wien. Von Januar 1889 bis December 1892 Gratis

Verlags-Katalog 1803 bis 1909 von A. Hartleben's Verlag in Wien. (Besitzer: Eugen Marx.) (Wien: Hartleben 1910.) 156 S. 8° [11.2.1910]

Hartleben, A: Verlags-Katalog 1803 bis 1909. Wien (1911) Nachtrag. 1910 ff.

Hartleben's, A., Verzeichniss der neuesten Erscheinungen aus dem Gebiete der Elektricität, Elektro-Technik, Physik, Chemie u. Mechanik, der gebräuchlichsten technologischen Sprach-Wörterbücher, der gelesensten Fachzeitschriften u. periodisch erscheinenden Werke. 8. (96 S. m. lith. Plan der internationalen elektr. Ausstellg. in Wien.) Wien 883. Hartleben. u.n. 1. –

– – Volksatlas. Enthaltend 72 Karten in 100 Kartenseiten. Mit einem Register von über. 20.000 Namen. Zweite Auflage. Folio. In elegantem Halbfranzband 7.50
Wien: Hartleben 1892.

A. Hartleben's Volks-Atlas. Enthaltend 72 Karten in einhundert Kartenseiten. Mit vollständigem Register. Dritte Auflage. Gross-Folio. Halbfranzband 7.50
Wien: Hartleben 1896.

Hartleben, A., Volksatlas. 5., vollständig umgearbeitete u. erweiterte Auflage. 86 Karten mit 75 Spezialkarten und Plänen auf 125 Kartenseiten. Lief. 1. Gr.-Fol.
Wien: Hartleben 1910. kompl. in 25 Lief. à K –.60

— — Volksbibliothek d. österr. Gesetze. Heft 1—3. Inh. Gewerbeordnung mit Vollzugsverordn. u. Volksschulgesetz. 8 Thas Lieg. geb. 1 fl 30 kr.
Wien: Hartleben 1883.

Hartleben, E., s. H a r t l e b e n , Otto Erich

Hartleben, Franz Jos. (Hrsg.), s.a. A n z e i g e n , Vollständige, und unpartheiische Beurtheilung …

Hartleben, Fr. Jos.: Vollständ. Anz. u. unparth. Beurtheil. der neuesten jurist. Literatur, herausgegeben in Gesellsch. mehrerer Rechtsgelehrten f. d. J. 1784—86. *Mainz u. Frcf. a. M.*, Hermann. 785—87. 3 Thle. 8.

— Fortgesetzt unter dem Titel: Allgem. Bibliothek d. neuest. jurist. Literatur f. 787—90. 3 Bde à 2 St. gr. 8. (4 Thl. 12 Gr.) auch f. d. J. 791—92. *Mainz* 791—92.

Hartleben, Frz. Jos., († 1808.) vollständ. Anzeigen u. Beurtheil. der neuesten jurist. Literatur (in Verbindung mit andern Gelehrten) f. 1784, 85. 3 Bde. gr. 8. Frkf. a. M. 785, 86.... Fortsetzung, unt. d. T.: allgem. Bibliothek d. neuesten jurist. Litt. 3 Bde., in 2 Stcke. gr. 8. Mainz 787—90. (Hermann in Frkf. am M.) 4 Rthlr 12 gGr Fortsetz., unt. d. T.: allgem. Bibliothek der neuesten jurist. Litt., für d. J. 1791. 2 Stcke. gr. 8. Mainz 791, 92. Fischer. 19 gGr (A. u. d. T.: Fortsetz. der Schott'schen Bibliothek, für d. J. 1789. 2 Stcke.)

Hartleben, Frz. Jos., allgemeine Bibliothek d. jurist. Liter. 3 Bde. z. 2 Stck. gr. 8. Mainz. (Hermann, Frkft.) 787—90. (à Stck. 18 gr.)

Hartleben, Franz Josef (Präs.), s. C h a m b i o n , Franz Anton: De Praebendis, quatenus liberae dantur.

— s. Frz. C u n i b e r t , de juribus.

— Fortsetz. der Schottisch. Bibliothek der jurist. Literat. f. d. Jahr 1789. 1s und 2s Stck. gr. 8. Mainz, Fischer. (a. Graff in Lpz.) 791. 92.

— institutionum Justinianearum Lib. I. 8. Frankf. 179.

— jurisdictio Moguntina civilis ordinaria synoptice delineata. 8. Frankf. am M. 784.

Hartleben, F. J., Jurisdictio Moguntina civilis ordinaria synoptice delineata. Mainz (Andr. Crass) 1784. 55 S. u. 56 S. dtsch. Anh. (7.—) 13227

Hartleben, Franc. Jos.: Jurisdictio Moguntina civ. ordinaria. *Mogunt.* 784. (Goethe in *Leipz.*) 8. (7 Gr.)

Hartleben, Fr. Jos.: Meditatt. ad Pand., quibus *Leyseri* meditatt. refell., vindic., supplentur. *Francf. a. M.*, Andreä. 778—81. Vol. I. (pars 1 et 2.) 4. (2 Thl. 2 Gr.)

– s. S c h r i f t e n , Vermischte, des korrespondierenden literarischen Zirkels zu Mainz.

Hartleben, Fr. Jos.: Thesaurus diss. jurid. select. in acad. Mogunt. habit. *Francf. a. M.*, Andreä. Vol. I. P. 1—2. 777—78. 4. (2 Thl. 8 gr.)

Champollion, sein Leben u. s. Werk. Von H[ermine] **Hartleben.** (Vorr.: G[aston] Maspero [&] Eduard Meyer, [Prof., Berlin].) Mit 1 Titelbild, 1 Taf. u. 19 Abb. Bd 1. 2. Berlin: Weidmann 1906. 2 Bde 8° [illegible]

***Hartleben*, J. G.,** Dictionarium paroemiarum, idiomatum et expressionum figuratarum linguae latinae selectiorum. 8 maj. Pesth 818. Hartleben. 1 Rthlr Hbg. Pr. 12 gGr Schrbp. 1 Rthlr 4 gGr

Hartleben, Otto Erich [wirkl. Name], s.a. I p s e , Henrik [Pseud.]

Hartleben, O. E., Angele. Comödie. 8. (47 S.) Berlin 890. S. Fischer, Verl. n. — 75

Hartleben, Otto Erich, Angele. Comödie. 8. (47 S.) Berlin 891. S. Fischer Verl. n. — 75

Hartleben, Otto Erich, Angele. Komödie. 2. Aufl. (88 S.) 8. Berlin 905. S. Fischer, Verl. n. 1. —; geb. n.n 2. —

– A n g e l u s Silesius, s.a. S c h e f f l e r , Johann: Cherubinischer Wandersmann.

Hartleben, Otto Erich, Angelus Silesius. 12. (XVI, 61 S.) Dresden 896. Berlin, G. Bondi. n. 2. —; Geb. in Ldr. n. 4. —

– Angelus Silesius. 2. Aufl. (80 S.) 12. Berlin 904. G. Bondi. n. 2. —; geb. n. 3. —

Im grünen Baum zur Nachtigall. Ein Studentenstück in 3 Akten von Otto Erich **Hartleben.** Berlin: S. Fischer 1905. (158 S.) 8° [F.] [illegible]

– – die Befreiten. Ein Einacter-Cyclus. 8. (184 S.) Berlin 899. S. Fischer, Verl. n. 2. —

Hartleben, Otto Erich, die Befreiten. Ein Einacter-Cyclus. 2. Aufl. 8. (184 S.) Berlin 901. S. Fischer, Verl. n. 2. —; geb. n.n. 3. —

— **B r i e f e.** 1. Bd. Briefe an seine Frau 1887—1905. Hrsg. u. eingeleitet v. Frz. Ferd. Heitmüller. (XIII, 495 S. m. 19 Abbildgn.) 8. Ebd. 908. 5.—; geb. n 6. —

— **B r i e f e** an seine Freundin 1897—1905. Hrsg. u. eingeleitet v. Fred B. Hardt. (IV, 187 S. m. 8 Vollbildern.) 8. Dresden 910. C. Reissner. 3.50; geb. 4. 50; Liebhaberausg. in Perg. 8. —

Diogenes. Szenen einer Komödie in Versen von Otto Erich Hartleben. (Hrsg.: Cäsar Flaischlen.) Berlin: S. Fischer 1905. (93 S.) 8° [06. 7049

— das Ehefest, s.: Bibliothek moderner deutscher Autoren. 11. Bd.

— ein Ehrenamt. Schauspiel in 4 Acten. 2. Aufl. (Bearbeitung.) 8. (156 S.) Ebd. 902. n. 2. —; geb. n.n. 3. —

— e. Ehrenwort. Schauspiel in 4 Akten. 8. (98 S.) Ebd. 894. n. 2. —; geb. n. 3.

Otto Erich Hartleben. Ein Ehrenwort. Schauspiel in 4 Akten. 2. Aufl. (Bearbeitung.) *Berlin: S. Fischer 1902.* (155 S.) 8° [F.] [02. 1088

— die Erziehung zur Ehe. Eine Satire. 8. (125 S.) Ebd. 893. n. 2.

[F.] Otto Erich Hartleben. Die Erziehung zur Ehe. Comödie ... 2. Aufl. *Berlin: S. Fischer 1898.* (147 S.) 1 Bd 8. [98. 11820

— die Erziehung zur Ehe. Comödie. 3. Aufl. 8. (148 S.) Ebd. 902. n. 2. —; geb. n.n. 3. —

— Die Erziehung zur Ehe. Komödie. 4. Aufl. (148 S.) 8. Berlin 909. S. Fischer, Verl. 2. —

[F.] Die sittliche Forderung. Comödie in 1 Act v. Otto Erich Hartleben. *Berlin: S. Fischer 1897.* (48 S.) 1 Bd 8. [97. 617

Der Frosch. Familiendrama in 1 Act nach Henrik Ipse von Otto Erich Hartleben. 3. Aufl. *Berlin: S. Fischer 1901.* (73 S.) 8° [F.] [01. 9430

— von reifen Früchten. Meiner Verse 2. Thl. 1. u. 2. Aufl. (à 49 S.) 4. München 902. 903. A. Langen. Geb. in Leinw. n. 3. —

— die Geschichte vom abgerissenen Knopfe. 8. (126 S. m. 2 Bildnissen.) Ebd. 893. n. 2.; geb. n. 3.

— die Geschichte v. abgerissenen Knopfe. 5. u. 6. Taus. 8. (126 S. m. Titelbild.) Ebd. 898. n. 2. —

— die Geschichte vom abgerissenen Knopf. 7.—10. Aufl. 8. (à 126 S. m. Titelbild.) Ebd. 900. 901. n. 2. —; geb. n.n. 3. —

— die Geschichte vom abgerissenen Knopf. 11.—14. Aufl. (126 S. m. Titelbild.) 8. Berlin 904. 905. S. Fischer, Verl. 2. —; geb. n.n. 3. —

— Die Geschichte vom abgerissenen Knopf. 17. u. 18. Aufl. (126 S. m. Titelbild.) 8. Ebd. 907. 2. —; geb. n 3. —

Hartleben, E., zwei verschiedene Geschichten. 8. (132 S.) Leipzig 887. [Friedrich.] Reißner. n. 2. —

— Goethe-Brevier. Goethes Leben in seinen Gedichten. 8. (XVI, 408 S.) München 895. A. Ackermann's Nachf. n. 4. —; geb. m. Goldschn. 5.

— Goethe-Brevier. Goethes Leben in seinen Gedichten, hrsg. v. H. 2., verb. u. verm. Aufl. 8. (XXI, 472 u. 17 S.) München 901. A. Ackermann's Nachf. Geb. in Leinw. n. 5. —

Der Halkyonier. Ein Buch Schlußreime von Otto Erich Hartleben. *Berlin: S. Fischer 1904.* (103 S.) 8° [F.] [04. 4884

— Hanna Jagert. Comödie. 8. (110 S.) Berlin 893. S. Fischer Verl. n. 2. —; geb. n.n. 3. —

— Hanna Jagert. Komödie. 2. Aufl. 8. (142 S.) Berlin 901. S. Fischer, Verl. n. 2. —; geb. n.n. 3. —

— Logaubüchlein. 1. u. 2. Aufl. (XLIII, 144 S.) kl. 8. München 904. A. Langen. n. 2. 50; geb. n. 3. 50

Otto Erich Hartleben. Der Römische Maler. *Berlin: S. Fischer 1898.* (168 S.) 1 Bd 8. [98. 12106

— der römische Maler. 3.—4. Aufl. 8. (168 S. m. Titelbild.) Ebd. 900. n. 2. —; geb. n.n. 3. —

— der römische Maler. 5. u. 6. Aufl. (168 S.) 8. Berlin 906. S. Fischer, Verl. n. 2. —; geb. n.n. 3. —

— liebe kleine Mama. 1.—4. Aufl. (188 S.) 8. München 904. A. Langen. n. 2. 50; geb. in Leinw. n. 3. 50

Otto Erich Hartleben. Ein wahrhaft guter Mensch. Comödie. *Berlin: S. Fischer 1899.* (189 S.) 8° [F.] [00. 4116

— ein wahrhaft guter Mensch. Komödie. 2. Aufl. (Neu-Bearbeitg.) (179 S.) 8. Berlin 905. S. Fischer, Verl. n. 2. —; geb. n.n. 3. —

— vom gastfreien Pastor. 8. (142 S. m. Titelbild.) Ebd. 895. n. 2. —

— dasselbe, s. a. Collection Fischer.

Otto Erich Hartleben. Vom gastfreien Pastor. 3. u. 4. Taus. *Berlin: S. Fischer 1898.* (142 S.) 1 Bd 8. = Collection Fischer. Bd VII. [98. 12048

Otto Erich Hartleben. Vom gastfreien Pastor [u. and.] 5.—6. Aufl. *Berlin: S. Fischer 1900.* (144 S.) 8° [01. 12902 II

— vom gastfreien Pastor. 11.—16. Aufl. (144 S. m. Titelbild.) 8. Ebd. 903—905. 2. —; geb. n.n. 3. —

— Vom gastfreien Pastor. 21.—28. Aufl. (144 S. m. Titelbild.) Ebd. 907—10. 2. —; geb. n 3. —

Otto Erich Hartleben. Rosenmontag. Eine Offiziers-Tragödie in 5 Acten. *Berlin: S. Fischer 1900.* (228 S.) 8° [F.] [01. 2077

Otto Erich Hartleben. Rosenmontag. Eine Offiziers-Tragödie in 5 Akten. 3. Aufl. *Berlin: S. Fischer 1900.* (228 S.) 8° [F.] [01. 3948 II

— Rosenmontag. Eine Offiziers-Tragödie in 5 Acten. 1.—10. Aufl. 8. (à 229 S.) Ebd. 900. 901. n. 2. 50; geb. n.n. 3. 50

— Rosenmontag. Eine Offiziers-Tragödie. 17. Aufl. (229 S.) 8. Ebd. 907. n. 2. 50; geb. n.n. 3. 50

— Rosenmontag. Eine Offiziers-Tragödie. 18.—20. Aufl. (229 S.) 8. Ebd. 907. 09. 2. 50; geb. in Leinw. n 3. 50

— die Serényi. 2. (Titel-)Aufl. der zwei verschiedenen Geschichten. 8. (132 S.) Ebd. 891. n. 1.

Otto Erich Hartleben. 'Die Serényi'(& Ein fideler Hof). 2 Verschiedene Geschichten. 3. u. 4. Aufl. *Berlin: S. Fischer 1902.* (176 S.) 8°

— die Serényi. Zwei verschiedene Geschichten. 5. u. 6. Aufl. (176 S.) 8. Ebd. 905. n. 2. —; geb. n.n. 3. —

— Tagebuch-Fragment eines Lebens. 1.—3. Aufl. (VIII, 285 S. m. 24 Taf.) 8. München 906. A. Langen. n. 4. —; geb. n. 5. 50

— meine Verse. 8. (214 S. m. Bildnis.) Berlin 895. S. Fischer, Verlag. n. 3. 50; geb. n. 5. —

— meine Verse. Gesammtausg. (261 S. m. Bildnis.) 8. Berlin 905. S. Fischer' Verl. n. 5. —; geb. n.n. 6. —

Hartleben's, Otto Erich, ausgewählte Werke in 3 Bdn. (Auswahl u. Einleitg. v. Frz. Ferd. Heitmüller. 1.—4. Taus.) (XLVI, 231; V, 223 u. V, 307 S. m. Bildnis.) 8. Berlin 909. S. Fischer, Verl. 8.—; in Pappbd. n 10.—; in Perg. n 15. —

1. Gedichte.
2. Prosa.
3. Dramen.

Hartleben, Selma, „Mei Erich". Aus Otto Erichs Leben. 1.—5. Aufl. (125 S.) kl. 8. Berlin 910. S. Fischer, Verl. 2.—; geb. n 3. —

Hartleben, Theodor Konrad [wirkl. Name], s.a. Selpert, J. H. G. von [Pseud.]

— s.a. Annalen, Allgemeine kritische ...

Hartleben, Theodor. Allgemeine kritische Annalen der Verhaft-, Straf- und Besserungs-Anstalten, der korperlichen und geistigen Heilungs-Institute, der Wohlthätigkeits-Anstalten u. Vereine, so wie der Elementar-, Industrie- und polytechnischen Schulen. *Basel*, 1825 *u.* 1826. *Neukirch.*

— s. Archiv, Allgemeines, für Sicherheit und Armenpflege.

Hartleben, Thdr. Konr., († d. 15. Juni 1827.) über d. zweckmäßigste Art der Einquartierung u. Verpflegung des Militärs in Städten. gr. 8. Frankenthal 814. (Boselli in Frankf.) 10 gr

Hartleben, Theod. K., üb. d. zweckmäßigste Art d. Einquartirung und Verpflegung des Militärs in Städten. gr. 8. Frankenthal, Enderes. 814.

— s. Briefe über die böhmische Königskrönung.

Hartleben, Thdr. K.: „Von Einquartierungen überhaupt, insbesondere aber von der Einquartierungsfreyheit reichsständischer Residenzen", o. O. 1793.

— Erläuter. der nach kammergerichtl. Grundsätzen noch unerörterten Rechtsmaterie von Requisitionen; nebst Vorschlägen. 8. Wetzlar 792. Winkler. 10 gr

Hartleben, Thdr. Konr.: Erläuter. d. nach reichskammergerichtl. Grundsätz. noch unerörterten Rechtsmaterie v. Requisitionen, nebst einigen diesen Gegenstand betr. Vorschlägen. *Wetzl.*, 792. 8. (10 Gr.)

— Erläuter. d. nach reichskammerger. Grunds. noch unerörtert. Rechtsmater. von Requisitionen. 8. Wetzlar, Winkler. 792.

— statistisches Gemälde der Residenzstadt Karlsruhe u. ihrer Umgebungen. Mit dem Plane der Stadt u. der Ansicht des Marktplatzes. gr. 8. Karlsr. 815. Braun. 2 rß

— Geschäfts-Lexikon f. die deutschen Landstände, Staats- u. Gemeinde-Beamten, so wie Alle, welche d. deutschen Staats-Haushaltungen u. landständ. Verhandll. richtig beurtheilen wollen. In 2 Bdn., 1r Bd. A—G. gr. 8. Leipz. 824. Brockhaus. 2 rß 12 gr Schrbp. 4 rß

— **Jahrbuch d. Justiz-, Polizei- u. Staatswirthschaft f. Geschäftsmänner. 1r Jahrg. gr. 8. Ebend. 814.**

— Jahrbuch d. Justiz-, Polizei- u. Staatswirthschaft, f. Geschäftsmänner. 1r Jahrg. 1e Abthl. gr. 8 Frankenthal 815

— s. Inhalt, Wesentlicher, des beträchtlichsten Teils der neuen markgräflichen badischen Gesetzgebung.

Allgemeine deutsche **Justiz- und Polizey Fama.** [Später:] Allgemeine **Justiz- und Polizey-Blätter.** [Zuletzt:] Allgemeine **Justiz-, Cameral- und Polizei-Fama.** Hrsg. von Theod. Konr. Hartleben. (Jg. 1830:) Red. Rödinger. Jg. 1—17. Würzburg [später a.] 1805—18. Jg. 1830. München, Stuttgart u. Tübingen. 29 Bde

Hartleben, Th.: „Allgemeine deutsche Justiz-, Cameral- und Polizeifama", 1. Jahrgang, Tübingen 1817, 2. Jahrgang (nur 1. Halbjahr), Ebenda.

Hartleben, Th. C.: „Deutsche Justiz- und Polizey-Fama", Tübingen 1802 ff. Jeder Jahrgang zu 12 Heften.

Hartleben, Theod. K., deutsche Justiz- und Polizey-Fama. 5 Jahrg. 4. Tüb. Cotta. 802—6. (à 3 Rthlr. 4 gr.) 1

— Fortsetzung desselben, s. Polizey-Fama.

— **allgemeine deutsche Justiz- u. Polizeiblätter. Jahrgang. 1812, 13 u. 14. gr. 4. Tübing. Cotta. (d. Jahrg. von 12 Stücken 5 Rthlr.)**

Hartleben, Th., Justiz-, Cameral- u. Polizei-Fama (Forts.), s.a. Justiz-, Cameral- u. Polizei-Fama.

— — Justiz-, Kameral- und Polizeyfama. Jahrg. 1816 — 21. (Forts. der Polizeyblätter.) gr. 4. Stuttgart, Cotta. à Jahrg. 5 Rthlr. 12 Gr.

— **allgem. deutsche Justiz-, Kameral- u. Polizei-Fama. Jahrg. 822 — 27. gr. 4. Stuttg., v. Cotta. à 5 Rthlr. 12 gr.**

— deutsche Justiz- u. Polizei-Fama, s. Polizeifama.

— erste Linien e. Geschichte d. Weltweisheit; nebst Streitsätzen aus derselben. 8. Mainz 786.

Hartleben, Thdr. Kr.: „Methodologie des teutschen Staatsrechts, nebst den ältesten sehr seltenen Abhandlungen über die Methodologie des juristischen Studiums in dem 15ten Jahrhundert", Salzburg 1800 (Mayr).

— s. Napoléon I.: Code pénal. 1811.

— Theodor Conr., De origine, incrementis et fontibus juris publici territoriorum Imperii Romano-Germanici communis, nec non de utilitate, illud in academiis Germanicis specialibus praelectionibus tradendi. Salzburg Dezemb. 1795. (Mayer) 1796. 30 S. (5.50) 13228

— **allgemeine deutsche Polizeifama, Fortsetzung d. Polizeiblätter. gr. 4. Ebend. 815.**

— **positiones ex universo jure selectae. 4. Mainz 790.**

Hartleben, Thdr. K.: Ueber das Recht d. Papstes, d. deutschen Synodalrichter d. dritten Instanz f. jede geistl. Streitsache zu bevollmächtigen; z. Erläuter. d. 14. Art. des kais. Wahlcapitul. *Bamb.* u. *Würzb.*, Göbhardt. 805. 8. (6 Gr.)

— **üb. das Recht des Papstes, die deutschen Synodalrichter d. dritten Instanz f. jede geistl. Streitsache zu bevollmächtigen** 2c. gr. 8. Bamb. 805. (Wesché in Frankf.) 6 ℊ

Hartleben, Theod. Konr.: **Ueb. Sicherheitsmittel des R. K. Gerichts in Kriegszeiten.** *Regensb.*, Manz. 792. gr. 8. (12 Gr.)

— **üb. Sicherheitsmittel d. Kammergerichts in Kriegszeiten.** gr. 8. Regensb. 793. Montag u. W. 12 ℊ

Hartleben, Hofrath und Prof. Die deutsche Staatsverfassung nach vollbrachtem Entschädigungs-Systeme. Mit Gesichtspunkten für ihre Vollkommenheit. 8. Salzburg 1803.

— **d. deutsche Staatsverfassung nach vollbracht. Entschädigungssysteme.** 1e Abthl. 8. Salzb. 803. Mayr. 8 ℊ

Hartleben, Thdr. K.: Untersuch. d. Rechte u. Pflichten e. Kurfürsten v. Mainz währ. d. Interregnums. *Regensb.* 792. 8.

— **üb. den Verfall d. Wissenschaften unter d. Griechen u. Römern** 2c. 8. Mainz 785. Fischer.

— **über die Wahl deutscher Reichsdeputirten zu Friedensverhandlungen.** gr. 8. Salzb. 797. Mayr. 8 ℊ

Hartleben von Sarkháza, Leo, Referendar beim Kgl. Amtsgericht Leipzig: Die unregelmäßige **Verwahrung** und deren Stellung im modernen deutschen Recht. *Borna-Leipzig 1904 R. Noske.* (x, 68 S.) 8°
Leipzig, Jur. Diss. v. 1904

Hartleib, Bernhard [aus Deutz]: Beiträge zur therapeutischen Verwertung der Kamphersäure. . . . Greifswald, Druck v. Julius Abel, 1889; 41 S. 8°
Greifswald, Med. Fak., Inaug.-Diss. v. 11. März 1889

Hartleib, Heinrich, aus Höchst a. M.: Ueber die **Erfolge** bei den verschiedenen Operationsmethoden des Aneurysma popliteum. *Bonn 1903: J. Trapp.* (71 S.) 8°
Bonn, Med. Diss. v. 8. Apr. 1903

Hartleib, Otto, die gesammte Betriebsbuchführung f. Maschinenfabriken. V. Praktische Lohn-Tabellen zum Gebrauch bei Accord- u. Lohnrechngn. f. Maschinenfabriken u. andere Gewerbe, f. Beamte u. Handwerker, sowie f. alle Unternehmer, welche die Löhne nach Stunden berechnen. Von 2—60 Pfennigen u. 1—120 Stunden, f. Viertelstunden u. halbe Pfennige berechnet. 2. Aufl. gr. 8. (119 S.) Berlin 900. G. Siemens. Geb. in Leinw. n. 2. —

Hartleib, Otto, die gesammte Betriebsbuchführung f. Maschinenfabriken. II. Der Materialien-Verwalter im Berg-, Hütten- u. Maschinenwesen m. besond. Rücksicht auf die Maschinenfabrikation. 2. Aufl. gr. 8. (VI, 170 S. m. 1 Tab.) Ebd. 901. Geb. in Leinw. n. 4. —

Hartleib, Otto, d. Buchführung d. Handwerkers. Prakt. Leitfaden z. schnellen Erlernen derselben. 8. (32 S.) Berlin 895. G. Siemens. n. 1. —

[H.] Praktische einfache und doppelte Buchführung m. bes. Rücks. auf d. Ziegelei-Gewerbe. Von Otto Hartleib. *Berlin: G. Siemens 1896.* (VIII, 103 S.) 1 Bd 8. [... 1897]

Hartleib, Otto, praktische einfache u. doppelte Buchführung f. Ziegeleien u. verwandte Gewerbe. Mit zahlreichen Formularmustern sowie Multiplikationstabellen sämtl. Zahlen von 1 bis 1000. 2. verb. u. verm. Aufl. (X, 154 S.) 8. Berlin (909). A. Unger. Geb. in Leinw. 3.50

Kalkulationspreise für die Industrie mit bes. Rücks. auf d. Maschinenbau. Handbuch f. Kalkulationsbeamte, Techniker, Gewerbetreibende u. A. von Otto Hartleib. *Berlin: G. Siemens 1902.* (VI, 387 S.) 8° [... 1903]

Die Lohnbuchführung mit besond. Rücksicht auf die Maschinen-Fabrikation. Von Fr. W. Otto Hartleib. 2. verm. u. verb. Aufl. Berlin: A Unger 1908. (VII, 145 S.) 8°
Die 1. Aufl. bildete einen Teil von: Hartleib, O.: Der industrielle Lohnbuchhalter u. Kalkulator. [... 1956]

— der industrielle Lohnbuchhalter u. Kalkulator m. bes. Rücksicht auf d. Maschinen-Fabrikation. 8. (VI, 91 S. m. 15 Formularen). Ebd. 895. Geb. n. 2. 50

— prakt. Lohn-Tabellen z. Gebr. bei Accord- u. Lohnrechnungen f. Maschinenfabriken u. and. Gewerbe, f. Beamte u. Handwerker, sow. f. alle Unternehmer, welche d. Löhne n. Stunden berechnen. Von 2 bis 60 Pfennigen u. 1 bis 100 Stunden, f. Viertelstunden u. halbe Pfennige berechnet. 8. (119 S.) Ebd. 897. In Leinw. kart. n. 2.

Praktische Lohn-Tabellen zum Gebrauch bei Accord- und Lohnrechnungen für Maschinenfabriken und andere Gewerbe, für Beamte und Handwerker, sowie für alle Unternehmer, welche die Löhne nach Stunden berechnen. Von 2 bis 60 Pfennigen u. 1 bis 120 Stunden, für Viertelstunde u. halbe Pfennige berechnet. Von Otto Hartleib 2. Aufl. *Berlin: G. Siemens 1900.* (60 Taf.) 8°
← Hartleib: Die ges. Betriebsbuchführung f. Maschinenfabr. 5. [... 385]

Hartleib, Otto, praktische Lohn-Tabellen zum Gebrauch bei Accord- u. Lohnrechnungen. Von 2 bis 60 Pfennigen u. 1 bis 120 Stunden, f. Viertel- u. halbe Stunden berechnet. 3. Aufl. (60 Doppels.) 8. Berlin 904. [G. Siemens] A. Unger. Geb. in Leinw. 2. —
Auch die übrigen Werke desselben Verfassers aus dem Verlage v. G. Siemens gingen an A. Unger über.

— Praktische Lohn-Tabellen zum Gebrauch bei Akkord- u. Lohnrechnungen. Grosse Ausg. Von 2 bis 120 Pfennigen u. 1 bis 120 Stunden, f. Viertel- u. halbe Stunden berechnet. (120 Doppels.) gr. 8. Ebd. 908. Geb. in Leinw. 4. —

— dasselbe. Kleine Ausg. Von 2—60 Pfennigen u. 1—120 Stunden, f. Viertel- u. halbe Stunden berechnet. In allen Ländern m. Dezimal-Münzsystem brauchbar. 5. Aufl. (60 Doppels.) 8. Ebd. 910. Geb. in Leinw. 2. —

Hartleib, O., Der Materialien-Verwalter im Berg-, Hütten- und Maschinenwesen. [1. Aufl.] Berlin, 1895. 218 S. mit Abb. und 15 Anl.

Hartleib, Otto, der Materialien-Verwalter im Berg-, Hütten- u. Maschinenwesen. gr. 8. (X, 252 S. m. Abbildgn. u. Tab.) Berlin 895. G. Siemens. n. 4. ; geb. n. 4. 80

Der Materialien-Verwalter im Berg-, Hütten- und Maschinenwesen mit bes. Rücks. auf d. Maschinenfabrikation von Otto Hartleib. 2. Aufl. *Berlin: G. Siemens 1901.* (VI, 170 S.) 8°
← Hartleib: Die ges. Betriebsbuchführung f. Maschinenfabr. 2. [... 385]

Doppelte Spezial-Buchführung für Maschinenfabriken und verwandte Gewerbe. Von Otto Hartleib. *Berlin: G. Siemens 1896.* (V S., 1 Bl., 95 S.) 1 Bd 8.

Hartleibigkeit u. Verstopfung, von der, u. den Krankheiten, die daraus entspringen ꝛc. Mit 2 Kpft. 4. Leipz, 804, Baumgärtner. 16 gr.

Härtlein, Alfr., Felddienstaufgaben auf dem Kriegsspielplan v. Görz. Mit Beilagen, Skizzen u. Oleaten. (VIII. 127 S.) gr. 8. Budapest 907. C. Grill. 5. —

Hartley, David. Betrachtungen über den Menschen ... a. d. Engl. Rostock 1772—73. Ü: *Spieren, Reimarus von.* (ML) Ü: *Pistorius, Herm. Andr.* (ErGr) (ErschDL) (Ky) (MGT)

D. **Hartley's** Betrachtt. üb. d. Menschen, se. Natur, se. Pflicht u. Erwartungen; a. d. Engl. übers. u. m. Anmerkk. u. Zusätzen begl. (v. Hm. And. **Pistorius**). *Rost.*, Koppe. 772-73. 2 Bde. gr 8° 2 ℔ 18 gr

Hartley, Dav., Betrachtt. über d. Menschen, seine Natur, seine Pflichten, seine Erwartungen; aus d. Engl. (von H. A. Pistorius). 2 Thle. gr. 8. Rostock 772—73. (Stiller). 2 ℔ 18 gr

Hartley, Dav., De sensus, motus et idearum generatione. Bathon. 1746. 8°. und ausführlicher: Observations on man and his frame. Lond. 1729. 8°. 2 Vol. Gallice: Explication physique des sens, des idées, et des mouvemens, vert. Abbé *Jurain.* Rheims 1755. 2 Vol. 12°. Deutsch: Rostock 1772. 8°. *Haller,* Bibl. anat. II, 404.

Hartley, Randolph: P o i a [Textbuch], s. N e v i n , Arthur [Komp.]

Hartlich, Otto, Hellas u. Rom im Spiegel deutscher Dichtung, s.: Zettel, Karl.

Hartlich, Otto, s.: Lesebuch, deutsches, f. sächsische Gymnasien.

Hartlich, Paulus [Buchensis]: Exhortationum (*Προτρεπτικῶν*) a Graecis Romanisque scriptarum historia et indoles. . . . (Aus: Leipziger Studien z. class. Philol., Bd. 11.) Lipsiae, typ. I. B. Hirschfeldi, 1889; 3 Bl. | S. 209–300 | 1 Bl. 8°
Leipzig, Phil. Fak., Inaug. Diss. v. 18. Febr. 1889

Hartlieb, J. F., Progr. Animam humanam a materiae contagio secretam ex medicina mentis demonstrans. Ulm. 4°.

1759

HARTLIEB, Dr. Johann (Rat und Leibarzt Herzog Albrechts III. und dessen Sohnes Sigismund, aus Neuburg an der Donau, starb zwischen 1471 und 1474), B u c h a l l e r v e r b o t e n e n K u n s t, U n g l a u b e n s u n d d e r Z a u b e r e i. Moderne A b s c h r i f t auf Büttenpapier. 4°. 134 Seiten Text, 10 Seiten Erläuterungen und 19 Seiten Anmerkungen eines Sammlers, welcher diese Abschrift veranlaßte. (60 Mk., Hprgtbd., Völcker, 1909:) .
Wörtlich genaue Abschrift der H a n d s c h r i f t, welche unter der Bezeichnung: Cod. Ang. 50. 5. fol. (Fol. 338 r—364 v) sich in der Herzoglichen Bibliothek zu W o l f e n b ü t t e l befindet.

Hartlieb gen. Walsporn, Johann Christoph (Memmingen/Schwaben), De jure condomini territorialis, extra tempus administrationis, per alternas vices quae condominis competit, constituti. Disp. jur. Präs. Michael Grass. Tübingen (Joh. Conr. Reis) Febr. 1717. 36 S. (6.30) 13229

— **Johann Friedrich** (Ulm/Schwaben), De homine dei conditoris teste. Dissert. philos. Präs. Joh. Christian Stock. Jena (Marggraf) 24. I. 1733. 20 Seiten. (6.—) 13230

Hartlieb, K., der Eid u. der moderne Staat, s.: Zeitfragen d. christl. Volkslebens.

Hartlieb, Ludwig von, gen. Walsporn: L e b e n s b i l d meines Grossvaters, des in Rußland 1812 gefallenen Majors Johann Georg David Freiherrn von Tröltsch. Bearb. von —, Hauptm. a. D.
Regensburg: Manz 1893. 59 S. 8°

Hartlieb, Max Schmitt-, s. S c h m i t t - H a r t l i e b

HARTLIEB, Otto von (Memmingen): De physiognomonia medica, ethica atque intellectuali.- Monachii: Poessenbacher 1834. 32 S.
27.11.1833 - Urk; F 61
Diss.Ingolst.-Landsh.-Mchn.

— gen. **Wallsporn, Sigm. David** (Memmingen/Schwaben), Leges succedendi consuetas ad juris justitiaeque normam examinatas. Dissert. jur. Präs. Johann Samuel Friedrich Boehmer. Halle (Joh. Chn. Hendel) Mai 1749. 30 S. (6.—) 13231
Widm. v.: Joh. Wolffg. Brenck, Ladislaus Barán(?)yi v. Wárad (Debreczen/Ungarn), Joh. v. Csatári (Debreczen).

v. Hartlieb, Sophie Louise, geb. v. Lupin, s. Florian, Blumberis.

Hartlieb, Wladimir Frhr. v., die Stadt im Abend. (93 S.) gr. 8. Wien 910. H. Heller & Co. 3.—; geb. 4. —

Haertling, Gottlob Leberecht (Dresden), Medicamenta quaedam inertiae accusata. Disp. med. Präs. Ernst Platner. Lpz. (Langenheim) 1. V. 1778. 24 S. (6.—) 12688
Gew.: Christian Lobegott Pitschel.

Härtling, Robert [aus Zeitz]: Über das Vorkommen von Schwefelwasserstoff im Harn .... Berlin, Buchdr. v. Gustav Schade (Otto Francke) (1886); 28 S. + 1 Bl. 8°.
Berlin, Med. Fak., Inaug.-Diss. v. 9. Nov. 1886.

H ä r t l i n g, R o b e r t, über das Vorkommen von Schwefelwasserstoff im Harn. Diss. Berlin 1886, Mayer & Müller. 8°. 28 S.

Hartlyhaus oder Schilderungen des ... Lebens der Europäer in Ostindien. A. d. Engl. Leipzig 1791. Ü: *Weisse, Christian Felix.* (MGT)

Hartlyhaus, oder Schilderungen d. häuslichen u. gesellschaftl. Lebens in Ostindien; aus d. Engl. 8. Lpz. 791. Weidmann. 1 ℔

Hartman, J. J., A n a l e c t a Tacitea. (III, 308 S.) gr. 8. Leiden 905. Buchh. u Drukkerei vorm. E J. Brill n.n. 7.—

Hartman, I. I., analecta Xenophontea. gr. 8. (VII, 405 S.) Lugduni Batavorum 887. Leipzig, Harrassowitz. n.n. 10.—

— analecta Xenophontea nova. gr. 8. (VII, 352 S.) Ebd. 889. n.n. 10.—

Hartman, J. J. Analecta Xenophontea nova. gr. 8. (VII, 852 S.) Leiden 891. Lpz., Harrassowitz. ** 10 —
Analecta I. Ebd. 1887. ** 10 —.

Hartman, J. J., de M. Tullio Cicerone. Allocutio ad studiosos qua mense septembri a MDCCCLXXXXIII scholas de literis latinis et antiquitatibus romanis instauravit J. J. H. gr. 8. (27 S.) Leiden 893. S. C. van Doesburgh. n.n. - 85

— de Carolo Gabriel Cobet. [Aus: „Jahresber. üb. d. Fortschritte d. class. Alterthumswissenschaft".] gr. 8. (16 S.) Berlin 890. Calvary & Co. n. 1.20

Hartman, J. J., de emblematis in Platonis textu obviis. gr. 8. (VII, 152 S.) Leiden 898. A. W. Sijthoff. n. 4. —

— epistola critica ad amicos J. van Leeuwen et M. B. Mendes da Costa, continens annotationes ad Odysseam. gr. 8. (136 u. VI S.) Ebd. 896. n.n. 3.50

Hartman, J., De Phaedri fabulis. 1889. 124 S.

— de Phaedri fabulis commentatio. 8. (124 S.) Lugduni Batavorum 890. (Leipzig, Harrassowitz.) n.n. 2.50

Hartman, J. J., s.: Genestet, Petrus de, Genestetiana.

— de Horatio poëta. gr. 8. (202 S.) Lugduni Batavorum 891. Leipzig, Harrassowitz. n.n. 5. —

Hartman, J. J., de Hermocopidarum mysteriorumque profanatorum judiciis. Disquisitiones historicae. gr. 8. (55 S.) Lugduni Batavorum 880. Leipzig, Harrassowitz. n.n. 1.50

— s.: Lévêque, Caroli, libellum aureum de Plutarcho mentis medico.

— de Ovidio poeta commentatio. (160 S.) gr. 8. Leiden 905. Buchh. u. Druckerei vorm. E. J. Brill. n.n. 3. —

Hartman, J. J., studia Antiphontea. gr. 8. (39 S.) Lugduni Bat. 882. (Berlin, Calvary & Co.) n. 2. —

Hartman, J. J., Studia critica in Lucianum. Diss. 1877. IX, 87 S.

— de Terentio et Donato commentatio. gr. 8. (VII, 239 S.) Ebd. 895. n. 6. —

Hartmán, Leopold, Buchhändler, die Juden in Ungarn, Kroatien und Slavonien. Ein Beitrag zur Judenfrage im Jahre 1848 und in der Gegenwart. Nach meinem im Jahre 1848 erschienenen ungarischen Werke: „Magyar zsidó, vagy: Zsidó magyar?" in's Deutsche übertragen und dem Verfasser der jüngst in kroatischer Sprache erschienenen Flugschrift: „Israeličani u. Hrovatskoj i Slavoniji" zur geneigten Beachtung empfohlen. 8. (48 S.) Agram, Hartmán. 42 kr.
1861.

Hartmán, Leop., pract. Lehrgang zur schnellen u. leichten Erlernung der ungar. Sprache. Nach d. Franz. v. F. Ahn bearb. 1. Cursus. 2 Abthlgn. gr. 8. (14¾ B.) Gross-Canisa 845, 46. (Leipzig, Schäfer.) *

Hartmán's, Leop., praktischer Lehrgang zu schnellen, leichten u. gründlichen Erlernung der ungarischen Sprache nach Ahn-Seidenstücker's Lehrmethode, m. grammatikal. Anmerkungen. Zum Schul-, Privat- u. Selbstunterrichte. 1. u. 2. Abth. gr. 8. Agram 878. Hartmán. à n. 1. —
1. 7. Aufl. (96 S.) — 2. 6. Aufl. (99 S.)

Hartmann's billigster Agramer Schreibkalender mit unterhaltendem Theil auf das Schaltjahr 1888 für Katholiken, Protestanten, Griechen, Juden und Türken. XX. Jahrgang. 4°. (58 S.) Agram, Hartman. fl. —.20.
1887.

L. Hartman's Billigster Agramer 20 kr. Schreib-Kalender pro 1890 —.20
Agram: Hartmán 1889.

— Illustrirter neuer Agramer Universal-Schreib- und Wirthschafts-Kalender für alle Stände auf das Jahr 1888 für Katholiken, Protestanten, Griechen, Juden und Türken. XX. Jahrgang. Mit unterhaltendem Theil. 4°. (194 S.) Ebd. fl. —.50.
1887.

L. Hartman's Illustrirter neuer Agramer Universal-Schreib- und Wirthschafts-Kalender mit Schematismus auf das Jahr 1890. 4. [200 S.] —.50
Agram: Hartmán 1889.

Hartman, P., Predigt üb. d. Sünde u. Neue Judas Ischarioth. 8. Landshut, Attenk. 865.

Hartman, W. N. [Arts, Off. v. Gez. 2e kl. O. I. L., geb. zu Loosduinen (Holland)]: Ueber die Operation von Péan … Leiden, E. J. Brill, *1892*: 4 Bl., 18 S. 8.
Freiburg i. B., Med. Fak., Inaug.-Diss. v. [illegible]

Hartmann, eine Wirtembergische Klostergeschichte, hrsg. von W……n. Leipzig 1778. Nachdruck Frankfurt u. Leipzig. [Tübingen] 1778. V: *Seybold, David Christoph.* H: *Wekherlin, Wilhelm Ludwig.* (Gradmann, Gelehrtes Schwaben, S. 622 bis 624) (BGE III², 97)

Hartmann, eine Wirtenbergische Klostergeschichte, herausgegeben von W… n, 8. Daselbst, 778. Weygand. Schreibp. 23 fgl.
Dasselbe Buch. Druckp. 15 fgl.

Hartmann; eine würtemberg. Klostergeschichte, (v. Dav. Chph. Seybold). 8. Leipz. 788. Weygand. 12 gr. Schrbp. 18 gr.

Hartmann. Hamburg 1829. V: *Birkenstock, Wilh. Christian.* (A)

Hartmann, Eduard v., u. das Christenthum. Eine Streitschrift. Von e. luther. Laien. [Verf. v. „Landeskirche od. Freikirche".] 8. (32 S.) Emden 882. (Haynel.) n. — 60

— u. seine Judenfreundschaft. [Aus: „Israelit. Wochenschr."] gr. 8. (31 S.) Magdeburg 886. (Leipzig, Friese.) n. — 50

Hartmann, Franz Karl. Lebensereignisse e. Luxemburgers, s. Liez, N.

Hartmann von Habsburg. Sehr angenehme, lehrreiche Erzählungen u. Gedichte f. d. gebildete Jugend. Aus d. Jugendfreunde 12. (5 B., Titlblt. u. Titlvign.) Wien 844, Grund.

Hartmann. – Karl Friedrich Aug. Hartmann,
s. Birkenstock, Wilhelm Christian

Hartmann Nekrolog Philipp Karl

Necrolog Philipp Carl Hartmann. 3 S., (S.465-467), Gbd.

Berlin: 1830
(Krit.Repert., Bd 27, N.F.Bd 7)

JB 6.065/27

Hartmann von Aue, s. Roetteken, Hubert.
Stahl, Karl.

Hartmann von Aue: Erec.

— s.a.Sammlung Göschen.

Hartmann von (der) Aue (Ouwe), Erec, e. erzählung. Hrsg. v. Moriz Haupt. gr. 8. (20¼ B.) Leipzig 839, Weidmann'sche Buchh.

Hartmann von (der) Aue. Eric, der arme Heinrich, zu vorlesungen u. zum schulgebrauch m. ein. wörterbuch hrsg. v. Wilh. Müller. gr. 8. (6 B.) Göttingen 842, Dieterichsche Buchh. Thlr. *

Hartmann v. Aue, Erek. Eine Erzählung übers. von G. O. Fistes (Gotthold Alex. Weiske). gr. 8. (X u. 237 S.) Halle 851, Schmidt. n. 1 1/6 Thlr.

Hartmann v. Aue, Erek. Eine Erzählung, übers. von G. O. Fistes. 2., (wohlf.) Aufl. gr. 8. (IX und 237 S.) Halle 851(55,) Schmidt. *

Hartmann von Aue, Erek. Eine Erzählung übersetzt von G. O. Fistes. 2. (Titel-) Aufl. Halle (851.) 855. Schmidt. gr. 8. (IX, 237 S.) n. 10 ngr

— Erec. Eine Erzählg. 2. Ausg. v. Mor. Haupt. gr. 8. (447 S.) Leipzig 871. Hirzel. n. 7. 20

Hartmann v. Aue, Erek u. Enite, s.: Stecher, Ch., deutsche Dichtung f. die christliche Familie u. Schule.

— Erec der Wunderære, s.: Classiker, deutsche, des Mittelalters.

Hartmann v. Aue, Gregorius, s.a.Textbibliothek, altdeutsche.

— Gregorius, s.a.Universal-Bibliothek.

——, Gregorius, e. Erzählung. Hrsg. v. Karl Lachmann. gr. 8. (7 B.) Berlin 838, Reimer.

— Gregorius. Eine Erzählung übers. v. G. O. Fistes (Gotthold Alex. Weiske). gr. 8. (88 S.) Ebd. 851. ½ Thlr.

—— Gregorius. Eine Erzählung, übers. von G. O. Fistes. 2., (wohlf.) Aufl. gr. 8. (88 S.) Halle 854(55,) Schmidt. *

— Gregorius. Eine Erzählung übersetzt von G. O. Fistes. 2. (Titel-) Aufl. Ebend. (851.) 855. gr. 8. (1 Bl., 88 S.) n. 4 ngr

— Gregorius. Hrsg. v. Herm. Paul. gr. 8. (XVII, 166 S.) Halle 873. Lippert'sche Buchh. n. 4. —

Hartmann von Aue: Hartmann von Aue.

Hartmann v. Aue, s.a.Classiker, deutsche. — Denkmäler der älteren deutschen Litteratur. — Handbibliothek, germanistische. — Sammlung Göschen. — Teubners Sammlung deutscher Dicht- u. Schriftwerke.

Hartmann von Aue. Hrsg. von Fedor Bech. Th. 1-3. Leipzig: Brockhaus 1891-1902. 8°
1. Erec der Wunderaere. 3. Aufl. 1893.
2. Lieder. Die Klage. Büchlein. Gregorjus. Der Arme Heinrich. 3. Aufl 1891.
3. Iwein, oder Der Ritter mit d. Löwen. 4. Aufl. 1902.
(Deutsche Klassiker d. Mittelalters. Bd 4–6.) [10. 5349 4]

Hartmann v. Aue, Auswahl, s.: Hagen, Paul.

Hartmann v. Aue u. seine Nachahmer, s.: National-Litteratur, deutsche.

Hartmann v. der Aue, der arme Heinrich, s.a. Bibliothek der Gesamt-Litteratur d. In- u. Auslandes.

Hartmann von (der) Aue, der arme Heinrich, s.a.Heinrich.

— der arme Heinrich, s.a.Teubner's Sammlung deutscher Dicht- u. Schriftwerke f. höhere Töchterschulen.

— dasselbe. s.a.Textbibliothek, altdeutsche.

— dasselbe, s.a.Universal-Bibliothek.

— Dass., e. altdeutsche Erzählung, herausgeg. von J. G. G. Büsching. Mit 5 Kpf. gr. 12. Zürich 810. Orell. 10 gr

Hartmann von d. Aue, d. arme Heinrich, aus d. Straßburgischen u. Vatikan. Handschrift erklärt, durch die Gebr. Grimm. 8. Berl. 815. Reimer. 1 Thlr 8 gr

— der arme Heinrich, ein erzählendes Gedicht. Metrisch übers. von K. Simrock. Nebst d. Sage von „Amicus u. Amelius" u. verwandten Gedichten d. Uebersetzers. 8. Berl. 830. Laue. 18 gr

Hartmann von Aue, der arme Heinrich, zu vorlesungen und zum schulgebrauch mit einem wörterbuch herausgeg. von Wlh. Müller. gr. 8. Göttingen 842, Dieterich'sche B. n. ½ Thlr

Hartmann von der Aue. Der arme Heinrich. Wien 1850. II: *Karajan, Theodor Ritter von.* (EB)

— der arme Heinrich und zwei jüngere Prosalegenden verwandten Inhaltes. Für den Gebrauch in Vorlesungen herausg. von Wilh. Wackernagel. Basel 855. Schweighauser'sche Verlhdlg. gr. 16. (101 S.) 9 ngr

— der arme Heinrich, übers. v. K. Simrock. Mit verwandten Gedichten u. Sagen. 2. Aufl. 16. (XV, 179 S.) Heilbronn 875. Henninger. n. 3. —

— dasselbe u. die Büchlein. Hrsg. v. Mor. Haupt. 2. Aufl. der „Lieder u. Büchlein u. d. armen Heinrich", besorgt v. E. Martin. gr. 8. (XX, 148 S.) Leipzig 881. Hirzel. n. 4. —

— der arme Heinrich. — Il povero Enrico. Versione in prosa di Aristide Baragiola. gr. 8. (IV, 45 S.) Strassburg 881. Trübner. n. 1. 20

— dasselbe u. zwei jüngere Prosalegenden verwandten Inhaltes. Mit Anmerkgn. u. Abhandlgn. v. Wilh. Wackernagel. Hrsg. v. W. Toischer. gr. 8. (VII, 220 S.) Basel 885. Schwabe. n. 3. 20

— der arme Heinrich. Poetische Erzählg. aus dem 13. Jahrh. Übertragen, bearb. u. den deutschen Jungfrauen gewidmet v. G. Hausmann. 8. (IV, 71 S.) Gotha 886. F. A. Perthes. n. 1. —

Hartmann von der Aue. Der arme Heinrich, neuhochdeutsch bearbeitet von Th. Ebner. Halle a. S. 1887. 8°.

Hartmann v. Aue. Armer Heinrich. Mit Anmerkungen und Abhandlungen von W. Wackernagel. Herausgeg. von W. Troischer. Gr. in-8°. Basel, Schwabe. 1893. 4 —

— der arme Heinrich. Eine schwäb. Sage. Aus d. Mittelhochdeutschen übertr. v. Aug. Hagedorn. 12. (76 S.) Leipzig 898. Dieterich. n. 1. —; geb. n. 1. 80

— der arme Heinrich, nebst dem Inhalte des „Erek" u. „Iwein", hrsg. v. Ghld. Bötticher, s. a. Denkmäler der älteren deutschen Litteratur.

[F.] Der arme Heinrich nebst d. Inhalte des 'Erek' und 'Iwein' v. Hartmann von Aue u. Meier Helmbrecht v. Wernher dem Gärtner übs. u. erläut. v. Gotthold Bötticher. 2. durchges. Aufl. *Halle a. S.: Waisenhaus 1899.* (VI S., 1 Bl., 126 S.) 1 Bd 8.
= Denkmäler d. Älteren deutschen Litteratur. [Abth.] II. [Bd] 2.

Der arme Heinrich nebst dem Inhalte des 'Erek' und 'Iwein' von Hartmann von Aue u. Meier Helmbrecht von Wernher d. Gärtner übers. u. erl. von Gotthold Bötticher. 3., durchges. Aufl. *Halle a. S.: Waisenhaus 1903.* (VI, 120 S.) 8° [F.]
= Denkmäler d. älteren deutschen Literatur. 2, 2.

— der arme Heinrich, hrsg. v. Gust. Legerlotz, s. a. Velhagen & Klasing's Sammlung deutscher Schulausgaben.

Epik der deutschen Sagenkreise. Der arme Heinrich von Hartmann v. Aue. König Rother. Übertr., eingel. u. erkl. von Dr. Gustav Legerlotz, Dir. d. Gymn. in Salzwedel. *Bielefeld & Leipzig: Velhagen & Klasing 1904.* (XXXIX, 144 S.) 8° [F.]
= Sammlung, Velhagen & Klasings, dtsch. Schulausg. Lfg 107.

Der arme Heinrich nebst dem Inhalte des 'Erek' und 'Iwein' von Hartmann von Aue und Meier Helmbrecht von Wernher dem Gärtner übers. u. erl. von Gotthold Bötticher. 4. Aufl. Halle: Waisenhaus 1907. (VI, 126 S.) 8° [F.]
= Denkmäler d. älteren deutschen Litteratur f. d. litteraturgesch. Unterr. an höh. Lehranst. 2, 2.

Der arme Heinrich nebst dem Inhalte des 'Erek' und 'Iwein' von Hartmann von Aue und Meier Helmbrecht von Wernher dem Gärtner übers. u. erl. von Gotthold Bötticher. 5. Aufl. Halle a. S.: Waisenhaus 1909. VI, 126 S. 8°
(Denkmäler d. älteren deutschen Literatur f. d. literaturgesch. Unterr. an höh. Lehranst. 2, 2.)

— Iwein u. der arme Heinrich, s.: Ritterbuch.

— Iwain, s. a. Stecher, Chrn., deutsche Dichtung für die christliche Familie und Schule.

—— Iwein. — Wörterbuch dazu, s. Benecke, Geo. Friedr.

Hartmann, Ritter von, (Zeitgenosse Friedrichs d. Rothbarts.) Iwain, ein Heldengedicht. 2 Bde. 8. Leipz. Sommer.

[illegible], [illegible], IWAIN, // [illegible] // [illegible] // der [illegible] // [illegible] // Texte, // [illegible] nach heutiger // Mundart erkläret, // [illegible] // [illegible] // [illegible] auf der [illegible] // bibliothek. // ERSTER BAND. // WIEN, // gedrukt in der K. K. Taubstummeninstitutsbuch- //druckerei, // 1786. - 587 Seiten.
B. S. T. H°. 288¹.

IWAIN, // - - - ZWEYTER BAND. // WIEN, // bey Rudolph Graffer, 1787. - 634 S. und noch [illegible] Blatt (nicht paginiert) Nachträge und Druckfehler.
B. S. T. H°. 288².

— Iwain; e. Heldengedicht, zur Seite nach heutiger Mundart erklärt, mit Vorbericht, Anmerkk. u. e. Glossarium versehen, von K. J. Michaeler. 2 Bde. 8. Wien 787. (Heubner). 1 Rthlr 8 gr. (Kauff in Leipz.) Schrbp. 3 Rthlr

—— Iwein. Eine Erzählung. M. Anmerk. v. G. F. Benecke u. K. Lachmann. 2. Ausg. gr. 8. (36 B.) Berlin 843, G. Reimer.

—— Iwein. Eine Erzählung. Mit Anmerkungen von G. F. Benecke und K. Lachmann. 3. Ausg. gr. 8. (X, 564 S.) Berlin 868, G. Reimer.

— Iwein. Eine Erzählung. Mit Anmerkungen v. G. F. Benecke u. K. Lachmann. 4. Ausg. gr. 8. (X, 563 S.) Berlin 877. G. Reimer. 7. 50

— Iwein mit dem Löwen. Eine Erzähl., übers. u. erläut. v. Wolf v. Baudissin. 8. (19½ B.) Berlin 845, Alex. Duncker.

-- Iwein, der Ritter m. dem Löwen, s. a. Handbibliothek, germanistische.

Hartmann von Aue: Iwein der Ritter mit dem Lewen. Hrsg. v. G. F. Benecke u. K. Lachmann. Berlin 1827. 420 S.

Hartmann, Iwein, d. Ritter mit d. Löwen. Herausgeg. v. G. F. Benecke u. K. Lachmann. 8. Berlin 827, Reimer.

Hartman, Dienstman ze Owwe, Iwein der Ritter mit dem Lewen, Getiht, vers 7113—7234, erklärt vom Collabor. C. E. D. F. Schwarz. gr. 4. Clausthal 838. Schweigert. ⅓ Rthlr

— Lieder. Die Klage. Büchlein. Gregorius. Der arme Heinrich, s.: Classiker, deutsche.

— Lieder, der arme Heinrich, s.: Statuen deutscher Kultur. II.

—— Lieder u. Büchlein u. der arme Heinrich. Hrsg. von Mor. Haupt. gr. 8. (12 B.) Leipzig 842, Weidmann'sche Bh.

— sechs Lieder u. der arme Heinrich hrsg. u. m. Anmerkgn. u. e. Glossar versehen v. Bernh. Schulz. 8. (VIII, 83 S.) Leipzig 871. Teubner 75

— diu maere vom armen Heinrich. (Handschriften-Facsm.-Ausg. im Gewande des 12. Jahrh.) 8. (32 S.) Kiel 880. Lipsius & Tischer. geb. in Kalbldr. m. Goldschn. n. 8. —

Des armen Hartmann Rede vom Glouven. E. deutsche Reimpredigt d. 12. Jhs. Unters. u. hrsg. v. Friedrich von der Leyen. *Breslau: M. & H. Marcus 1897.* (VI S., 1 Bl., 224 S., 1 Bl.) 1 Bd 8.
= Abhandlungen, Germanistische, begr. v. K. Weinhold. H. 14.

Hartmann's v. Aue, Werke, hrsg. v. Herm. Paul, s. a. Textbibliothek, altdeutsche.

Die Werke Hartmanns v. Aue. Hrsg. von Hermann Paul. 2. Aufl. 4. *Halle a. S.: M. Niemeyer 1900.* 8°
— Textbibliothek, Altdeutsche. No 2. [00. 9948 3

— Werke, s.a.Textbibliothek, altdeutsche. Nr. 3.

Die Werke Hartmanns von Aue. Hrsg. von Hermann Paul 3. Aufl. 5. *Halle a. S.: M. Niemeyer 1904.* 8°
— Textbibliothek, Altdeutsche. No 3. ... 8

Hartmann's v. Heldrungen, Hochmeister des deutschen Ordens, Bericht über die Vereinigung des Schwertordens mit dem deutschen Orden u. über die Erwerbung Livlands durch den letzteren. Hersg. von Ernst Strehlke. [Aus: Mittheilungen aus dem Gebiete der Geschichte Liv-, Ehst- u. Kurlands]. Riga 865. (Kymmel.) gr. 8. (29 S.) n. 6 ngr.

Hartmann vom Rheine: „Ueber die Theilung des Bodens; ein freies Votum", Hamm 1824 (Schulz & W.).

Hartmann v. Rheine, (psdn.) üb. d. Theilung d. Bodens. Ein freies Votum. gr. 8. Hamm 824. Wundermann. 6 ℊ/

Hartmann

— s. a. **Harttmann.**

—, De angina pectoris. Frcf. 4°. 1791

Hartmann, Anleitung zur Steigerung der geistigen Fähigkeiten, s.: Bierry, W.

Hartmann, Beschr. des Bodensees. Bregenz, Brentano.

Hartmann, Diss. de cardialgia colicaque funesta ab ingestis orta etc. Frcf. 4°.
1775

Hartmann, v.: Ueber die razionale Darstellung der Gleichungen. Wegschaffung d. Wurzelgrös. d. Grades 3^{m}Zs. 21 S.–Wien OR.Sch., Progr. 1855, 1856

Hartmann: Entwicklung allg. Gesetze f. Dreieckseiten. 12 S.–Wien OR.Sch., Progr. 1853

Hartmann, Diss. de eo, an temperamentum possit mutari. Lps. 4°. 1711

— s. Erläuterr. zu d. 5jähr. Criminal-Proceß gegen H. A. Faak, u. setze hinzu: (v. Dr. Hartmann).

Hartmann, Prinz Friedrich d. Niederlande. Verewigter Chef d. Infant.-Regts. Prinz Friedrich d. Niederlande (2. westfäl.) Nr. 15. Histor.-biograph. Skizze. 12. (18 S. m. Bildn.) Berlin 896. E. S. Mittler & Sohn. — 30

Hartmann, Hauptmann und Kompagniechef im 8. lothringschen Infanterie-Regiment Nr. 159. Die Garnisonen Preussens, Badens, Württembergs, in kurzer Darstellung.
kl. 8. Oldenburg i. Gr. 1902.

Hartmann, die Garnisonen Preußens, Badens, Württembergs in kurzer Darstellung. 12. (III, 190 S.) Oldenburg (902). G. Stalling's Verl. n. 2. 50

Hartmann, junge Generäle und alte Soldaten. Berufs- und Landwehr-Offiziere. Zwei Vorträge, gehalten in der Akademie gemeinnütziger Wissenschaften zu Erfurt. Erfurt 858. Keyser. gr. 8. (39 S.) 6 ngr

Hartmann: Ein allgem. Gesetz der Dreieckseiten. 12 S. 8°–Görz, Progr. 1851

Gratulationsgedicht zum 70jährigen Jubiläum des pp. Hartmann. [Lateinisch.] 6 S.
Düsseldorf, Progr. 1843

Hartmann, Hülfs-Tafel zur Berechnung der Zinsen für Capitalien von 1 Pf. bis 100 Thlrn. zu den Zinssätzen von ¼, ⅓, ½, ⅔ pCt. Angermünde 858. (Berlin, G. Bethge.) 8 (8 S.) n. 2 ngr.

— — zu den Zinssätzen von ¾ u. 1 pCt. Ebend. 858. 8. (8 S.) n. 2 ngr.

— — zu dem Zinssatze von 2; 2½; 3; 3½; 4; 4½; 5 u. 6 pCt. Ebend. 858. 8. (8, 9, 10, 11, 12, 13, 15, 17 S.) Jede Ausgabe n. 2 ngr.

Hartmann, Historia de temperamentis. Lps. 4°. 1781

Hartmann, Instit. d. Völkerrechts. 2. Ausg. Hannover 878.

Hartmann, v., unser Kaiser u. seine Familie. Eine Skizze zum Dienstunterricht u. zur Selbstbelehrung d. preuß. Soldaten. 2., umgearb. Aufl. gr. 8. (IV, 32 S. m. e. Portr.) Berlin 890. Mittler & Sohn. cart. n. — 40

Hartmann. Die Festung Cüstrin 1806—1814. „Archiv für die Artillerie- und Ingenieur-Officiere des deutschen Reichsheeres."
Berlin 1897.

Hartmann, Diss. de liene in lienosis saepe insonte. Frcf. 4°. 1791

– (Hrsg.), s. Lohengrin. Central-Organ deutscher Vereine.

Hartmann, ..., (Assessor,) s. Mittheilungen des landwirthschaftlichen Provinzial-Vereins zu Hannover.

Hartmann, d. Mittel z. Verhütg. d. Schwangerschaft, auf ihren Wert geprüft, u. ihre moralische Berechtigg. 8. (31 S.) Hagen 895. H. Risel & Co. n. 1. —

[H. u. Ant.] Die Mittel zur Verhütung der Empfängniss auf ihren Wert geprüft. u. ihre moral. Berechtigung. Von Dr. med. Hartmann, Arzt ... Ulm a. D. 2. Aufl. *Hagen i. W.: H. Risel & C. 1896.* (1 Bl., 32 S.) 1 Bd 8. 96. 4917

Hartmann, Notstandsarb., s. Schriften, Armenpflege.

Hartmann, v. Militär. Notwendigkeit u. Humanität. Berlin 1878.

Hartmann, Diss. Obs. quaedam ad cicutae et phosphori usum pertinentes. Helmst. 4°.
1763

Hartmann, Pflichten des deutschen Turners, Neujahrsanspr., 5 S., 8°.

(**Hartmann,** von.) Promemoria zum Entwurf einer Landgemeinde-Ordnung für die Provinz Westphalen. Berlin 1853. 40 S. 8.

Hartmann: Das Provinzial-Recht des Fürstenth. Eichsfeld. Im Auftrage des königl. Justiz-Ministeriums f. die Gesetzrevision nach der Ordnung des allgem. Landrechts für die königl. preuss. Staaten bearbeitet. ***Berlin,*** **Dümmler. 835. gr. 8. (2 Thl. 12 Gr.)**

— Rathgeber in allen militär. Angelegenheiten, f. angeh. Soldaten, Reservisten, Ersatzreservisten, Volksschullehrer, Land- u. Seewehrleute nach d. deutschen Wehr- u. Heer Ordnung zusammengest. gr. 8. (24 S.) Ebd. 894. n. 20

— Ratgeber in militärischen Angelegenheiten f. angehende Einjährig-Freiwillige, Offizier-Aspiranten u. Offiziere des Beurlaubtenstandes der Armee u. Marine, f. Mediziner, Apotheker u. Roßärzte nach der Wehr- u. Heer-Ordnung. 8. (93 S.) Mülheim a/R. (901). J. Bagel. 1. —

Hartmann: Rechtfertigung des Urtheils der Geschwornen in der Fonkischen Sache gegen die Einwendungen der Prof. Zachariae u. Paulus in Heidelberg, u. die Erklärung des Ritters v. Feuerbach für die Unschuld des Fonk; nebst Antwort auf die Frage: Ob die bekannten Gutachten der Aerzte eine rechtl. Wirkung für Fonk u. Hamacher haben können? H. 1. [einz.] Köln 1823.

HARTMANN: Rechtfert. d. Urtheils d. Geschwornen in d. Fonkschen Sache gegen die Einwend. d. Herrn Prof. *Zachariä* u. *Paulus* in Heidelberg u. die Erklär. des H. Ritters *v. Feuerbach* für die Unschuld des Fonk u. s. w. 1. Heft. *Köln*, Schmitz. 823. 8.

Hartmann, Rede, geh. am 2. Septbr. 1877 in der Aula des Bürgerschulgebäudes zu Frankenberg. gr. 8. (15 S.) Frankenberg 877. Roßberg in Comm. n. — 30

—— das Reglement für die Land-Feuersozietät der Neumark vom 17. Juli 1848 mit der allerhöchsten Declaration vom 8. April 1854 und den Ausführungs-Bestimmungen. Unter Zustimmung der hochlöbl. General-Land-Feuersozietäts-Direction und des hohen Communallandtages der Neumark hrsg. gr. 8. (III und 100 S.) (Berlin 857, G. Bethge.) *

Hartmann: Relationen für Dreieckseiten. 8 S. –Wien OR.Sch., Progr. 1854

[J.] Sitz- und Trageweise der Bekleidungs- und Ausrüstungsstücke der Fusstruppen. Auszug a. d. Bekleidgsordng f. Mannschaften. Zsgest. v. **Hartmann,** Prem.-Lt. im Inf.-Reg. Prinz Friedr. d. Niederl. No. 15. *Minden i. W.: W. Köhler 1896.* (16 S.) 1 Bd 8. [97. 384]

— Sitz- u. Trageweise d. Bekleidungs- u. Ausrüstgs.-stücke d. Fußtruppen. Auszug aus d. Bekleidungsordng. f. Mannschaften. (10. Taus.) 12. (16 S.) Minden 896. W. Köhler. — 20

Hartmann, Sitz- u. Trageweise der Bekleidungs- u. Ausrüstungsstücke der Fußtruppen. Auszug aus der Bekleidungsordnung f. Mannschaften. 16. Taus. (16 S.) 12. Minden 903. W. Köhler. n. — 20

Hartmann, Specilegia ad tussis convulsivao historiam et medendi methodum pertinentia. Frcf. 4°.
1790

Hartmann Die Statistik und ihr Verhältniß zur Schule. 24 S.
Berlin, G. Kl., Progr. 1848

Hartmann, Tabellen zur Berechnung der Feuer-Kassen-Gelder. gr. 8. (2⅛ B.) Königsberg i. d. Neumark 846. (Windolff u. Striese.) *

—— Tabellen z. schnellen Ermittelung der beim Ein- u. Verkaufe v. Getreide, Heu, Stroh, Wolle, Taback u. dergleichen, od. über Lfg. v. Gegenständen, welche nach Wispeln, Scheffeln, Metzen u. s. w. berechnet werden, z. empfangenden od. z. zahlenden Kaufs-Summe. gr. 4. (5¼ B.) Königsberg i. d. N. 846. (Windolff u. Striese.) **

Hartmann, der Uebergang üb. die Beresina. Nach den Berichten des französ. Obersten Chapelle, s.: Beiheft zum Militär-Wochenblatt.

Hartmann, der Übertritt in die Mittelschule, s.: Krieger.

Hartmann, Untersuch. üb. d. Obligation. Erlangen 875.

Hartmann, d. gesammte Untersuchungswesen f. Preuss. Bresl. 854. (s. —)

— der Verbalismus in der deutschen Volksschule. Vortrag, geh. bei der amtl. Hauptkonferenz der Lehrer des Schulinspektionsbezirks Annaberg, am 4. Septbr. 1879. gr. 8. (28 S.) Annaberg 879. Graser. n. — 50

Hartmann: Die Verminderung der Rauch- und Rußplage. Vortrag. Berlin 1907

Hartmann. Waffenlehre u. Taktik als Einleitung zum Vortrage über den kleinen Krieg. Berlin 1823. 285 S.

Hartmann, (Prem. Lieut.,) Waffenlehre u. Taktik, als Einleit. z. Vortrage üb. d. kl. Kriege. Ein Leitfad. f. d. Unterr. in diesen Gegenständen. gr. 8. Berlin 824, Reimer.

Hartmann, das Wahlgesetz f. den deutschen Reichstag vom 31. Mai 1869, nebst Wahlreglement vom 28. Mai 1870. Oschatz 889.

Hartmann, der Waldwegebau im Gebirge. (27 S.) kl. 8. Neudamm 905. J. Neumann. n. — 50
Sonderabdruck aus: „Dtsch. Forstzeitg."

Hartmann, der Wegweiser zur Gesundheit. Ein volkstümlich Büchlein m. guten Ratschlägen f. alle Menschen in gesunden u. kranken Tagen. (36 S.) kl. 8. München (904). (Ravensburg, H. Burger.) n. — 20

Hartmann, Platos Widerlegung des Protagoreischen Sensualismus. Pr. 1888. 7 S. 4°.

Hartmann: Wie beschlägt man die Hufe der Pferde am naturgemässesten?

Aus: Amts- u. Anzeigeblatt für d. landwirtschaftl. Vereine d. Königreichs Sachsen. 1858, No 11.

-- wie werde ich Reserve-Offizier? Ratgeber f. Offizier-Aspiranten u. Einjährig-Freiwill. d. Heeres u. d. Marine. Nach d. deutschen Wehr- u. Heer-Ordng. zusammengest. 12. (40 S.) Leipzig 896. Zuckschwerdt & Co. n. 1. -

Hartmann, A. (Hrsg.), s. A l p i n a.

Hartmann, A. Der ärztl. Dienst in den Krankenhäusern in Paris, London u. Berlin 1890. (S.-A.)

Hartmann, A. Eine Fahrt zur Kolumbus-Ausstellung. Osnabrück 1894. 8.

Hartmann, A., die Grundzüge d. kurhessischen Gesinderechtes, e. Wegweiser f. Dienstherrschaft u. Gesinde. gr. 8. (15 S.) Rinteln 892. C. Bösendahl. n. – 20

Hartmann, A. Verleihg d. mediz. Doktortitels i. Deutschland. Die Approbationsprüfung i. London. Die ärztl. Standesverhältnisse in London u. Paris. (O. J.)

Hartmann, A., d. allgemeine Wahlrecht. Eine Studie üb. s. polit. Bedeutg. gr. 8. (53 S.) Berlin 897. H. Walther. n. -- 80

Hartmann, A. D., der Zollverein gegenüber dem Handelsvertrage mit Frankreich. Berlin 864. J. Springer. gr. 8. (104 S.) n. 15 ngr.

*Hartmann, A. L., neue Teufels-Stücklein, Passauer Kunst, Bestmachen, Schieß- u. Büchsen-Kunst — zu Präservirung der Jugend — Nürnberg 721. 12.

Tagebuch Adam Samuel Hartmanns, Pfarrers zu Lissa i. P., über seine Kollektenreise durch Deutschland, die Niederlande, England u. Frankreich in d. J. 1657–1659. Hrsg. u. erl. von Dr. Rodgero Prümers. Posen 1900: E. Schmädicke. (252 S.) 8° [J.]
[Aus: Zeitschrift d. Hist. Gesellsch. f. d. Prov. Posen. Jg. 14. 15.] [illegible] 2

Hartmann, Adolph (Hannover), De acquisitione dominii in fructibus rei alienae bona fide possessae. Diss. jur. Götting. (J. C. Baier) Mai 1807. 72 S. (6.—) 13235

Hartmann, Adolf, aus Schinznach (Aargau): Ueber die Einwirkung alkoholischer Schwefelsäure auf Aryl-Hydroxylamine und Aryl-Azyde. Zürich 1905. 116 S. 8°. [14. VII. 06.]
Zürich. Phil. Diss. II. S. 1905/1906.

Hartmann, Adolf. Ueber die Einwirkung alkoholischer Schwefelsäure auf Aryl-Hydroxylamine und Aryl-Azide. Diss. Phil. [II.] Univ. Zürich. [Mit 2 Tabellen.] 115S. 8. Zürich, Aktien-Buchdr., 1905.

Hartmann, Adolf, approb. Arzt aus Herrenberg: Ein Fall von tuberkulöser Darmstenose. Hierzu 1 Zeichnung. *Braunschweig [1900]: A. Limbach.* (9 S.) 8° ¶(Aus: Baumgarten's Arbeiten, 3.)
Tübingen, Med. Diss. v. 1900

Hartmann, Adolf (geb. Hannover [illegible] 185[illegible]): Ueber einige Fragen, welche das Einspruchsrecht bei der Pfarrwahl betreffen. Mit besonderer Rücksicht auf die Preussische Verordnung vom 2. Dez. 187[illegible]. Freiburg i. B.: J. C. B. Mohr 188[illegible] (55 S.) 8° (Aus: Zeitschr. f. Kirchenrecht. Bd 18 = N. F. Bd 3.)
Berlin, Jur. Diss. v. 21. Febr. 1884

Hartmann, Adph., Institutionen d. praktischen Völkerrechts in Friedenszeiten m. Rücksicht auf die Verfassg., die Verträge u. die Gesetzgebg. d. Deutschen Reichs. gr. 8. (XVI, 287 S.) Hannover 874. Meyer. n. 5. —

Hartmann, Adph., Institutionen d. praktischen Völkerrechts in Friedenszeiten, m. Rücksicht auf die Verfassung, die Verträge u. die Gesetzgebung des Deutschen Reichs. 2. (Titel-)Ausg. gr. 8. (XVI, 287 S.) Hannover 878. Meyer. n. 5. —

Hartmann, Adolf, approb. Arzt aus Konstanz: Zur Kasuistik der Oesophagotomie nebst einigen Bemerkungen über die Bedeutung der Oesophagoskopie und Durchleuchtung mit Röntgenstrahlen bei verschluckten Fremdkörpern. *Freiburg i. B.: Speyer & Kaerner 1902.* (51 S.) 8°
Freiburg i. B., Med. Diss. v. 1903

Hartmann, Adph., zwei Reformationsfestpredigten. 8. (29 S.) Nürnberg 871. Löhe. n. — 30

Hartmann, Adf., die Strafrechtspflege in Amerika. Mit Ausführgn. zur deutschen Strafprozessreform. (XII, 335 S.) gr. 8. Berlin 906. F. Vahlen. n. 8. —; geb. n. 9. —

[Hartmann, Albert.] Anleitung zur Erlernung der gebräuchlichsten Wörter und Sätze der französischen & englischen Sprache. II + 18 S. 8. [Iseltwald,] A. Hartmann [Dr. v. H. Balmer, Interlaken], [1903]. [fr. —. 20]

Hartmann, Albert, Referendar in Dresden: Die Beistandschaft des Deutschen Bürgerlichen Gesetzbuches. Borna-Leipzig 1905: R. Noske. (VIII, 81 S.) 8°
Freiburg i. B., rechts- u. staatsw. Fak., Ref. Merkel, Diss. v. 1905
[Geb. 18. Okt. 71 Schildberg (Provinz Posen); Wohnort: Chemnitz; Staatsangeh.: Königreich Sachsen; Vorbildung: Realgymn. Chemnitz (Ergänzungsprüfung Gymn. Bautzen); Studium: Breslau 4, Leipzig 6 S.; Coll. 20. Febr. 04.]

Hartmann, Albert [app. Arzt aus Dingelbe i. Hann.]: Aus d. med. Klinik zu Kiel. Beitrag zur Lehre von der Aphasie. . . . Kiel, Druck v. Carl Boeckel. 1889; 30 S. + 1 Bl. 8°
Kiel, Med. Fak., Inaug.-Diss. v. 22. März 1889

Hartmann, Albert *Otto Ferdinand* [aus Brandenburg a/H.]: Beiträge zur krystallographischen Kenntnis organischer Verbindungen . . . Breslau, Druck v. O. Gutsmann, *1897;* 22 S., 1 Bl. 8.
Breslau, Phil. Fak., Inaug.-Diss. v. 7. Aug. 1897

Hartmann, Alb., Beiträge z. krystallographischen Kenntniss organ. Verbindungen. Diss. gr. 8. (22 S. m. 14 Fig.) Breslau 897. (Schletter.) n. — 80

Hartmann, A., Beiträge zur Lehre von der Aphasie. Inaug.-Diss. gr. 8. (30 S. m. 1 Fig.) Kiel 889. (Lipsius & Tischer.) n. 1. —

Hartmann, Albert, Festschrift zum 50jähr. Bestehen des Turnvereins Cannstatt, 1846—1896. Cannstatt 1896, 69 S., 8°.

Hartmann, Albert, Festschrift zum 34. Schwäbischen Kreisturnfest in Cannstatt 22.—25. 7. 1899. Cannstatt 1899, 51 S., 2 Bl., 8°.

Hartmann, Albert. Über Körpergewichtsveränderungen erholungsbedürftiger Kinder in der Basler Kinderheilstätte Langenbruck. Diss. Med. Basel. [Mit 2 Figuren. — Separat-Abdruck aus: Zeitschrift für Tuberkulose und Heilstättenwesen. Band 2.] 22 S. gr.-8. Leipzig, Johann Ambrosius Barth, 1901.

Hartmann, Alexander von

Hartmann, A. v., Gott und Naturwissenschaft, Irrthum und Wahrheit. 1. und 2. Aufl. 16. (VII, 56 S.) Halle a. S. 872, Erlecke.

—— dass. — 3. Aufl. 16. (VII, 56 S.) Zürich 874, Literatur-Bureau.

—— dass. — 3. Aufl., mit einer gedrängten Darstellung des vor den Gerichtshöfen zu Halle a. S. und Naumburg a. S. und dem königl. Obertribunale zu Berlin anläßlich dieser Schrift verhandelten Preß-Prozesses. gr. 8. (62 S.) Ebendas. 875.

Hartmann, Alfred
Autochthonen und Touristen. Ein Bergidyll. Berlin 1881.
In: Roman-Zeitung, Deutsche. Bd 4.

Hartmann, Alfr., der gerechte Branntweinbrenner. Volksroman. 8. (III, 319 S.) Bern 881. Wyß. n. 2. 60

Hartmann, Alfr., die Denkwürdigkeiten d. Kanzlers Hory. Ein Zeit- u. Charakterbild d. 17. Jahrh. gr. 8. (XIV, 274 S.) Berlin 875. Janke. n. 4. —

Hartmann, Alfred. Martin Disteli (1802–1844). Ein Künstlerleben. [Mit 2 Tafeln.] Njbl. Solothurn. Kunstver. 6. 4. Solothurn 1861.

Hartmann, Alfr., Martin Disteli. Ein Künstlerleben. [Neujahrsblatt des solothurnschen Kunstvereins. 6. Jahrg.] Solothurn 861. Jent & Gaßmann. gr. 4. (16 S. u. 2 Lithogr.) 15 ngr.

Hartmann, A., s. M. Distelli, Thierzeichnungen.

— die Erbvettern auf d. Aspihof, s.: Verein f. Verbreitg. guter Schriften, Bern.

Erzählungen aus der Schweiz. Der Kiltabendgeschichten 2. Folge. Mit 20 Illustr. (Holzschn.) von H. Jenny. Solothurn 863. Scherer in Komm. 8. (278 S.) n. 2 ₰

Hartmann, Alfred

Fortunat. Roman. Berlin 1878.

In: Roman-Zeitung, Deutsche. Bd 3.4.

— Fortunat. Roman. 3 Bde. 8. (240, 239 u. 246 S.) Berlin 879. Janke. n. 10. —

Hartmann, Alfred. Galerie Nationale. Les Suisses célèbres (*Livr. 1–9:* Galerie de Suisses c') des temps modernes. En portraits [100 planches] par Fr(iedrich) et H[ans] Hasler (*Livr. 1–9:* par Fr H'). Avec texte biographique par A' Hartmann ([et] Trois planches [de] facsimile ...). Traduit par Alexandre Daguet. 2 volumes. (26 livraisons.) 4. Zurich (1867–[1888]).

(Livr. 1–18. Publiée par Frédéric Hasler.... Bade en Argovie – **Livr. 12–15:* Klingnau ⟨Arg⟩; **Livr. 16–18:* Baden ⟨Arg⟩ –. Livr. 19–26. Zurich.)

Hartmann, A., s.a. Gallerie berühmter Schweizer der Neuzeit.

Hartmann. Alfred. Gallerie berühmter Schweizer der Neuzeit. In Bildern [100 Tafeln] von Fr(iedrich) und H[ans] Hasler (**Lieferung 1:* von Fr. H'). Mit biographischem Text von A' Hartmann ([und] Drei Tafeln ... Facsimile ...). Hrg. von Friedrich Hasler .... 2 Bände. (26 Lieferungen.) 4. Baden im Aargau (1863–)1868–1871.

Band 1. (Lieferung 1–13.) (1863–)1868.
Band 2. (Lieferung 14–26.) (1868–)1871.

Hartmann, Alfr, der Glücksschütze vom Glärnisch. Der Heimatlose, s.: Verein f. Verbreitung guter Schriften, Basel. Nr. 46.

— s. Hasler, Fr., Gallerie berühmter Schweizer der Neuzeit.

Hartmann, Alfred. Junker Hans Jakob vom Staal (1588[–1657]). Ein Lebensbild aus dem siebzehnten Jahrhundert. 8. Solothurn 1861.

— Junker Hans Jakob vom Staal, s.a. Bergkristalle. I. 6.

(Hartmann, Alfred. Junker Hans Jakob vom Staal. Ein Lebensbild aus dem siebzehnten Jahrhundert... .) 148 S. 8. [fr. 1.50]

Bergkristalle.... (Serie I.) Band 6 1. bis 3. Tausend. Biel, Ernst Kuhn, 1902.

– Der Heimatlose, s. Nationalbibliothek, Schweizerische.

Hartmann, Alfred

Junker Hermengild oder die letzten Tage der alten Eidgenossenschaft. Historischer Roman. Berlin 1864.

In: Roman-Zeitung, Deutsche. Bd 4.

– Illusionen, s. Nationalbibliothek, Schweizerische.

Hartmann, Alfredus, Basiliensis: De inventione Juvenalis capita tria. Basileae 1908. II + 95 S. 8°. [4. III. 08.]

Basel. Phil. Diss. 1907/08.

Hartmann, Alfred. De inventione Juvenalis. Capita tria. Diss. Phil. Basiliensis ... scripsit Alfredus H' Bas'. II + 95 p. 8. Basileae, Typis Friderici Reinhardti, 1908.

Hartmann, Alfr., Junker u. Bürger, oder die letzten Tage der alten Eidgenossenschaft. (1797 u. 1798.) Historischer Roman in 6 Büchern. 2 Bde. Berlin 865. Janke. 8. (562 S.) 2 ₰

Hartmann, A., Kiltabend-Geschichten. 2 Bdchn. Mit (45 + 41) Illustr. (Text-Holzschn.) v. F. Walthard u. E. Rittmeyer. Bern, Jent & Reinert, o. J. (Die Vorr. dat. Solothurn, Aug. 1852 u. Okt. 1854). 8°. (2 Rthl. 6 Sgr.) (1 Mk. 50 Pfg. Ludw. Bamberg, Greifswald, 1892.)

1: VI—209 S., 1 Bl. Inh.: 1. Karlidürsen Joggi's Liseli. 2. Der Heuet auf dem Nesselhof. 3. Der Erdäpfelteufel. 4. Schweizerisches Soldatenleben. 5. Dursli, der Auswanderer. 6. Der Heimathlose.

2: 3 Bll., 217 S., 1 Bl. Inh.: 1. Aenneli von Siebenthal. 2. Peterli, der verlorne Sohn. 3. Der verlassene Bau. 4. Der Lumpenkübler u. sein Haus.

Hartmann, Alfred

Kiltabend-Geschichten. Mit Ill. von F. Walthard und E. Rittmeyer. Bd.chen 1.2.
Bern: Jent & Reinert 1854. 8°

1. 45 Ill. von F. Walthard
2. 41 Ill. von F. Walthard u. E. Rittmeyer.

Hartmann, A., Kiltabend-Geschichten. 1. Bdchn. Mit 45 Illustr (in eingedr. Holzschn.) v. F. Walthard. br. 8. (VIII u. 209 S.) Bern 852, Jent & Reinert. 1 ₰ 3 ngl; in Engl. Einb 1 ₰ 9 ngl

Hartmann, Alfr., Kiltabend-Geschichten. 2. Bdchn. Mit 41 Illustrationen (Holzschn. im Text) von F. Walthard und E. Rittmeyer. Bern (854). Jent u. Reinert. 8. (4 Bl., 217 S. 1 ₰ 3 ngl

— die Limmatschäfer. Dramatischer Versuch in 3 Akten. 2. Aufl. 8. (66 S.) Grüningen 898. J. Wirz. n. 1. 20

Hartmann, Alfr., Karlidürsen Joggis Liseli. Der Heuet auf dem Nesselhof, s.: Bibliothek f. Alle.

— Lyrenhans u. s. 3 Töchter. — Tannenbaum u. Dattelpalme, s.: Verein f. Verbreitg. guter Schriften, Basel.

Hartmann, Alfred, Novellen, s. National-Litteratur, schweizerische.

Hartmann, Alfr., Schweizer Novellen. 3 Bde. 8. Berlin, Otto Janke. 1877. 9. 35

— Meister Putsch und seine Gesellen. Ein helvetischer Roman in sechs Büchern. 2 Bde. Solothurn 858. Jent u. Gaßmann. 8. (3 Bl., 287; 2 Bl., 312 S.) 2 ₰ 24 ngl

(Hartmann, Alfred.) Hans Roth und die Mordnacht von Solothurn [Mit 1 Tafel.] Njbl. Solothurn. Töpferges. 1883 .... 4. Solothurn 1883.

— auf Schweizererde. Neue Novellen. 1. und 2. Bdchn. 8. Bern 883, Wyß. à Bdchn. *M 3,40.

Inhalt:
Bdchn. 1. Autochthonen und Touristen. — Orgetorix. (414 S.)
2. Die Aufzeichnungen des Bruders Arsenius. — Der Töpfergeselle. (437 S.)

—— auf Schweizererde. Neue Novellen. 3. Bdchn. [Der Wunderdoktor. — Ein Schüler Hipp's. — Eros im Irrenhause.] 8. (404 S.) Bern 885, Wyß. * 3 40
1. und 2. Bd. Ebendas. 1883. à *M 3.40.

Hartmann, Alfred

Schweizer-Novellen. Berlin 1876.

In: Roman-Zeitung, Deutsche. Bd 4.

— Schweizer-Novellen. 8. (361 S.) Ebend. 877. n. 5. —

Hartmann, Alfred. Neue Schweizer-Novellen. In-8°, 283 S. Berlin, Otto Janke. 1881. 2 50

— dasselbe. 2. Aufl. 8. (283 S.) Ebend. 881. n. 1. —

— Schweizerisches S o l d a t e n l e b e n , s. N a t i o n a l b i b l i o t h e k , Schweizerische.

H a r t m a n n . Alfred. Soleure (et ses environs. Schweizerisches Wanderbild. La Suisse illustrée). Publié par la Société industrielle de la ville de Soleure. Rédigé par A' H' avec la collaboration de plusieurs écrivains. Avec 24 gravures [7 planches]. dont 15 de H[einrich] Jenny. 8. Soleure 1885.

H a r t m a n n . Alfred. Solothurn (und seine Umgebung. Schweizerisches Wanderbild). Hrg. vom Gewerbeverein der Stadt Solothurn. Unter Mitwirkung Mehrerer redigirt von A' H'. Mit 25 Illustrationen [7 Tafeln], wovon 17 von H[einrich] Jenny gezeichnet. 8 Solothurn 1885.

Hartmann, A. Solothurn. Schweizerisches Wanderbild. In 8°. Solothurn, Jent. 1885. — 75

H a r t m a n n, A., Tannenbaum und Dattelpalme, s. N a t i o n a l - b i b l i o t h e k, schweizerische.

Hartmann, Alf., der erste Toast, s.: **B l ä t t e r u. B l ü t e n. Nr. 1.**

Hartmann, Alfr., der erste Toast, s.: E r z ä h l u n g e n aus dem illustrirten schweizerischen Unterhaltungsblatt f. Stolze'sche Stenographie.

Hartmann, A., siehe: *Verein zur Verbreitung guter Schriften.*

Hartmann, Alma v., zurück zum Idealismus. 10 Vorträge. gr. 8. (XI, 213 S.) Berlin 902. C. A. Schwetschke & Sohn. n. 3. 60; geb. n.n. 4. 60

Hartmann, Alois, s.: F e s t r e d e n an der Schlachtfeier in Sempach.

Hartmann, Anastas., O. Cap., heilige die Arbeit deiner Hände! od. Sittliche Erwäggn. f. Laienbrüder. Hrsg. v. Rufin Steimer, O. Cap. (78 S. m. 1 Stahlst.) 16. Einsiedeln 907. Verlagsanstalt Benziger & Co. Geb. in Leinw. — 60

Hartmann, Anast., das Kreuz des Weltmenschen und des wahren Christen. Zum allgemeinen Nutzen d. Volkes sammt einem Anhange von Andachtsübungen veröffentlicht von Einem seiner Verehrer. Einsiedeln 857. Benziger. 24. (306 S. u. 1 Lithogr.) 6½ ngr

Hartmann, Anastas., das Kreuz d. Weltmenschen u. des wahren Christen. Ein Gebet- u. Erbauungsbüchlein für Kranke u. Leidende. HerSg. von e. seiner Verehrer 2. Aufl. Einsiedeln 860. Gebr. Benziger. 6¼ ngr.

Hartmann, Anastasius, Trost im Leiden. Ein Betrachtungs- u. Gebetbüchlein für Kranke u. Leidende. 3., v. Adrian Imhof, O. C., verb. Aufl. (400 S. m. Abbildgn. u. Stahlst.-Titelbild.) 16. Einsiedeln 903. Verlagsanstalt Benziger & Co. Geb. in Leinw. n. 1. 50; in Ldr. n. 2. 20; m. Goldschn. n. 2. 40

— über die kirchlichen Zustände in Indien. Abdr. aus der Augsburger Postzeitung. Augsburg 858. Schmid. 8. (28 S.) n. 2 ngr

Hartmann, Andreas

– GOTTLIEBS ZUFÄLLIGER ANDACHTEN ZWEI HUNDERT, Bey An- und Einschauung Mancherley Himmelischer und irrdischer Dinge in zerschiedenen Veranlassungen und Begebenheiten Zu Lob und Preiß des Gebers aller guten und vollkommenen Gaben, Zur Handreichung aller Seelen, welche nicht nach dem, das auf Erden ist, sondern nach dem, das Droben ist, trachten und streben, Und Zu ihrem GOtt und HEyland im Glauben sich täglich gründen und befestigen wollen. Aus dem Schatz JEsu Christi herfür gebracht von M. Andreas Hartmann, Waysen-Predigern in Stuttgardt. – Stuttgart: Metzler & Erhard 1723. 813 S.

– EINFÄLTIGE SCHRIFFTMÄSSIGE ANWEISUNG, Wie die Land-Leute und andere, die eine Hauß-haltung führen, ihre allgemeine Feld- und Hauß-Geschäffte und täglichen Wandel Zur Ehre deß Drey-Einigen GOttes und Erbauung ihrer Seelen heilsam anwenden und einrichten können. In der Furcht deß HErrn und unter dessen hertzlicher Anruffung Mit einer Vorrede Tit. Herrn D. (Joh. Andreas) Hochstetters, Prälaten zu Bebenhausen Gesprächsweiß vorgestellet Von M. Andreas Hartmann, Hochfürstl. Wirtembergis. Pfarrern zu Truchtelfingen. – Ulm: Kühn 1709. 396 S.

Hartmann, Andr., Entw. w. e. Dorfpfarr. s. Gemeinde vorsteh. soll. 12. Lpz. Junius. 710.

– UNVORGREIFFLICH- EINFÄLTIG- UND WOHLGEMEYNTER ENTWURFF, Wie ein Dorff-Pfarrer seiner anvertrauten Gemeinde erbaulich vorstehen möge, Christo JEsu dem Ertz-Hirten unserer Seelen zu Lob, Ehr und Preiß, und Redlichen Unter-Hirten zu Nutz und Dienst In der Forcht deß HErrn ehmals verfasset, anjetzo aber an das Liecht gegeben Von M. Andreas Hartmann, Hoch-Fürstl. Würtemb. Pfarrern in Truchtelfingen. – Ulm: Kühn 1710. 215 S.

– CHRISTLICHE GEBET UND LIEDER. – Stuttgart 1720.

LEHR- LOB- UND TROSTREICHES GESANG-BUCH, Voll auserlesener, Geistreicher, lieblicher, Lieder. Zur Erweckung, Auferbauung, und Übung, eines thätigen Christenthums, Aus den besten, bisher ans Licht gekommenen, Evangelischen, auch in offentlichen Kirchen gebräuchlichen Gesang-Büchern, als ein süsser Kern, zusammen getragen, Und auf vielfältiges Begehren gottseliger Gemüther Mit Evangelien und Episteln, Sammt beygefügtem Gebet-Buch in dieser bequemen Form zum Druck befördert. (mit 1 Bildnis Hartmanns.) 3. Aufl. – Franckfurt: Metzler 1722. 639 S.

– – Frankfurt a.M. 1733.

– CHRISTLICHES GESPRÄCH Zwischen Einem Hauß-Vatter und Seinem Kind Von der rechten Frühlings-Lust. Aus einer Frühlings-Predigt Uber das Evangelium am Feyertage Philippi und Jacobi Joh. 14. In allhiesiger Waysen-Capelle offentlich gehalten. Kindern und Einfältigen Hertzen zum Behuff in Frag und Antwort kindlich und einfältig vorgestellet. Und zur Einleitung in die VI. Stück des Catechismi eingerichtet Von M. Andreas Hartmann, Waysenhauß-Prediger. – Stuttgart: Müller 1719. 60 S.

– DREY GESPRÄCH zwischen einem Prediger und Beicht-Kind. In dem Ersten Wird unsere Würtemberg. Beicht in möglichster Einfalt erkläret: In dem Anderten Die Heucheley deß Beichtens aus dieser Beicht von der wahrhafften Bewandtnus derselben deutlich unterschieden: In dem Dritten Aus eben derselben Beicht ein richtiger Buß- und Beicht-Weg gestellet. GOtt zu Ehr, und Einfältigen, Unwissenden Beicht-Kindern zu Gut auffgesetzt von M. Andreas Hartmann. – Tübingen: Minner 1710. 72 S.

– NEUN ERBAULICHE HAUPT-ANMERCKUNGEN über die Geschichte aller Geschichten von dem Leyden und Sterben unsers Höchst-verdienten HErrn und Heylandes Jesu Christi. Zusammen gesammlet Für einfältige Freunde Des Creutzes Jesu Christi. Von M. Andreas Hartmann, Waysen-Prediger. – Stuttgart: Rößlin 1717. 79 S.

M. Andreä Hartmanns EVANGELISCHE UND EPISTOLISCHE HAUSS-POSTILL, Uber alle Sonn- Fest- und Feyer-Tags-Evangelia und Episteln, In Catechet. Gesprächen, Zwischen einem Lehrer und Zuhörer, vorgestellt, Samt seinen noch nie edirten Paßions-Betrachtungen. Und aus Arnds Paradieß-Gärtlein Jeder Predigt der Evangelien-Postill am End angedruckten Gebetten, Wie auch Des seel. Autoris sehr erbaulichen Lebenslauff Und einer Vorrede, Von der Ruhe in Gott durch die Eintracht mit Gott (Zugleich wird denen Theolog. & Pastor. Würtemb. mit Ruhm geziemend gedacht). Auf vielfältiges Begehren von neuem also vermehrt hrsg. von M. Joh. Friedr. Wallisern. [T. 2.] – Esslingen: Schall 1743. 688, 544 S.
T. 2 u.d.T.: Epistolische Hauß-Postill, Oder Hertzliche Gespräche Zwischen einem Prediger und Zuhörer, Uber alle Sonn- Fest- und Feyertags-Episteln, Solchergestalten eingerichtet, Daß ein einfältiger Christ nicht nur seine Christliche Glaubens-Bekanntniß, sondern auch bekannte natürliche und irdische Dinge, auf die Erbauung seiner Seelen, und auf geistliche und himmlische Dinge, leicht, annehmlich und fruchtbarlich appliciren und anwenden mag. Auf Begehren Christlicher Hertzen zusammen getragen, Und Um seiner vortreflichen und erbaulichen Abhandlung willen aufs neue zum Druck befördert.

— evangel. und epistol. Hauspostille herausgegeben von Walliser. 4. Tübing. Cotta. 743.

– CATECHETISCHE HAUSS-POSTILL Oder Hertzliche Gespräch Zwischen einem Prediger und Zuhörer Uber alle Sonn- Fest- und Feyer-Tags-Evangelia, solchergestalten eingerichtet, Daß nicht nur der gemeine Mann im Hertzogthum Würtemberg, Die Erste Buchstaben seiner Christlichen Religion, Nemlich: Sein Spruch-Büchlein, Sieben Buß-Psalmen, Catechismum, Communicanten-Büchlein, Kirchen- und Hauß-Gebetter, bekannteste Gesänge und Lieder, mit Verstand und Nutzen wiederholen kan, Sondern auch jeder der durch wahren Glauben an Jesum Christum seelig werden will, Mit allem Ernst und Fleiß vom falschen Heuchel- und Maul-Christenthum ab- und zum wahren thätigen Hertz-Christenthum angeführt, und darinn gestärcket wird. Auff Begehren etlicher Christ- lauterlich- gesinnter Hertzen, zusammen getragen von M. Andreas Hartmann, Pfarrer zu Döffingen. – Tübingen: Stolle 1713. 888, 253 S.

– CATECHETISCHE HAUSS-POSTILL ... Solcher gestallten eingerichtet, Daß ein gemeiner einfältiger Christ nicht nur Seine Christliche Glaubens-Bekantnuß, sondern auch bekante Natürliche und Irrdische Dinge, auff die Erbauung seiner Seelen, und auff Geistliche und Himmlische Dinge leicht, annehmlich, und fruchtbarlich appliciren und anwenden mag. Auff Begehren Christlicher Hertzen zusammen getragen Von M. Andreas Hartmann, Pfarrer zu Döffingen. – Tübingen: Franck 1716. 838 S.

— catechet. Hauspostille od. Gespr. zw. Pred. und Zuhör. u. s. w. 4. Tüb. Erhard. 741.

– CATECHETISCHE HAUS-POSTILL, Oder Hertzliche Gespräch, Zwischen einem Prediger und Zuhörer Uber alle Sonn- Fest- und Feyer-Tags-Episteln, Solchergestallten eingerichtet, Daß ein gemeiner einfältiger Christ nicht nur Seiner Christliche Glaubens-Bekanntnuß, Sondern auch bekannte natürliche und irrdische Dinge, auf die Erbauung seiner Seelen, und auf geistliche und himmlische Dinge leicht, annehmlich und fruchtbarlich appliciren und anwenden mag. Auf Begehren Christlicher Hertzen zusammen getragen von M. Andreas Hartmann, gewesenen ersteren Waysen-Prediger in Stuttgart. [T. 1. 2.] – Tubingen: Schramm 1749. 616, 532 S.

Hartmann, Andreas: 13. (und 14.) Nachricht von dem göttlichen Segen, s. H a u p t , Johann Georg

– NUTZANWENDUNGEN über die höchst-bedenckliche Geschichte des bittern Leydens und Sterbens unsers Hoch-verdienten HErrn und Heylandes Jesu Christi. Wie dieselbe von den vier Evangelisten aus Eingebung Gottes, und Trieb des Heiligen Geistes beschrieben, Aus denselben zusammen getragen. Und uns Erlöseten des Herrn, Zur Lehre, Warnung, Vermahnung, Trost hinterlassen worden. Seiner gecreutzigten Liebe zu Lob, Und Mit-Erlösten Nächsten zu Lieb gesammlet, Uber die heilige Paßions- und Oster-Zeit, Da die Jugend liebliche Violen-Sträußlein zu sammlen pfleget, Von M. Andreas Hartmann, Ehemaligen Waysen-Predigern zu Stuttgardt. – Esslingen: Schall 1743. 239 S.

– – Tübingen: Schramm 1749. 222 S.
beigef.: 1. Schrifftliches Denckmahl, Welches der treueyfferige exemplarische und mit vielem Segen geschmückte Lehrer, Unser, Weyland Wohl-Ehrwürdige, Wohlgelehrte und theuer geachtete Herr M. Johann Andreas Hartmann, 16. Jähriger Waysen-Prediger und Catechet, In einer gefährlichen Kranckheit zu Beschickung seines Hauses aufgesetzt, und nach Seinem in einem halben Jahr darauf erfolgten uns sehr betrübten, Ihme aber höchstseeligen Abschied aus dieser argen Welt den 15. Decembris 1729. hinterlassen hat (S. 193–213).
beigef.: 2. Wahrhafftige Relation (S. 214–222).

— **Andreas** (Pratovallensis [Wiesental]), Praesumptionem aequalitatis in judiciis divisoriis et actione negatoria. Präs. Christoph Ludwig Crell. Wittbg. (Gerdes) Mai 1735. 36 S. (6.20) 13236

— — **Dasselbe.** Wittbg. (Scheffler). (6.20) 13237

– WAHRHAFFTIGE UND MIT VIELEN GLAUBWÜRDIGEN ZEUGEN BEWÄHRTE RELATION, was sich zu Döffingen, Hoch-Fürstl. Würtembergischen Herrschafft, und Böblinger Amts, mit Zwey besessenen Weibs-Personen im Monath Decembr. 1714. mercklich zugetragen hat; Zur Ehre des Drey-Einigen Gottes, und des Teuffels-Reich Zerstörung, zur Auffweckung der Sichern, und Stärckung glaubiger Seelen ans Liecht gebracht von M. Andreas Hartmann, Pfarrern zu Döffingen. – o.O. 1716. 32 S.

– DER KINDER GOTTES HIMMLISCHE SEELEN-LUST, Das ist: Neu-vollständiges und vermehrtes, auf die Hauß- und Kirchen-Andachten in dem Hertzogthum Württemberg gerichtetes Gesang- und Gebett-Buch, Darinnen nicht allein alle alte Kirchen-Gesänge, sondern auch die allerneueste, in grosser Anzahl Geistliche Lieder zu finden seynd. Mit beygefügtem Morgen- und Abend- auch Buß-Beicht- Communion- und Kirchen-Gebettern, wie solche an denen Fest- und Feyer-Tägen, in dem Hertzogthum Württemberg zu gebrauchen, Wie auch die Sonn- Fest- und Feyertags-Evangelien und Episteln, zusammen und in diese Ordnung gebracht, Von M. Andreas Hartmann, Waysen-Hauß-Prediger. Gott und dem Lamm zu Ehren angestimmt. Mit Hochfürstl. gnädigstem Privilegio. – Stuttgart 1727: Rößlin. 480, 199 S.

– ZWEI TRAKTÄTLEIN. Eines von der Christlichen Kinder-Zucht an dem Exempel der Eltern Christi. Das Andere Von Christlichem Jugend-Wandel an dem Exempel Christi. Aus dem Evangelio Lucae II. vom 41. vers biß zu End deß Capitels. Gott zu Lob und Christlichen Eltern und Kindern zu verhoffenden Nutzen, außgefertiget von M. Andreas Hartmann. – Tübingen: Minner 1710. 190, 106 S.

– UNPARTHEYISCH- UND HEYLSAMER UNTERRICHT Von gegenwärtiger Theuren Zeit. Gottlosen und Heuchlern zur Warnung, und Bußfertigen und Frommen zum Trost gegeben. Von M. Andreas Hartmann, Würtemb. Pfarrer zu Truchtelfingen. – Stuttgart: Metzler 1710. 144 S.
angeb.: Der wahre Glaubens-Wandel einer JEsu nachfolgenden Seele. Als eine Tägliche Ubung vorgestellet. Im Jahr Christi 1722. 60 S. *(ohne Angabe eines Verfassers.)*

— **Andreas Gottlieb** (Bautzen), De culpa ab heredibus tutorum curatorumue tam ex facto tutoris, quam ex facto proprio conventis, praestanda. Diss. jur. Präs. Fried. Gottlieb Zoller. Leipzig (Loeper) 9. IX. 1779. 47 S. (6.20) 13238
Gew.: Moritz Wolfgang Ulrici (Niedertoppstedt).

Hartmann, Andr. Gl., († d. 7. Febr. 1787.) Kleine Gedichte, zwei Meilen v. Pforten. 8. 776, 77.

Hartmann, Andr. Gli., († d. 7. Febr. 1787.), s. 1) Tochter, d. dankbare. 2) Wünsche, d. erfüllten.

Hartmann, Angelika

Hartmann, A.: Neue Bewegungs- und Marschierspiele für Kindergarten u. Haus. Leipzig & Frankfurt a. M. 1904. 79 S.

Hartmann, Angelika, neue Bewegungs- u. Marschierspiele f. Kindergarten u. Haus. (79 S. m. Melodien.) 8. Leipzig (904). Jaeger. Kart. n. 1. 20

Hartmann, Angelika, s. Dibbern, H. v., für's Herzblättchen. — Zum Zeitvertreib.

Hartmann, Angelika, Fröbels Erziehungsmittel, nach der Konzentrationsidee bearb. f. Kindergarten u. Familie. 2 Hälften. (143 u. IV, 183 S.) gr. 8. Leipzig (903. 904). Jaeger. à n. 4. —; geb. n. 4. 80

— fröhliche Jugend, } s.: Dibbern, H.
— glückliche Kinderzeit, }

— Unterhaltungen der Kleinen, s.: Dibbern, H.

Hartmann, Angelika, wie kann die organische Verbindung des Kindergartens m. der Elementarschule hergestellt werden? Abhandlung, als Beantwortg. der v. der Abteilg. f. Unterrichts- u. Erziehungswesen des Kongresses in Chicago gestellten Frage. gr. 8. (30 S.) Leipzig 893. G. Fock. n. — 60

Hartmann, Anna, der bürgerliche Haushalt. Ein getreuer und verläßl. Führer für Hausfrauen, Wirthschafterinnen und solche, die es werden wollen. Zu Nutz und Frommen gebildeter deutscher Frauen bearb. 1. Lfg. gr. 8. (64 S.) Leipzig 877, Rasch. — 50
Nicht weiter erschienen.

Hartmann, Antoine Pierre Louis: Denkschrift zur Begründung der Hohen-Venn-Bahn von Stolberg nach Luxemburg im Anschluss an die Luxemburger Nordbahn in der Nähe der Station Maulusmühle. Aachen 1874. fol.

Hartmann, Anton

Hartmann, Ant., das Evangelium der Freiheit. (III, 66 S.) 8. Leipzig 904. Theosoph. Centralbuchh. n. 1.20; geb. n. 2.20

Hartmann, Anton, [von] Obervaz, [Kt.] Graubünden: Studium über Kegelschnitte und Flächen 2. Grades. Zür. Orell Füssli Cie Dr. 1889. 55 S. 8°.
Zürich, Phil. Diss. [v. 17. Dec. 1888].

Hartmann, Anton, und **Eduard Siegl.** Bewährtes praktisches Verfahren in der Runkelrüben-Spiritusfabrikation und der Enthülsung der Kartoffelmaischen mit einer Beigabe über die Wichtigkeit des Hackfruchtbaues. *Wien* 1858. Verlag der *Wallishausser'schen* Buchhandlung *(J. Klemm).* VIII, 102 S., 8°. Mit einer Abbildung.

Hartmann, Ant., Zeitgeschichte v. Fulda. Ges. u. verf. v. H. Mit d. Stadtplan u. e. Ansicht v. Fulda. gr. 8. (V, 296 S.) Fulda 895. (Mehlhorn.) n. 4. —; geb. n. 4. 60

Zeitgeschichte von Fulda. Gesammelt u. verf. von **Anton Hartmann.** Mit e. Stadtpl. u. e. Ansicht von Fulda. *Fulda: Selbstverl. 1895* (IV, 295 S.) 8° [F] [vo. 6391 4]

— **Anton Johann** (Albipoli/Böhmen), De stomatoscopia medica. Disp. med. Präs. Georg Rudolph Boehmer. Wittbg. (Carl Christian Dürr) 27. XI. 1786. 42 S. (6.50) 13239

— **Anton Michael** (Würzburg), De principio Lauterbachiano: qui nititur Lege Justinianea, fundatam habet intentionem &c. Tract. synopt. Präs. Johann Peter Banniza. Würzburg (Joh. Jac. Chph. Kleyer) Juli 1745. 62 S., tlws. dtsch., mit Widm. v. Präs. (6.50) 13240

Hartmann, Ant. Thdr., Aufklärungen über Asien, für Bibelforscher 2c. 2 Bde. 8. Oldenb. 806, 7. Schulze. 3 ℛ 8 gr

Hartmann, A. T.: „Beziehung auf Grundsätze des orthodoxen Judenthums. 2 Antwortschreiben an G. Salomon", Rostock 1836. — Vorh.: Com. Bibl. Hamburg.

Hartmann, Ant. Thdr., Beziehungen auf Grundsätze des orthodoxen Judenthums. Zweites Sendschreiben an Hrn. Dr. Salomon in Hamburg. gr. 8. Rostock 836. (Oeberg.) 2/3 ℛ

— Blicke in den Geist des Urchristenthums. gr. 8. Düsseld. 802. Schreiner. 1 ℛ 4 gr

— morgenl. Blumenlese. 8. Berl. (Neustrelitz) 802. Albanus. 1 ℛ

— linguist. Einleit. in das Studium der Bücher des A. Testaments, mit e. Anwendung auf die jüdisch-palästinische Schreibart der N. Testamentl. Schriftsteller. gr. 8. Bremen 817. Heyse. 2 ℛ

Hartmann, Anton Theodor, Linguistische Einleitung in das Studium der Bücher des A. T. mit einer Anwendung auf die jüdisch-palästinische Schreibart der N. Testamentlichen Schriftsteller. Bremen 1818.

Hartmann, Ant. Theod., Johann Andreas Eisenmenger u. seine jüd. Gegner in geschichtl. literar. Erörterungen krit. beleuchtet. (A. d. „Kirchen- u. Schulblatte f. Mecklenburg," 2. Bd. abgedr.) gr. 8. (2¾ B.) Parchim 834, Hinstorff.

Hartmann, Ant. Thdr., morgenländ. Erzählungen. N. A. 8. Leipz. 806. Hinrichs. 21 gr

Hartmann, Anton Theodor, Historisch-kritische Forschungen über die Bildung, das Zeitalter und den Plan der fünf Bücher Mose's, nebst einer beurtheilenden Einleitung und einer genauen Charakteristik der hebräischen Sagen und Mythen. Rostock und Güstrow 1831.

—— histor.-krit. Forschungen üb. d. Bildung, d. Zeitalter u. d. Plan d. fünf Bücher Mose's, nebst e. beurtheil. Einleit. u. e. genauern Charakteristik d. hebr. Sagen u. Mythen. gr. 8. (52½ B.) Rostock 831, Oeberg u. Comp.

— Früchte d. asiatischen Geistes. 2 Thle. 8. Münst. 803. (Theyssing). 2 ℛ 20 gr

Hartmann, A. Th., Früchte des asiatischen Geistes. 2 Thle. 8. Münster, Waldeck. 803. (1r 1 Rthlr. 8 gr. 2r 1 Rthlr. 12 gr.)

— 7 arabische Gedichte, übersetzt u. erläutert. 8. München 807.

Hartmann, Ant. Theod., Grundsätze d. orthodox. Judenthums, mit Bezieh. auf d. Hrn. Dr. Salomon's Sendschreiben. Von Neuem freimüth. beleuchtet. (1. Sendschr.) gr. 8. (6¾ B.) Rostock 835, (Oeberg.)

(Hartmann, A[nton].) Gutachten über die Versicherungskasse der Angehörigen [*d. i.* des Vereins] der Schweizerischen Presse. (1905 April 15.) 10 S. 4. Bern, H. Jent.

— s. Handbuch zum Nutzen u. Vergnügen.

— die Hebräerin am Putztische u. als Braut u. s. w. 3 Bde., mit 9 Kpf. 8. Amsterd. 809, 10. (Brockhaus in Leipz.) 8 ℛ Velinp. 10 ℛ

§ **HARTMANN,** Ant. Theod. (1774—1838), Die Hebräerin am Putztische und als Braut. Vorbereitet durch eine Uebersicht der wichtigsten Erfindungen in dem Reich der Moden bei den Hebräerinnen von den rohesten Anfängen bis zur üppigsten Pracht. (Auch m. d. Tit.: Uebersicht der wichtigsten Erfindungen in dem Reiche der Moden bei den Hebräerinnen etc.) 3 Thle. Mit (9) Kpfrn. (incl. 1 TKpf.). Amsterdam, im Kunst- u. Industrie-Comptoir (*a. E.:* Jena, gedr. bei Frommann u. Wesselhöft), 1809—10. Kl. 8°. (In München: Jud. 24 am.)

Hartmann, A. Th. Die Hebräerin am Putztische und als Braut. Vorbereitet durch eine Uebersicht der wichtigsten Erfindungen in dem Reiche der Moden bei den Hebräerinnen von den rohesten Anfängen bis zur üppigsten Pracht. ... Amsterdam, im Kunst- und Industrie-Comptoir 1809—1810.
3 Bde. 8°.
I 1809: XXXVI + 466 S.; 2 Taf. in Kupferst.
II 1809: 2 Tit., 538 S.; 7 Taf. in Kupferst.
III 1810: 2 Tit., 448 S., 2 Bl.

HARTMANN, Ant. Theod. (1774—1838), Ueber die Ideale weiblicher Schönheit bey den Morgenländern. Nebst einem Anhang von einigen literarischen, historischen und kritischen Bemerkungen über einzelne angeführte Schriftsteller. Mit color. TKpf. Düsseldorf, Schreiner, 1798. 8°. 312 S. (5 Mk., unbeschn., Scheible, c. 1905; 10 Mk. Max Weg, Lpz., 1897.) Selten und gesucht!

— Medscherum u. Leila. 8. Amsterd. 807. Brockhaus in Leipz. 1 ₰ 16 gr

— s.a. Micha.

— Micha, neu übers. und erl. gr. 8. Lemgo. Meyer. 8oo. -

— asiatische Perlenschnur. 2 Thle. 8. Berl. 800 u. 1. Rücker. 3 ₰

— s. Plejaden.

Hartmann, **Ant. Thdr., Diss. inaug. Supplementa ad Buxdorfii et Gesenii Lexica. 4. Rostock 813. Stiller. 16 gr**

Hartmann, Antonius Theodorus, Sacra Jesu Christi natalitia indicit — Inest Thesauri linguae Hebraicae e Mischna augendi particula prima. Rostochii 1825.

— **Progr. Thesauri linguae Hebraicae e Mischna augendi. Partic. I — III. 4 maj. Rostock 826. Stiller. 1 ₰ 8 gr**

— Oluf Gerhard Tychsen, oder Wanderungen durch die mannigfaltigsten Gebiete der biblisch-asiatischen Literatur. 5 Abtheill. (1r Bd. u. 1 Bd. Beilagen, u. 2r Bd. 1e — 3e Abthl.) gr. 8. Bremen 818 — 20. Heyse. 9 ₰ 12 gr Schrbp. 13 ₰ 22 gr 2r Bd., 2e u. 3e Abthl. Auch u. d. T.: Untersuchungen üb. asiatische, d. h. arabische, palmyramische, phönizische, persepolitanische u. s. w. Denkmäler mit paläogr. geschicht- u. literär. Erläuterungen. 2 Thle. 8. Ebd. 819 u. 20. 4 ₰ 8 gr Schrbp. 5 ₰ 14 gr

—— die enge Verbindung d. Alten Testaments mit d. Neuen, aus rein bibl. Standpunkte entwickelt. gr. 8. (53½ B.) Hamburg 831, Fr. Perthes.

— bibl. asiatischer Wegweiser zu Oluf Gerhard Tychsen, od. Wanderungen durch d. merkwürdigsten Gebiete bibl. asiat. Literatur u. d. merkwürd. Beilagen. gr. 8. Bremen 823. Heyse. 1 ₰ 8 ₰

— bibl. asiatischer Wegweiser zu Oluf Gerhard Tychsen, od. Wanderungen durch d. merkwürdigsten Gebiete bibl. asiat. Literatur u. d. merkwürd. Beilagen. gr. 8. Bremen 825, Heyse.

Hartmann, Arno, Referendar am Gh. Sächs. Amtsgericht in Weida: Das simulierte Rechtsgeschäft nach dem Rechte des Bürgerlichen Gesetzbuches. *Blankenhain i. Th. 1904: M. Schlimpers Nachf.* (IV, 62 S.) 8° [F. u. Ant.]
Jena, Jur. Diss. v. 6. März 1904

Hartmann, Arnold, Grunewald-Villon. gr. Fol. (28 Lichtdr.-Taf.) Berlin 899. E. Wasmuth. Geb. n. 18. —

Hartmann, Arnold, Neubauten auf dem Gebiete der Wohlfahrtspflege. Photogr. Orig.-Aufnahmen nach der Natur v. Herm. Rückwardt. (45 Taf. m. 2 Bl. Text.) 49,5×33 cm. Berlin 909. Schuster & Bufleb. In Halbleinw.-Mappe 20. —

Hartmann, Arth., Atlas der normalen u. pathologischen Anatomie der Nase. qu. 4. (12 Lichtdr.-Taf. m. 1 Bl. Text.) Berlin 891. Fischer's medicin. Buchhandlg. In Leinw.-Mappe. n. 10. —

Hartmann, Arth., Atlas der Anatomie der Stirnhöhle, der vorderen Siebbeinzellen u. des Ductus nasofrontalis. Mit erläut. Texte u. Bemerkgn. üb. die Behandlg. der Stirnhöhleneiterg. gr. 4. (28 S. m. 12 Lichtdr.-Taf.) Wiesbaden 900. J. F. Bergmann. In Mappe n. 16. —

— die Freilegung d. Kuppelraumes. Die anatom. Verhältnisse, welche bei der Aufmeisselg. d. Warzenfortsatzes bezüglich der Möglichkeit e. Verletzg. d. N. facialis u. d. Labyrinthes in Betracht kommen. gr. 8. (8 S. m. 2 Fig.) Nebst Atlas v. 4 Lichtdr.-Taf. qu. 4. (1 Bl. Text.) Ebd. 891. In Leinw.-Mappe. n. 4. —

Hartmann, Arth., Grundregeln der Gesundheitspflege. (31 S.) 8. Berlin (907). Nicolai's Verl. — 40

Hartmann, A., Grundzüge der bei den preußischen Grundstückszusammenlegungen üblichen Horizontalmessungen. gr. 8. (42 S. m. 3 Taf.) Trier 902. H. Stephanus. n. 2. —

Hartmann, Arth., die Krankheiten des Ohres und deren Behandlung. gr. 8. (VII, 212 S. mit 34 eingedr. Holzschn.) [Kassel 881, Fischer.] Berlin, Fischer's medicin. Buchh. geb. *

—— dass. — 2. verb. und verm. Aufl. gr. 8. (VII, 240 S. mit 37 eingedr. Holzschn.) Berlin 884, Fischer's medicin. Buchh. *

Hartmann, Arth., die Krankheiten des Ohres und deren Behandlung. 3. verb. und verm. Aufl. gr. 8. (VII, 253 S. mit 42 Holzschn.) Berlin 885, Fischer's medicin. Buchh. * 6 —

Hartmann, A., die Krankheiten d. Ohres u. deren Behandlung. 4., verm. Aufl. Mit 45 Holzschn. gr. 8. (VII, 270 S.) Berlin 889. Fischer's medicin. Buchhandlg. n. 6. —; geb. n. 7.

— die Krankheiten d. Ohres u. deren Behandlung. 5., verb. u. verm. Aufl. gr. 8. (VII, 281 S. m. 48 Abbildgn.) Ebd. 892. n. 6. —; geb. in Leinw. n. 7. —

Hartmann, Arth., d. Krankheiten d. Ohres u. deren Behandlg, 6., verb. u. verm. Aufl. gr. 8. (VII, 307 S. m. 65 Abb.) Berlin 897. Fischer's medicin. Buchh. n. 7. —; geb. n. 8. —

— **die Krankheiten des Ohres u. deren Behandlung. 7., verb. u. verm. Aufl. gr. 8. (VII, 323 S. m. 70 Abbildgn.) Berlin 902. Fischer's medicin. Buchh. n. 7. 50; geb. n. 8. 50**

— Die Krankheiten des Ohres u. deren Bedeutung. 8. verb. u. verm. Aufl. (VII, 321 S. m. 74 Abbildgn.) gr. 8. Berlin 908. Fischer's medicin. Buchh. 7.50; geb. n 8. 50

— Lehr- u. Lernbuch f. Schwerhörige zur Ablernung des Absehens vom Munde. (VIII, 54 S. m. Fig.) gr. 8. Wiesbaden 909. J. F. Bergmann. Kart. 1. 60

— s. a. Leitsätze der Schulgesundheitspflege.

Leitsätze der Schulgesundheitspflege. [Verf.: Arthur Hartmann.] *Berlin: Medic. Waarenhaus [1895].* (19 S.) 8° [F.]

Leitsätze der Schulgesundheitspflege. 2. verb. Aufl. (Verf.: Arthur Hartmann.) *Berlin: Medic. Waarenhaus 1900* [übergekl.: *G. Winckelmann in Komm. 1901*]. (27 S.) 8° [F.]

— Mütter! Gebt Euren Kindern keine alkoholhaltigen Getränke! (1 Bl.) Lex. 8. Berlin (909). Mäßigkeits-Verlag. 100 Stück 2. —

— die Reform des medicinischen Unterrichts. Gesammelte Abhandlgn. gr. 8. (IV, 88 S.) Ebd. 894. n. 2. —

— experimentelle Studien über die Funktion der Eustachischen Röhre. gr. 8. (VIII, 61 S.) Leipzig 879. Veit & Co. n. 2. —

— Taubstummheit u. Taubstummenbildung, nach den vorhandenen Quellen, sowie nach eigenen Beobachtungen u. Erfahrungen bearb. Mit 19 Tab. gr. 8. (XII, 212 S.) Stuttgart 880. Enke. n. 5. —

— allgem. Therapie d. Krankheiten d. Hörorgans, s.: Horstmann, C., allgem. Therapie d. Augenkrankheiten.

· Typen der verschiedenen Formen v. Schwerhörigkeit, graphisch dargestellt nach den Resultaten der Hörprüfg. m. Stimmgabeln verschiedener Tonhöhe. Nebst 1 Taf. f. die Hörprüfg. gr. 8. (7 color. Tab. m. 7 Formularen u. 4 S. Text.) Berlin 886. Fischer's medicin. Buchh. n. 3. —

Unterweisung und Erziehung der Schuljugend zur Gesundheitspflege. Referat erstattet d. Deutschen Aerztetage in Halle a. S. 1906 von Prof. Dr. Arthur Hartmann. (Leipzig 1906: Ackermann & Glaser.) (15 S.) 8° [Kopft.] [06. 1078: 9

Hartmann, Arth., s.: Verhandlungen der deutschen otologischen Gesellschaft.

-- s.: Zeitschrift f. Ohrenheilkunde.

Hartmann, Aug., unten Jb. Geo. Aug. H.

Hartmann, Aug., s.: Bayerns Mundarten.

Hartmann, Aug., Regensburger Fastnachtsspiele, zum erstenmale hrsg. v. H. [Aus: „Bayerns Mundarten" II. Bd.] gr. 8. (68 S.) München 893. Ch. Kaiser. n. [illegible] —

Hartmann, Aug., neue spanische Grammatik, s.: Oliver, G. A. S.

Hartmann, A., der Haus- u. Grundbesitzer, Hypothekargläubiger, Mieter u. Vermieter im rheinischen Rechtsgebiete, unter besond. Berücksicht. der neueren auf das Grundeigentum u. Hypothekenwesen bezügl. Gesetze, sowie der am 1. Jan. 1889 bezirksweise in Kraft tretend. rhein. Grundbuchordng. u. der Immobiliar-Zwangsvollstreckung, nebst e. Reihe v. Formularen. 8. (VII, 136 S.) Mülheim a/R. 888. Bagel. cart. 1. 50

Hartmann, Aug., die Kleinschmetterlinge des europäischen Faunengebietes. Erscheinungszeit der Raupen u. Falter, Nahrung u. biolog. Notizen. gr. 8. (182 S.) München 880. Th. Ackermann. n. 4. 20

Hartmann, Aug., die Kleinschmetterlinge der Umgegend Münchens u. e. Theiles der bayerischen Alpen. München 871. Franz. gr. 8. (96 S.) 15 ngr.

-- Hans Heselloher's Lieder. [Aus: „Roman. Forschungen".] gr. 8. (70 S.) Erlangen 890. Junge. n. 1. 80

Hartmann, Aug., die katholische Linie des herzogl. Hauses Sachsen-Coburg u. Gotha. Genealogische Skizze, nebst kurzer Beschreibg. der Kirche u. Gruft zu St. Augustin in Coburg. (16 S. m. 1 Stammtaf. u. 1 Taf.) 8. Coburg 898. A. Seitz. n. — 60

— deutsche Meisterlieder-Handschriften in Ungarn. Ein Beitrag zur Geschichte d. Meistergesanges. Festgabe zum Hans-Sachs-Jubiläum 5. Novbr. 1894. gr. 8. (III, 106 S.) München 894. Ch. Kaiser. n. 2. 40

— (Hrsg.), s. Mundarten, Bayerns.

Hartmann, (Armin.) Augustus (Jâc.) (geb. Riga 23. 8. 1829): De morbis venarum nonnulla. Berolini (1854). (30 S.) 8°
Berlin, Med. Diss. v. 17. Aug. 1854

Hartmann, Aug., das *Oberammergauer Passionsspiel in seiner ältesten Gestalt.* Zum 1. Male hrsg. von —. Leipzig, Breitkopf u. Härtel (mit Signet), 1880. 8°. Eleg. dunkelgrün. Hsalbfranb.
VI—360 S., 1 Bl. Inh.: 1. Augsburger Passionsspiel aus St. Ulrich u. Afra. 2. Sebast. Wild's (1545 Bürger, Schullehrer, Meistersinger u. Dichter in Augsburg, lebte noch 1566) Passionsspiel. 3. Der Oberammergauer Passionstext vom Jahre 1600. 4. Joh. Aelbl's (geb. 1558, 1600 Pfarrer zu Weilheim, † 1621) Passionsspiel. — Interess. Publikation, mit werthvollen Notizen des Herausgebers. (S. auch Goedeke, Grundriss, 2. A., S. 383 u. 388.)

Hartmann, Aug., Reformationsfeier in evangelischen Schulen. Elberfeld 865. Reinhardt. 8. (32 S.) n. 3 ngr.

HARTMANN, August: Über die Regenverhältnisse der schwäbischen Alb und des Schwarzwaldes. - Tübingen 1832. 20,4 S. - Diss.

Hartmann, A., vergleichende Untersuchungen üb. den Haemoglobingehalt in dem Blute der Arteria carotis u. der Vena jugularis. Inaug.-Diss. gr. 8. (29 S.) Dorpat 889. (Karow.) n. 1. —

Hartmann, August [app. Arzt aus Carspach (Ob.-Els.)]: Ueber die diagnostische Verwertung der Indicanurie bei versteckten Eiterungen ... Strassburg i. E., Buchdr. C. Goeller, 1895; 32 S., 1 Bl. 8.
Strassburg, Med. Fak., Inaug.-Diss. v. 1895

Hartmann, Aug., Volkslieder. In Bayern, Tirol u. Land Salzburg gesammelt. Mit vielen Melodien, nach dem Volksmund aufgezeichnet v. Hyacinth Abele. 1. Bd. Volksthümliche Weihnachtslieder. gr. 8. (XVIII, 256 S.) Leipzig 884. Breitkopf & Härtel. cart. n. 9. —

Hartmann, Aug., historische Volkslieder u. Zeitgedichte v. 16.—19. Jahrh. Gesammelt u. erläutert. Mit Melodien, hrsg. v. Hyacinth Abele. 1. u. 2. Bd. gr. 8. München, C. H. Beck. à 12. —
1. Bis zum Ende des 30jähr. Krieges. Mit Unterstützg. der histor. Kommission bei der k. bayer. Akademie der Wissenschaften. (VII, 352 S. m. 1 Taf.) 907.
2. Von Mitte des 17. bis zu der des 18. Jahrh. Mit Unterstützg. der histor. Kommission bei der k. bayer. Akademie der Wissenschaften. (IV, 355 S.) 910.

— Volksschauspiele. In Bayern u. Oesterreich-Ungarn gesammelt. Mit vielen Melodien, aus dem Volksmund aufgezeichnet v. Hyacinth Abele. Lex.-8. (XVI, 608 S.) Ebend. 880. geb. n. 15. —

Hartmann, Aug., Weihnachtlied u. Weihnachtspiel in Oberbayern. [Aus: „Oberbayer. Archiv."] gr. 8. (189 S.) München 875. Kaiser. n. 2. —

— (Hrsg.), s. Zeitschrift für die Forstwissenschaft.

Hartmann, August: Zirkonemail. 1910. 58 S. 8° ¶ Ausz. in: Keram. Rundschau. Jg. 19. 1911. S. 118 ff.
München, Dr.-Ing.-Diss. v. 15. 3. 1910

Hartmann, Augustin, approb. Arzt aus Westerode (Hannover): Aus d. patholog. Institute zu Kiel. Ein Fall von Enteritis membranacea des Dünndarms. *Kiel 1899: H. Fiencke.* (19 S.) 8°
Kiel, Med. Diss. v. [11. Aug.] 1899

Hartmann, B. Gesch der St Josephs Gmde zu Logansport, Ind. Festschr ... silbernen Jubs ... Feb 2, 1895. StL, 1895.

Hartmann, B., genetischer Leitfaden f. den Unterricht in der Planimetrie, in Form methodisch geordneter Fragen u. Aufgaben bearb. u. f. Schüler bestimmt. 1—4. Hft. 8. Bautzen 872—74. Rühl. n. 3. 20
1. Die Lage gerader Linien. (XII, 30 S.) n. — 60
2. Die Beziehg. zwischen Seiten u. Winkeln u. die Congruenz gradlin. Fig. (S. 31—114.) n. — 80
3. Kreislehre [1. Thl.] u. Vergleichg. der Flächen geradlin. Figuren (S. 115—198.) n. — 80
4. Aehnlichkeitslehre. Flächenausmessg. Kreislehre. [2. Thl.] (S. 199—290.) n. 1. —

Hartmann, B., Panorama d. Vogesen. 17×302,5 cm. Farbdr. M. je 1 Bl. deutschem u. französ. Text. Mülhausen i/E. 898. (Strassburg, Schlesier & Schweikhardt.) Kart. n. 1. —

Hartmann, Balthasar, a. Grosshausen: Untersuchung über die Leistungsfähigkeit der Assmannschen Methode zur experimentellen Bestimmung des Verhältnisses $c_p/c_v = \kappa$ der spezifischen Wärmen bei konstantem Druck und konstantem Volumen von Gasen. Leipzig: J. A. Barth 1905. (78 S.) 8°

Göttingen, Phil. Fak., Ref. Voigt, Diss. v. 1. Aug. 1905

[Geb. 14. Mai 77 Großhausen b. Lorsch; Wohnort: Großhausen; Staatsangeh.: Hessen; Vorbildung: Realgymn. Darmstadt Reife O. 97; Studium: Straßburg 1, München 3, Göttingen 12 S.; Rig. 1. Dez. 04.]

Hartmann, Bernh. (II.). Konrad Celtis in Nürnberg. Ein Beitrag zur Geschichte d. Humanismus in Nürnberg. gr. 8. (68 S.) Nürnb. 889, J. L. Schrag. * 2 —

Hartmann, Bernhard, Gesetz, betreffend die Anfechtung von Rechtshandlungen eines Schuldners außerhalb des Konkursverfahrens, vom 21. Juli 1879, erläutert. (VI, 101 S.) 1880; 2. verm. und verb. Aufl. gr. 8. (VIII, 116 S.) Berlin 881, C. Heymann's Verlag. *

Hartmann, Bernh., Gesetz betreffend die Anfechtung von Rechtshandlungen eines Schuldners außerhalb des Konkursverfahrens. Vom 21. Juli 1879. Erläut. 3. verm. und verb. Aufl. gr. 8. (VIII, 246 S.) Berlin 886, C. Heymanns Verlag. cart. *

Hartmann, Bernh., Gesetz betr. die Anfechtung v. Rechtshandlungen e. Schuldners außerhalb d. Konkursverfahrens. Vom 27. Juli 1879. Erläutert v. B. H. 4., verm. u. verb. Aufl., unter Benutzg. d. literar. Nachlasses d. Verf. hrsg. v. Bernh. Frankenburger. gr. 8. (VIII, 280 S.) Berlin 892. C. Heymanns Verl. Kart. n. 6. —

Hartmann, Bernh., Gesetz betr. die Anfechtung v. Rechtshandlungen e. Schuldners außerhalb des Konkursverfahrens vom 21. VII. 1879/20. V. 1898. Erläutert. 6. verm. u. verb. Aufl., hrsg. v. Geo. Meikel. (XVI, 325 S.) gr. 8. Berlin, 904. C. Heymann. n. 6. —

— das Gesetz über Zwangsabtretung des Grundeigenthums für öffentliche Zwecke vom 17. Novbr. 1837, nebst den Abänderungen des Gesetzes zur Ausführung der Reichscivilprozeßordnung erläutert. gr. 8. (VIII, 86 S.) Würzburg 879. Stuber. n. 2. 40

Hartmann, B., Kulturbilder aus Altdorfs akademischer Vergangenheit, s. Mittheilungen des Vereins für Geschichte der Stadt Nürnberg.

Hartmann, Bernh., die allgemeine deutsche Wechsel-Ordnung. Nach der Rechtslehre u. der Rechtsprechung erläutert. 8. (VII, 275 S.) Berlin 882. C. Heymann's Verl. cart. n. 4. —

Hartmann, *Bernhard* G. [aus Belleville, Ill. U. S. A.]: Ueber die Esterbildung aromatischer Säuren ... Heidelberg, Univ.-Buchdr. v. J. Hörning, 1897; 36 S., 1 Bl. 8.

Heidelberg, Naturw.-math. Fak., Inaug.-Diss. v. [1. März] 1897

Hartmann, B. G., über die Esterbildung aromat. Säuren. Diss. gr. 8. (37 S.) Heidelberg 897. (J. Hörning.) n. — 80

Hartmann, Berthold, die Analyse d. kindlichen Gedankenkreises als die naturgemäße Grundlage d. ersten Schulunterrichts. Ein Beitrag zur Volksschulpraxis. gr. 8. (VIII, 96 S.) Annaberg 885. Graser. n. 1. 25

Hartmann, B., die Analyse d. kindlichen Gedankenkreises als die naturgemäße Grundlage d. ersten Schulunterrichts. Ein Beitrag zur Volksschulpraxis. 2., verm. Aufl. gr. 8. (IV, 116 S.) Annaberg 890. Graser. n. 1. 50

Hartmann, Berthold, d. Analyse d. kindlichen Gedankenkreises als d. naturgem. Grundlage d. ersten Schulunterrichts. Ein Beitrag zur Volksschulpraxis. 3., sorgfältig durchgesch. u. erweit. Aufl. gr. 8. (X, 200 S.) Frankfurt a/M. 896. Kesselring. n. 2. 40

Hartmann, Berthold, die Analyse des kindlichen Gedankenkreises als die naturgemässe Grundlage des ersten Schulunterrichts. Ein Beitrag zur Volksschulpraxis. 4., sorgfältig durchgesch., bis zur Gegenwart fortgeführte Aufl. (VIII, 232 S.) gr. 8. Frankfurt a/M. 906. Kesselring. n. 3. -

Hartmann, Berth., die Analyse des kindlichen Gedankenkreises als die naturgemässe Grundlage des ersten Schulunterrichts. Ein Beitrag zur Volksschulpraxis. 5., durchgeseh. u. ergänzte Aufl. (VIII, 240 S.) 8. Frankfurt a/M. 910. Kesselring. 3.—; geb. in Leinw. 3. 80

Hartmann, Berth., Beiträge zur Schulpraxis. Zum Sachunterrichte d. 2. Schuljahres. gr. 8. (32 S.) Annaberg 891. (H. Graser's Verl.) n.n. 1. 20

— dasselbe. Zum Sachunterrichte des 3. Schuljahres. Progr. gr. 8. (48 S.) Ebd. 893. n.n. 1. 25

—— 10., 11. u. 12. Bericht über die Bürgerschulen u. die Fortbildungsschule zu Annaberg i. Erzgeb. Schuljahr 1889/90, 1890/91 u. 1891/92. gr. 8. (79; 96; 106 S.) Ebd. 889—92. 10. Bericht ** 1 — 11. Bericht ** 1 20; 12. Bericht ** 1 40

Aus d. 12. Bericht apart:

—— Die heimischen Stoffe im Geschichtslehrplan der Annabergischen Bürgerschulen. gr. 8. (29 S.) Ebd. 892. ** — 25

— das volkstümliche deutsche Kinderlied. Ein Beitrag zur Würdigg. u. Wiederbelebg. desselben. 8. (71 S.) Annaberg 885. Rudolph & Dieterici. n. 1. —

— Rechenbuch f. d. allgem. Fortbildungsschule. Method. geordn. Aufgabensammlg. m. gleichmäß. Berücksicht. der Rechenoperationen u. Sachgebiete. Ausg. f. Lehrer. Enth. d. Aufgaben d. Schülerheftes, zahlr. sachl. u. method. Bemerkgn., viele Ansätze u. Ausrechnungen, dazu sämtl. Ergebnisse. gr. 8. (VIII, 184 S.) Ebd. 896. n.n. 2. 75

— dasselbe. Ausg. f. Schüler. gr. 8. (96 S.) Ebd. 896. n. — 50

— Rechenbuch f. die allgemeine Fortbildungsschule. Methodisch geordnete Aufgabensammlg. m. gleichmäß. Berücksicht. der Rechenoperationen u. Sachgebiete. 3. verb. Aufl. In neuer Rechtschreibg. Ausg. f. Schüler. (96 S.) 8. Ebd. (908). — 50

— dasselbe, f. höh. u. mittl. Mädchenschulen. Unt. steter Bezugnahme auf neuere schulbehördl. Bestimmgn., insbes. d. „Bestimmgn. üb. d. Mädchenschulwesen" v. 31. Mai 1894 bearb. 1—3. Hft. F. d. 1.—6. Schulj. gr. 8. (à IV, 96 S.) Ebd. 896—897. Kart. à n. — 50

Hartmann, Berthold, Rechenbuch f. höh. u. mittl. Mädchenschulen. Methodisch geordnete Aufgabensammlg. m. gleichmäß. Berücksicht. der Rechenoperationen u. Sachgebiete. Unter steter Bezugnahme auf neuere schulbehördl. Bestimmgn., insbesondere die „Bestimmgn. üb. das Mädchenschulwesen" v. 31. V. 1894 bearb. 4. Hft. Für das 7., 8. u. 9. Schulj. Schlußrechnungen. Prozentrechnungen. Haus- u. volkswirtschaftl. Rechnen. gr. 8. (IV, 118 S.) Frankfurt a/M. (901). Kesselring. Kart. n. — 75

—— und Jul. Ruhsam, Rechenbuch für Stadt- und Landschulen. Neue Bearbeitung der Rechenschule nach dem deutschen Münz-, Maß- und Gewichtssystem für Stadt- und Landschulen von J. Ruhsam. 1.—6. Heft. 8. Ebendas. 885,86. [1.—3. Heft. (48; 48; 60 S.) à * 25 Pf.; 4.—6. Hef. (57; 58; 72 S.) à * 30 Pf.] *

—— dass. — Auflösungen zum 4.—6. Heft. gr. 8. (22; 21; 24 S.) Ebendas. 887. à Heft ** 25 Pf. **
Auflösungen zum 1.—3. Heft nicht erschienen.

— u. J. Ruhsam, Rechenbuch f. Stadt- u. Landschulen. Neue Bearbeitung der Rechenschule nach dem deutschen Münz-, Maß- u. Gewichtssystem f. Stadt- u. Landschulen v. J. Ruhsam. 2. Aufl. 1.—6. Hft. 8. Ebd. 889. 890. n. 1. 65
1—5. (48, 48, 48, 52 u. 60 S.) à n. — 25. — 6. (96 S.) n. — 40.

— — dasselbe. Auflösungen sämtl. Aufgaben, nebst Andeutgn. üb. die unterrichtl. Behandlg. derselben. 2. Aufl. 1. Hft. Die unendl. Zahlreihe. (Zum 4. Hft.) 8. (32 S.) Ebd. 890. n. — 60

— - u. Julius Ruhsam. Rechenbuch f. Stadt- u. Landschulen. Ausgabe A in 6 Heften. 8. Frankf. a. M. 889—92, Kesselring. [1.—4. Heft. 8. Aufl. (56; 56; 64; 60 S.) à Heft * — 25; 5. Heft. 7. Aufl. (64 S.) * — 25; 6. Heft. 5. Aufl. (96 S.) * — 40.] * 1 65

—— dass. — Auflösungen zu 5. u. 6. Heft. 2. Aufl. 8. Ebd. [5. Heft. (36 S.) ** — 60; 6. Heft. (80 S.) ** 1 —.] ** 1 60

—— dass. — Lehrerheft. 2 Hefte. 8. (99; 52, 82 S.) Ebd. à Heft ** 1 25

—— dass. — Ausg. B in 4 Heften. 8. Ebd. [1.—3. Heft. 2. Aufl. (48; 72; 72 S.) à Heft * — 25; 4. Heft. (72 S.) * — 25.] * 1 —

—— dass. — Lehrerheft. 2 Hefte. 8. Ebd. [1. Heft. (128 S.) ** 1 75; 2. Heft. (176 S.) ** 2 25.] ** 4 —

—— dass. — Ausgabe f. d. Königr. Preußen. 6 Hefte. 8. Ebd. [1.—5. Heft. (à Heft 64 S.) à * — 25; 6. Heft. (80 S.) * — 30.] * 1 55

—— dass. — Lehrerheft. 3 Hefte. 8. Ebd. [1. u. 2. Heft. (132; 140 S.) à ** 1 75; 3. Heft. (156 S.) ** 2 —.] ** 5 50

— u. Jul. Ruhsam, Rechenbuch f. Stadt- u. Landschulen. Ausg. A. (Für das Königr. Sachsen u. die angrenzenden kleineren Staaten.) 6 Hfte. gr. 8. Ebd. n. 1. 65
1. 10. Aufl. (56 S.) 894. n. — 25. — 2. 11. Aufl. (56 S.) 894. n. — 25. — 3. 11. Aufl. (64 S.) 894. n. — 25. — 4. 10. Aufl. (60 S.) 894. n. — 25. — 5. 8. Aufl. (64 S.) 894. n. — 25. 6. 7. Aufl. (96 S.) 894. n. — 40.

Hartmann, Berth., u. Jul. **Ruhsam**, Rechenbuch f. Stadt- u. Landschulen. Ausg. A. (Für das Königr. Sachsen u. die angrenzenden kleineren Staaten.) Lehrerheft. Auflösungen der Aufgaben d. Rechenbuchs, nebst zahlr. Übungen, sachl. u. method. Bemerkgn. zum Rechenunterrichte überhaupt. 3 Hfte gr. 8. Frankfurt a/M. Kesselring. n. 4. 10
1. Für d. 1. u. 2. Schülerheft. (100 S.) 892. n. 1. 25
2. Für d. 3. u. 4. Schülerheft. (84 S.) 892. n. 1. 25
3. Für d. 5. u. 6. Schülerheft. (IV, 166 S.) 893. n. 1. 60

— — dasselbe. Ausg. B. (Kleinere Ausg. von Ausg. A.) 4 Hfte. gr. 8. Ebd. n. 1. —
1. 2. Aufl. (48 S.) 894. n. — 25. — 2. 3. Aufl. (72 S.) 894. n. — 25. — 3. 3. Aufl. (72 S.) 894. n. — 25. — 4. 2. Aufl. (72 S.) 891. n. — 25.

— — dasselbe. Lehrerheft. 2 Hfte. gr. 8. Ebd. n. 4. —
1. Für d. 1. u. 2. Schülerheft. (128 S.) 892. n. 1. 75
2. Für d. 3. u. 4. Schülerheft. (176 S.) 892. n. 2. 25

— — dasselbe. Ausg. C. (Für Deutschland überhaupt.) Unter Mitwirkung bewährter Schulmänner herausgegeben. 6 Hfte. gr. 8. Ebd. n. 1. 55
1. (64 S.) 891. n. — 25. — 2. (64 S.) 891. n. — 25. — 3. (64 S.) 891. n. — 25. — 4. (64 S.) 891. n. — 25. — 5. (64 S.) 891. n. — 25. — 6. (80 S.) 892. n. — 30.

— — dasselbe. Lehrerheft. 3 Hfte. gr. 8. Ebd. n. 5. 50
1. Für d. 1. u. 2. Schülerheft. (VIII, 132 S.) 891. n. 1. 75
2. Für d. 3. u. 4. Schülerheft. (V, 140 S.) 892. n. 1. 75
3. Für d. 5. u. 6. Schülerheft. (IV, 156 S.) 892. n. 2. —

— u. Jul. **Ruhsam**, Rechenbuch f. deutsche Stadt- u. Landschulen. Ausg. A. In 6 Hftn. (Für Königr. Sachsen u. angrenz. Länder.) gr. 8. Frankfurt a/M. 898. Kesselring. n. 1. 65
1. D. Zahlreihe 1—10. D. Zahlreihe 1—100. 20., unveränd. Aufl. (56 S.) n. — 25
2. D. Zahlreihe 1—100. (D. Reihen d. Grundzahlen.) 21., unveränd. Aufl. (56 S.) n. — 25
3. D. Zahlreihe 1—1000. 20., unveränd. Aufl. (64 S.) n. — 25
4. D. unendl. Zahlreihe. 18., unveränd. Aufl. (60 S.) n. — 25
5. Dezimal- u. Bruchzahlen. 16. Aufl. (64 S.) n. — 25
6. D. bürgerl. Rechnen. 17., unveränd. Aufl. (96 S.) n. — 40

— — dasselbe. Ausg. A in 6 Hftn. Lehrerheft. 2. Hft., f. d. 3. u. 4. Schülerheft. Auflösungen d. Aufgaben d. Rechenbuches, nebst zahlr. Übgn., sachl. u. method. Bemerkgn. z. Rechenunterr. überhaupt. (M. e. Anh.: Ergänzgn. u. Berichtiggn. z. 4., 5. u. 6. Schülerhefte.) 2. Aufl. gr. 8. (122 S.) Ebd. 895. n.n. 1. 75

— — dasselbe. Ausg. B. (In 4 Hftn.) Kleinere Ausg. v. Ausg. A. gr. 8. Ebd. 898. à n. — 25
1. F. d. 1. u. 2. Schulj. D. Zahlreihe 1—10. D. Zahlreihe 1—100. 7. Aufl. (48 S.)
2. F. d. 3. u. 4. Schulj. D. Reihen d. Grundzahlen. D. Zahlreihe 1—1000. 10., unveränd. Aufl. (72 S.)
3. F. d. 5. u. 6. Schulj. D. unendl. Zahlreihe. Mehrfach benannte Zahlen. Dezimalzahlen. 9., unveränd. Aufl. (72 S.)
4. F. d. 7. u. 8. Schulj. Bruchzahlen. D. bürgerl. Rechnen. 6. Aufl. (72 S.)

— — dasselbe. Ausg. D. 3 Hfte. gr. 8. (à 60 S.) Ebd. 895. à n. — 25

— — dasselbe. Lehrerheft. Auflösungen d. Aufgaben d. Rechenbuches, nebst zahlr. Übgn., sachl. u. method. Bemerkgn. z. Rechenunterr. überhaupt. gr. 8. (267 S.) Ebd. 895. n.n. 3. 50

Hartmann, Berthold, u. Jul. **Ruhsam**, Rechenbuch f. deutsche Stadt- u. Landschulen. Ausg. A in 6 Hftn. (Für d. Königr. Sachsen u. angrenz. Länder.) gr. 8. Frankfurt a/M. (902). Kesselring. n. 1. 65
1. Die Zahlreihe 1—10. Die Zahlreihe 1—100. 28. unveränd. Aufl. (65 S. m. Fig.) n. — 25
2. Die Zahlreihe 1—100. (Die Reihen der Grundzahlen.) 32. unveränd. Aufl. (56 S.) n. — 25
3. Die Zahlreihe 1—1000. 27. unveränd. Aufl. (64 S.) n. — 25
4. Die unendliche Zahlreihe. 26. unveränd. Aufl. (60 S.) n. — 25
5. Dezimal- u. Bruchzahlen. 23. unveränd. Aufl. (64 u. 111 S.) n. — 25
6. Das bürgerl. Rechnen. 23. unveränd. Aufl. (96 u. IV S.) n. — 40

— — dasselbe. Lehrerheft. Auflösungen der Aufgaben des Rechenbuches, nebst zahlreichen Übgn. sachl. u. method. Bemerkgn. zum Rechenunterrichte überhaupt. 3. Hft. Für das 5. u. 6. Schulj. gr. 8. (176 S.) Ebd. (900). n.n. 2. 25

— — dasselbe. Ausg. B in 4 Hftn. Kleinere Ausg. v. Ausg. A. gr. 8. Ebd. (902). à n. — 25
1. Für das 1. u. 2. Schulj. Die Zahlreihe 1—10. Die Zahlreihe 1—100. 13. unveränd. Aufl. (64 S. m. Fig.) (902.)
2. Für das 3. u. 4. Schulj. Die Reihen der Grundzahlen. Die Zahlreihe 1—1000. 17. unveränd. Aufl. (72 S.) (902.)
3. Für das 5. u. 6. Schulj. Die unendl. Zahlreihe. Mehrfach benannte Zahlen. Dezimalzahlen. 12. verb. Aufl. (72 S.) (900.)
4. Für das 7. u. 8. Schulj. Bruchzahlen. Das bürgerl. Rechnen. 9. unveränd. Aufl. (72 S.) (900.)

— — dasselbe. Ausg. C in 6 Hftn. (Für das übr. Deutschland.) gr. 8. Ebd. n. 1. 55
1. Für das 1. u. 2. Schulj. Die Zahlreihe 1—10. Die Zahlreihe 1—100. 4. verb. Aufl. (64 S.) (900.) n. — 25
2. Für das 3. Schulj. Die Zahlreihe 1—1000. 4. verb. Aufl. (61 S.) (899.) n. — 25
3. Für das 4. Schulj. Die unendliche Zahlreihe. 5. Aufl. (64 S.) (900.) n. — 25
4. Für das 5. Schulj. Mehrfach benannte Zahlen. Dezimalzahlen. 4. verb. Aufl. (64 S.) (900.) n. — 25
5. Für das 6. Schulj. Bruchzahlen. Schlußrechnungen. 4. verb. Aufl. (64 u. IV S.) (901.) n. — 25
6. Für das 7. u. 8. Schulj. Das bürgerl. Rechnen. 5. unveränderte Aufl. (84 u. IV S.) (902.) n. — 30

— u. Jul. Ruhsam, Rechenbuch f. deutsche Stadt- u. Landschulen. In neuer Rechtschreibg. Ausg. A in 6 Heften. (Für Königr. Sachsen u. angrenz. Länder.) 8. Ebd. n. 1.65
1. Die Zahlreihe 1—10. Die Zahlreihe 1—100. 29. u. 30. unveränd. Aufl. (Je 65 S. m. Fig.) (903.) n. — 25
2. Die Zahlreihe 1—100. Die Reihen der Grundzahlen. 33. verb. Aufl. (56 S.) (904.) n. — 25
3. Die Zahlreihe 1—1000. 29. verb. Aufl. (61 S.) (903.) n. — 25
4. Die unendliche Zahlreihe. 29. verb. Aufl. (60 S.) (904.) n. — 25
5. Dezimal- u. Bruchzahlen. 29. unveränd. Aufl. (64 S.) (906.) n. — 25
6. Das bürgerliche Rechnen. 26. verb. Aufl. (96 u. IV S.) (904.) n. — 40

— — dasselbe. Ausg. B in 4 Heften. Kleinere Ausg. v. Ausg. A. 8. Ebd. à n. — 25
1. Für das 1. u. 2. Schulj. Die Zahlreihe 1—10. Die Zahlreihe 1—100. 14. unveränd. Aufl. (64 S. m. Fig.) (903.)
2. Für das 3. u. 4. Schulj. Die Reihen der Grundzahlen. Die Zahlreihe 1—1000. 24. unveränd. Aufl. (72 S.) (906.)
3. Für das 5. u. 6. Schulj. Die unendl. Zahlreihe. Mehrfach benannte Zahlen. Dezimalzahlen. 16. verb. Aufl. In neuer Rechtschreibung. (72 S.) (903.)
4. Für das 7. u. 8. Schulj. Bruchzahlen. Das bürgerl. Rechnen. 16. unveränd. Aufl. (72 S.) (906.)

— — dasselbe. Ausg. C in 6 Heften. 1.—3. Heft. 6. verb. Aufl. In neuer Rechtschreibg. (Je 64 S.) 8. Ebd. (904). à n. — 25
1. Für das 1. u. 2. Schulj. Die Zahlreihe 1—10. Die Zahlreihe 1—100.
2. Für das 3. Schulj. Die Zahlreihe 1—1000.
3. Für das 4. Schulj. Die unendl. Zahlreihe.

— u. Jul. Ruhsam, Rechenbuch f. deutsche Stadt- u. Landschulen. In neuer Rechtschreibg. Ausg A in 6 Heften. (Für Königr. Sachsen u. angrenz. Länder.) 8. Ebd. (907). 1. 65
1. Die Zahlreihe 1—10. Die Zahlreihe 1—100. 37. verb. Aufl. (65 S. m. Fig.) — 25
2. Die Zahlreihe 1—100. Die Reihen der Grundzahlen. 38. unveränd. Aufl. (56 S.) — 25
3. Die Zahlreihe 1—1000. 36. verb. Aufl. (64 S.) — 25
4. Die unendliche Zahlreihe. 33. verb. Aufl. (61 S.) — 25
5. Dezimal- u. Bruchzahlen. 30. unveränd. Aufl. (64 S.) — 25
6. Das bürgerliche Rechnen. 29. verb. Aufl. (100 S.) — 40

— — dasselbe. Ausg. B in 4 Heften. Kleinere Ausg. v. Ausg. A. 8. Ebd. (907). à — 25
1. Für das 1. u. 2. Schulj. Die Zahlreihe 1—10. Die Zahlreihe 1—100. 19. verb. Aufl. (64 S. m. Fig.)
2. Für das 3. u. 4. Schulj. Die Reihen der Grundzahlen. Die Zahlreihe 1—1000. 26. unveränd. Aufl. (72 S.)
3. Für das 5. u. 6. Schulj. Die unendl. Zahlreihe. Mehrfach benannte Zahlen. Dezimalzahlen. 22. verb. Aufl. (72 S.)
4. Für das 7. u. 8. Schulj. Bruchzahlen. Das bürgerl. Rechnen. 17. unveränd. Aufl. (72 S.)

— — dasselbe. Ausg. C in 6 Heften. 8. Ebd. (907). 1. 50
1. Für das 1. u. 2. Schulj. Die Zahlreihe 1 bis 10. Die Zahlreihe 1 bis 100. 6. verb. Aufl. (64 S.) — 25
2. Für das 3. Schulj. Die Zahlreihe 1 bis 1000. 7. verb. Aufl. (64 S.) — 25
3. Für das 4. Schulj. 6. verb. Aufl. (64 S.) — 25
4. Für das 5. Schulj. Mehrfach benannte Zahlen. Dezimalzahlen. 6. verb. Aufl. (64 S.) — 25
5. Für das 6. Schulj. Bruchzahlen. Schlußrechnungen. 5. unveränd. Aufl. (64 u. IV S.) — 25
6. Für das 7. u. 8. Schulj. Das bürgerl. Rechnen. 4. verb. Aufl. (84 u. IV S.) — 30

— Rechenbuch f. deutsche Stadt- u. Landschulen. Methodisch geordnete Aufgabensammlg. m. planmäßig fortschreit. Berücksicht. der Rechenoperationen u. Sachgebiete. Neubearbeitung des Rechenbuches f. deutsche Stadt- u. Landschulen v. B. Hartmann u. J. Ruhsam. Ausg. A in 7 Heften. 1. Schülerheft. Für das 1. u. 2. Schulj. 41. Aufl. (Der Neubearbeitg. 1. Aufl.) Die Einerreihe. Die Zehnerreihe. Die Zahlreihe 1—100. (64 S.) 8. Ebd. (910). — 25

— der Rechenunterricht in der deutschen Volksschule. Ein method. Handbuch für Lehrer u. Seminaristen, zugleich e. Anleitg. zum Gebrauche d. Hartmann-Ruhsam'schen Rechenbuches f. Stadt- u. Landschulen. gr. 8. (VIII, 328 S.) Frankfurt a/M. 888. Kesselring. cart. n. 4. —

— der Rechenunterricht in der deutschen Volksschule vom Standpunkte d. erziehenden Unterrichts. Ein method. Handbuch f. Lehrer u. Seminaristen, zugleich e. Anleitg. zum Gebrauche des Hartmann-Ruhsamschen Rechenbuchs f. deutsche Stadt- u. Landschulen. 2., sorgfältig durchgeseh. u. erweit. Aufl. gr. 8. (XIII, 464 S.) Frankfurt a/M. 893. Kesselring. geb. in Leinw. n. 5.

— der Rechenunterricht in der deutschen Volksschule vom Standpunkte des erziehenden Unterrichts. Ein method. Handbuch f. Lehrer u. Seminaristen, zugleich e. Anleitg. zum Gebrauche des Hartmann-Ruhsamschen Rechenbuchs f. deutsche Stadt- u. Landschulen. 3., sorgfältig durchgeseh. u. erweit. Aufl. (XV, 488 S.) gr. 8. Ebd. 904. Geb. in Leinw. n. 5. —

— Die heimischen Stoffe im Geschichtslehrplan der Annabergischen Bürgerschulen. gr. 8. (29 S.) Ebd. 892. ** — 25

Hartmann, C., s.a. H a r t m a n n , Christoph

– s.a. H a r t m a n n , Karl

– s.a. H a r t m a n n , Karl Friedrich Alexander

v. Hartmann, C., die Rhein-Brücke bei Cöln. 8. (Mit 2 lith. Tafeln.) Hagen 844. (Thieme u. Butz.) n. 1/3 ₰

Hartmann, C., s. Tegnér, E., die Frithjofssage.

Hartmann, C., die königl. Theater in Berlin, s.: S c h ä f f e r, C.

– (Hrsg.), s. Z e i t b l a t t für Gewerbetreibende und Freunde der Gewerbe.

Hartmann, C. A., s. H a r t m a n n , Karl Josef

Hartmann, C. C., s. H a r t m a n n , Karl Christian

– s. H a r t m a n n , Karl Klemens

Hartmann, C. E., Briefsteller f. die weibl. Jugend während u. nach d. Schulzeit. Eine Anweisung z. Briefschreiben. Zum Gebr. f. Lehrer u. Schülerinnen in Töchterschulen so wie zum Selbstunterr. 3., verm. u. verb. Aufl. gr. 8. (24 B.) Leipzig 846, Wöller. *

Hartmann, C. E., Briefsteller für die weibliche Jugend. Anweisung zum Briefschreiben mit Muster-Beispielen, Aufgabenstoff ꝛc. aus dem Kreise des weiblichen Geschlechts. Für Lehrer und Schülerinnen in Töchterschulen, so wie zum Selbstunterrichte u. zur Fortbildung für Jungfrauen. 4. Aufl. Nach des Verf. Tode bearb. von G. A. W i n t e r. Leipzig 853. Wöller. 8. (XVI, 443 S.) n. 1 ₰

Hartmann, C. E., Briefsteller f. Mädchen in u. außer d. Schule. Eine Anweis. z. Briefschreiben durch Regeln, Beispiele u. Stoff zu Briefen aus d. Kreise d. weibl. Geschlechts. gr. 8. (40 B.) Leipzig 828, [Lehnhold.]

Hartmann, C. E., Briefsteller f. Mädchen in u. außer d. Schule. 2., wohlf. Ausg. gr. 8. (40 B.) Leipzig 839, Wöller.

Hartmann, C. E., Erbauungsstunden, s. Erbauungsstunden.

—— Materialien zu Stylübungen f. Töchterschulen. Stufenweise geordn. 3 Curs. gr. 8. Leipzig, [Klinkhardt.] [1. 836. 3/8 Thlr., N. Ausg. 842. 1/3 Thlr., 2. 836. 3/4 Thlr., N. Ausg. 842. 1/3 Thlr. (à 8 u. 13 1/2 B.), 3. (20 B.) 842. 2/3 Thlr.]

Materialien zu Stylübungen f. Töchterschulen. Stufenweis geordnet. 1. Cursus. Neue Ausg. (8 B.) 842 u. 2., verm. Aufl. gr. 8. (9 B.) Leipzig 845, Klinkhardt.

—— dass. 2. Cursus. Neue Ausg. gr. 8. (13 1/2 B.) Ebds. 842.

dass. 3. u. letzter Cursus. gr. 8. (20 B.) Ebds. 842.

—— Materialien zu Stylübungen für Töchterschulen. Stufenweise geordnet und hrsg. 2. Cursus. 2., unveränd. Aufl. gr. 8. (216 S.) Leipzig 851, Klinkhardt.
1. Cursus. 2. Aufl. 1845. und 3. Cursus. 1842. Ebendas. 1 Thlr.

Hartmann, C. E. R., s. Hartmann, Karl Eduard Robert

Hartmann, C. F., das Bier u. seine Pflege. Ein Handbuch f. Restaurateure u. Bierverleger. 8. (VII, 142 S.) Dresden 875. Schrag. 1. —

Hartmann, C. F., Buddeus redivivus od. Darstellg. der kirchl. Alterthümer der drei ersten christl. Jahrh. zusammengetragen aus den Schriften der Kirchenväter u. Apologeten dieser Zeit, sammt deren älteren Commentatoren von Buddeus, nach dessen Tode hrsg. von Joh. Georg Walch, u. aus dem Latein. u. Griech. übersetzt. gr. 8. (IV, 126 S.) Stollberg 873. Heinzelmann. n. 3. —

Hartmann, C. F. A., s. Hartmann, Karl Friedrich Alexander

Hartmann, C. G., für Zeichenschüler. gr. 8. Leipz. 792. (Crusius). 3 gr

Hartmann, C. H. F., das Bier als deutsches Nationalgetränk und seine Wirkungen als Heilmittel auf den menschlichen Organismus. Ein diätetischer Rathgeber für alle Diejenigen, welche durch mäßigen Biergenuß ihre Gesundheit verbessern u. bis ins Alter bewahren wollen. Nebst genauer Angabe, die Fehler, Verfälschungen u. Krankheiten des Bieres zu erkennen u. unschädlich zu machen. Dresden 861. Klemm. 8. (VII, 143 S.) 15 ngr.

die Völkerschlacht in Leipzig's Umgebungen 16., 18., 19. Octbr. 1813. Ein Gedenkblatt der 50jährigen Jubelfeier 1863. Mit 10 Ansichten von Dörfern kurz nach der Schlacht u. Plan des Schlachtfeldes (in Holzschn.). Leipzig 863. F. Voigt. 16. (112 S.) 7 1/2 ngr.
A. u. d. T.: „Leipzigs Turn- u. Siegesfest" (Leipzig, Mocca) zu gleichem Preise.

Hartmann, C. I., s. Hartmann, Karl Josef

Hartmann, C. L., d. vermeidete Höllenleid, durch die betrachtete Gnadenzeit üb. d. Evangel. 4. Nrnbg. 707.

Hartmann, C. R., Formenlehre der Renaissance. Ein Lehrbuch für das architekton. Zeichnen. 1. u. 2. Tl. Lex.-8. Leipzig, J. M. Gebhardt. à n. 4. 50; Geb. in Leinw. à n. 5. —
1. Formen des Steinbaues. (XII, 135 S. m. Abbildgn.) 901.
2. Formen des Holzbaues. (VIII, 150 S.) 906.

Hartmann, Carl, s. Hartmann, Karl

Hartmann, Chr., Patent-Hufpuffer in Verbindung mit dem englischen Hufbeschlag. Hannover 76.

Hartmann, Chr. Fr.

— über Behandlung d. Lehrgegenstände in Bürgerschulen. Progr. 8. Köthen 803.

— comment. in epistolam Judae. 4. Köthen 793. Aue. 4 gr

Hartmann, Chr. Fr., (+ d. 5. Febr. 1827.) die bibl. Geschichte, mit prakt. Anmerkk. z. Schulgebrauch. 2 Thle. gr. 8. Köthen 802, 3. Aue. 16 gr

— Geschichte der luther. St. Agnuskirche in Köthen. 8. Köthen 803. Aue. 8 gr

— Predigten über Sonn- Fest- und Feyert-Evangelien. Lüb. Fues.

— Versuch e. Literatur brauchbarer Bücher. Progr. 1s, 2s Heft. 8. Köthen 801.

— Versuch e. Uebersetzung d. Propheten Nahum, Habakuk, Zephania u. Obadja, mit Anmerkk. 8. Leipz. 791. Barth. 8 gr

— Christ. Fried. Wilh. (Weissenfels), De artis medicae abusu et quibusdam ejus causis. Spec. med.-polit. Lpz. (Richter) 27. I. 1826. 46 S. (6.—) 13245
Gew.: Christian Traugott Schütze (Weissenfels), Carl Friedrich Herling (Crimmitzschau).

Hartmann, Christian [Dr., Rechtspraktikant]: Die Bedeutung der Contumacia des Beklagten für die Zuständigkeit des Gerichts im Hinblick auf die Prorogatio fori ... Freiburg i. Br., 1895; 72 S. 8.
Erlangen, Jur. Fak., Inaug.-Diss. v. 1895

— — De herede legatariis atque fideicommissariis neglecto licet inventario ultra vires hereditatis non obligato occas. §. 2. cap. 2. Novellae Imae, nec non art. 5. tit. VII. p. III. Statut. Hamb. Diss. jur. Lpz. (Langenheim) 22. X. 1744. 44 Seiten. (6.30) 13244

— — (Hamb.), De Leg. 2. Cod. de annal. except. etc. actionem rescissoriam non tollente disserit et viro Georg Zacharias Winckler (Leipzig) summos in utr. jure honores cum Lipsiae die 24. IV. 1744 iis ornaretur sociorum nomine qui sub praes. Gottfr. Ludwig Mencken disputant gratul. Lpz. (Langenheim). 24 S. (5.50) 13243

(Hartmann, Chrstn. Heinr. Ferd.,) † Carl Greif, der Erzähler, s. Greif, Carl.

—— Leipziger Lesefrüchte, s. Lesefrüchte.

—— Sachsenzeitung, s. Sachsenzeitung.

—— der Schwedenstein. Die zweite Säcularfeier d. Schlacht bei Lützen am 6. Nov. 1632 in allen ihren An- u. Nachklängen. Ein Denkmal f. Gustav Adolph, d. Retter Deutschlands v. geistl. u. weltl. Sclavenjoche. 8. (9 B.) Leipzig 833, Hartmann.

—— die Leipziger Unruhen, ihre Ursachen, Schrecknisse u. Folgen. Vorurtheilsfrei u. vollständig dargest. Nebst Actenstücken u. sämmtl. Verordnungen d. Behörden. 1. Aufl. (6 B.), 2. A. (7 B.) gr. 8. Gera 830. (Leipzig, Hartmann.) à

Hartmann, K. H. F., die Leipziger Unruhen; ihre Ursachen, Schrecknisse u. Folgen. Vorurtheilsfrei u. vollständig dargest. gr. 8. Gera 830. 2e Aufl. Leipz. 831. Verfass. 8 gK

— **Christian Ludolph** (Braunschweig), Juris naturae principia rationi humanae omnino esse perspicua adseritur. Diss. philos. Präs. Jo. Georg Albert Kipping. Helmstedt (P. D. Schnorr's Wwe.) 21. V. 1757. 24 S. (5.50) 13246

Hartmann, Christine, der schmale u. der breite Weg. Inspirationen des himml. Geistes. Kundgebgn. im Namen Gottes auf dem Wege des wahren christl. Spiritualismus. Hrsg. v. Jak. Hartmann. (352 S. m. 2 eingedr. Bildnissen u. 5 Taf.) 8. Lorch 910. K. Rohm.
Geb. in Leinw. 4. —

Hartmann, *Christoph* [aus Frankfurt a. M.]: Ueber die Verseifung von Aethern mit Hülfe von Aluminiumchlorid. · Beiträge zur Kenntnis des Purpurins ... Heidelberg, Univ.-Buchdr. v. J. Hörning, 1893; 49 S., 2 Bl., 1 Taf. 8.
Heidelberg, Naturw.-math. Fak., Inaug.-Diss. v. [25. Nov.] 1892

Hartmann, C., üb. die Verseifung v. Aethern m. Hülfe v. Aluminiumchlorid. Beiträge zur Kenntnis d. Purpurins. Diss. gr. 8. (53 S. m. 1 Taf.) Heidelberg 893. (J. Hörning.) 1. 20

— **Christoph Friedrich,** De principibus ecclesiasticis in comitiis plura suffragia habentibus. Präs. Gottfried Daniel Hoffmann. Tübingen (Erhard) Nov. 1756. 38 S., tlws. dtsch. (6.40) 13247

Hartmann, David. Das Buch Ruth in der Midrasch-Litteratur. Ein Beitrag zur Geschichte der Bibelexegese. Diss. Phil. [I.] Univ. Zürich. XIV + 101 S. 8. Leipzig, Bär & Hermann, 1901.

Hartmann, D., das Buch Ruth in der Midrasch-Litteratur. Ein Beitrag zur Geschichte der Bibelexegese. gr. 8. (XIV, 100 S.) Leipzig 901. (Frankfurt a/M., J. Kauffmann.) n. 4. —

Hartmann E. Anfangsgründe der Chemie. I. Unorganische Chemie. Marburg 1846

Hartmann, E: Ueber Anwendungen elektrischer Kraftübertragung. Vortrag. Berlin 1892

Hartmann, E: Ueber Anwendungen elektrischer Kraftübertragung. Vortrag. 2. Ausg. Berlin 1895

Hartmann, E., der deutsche Aufsatz in den höh. Lehranstalten, s.: Dorenwell, K.

Hartmann, E., die Behandlung der einfachen Grünmalz-Hefe f. Kartoffelspiritus-Brennereien. 8. Magdeburg 849, Creutz. Verklebt. 1/2 ₰

Hartmann, E., d. Behandlung u. Heilg. d. übertragbaren Harnröhren-Entzündung (sogen. Trippers) u. die mögl. Verhütg. derselben. gr. 8. (28 S. m. Fig.) Hagen 896. H. Risel & Co. n. 1.—

Hartmann, E.: Beiträge zur Erziehung der deutschen Jugend. Karlsruhe 1900. 144 S.

Hartmann, E.: Beiträge zur Technologie, s. Göpfert, P.

Hartmann, s. Chemie, die, für das Tentamen physicum.

HARTMANN, E.
Chemie (Die) für das Tentamen physicum. Leipzig, 1888. 8vo.

Hartmann, E., Chemie f. das Tentamen physicum. 2., veränd. Aufl. 8. (IV, 79 S.) Leipzig 890. Deichert Nachf. n. 1. 40; geb. n. 1. 80

Hartmann, E., Chemie f. das Tentamen physicum. 3., durchgesch., veränd. Aufl. 8. (IV, 79 S.) Leipzig 892. A. Deichert Nachf. n. 1. 40

— — Vierte Auflage. Leipzig, 1895. 8vo.
— — Fünfte Auflage. Leipzig, 1897. 8vo.

Hartmann, E., Chemie f. d. Tentamen Physicum. 5., durchgesch. u. verb. Aufl. 8. (III, 80 S.) Leipzig 898. A. Deichert Nachf. n. 1. 40; geb. n. 1. 80

Hartmann, E., Chemie f. das Tentamen physicum. 6. durchgesch. u. verb. Aufl. 8. (III, 80 S.) Leipzig 900. A. Deichert Nachf. n. 1. 40; geb. n. 1. 80

Hartmann, E., Conseils d'une ancienne institutrice aux jeunes gouvernantes françaises, s. Conseils.

Hartmann, E., der Infanterie-Pionir Dienst. Ein Handbuch für Officiere u. Unterofficiere der Infanterie des norddeutschen Heeres. Mit Berücksicht. der Maß- u. Gewichts-Ordng. für den nordd. Bund. Mit 6 (lith.) Fig.-Taff. (in qu. Fol.) Berlin 870. Voß'sche Buchh. gr. 16. (VIII, 90 S.) n. 16 ngr.

Hartmann, E: Das Instrumentarium des Elektrotechnikers. Frankfurt a. M. (1889?)

Hartmann, E: Das Telephon, eine deutsche Erfindung. Frankfurt a. M. 1899

[Kopft.:] Vergleich der Wirtschaftlichkeit von elektrischem Einzelbetrieb, elektrischem Gruppenbetrieb und Transmissionsbetrieb. Von E. Hartmann. *(Berlin: [Allg. Elektr.-Gesellsch.] 1898.)* (10 S., 1 Bl.) 1 Bd 4.
98. 8100

Hartmann, E. F. Gst., Diss. med. exhibens quaedam de hydrocephalo. 29 pp. Stuttgart. 8°.
1794

Hartmann, Ed., die Schule d. Sattlers u. Wagenbauers. Mit 43 Holzschn. u. 5 Taf. gr. 8. (IV, 120 S.) Halle 886. Knapp. n. 4. —

Hartmann, Ed., Untersuchung einiger Curven, welche durch Rollen von Kegelschnitten erzeugt werden. (Osterprogramm der h. Bürgerschule zu Cassel 1876.) Cassel 1876. 4°. brosch. (36 S. mit 2 Tfln.)

Hartmann, Ed., Untersuchung einiger Curven, welche durch Rollen von Kegelschnitten erzeugt worden. Inaugural-Dissertation. Mit 2 (lith.) Fig.-Taf. 4. (36 S.) Marburg 876. (Köln, Neubner.) n. 2. —

Hartmann, Edgar, approb. Arzt aus Heidenheim a. Br.: Über tuberkulöse Granulationsgeschwülste der Nasenhöhle. *Straßburg i. E. 1903: C. Müh & Co.* (30 S.) 8°
Straßburg, Med. Diss. v. 1903

Hartmann, Edm. Anleitung zur Behandlung des elementaren Rechenunterrichts m. benannten Zahlen in heuristisch entwickelnder Lehrform. gr. 8. (XI, 88 S.) [Lpz. 890, Reisland.] Gießen, von Münchow. * 1 20

Hartmann, Edm., Anleitung zur Behandlung d. elementaren Rechenunterrichts in benannten Zahlen in heuristisch entwickelnder Lehrform. gr. 8. (XI, 88 S.) Gießen 891. E. v. Münchow. n. 1. 20

—— Anleitung zur Behandlung des elementaren Rechenunterrichts mit reinen Zahlen in heuristisch entwickelnder Lehrform. gr. 8. (104 S.) Gießen 890, v. Münchow. * 1 40

Hartmann, Edm., Anleitung z. Behandlg. d. elementaren Rechenunterrichts m. reinen Zahlen in heurist. entwickelnder Lehrform. 2., unveränd. [Titel-] Aufl. gr. 8. (104 S.) Gießen (891) 896. J. Ricker. n. 1. 40

— Anleitg. z. Behandlg. d. Rechnens m. benannten Zahlen in fragend-entwickelnder Lehrform, f. Seminaristen, Lehrer u. Lehrerinnen bearb. 2., verb. Aufl. gr. 8. (131 S.) Ebd. 896. n. 1. 60

Hartmann, Edm., Anleitung zur Behandlg. des Rechnens m. benannten Zahlen in fragend entwickelnder Lehrform f. Seminaristen, Lehrer u. Lehrerinnen, sowie f. Eltern zur Nachhilfe ihrer Kinder. 3. verm. Aufl. (167 S.) gr. 8. Gießen 903. A. Töpelmann. Kart. n. 2. —

— der heimatkundliche Anschauungs-Unterricht mit besond. Berücksicht. d. Zeichnens u. d. Unterrichts im Freien in fragend entwickelnder Lehrform. gr. 8. (VIII, 149 S. m. Illustr. u. Kartenskizzen.) Gießen 891. E. Roth n. 2. — ; geb. in Leinw. n.n. 2. 50

d. Behandlg. d. ersten Zeichenunterrichts an höh. Lehranst. nach Körpermodellen u. nach d. Natur in ausgef. Lektionen. M. e. Vorworte v. Herm. Schiller. gr. 8. (VIII, 77 S. m. Abb.) Braunschweig 896. Berlin, O. Salle. n. 1. 50

Hartmann, Edm., Beiträge zur Erziehung der deutschen Jugend, m. besond. Berücksicht. der Pflege der Liebe zu Fürst u. Vaterland, Kaiser u. Reich, f. Schule u. Haus bearb. gr. 8. (XII, 144 S.) Karlsruhe 900. J. Lang. n. 1. 80; geb. in Leinw. n. 2. 50

— Rechenbuch. 8 Hfte. gr. 8. Ebd. n. 2. 80
1. Der Zahlenraum von 1—20. (16 S.) 896. n. — 20
2. Der Zahlenraum von 1—100. (20 S.) 896. n. — 20
3. Der Zahlenraum von 1—1000. (29 S.) 896. n. — 20
4. Der höh. Zahlenraum. (35 S.) 895. n. — 20
5. Die 4 Grundrechnungsarten in mehrfach benannten Zahlen. (44 S.) 896. n. — 30
6. Die gemeinen u. Decimal-Brüche. Neue [Titel-] Ausg. (44 S.) (892) 896. n. — 30
7. Die bürgerl. Rechnungsarten. Neue [Titel-] Ausg. (43 S.) (892) 896. n. — 40
8. Anleitung z. Behandlg. d. geometr. Anschauungsunterrichts u. d. elementaren Flächen u. Körperberechnungen nebst Aufgaben. Neue [Titel-] Ausg. (15 S.) (892.) n. — 50

— Rechenbuch. 8 Hfte. 2. verm. Aufl. gr. 8. Gießen 899. J. Ricker. n. 2. 50
1. Der Zahlenraum von 1—20. (20 S.) n. — 20
2. Der Zahlenraum von 1—100. (29 S.) n. — 20
3. Der Zahlenraum von 1—1000. (33 S.) n. — 20
4. Der höhere Zahlenraum. (37 S.) n. — 20
5. Die 4 Grundrechnungsarten in mehrfach benannten Zahlen. (51 S.) n. — 40
6. Die gemeinen u. die Decimal-Brüche. (64 S.) n. — 40
7. Die bürgerlichen Rechnungsarten (49 S.) n. — 40
8. Der geometrische Anschauungsunterricht, die elementaren Flächen- u. Körperberechnungen nebst Aufgaben. (49 S.) n. — 50

— Rechenbuch. Heft 7 A u. B. gr. 8. Ebd. 903. à n. — 35
7 A. Die bürgerl. Rechnungsarten. 2. verm. Aufl. 2. Ausg. (49 S.)
B. Die zusammengesetzten bürgerl. Rechnungsarten, Zinsberechnung nach Zinszahlen, Konto-Korrent, Diskont- u. Wechselrechnen, Kranken-, Unfall-, Invaliditäts- u. Alters-Versicherung. (52 S.) 903.

Hartmann, E., u. A. Feuerbach, Rechenbuch. Ausg. A f. mehrklass. Schulen. 1.—8. Heft. 8. Aufl. 8. Gießen, A. Töpelmann. nn 3. —
1. Der Zahlenraum von 1—20. (28 S.) 907. nn — 25
2. Der Zahlenraum von 1—100. (36 S.) 907. nn — 25
3. Der Zahlenraum von 1—1000. (32 S.) 907. nn — 25
4. Der höhere Zahlenraum. (28 S.) 907. nn — 25
5. Das Rechnen m. mehrfach benannten Zahlen. (48 S.) 906. nn — 40
6. Die gemeinen u. Dezimal-Brüche. (48 S.) 907. nn — 40
7. Die bürgerl. Rechnungsarten, die Formenlehre u. die Flächenberechng. (72 S.) 907. nn — 60
8. Bürgerliche Rechnungsarten, Wechselrechnung, Versichergn., Oberflächen- u. Kubikinhalt der Körper. (80 S.) 908. nn — 60

— u. A. Feuerbach, Rechenbuch. Ausg. B. für einfache Schulverhältnisse. 4 Hefte. gr. 8. Ebd. 905. n. 2. —
1. Der Zahlenraum von 1—100. (52 S.) n. — 40
2. Der Zahlenraum von 1—1000. Der höhere Zahlenraum. (40 S.) n. — 40
3. Das Rechnen m. mehrfach benannten Zahlen. Die Bruchrechnung. (80 S.) n. — 60
4. Das bürgerliche Rechnen. Die Raumlehre. (68 S.) n. — 60

— — dasselbe. Heft f. Fortbildungsschulen. (68 S.) gr. 8. Ebd. 905. n. — 60

— — dasselbe. Ergebnis- u. Erläuterungsheft. (60 S.) gr. 8. Ebd. 905. n. 2. —

Hartmann, Ed., Rechenbuch f. Volksschulen, s.a. Ischler, O.

— Rechenbuch f. Volksschulen, höhere Mädchenschulen u. Gymnasien. 4 Tle. gr. 8. Gießen 892. C. v. Münchow. n. 1. 60
1. 4. u. 5. Schulj. (48 S.) n. — 40
2. 6. Schulj. (44 S.) n. — 30
3. 7. u. 8. Schulj. (43 S.) n. — 40
4. Der geometrische Anschauungsunterricht, die elementaren Flächen u. Körperberechnungen. (15 S.) n. — 50

— Vademecum des deutschen Volksschullehrers. Ein Führer durch die Berufspraxis. schmal 8. (III, 112 S.) Wiesbaden 901. O. Nemnich. Geb. in Leinw. n. 1.50

Hartmann, Eduard von

Hartmann, Ed. v., Gesammelte philosophische Abhandlungen zur Philosophie des Unbewussten. gr. 8. (IV, 132 S.) Berlin 872, C. Duncker. *

Hartmann, E. v., Aphorismen über das Drama. [Aus der deutschen Vierteljahrsschr.] Berlin 870. W. Müller. gr. 8. (46 S.) n. 10 ngr

Hartmann E v, Aesthetik. 2 Bde Leipzig 1886. 87

Hartmann, Ed. v., die politischen Aufgaben u. Zustände des Deutschen Reiches. gr. 8. (III, 52 S.) Berlin 881. C. Duncker's Verl. n. 1. —

— das religiöse Bewusstsein der Menschheit im Stufengang seiner Entwickelung. gr. 8. (XII, 627 S.) Ebend. 882. n. 10. —

Hartmann, Eduard v.: Das sittliche Bewusstsein. Eine Entwickelung seiner mannigfaltigen Gestalten in ihrem inneren Zusammenhange m. bes. Rücks. auf brennende sociale u. kirchl. Fragen d. Gegenwart. 2., durchges. Aufl. — Berlin: Duncker 1886. 698 S. 8° (E. v. Hartmann's ausgewählte Werke. Bd 2.)

— das Christentum des neuen Testaments. 2. umgearb. Aufl. der Briefe über die christliche Religion. (XVI, 316 S.) gr. 8. Sachsa 905. H. Haacke. n. 8. —; geb. n. 10. 50

Hartmann, Ed. v., das Ding an sich und seine Beschaffenheit. Kantische Studien zur Erkenntnisstheorie und Metaphysik. gr. 8. (126 S.) Berlin 871, C. Duncker. *

— Kants Erkenntnistheorie u. Metaphysik in den vier Perioden ihrer Entwickelung. gr. 8. (XIV, 256 S.) Ebd. 894. n. 4. —

Kants Erkenntnistheorie und Metaphysik in d. vier Perioden ihrer Entwickelung. Von Eduard v. Hartmann. Neue Ausg. Leipzig: H. Haacke [nach 1894]. (XIV, 256 S.) 8°

—— Erläuterungen zur Metaphysik des Unbewussten mit besond. Rücksicht auf den Panlogismus. gr. 8. (82 S.) Berlin 874, C. Duncker. *

Hartmann, Eduard [med. pract. in Münchweilen]: Ueber die knöcherne Fixation des Steigbügels im ovalen Fenster. Mit vier neuen Sectionsbefunden. Wiesbaden 1898. 67 S. 4 Taf. 8°. (Sonder-Abdruck aus der „Zeitschrift für Ohrenheilkunde". Bd. 4.)
Basel. Med. Diss. 1897/98.

Hartmann, Ed., üb. d. knöcherne Fixation d. Steigbügels im ovalen Fenster. Mit 4 neuen Sectionsbefunden. Erweit. Sonderabdr. aus „Zeitschrift für Ohrenheilkunde". M. 4 Abb. auf Taf. I—IV. gr. 8. (III, 67 S.) Wiesbaden 898. J. F. Bergmann. n. 2. —

— philosophische Fragen der Gegenwart. gr. 8. (VIII, 298 S.) Leipzig 885. Friedrich. n. 6. —

— die Geisterhypothese d. Spiritismus u. seine Phantome. gr. 8. (III, 126 S.) Ebd. 891. n. 3. —

— zur Geschichte u. Begründung des Pessimismus. gr. 8. (XVI, 141 S.) Ebend. 880. n. 3. —

— zur Geschichte u. Begründung d. Pessimismus. 2., erweit. Aufl. gr. 8. (XXIII, 373 S.) Ebd. 892. n. 6. —

Hartmann, Eduard v: Geschichte der Metaphysik. Leipzig
T. 1. Bis Kant. 1899
T. 2. Seit Kant. 1900

Hartmann, [Eduard], Prof. Dr.: Zur Geschichte der Schaumburg und der Burg Hohenrode, Festrede am Geburtstag des Kaisers. *Rinteln 1903: C. Bösendahl.* (S. 1—14.) 4°
Rinteln, k. G. P 1903 (400)

—— kritische Grundlegung des transcendentalen Realismus. 2., erweit. Aufl. von: „Das Ding an sich und seine Beschaffenheit". gr. 8. (XX, 172 S.) Berlin 875, C. Duncker. *

— kritische Grundlegung d. transcendentalen Realismus. 2., erweit. Aufl. von: „Das Ding an sich u. seine Beschaffenheit." gr. 8. (XX, 172 S.) Ebend. 876. n. 4. —

Hartmann, Eduard v.: Kritische Grundlegung des Transcendentalen Realismus. Eine Sichtung u. Fortbildung d. erkenntnisstheoret. Principien Kants. Von —. 3. neu durchges. u. verm. Aufl.
Leipzig: H. Haacke [1899]. (138 S.) 8°
= Hartmann: Ausgew. Werke. 2. Ausg. Bd 1, (Abt. 1.)

— das Grundproblem der Erkenntnisstheorie. Eine phänomenolog. Durchwanderg. der mögl. erkenntnisstheoret. Standpunkte. gr. 8. (VIII, 127 S.) Ebd. 889. n. 1. —

– Grundriß der Ästhetik, s. Hartmann: System der Philosophie im Grundriß. 8.

– Grundriß der Axiologie, s. Hartmann: System der Philosophie im Grundriß. 5.

– Grundriß der Erkenntnislehre, s. Hartmann: System der Philosophie im Grundriß. 1.

– Grundriß der Metaphysik, s. Hartmann: System der Philosophie im Grundriß. 4.

Grundriß der Naturphilosophie, s. Hartmann: System der Philosophie im Grundriß. 2.

– Grundriß der ethischen Prinzipienlehre, s. Hartmann: System der Philosophie im Grundriß. 6.

Grundriß der Psychologie, s. Hartmann: System der Philosophie im Grundriß. 3.

Grundriß der Religionsphilosophie, s. Hartmann: System der Philosophie im Grundriß. 7.

Hartmann, Ed. v., zwei Jahrzehnte deutscher Politik u. die gegenwärtige Weltlage. gr. 8. (XVI, 401 S.) Leipzig 889. Friedrich. n. 6. —

—— das Judenthum in Gegenwart und Zukunft. 1. und 2. Aufl. gr. 8. (VII, 195 S.) Ebendas. 885. *
Vgl.: Cassel, P., Ahasverus.

Kategorienlehre. Von Eduard v. Hartmann. *Leipzig: H. Haacke 1896.* (XV, 550 S.) 1 Bd 8.
= Hartmann, E. v.: Ausgew. Werke. Bd X.

Hartmann, Eduard, approb. Arzt: Ueber die sogenannten 'Implantations-Metastasen' der Dermoidkystome. *München 1900: Kirchmoller & Meyn.* (23 S.) 8°
München, Med. Diss. v. 1900

— Die sozialen Kernfragen, s. a. Bücherei, deutsche.

Hartmann, E. v.,

— Die sozialen Kernfragen. gr. 8°. Leipzig, W. Friedrich, 1894. (VIII, 571 S.)

Die sozialen Kernfragen. Von Eduard v. Hartmann. Mit e. biogr. Geleitwort von Alma v. Hartmann. 2. durchges. Aufl. Bd. [1,] T. 1. 2; Bd 2. 3. Berlin: Deutsche Bücherei [1907]. 4 Bde 8° [5.]
[1,] 1. 2. Die Verteilung d. Arbeitsertrages.
2. Die Erhöhung d. Arbeitsertrages.
3. Die Verminderung d. Arbeitslast. Die Boden- u. Bevölkerungsfrage.
— Bücherei, Deutsche. Bd 73—78.

— die Krisis des Christenthums in der modernen Theologie. gr. 8. (XVI, 115 S.) Ebend. 880. n. 2. 70

— die Krisis d. Christenthums in der modernen Theologie. 2. Aufl. gr. 8. (XXXI, 115 S.) Ebd. 888. n. 3. —

Hartmann, Eduard, aus Rasdorf (Prov. Hess.-Nass.): Pierre d'Aillys Lehre von der sinnlichen Erkenntnis. *Fulda 1903: Fuldaer Actiendruckerei.* (60 S.) 8°
Freiburg i. B., Phil. Diss. v. 1903

—— s. Lichtstrahlen.
Vgl. Heymons, C.

über die dialektische Methode. Historisch-kritische Untersuchungen. Berlin 868. C. Duncker's Verl. gr. 8. (VII, 124 S.) n. 20 ngr.

— Uber die dialektische Methode. Historisch-kritische Untersuchgn. 2. Aufl. (XIII, 127 S.) Lex. 8. Sachsa 910. H. Haacke. 5.—; geb. 7. —

— Neukantianismus, Schopenhauerianismus u. Hegelianismus in ihrer Stellung zu den philosophischen Aufgaben der Gegenwart. 2., erweit. Aufl. der „Erläuterungen zur Methaphysik d. Unbewussten". gr. 8. (VIII, 362 S.) Berlin 877. C. Duncker's Verl. n. 7. —

Neukantianismus, Schopenhauerianismus und Hegelianismus in ihrer Stellung zu den philosophischen Aufgaben der Gegenwart. Von Eduard v. **Hartmann**. 3. Aufl. Bad Sachsa: Haacke 1910. V, 341 S. 8° [10. 13832

— Phänomenologie des sittlichen Bewusstseins. Prolegomena zu jeder künftigen Ethik. — Berlin: Duncker 1879. XXIV, 871 S. 8° 1: Np 5354

2. Aufl. u. d. T.: Hartmann: Das sittl. Bewußtsein.
3. Aufl. 1922.

— Lotze's Philosophie. gr. 8. (XII, 183 S.) Leipzig 888. Friedrich. n. 4. —

— Schelling's positive Philosophie als Einheit von Hegel u. Schopenhauer. Berlin 869. Loewenstein. gr. 8. (III, 63 S.) n. 5 ngr.

— Philosophie des Unbewussten. Versuch einer Weltanschauung. gr. 8. (IV, 678 S.) Berlin 869, C. Duncker. *

— dass. — 2. verm. Aufl. (IV, 742 S.) 1870, und 3. beträchtl. verm. Aufl. in 10 Lfgn. 1871. à *M 1., und 4. Aufl. gr. 8. (IV, 824 S.) Ebendas. 872. *

— dass. — 5. neu durchgeseh. Aufl. 10 Lfgn. gr. 8. (846 S.) Ebendas. 873. à Lfgn. *M 1,20. *

— dass. — 6. Aufl. 1874, und 7. erweit. Aufl. 2 Bde. gr. 8. (XX, 465; IV, 496 S.) Ebendas. 876. *

— dasselbe. 7., erweit. Aufl. 2 Bde. gr. 8. (XX, 465 u. IV, 496 S.) Ebend. 876. n. 12. —

— Philosphie des Unbewussten. 8. u. 9., erweit. Aufl. 2 Bde. gr. 8. (XXXVI, 465 u. IV, 496 S.) Ebend. 878. 82. n. 12. —

— Philosophie d. Unbewussten. 10., erweit. Aufl. in 3 Thln. 2. wohlf. Ausg. gr. 8. (XXXVI, 539; VI, 466 u. 516 S.) Ebd. 890. n. 13. 50; geb. n.n. 19. 50

— dasselbe. Ergänzungsband zur 1. bis 9. Aufl. gr. 8. (XXXVI, 539 S.) Ebd. 890. n. 8. —; geb. n.n. 10. —

Das Problem des Lebens. Biolog. Studien von Eduard v. **Hartmann**. Bad Sachsa im Harz: H. Haacke 1906. (VIII, 440 S.) 8° [07. 1807

– Moderne Probleme. 2. Aufl. Leipzig: Haacke [1888 — 1. Aufl. 1885].
Was sollen wir essen? Unsere Stellung zu den Thieren. Die Gleichstellung der Geschlechter. Die Lebensfrage der Familie. Die heutige Geselligkeit. Die Wohnungsfrage. Moderne Unsitten. Zur Reform des Universitätsunterrichts. Das Philosophie-Studium auf den Universitäten. Die Ueberbürdung der Schuljugend. Die preuss. Schulreform von 1882. Der Streit um die Organisation der höheren Schulen. Der Bücher Noth. Die epidemische Ruhmsucht unserer Zeit. Der Somnambulismus.

— moderne Probleme. gr. 8. (XI, 250 S.) Ebend. 886. n. 5. —

— moderne Probleme. 2., verm. Aufl. gr. 8. (X, 277 S.) Ebd. 888. n. 5. —

— Moderne Probleme. 2. Aufl. 8°. Berlin 1891.

Die moderne Psychologie. Eine krit. Geschichte d. deutschen Psychologie in d. 2. Hälfte des 19. Jhs. Von Eduard v. **Hartmann**. *Leipzig: H. Haacke 1900.* (VII, 474 S.) 8°
— **Hartmann**: Ausgew. Werke. Bd 13. [01. 2078

— J. H. v. Kirchmann's erkenntnisstheoretischer Realismus. Ein krit. Beitrag zur Begründg. d. transcendentalen Realismus. gr. 8. (VIII, 63 S.) Ebend. 875. n. 2. —

Hartmann, Eduard, Rechtschreibstoffe in Aufsatzform, s.: Krautmann, Ferd.

— zur Reform d. höheren Schulwesens. gr. 8. (88 S.) Ebend. 875. 2. 25

— Regel- u. Wörterbuch f. die deutsche Rechtschreibung, s.: Krautmann, Ferd.

— die Religion des Geistes. gr. 8. (XII, 328 S.) Ebend. 882. n. 7. —

Hartmann, Eduard v: Religionsphilosophie. 2. Aufl. Leipzig
1. Historisch-kritischer T. Das religiöse Bewußtsein der Menschheit. (1888)
2. Systematischer T. Die Religion des Geistes. (1888)

— Shakespeare's Romeo u. Julia. gr. 8. (38 S.) Leipzig 874. Hartknoch. 1. 25

— die Selbstzersetzung d. Christenthums u. die Religion der Zukunft. 2. Aufl. gr. 8. (XVI, 122 S.) Ebend. 874. n. 3. —

— die Selbstzersetzung des Christenthums u. die Religion der Zukunft. 3. Aufl. gr. 8. (XX, 122 S.) Ebd. 888. n. 3. —

— der Spiritismus. gr. 8. (III, 118 S.) Ebend. 886. n. 3. —

Eduard v. **Hartmann**. Der Spiritismus. 2. Aufl. *Leipzig: Haacke 1898.* (VIII, 118 S.) 1 Bd 8. [97. 7778 IIa

Ethische Studien. Von Eduard v. Hartmann. *Leipzig: H. Haacke 1898.* (V S., 1 Bl., 241 S.) 1 Bd 8. [98. 1317

— gesammelte Studien u. Aufsätze gemeinverständlichen Inhalts. 8 Lfgn. gr. 8. (729 S.) Berlin 876. C. Dunker. à n. 1. 50

— gesammelte Studien u. Aufsätze gemeinverständlichen Inhalts. 3. Aufl. gr. 8. (729 S.) Ebd. 888. n. 12. —

— System der Philosophie im Grundriss. 8 Bde. Lex. 8. Ebd. 10. —; 52.50; geb. n 72. 50
I. Grundriss der Erkenntnislehre. (X, 222 S.) 907. 8.50; geb. n 11. 50
II. Grundriss der Naturphilosophie. (VIII, 220 S.) 907. 6.50; geb. 9. —
III. Grundriss der Psychologie. (VIII, 179 S.) 908. 6. —; geb. 8. 50
IV. Grundriss der Metaphysik. (VIII, 147 S.) 908. 5.50; geb. 7. 50
V. Grundriss der Axiologie od. Wertwägungslehre. (XI, 200 S.) 908. 6.50; geb. 9. —
VI. Grundriss der ethischen Prinzipienlehre. (IX, 217 S.) 909. 7.50; geb. 10. —
VII. Grundriss der Religionsphilosophie. (XII, 101 S.) 909. 4.50; geb. 6. 50
VIII. Grundriss der Ästhetik. (XII, 275 S.) 909. 10. —; geb. n 12. 50

Schellings philosohpisches [!] System. Von Eduard v. **Hartmann**. *Leipzig: H. Haacke 1897.* (XII, 224 S.) 1 Bd 8. [97. 3997

Tagesfragen v. Eduard v. **Hartmann**. *Leipzig: H. Haacke 1896.* (VI S., 1 Bl., 286 S.) 1 Bd 8. [96. 700

Hartmann, Eduard v.: Tagesfragen. Leipzig: Haacke 1896.
Steuern wir einer Plutokratie entgegen? Die Gefahren der Demokratie. Unsere Verfassung. Der Niedergang der Volksvertretung. Die Reform der Volksvertretung. Die kirchlichen Zustände in Preussen. Die Jungfernfrage. Der Zweikampf. Das Spiel. Lotterie und Totalisator. Die preuss. Schulreform von 1892. Der deutsche Unterricht im Gymnasium. Das Ende des naturwissenschaftl. Zeitalters. Freie und unfreie Künste. Ueber Schriftstellerei, Erfolg und Kritik. Das Philosophiestudium durch Lektüre. Wie wird man Philosoph.

—— das Unbewusste vom Standpunkt der Physiologie und Descendenztheorie. 2. verm. Aufl. Nebst einem Anhang, enth. eine Entgegnung auf Prof. Osc. Schmidt's Kritik der naturwissenschaftl. Grundlage der Philosophie des Unbewussten. gr. 8. (410 S.) Ebendas. 877. * 8 —
Die 1. Aufl. erschien 1872 anonym. — Vgl. Das Unbewusste.

— Wahrheit u. Irrthum im Darwinismus. Eine krit. Darstellg. der organ. Entwickelungstheorie. gr. 8. (177 S.) Ebend. 875. n. 4. —

—— Kritische Wanderungen durch die Philosophie der Gegenwart. gr. 8. (VIII, 311 S.) Ebd. 890. 6 —
Vgl.: Aksakow, Alex. — Du Prel, Carl. — Lichtstrahlen. — Plümacher, O. Verzeichnis der Hartmann-Litteratur. — Schneidewin, Max.

Hartmann, Ed. v., die Weltanschauung d. modernen Physik. gr. 8. (X, 233 S.) Leipzig 902. H. Haacke. n. 6.50; geb. n. 8.50

Die Weltanschauung der modernen Physik. Von Eduard v. Hartmann. 2. Aufl. Bad Sachsa: Haacke 1909. XI, 229 S. 4°(8°) [09. 8081

Hartmann's, Ed. v., ausgewählte Werke. Wohlf. Ausg. 1—8. Hft. gr. 8. Berlin 885. 86. C. Duncker. à n. 1. —
1. Kritische Grundlegung d. transcendentalen Realismus. Eine Sichtg. u. Fortbildg. der erkenntnisstheoret. Principien Kants. 3. neu durchgeseh. u. verm. Aufl. (VIII, 139 S.) — 2—7. Das sittliche Bewusstsein. 2. durchgeseh. Aufl. (700 S.) — 8. Die deutsche Aesthetik seit Kant. 1. historisch-krit. Thl. der Aesthetik. 1. Lfg. (XII, 112 S.)

Hartmann's, Ed. v., ausgewählte Werke. (1.) wohlfeile Ausgabe. 9.—28. (Schluss-) Hft. gr. 8. Berlin 887. [C. Duncker.] Leipzig, Friedrich. à Hft. n. 1. —

— dasselbe. 2. wohlf. Ausgabe. 6 Bde. gr. 8. Leipzig 888. Friedrich. n. 28. —
1. Kritische Grundlegung des transcendentalen Realismus. Eine Sichtg. u. Fortbildg. der erkenntnisstheoret. Principien Kant's. 3., neu durchgeseh. u. verm. Aufl. (VIII, 139 S.) n. 1. —
2. Das sittliche Bewusstsein. Eine Entwickelg. seiner mannigfalt. Gestalten in ihrem inneren Zusammenhange mit besond. Rücksicht auf brennende sociale u. kirchliche Fragen d. Gegenwart. 2., durchgeseh. Aufl. (700 S.) n. 6. —
3. Die deutsche Aesthetik seit Kant. 1. histor.-krit. Thl. der Aesthetik. (XII, 584 S.) n. 5. —
4. Philosophie d. Schönen. 2. systemat. Thl. der Aesthetik. (XV, 836 S.) n. 8. —
5. 6. Religionsphilosophie. 2. Aufl. 2 Bde. [1. Das religiöse Bewusstsein der Menschheit. II. Die Religion d. Geistes.] (XII, 627 u. XII, 328 S.) n. 8. —

Hartmann's, Ed. v., ausgewählte Werke. 2., wohlf. Ausg. 7.—9. Bd. gr. 8. Leipzig 890. W. Friedrich. n. 18. 50; geb. n.n. 19. 50 (1—9.: n. 41. 50; geb. n.n. 57. 50)
7. Philosophie des Unbewussten. 10., erweit. Aufl. in 3 Thln 1. Thl.: Phänomenologie des Unbewussten. (XXVIII, 478 S.)
8. — dasselbe. 2. Thl.: Metaphysik des Unbewussten. (VI, 539 S.)
9. — dasselbe. 3. Thl.: Das Unbewusste u. der Darwinismus. (XXVII—XXVIII u. 516 S.)

— dasselbe. Ergänzungsbd. gr. 8. Ebd. 889. n. 8. —; geb. n.n. 10. —
Ergänzungsband zur 1.—9. Aufl. der Philosophie des Unbewussten. (XXXIV, 539 S.)

Hartmann's, Ed. v., ausgewählte Werke. 2., wohlfeile Ausg. I. Bd. 2. Abth. u. 10. Bd. gr. 8. Leipzig, H. Haacke. n. 13. — (1.—10.: n. 54. — ; geb. n. 74. —)
I, 2. D. Grundproblem d. Erkenntnisstheorie. E. phänomenolog. Durchwanderg. d. mögl. erkenntnisstheoret. Standpunkte. (VIII, 127 S.) (889.) n. 1. —
X. Kategorienlehre. (XV, 556 S.) 896. n. 12. —; geb. n. 14. —

Eduard von Hartmann's Ausgewählte Werke.
2. wohlf. Ausg. Bd 1.
Leipzig: H. Haacke [1899]. 8°

Hartmann's, Eduard v., ausgewählte Werke. V. Bd. Religionsphilosophie. 1. historisch-krit. Tl.: Das religiöse Bewusstsein der Menschheit im Stufengang seiner Entwickelg. 3. Aufl. (XX, 623 S.) Lex.-8. Sachsa 906. H. Haacke. n. 12. —; geb. n. 16. —

Hartmann's Eduard v., ausgewählte Werke. VI. Bd. Religionsphilosophie. 2. systemat. Tl. Die Religion des Geistes. 3. Aufl. (VIII, 333 S.) Lex. 8. Sachsa 907. H. Haacke. 10.—; geb. n 13. —

— dasselbe. VII.—IX. Bd. Philosophie des Unbewussten. 11. erweit. Aufl. in 3 Thln. gr. 8. Leipzig 904. Sachsa, H. Haacke. n. 20. —; geb. n. 26. —
1. Phänomenologie des Unbewussten. (LX, 495 S.)
2. Metaphysik des Unbewussten. (VI, 596 S.)
3. Das Unbewusste u. der Darwinismus. (XVI, 516 S.)

Hartmann's, Ed. v., ausgewählte Werke. XI.—XIII. Bd. gr. 8. Leipzig, H. Haacke. à n. 12. —; Einbde. à n. 2. —
XI. Geschichte d. Metaphysik. 1. Tl. Bis Kant. (XIV, 588 S.) 899.
XII. Geschichte d. Metaphysik. 2. Tl. Seit Kant. (XIII, 608 S.) 900.
XIII. Die moderne Psychologie. Eine krit. Geschichte der deutschen Psychologie in der 2. Hälfte des 19. Jahrh. (VII, 174 S.) 901.

Zur Zeitgeschichte. Neue Tagesfragen von Eduard v. Hartmann. *Leipzig: H. Haacke 1900.* (172 S.) 8° [00. 11378

Hartmann, Elisab., Denkwürdiges aus d. Leben u. Wirken d. Prälat J. M. Schleyer, s.: Hartmann, M. Katharina.

Hartmann, Emil

Hartmann, E., militärischer Dienst-Unterricht f. Einjährig-Freiwillige, Reserveoffizier-Aspiranten u. Offiziere des Beurlaubtenstandes der Pioniere. Nach den neuesten Vorschriften bearb. gr. 8. (X, 262 S. m. Abbildgn) Berlin 894. E. S. Mittler & Sohn. n. 5. —; geb. n. 5. 50

[F.] Militärischer Dienstunterricht für Einjährig-Freiwillige, Reserveoffizier-Aspiranten u. Offiz. d. Beurlaubtenstandes d. Pioniere u. Eisenbahntruppen. 2., nach d. neuesten Vorschriften umgearb. u. vervollständ. Aufl. v. E. Hartmann, Oberst z. D. ... M. zahlr. Abb. *Berlin: E. S. Mittler & Sohn 1896.* (X S., 1 Bl., 262 S.) 1 Bd 8. [96. 7918

Hartmann, E., militär. Dienstunterricht f. Einjährig-Freiwillige, Reserveoffizier-Aspiranten u. Offiziere d. Beurlaubtenstandes d. Pioniere u. Eisenbahntruppen. 3., n. d. neuesten Vorschriften umgearb. u. vervollständ. Aufl gr. 8. (XII, 263 S. m. Abb.) Berlin 898. E. S. Mittler & Sohn. n. 5. —; geb. in Leinw. n.n. 5. 50

Hartmann, E., militärischer Dienstunterricht f. Einjährig-Freiwillige, Reserveoffizier-Aspiranten u. Offiziere des Beurlaubtenstandes d. Pioniere u. Eisenbahntruppen. 3., nach den neuesten Vorschriften umgearb. u. vervollständ. Aufl. gr. 8. (XIV, 295 S. m. Abbildgn.) Berlin 902. E. S. Mittler & Sohn. n. 5.50; geb. n. 6. —

Militärischer Dienstunterricht für Einjährig-Freiwillige, Reserveoffizier-Aspiranten und Offiziere des Beurlaubtenstandes der Pioniere und Verkehrstruppen. Bearb. von E[mil] Hartmann, Oberst z. D. 4., nach d. neuesten Vorschr. umgearb. u. vervollst. Aufl. Mit zahlr. Abb. *Berlin: E. S. Mittler & Sohn 1902.* (XIV, 295 S.) 8° [F.] [02. 1377

— moderne Faustfeuerwaffen. gr. 8. (31 S. m. 18 Abbildgn. u. 3 Taf.) Ebd. 902. n. 1. —
Sonderabdruck aus: „Kriegstechn. Zeitschrift".

Hartmann, E. Das Festungsmanöver bei Langres 1906. Mit Bld. Berlin 1906. 15 S.

— über Fortfestungen, s. a. Sammlung militärwissenschaftl. Vorträge u. Aufsätze. 15. Hft.

Über Fortfestungen. Von E[mil] Hartmann, Oberst z. D. *Berlin: Militär-Verlagsanst. 1899.* (22 S.) 8° [F.]
— Sammlung militärwiss. Vorträge u. Aufsätze. H. 15. [01. 1738

Handbuch für Einjährig-Freiwillige, Reserveoffizier-Aspiranten und Offiziere des Beurlaubtenstandes der Pioniere und Verkehrstruppen. Bearb. von E[mil] **Hartmann**, Oberst z. D. 5., nach d. neuesten Vorschriften umgearb u. vervollst. Aufl. Mit zahlr. Abb. Berlin: E. S. Mittler & Sohn 1908. (XI, 257 S.) 8° [F.] [08. 2769

Hartmann, E., Handbuch f. Einjährig-Freiwillige, Reserveoffizier-Aspiranten u. Offiziere des Beurlaubtenstandes der Pioniere u. Verkehrstruppen. Unter Beteiligg. aktiver Offiziere bearb. 6., nach den neuesten Vorschriften umgearb. u. erweit. Aufl. (XV, 286 S. m. Abbildgn.) gr. 8. Berlin 910. E. S. Mittler & Sohn. 5.—; geb. 5. 75

Hartmann, Emil, aus Hannover: Die temporalen **Konjunktionen** im Französischen. 1. *Göttingen 1903: L. Hofer.* (X, 122 S.) 8° Göttingen, Phil. Diss. v. [11. Mai] 1903

Hartmann, Emil, die temporalen Konjunktionen im Französischen. I. Diss. (X, 122 S.) gr. 8. Göttingen 903. (Vandenhoeck & Ruprecht.) n. 2. 40

(Hartmann, E.) Das Maxim-Maschinengewehr. o. O. 1899. 8°.

[F.] Kurzgefasstes Militär-Hand-Wörterbuch für Armee und Marine. Unt. Mitw. v. Offiz., Sanitätsoff. &c. der Armee u. d. Marine zsgest. u. hrsg. v. E[mil] **Hartmann**, kgl. Preuss. Oberst z. D. (In 2 Halbbdn.) *Leipzig: G. Lang 1896.* (1 Bl., IV S., 1 Bl., 961 S., 2 Taf.) 1 Bd 4.(8.) [91. 1091

— s.: Militär-Hand-Wörterbuch, kurzgef., f. Heer u. Marine.

— Les mitrailleuses et leur utilité à la guerre. (Traduit de la „Kriegstechn. Zeitschrift".) (15 S. m. 1 Taf.) gr. 8. Ebd. 907. 1. —

Runenzauber. Oper in 1 Akt '(2 Abteilgn)' nach 'H. Hertz' 'Svend Dyrings Haus' v. Emil **Hartmann**. Ragnhild. Oper in 1 Act '(2 Afd.)' . . . af Emil Hartmann. Text v. Julius Lehmann. Deutsch v. Emma Klingenfeld. Klavierausz. m. Text. *Leipzig: J. Schuberth & C. 1896.* (129 S.) 1 Bd 4.
= Edition Schuberth. No 3938. [97. 4595

Hartmann, E. Neue Schnellfeuer-Feldgeschütze. o. O. (1899). 8°.

Neuere Selbstladepistolen. Von E[mil] **Hartmann**, Oberst z. D. Mit 25 Bild. u. 1 Taf. Berlin: E. S. Mittler & Sohn 1907. (30 S.) 8° [08. 2770

Hartmann, Emil, Prinzeßchen Sonnenschein od.: Der gestiefelte Kater. Märchen-Schauspiel in 4 Akten (80 S.) 8. Göttingen 903. Akadem. Buchh. v. W. Calvör. n. 1. —

— s.: **Zeitschrift, kriegstechnische.**

Hartwig, Frau Emilie von = Leonhard, Clare [Autorname].

Hartmann, Erdmann Gottlieb

— — Simultaneam investituram in feudis Lusatiae superioris. Lpz. (Langenheim) 17. IX. 1750. 36 S. (6.—) 13251

— **Erdmann Gottlieb** (Bautzen), De litteris reversalibus simultanee investitorum ad liberam vasalli alienationem in feudis Lusatiae super. minus necessariis disserit et viro Christian Hartmann (Hamburg) summos in utr. jure honores quum Lipsiae d. 22. X. 1744 eos capesseret sociorum nomine qui, sub praes. viri Gottfr. Ludwig Mencken artem disputandi colunt gratul. Lpz. (Langenheim) 22. X. 1744. 20 S. (5.50) 13250

— — (Görlitz), Viris clar. Johann Gottfried Strauss et Johann Andreas Laemmel recens creatis artium et philos. magistris cum honorem gratul. suo et sodalium nomine qui scribendi et disputandi caussa in scholam Reizianam conveniunt. Lpz. (Sommer) 1779. 16 S. (4.80) 13252
De statu coloniarum apud veteres.

Hartmann, Erich: Beitrag zur Frage der traumatischen Entstehung der Chorioidealsarkome. München 1906: Kastner & Callwey. (20 S.) 8°
München, Med. Fak., Ref. Eversbusch, Diss. v. 4. Mai 1907
[Geb. 16. Jan. 83 Dobrilugk, Prov. Brandenburg; Wohnort: Flensburg in Schleswig; Staatsangeh.: Preußen; Vorbildung: Luisen-Gymn. Berlin Reife O. 01; Studium: Freiburg i. B. 2, Straßburg 2, Kiel 1, München 5 S.; Coll. 4. Mai 07; Approb. 15. Apr. 07.]

Hartmann, Erich: Zur Bildung neuer Cycloverbindungen aus Dicarboxylglutaconsäureäthylester. Weida i. Th. 1908: Thomas & Hubert. 92 S. 8°
Leipzig, Phil. Diss. v. 21. Sept. 1908, Ref. Hantzsch, Beckmann
[Geb. 7. Aug. 83 Oschatz; Wohnort: Oschatz; Staatsangeh.: Sachsen; Vorbildung: Gymn. Wurzen Reife O. 04; Studium: Leipzig 9 S.; Rig. 30. Juli 08.]
[U 09. 2979

Hartmann, Erich: Das blaue Buch und sein Verfasser. Ein Beitr. z. Geschichte d. französ. Revolution in Strassburg. Strassburg 1911: Heitz. X, 172 S. 8° ¶(Teilw. aus: Jahrbuch f. Gesch., Sprache u. Liter. Elsaß-Lothringens. Jg. 27.)
Straßburg, Phil. Diss. v. 17. Dez. 1910, Ref. Wiegand
[Geb. 22. Jan. 86 Stuttgart; Wohnort: Stuttgart; Staatsangeh.: Württemberg; Vorbildung: Gymn. Schwäbisch-Hall Reife Juli 06; Studium: Tübingen 3, München 1, Paris 1, Straßburg 3 S.]
[U 11. 4241

Hartmann, Erich, das Kausalproblem im Strafrecht m. besond. Berücksicht. des Verursachungsbegriffs des Strafgesetzbuchs, s. a. Abhandlungen, strafrechtliche.

Das Kausalproblem im Strafrecht mit besond. Berücks. d. Verursachungsbegriffs d. Stafgesetzbuchs. Von Dr. Erich **Hartmann**. *Breslau: Schletter 1900.* (144 S.) 8°
= Abhandlungen, Strafrechtliche. H. 27. [01. 1619 2

Hartmann, Erich, a. Lausigk: Naturschilderung u. natursymbolik bei Shakespeare. Leipzig: Seele & Co. 1908. (VIII, 158 S.) 8°
Leipzig, Phil. Fak., Ref. Wülker-Volkelt, Diss. v. 25. April 1908
[Geb. 14. Sept. 80 Lausigk; Wohnort: Dresden; Staatsangeh.: Sachsen; Vorbildung: Drei-König-Sch. (Realgymn.) Dresden-N. Reife O. 01; Studium: Techn. Hochsch. Dresden 1, Univ. Leipzig 9 S.]

— **Erich Justus** (Friedland/Hannover), De feudo pignoratitio. Diss. jur. Präs. Jacob Rauc. Jena (Fickelscherr) 24. XII. 1762. 28 S. (6.—) 13253
Gew.: Gerlach Adolph Frh. v. Münchhausen (Strausfurt).

Hartmann, Ernst, Arabesken u. Plafondzeichnungen z. prakt. Gebr. f. Decorations- u. Zimmermaler. III Hfte. Imp.-Fol. (17 lith. Bl.) Magdeburg 839, Heinrichshofen. *

Hartmann, Ernst, aus Paczkowo: Jean Jaques Rousseaus Einfluß auf Joachim Heinrich Campe. *Neuenburg Wpr. 1904: F. Nelson.* (127 [vielm. 129] S.) 8°
Erlangen, Phil. Diss. v. 26. Febr. 1904

Hartmann, Ernst: Über 1, 3, 6-Trioxynaphthalin. 1905. 32 S. 8^0 ¶ Vgl. Berichte d. Deutschen Chem. Gesellschaft. Jg. 38.
Braunschweig, Dr.-Ing.-Diss. v. 23. 3. 1905

Hartmann, *Ernst Martin Elimar* [app. Arzt aus Pogum '(Ostfriesl.)']: Ein Fall von primärem Gallenblasenkrebs ... Kiel, Druck v. Schmidt & Klaunig, 1896; 16 S. 8.
Kiel, Med. Fak., Inaug.-Diss. v. [7. März] 1896

Hartmann, Ernst, kurzes Handbuch der Kirchengeschichte f. Theologen u. Religionslehrer. (XII, 264 S.) 8. Berlin 909. R. Trenkel. Geb. in Leinw. 4. 80

— Eman. Neumann, Walth. Schmidt, Hilfsbuch f. den evangel. Religionsunterricht an höheren Mädchenschulen u. verwandten Bildungsanstalten f. Mädchen. Nach den Bestimmgn. v. 1908 hrsg. (In 7 Heften.) 1.—6. Heft. gr. 8. Leipzig 910. J. Klinkhardt. Geb. à 1. —

1. Lehrstoff f. Klasse VII der höheren Mädchenschule. (IV, 103 S. m. Abbildgn.)
2. Lehrstoff f. Klasse VI der höheren Mädchenschule. (IV, 91 S. m. Abbildgn. u. 1 farb. Karte auf dem Einbd.)
3. Lehrstoff f. Klasse V der höheren Mädchenschule. (VIII, 107 S. m. Abbildgn. u. 2 farb. Karten.)
4. Lehrstoff f. Klasse IV der höheren Mädchenschule. (VIII, 104 S. m. Abbildgn. u. 1 farb. Karte.)
5. Lehrstoff f. Klasse III der höheren Mädchenschule (Klasse VI od. Untertertia der Studienanstalt. (VII, 94 S. m. 1 farb. Karte auf dem Einbd.)
6. Lehrstoff f. Klasse II der höheren Mädchenschule (Klasse V od. Ob.-Tertia der Studienanstalt). (VII, 100 S.)

Systematisches Repetitorium der Geschichte der Pädagogik in Frage und Antwort für die pädagogischen Prüfungen von Dr. Ernst Hartmann, Oberl. Berlin Trenkel 1908. IV, 247 S. 8° [09. 3210]

— Systematisches Repetitorinm der Geschichte der Pädagogik in Frage n. Antwort f. die pädagogischen Prüfungen. 2. Aufl. (IV, 251 S.) 8. Ebd. 909. Geb. in Leinw. 3. 80

Hartmann, Ernst. Ueber Sphygmographie und ihre Anwendung beim Pferde und Rinde. Aus dem Physiologischen Institut der Kgl. Tierärztlichen Hochschule zu Dresden.... Diss. Vet.-Med. Univ. Zürich. Mit 85 Sphygmogrammen [und 1 Tabelle]. 83 S. 8. Dresden, Otto Franke, 1910.

Hartmann, Eug., Entwicklungsgeschichte der Posten von den ältesten Zeiten bis zur Gegenwart, mit besond. Beziehung auf Deutschland. 8. Leipzig 868. Augsburg, Haugg.

Hartmann, Eug., Entwicklungs-Geschichte der Posten von den ältesten Zeiten bis zur Gegenwart mit besond. Beziehung auf Deutschland. Leipzig 868. (München, Manz.) gr. 8. (IV, 400 S.) n. 2 ℛ

— geographisch-statistisches Orts- u. Post-Lexicon für Mittelfranken. Augsburg 865. Schmid's Verlag. gr. 8. (III, 83 S.) 10 ngr

— geographisch-statistisches Orts- u. Post-Lexicon von Niederbayern. Ebend. 865. gr. 8. (III, 303 S.) 22⅔ ngr

Hartmann, Eug., geographisch-statistisches Orts- und Post-Lexicon für Oberbayern. Augsburg 864. Schmid. gr. 8. (IV, 384 S.) 1 ℛ

— geographisch-statistisches Orts- u. Post-Lexicon für Oberfranken. Ebend. 865. gr. 8. (IV. 100 S.) 10 ngr

— geographisch-statistisches Orts- u. Post-Lexicon für Oberpfalz u. Regensburg. Ebend. 865. gr. 8. (IV, 136 S.) 15 ngr

— geographisch-statistisches Orts- u. Post-Lexicon für die Rheinpfalz. Ebend. 865. gr. 8. (V, 40 S.) 6 ngr

— geographisch-statistisches Orts- und Post-Lexicon für Schwaben und Neuburg. 1. Aufl. 1863. und 2. Aufl. gr. 8. (132 S.) Augsburg 865, Schmid's Verlag.

— geographisch-statistisches Orts- u. Post-Lexicon für Unterfranken. (2. Aufl.) Ebend. 865. gr. 8. (70 S.) 6 ngr

Hartmann, Eugen, Official bei der General-Direction der k. Verkehrs-Anstalten in München. Statistik des Königreiches Bayern. 8. München 1866.

Hartmann, Eug., Statistik des Königr. Bayern. München 866. (Franz'sche Buchh.) gr. 8. (VIII, 120 S.) n. 18 ngr

Hartmann, Eug., Staatssekretär Dr. v. Stephan, General-Postmeister d. Deutschen Reiches. Geb. 7. I. 1831. Gest. 8. IV. 1897. Rede bei d. v. d. elektrotechn. Gesellschaft zu Frankfurt a. M. am 6. V. 1897 veranstalt. Gedächtnisfeier. Mit e. Abb. der v. Hugo Berwald-Schwerin im Sommer 1896 auf Westerland modellirten Büste. gr. 8. (32 S.) Frankfurt a/M. 897. Gebr. Knauer. n. — 60

Hartmann, F.

— Abhandl. von Krankheiten d. Pferde, s. Ign. Hübner, von d. Nothwendigkeit d. Cameralwissenschaften ꝛc.

Hartmann, F. Augenschein am Rhein zwischen Ragaz und Meyenfeld. 1847—48.

Hartmann, F. Beleuchtung einer Denkschrift über die Abflussverhältnisse des Bodensees von Konstanz bis Stein. St. Gallen 1862.

Hartmann, F., Belisar. S.-A. s. a. 16 S.

Hartmann, F., Ein merkwürdiger Fall von Verbalenclise im Lateinischen. S.-A. 1884. 10 S. —.60

— — F., üb. d. Fettschweiss d. Schafwolle in chem. u. techn. Beziehg. 1868. —.30

Hartmann, F., Flächen- u. Körperberechnungen, s.: Jentzen, E.

Hartmann, F., Gesangunterricht für Schulen. 2 Curse. Iserlohn 865. Bädeker. 16. (VII, 192 S.) cart. n. 15 ngr

Hartmann, F., Gesangunterricht f. Schulen. 1—3. Cursus. 16. Iserlohn 872. 73. Bädeker. n. 5. 40

1. Singübgn. u. ein- u. zweistimm. Choräle u. Lieder f. Sopran u. Alt. 2. durch zeitgemäße patriot. Lieder verm. Aufl. (IV, 52 S.) n. — 40
2. Singübgn. u. meistentheils dreistimm. Choräle u. Lieder f. Sopra u. Alt. 2. verb. Aufl. (III, 136 S.) n. 1. 10
3. Uebungen, Choräle u. Lieder f. Sopran, Alt, Tenor u. Baß. Partitur. (IV, 100 S.) n. 1. 50; 4 Stimmen (36. 40, 40 u. 44 S.) à n. — 60

Hartmann, F., Gesangunterricht für Schulen. 1. und 3. Cursus. 16. Iserlohn, Bädeker. * 1 90

Inhalt:

Cursus 1. Singübungen und ein- und zweistimmige Choräle und Lieder für Sopran und Alt. 3. verm. Aufl. (56 S.) o. J. * 40 Pf.
„ 3. Uebungen, Choräle und Lieder für Sopran, Alt, Tenor und Baß. Partitur. (IV, 100 S.) 875. * ℳ 1,50.
2. Cursus. Ebendas. 1873. * ℳ 1.

Hartmann, F., Heilungsart verschied. ꝛc. Wunden, s. L. Frhr. v. Hartmann, Rede v. den Folgen ꝛc.

— (Hrsg.), s. Impfgegner, Der.

Hartmann, F. Instruktion und Expertenbericht über die Rheinkorrektion vom Bodensee bis an die St. Gallische Grenze bei Ragaz. 1853.

— Der Klempner, s.: Schröder, Chr.

Hartmann, F., s.: Laut- u. Formonlohro dor altgerman. Dialokte.

Hartmann, F. Memoriale über die Rheincorrection längs der schweiz. und österr. Grenze.

Hartmann, F. Post-Charte von dem Königreiche Hannover und den angrenzenden Ländern, nach Alber's Projection entworfen. Hannover. 1 Bl. c. K. Ff.

Hartmann, F., und Wex. Protokoll über die zu Bregenz abgehaltene Konferenz betreffend die Rheincorrection. 1855.

— Schreib-Unterricht. 3 Curse. Ebend. 867. 4. [1. Curs. (16 S.) n. 3 ngr, 2 Curs. (24 S.) n. 5 ngr, 3. Curs. (36 S.) n. 7 ngr] n. 15 ngr

Hartmann, F. Ein Wort über die projectirten Bodensee-Zürich-Eisenbahnen. St. Gallen 1852.

Hartmann, F. C., der neueste Aquavit- u. Liqueur-Fabrikant. Nebst e. gründl. Belehrung über d. Natur u. Behandlung des Branntweins. 8. Quedlinb. 825. Basse. 18 ℋ

— Beschreibung u. Abbild. d. neuesten u. besten Destillir- u. Filtrir-Apparate. Mit 38 Abbildd. 8. Quedlinb. 826. Basse. 12 ℋ

Hartmann, F. E. H., Berichtig. der im 40sten Stck. d. Nationalzeit. d. Deutsch. 1802. ersch. Aufsätze: Justiz-Sachen üb. die Angelegenheiten des Cornets v. Löw, und d. Fräul. v. Pope. 2 Stck. 8. Hannov. Hahn. 802.

Hartmann, F. D., kurzer Abriß d. neuesten Erdbeschreibung, z. Gebrauch in Schulen. 2e Aufl. 8. Bamb. (Wesché in Frankf.) 12 ℋ

Hartmann, F. E., e. Sturm im deutschen Lande. Volksschauspiel. Gedichtet z. Erinnerg. an 1870—1871. gr. 8. (IV, 53 S.) Kötzschenbroda 896. (Dresden, O. Damm.) n. — 50

Hartmann, F. J., s. Thillaye, Handbuch der Fabrikation chemischer Producte.

Hartmann, F. W., die Bewertung städtischer Grundstücke in Preußen. Eine Studie üb. Taxmethoden. (95 S.) gr. 8. Berlin 907. Puttkammer & Mühlbrecht. 2.40; geb. in Leinw. 3. 20

Hartmann, Felix

Hartmann, F., De aoristo secundo. Diss. 1881. 86 S.
— — cplt. 1881. 71 S.

Hartmann, Felix, de Aoristo secundo. gr. 8. (71 S.) Berlin 881. Weidmann. n. 1. 20

Hartmann, F., der deutsche Unterricht u. die Schulreform, s. a. Zeit- u. Streit-Fragen, deutsche.

Hartmann F. der deutsche Unterricht und die Schulreform. (Zeit- und Streitfragen. Deutsche. Neue Folge 67) Hamburg 1890

Hartmann, Fd. II., s. Almanach f. Weintrinker.

Hartmann, Ferdinand. Unmaassgebliche Bemerkungen über das, was in der zweiten Kammer der Landtagsabgeordneten des Königreichs Sachsen über die Königliche Akademie der bildenden Künste zu Dresden geäussert, verhandelt und beschlossen wurde. 1834. Dresden 1834. 4°.

Hartmann, Fd. I., (Ordensname Heinrich,) Festpredigten. 8. Bresl. 798.

Rheinisch-Westfälisches Haus-Choralbuch von Ferd. Hartmann, weil. Hauptlehrer in Barmen, neu bearb. u. erw. von Alb. Rosenkranz, Remscheid. *Barmen: E. Biermann (1900).* (167 S.) 8° [F.] [illegible]

Hartmann, Ferd., rheinisch-westfälisches Haus-Choralbuch, neu bearb. u. erweitert, v. Alb. Rosenkranz. gr. 8. (IV, 167 S.) Barmen (901). E. Biermann. Geb. in Leinw. n. 4. —

— Passionspredigten. 8. Bresl. 796.

Hartmann, Fr. Glo., s. Darstellung d. Natur- u. Sittengemälde.

Hartmann, Fr. J.

— s. 1) R. de Charleville, die Kunst, gute Mörtel rc. 2) Isabeau, prakt. Perspektive. 3) R. B. Kugleri, Unterricht.

Hartmann, Fr. J., was hat die Welt zu fürchten v. d. Kometen d. J. 1834? Od. üb. d. sechste Erscheinung d. Halley'schen Kometen u. üb. Kometen im Allgem. Nebst e. einleit. Uebersicht uns. Sonnensystems. M. 1 Taf. Abbild. gr. 8. (5 B.) Quedlinburg 830, Basse.

Ein Abenteuer unter Rosenkreuzern. [Von Franz **Hartmann.**] Aus dem Engl. übers. von Helene Zillmann. Leipzig: Vollrath o. J. 2 Bl., 149 S. 8°.

Ein Abenteuer unter den Rosenkreuzern. Aus d. Engl. [von Fr. Hartmann] übers. von Helene Zillmann. Leipzig: Friedrich [1899]. 149 S. 8° TB. 436. Novelle.

Hartmann, Frz., unter den Adepten. Vertrauliche Mittheilgn. aus d. Kreisen der ind. Adepten u. christl. Mystiker. Ein Nachtrag zu dessen „denkwürd. Erinnerungen“. Mit 3 Bildnissen. 8. (III, 219 S.) Leipzig 901. Lotus-Verlag. n. 3 —; geb. n. 4. —

Ⓑ Hartmann, Frz., unter den Adepten. 901. (KBL 31.) Jetzt: Leipzig, Theosoph. Verlagshaus.

Unter den Adepten und Rosenkreuzern. 2. bedeutend verm. Aufl. von Franz **Hartmann.** Ein Nachtrag zu dessen „Denkwürdigen Erinnerungen“. Mit einigen Abbildgn. Leipzig: Vollrath o. J. VIII, 188 S., 5 Taf. 8°.

— üb. d. Anwendung u. Heilerfolge v. Lignosulfit-Inhalationen bei chronischen (tuberculösen) u. acuten Erkrankgn. d. Athmungsorgane (insbes. Keuchhusten). — Einige Beobachtungen über Lignosulfit-Inhalationen bei Lungentuberculose v. Karl Ehlich. (Letzteres aus: „Wiener klin. Wochenschr.“) gr. 8. (18 u. 15 S. m. 1 Fig.) München 896. J. F. Lehmann's Verl. n. 1. —

Hartmann, Franz v.: Ueber die Anwendung und Heilerfolge von Lignosulfit-Inhalationen bei chronischen (tuberkulösen) und acuten Erkrankungen der Athmungsorgane (insb. Keuchhusten) v. –, M. D., Hallein. München: J. F. Lehmann 1899. (51 S.) 8°

Hartmann, Frz., die neue Behandlungsweise z. Heilg. d. Lungentuberkulose u. anderer Krankheiten der Athmungsorgane d. Inhalationen v. Lignosulfit. Mit e. Beschreibg. d. Erfolge im 1. Inhalatorium zu Hallein-Burgfried bei Salzburg. gr. 8. (30 S.) Wien 895. C. Kravani. n. — 50

Hartmann, Frz., Beitrag zur Litteratur über die Wirkung des Chloroforms, (pro venia legendi) geschrieben. Giessen 855. Ferber. gr. 4. (1 Bl., 60 S. u. 1 lith. Taf.) n. 15 ngr.

Hartmann, Franz [aus Mannheim?]: Beiträge zur Kenntniss des Paracymylphenylketons . . . Freiburg i. B., Univ.-Buchdr. v. Chr. Lehmann, 1886; 59 S. 8°.
Freiburg i. B., Phil. Fak., Inaug.-Diss. v. 1886.

Hartmann, Franz, Beiträge zur Kenntniss des Paracymylphenylketons. Diss. Freiburg i. B. 1886, Fr. Wagnersche Univ.-Buchh. 8°. 59 S.

Hartmann, Frz., Beiträge z. angewandten Pharmakodynamik. Als Fortsetz. d. „prakt. Erfahrungen im Gebiete d. Homöopathie." 2. Hft. — A. u. d. T.: Ueber d. Anwend. d. Arzneien, Aconitum Napellus, Bryonia alba u. Merkurius in Krankheiten, nach homöopath. Grundsätzen, aus d. Erfahr. gezogen. gr. 8. (8 B.) Leipzig 835, Hartknoch.
1. Hft., s. dess. „prakt. Erfahrungen" rc.

Hartmann, Frz. (k. Gerichtsschreiber in Bruck), Bericht über die *Ausgrabungen auf dem Gräberfelde zwischen Esting u. Geiselbullach*, Ger. Bruck, am 4. Nov. 1873. Mit 2 (lithogr.) Abbildungstaf. (S.-A. aus d. 36. Bde. d. Oberbayer. Archivs.) München 1877. Imp.-8°. 14 S. Cart.*)

— Betrachtungen üb. die Mystik in Goethes „Faust". 8. (IV, 152 S.) Leipzig 900. W. Friedrich. n. 3. —

Hartmann, Frz., der wissenschaftliche Beweis der Unsterblichkeit u. die occulte Philosophie, s.: Vorträge, geheimwissenschaftl.

Hartmann, Frz., s.: Bhagavad Gita, die.

Hartmann, F., der belehrende Bürgerfreund für die Einwohner des Königreichs Westphalen. 18 Bdchen. (h. a. d. Tit. Unterricht in d. Code Napoleon.) gr. 8. Halle, Renger. 808.

— — desselben 28 Bdchen. (a. unter dem Tit. Unterricht in d. Handels-Gesetzbuche d. Franzosen u. s. w) gr. 8. Ebend. 808.

Hartmann, F(ranz) (Hrsg.):

s.: Caspari, (Karl Gottlob): Homöopathisches Dispensatorium für Aerzte und Apotheker. 4.Aufl. Leipzig: 1832

JB 2.607

Hartmann, F(ranz) (Hrsg.):

s.: Caspari, (Karl Gottlob): Homöopathischer Haus- und Reisearzt... 2.verm.und verbess.Aufl. Leipzig: 1829

JB 2.505

Hartmann, F(ranz) (Hrsg.):

s.: Caspari, (Karl Gottlob): Homöopathischer Haus- und Reisearzt... 5.verm.und verbess.Aufl. Leipzig: 1835

JB 2.606

Hartmann, F(ranz) (Hrsg.):

s.: Caspari, (Karl Gottlob): Homöopathische Pharmacopoe für Aerzte und Apotheker. Leipzig: 1832

JB 2.607

— Chemie u. Alchemie, s.: Vorträge, geheimwiss. 28.

—— Diätetik f. Kranke, die sich e. homöopath. Behandl. unterwerfen. 8. (11 B.) Dresden 830, Arnold.

Hartmann, Frz. (II.), Diätetik f. Kranke, die sich ein. homöopath. Behandlung unterwerfen. 2. Ausg. 8. (11 B.) Leipzig 846, Arnoldische Buchh. *

—— homöopath. Dispensatorium rc., s. Caspari, Carl.

—— prakt. Erfahrungen im Gebiete d. Homöopathie. 1. Hft. — A. u. d. T.: Ueber d. Anwendung d. Nux vomica in Krankheiten, nach homöopath. Grundsätzen. gr. 8. (9 B.) Leipzig 828, [Lehnhold.]
2. Hft., s. dess. „Beiträge" etc.

Hartmann, Frz., denkwürdige Erinnerungen. 8. (243 S.) Leipzig 898. W. Friedrich. n. 4. —

— Erkenntniss und Behandlung derjenigen Schwerhörigkeit, welche auf räumlichen Missverhältnissen des äusseren Gehörganges beruht. Nebst einem Anhang: Ueber das Verhältniss der Ohrenheilkunde zu andern ärztl. Specialitäten. Mit 1 Abbildg. (in Holzschn.) Trier 855. Lintz. 8. (62 S.) n. 12½ ngr

-- die Erkenntnislehre der Bhagavad Gita, s.a. Bibliothek esoterischer Schriften. 11/12.

— die Erkenntnislehre d. Bhagavad Gita, im Lichte d. Geheimlehre betrachtet. Ein Beitrag z. Studium derselben. 8. (III, 150 S.) Ebd. 897. n. 3. —

— d. Feuerbestattung, betrachtet v. Standpunkte d. Religionen d. Ostens, s.: Schriften, theosophische.

— s.: Führer, der, im Geistigen.

— Gedanken üb. d. Theosophie u. d. „Theosophische Gesellschaft", s.: Schriften, theosophische.

Hartmann, Franz (I.), Gedichte; aus dess. Nachlasse. gr. 8. (12 B.) Hannover 811, Hahn'sche Hofbuchh.

— die Geheimlehre in d. christl. Religion nach d. Erklärgn. v. Meister Eckhart. 8. (VIII, 226 S.) Leipzig 895. W. Friedrich. n. 3. —

— dasselbe, s.a. Bibliothek esoterischer Schriften.

-- die Geheimnisse der Zeugung u. die Bestimmung des Geschlechts des Kindes vor der Geburt. (76 S.) 8. Leipzig (906) Theosoph. Centralbuchh. n. 1. 80; geb. n. 2. 50

— s.: Geheimschulen der Magie.

Hartmann, Frz., der acute u. chronische Gelenkrheumatismus. Mit 11 in den Text eingedr. Holzschn. 1 chromolith u. 10 lith. Taf. gr. 8. (IV, 212 S.) Stuttgart 874. Enke. n. 6. -

Hartmann, Frz., Geschichte der Stadt Münsterberg in Schlesien von ihrer Gründg. bis zur Gegenwart. Quellenmäßig bearb. Mit Buchschmuck nach Zeichngn. des Jos. Langer. (XVI, 600 S. m. Titelbild.) gr. 8. Münsterberg 907. (H. Diebitsch.) Geb. in Leinw. nn 7.50; in Halbfrz. nn 8. —

-- unter den Gnomen am Untersberg. Eine sonderbare Geschichte. gr. 8. (V, 322 S. m 12 Abb. u. Titelbild.) Ebd. 896. n. 5. 50; Einbd. n.n.n. 1. 35

HARTMANN, FRANZ: Gott Hilf. Christkatholisches Gesangs- und Gebetbuch. Gesammelt, theilweise und neu verfaßt und zum Gebrauche des gläubigen Volkes herausgegeben von Franz Hartmann, Vorbeter in Neu-Arad. Arad 1884: Stefan Gyulai. In Maria-Radna zu haben nur bei Josef Kremmer's Witwe. 488 S. - 160 mm
- Dass. Zweite erweit. Aufl. Arad 1893: Stefan Gyulai. - 160 mm
- Dass. Herausgegeben von Franz Hartmann und Nachfolger Nikolaus Schmidt, Vorbeter in Neu-Arad. Maria-Radna 1900: Verlag Josef Csauscher. Druck von Max Muskat. 478, 16 S. - 160 mm

— kurzgef. Grundriss d. Geheimlehre, s.: Blavatzky, H. P.

— Grundriss d. Lehren d. Theophrastus Paracelsus von Hohenheim. Vom religionswissenschaftl. Standpunkte betrachtet. 8. (VII, 261 S.) Leipzig 898. W. Friedrich. n. 3. —

Hartmann, Frz., Handbuch d. Diätetik f. Jedermann. Nach homöopath. Grundsätzen dargest. gr. 8. (14½ B.) Leipzig 830, [Hartmann.] 1 Thlr.

—— Handbuch der allgemeinen Pathologie für Aerzte und Studirende. 1. Hälfte. Lex.-8. (886 S. mit in den Text eingedr. Holzschn.) Erlangen 861, Enke's Verlagsbuchh. *

—— Handbuch der allgemeinen Pathologie für Aerzte und Studirende. 2. Hälfte. Lex.-8. (VIII und S. 337—543 mit 76 in den Text gedr. Holzschn.) Erlangen 864, Enke's Verlag. *

1. Hälfte. Ebendas. 1861. * 1 Thlr. 26 Ngr.

—— Handbuch der allgemeinen Pathologie für Aerzte und Studirende. 2. vollständig umgearb. und mit 81 in den Text eingedr. Holzschn. verseh. Aufl. 1. und 2. Abthl. gr. 8. Erlangen [Stuttgart], Enke. [1. Abthl. (XII, S. 1—400.) 871. (*M. 7,80.) *M. 8.; 2. Abthl. (S. 401—604.) 872. *M. 4.] *

—— homöopath. Haus- u. Reisearzt, s. Caspari, Carl.

— üb. e. neue Heilmethode zur Heilung v. Lungentuberkulose, Katarrh, Influenza u. anderen Krankheiten der Athmungsorgane vermittelst der Einathmung gewisser Gase u. Dämpfe aus der bei der Cellulosefabrikation gebrauchten Kochflüssigkeit. Nebst e. Anh., bezugnehmend auf verschiedene noch wenig erforschte, aber im Alterthum wohlbekannte Entstehungsursachen v. Krankheitserscheingn. 8. (40 S.) Leipzig 893. W. Friedrich. n. 1. —

— Jehoshua, der Prophet v. Nazareth, od. Bruchstücke aus d. Mysterien. D. Geschichte e. wahren Initiation u. e. Schlüssel z. Verständniss d. Allegorien d. Bibel. Nach d. engl. (amerikan.) Ausg. aufs neue in Deutsch ausgearb. u. verb. vom Verf. 8. (VI, 281 S.) Ebd. 897. n. 4. —

—— u. Alph. Noack, Journal für (homöopath.) Arzneimittellehre rc., s. Journal.

— Karma oder Wissen, Wirken u. Werden. Enth. prakt. Anweisgn in Bezug auf d. okkulte Wissenschaft f. diejenigen, welche nicht blos wissen, sondern auch werden wollen. gr. 8. (III, 178 S.) Ebd. 897. n. 4. —

— Hermetische Kindergeschichten. (VI, 54 S.) 8. Leipzig (909). Jaeger's Verl. 1. —

Hartmann, Frz., († d. 10. Oct. 1853), die Kinderkrankheiten u. ihre Behandlung nach den Principien des homöopathischen Heilsystems. gr. 8. (XIV u. 621 S.) Leipzig 852, T. O. Weigel. 3¼ ₰

Hartmann, Frz., Compendium der speciellen Pathologie und Therapie vom klinischen Standpunkte aus bearb. Frankfurt a. M. 859. Meidinger. Lex.-8. (XIX, 879 S.) n. 2 ₰ 20 ngr.

— 2. unveränd. Ausg. Berlin 862. M. Hirsch. Lex.-8. (XIX, 879 S.) n. 2 ₰ 20 ngr.

Hartmann, Frz., Compendium der speciellen Pathologie u. Therapie vom klinischen Standpunkte aus bearb. 2., verm. u. verb. Aufl. Berlin 866. A. Hirschwald. Lex.-8. (XX, 1000 S.) n. 4 ₰ 20 ngr.

— lebendig begraben. Eine Untersuchg. d. Natur u. Ursachen d. Scheintodes u. d. Mittel z. Verhütg. d. Lebendigbegrabenwerdens. D. Freunden d. Feuerbestattung gewidmet. Autoris. Uebersetzg. aus dem Engl. gr. 8. (XI, 164 S.) Ebd. 896. n. 2. —

Hartmann, Franz, Dr. med.* Lebendig begraben. Eine Untersuchung der Natur und Ursachen des Scheintodes und der Mittel zur Verhütung des Lebendigbegrabenwerdens. Den Freunden der Feuerbestattung gewidmet. Autorisierte Uebersetzung a. d. Englischen. Leipzig, Verlag von Wilhelm Friedrich, 1896 (jetzt: Theosoph. Verlagshaus Dr. Hugo Vollrath, Leipzig.

— Lichtstrahlen vom Orient, s.: Kerning.

— s.: Lotusblüthen.

— s.: Lotusblüten, neue.

— die weisse u. schwarze Magie od. das Gesetz des Geistes in der Natur. gr. 8. (XIV, 255 S. m. 1 Taf.) Ebd. 894. n. 7. —

— die weisse u. schwarze Magie od. Das Gesetz des Geistes in der Natur. 2. rev. u. verm. Aufl. (IX, 335 S. m. 1 Taf.) gr. 8. Leipzig (903). Lotus-Verlag. n.n. 10. —; geb. n. 11. —

Ⓡ — D. weisse u. schwarze Magie. 903. (KBL 33.) Jetzt: Leipzig, Theosoph. Verlagshaus.

— die Medicin des Theophrastus Paracelsus v. Hohenheim. Vom wissenschaftl. Standpunkte betrachtet. 8. (VII, 251 S. m. 1 Bildnis.) Leipzig 899. W. Friedrich. n. 3. —

— Mysterien, Symbole u. magisch wirkende Kräfte. gr. 8. (VII, 250 S. m. Fig.) Leipzig (902). Lotus-Verlag. n. 7. —; geb. n. 8. —

— Mystik u. Weltende, s. Schriften, Theosophische.

— Theophrastus Paracelsus als Mystiker. Ein Versuch, die in den Schriften v. Theophrastus Paracelsus verborgene Mystik durch das Licht der in den Veden der Inder enthaltenen Weisheitslehren anschaulich zu machen. [Aus: „Mittheilgn. f. Salzburger Landeskde."] gr. 8. (III, 55 S.) Ebd. 894. n. 2. —

—— Pharmacopoea homoeopath., s. Caspari, Car., Dispensatorium etc.

— homöopathische Pharmacopöe, siehe: Caspari's, Carl, homöopathisches Dispensatorium.

— Philotheosophie, s.: Flugschriften, theosophische.

— die Reinkarnation od. Wiederverkörperung. Ein Vortrag. 8. (36 S.) Leipzig 898. W. Friedrich. n. — 60

— s.: Sankaracharya, Tattwa Bodha.

— Selbsterkenntnis u. Wiederverkörperung, s. Schriften, Theosophische.

— Der Socialismus vom Standpunkte der occulten Wissenschaft aus betrachtet, s. a. Flugschriften, theosophische.

Hartmann, F., Der Sozialismus vom Standpunkte der occulten Wissenschaft aus betrachtet. (13 S.) gr. 8. Leipzig, Verlag des theosoph. Wegweisers. 1907. —. 20.
Flugschriften, theosophische, Nr. 4.

— s.: Svami, Mahatma Iñana Guru Yogi Sabhapatti, die Philosophie u. Wissenschaft des (Umschlag der) Vedānta u. Rāja-Yoga.

— Tao-Tho-King, s.: Bibliothek esoter. Schriften. 9.

—— Taschenbuch f. Neuvermählte, s. Caspari, Carl.

— Theosophie in China. Betrachtgn. üb. d. Tao-Teh-King (Der Weg, d. Wahrheit u. d. Licht). Aus d. Chines. des Lao-tze übers. 8. (135 S.) Ebd. 897. n. 2. —

— Theosophie u. die internationale theosophische Gesellschaft (Theosophical Society), ihre Constitution, Zwecke u. s. f. Für alle, die Nachricht darüber wünschen. 8. (16 S.) Leipzig 894. W. Friedrich. Unentgeltlich.

—— Therapie acuter Krankheitsformen. Nach homöopath. Grundsätzen bearb. 2 Thle. 1. Aufl. (51 B.) 831, 32., 2., verb. u. verm. A. (56 B.) gr. 8. Leipzig 834, Schumann. à 4 Thlr. 6 Gr., Blnp.

Hartmann, Franz: Therapie akuter Krankheitsformen mit Inbegriff einiger Kinder- und Frauenzimmerkrankheiten. Nach homöopathischen Grundsätzen bearbeitet. 2.verbess.und verm.Ausg. Th.1 - 2, gbd.

Leipzig: Schumann 1834

JB 2.612

— specielle Therapie acuter u. chronischer Krankheiten. Nach homöopath. Grundsätzen. 3. umgearb. u. sehr verm. Aufl. 1. Bd. 1. Abtheil. gr. 8. Leipzig 847, T. O. Weigel. n. 1 ₰ 16 ngl

— specielle Therapie acuter u. chronischer Krankheiten. Nach homöopath. Grundsätzen bearb. u. hrsg. 3. umgearb. u. sehr verm. Aufl. 1. Bd. 2. Abthl. gr. 8. (XII S. u. S. 273—572.) Ebd. 847. n. 1 ₰ 14 ngl — 2. Bd. Chronische Krankheiten. 2 Abthlgn. gr. 8. (1: XII u. 310 S. 2: X S. u. S. 311—703.) Ebd. 848. 1: n. 2 ₰ 2: n. 2 ₰ 18 ngl (cplt. n. 7 ₰ 18 ngl)

—— specielle Therapie. Nach homöopath. Grundsätzen. 3., umgearb. und sehr verm. Aufl. 3. Bd. A. u. d. T.: Allgemeine und specielle Therapie der Geisteskrankheiten und Seelenstörungen. Nach homöopath. Grundsätzen bearb. und hrsg. von G. H. G. Jahr. gr. 8. (XXI und 466 S.) Leipzig 854(55,) T. O. Weigel. Thlr. *
1. und 2. Bd. Ebendas. 1846—48. * 7 Thlr. 18 Ngr.

— Die theosophische Verbrüderg. der Menschheit, s.: Flugschriften, theosophische.

— über den Verkehr m. der Geisterwelt, s.: Vorträge, geheimwissenschaftl.

— populäre Vorträge üb. Geheimwissenschaft. gr. 8. (VII, 122 S.) Leipzig 899. W. Friedrich. n. 1. 80

— dasselbe. 2. Bd. gr. 8. (III, 118 S. m. Titelbild.) Ebd. 900. n. 2. —

— was ist Theosophie? Die theosoph. Gesellschaft u. ihr Zweck, nebst einer kurzgefassten Uebersicht der Geschichte der internationalen theosoph. Vereinigung u. der theosoph. Gesellschaft in Deutschland. (64 S.) 8. Leipzig 903. Theosoph. Centralbuchhdlg. n. 1. 20; geb n. 2. 20

— Weisheit des Orients, s.: Kerning.

Hartmann, Frz. I., christl. Weltweisheit, oder Beweis von der Göttlichkeit d. christl. Religion rc. 4 Bde. 8. Kempten 784, 85. Typogr. Soc. 4 ₰

— Wissenschaft der Heiligen, d. i. Betrachtt. von der Kindheit, d. Offenbarung, d. Leiden u. Tode uns. Herrn Jesu Christi. 3 Bde. 4. Kempten 787. (Kösel). 3 ₰ 8 gl

—— allgem. homöopath. Zeitung, s. Zeitung.

— sechs Zeugen für die Wahrheit der Lehre v. der Wiederverkörperung. (8 S.) 8. Berlin (906). P. Raatz. n. —20
Sonderabdruck aus: „Theosoph. Leben".

— **Franz Alexander** (Zschopau), De vulneribus sclopetariis. Diss. chir. Lpz. (Friedr. Andrae) 17. IX. 1847. 19 S. (4.80) 13254
Gew.: Carl Friedrich Aug. Roch.

Hartmann, Franz Joseph: Untersuchungen über den Gebrauch der Modi in den Historien des Prokop aus Caesarea. *Regensburg (1903): H. Schiele.* (30 S.) 8°
Regensburg, k. Neues G, P 1903

Hartmann, Frz. Jos., Untersuchungen über den Gebrauch der Modi in den Historien des Prokop aus Caesarea. Progr. (30 S.) gr. 8. Regensburg 903. (A. Coppenrath's Verl.) n.n. 80

Hartmann, Frz. O., Fassaden-Album, s.: Blocht, Ed.

Hartmann, Frz. O., einfache Villen u. Landhäuser, s.: Haenel, Osw.

Hartmann, Franz Walter: Das Selbsteintrittsrecht des Kommissionärs nach dem Handelsgesetzbuch vom 10. Mai 1897. Coblenz 1908: Görres-Dr. 61 S. 8°
Heidelberg, Jur. Diss. v. 9. Jan. 1900, Ref. Schröder
[Geb. 29. Nov. 76 Ehrenbreitstein; Wohnort: Ehrenbreitstein; Staatsangeh.: Preußen; Vorbildung: Gymn. Coblenz Reife O. 98; Studium: Bonn 2, München 1, Heidelberg 2, Bonn 2, Berlin 2 S.; Rig. 2. Dez. 08.] [U 09. 1801

Hartmann, Franz Xaver von

— medicin. chirurg. Formeln. Aus d. Cranz Vorles. übers. von J. W. Hübner. 2 Thle. gr. 8. Linz 787. (Kaulfuß in Wien). 2 ₰

— formulae remediorum in materia med. et chir. Cl. Cranzii. 8 maj. Wien 771. Krauss. 1 ₰ 16 gl

— formulae remediorum in materia med. et chir. 8. maj. Vien. Krauss. 779.

v. *Hartmann*, Frz. Xav., (1791.) primae lineae institut. botanicar. clariss. viri Cranzii. 8 maj. Wien 766. Ed II. 767. Krauss. 10 gl

Hartmann, Frz. Xav., welche Mittel muß d. Erzieher anwenden, um d. Zweck d. geograph. Unterr. am sichersten zu erreichen?, s. a. Abhandlungen, pädagog.

[Kopft.:] Welche Mittel muss der Erzieher anwenden, um den Zweck des geographischen Unterrichts am sichersten zu erreichen? E. Konferenz-Vortr. v. Franz Xaver Hartmann, pro rect. gepr. Hauptl. *[Bielefeld: A. Helmich] [1894?].* (22 S.) 1 Bd 8.
= [Abhandlungen, Pädagogische. H. 19.] [97. 939

Hartmann, Friedrich

Hartmann, Fr.: Einige Aufgaben zur Anwendung der Algebra auf die Geometrie. 22 S. 4°. u. 10 Figt. – Schweinfurt, Progr. 1871.

Geometrische Aufgaben. Von Friedr. Hartmann, P. — 1853. Ebend. — S. 3—16.
Progr. Schweinfurt.

Hartmann, Frdr., 20 religiöse Gesänge für Männerchor. Zum Gebrauche beim katholischen Gottesdienst, für höhere Lehranstalten und Kirchengesangvereine. Münster 863. Theissing. gr. 8. (VII, 32 S.) 7½ ngr.

Hartmann: Ueber einige bestimmte Integrale. 13 S. –Schweinfurt, Progr. 1866

Die Euler'schen Integrale. Von Friedr. Hartmann, P. — 1859. Ebend. — S. 3--18.
Progr. Schweinfurt.

Hartmann, Frdr.: Musterbeispiele zu stereometrischen Aufgaben. (Für Schüler der oberen Gymnasial-Klassen.) Hagen, Buchdr. v. G. Butz, 1890; 1 Bl., 18 S., 3 Taf. 4°
Hagen, RG u. G, P 1890

Hartmann, Friedr., systemat. Uebersicht d. Versteinerungen Würtembergs, mit vorzügl. Rücksicht der in d. Umgebungen v. Boll sich findenden. gr. 8. (3½ B.) Tübingen 830, (Laupp.)

Hartmann, Friedrich [aus Bochum]: Anatomische Vergleichung der Hexenbesen der Weisstanne mit den normalen Sprossen derselben. Ein Beitr. z. Phytopathologie ... Freiburg i. B., Buchdr. v. Chr. Ströcker, 1892; 39 S., 1 Doppeltaf. 8.
Freiburg i. B., Phil. Fak., Inaug.-Diss. v. 1892

Hartmann, Frdr., das Verzinnen, Verzinken, Vernickeln, Verstählen u. das Ueberziehen von Metallen mit anderen Metallen überhaupt. Eine Darstellung prakt. Methoden zur Anfertigung aller Metallüberzüge aus Zinn, Zink, Blei, Kupfer, Silber, Gold, Platin, Nickel, Kobalt u. Stahl, sowie der Patinas der oxydirten Metalle u. der Bronzirungen. Handbuch für Metallarbeiter u. Kunst-Industrielle. Mit 3 (eingedr. Holzschn.-)Abbildungen. 8. (IV, 229 S.) Wien 881. Hartleben. 3.

Hartmann, Friedr., das Verzinnen, Verzinken, Vernickeln, Verstählen und das Ueberziehen von Metallen mit anderen Metallen überhaupt. Eine Darstellung prakt. Methoden zur Anfertigung aller Metallüberzüge aus Zinn, Zink, Blei, Kupfer, Silber, Gold, Platin, Nickel, Kobalt und Stahl, sowie der Patinas, der oxydirten Metalle und der Bronzirungen. Handbuch für Metallarbeiter und Kunst-Industrielle. 2. verb. und sehr verm. Aufl. 8. (VIII, 240 S. mit 3 Abbild.) Wien 886, Hartleben. *

Hartmann, Friedrich, Das Verzinnen, Verzinken, Vernickeln, Verstählen und das Ueberziehen von Metallen mit anderen Metallen überhaupt. Eine Darstellung praktischer Methoden zur Anfertigung aller Metallüberzüge aus Zinn, Zink, Blei, Kupfer, Silber, Gold, Platin, Nickel, Kobalt, Stahl und Aluminium, sowie der Patinas, der oxidirten Metalle und der Bronzirungen. Handbuch für Metallarbeiter u. Kunst-Industrielle. Mit 3 Abbildungen. Dritte, verbesserte und sehr vermehrte Auflage. 8. (VIII, 220 S.) [Chemisch-technische Bibliothek. Bd. 76. Dritte Auflage] 1.65
Dasselbe. Geb. (nur fest) 2.10
Wien 892. A. Hartleben.

HARTMANN, Friedrich

(F) Das Verzinnen, Verzinken, Vernickeln, Verstählen und das Ueberziehen von Metallen mit anderen Metallen überhaupt. Eine Darstellung praktischer Methoden zur Anfertigung aller Metallüberzüge aus Zinn, Zink, Blei, Kupfer, Silber, Gold, Platin, Nickel, Kobalt, Stahl und Aluminium, sowie der Patinas, der oxydirten Metalle und der Bronzirungen. Handbuch für Metallarbeiter und Kunst-Industrielle. Von Friedrich Hartmann. Mit 3 Abbildungen. 4. verbesserte und sehr vermehrte Auflage. [Chemisch-technische Bibliothek. Bd. 76] Wien. Pest. Leipzig. 1899. Hartleben. 8°. VIII, 222 S. fl. 1.65, geb. fl. 2.10

Hartmann, Frdr., das Verzinnen, Verzinken, Vernickeln, Verstählen u. das Ueberziehen v. Metallen m. anderen Metallen überhaupt. Eine Darstellung prakt. Methoden zur Anfertigung aller Metallüberzüge aus Zinn, Zink, Blei, Kupfer, Silber, Gold, Platin, Nickel, Kobalt, Stahl u. Aluminium, sowie der Patinas, der oxydierten Metalle u. der Bronziergn. Handbuch f. Metallarbeiter u. Kunst-Industrielle. 5., verb. u. sehr verm. Aufl. (VIII, 228 S. m. 5 Abbildgn.) 8. Wien (906). A. Hartleben. n. 3. —; geb. n. 3. 80

— **Fried. Christoph** (Schwäb. Hall), De manufacturis. Disputat. jur. Präs. Adrian Beier. Jena (Müller) Sept. 1704. 102 S., tlws. dtsch. (9.50) 13255
Widm. v.: Präs., Georg Albert Hamberger, Philipp Gottfried Harder.

Hartmann, Fr[iedrich] Emanuel. Zum Gedächtniss der Frau Susanna Althaus geb. Wanzenried, geb. den 5. Mai 1826, gest. den 13. Juli... 1881. Gebet und Rede... gehalten von Fr. E' H'.... 8. *o. O.*

Hartmann, [Friedrich Emanuel]. Leichenrede beim Begräbnisse von Herrn Karl Anneler, Pfarrer zu Oberdiessbach, gehalten durch Herrn Pfr. H'.... S. Bern 1877.

Hartmann, Frdr. H., s.: Hartmann, Karl Frdr. H.

Hartmann, Friedrich Traugott

— s. Dieroalpphen.

— verbesserter Tabaksbau. 8. Hamburg, Vollmer. 786.

— d. verbesserte Tabaksbau. 8. Thorn u. Danz. 793. (Herold jun. in Hamb.) 3 gr.

Hartmann, F. Traug., Unters. ob d. bürgerl. Freyheit der Juden zu gestatten? 8. Berl. Hesse. (Müller.) 783.

— — Noch etwas über ebend. 8. Ebend.

Hartmann, Fr. Traug., Untersuchung, ob die bürgerl. Freiheit der Juden zu gestatten? 8. Berl. 783. (Stuhr). 8 gr.

— **Friedrich Wilhelm** (Königsberg), De morbis ex spasmo vesicae. Dissert. med. Präs. Friedrich Hoffmann. Halle (Jo. Chn. Hilliger) Aug. 1727. 26 S. (6.30) 13256
Gew.: Christian Grabe, Friedrich Hoffmann, Melchior Philipp Hartmann (Bruder). — Dtsche Widm. v.: D. A. Hannke (Coneco/Preuss.).

Hartmann, Fritz, biologische **Aufgaben** des zentralen Nervensystems als e. Grundlage der Lehre v. den Erkrankungen desselben. Akademische Vorlesgn., geh. anlässl. der Übernahme der Leitg. der k. k. neurolog.-psychiatr. Klinik in Graz im Oktbr. 1907. Zum Druck m. 1 (farb.) Taf. u. Anmerkgn. versehen. (16 S.) Lex. 8. Wien 910. W. Braumüller. 1. —

— **Beiträge** zur Apraxielehre. (Aus der k. k. neurolog.-psychiatr. Universitätsklinik in Graz.) (44 S. m. 2 Taf.) gr. 8. Berlin 907. S. Karger. 2. —
Sonderabdruck aus: „Monatsschr. f. Psychiatr. u. Neurol."

Hartmann, Fritz, sechs **Bücher** Braunschweigischer Theatergeschichte. Nach den Quellen bearb. (VIII, 683 S. m. 3 Taf.) gr. 8. Wolfenbüttel 905. J. Zwißler. n. 8. —

Hartmann, Fritz, Referendar z. Z. am Landgericht Verden: Das **Erbrecht** der Ehegatten in der Stadt Hannover. *Göttingen 1899: W. F. Kästner.* (43 S.) 8°
Göttingen, Jur. Diss. v. [14. Dez.] 1899

Hartmann, Fritz [app. Arzt aus Schwarzow i. Pom.]: Über Extrauteringravidität ... Tübingen, F. Pietzcker, 1895; 35 S. 8.
Tübingen, Med. Fak., Inaug.-Diss. v. 1895

Hartmann, Fritz [aus Ehrenbreitstein]: Ueber das Fenchol. . . . Bonn, Univ.-Buchdr. v. O. Georgi, 1890; 40 S. 8°
Erlangen, Phil. Fak., Inaug.-Diss. v. 1890

Hartmann, Fritz: Aus dem botanischen Garten der Universität Breslau. Die fossile Flora von Ingramsdorf. Breslau (1907): Graß, Barth & Co. (37 S.) 8°
Breslau, Phil. Fak., Ref. Pax, Diss. v. 17. Juli 1907
[Geb. 27. April 82 Breslau; Wohnort: Breslau; Staatsangeh.: Preußen; Vorbildung: Realgymn. z. Heil. Geist Breslau Reife O. 02; Studium: Breslau 11 S.; Rig. 3. Juli 07.]

Hartmann, Fritz, a. Herrenberg: Aus der Tübinger Universitäts-Augenklinik. Über Kuhhornstossverletzungen des Auges nach dem Material der Klinik. Tübingen: F. Pietzcker 1905. (15 S.) 8°
Tübingen, Med. Fak., Ref. Schleich, Diss. v. 17. März 1906
[Geb. 26. März 82 Herrenberg; Wohnort: Stuttgart; Staatsangeh.: Württemberg; Vorbildung: Seminar Urach Reife M. 00; Studium: Tübingen 6, Berlin 2, München 1 S.; Coll. 21. Okt. 05; Approb. 24. Jan. 06.]

Hartmann, Fritz, über **Kuhhornstossverletzungen** des Auges nach dem Material der Tübinger Universitäts-Augenklinik. Diss. (23 S.) gr. 8. Tübingen 905. F. Pietzcker. n.n. — 70

Hartmann, Fritz: Thackeray's Lecture on Steele. *Berlin: R. Gaertner 1900.* (12 S.) 4°
Berlin, Dritte R ⟨HB⟩, OP 1900 (119)

Hartmann, Fritz, Thackeray's lecture on Steele. Progr. 4. (12 S.) Berlin 900. [R. Gaertner.] Weidmann. n. 1. —

Hartmann, Fritz, approb. Arzt aus Stuttgart: Aus d. Tübinger Universitäts-Augenklinik. Weitere Mitteilungen über Bindehauttransplantation. *Tübingen: F. Pietzcker 1904.* (25 S.) 8°
Tübingen, Med. Diss. v. 1904

Hartmann, Fritz, die Neurofibrillenlehre u. ihre Bedeutung f. die klinische Neuropathologie u. Psychiatrie. Nach e. Vortrage, geh. im Vereine der Aerzte Steiermarks, Mai 1905. (81 S. m. 15 Fig. u. 1 Lichtdruck-Taf.) Lex.-8. Wien 905. W. Braumüller. n. 1. 80

Hartmann, Fritz, die Orientierung. Die Physiologie, Psychologie u. Pathologie derselben auf biolog. u. anatom. Grundlagen. gr. 8. (III, 170 S.) Leipzig 902. F. C. W. Vogel. n. 7. —

Wilhelm Raabe, wie er war und wie er dachte. Gedanken u. Erinnerungen von Fritz **Hartmann,** (Hannover). Hannover: Sponholtz 1910. 71 S. 8°
Ersch. zuerst im Hannoverschen Courier. 11. 1142 II

— Die **Saalnixe.** Alte Geschichten, Sagen u. Gedichte aus Bad Kissingen u. Umgebg. Gesammelt u. hrsg. Mit Orig.-Zeichngn. u. Buchumschlag v. H. F. (VIII, 87 S.) 8. Würzburg 909. (Schweinfurt, E. Stoer.) 2. —

— Der **Wunderliche** v. Bevern. Trauerspiel in 5 Aufzügen. (120 S.) 8. Wolfenbüttel 908. J. Zwißler. 2. —

Die Bewertung städtischer Grundstücke in Preußen. Eine Studie über Taxmethoden von F[ritz] W. **Hartmann,** Taxator. Berlin: Puttkammer & Mühlbrecht 1907. (95 S.) 8° [Fr.] 08. 1189

Hartmann, G., Bemerkungen üb. griech. Prosaiker. (Plut. Pyrrhus.) Pr. 1863. 12 S. 4°.

Hartmann, Bemerkungen zu Plutarch: Timoleon. 4. (14 S.) Sondershausen 872. (Eupel.) — 60

Hartmann, G., über die Bewegung des Polarsterns in der Gesichtslinie. gr. 8. (13 S.) Berlin 901. (G. Reimer.) n. — 50
Sonderabdruck aus: „Sitzungsber. d. preuss. Akad. d. Wiss."

Hartmann, G., s. Th. Davies Vorlesungen.

— Observationes in Plutarchi vitam Timoleontis. Diss. 1879. 66 S.

Hartmann, G. Über die Querela inofficiosi testamenti nach classischem Recht. Basel 1864. 4.

Hartmann, G., der Zahnretter. Eine auf Wissenschaft und Erfahrung begründete populäre Anleitung, die Zähne gesund und schön zu erhalten, die bereits erkrankten gründlich zu heilen, ihre Schmerzen schnell zu beseitigen und die verlorenen Zähne wieder zu ersetzen. Leipzig 851. O. Wigand. 8. (VI, 82 S.) n. 10 ngr

Hartmann, G., s.: **Zum** Entwurf e. deutschen bürgerlichen Gesetzbuches.

Hartmann, G. A., latein. Formenlehre f. die drei unteren Gymnasialclassen. gr. 8. (6 B.) Osnabrück 841, Rackhorst'sche Bh.

Hartmann, G. A.: Zur Geschichte des Rathsgymnasiums; 3 Abth. 35 S.– Osnabrück-Raths.G., Progr. 1872.

Hartmann, G. A., lateinische **Grammatik** für die drei unteren Gymnasialclassen. 2., verb. Aufl. Osnabrück 856. Rackhorst. gr. 8. (VII, 130 S.) n. 10 ngr

Hartmann, G. A., Leitfaden in zwei getrennten Lehrstufen für den geograph. Unterricht in höheren Lehranstalten. 2. erweit. Aufl. gr. 8. (IV u. 96 S.) Osnabrück 850, Rackhorst. — 3. verb. Aufl. gr. 8. (IV u. 104 S.) Ebd. 852. n. 1/6 Thlr

— **Leitfaden** in zwei getrennten Lehrstufen für den geographischen Unterricht in höheren Lehranstalten. 4. verb. Aufl. 854. (2 Bl., 112 S.) — 5. verb. Aufl. Ebend. 857. gr. 8. (2 Bl., 120 S.) n. 6 ngr

Hartmann, G. A., Leitfaden in zwei getrennten Lehrstufen für den geographischen Unterricht in höheren Lehranstalten. 6. Aufl. 860. (IV, 124 S.) — 7. verb. Aufl. Osnabrück 862. Rackhorst. gr. 8. (IV, 112 S.) n. 6 ngr

Hartmann, G. A, Leitfaden in 2 getrennten Lehrstufen für den geographischen Unterricht in höheren Lehranstalten. 8—10. verb. Aufl. Osnabrück 865—69. Rackhorst'sche Buchh. gr. 8. (IV, 122 S.) n. 6 ngr; geb. n. 8 ngr.

Hartmann, G. A., Leitfaden in zwei getrennten Lehrstufen f. den geographischen Unterricht in höheren Lehranstalten. 11., verb. Aufl. gr. 8. (IV, 127 S.) Osnabrück 872. Rackhorst. geb. n. — 90

— dasselbe. 12., verb. Aufl. gr. 8. (IV, 127 S.) Ebend. 874. n. 1. —

Hartmann, G. A., Leitfaden in zwei getrennten Lehrstufen für den geographischen Unterricht in höheren Lehranstalten. 13. verb. Aufl. 8. (IV, 128 S.) Osnabrück 880, Rackhorst'sche Buchh. cart. *

Hartmann, G. A., Leitfaden in zwei getrennten Lehrstufen für den geographischen Unterricht in höheren Lehranstalten. 13., verb. Aufl. 8. (IV, 128 S.) Osnabrück 881. Rackhorst. cart. n. 1. —

—— Leitfaden f. d. geograph. Unterricht in unteren Gymnasialklassen. gr 8. (3¼ B.) Osnabrück 845, Rackhorst'sche Bh. *

—— latein. Lesebuch f. die beiden untern Gymnasialklassen. gr. 8. (8½ B.) Osnabrück 844, Rackhorst'sche Buchh. *

—— lateinisches Lesebuch für die beiden unteren Gymnasialclassen. 2., umgearb. Aufl. gr. 8. (IV und 100 S.) Osnabrück 855, Rackhorst'sche Buchh. *

Hartmann, G. C., s. Hartmann, Georg Leonhard

Hartmann, G. D., hinterl. Schrift. 8. Gotha, Ettinger. 779.

Hartmann, G. D. A., Rußlands Industrie unter der Regierung Nicolaus des Ersten. Vegesack 860. (Bremen, Strack.) 8. (76 S.) n. 10 ngr.

Hartmann, G. F., Anfangsgründe d. darstell. Geometrie. Ausführl. bearb. M. 34 Fig.-Taf. (Fol. u. lith.) gr. 8. (14¾ B.) Hannover 833, Hahn.

Hartmann. G. F., Anfangsgründe der darstellenden Geometrie. Hannover 1834. 8.

Hartmann, G. L., die Verordnung vom 3. Jan. 1849 über die Einführung des mündlichen u. öffentlichen Verfahrens m. Geschworenen in Untersuchungssachen u. das Gesetz vom 3. Mai 1852 betr. die Zusätze zu der Verordnung unter Berücksicht. der Motive u. der Vorarbeiten beider Kammern, ingl. der zu der Verordnung ergangenen Verfügungen des Justiz-Ministerii u. der auf dieselbe Bezug habenden Entscheidungen d. Obertribunals zusammengestellt. gr. 8. (VI u. 170 S.) Berlin 852, C. Heymann. 21 ngr.

— — Wandel der Zeiten. Vier Erzählungen. Vom Verfasser der „Erinnerungen eines Deutschen Officiers". Enge Schranken. — Stärkere Gewalten. — Morgendämmerung. — Gute Tage. 8. Wiesbaden 1888.

(Hartmann, G. L.) Wie es war und wurde. Erzählungen vom Verfasser der Erinnerungen eines deutschen Offiziers. Aus althannoverscher Zeit. An der Grenze. 8. Wiesbaden 1885.

— — Zu spät erkannt. Ein Zeitbild 1871—1873. Vom Verfasser der Erinnerungen eines deutschen Offiziers. 8. Wiesbaden 1886.

Hartmann, Gabriel [aus Schwetzingen (Baden)]: Beiträge zur Kenntniss der Dinitrochinoline ... Freiburg i. B., Univ.-Buchdr. v. Ch. Lehmann. 1895; 53 S. 8.
Freiburg i. B., Phil. Fak., Inaug.-Diss. v. 1895

Hartmann, Georg: Anleitung zur Verbesserung der Pferdezucht ganzer Länder und einzel[n]er Privatwirthe: Nebst e. Unterricht vom Beschlagen, Zeichnen, Wallachen u. Englisiren d. Pferde, u. e. Anh. von Pferde-Curen, u. von d. Maulthierzucht. 2. um vieles verm. Aufl. Mit 2 Kupfertaf. Tübingen 1786. 8 Bl., 420 S.

Hartmann, G., Anleit. z. Pferd- und Maulthierzucht rc. gr. 8. Tüb. Cotta. 786.

— — dieselb. gr. 8. Stuttg. Metzler. 776.

Hartmann, Georg, Referendar in Breslau: **Aufrechnung und Zurückbehaltung.** Breslau 1907: H. Fleischmann. (55 S.) 8°
Breslau, Jur. Fak., Ref. Leonhard-Fischer, Diss. v. 11. März 1907
[Geb. 10. Nov. 82 Breslau; Wohnort: Breslau; Staatsangeh.: Preußen; Vorbildung: Gymn. St. Elisabeth Breslau Reife O. 01; Studium: Breslau 5, Heidelberg 1 S.; Rig. 15. Juli 04.]

Hartmann, Geo., Deutsch-Südwestafrika im Zusammenhang m. Süd-Afrika. Vortrag. gr. 8. (20 S.) Berlin 899. W. Süsserott. — 50

Hartmann, Georg: **Der Einfluss des Treibeises auf die Bodengestalt der Polargebiete.** ... (Aus: Wiss. Veröffentl. d. Ver. f. Erdk. in Leipzig. I.) Leipzig, *Pierer'sche Hofbuchdr. in Altenburg,* 1891; 114 S., 1 Bl., 2 Kart. 8°
Leipzig, Phil. Fak., Inaug.-Diss. v. [10. Mai] 1891

Hartmann, Geo., meine Expedition 1900 ins nördliche Kaokofeld u. 1901 durch das Amboland. Mit besond. Berücksicht. der Zukunftsaufgaben in Deutsch-Südwestafrika. (81 S. m. Abbildgn.) gr. 8. Berlin 903. W. Süsserott. n. 1. —

— Meine Expedition 1900 ins nördliche Kaokofeld u. 1901 durch das Amboland. (Vortrag, geh. in der Abteilg. „Dresden" der deutschen Kolonialgesellschaft.) 3. Aufl. (29 S. m. 13 Abbildgn.) Lex. 8. Berlin 905. W. Süsserott. 1. —

Hartmann, Georg [app. Arzt aus Schweidnitz]: **Ein neuer Fall von Hernia labialis posterior ...** München, Buchdr. v. M. Ernst, 1891; 31 S. 8.
München, Med. Fak., Inaug.-Diss. v. [25. Juli] 1891

Gedanken über die Eingebornenfrage in Britisch-Südafrika und Deutsch-Südwestafrika. Von Dr. Georg **Hartmann**. Berlin: D. Reimer 1910. 43 S. 8°
Aus: Koloniale Rundschau. 1909, H. 11/12. 1910, H. 1. [11. 1904]

Hartmann, Georg [von Schiers (Kant. Graubünden)]: **Die Haftpflicht der Ehefrau nach Bündnerischem Recht.** Bern 1899. 67 S. 8°.
Bern. Jur. Diss. 1899/1900.

Jery und Bätely. Singspiel in 1 Aufzug von [Johann Wolfgang v.] Goethe. Musik von Georg **Hartmann**. Vollst. Klav.-Auszug vom Komponisten. Mit d. Szenenfolge u. d. Stichworten. Leipzig: Ph. Reclam jun. [1905]. (40 S.) 4° [F. u. Ant.] [05. 9815 10

Jery und Bätely. Singspiel in 1 Aufzug von [Johann Wolfgang v.] Goethe. Musik u. vollst., neue Bühneneinrichtung von Georg **Hartmann**. [Textbuch.] Leipzig: Ph. Reclam jun. (1905). (32 S.) 8° [F.] (Universal-Bibliothek. No 4651.) [05. 9816 10

Dr. Georg **Hartmann**, Karte d. nördl. Teiles von Deutsch-Südwest-Afrika (von d. Küste bis z. 19.° östl. Länge von Greenwich u. v. 17. bis 21.° südl. Breite. 6 Bl. im Maßst.) 1:300,000 (nebst Begleitworten. Im Auftr. d. South West Africa Comp. Lim., London gez. von) M. Groll. *London: South West Africa Comp. Lim.; (Hamburg: L. Friederichsen & Co. in Komm.) 1903 (1904).* (6 Kartenbl. 87×74 cm mit je 1 Erl. Bl., 4 S.) 2° [04. 9300

Vorläufige Karte des Concessionsgebietes der South West Africa C°. Aufgen. v. Premier-Lt. Dr. **Hartmann** in d. J. 1893—95. Maassst. 1:500.000. *Hamburg: L. Friederichsen & C. 1897.* 1 Ktnbl. quer-4. (97. 4514)

— der **Krieg** in Süd-Afrika u. seine Lehre f. Deutsch-Südwest-Afrika. Nach e. Vortrag, geh. in der Abtheilg. Bremen der deutschen Kolonial-Gesellschaft. gr. 8. (47 S.) Berlin 900. E. S. Mittler & Sohn. n. — 75

Hartmann, G., s.: **Magnotica,** rara.

Hartmann, Georg: Neigung der Magnetnadel (1544). *Berlin 1897.* in: Rara magnetica 1269—1599 = **Neudrucke** v. Schriften u. Karten üb. Meteorologie u. Erdmagnetismus No 10. (98. 2198)

Hartmann, Georg: Die Pferde- und Maulthierzucht. Nebst e. kurzen Beschreibung d. Herzoglich Würtembergischen hierher gehörigen Anstalten u. Stutereien. Stuttgart 1777. 302 S.

— die **Zukunft** Deutsch-Südwestafrikas. Beitrag zur Besiedlungs- u. Eingeborenenfrage. (31 S.) gr. 8. Berlin 904. E. S. Mittler & Sohn. n. — 75

— **Georg Franz,** Observat. quasdam de titulo pro herede tractant. collatis quae ex Gaji manuscriptis recenter repertis enotuerunt argumentis. Diss. jur. Celle (Schweiger & Pick) Febr. 1823. 42 S. (5.—) 13257
Gew.: Carl Friedrich Alexander Frh. v. Arnswaldt (Hoya).

— **Georg Friedrich** (Goslar), Specim. juris publ. Goslariensis de jure austregarum legalium liberae ac imperiali reip. Goslar competente . . viro Joh. Philipp Volckmar (reip. Goslar. consuli) . . cum fasces consulares anniversarios sub auspic. novi 1721 anni die 9. Januar . . Goslar (Duncker) 1721. 50 S., tlws. dtsch. (7.—) 13258

Hartmann, Georg Karl, aus Stadtsteinach, Rechtspraktikant in Ansbach: **Grundzüge** der Kompensation nach römischem und gemeinem Recht, einschliesslich der Bestimmungen des bürgerlichen Gesetzbuches. *Dinkelsbühl 1900: W. Breitinger.* (100 S.) 8° [J.]
Erlangen, Jur. Diss. v. 18. Dez. 1899

Hartmann, Geo. Karl, Leitfaden für den Konfirmandenunterricht. 8. (V, 43 S.) Frankfurt a/M. 900. (K. Brechert.) n. — 40

Hartmann, Georg Leonhard s. Archiv kleiner zerstreuter Reisen.... St. Gallen — Geschichte des Rheinthals.... St. Gallen 1805.

Hartmann, Geo. Lhrd., über den Bodensee. 8. St. Gallen 794. 2e Aufl., mit 1 Karte. 808. Huber u. Comp. 15 g

Hartmann, G. L., Geschichte der Stadt St. Gallen. gr. 8. St. Gallen. (Huber und Comp.) 818.

Hartmann, (G. L.,) Helvetische Ichthyologie, od. ausführl. Naturgeschichte d. in d. Schweiz sich vorfindenden Fische. gr. 8. Zürich 827, Orell

Aus der Lebensgeschichte Georg Leonhard Hartmanns. (Hrsg. von von Joh. Dierauer.) T. 1—3. *St. Gallen 1890—92: Zollikofer.* 3 Bde 8°
1. 1890. 2. 1891. 3. 1892.
— **Analekten,** St. Gallische. 2—4. (90. 2993)

Hartmann, G[eorg] L[eonhard]. Uebersicht der Culturgeschichte des Kantons St. Gallen. [Mit 1 Tafel.]) Njbl. Erz.-Rath St. Gallen 1805. 4. (St. Gallen.)

Hartmann, Ge. Leonh., Versuch einer Beschreibung des Bodensees. St. Gallen 1795.
—, — 2. Aufl. 1808. 8. . . . . (D.)

Hartmann, Georg Leonhard. G. L. Hartmanns Versuch einer Beschreibung des Bodensee's. 2. sehr vermehrte und verbesserte Aufl. [Mit 1 Vignette.] 8. St. Gallen 1808.

— Versuch e. Geschichte der Stadt St. Gallen. gr. 8. St. Gallen 818. (Huber u. Comp.) 2 ₰ 15 g

Hartmann. G[eorg] L[eonhard]. Was der Handelsstand zum Staatswohl beytrage. [Im Hinblick auf die st. gallische Geschichte. Mit 1 Tafel.] Njbl.) Erz.-Rath St. Gallen 1812. 4. (St. Gallen.)

Hartmann, Georg Leonhard: Rheinthalisches Weinbüchlein oder tabellarische Ausrechnung und chronologisches Verzeichniß des Weinpreises oder des sogenannten Weinlaufs, nebst einem Anhange der Weinpreise von Weinfelden und Konstanz. [Verf.: Georg Leonhard Hartmann.] St. Gallen: Zollikofersche Buchdr. 1803. -- UB Bern*
BJ: Rheinthalisches Weinbüchlein . . . .

Hartmann. G[eorg] L[eonhard]. Wie der Kriegsstand zum Wohl unsers Staats mitwirke. [Mit 1 Tafel.] Njbl.) Erz.-Rath St. Gallen 1814. 4. (St. Gallen.)

Hartmann, Geo. Wolfm., Anleit. zur Hist. der Leibniz.-Wolfisch. Philosophie etc. 8. Frft. u. Lpz. (Cuno in Jena.) 737.

Hartmann, Ge. Volckmar, De commercio corporis cum anima sec. diversas philosophorum hypotheses. Erf. 4°.
1725

Hartmannus, Ge. Volckm., Epistola de bruto ex homine, ad Ge. E. *Stahl.* 32 pp. Erf. 4°.
1733

Hartmann, Ge. Volcmar, Schediasma apologeticum, quo sententia *Stahlii* de natura humana in epistolis de bruto ex homine defensa confirmatur, ut *Stenzelii* dubiis satisfiat. Erf. 4°.
1735

Hartmann, Geo. Wilh., sensationelle Enthüllungen üb. die Führer der „sozialdemokratischen Partei". 8. (46 S.) Hamburg 893. (Epstein & Engelte — Leipzig, Ch. Gütlich.) — 50

— **Georg Wilhelm** (Hannov.-Münden), De remediis drasticis ratione inprimis habita cum acrium vegetabilium tum partium haecce constituentium praecipue earum quibus vires adscribendae sunt. Diss. pharmac.-chemico-med. Götting. (Friedr. Ernst Huth) 9. III. 1830. 76 S. (6.50) 13259

Hartmann, Georges, Werther, s.: **Massenet,** J.

Hartmann, Gerhard [aus Frankfurt a. M.]: Untersuchungen über Mannoheptonsäure ... Würzburg, Becker's Univ.-Buchdr., 1891; 27 S. 8.
Würzburg, Phil. Fak., Inaug.-Diss. v. 1891

Hartmann, Gfrd., schönstes A-B-C-Bilderbuch für wackere Kinder. Methodisch geordnete Fibel in 4 Stufen. 4 Hefte. gr. 16. (à 8 S. mit eingedr. Holzschn. und color. Stnt.) Leipzig [Wesel] 873, Düms. à Heft 25 Pf.

Hartmann, Gfried. (I.), schönstes ABC-Bilderbuch. 4 Nrn. 2. und 3. Aufl. 12. (à Nr. 8 S. mit 4 Chromolithogr.) Wesel 881, Düms. à Nr. 15 Pf.
Inhalt:
1. Frühling. — 2. Sommer. — 3. Herbst. — 4. Winter.

— **Alphabetblatt** für die Schulen des Kreises Rees. 8. (4 lith. S.) Ebend. 881. n. — 10

— **ein Büchlein m. Geschichten, Bildern u. Gedichten, Sprüchen u. auch schönen Nüssen, die wirst Du erst knacken müssen. Mit 8 bunten (lith.) Bildern. gr. 8. (16 S.) Wesel 876. Düms.** — 80

—— naturgeschichtliche Erzählungen zu Sonderland's Thier- und Jagdbildern, s. Sonderland, J. B.

— des Hauses Feste in Lied, Gesang u. Bild. Lieder f. festl. Tage. Mit Originalcompositionen f. e. Singstimme m. Pianoforte-Begleitg. v. F. Jacobs u. (4) Bildern in Oelfarbendr. nach Originalzeichngn. v. J. B. Sonderland. hoch 4. (64 S.) Ebend. 870. geb. 4. 50; geb. m. Goldschn. 6. —

Hartmann, Gfried., Festklänge. Zur 150jähr. Jubelfeier der Besitzergreifung der Grafschaft Moers. Am 25. März 1852. [2. Aufl.] gr. 8. (47 S. m. 1 Lith.) Meurs 852, Dolle. 1/4 ₰

—— goldene Fibel. Bilderbuch für den Lese- und Anschauungs-Unterricht in der Kinderstube. Mit 16 Oelfarbendr.-Bildern von J. B. Sonderland und vielen eingedr. Holzschn.-Illustr. nach Zeichnungen von Ludw. Richter. gr. 16. (32 S.) Ebendas. 875. — 75

Hartmann, G., häuslicher Fleiss im Kinderkreis. Ein Bilderbuch für Mädchen u. Knaben, die Lust zum Lernen haben. Wesel 869. Düms. qu. 8. (24 S. m. 11 Steintaf., wovon 7 color.) geb. 10 ngr.

—— schöne Geschichten zum Lesen, wenn man fleißig und brav gewesen. Mit 8 bunten (chromolithogr.) Bildern. gr. 8. (16 S.) Ebendas. 875. cart. — 60

— Heiteres u. Ernstes, der Jugend zur Lust u. Lehre. Erzählungen, Märchen u. Lieder. Mit 8 Bildern in Farbendr. von J. B. Sonderland. 2. Aufl. gr. 4. (24 S.) Wesel 879. Düms. cart. 1. 80

Hartmann, Gfried., das i Buch. Neue Fibel nach der Lautirmethode geordnet. gr. 8. (12 lithogr. und chromolithogr. Taf. mit Text auf der Rückseite.) Wesel 879. Düms. cart. — 75

— das J Buch für artige Kinder. Neue Fibel nach der Lautirmethode geordnet. Mit (6) schwarzen u. (8) in Farbendr. ausgeführten Bildern (u. 9 S. Text). Ebend. 869. 8. cart. 10 ngr.

— für die Kinderstube. Ein Bilder-ABC u. Lesebuch. gr. 16. (32 S. m. 16 Chromolith.) Ebend. 876. — 60

— für die Kinderstube. Ein Bilder-ABC u. Lese-Buch. 2. Aufl. gr. 16. (30 S. m. 16 color. Steintaf.) Ebend. 877. cart. 60

Hartmann, Gottfried. Neuere Lyrik in Graubünden. Sonderabdruck aus «Festschrift zum 12. [Allgemeinen] Deutschen Neuphilologentag [in München, Pfingsten] 1906». II S. + S. 475—498. 8. Erlangen, Junge & Sohn, 1906.

Festschrift .... VI + 519 S. 8. Erl', Fr. Junge, 1906. [M. 12. —]

Hartmann, Gfr., Merope im italienischen u. französischen Drama, s. a. Beiträge, Münchener, zur romanischen u. engl. Philologie.

Hartmann, Gottfried [Dr.]: Merope im italienischen und französischen Drama ... [= Münch. Beitr. z. roman. u. engl. Philol. Heft IV.] Leipzig, Druck v. O. Brandstetter, 1892; VIII, 96 S. 8.

München, Phil. Fak., Hab.-Schr. v. 1892
(Nicht für den Austausch)

Hartmann, Gfr., über die Modificativformen [Augmentation u. Diminution] in Manzoni's Promessi Sposi. Inaugural-Dissertation. gr. 4. (32 S.) Wiesbaden 882. Niedner. n. 1. 60

—— Naturgeschichtliches in Bild und Wort, bearb. für Schule und Haus. Unsere Lieblinge: Hausthiere. 2 Bdchn. (1.—3. neu ausgestattete Aufl.) qu. gr. 4. (à 12 S. mit 6 Chromolithogr.) Ebendas. 873,76,78. à Bdchn. ℳ 1. 2 —

Hartmann, G., Schreibschrift-Vorlagen f. Schule u. Haus. (4 S. m. Text auf dem Umschlag.) 8. Wesel (908). W. Düms. — 10

— neue Schreibschule für die Schulen des Kreises Rees. 1—12. Hft. qu. 4. Ebend. 881. n. 1. 43

1. 2. Die deutschen Mittelbuchstaben. I. u. II. (à 20 S.) à n. — 10
3. 4. Die halblangen u. langen deutschen Buchstaben. I. u. II. (à 24 S.) à n. — 12
5. Die grossen deutschen Buchstaben. (24 S.) n. — 12
6. 7. Die kleinen lateinischen Buchstaben. I. u. II. (à 24 S.) à n. — 12
8. Deutsche Reihenvorschriften. 3 Linien. (24 S.) n. — 12
9. Die grossen lateinischen Buchstaben. (24 S.) n. — 12
10. Deutsche Reihenvorschriften. 1 Linie. (24 S.) n. — 12
11. Deutsche u. lateinische Reihenvorschriften. 1 Linie. (24 S.) n. — 12
12. Geschäftsaufsätze. (24 S.) n.n. — 15

— Weseler Schreibwandtafeln für die Schulen des Kreises Rees. 5 Steintaf. qu. gr. Fol. Ebend. 881. à n. — 80; auf Pappe à n.n. 1. 25; lackirt n.n. 1. 50

1. Kleine deutsche Buchstaben. — 2. Grosse deutsche Buchstaben f. Anfänger. — 3. Dasselbe f. geförderte Schüler. — 4. Kleine lateinische Buchstaben. — 5. Grosse lateinische Buchstaben.

Hartmann, Gfrd., Sedan. Festgabe zur Begehg. e. würd. Feier d. großen Sieges- u. Ehrentages in der Volksschule in Stadt u. Land. gr. 8. (20 S.) Wesel 874. Voß & Fincke. n.n. — 25

Hartmann, G., d. Jahres festliche Tage in Lied, Gesang u. Bild. Mit Orig.-Kompositionen f. 1 Singstimme m. Pianoforte-Begleitg. v. F. Jacobs u. (4) Farbendr.-Bildern v. J. B. Sonderland. gr. 4. (64 S.) Wesel 885. Düms. geb. 1. 50

— Vergißmeinnicht. Blumen-Lieder für junge Blumen-Freundinnen gesammelt. Mit (4 lith.) Bildern in Oelfarbendr. nach Orig.-Zeichngn. von J. B. Sonderland. Ebend. 870. 8. (96 S.) cart. 20 ngr; in engl. Einb. 25 ngr

Hartmann, Gottfried. Zur rätoromanischen Verskunst. [SA. aus: Philologische und volkskundliche Arbeiten, Karl Vollmöller zum 16. Oktober 1908 dargeboten.... Hrg. von Karl Reuscher und Karl Gruber.] 8 S. 8. [Erlangen, Fr. Junge, 1908.]

* Hartmann, Gottfried s. Wiezel, Giörin....

Hartmann, Gottfried s. Wiezel, Giverin. G' Wiezels Veltlinerkrieg. Strassburg 1887.

Hartmann, Gottlieb, s. Hartmann, Theophil

Hartmann, Gottlob David

— s. 1) Briefe, literar. 2) Feier d. letzt. Abends. 3) Feier des J. 1771 u. 72.

Hartmann's, Glo. Dav., († d. 5. Nov. 1775.) hinterlass. Schriften, gesammelt u. mit einer Nachr. von seinem Leben herausgeg. v. Jk. Chr. Wagenseil. 8. Gotha 779. Ettinger. 16 gr

— s. Sophron, oder Bestimmung.

Hartmann, Guido, Fliehen u. Sehnen. Gedichte. (45 S.) kl. 8. Jauer (907). Glogau, Hellmann. 1. 50

— Aus dem Spessart. Kultur- u. Heimatbilder. Illustrationen v. Adalb. Hock, Karl Katzenberger, Ferd. Kobell († 1797), Rolf Winkler. (88 S.) gr. 8. Frankfurt a/M. (910). Gebr. Knauer. 1. 80

Hartmann, Günther, appr. Arzt a. Zwickau, Kgr. Sachsen: Drei Fälle von Ophthalmoplegia interior, ihre Ursachen, Verlauf und Therapie. Leipzig 1905: B. Georgi. (42 S.) 8°
Leipzig, Med. Fak., Ref. Sattler, Diss. v. 6. März 1905
[Geb. 28. März 76 Zwickau; Wohnort: Wanswitz, Reuß j. L.; Staatsangeh.: Sachsen; Vorbildung: Gymn. Schneeberg i. S. Reife O. 94; Studium: Jena 4, Würzburg 2, Breslau 2, Halle 5 S.; Coll. 21. März 05; Approb. 12. März 02.]

Hartmann, Guntherus Friedericus: *De Vehemicis Judiciis. 18 Bl. 4° (2°)
Halle-Wittenberg Phil. Diss. v. 17. Juni 1861
Geb. [Arnstadt 4. 5. 1837]

Hartmann, Gustav

Hartmann, G., die Apotheken-Buchführung, ausführlich erläutert u. durch das vollständ. Muster e. einjähr. Buchhaltung nach e. der Wirklichkeit entnommenen Beispiel praktisch dargestellt. gr. 8. (X, 159 S.) Wien 888. Urban & Schwarzenberg. n. 6. —; geb. n. 6. 50

— die Apotheken-Buchführung ausführl. erläut. u. durch d. vollständ. Muster e. einjähr. Buchführung nach e. d. Wirklichkeit entnommenen Beispiel prakt. dargest. 2., verm. u. verb. Aufl. gr. 8. (VIII, 160 S.) Wien 895. Urban & Schwarzenberg. n. 5. -

[5.] Die Magdeburger Apotheker-Konferenz 1798—1898. Festschrift z. Gedenkfeier ihres hundertjähr. Bestandes v. Dr. G[ustav] Hartmann, Vorsitzender. *Magdeburg: Dr. v. E. Baensch jun. 1898.* (1 Bl., 72 S.) 1 Bd 4. [98. 1108

Hartmann, Gustav, approb. Arzt aus Stuttgart: Aus d. Tübinger Universitäts-Augenklinik. Die Augenverletzungen in der Tübinger Klinik im Jahre 1900. *Tübingen: F. Pietzcker 1901.* (29 S.) 8°
Tübingen, Med. Diss. v. 1901

Hartmann, Gust., ueber Begriff u. Natur der Vermächtnisse im römischen Recht. Akademische Antrittsschrift. gr. 8. (55 S.) Braunschweig 872. Schwetschke & Sohn. n. 1. —

Hartmann, Gust., über den rechtlichen Begriff des Geldes u. den Inhalt von Geldschulden. Braunschweig 868. Leibrock. 8. (VIII, 139 S.) 1 ℛ︎

G. HARTMANN, Beilage zu §. 13. des Commissions-Entwurfs zu einer Norddeutschen Apotheker-Ordnung. Behufs Nachweises der Möglichkeit einer befriedigenden Regelung des Concessionswesens auf Grund der Unverkäuflichkeit neuer Apotheken-Concessionen ausgearbeitet. Als Manuscript gedruckt. Magdeburg, 1869. Druck von E. Baensch jun. 8°.

G. HARTMANN, Beiträge zur Würdigung der Frage: Ist die Ordnung des Apothekenwesens auf dem Gesetzgebungs- oder dem Verordnungs-Wege durchzuführen? Im Namen und Auftrage des Directoriums des deutschen Apotheker-Vereins bearbeitet. Magdeburg 1874. Im Commissions-Verlag der Creutz'schen Buchhandlung. 8°.

Hartmann, Gust., juristischer Casus u. seine Prästation bei Obligationen auf Sachleistung insbesondere beim Kauf. gr. 8. (82 S.) Jena 884. Fischer. n. 1. 50

Die kreisende Energie als Grundgesetz der Natur. Von Gustav Hartmann Eiserfeld. *Siegen 1900: C. Buchholz.* (40 S.) 8° [5.] 00. 1109

Hartmann, Gust., die kreisende Energie als Grundgesetz der Natur. gr. 8. (40 S. m. 1 Taf.) Siegen 900. Eiserfeld a/d. Sieg, Selbstverlag. 1. —

Hartmann, Gustav [pr. Arzt]: Ueber einen Fall von Spondylitis deformans mit intermittierendem Hydrops der Gelenke unter Berücksichtigung der Kalkausscheidung durch den Harn. . . . Königsberg i. Pr., Druck v. M. Liedtke, 1889; 21 S. + 1 Bl. u. 1 Taf. 8°
Königsberg, Med. Fak., Inaug. Diss. v. 6. Jul. 1889

Hartmann, Gust. (II.). Über e. Fall von Spondylitis deformans m. intermittierendem Hydrops der Gelenke unter Berücksicht. der Kalkausscheidung durch den Harn. Diss. gr. 8. (20 S. m. 1 Taf.) Königsb. 889, (Koch). * — 60

Hartmann, Gust., internationale Geldschulden. Beiträge zur Rechtslehre vom Gelde. [Erweit. Abdr. aus: „Archiv f. d. civilist. Praxis".] gr. 8. (VIII, 84 S.) Freiburg i/Br. 882. Mohr. n. 2. —

Hartmann, G., Handverkaufs-Taxe für Apotheker. Nach rationellen Prinzipien ausgearb. u. hrsg. Magdeburg 868. (Creutz.) gr. 8. (110 S. m. 4 Tabb. in 4.) In engl. Einb. n.n. 1 ℛ︎.

— — 2. neu durchgesehene u. verb. Aufl. Ebend. 869. gr. 8. (X, 104 S. m. 1 lith. Taf. u. 8 Tabb. in gr. 8. u. qu. 4.) n. 24 ngr.; geb. n.n. 1 ℛ︎.; geb. u. durchschossen n.n. 1 ℛ︎ 3 ngr.

Hartmann, G., Handverkaufs-Taxe f. Apotheker. Nach rationellen Prinzipien ausgearb. u. hrsg. 3. vollständig umgearb. Aufl. gr. 8. (IV, 96 S. m. e. Steintaf.) Magdeburg 875. Creutz in Comm. n. 3. —; geb. n. 4. 20; geb. u. durchschossen n. 4. 50

Hartmann, G., Handverkaufs-Taxe für Apotheker. Nach rationellen Prinzipien ausgearb. u. hrsg. 4., vollständig umgearb. Aufl. gr. 8. (IV, 96 S. m. 1 Steintaf.) Magdeburg 878. Creutz in Comm. n. 3. – ; geb. n. 4. 20; durchschossen n. 4. 50

Hartmann, G., Handverkaufs-Taxe für Apotheker. Nach sachgemässen Grundsätzen ausgearb. und hrsg. 5. vollständig umgearb. Aufl. gr. 8. (IV, 96 S. mit 1 Stnt.) Magdeburg 883, (Creutz'sche Buchh.)
geb. [illegible] *M* 4,20.; durchsch. [illegible]

Hartmann, G., Handverkaufs-Taxe f. Apotheker. Nach sachgemässen Grundsätzen ausgearb. u. hrsg. 6. vollständig durchgearb. Aufl. gr. 8. (VIII, 96 S. m. 1 Steintaf.) Magdeburg 886. (Creutz.) n. 3. —; geb. n. 4. 20; u. durchsch. n. 4. 50

— Handverkaufs-Taxe f. Apotheker. Nach sachgemässen Grundsätzen ausgearb. u. hrsg. 7., umgearb. Aufl. gr. 8. (IV, 95 S. m. e. lith. Taf.) Magdeburg 890. (Creutz' Verl.) n. 3. —; geb. n. 4. 20; durchschossen n. 4. 50

Hartmann, G., Handverkaufs-Taxe f. Apotheker. 8., umgearb. Aufl. gr. 8. (IV, IV, 96 S. m. 1 Taf.) Magdeburg 894. (Creutz.) n. 3. —; geb. n.n. 4. 20; u. durchsch. n.n. 4. 50

— Handverkaufs-Taxe f. Apotheker. Nach sachgem. Grundsätzen ausgearb. u. hrsg. 9., vollst. umgearb. Aufl. gr. 8. (IV, 96 S. m. 1 Taf.) Magdeburg 898. (Creutz.) n. 3. —; geb. n.n 4. 20; u. durchsch. n.n. 4. 50

Hartmann's, G., Handverkaufstaxe f. Apotheker. Neu bearb. u. hrsg. vom Taxausschuss der Magdeburger Apotheker-Konferenz. 10. Aufl. gr. 8. (V, 90 S.) Magdeburg 901. Creutz. Kart. n. 2. 50; u. durchsch. n. 3. —

Dr. G[ustav] Hartmanns Handverkaufstaxe für Apotheker. Neubearb. u. hrsg. vom Taxausschuss d. Magdeburger Apotheker-Konferenz. 11. Aufl. *Magdeburg: Creutz 1902.* (92 S.) 8° [02. 13758 3

Dr. G[ustav] Hartmann's Handverkaufstaxe für Apotheker. Neu bearb. u. hrsg. vom Taxausschuss d. Magdeburger Apotheker-Konferenz. 12. Aufl. *Magdeburg: Creutz 1903.* (92 S.) 8° [03. 9387 3

Dr. G[ustav] Hartmann's Handverkaufstaxe für Apotheker. Neu bearb. u. hrsg. vom Taxausschuß d. Magdeburger Apotheker-Konferenz. 13. Aufl. *Magdeburg: Creutz 1904.* (92 S.) 8° [04. 1446 3

Dr. G[ustav] Hartmann's Handverkaufstaxe für Apotheker. Neu bearb. u. hrsg. vom Taxausschuß d. Magdeburger Apotheker-Konferenz. 14. Aufl. Magdeburg: Creutz 1905. (94 S.) 8° [05. 2395 3

Hartmann's, G., Handverkaufstaxe f. Apotheker. Neu bearb. u. hrsg. vom Taxausschuss der Magdeburger Apotheker-Konferenz. 15. Aufl. (94 S. m. 1 Fig.) gr. 8. Magdeburg 906. Creutz. Geb. n. 2.—; u. durchsch. n. 2. 50

Hartmann, G[ustav]: Hartmann's Handverkaufstaxe für Apotheker. Neubearb. u. hrsg. vom Taxausschuss d. Magdeb. Apotheker-Konferenz. 18. Aufl. Magdeburg: Creutz 1909. 96 S. 8°

Hartmann's, G., Handverkaufstaxe f. Apotheker. Neu bearb. u. hrsg. vom Taxausschuss der Magdeburger Apotheker-Konferenz. 19. Aufl. (96 S. m. Abbildgn. auf dem Einbd.) 8. Magdeburg 910. Creutz. Geb. in Leinw. 2.—; u. durchsch. 2. 50

Hartmann, Gust., zur Lehre von den Erbverträgen und von den gemeinschaftlichen Testamenten. Zwei Abhandlungen aus dem gemeinen Rechte. Braunschweig 860. Leibrock. gr. 8. (V, 180 S.) n. 28 ngr.

Hartmann, Gust., Leibniz als Jurist u. Rechtsphilosoph. [Aus: „Festschrift d. Tübinger Juristenfakultät f. Rud. v. Jhering".] gr. 8. (121 S.) Tübingen 892. H. Laupp. n. 2.

dasselbe, s. a. Jhering. Festgabe der Tübinger Juristenfakultät.

Hartmann, (Aemilius Fridericus) Gustavus (geb. Magdeburg 29. 10. 1835): De metalloidis eorumque distributione. Vratislaviae 1862. (58 S.) 8°
Breslau, Phil. Diss. v. 9. Apr. 1862

— die Obligation. Untersuchungen üb. ihren Zweck u. Bau. gr. 8. (VIII, 277 S.) Erlangen 875. Deichert. n. 5. —

— Gustav (Nordhausen), De pericarditide. Diss. pathol.-anatom. Bln. (Nietack) 6. VIII. 1836. 32 S. mit Biogr. (M.: L. Hofmann.) (6.—) 13260
Oppon.: Wilh. Henneberg, Fr. Protz, Ad. Meinhardt. — Gew.: Johann v. Wiebel. — Krankengeschichte d. Heinrich Haendel.

[F.] Hartmann, *Gustav* [Stadtbaumeister]: Das neue Realschulgebäude. Kreuznach, Buchdr. F. Wohlleben, 1897; 3—4 S. 4.
Kreuznach, st. R, OP 1897 (520)

— Reform od. Umsturz d. Concessions-Systems im Apothekenwesen? Denkschrift d. deutschen Apotheker-Vereins zur Beleuchtg. der Fragen: Ob das Concessions-System od. die Niederlassungsfreiheit im Apothekerwesen besser f. das öffentl. Wohl u. f. das Interesse der Apotheken-Aspiranten sorgt? Auf Grund vergleich. Untersuchgn. aus der Statistik der Aerzte u. Apotheken. Im Namen u. Auftrage d. ob. Vereins ausgearb. Mit e. Anlage enth. 5 statist. Taf. (in Fol. u. qu. gr. Fol.) Fol. (III, 60 S.) Ebend. 873. n. 3. —

G. HARTMANN, Veränderungen des Apotheker-Ordnungs-Entwurfs (vom Jahre 1869). Magdeburg 1874. (Als Manuscript gedruckt.) 4°.

Hartmann, Gustav [aus Pr. Oldendorf]: Mechanische Vergiftungen ... Berlin, C. Vogts Buchdr., *1896*; 29 S., 1 Bl. 8.
Berlin, Med. Fak., Inaug.-Diss. v. 10. März 1896

Hartmann, Gust. v., die Verhältniswahl im sächsischen Wahlgesetzentwurf. (18 S.) gr. 8. Berlin 908. Puttkammer & Mühlbrecht. — 30

Hartmann, Gust. v., ein neues Wahlverfahren. Abhandlung üb. das allgemeine direkte Wahlrecht u. Wahlverfahren, ihre Fehler u. notwendigen Verbesserungen. Dem deutschen Volke gewidmet. (117 S.) gr. 8. Berlin 906. Puttkammer & Mühlbrecht. n. 2. —

G. HARTMANN, Ein Wort zur Aufklärung über die Einführung der Gewerbefreiheit für Apotheken. Entwurf zu einer Denkschrift im Auftrage des Deutschen Apotheker-Vereins. Als Manuscript gedruckt. (Magdeburg 1872. Druck von E. Baensch jun.) 8°.

Hartmann, Gust. Johannes (geb. Naumburg a. S. 19. 8. 1845): Ueber einen Fall von Arthritis urica. Berlin (1868). (30 S.) 8°
Berlin, Med. Diss. v. 2. Apr. 1868

Hartmann, H., Anleitung für die Gemeindevorstände in Unterstützungswohnsitzangelegenheiten u. Landarmensachen. Mit Formularen. 2. Abdr. 8. (24 S.) Leipzig 879. Roßberg. — 30

Hartmann, H., Auszug aus der deutschen Wehr- u. Kontrol-Ordnung vom 22. Novbr. 1888, die v. Gemeindebehörden, Militärpflichtigen, einschließlich der zum einjährig-freiwilligen Dienst Berechtigten, u. Mannschaften d. Beurlaubtenstandes in Friedenszeiten zu beobachtenden Bestimmungen enthaltend. Mit Bemerkgn. hrsg. gr. 8. (VII, 77 S.) Freiberg 889. Mauckisch. n. 1. —

Hartmann, H. [app. Arzt aus Göttingen]: Ueber das Endothelium in der Orbita .... (Aus: Graefe's Arch. f. Ophthalmologie XXXIV. Bd.) Leipzig, Wilhelm Engelmann, 1888; 33 S. 8°
Göttingen, Med. Fak., Inaug.-Diss. v. 13. Nov. 1888

Hartmann, H., revidirte Gesindeordnung f. das Königr. Sachsen vom 2. Mai 1892. Text-Ausg. Mit Anhängen üb. Muster-Formulare u. s. w., sowie alphabet. Sachregister versehen. (2. Aufl.) gr. 8. (62 u. X S.) Freiberg i/S. 892. (C. Mauckisch.) n. — 60

Hartmann, H. I., Grammaire Allemande. Suivie de thèmes, à l'usage de ceux qui veulent s'exercer dans les éléments. II tabb. 8. Haag 829. Gebr. Hartmann. 20 *K*

Hartmann, H., s.: Kneipp, Seb., Vorträge.

Plan der Kreisstadt Plauen i/V. Bearb. v. städt. Vermessungsamte Dez. 1902. H. Hartmann, städt. Vermessungsingen. Massst. 1:10,000. *Plauen i/V.: Eigentum d. Stadtrates 1902.* (1 Kartenbl. 78 × 78 cm.) gr. 2° [kol.]

Hartmann, H., erprobte Rathschläge z. erfolgr. Gebrauche d. Kneipp'schen Wasserkur, m. e. Anh., enth. d. Kneipp'schen Heilkräuter, sow. d. Selbstbereitg. d. Kneipp'schen Thee's, Tinkturen, Balsame, Oele, Haarmittel ꝛc. 8. (31 S.) Wörishofen 893. H. Hartmann. — 40

Hartmann, H., Reichsgesetz üb. die Unterstützung v. Familien der zu Friedensübungen einberufenen Mannschaften, vom 10. Mai 1892, nebst Ausführungs-Vorschriften, vom 2. Juni 1892. Textausg. Mit e. Tabelle üb. die zu zahl. Unterstützungsbeiträge versehen. gr. 8. (14 S.) Freiberg 892. C. Mauckisch. — 20

— dasselbe. Verordnung des königl. sächsischen Kriegsministeriums vom 28. Juli 1892 dazu. gr. 8. (7 S.) Ebd. 892. 10

Hartmann's Vademecum. Organ des Kurvereins Wörishofen (e.V.). Offizielle Kundmachungen des Kurvereins (e.V.) und des Stamm-Kneipp-Vereins. Heil- und Kurberichte. Literarischer Anzeiger. Geschäftliche Ankündigungen. (Hartmann's Centralanzeiger u. Verkehrszeitung für Wörishofen. Herausgeber und Verleger: H. Hartmann, Kurort Wörishofen. X. Jahrgang 1900/1901.

Hartmann, H. H., Waffenlehre u. Taktik, als Einleitung zum H. Kriege. Ein Leitfaden zum Unterricht auf d. königl. Preuß. Divis.-Schulen. 1r Bd. gr. 8. Berl. 823. Reimer. 1 ₰ 6 *K*

— das Wahlgesetz f. den deutschen Reichstag vom 31. Mai 1869, nebst Wahlreglement vom 28. Mai 1870. Mit Sachregister u. Formularen versehen. 8. (65 S.) Oschatz 889. (Oldecop's Erben.) n. — 60

Hartmann, H. M., der Fuß d. Pferdes in Rücksicht auf Bau, Verrichtungen u. Hufbeschlag, s.: Leisering, A. G. T.

Hartmann, Hans, von St. Peterszell (Kt. St. Gallen): Guillaume des Autels (1529—1581 [?]), ein französischer Dichter und Humanist. I. Teil: Biographisches. Zürich 1907. XXIII + 127 S. und drei Tafeln. 8°. [19. XII. 07.]
Zürich. Phil. Diss. I. S. 1907/08.

Hartmann, Hans. Guillaume des Autels ⟨1529—1581 ⟨?⟩⟩, ein französischer Dichter und Humanist. Teil 1: Biographisches. [Mit 2 Wappen und 3 Tafeln.] 8. Zürich, Gebr. Leemann & Co., 1907.
Ausg. A: Diss. Phil. I. Univ. Zürich ... von H' H' von St. Peterszell ⟨Kt. St. Gallen⟩. II + XXII + 125 + *Vita* 1 S.
Ausg. B: Von Dr. phil. H' H'. II + XXII + 125 + *Vita* 1 + *Errata* 1 S. [fr. 3.—]

Hartmann, Hans, die Retouche v. Photographieen, s.: Grasshoff, Johs.

Warum hat jedermann im Volk ein Interesse an einer starken deutschen Flotte? Von Hans Hartmann. *(Berlin 1900: Deutscher Verl.)* (32 S.) 8 [F.]

Hartmann, Hans: Warum hat jedermann im Volk ein Interesse an einer starken deutschen Flotte?
Von —. Ein Beitrag z. Flottenfrage mit 4 graph. Taf.
Braunschweig 1900: G. Westermann. (55 S.) 8°
[Umschlagt.:] Arbeiter u. Flotte.

HARTMANN-HAINFELD, Hans
(F) Was z' Lacha. Gedichte in niederösterreichischer Mundart von Hans Hartmann-Hainfeld. Hainfeld. 1899. Selbstverlag. [In Comm. Kravani. Wien.] 8°. 102 S. fl. —.60

Hartmann, Hans. Zur Erinnerung an Renward Henne ⟨am Rhyn⟩. Rede am Tage seiner Bestattung 22. Juli 1910. [Mit 1 Porträt-Tafel.] 7 S. 8. St. Gallen, Honegger, 1910.

Die Komödie. Eine symbol. Bühnendichtung in 4 Akten von Hans Emil Hartmann. Aachen: Selbstverl. 1906. (100 S.) 8° [F.]

Hartmann, Hans Emil, Moncenigo. Dichtung in 5 Akten. 8. (93 S.) Dresden 901. E. Pierson. n. 1. 50

Hartmann, Heinrich [Dr.]: Ueber die Aetiologie von Erisypel und Puerperalfieber .... (Aus: Archiv f. Hygieine. Bd. VII.) München, Druck v. R. Oldenbourg, 1887; 1 Bl. + 147 S. u. 2 Taf. 8°
München, Med. Fak., Inaug.-Diss. v. 1887

Hartmann, H[einrich]. Die Baselbieterbauern im Bauernkrieg vom Jahre 1653. Gewidmet vom Kantonalen landwirtschaftl. Verein von Baselland 1904. ([Mit 1 Abbildung und 1 Tafel:] Denkmal ... Eingeweiht am 25. September 1904 in Liestal, [sowie] Lied zur Einweihung ... [von] J[oseph] V[ictor] Widmann.) 16 S. 8. Liestal, Gebr. Lüdin, 1904. [fr. —. 75]

Hartmann, Heinrich, appr. Arzt a. Saarlouis: Beitrag zur Lehre vom Ganserschen Dämmerzustand und Ganserschen Symptom. Greifswald 1906: J. Abel. (32 S.) 8°
Greifswald, Med. Fak., Ref. Schultze, Minkowski, Diss. v. 1. April 1906
[Geb. 14. Mai 82 Saarlouis; Wohnort: Saarlouis; Staatsangeh.: Preußen; Vorbildung: Friedrich-Wilh.-Gymn. Trier Reife O. 01; Studium: Bonn 1, Würzburg 3, Freiburg i. B. 1, München 1, Greifswald 3 S.; Coll. 10 Febr. 06; Approb. 7. Febr. 06.]

Hartmann, Heinr., der Marktflecken Vibra, s.: Schriften d. Vereins f. Meiningische Geschichte u. Landeskunde.

Hartmann, Heinr., zur Geschichte der Bußtage u. einiger and. kirchl. Einricht. in Württemberg. gr. 8. (2 B.) Stuttgart 813, Köhler. Thlr.

Hartmann, Heinr., Grundriß d. Kunstgeschichte, s.: Ehrenberg, Herm.

Hartmann, Heinr.: Statistisches Handbuch der evangelischen Volksschulen in Württemberg. Stuttgart: Arnold 1843

Hartmann, Heinr., statistisches Handbuch der evangel. Volksschulen in Württemberg, in 2., verb. rc. Aufl. herausg. von Ch. Wieler. Spaichingen 855. Kupferschmid. gr. 8. (VIII, 441 S.) 28 ngr

— s. Kirchenblatt, evangelisches.

Hartmann, Heinr., die evangelischen Kirchenstellen Württembergs. Ein statistisches Handbuch. Aus seinem Nachlaß herausg. Stuttgart 862. Koch in Comm. gr. 8. (VIII, 800 S.) n. 2 ₰ 20 ngr

[F.] Lehrplan für sechs- bis achtstufige Mädchen- und Knabenvolksschulen m. ausführl. method. Bemerkgn u. genauer Stoffverteilg. Bearb. v. Heinrich Hartmann, Rektor ... zu Aschersleben. Im Anh: Kurzer Führer durch d. pädagog. Litt. ... *Hannover [&] Berlin: C. Meyer 1898.* (v S., 1 Bl., 170 S., 1 Bl.) 1 Bd 8.

Hartmann, Heinrich, Arzt von Steckborn (Kt. Thurgau): Ueber Melioform ein neues Desinfektionsmittel. ⟨Aus dem bakteriologischen Institut der Universität Bern. Direktor Prof. Kolle.⟩ Ragaz 1907. 19 S. 8°. [19. XII. 06.]
Bern. Med. Diss. 1907/08

Hartmann, Heinrich. Ueber Melioform, ein neues Desinfektionsmittel. Diss. Med. Bern. *Kopftitel:* Aus dem bakteriologischen Institut der Universität Bern: Direktor Prof. Dr. [Wilhelm] Kolle. 19 S. 8. Ragaz, A. Hagmann, 1907.

Merkbuch für den Unterricht in der Geschichte. In übersichtl. tabell. Darstellung mit besond. Berücks. d. Kulturzustände unseres Landes. Von H[einr. L. W.] Hartmann, Rektor in Aschersleben. Ausg. B. Für Mittelschulen u. Präparandenanst. *Halle a. S.: H. Schroedel (1899).* (VIII, 160 S.) 8° [F.]

Hartmann, H., Merkbüchlein für den Unterricht in der vaterländ. Geschichte. In übersichtl. tabellar. Darstellg. m. besond. Berücksicht. der Kulturzustände unseres Landes. Ausg. A. Für mehrstuf. Volks- u. Bürgerschulen. gr. 8. (VII, 78 S.) Halle 899. H. Schroedel. n. — 50

— dasselbe. Ausg. B. Für Mittelschulen u. Präparandenanstalten. gr. 8. (VIII, 160 S.) Ebd. 899. n. — 80

— dasselbe. Ausg. C. Für einfache Schulverhältnisse. (1—5 klass. Schulen.) gr. 8. (64 S.) Ebd. 899. n. — 30

Hartmann, Heinrich [aus Berlin]: Messungen von Potentialdifferenzen mittelst Strahlelektroden ... Berlin, Buchdr. v. G. Schade, *1893;* 33 S., 1 Bl. 8.
Berlin, Phil. Fak., Inaug.-Diss. v. 11. Okt. 1893

— Heinrich (Wesel), Observatio ingentis aortae aneurysmatis. Diss. med. Bln. (Aug. Petsch) 25. IV. 1828. 24 S. mit Biogr. (M.: Kemper.) (6.—) 13261
Oppon.: B. Kessler, C. Schlegnitz, Holthoff. — Gew.: Johann v. Wiebel. — Krankengeschichte d. Friedrich Schulz.

Hartmann, Heinrich, Rektor d. höh. Mädchen- u. Knabensch.: Johann Conrad Schlaun, Herr zu Rüschhaus und Hülshoff, Kurfürstlich-Cölnischer und Fürstlich-Münsterischer General-Major ... Oberbaudirektor und Oberlandingenieur im Fürstentum Münster. Sein Leben und seine Bautätigkeit mit bes. Berücks. d. Kgl. Schlosses zu Münster i. W. Ein Beitr. z. Gesch. d. westf. Architektur des 18. Jhs. Münster i. W.: Coppenrath 1909. VIII, 70 S. 4° ¶(Ersch. vollst. als Buch ebd.)
Münster, Phil. Diss. v. 25. Jan. 1909, Ref. Ehrenberg
[Geb. 21. Okt. 67 Sachsenhagen; Wohnort: Oberschöneweide; Staatsangeh.: Preußen; Vorbildung: Friedrich-Werdersche Oberrealsch. Berlin; Studium: Münster, London, Oxford, Berlin zus. 11 S.; Rig. 21. Nov. 08.] [U 09. 3588

— Johann Conrad Schlaun, sein Leben u. seine Bautätigkeit m. besond. Berücksicht. des kgl. Schlosses zu Münster i. W., s. a. Beiträge zur westfäl. Kunstgeschichte.

Johann Conrad Schlaun, Herr zu Rüschhaus u. Hülshoff. ... Oberbaudirektor u. Oberlandingenieur im Fürstentum Münster. Sein Leben u. s. Bautätigkeit ... von Heinrich **Hartmann**. Münster i. W.: Coppenrath 1910. XII, 315 S. 4°
(Beiträge z. westfäl. Kunstgeschichte. H. 5.) [10. 10961 6

[F.] 120 Volksliedertexte z. Gebr. in Volksschulen. Zsgest. v. H. L. W. Hartmann, Rektor ... in Aschersleben. *Hannover [&] Berlin: C. Meyer 1898.* (3 Bl., 58 S.) 1 Bd 8. [99. 1195

Hartmann, Heinr., das Volksschulwesen im Reg.-Bez. Wiesbaden. Gesetze u. Verordngn., zusammengestellt. (VIII, 609 S. m. 1 farb. Karte.) gr. 8. Wiesbaden 910. R. Bechtold & Co. Geb. in Leinw. 9. —

Rede auf den fünf und siebenzigsten Geburtstag des grössten Monarchen Königs von Preussen etc. welche den 24ten Januar 1786 auf dem grossen Freymäurer-Saal Augusta zur goldenen Krone gehalten worden von Heinrich Friedrich Hartmann Senator und Assessor beim Magistrat und Stadtgericht zu Stargard. Stargard.

Hartmann, Heinrich L. W., s. H a r t m a n n , Heinrich

Hartmann, Heinrich Ludwig

— — Animadversionum in Cornelium Nepotem part. I. Exam. in lyceo. Guben (Brükner) 12. XI. 1805. 19 S. (4.—) 13268

— — Dasselbe. II. Guben (Brükner) 17. V. 1808. 17 S. mit Namen. (4.—) 13269

— Chronologia Symposii Platonis. Pr. 1798. 30 S. 4°.

— H. L., De Erote Socratis in Symposio Platonis. Pr. 1781. 16 S. 4°.

— — Prolusio de erote Socratis in symposio Platonis. Exam. in lyceo. Guben (Brükner) 5. XI. 1801. 16 S. (4.20) 13265

—— vierstimm. Hand-Choralbuch f. Cantoren u. Chorsänger. schmal gr. 4. (40 B.) Leipzig 829, [Hartmann.] 4 Thlr., hrbgs. Pr.

— — De loco symposii Platonis cap. VII, §. 5. 6. Disp. critica. Exam. in lyceo. Guben (Brükner) 30. X. 1800. 15 S. (4.20) 13264

— — Prolusio de mytho Aristophanis in symposio Platonis. Exam. in lyceo. Guben (Brükner) 15. X. 1799. 14 S. (4.—) 13263

— Prolusio de mytho Socratis in symposio Platonis. Pr. 1808. 15 S. 4°.

H a r t m a n n , H. L., Observationes in Taciti Germaniam. Progr. 3. Guben. 802. 804. 809. 4.

— — Observationum in Taciti Germaniam part. I. Exam. in lyceo. Guben (Brükner) 12. XI. 1802. 18 S. (4.—) 13266

— — Dasselbe. II. Guben (Brükner) 8. XI. 1804. 16 S. (3.50) 13267

— — (Prof. d. Fürstenschule Grimma), Commentatio de oeconomo improbo apud Lucam C. XVI, 1—13. — Ad diem saecular. tert. trad. confess. August. Lpz. (Weidmann) 1830. 48 S. (6.20) 13270
Gew.: Christian Daniel Beck.

— **Heinr. Ludw.** (Conrector), Prolusio de proposito symposii Platonis. Exam. in lyceo Gubenensi Okt. 1797. Pfoerten (Brükner). 20 Seiten. (4.50) 13262

—— tabellar. Uebersicht d. gewöhnl. altröm. Münzen, nebst Vergleichung mit d. attischen Gelde, besond. f. d. Zeitalter d. Cicero u. Augustus. gr. 4. (9 B.) Leipzig 828, [Lehnhold.]

Hartmann, Heinrich Rudolph [Praes.], s. B o e h m , Christoph: De homine fanatico cive non bono.

— **Heinr. Rudolph** (Leipzig), De legali sub peccatum conclusione ex Rom. XI, 32. Gall. III, 22. Disputat. theol.-exeget. Präs. Johann Heinrich Feustking. Wittbg. (Gerdes) 24. IV. 1711. 44 S. (6.20) 13271
Widmung v.: Präs., Heinrich Klausing, M. August u. Jo. Christoph Wolf, Jo. Wilh. Janus.

Chirurgie der Urogenitalorgane des Mannes [Organes génitaux-urinaires de l'homme] von Henri **Hartmann**, Prof. Uebers. von Dr. med. H[einrich] Beuttenmüller in Stuttgart. Mit 412 Abb. München: E. Reinhardt 1907. (444 S.) 8° [06. 15839

Hartmann, Herbert, a. Heidenheim, Brenz (Württemb.): Über jodometrische Oxydationsagentien. Stuttgart: E. Schweizerbart 1906. (54 S.) 8°
Freiburg i. B., Phil. Fak., Ref. Gattermann, Diss. v. 1. Mai 1906
[Geb. 8. Nov. 78 Heidenheim; Wohnort: Freiburg i. B.; Staatsangeh.: Württemberg; Vorbildung: Friedr.-Eugen-Realsch. Stuttgart M. 98; Studium: Tübingen 4. München Privatlaboratorium 2. Freiburg i. B. 4 S.; Rig. 27. Okt. 05.]

H a r t m a n n , Hermann. Der Allmen-Christel. Eine Erzählung aus den Berner Oberländer Bergen. Seinem Sohne Milton Ray von Hermann Hartmann. [Illustriert.] 95 S. 8. Bern, A. Benteli, 1902. [fr. 3. —]

[Hartmann, Hermann.] Die Beatus-Höhlen am Thunersee, Berner Oberland. ([Geschichte und Beschreibung. Mit Illustrationen und 1 Doppel-Plan.] April 1901.) II + 24 S. (Bern, A. Benteli.)

Hartmann, Hermann. Die Beatus-Höhlen am Thunersee, Berner Oberland. ([Geschichte und Beschreibung. Mit Illustrationen und 1 Doppel-Plan.] Januar 1906.) II + 32 S. 8. (Bern, A. Benteli.)

[H a r t m a n n. Hermann.] Bernerland (Schweiz). [Illustriert.] Hrg. von den bernischen Verkehrsvereinen. 8. Bern [1900].

Hartmann, Herm., Bilder aus Westfalen. Sagen, Volks- u. Familienfeste, Gebräuche, Volksaberglaube u. sonstige Volksthümlichkeiten d. ehemaligen Fürstenth. Osnabrück. gr. 8. (X, 388 S. u. 1 Holzschntaf.) Osnabrück 871. Rackhorst. n. 3. —; cart. n. 3. 30

H a r t m a n n , Herm., Bilder aus Westfalen. Neue Folge. gr. 8. (VIII, 805 S. mit 6 Illustr. in Tondr.) Minden 884, Bruns' Verlag. *ℳ 4.; geb. *
1. Folge. Osnabrück 1871, [Rackhorst'sche Buchh.] Minden, Bruns' Verlag. *ℳ 3.; cart. *ℳ 3,60.

Hartmann, Herm., der römische Bohlenweg im Dievenmoore. [Aus: „Zeitschr. d. histor. Vereins f. Niedersachsen".] gr. 8. (25 S.) Hannover 892. (Osnabrück, Rackhorst.) n.n. — 50

— u. Otto **Weddigen,** das Buch vom Sachsenherzog Wittekind. Sage u. Dichtg., nebst histor. Einleitg. Mit e. Titelbilde von Wilh. v. Kaulbach u. 18 Illustr. in Lichtdr., reproduziert v. Fr. Bruckmann in München. gr. 8. (VIII, 129 S.) Minden 883. Bruns. geb. m. Goldschn. n. 8. 50

[Hartmann. Hermann.] Durchs Goldene Thor in die Schweiz und nach dem Süden. [Illustriert.] Hrg. vom Verkehrsverein Basel. 8. (Basel) 1898.

Hartmann, Hermann [aus Eilenburg]: Ueber den Einfluss antipyretischer Mittel auf die Zersetzung der Eiweisssubstanzen mit besonderer Berucksichtigung des Antifebrin . . . . Wurzburg, Paul Scheiner's Buchdr., 1887; 30 S. 8°
Wurzburg, Med. Fak., Inaug.-Diss. v. 1887

Hartmann, H(ermann). Faulhorn(-Schynige Platte-Rosenlaui-Grindelwald). 21 [*d. i.* 22] Ansichten nach photographischen Aufnahmen von H. Hartmann. [Mit illustriertem Umschlag.] [VI S. + 22 Tafeln.] quer-8. Bern, A. Benteli, [1902]. fr. —. 70

Hartmann, H[ermann]. Fest-Schrift zur Hundertjahrfeier des Aelplerfestes von 1805. Schwing- und Aelplerfest 1905 (Juni 24—26). ⟨Zusammengestellt von H. H'.⟩ Programm. [Mit Noten und Illustrationen.] II + 38 S. 8. (Interlaken, J. Aemmer.)

Hartmann, H., Führer durch Interlaken u. seine Umgebung. (Hrsg. vom Hotelier-Verein Interlaken.) (36 S. m. Abbildgn. u. 1 Karte.) 8. Interlaken (906). (Leipzig, Woerl's Reisebücher-Verlag.) n. — 50

Hartmann, Herm., Gedichte. 16. (VI und 122 S.) Osnabrück (861)62, Meinders. *

— am römischen Grenzwall. Altgermanische Erzählgn. 8. (VII, 168 S.) Minden 893. J. C. C. Bruns. n. 2. 40; geb. n. 3.

Hartmann, H[ermann]. Grindelwald und seine Umgebungen — et ses environs — and its surroundings. 24 Ansichten nach photographischen Aufnahmen von H. Hartmann. [Mit illustriertem Umschlag.] [IV S. + 24 Tafeln.] quer-8. Bern, A. Benteli, [1902]. fr. 1. —

Hartmann, Hermann. Guide for the Beatus Caves on the Lake of Thun, Bernese Oberland. Translated by G W Lockett. ([With Illustrations and 1 Plan.] January 1906.) II + 32 p. 8. (Bern, A. Benteli.)

Hartmann, Hermann. Brief Guide through the Oberland Resorts and Interlaken (*Umschlag: Bernese Ob', Switzerland). Compiled by H' H'. Published by the Bern' Ob' Traffic Association. 1. Edition. 1901. (Illustrated....) IV + 108 p. 8. (Bern, A. Benteli.) [fr. —. 80]
Issue A: ... Published by the B' O' T' Assos' (**Umschlag:* Association, Interlaken). ...
Issue B: [With a Map.]

Hartmann, H[ermann]. Guide pratique pour visiter Interlaken et les Stations Climatériques de l'Oberland Bernois (**Umschlag:* Interlaken et — — Bernois). Publié par le Bureau de renseignements de l'Oberland Bernois, Interlaken. (Illustré.) 104 p. 8. (Bern, A. Benteli, [1902].) [fr. —. 80]

Hartmann, Hermann. Guide pour visiter les Grottes de St-Béat au lac de Thoune, Oberland Bernois. Traduction de Mlle C[aroline] Boutibonne. [Avec des illustrations et 1 plan.] II + 32 p. 8. (Berne, A. Benteli, [1905].)

— die Montreux-Oberland-Bahn durch das Simmenthal, nach dem Franz. des Alfr. Cérésole, s.: **Wanderbilder,** europäische.

Hartmann, H., Mythe u. Sage. Gedichte. 3., verm. Aufl. 8. (IV, 170 S.) Osnabrück 889. Wehberg. n. 1. —

Hartmann, Hermann. Das Berner Oberland In Sage und Geschichte. (Probeheft.) [Mit Illustrationen und 18 Tafeln.] 77 S. gr.-8. Bümplis, Benteli A.-G., 1909.

Hartmann, Hermann. Berner Oberland in Sage und Geschichte. [Band] 1: Sagen, nach schriftlichen und mündlichen Quellen gesammelt und bearb. von H' H'. Illustriert nach Originalen von Paul Kammüller und Burkhard Mangold, Basel, C[arlo] Pellegrini, Adelboden, F(ritz) Gysi, Interlaken u. a. m. [Mit 17 Tafeln.] Hrg. unter dem Protektorat und Beistand der Kurhausgesellschaft Interlaken, des Oberländischen Verkehrsvereins, der oberländ' Gemeinden, vieler Geschichtsfreunde &c. II + 145 S. gr-8. (Bümpliz, Benteli A.-G., 1910.) [fr. 8. —]

Hartmann, Hermannus: De Odoacre. Halis Saxonum (1863): Gebauer-Schwetschke. 33 S. 8°
Halle-Wittenberg, Phil. Diss. v. 6. Aug. 1863
Geb. [Dahme (Kr. Jüterbog-Luckenwalde) 18. 1. 1837]

[Hartmann. Hermann.] En Pays Bernois ⟨Suisse⟩. [Illustré.] Publié par les Sociétés de développement du canton de Berne. 8. Berne [1900].

Hartmann, H[ermann]. Reglement und Instruktionen für Höhlenwart und Führer der Beatushöhlen. ([Erlassen von der] Höhlenverwaltung, Interlaken, August 1904.) 8 S. 8. [Interlaken, Otto Schläfli.]

— der Sagenschatz Westfalens, s: Weddigen, O.

Hartmann, Hermann: Die literarische Satire bei Molière. Tübingen 1910: Laupp. x, 79 S. 8°
Tübingen, Phil. Diss. v. 8. Sept. 1910, Ref. Haas
[Geb. 15. Juli 83 Nassau, Württemb.; Wohnort: Tübingen; Staatsangeh.: Württemberg; Vorbildung: Ev.-theol. Sem. Blaubeuren Reife Juli 01; Studium: Tübingen Theol. 7, Phil. 7 S.; Coll. 14. Juli 10.] [U 11. 4389

— Schatzkästlein westfälischer Dichtkunst in hoch- u. plattdeutscher Sprache. Hrsg. u. m. kurzen Lebensbeschreibgn. der Dichter u. erläut. Anmerkgn. versehen. 8. (XXVIII, 530 S.) Minden 885. Bruns. n. 4. 50; geb. n. 6. —

Schlüssel und Muster für Lösung taktischer Aufgaben. Prakt. Anleitung f. Front-Offiziere z. Lösung takt. Aufgaben u. z. Kriegs-Akad.-Examen von H[ermann] v. **Hartmann,** Major. Berlin: Voß 1905. (80 S.) 8° [J.]
= [**Sammlung** militärwissenschaftl. Handbücher. Bd 4.] 08. 7479 II

Hartmann, Hermann, Dr.: **Sheridan's School for Scandal. Beiträge zur Quellenfrage.** *Königsberg i. Pr. (1900): Hartung.* (46 S.) 8°
Königsberg i. Pr., k. OR auf d. Burg, OP 1900 (23)

Hartmann, Herm., Sheridan's school for scandal. Beiträge zur Quellenfrage. Progr. gr. 8. (46 S.) Königsberg 900. (C. Th. Nürmberger.) n. 1. —

Hartmann, H. v., System d. Einschwimmens v. Kavallerie-Pferden. gr. 8. (31 S.) Berlin 890. Bath. n. — 50

Hartmann, Herm., üb. William Cowpers Tirocinium, s.: **Festschrift,** zum 70. Geburtstage Oskar Schade dargebracht.

Hartmann, Hermann [aus Neuenburg in Oldenburg]: Über die Vorlagen zu Sheridans Rivals . . . . Insterburg, Druck v. Karl Wilhelmi, 1888; 3 Bl. + 61 + 1 S. + 1 Bl. 8°
Königsberg, Phil. Fak., Inaug.-Diss. v. 26. März 1888

Hartmann, H., üb. die Vorlagen zu Sheridan's Rivals. Eine Quellenuntersuchung. gr. 8. (III, 61 S.) Colberg 888. Warnke. n. 1. —

—— Wanderungen durch das Wittekinds- oder Wiehengebirge [Westsüntel]. 8. (VII, 184 S. mit 4 Stnt.) Pr. Oldendorf 876. (Osnabrück, Pillmeyer.) cart. *

— **Wanderungen durch das Wittekinds- od. Wiehengebirge** [Westsüntel]. 8. (VII. 184 S. m. 4 Steintaf.) Preuß. Oldendorf 876. (Osnabrück, Veith.) cart. n. 2. 40

Hartmann, H[ermann]. Wegleitung zum Besuche des Berner Oberlandes (**Umschlag:* Berner Oberland, Schweiz). Hrg. vom Oberländischen Verkehrsverein Interlaken. [Mit Illustrationen und 1 Karte.] II + 143 S. 8. (Bern, A. Benteli, [1906].)

— Wegleitung zum Besuche des Berner Oberlandes. Hrsg. vom Oberländischen Verkehrsverein Interlaken. (143 S. m. Abbildgn. u. 1 Karte) 8. Interlaken 906. (Leipzig, Woerl's Reisebücher-Verlag.) n. — 50

Hartmann, H[ermann]. Wegleitung zum Besuche des Berner Oberlandes (**Umschlag:* Berner Oberland, Schweiz). Hrg. vom Oberländischen Verkehrsverein Interlaken. [Mit Illustrationen und 1 Karte.] II + 146 S. 8. (Bümpliz-Bern, A. Benteli & Co., [1908].)

[Hartmann, Hermann.] Kurze Wegleitung zum Besuche von Interlaken und den Oberländischen Kurorten (**Umschlag:* Berner Oberland, Schweiz). 1. Aufl. 1901. Hrg. vom Oberländischen Verkehrsverein Interlaken. (Illustriert.) IV + 108 S. 8. (Bern, A. Benteli.) [fr. —. 80]

Hartmann, H[ermann]. Kurze Wegleitung zum Besuche von Interlaken und den oberländischen Kurorten (**Umschlag:* Int' und die oberl' Kurorte). Hrg. vom Oberl' Verkehrsverein Interlaken. [Mit Illustrationen und 1 Karte.] 110 S. 8. (Bern, A. Benteli, [1903].)

Hartmann, Herm., auf d. Wittekindsburg. Altsächs. Erzählgn. 8. (XVI, 124 S.) Minden 895. J. C. C. Bruns. n. 2. —; geb. n. 2. 60

[Hartmann, Hermann.] Bernese Wonderland (Switzerland). [Illustrated.] Published by the Bernese Societies for the Promotion of Tourist Traffic. 8. Bern [1900].

— **Hieronymus Erhard** (Weimar), De regulis antimonii, eorumque praeparatione & usu. Dissert. med. Präs. Rudolf Wilhelm Craus (Mellingen). Jena (Krebs) 1. II. 1703. 16 S. (6.20) 13272
Gew.: Job Ludolf, Georg Wolfgang Wedel (Schwartza).

Hartmann, Hier. Erh., De theriaca. 16 pp. Jen. 4°. 1700

Hartmann, Hilderich *Bernhard Julius* [aus Hannover]: Ueber Einwirkung des Trimethylamins und Pyridins auf einige Chlorhydrine ... Marburg, Buchdr. v. J. Hamel, 1896; 2 Bl., 56 S., 1 Bl. 8.
Marburg, Phil. Fak., Inaug.-Diss. v. [20. März] 1896

Hartmann, Hub., S. J., das Neue Testament in Bild u. Wort. 80 bibl. Scenen m. Text. (IV, 324 S.) qu. 4. Mainz 903. Druckerei Lehrlingshaus. Geb. n. 3. 20

Hartmann, Hugo, Dolores, die verkaufte Frau, od. das Geheimniß des Frauenarztes. 90 Hfte. gr. 8. (2160 S. m. je 1 Bild.) Dresden 896—897. A. Wolf. à Lfg. — 10

HARTMANN, HUGO.
Die Fette. Lehre von den natürlichen Fettkörpern, welche technische Anwendung finden. Vorkommen, Gewinnung, Handel, Eigenschaften, Veränderungen und Verfälschungen, sowie die Mittel zur Erkennung und Nachweisung der letzteren. Nach Theod. Chateau bearbeitet. Leipzig, 1864. 8vo.

Hartmann, Hugo (Übers.):

s.: Fristo, F(rançois): Der Feldchirurg oder die Behandlung der im Kriege am häufigsten vorkommenden Verwundungen... (Petit Manuel du chirurgien de bataille. Dt.) Weimar: 1849

JB 3.538

Hartmann, Hugo [aus Berlin]: Grammatik der ältesten Mundart Merseburgs. I. Der Vokalismus. ... Norden, Druck v. Diedr. Soltau, 1890; 1 Bl. + 28 S. + 2 Bl. 8°
Berlin, Phil. Fak., Inaug.-Diss. v. 26. Jul. 1890

'Jugendfreund.' 100 neue 1-, 2- u. 3stimm. Lieder f. Schule u. Haus. Gesamm. u. hrsg. von Hugo Hartmann. *Langensalza & Leipzig: F. G. L. Gressler 1899.* (IV, 103 S.) 8° [F.] [oo. 38] 3

Hartmann, Hugo, „Jugendfreund“. 100 neue 1-, 2- u. 3stimm. Lieder f. Schule u. Haus. Gesammelt u. hrsg. 12. (IV, 103 S.) Langensalza 899. Schulbuchh. n. 2. —

Hartmann, Hugo [aus Frankenhausen (Schwarzb.-Rudolst.)]: Über Oxime des Benzfurils und des Benzfuroins ... Erlangen, k. b. Hof- u. Univ.-Buchdr. v. F. Junge, 1890; 38 S., 1 Bl. 8.
Erlangen, Phil. Fak., Inaug.-Diss. v. 29. Juli 1890

Hartmann, Hugo, Untersuchungen mit dem Löthrohr. Uebersicht der pyrognostischen Eigenschaften der unorganischen Substanzen. Tafel über das Verhalten der Mineralkörper vor dem Löthrohre. Nebst Angabe zur qualitativen Untersuchung technisch wichtiger Mineralien, Erze u. Hüttenprodukte mittelst des Löthrohres. Leipzig 862. Gerhard. Imp. 4. (VIII, 11 S. u. 28 Tab. in Fol.). n. 2 ₰ 15 ngr.

Hartmann, Hugo, das badische Volksschulwesen in der Gegenwart. 8. (47 S.) Gütersloh 883. Bertelsmann. n. — 60

Hartmann, Hugo Frdr., Bilder f. den heimatkundlichen Anschauungsunterricht in den Schulen Niedersachsens, s.: Schäfer, W.

Hartmann, J., Hauptm. der k. hannoverschen Artillerie. Artillerie-Organisation. In 2 Theilen. 8. Hannover 1864.

Hartmann, J., Artillerie-Organisation. Hannover 864. Helwing. gr. 8. (XV, 293 S.) n. 2 ₰ 20 ngr.

Hartmann J, Bibliographie der wurttemberg. Statistik. (58 S) 4° Stuttgart 1875

Hartmann, I., enucleatio jurium sec. praecepta logicae etc. 8. Jenae, Ritter. 747.

—— Erlebtes aus dem Kriege 1870/71. 1. und 2. (Titel-)Aufl. gr. 8. (VII, 248 S.) Ebendas. 885. *ℳ 5.60. geb. *
Vgl.: Wandel der Zeiten. — Wie es war und wurde.

Hartmann, J., Hartmannsbuch. Als Handschrift gedruckt. 1876.

Karte der Evang. Generalate & Dekanate in dem Königr. Württemberg hrsg. von d. k. statist. Landesamt. Entw. von J. Hartmann. Masst. 1:600,000. *Stuttgart 1902.* (1 Kartenbl. 29 × 39 cm.) 2° [kol.] [62.663]

Hartmann, J. v. Der deutsch-franz. Krieg 1870—71. Berlin 1876. 4°.

Hartmann, J. v. Über den modernen Krieg. (Berlin 1879.) 8°. (Aus: Preuß. Jahrb.)

Hartmann, J. v. Der russisch-türkische Krieg. Von seinem Beginn bis zur Einnahme von Kars. Berlin 1878. 72 S.
(= Kritische Versuche 3)

(Hartmann, k. bayer. General-Major.) Frankreichs Offensiv- und Defensivkraft mit besonderer Beziehung auf Deutschland dargestellt. Als Manuscript gedruckt. 8. München 1860.

Hartmann, J., s. Payen, populär. Handbuch der Chemie.

Die St. Lorenz-Kirche zu Nürnberg mit ihren Kunstschätzen und Merkwürdigkeiten in Wort und Bild. Hrsg. von **J. Hartmann**, Kirchner an St. Lorenz. Nürnberg: Selbstverl. 1904. 63 S. 8° [11. 1404] 7

Hartmann, J. v. Von den Schiessversuchen in der Artillerie. Hannover 1858.

Hartmann, J. v., kritische Versuche. 1. Der deutsch-französische Krieg 1870—71, red. v. der kriegsgeschichtl. Abtheilg. d. Großen Generalstabes. 1. Thl. Geschichte d. Krieges bis zum Sturz d. Kaiserreichs. gr. 8. (IV, 119 S.) Berlin 876. Gebr. Paetel. n. 3. —

Hartmann, J. v., kritische Versuche. 2. u. 3. Lex.-8. Berlin 878. Paetel. à n. 3. —
2. Militärische Nothwendigkeit u. Humanität. (IV, 140 S.)
3. Der russisch-türk. Krieg. Von seinem Beginn bis zur Einnahme von Kars. (IV, 72 S.)

Hartmann, J., Vorträge über Artillerie. Einleitung in die Balistik. (Mit 4 Tab. in Fol.) Hannover 856. Helwing. gr. 8. (86 S.) n. 20 ngr

— Vorträge über Artillerie. Von den Schießversuchen in der Artillerie, und ihrer Benutzung zur Bildung von Schußtafeln. Ebend. 858. gr. 8. (3 Bl., 62 S. m. Holzschn. im Text.) n. 15 ngr

— die allgemeine Wehrpflicht, s.a. Zeitfragen d. christlichen Volkslebens

Hartmann J. v. Die allgemeine Wehrpflicht. Frankfurt a. M. 1876. 8°. (Zeitfragen des christlichen Volkslebens. I,4.)

Hartmann, J. A., de ambarvalibus pontificiorum, von der Kreuz- oder Betwoche. Marb. 1740. 4.

Hartmann, J. A., Liebenzell nach den Ergebnissen einer 19jähr. Erfahrung beschrieben. 8. (IV u. 82 S. m. 2 Lith. u. 1 Holzschn.) Stuttgart 852, E. G. Liesching. 18 ngr

Hartmann, J. A., de origine cryptarum in ecclesiis Christianorum. Marb. 1733. 4.

Hartmann, J. A. Dissertatio historica-politica de Lucio Cornelio Sulla. 4. Marburgi 1727.

Hartmann, J. Ad. [Praes.], s. Boehme, A.: Status furiosorum ...

— historiae Hassiacae. III pts. 8. ibid. (etiam Brönner Frft.) 1741—46.

— oratio in epithalamia Friderici Landgr. Hass. et Mariae. fol. Francof. Hermann. 740.

Hartmann, I. Ad., praecepta Eloquentiae ration. 8. Marburg. (Hermann, Frft.) 747.

— vitae quorund. Romanor. Pontificum. 8. Frft. Hermann. 742.

— vitae Rom. Pontif. Victoris III. Urbani II. etc. 8. ibid. 742.

Hartmann, J. C., s.a. Hartmann, Joh. Chr.

Hartmann, J. C.: Beschreibung und Abbildung der neuesten und besten Destillir- und Filtrir-Apparate. Quedlinburg und Leipzig 1826

Von unten auf. Ein Vorschlag für die innere Kolonisation Deutschlands, als Mittel zur Hebung der Landwirtschaft und des Handwerks v. J. C. Hartmann. Hohenwestedt. 1906. 8°

Von unten auf. Volkswirtschaftliche Aufsätze zur Hebung des Erwerbslebens v. J. C. Hartmann. o. O. u. J. (1907.) 8°

Hartmann, J. C., von unten auf. Ein Vorschlag f. die innere Kolonisation Deutschlands. 2. Aufl. (98 S. m. 4 Plänen.) kl. 8. Heide 907. Verl. Heider Anzeiger. 1. —

Hartmann, J. C. H., Berichtigung über d. Angelegenheit des Cornets von Löw u. d. Fräul. v. Pape. 3 Stcke. 8. Hannov. 802. Hahn. 10 gr

Hartmann, J. Chr. G., evangel. Predigten. gr. 8. Hannov. 779. Hahn. 20 gr

Hartmann, J. D., s. Hartmann, Johann David. — Hartmann, Johann Dietrich

Hartmann, J. D. W., Erd- u. Süsswasser-Gasteropoden. Beschr. u. abgebildet. Hft. I — VI. Lex.-8. St. Gallen, Scheitlin u. Zollikofer. [I. u. II. (3½ B., 12 Kpfrt. u. 1 Tab.) 840. * 1⅓ Thlr., ill. * 3 Thlr., III. u. IV. (5 B. u. 24 Kpfrt.) 841. * 2⅔ Thlr., ill. * 6 Thlr., V. (2 B. u. 12 Kpfrt.) * 1⅓ Thlr., ill. * 3 Thlr., VI. (¼ B. u. 12 Kpfrt.) 842. * 1⅓ Thlr., ill. * 3 Thlr.] * 6⅔ Thlr., ill. *

Hartmann, J. D. W., Erd- u. Süsswasser-Gasteropoden. 7. u. 8. Hft. Lex.-8. (4¼ B. u. 24 Kpfrt.) St. Gallen 844, Scheitlin u. Zollikofer. à * 1 Thlr. 10 Ngr.; ill. *
Hft. 1—6. Ebendas. 840—42. * 6 Thlr. 15 Ngr., ill. * 15 Thlr.

Hartmann, J. E., s. Hartmann, Julius Ed.

Hartmann, J. F., s.a. Hartmann, Johann Friedrich

Hartmann, J. F., s. Damemme, prakt. Handbuch.

Hartmann, J. F., Hartmännisches Geschlechtshandbuch oder Beschreibung der Voreltern J. F. Hartmanns, Pfarrers zu Kayh, und seiner Ehefrau sammt Seitenverwandten. Tübingen 1785. 8.

Hartmann, J. F. W., Uebersicht der Welt- u. Völkergeschichte. Ein Leitfaden für Gymnasien u. höhere Bürgerschulen, sowie zum Selbstunterricht. 8. Berlin 846, Klemann. 9 ngr

Hartmann, J. G., s. Pascal, Blaise: Provinzialbriefe ...

Hartmann, J. G., s. Poinsot, L.: Elemente der Statik.

Hartmann, J. G., s. Pontécoulant, analytische Theorie.

Hartmann, J. J., s.a. Hartman

Hartmann, J. J., Anleitung zur Erteilung e. methodisch-prakt. Gesangunterrichtes an Sekundar- u. Mittelschulen. (28 S.) 8. Basel 903. Helbing & Lichtenhahn. n. — 30

— J. J. (Bergen/Rügen), Thesium selectarum juris controversi usui hodierno inprimis inservientium, ad ordinem & methodum compendii jurisprudentiae forensis b. dn. G. A. Struvii congestarum exercitium I. Präs. Augustin Balthasar. Greifswald (Carl Höpfner) Dez. 1728. 20 Seiten. (6.20) 13285

Hartmann, J. J. G., Elemente d. analyt. Geometrie. Zunächst f. diejen., welche sich zu d. höh. mathemat. Wissenschaften vorbereiten, elementar. dargest. M. 4 Stnt. (Fol.) gr. 8. (18 B.) Berlin 830, Reimer.

Hartmann, J. J. G., arithmetischer Kursus f. die oberen Gymnasial-Klassen, enthalt. die Grund-, Rang- u. Ordnungsoperazionen, mit viel. Uebungsaufgaben. 1. u. 2. Abth. gr. 8. Hildesheim 841, Gerstenberg'sche Buchh.
Abthl. 1. Die Grundoperationen. (13½ B.) 22½ Ngr.
" 2. Die Rangoperationen. (10½ B.) 27½ Ngr.

Hartmann, J. J. G., erster arithmet. Cursus f. d. unt. Gymnasialklassen u. f. and. gelehrte Anstalten. gr. 8. (15½ B.) Bremen 835, Kaiser.

—— geometr. Kursus f. d. oberen Gymnasial-Klassen, enth. Planimetrie, Stereometrie, ebene u. körperl. Trigonometrie, mit vielen Uebungsaufgaben. Nebst 7 Figtaf. gr. 8. (22½ B.) Hildesheim 811, Gerstenbergsche Buchh.

Hartmann, J. Jac., Christus f. uns u. Christ. in uns, in Erklär. d. Passionsgesch. 4. Nürnb. 721.

Hartmann, J. L. V., notae criticae ad Platonis de republica libros. Pars I (libb. I V). gr. 8. (XVI, 139 S.) Haag 896. M. Nijhoff. n.n. 4. 25

Hartmann, J. L. W. Ueber den Churfürsten Johann Georg von Brandenburg. – Rede am Wohlthäterfeste gesprochen den 21. December 1854. 7 S.

Berlin, Gr. Kl., Progr. 1856

Hartmann, J. Lud., Absolutionsbuch. 12. Nürnberg, Stein. 720.

Hartmann, J. Lud., Handbuch für Seelsorger. 8. Nürnberg, Stein. 715. Rthlr.

— Hochzeitpredigten. 4. Ebend. 718.

— pastorale evangelicum, cum addit. Herrenschmidii. 4. ibid. 722.

— neues Teufelsstücklein, passauer Kunst, Vestmachen. 12. Ebend. 721.

— wie ein Seelsorger im Beichtstuhle sich zu verhalten, s. Betracht. im Beichtstuhle.

Hartmann, J. N., kurzer Abriß der Reformationsgeschichte für die Volksschule. 8. (48 S.) Apolda 883. Lauth. n. — 40

– Leitfaden der Bibelkunde u. des Bibellesens zum Gebrauch in der Volks- u. Bürgerschule. Für Lehrer bearb. gr. 8. (VIII, 78 S.) Dresden 877. Bleyl & Kämmerer. n. 1. 20

Hartmann, J. N., Leitfaden der Bibelkunde und des Bibellesens zum Gebrauch in der Volks- und Bürgerschule. Für Lehrer bearb. gr. 8. (VIII, 78 S.) [Eisenach 877, Bacmeister.] Dresden, Bleyl und Kämmerer. *

Hartmann, J. N., die Naturkunde im Dienste der Landwirtschaft. Ein Lern- u. Lesebuch f. ländl. Fortbildungsschulen. gr. 8. (IV, 120 S.) Langensalza 888. Schulbuchhandlg. n. 1. 20

– Pensen-Material für eine ein- wie eine zweiklassige Schule. Auf Grund der Ministerial-Verordnung über die innere Einrichtung des Volksschulwesens im Großherzogth. Sachsen W. E. vom 20. März 1875 und zum Gebrauche für die Lehrer Deutschlands bearb. gr. 8. (IV, 60 S.) [Kassel 880, Bacmeister.] Dresden, Bleyl und Kaemmerer. *

Hartmann, I. Phil., capitula patrum s. ethica hebraea. 4. Giess. 708.

Hartmann, J. Th. Carl, Umrisse zu de la Motte Fouqué's Zauberring. (13 Bl., Kpfrst.) Mit erklär. Text. qu. gr. 4. (4 B.) Nürnberg 838, Schrag. *

Hartmann, Jakob, a. Limburg a. d. Lahn: Zur Kasuistik der Extrauteringravidität. Straßburg i. E. 1904: C. Müh & Cie. (52 S.) 8°

Straßburg, Med. Fak., Ref. Fehling, Diss. v. 11. Aug. 1904

[Geb. 22. Febr. 79 Limburg a. d. Lahn; Wohnort: Limburg; Staatsangeh.: Preußen; Vorbildung: Gymn. Montabaur Reife O. 99; Studium: Würzburg 1, Marburg 3, München 1, Straßburg 4 S.; Coll. 21. Juli 04; Approb. 14. Febr. 04.]

Hartmann, Jacob, med. pract. von Kappel (Kt. St. Gallen): Über die hereditären Verhältnisse bei Verbrechern. Naumburg a. S. 1904. 39 S. 8°. S.-A. a. d. Monatsschr. f. Kriminalpsychologie. Bd. I. [26. X. 04.]

Zürich. Med. Diss. 1904/1905.

Hartmann, Jacob. Über die hereditären Verhältnisse bei Verbrechern. Diss. Med. Univ. Zürich von Jakob H'.... ([Mit 1 Figur.] Sonderabdruck aus der Monatsschrift für Kriminalpsychologie und Strafrechtsreform. Bd. 1, Heft 8.) 40 S. 8. Naumburg a. S., Lippert & Co., 1904.

Hartmann, Jak., der schmale u. der breite Weg, s.: Hartmann, Christine.

— **Jacob Peter** (Schwäb. Hall), Sanctiones juris civilis Romani de secundis nuptiis, et in his praesertim L. hac. Edictali VI. Cod. H. T. collatae cum statuto S. R. Imper. liberae et immediatae civitatis Suevo-Halensis quoad casus quosdam specialiores. Diss. jur. Präs. Jo. Jac. Helfferich. Tübing. (Christian Gottfried Cotta) 5. IV. 1745. 48 S. (6.50) 13273

HARTMANN, Jac. Phil., Neu-erfundenes Wunderbares Glücks-Spiel, wodurch jederzeit auf Befragen, vermittelst dreyer Würffel, nach Befindung derer Zahlen, bei erlaubten müßigen Stunden so wohl von Verheyratheten, als Unverheyratheten, mithin (sic!) auch Verheyrathet-gewesenen Personen, in Vier Büchlein abgetheilet, richtig beantwortet wird; sondern auch bey erbaren Gesellschafften zu höfflichem Schertzen Anlaß gibet, und dadurch die Länge der Zeit angenehm versüsset werden könne. Zur Genüge mit lustiger Feder beschrieben. Mit Titelkpfr. (Spielgesellsch. von 6 Personen, im Hintergrunde die Glücksgöttin, A. Nunzer sc.). Nürnberg, zu finden bey Buggel u. Seitz, 1744. 4°. Rar!

Ganz in Prosa, stellenweise von naiver Derbheit. Titel, 2 Bll. Vorr., 2 Bll. Inh., 108 S. Text.

Hartmann, Jo., resp. E. Elfwenberg, Diss. de noxio phosphori urinae in medicina usu. Abono 4°. 1773

— **Jo. Christian,** Epistola qua viro M. Heinr. Gottfr. Reichard maxima gaudia de summis, quos in philosophia adsequutus est ille, honoribus testatur. Jena (Strauss) 1765. 16 Seiten. (5.—) 13276

— — (Rector), Viro M. Gottlieb Ludwig Aster, eccles. Veidensis pastori opidi et agri Veidensis ephoro opt. mer. scholaeque inspectori longe gravissimo natales gratulans brevem de natalibus veterum dissertationem praemittit. Gera (Roth) 1770. 4 Bl. (4.20) 13277

— — (Rector zu Reichenbach), Tractatio de nuptiis tum apud Graecos cum apud Latinos celebratis qua viro plurimum reverendo, clarissimo atque doctissimo Theophil Heinrich Müller diacono eccles., quae Christo Pausae colligitur, opt. mer. affini suavissimo s laetas, faustas ac felices nuptias precatur. Greiz (Sieghart) Jan. 1774. 4 Bl. (4.50) 13278

Hartmann, Joachim

— Abhandl. von d. Sünde wider den Menschensohn. 8. Wismar, Bödner. 747.

— anacrisis crisi perpet. in capita duo geometriae C. Wolfii a Segnero divulg. opposita. 8. Wism. Koppe. 747.

Hartmann, Joach., († d. 6. Nov. 1795.) Belehrung für d. Recensenten, der d. System chronolog. zu beurtheilen unternommen. 8. Rostock 778. Röse. 3 gr.

— fortgesetzte Betrachtt., oder Lehre der heil. Schrift von d. Dreieinigkeit. 8. Rostock 788.... 1 ß 4 gr.

Hartmann, Joach., Betrachtt. über die Geschichte Jesu, nach d. Zeugnisse der vier Evangelisten. 1r Thl. 4. Wismar 761. Bödner. 1 ß 12 gr.

— kurze Betrachtt. über wichtige Stellen der heil. Schrift. 8. Rostock 783.... 1 ß 16 gr.

— Betracht. üb. St. der heiligen Schr. 8. Rost. 788.

— Beweis v. d. Nothwendigkeit und Wirklichkeit eines Erlösers, n. göttl. Offenb. rc. 8. Wismar, Bödner. 746.

— Bew. von der Schöpfung der Welt überh. 8. Rost. Koppe. 749.

— Entwürfe sr. Predigten. 6 Jahrg. 8. Rostock 774—81.

— vern. Gedanken vom Gewissen nach den Grundf. d. neuen Weltweisheit. 4. Rostock, Koppe. 745.

Hartmann, J., Jesus Naz. verus Messias in baptismo suo demonstratus. Rost. 1757. 4.

— Jesus Nazarenus verus Messias. 4. Rost. 757. Adler. 4 gr.

Hartmann, J., de servanda recta et biblica verorum miraculorum notione. Rost. 1784. 4.

— heil. Reden über wicht. Wahrheiten d. göttl. Offenbarung, nach Veranlass. der Sonn-, Fest- u. Bußtags-Evangelien. 1r Thl. 4. Rostock 776.

— systema chronologiae biblicae. 4. Rostock 777. (Cnobloch in Leipz.) 3 ß

— systema chronologiae biblicae. 4. Rost. Röse. (auch Gräff in Lpz.) 777.

— vindiciae argum. quib. Christum pro impoenitentia finali satisfecisse demonstr. II Ptes. 4. Rostock 756—57. Bödner. 10 gr.

Hartmann, Jobst

Hartmann, J. (H.), Erinnerungen eines deutschen Offiziers. 2 Thle. 2. unveränd. Aufl. gr. 8. (VIII, 337; VI, 307 S.) Wiesbaden 885, Bergmann. *M 10.60.; geb. in Calicot * geb. in Liebhaberbd. *
Die 1. Aufl. erschien anonym 1884.

Erinnerungen eines Deutschen Offiziers. 1848—1871. Von Jobst Hartmann. 3. Aufl.
Th. 1: Aus zwei annectirten Ländern. Th. 2: Per aspera ad astra. Wiesbaden. 1890. 8°.

Hartmann, J., Erinnerungen e. deutschen Offiziers. 1848—1871. 2 Thle. 3., unveränd. Aufl. gr. 8. (X, 337 u. VI, 307 S.) Wiesbaden 890. Bergmann. n. 6. 80; geb. n. 7. 80

Hartmann, Johann

— — Programma de ubi civili occasione variarum LL. et casus alicujus nuper existentis praemissum disputat. publ. ipso praeside super controversis locis compendii Lauterbachiani. Jena (Horn) 1731. 4 Bl. (4.—) 13275
Gew.: Urban Johann August Stisser (Wolfenbüttel-Braunschweig), Johann Friedr. Sartori v. Ridenau (Schles. Adel), Johann Daniel Jacobi (Görlitz), Joh. Adam Theophil Schnorr (Weimar).

Hartmann, Jh., († ...) de reductione jurium ad sua principia, oder Einleit. zur wahren Rechtsgelahrtheit. 4. Jena 757. Ritter. 8 gr.

Hartmann, Joh. Adolf [Praes.], s. Bernhardi, Johann: Diss. ac. priscos Hassiae incolas sistens.

Hartmann, Joh. Adolf [Präs.], s. Dilling, Joh. Balthasar: De jure directorum in circulis Sacri Imperii Romano-Germanici.

Hartmann, Joh. Adolph (Präs.), s. Haas, Carl Franz Lubert: De meritis Philippi Magnanimi, Hassiae landgravii ...

Hartmann, Joh. Ad. Burchard, Bemerkungen üb. die Leitung der Geburt, die Lagerung der Kreißenden u. die Angabe e. Geburtszange m. e. Druckapparate. hoch 4. (III, 152 S. m. eingedr. Holzschn.) St. Petersburg 871. (Wilcken.) n. 6. —

Hartmann, Johann Albert: Themata ... ex jurisprudentia universali, s. Weber, Imm. [Praes.]

Hartmann, Joh. Bapt., Anschaulichkeit im Religionsunterricht. Verwertg. des Zeichnens. Mit Titelbild u. 52 Taf. Kinderzeichngn. (VIII, 236 S.) 8. Kempten 907. J. Kösel. 2.60; geb. 3.50

Hartmann, Joh. Chr.

Hartmann, I. C., Chrestomathia Phaedriana, vide Chrestomatia.

— var. scriptor. lat. ecclogae not illustr. 8. Lps. Müller. 773.

— de variis Theocriti imitatoribus. 4. Greiz 772.

Hartmann, Jh. Chr., († d. 4. April 1783.) Noctes Neostadienses. 8. Neust. 768.

— otium Ricobacense. 4. Greiz 776.

Hartmann, Johann Christoph

— — (Prato-Vallensis [= Wiesenthal]/Misn.), De pactis dotalibus in vim contractus initis. Disp. jur. Rector Philipp Wilhelm Graf v. Boineburg. Erfurt (Joh. Heinr. Grosch) 16. XI. 1716. 22 S. (6.20) 13280
Gew.: Friedrich Philipp, Johann Sigismund Birnbaum.

Hartmann, Johann David, s. Anweisung zum Briefschreiben für die adelige Jugend ...

— de Phoebo Apolline veteris Graeciae ac Latii 8. Halle 787.

— s. Bemerkungen, Historische, u. Anekdoten, die Bastille betr.

Hartmann, Jh. Dav., († d. 4. Dec. 1801.) über die moral. Bildung d. Jugend. 8. Berl. 790. Vieweg in Braunschw. 6 gl

BRIEFE an eine Freundin über Schönheit, Grazie und Geschmack (von *Joh. David Hartmann*). Berlin 1784, bey C. F. Himburg. 8°. (2 Mk. 50 Pfg. G. Priewe, 1895; 3 Mk. Julius Niemann, Magdeb., 1906.)
Vorr. unterz.: Halberstadt. J. D. H. — Anon.-Lex. I. p. 260 (nach Kayser u. Meusel).

Hartmann, Johann David (Hrsg.), s. Brockdorff, C. Fr.: Merkwürdige Geschichte eines niedersächs. Edelmanns.

— s.a. Erzählungen, Komische, in Versen.

Erzählungen

— —, Komische, in Versen. Von einem Freunde frohen Scherzes und heitrer Laune *(Johann David Hartmann)*. Mit 1 reizenden Titelkpf. von Dan. Chodowiecki. (Appollo's u. Marsyas' Wettgesang). Berlin, 1785, bei Christian Friedrich Himburg. 8°. XVIII, 192 S., 1 Bl. (3 Mk. W. H. Kühl, Berlin, c. 1883; jetzt theurer!)
Goedeke IV, 233, 12, 1; Engelmann, No. 519.

— einige Gedanken über die Pflicht d. Eltern zur Bildung ihrer Kinder. 16 Stück. 8. Bielefeld 793.

— Gedanken über das Wesen e. guten sittl. Tons auf Schulen, u. die Mittel, ihn einzuführen u. zu erhalten. 8. Holzminden 799.

— allgemeine Gesch. d. Dichtkunst. 2 Bde. gr. 8. Lpz. Barth 797—98. (à 1 Rthlr. 18 gr.)

— s. Handbuch für Deutschlands Söhne und Töchter.

s. Hesiodus: Ἔργα καὶ ἡμέραι. 1792. – Schild des Herkules.

s. Jugend, An die. 1775.

s. Lebensgeschichte eines niedersächsischen Edelmannes.

— über den Nutzen öffentl. Redeübungen auf Schulen. 8. Bielefeld 791.

Der Patriot am Grabe Friedrichs des Einzigen. Von J. D. Hartmann Berlin 1786. 8.

— der Patriot am Grabe Friedrichs des Einzigen. 8. Braunschw. 786. Vieweg. 2 gl

— Versuch einer allgem. Geschichte d. Poesie von d. ält. Zeiten an. 2 Bde. gr. 8. Leipz. 797—98. Barth. 3 rl 12 gl

— Versuch einer Kulturgeschichte der vornehmsten Völkerschaften Griechenlands. 2 Bde. gr. 8. Lemgo 796—800. Meyer. 3 rl 8 gl

Hartmann, J. D., Versuch einer Kulturgeschichte der vornehmsten Völkerschaften Griechenlands. Lemgo 797–98. 2 B. 8. 3 rthl. 8 gr. (Noch nicht vollendet.)

Hartmann, Joh. Dietr. I., († d. 18. Sept. 1805.) Abriß d. neuesten Erdbeschreibung, zum Gebrauch in Schulen. 8. Lpz. 793 Breitkopf u. H. 16 gl

Hartmann, J. D., Beyträge z. christl. Kirchen- und Religionsgeschichte. 8. Jena, Academ. Buchhandl. 795.

Hartmann, Jh. Dietr. II., Beitrr. zur christl. Kirchen- u. Religionsgeschichte. 1s Bdchn. 8. Jena 795. (Hennings in Neisse). 18 gl

— Geschichte von Joach. Hartmanns Leben, Charakter u. s. w. 8. Hamb. 798. (Herold jun.) 16 gl

— Gesch. von Joach. Hartmanns Leb., Character u. s. w. 8. Hamb. Vollmer. 798.

Hartmann, Johann Friedrich

Hartmann, J. F., Abhandl. v. d. elektrisch. Kraft. 8. Hannov. Richter. 759.

Hartmann, Jh. Fr., († d. 30. Mai 1800.) Abhandl. von d. Verwandtschaft u. Aehnlichkeit elektr. Kraft, mit den erschreckl. Lufterscheinungen. 8. Hannov. 759. Richter. 12 gl

Hartmann, J. Üb. d. nötige Achtsamkeit b. Erforschg d. Gewitter-Elektrizität. Hannover 1764. 4.

— Anmerkk. über die nöthige Achtsamkeit bei Erforschung d. Gewitterelektricität ꝛc. 4. Hannov. 764. Helwing. 8 gl

Johann Friedrich Hartmanns [Hartmann] Anmerkungen über die nöthige Achtsamkeit bey Erforschung der Gewitter-Electricität nebst Beschreibung eines Electricität-Zeigers... Hannover 1764: Wecken. 57 S. 8°

— Anmerk. über Gewitter, Elektricität. 4. Ebend. 765.

— Betrachtt. der strengen Kälte im J. 1767. 4. Hannov. 767.

Hartmann, Jo. Fr., Die angewandte Electricität bey Krankh. des menschl. Körpers. Hann. 8°. A. D. B., XVI. p. 260. Comm. Lps. XVIII, 339. 1770

— Encyklopädie d. elektrischen Wissenschaften. 4. Brem. Müller. 784.

— elektrisch. Experimente im luftleer. Raume. m. K. 8. Hannov. Helwing. 766.

— — (Schwäb. Hall), De jure conjugis nuptias iterantis in bonis propriis et a priori conjuge quaesitis ad L. VI. C. de secund. nupt. Diss. jur. Präs. Carl Gottlieb Knorr. Halle (Joh. Chn. Hilliger) Okt. 1726. 35 S. (6.20) 13282

— natürl. Luftelektricität d. Atmosphäre, tabell. entw. gr. 8. Hannov. Hahn. 779.

— — De nullitate sententiae contra consuetudinem, observantiam ac stylum curiae latae. Diss. jur. Altdorf (Magn. Dan. Meyer) 27. VI. 1727. 24 S. (6.20) 13283
Widm. v.: G. H. Linck, Johann Carl Beheim, Johann Georg Miller (Ulm), Ernst Philipp Fein (March. Durlacens.), Johann Wilhelm von der Lith (dtsch.), Jo. Fr. Sommer (M. C. Hoenloicus).

— drei bald auf einander gefolgte seltene Phänomena, genannt Parhelia. 4. Hannov. 776.

Hartmann, Johann Friedrich, Verwandschaft und Aehnlichkeit der elektrischen Kraft mit den erschrecklichen Luft-Erscheinungen. Hannover 1759.

Hartmann, Jo(annes) Frider(icus) Ed(uardus): De tuberculorum praeternaturalium natura et origine. Halae (1826): Gebauer. 71 S. 8°
Halle-Wittenberg, Med. Diss. v. 10. Nov. 1826

Hartmann, Jh. Geo. II., († d. 28. Febr. 1821.) Anleit. z. Pferde- u. Maulthierzucht, nebst e. histor. Nachricht von d. Herzogl. Würtemberg. Stutereien. gr. 8. Tübing. 776. Metzler. 1 rl 2te Aufl. gr. 8. Ebd. 786. b. Cotta. 1 rl 4 gl

Hartmann J. G.: Anleitung z. Verbesserung d. Pferdezucht ganzer Länder u. einzelner Privatwirthe ... 2. um vieles verm. Aufl. Tübing. 1786. 420 S. 2 Tvl.

HARTMANN, J. G.: Gesetze d. Herzogth. Würtemberg aus ält. u. neuern Verordnn., Rescripten, Resolutionen u. Dekreten zusammengetr. *Stuttgart*, Metzler. 8. 1r Th. Ehegesetze. 791. 2.—4r Th. Kirchengesetze. 792—94. (zus. 6 Thl.)

— Gesetze des Herzogth. Würtemberg ꝛc. (1r Thl. Auch u. d. T.: Ehegesetze ꝛc. 2r Thl. A. u. d. T.: Kirchengesetze ꝛc. u. 3r u. 4r Thl.) 8. Stuttg. 791—98. Metzler. 6 ꝛß

* *Joh. George Hartmanns*, Klein-Uhrmachers zu Jena, nöthiger Unterricht von Verbesserung der Sackuhren, durch den waagerechten Stand, Berechnung, Ausarbeitung, Beurtheilung, Gebrauch, Stellung, Kennzeichen und Probirung derselben. Mit nöthigen Figuren wie auch einer Erklärung der üblichen Kunst-Wörter und Register versehen. Nebst einer Vorrede Sr. Wohlgeb. Hern *Georg Erhard Hambergers*, der Durchlauchtigsten Herzoge zu Sachsen Ernestinischer Linie gemeinschaftlichen Hofraths, der Physik, Chymie und Praxis hochberühmten Lehrers, der medicinischen Facultät zu Jena hochverdienten Seniors und Jenaischen Landes-Physici, wie auch der Kaiserlich. Leopoldinischen Gesellschaft der Naturforscher angesehenen Mitgliedes. Jena, zu finden beym Verfasser. 8. 136 Seit. mit 1 Kupfert. 1751.
(Erschien auch nachher im J. 1756 als der 2te Theil von *Joh. Georg Hartmann's* nöthigem Unterricht von Verbesserung aller Uhren. (Halle, 1756. 8.) Man findet darin ganz gute Regeln für die damalige Zeit.)

* *Joh. Georg Hartmann's* nöthiger Unterricht von Verbesserung aller Uhren, durch die Höhe des Aufzugs, wagerechten Stand und Berechnung. Halle. 8. 1 Th. 210 S. Erlang. gel. Anmerk, 46. Woche. 1756. S. 727.
Der zweite Theil erschien unter dem besondern Titel:
* *Joh. Georg Hartmann's* nöthiger Unterricht von Verbesserung der Sackuhren durch den wagerechten Stand, Berechnung, Beurtheilung, Gebrauch, Stellung, Kennzeichen und Probirung derselben. Halle. 8. 90 S. mit Figuren.
(Alle 2 Theile 16 Ggr.) 1756.

Hartmann, Jh. Geo., Unterricht v. Verbesserung aller Uhren. 2 Thle., mit 30 Fig. 8. Halle 756. Waisenhaus B. 16 gl

Hartmann, Johann Georg August: „Versuch einer geordneten Anleitung zur Hauswirthschaft", Stuttgart 1792 (Johann Benedikt Metzler). — Vorh.: Landesbibliothek Stuttgart.

Hartmann, Joh. Gust., sechs Jahre in Griechenland, s. Jahre.

— **Johann Heinrich** (Dansted b. Halberstadt), De epulide. Spec. med.-chir. Präs. Curt Sprengel. Halle (Schimmelpfennig) 18. III. 1826. 28 S. mit Biogr. (M.: J. Maenz.) (6.—) 13284
Gewidm.: Drumann. — Krankengeschichte d. Christoph Denitz.

Hartmann, J[ohann] J[acob]. Anleitung zur Erteilung eines methodisch-praktischen Gesangunterrichtes an Sekundar- und Mittelschulen. Auf Beschluss der tit. Inspektion der Knabensekundarschule als Manuskript gedruckt. [Mit Figuren und Noten.] 28 S. 8. Basel, Helbing & Lichtenhahn, 1903. [fr. —. 30]

Hartmann, Joh. Jak., neue Gartenerforschung. 1. Thl, worinnen v. Vermehrung, Verpflanzung u. Erhaltung nicht allein d. Orangerie, sondern auch v. Lusthäusern, Pyramiden, Alleen u. dgl. Unterricht gegeben wird. 2. Thl v. Blumengarten. 3. Thl v. Obst- u. Baumgarten. 4. Thl Anweis. z. Küchengarten. 8. (Frankfurt, 1763.) Erfurt, 1761 u. 62. (Ettinger.) — 20

Hartmann, Joh. Ludw., evangelischer Glaubensgrund od. Nachweis aus der heil. Schrift, daß die Lehre der Ev.-luth. Kirche die wahre apostol., seligmachende Lehre sei. Nebst e. kurzen Anleitg. zu e. christl. gottsel. Wandel. Nach der Ausg. v. 1673 unverändert abgedruckt. 32. (VII, 76 S.) St. Louis 873. (Leipzig, Brcdt.) n. — 25

— **Johann Martin** (Thüringen), De incommodis appetitus et digestionis variis, liquoris gastrici vitio potissimum imputandis. Diss. med. Präs. Christian Friedrich Nuernberger. Wittbg. (Adam Christian Charisius) 15. II. 1793. 32 S. (6.—) 13286

Hartmann, Johann Melchior

— Anfangsgründe der hebräischen Sprache, oder hebräische Grammatik. 8. Marb. 798. 2e Aufl., unt. d. T.: hebräische Grammatik, nebst Chrestomathie. gr. 8. Ebd. 819. Krieger. 1 ꝛß 12 gl

Hartmann, J. M. (Hrsg.), s. Anzeigen, Göttinger gelehrte. Reg. üb. d. Jh. 1783 - 1822.

– s. Büsching, Anton Friedrich: Erdbeschreibung. T. 12.

– s. Denkwürdigkeiten, Hessische.

— — Edrisii Hispaniae part. I. II. III. [Von] Ioan[nes] Melch[ior] Hartmann. [Universitätsprogramme.] Marburgi (Cattorum) 1802. 1803. 1818.

— **Joh. Melch.**, Edrisii Hispaniae part. II. Marburg (Krieger) Jan. 1803. 34 S. (6.—) 13287

Hartmann, Johann Melchior, Erdbeschreibung und Geschichte von Afrika. Das Paschalik Aegypten. Band I. Hamburg 1799.

Hartmann, Johannes Melchior: Commentatio de geographia Africae Edrisiana. [Göttinger Preisschrift.] Gottingae 1791. IV, 178 S. 8°.

— comment. de geographia Africae Edrisiana. 4 maj. Götting. 791. Dieterich. (Vandenhöck u. R.) 20 gl

Hartmanni — Geographia Africae. Gött. 795. 2 Vol. 8.

Hartmann, J. M., hebr. Grammatik. 2te Aufl. gr. 8. Marburg, Krieger. 819.

— bibl. Museum, s. A. J. Arnoldi.

Hartmann, Johann Melchior (Hrsg.), s. Museum für biblische und orientalische Litteratur.

— allgemeines Register über die Götting'schen gelehrten Anzeigen, s. Anzeigen, Göttinger gelehrte.

– s. Sacy, A. J. Sylv. de: Über den gegenwärtigen Zustand der Samaritaner.

— **Johann Michael** (Schwäb. Hall), De potentatu. Diss. jur. publ. Präs. Nic. Christoph Lyncker (Fluhrstädt, Kötschau). Jena 3. XI. 1690. (Werther) 1702. 16 Bl. (6.30) 13288
Widm. v.: Präs., Jo. Jac. Müller, C. T. Herda, Wolffgang Caspar Sanwaldt (Schwäb. Hall; dtsch.).

— — Dasselbe. Wittbg. (Hake) 1737. 12 Bl. ohne Widm. (6.—) 13289

Hartmann, Johann Zacharias

— — Albertum Animosum ducem Saxoniae fidelitatis in domum Augustam et imperium exemplar. Dissertatione praelectionibus in jus Romano-Germanicum publicum et feudale praemissa. — Access. tabula aenea monimentum Alberto duci Saxoniae Emdae in Frisia positum repraesentans. Kiel (Joh. Chph. Reuther) 1726. 23 S. (6.50) 13293

— — Diss. inaug. viri Fried. Christian Prangen de aequitate juridica. Kiel (Nicol. Lüders) Juni 1730. 4 Bl. mit Biogr. P.'s. (M.: U. M. Reimerdes.) (4.50) 13295

Ordinis iuridici in academia Christian-Albertina decanus **Ioannes** Zacharias **Hartmannus** dissertationem inauguralem Dieterici Kerstens. De bonis, hereditate delatis etc. indicit simulque occ ione iuris equestris Bremensis de similitudinibus equitum Holsa orum cum equitibus Bremensibus disserit. Kiliae. (1735.) 4°.

HARTMANN, J. J., Commentatio juridica de conjugibus incantatis eorumque separatione, v o n b e z a u b e r t e n E h e - L e u t e n. d u r c h N e s t e l k n ü p f e n, S c h l o s s z u - s c h n a p p e n etc., u. derselben Scheidung. 2 pts. Kilon. 1727—41. 4°.

[1] ; Rthlr. Maske 93. p. 16; 1 Mk. 40 Pf. Auct. Davidsohn, no. 5214.

ZIELINSKI, Jo. Helvigius (advocatus Hamburgensis), auct. (sub praesidio *Jo. Zach. Hartmanni*), Commentatio jurid. de conjugibus incantatis eorumque separatione. V o n b e z a u b e r t e n E h e - L e u t e n d u r c h N e s t e l k n ü p f e n. S c h l o ß z u - s c h n a p p e n etc. u n d d e r s e l b e n S c h e i d u n g. Kiliae 1727. 4°. (In Rostock, Landesbibl.) (1 Mk. 40 Pfg., mit d. 2. Th. von 1741. Auction Davidson, no. 5214.)

— — Disp. inaug. viri Johann Helvig Zielinski (advocati Hamburgensis) de conjugibus incantatis eorumque separatione. Kiel (Joh. Chph. Reuther) Dez. 1727. 8 Bl. mit Biograph. Z.'s. (4.50) 13294

— — (Bodung. / Thüring.), De consensu temporario domini directi in hypothecam feudi. Präs. Georg Adolph Schuberth. Lpz. (Imman. Titius) 22. X. 1717. 35 S. (6.20) 13291

Dissertatio inauguralis iuridica d i f f e r e n t i a r u m iuris Pomeranici et provincialis Rugiani Specimen exponens, quam in Christian-Albertina praeside Ioanne Zacharia **Hartmanno** ad consequendos doctoris in utroque iure honores anno 1730. publico eruditorum examini submittit auctor Christianus Nicolaus Helvigius. (1730.) 4°

— — Dissertat. inaug. viri Eitel Dieterich v. Zesterfleth (Buxtehude/Bremen) de variationum efficientia . . simulque de variatione a pactis gentium ante ratificationes, quae vocari solent, illicita proludit. Kiel (Gottfr. Bartsch) 23. IV. 1736. 4 Bl. mit genealog. Biogr. Z.'s. (M.: A. M. Kretzschmar.) (5.—) 13297

Ordinis iuridici in academia Christian-Albertina decanus Ioannes Zacharias **Hartmannus** dissertationem inauguralem Ioannis Henrici Winckleri, exhibentem centuriam thesium ex iure civili, etc. solenniter habendam praevia invitatione indicit, simulque occasione statuti Hamburgensis Partis primae Tituli secundi Articuli primi de e t y m o l o g i a vocis Weichbild praefatur.
Kiliae. (1734.) 4°

Hartmannus, Jo. Zach.: De etymologia vocis Weichbild. Ed. 2. Kiliae 1735.

Der Herr Professor Hartmann eilt ... [Hochzeitsgedicht e. treuen Freundes auf Johann Zacharias **Hartmann**, Prof. d. Rechtswiss., und Scriverin. May 1728. Hamburg.] — Kiel 1728: Reuther. 4 Bl. 4°

Dissertatio iuris publici ecclesiastici de iure imperatoris circa canonizationem Hildebrandianam, quam in academia Christiana Albertina in memoriam Augustanae Confessionis ducentos abhinc annos Carolo V. Imperatore in comitiis exhibitae praeside **Joanne Zacharia Hartmanno.** 1730. publicae disquisitioni submisit A n t h o n i u s O r e c h i o, de A v a l o. Kiliae. (1730.) 4°k.

Ordinis iuridici in academia Christiana-Albertina Pro-Decanus **Joannes Zacharias Hartmannus** dissertationem inauguralem Philippi Caspari Lamprecht. De iure Saxonico et Lubecensi ducatu Holsatiae iuxta et civitate Lubecensi, qua repraesentationem in successione collateralium, exulantibus, pro gradu et privilegiis doctoris iuris utriusque obtinendis anno 1736. solenniter habendam, praevia decenti invitatione ac praemissa prolusione de iure Jutico ducatu Slesvicensi, qua successionem vicariam inter collaterales cessantem, exulante, indicit. Kiliae. (1736.) 4°k.

Dissertatio iuridica inauguralis de iure Saxonico et Lubecensi ducatu Holsatiae iuxta et Lubecensi, qua repraesentationem in successione collateralium, exulantibus, quam praeside **Joanne Zacharia Hartmanno** pro gradu et privilegiis doctoris iuris utriusque obtinendis anno 1736. publico eruditorum examini submittet P h i l i p p u s C a s p a r u s Lamprecht. Kiliae. (1736.) 4°k.

Dissertatio iuridica de marito iure iuxta Romano et Holsatico paraphernorum usufructuario quam praeside **Joanne Zacharia Hartmanno** 1733. defendet auctor J o a n n e s G u i l i e l m u s G a d e n i u s Saxo. Kiliae (1733.) 4°.

Ordinis iuridici in academia Christian Albertina decanus. **Joannes Zacharias Hartmannus.** dissertationem inauguralem Gottfridi Henrici Eend, . . . solenniter habendam, praevia invitatione indicit, praemissis meditationibus de primatu a r c h i e p i s c o p a t u s B r e m e n s i s eque aureo sigillo diplomatis, quo eum Ludovicus I. Imp. constituit. Kiliae. (1734.) 4°k.

H a r t m a n n, I. Zach., <u>observat.</u> **j u r i s criminal. pract. 4. Hamb. Bohn. 731.**

— <u>observation.</u> j u r i s criminal. specim. 4. ibidem. 729.

Ordinis iuridici in academia Christiana-Albertina h. t. Decanus **Joannes Zacharias Hartmannus** dissertationem inauguralem Joachimi de Friccius Observationes iuris Holsatici exhibentem pro gradu doctoris et summis in utroque iure honoribus etc. obtinendis anno 1733. sollemter habendam praevia decenti invitatione indicit. Kiliae. (1733.) 4°k.

O r a t i o de pace futura clausulae fatali pacis Ryswicensis fatali. Habita Kiliae 1736. a Joanne Zacharia **Hartmanno**, quum pro-rectoris academiae Kiliensis munus susciperet.
Kiliae. (1736.) 4°

— — Dissertat. inaug. viri Thomas Matthias Martini (Schwerin) de partibus ac juribus fiscalium in processu singularibus, . . praemissaque de tribus fiscalium virtutibus cardinalibus, tribusque, quae cum illis pugnant, vitiis, prolusione, indicit. Kiel (Gottfr. Bartsch) 20. XI. 1736. 8 Bl. mit Biogr. (M.: A. M. Röseler.) (4.50) 13298

Dissertatio iuridica de praescriptione nunc decennali nunc Saxonica homines proprios nobilium Slesvicensium ac Holsaticorum fugitivos a dominica potestate liberante, ad § 15. P. 1. T. 5. constitutionis provincialis Slesvico-Holsaticae, quam in academia Kiliensi praeside **Joanne Zacharia Hartmanno** anno 1735. publice defendendam proponet auctor G e r a r d u s S a m u e l B e n i s c h, Slesvicensis. Kiliae. (1735.) 4°k.

Dissertatio iuris publico-privati inauguralis de privilegio de non appellando exceptionem litis in supremis imperii tribunalibus pendentis impediente quam in alma Christian-Albertina, praeside Ioanne Zacharia **Hartmanno** pro licentia consequendi supremos in iure utroque honores anno 1731 publico eruditorum examini submittit auctor Gottfriedus Henricus Elend. Kiliae. (1731.) 4° k.

Hartmann, Jo. Zach.: R e s p o n s u m pro successione illustr. gentis Munchhusiorum in castrum et feudum Dornburgense. (Kiel 1741.)

Roma est ubi imperator sive de imperio Romano eiusque nomine mutata sede imperatoris non exstincto et sublato disseruit Johannes Zacharias **Hartmannus.** Kiliae. (1725). 4° k.

(Hartmann, Jo[hann] Zachar[ias], und Georg Gottlob Richter): Bey dem Grabe des weyland hoch edelgebohrnen und hochgelahrten Herrn . . . [Trauergedichte auf Johann Burchard May, Prof. d. Geschichte, † 6. Nov. 1726.] — Kiel (1726): Reuther. 2 Bl. 2°

— — (Prof zu Kiel), De usu limitato mandatorum sine clausula consilii Caesareo-Imperialis aulici et camerae. Diss. jur. Helmstedt (P. D. Schnorr) 1. X. 1725. 43 S. (6.20) 13292
Widm. v.: Augustin Leyser.

— Johann Zacharias, De vicariatu Saxonico per Frisiam Orientalem commentatio succincta. Lpz. (Immanuel Titius) o. J. 62 S. (7.—) 13290

Hartmann, Jo. Zach.: De v i c a r i a t u Saxonico per Frisiam Orientalem commentatio. Ed. 2. Lipsiae 1750.

Hartmann, Johannes

Hartmann, J., monochromatische A u f n a h m e des Orionnebels. (9 S.) Lex.-8. Berlin 905. (G. Reimer.) n. — 50
Separatabdruck

Hartmann, Johannes, approb. Arzt aus Zwickau, Sa.: **Beiträge zur Mechanik des quergestreiften Muskels.** *Tübingen: F. Pietzcker 1903.* (54 S.) 8°
Tübingen, Med. Diss. v. 1903

Die Beobachtung der Mondfinsternisse v. Johannes **Hartmann.** *Leipzig: S. Hirzel 1896.* (2 Bl., 98 S.) 4.(8.)
— **Abhandlungen** d. Kgl. Sächs. Gesellschaft d. Wissenschaften. Math.-Phys. Classe. Bd 23. No v. [96. 7735

Hartmann, Ioannes, dioeceseos Paderbornensis presbyter (geb. am 3 Okt. 1829 in Duderstadt Hann.): De contractu matrimoniali ... Bonnae, form. C. Georgi 1871. 1 Bl., 64 S., 2 Bl. 8.
[Bonn], Jur. Fak., Diss. v. 9 Aug. 1871

Hartmann, Johs., die Epilepsie heilbar!! Bewährtes Mittel gegen diese schwere Krankheit, womit schon mehr als „4000 Personen geholfen worden ist." Aus nachgelassenen Papieren u. s. w. Neuwied 853. Heuser. 8. versiegelt 2 ℳ

Hartmann, J., spectrographische G e s c h w i n d i g k e i t s m e s s u n g e n an Gasnebeln. gr. 8. (8 S.) Berlin 902. (G. Reimer.) n. — 50
Separatabdruck

— über die relative H e l l i g k e i t der Planeten Mars u. Jupiter nach Messungen m. e. neuen Photometer. gr. 8. (14 S.) Ebd. (899). n. — 50
Sonderabdruck aus: „Sitzungsber. d. preuss. Akad. d. Wiss."

Hartmann, J., über e. einfache Interpolationsformel f. d. prismat. Spectrum, s. a. P u b l i k a t i o n e n d. astrophysikal. Observatoriums zu Potsdam.

Über eine einfache Interpolationsformel für das prismatische Spectrum. Von J[oh.] **Hartmann.** *Potsdam; Leipzig: W. Engelmann in Komm. 1898.* (25 S.) 4°
— **Publikationen** d. astrophysikal. Observatoriums zu Potsdam. No 42. Bd 12, Anh. [98. 1390 10

Hartmann, Johs., Lebensbild des Hochgebornen Erlauchten Herrn Clemens Grafen v. Schönborn-Wiesentheid. Trauerrede. gr. 8. (15 S.) Würzburg 877. Kellner. n. — 20

— üb. d. Scala d. Kirchhoff'schen S o n n e n s p e c t r u m s [Aus: „Sitzungsber. d. preuss. Akad. d. Wiss."] gr. 8 (15 S.) Berlin 898. (G. Reimer.) n. — 50

Hartmann, J., Untersuchungen üb. das 80 cm-Objektiv des Potsdamer Refraktors, s. a. P u b l i k a t i o n e n des astrophysikalischen Observatoriums zu Potsdam. Nr. 46.

Untersuchungen über das 80 cm-Objektiv des Potsdamer Refraktors. Von J[ohannes] **Hartmann.** Mit 20 Fig. u. 6 Taf. Potsdam; Leipzig: W. Engelmann in Komm. 1908. 166 S. 4°
(Publikationen d. Astrophysikal. Observatoriums zu Potsdam. Nr 46. Bd 15, St 2.) [09. 8763

U n t e r s u c h u n g e n üb. das Spectrum u. die Bahn v. δ Orionis. (16 S.) gr. 8. Ebd. 904. n. — 50
Sonderabdr. aus: „Sitzungsber. d. preuss. Akad. d. Wiss."

— Eine Verbesserg. des Foucaultschen Messerschneiden-Verfahrens zur Untersuchung v. Fernrohrobjektiven. (6 S. m. 2 Fig.) Lex. 8. Berlin 907. (G. Reimer.) — 50
Sonderabdr. a.: „Sitzungsber. d. preuss. Akad. d. Wiss."

— ein neues Verfahren zur Messung der Linienverschiebung in Spektrogrammen, s. a. P u b l i k a t i o n e n des astrophysikalischen Observatoriums zu Potsdam. Nr. 53.

Ein neues Verfahren zur Messung der Linienverschiebung in Spektrogrammen. Von [Joh.] **Hartmann.** Potsdam: W. Engelmann in Leipzig in Komm. 1906. (47 S.) 4°
— **Publikationen** d. astrophys. Observat. zu Potsdam. Bd. 18, St. 1. [06. 16026

Hartmann, Johannes *Franz:* Die Vergrösserung des Erdschattens bei Mondfinsternissen ... (Aus: Abh. d. K. S. Ges. d. Wiss. Bd. XXIX. = math.-phys. Cl. Bd. XVII.) Leipzig, Druck v. Breitkopf & Härtel, 1891; 1 Bl., 365—553 S., 1 Taf. 8.
Leipzig, Phil. Fak., Inaug.-Diss. v. [3. Nov.] 1891

Hartmann, J., die Vergrösserung d. Erdschattens bei Mondfinsternissen. [Aus: „Abhandlgn. d. k. sächs. Ges. d. Wiss."] Lex.-8. (191 S. m. 1 lith. Taf. u. 3 Textfig.) Leipzig 891. S. Hirzel. n. 8. —

Hartmann, J., üb. e. neuen Z u s a m m e n h a n g zwischen Bogen- u. Funkenspectren. (11 S.) gr. 8. Berlin 903. (G. Reimer.) n. — 50
Sonderabdr. aus: „Sitzungsber. d. preuss. Akad. d. Wiss."

Hartmann, Jos., Abhandlung über eine neue Quelle des öffentlichen Einkommens, ohne Belastung oder Zwang u. ohne von dem Credite Gebrauch zu machen. Mit Rücksicht auf das Gewerbegesetz vom 20. Decbr. 1859 bearb. Wien 860. (Gerold.) 12. (28 S.) n. 10 ngr.

HARTMANN, JOSEPH.
* Alchemie und Arkanologie im Gegensatze zur Schulmedizin. Die Arkana die Remedia divina der alten Alchemisten. Zürich, 1888. pp. 32, 8vo.
Dedicated to Gottlieb Latz, " meinem hochverehrten Lehrer " ; see notes to Latz, G. A fountain cannot rise higher than its source.

Hartmann, J., Alchemie u. Arkanologie im Gegensatze zur Schulmedizin. Die Arkana, die Remedia divina der alten Alchemisten. gr. 8. (32 S.) Zürich 888. Schmidt. n. 1. —

Die poetischen Auf- und Untergänge der Gestirne. — Von Joseph Hartmann, L.-P. — 1888, Passau, ebenda. — S. 1—139.
Progr. Passau, K. Lyzeum

Hartmann, Jos., Beiträge zur Heimatkunde in Erklärung der Ortsnamen des Stadt- u. Landbez. Ingolstadt u. solcher der nächsten Umgebung auf histor., geograph. u. sprachwissensch. Grundlage. 8. (113 u. II S.) Ingolstadt 902. A. Ganghofer. Kart. n. 1. 30

Hartmann, Josef: Beiträge zur Siedlungskunde der Nord-Eifel. Bonn 1909: Eisele. 131 S. 8°
Bonn, Phil. Diss. v. 18. Nov. 1909, Ref. Rein
[Geb. 9. Febr. 79 Eschweiler-Röhe; Wohnort: Eschweiler Röhe; Staatsangeh.: Preußen; Vorbildung: Gymn. Essen Reife O. 00; Studium: Bonn 2, München 1, Berlin 1, Bonn 2 S.; Rig. 23 Juni 09.] [U 10. 370

Hartmann, Jos., die Bettenreform u. Steiners Reformbett. 8. (15 S. m. 9 Abb.) St. Gallen 896. (Frankenberg, E. G. Roßberg.) n. — 20

Hartmann, Josef, prakt. Arzt aus Kappel (Kt. St. Gallen), z. Zt. Volontärarzt am Basler Frauenspital: Zwei Fälle von Kaiserschnitt infolge von Narbenstenose der weichen Geburtswege. (Aus dem Basler Frauenspital. Direktion: Prof. von Herff.) Zürich 1908. 30 S. 8°.
Basel, Med. Diss. 1908/09

Hartmann, Josef. Zwei Fälle von Kaiserschnitt infolge von Narbenstenose der weichen Geburtswege. Diss. Med. Basel. *Kopftitel*: Aus dem Basler Frauenspital.... 30 S. 8. Zürich, Jean Frey, 1908. V Zür

Hartmann, Joseph Dr. „Geschichte der Königlichen Realschule Ingolstadt". Gedenkschrift. pg. 3—78 und Inhalts-Verz. A. Ganghofer (Aug. Baumer). Ingolstadt, Progr. 1905/06

Hartmann, J.: Gnomonik oder Theorie und Construction der Sonnenuhren. 25 S. u. Fgt. – Passau, Progr. 1869.

Hartmann, Jos., Grundzüge der populären Astronomie. Zum Gebrauche für Gymnasien u. Realschulen entworfen. Passau 868. Elsässer & Waldbauer. gr. 8. (VI, 135 S. mit eingedr. Holzschn.) n. 12 ngr.

Hartmann, Jos., Grundzüge der populären Astronomie. Zum Gebrauche für Gymnasien u. Realschulen. Mit einer (lith.) Sternenkarte. 2., verm. u. verb. Aufl. gr. 8. (XV, 192 S. m. eingedr. Holzschn.) München 879. Stahl. n. 2. 20

Hartmann, Joseph „Ingolstadt a. D. und sein Name, seine attributiven Bezeichnungen und Namensbeziehungen". pg. 1—9. 8°. A. Ganghofer'sche B. Ingolstadt, Progr. 1893/94

Hartmann, Josef [app. Arzt aus Münnerstadt]: Aus d. Münchener Universitäts-pathologischen Institute. Zur Kenntnis der Speicheldrüsentumoren, insbes. d. Parotis ... München, Buchdr. v. M. Ernst, 1891; 36 S. 8.
München, Med. Fak., Inaug.-Diss. v. [27. Juli] 1891

Hartmann, Jos., Lehrbuch der Zeitbestimmung u. Zeitrechnung f. höhere Lehranstalten u. zum Selbstunterrichte. gr. 8. (128 S. m. eingedr. Holzschn.) München 876. Stahl. n. 2. —

Hartmann, Josef — Materialien für die Geschichte der Neuzeit, herausgegeben und mit einem Vorworte begleitet von — —. Wien, 1856. Druck von Karl Gerolds Sohn. (VI. 121 S. 8.)

Hartmann, Jos., Ortskundliches v. Ingolstadt. Zur Förderung der Heimatkde. hrsg. (IV, 35 S.) 8. Ingolstadt 910. C. Schröder. nn — 25

Orts- und Flurnamen um Ingolstadt. Als Beitrag z. Heimatkunde erkl. von Dr. Joseph Hartmann. Ingolstadt 1905: Ganghofer. 68, IV S. 8°
(Sammelblatt d. Hist. Vereins f. Ingolstadt u. Umgebung. H. 29.) [10. 1905

Hartmann Josef —. Studien im klassischen Latein mit deutscher Uebersetzung von — —. Wien. 1855. Druck von Karl Gerold und Sohn. (VI. 88 S. 8)

Hartmann, Joseph [kgl. Reallehrer in Ingolstadt]: Der erste bayerische Geschichtschreiber Johannes Turmair, genannt Aventinus, in seinen Beziehungen zur Geographie. Ingolstadt 1898. 51 S. 8°.
Zürich. Phil. Diss. I. S. 1897/98.

Hartmann, Jos., der erste bayer. Geschichtschreiber Johannes Turmair, genannt Aventinus, in s. Beziehungen zur Geographie. Diss. gr. 8. (51 S.) Ingolstadt 898. (Krüll.) n. 1. 20

Hartmann, Jos., Untersuchungen üb. die Ernährung d. Menschen m. vegetabilischer, animalischer u. gemischter Nahrung. gr. 8. (54 S.) Zürich 885. (Schmidt.) n. 1. 20

Hartmann, Jos., der schriftliche Verkehr im bürgerlichen Geschäftsleben. Ein Hilfsbuch in 3 Stufen f. Fortbildungsschulen u. Schulen ähnl. Art. 12. Ingolstadt 891. A. Ganghofer. n. 1. —
1. 2. (25 u. 35 S.) à n. — 30. — 3. (52 S.) n. — 40.

Hartmann, Josef *Johann Maria* [aus Rheine]: Über den Vorfall der Nabelschnur ... Greifswald, Druck v. J. Abel, 1891; 35 S. 8.
Greifswald, Med. Fak., Inaug.-Diss. v. 14. Nov. 1891

Hartmann, Jul., Matthäus Alber, der Reformator der Reichsstadt Reutlingen. Ein Beitrag zur schwäbischen u. deutschen Reformationsgeschichte. Mit dem Bildniß Albers (in Holzschn.) u. einem Anhang, die erste Reutlinger Kirchenordnung enthaltend. Tübingen 863. Osiander. gr. 8. (VII, 196 S.) n. 21 ngr.

Hartmann, Jul., Matthäus Alber, der Reformator der Reichsstadt Reutlingen. Ein Beitrag zur schwäb. u. deutschen Reformationsgeschichte. Mit dem Bildniß Albers (in Holzschn.) u. e. Anh., die erste Reutl. Kirchenordng. enth. Neue wohlfeile Ausg. gr. 8. (VII, 196 S.) Heilbronn 872. Scheurlen's Verl. 1. 50

— Anfangsgründe der Chemie für den Unterricht an Gymnasien und Realschulen. Mit 1 lith. Taf. gr. 8. (Mit 1 Tab.) Marburg 846, Bayrhoffer. n. 16 ngl

– s. Auffassung, Über die geschichtliche, und Darstellung des Lebens Jesu.

Hartmann, Jul., Aufgaben zur Uebung im geometrischen Zeichnen f. die untern Classen v. Gymnasien u. Realschulen. gr. 8. (VIII u. 268 S. m. 1 lith. Taf.) Marburg 850, Elwert. 5/6 ₰

Hartmann, Julius: Ueber die Besiedlung des württembergischen Schwarzwalds, insbesondere des oberen Murgthals. Mit einem Kärtchen. ([S.-A.] Württembergische Jahrbücher für Statistik und Landeskunde. Jahrg. 1893.) Stuttgart 1893. 16 S. 8°.

Hartmann, Jul., die Besiedelung Württembergs von der Urzeit bis zur Gegenwart, s. Neujahrsblätter württembergische.

H[artmann], J[ulius]: Blätter der Erinnerung an Adolf Helfferich [Prof. der Philosophie zu Berlin, 1813–1894]. Cannstatt: Druck 1894.

—— und Karl Jäger, Johann Brenz. Nach gedruckten u. ungedr. Quellen. 2 Bde. gr. 8. Hamburg, Fr. Perthes. [1. ($29\frac{1}{2}$ B.) 840. * $2\frac{1}{6}$ Thlr., 2. (35 B.) 842. $2\frac{5}{6}$ Thlr.]

— Johannes Brenz, s. Leben und Schriften der Väter und Begründer der lutherischen Kirche.

– s. Brewster, David: Populäres vollständiges Handbuch der Optik.

Hartmann, Julius von. Briefe aus dem Feldzuge 1866 an die Gattin gerichtet. Berlin 1898. H: *Hartmann, Louise von.* (Berl)

Hartmann, Jul. v., Briefe aus d. Feldzuge 1866, an d. Gattin gerichtet. Mit e. Bildniß d. Generals. gr. 8. (VI, 62 S.) Berlin 898. E. S. Mittler & Sohn. n. 1. 40; kart. n.n. 1. 80; geb. in Leinw. n.n. 2. 25

Hartmann, Julius von. Briefe aus dem deutsch-französischen Kriege 1870—71. Kassel 1893. H: *Hartmann, Louise von.* (Berl)

Hartmann, Jul. v., Briefe (d. Führers der 1. Cavallerie Division) aus dem deutsch-französischen Kriege 1870–71. (An seine Gattin.) 8. (III, VI, 180 S.) Kassel 893. A. Freyschmidt. n. 3. 50

Hartmann, J., Chronik der Stuttgarter Hospitalkirche. gr. 8. (48 S. m. Illustr.) Stuttgart 888. Metzler's Verl. n. 1. —

Hartmann, Jul., Chronik der Stadt Stuttgart. 600 Jahre nach der ersten denkwürd. Nenng. der Stadt [1286]. Mit zahlreichen Abbildgn. gr. 8. (VII, 332 S.) Stuttgart 886. Greiner u. Pfeiffer. n. 3. —

— s. Denkmale, älteste katechetische, der evangel. Kirche.

Hartmann, J[ul.], Denkschrift aus Anlass der Feier der Silber-Hochzeit Ihrer Majestäten am 27. Febr. 1906 f. d. Kaiser- (2te) Kompagnie Ersten Garde-Regiments zu Fuss v. J. 1880/81. Berlin 1906. 4°.

— Denkwürdigkeiten der ehemaligen schwäbischen Reichsstadt Weil. Mit 12 Abbildgn. gr. 8. (III, 32 S.) Ebend. 886. n. 1. —

Hartmann, Jul, s. a. Durch Schwaben.

— s. a. Durch Schwaben. Württembergische Wanderbilder. (508 S) Zürich

Hartmann, J.: Ueber die Eigenthümlichkeiten der periodischen Dezimalbrüche. 34 S. – Rinteln, Progr. 1872.

Hartmann, Jul., die Eigenthümlichkeiten der periodischen Decimalbrüche. Leicht faßlich dargestellt. gr. 4. (34 S.) Rinteln 872. (Bösendahl.) n. — 50

Frauenspiegel aus dem deutschen Alterthum und Mittelalter. Mit einem Anhang, enthaltend Briefe u. Dichtungen deutscher Frauen des Mittelalters. Stuttgart 863. Kröner. 8. (VIII, 174 S.) 24 ngr.

Hartmann, Jul. (I.), Geschichte d. Reformation in Würtemberg. Ein Beitr. z. Gesch. d. Reformation überhaupt, u. z. 300jähr. Gedächtnißfeier d. würtemberg. besonders. 8. (14 B.) Stuttgart 835, [Beck u. Fränkel.]

Hartmann, Jul., Geschichte Schwabens im Munde der Dichter. Für Schule u. Haus zusammengestellt. Mit 4 Zeichnungen (in Lichtdr.) von K. Häberlin. 8. (XII, 332 S.) Stuttgart 882. Bonz & Co. n. 3. 50; geb. n. 4. 50

Hartmann, Jul., Geschichte von Württemberg, von den ältesten Zeiten bis zum Jahre 1856. Mit besonderer Beziehung auf die deutsche Geschichte kurz dargestellt. Tuttlingen 856. Kling. 8. (VII, 242 S. u. 1 Tab. in 4.) 14 ngr.

v. Hartmann, der Königlich Hannoversche General Sir Julius v. Hartmann. Eine Lebensskizze mit besonderer Berücksichtigung der von ihm nachgelassenen Erinnerungen aus den Feldzügen auf der pyrenäischen Halbinsel etc. 1808 bis 1815 entw. Mit 1 (lith.) Uebersichtskarte (in 4.). Hannover 858. Helwing. gr. 8. (3 Bl., 207 S.) 25 ngr.

Hartmann, v., der königlich hannoversche General Sir Julius v. Hartmann. Eine Lebensskizze mit besond. Berücksichtigung der von ihm nachgelass. Erinnerungen aus den Feldzügen auf der pyrenäischen Halbinsel u. s. w. 1808 bis 1815 entworfen. 2., unveränd. (Titel-)Aufl. Hannover (858) 65. Helwing'sche Hofbuchh. Lex.-8. (IV, 207 S. mit 1 lithogr. Uebersichtskarte in qu. gr. 4.) 18 ngr.

Hartmann, v., der königl. hannoversche General Sir Julius v. Hartmann. Eine Lebensskizze m. besond. Berücksicht. der v. ihm nachgelass. Erinnergn. aus den Feldzügen auf der pyrenäischen Halbinsel etc. 1808—1815. 2. unveränd. Aufl. Mit e. Lebensskizze des Verf. von Heinr. v. Sybel, e. Anh. u. e. Uebersichtskarte. gr. 8. (X, 265 S. m. 1 Bildnis.) Berlin 901. E. S. Mittler & Sohn. n. 5. —; geb. n.n. 6. 50

Humanität und Religion. Eine von der Haager Gesellschaft zur Verteidigung der christlichen Religion gekrönte Preisschrift von Julius Hartmann. Leiden: Brill 1873. VIII, 136 S. 8°.
Kommt auch auf die Frmrei zu sprechen.

Hartmann, Jul.: Schillers Jugendfreunde. Stuttgart: Cotta 1904.
Inhalt: F. Moser. Karl Phil. Conz. Hoven. Elwert. Chn. v. Massenbach. Ludov. v. Simanowitz. K. L. Reichenbach. J. F. Christmann. Stoll. Franz Gg. Ant. Möller. Fr. Abel. Fr. Drück. Jak. Nast. Gg. Scharffenstein. W. Petersen. Fr. Haug. Albr. Lempp. Ludw. Schubart. Dannecker. R. Zumsteeg. Theod. Plieninger. Fr. Ludw. Liesching. Fr. Jacobi. Phil. Ad. Hölder. Chn. Weckherlin. Andr. Streicher. Atzel. Schefflauer. Hetsch. Heideloff. Schlotterbeck. Masson. Boigeol. Grub. Gegel. Armbruster. Aug. Fr. Batz. Duttenhofer. Joh. Heinr. Oaupp. Orammont. J. D. F. Haller. F. J. Kapf. Chr. Fr. Kausler. Koseritz. Orth. J. F. Pfeiffer. J. K. L. Seubert. v. Winkelmann.

Hartmann, Jul., Schillers Jugendfreunde. (VIII, 368 S. m. Abbildgn. u. 2 Taf.) gr. 8. Stuttgart 904. J. G. Cotta Nachf. n. 4. —; geb. in Leinw. n. 5. —

—— evangel. Kirchenblatt, s. Kirchenblatt.

—— das Leben Jesu, nach d. Evangelien geschichtl. dargest. f. gebild. Leser. 2 Bde. gr. 8. (19⅓ u. 21¾ B.) Stuttgart 837, 39, [Liesching u. Comp.] à ⅞ Thlr.
Mit d. Beilage: Ueber d. geschichtl. Auffassung u. Darstellung d. Lebens Jesu.

Hartmann, Jul. v., Lebenserinnerungen, Briefe u. Aufsätze. 2 Thle. 8. (254 u. 216 S.) Berlin 882. Paetel. n. 8. —; in 1 Bd. geb. n. 10. —

— a. d. Lehr- u. Wanderjahren uns. Väter, s.: Neujahrsblätter, württemberg.

Leitfaden f. den Unterricht in der Arithmetik in den oberen Klassen der Gymnasien. — Nach Ohm. — gr. 8. (11½ B.) Marburg 843, Elwert'sche Universit.-Buchh.

Hartmann, Jul., Leitfaden für den Unterricht in der Arithmetik in den oberen Klassen der Gymnasien. Elementar-Algebra. [Nach Ohm.] 2. verm. u. verb. Aufl. Marburg 862. Elwert. (Frankfurt a. M., Boelcker.) gr. 8. (VIII, 192 S.) 15 ngr.

— Liederschatz der deutschen Mutter. 500 den Müttern gewidmete Dichtgn. aus drei Jahrtausenden. gr. 16. (VI, 540 S. m. eingedr. Holzschn. u. Holzschntaf.) Stuttgart 875. Neff. geb. m. Goldschn. 6. —

— Magisterbuch. 21. Folge 1875. gr. 8. (IV, 174 S.) Tübingen 875. Osiander. n. 1. 40

Hartmann, Julius, Zur acuten Phosphorvergiftung. Diss. Dorpat. 8°. 38 pp. 1866.

Hartmann, J[ul.], Plan zum Sitzungssaale des preussischen Abgeordnetenhauses. Bearb. Berlin 1906. 1°. [Umschlagtit.]

Hartmann, Jul. Erhard Schnepff, der Reformator in Schwaben, Nassau, Hessen und Thüringen. Tübingen: Osiander 1870 [1869].

Hartmann, Jul., Erhard Schnepff, der Reformator in Schwaben, Nassau, Hessen u. Thüringen. Aus den Quellen dargestellt. Tübingen 870. Osiander. gr. 8. (IV, 174 S.) n. 18 ngr.

— Erhard Schnepff, der Reformator in Schwaben, Nassau, Hessen u. Thüringen. Aus den Quellen dargestellt. Neue wohlf. Ausg. gr. 8. (IV, 174 S.) Heilbronn 872. Scheurlen's Verl. 1. 50

—— Schwaben-Spiegel aus alter und neuer Zeit. 8. (184 S.) Stuttgart 871, Vogler und Beinhauer. [Moser.]

Hartmann, Jul., Schwabenspiegel aus alter u. neuer Zeit, s. a. Neujahrsblätter, württemberg. N. F. 6.

Schwabenspiegel aus alter und neuer Zeit. Von Dr. Julius Hartmann. Stuttgart: D. Gundert 1901. (111 S.) 8° [F.]
— Neujahrsblätter, Württembergische. N. F. Bl. 6. [00. 11089

Schwabenspiegel aus alter und neuer Zeit. Von Dr. Julius Hartmann. T. [1.] 2. Stuttgart: D. Gundert 1901–03. 2 Bde 8° [F.]
2 [u. d. T.:] Schwäb. Selbstbeleuchtung in alter u. neuer Zeit. Von Hartmann.
= Neujahrsblätter, Württembergische. N. F. Bl. 6. 8. [03. 12670

— schwäbische Selbstbeleuchtung in alter u. neuer Zeit, s. a. Neujahrsblätter, württemberg. N. F. 8.

Schwäbische Selbstbeleuchtung in alter und neuer Zeit. Von Julius Hartmann. Stuttgart: D. Gundert 1903. (93 S.) 8° [F.]
— Hartmann: Schwabenspiegel. T. 2.
= Neujahrsblätter, Württembergische. N. F. Bl. 8.

— Stuttgart u. Cannstatt, s.: Städtebilder u. Landschaften aus aller Welt.

Hartmann, J., s.: Uhland's Tagebuch 1810—1820.

Hartmann, Jul. (H.), Urania. Das Wissenswürdigste aus d. Himmelskunde u. mathemat. Geographie. In allgem. faßl. Darstellung. M. 15 lith. Taf. nebst 2 Sternkärtchen mit bewegl. Horizont (2 Bl. in 4. u. 3 Bl. in qu. ½ Fol.) gr. 8. (15¼ B. u. 1 Tab.) Leipzig 841, Einhorn.

—— Urania. Das Wissenswürdigste aus der Himmelskunde u. mathemat. Geographie. In allgemein faßl. Darstellung. 2., verb. u. verm. Aufl. Mit 2 Sternchärtchen mit beweglichem Horizont. gr. 8. (18½ B., 21 Stnt. u. 2 Tab.) Leipzig 844. [Brandstetter.]

— Urania. Das Wissenswürdigste aus der Himmelskunde u. mathematischen Geographie. In allgemein faßlicher Darstellung. Mit 15 lith. Taf. nebst 2 Sternkärtchen mit bewegl. Horizont. gr. 8. Leipzig 844, Einhorn's Verl.-Exped. 1 Thlr.
— 2. verb. u. verm. Aufl. Mit 21 lithogr. Taf. u. 2 Sternkärtchen. gr. 8. Ebend. 844. 1 Thlr.

— u. P. Hartmann, Wegweiser durch das Kloster Maulbronn. 2. verb. Aufl. Mit e. (lith.) Situationsplan. 8. (39 S.) Stuttgart 875. Kröner. n. 1. —

—— Wildbad. 8. (64 S. mit 36 Illustr. von F. Bergen, H. Drück, A. Langhammer etc. In Holzschn. ausgeführt und hrsg. von Max Ringe, nebst 2 Karten und 1 Plan.) [Stuttgart 886, Bonz und Comp.] Wildbad, Ringe. ** 1 50

Hartmann, J., Wildbad. Illustrated by H. Drück, A. Langhammer, F. Stoltenberg, W. Zweigle etc. gr. 8. (64 S.) Wildbad 888. Ringe. geb. m. Goldschn. n. 6. —

— Wildbad. 2. Aufl. 8. (64 S. mit 36 Illustr. u. 2 Karten.) Wildbad 889. Ringe. n. 1. 50

— Wildbad. (3. Aufl.) 8. (64 S. m. 36 Abbildgn. u. 2 Karten.) Wildbad 893. M. Ringe. In Leinw. kart n. 1. 50

— Wildbad. Geschild. v. H. 12. (64 S. m. 36 Holzschn. u. 2 Karten.) Wildbad (898). Stuttgart, Holland & Josenhans. 1. 50

— Wildbad-Berichte aus sechs Jahrhunderten. 8. (103 S. m. 14 Bildern.) Stuttgart 899. Holland & Josenhans. n. 1. 50

— Württemberg im J. 1800, s. a. Neujahrsblätter, württemberg. N. F. 5.

Württemberg im Jahre 1800. Auf d. Jahr 1900 geschild. von Dr. J. Hartmann. Mit 1 Karte: Württemb. im Jahre 1801. Stuttgart: D. Gundert 1900. (100 S.) 8° [F.]
= Neujahrsblätter, Württembergische. N. F. Bl. 5. [00. 11087

Hartmann, Jul. Ed., Aesop der Jüngere. Fünfzig neue und lehrreiche Fabeln für die Jugend. 4. (32 S. mit 16 ill., eingedr. Holzschn.) Leipzig 851, Baumgärtners Buchh. -

— dramatische Erstlinge. 8. (VIII u. 265 S.) Leipzig 850, Weber. n. 1 Thlr.

— neue lustige u. lehrreiche Fabeln f. artige Kinder. br. 8. (IV u. 60 S. m. eingedr. Holzschn.) Stuttgart 850, Ed. Hallberger. ¼ Thlr.

— Stuttgarts Gegenwart. Topograph.-statist. Handbuch f. Einheimische u. Fremde. Nebst einem Plane u. einer tabellar. Local-Ansicht von Stuttgart. (1 Bl. in gr. Fol. m. 2 Stahlst. in 4.) 8. (139 S.) Stuttgart 847, G. Ebner. n. 1 ℛ

Hartmann, Jul. Ed., Reineke Fuchs, s. a. Reineke Fuchs.

Hartmann, Jul. Ed., Reineke Fuchs. Dem Originale frei nachgedichtet. Mit 36 Stahlst. nach Originalzeichnungen von H. Leutemann. Leipzig 855. Payne. gr. 4. (2 Bl., 96 S. u. Titel in Stahlst.) n. 3 ℛ; color. n. 4 ℛ

Hartmann, J. E., Stuttgarts romant. Umgebungen. Ein Führer für Fremde u. ein Gedenkbuch für Württemberger. gr. 8. (13½ B., 6 Stahlst. u. 1 Karte.) Stuttgart 846, Becher's Sortiments-Buchh. *

— Was sich der Garten erzählt. Märlein aus dem Grünen für junge Gemüther. Mit Abbildgn. Leipzig 854. Baumgärtner. 16. (VI, 93 S. mit Holzschn. im Text u. 1 Stahlst.) 21 ngl

HARTMANN, Justus (ps.), Deutsche Kraftsprüche, gesammelt und mit Glossen begleitet. Th. 1. (einz.). O. O. (Jena) 1798. 8°. (1 Rthl.)
Aus Philander's v. Sittenwald (Moscherosch) Schriften u. aus v. Moser's Beherzigungen. (Ersch, Lit. d. vermischt. Schr. N. A. Lpz. 1837. 8°. no. 1220.). — Der ps. Sammler fehlt bei Weller.

Hartmann, K. A. M., s. Hartmann, Karl August Martin

Hartmann, K. E. [aus Blaubeuren in Württemberg]: Beobachtungen über Osteomalacie und deren Behandlung mit Phosphor .... Erlangen, Druck d. Univ.-Buchdr. v. E. Th. Jacob, 1887; 30 S. 8°
Erlangen, Med. Fak., Inaug.-Diss. v. 20. Jul. 1887

Hartmann, K. F., s. Harttmann, Karl Friedrich

Hartmann, K. H. F., s. Hartmann, Christian Heinrich Ferdinand

Hartmann, K. O., s. Hartmann, Karl Otto

Hartmann, Karl

Hartmann, Carol., annotationes de plantis scandinavicis herbarii Linnaeani, in musaeo societ. Linnaeanae Londin. asservati. (Ex Act. Reg. Acad. Scient. Holm. 1849 et 1851.) (Holmiae 853. Bonnier.) 8. (1 Bl., 262 S.) n. 1 ℛ 10 ngl

Hartmann, Carl, approb. Arzt aus Caspach i. Els.: Aus d. inneren Abt. d. Marien-Krankenhauses (Oberarzt Dr. E. Ratjen) zu Hamburg-Borgfelde. Über Anwendung und diagnostische Verwertung der Weber'schen Blutprobe bei occulten Magen- und Darmblutungen. *Berlin: S. Karger 1904.* (22 S.) 8° ¶ (Aus: Archiv f. Verdauungskrankh., Bd 10.)
Freiburg i. B., Med. Diss. v. 1904

HARTMANN, Carl (Dillingen): De aquis martialibus Boedingensibus.- Landishuti: Storno 1821. 23 S. 27.8.1821 - Fe 387; P 58
Diss. Ingolst.-Landsh.-Mchn.

Hartmann, Karl, die gemeindliche Arbeitsvermittlung in Bayern. Mit besond. Berücksicht. der Verhältnisse bei dem städt. Arbeitsamte München. gr. 8. (V, 115 S.) München 900. J. Schweitzer Verl. n. 3. —

Hartmann, Carl, die gesetzlichen Bestimmungen betr. die Genehmigung u. Untersuchung der Landdampfkessel m. erläuternden Bestimmungen. Im Auftrage der Baupolizei-Behörde hrsg. am 8. I. 1902. gr. 16. (IV, 68 S. m. 1 Abbildg.) Hamburg 902. Eckardt & Messtorff. n. 1. —

Hartmann, Carl, die gesetzlichen Bestimmungen betr. die Genehmigung u. Untersuchung der Schiffsdampfkessel m. erläuternden Bemerkungen. Im Auftrage der Baupolizei-Behörde hrsg. 12. (63 S. m. 1 Fig.) Hamburg 893. Eckardt & Messtorff. Geb. in Leinw. 1. 50

Hartmann, Carl, d. gesetzl. Bestimmgn. betr. d. Genehmigg. u. Untersuchg. d. Schiffsdampfkessel m. erläut. Bemerkgn. 2., rev. Aufl. Im Auftr. d. Baupolizei-Behörde hrsg. am 12. März 1896. gr. 16. (66 S. m. 1 Fig.) Hamburg 896. Eckardt & Messtorff. Geb in Leinw. n. 1. 50

— die gesetzlichen Bestimmungen betr. die Genehmigung u. Untersuchung der Schiffsdampfkessel m. erläuternden Bemerkungen. 4. veränd. Aufl. Im Auftrage der Baupolizei-Behörde hrsg. am 28. XII. 1901. 12. (IV, 71 S. m. 1 Abbildg.) Ebd. 902. Geb. in Leinw. n. 1. 50

Hartmann, Carl, die gesetzlichen Bestimmungen betr. die Genehmigung u. Untersuchung der Schiffsdampfkessel m. erläuternden Bemerkungen. 4. veränderte Aufl. (Neue Ausg.) Nebst Anh., betr. Berechng. der Wandstärke v. Schiffskesseln. Vom Mai 1905. Im Auftrage der Baupolizei-Behörde hrsg. (IV, 88 S. m. Abbildgn.) kl. 8. Hamburg 905. Eckardt & Messtorff. n. 1. 50

Hartmann, C., Die gesetzlichen Bestimmungen betr. die Genehmigung u. Untersuchung der Schiffsdampfkessel m. erläuternden Bestimmungen, nebst Bauvorschriften. 6. veränd. Aufl. Im Auftrage der Baupolizei-Behörde hrsg. im Juni 1908. (IV, 82 S.) kl. 8. Hamburg, Eckardt & Messtorff. Geb. 1. 60. 1908.

Hartmann, Carl, die gesetzlichen Bestimmungen betr. die Genehmigung u. Untersuchung der Schiffsdampfkessel m. erläuternden Bestimmungen, nebst Material- u. Bauvorschriften. 7. veränd. Aufl. Im Auftrage der Baupolizei-Behörde hrsg. im April 1909. (IV, 115 S.) kl. 8. Hamburg 909. Eckardt & Messtorff. Geb. 1. 80

Hartmann, Carl [aus Heilbronn]: Friedrich Carl Casimir Freiherr von Creuz und seine Dichtungen. ... Heidelberg, Univ.-Buchdr. v. J. Hörning, 1890; 2 Bl., 88 S., 1 Bl. 8°
Leipzig, Phil. Fak., Inaug.-Diss. v. [22. Dez.] 1890

Hartmann, Carl, Friedrich Carl Casimir Frhr. v. Creuz u. seine Dichtungen. Ein Beitrag zur Litteraturgeschichte d. 18. Jahrh. gr. 8. (III, 88 S.) Heidelberg 891. Hörning. n. 1. 80

Hartmann, Carl [aus Dresden]: Einfluss Molières auf Drydens komisch-dramatische Dichtungen .... Leipzig, Druck v. Joachim u. Jüstel, 1885; 40 + 1 S. 4°.
Leipzig, Phil. Fak., Inaug.-Diss. v. 30. Sept. 1885.

Hartmann, Carl, Einfluss Molières auf Drydens komisch-dramatische Dichtungen. Diss. Leipzig 1885, Gustav Fock. 4°. 40 S.

Hartmann, Karl [aus Eiserfeld]: Ueber die Eingangsepisoden der Cheltenhamer Version des Girart de Viane. ... Marburg, Georg Schirling, Buchdr., 1889; 75 + 1 S. 8°
Marburg, Phil. Fak., Inaug.-Diss. v. [9. Dez.] 1889

Hartmann, Karl, e. Fall v. Extrauterin Schwangerschaft. Abhandlung. gr. 8. (25 S.) Tübingen 871. (Fues.) — 60

Hartmann, Carl, über zwei m. Basedow'scher Krankheit complicirte Fälle v. Diabetes mellitus. Inaugural-Dissertation. gr. 8. (24 S.) Tübingen 878. (Fues.) n. — 60

Hartmann, Karl [Christian Konrad Heinrich]: Flavius Arrianus und Kaiser Hadrian. 38 S. 8. K. h. Gymn. bei St. Anna *Augsburg* 1907. Progr.

Hartmann, Karl: Flavius Arrianus und Kaiser Hadrian. Augsburg 1907: Ph. J. Pfeiffer. (38 S.) 8° [F.]
Augsburg, k. G bei St. Anna P 1907*

Hartmann, Carl, Forst-Culturen in Verbindung mit der Landwirthschaft. Eine Anweisg., wie sich der Landmann, ohne Nachtheil in der Ernte zu haben, sein Holz selbst bauen u. durch lebende Zäune, Koppeln, Wörden u. Gärten sicher schützen kann. Prenzlau 868. Berlin, Wiegandt & Hempel. 8. (IV, 43 S.) n. 10 *ngr.*

Hartmann, Karl: Englische Frömmigkeit, eine Studie. Straßburg i. E. 1910: Elsass-Lothr. Dr. 43 S. 8°
Straßburg i. E., prot. G P 1910 (720) [S 10. 161

Humoristischer Führer durch die Industrie- und Gewerbe-Ausstellung für Rheinland, Westfalen u. benachbarte Bezirke, verbunden mit e. deutsch-nationalen Kunst-Ausstellung, Düsseldorf 1902, in Knüppelversen von Graf Steno (d. i. Carl **Hartmann**, Zahnarzt). *(Düsseldorf: Schmitz & Olbertz 1902.)* (77 S.) 8° [F.] [vg. ohne 8

Hartmann, Karl [Christian Konrad Heinrich]: Der Grieche und das Kind. 60 S. 8. Progr. K. Gymn. bei St. Anna *Augsburg* 1905.
Das Epos. Lyriker. Prosaiker. Das Kind auf der Bühne. Das Kind im Prozesse. Plato und Aristoteles. Bildende Kunst.

Hartmann, Karl: Der Grieche und das Kind. Augsburg 1905: Ph. J. Pfeiffer. (60 S.) 8° [F.]
Augsburg, k. human. G bei St. Anna P 1905*

Hartmann, Karl, Ringer bet't, de Schnueten kumm'n. Ane Schnllarenfohrt ins Mansfäller Lond. Im Mansfelder Dialekte. 8. (87 S.) Halle 896. O. Hendel. 1.—

Hartmann, Carl: Die Lehre von der Erpressung. Dorpat 1859.

Hartmann, Karl, Meter-Tabellen f. Manufakturisten u. Schnittwaarenhandlungen enth. die Maß- u. Preis-Verhältnisse d. Meters zur schles. u. Berliner Elle. gr. 8. (8 S.) Breslau 872. Görlich. n. — 50

Hartmann, Karl „Die Nordpol-Expeditionen". Eine historisch-geographische Skizze. pg 3—9. 4°. Dr. C. Wolf & Sohn.
München, Progr. 1853/54

Hartmann, Karl „Die Nordpol-Expeditionen. Sir John Franklin". pg. 3—12. 4°. Mit einer Landkarte. Dr. C. Wolf & Sohn.
München, Progr. 1854/55

Hartmann, Karl, von Philistern u. Helden, s.: Wertung, 9. Heft.

Hartmann, Karl, aus Goslar a. H.: Ueber p-Methoxyisatin und seine Derivate, sowie über Condensationen der p-Methoxyisatinsäure zu Cinchoninsäureabkömmlingen. *Berlin 1903: A. W. Schade.* (43 S.) 8°
Berlin, Phil. Diss. v. 24. Juni 1903

Hartmann, Karl: Der Prozeß gegen die protestantischen Landstände in Bayern unter Herzog Albrecht V. 1564. *München 1904: G. J. Manz.* (32 S.) 8° ¶[Erschien vollst. Regensburg 1904.]
München, Phil. Diss. v. 1903

Hartmann, Karl, der Prozess gegen die protestantischen Landstände in Bayern unter Herzog Albrecht V. 1564. (IV, 272 S.) gr. 8. München 904. Regensburg, Verlagsanstalt vorm. G. J. Manz. n. 3. —

Hartmann, Carl, der Schiffsmaschinen-Dienst. Ein Handbuch für Fluß- und angehende Seedampfschiffs-Maschinisten. (VI, 79 S. mit zahlreichen in den Text gedr. Fig. und 1 Holzschnt.) 885; 2. verb. und verm. Aufl. gr. 8. (IV, 93 S.) Hamburg 887, Eckardt und Meßtorff. geb. *

Hartmann, Carl (H.). Der Schiffsmaschinen-Dienst. Ein Handbuch für Fluß- u. angehende Seedampfschiff-Maschinisten. 3. u. 4. verb. u. verm. Aufl. 8. (VIII, 93 S. m. eingedr. Fig. u. 1 Taf.) Hamb. 889.91. Eckardt u. Meßtorff. geb. in Leinw. * 3 —

— dasselbe. 6., verb. u. verm. Aufl. 8. (VI, 98 S. m. Fig. u. 1 Taf.) Ebd. 893. Geb. in Leinw. n. 3. —

— der Schiffsmaschinen-Dienst. Ein Handbuch für Fluß- u. angeh. Seedampfschiffs-Maschinisten, sow. z. Gebr. f. Schiffsführer. 6., verb. u. verm. Aufl. gr. 8. (VI, 103 S. m. Fig. u. 1 Taf.) Ebd. 896. Geb. in Leinw. n. 3. —

— der Schiffsmaschinen-Dienst. Ein Handbuch f. Fluß- u. angeh. Seedampfschiffs-Maschinisten, sowie zum Gebrauche f. Schiffsführer. 8. verb. u. verm. Aufl. 8. (VI, 112 S. m. Fig. u. 1 Taf.) Ebd. 901. Geb. in Leinw. n. 3.—

— der Schiffsmaschinen-Dienst. Ein Handbuch für Fluß- u. angeh. Seedampfschiffs-Maschinisten sowie zum Gebrauche f. Schiffsführer. 9. u. 10. verb. u. verm. Aufl. (VI, 108 S. m. 46 Fig. u. 1 Taf.) 8. Ebd. 903. 905. Geb. in Leinw. n. 3. —

Hartmann, C: Der Schiffsmaschinendienst. 11. Aufl. Hamburg 1907

Hartmann, Carl, der Schiffsmaschinen-Dienst. Ein Handb. f. Fluß- u. angeh. Seedampfschiffs-Maschinisten, sowie zum Gebrauche f. Schiffsführer. 12. verb. u. verm. Aufl. (VI, 111 S. m. Abbildgn. u. 1 Taf.) 8. Hamburg 910. Eckardt & Meßstorff. Geb. in Leinw. 3. —

Hartmann, Karolus, das schöne Sklavenmädchen oder das verhängnißvolle Testament. Historischer Roman. 36 Hefte oder 2 Bde. gr. 8. (1198; 540 S.) Wien 878, Voß und Battisch. à Heft 50 Pf.

Hartmann, Karolus, das schöne Sklavenmädchen oder das verhängnißvolle Testament. Historischer Roman. gr. 8. (1738 S.) Wien 878—82. Voß & Battisch. 18. —

[F.] **Hartmann**, Karl [Assist.]: Über die Taktik des Arrian. Bamberg, W. Gärtner's Buchdr., 1895; 20 S. 8.
Bamberg, k. altes G, P 1895*

Hartmann, Karl, appr. Arzt a. Coblenz: Aus d. pharmakol. Institut d. Univ. Bonn. Das Thiosinamin und seine therapeutische Anwendung. Bonn 1908: C. Georgi. (90 S.) 8°
Bonn, Med. Fak., Ref. Leo, Diss. v. 14. Aug. 1908
[Geb. 17. März 81 Coblenz; Wohnort: Coblenz; Staatsangeh.: Preußen; Vorbildung: Kaiserin-Augusta-Gymn. Coblenz Reife O. 00; Studium: Freiburg i B. 1, München 4, Bonn 5 S.; Coll. 4. Aug. 08; Approb. 1. Sept. 06.]

Hartmann, Karl, humanist. Unterricht u. bildende Kunst. (84 S.) gr. 8. Halle 909. Buchh. d. Waisenhauses. 2. —

Hartmann, Karl [aus Braunschweig]: Experimentelle Untersuchungen ueber Chromsaeure-Nephritis ... Freiburg i. B., Buchdr. v. Chr. Ströcker, 1891; 52 S., 1 Bl. 8.
Freiburg i. B., Med. Fak., Inaug.-Diss. v. 1891

Hartmann, Karl, a. Bonn: Über Vaginismus. Bonn 1905: J. Trapp. (32 S.) 8°
Bonn, Med. Fak., Ref. Fritsch, Diss. v. 17. Mai 1905
[Geb. 21. Febr. 78 Bonn; Heimatsort: Bonn; Staatsangeh.: Preußen; Vorbildung: Kgl. Gymn. Bonn Reife O. 98; Studium: Bonn 5, Genf 1, München 1, Bonn 2 S.; Coll. 17. Mai 05; Approb. 3. Juni 03.]

Hartmann, Carl, vergleichende Versuche m. Atropin, Daturin u. Hyoscyamin. Inaugural-Dissertation. gr. 8. (41 S.) Nordhausen 879. (Göttingen, Vandenhoeck & Ruprecht.) n. 1. —

Hartmann, Karl, s.: Vorträge, komische.

— s.: Vorträge u. Couplets, neue, f. heitere Kreise.

— (Hrsg.), s. Zeitschrift für Orgel-, Klavier- und Flügelbau ...

— (Hrsg.), s. Zeitung für Orgel-, Klavier- und Flügelbau ...

Hartmann, Karl August Martin

Hartmann, K. A. Mart., die Anschauung im neusprachl. Unterricht. Vortrag, geh. am 16. Apr. 1895 auf d. Jahresversammlg. d. sächs. Gymnasiallehrervereins zu Chemnitz. gr. 8. (34 S.) Wien 895. E. Hölzel. n. — 50

[Umschlagt.:] **Hartmann,** *Karl August* Martin: Chénier-Studien. Nebst e. Abdr. v. Chénier's Bataille d'Arminius. Leipzig, Druck v. A. Edelmann, Univ.-Buchdr., 1894; 1–60 S. 4.
Leipzig, k. G, OP 1894 (541)

Hartmann, K. A. Mart., Chénier-Studien, nebst e. Abdr. v. Chénier's Bataille d'Arminius. Progr. gr. 4. (60 S.) Leipzig 894. (J. C. Hinrichs' Sort.) n. 1. 20

Hartmann, K. A. Mart., Chronik d. Vereins f. neuere Philologie zu Leipzig 1888—1900. Dem Verbande der deutschen neuphilolog. Lehrerschaft dargebracht vom Verein f. neuere Philologie zu Leipzig. gr. 8. (53 S.) Leipzig 900. Dürr'sche Buchh. n. 1. 50

Hartmann, K. A. M. Ueber das altspanische Dreikönigsspiel, nebst einem Anhang, enthaltend ein bisher ungedrucktes lateinisches Dreikönigsspiel, einen Wiederabdruck des altspanischen Stückes, sowie einen Excurs über die Namen der drei Könige, Caspar, Melchior, Balthasar. Diss. Leipzig 1879. 49 S.

Hartmann, K. A. Mart., über das altspanische Dreikönigsspiel, nebst einem Anh.: e. bisher ungedrucktes latein. Dreikönigsspiel, e. Wiederabdruck d. altspan. Stückes, sowie e. Excurs über die Namen der drei Könige Caspar, Melchior, Baltasar. Inaugural-Dissertation. 8. (89 S.) Bautzen 880. Weller. n. 1. 60

Deutscher Verein gegen d. Mißbrauch geistiger Getränke. Turnvater Jahn und seine Stellung zum Alkohol. Von Prof. Dr. [Karl August] Martin **Hartmann**-Leipzig. Berlin: Mäßigkeitsverl. 1907. (14 S.) 8° [F.] [illegible]

Hartmann, K. A. Mart., Turnvater Jahn u. seine Stellg. zum Alkohol. Vortrag, geh. am 11. I. 1907 in d. Aula des König-Albert-Gymnasiums zu Leipzig. 3. verm. u. verb. Aufl. (15 S.) 8. Berlin 909. Mäßigkeits-Verlag. p — 10

— Der akadem. gebildete Lehrerstand Deutschlands u. die moderne Alkoholforschg. (26 S.) gr. 8. Hamburg 909. Deutschlands Grossloge II. — 30

Hartmann, K. A. Mart., s.: **Mitteilungen der deutschen Zentralstelle für internationalen Briefwechsel.**

Hartmann, K. A. Mart., die militärischen Proklamationen u. Ansprachen Napoleon's I. 1796—1815. Chronologisch geordnet u. hrsg. gr. 8. (VII, 81 S.) Oppeln 890. Franck. n. 2. —

— die Rangfrage u. der sächsische Gymnasiallehrerstand. Nebst e. Anh., enth. d. sächs. Hofrangordnung in den Formen v. 1764, 1818, 1862 u. 1886, sowie die Dienstabstufungsordng. zu dem Gesetze, die Tagegelder u. Reisekosten der Staatsdiener betr., vom 26. Jan. 1875. gr. 8 (56 S.) Leipzig 891. A. Seemann. n. 1. —

— Reiseeindrücke u. Beobachtungen e. deutschen Neuphilologen in d. Schweiz u. in Frankreich. gr. 8 (VIII, 194 S.) Leipzig 897. Dr. P. Stolte. n. 3. —

Hartmann, K. A. Mart, Der Schularzt für höhere Lehranstalten. E. notwendige Erg. unserer Schulorganisation. Vortr. Leipzig u. Berlin 1906. 4° (8°.)
Aus: Neue Jahrbücher f. Pädagogik. Bd 18.

— der Schularzt f. höhere Lehranstalten. Eine notwend. Ergänzg. unserer Schulorganisation. Vortrag, geh. am 14. XI. 1905 in Leipzig. (32 S.) Lex.-8. Leipzig 906. B. G. Teubner. n. — 80
Sonderabdruck aus: „Neue Jahrbb. f. Pädagogik".

—— Schulausgaben französischer Schriftsteller. Nr. 1 und 2. 8. Leipzig, Seemann. geb. à Nr. *M 1.—. * 2 —
Inhalt:
Nr. 1. Sandeau, Jul. Mademoiselle de la Seiglière. Comédie en 4 actes et en prose. Mit Einleitung, Anmerkungen und einem Anhang. (VIII, 120 und Anmerkungen 71 S.) 887.
» 2. Béranger. Eine chronol. geordnete Auswahl seiner Lieder, mit Einleitung und Anmerkungen. (XX, 68 und Anmerkungen 91 S.) 888.

—— Schulausgaben französ. Schriftsteller. Nr. 1, 3—14. 8. Lpz. 889—92, E. A. Seemann. cart. * 12 40
1. Sandeau, Jules. Mademoiselle de la Seiglière. Comédie en 4 actes et en prose. Mit Einleitg., Anmerkgn. u. e. Anh. hrsg. von K. A. Mart. Hartmann. 2. verb. Aufl. (XII, 120, 57 S.) * 1 —.
3. Molière. L'Avare. Mit Einleitung, Anmerkgn. u. einem Anh. hrsg. v. C. Humbert. (XVI, 86 u. Anmerkgn. 84 S.) * 1 —.
4. Daudet, Alph. Lettres de mon moulin. Ausgew. Briefe, m. Einleitg., Anmerkgn. u. e. Anh. hrsg. v. Erwin Hönncher. (XII, 82 u. Anmerkgn. 41 S.) * 1 —.
5. Duruy, Vict. Histoire de France de 1789 à 1795. Mit Einleitg. u. Anmerkgn. hrsg. v. K. A. Mart. Hartmann. (XV, 84 u. Anmerkgn. 75 S.) * 1 —.
6. Thiers. Bonaparte en Égypte et en Syrie. Mit Einleitg. u. Anmerkgn. hrsg. v. K. A. M. Hartmann. (XVI, 88 u. Anmerkgn. 78 S.) * 1 20.
7. Molière. Le bourgeois gentilhomme. Mit Einleitg. u. Anmerkgn. hrsg. v. C. Humbert. (XX, 90 u. Anmerkgn. 39 S.) * 1 —.
8. Beaumarchais. Le barbier de Séville. Mit Einleitg. u. Anmerkgn. hrsg. v. Wilh. Knörich. (XXX, 100, 16 S.) * 1 —.
9. Racine. Athalie. 1691. Mit Einleitg. u. Anmerkgn. hrsg. v. K. A. Mart. Hartmann. (XX, 86, 61 S.) * 1 20.
10. Augier et Sandeau. Le gendre de Monsieur Poirier. Mit Einleitg. u. Anmerkgn. hrsg. v. J. Maehly. (94, 47 S.) * 1 —.
11. Souvestre, Émile. Au coin du feu. Auswahl. Mit Einleitg. u. Anmerkgn. hrsg. v. C. Humbert. (92, 39 S.) * 1 —.
12. La Fontaine. Ausgewählte Fabeln. Mit Einleitung, Anmerkgn. u. e. Anh. hrsg. von Max Friedr. Mann. (XXIII, 52, 80 S.) * 1 —.
13. Saint-Simon's Memoiren. Im Auszuge mit Einleitg. und Anmerkgn. hrsg. v. Adf Mager. (IV, IV, 69, 15 S.) * 1 —.
14. Racine. Britannicus. Mit Einleitg. u. Anmerkgn. hrsg. von K. A. Mart. Hartmann. (XXXI, 72, 29 S.) * 1 —.
Nr. 2. Ebd. 1888. * 1 —.

— Schulausgaben französischer Schriftsteller. Nr. 1 u. 8—16. 8. Leipzig, [E. A. Seemann.] Dr. P. Stolte. Kart. n. 10. 20 (1—16.: n. 16. 20)

1. Jules Sandeau, Mademoiselle de la Seiglière. Comédie en 4 actes et en prose. Mit Einleitg., Anmerkgn. u. e. Anh. hrsg. v. K. A. Mart. Hartmann. 2., verb. Aufl. (XII, 120 u. 57 S.) 892. n. 1.
8. Beaumarchais, le barbier de Séville. Mit Einleitg. u. Anmerkgn. hrsg. v. Wilh. Knörich. (XXX, 100 u. 16 S.) 890. n. 1. —
9. Racine, Athalie. 1691. Mit Einleitg. u. Anmerkgn. hrsg. v. K. A. Mart. Hartmann. (XX, 86 u. 61 S.) 891. n. 1. 20
10. Augier et Sandeau, le gendre de Monsieur Poirier. Mit Einleitg. u. Anmerkgn. hrsg. v. J. Maehly. (94 u. 47 S.) 891. n. 1. —
11. Émile Souvestre, au coin du feu. Auswahl. Mit Einleitg. u. Anmerkgn. hrsg. v. C. Humbert. (92 u. 39 S.) 891. n. 1. —
12. La Fontaine, ausgewählte Fabeln. Mit Einleitg., Anmerkgn. u. e. Anh. hrsg. v. Max Frdr. Mann. (XXIII, 52 u. 80 S.) 891. n. 1.
13. Saint-Simon's Memoiren. Im Auszuge m. Einleitg. u. Anmerkgn. hrsg. v. Adf. Mager. (IV, IV, 69 u. 15 S.) 892. n. 1. —
14. Racine, Britannicus. Mit Einleitg. u. Anmerkgn. hrsg. v. K. A. Mart. Hartmann. (XXXI, 72 u. 29. S.) 892. n. 1.
15. Eugène Scribe, le verre d'eau ou les effets et les causes. Comédie en 5 actes et en prose. Mit Einleitg., Anmerkgn. u. e. Anh. hrsg. v. K. A. Mart. Hartmann. (XVI, 115 u. 21 S.) 893. n. 1.
16. H. Taine, les origines de la France contemporaine. Napoléon Bonaparte. Mit Einleitg. u. Anmerkgn. hrsg. v. K. A. Mart. Hartmann. (XX, 115 u. Anmerkgn. 48 S.) 891. n. 1.

Schulausgaben. Nr. 1, 4—6, 10 u. 17—21. 8. Ebd. Kart. n. 11. 40

1. Sandeau, Jules, Mademoiselle de la Seiglière. Comédie en 4 actes et en prose. Neue Bearbeitg. m. Einleitg. u. Anmerkgn., hrsg. von K. A. Mart. Hartmann. Der 1. Bearbeitg. 4. Aufl. (XIII, 105 u. Anmerkgn. 54 S.) 897. n. 1. 60
4. Alphonse Daudet, lettres de mon moulin. Ausgew. Briefe m. Einleitg., Anmerkgn. u. e. Anh. hrsg. v. Erwin Hönncher. 2., verb. Aufl. (XIV, 77 u. 40 S.) 896. n. 1. —
5. Duruy, Vict., Histoire de France de 1789 à 1795. Mit Einleitg. u. Anmerkgn. hrsg. v. K. A. Mart. Hartmann. 3., verb. Aufl. (XVI, 84 u. Anmerkgn. 75 S.) 897. n. 1. 20
6. Thiers, Bonaparte en Égypte et en Syrie. Mit Einleitg. u. Anmerkgn. hrsg. K. A. Mart. Hartmann. 2., verb. Aufl. (XVI, 88 u. 78 S. m. 4 Karten.) 898. n. 1. 40
10. Theuriet, André, Ausgew. Erzählgn., m. Einleitg. u. Anmerkgn. hrsg. v. Gerh. Franz. (X, 92 u. 31 S.) 897. n. 1. —
17. François Coppée. Ausgew. Novellen, m. Einleitg. u. Anmerkgn. hrsg. v. Gerh. Franz. (XVI, 80 u. 38 S.) 895. n. 1. —
18. H. Taine. L'ancien régime. La structure de la société. M. Einleitg. u. Anmerkgn. hrsg. v. K. A. Mart. Hartmann. (XX, 99 u. Anmerkgn. 57 S.) 896. n. 1. —
19. A. Laurie, mémoires d'un collégien. Hrsg. v. Konr. Meier. (XIV, 111 u. Anmerkgn. 52 S.) 897. n. 1. —
20. Michelet, Jules, Tableau de la France. M. Einleitg., Anmerkgn. u. 1 Karte hrsg. v. K. A. Mart. Hartmann. (XIII, 78 u. 51 S.) 897. n. 1. 20
21. Bruno, G., Francinet. Im Auszuge. F. d. Schulgebr. hrsg. v. A. Mühlan. (III, 96 u. Anmerkgn. 28 S.) 898. n. 1. —

— Schulausgaben (französischer Schriftsteller). Nr. 1, 2, 3, 16, 19 u. 22—25. Leipzig, Dr. P. Stolte. Geb. u. geh. n. 11. 20

1. Sandeau, Jules, Mademoiselle de la Seiglière. Comédie en 4 actes et en prose. Mit Einleitg. u. Anmerkgn. hrsg. von K. A. Mart. Hartmann. Autoris. Ausg. 6. Aufl. 8. (XIII, 105 u. 54 S.) 902. n. 1. 60
2. Béranger. Eine chronologisch geordnete Auswahl seiner Lieder. Mit Einleitg. u. Anmerkgn. hrsg. v. K. A. Mart. Hartmann. 2., verb. Aufl. 8. (XVIII, 65 u. 82 S.) 900. n. 1.—
3. Molière, L'Avare. Mit Einleitg. u. Anmerkgn. hrsg. v. C. Humbert. 2., verb. Aufl. 8. (XVIII, 83 u. Anmerkgn. 78 S.) 900. n. 1.—
16. Taine, H., Napoléon Bonaparte. Mit Einleitg. u. Anmerkgn. hrsg. v. K. A. Mart. Hartmann. 2., verb. Aufl. 8. (XXIV, 115 u. 48 S.) 899. n. 1. 20
19. Laurie, A., Mémoires d'un collégien. Hrsg. v. Konr. Meier. Autoris. Ausg. 2. verb. Aufl. 8. (XIV, 111 u. 53 S.) 900. n. 1. 20; Wörterverzeichnis. (48 S.) n. — 30
22. Lanfrey, Pierre, Histoire de Napoléon Ier. Campagne de 1806—1807. Mit Einleitg., Anmerkgn., 2 Karten u. 4 Plänen hrsg. v. Paul Apetz. 12. (VIII, 96 u. 53 S.) 899. n. 1. 40
23. Hugo's, Vict., Gedichte. In zeitl. Anordng. m. Einleitg. u. Anmerkgn. hrsg. v. K. A. Mart. Hartmann. 12. (XXIV, 115 u. 52 S.) 899. n. 1. 40
24. Daudet, Alphonse, Aventures prodigieuses de Tartarin de Tarascon. Hrsg. v. Johs. Hertel. Autoris. Ausg. 12. (XXI, 103 u. 54 S.) 900. n. 1. 20; Wörterverzeichnis. (24 S.) n. — 20
25. Souvenirs d'une Bleue, élève de Saint-Cyr. Marguerite-Victoire de la Maisonfort à Genoviève de Colombe (Octobre 1688—Février 1691). Hrsg. v. Konr. Meier. Autoris. Ausg. 12. (XVIII, 91 u. Anmerkgn. 37 S.) 902. n. 1. 20; Wörterverzeichnis. (27 S.) n. — 20

— dasselbe. Nr. 6, 11 u. 21. Wörterverzeichnisse. Ebd. à n. — 20

6. Thiers, Bonaparte en Égypte et en Syrie. 12. (35 S.) (900.)
11. Souvestre, Emile, Au coin du feu. (Auswahl.) 8. (35 S.) 902.
21. Bruno, G., Francinet. Hrsg. v. A. Mühlan. 12. (47 S.) (900.)

— Schulausgaben (französischer Schriftsteller). Nr. 1. 4. 6. 9. 11. 12. 19 u. 26 kl. 8. Leipzig. Dr. P. Stolte. n. 10. —

1. Mademoiselle de la Seiglière. Comédie en 4 actes et en prose. Par Jules Sandeau. Neue Bearbeitg. m. Einleitg. u. Anmerkgn. hrsg. v. K. A. Mart. Hartmann. 20—22. Taus. (XII, 105 u. 54 S.) 906. Geb u. geh. n. 1. 60
4. Lettres de mon moulin. Par Alphonse Daudet. Ausgewählte Briefe m. Einleitg., Anmerkgn. u. e. Anh. Hrsg. v. Erwin Hönncher. 3. verb. Aufl. 7—9. Taus. (XIII, 77 u. 40 S.) 904. Kart. u. geh. n. 1. 20
6. Bonaparte en Égypte et en Syrie. Par Thiers. Mit Einleitg. u. Anmerkgn. hrsg. v. K. A. M. Hartmann. 7—9. Taus. (XVI, 88 u. 78 S. m. 4 Karten.) 906. Kart. u. geh. n. 1. 40
9. Athalie. Par Racine. 1691. Mit Einleitg. u. Anmerkgn. hrsg. v. K. A. Mart. Hartmann. 2. verb. Aufl. (XX, 86 u. 61 S.) 905. Kart. u. geh. n. 1. 20
11. Au coin du feu. Par Émile Souvestre. Auswahl. Mit Einleitg. u. Anmerkgn. hrsg. v. C. Humbert. 4—6. Taus. (92 u. 39 S.) 906. Geb. n. 1. —
12. Ausgewählte Fabeln. Von La Fontaine. Mit Einleitg. u. Anmerkgn. hrsg. v. Max Frdr. Mann. 2. verb. Aufl. (XXIII, 52 u. 77 S.) 905. Kart. u. geh. n. 1. —
19. Mémoires d'un collégien. Par A. Laurie. Hrsg. v. Konr. Meier. Autoris. Ausg. 3., verb. Aufl. 7—9. Taus. (XIV, 111 u. 53 S.) 903. Kart. u. geh. n. 1. 20
26. Campagne de Crimée. Lettres écrites de Crimée à sa famille. Par Henri Loizillon. Rechtmässige Ausg., nebst e. Einleitg. nach französ. Quellen u. e. Karte des Kriegsschauplatzes hrsg. v. Ulr. Meier. (VIII, 102 u. 67 S.) 903. Kart. u. geh. n. 1. 40; Wörterbuch m. Berücksicht. der selteneren französ. Ausdrücke der Anmerkgn. (41 S.) n. — 30

— dasselbe. Nr. 10 u. 17. Wörterbuch. 8. Ebd. à n. — 30

10. Erzählungen. Von André Theuriet. (43 S.) 905.
17. Novellen. Von François Coppée. (39 S.) 906.

— Schulausgaben (französ. Schriftsteller.) Nr. 1, 5, 7, 10 u. 16—18. kl. 8. Niederlössnitz, Dr. P. Stolte. Geb. u. geh. 8. 60

Coppée, François, ausgewählte Novellen. Mit Einleitg. u. Anmerkgn. hrsg. v. Gerh. Franz. 2. Aufl. (4.—6. Taus.) Besorgt v. Arth. Franz. (XVI, 80 u. 38 S.) Leipzig 908. (Nr. 17.) Geb. u. geh. 1. 20

Duruy, Vict., histoire de France de 1789 à 1795. Mit Einleitg. u. Anmerkgn. hrsg. v. K. A. Mart. Hartmann. 4. verb. Aufl. 10.—12. Taus. (XVI, 84 u. 75 S.) Leipzig 908. (Nr. 5.) Geb. u. geh. 1.20; Wörterbuch (39 S.) 907. — 30

Molière, le bourgeois gentilhomme. Mit Einleitg. u. Anmerkgn. hrsg. v. C. Humbert. 2. verb. Aufl. (XX, 90 u. 39 S.) Leipzig 907. (Nr. 7.) Geb. u. geh. 1. —

Sandeau, Jules, mademoiselle de la Seiglière. Comédie en 4 actes et en pose. Neue Bearbeitg., m. Einleitg. u. Anmerkgn. hrsg. v. K. A. Mart. Hartmann. 23. bis 25. Taus. 8., m. der 7. gleichlaut. Aufl. (XII, 105 u. 54 S.) Leipzig 909. (Nr. 1.) Geb. u. geh. 1. 60

Taine, H., Napoléon Bonaparte. Mit Einleitg. u. Anmerkgn. hrsg. v. K. A. Mart. Hartmann. 3., verb. Aufl. 7.—9. Taus. (XXIV, 115 u. 48 S.) Leipzig 908. (Nr. 16.) Geb. u. geh. 1. 20

— l'ancien régime. — La structure de la société. Mit Einleitg. u. Anmerkgn. hrsg. v. K. A. Mart. Hartmann. 2., verb. Aufl. 4.—6. Taus. (XX, 99 u. 57 S.) Leipzig 90-. (Nr. 18.) Geb. u. geh. 1. 20

Theuriet, André, ausgewählte Erzählgn., m. Einleitg. u. Anmerkgn. hrsg. v. Gerh. Franz. 2. Aufl. (4.—6. Taus.), besorgt v. Arth. Franz. (X, 92 u. Wörterbuch 32 S.) Leipzig 910. (Nr. 10.) Geb. u. geh. 1. 20

— u. Wilh. Weygandt, die höhere Schule u. die Alkoholfrage. 2 Vorträge auf der 21. Mitglieder-Versammlg. des deutschen Vereins gegen den Mißbrauch geist. Getränke. Erfurt 9. IX. 1904. (60 S.) 8. Berlin 905. Mäßigkeits-Verlag. n. — 40

— u. Wilh. Weygandt, die höh. Schule u. d. Alkoholfrage. 2 Vorträge auf der 21. Mitglieder-Versammlg. d. deutschen Vereins gegen den Mißbrauch geistiger Getränke. Erfurt 9. IX. 1904. 3. (erweit.) Aufl. (66 S.) 8. Berlin 907. Mäßigkeits-Verlag. p — 40

— die höhere Schule u. die Gesundheitspflege. Vortrag, geh. am 6. IV. 1904 auf der 14. Hauptversammlg. des sächs. Gymnasiallehrervereins in Schneeberg. (IV, 56 S.) 8. Leipzig 905. B. G. Teubner. n. 1. —

Der neuere Stand der Anti-Alkoholbewegung in der Nordamerikanischen Union. Von Prof. Dr. K[arl] A[ugust] Martin **Hartmann**. 2. verb. u. verm. Aufl. Dresden: Böhmert 1909. 60 S. 8°
Erw. aus: Die Alkoholfrage. [II. 337]

Hartmann, K. A. Mart., Zeittafel zu Victor Hugo's Leben u. Wirken, nach den Quellen bearb. u. als Hilfsmittel f. das Studium d. Dichters hrsg. gr. 8. (VI, 53 S.) Oppeln 886. Franck. n. 1. 60

Siedenburg, Aug. Bernh.: Todten-Feyer des Br. Aug. Bernh. Siedenburg [am 12. März 1836]. [Unterz.:] C[arl] C[hristian] **Hartmann**. Vervielfältigtes Ms. f. Brr. [Hamburg 1836: Menck.] 37 S. 8° [Umschlagtit.]
cf. Kneisner, F.: Gesch. d. Prov.loge v. Niedersachsen. 1902 S. 327—328.
Bericht. Ansprachen von A. Detmer, J. G. B. Maltz, C. L. Wimmel, K. A. Straus.

Hartmann, Carl Christof von, Referendar: Der Sollkaufmann nach § 2 des neuen Handelsgesetzbuchs vom 10. Mai 1897. Borna, Bez. Leipzig 1908: Noske. IX, 67 S. 8°
Leipzig, Jur. Diss. v. 7. Nov. 1908
[Geb. 7. Febr. 81 Obergersdorf; Wohnort: Grimma; Staatsangeh.: Sachsen; Vorbildung: Fürstensch. St. Afra Meißen Reife O. 01; Studium: Gent 2, Leipzig 1, Berlin 1, Leipzig 4 S.; Rig. 20. Febr. 06.] [U 09. 2532

Hartmann, Car. Eduard. Rob. (geb. Blankenburg a. H. 8. 10. 1832): Colaceutes novum parasitorum genus. Berolini (1856). (13 S.) 4°
Berlin, Med. Diss. v. 11. Okt. 1856

Hartmann, C. E. R., Darwinismus u. Thierproduktion, s. a. Naturkräfte, die.

Hartmann C. E. R.: Darwinismus u. Thierproduktion. Münch. 1876. 290 S. Fig.
(Die Naturkräfte. Eine naturwissenschaftliche Volksbibliothek. Bd. 16).

Hartmann, C. E. R.: Darwinismus und Thierproduktion. Mit 46 Holzschnitten. München 1876. XII, 291 S. 8°.

Hartmann, Karl Friedrich, s.a. H a r t t m a n n

Hartmann, Carl Friedr., der Fischerkahn. Eine Erzähl. f. Kinder. 12. (5 B., 4 Stndr. u. Titvign.) Straßburg 829, Levrault.

—— Gedichte. gr. 12. (7 B.) Straßburg 831, Treuttel u. Würz.

— Lieder u. Gedichte. 8. Straßb. 819.

Hartmann, C. Fr., das Schloß Lützelhardt. Ein histor.-elsaß. Rittergemälde, dramat. bearb. gr. 12. (6²/₃ B.) Straßburg 830, (Treuttel u. Würz.) Thlr.

—— das Vogelgarn; e. Erzähl. f. Kinder. 12. (2 B., 3 Stndr. u. 1 Vign.) Straßburg 828, Levrault.

Hartmann, Karl Friedrich Alexander

– s. A l l a n , Robert: Die Mineralogie.

— die Anfangsgründe der M e c h a n i k. In leichtfaßlichem Vortrage als Leitfaden zum Schulunterrichte u. zum Selbststudium f. jeden Gebildeten nach d. Engl. bearb. Durchgesehen u. m. Zusätzen verm. Mit 143 eingedr. Holzschn. 8. (X u. 173 S.) Leipzig 850, Haendel. 3/1 ₰

— Angaben u. Pläne englisch-amerik. Mahlmühlen, siehe a. S c h a u p l a t z, neuer, der Künste u. Handwerke, 181. Bd.

— — Angabe u. Pläne theils schon ausgeführter, theils gut ausführbarer engl.-amerikanischer Mahlmühlen etc. 2. umgearb. Aufl. Weimar 1857. Text 8°. Atlas von 27 Querfoliotfln. 4°.

Hartmann: Angaben und Pläne theils schon ausgeführter, theils gut ausführbarer englisch-amerikanischer Mahlmühlen. 3. Aufl. von L. Krüdener. Weimar 1865

— pract. Anleitung zur Anlage u. Benutzung gegrabener u. artesischer Brunnen, siehe: S c h a u p l a t z, neuer, der Künste u. Handwerke, 124. Bd.

Hartmann, C., praktische Anleitung zur Anlage und Benutzung gegrabener und artesischer Brunnen. Weimar. 1843. 1 Thlr.

Hartmann, Dr. C., Praktische Anleitung zur Anlage und Benutzung gegrabener und gebohrter oder sogen. artesischer Brunnen etc. 3. Aufl. Mit 8 lith. Langfoliotfln. Weimar 1859. 8°.

– A n l e i t u n g zum Selbststudium der Akustik ..., s. S p o r s c h i l , J.

— E, Anleitung zum Selbststudium der Berg- und Hüttenkunde. Leipzig 1838

Hartmann (Karl), Anleitung zum Selbststudium der Chemie. Leipzig 1838. 12.

Hartmann (Karl), Anleitung zum Selbststudium der Geologie. Leipzig 1838. 16.

Hartmann E, Anleitung zum Selbststudium der Krystallographie. Leipzig 1837

— Anleitung zum Selbststudium der Mineralogie. Nach dem Boock of Science. Leipzig. 1837. 12.

Hartmann (Karl), Anleitung zum Selbststudium der Versteinerungskunde. Leipzig 1838. 12.

—— **Anweisung zur Führung der Klassen- und Gewerbesteuer-Heberollen, s. Anweisung.**

Hartmann, Carl (Bearb.), s. A r m e n g a u d : Praktisches Handbuch über den Bau und Betrieb der hydraulischen Motoren . . .

– s. A r m e n g a u d , Charles: Der Maschinenarbeiter.

— berg- und hüttenmännischer **Atlas**, oder Abbildungen und Beschreibungen vorzüglicher, ausgeführter oder im Betriebe stehender Bergwerks- u. Hütten-Maschinen u. Apparate. Werkzeichnungen u. Vorlegeblätter für Berg- u. Hüttenleute, Maschinenbauer, Berg- u. Gewerbschulen. Nebst einer Uebersicht der Fortschritte d. Berg- u. Hütten-Maschinenwesens. (In 4 Liefgn.) 1. u. 2. Liefg. Weimar 858. Voigt. gr. 4. (Sp. 1—320. und Uebersicht der neuesten Fortschritte beim Maschinenwesen etc. S. 1—64, u. 20 lith. Taf. in Fol.) Jede Liefg. 1 ₰ 22½ ngr

Berg- und Hüttenmännischer Atlas, oder Abbildungen u. Beschreibungen vorzüglicher, ausgeführter u. im Betriebe stehender Bergwerks- u. Hütten-Maschinen u. Apparate. 3. u. 4., letzte, Liefg. Weimar 859, 60. Voigt. gr. Fol. (22 lith. Taf. m. Text XVI Sp. u. Sp. 473 – 568 nebst: Uebersicht der neuesten Fortschritte beim Maschinenwesen etc. Sp. 97 – 128. in gr. 4.) Jede Liefg. 1 ℔ 22½ ngr

– s. Aubuisson de Voisins, Jean François d': Lehrbuch der Geognosie.

Hartmann, C. Die mechanische Aufbereitung der silberhaltigen Bleierze am Oberharze in ihrem jetzigen Zustande. Mit Zusätzen von Kerl, Osann und Wimmer. Weimar, 1853.

– – über die mechanische Aufbereitung der silberhaltigen Bleierze am Oberharze u. an einigen andern Orten in ihrem jetzigen Zustande; nebst einer Einleitung in das Studium der Aufbereitung. Ein Supplement zu Karsten's Metallurgie etc. Nach Abhandlungen der französ. Bergingenieure de Hennezel, Bardon, Pernolet u. Rivot, so wie der deutschen Bergingen. Osann, Scheerer, Vogt u. Wimmer, u. mit vielen eigenen Zusätzen bearb. Mit 15 lith. Taf. (in qu. Fol.) 2. verm. Aufl. Weimar 858. Voigt. gr. 8. (XII, 335 S. u. 2 Tab. in gr. Fol.) 2 ℔

—— die Aufbereitung und Verkokung der Steinkohlen, s. a. Schauplatz, neuer, der Künste rc. 237. Bd.

Hartmann, Dr. C., Die Aufbereitung und Verkokung der Steinkohlen, sowie die Vorbereitung, Verkokung und Verkohlung der Braunkohlen und des Torfes. Nebst vorangehenden Bemerkungen über die Eigenschaften, Wärmeeffect etc. Mit 5 lith. Tfln. Weimar 1858. 8°.

Hartmann, C: Die Aufbereitung und Verkokung der Steinkohlen. 2. Aufl. Weimar 1861

über Auffindung, Gewinnung u. Förderung der mineral. Brennstoffe, siehe: Schauplatz, neuer, der Künste u. Handwerke, 167. Bd.

– s. Bakewell, Robert: Grundriß der Geognosie.

—— das Baumwollen-Manufacturwesen, s. Schauplatz, neuer, 93. Bd.

– s. Beche, Henry T. de La. Untersuchungen über theoretische Geologie.

—— des Mühlen- und Maschinenbauers hülfreicher Begleiter, enthaltend die Decimalbruchrechnung. Quadrat- und Cubikwurzel-Tafeln. Wichtige Sätze aus der Geometrie. Oberflächen- und Körpermessung. Festigkeit der Materialien rc. Nebst einer Reihe von Tabellen über specif. Gewichte, Dichtigkeiten rc. 2., mit Hülfe der 10. Aufl. von Templeton's „Millwright's and Engineer's Pocket-Companion." u. a. Quellen, verb. und verm. Aufl. der deutschen Bearbeitung. 12. (VIII und 302 S. mit 3 Stnt. in qu. Fol.) Weimar 856, Voigt.

—— des Mühlen- und Maschinenbauers hülfreicher Begleiter, enthaltend: die Decimalbruchrechnung, das Ausziehen der Quadrat- und Cubikwurzeln, wichtige Sätze aus der Geometrie und Stereometrie rc.; nebst einer Reihe von Regeln, Dimensionen, Formeln. 3., mit Hülfe der 12. Aufl. von Templeton's „Millwright's and Engineer's Pocket-Companion" und anderer Quellen verb., umgearb. und sehr verm. Aufl. der deutschen Bearbeitung. 12. (XI und 317 S. mit 3 Stnt. in Langfolio.) Weimar 859, Voigt.

– Beiträge zur neuesten Mühlenbaukunst in Abbildungen und Beschreibungen zweckmäßiger neuerfund. Maschinen und Vorrichtungen aus dem Gesammtgebiet des Mühlenwesens. 1. 2. Liefg. mit 21 lith. Planotaf. gr. Fol. Ebend. 843, 44. 1. 2½ ℔ II. 2 ℔

– Beiträge zur neuesten Mühlenbaukunst in Abbildungen u. Beschreibungen zweckmäß. neuer Maschinen, Vorrichtungen u. Prozesse aus d. Gesammtgebiete des Mühlenwesens. 3 u. 4. Lfg. mit 20 lith. Planotaf. gr. Fol. (36 u. 40 S.) Weimar 847. 49. Voigt. à 2½ ℔ (1–4.: 9½ ℔)

–– Beiträge zur neuesten Mühlenbaukunst in Abbildungen u. Beschreibungen zweckmäßiger neuerfundener Maschinen und Vorrichtungen aus dem Gebiete des Mühlenwesens. Nach den besten Hülfsmitteln herausg. 2. wohlfeilere rc. (Titel-)Ausg. 1. 2. Liefg. in 1 Bde., mit 21 lith. Planotaf. Weimar (843.) 855. Voigt. gr. Fol. (2 Bl., 60 S.) 1 ℔ 10 ngr

–· Beiträge zur neuesten mineralog.-geolog.-berg- u. hüttenmännischen Topographie Deutschlands u. der Schweiz. A. u. d. T.: Supplement zu dem Taschenbuch für reisende Mineralogen, Geologen, Berg- u. Hüttenleute durch die Hauptgebirge Deutschlands u. der Schweiz. 8. (VIII u. 147 S.) Weimar 848. Voigt. ⅔ ℔

— Bereitung des Stahls, s. a. Overmann.

Hartmann, Carl (Friedr. Alex.), die Bereitung und Verarbeitung des Stahls. Ein unentbehrliches Handbuch für Eisen- und Stahlarbeiter jedes Faches, namentlich für Grob-, Zeug- und Waffenschmiede, Schlosser, Maschinenbauer rc. insbesondere auch für Gewerbvereine und polytechn. Anstalten. Nach dem engl. Werke des Ing. Overmann deutsch bearb. 1. Aufl. (VIII und 313 S.) 1853. und 2., verm. und ergänzte Ausg. 8. (XI und 365 S.) Frankfurt a. M. 856, Jügel's Verlag. Thlr. -

– s. Berthier, Pierre: Handbuch der Probierkunst auf trockenem Wege.

Hartmann, Carl Friedr. Alex., geograph.-statist. Beschreibung von Californien. Aufschlüsse über die Lage, den Boden u. das Clima des Landes, üb. seine Bewohner, ihr Leben, Sitten u. Gebräuche rc.; m. besond. Berücksicht. seines Mineralreichthums, namentl. der neuerlich so wichtigen Goldgewinnung u. d. vorzüglichsten dorthin gemachten Reisen. Nach den besten Quellen bearb. 1. Bericht. Mit einer (lith. u. color.) Generalkarte von Californien (in gr. Fol.). gr. 8. (XVI u. 171 S.) Weimar 849, Voigt. 1 ℔ — 2. Bericht. Nebst einem (lith.) Blatte (in Fol.) m. 9 Kärtchen v. der Goldregion, sowie von den wichtigsten Häfen u. Rheden. gr. 8. (IV u. 260 S.) Ebd 849. 1⅓ ℔ (1. 2.: 2⅓ ℔)

Hartmann, C. Ueber den Betrieb der Hohöfen, Cupolöfen etc. mit erhitzter Gebläseluft. Heft I—VI. Quedlinburg und Leipzig. 1834 – 1841.

Hartmann, Carl, über d. Betrieb d. Hohöfen, Cupolöfen rc. mit erhitzter Gebläseluft. 1. u. 2. Hft. Jedes m. 3 lith. Taf. (gr. 4.) gr. 8. (4¼ u. 4 B.) Quedlinburg 834, 35, Basse. à

Hartmann, Carl (Friedr. Alex.), über den Betrieb d. Hohöfen, Cupolöfen, Frischfeuer- u. Schmiedeessen mit erhitzter Gebläseluft. 3—6. Hft. gr. 8. Quedlinburg, Basse. [3. (11¼ B. u. 3 Stnt.) 836. 1⅙ Thlr., 4. (7 B. u. 5 Stnt.) 837. 1 Thlr., 5. (24 B. u. 5 Stnt.) 839. 2⅓ Thlr., 6. (9¼ B. u. 2 Stnt.) 841. 1⅙ Thlr.]
1. u. 2. Hft. Ebendas. 1834, 35. à 20 Gr.

– s. Beudant, François Sulpice: Lehrbuch der Mineralogie. – Beudant: Lehrbuch der Physik.

– s. Brard, C. P.: Grundriß der Bergbaukunde.

—— die Brennmaterialien, ihre Eigenschaften und ihre Benutzung in der Haus- und Landwirthschaft, sowie in den Künsten und Gewerben; allgemeinfaßlich dargestellt. 8. (VIII und 223 S. mit 70 Fig. auf 6 lithogr. Fol.-Taf.) Leipzig 863, Felix. *

— die Brennmaterialien, ihre Eigenschaften und ihre Benutzung in der Haus- und Landwirthschaft, sowie in den Künsten und Gewerben; allgemeinfaßlich dargestellt. Mit 70 Fig. auf 6 lith. Fol. Taf. Leipzig 863. Förstner. (Felix.) 8. (VIII, 223 S.) n. 1 ℛ 15 ngr.

Hartmann, Carl (Friedr. Alex.), die Brenn- oder Feuerungs-Materialien des Pflanzen- und Mineralreiches, s. Schauplatz, neuer, der Künste und Handwerke. 167. Bd.

— — Die Brenn- oder Feuerungsmaterialien des Pflanzen- u. Mineralreichs, nämlich Holz, Holzkohlen, Torf etc. 3. Aufl. Weimar 1863. Text 8°. Atlas von 15 Tfln. mit 225 Abbild. q. Form.

Hartmann, Karl, vollständige Brennmaterialkunde, s. Schauplatz, neuer, der Künste u. H., 112. Bd.

HARTMANN, Karl: Vollständige Brennmaterialkunde. Nebst Bemerkungen über die dabei erlangten Nebenproducte, als des Holzessigs, Theers und mit einem Anhange über die Gewinnung der Knochenkohle. - Weimar 1841. 9 1/2 Bg. - (Neuer Schauplatz d. Künste u. Handwerke Bd. 112) - 2. sehr verm. Aufl. u. d. T.: Vollständige Brennmaterialkunde, über die Eigenschaften und Gewinnung der verschiedenen Brennstoffe. Nebst Bemerkungen über die dabei erlangten Nebenprodukte, als des Holzessigs, Theers ... und mit Anhängen über die Gewinnung der Knochenkohle, über die Wirkung der Brennmaterialien und über die allgemeinen Grundsätze der Heizung. Nach eigenen Erfahrungen und den besten Hülfsmitteln bearbeitet. ebd. 1847. XII, 207 S.

—— gegrabene und artesische Brunnen, s. Schauplatz, neuer, der Künste rc. 124. Bd.

—— der Brunnen-, Röhren-, Pumpen- und Spritzenmeister, s. Schauplatz, neuer, der Künste rc. 45. Bd.

– s. Combes, Ch.: Handbuch der Bergbaukunst.

Hartmann, C. (Bearb.), s. Combes: Die rauchverzehrenden Oefen.

– s. Delvaux de Fenffe, A.: Über die zum Fahren der Bergleute in den Schächten angewendeten Maschinen.

Hartmann, Carl: „Ueber den Eisenhüttenbetrieb mit den aus den Hochöfen entweichenden und aus festen Brennmaterialien erzeugten Gasen", 2 Bände, Quedlinburg und Leipzig 1844. — Vorh.: Preuß. Oberbergamt Dortmund — F. I. 36.

—— über den Eisenhütten-Betrieb mit den aus den Hohöfen rc. entweichenden u. aus festen Brennmaterialien erzeugten Gasen. 2 Hfte. gr. 8. (36 B. u. 22 Stnt.) Quedlinburg 844, 45, Basse.

—— über den Eisen-, Kupfer-, Zink- und Bleihütten-Betrieb, so wie über die Kessel- und Pfannen-Feuerung mit brennbaren Gasen. 3. Heft. gr. 8. (184 S. und 4 Stnt. in qu. Fol.) Quedlinburg 850, Basse.
1. und 2. Heft. Ebendas. 1844—45. 3 Thlr.

Truran, W: Das britische Eisenhüttengewerbe. Bearb. von C. Hartmann. Mit Atlas. Weimar 1864. Atl. Fol.

—— Eisenhüttenkunde, s. Eisenhüttenkunde.

— —, praktische Eisenhüttenkunde oder systematische Beschreibung des Verfahrens bei der Roheisenfabrikation, der Stabeisenfabrikation, dem Giessereibetriebe und der Stahlbereitung, nebst Angaben über die Anlage und den Betrieb der Eisenhütten. Nach den Werken von Walter de St. Ange, Leblanc, Flachat, Barault, Petiet u. a. bearbeitet. 4 Thle. nebst Atlas. Weimar. 1843—1847. 43 Thlr.

Hartmann, C: Practische Eisenhüttenkunde. 2. Aufl. Th. 1—4 u. Atlas. Weimar 1852. Atl. Fol.

Hartmann, Carl (Friedr. Alex.), die neuesten Entdeckungen und Forschungen in der Geologie, als Supplement zu den geolog. Werken von Lyell u. A. A. u. d. T.: Supplement zu Lyell's Grundsätzen und Elementen der Geologie. 8. (XVI und 328 S. mit 4 Stnt.) Weimar 840, Voigt. Thlr.

— die neuesten Entdeckungen u. Forschungen in der Geologie, als Supplem. zu den geolog. Werken von Lyell u. A. A. u. d. T.: Supplement zu Lyell's Grundsätzen u. Elementen der Geologie. Mit 4 lith. Taf. 8. (XVI u. 328 S.) Weimar 849, Voigt. $1^1/_3$ ℛ

— technologische Encyklopädie für Fabrikanten u. Künstler, s. weiter unten dessen encyclopäd. Wörterbuch rc.

—— technologische Encyklopädie f. Fabrikanten u. Künstler, Handwerker u. Maschinisten. 4 Bde. (od. 36 Hfte.) 2. Ausg. gr. 8. ($213^3/_4$ B. u. 73 Stnt.) Augsburg 840—42, v. Jenisch u. Stage'sche Buchh. *
Die 1. Aufl. erschien unt. d. T.: Encyklopäd. Wörterbuch d. Technologie rc., vgl. unten.

—— Ergänzungsheft zu B. Valerius' theoret.-prakt. Handbuch der Roheisen-Fabrikation, s. Valerius.

— Ergänzungsheft zu B. Valerius' theoretisch-praktisches Handbuch der Roheisen-Fabrikation. Nebst Betrachtungen über die jetzige Lage des deutschen Eisenhüttengewerbes in technischer, statistischer und ökonomischer Beziehung. Mit 5 lith. Taf. (in Fol.) Freiberg 853. Engelhardt. gr. 8. (VI, 241 S.) n. 2 ℛ

Hartmann, C. Ueber die Erzeugung des Roh- und Stabeisens in England. Leipzig. 1833.

—— die rauchverzehrenden und brennstoffsparenden Feuerungen, s. Schauplatz, neuer, der Künste und Handwerke. 226. Bd.

– s. Flachat, E.: Führer für Dampfwagen-Conducteure.

— die Fortschritte der Bergbaukunst seit den letzten zehn Jahren. Ein Suppl. zu Combes's Bergbaukunst u. zu Villefosse's Mineralreichthum v. dem Bearbeiter dieser beiden Werke. Mit 7 (lith.) Querfoliotaf. gr. 4. (VI u. 133 S.) Ebd. 852. $1^1/_2$ ℛ

Hartmann, Carl (Friedr. Alex.), die Fortschritte des Eisenhüttengewerbes in der neueren Zeit oder der heutige Standpunkt der Roheisen-, Stabeisen- und Stahlfabrikation. Nebst kurzer Entwickelung der neusten quantitativen Eisenhüttenproduction. Mit 11 lith. Taf. (in qu. Fol.) Leipzig 858. Förstner. gr. 8. (XII, 184 S.) n. 3 ℛ 20 ngr.

– - die Fortschritte der Eisenhüttenkunde. Ein Supplement zu Karsten's „Handbuch der Eisenhüttenkunde" u. zu allen andern ähnlichen Werken. Mit 17 Kpfrtaf. (in qu. gr. Fol.) gr. 8. (XVI u. 880 S.) Berlin 851, G. Reimer. n. 6 ℛ

Hartmann, C. (F. A.): „Die Fortschritte des metallurgischen Hüttengewerbes in der neueren Zeit oder der heutige Standpunkt der mechanischen Aufbereitung, der Brennmaterialkunde, des Ofen- und Gebläsebaues, der Roheisen-, Stabeisen- und Stahlfabrikation, ferner der Zink-, Kupfer-, Blei-, Silber-, Gold- und Nickel-Gewinnung. Nebst kurzer Entwickelung der neuesten quantitativen Metallproduction", 2 Bände, Leipzig 1859; 3.—5. Band: „Die Fortschritte des metallurgischen Hüttengewerbes in den Jahren 1859—1861", mit lithogr. Tafeln, Leipzig 1860—1862. — Alle vorh.: Com. Bibl. Hamburg.

– - die Fortschritte des metallurgischen Hüttengewerbes in der neuern Zeit oder der heutige Standpunkt der mechanischen Aufbereitung, der Brennmaterialkunde, des Ofen- u. Gebläsebaues rc. Nebst kurzer Entwickelung der neuesten quantitativen Metallproduction. 2. Bd. Mit 6 lith. Royal-Foliotaf. Leipzig 859. Förstner. (Felix.) gr. 8. (XIV, 469 S.) n. 3 ℛ 20 ngr.
Den 1. Bd. bildet des Verf. Werk: Fortschritte des Eisenhüttengewerbes

— — im Jahre 1859 oder systematischer Jahresbericht über die Brennmaterialkunde, über den Ofen u. Gebläsebau, die Roheisen-, die Gußwaaren-, die Stabeisen u. Stahl fabrikation, ferner die Zink-, Kupfer-, Blei-, Silber- &c. Gewinnung. Nebst kurzer Entwickelung der neuesten quantitativen Metallproduktion. 3. Bd. Mit 8 lith. Royal Foliotaf. Ebend. 860. gr. 8. (XII, 487 S.) n. 4 Thlr.

Hartmann, Carl (Friedr. Alex.), die Fortschritte des metallurgischen Hüttengewerbes im Jahre 1860 oder systematischer Jahresbericht &c. 4. Bd. Mit 7 lith. Foliotaf. Leipzig 861. Förstner. (Felix.) gr. 8. (X, 384 S.) n. 3 Thlr. 10 ngr.

— — im Jahre 1861 oder systematischer Jahresbericht &c. 5. Bd. Mit 5 lith. Foliotaf. Ebend. 862. gr. 8. (IX, 357 S.) n. 3 Thlr. 10 ngr.

— — im Jahre 1862 oder systematischer Jahresbericht &c. 6. Bd. Mit 3 lith. Foliotaf. Ebend. 863. gr. 8. (VIII, 352 S.) n. 3 Thlr. 10 ngr.

— die neueren Fortschritte des gesammten Mühlenwesens. Als erstes Supplem. zu Schlegel's vollständiger Mühlenbaukunst u. andern Werken der Art. Nach den besten Hülfsmitteln bearb. Mit 5 lith. Taf. (in Fol.). Leipzig 861. C. F. Winter. gr. 8. (VI, 134 S.) n. 1 Thlr. 6 ngr.

— — 2. Supplem. zu Schlegel's vollständiger Mühlenbaukunst u. anderen Werken der Art. Nach den besten Hülfsmitteln bearb. Mit 6 lith. Taf. (in Fol.) Ebend. 864. gr. 8. (VIII, 173 S.) n. 1 Thlr. 15 ngr.

— die neuesten Fortschritte der Förmerei und Gießerei, besonders der in Eisen. 3. Aufl. Abdruck aus des Verfassers „Handbuch der Metallgießerei" für die Besitzer der beiden ersten Aufl. Mit 4 lith. Querfoliotaf. Weimar 858. Voigt. 8. (3 Bl., 93 S.) 15 ngr.

— die neuesten Fortschritte der Förmerei und Gießerei, besonders der in Eisen. 2. verm. Aufl. Mit 5 lith. Querfoliotaf. Weimar 862. Voigt. 8. (VI, 130 S.) 15 ngr.

— die neuesten Fortschritte der Gasbeleuchtung, s. Schauplatz, neuer, der Künste &c.

— die neuesten Fortschritte der Roh- und Stabeisen-Fabrikation. Ein Supplem. zu „Praktisches Handbuch der Roh- u. Stabeisen-Fabrikation in leichtfaßlichem Vortrage." Mit 1 (lith.) Taf. (in gr. Fol.) Leipzig 857. Brockhaus. Lex.-8. (91 S.) n. 20 ngr.

— siehe a. Fortschritte, die neuesten, des Steinkohlen-Bergbaues.

Hartmann, C. (F. A.): „Die neuesten Fortschritte des Steinkohlenbergbaues", mit 12 Tafeln, Quedlinburg und Leipzig 1850. — Vorh.: Com. Bibl. Hamburg.

— die neuesten Fortschritte u. Vervollkommnung d. Gasbeleuchtung, siehe: Schauplatz, neuer, der Künste u. Handwerke, 182. Bd.

— die Fortschritte des Steinkohlen-Bergbaues in der neuesten Zeit, oder der heutige Standpunkt der Aufsuchung, Gewinnung und Förderung der mineralischen Brennstoffe. Nebst kurzer Entwickelung der neuesten quantitativen Stein- u. Braunkohlen-Production. Mit 11 lith. Langfoliotaf. Berlin 859. J. Springer. gr. 8. (VIII, 352 S.) n. 2 Thlr. $27\frac{1}{2}$ ngr.

— der treue Führer beim Schürfen und bei der Bohrarbeit, s. a. Schauplatz, neuer, der Künste &c. 160. Bd.

— Der treue Führer beim Schürfen und bei der Bohrarbeit. (Schauplatz der Künste und Handwerke 160) Weimar 1856

— die Glasfabrikation in ihrem ganzen Umfange u. in ihrem neuesten Zustande. Nach den besten neuern Hülfsmitteln allgemein verständlich bearb. u. durch Abbildgn. erläutert. Mit 10 lith. Folio-Taf. 8. (VI u. 213 S.) Quedlinburg 850, Basse. $1\frac{1}{6}$ Thlr.

— Grundriss der Eisenhüttenkunde. gr. 8. ($32\frac{3}{4}$ B. u. 10 Stnt.) Berlin 843, Hayn.

— Grundriss der Eisenhüttenkunde. 2. verm. u. ergänzte Ausg. Mit 11 lith. Taf. (in qu. Fol.) gr. 8. (XII u. 603 S.) Berlin 852, Hayn. 4 Thlr.

— Grundriß der Geologie, s. Taschenbibliothek d. Naturwissenschaften, 29. Bdchn.

— Grundzüge der Geologie in allgem. fassl. Vortrage. Mit 107 (eingedruckt.) Abbild. gr. 8. ($27\frac{5}{8}$ B. u. Ttlbld.) Leipzig 843. [Lorck.] * 2 Thlr. 20 Ngr. Hrbges. Pr. *

— Grundzüge der Geologie in allgemein faßlichem Vortrage. Mit 107 (eingedr.) Abbild. gr. 8. Leipz. 843, Weber. n. $2\frac{2}{3}$ Thlr.

— Grundzüge d. Mineralogie u. Geologie, z. Gebr. f. höh. Lehranstalten u. z. Selbstunterr. f. Gewerbtreibende aller Art u. Freunde d. Naturwissenschaft. 1. Thl. Mineralogie. (3 Hfte.) ($39\frac{1}{2}$ B. u. 6 Kpfrt. qu. ½ Fol.) gr. 8. Nürnberg 834, 35, Stein.

— Grundzüge der Mineralogie u. Geologie, zum Gebrauche für höhere Lehranstalten u. zum Selbstunterrichte für Gewerbtreibende aller Art u. Freunde der Naturwissenschaft. 1r Thl. Mineralogie, 2r Thl. Geologie. Mit 8 Kupfertafeln. gr. 8. Nürnberg 834—36. Stein. $3\frac{1}{4}$ Thlr.

Hartmann, C. Handbuch über die Anlage von Eisenbahnen. Augsburg 1837.

Hartmann, C. Handbuch über die Anlage von Eisenbahnen. 2. A. Augsburg 1840.

— Handbuch über den Bau, &c. der Dampfmaschinen, siehe a. Schauplatz, neuer, der Künste u. Handwerke, 158 u. 159. Bd.

Hartmann, C., Handbuch über den Bau, die Aufstellung, Behandlung, Bedienung, Heizung, Abwartung u. Conservirung der Dampfmaschinen. Weimar 1847/48. 2 Texte 8°. Atlas von 39 Tfln. Fol.

— Handbuch der Bergbau- und Hüttenkunde oder die Aufsuchung, Gewinnung und Zugutemachung der Erze, der Stein- und Braunkohlen und anderer nutzbarer Mineralien. Eine Encyclopädie der Bergwerkskunde. 1. Lfg. gr. 4. (Sp. 1—240 mit 10 Stnt. in qu. gr. Fol.) Weimar 856(57,) Voigt.

— Handbuch der Bergbau- und Hüttenkunde oder die Aufsuchung, Gewinnung und Zugutemachung der Erze, der Stein- und Braunkohlen und anderer nutzbarer Mineralien. Eine Encyclopädie der Bergwerkskunde. (In 4 Lfgn.) 2—4. Lfg. gr. 4. (Sp. 241—960 mit 30 Stnt. in qu. gr. Fol.) Weimar 857, Voigt. à Lfg. 1 Thlr. $22\frac{1}{2}$ Ngr.
1. Lfg. Ebendas. 1856. 1 Thlr. $22\frac{1}{2}$ Ngr.

— Handbuch der Bergbau- und Hüttenkunde oder die Aufsuchung, Gewinnung und Zugutemachung der Erze, der Stein- u. Braunkohlen u. anderer nutzbarer Mineralien. Eine Encyclopädie der Bergwerkskunde. Weimar 857, 58. Voigt. gr. 4. (X S., 1315 Sp. u. 50 lith. Taf. in qu. Fol.) 8 Thlr. $22\frac{1}{2}$ ngr.

— Handbuch der Blechfabrikation, s. a. Schauplatz der Künste.

Hartmann C, Handbuch der Blechfabrikation. (Schaupl. d. K. 196) Weimar 1861

– Handbuch über Dampfmaschinen, s. Schauplatz, Neuer, der Künste ... Bd 158. 159.

-- Handbuch des Eisenbahnwesens, siehe Schauplatz, neuer, der Künste u. Handwerke, 152. Bd.

Handbuch des Eisenbahnwesens oder praktisch populäre Darstellung der Anlage, Einrichtung und des Betriebes der Eisenbahnen. Nach Ritchie von C. Hartmann. Weimar 1847. 8. 1 1/4 Thlr.

Hartmann, C: Handbuch der Eisengießerei. 4. Aufl. Mit Atlas. Weimar 1863

— Handbuch der Eisenhüttengewerbskunde oder systematische Darstellung der Roheisen-, der Stabeisen- u. der Stahlfabrikation auf ihrem jetzigen Standpunkte. Für Eisenhütten- u. Staatsmänner, Fabrikanten-, Berg- u. Gewerbs-Lehranstalten etc. Leipzig 860. Gerhard. gr. 8. (XI, 616 S. u. 18 lith. Taf. in Fol.) n. 6 ℛ

Hartmann, Carl (Friedr. Alex.), Handbuch der Eisenhüttengewerbskunde oder systemat. Darstellung der Roheisen-, der Stabeisen- u. der Stahlfabrikation auf ihrem jetzigen Standpunkte. Für Eisenhütten- u. Staatsmänner, Fabrikanten, Berg- u. Gewerbs-Lehranstalten etc. Neue wohlf. (Titel-)Ausg. Leipzig (860) 65. Gerhard. gr. 8. (XI, 616 S. mit 18 lithogr. Querfoliotaff.) 2 ℛ

—— encyklopäd. Handbuch d. Maschinen- u. Fabrikenwesens f. Kameralisten, Architekten, Künstler, Fabrikanten u. Gewerbtreibende jeder Art; nach d. besten deutschen engl. u. französ. Hülfsmitteln bearb. 2 Thle. (od. 5 Abthln.) gr. 4. Darmstadt, Leske. •

Thl. 1. Abthl. 1. Einleitende Grundsätze d. Maschinen- u. Fabrikwesens, allgem. Bemerkn. üb. d. Kräfte u. spec. Beschreib. d. Handmühlen, Treträder, Roßmühlen, Windmühlen ꝛc. (23 B. u. 24 Stnt.) 833. • 3 Thlr.

" 2. Beschreibung von Winden, Krahnen, Rammen, Pumpen, Feuerspritzen, Pressen, Buchdrucker-, Kupfer- u. Steindruckpressen, Schneide- od. Sägemühlen ꝛc. (8 B. u. 19 Stnt.) 833. • 1 Thlr. 12 Gr.

" 3. Die Eisenbahnen u. d. Transport auf denselben. (8 3/4 B. u. 10 Stnt.) 838. • 1 Thlr. 8 Gr.

" 2. Abthl. 1. Die Gewinnung u. Verarbeitung d. Metalle. (42 3/4 B. u. 41 Stnt.) 838. • 5 Thlr. 8 Gr.

" 2. Die Verarbeitung verschied. Mineral-, Pflanzen- u. Thierstoffe; ferner Nachträge u. Register zu d. ganzen Werke. (57 3/4 B. u. 43 Stnt.) 839. • 6 Thlr. 16 Gr.

Hartmann, Karl, Handbuch für Locomotivenführer, s. Schauplatz, neuer, der Künste u. H., 127. Bd.

– Handbuch für Lokomotiv-Konstrukteure, s. Schauplatz, Neuer, der Künste und Handwerke.

– Handbuch der Metalldreherei, s. Schauplatz, Neuer, der Künste und Handwerke.

—— Handbuch der Metallgießerei, s. Schauplatz, neuer, der Künste ꝛc. 103. Bd.

— Handbuch d. Metallgießerei, od. vollständ. Anweisung, in Sand, Masse u. Lehm zu formen und mit Eisen, Messing, Bronze, Blei, Zinn, Silber ꝛc. in diesen Formen eine Menge von Gegenständen ꝛc. herzustellen. Mit 33 lithograph. Tafeln. 8. Weimar 840. Voigt. 4 1/2 ℛ (Vgl. Schauplatz d. Künste u. Handw. 103r Bd.

Hartmann C, Handbuch der Metallgiesserei. I: Eisengiesserei. Mit Atlas. II: Metallgiesserei. Mit Atlas. 4. Aufl. (Schaupl. d. Künste 259-60) Weimar 1863

— Handbuch d. prakt. Metallurgie, siehe Schauplatz, neuer, der Künste u. Handwerke, 80 u. 81. Bd.

— Handbuch der prakt. Metallurgie, oder Darstellung der Gewinnung u. Verarbeitung der in den Künsten u. Gewerben nutzbarer Metalle. Nebst e. Anhang über die Anfertigung der Eisenbahnschienen. 2 Thle. Mit 12 lithograph. Tafeln. 8. Weimar 837. Voigt. 3 1/3 ℛ Vgl. Schauplatz der Künste u. Handw. 80r u. 81r Bd.

Hartmann, C., Handbuch der praktischen Metallurgie, oder Darstellung der Gewinnung und Verarbeitung der in den Künsten und Gewerben nutzbaren Metalle. 2 Thle. 2te Aufl. Weimar 1847. 2 1/4 Thlr.

—— Handbuch der Mineralogie, z. Gebrauch f. Jedermann. Zugleich als 2., umgearb. u. verm. Aufl. der „Mineralogie in 26 Vorlesungen." 2 Bde. Mit viel. in den Text eingedruckten Holzschn. gr. 8. (96 B. u. 30 Stnt.) Weimar 843, Voigt.

Hartmann, C. Handbuch der Mineralogie. 2 Bde. Mit Atlas. Weimar. 1843 und 1844.

—— Handbuch der Mineralogie zum Gebrauch für Jedermann, besonders aber für Universitäten etc. Zugleich als 2., umgearb. und verm. Aufl. der „Mineralogie in 26 Vorlesungen." 3. Bd. A. u. d. T.: Die neuesten Entdeckungen und Forschungs-Resultate auf dem Gebiete der gesammten Mineralogie seit dem J. 1843. Ein Nachtrag zum Handbuche der Mineralogie. gr. 8. (XII und 629 S. mit 4 Stnt. in Fol.) Weimar 850, Voigt.

1. und 2. Bd. Ebendas. 1843. 7 Thlr. 22 1/2 Ngr.

— Handbuch der Papierfabrikation. Mit 8 lith. Tafeln. gr. 8. Berlin 842, Amelang. 2 1/3 ℛ

— populäres Handbuch d. allgem. u. speciellen Technologie, oder wissenschaftliche Darstellung des Gewerbwesens nach den neuesten Ansichten u. Erfindungen. 1r Bd. Mit 50 lithograph. Tafeln. gr. 8. Berlin 840. Amelang. n. 4 ℛ

— populäres Handbuch der allgemeinen u. speziellen Technologie, od. der rationellen Praxis des chemischen und mechanischen Gewerbwesens, nach den neuesten Ansichten und Erfindungen, im allgemein faßlichen Vortrage. 2 Bde. Mit 655 Abbild. auf 87 lithogr. Tafeln. gr. 8. Berlin 840, 41, Amelang. 8 ℛ

— populäres Handbuch der allgemeinen u. speziellen Technologie oder der rationellen Praxis des chemischen u. mechanischen Gewerbwesens nach den neuesten Ansichten u. Erfindungen im allgem. faßlichen Vortrage. 2 Bde. 2. (Titel-) Ausg. Mit 655 Abbildungen (auf 70 lith. Taf. in 8. u. 4.) gr. 8. (XL, 856 u. 912 S.) Leipzig (841) 850, Amelang. 2 1/2 ℛ

—— prakt. Handbuch üb. Anlage v. Eisenbahnen, ihre Kosten, Unterhalt. u. ihren Ertrag, üb. d. Anfertigung u. Prüfung guß- u. stabeiserner Schienen, u. d. Einrichtung d. Dampf- u. a. Eisenbahnwagen. Nach Tredgold, Wood, Macneil, u. A. bearb. 4 Lfgn. gr. 8. (35 B. u. 15 Stnt.) Augsburg 836, 37, v. Jenisch- u. Stage'sche Buchh. •

—— dass. — 5. Lfg. od. Supplemhft. die Verbessern. u. Vermehrn. d. 2. Aufl. enth. f. d. Besitzer d. 1. Aufl. gr. 8. (2 3/4 B. u. 1 Stnt.) Ebds. 840.

—— dass. — 2., mit d. neuesten Erfahrn. u. Verbessern. bereich. Ausg. gr. 8. (37 1/2 B. u. 16 Stnt.) Ebds. 840. •

— prakt. Handbuch über die Anlage von Eisenbahnen ꝛc. 5. oder Supplementheft. Mit lith. Tafeln. gr. 8. Augsburg 841, v. Jenisch u. Stage. 1/6 ℛ

Hartmann, C., praktisches Handbuch des Baumwollen-Manufacturwesens. Nach dem Englischen des A. Ure. Weimar. 1843. 8. 4 1/4 Thlr.

— praktisches Handbuch der Blechfabrikation, s. Schauplatz, neuer, der Künste ꝛc. 196. Bd.

— praktisches Handbuch der Roh- und Stabeisen-Fabrikation in leichtfaßlichem Vortrage. Zugleich als systematischer Text zu: „Die Fabrikation des Eisens. Von E. Flachat, A. Barrault und J. Petiet. Atlas mit erläuterndem Texte." Mit 8 (lith.) Taf. (in Fol.) 853. (XII, 408 S.) n. 4 ℛ. — 2. ergänzte u. verm. Aufl. Leipzig 857. Brockhaus. Lex.-8. (XII, 464 S.) n. 4 ℛ 20 ngr

Hartmann, C: Praktisches Handbuch der Stahlfabrikation. Weimar 1861

Hartmann, C. und C H Schmidt, praktisches Handbuch des Woll-Manufacturwesens. Weimar. 2te Aufl. 1848. 8. 3 Thlr.

—— Handbuch der Stahlfabrikation, s. a. Schauplatz, neuer, der Künste ꝛc. 249. Bd.

— Handbuch d. Stahlfabrikation. (Schaupl. d. Künste u Handw. 249) Weimar 1861

— Handbuch der Steinarbeiten, s. a. Schauplatz, neuer, der Künste ꝛc. 206. Bd.

Hartmann C, Handbuch der Steinarbeiten. Nebst einem Anhang über künstliche Steinmassen. 6. Auflage. (Mit 8 T) (Schauplatz der Künste 206) Weimar 1862

—— Handbuch des Steinkohlen-Bergbaues, oder Darstellung des in den bedeutendsten Steinkohlen-Bergwerken Europa's zur Aufsuchung, Gewinnung und Förderung der brennbaren Mineralien angewendeten Verfahrens. Nach dem Werke des belgischen Bergingen. A. T. Ponson mit Berücksichtigung der besten sonstigen Hülfsmittel bearb. (5 Lfgn.) gr. 4. (XVI und 1103 Sp. mit 56 Stnt. in qu. gr. Fol.) Weimar 855—56, Voigt. (à Lfg. 1 Thlr. 22½ Ngr.) Thlr.

Handbuch des Steinkohlen- und Braunkohlen-Bergbaues, oder Darstellung des in den bedeutendsten Stein- u. Braunkohlen-Bergwerken Europa's zur Aufsuchung, Gewinnung, Forderung u. Aufbereitung der brennbaren Mineralien angewendeten Verfahrens, einschliesslich der verwandten Gewinnung des Kupferschiefers, des Steinsalzes u. der Eisenerze der Steinkohlen-Formation. Nach dem Werke des belgischen Bergingen. A. T. Ponson u. mit den besten u. neuesten sonstigen Hulfsmitteln bearb. 2., sehr verm. u. verb., theilweis neu bearb. Aufl. (In 5 Liefgn.) Weimar 861—62. Voigt. gr. 8. (XXX Sp., 1756 Sp. u. 79 lith. Taf. in Fol.) 12 Thlr. 15 Ngr.

Hartmann C. Handbuch der Technologie. 2. A. Leipzig 1850. 2 Bde.

— Handbuch d. Thon- u. Glas-Waaren-Fabrikation ꝛc. Nach den besten Hilfsmitteln bearbeitet. Mit 154 Abbild. auf 10 lith. Tafeln. gr. 8. Ebend. 841. 3½ Thlr.

— vollständ. Handbuch der Eisengießerei, oder Beschreibung des Verfahrens bei d. Roheisen-Erzeugung, beim Umschmelzen d. Roheisens, so wie bei d. Anfertigung der verschied. Arten von Formen zum Eisenguß. Nach den besten deutschen, engl. u. franz. Hülfsmitteln u. nach eigenen Erfahrungen. Mit 11 lith. Taf. (in Fol.) 4. (VI u. 298 S.) Freiberg 817, Engelhardt. 3 Thlr.

— vollständiges Handbuch der Eisengießerei oder Beschreibung des Verfahrens bei der Roheisen-Erzeugung, beim Umschmelzen des Roheisens, so wie bei der Anfertigung der verschiedenen Arten von Formen zum Eisenguß. Für Hüttenleute, Eisengießer, Maschinenbauer, Architekten, Eisenhändler ꝛc. Nach den besten deutschen, engl. u. französ. Hülfsmitteln u. nach eigenen Erfahrungen. Ergänzungsheft. Mit 2 lith. Taf. (in qu. Fol.) Freiberg 853, Engelhardt. gr. 8. (4 Bl., 72 S.) 18 Ngr.

dgl. 4. Auflage. Mit Tafeln. Weimar, 1863.

— vollständ. Handbuch d. Metalldreherei, siehe a. Schauplatz, neuer, der Künste u. Handwerke, 186. Bd.

Hartmann K, vollständiges Handbuch der Metalldreherei. (Schauplatz der Künste und Handwerke 186) Weimar 1851

— vollständ. Handbuch der Schlosserkunst, s. Zipper.

—— vollständiges Handbuch der Steinarbeiten, s. Schauplatz, neuer, der Künste ꝛc. 206. Bd.

— vollständ. Handbuch d. engl. Werkzeugslehre, siehe: Schauplatz, neuer, der Künste u. Handwerke, 178 u. 179. Bd.

—— u. Chr. H. Schmidt', Handbuch d. Woll- u. Manufacturwesens, s. Schauplatz, neuer. 122. Bd.

Hartmann, K., Handwörterbuch der Berg-, Hütten- und Salzwerkskunde, der Mineralogie und Geognosie. 2. Aufl. 3 Bde. Weimar, 1859—1860.
1. A—F. 1859. 613 S.
2. G—O. 1859. 580 S.
3. P—Z. 1860. 547 S.

— Handwörterbuch der Berg-, Hütten- und Salzwerkskunde, der Mineralogie und Geognosie. Nebst deutschem Register mit den englischen u. französischen Synonymen u. Registern in letztern Sprachen. 2. ganzlich neu bearb. Aufl. 3 Bde. Ebend. 859, 60. Lex.-8. (XIII, 2010 S.) Jeder Bd. 3 Thlr. 15 Ngr.

Hartmann, Carl: „Handwörterbuch der Mineralogie, Berg-, Hütten- und Salzwerkskunde, nebst der französischen Synonymie und einem französischen Register", Ilmenau 1825. — Vorh.: Preuß. Oberbergamt Dortmund — E. f. 119. — 2. Auflage u. d. T.: „Handwörterbuch der Berg-, Hütten- und Salzwerkskunde, der Mineralogie und Geognosie", 3 Bände, Weimar 1859—1860. — Vorh.: Verein zur Wahrung der bergbaulichen Interessen, Essen-Ruhr — Ab. 8.

Hartmann, (C.,) Handwörterbuch d. Mineralogie, Berg-, Hütten- u. Salzwerkskunde, nebst d. französ. Synonymie u. e. franz. Register. 2 Abthl. 8. Ilmenau 825, Voigt. Rthlr.

Hartmann, C. [Hrsg.], s.a. H a n d w ö r t e r b u c h der Mineralogie und Geognosie.

Hartmann, Karl Friedr. Alex., Handwörterbuch d. Mineralogie u. Geognosie. M. 10 lith. Taf. (Fol.) gr. 8. (53 B.) Leipzig 828, Brockhaus.

— der wohlunterrichtete Hohofen- u. Hammermeister, siehe a. Schauplatz, neuer, der Künste u. Handwerke, 161. Bd.

— —, der wohlunterrichtete Hohofen- und Hammermeister oder gemeinfaßliche Darstellung der Roheisen-Erzeugung, der Stabeisenfabrikation und Stahlbereitung. Weimar. 1848. 8 2 Thlr.

– s. H u r c o u r t , E. Rob. d'.: Handbuch der Gasbeleuchtungskunst.

– s.a. J a h r b ü c h e r der Mineralogie, Geologie ...

Hartmann, C. Jahrbücher der Mineralogie, Geologie, Berg- und Hüttenkunde. 1. Vol. 1. u. 2. Heft. 1833 u. 1834. Nürnberg. 8.

– (Hrsg.), s.a. J a h r e s b e r i c h t über die Fortschritte der Bergbaukunst.

— Jahresbericht über die Fortschritte der Bergbaukunst im Jahre 1859 oder systematische Darstellung des jetzigen Standpunktes der Aufsuchung, Gewinnung u. Förderung der Stein- u. Braunkohlen, der Erze, des Steinsalzes u. anderer nutzbarer Mineralien, sowie der Erz- u. Steinkohlen-Aufbereitung; nebst statistischem Anhang. 1. Jahrg. Leipzig 860. Gerhard. gr. 8. (X, 463 S. u. 15 lith. Taf. in Fol.) n. 4 Thlr. 20 Ngr.

– (Hrsg.), s. J o u r n a l der neuesten Fortschritte der Seifensiederei ...

– (Hrsg.), s. J o u r n a l für Metallarbeiter jeder Gattung.

– (Hrsg.), s. J o u r n a l , Neues, der gesamten Gerberei.

—— die Kalk- und Gyps-Brennerei, so wie die Mörtel- und Stuck-Bereitung nach ihrem neuesten Standpunkte. Ein Handbüchlein für Kalk- und Gypsbrenner, Landwirthe ꝛc. Mit Abbildungen. 8. (117 S. und 8 Stnt.) Quedlinburg 850, Basse.

Hartmann, Karl (Fr. Alex.), Conversations-Lexikon der Berg-, Hütten- u. Salzwerkskunde u. ihrer Hülfswissenschaften; enthaltend: die Beschreibung u. Erklärung aller in der Mineralogie, Geologie, Versteinerungskunde, unorgan. Chemie, allgem. Naturlehre, Berg-, Hütten- u. Salzwerkskunde, dem Bergrechte, der Verarbeitung der Metalle u. dem Bergmaschinenwesen vorkommend. Gegenstände u. Begriffe, nebst engl. u. franz. Synonymen u. nebst Registern in diesen Sprachen. 4 Bde. 16. Stuttgart 840. Scheible. 6½ Rthlr.

—— Conversations-Lexikon d. Berg-, Hütten- u. Salzwerkskunde u. ihrer Hülfswissenschaften etc., nebst engl. u. französ. Synonymen u. nebst Registern in diesen Sprachen. 4 Bde. A—Z. 16. Stuttgart, [Scheible, Rieger u. Sattler.]
Bd. 1. A—D. (48 B.) 840.
- 2. E—G. (49¾ B.) 840.
- 3. H—P. (45¾ B.) 841.
- 4. Q—Z. (60 B.) 841.

— die Kunst der Gebäude-, Zimmer- u. Straßenerleuchtung, siehe: Schauplatz, neuer, der Künste u. Handwerke, 40. Bd.

—— das Kupfer und das Zink, s. Schauplatz, neuer, der Künste und Handwerke. 97. Bd.

– s. Lardner, Dionysius: Die Lehre von der Wärme.

– s. Le Blanc u. Walther: Praktische Eisenhüttenkunde.

Hartmann, Karl Fr. Alex., Lehrbuch der Eisenhüttenkunde, 1e Abtheil.: die Lehre von d. Eigenschaften d. Eisens, desgl. die von d. Eisenerzen, den Brennmaterialien, d. Gebläsen u. der Roheisenerzeugung enthaltend. Mit e. Atlas von 10 Kpfr. (in qu. gr. Fol.) gr. 8. Berl. 833 (832). Rücker. 3 Rthlr.

—— Lehrbuch d. Eisenhüttenkunde. 2 Abthln. gr. 8. Berlin, Rücker.
Abthl. 1. Die Lehre v. d. Eigenschaften d. Eisens, desgl. d. von d. Eisenerzen, d. Brennmaterialien, d. Gebläsen, u. d. Roheisenerzeugung enthalt. M. 10 Kpfrt. (qu. gr. Fol.) (27 B.) 833. 3 Thlr.
2. Die Lehre v. d. Umschmelzen d. Roheisens u. v. Verwendung dess. z. Giesserei, desgl. d. v. der Stabeisen- u. d. Stahlbereitung enthalt. M. 10 Kpfrt. (qu. gr. Fol.) (21¼ B.) 834. 3 Thlr.

dgl. 2. Ausgabe. Ebend., 1852.

Hartmann, Carl (Friedr. Alex.), Lehrbuch d. Mineralogie u. Geologie f. höh. Lehranstalten u. jed. Gebildeten. 2. Thl. Geologie. (2 Lfgn.) gr. 8. (17¼ B. u. 2 Kpfrt.) Nürnberg 835, 36, Stein. Thlr.
1. Thl. Ebendas. 1834, 35. 2 Thlr. 6 Gr.— Zusamm. genomm. hrbgs. Pr. 4 Thlr. 16 Gr.

– s. Lyell, Karl: Elemente der Geologie. – Lyell: Grundsätze der Geologie.

Hartmann, Dr. C., s. C. Lyell, Lehrbuch d. Geologie.

Hartmann, Dr. C., Englisch-amerikanische Mahlmühlen. Weimar 1850. Text 8°. Atlas von 32 Tfln. 4°.

Hartmann, K. Fr. Alex., s. Mantell, Gid. Alg., die Denkmünzen der Schöpfung.

Hartmann, C. Ueber die zum Fahren der Bergleute in den Schächten angewendeten Maschinen oder Fahrkünste. Nach Delvaux de Fenffe. Mit 4 Tafeln. Quedlinburg und Leipzig, 1846.

— der Maschinenbauer, siehe a. Schauplatz, neuer, der Künste u. Handwerke, 144. 145 u. 196. Bd.

Hartmann, C., der Maschinenbauer, aus dem Französischen des Leblanc. Weimar. 1848. 8. 4 Thlr.

Hartmann, C. Die Metalldreherei. Weimar 1851.

— der autodidactische Mineralog oder leichtfaßliche Anleitung zum Selbststudium der Mineralogie. Ein Handbuch für Berg- und Hüttenleute, Techniker aller Art, Forst- und Landwirthe, Aerzte und Pharmaceuten rc. Mit 7 lith. Taf. mit Krystallfiguren. Leipzig 854. E. Schäfer. (C. F. Winter.) Lex.-8. (VI, 286 S.) n. 1 Rthlr. 15 Ngr.

—— die Mineralogie in 26 Vorles. Ein Lehrbuch f. Berg-, Forst-, Real- u. polytechn. Schulen, Gymnasien u. z. Selbststud. (2 Thle.) M. 358 eingedr. Holzschn. gr. 8. (35 B.) Ilmenau 829, [Weimar,] Voigt.

Hartmann, C.: „Mineralogie", 1 Textband und 1 Tafelband (30 Tafeln), Leipzig 1837. — Vorh.: Preuß. Oberbergamt Dortmund — M. d. 36.

—— die rauchverzehrenden Oefen, s. a. Schauplatz, neuer, der Künste rc. 226. Bd.

Hartmann, Dr. C., Die rauchverzehrenden Oefen. Beschreibung der bis jetzt bekannt gewordenen Apparate u. Mittel zur Verhinderung der Bildung u. zur Beförderung der Verbrennung des Rauches. 2. Aufl. Mit 8 Foliotfln. von 112 Fig. Weimar 1854. 8°.

Hartmann C, die rauchverzehrenden Ofen. 2. Auflage. (Schauplatz der Künste und Handwerke 226) Weimar 1859

— der Ofenbaumeister u. Feuermechanist, siehe: Schauplatz, neuer, der Künste u. Handwerke, 51. Bd.

Hartmann, Dr. C., Gabriel Planche's Papierfabrikation, wie sie nach ihrem dermaligen Standpunkte in England, Frankreich, Deutschland, Holland, Belgien u. der Schweiz betrieben wird. Namentlich die Anlage der Fabriken, das Sortiren, Zerschneiden etc. Mit 9 lith. Foliotfln. Weimar 1854. 8°.

– s. Peclet, E.: Vollständiges Handbuch über die Wärme.

— die Probirkunst, oder Anleitung, die wichtigsten Metallgemische auf dem trocknen u. nassen Wege zu untersuchen. Ein unentbehrl. Handbuch für Münzwardeine, Gold- u. Silberarbeiter, Gürtler rc. Nach Chaudet l'Art de l'Essayeur deutsch bearb. 8. Weimar 838. Voigt. 5/6 Rthlr. Vgl. Schauplatz d. Künste u. Handw. 97r Bd.

Probirkunst, (Die) oder Anleitung die wichtigsten Metallgemische auf dem trockenen und nassen Wege zu untersuchen . . . Nach Chaudet, "l'Art de l'essayeur." Weimar, 1838. 8vo.
Zweite Ausgabe. Weimar, 1847. 8vo.

Hartmann, C: Die Probirkunst, oder Anleitung die wichtigern Erze, Hüttenprodukte, Metalllegirungen usw. auf dem trockenen und nassen Wege zu untersuchen. 3. Aufl. Weimar 1862

– Der praktische Puddel- und Walzmeister, s.a. Schauplatz, Neuer, der Künste und Handwerke. 241.

— Der praktische Puddel- und Walzmeister. (Schaupl. d. K. 241) Weimar 1858

Hartmann, C: Der practische Puddel- und Walzmeister. 2. Aufl. Weimar 1861

– (Bearb.), s. Quekett, J.: Praktisches Handbuch der Mikroskopie.

—— Repertorium d. Berg- u. Hüttenkunde, s. a. Villefosse, de.

Hartmann, C.: „Repertorium der Bergbau- und Hüttenkunde, enthaltend eine vollständige Zusammenstellung der neuern Fortschritte dieser Wissenschaften", 2 Bände nebst Atlas, Weimar 1839, 1840. — Vorh.: Preuß. Oberbergamt Dortmund — Text F. b. 6; Atlas H. 50.

—— Repertorium d. Eisengewerbskunde, s.a.Le Blanc.

— — Repertorium der Eisengewerbskunde, enthaltend eine vollständ. Zusammenstellung der neueren Fortschritte in der Gewinnung und fabrikmässigen Verarbeitung des Roheisens, des Stabeisens und des Stahls. Weimar 1841. Text 4⁰. Atlas Fol.

Hartmann, Carl Friedr. Alex., die Runkelrüben-Zucker-Fabrikation auf ihrem neuesten Standpunkte. Beschreibung der jetzt in Anwendung stehenden Verfahrungsarten, der besten Apparate u. Maschinen, nebst Veranschlagungen, Productions- u. Ertrags-Berechnungen 2c. Nach den besten u. neuesten Hülfsmitteln bearb. Mit 6 lith. Foliotaf. gr. 8. (132 S.) Quedlinburg 850. Basse. 1½ ₰

—— der innern Gebirgswelt Schätze u. Werkstätten. Oder gemeinfaßl. Darstell. d. Bergbaukunde. Lex.-8. (20⅛ B. u. 6 Stnt.) Stuttgart 838, [Scheible, Rieger u. Sattler.] Ist eine Fortsetz. zu dess., die Wunder der Erdrinde 2c.

– s. Schauplatz, Neuer, der Bergwerkskunde.

– s. Schauplatz, Neuer, der Künste und Handwerke.

— das Schleifen und Poliren der Werkzeuge, s. Schauplatz, neuer, der Künste 2c.

Hartmann, C., Das Schleifen u. Poliren der Werkzeuge und Instrumente etc. Nebst einem Anhange über Graviren, Aetzen und Damasciren. (Nach Holtzapfel's Turning and mechanical manipulation. 3. Bd.) Mit 17 lith. Tfln. Weimar 1853. 8⁰.

— der Schlossermeister, siehe: Schauplatz, neuer, der Künste u. Handwerke, 50. Bd.

—— die Schöpfungswunder d. Unterwelt. Interessante Schilderungen d. berühmtesten Höhlen, Quellen, Erdbeben, Vulkane, Bergwerke, Versteinerungen u. a. Merkwürdigkeiten f. Jung u. Alt. Mit viel. Abbildn. 2 Bde. 16. (75 B. u. 32 Stnt.) Stuttgart 841, [Scheible, Rieger u. Sattler.]

— der heutige Standpunkt des deutschen Eisenhüttengewerbes in statistischer und ökonomisch-technischer Beziehung, sowie mit Vergleichung der Eisenhütteninbustrie in Britannien, Belgien, Frankreich, Schweden u. s. w. Nach amtlichen u. andern sichern Quellen. Leipzig 861. Veit & Co. gr. 8. (XII, 264 S. u. 6 Tab. in 4. u. Fol.) n. 1 ₰ 24 ngr

— die mineralischen Brennstoffe: Steinkohlen, Braunkohlen und Torf, nach ihren Eigenschaften, ihrem Vorkommen 2c.; so wie die aus denselben darzustellenden Beleuchtungssubstanzen, wie Steinkohlen- und Schieferöl, Paraffin, Naphthalin, Photogen und Leuchtgas. Für Berg- und Hüttenleute, Gewerbtreibende, Landwirthe, Kaufleute, so wie überhaupt für die Gebildeten aller Stände allgemein verständlich dargestellt. 853. (IV, 84 S.) 12 ngr. — 2., verm. Ausg. Halle 856. Heynemann. gr. 8. (IV, 122 S.) 15 ngr

— Steinkohlen und Eisen in statistischer, staatswirthschaftlicher, technischer und besonderer Beziehung zu den neuesten Handels- und Zollverhältnissen. 854. (VIII, 170 S.) 1 ₰ 7½ ngr — 2., um 3½ Bogen verm. u. bis Ende 1855 ergänzte Ausg. Weimar 856. Voigt. gr. 4. (X, 196 S.) 1 ₰ 10 ngr

Hartmann, C. Supplement zu Lyells Grundsätzen der Geologie. Weimar, 1849.

—— Taschenbuch f. reisende Mineralogen, Geologen, Berg- u. Hüttenleute durch d. Hauptgebirge Deutschlands u. d. Schweiz. Nebst 1 Atlas m. 14 ill. geolog. Kärtchen u. Profile. 8. (26¼ B.) Weimar 838, Voigt.

——— Taschenbuch für reisende Mineralogen, Geologen, Berg- und Hüttenleute. Nebst Atlas. Weimar 1838. 8. Hierzu Supplement. Ebendas. 1848. 8.

– (Hrsg.), s. Tischler- und Drechslerzeitung.

— die Thonwaaren-Fabrikation in ihrem ganzen Umfange u. in ihrem neuesten Zustande. Nach den besten neuern Hülfsmitteln allgemein verständlich bearb. u. durch viele Abbildgn. erläutert. Mit 10 (lith.) Taf. Abbildgn. (in qu. Fol.) 8. (VI u. 249 S.) Quedlinburg 850, Basse. ⅚ ₰

— von den Unfällen in den Bergwerken u. v. den Mitteln zu ihrer Abhülfe. Ein Beitrag zur Bergbaukunst u. zur Bergwerks-Gesetzgebung. Für Bergleute, Bergwerks-Besitzer, Staatsmänner 2c. Mit 4 lith. Taf. (in qu. 4.) gr. 8. (56 S.) Quedlinburg 849. Basse. ½ ₰

Hartmann, C. Untersuchungen mit dem Löthrohr. Leipzig, 1862.

— Vademecum oder erfahrener Begleiter des Locomotivführers, Maschinenmeisters und des Fahrpersonals im Allgemeinen. Gedrängte aber umfassende Zusammenstellung von Regeln, Dimensionen, Formeln, Tabellen 2c. aus dem Locomotivbetriebe u. Locomotivhaushalte. Mit steter Berücksichtigung der neuern Verbesserungen, nach den besten Hülfsmitteln bearb. Mit 8 Tab. u. 10 (lith.) Figurentaf. (in qu. Fol.) Weimar 858. Voigt. 8. (VIII, 276 S.) 1 ₰ 15 ngr

· Vademecum oder erfahrener Begleiter des Locomotivführers, Maschinenmeisters und des Fahrpersonals im Allgemeinen. Gedrängte aber umfassende Zusammenstellung von Regeln, Dimensionen 2c. aus dem Locomotivbetriebe u. Locomotivhaushalte. Mit steter Berücksichtigung der neuern Verbesserungen, nach den besten Hilfsmitteln bearb. 2. verm. Aufl. Mit 8 Tab. u. 11 (lith.) Fig.-Taf. (in Fol.) Weimar 862. Voigt. 12. (VIII, 315 S.) 1 ₰ 15 ngr

Hartmann, Carl (Friedr. Alex.), Vademecum für den praktischen Bergmann. Sammlung von Regeln, Dimensionen, Formeln, Tabellen etc. aus den wichtigsten Zweigen des Bergbaues u. Bergwerks-Haushaltes. Nach den besten Hülfsmitteln zusammengestellt. Leipzig 856. Spamer. gr. 16. (XIII, 310 S.) n. 2 ₰ 10 ngr

— Vademecum für den praktischen Berg- und Hüttenmann. Sammlung von Regeln, Dimensionen, Formeln, Tabellen etc. aus den wichtigsten Zweigen d. Bergwerks- u. Hüttenbetriebes. Nach den besten Hülfsmitteln u. eigenen Erfahrungen zusammengestellt. 3 Bde. Leipzig 858, 59. Neumeister. gr. 16. n. 6 ₰ 10 ngr
1. Bd.: Vademecum für den praktischen Bergmann. 2. verm. Aufl. (XIV, 362 S.) n. 2 ₰ 10 ngr
2. Bd.: Vademecum für den praktischen Eisenhüttenmann. 2. verm. Aufl. (VIII, 253 S. u. 1 Tab. in qu. Fol.) n. 2 ₰
3. Bd.: Vademecum für den praktischen Hüttenmann. (VIII, 298 S.) n. 2 ₰

— Vademecum für den praktischen Berg- und Hüttenmann. Sammlung von Regeln, Dimensionen, Formeln etc. aus den wichtigsten Zweigen des Bergwerks- u. Hüttenbetriebes. Nach den besten Hülfsmitteln u. eigenen Erfahrungen zusammengestellt. 2. Bd. A. u. d. T.: Vademecum für den praktischen Eisenhüttenmann. 3., gänzlich umgearb. u. verm. Aufl. Mit 5 lith Fol.-Taf. Hamm (Berlin) 863. Grote. 8. (XII, 415 S. u. 1 Tab. in Fol.) n. 2 ₰ 20 ngr

— — 3. Bd. A. u. d. T.: Vademecum für den praktischen Hüttenmann. 2. verm. Aufl. Ebend. 863. 8. (XII, 342 S.) n. 2 ₰

— Vademecum für den praktischen Eisenhüttenmann. Sammlung von Regeln, Dimensionen, Formeln, Tabellen, Erfahrungen u. Betriebs-Resultaten aus allen Zweigen des Eisenhüttenbetriebes. Nach den besten Hülfsmitteln zusammengestellt. Ebend. 855 gr. 16. (X, 239 S. u. 1 Tab. in Fol.) n. 2 ₰

dgl. 2. Auflage. Hamm, 1865.

-- Vademecum für den Mühlenbauer und Müller. Sammlung von Regeln, Dimensionen, Formeln rc., in Beziehung auf den Bau u. Betrieb der Mahl-, Oel-, Papier- rc. Mühlen. Nach den besten Hülfsmitteln zusammengestellt. Mit 6 lith. Taf. (in Fol.). Leipzig 863. C. F. Winter. br. 8. (VIII, 376 S.) n. 1 Rthlr 24 ngr

– s. Valérius, B.: Theoretisch-praktisches Handbuch der Stabeisen-Fabrikation.

– s. Villefosse, Héron. de: Über den Mineralreichtum.

—— Waagen und ihre Konstruktion, s.a. Schauplatz, neuer, der Künste und Handwerke. 231. Bd.

Hartmann C, die Wagen und ihre Konstruktion. (Schaupl.d.K.u.H.231) Weimar 1856

– s. Walter de Saint-Ange: Praktische Eisenhüttenkunde.

— u. Chr. H. Schmidt, Wollmanufakturwesen, siehe: Schauplatz, neuer, der Künste u. Handwerke, 122. Bd.

—— ein Wort über die projektirten Bodensee-Zürich-Eisenbahnen. 12. (25 S.) St. Gallen 852, Huber und Comp.
Aus: Verhandlungen der gemeinnüz. Gesellschaft, besonders abgedruckt.

Hartmann, C. Encyclopädisches Wörterbuch des Maschinen- und Fabrikwesens. Bd. I, II. Darmstadt, 1838.

— encyklopäd. Wörterbuch der Technologie, der technischen Chemie, der Physik u. des Maschinenwesens, für Fabrikanten u. Gewerbtreibende jeder Art, Kameralisten, Oekonomen rc. nach den besten deutschen, engl. u. franz. Hülfsmitteln bearb. In 4 Bdn. Mit 73 lithograph. Taf. gr. 8. Augsburg 836—40. v. Jenisch u. Stagesche Buchh. $16^2/_3$ Rthlr dass. 1r Bd. 2e Ausg. u. d. T.: Technische Encyklopädie. 1s—4s Heft. (A—Blei.) Mit 12 lithograph. Taf.) gr. 8. Ebd. 840. n. 2 Rthlr

– encyclopädisches Wörterbuch der Technologie, der techn. Chemie, der Physik und des Maschinenwesens. 2. Ausg. u. d. T.: Technologische Encyklopädie f. Fabrikanten u. Künstler, Handwerker und Maschinisten. 5.—36. Heft. (4 Bde.) Mit Abbildungen. gr. 8. Augsburg 840, 41, v. Jenisch u. Stagesche Buchh. (à n. $^1/_2$ Rthlr) n. 18 Rthlr

Hartmann C. Wörterbuch der Mineralogie, Berg- Hütten- und Salzwerkskunde. 2 Abtheilungen. Ilmenau. 1825. 8.

—— die Wunder d. Erdrinde, od. gemeinfaßl. Darstell. d. Mineralogie u. Geologie, mit besond. Berücksichtig. ihrer Anwend. auf Künste u. Gewerbe. 3 Abthln. Lex.-8. ($60^1/_8$ B. u. 24 Stnt.) Stuttgart 838, 39, [Scheible, Rieger u. Sattler.] à $1^1/_2$ Thlr.
Fortsetzung hierzu vgl. dess., der innern Gebirgswelt Schätze u. Werkstätten.

– (Hrsg.), s. Zeitschrift für Bijouterie-, Gold-, Silber- und Schmuckarbeiter ...

– (Hrsg.), s. Zeitschrift für Chaisenfabrikanten, Stellmacher ...

– (Hrsg.), s. Zeitschrift für Groß- und Klein-Uhrmacher jeder Gattung.

– (Hrsg.), s. Zeitschrift für Klempner, Kupferschmiede ...

– (Hrsg.), s. Zeitschrift für Mechaniker, Maschinenbauer ...

– (Hrsg.), s. Zeitung, Berg- und Hüttenmännische.

– (Hrsg.), s. Zeitung für Büchsenmacher und Gewehrfabrikanten.

– (Hrsg.), s. Zeitung für Dampfmaschinenkunde, Dampfschiffahrt und Eisenbahnwesen.

– (Hrsg.), s. Zeitung für Eisenbahnwesen, Dampfschiffahrt und Dampfmaschinenkunde.

– (Hrsg.), s. Zeitung für Porzellan-, Steingut- und Glasfabrikanten ...

– s. Zipper, Jakob: Vollständiges Handbuch der Schlosserkunst.

Adolph der Vierte, Graf von Holstein, Stormarn, Wagerland und Schauenburg. (Von Karl Friedrich August **Hartmann.**) Hamburg. 1818. 8°.

Hartmann, Karl Friedrich H.

— Robert Heymann. Ein Kämpfer f. Freiheit u. Schönheit. Ein Essay. 8. (59 S. m. 1 Bildnis.) Ebd. 901. n. —75

Hartmann, Karl Frdr. H., Björnsons „Laboremus". Kritisch beleuchtet. Mit 1 Bildnis Björnsons. gr. 8. (16 S.) Braunschweig 901. Verlag „Der Literat". — 50

— dasselbe. Mit 1 Autotyp. Björnsons. 2. durchgeseh. u. verb. Aufl. 8. (30 S.) Ebd. 901. n. — 50

— meine Verse. 1. Folge: Wahn u. Ahnen. Die ersten 2 Jahre. 8. (63 S.) Ebd. 901. Geb. in Leinw. n. 2.50

— **Carl Gottlieb** (Bautzen), Ex historia juris literaria de *ΑΛΛΟΤΡΙΟ ΕΠΙΣΚΟΠΙΑ* jureconsultorum. Präs. Fried. Benedict Carpzov. Wittbg. (Hake) Sept. 1743. 42 S. (6.—) 13241

Hartmann, Karl Gli. Melch., s. Walafried, Gemälde.

Hartmann, (Carl Joh.,) Genera Graminum in Scandinavia indigenorum recognita. Quae consensu exper. facult. med. Upsal. praeside C. P. Thunberg etc. 4. Upsala 819.

Hartmann, Karl Josef

Hartmann, C. A.: „Ueber den Ursprung und das rechtliche Verhältniss der Landstände", Nürnberg 1805 (Seidel).

HARTMANN, C. Jos.: Ueber den Ursprung und das rechtl. Verhältniss d. Landstände in Teutschland. *Nürnberg*, (Seidel in *Sulzbach.*) 805. gr. 8. (12 Gr.)

Hartmann, Karl Jos.: Ueber den Ursprung und das rechtliche Verhältniß der Landstände in Teutschland. Nürnberg 1806.

Hartmann, Carl Clem., der jugendliche Verbrecher im Strafhause, s.a. Zeit- u. Streitfragen, deutsche.

Hartmann CC, d. jugendl. Verbrecher im Strafhause. (Zt- u Strtfr. NF 99) Hamburg 1892

Hartmann, (Carl Ludw.), siehe: Anweisung zur Führung der Klassen- u. Gewerbesteuer-Heberollen.

Hartmann, (Carl Ludw.), Tabellen zur Berechnung der Feuer-Kassen-Gelder. gr. 8. (33 S.) Königsberg in d. N. 847, Striese. n. $^1/_3$ Rthlr

-- s.a. V e r a n l a g u n g der Grundsteuer ...

Veranlagung der Grundsteuer ohne erhebliche Kosten und das gänzliche Freiwerden von dieser Abgabe ohne Capitals-Zahlung. (Von Carl Ldw. Hartmann.) 8°. Königsberg, Striese, 1851.

Hartmann, Karl Otto

Hartmann K O, die Baukunst in ihrer Entwicklung von der Urzeit bis zur Gegenwart. 3 Bde Leipzig 1910. 11

Hartmann, K. O., die Baukunst in ihrer Entwicklung von der Urzeit bis zur Gegenwart. Eine Einführung in Geschichte, Technik u. Stil. 1. Bd.: Die Baukunst des Altertums u. des Islam. (VIII, 241 S. m. 253 Abbildgn.) Lex. 8. Leipzig (910). C. Scholtze. Geb. 7.50: in Leinw. 8.50

Hartmann, Karl Otto, Stilkunde, s.a. S a m m l u n g Göschen.

Stilkunde. Von Karl Otto **Hartmann**. Mit 12 Vollbild. u. 179 Textill. Leipzig: Göschen 1893. 232 S. 8°
(Sammlung Göschen. [80.]) A 94. 5030 7

Stilkunde. Von Prof. K[arl] O[tto] **Hartmann**, Stuttgart. Mit 7 Vollbild. u. 195 Textill. 4. unveränd. Aufl. Leipzig: Göschen 1908. 256 S. 8°
(Sammlung Göschen. 80.) [10. 14937 11

Hartmann, Karl W. A., Bilder aus der Diaspora-Gemeinde Heddernheim, s.: F e s t s c h r i f t e n f. Gustav-Adolf-Vereine. 28. Hft.

-- ein Gustav-Adolf-Fest auf dem Lande, s.: G u s t a v - A d o l f - G e s c h i c h t e n f. Kinder. 1. Hft.

Hartmann, Kaspar Ferdinand

Hartmann, Casp. Ferd., biographische Bilder und Skizzen aus dem Herzogthume Meiningen. 1. Heft. Meiningen 857. Brückner u. Renner in Comm. 8. (VIII, 156 S.) n. 10 ngr

Hartmann, Casp. Ferd., biographische Bilder u. Skizzen aus dem Herzogth. Meiningen. 2. Heft. Salzungen 865. Scheermesser. 8. (51 S.) 5 ngr.

Hartmann, Cl., üb. Obstkultur. Vortrag, geh. in der Hauptversammlg. d. landwirthschaftl. Vereins d. Bez. Rorschach den 13. Decbr 1874. 8. (15 S.) Herisau 875. Meisel. — 30

Hartmann, Konr., Arbeiterschutz, s.a. Handbuch der Hygiene.

Hartmann K, Arbeiterschutz. (60 S) Jena 1904

— **u. Villaret,** die Arbeiterschutzbrillen, ihre Arten, Konstruktionen u. ihre Verwendung. Im Auftrage des Verbandes der deutschen Berufsgenossenschaften bearb. gr. 8. (VII, 82 S. m. 71 Abbildgn.) Berlin 900. C. Heymann's Verl. n. 1.—

Hartmann, K., Die Berechnung der Umlagebeiträge für die Unfallversicherung bei den gewerblichen Berufsgenossenschaften. gr. 8°. Berlin, C. Heymann's Verl., 1895.

[J.] Die Berechnung der Umlagebeiträge für die Unfallversicherung bei den gewerbl. Berufsgenossenschaften. Von Prof. K[onrad] **Hartmann**, Kais. Regiergsr. ... *Berlin: C. Heymann 1896.* (3 Bl., 87 S.) 1 Bd 8. [96. 8011

Exposition univ. de Paris 1900. Office Impérial des Assurances sociales. Catalogue spécial des Photographies et Dessins de Dispositifs préventifs pour éviter les accidents dans les exploitations industrielles et agricoles. Collectionnés et publ. avec approbation officielle par Courad Hartmann, Prof., Berlin. Berlin 1900: B. Paul. (100 S.) 8° [01. 4636

Hartmann, Konr., s.: C o n c o r d i a.

— das Gefahrentarifwesen der Unfallversicherung des Deutschen Reichs. Mit e. Anh.: Die Umlagebeiträge der wichtigeren Gewerbezweige f. d. J. 1898. Im amtl. Auftrage f. die Weltausstellg. zu Paris bearb. gr. 8. (94 S.) Berlin 900. A. Asher & Co. n.n. —75

Hartmann, Konr., s.: H a n d b u c h d. prakt. Gewerbehygiene.

Hartmann, K., die Pumpen. Berechnung u. Ausführung der f. die Förderung v. Flüssigkeiten gebräuchl. Maschinen. Mit 585 Textfig. u. 6 Taf. gr. 8. (VII, 583 S.) Berlin 889. Springer. geb. n. 16.—

Die Pumpen. Berechng u. Ausführg der für d. Förderg v. Flüssigkeiten gebräuchl. Maschinen. Von **Konrad Hartmann**, Regierungsr. ... zu Berlin, u. J. O. **Knoke**, Oberingen. ... in Nürnberg. 2. verm. Aufl. M. 664 Textfig. u. 6 Taf. *Berlin: J. Springer 1897.* (XI [vielm. IX], 666 S., 6 Taf.) 1 Bd 8. [97. 5351

— **u. J. O. Knoke,** die Pumpen. Berechnung u. Ausführg. der f. die Förderg. v. Flüssigkeiten gebräuchl. Maschinen. 3., neu bearb. Aufl. v. H. Berg. (XII, 636 S. m. 704 Fig. u. 14 Taf.) gr. 8. Berlin 906. J. Springer. Geb. in Leinw. n. 18.—

Hartmann, K., Schutz geg. Unfallgefahren in gewerbl. Betrieben, s.a. V o l k s s c h r i f t e n, hygienische. 2.

Schutz gegen Unfallgefahren in gewerblichen Betrieben. Von Prof. Dr. [**Konrad**] **Hartmann**. *Berlin: Vogel & Kreienbrink 1902.* (16 S.) 8° [J.]
= **Volksschriften**, Hygienische. No 2. [04. 3015

— Unfallverhütung u. Arbeitshygiene, s.a. Arbeiterversicherung, die deutsche, als soziale Einrichtung. 3. Hft.

— Unfallverhütung und Arbeitshygiene. 8°. Berlin, A. Asher u. Co., 1904. (Die deutsche Arbeiterversicherung als sociale Einrichtung, Heft 3.)

– Berufsgenossenschaftliche U n f a l l v e r h ü t u n g , s.a. S c h l e s i n g e r , Georg: Unfallverhütungstechnik.

Hartmann, Konr., **berufsgenossenschaftl. Unfallverhütg. in ihrer Entwicklg. v. 1886—1910, s.a. U n f a l l v e r h ü t u n g u. B e t r i e b s s i c h e r h e i t.**

Hartmann, K., Die berufsgenossenschaftliche U n f a l l v e r h ü t u n g in ihrer Entwicklung von 1885 –1910. Berlin, 1910. 48 S.

— Unfallverhütung f. Industrie u. Landwirtschaft, s.a. B i b l i o t h e k der Naturkunde u. Technik. 5. Bd.

Hartmann K, Unfallverhütung f. Industrie u Landwirtschaft. (204 S) Stuttgart 1903

Hartmann, K: Der hygienische Unterricht an den technischen Hochschulen. Vortrag. (1886)

Hartmann, Konr[ad]: Pariser Weltausstellung 1900. Reichs-Versicherungsamt, Berlin. Verzeichnis der bildlichen Darstellungen von Einrichtgn z. Unfallverhütg in gewerbl. u. landwirthschaftl. Betrieben. Bln '00. 106 S.

Hartmann, Konr., technische Vorlageblätter zum Gebrauch f. industrielle Fachschulen, technische Lehranstalten u. zum Selbstunterricht. Maschinen u. Maschinentheile, Geräthe, Werkzeuge, Apparate u. Mechanismen aus allen Gebieten der techn. Industrie. 12 Hfte. gr. 4. (à 4 Chromolith.) Berlin 883.84. Polytechn. Buchh. à n. 1. —

Hartmann, Konr., technische Vorlageblätter zum Gebrauch für industrielle Fachschulen, technische Lehranstalten und zum Selbstunterricht. Maschinen und Maschinentheile, Geräthe, Werkzeuge, Apparate und Mechanismen aus allen Gebieten der techn. Industrie. 12 Hefte. gr. 4. (à Heft 4 Chromolithogr.) Berlin 884,85, Polytechn. Buchhandlung. à Heft ℳ 1.

Hartmann, K: Sachliche Würdigung der in Deutschland ertheilten Patente der Klasse 59 »Pumpen«. Berlin 1886

— Vide: Zeitschrift der Centralstelle für Arbeiter-Wohlfahrtseinrichtungen.

Hartmann, Kuno, approb. Arzt, aus Bredelem: **Ueber den Einfluss der Influenza auf den Ausbruch und den Verlauf der progressiven Paralyse.** . *Göttingen 1899: Dieterich.* (27 S.) 8°
Göttingen, Med. Diss. v. [21. Apr.] 1899

Hartmann, Kurt, Dr. jur.: **Die Grundstücksgesamthypothek in der Zwangsversteigerung.** *Leipzig: Veit & Co. 1903.* (VIII, 55 S.) 8°
Leipzig, Jur. Diss. v. 1903

Hartmann, Curt, appr. Arzt in Halle a. S.: Zur Jod- und Sajodin-Therapie. Halle a. S. 1908: C. A. Kaemmerer & Co. (38 S.) 8°
Halle, Med. Fak., Ref. Schmidt, Diss. v. 27. Mai 1908
[Geb. 24. Jan. 82 Wackersleben, Kr. Neuhaldensleben; Wohnort: Halle a. S.; Staatsangeh.: Preußen; Vorbildung: Gymn. Halle a. S. Reife O. 02; Studium: Halle 10 S.; Coll. 14. Mai 08; Approb. 18. Mai 08.]

Hartmann, L., s.a. H a r t m á n , Leopold

Hartmann, L., Bemerkungen zu der Lehre vom Akkord im kaufmännischen Konkurse. Abdr. aus Gruchot's „Beiträgen zur Erläuterung des Preuß. Rechts ꝛc." Nebst einem Anhange, enthaltend Titel II, Abschnitt 7 der Konkursordnung vom 8. Mai 1855, und Titel V der Instruction des Justiz-Ministers vom 6. Aug. 1855, betr. die Ausführung der Konkursordnung. Hamm 858. Grote. gr. 8. (48 S.) n. 8 ngr

Hartmann, L., das Gesetz über die Presse vom 12. Mai 1851 aus der Entstehungsgeschichte, der Rechtslehre u. den Entscheidungen des königl. Ober-Tribunals erläutert. Berlin 865. v. Decker. Lex.-8. (VIII, 350 S.) 1 Thlr 15 ngr

Hartmann, L., kurze Predigten üb. die allgemeinen und besondern Pflichten d. Menschheit. 2 Thle. gr. 8. Grätz, Tusch. 812.

Hartmann, L., die neben dem Strafgesetzbuche für die preußischen Staaten geltenden Strafgesetze in Verbindung mit der Rechtsprechung des königlichen Ober-Tribunals, zusammengestellt. Berlin 864. G. Reimer. gr. 8. (VI, 607 S.) n. 2 Thlr 10 ngr

Hartmann, L., die neben dem Strafgesetzbuche f. das deutsche Reich in Preußen geltenden Strafgesetze in Verbindung m. der Rechtsprechg. d. Ober-Tribunals u. d. Ober-Apellationsgerichts zusammengestellt u. erläut. 2. Aufl. gr. 8. (IV, 944 S.) Berlin 873. G. Reimer. n. 12. —

— d. neben d. preuss. Strafgesetzb. gelt. Strafgesetze. 2. Aufl. Berl. 874.

— das gesammte Untersuchungs-Verfahren für die Preußischen Staaten. Breslau 854. Korn. gr. 8. (LIV, 448, 42 S.) n. 2 Thlr 20 ngr

— das Verfahren bei Kompetenz-Konflikten zwischen den Gerichten und Verwaltungsbehörden in Preußen. Berlin 860. v. Decker. gr. 8. (VI, 155 S.) 22½ ngr

— — Nachtrag. Ebend. 863. gr. 8. (48 S.) 7½ ngr

Hartmann, Leonhard, bacc. jur., Kammergerichtsref. in Berlin: Die rechtliche Natur des Erbschaftsanspruches nach dem heutigen bürgerlichen Recht. Borna-Leipzig 1906: R. Noske. (80 S.) 8°
Leipzig, Jur. Fak., Diss. v. 5. Juni 1906
[Geb. 9. Sept. 82 Berlin; Wohnort: Groß-Lichterfelde; Staatsangeh.: Preußen; Vorbildung: Joachimsthalsches Gymn. Berlin Reife O. 01; Studium: Berlin 7 S.; Rig. 10. Dez. 04.]

v. Hartmann, Frhr. Leop., († d. 24. Febr. 1791.) Abhandl. vom Acker- u. Wiesenbau u. Holzcultur. 8. München 786. (Stein in Nürnb.) 8 kr

— Abhandl. von d. weisen Befehlen guter Regenten u. dem willigen Gehorsame d. Unterthanen, nebst Andr. Sutor's Vermehrung der Bedürfnisse, e. Hauptquelle d. physischen u. moral. Uebels, u. Ant. Nichl's, etwas über die Bildung des Adels durch Hofmeister. 4. München 787. Lentner. 6 kr

Leop. Frh. v. Hartmann, Geprüfte und auf Erfahrung gegründete ökonomische Abhandlung vom Acker- und Wiesenbau und der Holzkultur. Nürnberg 1786

— Abhandl. von dem wahren Glücke der Fürsten durch das allgem. u. sonderheitliche Wohl ihrer Unterthanen. 4. München 778. Lentner. 3 kr

— Abhandl. von e. allgem. Krankheiten d. Pferde u. den tägl. bei d. Heilung sich äußernden Fehlern. 4. Burghausen 777.

Leop. Frhr. v. Hartmann, Abhandlung über die Krankheiten der Schafe. Burghausen 1776
Verf. einer der eifrigsten Autoren der Burghausener Akademie.

— Abhandl. v. Nationalstolze aus Vaterlandsliebe, nebst Sutor über Schwelgerei, ein politisches, ökonomisches u. moral. Uebel u. Fr. Mayer, über Lectüre. 4. München 788. Lentner. 8 kr

v. Hartmann, Frhr. Leop., Abhandl. von der Nothwendigkeit, die Naturkunde in jedem Staate zum Glücke der Bürger u. Unterthanen öffentlich zu lehren, nebst dessen geprüften Vorschlag von der eigentl. u. nützlichsten Zeit zur Säung des Getreides. 4. Münch. 776. Lentner. 5 kr

Leop. Frhr. v. Hartmann, Abhandlung von einigen allgemein nützlichen Verbesserungen der Staat- und Landwirtschaft in Bayern. Nürnberg 1780
Wiederabdruck 1784 in den Schriften der Burghausener Akademie.

— v. Verbesser. d. Stadt- u. Landwirthschaft in Bayern. 4. Nürnb. Stein. 780.

— Abhandl. von einigen nützlichen Verbesserungen der Staats- u. Landwirthschaft, nebst L. Wagner's Unterr., wie man den Wienerischen Safran in Baiern eben so gut, als in Oesterreich erzielen könne. 4. München 784. Lentner. 5 kr

Hartmann L. v.: Abhandlung v. der Vermehrung u. Verbesserung d. Wiesen ... Burg[h]ausen-Münch. 1775. 46 S.

— v. Vermehr. u. Verbesser. d. Wiesen. 4. Nürnb. Fritz. 775.

L. Frh. v. Hartmann, Abhandlung wider das Vorurtheil, daß Brachfelder nöthig seyen.
Aus den Schriften der Burghausener Akademie.
Burghausen 1772

Hartmann (L. von). Abh. vom Wachsthum und den Krankheiten der Pflanzen. Muenchen, 1771. 4°.

HARTMANN, Leopold v.: Abhandlung vom Wachsthume und den Krankheiten der Pflanzen. - München 1774. 3 1/2 Bg.

— Abhandl. von dem blühenden Zustande der Staaten aus der Beschäftigung sämmtlicher Glieder, nebst Ign. Weinmann's Abhandl. über die Macht der Vorurtheile bei dem Feld- u. Ackerbaue u. den wirksamsten Mitteln dagegen, u. Andr. Sutor, von den Mitteln, dem Sittenverfalle abzuhelfen, auch Ph. Strubeck, v. dem Reise, u. dem Mittel wider diesen, sammt Jh. Rößner's Nachricht von e. Berge in Niederbaiern, der wegen einer neuen wichtigen mineralischen Entdeckung mit allem Recht d. Muschelberg genannt zu werden verdient. 4. München 785. Lentner. 10 gl

HARTMANN, Leopold Frhr. v.: Geprüfte und auf Erfahrungen gegründete Abhandlungen vom Acker- und Wiesenbau und der Holzkultur. - Nürnberg 1786. 162 S.

— Ebbe u. Fluth d. Staaten in ein. Rede. 4. Ebend. 782.

— Ebbe u. Fluth der Staaten, e. Rede; nebst Ph. Stubbel's Abhandl. von der Unnützlichkeit der Huthweiden, u. dem vielfältigen Schaden derselben, u. Lor. Hübner's Gedanken üb. den Brand im Getreide. 4. (München) 785. Lentner. 5 gl

— Erfahrung über d. Heilungsart verschied., selbst äußerst verwahrloster gefährl. Wunden. 4. Burghausen 780.

— Erfahrr. über Trill; s. Fr. Mayr, über die öffentl. Lustbarkeiten rc.

— Gedanken üb. d. Gegenstand d. Holzwesens. 4. Burghaus. 779.

— Gedanken von d. Verminderung d. Verbrechen u. peinl. Strafen durch gelinderte Wege u. weise Anstalten. 4. Burghaus. 777.

— Gedanken von den Wirkungen des Geistes rc., s. J. B. Edl. v. Speckner, Rede v. dem wahren Patriot.

Hartmann, Leop. Ritter v., Iwain, ein Heldengedicht, um d. Zeit K. Friedr. d. Rothbarts geschr. m. Anm. v. Michaeler. 2 Bde. 8. Wien, Sammer. 787.
Schreibp.

— — dasselbe. 2 Thle. 8. Wien, Camesina. 786.

L. Frh. v. Hartmann, Von den Krankheiten der Pflanze in ihrem Wachsthum. Burghausen 1774

Leop. Frh. v. Hartmann, Von einigen allgemeinen Krankheiten der Pferde.
Aus den Schriften der Burghausener Akademie.
Burghausen 1777

— Rede von den Folgen aus d. Belohnung gesellschaftl. Tugenden u. des wahren Verdienstes, nebst Fr. Schrank's Abhandl. v. der Stallfütterung des Rindviehes, u. Hartmann's Heilungsart verschiedener, selbst äußerst verwahrlosteter, gefährlicher Wunden. 4. (München) 780. Lentner. 5 gl

— Rede v. den aus Tugend u. Menschenliebe entspringenden glücklichen Folgen f. jeden Staat, nebst dessen geprüften Beweisen wider das Vorurtheil, daß Brachfelder nothwendig seien. 4. München 790. Lentner. 6 gl

— Rede von der Tugend, dem nothwendigsten Bestandtheile zur Nationalstärke, nebst Mark. Göhl's Begriffe von d. Eigenschaften u. dem ökonomischen Nutzen der Erdartischocke. 4. (Münch.) 786. Lentner. 5 gl

— Rede von Vermehrung u. Verbesserung der Wiesen. 4. Nürnb. 775. Fritz. 3 gl

— Samml. e. Abhandll. von verschied. Krankheiten d. Pferde u. Schafe, so wie auch d. Hornviehseuche rc. Nürnb. 779.

Leop. Frh. v. Hartmann, Von der Verbesserung der Erde. Burghausen 1772

— Vorschlag von Mastung d. Hornviehes, s. And. Schacki, Abhandl. vom Einfluß der Polizei rc.

Leopold Freih. v. Hartmann, Vorschläge für den Wiesenbau. Burghausen 1772

Hartmann, Linda, Kochbuch f. den bürgerlichen u. feineren Haushalt, enth. üb. 1000 Recepte, sämmtlich bewährt u. selbst erprobt. Nebst e. nach Jahreszeiten geordneten Küchenzettel. 6., verm. Aufl. 8. (XVI, 375 S.) Kötzschenbroda 894. R. Freese. 2. —; geb. in Leinw. 2. 50

Hartmann, Ludo Moritz

Hartmann, Ludov. M., Corporis chartarum Italiae specimen. gr. 8. (X, 20 S.) Rom 902. Loescher & Co. n. 1. 60

Hartmann, Ludov. M., s.: Ecclesiae S. Mariae in Via Lata tabularium.

Hartmann, Ludo Mor., über historische Entwickelung. 6 Vorträge zur Einleitg. in e. histor. Soziologie. (VII, 89 S.) 8. Gotha 905. F. A. Perthes. n. 2. 40

Hartmann, Ludovicus Mauritius [Helvetius]: De exilio apud Romanos inde ab initio bellorum civilium usque ad Severi Alexandri principatum .... Berolini, apud Weidmannos, 1887; 2 Bl. + 61 + 1 S. + 1 Bl. 8°.
Berlin, Phil. Fak., Inaug.-Diss. v. 11. März 1887.

— s.: Forschungen, socialgeschichtliche.

— Geschichte Italiens im Mittelalter, s. a. Geschichte d. europäischen Staaten.

— Geschichte Italiens im Mittelalter, s. a. Staatengeschichte, allgemeine.

Geschichte Italiens im Mittelalter von Ludo Moritz Hartmann. Bd 1. 2. *Gotha: F. A. Perthes 1897–1903.* 3 Bde 8°
1 = Das italien. Königreich. 1897.
2, 1 = Römer u. Langobarden bis z. Theilung Italiens. 1900.
2, 2. Die Loslösung Italiens vom Oriente. Mit e. Personen- u. Sachreg. über d. 1. u. 2. Bd. 1903.
= Geschichte d. europäischen Staaten. [34.]
= Staatengeschichte, Allgemeine. Abt. 1, Werk 32.

— Geschichte Italiens im Mittelalter. 1. Bd. D. italien. Königreich. gr. 8. (IX, 409 S. m. 1 Karte.) Leipzig 897. G. H. Wigand. n. 12. 50

Hartmann, Ludo Moritz. Geschichte Italiens im Mittelalter. Band 3, 2 Hälften. 8. Gotha, Friedrich Andreas Perthes A.-G., 1908—1911. (*je* M. 8.—)
1. Hälfte: Italien und die fränkische Herrschaft. X + 309 S. 1908.
2. Hälfte: Die Anarchie. X + 290 S. 1911.
Allgemeine Staatengeschichte. Hrg. von Karl Lamprecht. Abteilung I: Geschichte der Europäischen Staaten. Hrg. von A[rnold] H[ermann] L[udwig] Heeren, F[riedrich] A[ugust] Ukert, W[ilhelm] v. Giesebrecht und K. Lamprecht. Werk 32....

Hartmann, L. M., Ueber die Glaukos-Polyeidosvase d. Sotades. S.-A. O. J. 16 S.

— Indices, s.: Gregorii I. Papae registrum epistolarum.

Hartmann, L. M., Italien, s. Gesch. d. europ. Staaten.

Das italienische Königreich. Von Ludo Moritz **Hartmann**. *Gotha: F. A. Perthes 1897.* (IX, 409 S.) 8°
— **Hartmann**: Geschichte Italiens im Mittelalter. Bd 1
— Geschichte d. europäischen Staaten. [34, 1] [01. 6493]

Das italienische Königreich v. Ludo Moritz **Hartmann**. *Leipzig: H. Wigand 1897.* (IX, 409 S., 1 Kt.) 1 Bd S.
— **Hartmann**, L. M.: Geschichte Italiens im Mittelalter. Bd 1. [97 8...]

Theodor Mommsen. Eine biogr. Skizze von Ludo Moritz **Hartmann**. Mit e. Anh.: Ausgewählte polit. Aufsätze Mommsens. Gotha: F. A. Perthes 1908. (V, 259 S.) 8°
Aus: Biogr. Jahrbuch u. Deutscher Nekrolog. Bd 9. 1906. [08. 11111]

Römer und Langobarden bis zur Theilung Italiens. Von Ludo Moritz **Hartmann**. *Gotha: F. A. Perthes 1900.* (IX, 280 S.) 8°
— **Hartmann**: Geschichte Italiens im Mittelalter. Bd 2, T. 1
— Geschichte d. europäischen Staaten. [34, 2, 1] [00. 6494]

Römer und Langobarden bis zur Theilung Italiens von Ludo Moritz **Hartmann**. *Leipzig: G. H. Wigand 1900.* (IX, 280 S.) 8°
— **Hartmann**: Geschichte Italiens im Mittelalter. Bd 2, Hälfte 1. [00. 6471]

Hartmann, Ludovicus M., Ecclesiae S. Mariae in via lata tabularium. Partem vetustiorem, quae complectitur chartas inde ab anno 921 usque ad A. 1045 conscriptas cum subsidiis ministerii imperialis Austriaci instructionis publicae atque academiae imperialis Vindobonensis edidit. Accedunt tabulae phototypae XXI. 4. (XXXII, 105 S.) 9.
Wien: Gerold 1895.

— der Untergang der antiken Welt. 6 volkstüml. Vorträge. (IV, 77 S.) gr. 8. Wien 903. M. Perles. n. 1.—
Sonderabdruck aus: „Das Wissen f. Alle".

— Der Untergang der antiken Welt. 6 volkstüml. Vorträge. 2., veränd. Aufl. (IV, 140 S.) 8. Wien 910. H. Heller & Co. 1,25; geb. 1. 65

— Untersuchungen zur Geschichte der byzantinischen Verwaltung in Italien [540—750]. gr. 8. (VII, 182 S.) Leipzig 889. Hirzel. n. 3. 60

Hartmann, Ludw. Mor., Urkunde e. römischen Gärtnergenossenschaft vom J. 1030. Mit Einleitgn. u. Erläutergn. hrsg. gr. 4. (19 S.) Freiburg i/B. 892. J. C. B. Mohr. n. 2. 80

— preuss.-österr. Verhandlungen üb. den Crossener Zoll u. üb. e. General-Commerz-Tractat zur Zeit Karls VI., s. Studien, Wiener staatswissenschaftliche. III. 1.

Hartmann, Ludo M. Preussisch-österreichische Verhandlungen über den Crossener Zoll und über einen General-Commerz-Tractat zur Zeit Karls VI. gr. 8°. Tübingen, J. C. B. Mohr, 1901. (Wiener staatswissensch. Studien, Bd. 3, Heft 1.)

Hartmann, Ludo Mor., s.: Vierteljahrsschrift f. Sozial- u. Wirtschaftsgeschichte.

— Volkshochschulwesen, s.: Flugschrift, 66., des Dürer-Bundes zur Ausdruckskultur.

— zur Wirtschaftsgeschichte Italiens im frühen Mittelalter. Analekten. (III, 131 S. m. 1 Tab.) 8. Gotha 904. F. A. Perthes. n. 4.—

Hartmann, Ludov. M., s.: Zeitschrift f. Social- u. Wirthschaftsgeschichte.

Das Andreasfest. Romantische Oper in 3 Aufz. Dichtung von Roderich Fels. Musik von Carl Grammann. Textlich u. musikalisch erl. von Ludwig **Hartmann**. *Leipzig: H. Seemann Nachf. [1901].* (31 S.) 8° [F.]
— Opernführer. No 32. [03. 3794]

Hartmann, L., methodische Anleitung zum Schönschreib-Unterricht mit 222 stufenmäßig geordneten Vorlagen deutscher u. lateinischer Schrift in je 3 Kursen. 2. Aufl. Stuttgart 867. (Belser'sche Sortimentsbh.) qu. gr. 4. (32 S. mit 16 Steintaff.) n. 10 *ngr.*

Hartmann, L., methodische Anleitung zum Schönschreib-Unterricht m. 222 stufenmäßig geordneten Vorlagen deutscher u. latein. Schrift in je 3 Kursen. 3. Aufl. qu. 8. (32 S. u. 18 Steintaf.) Stuttgart 873. A. Müller. n. 1.—

Hartmann L, method. Anleit. z. Schönschreib-Unterricht. 4. A. (32 S) Stuttgart (1883)

Hartmann, L., methodische Anleitung zum Schönschreib-Unterricht m. 234 stufenmäßig geordneten Vorlagen deutscher u. lateinischer Schrift in je 3 Kursen. 4. Aufl. qu. schmal gr. 8. (32 S. m. 14 Steintaf.) Stuttgart 884. (Alb. Müller.) n. 1.—

Hartmann, Ludw., methodische Anleitung zum Schönschreib-Unterricht m. 234 stufenmäßig geordneten Vorlagen deutscher u. lateinischer Schrift in je 3 Kursen. 5. Aufl. qu. schmal 4. (32 S. m. 14 autogr. Taf.) Stuttgart 893. (A. Müller.) n. 1.—

(**Hartmann**. Ludwig.) An die Auserwählten des [Luzerner] Volks und an das Volk selbst. 8. *o. O.* [1798].

Der Bajazzo. (I Pagliacci.) Musikdrama in 2 Akten u. e. Prolog. Dichtung u. Musik von Ruggiero Leoncavallo. Textl. u. musikal. erl. von Ludwig **Hartmann**. *Leipzig: H. Seemann Nachf. [1901].* (40 S.) 8° [F. u. Ant.]
— Opernführer. No 50. [03. 3167]

Die Basoche. Komische Oper in 3 Akten von Alb. Carré. Musik von André Messager. Einführung in Handlung u. Musik von Ludwig **Hartmann**. Leipzig: H. Seemann Nachf. [1904]. (28 S.) 8° [F.]
— Opernführer. No 101. [05. 4...]

(**Hartmann**, [Ludwig], und **Ronca**, J[oseph].) Beantwortung auf die in der [Augsburger] allgemeinen Zeitung (vom 26sten und 28sten November [1798]) enthaltene Artikel den Bürger Rep. Hartmann, und Br. Ronca von Luzern betreffend. 8. *o. O.* [1798].

Hartmann, Ludwig, aus Buchsweiler: **Beiträge zur Constitution der Ortho-Amido-azoverbindungen.** *Erlangen 1899: E. Th. Jacob.* (36 S.) 8°
Erlangen, Phil. Diss. v. 27. Juli 1899

'Auf neutralem Boden'. Oper in 1 Akt. Dichtung von Dr. Franz Koppel-Ellfeld. Musik von Carl Grammann (op. 40). Textlich u. musikalisch erl. von Ludwig Hartmann. *Leipzig: H. Seemann Nachf. [1901].* (16 S.) 8° [F.]
— Opernführer. No 33.

Die verkaufte Braut. (Prodaná nevěsta.) Komische Oper in 4 Akten von Friedrich Smetana. Textl. u. musikal. erl. von Ludwig Hartmann. *Leipzig: H. Seemann Nachf. [1901].* (37 S.) 8° [F. u. Ant.]
— Opernführer. No 55.

Dürer in Venedig. Oper in 3 Akten. Dichtung von Adolf Bartels. Musik von Waldemar v. Baussnern. Textl. u. musikal. erl. von Ludwig Hartmann. *Leipzig: H. Seemann Nachf. [1901].* (36 S.) 8° [F.]
— Opernführer. No 43.

Falstaff. Lyrische Komödie in 3 Akten von Arrigo Boito. Musik von Giuseppe Verdi. Textl. u. musikal. erl. von Ludwig Hartmann. *Leipzig: H. Seemann Nachf. [1901].* (31 S.) 8° [F.]
— Opernführer. No 64.

Hartmann, L., Gebete f. deutsche Schulen. 8. Ulm, Wohler. 792.

Hartmann, Edw., Gebete f. deutsche Stadt- u. Landschulen. 8. Ulm 793. Wohler. 16 K

Der König hat's gesagt (Le roi l'a dit). Komische Oper von Leo Delibes. Textl. u. musikal. erl. von Ludwig Hartmann. *Leipzig: H. Seemann Nachf. [1901].* (24 S.) 8° [F.]
— Opernführer. No 89.

Die Königin von Saba. Oper in 4 Akten von S. H. Mosenthal. Musik von Karl Goldmark. Op. 27. Textl. u. musikal. erl. von Ludwig Hartmann. *Leipzig: H. Seemann Nachf. [1902].* (39 S.) 8° [F.]
— Opernführer. No 80.

Hartmann, Ludw., die freien Körper in den Höhlen der serösen Säcke. Tübingen 865. (Osiander'sche Buchh.) gr. 8. (82 S.) n. 12 ngr.

Hartmann, L., Kurzwaaren-Industrie, s.: Ausstellungs-Bericht, officieller.

Der Kuß. Volks-Oper in 2 Akten von E. Krásnohorská. Musik von Friedrich Smetana. Einführung in Handlung u. Musik von Ludwig Hartmann. Leipzig: H. Seemann Nachf. [1904]. (23 S.) 8° [F.]
— Opernführer. No 102.

Das Mädchenherz. (Il cuor delle Fanciulle.) Oper in 3 Akten u. e. Epilog von Luigi Illica. Musik von Crescenzo Buongiorno. Textl. u. musikal. erl. von Ludwig Hartmann. *Leipzig: H. Seemann Nachf. [1901].* (54 S.) 8° [F. u. Ant.]
— Opernführer. No 54.

Hartmann, Ludw., s.: Opernführer.

Hartmann, Ludw., die Orgel. Gemeinverständliche Darstellg. des Orgelbaus u. Orgelspiels, nebst e. kurzen Geschichte des evangel. Kirchenliedes in musikal. Hinsicht, f. Gemeinde-Kirchenräte, Geistliche, Organisten, Kantoren, Orgelbauer u. Orgelrevisoren. 2. vollständ. neubearb. Aufl. v. Heinrichs Orgelbaurevisor. (VI, 106 S. m. 15 Abbildgn.) gr. 8. Leipzig 904. B. F. Voigt. n. 1. 80

'Die Perlenfischer'. 'Djamileh'. Zwei Opern von Georges Bizet. Hist.-ästhet. Einführung von Ludwig Hartmann. *Leipzig: H. Seemann Nachf. [1901].* (49 S.) 8° [F.]
— Opernführer. No 39.

Die drei Pintos. Komische Oper in 3 Aufz. Musik von Carl Maria v. Weber. Hist., textl. u. musikal. erl. von Ludwig Hartmann. *Leipzig: H. Seemann Nachf. [1901].* (52 S.) 8° [F.]
— Opernführer. No 80.

Ratbold. Oper in 1 Akt. Dichtung von Felix Dahn. Musik von Reinhold Becker. Textl. u. musikal. erl. von Ludwig Hartmann. *Leipzig: H. Seemann Nachf. [1901].* (12 S.) 8° [F.]
— Opernführer. No 56.

Hartmann, L., Stoff zu Wandtafelvorschriften für den Schönschreib-Unterricht zusammengetragen u. methodisch geordnet. Stuttgart 866. (Belser'sche Sortimentsb.) qu. gr. 8. (14 S.) n. 3 ngr.

Hartmann, L., Stoff zu Wandtafelvorschriften für den Schönschreibunterricht zusammengetragen u. methodisch geordnet. 2., verm. Aufl. 16. (24 S.) Stuttgart 878. A. Müller. n. — 30

[F.] Richard Wagner's Tannhäuser. Festschr. z. Gedenktage d. ersten Aufführg am 19. Oct. 1845 in Dresden. Unt. Benutzg zeitgenöss. Quellen v. Ludwig Hartmann. M. d. facs. Theaterzettel d. ersten Tannhäuseraufführg. *Dresden: R. Bertling 1895.* (64 S., 1 Facs.) 1 Bd 8.

— Unterricht im kaufmännischen Schön- u. Schnellschreiben. Mit 12 (lith.) Taff. Schreibvorlagen. Stuttgart 870. Maier. gr. 8. (20 S.) n. 10 ngr.

— Unterricht im kaufmännischen Schön- u. Schnellschreiben. Mit 12 Taf. Schreibvorlagen. 2. Aufl. gr. 8. (16 S.) Stuttgart 886. Maier. n. 1. —

Hartmann, L., Unterricht im kaufmännischen Schön- u. Schnellschreiben. Mit 12 Taf. Schreibvorlagen. 3. Aufl. gr. 8. (16 S.) Stuttgart 887. Maier. n. 1. —

Hartmann, L. Unterricht im kaufmännischen Schön- u. Schnellschreiben. Mit 12 Tafeln Schreibvorlagen. 3. Aufl. gr. 8. (16 S.) Stuttg. 892, Maier, Sep.-Cto. * 1 —

Hartmann, L., Unterricht im kaufmännischen Schön- u. Schnellschreiben. M. 12 Taf. Schreibvorlagen. Deutsche Schrift. Kursivschrift. Englische (latein.) Schrift. Rundschrift. 5. Aufl. gr. 8. (16 S.) Stuttgart 898. F. Doerr. n. 1. —

Hartmann, Ludwig, Gerichtsrefer.: Die Verletzung des Berufsgeheimnisses nach § 300 des Reichsstrafgesetzbuches. Borna-Leipzig 1909: Noske. X, 65 S. 8°
Erlangen, Jur. Diss. v. 4. Okt. 1909, Ref. Allfeld
[Geb. 21. Dez. 84 Homberg, Bez. Kassel; Wohnort: Homberg; Staatsangeh.: Preußen; Vorbildung: Gymn. Korbach Reife O. 04; Studium: München 3, Berlin 1, Marburg 2 S.; Rig. 29. Juni 09.] [U 10. 696

— kalligraphische Vorlagen. Ausg. für Lateinschulen in deutscher, latein., griech. und hebräischer Schrift. qu. 4. (27 Stnt.) Stuttgart 869, Belser's Sortimentsb. *

— dass. — Ausg. für Realschulen mit deutscher, latein. und italien. Cursiv- und Rundschrift. qu. 4. (27 Stnt.) Ebendas. 869. *

— Vorlagen für deutsche und lateinische Schrift. qu. 4. (21 Stnt.) Stuttgart 869, Belser's Sortimentsb. *

— Vorlagen für griechische und hebräische Schrift. qu. 4. (7 Stnt.) Stuttgart 869, Belser's Sortimentsb. *

— Vorlagen für italienische, Cursiv- und Rundschrift. qu. 4. (7 Stnt.) Stuttgart 869, Belser's Sortimentsb. *

— kalligraphische Vorlagen in verschiedenen Schriftarten für Lehrer u. Schüler bearb. Ebend. 869. qu. 4. (40 Steintaff.) geb. n. 22 ngr.
Hieraus einzeln:
— Vorlagen für deutsche u. lateinische Schrift. qu. 4. (21 Steintaff.) n. 7½ ngr.
— Vorlagen für griechische u. hebräische Schrift. qu. 4. (7 Steintaff.) n. 4 ngr.
— Vorlagen für italienische, Cursiv- u. Rundschrift. qu. 4. (7 Steintaff.) n. 4 ngr.
— kalligraphische Vorlagen. Ausg. für Lateinschulen in deutscher, latein., griech. u. hebräischer Schrift. qu. 4. (27 Steintaff.) n. 11¼ ngr.
— — Ausg. für Realschulen mit deutscher, latein. u. italien. Cursiv- u. Rundschrift. qu. 4. (27 Steintaff.) n. 11¼ ngr.

— Vorlagen zum Schönschreiben für die Hand der Schüler. Deutsche Kurrentschrift. 1—3. Kursus. Stuttgart 867. (Belser'sche Sortimentsb.) qu. gr. 4. [1. Kursus. (16 Steintaff.) n. 7½ ngr., 2. Kursus. (10 Steintaff.) n. 6 ngr., 3. Kursus. (16 Steintaff.) n. 7½ ngr.] n. 21 ngr.

Hartmann, L., Vorlagen zum Schönschreiben etc. lateinische Cursivschrift. 1—3. Kursus. Stuttgart 867. (Belser'sche Sortimentsb.) qu. gr. 4. [1. Kursus. (12 Steintaff.) n. 6 ngr., 2. Kursus. (8 Steintaff.) n. 5 ngr., 3. Kursus. (12 Steintaff.) n. 6 ngr.] n. 17. ngr.

— Vorlagen zum Schönschreiben für d. Hand d. Schüler. Kurs 1-4 in 1 Bd Stuttgart

Hartmann, M., Elemente des Eisenbahnbaues, s.a. Weber's illustr. Handbücher. 255. Bd.

Hartmannn M, Elemente des Eisenbahnbaues. (230 S 20 T) (Webers illustrierte Katechismen 255) Leipzig 1906

Hartmann, M., Handbuch f. Rennbesucher, s.: Bonin, E. v.

— Landgüterordg. f. d. Prov. Brandenb. v. 10. Juli 1883, erläut. Berl. 883.

Hartmann, M., die Landgüter-Ordnung f. die Prov. Brandenburg vom 10. Juli 1883. Hrsg. u. erläutert. gr. 8. (59 S.) Berlin 884. C. Heymann's Verl. n. 1.50

Hartmann, M., die Landgüterordnung f. die Provinz Westfalen u. die Kreise Rees, Essen [Land], Essen [Stadt], Duisburg u. Mülheim a. d. Ruhr vom 30. Apr. 1882. Hrsg. u. erläutert. gr. 8. (IV, 69 S.) Paderborn 882. F. Schöningh. n. 1.20

Hartmann, M. Vide: Studien (Demokratische).

Hartmann, M. Katharina, Elisab. **Hartmann** u. Aloisia Hauck, Denkwürdiges aus d. Leben u. Wirken uns. geistl. Hrn. Vetters u. Onkels Prälat J. M. Schleyer in Konstanz. 8. (15 S.) Konstanz 898. Schleyer's Weltsprache-Zentralbüro. n. — 20

Hartmann, Martin, s.a. Hartmann, Karl August Martin

Hartmann, Mart., s.: **Aḥmed, des Schēch, v. Ǵezīret ibn Omar.**

Hartmann, Martin: Das Bahnnetz Mittelsyriens. ([S.-A.] Zeitschrift des Deutschen Palästina-Vereins. Bd. 17. 1894. S. 56—64.) Leipzig 1894. 9 S., 1 Krt. 8°.

— **zur literarischen Bewegung u. zum Buch- u. Bibliothekswesen in den islamischen Ländern.** (14 S.) 8. Halle 905. Leipzig, R. Haupt. n.n. 1.—
Sonderabdruck aus: „Antiquariats-Katal. 4: Der mohammed. Orient".

Hartmann, Mart., Bohtan, s.a. Mitteilungen d. vorderasiat. Gesellschaft.

Bohtān. E. topogr.-histor. Studie v. Martin Hartmann. (In 2 Theilen.) *Berlin: W. Peiser (1896).* (103 S.) 8.
= Mitteilungen der Vorderasiat. Gesellschaft. 1896. [No] 2. 1897. [No] 1. (vj. 1110

Hartmann, Mart., Caghataisches. Die Grammatik ussi lisāni turki des Mehemed Sadiq, s.a. Materialien zu e. Geschichte d. Sprachen u. Litteraturen d. vorderen Orients.

Čaghataisches von Martin Hartmann. Die Grammatik ussi lisani turki des Mehemed [Muḥammad] Sadiq. *Heidelberg: C. Winter 1902.* (XIX, 83 S.) 8°
= Materialien z. e. Geschichte d. Sprachen u. Litt. d. vord. Orients. H. 2. (02. 1438

Hartmann, Mart., Chinesisch-Turkestan, s.a. Geographie, angewandte. III, 4.

Chinesisch-Turkestan. Geschichte, Verwaltung, Geistesleben u. Wirtschaft von Prof. Dr. Martin **Hartmann**, Hermsdorf ⟨Mark⟩. Mit 2 Karten. Halle: Gebauer-Schwetschke 1908. (VIII, 115 S.) 8°
— **Geographie**, Angewandte. Reihe 3. Bd 4. (o. 8104 3

Die Frau im Islam, s.a. Orient, der, 7. Heft.

Hartmann, Martin: Die Frau im Islam. Vortr., geh. ... i. d. Münchner Oriental. Gesellschaft. — Halle: Gebauer-Schwetschke 1909. 34 S. 8° (Der Orient. 7.)

Hartmann, M., allgemeines deutsches Handelsgesetzbuch m. Ausschluss d. Seerechts u. allgemeine deutsche Wechselordnung, übers. ins Arabische v. M. H. gr. 8. (V, XIV, 140 S.) Beirut 887. (Leipzig, K. F. Koehler's Antiqu.) n. 4.—

— Der Islam. Geschichte — Glaube — Recht. Ein Handbuch. (XI, 188 S.) 8. Leipzig 909. R. Haupt. Kart. 2.—

Der Islam. Geschichte, Glaube, Recht. Ein Handbuch von Martin Hartmann. Neudr. d. 1. Aufl. Leipzig: Haupt 1909. XI, 187 S. 8° (09. 11465 7

— Lieder der libyschen Wüste, s.a. Abhandlungen f. die Kunde des Morgenlandes. XI. 3.

Lieder der Libyschen Wüste. Die Quellen u. d. Texte nebst e. Exkurse über d. bedeutenderen Beduinenstämme d. westl. Unterägypten von Martin Hartmann. *Leipzig: F. A. Brockhaus in Comm. 1899.* (243 S.) 8°
= Abhandlungen f. d. Kunde d. Morgenlandes. Bd 11, No 3. (99. 873

— **s.a. Materialien zu e. Geschichte der Sprachen u. Litteraturen des vorderen Orients.**

Materialien zu einer Geschichte der Sprachen und Litteraturen des vorderen Orients. Hrsg. von Martin Hartmann ⟨Berlin⟩. H. 1. *Heidelberg: C. Winter 1900.* 8° (00. 10136

Martin Hartmann. Die Mekka-Bahn. Mit e. Geleitwort d. Verf. Berlin: W. Peiser 1908. (30 S.) 8°
Aus: Orientalist. Litteratur-Zeitung v. 15. Jan. 1908. (08. 9860

— Die Mekka-Bahn. Mit e. Geleitwort des Verf. (30 S.) gr. 8. Berlin 908. [W. Peiser.] Leipzig, J. C. Hinrichs' Verl. — 60
Sonderabdr. aus: „Orientalist. Literatur-Zeitg."

Martin **Hartmann**. Metrum und Rhythmus. Die Entstehung d. arab. Versmasse. Giessen: Ricker 1896. 34 S. 8° [11. 6418 11

— der islamische Orient. Berichte u. Forschgn. I—V. gr. 8. Berlin, W. Peiser Verl. n. 5. —; f. Abonnenten der orientalist. Litteratur-Zeitg. n. 3. —
I. Islam u. arabisch. — Der hl. Barsisa. — Schoa u. Tundscher. — Die angebl. Sira des Ibn Ishâq. — Orientalische Umschriften. (40 S.) 899. n. 1. —; bezw. n. — 60
II. III. China u. der Islam. — Zwei islam. Kantondrucke. — Strassen durch Asien. (S. 41—102 m. 2 Taf.) 900. n. 2. —; bezw. n. 1. 20
IV. Zentralasiatisches aus Stambul. (S. 103—145.) 902. n. 1. —; bezw. n. — 60
V. Mešreb, der weise Narr u. fromme Ketzer. Ein zentralasiat. Volksbuch. (S. 147—193.) 902. n. 1. —; bezw. n. — 60

— der islamische Orient. Berichte u. Forschgn. VI—X. gr. 8. Berlin 905. W. Peiser. n. 5. —; f. Abnehmer der orientalist. Literatur-Zeitg. 3. —
Ein Heiligenstaat im Islam: Das Ende der Caghataiden u. die Herrschaft der Chogas in Kašgarien. (S. 195—374.)

(8) — Der islam. Orient. (I.) 10 Hefte. 898—905. (KBl. 31. 33.) Jetzt: Leipzig, J. C. Hinrichs.

— Der islamische Orient. Berichte u. Forschgn. II. u. III. Bd. gr. 8. Leipzig, R. Haupt. 16. —
II. Die arab. Frage. Mit e. Versuche der Archäologie Jemens. (XI, 685 S.) 909. 8. —
III. Unpolit. Briefe a. d. Türkei. (IX, 262 S.) 910. 8. —

— Arabischer Sprachführer, s. a. Meyer's Sprachführer.

Hartmann, Dr. M., *arabischer Sprachführer* f. Reisende. Leipzig, bibliogr. Institut, o. J. (c. 1880). 24°. Eleg. Ldrb. in Notizbuchform.
XII—367 S.

Hartmann, M., arabischer Sprachführer f. Reisende. 24. (XII, 367 S.) Leipzig 881. Bibliograph. Institut. geb. n. 6. —

Arabischer Sprachführer. Konversations-Wörterbuch von **Martin Hartmann**, Prof. in Berlin. 2. verb. Aufl. *Leipzig & Wien: Bibliogr. Inst. [1895].* (XII, 347 S.) 8° [J.]
(Meyers Sprachführer.) [95. M. 11

— kleine deutsche Sprachlehre f. Araber. (Methode Gaspey-Otto-Sauer.) gr. 8. (232 S. m. 1 Karte u. 1 Plan.) Heidelberg 902. J. Groos. Geb. in Leinw. n. 3. —

— D. arab. Strophengedicht. I. Das Muwaššaḥ, s. a. Studien, semitistische.

[Umschlagt.:] Das arabische Strophengedicht. Von M[artin] **Hartmann**. [Th.] 1. *Weimar: E. Felber 1896.* 8.
= Studien, Semitistische. [H.] 13. [97. 349

— — Das arabische Strophengedicht. I. Das Muwaššaḥ. Weimar 1897.

Hartmann, Mart., die hebräische Verskunst nach dem metek šĕfātajim des 'Immānû'ēl Fransîs u. anderen Werken jüdischer Metriker. gr. 8. (VIII, 100 S.) Berlin 894. S. Calvary & Co. n. 2. 50

Hartmann, Matthäus, prakt. Arzt in Uttenweiler: **Ueber die Beziehungen von Erkrankungen des Zentralnervensystems** zum Decubitus pharyngis. *Erlangen 1902: H. Vollrath.* (40 S.) 8°
Erlangen, Med. Diss. v. 22. Juli 1902

Hartmann, Max, s.: Archiv f. Protistenkunde.

Hartmann, Max: Ludwig Achim von Arnim als Dramatiker. T. 1. Breslau 1910: Nischkowsky. 57 S. 8° ¶(Ersch. vollst. als: Breslauer Beiträge z. Literaturgesch. H. 24.)
Breslau, Phil. Diss. v. 6. Aug. 1910, Ref. Koch
[Geb. 24. Aug. 82 Höckricht, Kr. Glogau; Wohnort: Höckricht; Staatsangeh.: Preußen; Vorbildung: Ev. Gymn. Glogau Reife M. 04; Studium: Breslau 1, Halle 2, Breslau 7 S.; Rig. 14./15. Dez. 09.] [U 10. 607

— Autogamie bei Protisten u. ihre Bedeutung f. das Befruchtungsproblem. (72 S. m. 27 Abb.) gr. 8. Jena 909. G. Fischer. 2.50
Sonderabdr. aus: „Archiv f. Protistenkde."

Hartmann, [Max], pract. Arzt aus Großobringen ⟨Sachs.-W.⟩: **Beitrag** zur Casuistik der primären Darmresection mit nachfolgender Naht bei gangränösen Hernien. *Leipzig 1902: B. Georgi.* (24 S.) 8°
Leipzig, Med. Diss. v. (18. Dez.) 1902

— s.: Beiträge zur Trachom-Forschg.

Hartmann, Max, Dr. phil., Assist. am zool. Inst. zu Gießen: Die **Fortpflanzungsweisen** der Organismen, erläutert an Protozoen, Volvocineen und Dicyemiden ⟨zugleich Mitteilung über den Generationswechsel der Dicyemiden⟩. *Leipzig: G. Thieme 1903.* (43 S.) 8° ¶[Aus Biol. Centralblatt, Bd 24, 1904.]
Gießen, Phil. Hab.-Schr. v. 1903

Hartmann, Max, Feiner Humor. Anecdoten u. Bonmots aus d. Hof- u. Diplomaten-Leben, aus Offiziers-, Künstler-, Jäger-, Journalisten-Kreisen. 8. (48 S.) Nordhausen 897. Marburg i/H., Selbstverlag. n. — 75

Hartmann, Max: Ueber den Mechanismus der Kupplungsreaktion. Zürich-Selnau 1908: Leemann. 67 S. 8°
München, Phil. Diss. v. 24. Juli 1908, Ref. v. Baeyer
[Geb. 27. Jan 84 St. Gallen; Wohnort: Rorschach; Staatsangeh.: Schweiz; Vorbildung: Techn. Abt. d. Kantonsch. St. Gallen Reife M. 03; Studium: Zürich Polytechn. 2, München 8 S.; Rig. 24. Juli 08.] [U 09. 3466

Hartmann, Max, approb. Arzt: **Über Perisplenitis und Perihepatitis nodosa.** *Greifswald 1902: J. Abel.* (24 S.) 8°
Greifswald, Med. Diss. v. 27. Juni 1902

— Praktikum d. Bakteriologie u. Protozoologie, s.: Kisskalt.

— Parasitische Protozoen, s.: Dönitz, W.

Hartmann, Max, Gerichtsreferendar a. Hückeswagen: Das rechtliche Schicksal des Erbbauwerkes. Borna-Leipzig 1904: R. Noske. (VIII, 34 S.) 8°
Leipzig, Jur. Fak., Diss. v. 26. Aug. 1904
[Geb. 10. Okt. 75 Hückeswagen; Wohnort: Hückeswagen; Staatsangeh.: Preußen; Vorbildung: Gymn. Gütersloh Reife O. 95; Studium: Bonn 3, Kiel 2, Berlin 1 S.; Rig. 24. Jan. 03.]

Hartmann, Max: **Studien** am thierischen Ei. 1. Ovarialei und Eireifung von Asterias glacialis. Mit 2 Taf. *Jena: G. Fischer 1902.* (22 S.) 8° ¶(Aus: Zool. Jahrbücher, Abth. f. Anat. u. Ontog. d. Thiere, Bd 15, H. 4. — Ohne die Taf.)
München, Phil. Diss. v. 1902

Hartmann, Max, Tod u. Fortpflanzung. Eine biolog. Betrachtg. Mit 5 Abbildgn. auf 2 Taf. (40 S.) Lex.-8. München 906. E. Reinhardt. n. 1. —

Hartmann, Mar., († d. 17. Dec. 1818.) Unterricht im Christenthum f. die Jugend ꝛc., zugleich ein Lesebuch f. Schulkinder. 8. Augsb. 792.

Untersuchungen über den Generationswechsel der Dicyemiden. Von Dr. phil. Max **Hartmann**, Privatd., Berlin. (Bruxelles 1906: Hayez.) (128 S.) 4°
— Acad. Royale de Belgique. Classe d. sciences. **Mémoires**. Collection in-4°. Sér. 2. T. 1, Fasc. 3. [08. 464

Hartmann, Max, wie erlange ich Energie u. Schaffenskraft? (64 S.) gr. 8. Berlin (903). H. Steinitz. n. 1. —

Hartmann, Max Ludwig [app. Arzt aus Hamburg]: Die Therapie der Extrauterinschwangerschaft ... Jena, Univ.-Buchdr. G. Neuenhahn, 1894; 61 S. 8.
Jena, Med. Fak., Inaug.-Diss. v. [26. Mai] 1894

—, Mayer, Diss. Dysenteriae malum hypochondriacum solventis exemplum. Frcf. 4°. 1787

— **Michael Anton** (Würzburg), De jure capitulandi inter Sacri Romani Imperii electores & principes controverso. Dissert. histor.-publ. Präs. Johann Jacob Joseph Sündermahler. Würzburg (Joh. Jac. Chph. Kleyer) 4. III. 1747. 172 S. (10.—) 13302

Hartmann, Mignon, Liebe u. Leidenschaft. 8. (IV, 216 S.) Berlin 893. R. Eckstein Nachf. n 2. —

Hartmann, Mor., Adam u. Eva. Eine Idylle in sieben Gesängen. 8. (VIII u. 172 S.) Leipzig 851, Herbig. 1 ℳ

— Adam u. Eva. Eine Idylle in 7 Gesängen. 16. (III, 161 S.) Ebend. 874. geb. m. Goldschn. n. 2. —

Hartmann, Mor., Bilder und Büsten. 2 Thle. in 1 Bde. 8. (VII und 375 S.) Frankfurt a. M. 860. [Berlin, Janke.] Ermäßigter Preis

Hartmann, Mor., Bilder und Büsten. 2 Thle. in 1 Bde. Frankfurt a. M. 860. Meidinger & Co. 8. (VII, 375 S.) 2 ℳ

— — 2. (Titel-)Ausg. Berlin 862. Janke. 1 ℳ

Hartmann, Moritz: Darstellung des Unterschiedes zwischen der platonischen Idee und der aristotelischen Entelechie. Hattingen 1908: Hundt. 19 S. 8°
Hattingen, st. PG OP 1908 (456) [S 08. 167

Hartmann, Mor., die Diamanten der Baronin. Roman. [Internationale Bibliothek.] 2 Bde. Berlin 868. R. Lesser. 8. (V, 150 u. III, 129 S.) Jeder Bd. n. 15 ngr.

—— die Diamanten der Baronin. Roman. [Welt-Bibliothek.] 2 Bde. 8. (V, 150; III, 129 S.) Berlin 868, Lesser. [Leipzig, Schulze und Comp.]

— Erzählungen meiner Freunde und Novellen. Frankfurt a. M. 860. Meidinger & Co. (Berlin, Janke.) 8. (III, 386 S.) 2 ℳ

Hartmann, Mor., Erzählungen eines Unstäten. 2 Bde. Berlin 858. Besser's Verlhdlg. 8. (LX, 317; 2 Bl., 384 S.) n. 3 ℳ

—— Erzählungen eines Unstäten. 2 Bde. gr. 8. (LXIII und 701 S.) Berlin 858. [Franz Duncker.] *

— Gedichte. Neue Auswahl. 16. (VIII, 342 S.) Ebend. 874. geb. m. Goldschn. n. 4. 50

Hartmann, Mor., neuere Gedichte. 8. Leipzig 846, G. Wigand. 1⅔ ℳ

—— neuere Gedichte. 8. (XIV und 334 S.) Leipzig 847, [Schlicke.]

— Gedichte u. Prosa, s.: Sammlung gemeinnütziger Vorträge.

Hartmann, Mor., der Gefangene v. Chillon, s.a. Roman-Perlen

Der Gefangene von Chillon. Roman von Moritz Hartmann. Berlin: Deutsches Dr.- u. Verlagshaus [1904]. (140 S.) 8° [F.]
= Roman-Perlen. [Jg. 1], H. 33, [3] — H. 37, [2.] [05. 1134

Hartmann, Moritz, a. Adlum (Prov. Hann.): Geschichte der Handwerkerverbände der Stadt Hildesheim im Mittelalter. 1. Teil: Die äußere Geschichte. Hildesheim 1905: A. Lax. (40 S.) 8° [F.] ¶(Ersch. vollständig als: Beiträge für die Geschichte Niedersachsens u. Westfalens 1, H. 1.)
Münster, Phil. Fak., Ref. Erler, Diss. v. 9. Okt. 1905
[Geb. 6. März 78 Adlum b. Hildesheim; Wohnort: Münster i. W.; Staatsangeh.: Preußen; Vorbildung: Gymn. Hildesheim Reife O. 00; Studium: Freiburg i. B. 2, Münster 1, München 2, Münster 3 S.; Rig. 24. Juli 05.]

Hartmann, Mor., Geschichte der Handwerkerverbände der Stadt Hildesheim im Mittelalter, s.a. Beiträge f. die Geschichte Niedersachsens u. Westfalens. 1. Hft.

Geschichte der Handwerkerverbände der Stadt Hildesheim im Mittelalter. Von Dr. Moritz Hartmann. T. 1. 2 (in 1 Bd). Hildesheim: A. Lax 1905. (89 S.) 8° [F.]
1. Die äußere Geschichte. 2. Das innere Leben.
= Beiträge f. d. Geschichte Niedersachsens u. Westfalens. Jg. 1, H. 1. [05. 1308

Moritz **Hartmann.** 1. Einleitung v. Otto Wittner. 2. Gedichte. 3. Prosa. Aus Hartmanns Werken. Prag ('07). S. 46—76. (Dt. Dichtg u. Kunst. 8.) (Sammlg gemeinnütz. Vortr. 343/44.)

— Iblou u. andere Erzählungen, s.: Alexis, Willib.

Hartmann, Moritz, Kelch u. Schwert, Dichtungen. 1. Aufl. (20½ B.) u. 2., verm. Aufl. 8. (21 B.) Leipzig 845. [Lorck.] à *

— Kelch und Schwert. Dichtungen. 8. Leipzig 845, J. J. Weber. n. 1⅓ ℳ — 2. vermehrte Aufl. Leipzig 845, Lorck. n. 1⅓ ℳ

— Kelch u. Schwert. Dichtungen. 3. sehr verm. Aufl. 16. (VIII u. 279 S. m. 1 Stahlst.) Darmstadt 851, Leske. n. 1⅓ ℳ; in Engl. Einb. m. Goldschn. n. 1⅔ ℳ

— der Krieg um den Wald, s.a. Hausschatz deutscher Erzählungen.

— dasselbe, s.a. Hesse's, Max, Volksbücherei.

— dasselbe, s.a. Universal-Bibliothek.

Hartmann, Moritz

Der Krieg um den Wald. Historie.
Frankfurt a.M.: Lit. Anstalt 1850. 387 S. 8°

der Krieg um den Wald, s.a. Handbibliothek, Cotta'sche.

Der Krieg um den Wald. Eine Historie in 12 Kapiteln von Moritz Hartmann. *Stuttgart & Berlin: J.G. Cotta Nachf. [1903].* (151 S.) 8° [F.]
= Handbibliothek, Cotta'sche. No 48. [03. 14367

— Märchen, s.a. Perrault.

— Märchen nach Perrault neu erzählt, illustr. von Gust. Doré. Stuttgart 867. E. Hallberger. Imp.-4. (VII, 68 S. mit 41 Holzschntaff.) geb. mit Goldschn. n. 4 ℳ

— Mährchen und Geschichten aus Osten und Westen. Braunschweig 858. Westermann. 8. (XI, 216 S.) n. 1 ℳ 6 ngr.

—— nach der Natur. Novellen. 3 Bde. 8. (759 S.) Stuttgart 866, E. Ebner.

— nach der Natur. Novellen. 3 Bde. Stuttgart 866. Vogler & Beinhauer. 8. (759 S.) 3 ß

— Novellen. 3 Bde. Hamburg 863. Hoffmann & Campe. 8. (XII. 1097 S.) 4 ß 15 ngr.

— siehe a. Reimchronik des Pfaffen Maurizius.

(Hartmann, Moriz.) Reimchronik des Pfaffen Maurizius. I. Buch. Caput 1—5. Caput 1. Die Wiener Märtyrer. 2. Die symbolischen Thiere. 3. Traumbuch für Michel. 4. Eljen Kossuth! 5. Apostel und Apostaten. kl. 8. Frankfurt a. M. 1849.

— — Reimchronik des Pfaffen Maurizius. I. Buch. Caput 4. Eljen Kossuth! 8. Frankfurt a. M. 1849.

— Reimchronik d. Pfaffen Maurizius. 16. (XXXVI, 225 S.) Stuttgart 874. Cotta. geb. m. Goldschn. n. 3. —

— Schatten. Poetische Erzählungen. 16. (XII u. 283 S. m. 1 Stahlst.) Darmstadt 851, Leske. n. 1 ß 22 ngl.; in Engl. Einb. m. Goldschn. n. 2 ß 6 ngl.

— Die letzten Tage e. Königs, s.a. Bücher, bunte.

—— die letzten Tage eines Königs. Historische Novelle. 1. Aufl. 1866. und 2. Aufl. br. 8. (V und 287 S.) Stuttgart 867, E. Hallberger.

— dasselbe, s.a. Erzähler, unsere.

Moritz **Hartmann**. Die letzten Tage eines Königs. Münster i. W.: Aschendorff [1910]. 152 S. 8°
(Unsere Erzähler Buch 21/22.) 10. 17393

— Tagebuch aus Languedoc u. Provence, s.a. Hausschatz deutscher Erzählung.

Hartmann, Mor., Tagebuch aus Languedoc und Provence. 2 Bde. 8. Darmstadt, Leske. [1. (IV und 274 S.) 1852., 2. (V und 326 S.) 853. à Bd. * 1 Thlr. 10 Ngr.] *

— Tagebuch aus Languedoc und Provence. 2 Bde. Darmstadt 853. Leske. 8. (II, 274; V, 326 S.) n. 2 ß 20 ngl.

— Von Frühling zu Frühling. Berlin 861. F. Duncker. 8. (304 S.) 1 ß 10 ngr.

— Ausgewählte Werke, s.: Klassiker-Bibliothek, deutsch-österr.

Hartmann's, Mor., gesammelte Werke. In 10 Bdn. 8. (XII, 467; XXXII, 484, 570, 496, 448, 482, 527, 414 u. XV, 482 S.) Stuttgart 873. 74. Cotta. n. 36. —

Hartmann's, Mor., gesammelte Werke, s.a. Bibliothek deutscher Schriftsteller aus Böhmen.

Moritz **Hartmanns** Gesammelte Werke. (Hrsg.:) Dr. Otto Wittner. Bd 1. Prag: J. G. Calve 1906. 8° [F.]
= **Bibliothek** Deutscher Schriftsteller aus Böhmen. Bd 18. 07. [illegible]

(F) **Hartmann**, M., Gesammelte Werke. 2 Bd. Moritz Hartmanns Leben und Werke. 2. Teil. Exil und Heimkehr. (Bibliothek deutscher Schriftsteller aus Böhmen. 19. Bd.) 8°. (XV, 461 S.) K 8.—
Ebd. 1907.

Der blinde Wilhelm, s.: Bücher, bunte.

— Zeitlosen. Gedichte. Braunschweig 858. Vieweg. 8. (XI, 336 S.) n. 1 ß 20 ngl.

Hartmann, Nicolai

— Des Proklus Diadochus philosoph. Anfangsgründe der Mathematik, nach den ersten 2 Büchern des Euklidkommentars dargestellt, s.: Arbeiten, philosoph. IV, 1.

Hartmann, Nicolai, Dr.: Des Proklus Diadochus philosophische Anfangsgründe der Mathematik nach den zwei ersten Büchern des Euklidkommentars dargestellt. Marburg 1909. 57 S. 8° ¶(Ersch. auch als: Philosophische Arbeiten, hrsg. v. Cohen u. Natorp. Bd 4. H. 1.)
Marburg, Phil. Hab.-Schr. v. 1909 [U 09. 3230
(Nicht für den Austausch)

Hartmann, Nicolai, Platos Logik des Seins, s.a. Arbeiten, philosoph. III.

Platos Logik des Seins von Nicolai Hartmann, Dr. phil. Gießen: Töpelmann 1909. X, 512 S. 8°
(Philosophische Arbeiten. Bd 3.) 09. 7613

Hartmann, Nicolai, a. Riga: Über das Seinsproblem in der griechischen Philosophie vor Plato. Marburg 1908. (81 S.) 8° ¶(Erscheint vollst. als: „Philosophische Arbeiten" hrsg. von H. Cohen u. P. Natorp, Bd 3 b. A. Töpelmann, Gießen.)
Marburg, Phil. Fak., Ref. Cohen-Natorp, Diss. v. 3. April 1908
[Geb. 7. Febr. 82 Riga; Wohnort: Riga; Staatsangeh.: Rußland; Vorbildung: Gymn. Petersburg Reife O. 01; Studium: Dorpat 2, Petersburg 3, Marburg 4 S.; Rig. 31. Juli 07.]

Hartmann, O., über die Einrichtung der Proberelationen. gr. 8. (24 S.) Göttingen 877. Deuerlich. n. — 60

Hartmann, O., „die wahren Ursachen der Kohlennot". Ein Weckruf an die deutschen Kohlen-Konsumenten. (32 S.) 11. 8. Berlin 909. Herm. Walther. — 60

Hartmann, Olof [pr. Arzt aus Stralsund]: Ueber einen Fall von primaerem Sarcom im vorderen Mediastinum. . . . Freiburg i. B., Univ.-Buchdr. v. Chr. Lehmann ([illegible]); 24 S. | 1 Bl. 8°
Freiburg i. B., Med. Fak., Inaug.-Diss. v. 15. Dez. [illegible]

Hartmann, Oskar: Briefe an eine Studentin. — Zürich: Schmidt 1876. 31 S. 8°

Hartmann, Oscar. Ueber Derivate der Paraoxybenzoësäure. Leipzig, 1877.

Hartmann, O., moderne Idyllen. 85 S. 8. Zürich, Cäsar Schmidt. 1876. 2. —

Hartmann, Osk., das Recht des bayer. Staats u. des Deutschen Reichs in Beziehung auf die Religionsgemeinschaften unter Vergleichg. je ihres Kirchenrechts u. des natürl. Rechts. Systemat. dargestellt. Mit e. Anh.: Übersicht des Rechts des preuss. Staats in Beziehung auf die Religionsgemeinschaften unter Vergleichg. je ihres Kirchenrechts. I. Tl. 1. Heft. (VIII u. S. 1—64.) Lex. 8. Innsbruck 910. Wagner. 2. —

Hartmann, Osw. Okt., D. Problem d. Homosexualität im Lichte d. Schopenhauer'schen Philosophie. gr. 8. (27 S.) Leipzig 897. M. Spohr. n. 1. —

Hartmann, Otto, der Antheil der Russen am Feldzug v. 1799 in der Schweiz. Ein Beitrag zur Geschichte dieses Feldzugs u. zur Kritik seiner Geschichtsschreiber. gr. 8. (198 S.) Zürich 892. A. Munk. n. 3. 50

Hartmann, Otto, Dr. med., Assistenzarzt an d. chirurg. Klinik zu Jena: ⟨Aus d. chirurg. Klinik in Jena.⟩ Ueber die **Behandlung** der akuten primär synovialen Eiterungen der grossen Gelenke. *Jena 1900: G. Neuenhahn.* (85 S.) 8°
Jena, Med. Hab.-Schr. v. 1900

Die Entwicklung der Literatur und der Buchhandel. Von Otto **Hartmann** ⟨[Pseud.] Otto von Tegernsee⟩. Leipzig: Beyer [1910]. XII, 212 S. 8° 10. 5941

Hartmann, Otto, astronomische Erdkunde. Mit 16 Textfig. u. 100 Übungsaufgaben. (VI, 51 S.) 8. Stuttgart 905. F. Grub. n. — 80

— dasselbe, s.a. **Donle,** Wilh., Lehrbuch d. Experimentalphysik.

Hartmann, Otto, astronom. Erdkunde. Mit 33 Textfig., 1 Sternkarte u. 100 Übungsaufgaben. 3., verb. Aufl. (VIII, 76 S.) gr. 8. Stuttgart 909. F. Grub. Geb. 1. 20

Hartmann, Otto, approb. Arzt aus Neu-Ulm ⟨Bayern⟩, z. Z. Volontärarzt d. Klinik: Aus d. Frauenklinik zu Kiel. Über einen **Fall** von Hydrencephalocele und Verwachsung derselben mit dem Amnion placentale. *Kiel 1901: H. Fiencke.* (46 S.) 8°
Kiel, Med. Diss. v. [2. Juli] 1901

Hartmann, Otto, Lehr- u. Lesebuch f. das gastwirtschaftliche Gewerbe z. Gebr. in d. Fachschulen, z. Selbstunterr. f. Gehilfen, sowie als Nachschlagebuch f. Wirte. gr. 8. (XXII, 394 S. m. Abb., 2 Bildn., 2 Menukarten u. 1 farb. Taf.) Berlin (Mohrenstraße 27) 895, Selbstverlag. Geb. in Leinw. n.n. 5. —

Hartmann, Otto, Lehr- u. Nachschlagebuch f. das gastwirtschaftliche Gewerbe, zum Gebrauch in den Fachschulen, zum Selbstunterricht f. Gehilfen, sowie als Nachschlagebuch f. Wirte. (2. Aufl.) gr. 8. (XIV, 290 S.) Berlin (Mohrenstr. 27) 902. Selbstverlag. Geb. in Leinw. 4. —

Hartmann, O., nochmals zur Sempacher Frage. Historisch-krit. Studie. gr. 8. (37 S.) Frauenfeld 887. Huber. n. 1. —

Hartmann, Otto, aus St. Gallen: Die Schlacht bei Sempach. Frauenfeld J. Huber Dr. [u. Verl.] 1886. 2 Bl., 60 S., 1 Bl. Vita. 8°.
Zürich, Phil. Diss. I. S. [v. 25. Juli 1885].

Hartmann, Otto, die Schlacht bei Sempach. Historisch-krit. Studie. gr. 8. (60 S.) Frauenfeld 886. Huber. n. 1. —

— 50 Stunden auf dem Großglockner. (VII, 43 S. m. 8 Taf.) 8. Regensburg 910. Verlagsanstalt vorm. G. J. Manz. 1. 50

Hartmann, Otto, Untersuchungen üb. d. Einfluss d. Waldes auf den Grundwasserstand, s.: **Ebermayer.**

Hartmann, *Otto* [app. Arzt aus Göttingen]: **Über ein Verfahren zur Ermittelung der respiratorischen Capacität des Blutes und des Grades seiner Sättigung mit Sauerstoff ...** Göttingen, Druck d. Dieterich'schen Univ.-Buchdr., 1897; 53 S. 8.
Göttingen, Med. Fak., Inaug.-Diss. v. [16. Dez.] 1896

Hartmann, O., Über e. Verfahren z. Ermittelg. der respiratorischen Capacität d. Blutes u. d. Grades seiner Sättigung m. Sauerstoff. Diss. gr. 8. (53 S.) Göttingen 897. Vandenhoeck & Ruprecht. n. 1. 60

Hartmann, Otto, die Volkserhebung der Jahre 1848 u. 1849 in Deutschland. Mit e. Vorwort von L. Quidde. Vom Preisgericht d. deutschen Volkspartei m. d. ersten Preise gekrönt. gr. 8. (XXIII, 256 S.) Berlin 900. H. Bermühler. n. 2. —

Hartmann, Otto (Otto v. Tegernsee), vom Brenner ins Zillertal. (160 S. m. Abbildgn. u. Taf.) 8. Regensburg 909. Verlagsanstalt vorm. G. J. Manz. 2. 40

Hartmann, Otto Ernst, der römische Kalender. Aus dem Nachlasse des Verf. hrsg. v. Ludw. Lange. gr. 8. (XXXI, 266 S.) Leipzig 882. Teubner. n. 8. —

Hartmann, O. E., Zum röm. Kalender. Gel. 1850. 31 S.

— zum römischen Kalender. Eine Entgegnung auf Th. Mommsen's Angriffe. Ebend. 860. gr. 8. (31 S.) n. 5 ngr.

Hartmann, Otto Ernst, über das römische Contumacialverfahren. gr. 8. (IV u. 252 S.) Göttingen 851, Vandenhoeck & Ruprecht. 5/6 ₰

Hartmann, Otto Ern., de onere probandi in causis criminum. Commentatio praemio regio ornata. 4 maj. (7½ B.) Göttingae 815, libr. Dieterich. * .

Hartmann, Otto Ernst, der Ordo Judiciorum und die Judicia extraordinaria der Römer. 1. Thl. A. u. d. T.: Ueber die römische Gerichtsverfassung. 1. Liefg. Göttingen 859. Vandenhoeck & Ruprecht. gr. 8. (VIII, 178 S.) n. 1 ₰

Hartmann, Otto Ernst, der Ordo Judiciorum u. die Judicia extraordinaria der Römer. 1. Thl. A. u. d. T.: Ueber die römische Gerichtsverfassung. 2. (Schluß-)Lfg. ergänzt u. hrsg. v. Aug. Ubbelohde. gr. 8. (XXIII u. S. 179—646.) Göttingen 886. Vandenhoeck & Ruprecht's Verl. n. 10. — (1. Thl. cplt.: n. 13. —)

Hartmann, O. E., disputatio de syntelia in jure Graecorum publico. Gottingae 853. (Dieterich.) gr. 4. (29 S.) 6 ngr

Hartmann, P: Vorlagen und praktische Anleitungen für Marmor-Malerei und Herstellung von Kunst-Marmor. Berlin [1910]

Hartmann, P. F., christl. Weltweisheit, od. Beweis v. d. Göttlichk. d. Religion &c. 4 Bde. 8. Kempten, Typ. 785. 86.

— Wissenschaft der Heiligen. 3 Bde. 4. Kempten, Kösel. 787.

—, P. J., resp. Ern. Gttl. **Sonnenburg,** De morbo hypochondriaco. Frcf. ad V. 4°. 1770

Hartmann, Paulus [Pomeranus]: De canone decem oratorum. ... Gottingae, apud Dietrich [sic!] (L. Horstmann), 1891; 2 Bl., 47 S. 8°
Göttingen, Phil. Fak., Inaug.-Diss. v. [5. Aug.] 1890

Hartmann, Paul, das schlägt durch! E. Auswahl wirkungsvollster Zugstücke z. Vortrage in heiteren Gesellschaften. 12. (64 S.) Köln 895. J. Püttmann. — 80

Hartmann, Paul u. Rud. Schwander, die Einrichtung v. Notstandsarbeiten u. ihre Erfolge, s.a. Schriften des deutsch. Vereins f. Armenflege u. Wohlthätigkeit. 58.

Die Einrichtung von Notstandsarbeiten und ihre Erfolge. Gutachten von Beigeordn. Dr. Paul Hartmann (Barmen) u. Beigeordn. Dr. Rudolf Schwander (Strassburg i. E.). *Leipzig: Duncker & Humblot 1902.* (67 S.) 8° [F.]
= Schriften d. deutschen Vereins f. Armenpflege u. Wohlthätigkeit. H. 58 [02. 13325

Hartmann, landwirtschaftliche Gesellschaftsreise durch die Niederlande, s.a. Arbeiten der deutschen Landwirtschafts-Gesellschaft.

Landwirtschaftliche Gesellschaftsreise durch die Niederlande. Reisebericht v. Dr. [Paul] Hartmann-Berlin. Berlin: Deutsche Landwirtsch.-Gesellsch. 1908. 70 S. 8°
(Arbeiten d. Deutschen Landwirtsch.-Gesellschaft H. 142.) [09. 12665

Hartmann, P., s.: Hohentwiel.

Hartmann, [Paul]: Kanon der auswendig zu lernenden Kirchenlieder und deutschen Gedichte. Cüstrin 1909: Nigmann. S. 1. 2. 4°
Küstrin, k. G P 1909 (92) [S 09. 159

Hartmann, Paul von, Referendar im Bez. d. Kammergerichts: Das Kontokurrentverhältnis nach den Vorschriften des neuen Handelsgesetzbuchs. *Rostock 1903: C. Hinstorff.* (119 S.) 8°
Rostock, Jur. Diss. v. [4. Jan.] 1904

Hartmann, Paul v., das Kontokorrentverhältnis nach den Vorschriften des neuen Handelsgesetzbuchs. (Diss.) (121 S.) gr. 8. Berlin 904. Struppe u. Winckler. n. 3. —

— u. Edm. Renard, die Kunstdenkmäler des Kreises Düren, s.a. Kunstdenkmäler, die, der Rheinprovinz.

Die Kunstdenkmäler des Kreises Düren ... bearb. von Paul Hartmann u. Edmund Renard. Mit 19 Taf. u. 227 Abb. Düsseldorf: Schwann 1910. VII, 365 S. 4°
(Die Kunstdenkmäler d. Rheinprovinz. Bd 9, 1.) [10. 1907 2

Hartmann, Paul, die gotische Monumental-Plastik in Schwaben. Ihre Entwicklg. bis zum Eindringen des neuen Stils zu Beginn des XV. Jahrh. Mit Unterstütz. der Cunitz-Stiftg. der Universität Strassburg u. der königl. württemberg. Staatsregierg. (XI, 161 S. m. 28 Taf. u. II S. Text.) 37×28,5 cm. München 910. F. Bruckmann. Geb. in Halbleinw. 36. —

Hartmann, Paul [aus Leipzig-Lindenau]: Ueber o-Amidobenzyl-p-Phenetidin und o-Amidobenzyl-p-Anisidin; Synthesen von Kohlenstoff-Stickstoffringen ... Rostock, C. Boldt'sche Hof-Buchdr., 1894; 45 S. 8.
Erlangen, Phil. Fak., Inaug.-Diss. v. 1893

Hartmann, [Paul]. Die Pfahlbau-Ausgrabungen in Steckborn. <Mit einer Tafel.> [S.A.] 8. [Frauenfeld 1884.]

Hartmann, [Paul]: Schule und Haus. S. 1—3. 4.
Progr. Kgl. Gymn. *Cüstrin* 1908 (93).

Hartmann, Paul, Tuttlingen — Sigmaringen Hohentwiol, s.a. Wanderbilder, europäische.

Wanderbilder, europäische. N° 233. Durch Schwaben. VII. Bdchen. Tuttlingen, Sigmaringen, Hohentwiel, von *P. Hartmann.* M. 12 Bildern und 1 Karte. In-8°. 349—388 S. Zürich, Art. Inst. Orell Füssli. 1894. — 50

Hartmann, P., siehe: *Wanderbilder.*

Hartmann, Peter

— der Glaube an Seelenunsterblichkeit. 8. Altenötting. 808.

— der wahre Glaube an die Gebote u. Zeremonien der christl. Kirche zc. 8. Altenötting. 808.

Hartmann, Pt., d. wahre Glaube an die Lehren d. christl. Kirche, gepredigt zc. 8. Altenötting. 808.

— institutiones dogmatico-theologicae. 8. Straubing. 785.

Hartmann, Pet.: Jus ecclesiasticum potiss. publicum, synoptice delineatum, et statui Germaniae, imprimis Bavariae accommodatum. *Arnsb.* 783. 8.

— jus ecclesiasticum, potissime publicum, in synopsi systematica delineatum et statui German. ac Bavariae accomm. 8. Straubing 783.

— Deutschlands werdendes Konkordat. Allen denkenden deutschen Männern vorgelegt. gr. 8. Friedberg 811. (München, Fleischmann). 6 gr.

— Predigt üb. die Sünde u. Reue Judas Ischarioth. 8. Landsh. 805. (Thomann). 1 gr.

— das Evangel. Wunder bei d. heil. Johannes Kap. 6, als ein Wunder d. Liebe, nicht d. Allmacht, gepredigt zc. 8. Altenötting. 808.

Hartmann, Pet. Jcq., resp. Car. Benj. Andr. Räumert, Diss. sistens varias epilepsiae medendi methodos. 20 pp. Frcf. ad V. 4°.
Schlegel, I, 148. (p. 11 Styrax Benzoin ob vim analepticam commendatur.)
1787

Peter Immanuel Hartmann

Medica tormentorum Aestimatio. [Resp.:] Fridericus Adolphus Detleffsen. Helmstadii (1762:) Drimborn. 60 S. 8°

Helmstedt, Med. Diss. v. 7. März 1762

Peter Immanuel Hartmann

De nocturna plurimorum morborum Exacerbatione. [Resp.:] Georgius Clemens Kern. Helmstadii (1763:) Drimborn. 44 S. 8°

Helmstedt, Med. Diss. v. 25. Jan. 1763

Petrus Immanuel Hartmann: Calculus sub lingua Exsectio. Helmstadii (1762:) Schnorr. 28 S. 8°

[Einladungsschrift zur Dr. med.- Promotion von Friedrich Adolf Detleffsen, Helmstedt, 7. März 1762.]

Peter Immanuel Hartmann

De Pulicibus. [Resp.:] Ioannes Fridericus Pott. Helmstadii (1762:) Drimborn. 43 S. 8°

Helmstedt, Med. Diss. v. 7. Okt. 1762

Hartmann, Peter Immanuel (Präs.), s. G e r c k e n , Johann Andreas: Aethiopis antimonialis et auripigmentalis conficiendi adhibendique rationes.

Peter Immanuel Hartmann

Observationes quaedam ad cicutae, mercurii sublimati, et phosphori usum internum pertinentes. [Resp.:] Georgius Henricus Rudemann. Helmstadii (1763:) Schnorr. 34 S. 8°

Helmstedt, Med. Diss. v. 26. Sept. 1763

Peter Immanuel Hartmann

De Rheumatismo purpuraceo. [Resp.:] Christ[ianus] Iustus Gottlieb Tanner. Helmstadii (1763:) Drimborn. 24 S. 8°

Helmstedt, Med. Diss. v. 8. Okt. 1763

HARTMANN, Peter Immanuel: Dissertatio de Salice laurea odorata, Linnaei pentandra. - Traiecti a. V. 1774. 16 S. (Frankfurt/Oder)

Hartmann, Pet. Imm., Diss. de sudore unius lateris. 42 pp. Hal. 4°. 1751

Hartmann, Ph., das Försterhaus. Der Amerikaner, s.: Konkordia-Jugendschriften.

— Der deutsche Rhein, s.: Jugend- u. Volksbühne.

Schneewittchen. Ein Märchenspiel f. Kinderchor mit verbindender Deklamation. Text u. Musik von Ph. Hartmann. Textbuch mit Deklamation. Leipzig: Glaser [1908]. 22 S. 8° (09. 1509)

Hartmann, Ph., Strahlenberg. Romantische Erzählg. aus dem 13. Jahrh. 8. (86 S.) Weinheim (900). F. Ackermann. n. — 80; geb. n. 1. 60

Hartmann, Ph., die Wege des Herrn sind wunderbar (König Laurins Rosengarten. Das Gewissen. Durch Nacht zum Licht), s.: Konkordia-Jugendschriften. 8. Bd.

Hartmann, Philipp

Hartmann, Ph., der Küster- u. Ministrantendienst. 12. (IV, 208 S.) Paderborn 896. F. Schöningh. 1. 40

Der Küster- und Ministrantendienst. Bearb. von Ph[ilipp] Hartmann, Stadtdechant in Worbis. 2. Aufl. Paderborn: F. Schöningh 1908. (X, 216 S.) 8° [F.] (08. 8130

Hartmann, Ph., Repertorium Rituum, oder übersichtliche Zusammenstellung der wichtigsten Ritual-Vorschriften für die priesterlichen Functionen nach den Rubriken und Decreten der katholischen Kirche bearbeitet. Heiligenstadt 857. Dunkelberg. 8. (8 Bl., XII, 670 S.) 1 ₰ 15 ngl

Hartmann, Ph., Repertorium Rituum oder übersichtl. Zusammenstellung der wichtigsten Ritualvorschriften für die priesterl. Functionen. Nach den Quellen bearb. und hrsg. 2., vollständig umgearb. und verm. Aufl. 4 Thle. gr. 8. Paderborn 864—66, Schöningh. *

Inhalt:

Thl. 1. Officium divinum oder Breviergebet. (XXIV und 560 S.) * 1 Thlr. 15 Ngr.

Thl. 2. Ritus der heil. Messe. (XX und S. 561—1296.) * 1 Thlr. 22 Ngr.

- 3, 4. Ritus bei Spendung der heil. Sacramente und der wichtigsten Sacramentalien. Nebst General-Wortregister. (VIII und S. 1297—1639.) * 23 Ngr.

Hartmann, Ph., Repertorium rituum. Uebersichtliche Zusammenstellg. der wichtigsten Ritualvorschriften f. die priesterl. Functionen. 2 Bde. 3. verb. Aufl. gr. 8. Paderborn 873. Schöningh. n. 10. —

1. Von den Sacramentalien u. hl. Sakramenten. (XI, 575 S.)
2. Von der heiligen Messe. (591 S.)

Hartmann, Ph., Repertorium Rituum. Uebersichtliche Zusammenstellung der wichtigsten Ritualvorschriften f. die priesterl. Functionen. 2 Bde. 4., verb. Aufl. gr. 8. (IX. 429 u. VI, 407 S.) Paderborn 880. F. Schöningh. n. 10. 60

Hartmann, Ph., Repertorium Rituum. Uebersichtliche Zusammenstellg. der wichtigsten Ritualvorschriften f. die priesterl. Functionen. Neu durchgesehen u. vervollständigt v. Ph. Hartmann. 5. Aufl. gr. 8. (XVIII, 892 S.) Paderborn 886. F. Schöningh. n. 12. —

Hartmann, Ph., Repertorium Rituum. Übersichtliche Zusammenstellung der wichtigsten Ritualvorschriften f. die priesterl. Funktionen. Neu bearb. u. vervollst. v. Ph. Hartmann. 6. Aufl. Lex.-8. (XX, 868 S.) Paderborn 890 F. Schöningh. n. 10. -

Hartmann, Ph., Repertorium Rituum. Uebersichtliche Zusammenstellg. der wichtigsten Ritualvorschriften f. die priesterl. Funktionen. Neubearb. u. vervollständigt v. Ph. Hartmann. 7. Aufl. Lex.-8. (XVIII, 862 S.) Paderborn 893. F. Schöningh. n. 10. —; geb. in Halbfrz. n.n. 12. —

[F.] Repertorium Rituum. Übersichtl. Zsstellg d. wichtigsten Ritualvorschr. f. d. priesterl. Funktionen v. Ph[ilipp] Hartmann, Pfarrer in Kallmerode. Neubearb. u. vervollst. v. Ph[il.] Hartmann, Stadtdechant in Worbis. 8. Aufl. ... *Paderborn: F. Schöningh 1898.* (XVIII, 850 S.) 1 Bd 8. (98. 5303

Hartmann, Ph., Repertorium Rituum. Uebersichtliche Zusammenstellung der wichtigsten Ritualvorschriften f. die priesterl. Funktionen. Neubearb. u. vervollst. v. Ph. Hartmann. 9. Aufl. gr. 8. (XVIII, 840 S.) Paderborn 901. F. Schöningh. n. 10. —

Repertorium Rituum. Übersichtl. Zusammenstellung d. wichtigsten Ritualvorschriften f. d. priesterl. Funktionen von Ph[ilipp] Hartmann. Pfarrer in Kallmerode. Neu bearb. u. vervollst. von Ph[il.] Hartmann. Stadtdechant in Worbis. 9. Aufl. *Paderborn: F. Schöningh 1903.* (XVIII. 840 S.) 8° [F.] (03. 4810

Hartmann, Ph., Repertorium Rituum. Übersichtliche Zusammenstellg. der wichtigsten Ritualvorschriften f. die priesterl. Funktionen. 10. Aufl. (XVIII, 845 S.) gr. 8. Paderborn 904. F. Schöningh. n. 10. —

— Repertorium rituum. Übersichtliche Zusammenstellung der wichtigsten Ritualvorschriften f. die priesterl. Funktionen. 11. verb. Aufl. (XVI, 856 S.) gr. 8. Ebd. 908. 11. 60

Phil. Jac. Hartmann exercitatio anatomica I—IV. de originibus anatomiae. Regiomonti 1683. 4. *Recus. in* Kurella fasciculus dissertationum ad historiam medicinae, speciatim anatomes, spectantium. Berol. 1754. 8.

Hartmann, P(hilipp) K(arl): Analyse der neuern Heilkunde. Th.1 - 2, gbd.

Wien: Gerold 1802

JB 2.582

Hartmann, P(hilipp) K(arl): Analyse des brownischen Systems.

s.: Hartmann, P(h).K.: Analyse der neuern Heilkunde. Th.1 - 2. Wien: 1802

JB 2.582

Hartmann, P(hilipp) K(arl): Analyse der Brownischen oder Erregungstheorie.

s.: Hartmann, P(h).K.: Analyse der neuern Heilkunde. Th.1 - 2. Wien: 1802

JB 2.582

Hartmann, Phil(ipp) Karl: Doctrina de febribus curante Paul Jos(eph) Horaczek. 240 S., gbd.

Viennae Austriae: Kaulfuss & Prandel 1843 (Hartmann, Ph.K.: Institutiones medico-practicae. Edidit ac continuavit P.J.Horaczek. Pars I)

JB 2.515/1

Hartmann, Phil(ipp) Karl: Doctrina de inflammationibus. Sectio 1: Generalia de inflammationibus continens curante Paul Jos(eph) Horaczek. 83 S., gbd.

Viennae Austriae: Kaulfuss & Prandel 1844 (Hartmann, Ph.K.: Institutionts medico-practicae. Edidit ac continuavit P.J.Horaczek. Pars II/1)

JB 2.515/2,1

Hartmann, Ph(ilipp) K(arl): Fest-Rede vom Leben des Geistes. (De mente humana, vita physica alteriore, oratio academica. Dt.) Verdeutscht mit Beigaben von Ernst Freiherrn von Feuchtersleben. 60 S., gbd.

Wien: Gerold 1846

JB 4.504

Hartmann, Ph(ilipp) Karl: Der Geist des Menschen in seinen Verhältnissen zum physischen Leben, oder Grundzüge zu einer Physiologie des Denkens. Für Ärzte, Philosophen und Menschen im höhern Sinne des Wortes. 363 S., gbd.

Wien: Gerold 1820

JB 4.505

Hartmann, Ph(ilipp) Karl: Der Geist des Menschen in seinen Verhältnissen zum physischen Leben, oder Grundzüge zu einer Physiologie des Denkens. Für Ärzte, Philosophen und Menschen im höhern Sinne des Wortes. 2.vom Verfasser selbst verm.Aufl. 365 S., gbd.

Wien: Gerold 1832

JB 4.506

Hartmann [Ph. Karl], Glückseligkeitslehre, s.a.Hufeland, Makrobiotik.

Hartmann, Ph(ilipp) K(arl): Glückseligkeitslehre für das physische Leben des Menschen, oder die Kunst, das Leben zu benutzen und dabey Gesundheit, Schönheit, Körper- und Geistesstärke zu erhalten und zu vervollkommnen. 392 S., gbd.

Dessau u.Leipzig: Voß 1808

JB 2.958

—— Glückseligkeitslehre f. d. phys. Leben d. Menschen, od. d. Kunst, d. Leben zu benutzen, u. dabei Gesundheit, Schönheit, Körper- u. Geisteszstärke zu erhalten u. zu vervollkommnen. 2., verb. Aufl. (Hrsg. v. Alb. Hänel.) gr. 12. (16 B.) 832., 3., verb. A. (Hrsg. v. E. W. Güntz.) 8. (24 1/2 B.) Leipzig 835, Voß. à

Hartmann, Phil. Karl, Glückseligkeitslehre f. d. phys. Leben des Menschen, od. d. Kunst, das Leben zu benutzen u. dabei Gesundheit, Schönheit, Körper- u. Geistesstärke zu erhalten u. zu vervollkommen. 3., verb. Aufl. 836. 1 1/3 Thlr. u. 3. Aufl. (N. Ttl.) 8. (à 21 1/2 B.) Leipzig 841, Voß.

Hartmann, Ph. C. Glückseligkeitslehre für das physische Leben des Menschen . . . 3. Ausg. Leipzig 1841. H: *Güntz, Eduard Wilhelm.* (EngM)

— dass. mit zeitgemäßen Zusätzen herausgeg. von J. Schück. Neueste Original-Aufl. 8. Wien 841, Wallishausser 1 1/4 Thlr — 3. Original-Aufl. Ebend. 845. 1 Thlr

Hartmann, Ph. Karl, Glückseligkeitslehre für das physische Leben des Menschen. Ein diätetischer Führer durch das Leben. 4. u. 5. Aufl. 861. — 6. Aufl. 863. — 7 Aufl., gänzlich umgearb. u. verm. von Mor. Schreber. Leipzig 865. Geibel. gr. 8. (XII, 358 S.) n. 1 Thlr; geb. n. 1 Thlr 10 ngr.

Hartmann, Ph. Karl, Glückseligkeitslehre für das physische Leben des Menschen. Ein diätet. Führer durch das Leben. 8. Aufl., gänzlich umgearb. u. verm. von Mor. Schreber. Leipzig 868. Geibel. gr. 8. (XII, 358 S.) n. 1 Thlr; geb. n. 1 Thlr 10 ngr.

Hartmann, Ph. Karl, Glückseligkeitslehre für das physische Leben des Menschen. Ein diätet. Führer durch das Leben. Gänzlich umgearb. und verm. von Mor. Schreber. 9. Aufl. 1874, und 10. Aufl. gr. 8. (XII, 357 S.) Leipzig 875, Geibel. geb.

Hartmann, Ph. Karl, Glückseligkeitslehre für das physische Leben des Menschen. Ein diätet. Führer durch das Leben. Gänzlich umgearb. und verm. von Mor. Schreber. 11. und 12. Aufl. gr. 8. (XII, 358 S.) Leipzig 881, [Geibel.] Reichardt Verlag. M 3.; geb.

Hartmann, Ph. Karl, Glückseligkeitslehre f. das physische Leben d. Menschen. Ein diätet. Führer durch das Leben. Gänzlich umgearb. u. verm. v. Mor. Schreber. 13. Aufl. gr. 8. (VIII, 368 S.) Leipzig 892. G. Reichardt Verl. n. 3.—; geb. n. 4.20

—— Hypothese üb. d. assimilativ-blutbereit. Funktion d. Leber, als e. Beitr. z. Physiologie, dargest. v. Ernst Rud. Loeffler. 8. (4 1/2 B.) Leipzig 838, Lauffer.

—— Institutiones medicae Therapiae generalis. Ed., redeg., ac propriis adnotationibus completavit Jos. Jo. Knolz. 8maj. (8 1/2 B.) Viennae 835, (Volke.)

Hartmann, Phil(ipp) Karl: Institutiones medico-practicae. Edidit ac continuavit Paul Jos(eph) Horaczek.

Viennae Austriae: Kaulfuss & Prandel 1843 - 1844
Pars I: Hartmann, Ph.K.: Doctrina de febribus curante P.J.Horaczek. 1843
Pars II: Hartmann, Ph.K.: Doctrina de inflammationibus. Sectio 1: Generalia de inflammationibus continens curante P.J.Horaczek. 1844

JB 2.515

Hartmann, Ph. Karl, die Kunst d. Lebens froh zu werden u. dabei Gesundheit, Schönheit, Körper- u. Geistesstärke zu erhalten u. zu vervollkommnen. Eine Glückseligkeitslehre f. das phys. Leben d. Menschen. gr. 8. (VIII, 256 S.) Berlin 871. Staude. 2. —

— dasselbe. 2. neu bearb. Aufl. gr. 8. (267 S.) Ebend. 874. 2. 50

Hartmann, Ph. Karl, die Kunst des Lebens froh zu werden und dabei Gesundheit, Schönheit, Körper- und Geistesstärke zu erhalten und zu vervollkommnen. Eine Glückseligkeitslehre für das phys. Leben des Menschen. Neu bearb. (Titel-)Aufl. gr. 8. (VIII, 256 S.) Berlin (874)76, Staude.

Hartmann, Ph. K., die Kunst, des Lebens froh zu werden u. dabei Gesundheit, Schönheit, Körper- u. Geistesstärke zu erhalten u. zu vervollkommnen. Eine Glückseligkeitslehre f. das phys. Leben d. Menschen. 3. Aufl. gr. 8. (VIII, 267 S.) Berlin 887. Staude. 2. 50; geb. n. 3. 25

Hartmann, Ph[ilipp] Carl. Die Kunst des Lebens froh zu werden und dabei Gesundheit, Schönheit, Körper- und Geistesstärke zu erhalten und zu vervollkommnen. Eine Glückseligkeitslehre für das physische Leben des Menschen. Von Dr. Ph. K' H'.... Neu bearb. von Max Pfenning.... 126 S. 8. Stuttgart, Verlag »Reform«, 1905. [M. 2. —]

Hartmann, Phil(ipp) Kar(l): De mente humana, vita physica alteriore, oratio academica. 25 S., gbd.

Vindobonae: Kupffer & Wimmer 1816

JB 4.503

Hartmann, Phil(ipp) Karl: Pharmacologia dynamica, usui academico adcommodata. Vol.I - 2, gbd.

Vindobonae: Kupffer & Wimmer 1816

JB 1.486

Hartmann, Ph(ilipp) Karl: Pharmacologia dynamica usui academico adcommodata. Editio altera emendata. Vol.1 - 2, gbd.

Vindobonae: Wimmer 1829

JB 1.487

— Sicherungsanstalten u. Verwahrungsmittel gegen ansteckende i. Nerven- u. Faulfieber. gr. 8. Olmütz 810. (Gastl in Brünn). 8 K

Hartmann, Phil(ipp) Kar(l): Theoria morbi, seu pathologia generalis, quam praelectionibus publicis accommodavit. 470 S., gbd.

Vindobonae: Kupffer & Wimmer 1814

JB 1.192

Hartmann, Ph(ilipp) Karl: Theoria morbi, seu pathologia generalis praelectionibus academicis adcommodata. Editio altera emendatior. 471 S., gbd., Abb.

Vindobonae: Wimmer 1828

JB 1.194

— Theoria morbi, seu Pathologia generalis. Praelectionibus Academicis adcommodata. Ed. III. immutata. Cum effigie auctoris. 8maj. Wien 841, Wimmer. 3 fl

Hartmann, Ph(ilipp) K(arl): Theorie der Krankheit oder allgemeine Pathologie. (Theoria morbi seu pathologia generalis... Dt.) Nach dem lateinischen Originale frey bearbeitet vom Verfasser. 644 S., gbd.

Wien: Gerold 1823

JB 1.193

Hartmann, Ph(ilipp) Karl: Die Theorie des ansteckenden Typhus und seiner Behandlung. 226 S., gbd.

Wien: Kupffer & Wimmer 1812

JB 5.092

Hartmann, Phil(ipp) Karl: Therapia generalis secundum praelectiones publicas edita a medico practico. 94 S., gbd.

Lipsiae: Voss 1835

JB 2.513

Hartmann, Phil(ipp) Karl: Allgemeine Therapie. Nach seinen öffentlichen Vorlesungen. (Therapia generalis secundum praelectiones publicas. Dt.) Herausgegeben von einem praktischen Arzte. 100 S., gbd.

Leipzig: Voß 1835

JB 2.514

Hartmann, Ph. Karl, wie genieße ich mein Leben? Moderne Wege zu Lebenskunst u. Lebensglück, sowie zur Verlängerg. des Lebens. (IV, 191 S.) gr. 8. Braunschweig (903). Leipzig-Connewitz, Deutscher Reform-Verlag. n. 6. —

Ⓑ Hartmann, Ph. K., wie genieße ich mein Leben? 903. (KBL 33.)
— Jetzt: Leipzig, Fritzsche & Schmidt. Erm. Pr. 4. 50

Hartmann, R s. Familienbibliothek, Schweizer. Nr. 31.

Hartmann, R., Geschichte Hannovers vom Regierungsantritt des Königs Ernst August bis auf die Gegenwart. 1837—1880. gr. 8. (IV, 388 S. mit Ansichten, 1 chromolithogr. und 1 autogr. Plan.) Hannover 880, Kniep.

Hartmann, R., Geschichte der Residenzstadt Hannover von den ältesten Zeiten bis auf die Gegenwart. Mit (lith.) Plänen u. Abbildungen. gr. 8. (864 S. mit 5 photozinkogr. Taf.) Hannover 878—80. Kniep Verl. 11. —; geb. in Leinw. 13. —

Hartmann, R. (I.), Geschichte der Residenzstadt Hannover von den ältesten Zeiten bis auf die Gegenwart. gr. 8. (860 S. mit lithogr. Plänen und Abbild.) Hannover 879, Kniep. geb.

Hartmann, R. (II.), Geschichte Hannovers von den ältesten Zeiten bis auf die Gegenwart. Mit besond. Rücksichtnahme auf die Entwickelung der Residenzstadt Hannover. 2. sehr erweit. Aufl. 4 Bde. gr. 8. (XII, 1244 S. mit über 40 histor. Portr., Abbild. und Plänen.) [Hannover 886, Kniep's Verlag.] Magdeburg, Rathke. *M 8.—; geb. in 1 Bd. * 9 —
geb. in 2 Bde. * 10 —

Hartmann, R. (II.), s. Harless, E., Lehrbuch der plastischen Anatomie.

Hartmann, R., Inhalts-Verzeichniss, s.: Centralblatt der Bauverwaltung.

Hartmann, R., o lieb, so lang du lieben kannst, s.: Enßlin's Roman- u. Novellenschatz. 31. Bd.

Hartmann, R., das anthropologische Material des anatomischen Museums der königl. Universität zu Berlin, s.: Sammlungen, d. anthropologischen, Deutschlands.

Hartmann, R., das 11. waldenburger Missionsfest, als das erste für Salzbrunn, gefeiert den 20. Juli 1854. Predigt über Joh. 14, 12. gehalten in Salzbrunn. 8. (32 S.) Breslau 854, Dülfer's Buchh. Thlr. *

Hartmann, R., das 11. Waldenburger Missionsfest, als das erste für Salzbrunn, gefeiert den 20. Juli 1854. Predigt über Joh. 14, 12. gehalten in Salzbrunn. Breslau (855). Dülfer. 8. (32 S.) n. 2 ngl

Hartmann, R. J., August Hermann Francke, s.: Familien-Bibliothek, Calwer.

– (Hrsg.), s. Kunstschau, Schwäbische.

Hartmann, R. Jul., Palästina. 24 Aquarelle. Mit erläut. Text v. Imman. Benzinger. Fol. (14 S.) Hamburg (899). Agentur d. Rauhen Hauses. In Leinw.-Mappe n. 12.--

Hartmann, R[einhold] Julius: Die Basler Professur des Theophrastus von Hohenheim. *Stuttgart 1904: Union.* (39 S.) 8° [Fr.] ¶ (Erscheint gleichzeitig vollst. u. d. T.: Theophrast v. Hohenheim.)
Tübingen, Phil. Diss. v. 1904

Hartmann, R[einold] Julius. Theophrast von Hohenheim (genannt Paracelsus). Mit einem Bildnis Hohenheims [Tafel]. VI + 222 S. 8. Stuttgart und Berlin, Cotta, 1904. [M. 4. 50]

Hartmann, Richard [app. Arzt aus Trachenberg Schlesien]: Aus d. patholog. Institut zu Kiel. Beitrag zur Statistik der Pachymeningitis haemorrhagica. . . . Kiel, Druck v. Carl Bockel. 1889; 16 S. + 2 Bl. 8°
Kiel, Med. Fak., Inaug.-Diss. v. 5. Jun. 1889

Hartmann, Rich., der Felsendom in Jerusalem u. seine Geschichte, s. a. Zur Kunstgeschichte des Auslandes.

Der Felsendom in Jerusalem und seine Geschichte. Von Richard Hartmann, Dr. phil. Mit 5 Lichtdrucktaf. Strassburg: Heitz 1909. 73 S. 4°(8°)
(Zur Kunstgeschichte d. Auslandes. H. 69.) 109. 2001

Hartmann, Richard [app. Arzt aus Grasdorf]: Aus d. patholog. Institute zu Kiel. Ueber Lungenkrebs vom Bronchus ausgehend ... Kiel, Druck v. P. Peters, 1896; 21 S., 1 Bl. 8.
Kiel, Med. Fak., Inaug.-Diss. v. [8. Okt.] 1896

Hartmann, Richard, a. Neunkirchen: Die geographischen Nachrichten über Palästina und Syrien in Ḫalil az-Zahiris zubdat kašf al-mamalik. Kirchhain N.-L. 1907: M. Schmersow. (94 S.) 8°
Tübingen, Phil. Fak., Ref. Seybold, Diss. v. 22. Juni 1907
[Geb. 8. Juni 81 Neunkirchen; Wohnort: Tübingen; Staatsangeh.: Württemberg; Vorbildung: Seminare Maulbronn u. Blaubeuren Reife M. 99; Studium: Tübingen 10, Berlin 1 S.; Coll. 17. Jan. 07.]

Gedrängte geschichtliche Übersicht über die Gründung der g. u. v. St. Joh.-Loge „Zur Goldenen Mauer" im Or. Bautzen, sowie deren Entwickelungsgang innerhalb der ersten 100 Jahre ihres Bestehens von 1802—1902. [Unterz.:] Rich. **Hartmann.** [Bautzen 1902: Monse.] XXXII, 85 S. 1 Taf. 8°
[Umschlagtit.:] Zur 100jährigen Jubelfeier.
Recens: Bbl. 16 (1902) S. 511 (G. Diercks). cf. BZC. 31 (1902) S. 328–329.
Nebst Verzeichn. der Mitgl. von 1802—1902, zsgest. von R. M. Reinhardt; die Taf. stellt die Beamten dieses Zeitraums dar.

Hartmann, Rob., Abyssinien und die übrigen Gebiete der Ostküste Afrikas, s. a. Wissen, das, der Gegenwart.

Hartmann R, Abyssinien und die übrigen Gebiete der Ostküste Afrikas. (Wissen der Gegenwart 14) Leipzig 1883

Hartmann, Robert: Abyssinien und die übrigen Gebiete der Ostküste Afrikas. Mit 18 Vollbildern und 63 in den Text gedruckten Abbildungen. Leipzig 1883. 304 S. 8°.

Hartmann, Rob., die menschen-ähnlichen Affen, s. a. Sammlung gemeinverständl. wissenschaftl. Vorträge.

Hartmann R, die menschenähnl. Affen. (Slg. wiss. Vortr. 247) Berlin 1876

— die menschenähnlichen Affen u. ihre Organisation im Vergleich zur menschlichen, s. a. Bibliothek, internationale wissenschaftliche.

— die menschenähnl. Affen und ihre Organisation im Vergleich zur menschlichen. (Bibliothek, Internationale wissenschaftliche 60) Leipzig 1883

—— der Welttheil Afrika in Einzeldarstellungen, s. Wissen, das, der Gegenwart.

Hartmann, Rob., die systematische u. topographische Anatomie des menschlichen Kopfes f. Zahnärzte u. Zahnkünstler. Mit 61 in den Text gedr. Orig.-Holzschn. gr. 8. (V, 144 S.) Strassburg 882. Schultz & Co. Verl. n. 8. —

Hartmann, R[obert], Kgl. Reg.-Bauführer: Beitrag zur Wirbelbewegung. Die U[e]bertragung des Quergefälles einer in horizontalem Bogen strömenden Flüssigkeitsschicht auf Schichten anderer Höhenlagen ist zu untersuchen. Die hierbei abgeleiteten Erscheinungen und Vorgänge sind auf den Strombau anzuwenden. 1902. 31 S. 8°
¶ Auch in: Zeitschrift f. Gewässerkunde. Bd 5. 1903.
Braunschweig, Dr.-Ing.-Diss. v. 28. 5. 1902

— **Beiträge zur zoologischen u. zootomischen Kenntniss der sogenannten anthropomorphen Affen. 1. u. 2. Hft. [Aus: „Archiv f. Anatomie u. Physiologie."] gr. 8. Budapest 872. (Berlin, Friedländer & Sohn.)** n. 6. 50
1. (46 S. m. 3 Steintaf. in 4.) n. 4. —. — 2. (28 S. m. 1 Steintaf.) n. 2. 50.

—— s. Buchta, Rich., die oberen Nilländer.

—— Einiges über Halodactylus diaphanus Farre. gr. 8. (41 S. mit 2 lithogr. Taf. in qu. 4.) Pest 872. (Berlin, Friedländer und Sohn.) *
aus: Archiv für Anatomie und Physiologie, besonders abgedruckt.

Hartmann, Rob., Gedichte. Mainz 853. v. Zabern. 8. (95 S.) n. 15 ngr

— der Gorilla. Zoologisch-zootom. Untersuchungen. Mit 13 in den Text gedr. Holzschn. u. 21 (20 lith. u. 1 chromolith.) Taf. gr. 4. (IV, 160 S.) Leipzig 880. Voit & Do. n. 30. —

— Handbuch der Anatomie d. Menschen f. Studirende u. Aerzte. Mit 465 in den Text gedr., zum Thl. farb. Abbildungen, grossentheils nach Orig.-Aquarellen od. à deux Crayons-Zeichnungen d. Verf. gr. 8. (IX, 928 S.) Strassburg 881. Schultz & Co. n. 22. —; geb. n. 25. —

Hartmann, Robert: Die Haussäugethiere der Nilländer. Nach eigenen Beobachtungen geschildert. (Annalen der Landwirthschaft. Bd. 43. S. 281—310. Bd. 44. S. 7—38 u. 208—229.) (Berlin 1864.) 73 S. 8°.

Hartmann, R. (I.), Madagaskar und die Inseln Seychellen, Aldabra, Komoren und Maskarenen, s. Wissen, das, der Gegenwart.

Hartmann R, Madagaskar, Seychellen, Aldabra, Komoren und Maskarenen. (Wissen der Gegenwart 57) Leipzig 1886

Hartmann, Robert: Madagaskar und die Inseln Seychellen, Aldabra, Komoren und Maskarenen. Mit 23 Vollbildern und 28 in den Text gedruckten Abbildungen. Leipzig u. Prag 1886. II 152 S. 8°.

— die Nigritier. Eine anthropologisch-ethnolog. Monographie. 1. Thl. Mit 52 lith. (u. chromolith.) Taf. (in gr. 8. u. gr. 4.) u. 3 in den Text gedr. Holzschn. gr. 8. (XXI, 526 S.) Berlin 876. Wiegandt, Hempel & Parey. n. 30. —

— die Nilländer. (Wissen der Gegenwart 24) Leipzig 1884

Hartmann, Robert: Die Nilländer. Mit 10 Vollbildern und 65 in den Text gedruckten Abbildungen. Leipzig u. Prag 1884. 216 S. 8°.

Hartmann, Rob., Reise des Freiherrn Adalbert von Barnim durch Nord-Ost-Afrika in den Jahren 1859 und 1860. Mit Abbildgn. u. Karten. Berlin 863. G. Reimer. Imp.-4. (XVI, 773 S. m. Holzschn., 2 Holzschn.- u. 3 lith. Taf., u. 3 lith. Karten in Imp.-4. u. Fol.) n. 10 ℛ; mit Atlas von 24 lith. Taf. in qu. Fol. n. 24 ℛ

Hartmann, Robert, Gerichtsass. a. Hannover: Der Rückgriff solcher Bürgen, die sich für einzelne Gesamtschuldner verbürgt haben. Rostock 1910: Adler. 49 S. 8°
Rostock, Jur. Diss. v. 25. Mai 1910, Ref. Bernhöft
[Geb. 22. Okt. 80 Lichtenberg a. E.; Wohnort: Peine; Staatsangeh.: Preußen; Vorbildung: Gymn. Dessau Reife O. 00; Studium: Göttingen 5, München 1 S.; Rig. 6. April 10.] [U 10. 3842

Hartmann, R., Säugethiere, s.: Anleitung zu wissenschaftl. Beobachtungen auf Reisen.

Hartmann, Rob., naturgeschichtlich-medicinische Skizze der Nilländer. 2 Abthlgn. Berlin 865, 66. F. Schulze's Buchh. gr. 8. (VII, 421 S.) Jede Abth. n. 1 ℛ 22½ ngr.

Hartmann, Robert: Versuch einer systematischen Aufzählung der von den alten Aegyptern bildlich dargestellten Thiere mit Rücksicht auf die heutige Fauna des Nilgebietes. ([S.-A.] Brugsch' Zeitschrift für ägyptische Sprach- und Alterthumskunde. Januar-, Februar- und Märzheft 1864. S. 7—12. 19—28.) (Berlin 1864.) 1 Bd. 6, 10 S. 4°.

— die Völker Afrika's, s. a. Bibliothek, internationale wissenschaftliche.

Hartmann, Robert. Die Völker Afrikas. Leipzig 1879. [= Internationale wissenschaftliche Bibliothek. XXXVIII. Band.]

Hartmann, Robert: Die Völker Afrikas. Mit 91 Abbildungen in Holzschnitten. Leipzig 1879. XXII, 312 S. 8°.

– (Hrsg.), s. Zeitschrift für Ethnologie.

Hartmann, Rob. A., das Lied vom Ewigen. Phantasie über ein unbeliebtes Thema. St. Gallen 859. Scheitlin & Zollikofer. 16. (142 S.) 15 ngr.

Hartmann, Rudolf, Referendar in Hannover: Annahme an Erfüllungsstatt nach dem Rechte des Bürgerlichen Gesetzbuches. Borna-Leipzig 1905: R. Noske. (VI, 50 S.) 8° [F.]
Leipzig, Jur. Fak., Diss. v. 2. Aug. 1905
[Geb. 18. Aug. 80 Lauingen, Braunschweig; Wohnort: Dom. Coverden, Kr. Rinteln a. W.; Staatsangeh.: Braunschweig u. Preußen; Vorbildung: Neues Gymn. Braunschweig Reife O. 00; Studium: Heidelberg 2, München 2, Berlin 2, Göttingen 2 S.; Rig. 4. Juli 04.]

Hartmann, Rud. (geb. Brussow in d. Uckerm. 20. 3. 1856): Beitrag zur Aetiologie des Icterus neonatorum mit Bemerkungen über den Kreislauf und den Stoffwechsel des Neugeborenen. Berlin (1883). (57 S.) 8.
Berlin, Med. Diss. v. 12. Juni 1883

Hartmann, Rudolf, approb. Arzt aus Zwickau i. S.: Beitrag zur Exarticulatio femoris mit besonderer Berücksichtigung der Operationsmethoden. *Leipzig 1900: B. Georgi.* (43 S.) 8°
Leipzig, Med. Diss. v. (30. Juni) 1900

Hartmann, Rudolf, a. Preuß. Oldendorf (Westf.): Aus d. Königl. chirurgischen Klinik zu Kiel (Geheimrat Prof. Dr. Helferich). Die Frakturen und Distorsionen der unteren Extremität aus den Jahren 1899/1900 und 1900/01 mit Berücksichtigung der wirtschaftlichen Bedeutung. Kiel 1907. Schmidt & Klaunig. (54 S.) 8°
Kiel, Med. Fak., Ref. Helferich, Diss. v. 26. April 1907
[Geb. 25. Jan. 80 Preuß. Oldendorf; Wohnort: Preuß. Oldendorf; Staatsangeh.: Preußen; Vorbildung: Realgymn. Bielefeld Reife M. 00; Studium: Marburg 4, Kiel 3, Berlin 2, Kiel 2 S.; Coll. 1 Febr. 07; Approb. 20. Febr. 07.]

[F.] Hartmann, Rudolf [Prof.]: Über den Gebrauch des Infinitivs im Deutschen und im Französischen. Heilbronn, Oehler'sche Buch- u. Kunstdr., 1896; 11—52 S. 4.
Heilbronn, k. Karls-G, P 1896 (599)

Hartmann, Rudolf [aus Annaberg. App. Arzt]: Aus d. medizin. Klinik zu Jena. Über Pleuritis bei Diphtherie ... Würzburg, kgl. Universitätsdr. v. H. Stürtz, 1896; 40 S. 8.
Jena, Med. Fak., Inaug.-Diss. v. [16. Juni] 1896

Hartmann, Rudolph (geb. am 6 Febr. 1852 in Marne Holst.): Uebersicht über die vom 1 Oct. 1873 bis 1 Oct. 1876 in der chirurgischen Klinik zu Bonn ausgeführten grösseren Amputationen ... Bonn, Druck v. J. F. Carthaus (1878). 31 S., 1 Bl. 8.
Bonn, Med. Fak., Diss. v. 11 Mai 1878

Ueber die alten Dithmarscher Wurthen und ihren Packwerkbau. Von Rudolf Hartmann in Marne. Mit 1 Karte in Farbendruck. Marne (und Hamburg). 1883. 8°.

Hartmann, Rud., üb. die alten Dietmarscher Wurschen u. ihren Packwerkbau. Mit 1 Karte in Farbendr. gr. 8. (38 S.) Marne 883. (Hamburg, Boysen.) n. 1. 20

Hartmann, Rud. A: Kataloge [über gesundheitstechnische Apparate usw.]. 1905? ff. Berlin

Hartmann, Rud. Fr., differentiae sexus utriusque pathologicae momenta 8. Götting. 790. Dieterich. 4 K

— Rudolph Traugott (Zwickau), De oblectamentorum incommodis. Disput. med. Präs. Anton Wilhelm Plaz. Lpz. (Langenheim) 24. III. 1750. 40 S. (6.30) 13303

— S. Die Persönlichkeit der Kollektivgesellschaft und ihre Verbindung mit Handelsgesellschaften. In-8°. 115 S. Bern. These. 1895.

Hartmann, Sadakichi, moderne amerikanische Skulpturen. Eine Sammlg. hervorrag. dekorativer u. monumentaler Bildhauerwerke amerikan. Künstler aus den letzten Decennien. Imp.-4. 60 Lichtdr.-Taf. Berlin (901. 902). M. Spielmeyer. In Mappe n. 75. —
Erschien auch in 5 Lfgn. à n. 15. —.

— **Samuel** (Breslau), De praeparatione ad futuros casus. Diss. Stoica. Präs. Adam Bernd (Breslau). Lpz. (Chn. Goez) 26. XI. 1704. 12 Bl. (6.—) 13304
Gewidm.: Johann u. Christian Schmid, Daniel Schoenfeld.

Hartmann, Sam., Zeugung, Fortpflanzung, Befruchtung u. Vererbung. Studie. gr. 8. (67 S.) Berlin 872. Wiegandt, Hempel & Parey. n. 1. 50

Hartmann, Samuel Johann

— — De conservatoribus in S. R. Imperio. Diss. jur. publ. Präs. Johann Wilhelm Engelbrecht. Helmstedt (Herm. Dan. Hamm) Okt. 1720. 64 S. mit Widm. v. Präs. (6.50) 13306

— **Samuel Johann** (Stade), De genuinis decisionum juris fontibus in terris Brunsvico-Luneburgicis. Juris Brunsvico-Luneburgici enuncleati specim. I. Präs. Christoph Johann Conrad Engelbrecht. Helmstedt (Herm. Dan. Hamm) 29. III. 1719. 78 S., tlws. dtsch., mit Widm. v Präs. (7.50) 13305

Hartmann, Siegfr., ein gemütl. Heim. Kleine Plauderei üb. Heizg. Auf der Wohnungssuche. Rückkehr v. d. Hochzeitsreise. Der Besuch der Schwiegereltern. Die vollendete Bekehrg. (16 S.) 8. Hannover (910). Dr. M. Jänecke. p — 30

— i.: Luftschiffahrt, die.

— Naturwissenschaftlich-technische Plaudereien. (221 S.) S. Berlin 908. Boll & Pickardt. 2.80; geb. 3. 50

Hartmann, Stephan (Hrsg.), s. A b o u t , Edmond: L'homme à l'oreille cassée.

Hartmann, Th., die seligste Jungfrau nach Bischof Laurent. Neuer Monat Mariä. (838 S.) gr. 16. Luxemburg (Theaterplatz) 903. St. Paulus-Druckerei. Geb. in Leinw. n.n. — 80

Hartmann, Th., Predigt an d. Armuth; nebst e. Anhange gr. 8. Düsseld. 789. Dänzer. 2 K

— **Theodor** (Borino/Pommern), De cautelis tutelarum. Exercit. acad. Präs. Georg Samuel Madihn. Frankfurt/Od. (Johann Christian Winter) Dez. 1773. 28 S. (6.—) 13307
Widm. v.: Präs., Otto Ludwig Fuhrmann (Berlin), Daniel Benjamin Schwerdner (Schlesien), Schmucker.

Hartmann, Thdr. Konr., Diss. inaug. de morbo maculoso haemorrhagico Werlhofii. 8 maj. Dorpat 826.

— **Theodor Philipp** (Hannover), De capacitate feudorum. Diss. jur. Götting. (Rosenbusch) 31. III. 1802. 24 S. (6.—) 13308
Gew.: H. G. W. Hartmann (Bruder).

Hartmann, (Henricus) Theophilus *(geb. Breslau 10. 3. 1815)*: De diis Timaei Platonici. Vratislaviae (1840). (38 S.) 8°
[Buchausg. 1840 bei Hirt in Breslau]
Breslau, Phil. Diss. v. 13 Jan. 1840

Hartmann, Gli., de Diis Timaei Platonici. 8maj. Vratislaviae 840. Hirt. n. 1/4 ℔

— **Theophil** (Cam./Laus.), De dote non promissa, non praestanda. Dissert. jur. Präs. Jo. Samuel Stryk. Halle (Chph. Andr. Zeitler) 5. VI. 1710. 32 S. (6.20) 13309
Gew.: Joachim Hildebrand v. Hund & Alten=Grotkau (Unwürda, Kittlitz, Gebelzig), Johann Fabian v. Ponickau (Luga), Johann Gottlob Plaz. — Widm. v. Präs.

— — Dasselbe. Wenn die Mitgifft, welche nicht versprochen worden, auch nicht gefordert werden könne. Wittbg. (Hake) 1742. 31 S. mit Widm. v. Präs. (6.—) 13310

Hartmann, Thomas *(geb. Brand bei Habelschwerdt [21. 11. 1847])*: De dialecto Delphica. Vratislaviae (1874). (50 S.) 8°
Breslau, Phil. Diss. v. 7. Febr. 1874

Hartmann, Thomas. Die Lehre des Cartesius de passionibus animae und des Spinoza de affectibus humanis dargestellt und verglichen. 16 S. **Progr.** *Wohlau* 1878

Hartmann, Thomas [Dr.]: Meleager in der griechisch-römischen Kunst, mit einer Einleitung über die Verwertung antiker Denkmäler bei der Lektüre von Schulautoren. Wohlau, Buchdr. „Schlesische Dorfzeitung". (Dr. Schulze), 1889; 15 S. 4°
Wohlau, k. G, OP 1889 (201)

— **Veit Andreas** (Nürnberg), De conservatione ferarum nociva. Von Schädlicher Hegung des Wilds. Diss. jur. Präs. Heinrich Hildebrand (Nürnberg). Altdorf Febr. 1709. (Jod. Wilhelm Kohles) 1717. 28 S., tlws. dtsch. (6.30) 13311
Widm. v.: Präs., C. M. Hoffmann.

— — Dasselbe. Schwabach (Johann Jacob Enderes) 1744. 31 S. ohne Widm. (6.—) 13312

– (Bearb.), s. R u g i n e l l u s , Jul. Caes.: De arboribus controversis resolutionum.

Hartmann, Vinzenz

Hartmann, V.: Das Kärntner Faakerseethal der Gegenwart und Vorzeit, mit einer Karte. 47 S. – Klagenfurt, R., Progr. 1886.

Hartmann, Vinc., das Kärntner Faakerseethal der Gegenwart u. der Vorzeit. Ein Beitrag zur näheren Kenntniss der Seethäler d. Landes. Mit 1 Karte. gr. 8. (47 S.) Klagenfurt 886. Raunecker. n. 1. 20

Hartmann, Vinc., Die Fische Kärntens. [Aus: „25. Jahrb. d. naturhistor. Landesmuseums v. Kärnten".] gr. 8. (48 S.) Klagenfurt 898. F. v. Kleinmayr. n. 1. 20

— — Dr. V., Führer durch Kärnten, s.: Führer durch Kärnten von Wagner und Dr. J. Hartmann.

Hartmann, V., und Jos. Wagner, der Führer durch Kärnten, s. Wagner, Jos.

Hartmann Dr. Vincenz: Das seenreiche Keutschachthal in Kärnten. Ein Beitrag zur näheren Kenntnis der Seethäler des Landes. Mit einer Karte. 40. Klagenfurt R. 90. Progr.

Hartmann, Vinc., das seenreiche Keutschachthal in Kärnten. Ein Beitrag zur näheren Kenntnis der Seethäler d. Landes. Mit e. Anh.: Das Steinbier. Mit 1 Karte. gr. 8. (III, 40 S.) Klagenfurt 890. Raunecker. n. 1. 20

Hartmann Dr. V.: Das Ossiacher Seethal und seine Ränder. Ein Beitrag zur näheren Kenntnis der Kärntner Seen. 46. Klagenfurt R. 82. Progr.

Hartmann, Vinc., das Ossiacher Seethal u. seine Ränder. Ein Beitrag zur näheren Kenntnis der Kärntner Seen. Mit 1 (lith.) Karte. gr. 8. (III, 46 S.) Klagenfurt 882. Hoyn. n. — 80

Hartmann, V.: Das Thal des Weißensees. 50 S. – Klagenfurt, R., Progr. 1883.

— das **Thal des Weissensees in Kärnthen**. Ein Beitrag zur näheren Kenntniss der Seen d. Landes. Mit e. (chromolith.) Karte. Lex.-8. (50 S.) Klagenfurt 883. Hoyn. n. 1. —

Hartmann, Volker, Katharina II. Schauspiel in 3 Akten. (117 S.) gr. 8. München 910. M. Steinebach. 3. 60

Hartmann, W., der Apotheker u. das Publicum mit besonderer Rücksicht auf die vorgewesenen Angriffe des Hrn. Prof. Schulz in Berlin, in ihren gegenseitigen Verhältnissen besprochen. Mit e. Vorw., einigen Bemerkgn. u. e. Nachtrage begleitet von L. F. Bley. gr. 8. (102 S.) Hannover 848, Hahn. 1/4 ₰

Hartmann, W., Handbuch der Geographie. Ein Leitfaden für Schulen und untere Klassen der Gymnasien. gr. 8. Berlin 844, Athenaeum. n. 1/3 ₰

Hartmann, W., Handbuch d. Geographie. Ein Leitfaden für Schulen u. untere Klassen der Gymnasien. gr. 8. (8 B.) Berlin 844. [Jonas, Berl.] *

Hartmann, W., Handbuch der Geographie. Ein Leitfaden für Schulen und untere Klassen der Gymnasien. 3., verb. Aufl. Berlin 853. Jonas' Verlhdlg. gr. 8. (IV, 122 S.) n. 10 ngr

Hartmann, W., Handbuch der Geographie. Ein Leitfaden für Schulen u. untere Klassen der Gymnasien. 4. Aufl. 859. — 5. verb. Aufl. Berlin 864. Jonas' Verlag. gr. 8. (IV, 132 S.) n. 10 ngr.

Hartmann, W., Handbuch der Geographie. Ein Leitfaden für Schulen u. untere Klassen der Gymnasien. 6. Aufl. Berlin 868. Jonas' Verlag. gr. 8. (IV, 135 S.) n. 10 ngr.

— Handbuch der physischen Geographie. Ein Leitfaden für höhere Schulen und die mittleren Klassen der Gymnasien, sowie zum Selbstunterricht. Ebend. 857. gr. 8. (VI, 98 S.) n. 10 ngr

Hartmann, W: Catalog der Victoria-Mühle Modell 94 für Hand-, Göpel- und Dampfbetrieb. Fulda (1897?)

Hartmann, W., die neueren Kraftmaschinen u. ihre Bedeutg. f. d. Landwirthschaft. Vortrag, geh. in der ökonom. Gesellschaft im Königr. Sachsen, Dresden, am 9 Novbr. 1894. gr. 8. (18 S.) Dresden 895. G. Schönfeld. n. — 40

Hartmann, W., siegreiche Künste in der Liebe, Verlobung, Ehe. Treuer Wegweiser in all. wicht. Fragen d. Liebeslebens. 8. (47 S.) Leipzig 900. A. F. Schlöffel. n. — 60

— Leistungsversuche m. Petroleummotoren. [Aus: „Zeitschr. d. Vereins deutscher Ingenieure".] Fol. (II, 39 S. m. 2 Taf.) Berlin 895. J. Springer. n. 5. —

Hartmann, W., das lenkbare Luftschiff. Schwank in 1 Akte. (23 S.) kl. 8. Paderborn (905). Bonifacius-Druckerei. n. — 30

Hartmann, W: Ill. Preisverzeichniß über Metallsägen, genannt Diamantstahlsägen, nebst Bogen. Fulda (1897?)

— u. **Schöttler**, Prüfg. d. Petroleummotoren, s. Arbeiten d. deutschen Landwirtschafts-Gesellschaft.

Hartmann, W., und Schöttler: Prüfung der Petroleummotoren 1894. Berlin 1895

— dynamische Theorie d. Dampfmaschine. [Aus: „Zeitschr. d. Vereins deut. Ingenieure".] (Neudruck 1895.) gr. 4. (V, 32 S. m. 3 Taf.) Ebd. 895. n. 5. —

— die Werkzeugmaschinen auf d. Weltausstellung in Chicago 1893. [Aus: „Zeitschr. d. Vereins deut. Ingenieure".] gr. 4. (69 S. m. 241 Fig. u. 1 Taf.) Ebd. 894. n. 5. —

Hartmann, W., zur Erinnerung an Peter Hafftitz. [Aus: „Festschrift zur 3. Säcularfeier d. Berl. Gymnasiums zum grauen Kloster."] gr. 8. (20 S.) Berlin 874. Weidmann. n. — 60

Hartmann, *Wilhelm Theodor* Walther [app. Arzt aus Marne]: Aus d. Kgl. Augenklinik zu Kiel. Beitrag zur Kenntnis der epibulbären Carcinome ... Kiel, Druck v. L. Handorff, 1892; 26 S., 1 Bl. 8.
Kiel, Med. Fak., Inaug.-Diss. v. [13. Juli] 1892

Hartmann, Walter, a. Riga: Die Butterproduktion in Westsibirien und die Ausfuhr dieser Produkte aus dem Rigaer Hafen, mit einer Einleitung über den Rückgang des Rigaer Getreideexports. München 1905: C. Wolf & Sohn. (116 S.) 8°
Freiburg i. B., rechts- u. staatsw. Fak., Ref. v. Schulz-Gävernitz, Diss. v. 1905
[Geb. 16/29. Sept. 78 Riga; Wohnort: Freiburg; Staatsangeh.: Rußland; Vorbildung: Gymn. Kassel u. Hersfeld; Studium: Berlin 3, München 3, Freiburg 2 S.; Rig. 2. März 05.]

Hartmann, Walther: Der Eintritt in ein gegenseitiges Schuldverhältnis nach dem bürgerlichen Gesetzbuch. *Hückeswagen 1898: Förster & Welke.* (35 S.) 8°
Erlangen, Jur. Diss. v. 20. Apr. 1898

Hartmann, *Walter:* Kann Deutschland seinen Bedarf an Getreide selbst produzieren? ... Leipzig, Druck v. Hesse & Becker, *1894*; 1 Bl., 116 S. 8.
Jena, Phil. Fak., Inaug.-Diss. v. 1894

Hartmann, Walter: Zur Kenntnis des α-Chlorokodids und des Jodokodids. Weida i. Th. 1910: Thomas & Hubert. 35 S. 8°
Jena, Phil. Diss. v. 13. April 1910, Ref. Knorr
[Geb. 2. Okt. 83 Zwickau i. S.; Wohnort: Zwickau; Staatsangeh.: Sachsen; Vorbildung: Gymn. Zwickau Reife O. 03; Studium: Tübingen 2, München 4, Jena 6 S.; Rig. 17. Dez. 09.] [U 10. 2344

Hartmann, Walt., das gesetzliche Konkurrenzverbot f. Handlungsgehilfen nach altem u. neuem Handelsgesetzbuch. (VIII, 50 S.) gr. 8. Berlin 903. Struppe & Winckler. n. 1. 50

Hartmann, Walt., in stillen Stunden. Lieder aus der Jugendzeit. 8. (V, V, 178 S.) Leipzig 891. Danz. Geb. n. 2. —

Hartmann, Walther, a. Dieckmühl (Kr. Naugard): Das Zeeman-Phaenomen im sichtbaren Spektrum von Kupfer, Eisen, Gold und Chrom. Halle a. S. 1907: C. A. Kaemmerer & Co. (60 S., 2 Taf.) 8°

Halle, Phil. Fak., Ref. Dorn, Diss. v. 24. Dez. 1907

[Geb. 20. Juni 83 Dieckmuhl (Pommern); Wohnort: Halle a. S.; Staatsangeh.: Preußen; Vorbildung: Schiller-Realgymn. Stettin Reife M. 03; Studium: Berlin 3, München 1, Halle 6 S.; Rig. 7. Nov. 07.]

Hartmann's, Wilh., Bäckerei-Buchführung f. d. Selbst- u. Fachschulen-Unterricht. Enth.: Die Beschreibg. u. Formulirg. aller Haupt-, Neben- u. Hülfsbücher, sowie Anleitg. zur Calculation u. Steuereinschätzung. Hrsg. auf Grund e. Preisausschreibg. in d. international. Rundschau f. Bäckerei, Conditorei etc. gr. 8. (72 S.) Berlin 902. W. Hartmann. n. — 80

Hartmann, Wilhelm [aus Köln]: Ueber das optische Drehungsvermögen der Kamphersäure und ihrer Salze .... Berlin, Buchdr. v. Goedecke & Gallinek (1887); 1 Bl. + 46 S. + 1 Bl. 8°.

Berlin. Phil. Fak., Inaug.-Diss. v. 12. März 1887.

Hartmann, Wilhelm, ueber das optische Drehungsvermögen der Kamphersäure und ihrer Salze. Diss. Berlin 1887, Fr. Wagnersche Univ.-Buchh. 8°. 46 S.

Hartmann, Wilhelm, Erhöhung der Schlagfertigkeit der deutschen Armee ohne Kosten für Steuerzahler und Reich, Berlin 1908, 20 S., 8°.

Hartmann, Wilh., Erhöhung der Schlagfertigkeit der deutschen Armee ohne Kosten f. Steuerzahler u. Reich. (20 S.) gr. 8. Berlin (909). Herm. Walther. — 50

Hartmann, W., Gesetz üb. die Beurkundung d. Personenstandes u. die Form der Eheschließg. vom 9. März 1874 nach den Materialien f. den prakt. Gebrauch bearb. 8. (73 S.) Berlin 874. C. Heymann's Verl. n. 1. 50

Hartmann, W. (II.), allgemeine Hypotheken-Ordnung, s. a. Hypotheken-Ordnung.

Hartmann, W., allgemeine Hypotheken-Ordnung für die gesammten Königlichen Staaten, nebst den dieselben ergänzenden Gesetzen, Verordnungen und Instruktionen, zusammengestellt und mit Anmerkungen versehen. 2. verm. Aufl. Glogau 860. Flemming. gr. 8. (XV, 360 S.) 1 ₰ 7½ ngr.

Hartmann, Wilh., das preußische Immobiliar-Sachenrecht u. dessen Reform nach den neuesten Entwürfen. Kritisch dargestellt. Elberfeld 869. Friderichs. gr. 8. (III, 87 S.) n. 12 ngr.

Hartmann, W[ilhelm]: Konstantin der Große als Christ und Philosoph in seinen Briefen und Erlassen. *Fürstenwalde, Spree (1902): F. Jaenack.* (35 S.) 4°

Fürstenwalde, st. G, OP 1902 (78 [übergedruckt: 80])

Hartmann, W: Ueber das Konstruktionsprinzip der Lokomotiv-Tender-Kuppelungen. Vortrag. Berlin 1884

Hartmann, Wilh., der Männerchor. Sammlung der neuesten anerkannt besten deutschen Compositionen f. den 4stimm. Männergesang, hrsg. f. die deutschen Gesang-Vereine in Nord-Amerika. 3. Aufl. Lex.-8. (296 S.) Philadelphia 875. Schäfer & Koradi. geb. n. 8. —

— das Reichsgesetz üb die Beurkundung d. Personenstandes u. die Eheschließung vom 6. Febr. 1875, nebst der Ausführungs-Verordng. d. Bundesrathes vom 22. Juni 1875 u. den in den Einzelstaaten ergangenen Ausführungsgesetzen u. Instruktionen, f. den prakt. Gebrauch unter Benutzg. der Materialien, als Kommentar in Anmerkgn. hrsg. gr. 8. (256 S.) Berlin 876. Hempel. n. 4. —

Das Schrotbrot (Vollkorn-) und Soldatenbrot. Seine Herstellung u. Bedeutung in gesundheitl., volkswirtschaftl. u. nationaler Beziehung. Von Wilhelm **Hartmann.** Berlin: Hartmann 1910. 200 S. 8° A 10. 3373

— Speditions-Agenda u. Kalender 1900. schmal Fol. (268 S.) Berlin [W. Hartmann.] G. Everth. Geb. n.n. 1.50

Fortsetzung s.: Everth, G.

— die Preußische Subhastations-Gesetzgebung in ihrer gegenwärtigen Geltung, für den praktischen Gebrauch zusammengestellt u. aus den Materialien, der Rechtswissenschaft u. der Praxis erläutert, ingleichen mit Vorschlägen zur Verbesserung versehen. Breslau 861. Korn. gr. 8. (XIV, 360 S.) n. 1 ₰ 10 ngr.

Hartmann, Wilh., Theorie der Locomotiv-Tender-Kuppelungen. Mit e. Atlas (21 Kpfr.- u. Stein-)Taf. (in qu. Fol. u. Mappe). gr. 8. (VI, 138 S.) Berlin 884. Ernst & Korn. n. 16. —

— Theorie u. Praxis der Bäckerei. Gesamtdarstellg. des heut. Bäckereibetriebes, m. besond. Berücksicht. ihrer Entwickelungsgeschichte. Mit Anh.: Ortsübliches Backverfahren aller Länder. Mit vielen mehrfarbigen Taf. u. Abbildgn. im Text. Mit Unterstützg. bewährter Mitarbeiter hrsg. Lex.-8. (IV, 912 S.) Berlin 901. W. Hartmann. Geb. in Leinw. 10. —

— tabellarische Uebersicht der Welt- u. Völkergeschichte. Mit Geschlechtstaf. Ein Leitfaden für Gymnasien, Real- u. höhere Bürgerschulen. 2., verm. Aufl. Berlin 867. Klemann. gr. 8. (VI, 106 S.) n. 9 ngr; cart. n. 10 ngr.

— die Wechsellehre f. das Bäcker- u. Conditor-Gewerbe u. andere Berufszweige. Leichtfaßliche Methode zur Erlerng. alles dessen, was man bei Annahme u. Abgabe aller Arten Wechsel unbedingt wissen muß, um vor jegl. Schaden geschützt zu sein. gr. 8. (32 S.) Berlin 902. W. Hartmann. n. — 40

Hartmann, Wilh., das deutsche Wechselrecht historisch u. dogmatisch dargestellt. Berlin 869. Guttentag. gr. 8. (VIII, 535 S.) n. 2 ₰ 15 ngr.

Hartmann, Wilhelm: Katalytische Wirkungen kolloidaler Metalle der Platingruppe. Erlangen 1910: Jacob. 87 S. 8°

Erlangen, Phil. Diss. v. 20. Juni 1910, Ref. Paal

[Geb. 21. Nov. 80 Oberkotzau; Wohnort: Erlangen; Staatsangeh.: Bayern; Vorbildung: Gymn. Fürth Reife Juli 09; Studium: Erlangen 10 S.; Rig. 9. März 10.] [U 10. 863

— (Hrsg.), s. Zeitschrift für Gesetzgebung und Praxis ...

Hartmann, W., die Civilprozeß-Gesetze d. Deutschen Reiches, enth.: Die Civilprozeß-Ordnung, das Gerichtsverfassungsgesetz, die Konkurs-Ordnung, nebst den dazu gehör. Einführungsgesetzen, die Rechtsanwalts-Ordnung u. das preußische Ausführungsgesetz zu dem Gerichtsverfassungsgesetze. Als Kommentar in Anmerkungen für den prakt. Gebrauch bearb. gr.8. (XIII, 360; VII, 152 u. VIII, 108 S.) Berlin 879. C. Heymann's Verl. cart. n. 7. 50

—— dass. — 2. Bd.: Die preußischen Ergänzungsgesetze zu den Reichs-Justizgesetzen. Mit erläut. Anmerkungen. Suppl.-Bd. zur Justizgesetzgebung des Deutschen Reiches. Hrsg. von Sarwey und G. Thilo. gr. 8. (VIII, 200 S.) Ebendas. 879. *

Hartmann, Wilhelm Gottfried: „Der Stadt Leipzig und aller frequentirenden Capital-Handels-Plätze von gantz Europa, stets grünender Wechsel-Baum, Darinnen die General-Wechsel-Rechnung und Reduction, per Satz, und ad Regulam Conjunctionis, samt den Arbitris und Wechsel-Coursen: item der Alpary oder Egalité; Ingleichen Die bey Handlungen gebräuchlichen Ellen-Reductiones, nebst der Rabatte, a 13. und 7. Monat, mit einer Tabellen, wie dieselbe, auf gewisse Waaren in Hamburg, berechnet wird; allen Kauff- und Handelsleuten, insonderheit deren Bedienten und Lehrlingen zum Nutzen verfertiget und zusammen getragen", Leipzig und Halle 1741. — Vorh.: Com. Bibl. Hamburg und Büch. der Industrie- und Handelskammer Leipzig.

Wilhelm Gotfried Hartmanns der Stadt Leipzig und aller Capital-Handelsplätze von Europa stets grünender Wechselbaum. Leipz. und Halle, Krug. 4. (20 gr.) *1741.*

Hartmann, W. Gf., d. Stadt Leipz. u. all. Handelsplätze v. Europa grün. Wechselbaum. 4. Leipzig, F. C. W. Vogel. 741.

Hartmann, Wulf, approb. Arzt: **Einklemmung von Darmschlingen in operative Mesenterialspalten.** *Kiel 1899: H. Fiencke.* (16 S.) 8°
Kiel, Med. Diss. v. [30. Jan.] 1899

Hartmann-Blelig, F., Führer durch Leipzig u. seine Vororte. Zugleich Führer durch Industrie u. Gewerbe mit Empfehlgn. v. Hunderten hervorrag. Firmen industrieller, kaufmänn. u. gewerbl. Betriebe. 12. (139 S.) Neuschleußig 889. (Kühn & Richter.) n. -- 30

Hartmann & Braun, A.-G. in Frankfurt a. M.
Elektrotechnische Instrumente.

Hartmann & Braun: Elektrische Meßinstrumente für technische Zwecke. Auszugsliste 1907. Frankfurt a. M. 1907

Hartmann & Braun, A.-G: Preislisten über elektrotechnische Apparate. 1909 ff. Frankfurt a. M.

Hartmann & Braun: Verzeichniß über wissenschaftliche Instrumente. Frankfurt a. M. 1888

Hartmann & Braun: Verzeichniß über elektrotechnische Meßinstrumente. Frankfurt a. M. 1891

Hartmann & Braun: Vollständiges Verzeichniß über Erzeugnisse der Fabrik wissenschaftlicher und elektrotechnischer Meßinstrumente und Apparate. Bockenheim-Frankfurt a. M. 1894

Hartmann-Franzenshuld, Ernst Edler v., Geschlechter-Buch der Wiener Erbbürger, Rathsverwandten u. Wappengenossen. Ihre Geschichte, Genealogie, Diplomatik, Sphragistik, Heraldik u. Numismatik nach Urkunden, Siegeln, Medaillen u. Denkmälern, mit sorgfältiger Benutzung der Stadt-Literatur. (In 30 Lfgn.) 1. Lfg. gr. 4. (56 S. m. eingedr. Holzschn., chromolith. Titel u. 1 Stahlst.) Wien 882. Faesy. n. 10. —; Luxus-Ausg. n. 16. —

Hartmann-Franzenshuld, Ernst Edler v., Geschlechter-Buch der Wiener Erbbürger, Rathsverwandten u. Wappengenossen. Ihre Geschichte, Genealogie, Diplomatik, Sphragistik, Heraldik u. Numismatik nach Urkunden, Siegeln, Medaillen u. Denkmälern, m. sorgfält. Benutzg. der Stadt-Literatur. 2. Lfg. gr. 4. (S. 57—124 m. eingedr. Holzschn.) Wien 883. Faesy. n. 10. --; Luxus-Ausg. n. 16. — (1. u. 2.: n. 20. —; Luxus-Ausg. n. 32. —)

Hartmann-Franzenshuld, Ernst Edler v., die heraldische Kunst im Wiener Minoriten-Necrologium. Eine Quelle f. österreich. Heraldik d. Mittelalters. Wappenstudie. Mit 8 Bildtaf. (in Holzschn.) u. 14 in den Text gedr. (Holzschn.-)Illustr. [Aus: „Jahrbuch 1874 d. herald.-genealog. Vereins Adler in Wien."] Imp.-4. (15 S.) Wien 874. (Sintenis.) n.n. 3. 60

Hartmann-Franzenshuld Ernst Edler von, Dr.: Deutsche Personen-Medaillen des XVI. Jahrhunderts, namentlich einiger Wiener Geschlechter mit 8 Taf.) Ar. 19 127 vgr.
Separatabdruck

— deutsche **Personen-Medaillen** d. XVI. Jahrh. namentlich einiger Wiener Geschlechter. Aus „Archiv f. oesterreich. Geschichte."] Lex.-8 (88 S. m. 8 Kpfrsttaf.) Wien 873. Gerold's Sohn in Comm. n. 3. 50

— heraldische **Studien**. Ein Vortrag. Mit 6 (eingedr.) Holzschn. u. 1 (chromolith.) Taf. gr. 4. (20 S.) Wien 874. Sintenis. n.n. 1. 60

— über das **Studium** der Heraldik. [Aus: „Heraldisch-genealog. Zeitschrift."] gr. 8. (20 S.) Ebend. 873 n.n. — 60

Hartmann Noble de Franzenshuld, Joséphine, Manuel d'étude de la langue française à l'usage des pensionats et de ceux qui veulent se perfectionner par eux-mêmes. 8. (VIII und 72 S.) Wien 859(61), (Dirnböck.)

Hartmann, Edler v. Franzens-Huld, Matth.

— Anleitung zur Berechnung der Zinseszinsen und Zeitrenten nebst Auflösung verwandter Aufgaben, ohne Formeln und Logarithmen, blos mit Voraussetzung der vier Species, mit besond. Zahlen entwickelt, sammt Erklärungen d. Rechnungen mit Decimal-Brüchen und deren Anwendung auf Interessen-Rechnungen. gr. 8. Wien 842. (Lpz., Fr. Fleischer.) n. 2/3 ℛ

Hartmann, Edl. v. Franzens-Huld, Math. — Anleitung zur Berechnung der Zinseszinsen und Zeitrenten nebst Auflösung verwandter Aufgaben, ohne Formeln und Logarithmen, blos mit Voraussetzung der vier Species, in besondern Zahlen entwickelt, sammt Erklärungen der Rechnungen mit Decimal-Brüchen und deren Anwendung auf Interessen-Rechnungen für Banquiers, Kapitalisten, Rechnungsbeamte 2c. so wie überhaupt für Alle, die eine höchst einfache Auflösung jener Probleme kennen lernen wollen. Bearbeitet von — —. Zweite Auflage. 8. (VI, 78 S.) Wien. Druck und Verlag von J. B. Wallishausser. 1853.

—— Grundlehren der allgem. Arithmetik. Eine Handb. f. Jene, welche aus einer höchst faßlichen, durch viele Beispiele erläuterten Darstellung, eine gründliche Kenntniß sich aneignen wollen, bloß mit Voraussetzung der 4 Species 2c. gr. 8. (13½ B.) Wien 843, Wallishauser.

Hartmann Edler v. Franzenshuld, Math., Grundlehren der allgemeinen Arithmetik. 2., verm. Aufl. Wien 866. Braumüller. gr. 8. (VIII, 203 S.) n. 26 ngr.

Hartmann Edler von Franzenshuld, Math., Grundlehren der Geometrie. 2. verm. Aufl. gr. 8. (XII u. 134 S.) Wien 852. Tendler & Comp. n. 1 ß

— Grundlehren der Geometrie. 3. unveränd. Aufl. Wien 855. Tendler u. Co. gr. 8. (XII, 134 S. mit Holzschn. im Text.) n. 20 ngr

— Grundlehren der analytischen Geometrie des Raumes als Vorbereitungslehre für höhere Studien in diesem Fache. Wien 857. Sallmayer u. Co. in Comm. gr. 8. (VIII, 120 S. m. Holzschn. im Text.) n. 1 ß

— Theorie, den Nenner eines jeden Bruches rational darzustellen, nebst e. Anhange, welcher von der Anwendung dieser Theorie auf Gleichungen handelt. 2e Aufl. gr. 8. Wien 836. Heubner. n. 1 ß

Hartmann v. Franzens-Huld, Mathias, Theorie d. Gleichungen d. zweiten Grades; neu u. erweit. dargest. gr. 8. (8¼ B.) Wien 836, (Heubner.) Thlr. *

Hartmann-Grunewald A, Neubauten auf dem Gebiete der Wohlfahrtspflege. (45 T) fol Berlin (1909)

Hartmann-Hainfeld, Hans, s. Hartmann, Hans

Hartmann-Kempf, Robert: Über den Einfluß der Amplitude auf Tonhöhe und Decrement von Stimmgabeln und zungenförmigen Stahlfedern. (Elektroakustische Untersuchungen.) Diss. Würzburg 1903

Hartmann-Kempf, Robert, aus Neustadt a. d. Haardt: Über den Einfluß der Amplitude auf Tonhöhe und Decrement von Stimmgabeln und zungenförmigen Stahlfedern. *Frankfurt a. M. 1903: Gebr. Knauer.* (XI, 155 S.) 8°
Würzburg, Phil. Diss. v. 1903

P. Peter Singer. Ein Gedenkblatt z. 100. Geburtstage d. Künstlers zugl. e. Beitrag z. Musikgeschichte d. 19. Jh. von Dr. P[aul] Hartmann von an der Lan-Hochbrunn. Innsbruck: Wagner 1910. VIII, 171 S. 8° [10. 9724

Hartmann-Lange, die doppelte Abwehr in Dibre Emeth und die freie evangelische Kirche Deutschlands und ihre Gegner. Breslau 861. Dülfer. 8. (32 S.) n. 3 ngr.

Hartmann-Plön, Carl, Geheimnisse. Roman. 3 Bde. 8. (235, 251 u. 263 S.) Stuttgart 877. Deutsche Verlags-Anstalt. n. 9. —

Hartmann-Plön, Carl, Geheimnisse. Roman. 3 Bde. 8. (235; 251; 263 S.) Stuttgart 877, Hallberger. *
geb. *

Hartmann-Plön, Carl, Haß u. Liebe sind eines, s. a. Weichert's Wochen-Bibliothek.

[F.] Hass und Liebe sind eines. Nordfries. Kriminal-Roman v. Carl Hartmann-Plön. M. 3 Vollbild. *Berlin: A. Weichert [1897].* (100 S., 3 Taf.) 1 Bd 8.
= Wochen-Bibliothek, Weichert's. Bd 1. [97. 3119

— Herodias. Roman in 3 Bdn. 8. (136, 140 u. 158 S.) Heide 882. Pauly. 6. —

Hartmann-Plön, Carl, der neue Staats-Anwalt. Roman. 8. (322 S.) Leipzig 884. Bergmann. n. 5. —;
geb. n. 6. —

Hartmann-Wendel, sonniger Sommer. Ein Liliencron-Brevier. Mit Buchschmuck v. Georges Lay. (77 S.) 8. Metz 910. P. Even. 1.50

— Dass., s.a. Liliencron, Detlev von: Sonniger Sommer.

Hartmannsbuch. Als Handschrift gedruckt. Stuttg. 1878. II: *Hartmann, Julius.* (Heyd)

Hartmeyer, A., Annalen von Schleswig rc., s. Annalen.

— s. Ansichten, maler., von Schleswig-Holstein.

—— Joh. Gust. Droysen's Rede zur tausendjähr. Gedächtnißfeier des Vertrages zu Verdün u. d. Schleswig-Holsteinismus. gr. 8. (2½ B.) Kiel 843. [Naeck.] Thlr. *

Hartmeyer, C. D., Darstell. seiner gegenwärt. Ansicht d. Christenthums. Mit e. Einleit. v. J. J. Heß. 8. Zürich 814. Geßner. 12 K

Hartmeyer, Hans, der Weinhandel im Gebiet der Hanse im Mittelalter, s.a. Abhandlungen, volkswirtschaftliche u. wirtschaftsgeschichtliche N. F. 3.

Hartmeyer, Hans: Der Weinhandel im Gebiete der Hanse im Mittelalter. Jena: G. Fischer 1904. (55 S.) 8° ¶ (Ersch. vollst. in: Volkswirtsch. u. wirtschaftsgesch. Abhandlungen H. 3.]
Leipzig, Phil. Fak., Ref. Stieda u. Seeliger, Diss. v. 29. März 1905
[Geb. 26. Okt. 80 Hamburg; Wohnort: Hamburg; Staatsangeh.: Hamburg; Vorbildung: Gymn. Hamburg Reife M. 99; Studium: Bonn 3, Leipzig 2, Berlin 1, Leipzig 4 S.; Rig. 30. Juli 04.]

Hartmeyer, Helene, Bilder aus dem Leben d. Herrn Jesu, f. das kindliche Alter entworfen. 8. (IV, 240 S.) Gütersloh 893. C. Bertelsmann. n. 3. —; geb. n. 3. 60

Hartmeyer, Hermann, aus Hamburg, Chef-Redakteur d. 'Hamburger Nachrichten': Zum Recht der Kriegscontrebande. *Berlin 1903: G. Schade.* (95 S.) 8°
Erlangen, Jur. Diss. v. 10. Jan. 1903

Hartmeyer, Herm., zum Recht der Kriegscontrebande. Diss. (06 S) gr. 8. Berlin 903. (K. Hoffmann.) n. 2. —

Hartmeyer, Rob., s.: Bronn's, H. G., Klassen u. Ordnungen des Tier-Reichs.

— s.: Ergebnisse e. zoologischen Forschungsreise nach Westindien.

— s.: Fauna, die, Südwest-Australiens.

— Die westindischen Korallenriffe u. ihr Tierleben, s.a. Meereskunde. III, 2.

Die westindischen Korallenriffe und ihr Tierleben. Von Dr. R[obert] Hartmeyer. Berlin: Mittler 1909. 40 S. 8° [Umschlagt.]
(Meereskunde. Jg. 3, H. 2.) [09. 9875

Hartmeyer, Robert: Aus d. Zoolog. Institut d. Universität Breslau. Die Monascidien der Bremer Expedition nach Ostspitzbergen im Jahre 1889. *Jena: G. Fischer 1899.* (70 S.) 8°
Breslau, Phil. Diss. v. 19. Juli [hs.] 1899

Monascidien von Ternate. Von Dr. Robert **Hartmeyer.** [Nebst] Nachtrag. Mit Taf. (Frankfurt a. M.: M. Diesterweg in Komm. 1900.) 4°
— Ergebnisse e. zool. Forschungsreise in d. Molukken u. Borneo. T. 2, Bd. 3, H. 1, [1. 7.]
— **Abhandlungen** hrsg. v. d. Senckenbergischen naturforschenden Gesellschaft. Bd 25, H. 1, [1. 7.] [07. 387

(B) — Monascidien v. Ternate. 900. (KBL 31.) Jetzt: Frankfurt a/M. (Viktoria-Allee 7), Senckenberg. naturforsch. Gesellsch.

Hartmeyer R., Dr.: Revision von Hellers Aszidien aus der Adria: 2. Die Arten der Gattungen Mikrokosmus, Cynthia, Styela, Polycarpa, Gymnocystis und Molgula D 88. 175 . . . . 3.70
Separatabdruck

— s.: Süsswasserfauna, die, Deutschlands.

Hartmund, Harald, Vermächtnis eines Unbekannten. 8. (92 S.) Braunschweig 902. R. Sattler. n. 1.—

Hartmut, John., 95 Sätze zur Reformirung des Deutschen Reiches. gr. 8. (47 S.) Leipzig 894. O. Gottwald. n. - 80

Hartmuth und Hager, oder Männerehre und Weibertreue; ein Trauerspiel in fünf Aufz. Bayreuth 1794. V: *Meyer, Heinrich Christoph.* (Fiker) (GGr) (MGT)

Hartmuth, Hager, oder Männerehre u. Weibertreue. Trspl. in 5 A. (v. Hnr. Chph. Meyer). 8. Bayr. 794. Lübeck, (Grau). 12 g.

Hartmuth, Friedlieb, Beiträge zur Lage der Katholiken in der Prov. Sachsen, s.a. Hefte, Erfurter, zwanglose, Nr. 1.

Hartmuth, Friedrich: Beiträge zur Lage der Katholiken in d. Prov. Sachsen. Von –. Paderborn: Bonifacius-Dr. 1899. (68 S.) 1 Bd 8°
= Hefte, Erfurter zwanglose, No 1.

Hartmuth, Friedlieb, Erfurter Parität, s.a. Flugschriften, kathol., z. Wehr u. Lehr'.

[F.] Erfurter Parität. M. Berücks. d. Parität in Preussen überhaupt. Antw. auf d. Broschüre: 'Die Parität in Erfurt' v. Dr. Richard Bärwinkel, Pastor an d. Regler Kirche ... Von Friedlieb Hartmuth. *Berlin: 'Germania' 1896.* (96 S.) 8.
— Flugschriften, Kathol., z. Wehr u. Lehr'. No 103. [96. 3:54]

[F.] Nochmals die 'Erfurter Parität'. Zweite Antwort auf d. erneuten Angriffe d. Herrn Senior Dr. Richard Bärwinkel in dessen Broschüre 'Nachtrag zur Parität in Erfurt'. Von Friedlieb Hartmuth. M. e. Prämie v. 300 Mark ... *Erfurt: G. A. Brodmann 1896.* (64 S.) 1 Bd 8. [96. 1871]

[F.] Die 'Erfurter Parität' und ihr treuer Eckart. Dritte Antwort auf d. Angriffe d. Herrn Dr. Richard Bärwinkel, Pastor an d. Regler-Kirche ... Von Friedlieb Hartmuth ... *Erfurt: G. A. Brodmann 1896.* (48 S.) 1 Bd 8. [97. 3939]

Hartmuth, Friedrich, s. Hartmuth, Friedlieb

Hartmuth, Richard. Über Nitro- und Nitritosalze. Diss. Phil. [II.] Univ. Zürich. VIII + 68 S. 8. Borna-Leipzig, Robert Noske, 1909.

Hartmuth, Th., s.a. Dilettanten-Theater.

Hochmut kommt vor dem Fall. Schwank in 3 Akten. Von Th. Hartmuth. *Paderborn: F. Schöningh [1900].* (14 S.) 8° [F.]
— Dilettanten-Theater. II. 58. [01. 3000]

Herr Jeremias Kunkel oder Der verbrannte Zopf. Lustspiel in 5 Akten von Th. Hartmuth. *Paderborn: F. Schöningh [1900].* (22 S.) 8° [F.]
— Dilettanten-Theater. H. 62. [01. 3004]

Eine Million. Lustspiel in 2 Akten. Nach d. gleichnam. Humoreske von Ferdinand Bonn umgearb. u. f. Theater eingerichtet von Th. Hartmuth. *Paderborn: F. Schöningh [1900].* (22 S.) 8°
— Dilottanten-Theater. II. 57. [00. 8499]

Herr Scheitler in der Klemme oder Der neue Cylinder. Lustspiel in 1 Akt. Nach d. Humoreske von Gerhard Hennes umgearb. von Th. Hartmuth. *Paderborn: F. Schöningh [1900].* (9 S.) 8° [F.]
— Dilettanten-Theater. II. 59. [01. 3001]

So kann man sich irren oder Eine lustige Mordgeschichte. Lustspiel in 1 Akt von Th. Hartmuth. *Paderborn: F. Schöningh [1900].* (9 S.) 8° [F.]
— Dilettanten-Theater. H. 66. [01. 3008]

So wird's gemacht. Lustspiel in 3 Akten von Th. Hartmuth. *Paderborn: F. Schöningh [1900].* (14 S.) 8° [F.]
— Dilettanten-Theater. H. 61. [01. 3003]

Eine Verlobung mit Hindernissen oder Der falsche Dienstmann. Lustspiel in 2 Akten von Th. Hartmuth. *Paderborn: F. Schöningh [1900].* (24 S.) 8° [F.]
— Dilettanten-Theater. H. 64. [01. 3006]

Weiberlist geht über alle List. Lustspiel in 2 Akten von Th. Hartmuth. *Paderborn: F. Schöningh [1900].* (12 S.) 8° [F.]
— Dilettanten-Theater. H. 65. [01. 3007]

Herr Zwirn, der Raketenredacteur. Lustspiel in 2 Akten von Th. Hartmuth. *Paderborn: F. Schöningh [1900].* (13 S.) 8° [F.]
— Dilettanten-Theater. H. 63. [01. 3005]

Hartnack, Daniel

* — — Collectanea Curiosa, Theologica & Historica . . . ., abermals von neuen aufgeleget . . . . (Vorr. unterz.: *D. H.* M.) Leipzig und Franckfurth 1735. 8°. (15 Mk. E. Frensdorff, Berlin, 1902.)

— — Offenbahres Päpstliches Kind-Bette Oder Gründliche Zeugnisse uhralter berühmter Scribenten so einst vor Luthero gelebet zu beweisen dass Papst JOHANNES der Achte eine Weibs-Person gewesen und in öffentlicher Procession zu Rom ein Kind gebohren. Gedruckt im andern Evangelischen Lutherischen Jubel-Jahre 1717. 8°. 61 S. (3 Mk. Max Weg, Lpz., 1897; 4 Mk. Mart. Breslauer's Berliner Oct.-Auct. 1910, no. 1574.)

CURIOSITÄTEN, Theologische und Historische . . . . zusammen getragen von *D. H.* M. (d. i. Mag. *Daniel Hartnack*). Wedel (a. d. Elbe), H. Werner, 1690. 8°.
Enth. 20 Traktälein, wobei no. 6: Urtheil vom Tantzen . . . . Anno 1544 in Druck gegeben Durch M. *Melch. Ambach* (s. d.). — Hayn, H., Thesaurus libror. Phil. Pfister. München 1888. No. 3590.

* — — Dasselbe, tit.: Sonderbare Theologische u. Historische Curiositäten. Darinnen beschrieben u. gehandelt wird Von Geistlosen Geistlichen, Regenten-Pflicht, Haus- u. Kinder-Zucht, Freche Huren-Tracht der Fontangen, Klage der relegirten Mäntel, Tantzen, Frantzösischen Teutschlande, unverschämten Damen mit blossen Brüsten, Gesundheit-Trincken . . . . zusammen getragen Von *D. H. M.* In Verlegung des Autoris. Gedruckt im Jahr Christi 1713. O. O. 8°. (Auch in Stuttgart.)
TKpf., 10 Bll. Vorst. u. 816 SS. Enth. 20 Traktätlein, die meisten früher einzeln gedruckt. Die Verfasser sind nur genannt bei No. 6: Urtheil vom Tantzen . . . . Anno 1544 in Druck gegeben Durch M. Melch. Ambach . . . ., und bei No. 20: De Curiositate (deutsch) . . . . von Andr. Rose.

* — — Dasselbe, tit.: Collectanea Curiosa, Theologica & Historica. Oder: Eine nützliche Sammlung Satyrischer Straff-Schrifften, Von vortrefflichen Männern, ehemals einzeln heraus gegeben, nun aber wegen ihrer grossen Nutzbarkeit, abermals von neuen aufgeleget, und zusammen gedruckt. (Vorr. unterz.: *D. H. M.*). Leipzig u. Franckfurth 1735. 8°. (12 Mk. E. Frensdorff, 1903; 15 Mk. Derselbe, 1907.)
Tit., 2 Bll. Inh., 7 Bll. Vorr. u. 816 SS.

Hartnack, Fritz, Arzt: Aus d. Pharmakol. Inst. d. Univ. Bonn. Untersuchungen über die Giftigkeit des Phosphoroxychlorids. Bonn (1910): Trapp. 43 S. 8°
Bonn, Med. Diss. v. 26. Febr. 1910, Ref. Leo
[Geb. 24. Jan. 84 Barmen; Wohnort: Mülheim a. Rh.; Staatsangeh.: Preußen; Vorbildung: Gymn. Barmen Reife O. 03; Studium: Gießen 2, Halle 3, Berlin 1, Bonn 4 S.; Coll. 26. Febr. 10; Approb. 15. Mai 09.] [U 10. 311

Hartnacke, Wilh., s.a. Aliscans.

Hartnacke, Wilhelm, aus Altena: **Aliscans.** *s* ⟨2894—5380⟩. Kritischer Text mit Einl. u. Varianten. *Halle a. S. 1902: E. Karras.* (31 S.) 8° ¶(Erscheint vollst. bei Niemeyer in Halle.) — [Vgl. No 86 u. 1900/1901 Halle No 113.]
Halle, Phil. Diss. v. 1902

Hartnagel, Frz. Jos., Apologie mehrer Hauptpunkte d. Katholicismus, eine Reihe von Kanzelreden, den religiösen Bewegungen d. Gegenwart gegenüber in d. kathol. Kirche zu Gießen gehalten. gr. 8. (17½ B.) Regensburg 846, Manz.

Hartnagel's, Frz. Jos., († d. 16. März 1848), hinterlassene Predigten zu einem Jahrgange vervollständigt v. Jak. Fluck. 2 Bde. [Vom 1. Adventssonntage bis zum heil. Osterfeste. — Vom heil. Osterfeste bis zum 24. Sonntage nach Pfingsten.] gr. 8. (1: VIII u. 404 S. 2: VIII u. 504 S.) Regensburg 851, Manz. 2⅔ ₰

Hartner, Carl, s. Hartner, Karl

Hartner, Eva [Pseud.]
s.a. Twardowska, Emma Eva Henriette von [Wirkl. Name]

Hartner, Eva, der Erbgraf. Roman. 2 Bde. 8. (185 u. 188 S.) Leipzig 890. Reißner. n. 7. —; in 1 Bd. geb. n. 8. —

Hartner, E., Fata Morgana. Roman. 3 Bde. 8. (186, 170 u. 250 S.) Leipzig 885. Reißner. n. 10. —

Hartner, Eva, der Gesangverein. Eine Erzählung f. junge Mädchen. 8. (294 S.) Bielefeld 878. Velhagen & Klasing. geb. n. 5. 50

— der Gesangverein. Eine Erzählg. f. junge Mädchen. 2. Aufl. 8. (294 S.) Berlin 891. Fontane. geb. n. 4. —

— ohne Gewissen. Roman in 2 Bdn. 8. (184 u. 202 S.) Leipzig 882. Reißner. n. 6. —

– dasselbe, s.a. Bibliothek der Gesamtliteratur des In- und Auslandes.

Hartner, Eva, e. Jugendleben. Aufzeichnungen einer Einsamen. gr. 8. (305 S). Leipzig 891. Dresden, E. Reißner. n. 5. —; geb. n. 6. —

— e. Kind d. Reichthums. Roman. gr. 8. (318 S.) Ebd. 892. n. 5. —; geb. n. 6. —

— unter dem schwarzen Kreuz. Historischer Roman. 2 Bde. 8. (205 u. 228 S.) Ebend. 883. n. 6. —

— Licht u. Schatten. Erzählung f. heranwachs. Mädchen. gr. 8. (VI, 342 S.) Bielefeld 890. Velhagen & Klasing. geb. n. 5. 50

Hartner, Eva, Pension u. Elternhaus. Eine Erzählg. f. junge Mädchen. 8. (300 S.) Bielefeld 877. Velhagen & Klasing. geb. n. 5. 50

— Pension u. Elternhaus. Eine Erzählung f. junge Mädchen. 3. u. 4. Aufl. 8. (300 S.) Ebd. 888. 890. geb. n. 5. 50

— Pension u. Elternhaus. Eine Erzählung für junge Mädchen. 4. Aufl. 8. (300 S.) Ebd. 891. geb. * 5 50

— Pension u. Elternhaus. Eine Erzählg. f. junge Mädchen. 5. Aufl. Mit 6 Tonbildern v. A. Zick. 8. (300 S.) Bielefeld 895. Velhagen & Klasing. Geb. in Leinw. n. 5. 50

Hartner, Eva (E. v. Twardowska), Pension u. Elternhaus. Eine Erzählg. f. junge Mädchen. 6. Aufl. Mit 6 Tonbildern v. A. Zick. (300 S.) 8. Bielefeld 906. Velhagen & Klasing. Geb. in Leinw. n. 5. 50

Hartner, E. (Emma v. Twardowska) s.a. Bibliothek der Gesammtlitteratur des In- u. Auslandes.
Im Schloß zu Heidelberg,

— im Schloß zu Heidelberg. Historischer Roman aus der Zeit nach dem 30jähr. Kriege. 2 Bde. 8. (275 u. 252 S.) Leipzig 888. Reißner. n. 7. —; geb. n. 8. —

— Severa. Eine Familiengeschichte. 2 Bde. 8. (230 u. 203 S.) Ebend. 881. n. 8. —

— Severa. Eine Familiengeschichte. 2. Aufl. 8. (366 S.) Ebd. 887. n. 3. 50; geb. n. 4. 50

— als Stütze der Hausfrau. Eine Erzählung f. junge Mädchen. 8. (376 S.) Berlin 890. Fontane. geb. n. 5. —

— - Versuche und Erfolge. Eine Erzählung für junge Mädchen. 8. (346 S.) [Leipzig 882, Reißner.] Gera, Griesbach's Verlag. ℳ 3,60.; geb.

— Versuche u. Erfolge. Eine Erzählg. f. junge Mädchen. 2. Aufl. gr. 8. (291 S.) Stuttgart 888. Thienemann. geb. n. 4. —

Hartner, Eva (E. v. Twardowska), Versuche u. Erfolge od.: Dora u. ihre Freundinnen. Eine Erzählung f. junge Mädchen. 3. Aufl. Mit 30 Bildern v. A. Wald. 8. (273 S.) Stuttgart (899). K. Thienemann. Geb. in Leinw. n. 4. —

Hartner Friedrich: Allgemeiner Beweis für Lehmanns Satz über die Lösung des Pothenotschen Problems (mit 1 Taf.). S. 3. 216 . . . . vgr.
Sonderabdruck

Hartner, Friedr., Handbuch der niedern Geodäsie nebst einem Anhange über die Elemente der Markscheidekunst. Zum Gebrauche für technische Lehranstalten, sowie für das Selbststudium gr. 8. (XIV und 607 S. mit 3 Kpfrt. und eingedr. Holzschn.) Wien 850—52, Seidel. *

Hartner, Friedr., Handbuch der niedern Geodäsie nebst einem Anhange über die Elemente der Markscheidekunst. Zum Gebrauche für techn. Lehranstalten, sowie für das Selbststudium bearb. 2., verm. und verb. Aufl. gr. 8. (XVI und 611 S. mit 353 in den Text gedr. Holzschn. und 2 Stnt. in qu. Fol.) Wien 856, Seidel. *

Hartner, Friedr., Handbuch der niederen Geodäsie nebst einem Anh. über die Elemente der Markscheidekunst. 3., durchgeseh. und verm. Aufl. Lex.-8. (693 S. mit eingedr. Holzschn.) Wien 864, Seidel und Sohn. *

Hartner, Friedr., Handbuch der niederen Geodäsie nebst einem Anhang über die Elemente der Markscheidekunst. 4. verm. und verb. Aufl. gr. 8. (XII, 669 S. mit 390 eingedr. Holzschn. und 2 lithogr. Kpfrt. in qu. Fol.) Wien 872, Seidel und Sohn. *

Hartner, Friedr., Handbuch der niederen Geodäsie. 5. verm. Aufl. Bearb. von Jos. Wastler. gr. 8. (VIII, 710 S. mit 397 eingedr. Holzschn. und 2 Taf.) Wien 876, Seidel und Sohn. *

Hartner, Friedr., Handbuch der niederen Geodäsie, in 5. und 6. Aufl. bearb. und verm. von Jos. Wastler. 6. Aufl. gr. 8. (XII, 786 S. mit 425 Holzschn. und 2 Taf.) Wien 885, Seidel und Sohn. *

Hartner, Frdr., Handbuch der niederen Geodäsie. In 5., 6. u. 7. Aufl. bearb. u. verm. v. Jos. Wastler. 7. Aufl. gr. 8. (XIV, 800 S. m. Fig.) Wien 891. L. W. Seidel & Sohn. n. 16. —

Hartner, Friedr., Handbuch der niederen Geodäsie. In 5., 6., 7. u. 8. Aufl. bearb. u. verm. v. Jos. Wastler. 8. Aufl. gr. 8. (XVI, 800 S. m. 464 Holzschn. u. 2 Taf.) Wien 898. L. W. Seidel & Sohn. n. 18. —

Hartner, Frdr., Hand- u. Lehrbuch der niederen Geodäsie, begründet v. H., fortgesetzt v. Jos. Wastler u. in 9. Aufl. umgearb. u. erweitert v. Eduard Doležal. 2 Bde. (1011 u. 54 S. m. Abbildgn. u. 13 Taf.) gr. 8. Wien 903. L. W. Seidel & Sohn. n. 25. —; geb in Halbfrz. n. 30. —; erhöhter Preis n. 32. —; geb. n. 37. —

Hartner, Frdr., Hand- u. Lehrbuch der niederen Geodäsie, begründet v. H., fortgesetzt v. Jos. Wastler u. in 10. Aufl. umgearb. u. erweit. v. Eduard Doležal. 2 Bde. (XV, IV, 1114 u. VIII, 584 S. m. Fig. u. z. 16 Tl. farb. Taf.) Lex. 8. Wien 910. L. W. Seidel & Sohn. In 3 Bdn. 32.—; geb. 40. —

Hartner, Friedr., das Wesen und die Berechnung der Lebens-Versicherungen, gemeinfaßlich dargestellt. gr. 8. (IV und 63 S.) Wien 861, Seidel und Sohn. *

Hartner, Jh. Jak., Andachtsbuch zur Feier des heil. Abendmahls. 8. Regensb. 808. 2e Aufl. 822. Montag u. W. 8 gr.

Hartner, Joh. Jak., Andachtsbuch z. Feier d. heil. Abendmahls. 3. Ausg. 8. (13½ B. u. 1 Stahlst.) Regensburg 838, Manz.

— s. Untersuchung e. Protestanten üb. d. Schr.: Einige Ansichten rc.

Hartner, Karl

Hartner, Carl, nimm und lies! Ein christkathol. Gebetbuch mit einer Anleitung zu einem tugendhaften Lebenswandel für Kinder, in ihrer Sprache und nach ihren Begriffen. 2., verb. Aufl. 16. (176 S. und 1 Stahlst.) Graz 848, Dirnböck.

Hartner, Carl, Nimm und lies! Ein christkathol. Gebetbuch mit einer Anleitung zu einem tugendhaften Lebenswandel für Kinder in ihrer Sprache und nach ihren Begriffen. 3. Aufl. 36. (216 S. mit 1 Stahlst.) Graz 857. (Wien, Mayer und Comp.) *

Feine Ausg. mit 5 Stahlst. *

Hartner, Karl — Nimm und lies! Ein christkatholisches Gebetbuch ... für Kinder in ihrer Sprache und nach ihren Begriffen von — —. 3te Auflage. Grätz, 1857. Verlag von Josef Sirolla. Dr. von C. Tanzer. (212 S. 2 Bl. 8.)

Hartner, Michael Martin (Regensburg), Dissertation. anti-Stroehlianarum secunda qua criminatio malitiosa quod in S. C. majestatem et status RC. injurii sint qui monarcham Tiberinum oppugnant contunditur. Präs. Caspar Jacob Huth. Erlang. (Jo. Diet. Mich. Camerarius) 23. XI. 1757. 32 S. mit Widm. v. Präs. (6.20) 13313

Hartner, M. M., Petrus non petra. Erlang. 1758. 4.

Hartnick, Theodorus *(geb. Hoyerswerda in Schles. 11. 6. 1844)*: De ablativis absolutis qui enormiter usurpati vocantur. Vratislaviae (1869). (30 S.) 8°

Breslau, Phil. Diss. v. 28. Juli 1869

Hartnik, Innere Mission auf d. Lande od. ländl. Wohlfahrtspflege in christl.-kirchl. Beleuchtg. Referat, geh. auf d. Frühjahrskonferenz d. Diöcese Kreuzburg O/S. 8. (24 S.) Kreuzburg 897. (E. Thielmann.) n. — 20

Hartnik, Georg: Expraeteritis disce! (Lerne aus der Vergangenheit.) Das Ergebnis e. Ganges durch d. Pfarrarchiv d. ev. Kirchengemeinde in Kreuzburg OS. als Chronik d. ev. Kirchengemeinde zu Kreuzburg zsgest. von Georg Hartnik, Pastor. Kreuzburg OS.: E. Thielmann 1904. (106 S.) 8°

Hartnuß, Gust., ausführliche Berechnung der Getreide-Preise vom Wispel auf Pfunde zur schnellen und sichern Bestimmung des Werthes der verschiedenen Getreidearten, wenn dieselben mehr oder weniger als das normale Gewicht haben. Ein unentbehrliches Taschenbuch für Oekonomen, Getreidehändler, Müller rc. Quedlinburg (857). Ernst. 8. (2 Bl., 112 S.) 15 ngr.

Hartnuß, Gust., ausführliche Berechnung der Getreide-Preise vom Wispel auf Pfunde zur schnellen und sichern Bestimmung des Werthes der verschied. Getreidearten, wenn dieselben mehr oder weniger als das normale Gewicht haben. Ein unentbehrl. Taschenbuch für Oekonomen, Getreidehändler, Müller rc. 8. (IV und 112 S.) Quedlinburg 858, Ernst'sche Buchh.

Hartoch, Oscar, a. St. Petersburg: Aus d. med. Klinik zu Bonn. Beitrag zur Lehre vom Myxoedem an der Hand von 2 Fällen der Bonner medizinischen Klinik. Bonn 1905. (58 S.) 8°

Bonn, Med. Fak., Ref. Schultze, Diss. v. 4. Aug. 1905

[Geb. 25. Dez. 81 St. Petersburg; Wohnort: Bonn; Staatsangeh.: Rußland; Vorbildung: Karl May'sches Gymn. Petersburg Reife O. 99; Studium: Bonn 7, Bern 1, Bonn 2 S.; Coll. 4. Aug. 05.]

Hartog, A. H. de, das moderne Bewusstsein u. die Heilstatsachen. Eine metaphysisch-christl. Weltanschaug. (VII, 77 S.) gr. 8. Heidelberg 908. C. Winter, Verl. 2. —

Hartog, C. M., s.: Führer durch das Nordseebad Scheveningen.

Hartog, Carl, s. Hartog, Karl

Hartog, Ernst, z. Z. Assistenzarzt an dem städtischen Krankenhause in Lüdenscheid i. Westf.: Aus der hygienischen Abteilung des Instituts für Hygiene und experimentelle Therapie zu Marburg a. L. Experimentelle Beiträge zur Formaldehyd-Wasserdampfdesinfektion. Marburg 1905: W. Crüwell, Dortmund. (26 S.) 8°

Marburg, Med. Fak., Ref. Bonhoff, Diss. v. 27. Juli 1905

[Geb. 9. Febr. 79 Bergkirchen (Lippe-Detmold); Wohnort: Lüdenscheid; Staatsangeh.: Preußen; Vorbildung: König Wilhelms-Gymn. Höxter Reife O. 99; Studium: Marburg 4, Berlin 1, Freiburg i. B. 1, Marburg 4 S.; Coll. 3. Mai 05; Approb. 17. Juli 05, mit Geltung vom 1. Juli 05.]

Hartog, G. C., Predigten üb. d. Fest- u. Sonntags-Evangelien d. ganzen Jahres. Ein sonntägl. Erbauungs-Hausbuch. 2. Aufl. gr. 8. (55½ B. u. H's. Bildn.) Paderborn 830, [Crüwell.]

Hartog, Johann Friedrich Christian (Minden/Westfal.), De rheumatismo febreque rheumatica. Diss. med. Präs. Philipp Adolph Boehmer. Halle (Hendel) 12. XI. 1774. 28 S. (6.—) 13314

Widm. v.: K. F. Uden (Stendal; dtsch.), H. F. Borries (dtsch.), C. R. Hartog (Minden / Westfalen).

Hartog, Karl

Hartog, Carl, approb. Arzt aus Goch: Ueber grosse **Conglomerattuberkel** des Myocards. *München 1901: F. X. Seitz.* (29 S.) 8°
München, Med. Diss. v. 1901

Hartog, L. de, das Staatsrecht des Königreichs der Niederlande, s.a. Handbuch des öffentlichen Rechts der Gegenwart.

Hartog, L. de: Das Staatsrecht des Königreichs der Niederlande. Bearb. v. –. Freiburg i. B. 1886.
= Handbuch des Oeffentlichen Rechts der Gegenwart. Hrsgg. v. H. Marquardsen. Bd. 4, Halbbd. 1, Abth. 4. 8° m.

Hartog, L. de, das Staatsrecht d. Königreichs der Niederlande. [Aus: „Handb. d. öffentl. Rechts".] 2., m. e. Nachtrag vers. Ausg. Lex.-8. (102 S.) Freiburg i/Br. 890. J. C. B. Mohr. n. 4. —

Hartog, Frau Marie, s.: Megede, Marie zur.

Hartog, Theophil, geb. [illegible] in Ostpr. 1827: De [illegible] per guttam-percham [illegible]. Berolini (1852). (30 S.) 8°
Berlin, Med. Diss. v. 24. Nov. 1852

Hartog, Wilh., geb. Hamm in Westf. 30. 7. 1851: Ueber abnorme Verlangsamung der Pulsfrequenz. Berlin (1875). (32 S.) 8
Berlin, Med. Diss. v. 14. Aug. 1875

Hartogensis, B., s.a. Einflüsse, französische.

Hartogensis, Bikt. Französische Einflüsse. Erinnerung an Luxemburg. Eine histor. Skizze. gr. 8. (23 S.) Berl. 889, Stille. • 1 —

—— Von der Monarchie, ihre Nothwendigkeit u. Gefahr. Ein wissenschaftl. Capitel. gr. 8. (51 S.) Ebd. 889. • 1 —

— s.: Von der Monarchie, ihrer Nothwendigkeit u. Gefahr.

– s.a. Wagner, Richard, u. der fliegende Holländer.

—— Richard Wagner und der fliegende Holländer. Essay. gr. 8. (20 S.) Ebd. 889. * — 50

Hartogh, Emil, Approb. Arzt aus Amsterdam: Ueber embolische Lebergangrän. *Leipzig: G. Fock 1898.* (27 S.) 8°
Leipzig, Med. Diss. v. 31. Okt. 1898
(Nur in beschränkter Zahl für den Austausch)

Hartogh, Franz Erwin, a. Hamburg: Beitrag zur Chemie der Mineralöle nebst e. Anhange, die Literatur über die Mineralöle enthaltend. Bonn 1908: A. Broch. (77 S.) 8°
Bonn, Phil. Fak., Ref. Anschütz, Diss. v. 12. Aug. 1908
[Geb. 6. März 83 Hamburg; Wohnort: Hamburg; Staatsangeh.: Hamburg; Vorbildung: Wilhelms-Gymnasium Hamburg, Oberrealsch. vor d. Holstentore Hamburg Reife M. 02; Studium: Marburg 6, München 5 S.; Rig. 8. Juli 08.]

de Hartogh, Jacob [Pr. Arzt zu Amsterdam]: Ueber Para- und Perimetritis puerperalis ... Amsterdam, Amst. Boek- en Steendr., 1895; 68 S., 1 Bl. 8.
Freiburg i. B., Med. Fak., Inaug.-Diss. v. 1895

de Hartogh junior, *Joseph* [Pr. Arzt zu Amsterdam]: Ueber Peptonurie und den Nachweis des Peptons im Harn ... Amsterdam, Amst. Boek- en Steendr., 1897; 45 S. 8.
Freiburg i. B., Med. Fak., Inaug.-Diss. v. 1897

Hartogs, Friedrich

Hartogs, F., einige Folgerungen aus der Cauchyschen Integralformel bei Funktionen mehrerer Veränderlichen. (S. 223–242.) 8. München 906. (G. Franz' Verl.) n. — 40
Sonderabdruck aus: „Sitzungsber. d. bayer. Akad. d. Wiss."

Hartogs, F., über die elementare Herleitung des Weierstras'schen „Vorbereitungssatzes", s.a. Sitzungsberichte der königl. bayer. Akademie der Wissenschaften. Mathem.-phys. Klasse 1909. III.

Hartogs, Friedrich: Über die elementare Herleitung des Weierstrass'schen 'Vorbereitungssatzes' von –. München: Akad. d. Wiss. 1909. 12 S. 8°
(Sitzungsberichte d. Kgl. Bayer. Akad. d. Wissensch. Math.-Phys. Kl. Jg. 1909, Abb. 3.)

Hartogs, Fritz, aus Frankfurt a. M.: **Beiträge** zur elementaren Theorie der Potenzreihen und der eindeutigen analytischen Funktionen zweier Veränderlichen. *Leipzig 1904: B. G. Teubner.* (IX, 79 S.) 8°
München, Phil. Diss. v. 1903

Hartogs, Fritz, Dr. phil., a. Frankfurt a. M.: Zur Theorie der analytischen Funktionen mehrerer unabhängiger Veränderlichen insbesondere über die Darstellung derselben durch Reihen, welche nach Potenzen einer Veränderlichen fortschreiten. Leipzig 1905: B. G. Teubner. (88 S.) 8°
• Aus: Mathematische Annalen Bd 62.
München, Phil. Fak., Hab.-Schr. v. 1905
(Nicht für den Austausch)

Hartong s. Humanus.

HARTONG VAN ARK, HENRI. Beiträge zur Kenntniss der Einwirkungsprodukte von Pyridin, Piperidin, Chinolin und Tetrahydrochinolin auf Monobromacetophenon. Marburg, 1897.

Hartpole Lecky, W. E., Geschichte des Ursprungs und Einflusses der Aufklärung in Europa. Deutsch von Jolowicz. Leipzig und Heidelberg 1868. 2 Bde. 8°.

— Sittengeschichte Europa's von Augustus bis auf Karl d. Gross. Nach der 2. verb. Aufl. mit Bewilligung des Verfassers übers. von Dr. H. Jolowicz. Leipzig 1870/71. 2 Bde. 8°

Hartrampf, H. (Hrsg.), s. Lehrgarten der Schuhmacherei.

Hartrampf, H., der geschickte Schuhmacher-Lehrling. Ein praktisches Handbuch u. sicherer Rathgeber f. alle Schuhmacher, vorzüglich f. Lehrlinge d. Schuhmacher-Handwerks. Mit in den Text gedr. Abbildgn. 8. (47 S.) Waltersdorf (Pr.-Schles.) 887. (Leipzig, Kunath.) n. 1. —

Hartranft, A.

Hartranft, Höhenluftkurort Freudenstadt im württ. Schwarzwald. 12. (III, 86 S. m. Abb., 3 Plänen u. 1 Panorama.) Freudenstadt 896. (J. Schlaotz.) n. 1. —

Hartranft, Höhenluftkurort Freudenstadt im württ. Schwarzwald. 2. (Jubiläums-)Aufl. 12. (IV, 103 S. m. Abbildgn., 3 Plänen u. 1 Panorama.) Freudenstadt 899. (J. Schlaotz.) n. 1. —

Hartranft, Höhenluftkurort Freudenstadt im württ. Schwarzwald. 3. verm. Aufl. (V, 148 S. m. Abbildgn., 11 Taf., 1 Panorama, 1 Plan u. 3 Karten.) 12. Freudenstadt 903. (J. Schlaetz.) Kart. n. 1. 20

Hartranft, A., Höhenluftkurort Freudenstadt im württemberg. Schwarzwald. 4. verm. Aufl. (V, 167 S. m. Abbildgn., Taf., 1 Panorama, 1 Plan u. 3 Karten.) kl. 8. Freudenstadt 907. (Schlaetz.) 1. 30

Hartranft, Chester Dav., a study of the earliest letters of Caspar Schwenckfeld v. Ossig, associate editors: Otto Bernh. Schlutter, Elmer Ellsworth Schultz Johnson, s.a. Corpus Schwenckfeldianorum. 1.

A study of the earliest letters of Caspar Schwenckfeld[t] von Ossig. Ed. Chester David **Hartranft**, Hartford theol. semin., assoc. ed.: Otto Bernhard Schlutter, Elmer Ellsworth Schultz Johnson, Hartford theol. semin. Leipzig: Breitkopf & Härtel 1907. (LXVIII, 661 S.) 4°(8°) — Corpus Schwenckfeldianorum. Vol. 1. 108. 57

Hartrodt, A., die Alkaloide. Oder Darstell. d. Bereitungsarten d. physischen, chem. u. medicin. Eigenschaften d. bis jetzt bekannten Pflanzenalkalien, in alphabet.-tabellar. Form. Ein nöth. Handb. f. Mediciner, Chemiker etc., welche sich mit diesem Gegenstande befreunden wollen. gr. 4. (6½ B.) Leipzig 832, Baumgärtner. Thlr.

Hartrodt, Alb., Anleitung z. Unterr. im Rechnen an Gymnasien, höheren Bürger- u. Handlungsschulen, wie auch z. Selbstunterr. für Geübtere. 2., verm. u. berichtigte Ausg. gr. 8. (12½ B.) Gotha 842, Henningssche Buchh.

Hartrodt, Alb., Lehrbuch der in d. Kreis d. Gymnasial-Unterr. gehör. allgem. Arithmetik. gr. 8. (14 B.) Leipzig 840, Schwickert.

—— Leitfaden f. d. Unterr. im Rechnen an Gymnas. u. höh. Bürgerschulen. gr. 8. (11 B.) Gotha 837, Henningssche Buchh.

Hartrodt, Alb. Zins- und Renten-Theorie. 37 S. Mühlhausen, Progr. 1853

Hartrodt, Georg, Referendar: Die Testamentseröffnung nach Deutschem Bürgerlichen Recht (§§ 2259—2264 BGB.) unter bes. Berücks. des Preussischen Rechts. Berlin 1910. 104 S. 8° ¶ (Auch b. Puttkammer & Mühlbrecht, Berlin 1911.) Göttingen, Jur. Diss. v. 5. Nov. 1910, Ref. Titze [Geb. 18. Aug. 87 Berlin; Wohnort: Berlin; Staatsangeh.: Preußen; Vorbildung: Prinz-Heinrichs-Gymn. Schöneberg Reife M. 06; Studium: Berlin 6 S.; Rig. 27. Sept. 10.] [U 11. 1416

Hartrodt, J. A. Bestimmungen der Kanten, Ecken und Diagonalen eines Polyeders durch die Zahl und die Form der Seitenflächen. 8 S. Mühlhausen, Progr. 1844

Hartrodt, J. A. Versuch einer elementaren Darstellung der Theorie des Größten und des Kleinsten. 27 S. . . . .

Progr. Mühlhausen 1839

Hartsch, Max, Referendar a. Neudamm Nm.: Wie haftet der Vermächtnisnehmer für ihm auferlegte Beschwerungen, insbesondere unter Berücksichtigung der L. 70, § 1, D. de legatis II? Neudamm (1907): J. Neumann. (59 S.) 8° Heidelberg, Jur. Fak., Ref. Bekker, Diss. v. 12. Aug. 1907 [Geb. 26. Dez. 84 Berlin; Wohnort: Neudamm Nm.; Staatsangeh.: Preußen; Vorbildung: Friedrich-Wilhelms-Gymn. Berlin Reife O. 03; Studium: Tübingen 3, Berlin 3 S.; Rig. 7. Juni 07.]

Hartschmidt, M., aus der Schmiede. Gereimtes und Ungereimtes. Unter Mitwirkung von andern Schmieden. 1.—3. Heft. gr. 8. (44; 58; 48 S.) Wiesbaden 884, (Bischkopff.) à Heft *ℳ 1. *

Hartschmidt, M., [Maria Schmidt], aus der Schmiede. Gereimtes u. Ungereimtes. Hrsg. v. M. H. unter Mitwirkg. v. anderen Schmieden. 2., durch e. Anh. verm. Aufl. gr. 8. (V, 44; 58, 48 u. 30 S.) Wiesbaden 887. (Bischkopff.) geb. n. 3. —

Hartsen, F. A. v., vermischte philosophische Abhandlungen. gr. 8. (IV, 149 S.) Heidelberg 876. C. Winter. n. 4. 80

— die Anfänge der Lebensweisheit. gr. 16. (VIII, 104 S.) Leipzig 874. Thomas. n. 1. —

Hartsen, F. A. v., die Chemie der Zukunft. gr. 8. (III, 44 S.) Heidelberg 877. C. Winter. n. 1. 60

— die philosophischen Grundlagen der Chemie. Als Einleitg. zu den Lehrbüchern der Chemie. gr. 8. (VIII, 56 S.) Ebend. 876. n. 2. —

Hartsen, F. A. v., Grundlegung von Aesthetik, Moral u. Erziehung vom empirischen Standpunkt. Mit Rücksicht auf Herbart, R. Zimmermann, Lotze etc. Mit e. neuen Versuch Philosophie u. Religion zu versöhnen. Halle 869. Pfeffer. gr. 8. (VIII, 116 S.) n. 24 ngr.

— Grundriss der Philosophie. 1. Abth. Allgemeine Einleitg. in das Studium der Philosophie. gr. 8. (IV, 68 S.) Nordhausen 875. Förstemann. n. 1. 50

—— Grundzüge der Logik. Nach einer neuen Methode dargestellt. gr. 8. (VIII, 139 S.) Berlin 873, Henschel. [München, Th. Ackermann.] *

— Grundzüge der Logik. Nach e. neuen Methode dargestellt. gr. 8. (VIII, 139 S.) Berlin 873. Leipzig. Koschny. n. 3. —

— Grundzüge der Psychologie. Mit 4 lith. Taf. gr 8. (XII, 209 S.) Berlin 874. C. Duncker's Verl. n. 4. —

— Grundzüge der Psychologie. 2., gänzlich umgearb. u. beträchtlich verm. Aufl. Mit 4 (lith.) Taf. Abbildungen. gr. 8. (VI, 208 S.) Halle 877. Pfeffer. n. 4. —

—— Grundzüge der Wissenschaft des Glücks. 8. (III, 39 S.) Halle 869, Pfeffer. *

— der Katholicismus u. seine Bedeutg. in der Gegenwart. gr. 8. (44 S.) Nordhausen 874. Förstemann n. 1. —

Hartsen, F. A. v., der Katholizismus und seine Bedeutung in der Gegenwart. gr. 8. Nordhausen 874. Leipzig, Scholtze. *

—— die Methode der wissenschaftlichen Darstellung. Einfache Regeln um den schwierigsten Gegenstand klar und erschoepfend zu behandeln. Mit besond. Ruecksicht auf die Interpunction. gr. 8. (VIII, 80 S.) Halle 868, Pfeffer. *

— die Moral d. Pessimismus, nach Veranlassg. v. Dr Taubert's Schrift „Der Pessimismus u. seine Gegner" geprüft. 8. (VI, 50 S.) Nordhausen 874. Förstemann. n. 1. —

— die Moral d. Pessimismus, nach Veranlassung von Dr. Taubert's Schrift „Der Pessimismus u. seine Gegner", geprüft. 2. (Titel-) Aufl. 8. (VI, 50 S.) Leipzig 877. Scholtze. n. — 80

Hartsen, F. A. v., die Philosophie als Wissenschaft. [I. Grundriss der Metaphysik. — II. Grundriss der Organismologie. — III. Grundriss der Glückslehre.] gr. 8. (VI, 106 S.) Heidelberg 876. C. Winter. n. 3. 60

— Untersuchungen über Logik. Mit Rücksicht auf Apelt, Bolzano, Drbal etc. u. e. Aufsatz über die Wunderfrage u. e. Kritik der „teleolog. Beweise" für das Dasein Gottes. Leipzig 869. Thomas. gr. 8. (VIII, 130 S.) n. 18 ngr.

— neue chemische Untersuchungen. gr. 8. (X, 49 S. m. 2 Steintaf.) Nordhausen 875. Förstemann. n. 1. 50

—— Untersuchungen über Psychologie. Anmerkungen zu Robert Zimmermann's „Philosophische Propädeutik". Mit Rücksicht auf Herbart, I. H. v. Fichte, Ulrici, Fechner, Lindner, Drbal, Flügel, Nahlowski, Lange, Darwin, C. Vogt, L. Büchner, Moleschott, Lotze, Hoppe etc. gr. 8. (VIII, 124 S.) Leipzig 869, Thomas.

— was heisset e. chemisches Aequivalent? Kritik der heut. Chemie u. Vorschlag zur Berichtigg. gr. 8. (31 S.) Heidelberg 876. C. Winter. n. 1. —

— ein philosophisches Wörterbuch. gr. 8. (VIII, 45 S.) Heidelberg 877. C. Winter. n. 1. 80

Hartsink, Johan Jacob. Beschreibung von Guiana . . . a. d. Holl. Berl. 1784. Ü: *Wittenberg, Albr.* (MGT) (EngG) (Ky) (CBH)

Hartsink, J. J., Beschr. v. Guiana. a. d. Holl. 1r Thl. m. K. gr. 8. Berl. Unger. 784.

Hartsink, Jak., Beschreib. von Guiana; aus d. Holländ. (von A. Wittenberg). Mit e. Vorr. u. Zusätzen v. J. Gr. E. Fabri. 1r Thl., mit Kpf. gr. 8. Berl. 787. Unger. 1 ₰ 12 gr.

Hartson, Decimal-Calculationstabellen zur leichten Berechnung sämmtlicher vorkommenden Wechsel-Course von und zu Thaler, nebst einfacher, leichtfasslicher Erklärung des Decimal-Systems. Hamburg 858. (Trupp.) Lex. 8. (2 Bl., XIV, 81 S.) n. 1 ₰ 20 ngr

— Decimal-Calculations-Tabellen zur leichten Berechnung sämmtlicher vorkommenden Wechsel-Course von und zu Thaler, nebst einfacher, leichtfasslicher Erklärung des Decimal-Systems. (2. Aufl.?) Hamburg 861. Gassmann. gr. 8. (XIV, 84 S.) n. 15 ngr.

— — 3. Aufl. Altona 863. Verlagsbureau. gr. 8. (XVIII, 84 S.) 1 ₰ 15 ngr.

Hartson, Decimal-Calculations-Tabellen zur leichten Berechnung der jetzt vorkommenden Wechsel-Transactionen v. Reichsmark zu Reichsmark nebst Unterweisung. gr. 8. (8 S.) Altona 873. Verlags-Bureau. — 60

Hartson's Calculations-Tabellen sämmtlicher nach England rentirender Artikel. Bearb. nach den neuesten und practischsten Hülfsquellen. 8. (VII und 167 S.) Hamburg 858(61), (Gassmann.) *

Hartson's Calculations-Tabellen sämmtlicher nach England rentirender Artikel. Bearb. nach den neuesten und praktischsten Hülfsquellen. 3. Aufl. 8. (XIII und 167 S.) Hamburg 863. (Altona, Verlagsbureau.)

— sechs Cours-Tabellen wodurch entweder durch Addition oder Subtraction alle hier vorkommende in Banco notirte Valuten sofort zum Tages-Cours in Courant hervorgebracht werden können. Altona 863. Verlagsbureau. gr. 8. (28 S.) n. 24 ngr.

Hartson's neueste Maass- u. Gewichts-Tafeln, enthltd. Angaben u. Vergleichgn. sämmtl. in Europa gesetzlich gelt. u. gebräuchl. Maasse u. Gewichte. Bearb. nach dem Gesetz des norddeutschen Bundes vom J. 1868. 3 Hefte. Hamburg 868. (Altona, Verlags-Bureau.) 4. 1 ₰
1. Längenmaass. (14 S.) 9 ngr.
2. Flächenmaass etc. (20 S.) 9 ngr.
3. Hohlmaass etc. (19 S.) 12 ngr.

— Reductions-Tabelle sämmtlicher in Geltung stehender Ellenmaasse. Nr. 1–3. Ebend. 868. qu. Fol. Jede Nr. 7½ ngr.

Hartstein, die landwirthschaftlichen Armenschulen in der Schweiz, s. a. Beitrag.

Hartstein, D. landw. Armenschule i. d. Schweiz. »Beitrag z. weit. Ausbildung d. Armenpflege i. Sachsen.« (50 S.) Leipzig 1868. Hinrich's S.

Hartstein, Beitrag zur Ausbildung der Armenpflege in Sachsen. 8°. Leipzig 1868.

Hartstein, C. R., 1000 Aufgaben aus Prüfungen der wissenschaftlichen Befähigung f. den einjährig-freiwilligen Heerdienst. Als Übungsstoff f. Examenskandidaten zusammengestellt. 1.—5., 7. u. 8. Heft. kl. 8. Frankfurt a/M., F. B. Auffarth. 9. —
1. Enth. 50 französische Aufgaben. (35 S.) 909. 1. 20
2. Enth. 50 englische Aufgaben. (35 S.) 909. 1. 20
3. Enth. 50 lateinische Aufgaben. (36 S.) 909. 1. 20
4. Enth. 50 griechische Aufgaben. (34 S.) 909. 1. 20
5. Enth. 270 mathematische Aufgaben. (36 S.) 909. 1. 20
7. Übersetzg. der 50 engl. Aufgaben aus Heft 2. (VI, 29 S.) 910. 1. 20
8. Übersetzg. der 50 latein. Aufgaben aus Heft 3. (VIII, 48 S.) 910. 1. 80
Das 6. Heft ist noch nicht erschienen.

Hartstein, Ed., Anleitung z. landwirthschaftlichen Rechnungsführung. gr. 8. (X u. 189 S.) Bonn 851. Marcus. n. 1 ₰

—— Anleitung zur landwirthschaftlichen Rechnungsführung. 2. Aufl. gr. 8. (X und 176 S.) Bonn 863, Marcus. *

Hartstein E.: Die Anwendung d. Dampfkraft in der Landwirthschaft. Bonn 1860. 199 S.
(= : Fortschritte in der engl. u. schott. Landw. Abth. 3). 413.

Hartstein, Ed., amtlicher Bericht über die 17. Versammlung deutscher Land- und Forstwirthe zu Cleve, s. Bericht.

Hartstein E.: Vom englischen u. schottischen Düngerwesen. Bonn 1853. 187 S.
(=: Fortschritte in d. e. u. s. Landwirthschaft. Abth. 1). 413.
— — Supplement: Die flüssige Düngung u. das italienische Raigras. Sst. 1859. 82 S. 2 Tvl.
(Do. Suppl.). 413.

Hartstein, E.: Vom englichen und schottischen Düngerwesen. 2. A. Bonn 1855.

— die flüssige Düngung und das italienische Raigras. Supplement zur 1. Abth. der Schrift: Fortschritte in der englischen u. schottischen Landwirthschaft. Nebst 2 (lith.) Taf. Abbildgn. (in 4.) Ebend. 859. gr. 8. (IV, 82 S.) n. 15 ngr.

Hartstein, Ed., Fortschritte in der englischen und schottischen Landwirthschaft. Bonn, Marcus. gr. 8.
1. Abth.: Vom englischen u. schottischen Düngerwesen. 853. (XII, 187 S.) — 2. verb. u. verm. Aufl. 855. (XI, 200 S.) n. 28 ngr
2. Abth.: Vom englischen und schottischen Ackerbau. Tiefcultur. Exstirpator. Weizen- und Hopfenbau. Nebst 4 (lith.) Taf. Abbildgn. (in 4.). 854. (VIII, 196 S.) n. 28 ngr — 2., verb. u. verm. Aufl. 858. (X, 213 S.) n. 1 *ℛ* 4 ngr

-- Fortschritte in der englischen und schottischen Landwirthschaft. 3. Abth. A. u. d. T.: Die Anwendung der Dampfkraft in der Landwirthschaft. Ebend. 860. gr. 8. (X, 200 S.) n. 28 ngr

—— die höhere landwirthschaftliche Lehranstalt zu Poppelsdorf bei Bonn. Mit einem Vorworte von Weyhe. gr. 8. (VIII und 32 S. mit 1 Abbild. des Akademiegebäudes in Holzschn.) Bonn 854, Marcus. *.

– (Hrsg.), s. Mitteilungen, Landwirthschaftliche.

Hartstein, Ed., die landwirthschaftliche Akademie Poppelsdorf. Als Beitrag zur Geschichte u. Beurtheilung der landwirthschaftlichen Akademien. Bonn 864. Marcus. gr. 8. (IV. 116 S.) n. 15 ngr

— statistisch-landwirthschaftliche Topographie d. Kreises Bonn. Eine vom landwirthschaftl. Central-Verein für Rheinpreußen gekrönte Preisschrift. Nebst e. Anh.: Beschreibung der höheren landwirthschaftl. Lehranstalt zu Poppelsdorf. Nebst 2 (lith.) u. color. Karten (in Fol.) u. mehreren Tabellen. gr. 8. (XIV u. 342 S.) Ebd. 850. n. 2½ *ℛ*

—— der Londoner Viehmarkt und seine Bedeutung für den Continent insbesondere Deutschland. gr. 8. (III und 110 S.) Bonn 867, Marcus. *

—— über Zweck und Einrichtung höherer landwirthschaftlicher Lehranstalten. Nebst einer Beschreibung der höheren landwirthschaftl. Lehranstalt zu Poppelsdorf. gr. 8. (VI und 140 S.) Bonn 852, Marcus.

Hartstein, Ernst ⟨geb. am 17 Febr. 1854 in Poppelsdorf bei Bonn⟩: Ueber die hämostatische Wirkung der Irrigation von warmem Wasser bei Verletzung von Blutgefässen … Bonn, Univ.-Buchdr. v. C. Georgi 1878. 2 Bl., 46 S., 2 Taf. 8. ¶ Erschien in dems. J. selbständig bei Strauss in Bonn m. d. Zusatz: Von d. med. Fac. d. Univ. Bonn gekrönte Preisschrift.

Bonn, Med. Fak., Diss. v. 27 Juli 1878

Hartstein, Ernst, über die hämostatische Wirkung der Irrigation von warmem Wasser bei Verletzung von Blutgefässen. Durch Experimente festgestellt. Von der medizin. Facultät der Universität Bonn gekrönte Preisschrift. gr. 8. (44 S. mit 1 Steintaf. u. 1 Lichtdr.) Bonn 878. Strauss. n. 2. —

Hartstein, R., Hans Ferdinand Maßmann, s.: Euler, C.

Hartte, Alexander, Referendar: Zur Auslegung der §§ 74 und 75 des Handelsgesetzbuches vom 10. Mai 1897. Magdeburg: Brückner 1909. VII, 114 S. 8°
Erlangen, Jur. Diss. v. 7. Juni 1909, Ref. Sehling
[Geb. 2. Mai 84 Tiefensee, Pr. Sachsen; Wohnort: Halle a. S.; Staatsangeh.: Preußen; Vorbildung: Pädagog. z. Kloster U. L. Fr. Magdeburg Reife O. 03; Studium: Halle 7 S.; Rig. 9. Febr. 09.] [U 09. 691

Hartte, W., tägliches Fortschritts-Buch für die evangelische Schule. Grünberg 867. (Weiß.) gr. 4. (95 S.) n.n. 10 ngr

Hartter, Chr., u. U. K. Schöttle, Zeit- u. Geschlechtstafeln z. bibl. Geschichte. 12. (4 lith. u. ill. Blätter, gr. Fol. u. 5 B. Text.) Stuttgart 840, Hallberger'sche Vrlsh. *

HARTTER, Ferdinand (Regensburg; Wildenberg): Ueber den Glaubenseid als Beweisergänzungsmittel. Eine civilistische Abhandlung.- Regensburg: Brenck 1831. 40 S.
30.7.1830 - Urk (Titel: De jureiurando credulitatis suppletorio.); F 60
Diss.Ingolst.-Landsh.-Mchn.

Hartter, F., über d. Glaubenseid als Beweisergänzungsmittel; e. civilist. Abhandl. 8. (2½ B.) Regensburg 831, (Reitmayr.)

Hartter, Ferd., die Guts- u. Gemeinde-Waldungen, dann Alpen im ehemaligen Klostergerichtsbezirke Benediktbeuern. Ein Beitrag zum deutschen Forstrechte. München 869. Franz. gr. 8. (IV, 44 S.) n. 12 ngr

Hartter, Fd.: Das römisch-deutsche Recht der Kompensation, mit Hinblick auf einige besondere in Deutschland geltende Gesetze u. Statuten dargestellt. *München*, Fleischmann. 827. gr. 8. (1 Thl.)

Hartter, Ferd., das röm.-deutsche Recht d. Kompensation, mit Hinblick auf einige besond., in Deutschland gelt. Gesetze u. Statuten dargest. gr. 8. (17 B.) München 837, Fleischmann.

Hartter, Rud. Herrenalb im württembergischen Schwarzwald. Nebst Stadtplan u. Karte. 8. (62 S. m. Illustr.) Wildbad 889, Ringe. * 1 70

Hartter, R., Herrenalb im württembergischen Schwarzwald. Mit Illustr. von H. Drück, M. Ringe u. A. [Lichtdr. v. C. Ebner in Stuttgart.] Nebst Stadtplan u. Karte. 8. (62 S.) Wildbad 890. Ringe. n. 1. 70

Hartter, Rud., Herrenalb im württemberg. Schwarzwald. M. Illustr. v. H. Drück, Karl Fuchs u. A. Nebst Stadtplan u. (farb.) topograph. Karte d. Umgebg. 2. Aufl. 8. (77 S.) Wildbad 898. M. Ringe. n. 1. 50

Hartter, R., Herrenalb im württembergischen Schwarzwald. Neuester Führer durch die Stadt, nebst e. Zusammenstellg. empfehlenswerter Spaziergänge u. Ausflüge. 3. wesentlich verb. u. verm. Aufl. Mit e. neuen Plane der Stadt, e. Umgebungskarte u. zahlreichen Abbildgn. (71, 60 u. 4 S.) kl. 8. Freiburg i/B. 904. F. P. Lorenz. n. — 60

Haertter

— s. a. **Haerter.**

Härtter, G., u. G. Steiner, Jugendgarten rc., s. Jugendgarten.

Härtter, Frau Helene, soll's uns hart ergehn. Erlebnisse e. Missionarsfrau im Eweland, s.: Missions-Schriften, Bremer.

Härtter, J. J., Wegweiser zur Repetition im Rechnen für Sonntagsschüler. Crailsheim 860. (Cannstatt, Bosheuyer.) 8. (VI, 82 S.) n. 5 ngr

Haertter, Simon (Gaertringen), De cura principis circa pretium aeris signati sive monetae. Diss. philos. Präs. Christoph Friedrich Schott. Tüb. (Erhard) 6. VIII. 1754. 28 S. (6.—) 12689

Harttle, Carl, kirchenrechtliche Skizzen. München 862. Franz in Comm. gr. 8. (19 S.) 4 ngr

Harttmann, s.a. Hartman(n).

Harttmann, Carl Friedrich, s. Harttmann, Karl Friedrich

Harttmann, G. F., Karl Frdr. Harttmann, ein Charakterbild aus der Geschichte des christlichen Lebens in Süddeutschland. Gesichtet u. ergänzt von Karl Chr. Eberh. Ehmann. 861. — 2. Ausg. Tübingen 864. Osiander. 8. (VI, 314 S.) 21 ngr.

Harttmann, G. F., Karl Frdr. Harttmann, e. Charakterbild aus der Geschichte d. christl. Lebens in Süddeutschland, gesichtet u. ergänzt v. Carl Chr. Eberh. Ehmann. 2. Ausg. 8. (VI, 314 S.) Heilbronn 872. Scheurlen's Verl. 2. 10

Harttmann, Gr. v., Mariazell, s.: Schul- u. Vereinsbühne, christliche.

Harttmann, Karl Friedrich

– M. Carl Friedrich Harttmanns resignirten Decans in Lauffen a.N. ABSCHIEDSPREDIGT gehalten vor der Gemeinde zu Lauffen den 5ten April 1812. samt zwey neuaufgelegten Betrachtungen über das Priesterthum und Königreich Christi und einem Lied über die acht Seeligkeiten, Matth. 5,3-12. – Tübingen: Fues o.J. [1812]. 36 S.
beigedr.: 1. Vom Priesterlichen Hingang Christi zu dem Vater. Eine Betrachtung (S. 19-25).
beigedr.: 2. Vom Königreich Christi. Eine Betrachtung (S. 26-33).
beigedr.: 3. Ueber die acht Seligkeiten im Reich GOttes nach Matth. 5,3-12 (S. 34-36).
(Das Beigedruckte erschien zuerst u.d.T.: Etwas zur Aufmunterung ... Tübingen 1773)

[ ] AUSLEGUNG DES BRIEFS AN DIE HEBRÄER, in einem Auszug von Flattich / *Nach neueren Ermittlungen von Karl Friedrich Harttmann; auch Philipp Matthäus Hahn zugeschrieben /.* Reutlingen 1859: Rupp & Baur. VI, 173 S.

– BEICHTREDEN. Hrsg. von K.Chr.Eb.Ehmann. 2., verb. u. verm. Aufl. – Heilbronn: Scheurlen 1873. X, 356 S. (Casual- und Passionspredigten. 1.)

– BEICHTREDEN. Hrsg. von Theodor Weitbrecht. 3. Aufl. – Heilbronn: Scheurlen 1885. (Casual- und Passionspredigten. [1.])

– BEICHTREDEN zum Behuf der Communion-Andacht. Ges. von Gottlieb Fr. Harttmann, hrsg. von K. Chr. Eb. Ehmann. – Tübingen: Osiander 1860. VIII, 311 S. (Casual- und Passionspredigten. 1.)

– DER BRIEF AN DIE EBRÄER für die Gemeinde ausgelegt. Von Karl Friedrich Harttmann, weil. Professor an der hohen Karlsschule in Stuttgart † Dekan in Lauffen a.N. – Basel: Spittler 1866. IV, 92 S.

– UEBER DAS GROSSE GÖTTLICHE BUNDES-WORT: ICH WILL IN IHNEN WOHNEN. Eine Hochzeit-Rede auf die eheliche Verbindung Herrn M. Johann Ulrich Majers, Pfarrers zu Grünwetterspach, mit Jungfer Seufflin, gehalten in Kornwestheim den 20. Apr. 1786 von Herrn M. Karl Friedrich Hartmann, Pfarrer daselbst, nebst einem Karmen über die Liebe. *(S. 13-16)* – Tübingen: Fues (1786). 16 S.

– SCHRIFTMÄSIGE ERLÄUTERUNG DES EVANGELISCHEN LEHRBEGRIFS, welcher bey dem Unterricht der Konfirmanden im Herzogthum Wirtemberg zu Grund geleget wird, besonders zur Wiederholung des empfangenen Konfirmations-Unterrichts eingerichtet, nebst einem unserer gegenwärtigen Zeit angemessenen Glaubens-Bekenntniß von der heiligen Schrift, hrsg. von Karl Friedrich Harttmann.
– Stuttgart: Erhard 1793. 167 S.
– Stuttgart 1826: Wolters. 138 S.
– Stuttgart: Wolters 1831.
– zum 3. mal hrsg. mit Zusätzen aus den Papieren des Verfassers von dessen Sohn Gottl. Friedr. Harttmann. – Stuttgart: Belser 1848. X, 208 S.

– ERNTE-PREDIGTEN. Hrsg. von K. Chr. E. Ehmann. – Tübingen: Osiander 1865. VI, 163 S. (Casual- und Passionspredigten. 5. 1.)

– ETWAS ZUR AUFMUNTERUNG in dem Glaubenslauf aus dem Lebens-Wandel, Priestertum und Königreich Christi, auch Beck zugeschrieben, aber von Karl Friedrich Harttmann verfaßt. – Tübingen 1773. 56 S.

– VON DER VERGEBENDEN UND ERBARMENDEN GNADE. Eine Hochzeit-Rede bey der ehelichen Verbindung Herrn M. Joseph Karl Seegers, Pfarrers zu Mundelsheim, mit Jungfer Rosina Christiana Schüzin, gehalten in Kornwestheim den 27. April 1784. von Herrn M. Karl Friedrich Hartmann. – Tübingen: Fues [1784]. 16 S.

– HOCHZEIT-, SCHUL-, CATECHISMUS- UND GEBURTSTAGSPREDIGTEN, hrsg. von K. Chr. Eb. Ehmann. – Tübingen: Osiander 1865. VI, 393 S. (Casual- und Passionspredigten. 4.)

– CASUAL- UND PASSIONSPREDIGTEN. T. 1-6. – Tübingen: Osiander; Heilbronn: Scheurlen 1860-1874.
1. Beichtreden. – 1860.
2. Leichenpredigten. – 1864.
3. Passionspredigten. – 1863.
4. Hochzeit-, Schul-, Catechismus- und Geburtstagspredigten. – 1865.

5, *1.* Ernte-Predigten. – 1865.
5, 2. Predigten und Reden beim Amtswechsel. – 1866.
6. Leichenpredigten. – 1874.

Harttmann, Carl Friedr., Casual- und Passionspredigten. Hrsg. von Carl Chr. Eberh. Ehmann. 2.—5. Bd. 8. Tübingen, Osiander'sche Buchh.
Inhalt:
Bd. 2. Leichen-Predigten. (VII und 420 S.) 863. 1 Thlr.
" 3. Passions-Predigten. (VII und 383 S.) 863. 1 Thlr.
" 4. Hochzeit-, Schul-, Catechismus- und Geburtstags-Predigten. (VI und 393 S.) 865. 1 Thlr.
" 5. 1. Hälfte. Ernte-Predigten. (VIII und 163 S.) 865. 15 Ngr.
" 5. 2. Hälfte. Predigten und Reden beim Amtswechsel. (VIII und 176 S.) 866. 15 Ngr.

Harttmann's, Karl Friedr., Casual- und Passions-Predigten. Hrsg. von Karl Chr. Eberh. Ehmann. 2. (Titel-)Ausg. 6 Bde. 8. Heilbronn (862—65)72, Scheurlen's Verlag.
Inhalt:
Bd. 1. Beichtreden. 2. verb. und verm. Aufl. 1. Abthl. (S. 1—160.) ℳ 1,20.; 2. Abthl. (X, S. 161—356.) 873. ℳ 1,50.
" 2. Leichen-Predigten. (VII, 418 S.) 872. ℳ 3.
" 3. Passions-Predigten (VII, 383 S.) 872. ℳ 3.
" 4. Hochzeits-, Schul-, Catechismus- und Geburtstags-Predigten. (VI, 393 S.) 872. ℳ 3.
" 5. 1. Hälfte. Ernte-Predigten. (VIII, 163 S.) 872. ℳ 1,50.
" 5. 2. Hälfte. Predigten und Reden beim Amtswechsel. I. Investitur-Predigten. II. Antritts-Predigten. III. Abschieds-Predigten. (VIII, 174 S.) 872. ℳ 1,50.
" 6. Leichen-Predigten. Neue Sammlung. 1. und 2. Abthl. (VI, 485 S.) 874. *ℳ 3.90.

– CASUAL- UND PASSIONSPREDIGTEN. T. 1-3,6. 2. Aufl. – Heilbronn: Scheurlen 1873-1890.
1. Beichtreden. – 1873.
2. Leichenpredigten. – 1886.
3. Passionspredigten. – 1890.
6. Leichenpredigten. Neue Sammlung. – 1889.

Harttmann's, Karl Frdr., Casual- u. Passions-Predigten. Hrsg. v. Karl Chr. Eberh. Ehmann. 1. u. 2. Bd. Aufs neue hrsg. v. Thdr. Weitbrecht. 8. Heilbronn, Scheurlen's Verl. 6. 20
1. Beichtreden. 3. Aufl. (VIII, 360 S.) 885. 2. 70
2. Beichtpredigten. 1. Sammlg. 2. Aufl. (XII, 430 S.) 886. n. 3. 50

Harttmann's, K. F., Kasual- u. Passionspredigten. Hrsg. von Karl Chr. E. Ehmann. 1., 2., 3. u. 6. Bd. 8. Heilbronn 890. Scheurlen's Verl. n. 13. 70
1. Beichtreden. Aufs neue hrsg. v. Th. Weitbrecht. 3. Aufl. [Neue Ausg.] (VIII, 360 S.) n. 2. 70
2. Leichenpredigten. 1. Sammlg. Aufs neue hrsg. v. Th. Weitbrecht. 2. Aufl. [Neue Ausg.] (XII, 430 S.) n. 3. 50
3. Passionspredigten. Hrsg. v. O. Schott. 2. Aufl. (VIII, 370 S.) n. 3. 50
6. Leichenpredigten. Neue Sammlung. Aufs neue hrsg. von O. Schott. 2. Aufl. (XV, 475 S.) n. 4. —

Harttmann's, Karl Frdr., Kasual- u. Passionspredigten. Hrsg. v. Karl Chr. Eberh. Ehmann. 3. u. 6. Bd. 2. Aufl. (Neue [Titel-]Ausg.) 8. Heilbronn 893. A. Scheurlen's Verl. 7. 50; geb. in Leinw. n.n. 9. 10
3. Passionspredigten. Hrsg. v. Otto Schott. (VIII, 370 S.) 3. 50; geb. n.n. 4. 30
6. Leichenpredigten. Neue Sammlg. Auf's neue hrsg. v. Otto Schott. (XV, 475 S.) 4. —; geb. n.n. 4. 80

—— Casual-Reden. Gesammelt von Gtlieb. Friedr. Harttmann. Hrsg. von Carl Chr. Eberh. Ehmann. 1. Bd. A. u. d. T.: Beicht-Reden. 2. (Titel-)Ausg. 8. (VIII und 344 S.) Tübingen (860)62, Osiander'sche Buchh.

— Casual-Reden. Gesammelt von Glieb. Frdr. Harttmann. Herausg. von Carl Chr. Eberh. Ehmann. 3 Bde. Ebend. 862, 63. 8. (VIII, 344; VII, 420; VII, 383 S.) 2 ℛ︀ 21 ngr.

Inhalt: 1. Bd.: Beichtreden. 2. Ausg. 21 ngr. — 2. Bd.: Leichen-Predigten. 1 ℛ︀ — 3. Bd.: Passions-Predigten. 1 ℛ︀

– KRIEG UND FRIEDE IN EINIGEN ZEIT-PREDIGTEN von Karl Friedrich Harttmann. – Stuttgart: Ev. Bücherstiftung 1866. 88 S.

– LEICHEN-PREDIGTEN. Hrsg. von K. Chr. E. Ehmann. – Tübingen: Osiander 1861. VII, 418 S. (Casual- und Passionspredigten. 2.)

– LEICHENPREDIGTEN. Neue Sammlung. Hrsg. von K. Chr. E. Ehmann. – Heilbronn: Scheurlen 1874. VI, 485 S. (Casual- und Passionspredigten. 6.)

– LEICHENPREDIGTEN. Erste Sammlung aufs neue hrsg. von Theodor Weitbrecht. 2. Aufl. – Heilbronn: Scheurlen 1886. XII, 430 S. (Casual- und Passionspredigten. 2.)

– LEICHENPREDIGTEN. Neue Sammlung. Aufs neue hrsg. von Otto Schott. 2. Aufl. – Heilbronn: Scheurlen 1889. XV, 475 S. (Kasualpredigten. 6.)

Harttmann, Karl Frdr., Licht u. Recht. Evangelien-Predigten. gr. 8. (VI, 639 S.) Reutlingen 877. Baur. 4. —

– PASSIONSPREDIGTEN hrsg. v. K. Chr. Eb. Ehmann. – Tübingen: Osiander 1863. VII, 383 S. (Casual- und Passionspredigten. 3.)

– PASSIONSPREDIGTEN. Hrsg. von Otto Schott. 2. Aufl. – Heilbronn: Scheurlen 1890. VIII, 370 S. (Casual- und Passionspredigten. 3.)

– Dissertatio DE PERIODIS OECONOMIAE DIVINAE SCRIPTURARIIS. Praes.: Jerem. Frid. Reuss. – Tubingae 1766.

– PREDIGT AM TAGE DER dem Durchlauchtigsten Herzog Friderich II. von seinen Unterthanen abgelegten ERBHULDIGUNG über Sprüchw. 24. Kap. 21. Vers. gehalten den 18. Febr. 1798 von Karl Friderich Harttmann, Special-Superintendenten und Stadt-Pfarrer zu Neuffen. – Tübingen: Schramm [1798]. 24 S.

[–] PREDIGT, BEI DER EHELICHEN VERBINDUNG HERRN Stiffts-Verwalter Wilhelm Friedrich TRAUTWEINS, in Weinsperg. Mit Jungfer Regina Veronica Flattichin. Herrn Pfarrer M. Flattichs, in Münchingen Jungfer Tochter, den 16. May 1776 in Münchingen gehalten. – o. O. [1776]. 24 S.
beigedr.: Blicke auf den alle menschliche Tage entscheidenden Tag Christi. Bey der Trautwein- und Flattichischen Hochzeit in Münchingen den 16. May 1776. Von einigen Freunden welche die Erscheinung des Herrn lieb haben: M. Carl Fried. Hartmann, Prof. Relig., Johanna Louise Hartmännin. Joh. Jerem. Jacob Laux, Sehendorfl. Amts-Vogt. M. Jac. Fried. Dettinger, Ways. Pf.

– Carl Friederich Harttmanns PREDIGTEN ÜBER DIE SONN- FEST- UND FEYERTAGS-EVANGELIEN. – Tübingen 1800.

– PREDIGTEN ÜBER DIE SONN- FEST- UND FEYERTAGS-EVANGELIEN. 2. Aufl. – Tübingen: Fues 1812.
– – M. Carl Friederich Harttmanns vorm. Stadtpfarrers und Superintendenten zu Lauffen Predigten über die Sonn- Fest- und Feier-Tags-Evangelien nebst einem Anhang von 8 Passions-Predigten. Neue Samml. nach seinem Tode hrsg. – Tübingen: Fues 1831. XVI, 638 S.
– – Predigten über die Sonn- Fest- und Feiertags-Evangelien. Neuer unveränd. Abdruck der vom sel. Verfasser selbst besorgten Auflage. – Blaubeuren: Mangold 1832. XVI, 724, 565 S.
– – 3. Aufl. – Stuttgart: Ev. Bücherstiftung 1859. X, 820 S.

– PREDIGTEN ÜBER SONN- FEST- UND FEIERTAGS-EVANGELIEN und einem Lebenslauf des Verfassers *(S. VIII–XVIII)*. 4., ganz durchges. Aufl. – Stuttgart: Ev. Bücherstiftung 1877. XXIV, 664 S.

Harttmann, Karl Friedrich (Hrsg.), s.a. P s a l t e r , Deutscher. 1776. 1779.

Hartmann, K. F., deutscher Psalter nach Luthers Uebers. m. Anm. 8. Tüb. Heerbrand. 779.

— deutsche Psalter, nach M. Luthers Uebersetzung, mit neuen Summarien u. kurzen Anmerk. versehen. 8. Tübing. 766. 2e Aufl. 779. (Osiander). 8 K

Harttmann, Karl Friedrich (Hrsg.), s. T e s t a m e n t , Neues. 1767.

Harttmann, Karl Friedrich: W o r t e der Ermahnung und des Trostes für unsere Zeit, s. R o o s , Magnus Friedrich

Hartmann, K. F., Worte für unsere Zeit, s.: Roos, M. F.

Harttmann, Sigismund Christoph (Juvaviensis [= Salzburg]), De nummorum et rerum pretio legali. Exercit. acad. Präs. Albert Philipp Frick. Helmstedt (Drimborn) 7. II. 1763. 74 S. (7.—) 13318
Gew.: Friedrich Joseph Harttmann. — Widm. v.: Präs., A. I. O. Mensching (Lübeck).

Harttrodt, S. C.

— Anweis. z. wälsch. Praktik. 8. Breslau, Korn d. ält. 789.

Die kürzeste, gründlichste und jedermann begreiflichste Anweisung zur welschen Practic und Kettenrechnung, von *S. C. Harttrodt.* Breslau, Korn d. ä. 478 S. 8. 1790.

Harttrodt, S. C., (†...) verschied. Ausgaben u. Uebersetzungen d. Bibel ꝛc., histor.-krit. beschrieben. 4. Brem. 778. Förster. 5 K

— elementa psychologiae empiricae. 8. Bremen 778. Förster. 5 K

— Samml. von Kunststücken, f. Hausväter u. Künstler. 8. Bresl. 788. J. F. Korn. 8 K

Harttung, Alb(ertus) Carol(us) Aug(ustus): De typho Halae autumno anni 1841. observato. Halae 1842: Ploetz. 45 S. 8°
Halle-Wittenberg, Med. Diss. v. 30. Aug. 1842
Geb. Rhaden (Pommern) [23. 6. 1816]. V.

Harttung, Alfred: Der Sauerstoff, seine physiologische und therapeutische Wirkung. Leipzig (1874): Naumann. 28 S. 8°
Halle-Wittenberg, Med. Diss. v. 27. März 1874
Geb. Berlin 28. 5. 1846. V.

Harttung, Jul., diplomatisch-historische Forschungen. gr. 8. (XX, 550 S. m. 1 Lichtdr.) Gotha 879. F. A. Perthes. n. 10. —

— Norwegen u. die deutschen Seestädte bis zum Schlusse d. 13. Jahrh. gr. 8. (VIII, 122 S.) Berlin 877. Hertz. n. 3. —

— s.: Pflugk-Harttung, J. v.

Harttung, Julius, Die Spiele der Deutschen in Bergen, 23 S., 8°.

Harttung, Jul. Studien zur Geschichte Konrads II. (41) 8. Bonn 1876.

Harttung, Otto [aus Frankfurt a. O. appr. Arzt]: Ueber epidemische Cerebrospinalmeningitis in Kiel .... Kiel, Druck v. Schmidt & Klaunig, 1888; 87 + 1 S. + 1 Bl. u. 1 Taf. 8°
Kiel, Med. Fak., Inaug.-Diss. v. 21. Apr. 1888

Harttung, O, üb. epidemische Cerebrospinalmeningitis in Kiel. Inaug.-Diss. gr. 8. (37 S. m. 1 Plan.) Kiel 888. (Lipsius & Tischer.) n. 1. 20

Harttung, Wilhelm, Beiträge zur chirurgischen Behandlung der Syphilis. Diss. Halle 1885, Lippertsche Buchh. 8°. 48 S.

— Wilhelm (Frankfurt/Od.), Beiträge zur chirurgischen Behandlung der Syphilis. Dissert. med.-chir. Halle (Plötz [R. Nietschmann]) 31. XII. 1885. 47 S. mit Biogr. (5.—) 13320
Oppon.: Elsfeld, Methner. — Imprim.: Hitzig.

Hartung, Bernhard. Ein Criminalproceß aus der Gegenwart. 2., unveränd. Aufl. gr. 8. (83 S.) Magdeburg [und Leipzig] 853, Gebr. Baensch.
Die 2. Aufl. erschien unter dem Titel:

—— dass. — Ein Giftmischer-Proceß aus der Gegenwart. 3., unveränd. Abdr. gr. 8. (83 S.) Ebds. 853.

Hartung, Otto Bernhard. Ein Giftmischer-Proceß aus der Gegenwart. 1—3. unveränd. Abdr. Magdeburg 853. Baensch. gr. 8. (83 S.) 6 ngr.

Hartungsche Verlagsdruckerei Königsberg i. Pr. Bücher-Verzeichnis 1903. (Königsberg i. P.: Hartung 1903.) (32 S.) 8° [Umschlagt. J.] 10

Hartung, die Cholera-Epidemie in Aachen, in Folge höh. Auftrages beschrieben. 8. (8 B.) Aachen 833, (Mayer.)

Hartung, Einrichtung der preussischen Zoll- u. Steuer-Verwaltung. Ein Leitfaden. Minden 888.

Hartung u. E. O. Schmidt, praktisches Handbuch f. Tischler, s.: Schmidt, E. O.

Hartung, Homosexualität u. Frauenemanzipation. Ein Beitrag zur Lösg. der Frage. (55 S.) 8. Leipzig 910. M. Spohr. 1.—

Hartung und Strübing, neuer deutscher Kinderfreund. Ein Lesebuch für Volksschulen zusammengestellt auf Grundlage der 198. Aufl. des preuß. Kinderfreundes von A. E. Preuß und J. A. Vetter. In 3 Abthlgn. gr. 8. Königsberg 872—75, Bon's Verlag. [1. Abthl. 1.—4. Aufl. (VIII, 152 S.) * 40 Pf.; 2. Abthl. 1. und 2. Aufl. (VII, S. 1—248.) * 80 Pf.; 3. Abthl. (IV, S. 249—328.) * 20 Pf.] *
Ausgaben für Brandenburg, Hannover, Hessen, Nassau, Mecklenburg, Pommern, Posen, Preußen, Rheinprovinz, Sachsen, Schlesien, Schleswig-Holstein, Westfalen zu gleichem Preise.

— dasselbe. 2. Abth. 3. Aufl. gr. 8. (V, 248 S.) Ebend. 874. n. — 80

Hartung und Strübing, neuer deutscher Kinderfreund. Ein Lesebuch für Volksschulen, zusammengestellt auf Grundlage der 198. Aufl. des preuß. Kinderfreundes von A. E. Preuß und J. A. Vetter. 3 Abthlgn. gr. 8. Königsberg, Bon's Verlag. *
Inhalt:
Abthl. 1. Für die Mittelstufe. 5. Aufl. (VIII, 152 S.) 878. * 40 Pf.
2. Für die Oberstufe (aus den Realien). 3. Aufl. (V, 248 S.) 879. * 80 Pf.
3. Für die Oberstufe (aus der deutschen Literatur. Mit Heimathskunde der betr. Provinz des preußischen Staates). (80 S.) 874. * 20 Pf.

Wagner, Joh. Jakob: Rede bei der Aufnahme des Bruders Grafen von Rechteren in die Loge Libanon zu den drei Cedern am 21ten Januar 1815 gehalten von Hartung. Erlangen [1815]: Junge. 32 S. 8°. [Umschlagtit.]
Selten. Über Johann Jak. Wagner, Universitatsprof. in Würzburg und Heidelberg, als Gelehrter und Mensch. 21.

Hartung, (Director,) s. Rede zur 1000jähr. Feier der Einheit u. Selbstständigkeit Deutschlands.

Die Preußische Renten-Versicherungsanstalt (Berlin). Eine Jubiläumsschrift zum 9. Okt. 1888. (Verf.: Hartung, Schlawe, [R.] Staemmler. Als Ms. gedr. — Berlin 1888: Sittenfeld. X, 95 S. 4°

Hartung, Dr. — Der homöopathische Selbstarzt. Ein verläßlicher Rathgeber bei den am meisten vorkommenden Krankheitsfällen. Nebst Anhang: Nothwendige Winke für Reisende. Nach den neuesten Beobachtungen und den besten Quellen bearbeitet von — —. 8. (58 S.) Wien. Gedruckt bei J. P. Sollinger's Witwe. 1854.

Verlags-Katalog der Hartungschen Verlags-Druckerei in Königsberg i. Pr. Mit Ausschl. d. vergriffenen Artikel. *Königsberg i. Pr.: Hartung 1895.* (21 S.) 8° 10

Hartung. s.: Zeitschrift, Berliner homöopathische.

Hartung, A., Beiträge zur pädagogik. Wittenberg 869. Herrosé. gr. 8. (71 S.) n. 10 *ngr.*

Hartung, A. Die Depositengelder in der Bankenquete. Berlin 1910.

Hartung, A., die wunderbaren Kräfte der Sympathie. Natürliche u. sympathet. Haus- u. Heilmittel u. erprobte Rezepte zur Heilg. v. Krankheiten bei Menschen u. Vieh. Belehrungen üb. magnet. Wunderkräfte aller Art in Haus u. Hof, Landwirtschaft, Jagd- u. Fischereiwesen zur Erlangg. v. Glück u. Segen, Wohlstand, Reichtum, dauernder Gesundheit u. langem Leben. 4. verb. u. verm. Aufl. (XIII, 118 S.) 8. Leipzig (908). Ernst. 1.—

Hartung, A., Merk-Büchlein f. deutsche Volks-Schüler zur Uebersicht u. Wiederholg. der Natur- u. Weltkunde, der gleichlaut. deutschen u. der gebräuchlichsten Fremdwörter. gr. 8. (131 S.) Würzburg 874. Kellner. n. — 70

Hartung, A., 400 treffliche sympathische, magnetische u. pharmaceutische Mittel, durch deren Wunderkräfte körperliche Leiden aller u. jeder Art schnell u. wohlfeil geheilt werden können, wie auch ungewöhnl. Vortheile für Haus- u. Landwirthschaft, Viehzucht, Jagd- u. Fischereiwesen. Quedlinburg 869. Ernst. gr. 8. (XII, 140 S.) 15 *ngr.*

Hartung, A., 400 vortreffliche, sympathetische u. pharmaceutische Mittel, durch deren Wunderkräfte körperliche Leiden aller u. jeder Art schnell u. billig geheilt werden können, wie auch ungewöhnl. Vortheile f. Haus- u. Landwirthschaft, Viehzucht, Jagd- u. Fischereiwesen. 2., verb. Aufl. 12. (XV, 157 S.) Halberstadt 892. Ernst. n. 1.—

Hartung, A., u. D. Müller, Rechenbuch f. Vorschulen. I. Heft. (1. u. 2. Schulj.) (Neudr.) (80 S.) 8. Bremen 909. F. Leuwer. Geb. nn 1.40

Hartung, A. Zwei Reden zur Feier des Geburtstags Sr. Maj. des Kaisers und Königs. — Rede am Sedantage. 16 S. G. *Erfurt* 1885. Progr.

Hartung, Adf., Flachornamente auf geometr. Grundlage. Eine Folge von Motiven f. die Zwecke der Keramik u. anderer Zweige des Kunstgewerbes. Nach Entwürfen v. H. (In 3 Lfgn.) 1.—3. Lfg. 60 farb. Taf. m. V S. Text.) 37,5×29 cm. Berlin (908—10). E. Wasmuth. In Mappe à Lfg. 15.—

Hartung, A(larich), Arzt: Die Kennzeichen der gutartigen bis bösartigen Neubildungen am os uteri und die darauf zu gründenden ärztlichen Maßnahmen. Leipzig 1907: B. Georgi. (45 S.) 8°
Leipzig, Med. Fak., Ref. Zweifel, Diss. v. 31. Juli 1907
[Geb. 4. Juni 80 Wittenberg; Wohnort: Leipzig; Staatsangeh.: Preußen; Vorbildung: Melanchthon-Gymn. Wittenberg Reife M. 00; Studium: Leipzig 10 S.; Coll. 7. Aug. 07.]

Hartung, Alb.: Freiheit und Notwendigkeit. 34 S. 4° – Wittenberg, Progr. 1871.

Hartung, Albert

Hartung, A., die Sympathie als Heilmittel. 400 vortreffl., sympathet., magnet. u. pharmaceut. Mittel, durch deren Wunderkräfte körperl. Leiden aller u. jeder Art schnell u. billig geheilt werden können, wie auch ungewöhnl. Vortheile f. Haus u. Landwirthschaft, Viehzucht, Jagd- u. Fischereiwesen. 3. verb. u. verm. Aufl. 8. (XIII, 118 S.) Leipzig (900). Ernst. 1. —

Hartung, Albrecht

— Anleit. zum Gedankenrechnen in erläuternden Beispielen. 8. Berl. 816. Nicolai. 10 gr

— Anweis. zur wälschen Praktik u. Kettenrechnung. 8. Bresl. 789. J. F. Korn. 16 gr

Hartung, Albr., arithmetische Aufgaben zu prakt. Uebungen für Schulen. 1s Bdchn.: die vier Species u. die einfache Regeldetri in geraden u. ungeraden Verhältnissen. 12 gr 2s Bdchn. enth. die einfache u. zusammenges. Regeldetri. 12 gr 3s Bdchn. A. u. d. T.: Anleit. zum kaufmännischen Rechnen. 8. Berl. 818. 2e Aufl. 827. Amelang. 1 Thlr

— Auflösungen des 1n u. 2n Bdchns, arithmetischer Aufgaben. 8. Berl. 818. 2e Aufl. 827. Amelang. 8 gr

— — Dasselbe 3s Bdchn. 8. Ebend. 820.
Auch unter dem Titel:
Anleitung zum kaufmännischen Rechnen.

— arithmet. Aufgaben zum prakt. Unterricht in Mädchenschulen. 8. Berl. 827. Mittler. 9 gr

— Auflösungen d. arithmet. Aufgaben zum prakt. Unterr. in Mädchenschulen. 8. Berl. 827. Mittler. 6 gr

— Rechenbuch, zum Gebrauch f. Schulen. 8. Berl. 801. 2e Aufl. 805. (Dümmler). 16 gr

— Rechentabellen, zum Gebrauch f. Schulen. 8. Berl. 816. Nicolai. 2 gr

Hartung, Alfr. v., Gedichte. Gesammelt u. hrsg. v. Adph. Hartung. 16. (X, 270 S.) Leipzig 870. Dürr'sche Buchh. 3. —

Hartung, August

Hartung, Aug., Abriß d. alten Geschichte. 8. Berl. 794. N. A. 806. Dümmler. 1 Thlr 8 gr 3e A. 811. unt. d. T.: kurzer Abriß d. alten Geschichte zum Schulgebrauch. 4e Aufl. unt. d. T.: die alte Welt; e. histor. Hand-Lehrbuch zum Schulgebrauch. 12. Ebd. 825. Dümmler. 20 gr

— Abr. d. alt. Gesch. 8. Ebend. 805.

— Abriß d. deutschen Geschichte zum Schulgebrauch. 1s Heft, enthaltend d. Mittelzeitalter. 12. Berl. 818.

— Abriß d. mittlern Geschichte zum Gebrauch in Schulen. 1s Bdch. 16. Berl. 800. 2e A. 802. Sander. 9 gr

— Abr. d. preuß. brandenb. Gesch. 1s u. 2s Hft. 8. Berlin, Dieterici. 804. (à 8 gr.)

— Abriß d. preuß. Brandenburg. Geschichte. 12. Berl. 804. 2e A. 809. 3e Aufl. 817. (Mittler). in 8. 2 Bde 804. (Mittler). 16 gr

— Anleit. zum richtigen Gebrauch d. deutschen Sprache in erläuternden Beispielen. 8. Berl. 813. 2e A. 825. Nicolai. 14 gr

Hartung, Aug., († d. 31. Jan. 1829.) Bruchstücke aus Friedrich d. Einzigen Jugendgeschichte. 8. Berl. 812. Mittler. 4 gr

Hartung, Aug., Chrestomathie franç. 8. Berl. Lange. 798.

— conjugaison des verbes français tant réguliers qu'irréguliers à l'usage des écoles etc. 8. Berl. 18.

— Dramen an Schulfesten, s. a. F. P. Wilmsen, Kinderbibl. 4r Thl.

Hartung, Aug., Dramen an Schulfesten. 12. Berl. 803. Nauck. 12 gr (A. u. d. T.: Hartung u. Wilmsen, Kinderbibliothek. 4s Bdchen).

Hartung, Aug. und **Karl Wilh. Kilpfel.** Zur Erinnerung an Charl. Wilh. Karol. Bachmann, geborne Stöwe, Karl Friedr. Christian Fasch und Julie Pappritz, verehelichte Zelter. Berlin 1818.

— zur Erinnerung an den Reichsgrafen F. F. W. B. v. Moltke. gr. 8. Berl. 814. Mittler. 4 gr

— allerlei Fragen zur Beförderung des Nachdenkens. 1s Stck. 8. Berl. 794. (Dümmler). 3 gr

— allerl. Fragen z. Beförd. d. Nachdenkens 1s. 8. Berlin, Lange. 794.

— Gedichtesammlung f. Schulen. 2 Thle. 12. Ebend. 810. 808. (à 6 gr.)

— Gedichtesammlung f. Schulen. 1s Bdchn. 12. Berl. ... 4e A. 801. 5e A. 806. 6e A. 811. 7e A. 816. 8e A. 821. 9e A. 826. Dümmler. 10 gr 2s B. 802. 2e A. 807. 3e A. 812. 4e A. 818. 5e A. 825. Ebd. 10 gr

Hartung, Aug., Gedichte-Sammlung für Schulen. 1s Bdchn. 8te verb. Aufl. 12. Berlin, Dümmler. 820.

— Gesangbuch für meine Schüler u. Schülerinnen. 8. Berl. 790. 2e Aufl., unt. d. T.: Liedersamml. für Schulen. 12. Berl. 793. 3e Aufl. 797. Lange. 12 gr

— Brandenburg. Geschichte. 1s Bdchen. 8. Berl. 793. Unger. 12 gr

— Brandenburg. preuß. Geschichte für d. erwachsene Jugend. 1s Bdchen. 8. Berl. 795. 2e Aufl., mit 1 Kpf. 811. Maurers B. 1 Thlr 8 gr Schrbp. 1 Thlr 14 gr

Hartung, Aug., Geschichte d. Berliner-Domschulen. 12. (6½ B.) Berlin 836, Bade.

— — die Familie Hermann, oder Lesebuch für die ersten Anfänger zur Beforderung des Nachdenkens und Bildung des Herzens. 3te umgearb. und verm. Aufl. Mit illum. Kupf. 8. Berlin, Nicolai. 818.
Ausgabe ohne Kupfer, roh

— Joachim II. u. sein Sohn Johann Georg; e. histor. Gemälde aus d. Brandenburg. Geschichte. 8. Leipz. 798. Mittler. 6 ϗ

— Kinderbibliothek, s. F. D. Wilmsen.

Klöden, Karl Friedr. v.: [Lied.] Am Tage der Installation [als M. v. St.] des Br. Klöden gesungen beim festlichen Brudermahl von den Brüdern der ger. u. vollk. St. Johannes Loge Friedrich Wilhelm zur gekrönten Gerechtigkeit. Berlin, den 22. Juli 1827. [Am Ende:] (Von A[ug.] Hartung und H. Leib.) [Berlin 1827.] 2 Bl. 8⁰ [Umschlagtit.]

Ohne Noten: „Verkünde Gesang nach maurischer Weise . . .“ Üb. Klöden s. Allgem. Deutsche Biographie Bd 16 1882 S. 203—208 (Jähne). 3.

— — Lesebuch für die ersten Anfänger zur Beförderung des Nachdenkens und zur Bildung des Herzens. 3te umgearb. und verm. Aufl. 8. Ebend. 817.

— kleines Lesebuch für d. ersten Anfänger. 8. Berl. 804. (Mittler). 8 ϗ (a. Mittler in Leipz.) 2e A. 811. 3e verm. Ausg. unt. d. Tit.: d. Familie Hermann, oder Lesebuch für d. ersten Anfänger zur Beförderung d. Nachdenkens u. Bildung d. Herzens. 8. Berl. 818. Nicolai. 20 ϗ Mit ill. Kpf. 1 ℛ 12 ϗ

— Liedersammlung für Schulen, s. a. oben Gesangbuch.

— Liedersammlung f. Schulen. 12. Berlin, Lange. 802.

— Progr. Einige Nachr., d. Entstehen u. den Fortgang meiner Lehranstalten betreffend. 8. Berl. 810. Dieterici. (Mittler). 6 ϗ

Aug. **Hartung:** Prolog zu J[oh.] P[hil.] Schmidt's lyrischer Feier in der L. zu den 3 WK. Berlin, den 21. Dec. 1808. 8⁰
Kl. 1800 c

Prolog zu J[oh.] P[hil.] Schmidts lyrischer Feier von Aug. **Hartung.** Berlin. den 21sten Dec. 1808. [Berlin 1808.]: Dieterici. 4 Bl. 8⁰ [Umschlagtit.]
Kl. 1800 c. Gedicht. 23.

Wagner, Joh. Jak.: **Rede bei der Aufnahme des Bruders Grafen von Rechteren in die g. u. v. Loge Libanon zu den drei Cedern [in Erlangen] am 21 ten Jan. 1815 gehalten von [Aug.] Hartung. Erlangen [1815]: Junge 32 S. 8⁰ [Umschlagtit.]**
Kl. 1187, Tt. 2053. Üb. Joh. Jak. Wagner als Gelehrten u. Mensch. — Üb. Wagner s. Allgem. Deutsche Biographie Bd 40 1896 S. 510—515 (Heinze).

— deutsche Sprachlehre f. höhere Bürgerschulen u. f. d. Selbstunterricht. 6te verb. Aufl. 8. Berl. Dümmler. 811.

— — deutsche Sprachlehre für höhere Bürgerschulen. 7te Aufl. 8. Berlin, Dümmler. 821.

— deutsche Sprachlehre für höhere Schulen. 8. Berl. 790. 5e Ausg. 806. Lange. 10 ϗ 7e Aufl. 8. Ebd. 821. Dümmler. 14 ϗ

— kl. deutsche Sprachlehre f. d. ersten Anfänger. 8. Berl. Maudorf. 808.

— — kleine deutsche Sprachlehre für die ersten Anfänger. 2te verb. Aufl. gr. 12. Berlin, Reimer. 816.

— kleine deutsche Sprachlehre f. Anfänger. 3te Aufl. gr. 12. Berlin 823, Reimer.

—— kleine, deutsche Sprachlehre f. Anfänger. 5., verb. Aufl. 18. (156 Seit.) Berlin 838, Reimer.

— Vers. e. kl. deutschen Sprachlehre. 8. Berlin, Lange. 797.

— Versuch e. kleinen deutschen Sprachlehre für d. ersten Anfänger. 8. Berl. 806. 2e A. 816. 3e A. gr. 8. Ebd. 823. Reimer. 4 ϗ

— d. alte Welt, s. a. oben Abriß d. alten Geschichte.

— d. alte Welt. Ein histor. Hand- u. Lehrbuch z. Schulgebrauche. 4te Aufl. 12. Berlin 825, Dümmler.

Hartung, B., s. Adreßbuch für die Stadt Erfurt.

Hartung, Bernh., die Häuser-Chronik der Stadt Erfurt. 2. Thl. 5 Hefte. gr. 8. (IV, IV, 388 S. mit 3 Holzschntaf.) Erfurt 879, (Otto'sche Buchh.)
1. Thl. (Ebendas.) 1861. * ℳ 3. — Vergriffen.

Hartung, Bruno, Abschiedspredigt am Sonntage Exaudi 1876 üb. II. Cor. 13, 13 in der Stadtkirche zu Borna geh. gr. 8. (12 S.) Borna 876. (Gensel.) n. — 25

Hartung, Bruno, der Begriff der τελειότης im N. Testament, s. Dissertationes, VI, varii argumenti variorum auctorum.

Hartung, Bruno. Das Ehrendenkmal unseres Gottes in der 800jähr. Geschichte des Hauses Wettin. Predigt über Psalm 90, 1—4. 16. 17, zur Wettinfeier am 16. Juni 1889, geh. in der Peterskirche zu Leipzig. gr. 8. (12 S.) Lpz. 889, Hinrichs' Verlag. * — 20

— Ihmels u. Pank, zur Erinnerung an D. Gustav Adolf Fricke, Professor der Theologie an der Universität Leipzig, K. S. Geheimen Rat, Domherrn des Hochstifts Meißen, Ehrenbürger der Stadt Leipzig. Reden, bei der Trauerfeier geh. (18 S.) 8. Ebd. 908. — 30

Hartung, Bruno, Festschrift zur 25jährigen Stiftungsfeier des Prediger-Collegiums zu St. Pauli in Leipzig, s. Baur, G.

Hartung, Bruno, der Kirchenneubau, zu welchem unsre neue Peterskirche uns verpflichtet. Predigt. gr. 8. (14 S.) Leipzig 886. Matthes. n. — 40

Hartung, Bruno, Konfession u. Schule. Vortrag auf der Meißner Konferenz am 31. V. 1910 geh. (23 S.) gr. 8. Leipzig 910. J. C. Hinrichs' Verl. — 40

Hartung, Bruno, Konfessionalität u. Nationalität in ihrem gegenseitigen Verhältnisse. Ein Vortrag, geh. auf der Meißner Kirchen- u. Pastoralkonferenz. gr. 8. (31 S.) Leipzig 899. B. Richter. n. — 60

— die alte u. die neue Peterskirche in Leipzig. Eine Denkschrift. Mit 2 Lichtdr.-Bildern u. 1 Holzschn.: die alte u. die neue Peterskirche u. Grundriß derselben. gr. 8. (56 S.) Ebend. 885. n.n. 1. —

Hartung, B., die Selbstauflösung der negativen u. pessimistischen Richtungen der Gegenwart [Strauss. v. Hartmann]. Vortrag, geh. auf der Conferenz zu Meissen. 8. (36 S.) Leipzig 876. Hahn's Verl. n. — 50

Hartung, Bruno, Sommertage im Heiligen Lande, in Egypten u. Griechenland. Reisebriefe. Lex.-8. (VII, 150 S.) Leipzig 894. H. Schmidt & C. Günther. n. 2. —

Hartung, Bruno, stark in dem Herrn — so bleiben wir rechte Vertreter unserer Kirche. Predigt, beim Gottesdienste zum Schlusse der 8. evangel.-luther. Landessynode des Königr. Sachsen in der evangel. Hofkirche zu Dresden am 30. X. 1906 geh. (12 S.) 8. Dresden 906. v. Zahn & Jaensch. n. — 20

—— Worin liegt die Kraft evangelischer Amtsthätigkeit? Antrittspredigt über 2. Cor. 4, 13—15, gehalten am 2. Sonntag nach Trinitatis, am 19. Juni 1887. gr. 8. (14 S.) Leipzig 887, (G. Wolf.) Levien.

Hartung, C., s.a. Hartung, K.

Hartung, C., der Protagonist in Sophokles' Antigono. [Aus: „Festschrift f. Urlichs".] gr. 8. (22 S.) Würzburg 881. Stahel. n. — 60

Hartung, C. F., d. erste Buch für Kinder, oder ABC- u. Bilderbuch, nebst leichten u. nützl. Leseübungen. Mit 24 ill. Kpf. 8. Berl. 824. Herbig. 14 K

Hartung, Carl, s. Hartung, Karl

Hartung, Caspar, s.a. Hartung, Kaspar

Hartung, Chr.: Tr. jurid. de jurisdictione consistoriali. *Frcf.* 725. 4.

Hartung, Christian Christoph (Thamsbrück/Thür.), **Observationes forenses decisionibus elect.** Sax. **supremi provocationum tribunalis collustr. Helmstedt (Fleckeisen) 30. VI. 1804. 31 Seiten. (5.50)** 13321
Gewidm.: Georg Wilhelm Graf v. Hopffgarten (Milverstadt . .).

Hartung, Curt Bernhard, s. Hartung, Kurt Bernhard

Hartung, E., s.: Export-Adressbuch der Schweiz.

Hartung, E., Was weinst Du? Predigt üb. Joh. 20, 11—18, geh. zu St. Martini in Braunschweig am 2. Ostertage 897. gr. 8. (11 S.) Braunschweig 897. A. Limbach. n. — 30

Hartung, Eduard

Hartung, Ed., der praktische Angler, oder die Geheimnisse, alle Arten Fische und Krebse in Flüssen, Bächen u. Teichen mit der Angel u. in Reußen auf die einfachste Weise zu fangen rc. Quedlinburg 864. Ernst. 8. (IV, 134 S.) n. 10 ngr.

Hartung, Ed., der prakt. Angler. E. Anleitg. z. Angelfischerei. Nebst kurzer Anweisg. üb. d. Krebsfang. 2., verb. Aufl. Vollkommen neu bearb. v. O. H. Brandt. 12. (VIII, 111 S. m. Abb.) Halberstadt 896. Leipzig, Ernst. n. 1. —

Hartung, Eduard, der prakt. Angler. Eine Anleitg. zur Angelfischerei. Nebst kurzer Anweisg. üb. den Krebsfang. 3. verb. Aufl., vollkommen neu bearb. v. O. H. Brandt. (VIII, 118 S. m. Abbildgn.) 8. Leipzig (903.) Ernst. 1. —

— **Eduard Heinrich** (Hamburg) De alcaloideis. **Dissertat. med.-chem.** Berlin (Aug. Wilhelm Schade) **18. IV. 1827. 64 S. mit Biogr.** (M.: M. Schroedter.) (6.50) 13322
Oppon.: C. J. Boehr, E. Gabler, J. M. Metzendorff. — Gewidm.: Caspar Hartung (Bruder), Christian Krueger.

Hartung, Egon, approb. Arzt: Ueber **Oxal- und Salzsäurevergiftungen.** *München 1903: Kastner & Callwey.* (44 S.) 8°
München, Med. Diss. v. 1903

Hartung, Else, med. pract. [von Wittenberg, Preussen]: Aus dem pathologischen Institute der Universität Zürich. Über Kohlenmetastase. Zür. Orell Füssli Dr. 1896. 42 S., 1 Bl. 8°.
Zürich, Med. Diss. [v. 11. Jan. 1897].

Hartung, Ernst, Referendar in Weida: Auftrag, Bevollmächtigung und Einwilligung in ihren begrifflichen Unterschieden. ⟨Auf Grund der §§ 662 ff., §§ 167 ff., §§ 182 ff.⟩ Weida i. Th. 1907: Thomas & Hubert. (49 S.) 8°
Jena, Jur. Fak., Ref. Thon, Diss. v. 16. Nov. 1907
[Geb. 27. Mai 85 Herteroda, Kr. Eisenach; Wohnort: Weida; Staatsangeh.: Sachsen-Weimar; Vorbildung: Gymn. Eisenach Reife O. 04; Studium: Jena 2, Marburg 2, Jena 2 S.; Rig. 28. Sept. 07.]

Hartung, Ernst, s. Goethe's, Joh. Wolfg. v., Briefe aus der ersten Hälfte seines Lebens.

Hartung, Ernst, ansprechende, leicht ausführbare Turnreigen. 8. (IV, 72 S. mit Fig.) [Bernburg 886, Bacmeister.] Gotha, Behrendt. *

Hartung, Ernst, ansprechende, leicht ausführbare Turnreigen. 2. Aufl. 8. (IV, 72 S. m. Fig.) Wiesbaden 896. E. Behrend. n. 1. —

Hartung, Ernst Bruno, Abschiedspredigt am Sonntage Exaudi 1876 über II. Cor. 13, 13 in der Stadtkirche zu Borna gehalten. gr. 8. (12 S.) Borna 876, [Gensel'sche Buchh.] Körner. *

Hartung, Ernst Bruno, Grundlinien e. Ethik bei Giordano Bruno, besonders nach dessen Schrift: Lo spaccio de la bestia trionfante. Eine Abhandlung. gr. 8. (VI, 60 S.) Leipzig 878. (Kössling.) n. — 50

Hartung, F. X., d. Unterricht in deutschen Stylübungen, e. Lehrbuch für Volksschulehrer. 8. Erfurt 823. Keyser; (a. Müller). 12 K

Hartung, F. C., de cura sexus tum attica et romana quam germanica etc. 4. Götting. 791. Brose. 8 K

Hartung, Fr. Chr., der Adjuvantenverein zu Coswig in Anhalt. Eine Festgabe, bei der 2. Säkularfeier am 20—22. Juli 1884 dargebracht. 12. (32 S.) Leipzig 884. Kempe. — 60

Hartung, Fritz, Geschichte des fränkischen Kreises, s.a. Veröffentlichungen der Gesellschaft f. fränk. Geschichte.

Hartung, Fritz: Die Geschichte des Fränkischen Kreises von 1521–1559 bearb. von –. Leipzig: Quelle & Meyer 1910. XXXVIII, 461 S. 4° (8°)
(Geschichte d. Fränkischen Kreises. Darstellung u. Akten. Bd 1.)
(Veröffentlichungen d. Gesellschaft f. fränkische Geschichte. Reihe 2, Bd 1.)

Hartung, Fritz, a. Berlin: Hardenberg und die preußische Verwaltung in Ansbach-Bayreuth. 1792 bis 1806. (Kap. 1 und 2. (Weimar 1905: Hof-Buchdruckerei.) (IV, 51 S.) 8° ¶ [Erschien vollst. 1906 im Verlage von J. C. B. Mohr in Tübingen.]
Berlin, Phil. Fak., Ref. Hintze, Diss. v. 25. Nov. 1905
[Geb. 12. Jan. 83 Saargemünd; Wohnort: Berlin; Staatsangeh.: Preußen; Vorbildung: Prinz Heinrichs-Gymn. Berlin Reife M. 01; Studium: Berlin 1. Heidelberg 2. Berlin 4 S.; Rig. 17. Juli 05.]

— Karl V. u. die deutschen Reichsstände 1546–1555, s.a. Studien, historische. I.

Hartung, Fritz, Dr.: Karl V. und die deutschen Reichsstände von 1546 bis 1555. (1. und 2. Kap.) Halle a. S. 1910: Karras. 44 S. 8° ¶ (Ersch. vollst. als: Histor. Studien, hrsg. v. Fester. H. 1.)
Halle, Phil. Hab.-Schr. v. 26. Febr. 1910 [U 10. 1816

Karl v. und die deutschen Reichsstände von 1546 bis 1555. Von Fritz **Hartung**, Privatd. Halle a. S.: Niemeyer 1910. 176 S. 8°
(Historische Studien hrsg. von R. Fester. H. 1.) [10. 8402 S

Hartung, Fritz: Philologisches aus Friedrich Rückerts Briefen an J. A. Hartung. 4 (39 S.).
Progr. Dom-G. Magdeburg 1888 (zu 223).

Hartung, Fritz: • (De Ciceronis philosophia, ejusque de Graecis judiciis.) 13 Bl. 4° (2°)
Halle-Wittenberg, Phil. Diss. v. 30. März 1869
Geb. [Schleusingen 4. 3. 1844]
Im Diplom Otto.

Hartung, G.

— **Katechetenschule z. Lehren u. Lernen. 3 Thle. gr. 8. Leipz. 827, Fr. Fleischer. 3 Rthlr. Schrbp.**

Hartung, G. **Das Leben John Locke's.** Wittstock, R., 1862. 29 S. 4. **Progr.**

Hartung, G., Philosophie und Naturwissenschaft in ihrer Bedeutung für die Erkenntniss der Welt. gr. 8. (III, 62 S.) Leipzig 875, J. W. Krüger. *
— dass. — 2. Aufl. gr. 8. (III, 62 S.) Leipzig 875, [Krüger und Roskoschny.] Kummer. *

Hartung, G., Sprechübungen im Englischen. gr. 8. (72 S.) Halle a/S. 892, Buchh. d. Waisenhauses. n. 1. —: Wegweiser f. Lehrer dazu (14 S.) n. — 30

Hartung, Gangolf

Die chronikalischen Aufzeichnungen des Fuldaer Bürgers Gangolf Hartung (1607–1666). Hrsg. von Prof. Dr. Th[eodor] Haas. Mit 6 Abb. Fulda 1910: Fuldaer Actiendr. IX, 116 S. 8°
Aus: Fuldaer Geschichtsblätter. Jg. 9, Nr 4–11. [11. 12843 4

Hartung, Gangolf, eine fuldaische Chronik a. d. 1. Hälfte des 17. Jahrh. Hrsgeg. von J. Gegenbaur. Fulda. 1863. 4.
Schul-/Univ.-Schrift

Hartung, Georg

Hartung, Geo., die **Azoren** in ihrer äusseren Erscheinung und nach ihrer geognostischen Natur geschildert. Mit Beschreibung der fossilen Reste von H. G. Bronn. Nebst 1 Atlas, enthalt.: 19 (lith.) Taf. u. 1 (lith.) Karte der Azoren (in Fol.). Leipzig 860. Engelmann. Lex.-8. (VIII, 351 S.) n. 8 ₰

Hartung, Geo., geologische Beschreibung der Inseln Madeira und Porto Santo. Mit dem systemat. Verzeichnisse der fossilen Reste dieser Inseln und der Azoren von Karl Mayer. Lex.-8. (X und 299 S. mit 1 lithogr. Karte und 16 Stnt. in gr. 4. und qu. Fol.) Leipzig 864, Engelmann. *

—— Betrachtungen über Erhebungskrater, ältere und neuere Eruptivmassen nebst einer Schilderung der geolog. Verhältnisse der Insel Gran Canaria. Lex.-8. (VII und 108 S. mit 2 lithogr. Karten, wovon 1 in Buntdr. und 5 Stnt. in qu. gr. 4. und qu. Fol.) Leipzig 862, Engelmann. *

Hartung, Georg *Richard* [aus Königsberg i. Pr.]: Über plastische Deckung von Hautdefekten an den Extremitäten durch gestielte Hautlappen aus entfernten Körperteilen ... Halle a. S., Hofbuchdr. v. C. A. Kaemmerer & C., 1893; 43 S., 2 Bl. 8.
Halle, Med. Fak., Inaug.-Diss. v. 15. Aug. 1893

Hartung, G. Geikie's grosse Eiszeit und ihre Beziehung zum Alter des Menschengeschlechts. 1870? 4.

— u. Alb. **Dulk,** Fahrten durch Norwegen u. die Lappmark. Mit 1 Titelbild (in Holzschn.): Norwegische Vorspannstelle u. e. Abbildung der Stabkirche in Borgund (in eingedr. Holzschn.). 8. (VIII, 342 S.) Stuttgart 877. Kröner. n. 6. —

—— s. **Fritsch, C. v., Tenerife.**

Hartung, Geo., die skandinavische Halbinsel, s.a. Sammlung gemeinverständl. wissenschaftl. Vorträge.

Hartung, G.: Die skandinavische H a l b i n s e l. Eine geologische Skizze v. –. (Sammlung gemeinverständlicher wissenschaftlicher Vorträge, hrgg. v. Rudolf Virchow und Fr. von Holtzendorff. 12. Serie. Heft 283.)
Berlin. 1877. 8°

Hartung, G.: Eine T h a l s p a l t e. 1880?

Hartung, G[eorg] s. Tenerife geologisch topographisch dargestellt Winterthur 1867.

Hartung, G.: Die geol. V e r h ä l t n i s s e der Inseln Lanzarote und Fuertaventura. (Aus d. Densksch. d. Schweiz. Naturf. Gesellsch.) Zürich. 1857. 4°

Hartung, Gottfr., die bayerischen Landstraßen, ihre Entwicklung im XIX. Jahrh. u. ihre Zukunft, s.a. Wirtschafts- u. Verwaltungsstudien. XVI.

Die bayerischen Landstrassen, ihre Entwicklung im XIX. Jahrhundert und ihre Zukunft. Eine hist.-krit. Studie aus d. Geb. d. bayer. Verkehrspolitik. Von Gottfried **Hartung**. *Leipzig: A. Deichert 1902.* (107 S.) 8° [5]
= **Wirtschafts-** u. **Verwaltungsstudien** mit bes. Berücks. Bayerns. 16. [02 11355

Hartung, Gotthilf

Hartung, Gthl., angenehmes u. lehrr. naturhistor. **Bilderbuch.** Ein Geschenk f. gute Kinder z. Befriedigung ihrer Schaulust, z. Erweckung d. Wißbegierde u. z. Belebung d. Gemüthes f. d. einfachen u. unschuld. Naturfreuden. M. 26 Abbild. 8. (10 B.) Erfurt 830, Knick. 18 Gr., ill.

Hartung, Ghilf., angenehmes u. lehrreiches Naturhistor. Bilderbuch. 8. Erfurt 833. 6/12 ₰ 2e Aufl. Mit 26 ill. Abbildd. 8. Ebd. 839. Hennings u. Hopf. 2/3 ₰

Hartung, Gotth., angenehmes u. lehrreiches naturhistor. Bilderbuch. Ein Geschenk f. gute Kinder. Fortges. v. Joh. Heinr. Lorenz. 2. Thl. 8. (8½ B. u. 12 ill. Abbild.) Erfurt 843, Hennings u. Hopf.
1. Thl. Ebendas. 1838. 22½ Ngr., beide Theile zusammen nur 1 Thlr.

—— **Entwickelung** d. heurist. Lehrmethode an d. Gebäude e. populären Logik. Eine Anleit., denkend lehren u. lehrend denken zu lernen, f. Lehrer an Gelehrten-, höh. u. nied. Schulen u. Alle, welche d. Unterrichtskunst mit gutem Erfolge üben wollen. 8. (28 B.) Leipzig 830, Leich.

Hartung, (G.,) Methodik d. Aufschreibelehre. Ein Lehrbuch f. Schullehrer. 1r Cursus. 1r Thl. 8. Erfurt 825, Müller.

—— Methodik d. Aufschreibelehre. 2. Thl. Das Innere d. Aufschreibelehre betreff. — A. u. d. T.: Anleit. z. schriftl. Gebr. d. Sprache, mit Ausschluß d. Orthographie im engern Sinne. 8. (26 B.) Erfurt 829, (Keyser.)
1. Thl. Erfurt, Müller. 1825. 1 Thlr. 4 Gr.

—— das erfüllte Versprechen, od. anzieh. Unterhaltungen üb. interess. Merkwürdigkeiten aus d. Natur-, Länder- u. Völker-Kunde. Ein Beitr. z. Weltkunde f. d. wißbegier. Jugend. M. 28 (eingedr.) Abbild. 8. (17½ B.) Erfurt 830, Knick.

— das erfüllte Versprechen, oder anziehende Unterhaltungen über interessante Merkwürdigkeiten aus der Natur-, Länder- u. Völkerkunde. Mit 28 Abbildd. 8. Erfurt 833. Hennings u. Hopf. 1 ℛ jetzt $^2/_3$ ℛ

—— das deutsche Volks-Erziehungs-Buch. Od. theoret.-prakt. Handb. f. d. Erziehung u. d. Unterr. durch d. Volksschule. Nach sämmtl. Quellen, im Geiste nothwend. Einheit u. method. bearb. 8. (23 B.) Quedlinburg 831, Basse.

Hartung, Gottlieb Ernst

Hartung, Gli. Er., († d. 17. Nov. 1806.) Beitr. zur Werthschätzung d. Christenthums, in 4 Predigten. 8. Lpz. 787. Barth. 4 K

— Methode bei öffentl. Vorträgen d. Religion. gr. 8. Leipz. 790. Barth. 3 K

— **Gottlieb Ernst** (Conrector), De praeceptis nonnullis juveni literarum studioso nostra potissimum aetate magnopere commendandis. Prolus. I. gymnas. Budiss. Bautzen (G. G. Mons) 23. I. 1793. 16 S. (4.50) 13323

— Religionsvorträge. 8. 805. (Leipz., Kummer). 8 K

Hartung, Gustav, Kurzer Abriß der Geschichte der Prignitz (Heimat Jahns) und der Entwicklung des Prignitzer Turngaues, Wittstock 1886, 24 S., 8°.

Hartung, Gustav, Sechs lebende Bilder aus der deutsch-preußischen Geschichte:
1. Hermann u. Thusnelda.
2. Der große Kurfürst.
3. Der alte Fritz.
4. Die drei Monarchen auf dem Schlachtfeld bei Leipzig.
5. König Wilhelm I. bei Sedan.
6. Germania. — Wittstock 1875, 12 S., 16°.

Hartung, Gust., über Rob. Burns' poetische Episteln u. über den nordamerikanischen Dichter Will. Cullen Bryant. Kritik u. Beispiele im Orig.-Text nebst metr. Uebersetzg. Wittstock 868. Rother. gr. 4. (44 S.) n. 8 ngr.

Hartung, Gustav, Rede, gehalten am 1. Stiftungsfeste des Wittstocker Turnvereins den 10. 8. 1862, Wittstock 1862, 8 S., 8°.

Hartung, Gust., Stichverse zur lateinischen Syntax aus classischen Dichtern gesammelt. gr. 16. (64 S.) Leipzig 874. Teubner. — 75

Hartung, Gust., Turnerspiegel. Eine Zusammenstellg. d. f. jeden Turner Wissenswertesten, zugleich e. Hilfsmittel zur Veranstaltg. u. Belebg. turner. Feste, Fahrten u. Vergnügg n. 8. (IX, 257 u. Anh.: 18 Männer-Quartette 42 S.) Leipzig 883. Strauch. n. 3. —

— synchronistische Uebersicht der poetischen Literatur der Deutschen m. Hinblick auf die jeweilig wichtigste der Franzosen, Engländer zc. f. Schüler der Oberclassen e. Gymnasiums od. e. Realschule. qu. Fol. (11 S.) Wittstock 872. Rother. n. — 80

Hartung, Gustav Ernst Hugo, s. Hartung, Hugo

Hartung, Gustav May-
s. **May**, Gustav. Ing. 2271

Hartung, H., Blutorneuerung, d. Weg z. Gesundheit. Physiolog. Beiträge z. Lehre v. d. Krankheitsentstehg. u. Krankheitsheilg. gr. 8. (VIII, 48 S.) Leipzig 898. O. Borggold. n. 1. 20

Hartung, H., die Depositengelder in der Bankenquete. (143 S.) gr. 8. Berlin 910. J. Guttentag. 3. —

Hartung, H.: Die Dichte, Ausdehnung u. Kapillarität von Lösungen reinen Rohrzuckers, s. Plato, F.

Hartung, H., die Einrichtung der preußischen Zoll- und Steuer-Verwaltung. Ein Leitfaden f. Zoll- u. Steuer-Anwärter u. Beamte, nebst e. Anh. üb. die Anstellung der Militär-Anwärter u. der Steuer-Supernumerare. 8. (32 S.) Minden 888. Schneider. n. — 40

Hartung, H. Die Notenbanken unter dem Bankgesetz von 1875. (Sonderabdruck aus den Jahrbüchern für Nationalökonomie und Statistik. Band 56, 1891.)

Hartung, H., der Check- u. Giro-Verkehr der deutschen Reichsbank, s.a. Zeit- u. Streit-Fragen, deutsche.

Hartung, H., Der Check- und Giro-Verkehr der deutschen Reichsbank. Berlin 1880. 8.
Lit.: Deut. Zeit- u. Streitfr. Jhg. 9. Nr. 143–144. . . . . (D.: HC.: RPA.)

Hartung, H., Schiller-Bibliothek, s. Schiller-Bibliothek.

Hartung's, H., Tabellen zur Berechnung der Pensionsbeträge. 8. (11 S.) Celle 888. (Schulze'sche Buchh.) n. — 60

Hartung H, die Wechselstempelmarke, ihre Verwendung u ihre Entwertung. Leipzig

Hartung, H. Andr., Seelenartzney od. Hausbuch d. Kranken u. Sterbebette. 8. Hildesheim. 735.

Hartung, Herm., zur Revision d. Zolltarifs u. der innern Productionssteuern. Zoll- u. steuertechn. Bemerkungen. 8. (26 S.) Dortmund 879. W. Crüwell. — 50

TRUNK, Deutscher. Kultur-historische Skizzen. (Aus den Collectaneen eines Antiquars.) (Vf.: *Hermann Hartung.*) Leipzig 1863. 8°. (1 Mk. B. Seligsberg, Bayreuth, 1906.)
Anon.-Lex. V. p. 290 hat „Studien" (nach dem Cat. der Leipziger Bibl. d. Buchh.-Börsenvereins).

Hartung, Hugo, prakt. Arzt in Schelklingen b. Ulm a. D.: **Beiträge** zur Casuistik der Nebennierentumoren. (Strumae aberratae suprarenales.) *München 1900: Kastner & Lossen.* (23 S.) 8°
München, Med. Diss. v. 1901

Hartung, *Gustav Ernst* Hugo [aus Wittstock]: Betrachtungen über Diarrhöen und deren Behandlung nach den Principien des Herrn Prof. Schweninger. . . . Berlin, Buchdr. v. G. Schade, *1891;* 29 S., 1 Bl. 8°
Berlin, Med. Fak., Inaug.-Diss. v. 12. Aug. 1891

Hartung, H[ugo], Prof. Dr.: Die Beziehungen in der Entstehungsgeschichte der Gedankentrilogie Nathan — Don Carlos — Iphigenie. Rudolstadt (1906): F. Mitzlaff. (30 S.) 8° [F.]
Rudolstadt, fürstl. G u. RPG P 1906 (891)

Hartung, Hugo, neue Gesichtspunkte zur Vorbeugung der Tropen-Krankheiten Malaria, Dysenterie etc. gr. 8. (16 S.) Leipzig 899. O. Borggold. n. — 40

Hartung, Hugo, Motive der mittelalterlichen Baukunst in Deutschland in photograph. Orig.-Aufn. 1—3. Lfg. gr. Fol. (à 25 Lichtdr.-Taf. m. 8 S. Text.) Berlin 896—898. E. Wasmuth. In Mappe à n. 25. —

Hartung, Hugo, Motive der mittelalterlichen Baukunst in Deutschland in photographischen Orig.-Aufnahmen. 4.—8. Lfg. gr. Fol. (à 25 Lichtdr.-Taf. m. je 2 S. Text.) Berlin (899—902). E. Wasmuth. Mit Mappe à n. 25. —

Hartung H, Motive der mittelalterlichen Baukunst in Deutschland. 2 Bde (200 T) fol Berlin (1903)

Hartung, Hugo (Dombaumeister): Das Münster der Augustiner Chorherren zu St. Afra in Meißen. S. 27—24. 4.
Progr. Fürsten- u. Landesschule St. Afra in Meißen 1910 (753)

— Hugo (Jechaburg b. Sondershausen), Die Osteotomie rachitisch verkrümmter Röhrenknochen. Diss. med.-chir. Bln. (Gust. Schade [O. Francke]) 28. IV. 1880. 32 S. mit Biogr. (5.—) 13324
Oppon.: Weise, Witzel, Asch. — Krankengeschichten d. Frida Lisack, Alma Hertl, Martha Jung.

Hartung, Hugo: De panegyrico ad Messallam Pseudo-Tibulliano. Halis Saxonum (1880; Froebel in Rudolstadt). 49 S. 8°
Halle-Wittenberg, Phil. Diss. v. 13. Mai 1880
Geb. Rudolstadt 2. 9. 1857. V.

— Studienentwürfe. Aufnahmen u. Ausführungen. 1. Bd. gr. Fol. (60 Taf. m. VIII S. Text.) Ebd. 902. In Mappe n. 40. —

Hartung, J. [aus Halberstadt]: Die Territorialpolitik der Magdeburger Erzbischöfe Wichmann, Ludolf und Albrecht (1152—1232). Erster Theil.... (Druck: Th. Wulfert, Schönebeck, 1885; 1 Bl. + 68 S. + 1 Bl. 8°.
Göttingen, Phil. Fak., Inaug. Diss. v. 1886.

Hartung, I. C., Enchiridion logicae juridicae Brunnemanniae. 8. Ienae, Schulz. 716.

— metaphysica jurid. a Treibero aucta. 8. ibidem. 702.

Hartung, J. Fr., künstlerische Kultur. gr. 8. (IV, 59 S.) München 902. Verlag der „Werkstatt der Kunst". 1.20

Hartung, Ignat., Dissertatio inauguralis de primatu auctoritatis s. Petro eiusque in sede Romana successoribus collata. Heidelberg. Häner, 1761. 4°, 52 S. (mit Thesen)

— **Joachim Justus,** Die beglückte Kauffmannschafft der Weißheit wollte, als der hoch=edle, vest= und hochgelahrte Herr, Herr Johann Zacharias Hartung, beyder Rechten würdigster Doctorandus, den 24. August 1730 auf hiesiger uhralten Universität seine dissertationem inaug. De jure mercatorum singulari pro gradu doctorali hielte, und darauf von einer Hochlöblichen Juristen-Facultät die wohlverdiente Doctor-Würde rühmlich erlangte, kürtzlich vorstellen und seinem geliebten Herrn Bruder von Hertzen gratuliren. Erfurt (Johann Joachim Hynitzsch). 4 S. (5.—) 13325

Hartung, Johann Adam

Hartung, J.A. (Bearb.), s. Aristoteles: Haushaltung.

Hartung, J.A. (Bearb.), s. Aeschylus: Werke.

Hartung, J. A. Auslegung des Mährchens von der Seele und des Mährchens von der schönen Lilie, nebst einer kurzgefafsten Naturgeschichte des Mährchens überhaupt. Erfurt, G., 1866. 21 S. 4. (Der 1. Teil S. 1—7.)
Progr.

Hartung, J. A. Beiträge zur populären Erklärung des Faust. Erste Liefer. 28 S.
Schleusingen, Progr. 1844

Commentatio de particulis δή et ἤδη. Scrips. Joan. Adam Hartung. G. P. — 1828. Ibid. — 2. 9—16.
Progr. Erlangen

Hartung: Ueber Dämonen, die Urmenschen und die Urwelt, Trümmer einer wissenschaftlichen Mythologie der Griechen. 36 S.–Schleusingen, Progr. 1861

— latein. Elementarbuch. 1r u. 2r Cursus. 8. Erlang. 827. Palm u. E. 1r Curs. 6 gr. 2r 12 gr. 18 gr.

Hartung, J. A., ungelehrte Erklärung des Goethe'schen Faust. Leipzig 855. Engelmann. 8. (VIII, 335 S.) 1 ₰ 15 ngr.

Hartung, Joh. Adam, über d. röm. Hercules. Als Probe e. Darstell. d. röm. Religion nach d. Quellen. Ein Progr. gr. 4. (2 B.) Erlangen 835, Palm u. Enke.

— s. Euripides Iphigenia in Aulide.

— s. Euripides restitutus sive scriptorum Euripidis ingeniique etc.

Hartung, Joh. Adam, über d. Casus, ihre Bildung u. Bedeutung, in d. griech. u. latein. Sprache. Nebst 2 Anh. üb. d. Correlativa u. d. Comparativ d. Zahlwörter u. Pronomina. gr. 8. (20 B.) Erlangen 831, Palm u. Enke.

—— Lehre von d. Partikeln d. griech. Sprache. 2 Thle. gr. 8. Erlangen, Palm u. Enke. [1. (32½ B.) 832., 2. (31 B.) 833. à 2 Thlr. 6 Gr.]

Hartung, J. A., Lehren der Alten über die Dichtkunst durch Zusammenstellung mit denen d. besten Neueren erklärt. gr. 12. Hamburg u. Gotha 845, Fr. u. A. Perthes. n. 1⅓ ₰

Hartung, J. A., Lehrplan der Alten über die Dichtkunst durch Zusammenstellung mit denen der besten Neueren erklärt. 2. (Titel-)Ausg. gr. 8. (VIII, 289 S.) Leipzig (845)77, Siegismund und Volkening.

Hartung, J. A. Pindars IV. Pythische Ode griechisch und deutsch. 37 S.
Schleusingen, Progr. 1854

Hartung, J. A. Proben einer neu auszuarbeitenden griech. Schulgramm. 14 S.
Progr. Schleusingen 1838

Hartung, J. A., die Religion u. Mythologie der Griechen. 3 Thle. Leipzig, Engelmann. gr. 8.
1. Thl. Naturgeschichte der heidnischen Religionen, besonders der griechischen. (X, 218 S.) 865. 1 ₰ 7½ ngr.
2. Thl. Die Urwesen oder das Reich des Kronos. (VI, 250 S.) 865. 1 ₰ 7½ ngr.
3. Thl. Die Kronos-Kinder u. das Reich des Zeus. (VI, 237 S.) 866. 1 ₰

Hartung, J. A., die Religion u. Mythologie der Griechen. 4. Thl. Die Zeus-Kinder u. die Heroen. Aus dem Nachlass d. Verstorbenen hrsg. v. dessen Sohne Fritz Hartung. gr. 8. (VI, 254 S.) Leipzig 873. Engelmann. 3. — (1—4.: 13. 50)

—— die Religion d. Römer, nach d. Quellen dargest. 2 Thle. gr. 8. (40 B.) Erlangen 836, Palm u. Enke.

—— griech. Schul-Grammatik. gr. 8. (29⅛ B.) Halle 840, Buchhandl. d. Waisenhauses.

Hartung, J. A.: Vier Schulreden. Erfurt. 4° 26 S. 1865.
Schul-/Univ.-Schrift

Hartung, J. A. Ueber die Themata zu deutschen Ausarbeitungen. 19 S.
Schleusingen, Progr. 1858

Hartung, J. A., Themata zu deutschen Ausarbeitungen für reifere Gymnasial-Schüler zugleich als Anleitungen zum Eindringen in den Geist der besten deutschen Dichter. Ebend. 863. gr. 8. (XXVII, 388 S.) 27½ ngr.

— Themata zu deutschen Ausarbeitungen f. reifere Gymnasial-Schüler zugleich als Anleitgn. zum Eindringen in den Geist der besten deutschen Dichter. 2. verm u. verb. Aufl. gr. 8. (XXVII, 271 S.) Ebend. 872. 3. —

— themata latine disserenda discipulis. Ebend. 864. gr. 8. (XII, 196 S.) 22½ ngr.

Hartung, J. A. Uebersetzung einiger Idyllen Theokrits. 15 S.
Schleusingen, Progr. 1855

Hartung, J. A. Uebersetzungen aus Horaz. 18 S.
Schleusingen, Progr. 1852

Hartung, J. A., Ueb. die Unstatthaftigkeit der Basen u. des auf sie gegründeten Systems der Metrik. S.-A. 1847. 15 S. 4°. 1.—

Hartung Ueber die Wichtigkeit des Unterrichts in der deutschen Sprache und Litteratur auf Gymnasien. . . . .
Progr. Schleusingen 1839

— **Joh. Christoph** (Marlishausen), De cautione usufructuaria. Diss. jur. Präs. Nicolaus Christoph Lyncker. Jena (Joh. Nis) 17. IX. 1681. 20 S. (6.—) 13326

— — Dasselbe. Vom Vorstand den ein Nießbraucher bestellen muß. Halle (Hendel) 1737. 31 S. (6.—) 13327

— — (Erfurt), De collatione canonicatus inferioris quatenus differt a collatione canonicatus ecclesiae cathedralis. Diss. jur. Präs. Achaz Ludwig Carl Schmid. Jena (Ritter) 22. IV. 1752. 28 S. (6.—) 13332
Widm. v.: Paul Wilhelm Schmid, Gottlieb Friedrich Amandus Trautmann, Präs., H. H. N. Wilckens (Norden/Ostfriesland), Albin v. Sales.

— — Commentatio de formula An Eydes Statt. Wo solche Formel zu gebrauchen, und von derselben rechtlichen Gültigkeit. Ed. nov. Jena (Heller) 1755. 32 S. (6.—) 13333

— — De jurisdictione consistoriali, oder von der Gerichtsbarkeit geistlichen Gerichts. Tract. jur. Frankfurt u. Leipzig 1725. 38 S. (6.—) 13331

Hartung, Jo. Christoph: „Metaphysica juridica", Jenae 1702.
— Vorh.: Bibl. des Oberlandesgerichts Celle — A. n. 1.

— — De redemtione vexae, vulgo: Von klüglicher Beobachtung des Sprichworts: Ein magerer Vergleich ist besser denn ein feist Endurtheil. Diss. jur. Jena 29. X. 1692. — Accedit Scheffmacher, Mich. Osw. (Kientzheim/Elsass), De restitutione minorum viginti quinque annis. Germanis: Von Wiedereinsetzung in vorigen Stand, wenn Unmündige, Sinnlosen, u. s. f. in Contracten beschädiget worden sind. Strassburg 21. IV. 1687. (Widm. v.: J. B. Huguin [Ensisheim/Elsass]. — Jena (Heller) 1751. 36, 18 S. (6.— u. 5.50) 13329

— — (Arnstadt), De submissione ad priora acta ejusque modo et effectu potiori, praeprimis in Saxonia. Diss. jur. Rector Philipp Wilhelm Grf. v. Boineburg. Erfurt (Joh. Heinr. Grosch) 10. X. 1714. 28 S. (6.—) 13330

Hartung, Johann Gottfried

— — Consensu illustr. ordin. jctorum perquam generosis ac nobil. academiae civibus s. d. Wittenbg. (Aug. Koberstein) 1711. 6 Bl. (3.—) 13340

Hartung, Joh. Godfr. [Präs.] u. Phil. Chrph. Borngaesser (Giessen) [Resp.]
Cursus juris seu jurisprudentiae universae in artem redactae eiusdemque partis civilis exercitatio III. de statu civitatis speciatimque Romanae.
[Giessen] 3. Okt. 1724: Jo. Müller. (6), 72 S. 4°
publicae eruditorum disceptationi

Hartung, Joh. Godfr. [Präs.] u. Jo. Christian Schwenck (Vittembergens.I.V. Cultor.) [Resp.]
Cursus juris seu jurisprudentiae universae in artem redactae eiusdemque partis civilis exercitatio IV. de statu civitatis Germanicae.
Gissae Aug. 1727: Jo. Müller. (6), 64 S. 4°

— **Jo. Gottfried,** Cursus juris seu jurisprudentiae universae in artem redactae ejusdemque partis civilis exercitatio V.: De statu familiae. Giessen (Johann Müller) o. J. 64 S. (6.50) 13334

— — Dasselbe. VI.: De statu matrimoniali. Giessen (Joh. Müller) o. J. 56 S. (6.50) 13335

— — Dasselbe. VII.: De statu tutelari. Giessen (Joh. Müller) o. J. 44 S. (6.—) 13336

— — Dieselben 3 Dissertat. in 1 Bd. Giessen (Eberh. Heinr. Lammers) 1729. 64, 56, 44 S. (10.—) 13337

Hartung, I. Gf., dissertat. VII. praetor generalia juris civ. 8. Giess. Lammer. 729.

— — De eo, quod mutatum novella CXV. cap. III. & IV. circa exheredationem parentum pariter ac liberorum, vel Auf was Art und Weise Eltern und Kinder einander enterben können, auch wie weit es gültig sey, oder nicht? Schediasma jurid. Wittbg. (Jo. Christian Gerdes) 1731. 30 S. (5.50) 13345

— — De exordio proprietatis, seu origine dominii. Ex jurisprudentia universali extrict. sentent. Präs. Jo. Heinrich Berger. Wittbg. (Gerdes) April 1709. 24 Bl. (6.50) 13338

— — Dasselbe. Ed. II. Wittbg. (Wwe. Gerdes) 1720. (6.—) 13339

— — Jurisprudentia civilis in artem redacta, cujus pars prima, quae nunc primo prodit, integram de jure personarum materiam complectitur. Frankfurt u. Leipzig (Eberh. Heinr. Lammers) 1729. 342 S. (12.50) 13344

— jurisprudentia feudalis. 8. Lipsiae, Hilscher. 717.

— — Specimen historicum publicae dissertationi aptatum, continens monarchiam I. selectis capitibus perlustrat. Wittbg. (Schultz) März 1712. 75 S. (7.—) 13342
Gew.: Otto Heinrich Frh. v. Friesen (Roetha).

HARTUNG, Joh. Gotttr., Historische Schaubühne der Welt. 2 Thle. Wittenberg 1717. 8°. 3 Alphab. 1 Bog.
Cat. Meissner II. Lpz. u. Wolfenb. 1771.

— hist. Schaubühne d. Welt. d. i. Universalhist. 2 Thle. 8. Wittenb. Zimmermann. 718.

— — De usu historiae in jurisprudentia privata brev. diss. Wittbg. (Koberstein) 1712. 6 Bl. (4.—) 13343

— — (Wittenberg), Vindicias privilegiorum ordini militari ex jure Romano competentium. Präs. Jo. Heinrich Berger. Wittbg. (Kreusig) 26. III. 1711. 60 S. (6.30) 13341

Hartung, Johann Jacob

— — De baptismo. Disp. jur. Präs. Nicolaus Christoph Lyncker. Jena (Krebs) April 1685. 26 Bl., tlws. dtsch. (6.30) 13349
Widm. v.: Präs., Heinr. B. Roth, Augustin Heinrich Fasch, Joh. Christoph Münch, Joh. Christ. Hartung.

— — Dasselbe. Ed. III. Jena (Müller) 1692. 28 Blatt. (6.—) 13350

— — Dasselbe. Ed. IV. Jena (Müller) 1703. (3.—) 13351

— — Dasselbe. Ed. V. Jena (Müller) o. J. (6.—) 13352

Hartung, Joan. (Henr.) Car. Frid. (geb. Vechelde bei Braunschweig (27. 4.) 1837): De diabete mellito. Berolini (1860). (34 S.) 8°
Berlin, Med. Diss. v. 19. März 1860

— **Joh. Zacharias** (Erfurt), De jure mercatorum singulari. Diss. jur. Präs. Ernst Tenzel. Erfurt (Joh. Christoph Hering) 25. VIII. 1730. 36 S. (6.20) 13353

Hartung, Johannes: Die Lehre von der Weltherrschaft im Mittelalter. Ihr Werden und ihre Begründung. Halle a. S. 1909: (Meyer, Halberstadt). VIII, 72 S. 8°
Halle, Phil. Diss. v. 4. Febr. 1909, Ref. Lindner
[Geb. 27. Dez. 85 Steinbach, Pr. Sachsen; Wohnort: Halberstadt; Staatsangeh.: Preußen; Vorbildung: Gymn. Heiligenstadt Reife O. 05; Studium: Würzburg 1, Berlin 1, Heidelberg 1, Halle 5 S.; Rig. 26. Nov. 08.] [U 09. 1655

Hartung, Johannes, Referendar in Leipzig: Das durch öffentliche Sammlung für einen vorübergehenden Zweck zusammengebrachte Vermögen. Borna-Leipzig 1908: R. Noske. (X, 62 S.) 8° [J.]
Leipzig, Jur. Fak., Diss. v. 11. Jan. 1908
[Geb. 30. Sept. 83 Leipzig; Wohnort: Leipzig; Staatsangeh.: Sachsen; Vorbildung: Nikolai-Gymn. Leipzig Reife O. 02; Studium: Leipzig 2, Freiburg i. B. 1, Leipzig 5 S.; Rig. 12. Jan. 06.]

Hartung, John Frdr., Seele, Kunst u. Leben! gr. 8. (49 S.) München 897. A. Buchholz. n. 1. 20

— der Stoff, e. Konzentration der Kraft. br. 8. (60 S. m. Fig.) Ebd. 897. n. 1. 20

Hartung, Iosephus (geb. am 14 März 1805 in Mayen Rgbz. Koblenz): De cognoscendis corporis affectionibus ex mentis alienatione . . . Bonnae, typ. P. Neusseri (1827). 3 Bl., 15 S., 1 Bl. 4.
Bonn, Med. Fak., Diss. v. 15 Sept. 1827

Hartung, Jos., die vier Fragen, welche von den Rheinpreuß. Gerichtsärzten bei der Begutachtung tödtlicher Verletzungen beantwortet werden müssen. Offenes Sendschreiben an den Justizminister Uhden. gr. 8. (35 S.) Aachen 847, Mayer. 1/1 ß

Hartung, J(ulie), Ärztin: Beitrag zur Chirurgie der Wanderniere. Hamburg: Boysen 1910. 36 S. 8°
Heidelberg, Med. Diss. v. 18. Jan. 1910, Ref. Narath
[Geb. 25. März 75 Wittenberg; Wohnort: Wittenberg; Staatsangeh.: Preußen; Vorbildung: Gymn. Mühlhausen Reife O. 02; Studium: Berlin 1, Breslau 6, Heidelberg 3 S.; Coll. 12. Jan. 09; Approb. 1. Sept. 08.] [U 10. 2061

Hartung, K.

Hartung, C. Bemerkungen zu den griechischen Bukolikern.
I. Teil: Die strophische Responsion. [Theocr. Bion. Mosch.]
38 S. 8. Fortsetzung u. Schluſs. 28 S. 8. *Sprottau* 1884. 1885.
Progr.

Hartung, K., Ueb. die Sprüchwörter, besonders die lateinischen. Pr. 1871. 22 S. 4°.

Hartung, K. Lateinische Sprüchwörter. Zweiter Teil. 12 S.
[I: 1871.] **Progr.** *Sprottau* 1881.

Hartung, K., s.: Traktat, e., zur Apokalypse des Ap. Johannes.

Hartung, Karl, Referendar in Magdeburg: **Ein Beitrag** zur Lehre von den Bedingungen. Insbesondere: Die Bedingung der Verheiratung und die Bedingung der Nichtverheiratung nach römischem Recht und nach dem Bürgerlichen Gesetzbuche. *Borna-Leipzig 1903: R. Noske.* (IX, 68 S.) 8°
Leipzig, Jur. Diss. v. 1903

Hartung, Karl Bemerkungen zum geographischen Unterricht.
26 S. und 1 Taf. **Progr.** Rg. *Frankfurt a/O.* 1879.

Hartung, Karl, Assistenzarzt am Landeskrankenh.: Aus d. Augenklinik d. Univ. Jena. Über 14 Fälle von Enophthalmus traumaticus. Gotha 1909: Schmidt & Thelow. 41 S. 8°
Jena, Med. Diss. v. 1. April 1909, Ref. Wagenmann
[Geb. 5. Jan. 79 Traßdorf; Wohnort: Gotha; Staatsangeh.: Sachsen-Koburg-Gotha; Vorbildung: Gymn. Arnstadt Reife O. 00; Studium: Würzburg 3, Jena 1, Würzburg 2, Jena 2, Leipzig 1, Jena 2 S.; Coll. 29. Jan. 09; Approb. 16. März 09.] [U 09. 2138

Hartung, K.: G e d a n k e n zur Grundlegung eines geistbildenden deutschen Unterrichts in den höheren Töchterschulen. Perleberg. 1867
Schul-/Univ.-Schrift

Kettenlied in der Sylvesterloge am 31. Dec. 1882. [Unterz.:] C[arl] **Hartung.** [Perleberg 1882]: Jacobson. 1 Bl. 8° [Kopftit.]
Ohne Noten: „Ihr Brüder! Uns gilt's zu erstreben . . .“ 193.

Hartung, Carl, zwei Predigten in der St. Aegidien-Kirche zu Bernburg gehalt. 8. (2 B.) Bernburg 845, Gröning'sche Bh.*

Perleberg: **[3 Quartette aus der Loge zur Perle am Berge in Perleberg. Gedichtet von C. Hartung.] Wittenberge o. J.: Kreybich. 1 Bl. 8°.** 21.

Hartvng, Carolvs (geb. am 11 Dez. 1842 in Gleicherwiesen Mein.): Qvaestiones Moscheae ... Bonnae, typ. F. Krvegeri (1865). 1 Bl., 49 S., 1 Bl. 8.
Bonn, Phil. Fak., Diss. v. 3 [bs. 10] Juni 1865

Die rothe und weisse Rose für den Johannismaurer. [Unterz.:] C[arl] **Hartung.** [Perleberg] o. J. 1 Bl. 8° [Kopftit.]
Lied ohne Noten: „Wenn nach des Hauses heil'gem Kreis . . .“ 193.

Hartung, Carl. Die Schlacht am Welfesholze am 11. Febr. 1115, nach zeitgenössischen u. späteren Berichten. gr. 8. (39 S.) Eisleben 889, Gräfenhan. — 75

Hartung, Carl, Lateinische Sentenzen. — Sententiarum liber. 8. (X, 245 S.) Berlin 872, Henschel. [München, Th. Ackermann.] *

Hartung, Karl, 170 Themata zu deutschen Aufsätzen f. die mittleren u. oberen Klassen höherer Anstalten jeder Art. Disponiert zum Gebrauch f. Lehrer u. zum Selbstunterricht. gr. 8. (X, 177 S.) Bremen 881. Heinsius. n. 2. 25

Perleberg: Das Zeichen der Loge „Zur Perle am Berge". [Von Karl Hartung.] Wittenberge o. J.: Kreybich. 1 Bl. 8⁰ [Kopftit.]
Lied ohne Noten: „Mein Band erstrahlt in rothem Schein, . . ."

Hartung, Karl Gtthlf. E., angenehmes u. lehrr. naturhistor. Bilderbuch, mit 26 ill. Abbildd, 8. Erfurt 830. (Hennings u. Hopf). 18 ℊ, schwarz 10 ℊ

— Entwickelung d. heuristischen Lehrmethode an d. Gebäude einer populären Logik. Eine Anleit., denkend lehren u. lehrend denken zu lernen, für Lehrer an Gelehrten-, höhern u. niedern Schulen u. Alle, welche d. Unterrichtskunst mit gutem Erfolge üben wollen. 8. Leipz. 830. Leich. 1 ℛ 8 ℊ

— Katechetenschule zum Lehren u. Lernen. Ein nothwend. Hülfsbuch für Seminaristen rc. 3 Thle. gr. 8. Leipz 827. Fr. Fleischer. 3 ℛ Schrbp. 4 ℛ 16 ℊ

— Methodik d. Aufschraibelehre. Ein Lehrbuch für Schullehrer. 1r Cursus, 1r Thl. 8. Erfurt 825. Müller. 1 ℛ 4 ℛ 2r Thl. A. u. d. T.: Anleit. zum schriftl. Gebrauch d. Sprache, mit Ausschluß d. Orthographie im engern Sinne. 8. Erfurt 829. (Keyser). 1 ℛ 6 ℊ

Hartung, Karl Gtthlf. E., d. erfüllte Versprechen, oder anziehende Unterhaltungen über interessante Merkwürdigkeiten aus d. Natur-, Länder- u. Völkerkunde, Ein Beitrag zur Weltkunde für d. wißbegierige Jugend. Mit 28. Abbildd. 8. Erfurt 830. (Hennings u. Hopf). 1 ℛ Hbg. Pr. 16 ℊ

— d. deutsche Volks-Erziehungs-Buch. Od. theoret.-prakt. Handbuch für d. Erziehung u. den Unterricht durch d. Volksschule. gr. 8. Quedlinb. 831. Basse. 1 ℛ 12 ℊ

— viermal sieben Wunder d. Welt, Ein neues Bilderbuch für d. Jugend, als Einleit. in d. Natur- u. Weltkunde. Mit 28 Abbildd. 8. Erfurt 829. Knick. 1 ℛ

Hartung, Kaspar

Hartung, K., der Prophet Amos nach d. Grundtexte erklärt, s.a. Studien, biblische.

Der Prophet Amos nach d. Grundtexte erkl. v. Dr. K[aspar] Hartung, k. o. ö. Prof. ... in Bamberg ... *Freiburg i. B.: Herder 1898.* (6 Bl., 109 S.) 8.
= Studien, Biblische. Bd III. H. 4.

Hartung, Casp., Römische Auxiliar-Truppen am Rhein. 2 Thle. gr. 4. Hammelburg. (Würzburg, Stuber.) [1. Thl. (87 S.) 870. *ℳ 2,40.; 2. Thl. (27 S.) 875. *ℳ 1,20.] *

Bericht über den Verlauf der Zentennarfeier des K. Lyzeums Bamberg. (Chronik des K. Lyzeums.) — Von Dr. th. et ph. Kaspar Hartung, L.-R. — 1903, Bamberg, W. Gärtner, — P. 33—52.
Progr. Bamberg, K. Lyzeum

— s. Fritsch, C. v., Tenerife.

Der Exeget Hieronymus. Fest-Rede, geh. z. Zentenar-Feier d. K. Lyceums Bamberg 1903 von Dr. K[aspar] Hartung, Lycealrektor. Bamberg (1903): W. Gärtner. (27 S.) 8°(4°)

Nachruf auf Dr. Theodor Schrüfer, erzbisch. geistl. Rat und Lyzealprofessor. (Chronik des Lyzeums). — Von Dr. th. et ph. Kaspar Hartung, L.-R. — 1904, Bamberg, W. Gärtner. — P. 23—25.
Progr. Bamberg, K. Lyzeum

Nekrolog auf Dr. Joseph Führer, L.-P. (Chronik des Lyzeums.) — Von Dr. Kaspar Hartung, L.-R. — P. 26—28.
Progr. Bamberg, K. Lyzeum

Hartung, C., De proconsulatu Ciceronis Ciliciensi. Diss. 1868. 67 S.

Hartung, Casp., de proconsulatu Ciceronis Ciliciensi. Würzburg 869. (Stuber.) gr. 8. (III, 67 S.) n. 12 ngr.

Zur Säkularfeier des Todestages von Joh. Kaspar Zeuss, weil. Lyzealprofessor in Bamberg; Festbericht. (Chronik des Lyzeums.) — Von Dr. th. et ph. Kaspar Hartung, L.-R. — 1906, Bamberg, W. Gärtner. — P. 31—38.
Progr. Bamberg, K. Lyzeum

Septuaginta-Studien. Ein Beitrag zur Graecität dieser Bibelübersetzung. — Von Dr. K. Hartung, L.-P. 1886, Bamberg, ebenda. — S. 3—65.
Progr. Bamberg, K. Lyceum

Hartung, Kurt, Usancen d. Berliner Fonds-Börse, s.a. Schneider, A.

Hartung, Kurt: Usancen der Berliner Fonds-Börse. Ein Handbuch z. prakt. Gebr. f. Börsen-Interessenten. Hrsg. u. bearb. von –. 14. verm. u. verb. Aufl. Berlin: F. Dümmler's Buchh. 1908. XXIV, 688 S. 8⁰
[Frühere Aufl. u. d. T.: Usancen ... von August Schneider u. Louis Dahlheim.]

Hartung, Kurt Bernhard

Hartung, Curt B(ernhard), Dr. med.: Über Farbänderungen infolge von Salzbildung bei Oximidoketonen und verwandten Oximen. Molekulargrößen von Salzen in Phenol. Weida i. Th. 1910: Thomas & Hubert. 102 S. 8°
Leipzig, Phil. Diss. v. 23. April 1910, Ref. Hantzsch, Beckmann
[Geb. 21. April 88 Schandau; Wohnort: Leipzig; Staatsangeh.: Sachsen; Vorbildung: Fürstensch. Meißen Reife O. 87; Studium: Leipzig Med. 10, Chem. 8 S.; Rig. 3. März 10.] [U 10. 3148

Hartung, Ludwig: Zur Kenntniss des Hexamethylenamins ... [Aus: Journal f. pract. Chemie, N. F. 44.] Leipzig, J. A. Barth, 1892; 23 S. 8.
Leipzig, Phil. Fak., Inaug.-Diss. v. [10. Juli] 1892

Hartung, M. v., Infanterie-Instruction, unter Grundlage der neuesten Bestimmungen und nach den vorzüglichsten Quellen als Fortsetzung der Instruction der Rekruten bei der Infanterie, in Fragen und Antworten zusammengestellt. 8. (VI, 135 S.) Berlin 880, F. Luckhardt.

Hartung, M. v., Instruction der Rekruten bei der Infanterie in Fragen u. Antworten zusammengestellt. 1., unter Zugrundelegg. d. „Kleinen Waldersee", sowie unter Berücksicht. der neuesten Bestimmgn. u. unter besond. Rücksicht auf das apirte Gewehr, bearb. Aufl. 8. (79 S.) Straßburg 874. (Berlin, Luckhardt.) n. n. — 60

Hartung, M. v., Instruction der Rekruten bei der Infanterie in Fragen und Antworten zusammengestellt. 1., unter Zugrundelegung des „Kleinen Waldersee", sowie unter Berücksicht. der neuesten Bestimmungen und unter besond. Rücksicht auf das artute Gewehr, bearb. Aufl. 8. (79 S.) Straßburg 874. (Cassel, Luckhardt's Verlag.) * *

Hartung, M. v., Instruction der Rekruten bei der Infanterie in Fragen und Antworten zusammengestellt. 4. und 5. unter Berück sicht. der neuesten Bestimmungen und mit besond. Rücksicht auf das Infanterie-Gewehr M/71 umgearb. Aufl. 8. (104 S.) Ebendas. 880,81.

Hartung, M., Plato oder v. dem Wesen der Jugendlitteratur. Ein Dialog. gr. 8. (32 S.) Leipzig 890. Kempe. n. — 50

Hartung, M. v., die Civil-Versorgung der aus dem deutschen Reichsheere u. der kaiserlichen Marine ausscheidenden Militär-Personen. Ein Rathgeber f. Offiziere, Unteroffiziere u. Mannschaften aller Waffen. Nach den besten Quellen bearb. 8. (104 S.) Berlin 879. Luckhardt's Verl. n. 1. 50

Hartung, Max, Kleptomanie, s.: Universal-Biblioth.

Hartung, Max v., der Reservist u. Landwehrmann. Ein Handbuch u. Rathgeber f. beurlaubte Soldaten. Mit e. Anh., enth.: 1. Allerlei Rathschläge. 2. Soldaten-Lieder. 3. Alphabetisches Sachregister. 8. (VIII, 133 S.) Berlin 886. (F. Luckhardt.) n. — 80

— unter lachender Sonne. Humoresken. 8. (139 S.) Berlin 899. O. Janke. n. 1. —

Hartung, Mor. Jul., das kirchliche Recht der Protestanten im vormaligen Herzogth. Sulzbach. Im Namen d. Capitels Weiden hrsg. v. Wilh. Engelhardt. gr. 8. (XII, 79 S.) Erlangen 872. Deichert. n. 1. —

Hartung, Osk. Deutsche Altertümer aus dem Nibelungenliede und der Gudrun. XXIV S. Progr. *Neuhaldensleben* 1882.

Hartung, Osk., die deutschen Altertümer des Nibelungenliedes u. der Kudrun. gr. 8. (VII, 551 S.) Cöthen 894. O. Schulze, Verl. n. 9. —

Hartung, Oscar: De Sallusti epistolis ad Caesarem senem. Halae Saxonum (1874): Ploetz. 30 S. 8°
Halle-Wittenberg, Phil. Diss. v. 9. Nov. 1874
Geb. Frose (Anhalt) 19. 10. 1849. V.

Hartung, Osk., Geschichte der Stadt Cöthen bis zum Beginn des 19. Jahrh. Festschrift zur Einweihg. des neuerbauten Rathauses. Mit Abbildgn. aus Cöthens Vergangenheit. gr. 8. (IV, 515 S.) Cöthen 900. O. Schulze Verl. n. 6. —

Hartung, Osk., Geschichte d. reform. Stadt- u. Kathedralkirche zu St. Jacob in Cöthen. Eine Festschrift zur Vollendg. d. neuerbauten Türme. Im Auftrage d. Gemeinde-Kirchenrates verf. gr. 8. (VII, 238 S. m. 5 Taf.) Cöthen 898. O. Schulze Verl. n. 2. 25

Hartung, Otto, Bilder aus der Geschichte d. Heimat, d. vormal. Stiftes Zeitz. F. d. Schulgebrauch zusammengest. 8. (VII, 52 S. m. 1 Abb.) Zeitz 896. A. Huch. n. — 30

Hartung, Otto, s.: Festschrift zum 100jährigen Geburtstage Emil Adolf Rossmässlers.

Hartung, P. [app. Arzt aus Rudolstadt]: Ueber das histologische Verhalten der Leberzellen bei der Alkoholcirrhose. . . . Halle a. S., Hofbuchdr. v. C. A. Kaemmerer & Co., 1889. 39 + 1 S. + 5 Bl. 8°
Halle, Med. Fak., Inaug.-Diss. v. 22. Jun. 1889

Hartung, Paul: Über Ammoniaemie. *Halle a. S. 1898: C. A. Kaemmerer & C.* (38 S.) 8°
Halle, Med. Diss. v. 8. Aug. 1898

Hartung, Paul (Wilh. Heinr.) (geb. Zeitz 18. 8. 1858): Ueber Nachkrankheiten des Erysipels. Berlin (1883). (32 S.) 8°
Berlin, Med. Diss. v. 27. Jan. 1883

Hartung, Rud., die Meisterschaft im Lotterie- u. Lottospiel. Ein Handbuch moderner Lotterietechnik. Aus der Werkstatt unergründeter Lotteriegeheimnisse. Ein neues Lotteriejahrbuch. (64 S.) 8. Leipzig (910). E. Marré. 1. 50

Hartung, Rud. (Fried. Andr.) (geb. Erlangen 1. 4. 1829): De typho abdominali. Gotha (1852). (28 S.) 8°
Berlin, Med. Diss. v. 12. Nov. 1852 [Diplom v. 24. Nov.]

Hartung, Thdr. v., Leitfaden für die Lehrer an den Regiments- und Bataillons-Schulen wie namentlich beim Selbstunterricht für die Unteroffiziere der Königl. Preuß. Armee. 3 Abthlgn. 8. Berlin 863, Bergemann. * —

Inhalt:
Abthl. 1. Deutsche Grammatik nebst Anweisung zur Rechtschreibung und Abfassung von Militair-Dienstschreiben und Dienstschriften. (IV und 84 S.) * 5 Ngr.
» 2. Anleitung zum Rechnen. (IV und 98 S.) * 5 Ngr.
» 3. Geographie von Europa mit Atlas (24 lithogr. und ill. Karten in 16.) Geschichte. (100 S. mit 1 chromolithogr. Karte in Fol.) * 7½ Ngr.

Hartung, Thdr. v., Leitfaden für die Lehrer an den Regiments- und Bataillons-Schulen, wie namentlich beim Selbstunterricht für die Unteroffiziere des Deutschen Heeres. Hrsg. in vollständig umgestalteter Bearbeitung von Lieut. M. v. Hartung. 2 Thle. oder 5 Abthlgn. 8. Ebendas. [1. Thl. 1.—3. Abthl. (S. 1—204.) 879. *ℳ 1,80.; 2. Thl. 4. und 5. Abthl. (S. 205—356.) 880. *ℳ 1,20.] *

Hartung, Thdr. v., der Militär-Geschäftsstil, eine kurze aber gründl. Anweisung zur Anfertigung aller Arten militär. Dienstschreiben u. militär. Dienstschriften, nebst einer vollständ. Anweisung zur Abfassung aller Arten von Privatbriefen. Ein Leitfaden für Offiziere aller Grade. Berlin 866. H. Schindler. gr. 8. (47 S.) n. 5 ngr.

Hartung, Tuisca

— und Gust. Süs, Collection d'animaux, s.a. Süs, Gust.

Hartung, Tuisca, nouvelle collection d'animaux. Illustrée par G. Süs. Dresden 866. Meinhold & Söhne. 4. (12 Chromolithogr. u. 32 S. Text.) cart. 1 ϑ

Hartung, Tuisca, le petit dessinateur. Enfantines. Avec 22 gravures en bois (im Text). Dresden (858). Kuntze. gr. 8. (24 Bl.) n. 20 ngr.; color. n. 1 ϑ

— Fleurs de noël pour mes petites amies. Avec 4 images color. Ebend. 865. gr. 8. (46 S.) cart. 12 ngr.

Hartung, Tuisca, livre élémentaire de la langue française. — Elementarbuch der französischen Sprache für kleine Anfänger. Dresden 859. Kuntze. br. 8. (IV, 68 S.) n. 8 ngr.

Hartung, Tuisca, le marchand d'images. Illustré par E. Sachsse. Lex.-8. (30 S. mit 8 ill. Stnt.) Dresden 856, Meinhold und Söhne. Thlr.

— le marchand d'images. Illustré par E. Sachsse. 3. Aufl. Dresden 862. Meinhold. Lex.-8. (28 S. u. 8 color. Lithogr.) 24 ngr.

— Potpourri d'enfantines, s. Potpourri.

— der kleine Zeichner. Kinderreime. Mit 22 Holzschn. (im Text). Dresden (858). Kuntze. gr. 8. (24 Bl.) n. 15 ngr.; color. n. 25 ngr.

Licht ist Leben von Dr. med. V. L. **Hartung**, pr. Arzt. Mitteilungen e. prakt. Arztes über d. Wirkung d. Lichtes auf d. gesunden u. kranken Menschen. *Berlin: F. Mieler Nachf. [um 1900].* (32 S.) 8° [F.]

Hartung, W., aus der Vergangenheit Osterniendurgs, s.a. Beiträge zur anhaltischen Geschichte. 1. Hftchn.

Aus der Vergangenheit Osterniendurgs. Von W. Hartung, Pfarrer. *Cöthen: P. Schettlers Erben 1899.* (59 S.) 8° [F.]
— Beiträge z. Anhaltischen Geschichte. Heftch. 1.

Hartung, W., wo kaufen wir Brot, daß diese essen? Zwei Predigten üb. Joh. 17, 1—15. am Sonnt. Lätare u. Judica 1852 zu Zeitz gehalten. gr. 8. (28 S.) Zeitz 852, Webel in Comm. n. n. 3 ngr

Hartung, W. Friedr., der wohlunterr. Hufbeschlagschmied. Nebst Belehrn. üb. d. Castration od. d. Wallachen d Hengste. Ein nützl. Hülfsb. f. jeden Kur- u. Hufschmied. Mit Abbild. (4 Taf.) 8. (5 B.) Quedlinburg 834, Basse.

Hartung, W. O., Lehrer Reiner. Genrebild in 1 Akt. (24 S.) gr. 8. Berlin (904). M. Böhm. n. 1. 50

Hartung, Wilhelm (Homberg, Kurhessen)
Ueber den Einfluss des nervus vagus auf die Bewegungen des Magens der Wiederkäuer.
Giessen: Keller 1858. 19 S. u. 1 Taf.
Diss. med. 21.8.1858. vorh. 7.

Hartung, Wilhelm, appr. Arzt a. Lüneburg: Aus d. Städt. Krankenhause zu Lüneburg: Oberarzt Dr. Hölscher. Ein Fall von chronischem Ileus durch adhaerentes Meckel'sches Divertikel. Leipzig 1904: B. Georgi. (24 S.) 8°
Leipzig, Med. Fak., Ref. Trendelenburg, Diss. v. 17. Nov. 1904
[Geb. 2. Okt. 80 Hannover; Wohnort: Lüneburg; Staatsangeh.: Preußen; Vorbildung: Gymn. Lüneburg Reife O. 98; Studium: Berlin 2, Göttingen 4, Kiel 1, Berlin 2 S.; Coll. 23. Nov. 04; Approb. 4. Aug. 03.]

Hartung, Wilhelm, prakt. Arzt in Bernburg: Welche Maßnahmen sind zu treffen zur Vermeidung des postoperativen Ileus? *Jena 1904: Frommann.* (30 S.) 8°
Jena, Med. Diss. v. (20. Jan.) 1904

Hartung, Willy, Referendar in Nordhausen: Der Zuhälterparagraph (§ 181a St.G.B.). Borna-Leipzig 1907: R. Noske. (VI, 76 S.) 8° [F.]
Leipzig, Jur. Fak., Diss. v. 13. Dez. 1907
[Geb. 29. Dez. 83 Nordhausen; Wohnort: Nordhausen; Staatsangeh.: Preußen; Vorbildung: Gymn. Nordhausen Reife O. 01; Studium: Marburg 2, Leipzig 2, Halle 2 S.; Rig. 18. Juli 04.]

Hartung, Wolfgang, a. Bischofsgrün, Akzessist an der kgl. Regierung v. Oberfranken, Kammer d. Finanzen in Bayreuth: Die Denkmalspflege im juristischen Sinn mit spezieller Berücksichtigung Bayerns. Bayreuth 1906: C. Giessel. (VI, 80 S.) 8°
Erlangen, Jur. Fak., Ref. Rieker, Diss. v. 18. Febr. 1907
[Geb. 2. Nov. 77 Bischofsgrün; Wohnort: Bayreuth; Staatsangeh.: Bayern; Vorbildung: Gymn. Bayreuth Reife 97; Studium: München 6, Berlin 2 S.; Rig. 30. Okt. 06.]

Hartung, Wolfg., Gedichte. (120 S.) kl. 8. Leipzig 908. Verlag f. Literatur, Kunst u. Musik. 2.—; geb. n 3.—

Hartung v. Hartungen, Chrph., d. Gardasee, Gardone-Riviera, u. die Eisenbahn Mori-Arco-Riva, s.a. Städtebilder u. Landschaften aus aller Welt.

Hartung von Hartungen, Christoph. Der Gardasee, Gardone-Riviera, und die Eisenbahn Mori-Arco-Riva. Illustrirt von Carl Dietrich.... Städtebilder und Landschaften aus aller Welt. No. 96. 97. 8 Zürich [1891].

— **Handbuch der klimatischen Heilkunde als Anleitung zur Wahl der Luftkurorte f. Naturärzte u. Anhänger d. Naturheilverfahrens.** 1. u. 2. Taus. 8. (XI, 120 S.) Berlin 892. O. Schuhr. n. 2. 50

Hartung v. Hartungen, Chrph., üb. virile Schwäche u. deren Heilbarkeit auf inductivem Wege. gr. 8. (V, 87 S.) Wien 884. Braumüller. n. 2. —

Hartung, Kuhn & Cie. Maschinenfabrik A.-G., Düsseldorf. (Begr. 1885.) — Berlin: Eckstein [1908]. 20 S. 2° [Kopft.] (Dt. Industrie, dt. Kultur. 6, 5.) 1. 38 A.

Hartung-Schwarzkopf, Heinr. Carl, Chemie der organischen Alkalien. München 855. Palm. gr. 8. (XII, 452 S.) n. 2 ₰

Hartung-Schwarzkopf, Heinr. Carl, Grundlehren d. Färbekunst. gr. 8. (11½ B.) Cassel 844, Appel. *

Hartungen, Christoph von

Hartungen, Ch. Edler v., über Hydrotherapie, Diät-Curen, Massage u. Suggestion. Physiatrische Skizzen. [Aus: „Aerztl. Central-Anzeiger".] gr. 8. (76 S.) Wien 890. (Deuticke.) n. 1. —

Hartungen, Chrph. v., die hygieinische Leibsorge des Lungenkranken. Vortrag. 8. (32 S.) Riva 897. (Arco, C. Emmert.) — 50

Hartungen, M. U. Dr. Christoph Hartung v., Ueber virile Schwäche u. deren Heilbarkeit auf inductivem Wege. gr. 8. (IV u. 87 S.) Wien, Wilh. Braumüller. 1884.

Hartungus, d. Prior, Leb., Schicksale u. Verfolgungen, od. geheime Philosoph. u. Charakteristik d. Mönchswesens, herausg. v. Winkopp. 2 Thle. 8. Ebend. 782. (1. 16 gr. II. 1 Rthlr.)

Hartweck, Christian Wilh. (Hoerde/Westf.), Observationes quaedam in febrem nervosam. Diss. med.-pathol. Bln. (Aug. Petsch) 28. XII. 1830. 32 S. mit Biogr. (M.: C. Isenbek.) (6.—) 13355
Oppon.: C. Friese, E. Mette, G. Schultzen. — Gew.: J. C. J. Lohmeyer, F. A. Schulz.

Hartweg, hortus Carlsruhanus od. Verzeichniss sämmtl. Gewächse daselbst, nebst d. Geschichtlichen d. botan. u. Lustgärten v. 1530—1825, u. e. Situationsplan v. sämmtl. Gewächshäusern. gr. 8. Karlsruhe, 1825. (Mannheim, Bensheimer.) 2. —

Hartweg, (Garten-Inspekt.), Hortus Carlsruhanus, od. Verzeichniß sämmtl. Gewächse, welche in den großherz. botan. Garten zu Karlsruhe kultivirt werden, nebst d. Geschichtlichen d. botanischen u. Lustgärten von 1530 bis 1825, u. einem Situationsplan von sämmtl. Gewächshäusern. gr. 8. Karlsr. 825. Marx. 2 ₰

Hartwich, eine Geschichte. Freystatt [Ulm] 1779—81. V: *Traiteur, Carl Theodor von.* (Wr) (Ky) (BGE) (MGT)

Hartwich; eine Geschichte, (v. Karl Theod. v. Traiteur). 3 Thle. 8. Ulm 779—781. Wohler. 16 gr

Hartwich, Isabella und Marfori im Boudoir überrascht und gestört durch Prim, der mit dem Degen in der Faust in die Gemächer der Königin eindringt. Nach Bartsch. Kreide-Lithographie. Druck v. J. Hesse. Roy.-qu.-Fol. (3 Mk. Ferd. Schöningh, Osnabr. 1905.)

Hartwich, Abr., geographisch-historische Landesbeschreib. d. Danziger, Elbinger und Marienburger Werder, m. K. 4. Königsb. Hartung. 723.

Hartwich, Aurel: Die magnetische Energie. 43 S., 1 Taf. 4.
Allgemeine Deutsche Schule (Oberrealschule i. E. mit Vorschule; höh. Mädchenschule u. Kindergarten) *Antwerpen* 1905.
Progr.

Hartwich, Aurel [aus Stuhm]: Ein Quadrant-Electrometer mit constanter Empfindlichkeit ...
Leipzig, Johann Ambrosius Barth (1888), 35+1 S. + 1 Bl. 8°
Königsberg, Phil. Fak., Inaug.-Diss. v. 27. Okt. 1888

Hartwich, Aurel, üb. die Theorie der Druckluftanlagen. Vortrag. [Aus: „Schriften d. physikal-ökonom. Gesellsch. in Königsberg".] gr. 4. (8 S. m. 1 Fig.) Königsberg i/Pr. 892. W. Koch. n. — 30

Hartwich, Carl, s. Hartwich, Karl

Hartwich, Emil, aphoristische Bemerkungen über das Eisenbahnwesen und Mittheilungen über die Eisenbahnen in London nebst Vorstädten. 1. Aufl. (35 S. mit 1 chromolithogr. Plane von London.) 1873, und 2. verb. Aufl. hoch 4. (46 S. mit 17 lithogr., photolithogr. und chromolithogr. Taf. in Fol. und Imp.-Fol.) Berlin 874, Ernst und Korn. *

—— Bemerkungen über die Schiffahrts- und Vorfluths-Verhältnisse in und bei Berlin, mit Anschluss eines Projectes zu einem Canale von der Oberspree nach der Havel bei Wannsee. hoch 4. (23 S. mit 4 lithogr. Plänen und Profilen in Imp.-Fol., qu. Fol. und Fol.) Berlin 874, Ernst und Korn. *

Hartwich, üb. d. Eisenbahnwes. u. üb. d. Eisenb. Londons. Berl. 874.

Hartwich, d. bisher. Entwickelg. d. deut. Eisenbahnwesens. Berl. 878.

— Erörterungen über Vervollständigung u. Erweiterung des preussischen Eisenbahnnetzes m. Rücksicht auf Entwickelung des Güterverkehrs u. Erzielung billiger Frachten. Lex.-8. (27 S.) Ebend. 878. n. 1. —

Hartwich, E: Erweiterungsbauten der Rheinischen Eisenbahn. 2. Aufl. Abth. 1—3. Berlin 1867—1870. Fol.

Hartwich, Emil, Erweiterungsbauten der rheinischen Eisenbahn. 1—3. Abth. Berlin 867, 69. Ernst & Korn. Fol. n. 23 ᵴ 5 ngr.
1. Abth. Die Rheinbrücke bei Coblenz. Mit 17 Taff. (wovon 13 in Kpfrst. u. 4 lith. in Fol. u. gr. Fol.) 2. Aufl. (25 S. mit 1 chromolith. Karte.) n. 6 ᵴ 20 ngr.
2. Abth. Fähranstalten für den Eisenbahnverkehr. (5 S. mit eingedr. Holzschn. u. 7 Taff., wovon 1 lithogr., u. 6 in Kpfrst. in Imp.-Fol.) n. 3 ᵴ
3. Abth. Eiserne Brücken. (44 S. mit eingedr. Holzschn. u. 32 Taff., wovon 1 lithogr., u. 31 in Kpfrst. in gr. u. Imp.-Fol.) n. 13 ᵴ 15 ngr.

Hartwich, Emil, Reden üb. die vernachlässigte leibliche Ausbildung unserer Jugend, gesammelt u. hrsg. v. M. Eichelsheim. gr. 8. (44 S.) Düsseldorf 884. Schwann. n. — 75

— dasselbe. 2. erweit. Aufl. gr. 8. (56 S.) Ebend. 884. n. — 80

Hartwich, Emil, Referendar am Kgl. Kammergericht Berlin: Das gegenseitige gemeinschaftliche Testament im Vergleich mit dem gegenseitigen Erbvertrag nach dem Bürgerlichen Gesetzbuch unter Berücksichtigung des gemeinen und preußischen Rechts. Leipzig: O. Wigand 1908. (96 S.) 8°
Leipzig, Jur. Fak., Diss. v. 24. Juli 1908
[Geb. 7. Juli 76 Düsseldorf; Wohnort: Wilmersdorf b. Berlin; Staatsangeh.: Preußen; Vorbildung: Gymn. Weilburg Reife O. 98; Studium: Freiburg i. B. 1, Leipzig 1, Bonn 1, Berlin 1, Bonn 5 S.; Rig. 24. Juli 08.]

Hartwich, Emil, woran wir leiden. Freie Betrachtungen u. prakt. Vorschläge über unsere moderne Geistes- u. Körperpflege in Volk u. Schule. 3., unveränd. Aufl. gr. 8. (48 S.) Düsseldorf 882. Voß & Co. n. — 75

Hartwich, Ernst, Bemerkungen über den bisherigen Gang der Entwicklung des Eisenbahnwesens, sowie über dessen Gestaltung nach Maassgabe der Verhältnisse und Bedürfnisse," mit besond. Rücksicht auf die Zwecke des Vereins zur Förderung der Localbahnen. Mit 7 Anlagen. Lex.-8. (76 S.) Berlin 877, (Simion.) *

Hartwich, Ernst, Bemerkungen über Transportmittel und Wege, sowie über Gestaltung und Verwaltung des Eisenbahnwesens nach Maassgabe der Verhältnisse und Bedürfnisse. Lex.-8. (IV, 42 S.) Berlin 875, Ernst und Korn. *

—— Erörterungen über Vervollständigung und Erweiterung des preussischen Eisenbahnnetzes mit Rücksicht auf Entwickelung des Güterverkehrs und Erzielung billiger Frachten. Lex.-8. (27 S.) Berlin 878, Simion. *

—— Mittheilungen über die Unternehmungen der deutschen Eisenbahn-Gesellschaft und deren jetzige Lage, insbesondere mit Rücksicht auf den Bau der Berliner Stadtbahn. Lex.-8. (25 S. mit 5 lithogr. und color. Plänen in gr. 4. und qu. gr. Fol.) Berlin 876, Polytechn. Buchh. *

—— Untersuchungen über die Durchmesser der Planeten Venus und Mars nach Heliometermessungen auf der provisorischen Universitäts-Sternwarte zu Strassburg, mit Hinzuziehung der anderweit. vorhandenen Mikrometerbeobachtungen. [Publicationen der Astronom. Gesellschaft XV.] gr. 4. (87 S.) Leipzig 879, (Engelmann.) *

Hartwich, Eugen [pr. Arzt aus Posen]: Über lokale Behandlung bronchiectatischer Cavernen. . . Greifswald, Druck v. Julius Abel, 1889; 27 S. 8°
Greifswald, Med. Fak., Inaug.-Diss. v. 28. März 1889

Hartwich, Eugen (Potsdam), De scrophulosi. Diss. med.-pathol. Bln. (Nietack) 22. IV. 1845. 32 S. mit Biogr. (M.: C. Jaeger.) (5.50) **13356**
Oppon.: Gott. Froeling, Carl Stephan, Carl Hartwich. — Gew.: Gottfried Lange.

Hartwich, F., Kaiser u. Bartsch. Bilder aus dem Kriege 1870 71. (Fing. T.) Berlin, zwischen 1871—1880. 14 Abb. 2°

Hartwich, *Gustav Emil Gottfried* Fritz [app. Arzt aus Birnbaum, Pr. Posen]: Aus d. Laboratorium d. pharmakognost. Sammlung in Kiel. Beitrag zur Kenntnis der Wirkung des Morphinchlormethylat ... Kiel, Druck v. A. F. Jensen, 1895; 23 S. 8.
Kiel, Med. Fak., Inaug.-Diss. v. [30. Dez.] 1895

Hartwich, Geo., Paul Lindau's Glück u. Ende, od. „Fort mußt du, deine Uhr ist abgelaufen!" 1.—6. Aufl. gr. 8. (31 S.) Berlin 890. Höppner. n. 1. —

Hartwich, Hermann [prakt. Arzt aus Custrin]: Kehlkopf-Innervation, Stimmband-Lähmung und -Contractur . . . Jena, Druck v. B. Engau, 1887; 51 S. 8°.
Jena, Med. Fak., Inaug.-Diss. v. [28. Febr.] 1887.

Hartwich, Hermann, Kehlkopf-Innervation, Stimmband-Lähmung und -Contractur. Diss. Jena 1887, G. Neuenhahn. 8°. 51 S.

[**Hartwich,** Jul. v.] 1812. Der Feldzug in Kurland nach d. Tagebüchern u. Briefen des Leutnants Jul. v. Hartwich, damals im Leib-Grenadier-Regiment jetzigen Leib-Grenadier-Regt. König Friedrich Wilhelm III. (1. brandenburgisch. Nr. 8). Zusammengest. von Rüdiger v. Schoeler. (V, 133 S. m. Bildnis.) 8. Berlin 910. R. Eisenschmidt. 2.25; geb. 8. —

Hartwich, Karl

Hartwich, C[arl], und **Kreis,** H[ans]. Anträge zur Revision des schweiz. Lebensmittelbuches betreffend Gewürze. Dem Schweizerischen Verein analytischer Chemiker zur Beratung vorgelegt. 2 S. + Bl. 3—28. 8. Bern, Neukomm & Zimmermann, 1905.

Die neuen Arzneidrogen aus dem Pflanzenreiche. Von Dr. Carl Hartwich, Prof. ... in Zürich. *Berlin: J. Springer 1897.* (VI S., 1 Bl., 469 S.) 1 Bd 8. [97. 335]

Hartwich, Carl, die Bedeutung der Entdeckung v. Amerika f. die Drogenkunde. gr. 8. (III, 67 S.) Berlin 892. J. Springer. n. 1. 40

HARTWICH, CARL. Beiträge zur Kenntniss der Strophantus- und einiger mit denselben verwandter Samen. (Bern) Berlin, 1892.

Hartwich, C[arl]. Die menschlichen Genussmittel. Ihre Herkunft, Verbreitung, Geschichte, Bestandteile, Anwendung und Wirkung. Mit circa 24 Tafeln in Autotypie, mehreren Karten sowie zahlreichen Abbildungen im Text. Liefg. 1—4. [Mit 12 Tafeln.] *je* **II S. + S. 1—256. gr.-8. Leipzig, Chr. Herm. Tauchnitz, [1910].** *cpl.* **in ca. 14 Liefg. à M. 2. —**

Hartwich, C[arl]. Die menschlichen Genussmittel.... Liefg. 5. [Mit 2 Tafeln.] II S. + S. 257—320. gr.-8. Leipzig, Chr. Herm. Tauchnitz, [1910]. *cpl.* in ca. 14 Liefg. *à* M. 2. —

Hartwich, C[arl]. Die menschlichen Genussmittel.... Liefg. 6—8. [Mit 5 Tafeln.] *je* II S. + S. 321—512. gr.-8. Leipzig, Chr. Herm. Tauchnitz, [1910]. *cpl.* in ca. 14 Liefg. *à* M. 2. —

Hartwich, C[arl]. Die menschlichen Genussmittel.... Liefg. 9 u. 10. [Mit 2 Tafeln.] *je* II S. + S. 513—640. gr.-8. Leipzig, Chr. Herm. Tauchnitz, [1910]. *cpl.* in ca. 14 Liefg. *à* M. 2. —

Hartwich, C[arl]. Die menschlichen Genussmittel. Ihre Herkunft, Verbreitung, Geschichte, Anwendung, Bestandteile und Wirkung. Mit 24 Tafeln in Autotypie sowie zahlreichen Abbildungen im Text. (14 Lieferungen.) XVI + 878 S. gr-8. Leipzig, Chr. Herm. Tauchnitz, [1910—]1911. (*per* Liefg. M. 2. —; [*cpl.* M. 28. —, geb. 30. —])

Hartwich, Karl: Aus der G e s c h i c h t e der Gewürze. Von —. (Sonderabdruck aus: Apotheker-Zeitung. 1894. Nr. 43, 44 u. 46.) Berlin. 1894. 4°

— Handbuch der pharmaceutischen Praxis, s.: Hager, Herm.

Hartwich, Karl: Über alte deutsche H e i l p f l a n z e n v. —. (Separatabdruck aus: Schweizerische Wochenschrift für Chemie und Pharmacie. 1894, S. 489 ff.) Zürich. 1894. 4°

Hartwich, Karl: H i s t o r i s c h e s über die Cultur der Arzneipflanzen v. —. (Separatabdruck aus: Schweizerische Wochenschrift für Chemie und Pharmacie. 1893, S. 441 ff.) Zürich. 1893. 4°

— Kommentar z. Arzneibuch f. d. Deutsche Reich, s.: Fischer, Bernhard

Hartwich, C., Kommentar zum Arzneibuch f. das Deutsche Reich. 3. Ausg., s.: Hager, H.

— das Opium als Genussmittel, s.a. Neujahrsblatt, hrsg. v. d. naturforsch. Gesellschaft in Zürich.

Das Opium als Genussmittel. Von Dr. Carl Hartwich, Prof. ... am Eidg. Polytechn. M. 1 Taf. *Zürich: Dr. v. Zürcher & Furrer (1898).* (II—54 S., 1 Bl., 1 Taf.) 4.
= **Neujahrsblatt** d. Naturforschenden Gesellschaft in Zürich. 1898. [No] 100, [2].

Hartwich, Karl: P h a r m a k o g n o s t i s c h e s und Botanisches aus Holland. Von Karl Hartwich und C. Schroeter. (Separatabdruck aus: Schweizerische Wochenschrift für Chemie und Pharmacie. 1895. Nr. 38 u. 39.) Zürich. 1895. 4°

Hartwich, Karl: Über die W u r z e l der Richardsonia scabra. Von —. (Separatabdruck aus: Schweizerische Wochenschrift für Chemie und Pharmacie. 1895. Nr. 31.) Zürich. 1895. 4°

Hartwich, O., s.: Ernst, der, Eglidyscher Gedanken.

— die Genesung der evangelischen Kirche. gr. 8. (79 S.) Leipzig 894. O. Wigand. 1. 20

Hartwich, O., zur Lehrfreiheit auf protestant. Kanzeln. (26 S.) 8. Bremen (906). C. Schünemann. n. — 50

Hartwich, O., Generalfeldmarschall Moltke, e. Charakterstudie. (Auf Grund e. im Künstlerhause der Stadt Hannover geh. Vortrags.) (36 S.) gr. 8. Hannover 908. Norddeutsche Verlagsanstalt O. Goedel. — 75

Hartwich, O., die mystische Seite d. religiösen Lebens. Ein Vortrag aus d. Protestantenverein in Bremen. 8. (30 S.) Bremen 898. C. Schünemann. n. 60

— die Unsterblichkeit im Lichte d. modernen Wissenschaft. gr. 8. (40 S.) Leipzig 895. O. Wigand. — 60

Hartwich, Otto, Kulturwerte aus der modernen Literatur. (VIII, 297 S.) 8. Bremen 911. F. Leuwer. In Pappbd. 6. —

Hartwich, Otto, Richard Wagner u. das Christentum. (VIII, 166 S.) 8. Leipzig 903. G. Wigand. n. 2. —; geb. n. 3. —

Hartwich, R.

Messina-Palermo. Von Pastor Hartwich. Potsdam: Stiftungsverl. [1910]. 10 S. 8° [Umschlagt.]
(Gut deutsch u. evangelisch allewege. 7.) [10. 1416

Hartwich, Richard: Ueber künstliche Temperaturerhöhung beim Menschen. Halle a. S. 1885: Plötz. 18 S. 8°
Halle-Wittenberg, Med. Diss. v. 3. Aug. 1885
Geb. Tangermünde (Kr. Stendal) 7. 11. 1860. V.
Verf. erlebte die Diplomerneuerung 1935 als Sanitätsrat in Havelberg. vgl. Anh. Nr. 494.

Hartwich, W., d. Rechtsanwalt im Hause, s.a. Kaiser, W.

Hartwich, W., der Rechtsanwalt im Hause. Deutsches Gesetz- u. Rechtsbuch. Ein Hand- u. Hilfsbuch f. Gewerbetreibende, Fabrikanten, Kaufleute etc. Mit zahlr. Formularen zur selbstständ. Anfertigg. aller mögl. Eingaben, Klagen, Gesuche, Verträge etc., sowie m. Anleitung zur selbstständ. Führg. v. Klagen jeder Art nach der Reichs-Civil-Proceßordng. 6. auf's Neue verm. u. verb. Aufl. (Ursprünglich bearb. v. W. Kaiser.) Auf Grund der Bestimmgn. des bürgerl. Gesetz-Buches f. d. Deutsche Reich u. der übr. Reichsgesetze vollst. neu bearb. 2 Bde. gr. 8. (XII, 796 u. XII, 824 S.) Berlin 900. [H. Liebau.] Leipzig, Jahn & Schreyer. Geb. in Halbfrz. à 7. 50; kplt. in 1 Bd. geb. 14. —; auch in 45 Lfgn. à — 25

Hartwich, Werner, Oberarzt b. d. Jäger-Bataillon von Neumann (1. Schlesisches) Nr. 5, kommandiert zur Provinzial-Heil- u. Pflegeanstalt Kortau: Ein Fall von Akromegalie. Leipzig: A. Edelmann. (35 S., 2 Taf.) 8°
Leipzig, Med. Fak., Ref. Flechsig, Diss. v. 15. Okt. 1907
[Geb. 17. Dez. 77 Swinemünde; Wohnort: Kortau; Staatsangeh.: Preußen; Vorbildung: Gymn. Bremen Reife M. 98; Studium: Kaiser-Wilhelms-Akad. Berlin 9 S.; Coll. 23. Okt. 07; Approb. 21. Juli 04.]

Hartwieg, Oskar: Konstruktion der Hauptachsen des Ellipsoides aus drei konjugierten Durchmessern. Leipzig-Reudnitz 1910: Hoffmann. 17 S., 1 Taf. 8°
Straßburg, Math.-naturwiss. Diss. v. 7. Nov. 1910, Ref. Schur
[Geb. 21. Nov. 85 Walkenried; Wohnort: Breslau; Staatsangeh.: Braunschweig; Vorbildung: Neues Gymn. Braunschweig Reife O. 04; Studium: Göttingen 4, Braunschweig Techn. Hochsch. 2, Jena 4, Straßburg 3 S.] [U 11. 1319

Hartwig der Bajuware, zur Protestation von Speier. Ein milder Beitrag zur „Protestationskirche" in Speier, zur Geschichte u. Charakteristik der „Reformation" u. des Protestantismus u. zur weiteren Kenntniss der „göttlichen Mission Preussens". (Sep.-Abdr. eines Machwerks aus *Sigl's* „Bayer. Vaterland".) München 1882. 8°. 34 S. Cart.

Hartwig, Vater. Geb. 12. XII. 1830, gest. 1. XII. 1904. (32 S. m. Bildnis.) gr. 8. Herrnhut (906). (Missionsbuchh.) n.n. — 10

Hartwig, v., Ausbildung des Rekruten im Schießen. Auf Grund prakt. Erfahrg. zusammengestellt. (17 S.) kl. 8. Oldenburg (907). G. Stalling's Verl. — 40

Hartwig: Aphoristische Bemerkungen über das Eisenbahnwesen und Mittheilungen über die Eisenbahnen in London nebst Vorstädten. 2. Aufl. Berlin 1874

Hartwig [Dir. Prof. Dr.]: Eröffnung des Gymnasiums. Frankfurt a. M., Druck v. A. Mahlau (Fa. Mahlau & Waldschmidt), 1889; S. 1–14, 2 Taf. 4°
Frankfurt a. M., k. Kaiser Friedrichs-G, OP 1889 (362)

Hartwig: Die Hofschule zu Cassel unter Landgraf Moritz. Hersfeld. 88 S. 1865.
Schul-/Univ.-Schrift

Hartwig, die Kirche Jesu Christi will betende Männer haben. Predigt zur Eröffng. der 7. hannov. Landessynode am 9. XI. 1905 üb. 1. Tim. 2, 8. (8 S.) Lex.-8. Hannover 905. H. Feesche. n. — 15

Hartwig. Malborghetto und Predill. Ruhmvolle Vertheidigung und Heldentod der österreichischen Besatzungen am 17. und 18. Mai 1809. Aus hinterlassenen, aus einzelnen Blättern bestehenden Aufzeichnungen des Ignaz . . . . ., verstorbenen Pfarrers zu Saifnitz (damaligen Kaplans zu Saifnitz). Lithographirt. 8. (1870.)

Hartwig, v., das hannoversche Polizeistrafgesetz vom 25. V. 1847, soweit dessen Bestimmgn. durch die Verordng. v. 25. VI. 1867 aufrecht erhalten sind. Zusammengestellt u. durch die Rechtsprechg. erläutert. (IV, 60 S.) 8. Hannov. (909). Helwing. 1.50

Hartwig, Predigt, im Festgottesdienste bei der 600jähr. Jubelfeier der Stadt Celle am 25. Mai 1892 geh. gr. 8. (10 S.) Celle 892. Capaun-Karlowa. n.n. — 30

Hartwig. Rechtsauskunftstellen, s. Hefte d. kirchl.-soz. Konferenz.

Hartwig, Luther's Stellung zur Politik. [Aus: „Allg. ev.-luth. Kirchenztg."] gr. 8. (44 S.) Leipzig 898. Dörffling & Franke. n. — 60

Hartwig, der elektrische Strom als Licht- und Kraftquelle. (457 S) Leipzig 1894

Hartwig, war Luther Antisemit? Nebst zwei notwendigen Vorfragen beantwortet. gr. 8. (72 S.) Leipzig 902. (B. Richter). n. 1.20

Hartwig, A., üb. die städtischen Anlagen f. elektrisches Licht in Königsberg. [Aus: „Sitzungsber. d. phys.-ökon. Gesellsch."] gr. 4. (4 S.) Königsberg i/Pr. 890. (Koch.) n. — 20

Hartwig, Albr. Herm., Elemente der lateinischen Grammatik für Anfänger zusammengestellt. Nürnberg 855. Stein. 8. (IV, 101 S.) n. 8 ngr.

Hartwig, Alb. Herm., Elemente der lateinischen Grammatik für Anfänger zusammengestellt. 2. Aufl. 865 u. 3., verb. Aufl. Nürnberg 868. Korn'sche Buchh. gr. 8. (148 S.) n. 12 ngr.

Hartwig, Alfred

Hartwig, A., Strafgesetzbuch v. Chile, siehe Sammlg. Strafgesetzbücher.

Hartwig, Alfr., s.: Strafgesetzbuch d. Republik Chile.

Hartwig, Alfr., s.: Strafgesetzbuch, spanisches.

Hartwig, C., die Erziehungsprinzipien Dupanloup's u. deren praktische Anwendung. gr. 8. (56 S.) Leipzig 884. (Siegismund & Volkening.) n. 1. —

Hartwig, C. F., de hydrope ascite. 8. Marb. 805. Krieger. 2 ℊ

Hartwig, Carl, s. Hartwig, Karl

Hartwig, Caroline, s. Hartwig, Karoline

Hartwig, Christian Adolph

— — (Meissen), De nonnullis antimonii praeparatis eorundemque usu medico. Diss. med. Lpz. (Büschel) 6. VI. 1783. 34 S. (6.—) 13360
Gew.: Johann Ehrenfried Pohl.

— Christian Adolph, Viro Joh. Carl Friedr. Koeppe gratul. summos in arte medica honores colleg. disput. sub Joh. Ehrenfried Pohl.. — Insunt quaedam de chemiae ad medicinam faciendam necessitate. Lpz. (Jacobäer) 2. XI. 1781. 12 S. (4.50) 13358
Gratul.: Schuster (Zittau), Richter (Zittau), Feller (Loebau), Klose (Ttzschoch./Lausitz), Albert (Dresden), Haase.

— — Viro Friedr. Melch. Drechsler summos in arte medica honores gratul. colleg. disput. sub Carl Christian Krause. — Insunt quaedam de roborantium usu. Lpz. (Büschel) 29. XI. 1782. 8 S. (4.20) 13359

Hartwig, E. Beitrag zur Bestimmung der physischen Libration des Mondes aus Beobachtungen am Strassburger Heliometer. Karlsruhe 1880. 4.

Hartwig, E., Beobachtungen der leuchtenden (silbernen) Nachtwolken zu Dorpat und Bamberg (Sonder-Abdr.)

Hartwig, E. v.: Fürstenstein mit seinen nächsten Umgebungen, s. Vogel v. Falkenstein, E.

Hartwig, E., s.a. Kann e. evangelisch-nationaler Arbeiter sich den Hirsch-Duncker'schen Gewerkschaften anschließen?

[Hartwig, E.] Kann ein evangelisch-nationaler Arbeiter sich den Hirsch-Dunckerschen Gewerkschaften anschließen? Antwort: Nimm und lies . . . ., entscheide! Hrsg. vom Evangelischen Arbeitersekretariat in Hagen. Berlin, [1907]. 47 S.

Hartwig, E., Reden üb. vernachlässigte leibl. Ausbildung unserer Jugend. Gesammelt u. hrsg. v. M. Eichelsheim. (44 S.) Düsseldorf 1888. L. Schwann.

Hartwig, E., Dr., Ueber die Bamberger Sternwarte. (Sep.-Abdr.) 1887. [o. O.]

Hartwig, E. v.: Umgegend von Salzbrunn in Schlesien, s. Vogel v. Falkenstein, E.

Hartwig, E. W., über die Berechnung der Auf- und Untergänge der Sterne. Nebst einigen Hülfstafeln. Schwerin 862. Hildebrand. gr. 8. (47 S. u. 1 lith. Taf.) n. 12⅓ ngr.

Hartwig, Emil: Ein Fall von Chorea gravidarum. Heilung durch Chloralhydrat. *Greifswald 1898: J. Abel.* (31 S.) 8°
Greifswald, Med. Diss. v. 26. März 1898

Hartwig, Emil, Rechtsauskunftstellen u. Volksbureaus, s.: Kippel, O.

Hartwig, Erich [aus Stettin, Pomm.]: Untersuchungen zur Syntax des Afraates. 1. Die Relativpartikel und der Relativsatz . . . Leipzig, Druck v. W. Drugulin, 1893; 2 Bl., 51 S., 1 Bl. 8.
Greifswald, Phil. Fak., Inaug.-Diss. v. 20. Juli 1893

Hartwig, Ernst

— Ueber den grossen Andromedanebel. [Astronomische Nachrichten No. 3529. Bd. 148, No. 1.] Bamberg

Hartwig, Ernst [Assistent der Kaiserlichen Universitäts-Sternwarte]: Beitrag zur Bestimmung der physischen Libration des Mondes aus Beobachtungen am Strassburger Heliometer. Karlsruhe, Druck der G. Braun'schen Hofbuchdruckerei, 1880. 4. 51 S.

Hartwig, Ernst, **Beitrag** zur Bestimmung der physischen Libration des Mondes aus Beobachtungen am Strassburger Heliometer. gr. 4. (51 S.) Karlsruhe 881. (Braun.) n.n. 3. 50

Hartwig, Ernst: Beobachtungen veränderlicher Sterne. Von –. Bamberg: Buchner 1910. 112 S. 4°
(Veröffentlichungen d. Remeis-Sternwarte zu Bamberg. Reihe 2 (Astrophysik. Abt. Bd 1, H. 1.)

Hartwig, Ernst, Ephemeriden veränderlicher Sterne für 1897. [Sonder-Abdr. aus der Vierteljahrsschrift der Astronomischen-Gesellschaft, Jahrg. 30—33, Hefte 3 u. 4.] Bamberg 1895—98.

Hartwig, Ernst, appr. Arzt: Aus d. Augenklinik zu Jena. **Ueber einen Fall** von Eisensplitterverletzung mit nachfolgender Infektion (Heubazillen) und über die dabei gemachte Erfahrung betr. Einführung von Jodoformplättchen. *Jena 1903: A. Kämpfe.* (28 S.) 8°
Jena, Med. Diss. v. (29. Juli) 1903

Hartwig, Ernst, Lebensbilder von Friedr. Aug. Theod. Wienecke. [Sonder-Abdr. aus den V. J. S. Astronom. Gesellsch. Jahrg. 33, Heft 1.] 1898.

Hartwig, [Ernst] v., Das Hannoversche Polizeistrafgesetz vom 25. Mai 1847, soweit dessen Bestimm. durch d. Verordn. vom 25. Juni 1867 aufrecht erhalten sind. Hannover [1909.] 8°.

Der veränderliche Stern vom Algoltypus Z Herculis von Ernst **Hartwig.** *Bamberg 1900: Bamberger Neueste Nachrichten.* (46 S.) 8° [Umschlagt.]
Aus: 17. Bericht d. naturforschenden Ges. in Bamberg. (o). 4700 11

— **Untersuchungen** über die Durchmesser der Planeten Venus u. Mars nach Heliometermessungen auf der provisorischen Universitäts-Sternwarte zu Strassburg, m. Hinzuziehung der anderweit. vorhandenen Mikrometerbeobachtungen. [Publicationen der Astronom. Gesellschaft XV.] gr. 4. (87 S.) Leipzig 879. Engelmann in Comm. n. 4. —

HARTWIG, ERNST C. Beiträge zur Kenntniss des Weinöls. Leipzig, 1881.

Hartwig, Eugen v.

— s. Abbott, Jak., d. junge Christ.

Hartwig, Eugen v., **Briefe aus u. üb. Tirol geschrieben in den Jahren 1843—1845. Ein Beitrag zur näheren Characteristik dieses Alpenlandes im Allgemeinen u. der Meraner Gegend. Mit (2) Ansichten v. Schloss Tirol u. v. Schlern-Gebirge, u. 4 meteorolog. Tab. gr. 8. (11½ B.) Berlin 846, Duncker u. Humblot.**

Hartwig, E. v. Elementar-Taktik der engl. Armee graphisch dargestellt. (Mit) erläuterndem Text. Berlin 1839. 2° u. 8°. (Hartwig: Elementar-Taktik. 2.)

Hartwig, E. v. Elementar-Taktik der franz. Armee. (Mit) Atl. Berlin 1841. 8° u. 2°. (Hartwig: Elementar-Taktik. 3.)

Hartwig, E. v. Elementar-Taktik der preuß. Armee nach den Exercier-Reglements der 3 Waffengattungen durch Zeichnung dargestellt. Berlin 1837. 2°.

Hartwig, Eugen v., die Elementar-Taktik d. fünf Hauptmächte Europa's: Oesterreich, Frankreich, England, Preussen u. Russland graphisch dargest. I. Abthl. Die Elementar-Taktik d. preuss. Armee nach d. Exercier-Reglements d. drei Waffengattungen durch Zeichn. dargest. u. mit kurzen Erläutern. versehen. ½ gr. Fol. (40 ill. Stnt.) Berlin 837, Veit u. Comp. * 6 Thlr., f. Ausg. *
Einzeln: Infanterie. (16 Bl.) * 2 Thlr. 20 Gr.
Cavallerie. (12 Bl.) * 2 Thlr. 8 Gr.
Artillerie. (12 Bl.) * 2 Thlr. 8 Gr.

—— dass. — II. u. III. Abthl. gr. 4. Berlin, Jonas Vrlsbuchh. à 4 Thlr.
Abthl. II. Elementar-Taktik d. englischen Armee. (7 ill. Kpfrt. qu. ½ Roy.-Fol. u. 10 B. Erläuter.) 839.
- III. Elementar-Taktik d. französ. Armee, graphisch dargestellt. (6 ill. u. 1 schw. Stat. qu. ½ Roy.-Fol. u. 8 B. Erläuter.) 841.

— s. Ellis, Mrs., Schriften.

Hartwig, E. v., eine Woche in Meran. Ein Wegweiser für diejenigen, welche die dortige Gegend in möglichst kürzester Zeit kennen lernen wollen. Mit 1 Plane der Umgegend von Meran (Kpfrst. in 4.) u. 1 (lith.) Postkarte von Tirol (in 4.). Berlin 853. D. Reimer. 16. (VIII, 56 S.) n. 15 ngr; die Karte einzeln n. 8 ngr

Hartwig, Frz. Ghld., († d. 17. Januar 1820.), s. 1) Apologie d. Apokalypse. 2) Gedichte u. poet. Abhandll. 3) Monatsschrift aus Mitleiden. 4) Propheten, über d. neuen.

— **Franz Gotthold,** Ad virum Gottlob Sigismund Schneider summos in arte medica honores 16. XII. 1763 rite capess. epistola, qua de usu scientiae medicae in theologicis breviter diss. Lpz. (Stopffel). 4 Bl. (4.—) 13361

**Hartwig, Friedrich Christian (Judicii Moeno-Francofurtensis procurator ordinarius)
Theses inaugurales.
Gissae [14.] Sept. 1787: Braun. 8 S. 4°
pro licentia summos in utroque jure honores capessendi.**

— **Fried. Wilh.** (Buetzow), De pulvere pyrio sive fulminari vulgo Schieß=Pulver. Dissert. jur. Präs. Jo. Ern. Fried. Mantzel. Buetzow (Joh. Gotthelf Fritz) 13. X. 1762. 63 S., tlws. dtsch. mit Widm. v. Präs. (8.—) 13362

Hartwig, Fritz, Referendar in Posen: Die **Haftung** juristischer Personen für Delikte. *Breslau 1899: Graß, Barth & Co.* (VI, 63 S.) 8°
Breslau, Jur. Diss. v. 1899

Hartwig, Fritz, die Rechte des Angeklagten, s.a. Bibliothek des praktischen Wissens. Nr. 6.

Hartwig, Fritz, die Rechte d. Angeklagten. Ein unentbehrl. Rathgeber u. Wegweiser im Strafproceß. 2. Aufl. 8. (65 S.) Breslau 897. A. Bergmann. — 75

Hartwig, F., Die Rechte des Angeklagten. Ein unentbehrl. Ratgeber u. Wegweiser im Strafprozess. 7. Aufl. 8. (59 S.) Leipzig, R Lipinski. —. 50.
(Bibliothek des praktischen Wissens. No. 6.) 1901.

Hartwig, Fritz Paul, appr. Arzt: Wesen und Behandlung der Sehnenscheidenphlegmone. Berlin 1909: Schumacher. 46 S. 8°
Berlin, Med. Diss. v. 27. April 1909, Ref. Bier
[Geb. 4. Mai 80 Corbach; Wohnort: Thorn; Staatsangeh.: Waldeck; Vorbildung: Gymn. Hersfeld Reife M. 01; Studium: Berlin K. W. A. 10 S.; Coll. 27. Febr. 09; Approb. 14. Febr. 08.] [U 09. 54

Hartwig, G., Bemerkungen üb. den richtigen Gebrauch d. Seebäder nebst e. Tab. d. tägl. Fluthzeit während d. Sommermonate d. Jahres 1846. gr. 16. (1½ B.) Antwerpen 846, Kornicker.

Hartwig, G., das Gasglühlicht. Eine Abhandlg. üb. Wesen u. Preis dieser neuen Beleuchtungsart im Vergleiche zum elektr. Glühlichte, nebst e. auszugsweisen Wiedergabe der bemerkenswerthesten Gutachten v. Staatsbehörden, staatl. Instituten, fachmänn. Autoritäten u. v. Gegnern des Gasglühlichtes. [Aus: „Bericht d. Verwaltungs-Ausschusses der Stadtverordneten zu Dresden betr. die Errichtg. e. städt. Elektrizitätswerkes".] 1.—3. Aufl. Lex.-8. (88 S.) Dresden 894. H. Henkler. n. 2. —

Hartwig, G., Ueber den Mord. Predigt zum Besten der verwais'ten Kinder des ermordet. Forstlaufers Schnitzer in Braunau. 8. Cassel 836. Luckhardt. 1/12 ₰

—— Notice médicale et topographique sur les bains de mer d'Ostende, ou vademecum du baigneur. gr. 16. (6½ B.) Antwerpen 846, Kornicker.

—— das Seebad Ostende. Ein Buch f. Kurgäste. Nebst e. Anhang für Reisende durch Belgien sowie 1 Ansicht u. 1 Plane v. Ostende. 8. (11 B.) Frankfurt a. M. 845, Jügel.*

— der elektrische Strom als Licht- u. Kraftquelle, nebst e. Erörterg. der Frage: Großbetrieb od. Kleinbetrieb, e. Schlußworte: die Elektrizität in gedrängter Kürze, u. e. Anh.: das Gasglühlicht. Eine gemeinfaßl. Darstellg. der Erzeugg., Verschickg. u. Verwerthg. des elektr. Stromes. [Aus: „Bericht d. Verwaltungs-Ausschusses der Stadtverordneten zu Dresden betr. die Errichtg. e. städt. Elektrizitätswerkes".] Lex.-8. (VIII, 487 S.) Ebd. 894. n.n. 6. —

Hartwig, G. E.

Die Vertretung der Centralverbands-Vereine in den städtischen Collegien, im Reichstag und in den Landtagen. Namentl. Verz. aller Inhaber öffentl. Aemter d. vorgenannten Art, die Mitglieder von Centralverbands-Vereinen sind, nebst Vorw. u. Anh. Zsgest. auf Grund d. Ergebnisse e. besond. Umfrage nach d. Stande v. J. 1902 v. Verbandsdir. Baumeister (G. E.) Hartwig, Dresden. Berlin 1903: R. Graßmann in Stettin. (90 S.) 8° [5.]
= Schriften d. Centralverbandes d. städt. Haus- u. Grundbesitzer-Vereine Deutschlands. N. F. Bd 8, H. 4.

Hartwig, G. H. T., über d. Nothwendigkeit d. Fortbestehens d. Bürgergarde. gr. 8. Braunschw. 831. Vieweg. 2 K

Hartwig, (G. L.), Anleitung zum richtigen Gebrauche der Seebäder mit besond. Rücksicht auf Ostende. gr. 12. (195 S.) Brüssel 851, Kiessling und Comp. *
vgl. Hartwig, Georg

— die physische Erziehung der Kinder. Ein Belehrungsbuch für Eltern. 8. (180 S.) Düsseldorf 847, Buddeus. n. 24 ngl

Hartwig, G. L., s. v. Goethe's Iphigenia in Tauris.

—— die peripatetische Heilmethode oder die Bewegungscur. Ein sicheres und einfaches Mittel zur Verhütung und Heilung der meisten chronischen Krankheiten. Populär dargestellt. 8. (125 S.) Düsseldorf 847, Buddeus. *

— das Seebad als Heilmittel gegen Nervenkrankheiten. 8. (158 S.) Brüssel 851, Kiessling & Co. n. 1 ₰

Hartwig, Georg [Pseud.]
s.a. Koeppel, Emmy [Wirkl. Name]

Hartwig, Geo. (Emmy Köppel), Alpenrose. Roman. 2 Bde. 8. (236 u. 266 S.) Stuttgart 896. Union. n. 6. 50

Hartwig, Geo., Anleitung zum richtigen Gebrauch der Seebäder mit besonderer Rücksicht auf Ostende u. Blankenberghe. 2. verm. u. verb. Aufl. Brüssel 853. Kiessling u. Co. 8. (251 S.) 1 ₰
vgl. Hartwig, G. L.

— Anno Domini. Roman aus der Zeit des 30jähr. Krieges. 2 Thle. in 1 Bde. 8. (184 u. 180 S.) Ebd. 890. n. 5. —

Hartwig, Geo., die Archenbach. Eine Familiengeschichte. 3 Bde. 8. (209, 183 u. 191 S.) Berlin 886. Janke. n. 10.—

Hartwig, Geo., im Banne der Ehre. Roman. 8. (300 S.) Berlin 890. Janke. n. 2. —

— welke Blätter. Roman. 3 Bde. 8. (205, 210 u. 215 S.) Ebd. 890. n. 10. —

Hartwig, Geo. (Emmy Koeppel), der blaue Diamant. Roman. (428 S.) 8. Stuttgart (909). Union. 4.—; geb. in Leinw. 5. —

— Fräulein Doktor. Roman. 8. (276 S.) Ebd. 887. n. 2. —

Hartwig, Geo. (Emmy Koeppel), das Dorfkind, s.a. Union-Sammlung mod. Romane aller Nationen. 23. Bd.

Georg Hartwig [d. i. Emmy Koeppel]. Das Dorfkind. *Stuttgart, Berlin, Leipzig: Union [1901].* (235 S.) 8° [3.]
= Union-Sammlung moderner Romane aller Nationen. 23.

— Gabriele Erdmann. Roman. 8. (271 S.) Ebd. 889. n. 2. —

— Farbenspiele d. Lebens. Roman. 8. (288 S.) Ebd. 889. n. 2. —

Hartwig, Geo, die goldene Gans. Roman. 2 Bde. 8. (238 u. 264 S.) Stuttgart 893. Union. n. 6. 50

— die Generalstochter. Roman. 2 Bde. 8. (235 u. 259 S.) Ebd. 895. n. 6. 50

— das Glückskind. Roman. 3 Bde. 8. (244, 221 u. 234 S.) Berlin 894. O. Janke. n. 10. —

— Gold u. Glück. Roman. 3 Bde. 8. (240, 248 u. 234 S.) Ebd. 888. n. 10. —

Hartwig, Geo., Gott in der Natur oder die Einheit der Schöpfung. Eine Darstellung für Gebildete aller Stände. Mit in den Text gedr. Abbildgn. (Holzschn.) Wiesbaden 864. Kreidel. gr. 8. (XII, 475 S.) n. 2 ₰; geb. n. 2 ₰ 12 ngr.

— Haß u. Liebe. Roman. 8. (279 S.) Ebd. 889. n. 2. —

Hartwig, Geo., die Inseln des großen Oceans im Natur- und Völkerleben. gr. 8. (XVI und 544 S. mit 4 Abbild. in Holzschn. in Textdr. und 3 Karten, wovon 2 chromolithogr. und 1 lithogr., in gr. 8. und qu. gr. Fol.) Wiesbaden 861, Kreidel's Verlag. * 3 Thlr.; geb. *

— Jugendträume. Roman. 2 Bde. gr. 8. (248 u. 234 S.) Stuttgart (899). Union. n. 6. 50

Hartwig, Geo., das Leben d. Luftmeeres. Populäre Streifzüge in das atmosphär. Reich. Mit 6 Illustr. in Irisdruck. gr. 8. (XV, 331 S.) Wiesbaden 872. Bischkopff. n. 6. 20; geb. n.n. 8. 25

Hartwig, Geo., das Leben des Luftmeeres. Populäre Streifzüge in das atmosphärische Reich. Mit 8 Illustr. in Irisdr. u. Holzschn. im Text. Neue (Titel-)Ausg. gr. 8. (XV, 331 S.) Wiesbaden (1872) 882. Bischkopff. n. 4. —; geb. n. 5. 50

— das Leben des Meeres. Eine Darstellung für Gebildete aller Stände. 2. unveränd. Aufl. Frankfurt a. M. 857. Meidinger. gr. 8. (416 S.) 2 Thlr

— das Leben des Meeres. Eine Darstellung für Gebildete aller Stände. 4. verm. u. verb. Aufl. Illustr. Pracht-Ausg. Frankfurt a. M. 859. Meidinger & Co. gr. 8. (XVI, 451 S. m. Holzschn. im Text, 20 Holzschnttaf. u. 2 lith. Karten in Fol.) n. 4 Thlr

— — 5. verm. u. verb. Aufl. Glogau 862. Flemming. Lex.-8. (XIV, 457 S. m. Holzschn. im Text, 20 Holzschnttaf. u. 2 lith. Karten in Fol.) 3 Thlr 22½ ngr; ohne Illustr. 2 Thlr

— Licht u. Schatten. Roman. 8. (268 S.) Ebd. 888. n. 2. —

— die Lumpenprinzessin. Roman. 8. (276 S.) Ebd. 887. n. 2. —

— der Majoratserbe. Roman. 3 Bde. 8. (VII, 253; 198 u. 197 S.) Ebd. 890. n. 10. —

— Metamorphosen. Roman. 8. (411 S.) Leipzig 875. Thiele & Freese. 4. 50

— der hohe Norden im Natur- und Menschenleben dargestellt. Mit 1 Karte. Wiesbaden 858. Kreidel u. Niedner. gr. 8. (XII, 484 S.) n. 2 Thlr 12 ngr

Hartwig, Geo., der hohe Norden im Natur- u. Menschenleben dargestellt. 2., verm. Aufl. Wiesbaden 867. Kreidel's Verlag. gr. 8. (IX, 419 S. mit 8 Bildern in Irisdr.) n. 2 Thlr; geb. n. 2 Thlr 12 ngr

— Privatsekretair Sr. Durchlaucht, s.: Erdmann, Frdr.

— im Reich der Töne. Erzählung. 8. (122 S.) Ebd. 887. n. 1. —

— Ringkämpfe. Roman. 3 Bde. 8. (200, 216 u. 187 S.) Ebd. 889. n. 10. —

— die Sage v. Imhoff. Roman. 2 Bde. 8. (263 u. 232 S.) Stuttgart 894. Union. n. 6. 50

— eine Saison in Ostende, s. Weber's illustr. Reisebibliothek.

Hartwig, Geo., Theater-Memorial der vereinigten Stadttheater zu Frankfurt am Main 1902. gr. 8. (142 S. m. Bildn. u. 2 Plänen.) Frankfurt a/M. 902. C. Elsiepen. Geb. in Leinw. n. 3. —

— die Tropenwelt. Skizzen aus dem Natur- u. Menschenleben in den heißen Gegenden der Erde. 2. gänzlich umgearb. u. verm. Aufl. Mit 16 Taf. in Schwarz- u. Buntdruck u. zahlreichen Abbildgn. (in Holzschn.) im Text. Lex.-8. (XI, 676 S.) Wiesbaden 874. 75. Bischkopff. n. 14. —

— die Tropenwelt im Thier- und Pflanzenleben dargestellt. Mit 6 Abbildgn. (Holzschntaf. in Buntdr.) Wiesbaden 860. Kreidel. gr. 8. (XII, 483 S.) n. 3 Thlr

— auf Umwegen. Roman. 8. (294 S.) Berlin 892. O. Janke. n. 2. —

Hartwig, Geo., die Unterwelt mit ihren Schätzen und Wundern. Eine Darstellung für Gebildete aller Stände. Mit Illustr. Wiesbaden 863. Kreidel. gr. 8. (XII, 474 S. m. Holzschn. im Text u. 3 Holzschntaf. in Buntdruck.) n. 2 Thlr 4 ngr; geb. n. 2 Thlr 16 ngr

Hartwig, Georg. ⟨Emmy Koeppel.⟩ Neues Vaterland. Roman. 3 Bände. IV + 208 *u.* IV + 218 *u.* IV + 204 S. 8. Berlin. Otto Janke, 1901. [*zus.* M. 10. —]

Schauplatz von Band 3. S. 57—165 ist die Schweiz.

— Verschwiegenheit. Erzählung. 8. (138 S.) Ebd. 888. n. 1. —

— Wär' ich geblieben doch! Roman. 1. u. 2. Aufl. (324 S.) 8. Ebd. (907. 10). 3.50; geb. in Leinw. 4. 50

Hartwig, Geo (Emmy Koeppel), wenn du mich liebst. Roman. 2 Bde. (256 u. 235 S.) 8. Stuttgart (904). Union. n. 6. 50

— Schloß Wolkenstein. Roman. 8. (256 S.) Ebd. 888. n. 2. —

— **Georg Dietrich,** Brevis curarum historia. Präs. Joh. Theophil Seger. Lpz. (Stopffel) 13. V. 1753. 28 S. (6.—) 13363
Gew.: Joh. David Hartwig (Grosshartmannsdorf).

— — Dasselbe. Lpz. 1763. (5.50) 13364

Hartwig, Gust., Balladen u. andere Gedichte. 8. (153 S.) Breslau 897. Schles. Buchdruckerei etc. n. 2. —; geb. n. 3. —

[F.] Balladen und andere Gedichte. Von Gustav Hartwig. *Breslau: S. Schottlaender; Leipzig: E. F. Steinacker 1897.* (153 S.) 1 Bd 8. 98. 90

Hartwig, Gust., Erlebtes — Erdachtes. Gedichte. 8. (VIII, 116 S.) Straßburg 877. Trübner. n. 2. —

Hartwig, Hans, Tierarzt a. Corbach: Über einige bei den kleineren Haustieren vorkommende Vergiftungen. Leipzig (1908): Gebr. Gerhardt. (78 S.) 8°

Leipzig, Phil. Fak., Ref. Eber-Kirchner, Diss. v. 1. Juli 1908

[Geb. 28. Dez. 81 Corbach; Wohnort: Corbach; Staatsangeh.: Waldeck; Vorbildung: Gymn. Corbach Reife O. 01; Studium: Tierärztl. Hochsch. Hannover 4, München 1, Berlin 1, Leipzig 4 S.]

Hartwig, Hermann: Ueber einen Fall von intermittirender Paralysis spinalis. Halle 1874: Lipke. 30 S. 8°

Halle-Wittenberg, Med. Diss. v. 22. Juli 1874

Geb. Pyritz (Pommern) 13. 6. 1847. V.

Hartwig, Hermann, aus Minden i. W.: **Ronsard-Studien.** 1. Über Textveränderungen, welche Ronsard an seinen 'Amours' den bei seinen Lebzeiten erschienenen Ausgaben zufolge vorgenommen hat. *Greifswald 1901: F. W. Kunike.* (54 S.) 8° ¶(Gekr. Preisschr.)
Greifswald, Phil. Diss. v. 18. Dez. 1901

Hartwig, H[ermann]: Ronsard-Studien II. L. Froger, Les premières poésies de Ronsard. (Odes et Sonnets.) Remarques critiques. 14 S. 4 Gymn. und Realgymn. *Bielefeld* 1901 (384).
I. Über Textveränderungen, welche Ronsard an seinen „Amours" den bei seinen Lebzeiten erschienenen Ausgaben zufolge vorgenommen hat. Inaug. Diss. Greifswald 1901. 1 Bl., 52 S. 8.
Prc.

Hartwig, H(ermann), Dr.: **Ronsard-Studien.** 2. L. Froger, Les premières poésies de Ronsard. ⟨Odes et Sonnets.⟩ Remarques critiques. (Umschlagt.: Beiträge zur Ronsard-Philologie.) *Bielefeld 1902: Velhagen & Klasing.* (14 S.) 4° ¶[T. 1 = phil. Diss. Greifswald 1901.]
Bielefeld, G u. RG, OP 1902 (384)

Hartwig

— **Johann Gottlieb** (Leipzig), **Imprecationes libris** adscriptas. **Präs.** Gottlob Heinrich Pipping. **Lpz.** (Titius) 17. V. 1721. 40 S. (6.20) **13365**

Hartwig, Julius

Hartwig, J., die **Anlage von Lustgebieten und Blumengärten,** mit **specieller Berücksichtigung der zur Ausführung** landschaftlicher Anlagen nothwendigen Kenntnisse und Verrichtungen, und Aufführung der in denselben zu verwendenden Bäume, Sträucher, Stauden u. Sommergewächse nach Höhen, Farben und Blüthezeit geordnet. Ein Hülfs- u. Lehrbuch für Gärtner, Gartenbesitzer, Gutsbesitzer rc. Nebst einem Anh.: Die monatlichen Verrichtungen im Blumengarten nach dem engl. Original des Charles Mc. Intosh bearb. Mit 16 (lith.) Taf. Abbildungen. Weimar 861. Voigt. gr. 4. (XII, 131 S.) 2 ₰

—— und Th. Rümpler, illustrirtes Gehölzbuch. Die schönsten Arten der in Deutschland winterharten oder doch leicht zu schützenden Bäume und Sträucher, ihre Anzucht, Kultur und Verwendung für Privatgärten, Parks und öffentl. Anlagen. Für Gärtner, Baumschulenbesitzer, Gartenfreunde und Forstleute. gr. 8. (IV, 890 S. mit 513 eingedr. Holzschn.) Berlin 874, Wiegandt, Hempel und Parey.

— u. Th. **Rümpler,** illustrirtes Gehölzbuch. Die schönsten Arten der in Deutschland winterharten od. leicht zu schützenden Bäume u. Sträucher, ihre Anzucht, Kultur u. Verwendg. f. Privatgärten, Parks u. öffentl. Anlagen. Für Gärtner, Baumschulenbesitzer, Gartenfreunde u. Forstleute. Mit 513 Holzschn. gr. 8. (IV, 890 S.) Berlin 875. Wiegandt, Hempel & Parey. n. 18. —

Hartwig, J., illustriertes **Gehölzbuch**. Die schönsten **Arten der in Deutschland** winterharten u. doch leicht zu **schütz. Bäume u. Sträucher,** ihre Anzucht, **Pflege** u. **Verwendg. 2. Aufl., vollständig** neu bearb. gr. 8. (VIII, 656 S. m. 370 Abbildgn. u. 16 Taf.) Berlin 892. P. Parey. Geb. in Leinw. n. 12. —

Hartwig, J., die Gehölzzucht, s.a. **Thaer-Bibliothek.**

Hartwig J.: Die Gehölzucht. Berl. 1876. 154 S. Fig. (Thaer-Bibliothek Bd. 25).

— die **Gehölzzucht.** 2., umgearb. Aufl. 8. (VII, 162 S. m. 60 Holzschn.) Ebd. 893. Geb. in Leinw. n. 2. 50

Hartwig, J., die **Gemüsetreiberei** od. das Treiben der zum Küchengebrauche dienenden Gewächse, als der Gemüse und Gewürzkräuter in Mistbeeten, Treibkästen u. Treibhäusern. Für Gärtner u. Gartenfreunde nach den neuesten Erfahrgn. 2. verm. Aufl. Mit 13 in den Text gedr. Abbildgn. gr. 8. (VIII, 118 S.) Weimar 885. B. F. Voigt. 2. 50

Hartwig J.: Gewächshäuser u. Mistbeete. Berl. 1876. 167 S. Fig. (Thaer-Bibliothek Bd. 30).

— **Gewächshäuser** u. **Mistbeete.** 2., umgearb. Aufl. 8. (VI, 164 S. m. 54 Abbildgn.) Ebd. 893. Geb. in Leinw. n. 2. 50

Hartwig, J., Gewächshäuser u. Mistbeete, 3. Aufl. v. Curt **Reiter,** s.a. **Thaer-Bibliothek.**

Gewächshäuser und Mistbeete. Von J[ulius] **Hartwig**, Garteninsp. 3. Aufl., umgearb. von Curt Reiter, Obergärtner. Mit 54 Textabb. u 8 Taf. Berlin: Parey 1910. VIII, 100 S. 8°
(Thaer-Bibliothek. Bd 30.) [10. 10502

-- praktisches **Handbuch der Obstbaumzucht,** oder Anleitung zur Anpflanzung, Heranbildung und Abwartung des Kern-, Stein-, und Beerenobstes als Hochstamm und in Pyramiden-, Kessel-, Busch- rc. Form, um auf einem kleinen Raume einen großen Fruchtertrag zu erzielen. Für Gärtner, Gutsbesitzer, Landwirthe rc. Nach der 2. Aufl. von **Raoul** „Manuel pratique d'arboriculture" und der 8. Aufl. von **Rivers** „the miniature fruit garden" übersetzt und unter Berücksichtigung unserer klimatischen Verhältnisse bearb. Mit 10 (lith.) Taf. Abbildgn. (in gr. 8. u. Fol.) Ebend. 860. gr. 8. (XVI, 265 S.) 1 ₰

— **praktisches Handbuch der Obstbaumzucht od. Anleitg. zur Anpflanzg., Heranbildg. u. Abwartg. d. Kern-, Stein- u. Beerenobstes als Hochstamm** rc., **um auf e. kleinen Raume e. großen Fruchtertrag zu erzielen. Für Gärtner, Gutsbesitzer, Landwirthe** rc. **2. umgearb. u. verm. Aufl. Mit 81 erläut. Abbildgn. auf 8 (lith.) Taf. in qu. 4. u. qu.Fol. gr.8. (XII, 254 S.) Weimar 871. B. F. Voigt.** 5. 25

Hartwig, J., praktisches Handbuch der Obstbaumzucht, oder Anleitung zur **Anpflanzung, Heranbildung** u. Abwartung des Kern-, Stein- u. Beerenobstes als Hochstamm u. in Pyramiden-, Kessel-, Busch-, Säulen-, Spalier- u. Gegenspalier- u. in Guirlandenform rc., um auf einem kleinen Raume einen großen Fruchtertrag zu erzielen. Für Gärtner, Gutsbesitzer, Landwirthe rc. 3., durchgeseh. u. verm. Aufl. Mit 91 in den Text gedr. Holzschn. gr. 8. (XII, 248 S.) Weimar 879. B. F. Voigt. 5. 25

—— **Praktisches Handbuch der Obstbaumzucht, od. Anleitg. zur Anpflanzg., Heranbildg. u. Abwartg. d. Kern-, Stein- u. Beerenobstes u. s. w. 4. umgearb. u. verm. Aufl. gr. 8. (V, 225 S. m. 109 Holzschn.) Weim. 892, Voigt.** 5 25

— der **Hausgarten** auf dem Lande. Eine von dem Vereine zur Beförderung des Gartenbaues in den preussischen Staaten mit der silbernen Medaille gekrönte Preisschrift. Mit 10 in den Text gedr. Holzschnitten. gr. 8. (IV, 61 S.) Leipzig 878. H. Voigt. n. 1. —

Hartwig, J., der illustrierte Hausgärtner. Anleitung, Blumen und Zierpflanzen in kleinen Gärten und Zimmern zu ziehen, nebst Kulturangabe der beliebtesten Zierpflanzen für Wohnzimmer, Kalthäuser und für das freie Land. 10. umgearb. Aufl. gr. 8. (VIII, 237 S. mit 119 eingedr. Abbild.) Weimar 883, B. F. Voigt.
Frühere Aufl. vgl. XV. Bd. 2. Abthl. S. 521: Schmidt, J. A. F.

Hartwig, J., u. F. C. Heinemann, die Clématis, s.a. Heinemann's, F. C., Garten-Bibliothek.

— u. F. C. **Heinemann,** die Clematis. Eintheilung, Pflege u. Verwendung der Clematis, mit einem beschreib. Verzeichnisse der bis jetzt gezüchteten Varietäten u. Hibriden, nach „The Clematis as a garden flower" v. Thom. Moore u. George Jackmann bearb. Mit 7 in den Text gedr. (Holzschn.-)Abbildungen. gr. 8. (III, 102 S.) Erfurt 880. (Leipzig, H. Voigt.) n. 2. 50

— der Küchengarten oder Anlage und Einrichtung des Küchengartens und Kultur der zum Küchengebrauche dienenden Gewächse, oder Gemüse und Gewürzkräuter. Mit 35 Abbildgn. auf 5 (lith.) Taf. Ebend. 863. gr. 8. (XII, 273 S.) 1 ₰ 7½ ngr.

Hartwig, J., der Küchengarten oder Anlage u. Einrichtung des Küchengartens u. Kultur der zum Küchengebrauche dienenden Gewächse, oder Gemüse u. Gewürzkräuter. 2. Thl. Die Gemüsetreiberei. Weimar 866. B. F. Voigt. gr. 8. (VIII, 163 S. mit 11 Abbild. auf 3 Steintaff.) 22½ ngr.

— der **Küchengarten** oder Anlage u. Einrichtung des Küchengartens u. Kultur der zum Küchengebrauche dien. Gewächse, oder Gemüse u. Gewürzkräuter. 2., umgearb. Aufl. Mit 50 in den Text gedr. (Holzschn.-)Abbildungen. gr. 8. (XIV, 224 S.) Weimar 880. B. F. Voigt. 4. 50

Hartwig, J., Küchen- u. Blumen-Garten f. Hausfrauen, s.: **Davidis,** Henriette.

Hartwig J.: Die Kunst d. Pflanzenvermehrung durch Samen, Stecklinge, Ableger u. Veredelung. 5. Aufl. v. M. Neumanns Kunst d. Pflanzenvermehrung, durchges. u. erweitert v. —. Weimar 1886. 234 S. Fig.

— Melonen-, Gurken- u. Champignongärtner, s.: Weise, J. C. G.

— (Red.), s. M i t t e i l u n g e n des Verbandes deutscher Gartenbau-Gesellschaften.

— s. N e u m a n n , M.: Grundsätze und Erfahrungen über den Bau und die Anlegung von Glashäusern aller Art ...

—— s. Neumann, M., die Kunst der Pflanzenvermehrung.

Hartwig, J., der **Parkgarten** oder die Ausführung landschaftlicher Anlagen m. besond. Berücksicht. der notwendigen Kenntnisse u. Verrichtungen. Ein Hilfs- u. Lehrbuch für Gärtner, Gartenbesitzer, Gutsherren u. Lehranstalten. 2., vollständig umgearb. Aufl. der „Lustgebiete u. Blumengärten". Mit 16 Fol.-Taf. in Tondr., enth. Pläne v. Parkgärten u. Vorlagen zu Blumenbeetfiguren. Fol. (IV, 54 S.) Weimar 882. B. F. Voigt. In Mappe. 9. —

Hartwig, Jul., die Rechtsverhältnisse des ländlich. Grundbesitzes im Gebiet der freien u. Hansestadt Lübeck. (76 S.) 8. Lübeck 908. Lübcke & Nöhring. 2. 25
Sonderabdr. a.: „Ztschr. d. Ver. f. Lübeck. Gesch. u. Altertumskde."

Hartwig, J., der Lübecker Schoss bis zur Reformationszeit, s.a. **Forschungen, staats- u. socialwissenschaftliche. XXI. 6.**

Hartwig, J(ulius), Referendar: Der Lübecker **Schoß** bis zur Reformationszeit. *Leipzig: Duncker & Humblot 1903.* (VI, 103 S.) 8° ¶ [Erschien vollst. 1903 als: Staats- u. socialwiss. Forschungen, Bd 21, H. 6.]
Göttingen, Phil. Diss. v. [16. Mai] 1903

— der **Zimmergarten.** Ergänzungsband zu Henriette Davidis' Küchen- u. Blumengarten f. Hausfrauen. 8. (VI, 80 S.) Leipzig 888. Jul. Baedeker. — 75; cart. n. 1. —

— der **Zimmergarten.** Ergänzungsband zu Henriette Davidis' Küchen- u. Blumengarten f. Hausfrauen. 2. (Titel-)Aufl. 8. (VI, 80 S.) Leipzig 892. J. Baedeker. — 75; kart. n. 1. —

Hartwig, K. A., Nachrichten über die Hannoversche Familie von Hartwig und über die mit derselben namensverwandten Familien. Danzig 1872. 8.

Hartwig, Karl

Hartwig, Carl (Nied.-Urf/Hess.), Die Erziehungsprinzipien Dupanloup's und deren praktische Anwendung. Diss. philos. Lpz. (Bär & Hermann) 1884. 57 S. mit Biogr. (5.50) 13357

Hartwig, Carl, aus Weimar: Aus d. medizin. Klinik zu Jena. Über die Farbenreactionen des Blutes bei Diabetes mellitus Bremer'sche Reaction. *Naumburg a. S.: Lippert & Co. 1899.* (28 S.) 8°
Jena, Med. Diss. v. 15. Febr. 1899

Hartwig, Carl, Hülfstafeln f. Holzbau. gr. 8. (VI, 26 S. m. 1 Taf.) Berlin 893. J. Springer. Geb. n. 2. 40

Hartwig, Karl „Die elektrische Leitungsfähigkeit der wässerigen und alkoholischen Lösungen des Phenols und der Oxalsäure in ihrer Abhängigkeit von dem Prozentgehalt, der Temperatur und dem Lösungsmittel". pg. 3—28. 8°. Mit einer Tafel. G. P. J. Bieling-Dietz.
Nürnberg, Progr. 1885/86

Hartwig, Karl: Die electrische L e i t u n g s f ä h i g k e i t von Lösungen einiger Glieder der Fettsäurereihe in Wasser und einigen Alkoholen ... Leipzig, Druck v. Metzger & Wittig, 1887; 24 S. u. 1 Taf. 8°
Erlangen, Phil. Fak., Inaug.-Diss. v. 1887

Hartwig, Carl, approb. Arzt, aus Corbach, Fürstent. Waldeck: **Aus d. pathol. Institut d. Universität Greifswald. Ueber Lipome und Liposarkome der Niere.** *Greifswald 1903: J. Abel.* (26 S.) 8°
Greifswald, Med. Diss. v. 6. Apr. 1903

Hartwig, Karoline

Hartwig, Caroline, Koch-Buch. 8. (XI, 84 S.) Danzig 874. Kafemann. geb. n. 1. —

Hartwig, Ludwig: Untersuchungen über die Einwirkung von Harnstoff auf Verbindungen der Cyanessigsäure. 1905. 52 S. 8° ¶ Auch in: Journal f. prakt. Chemie. Bd 180. 181. N. F. Bd 72. 73. 1905/06.
Braunschweig, Dr.-Ing.-Diss. v. 9. 3. 1905

Hartwig, M., Brief an den renit. Pfr. J. Rausch, s.: **Wiţel, Frz.,** die Wahrheit üb. die hessische Renitenz.

Hartwig, Marcell (geb. Tlumacz in Galizien 29. 5. 1850): Zur Behandlung der bedingt regelmässigen Kopflagen. Berlin (1873). (31 S.) 8°
Berlin, Med. Diss. v. 19. Juni 1873

Hartwig, O.: Michele A m a r i . [SA. aus der „ Deutschen Rundschau". 12. Heft. Jahrg. 1889.]

Hartwig, O., über die Entstehung und Fortbildung der Sage von der Wiederkunft Kaiser Friedrichs des Staufers. Eine Rede, gehalten in einem Cyclus von Abendvorlesungen zu Marburg am 3. Januar 1860. Cassel, Scheel. gr. 8. (25 S.) n. 5 ngr.

Hartwig, O. und Müller, A.: Johannes Gustav G i l d e m e i s t e r zum Gedächtnisse. [SA. aus dem Centralblatt für Bibliothekswesen. VII. 12° Leipzig 1890.]

Hartwig, Oskar, Referendar a. Rudolstadt: Die Schuldhaftung der nicht rechtsfähigen Vereine nach geltendem Privat- und Prozeßrecht. Hildburghausen 1905: L. Nonne's Erben. (48 S.) 8°

Leipzig, Jur. Fak., Diss. v. 25. Juli 1905

[Geb. 29. Jan. 76 Rudolstadt; Wohnort: Rudolstadt; Staatsangeh.: Schwarzburg-R.; Vorbildung: Gymn. Rudolstadt Reife O. 97; Studium: Jena 5, Berlin 1, München 4 S.; Rig. 31. Juli 01.]

Hartwig, Otto

Ludwig Bamberger. Eine biogr. Skizze von Otto **Hartwig**. Als Ms. gedr. *Marburg 1900: C. L. Pfeil.* (VIII, 85 S.) 8° [00. 3956 4

Hartwig, Otto, Charlotte Diede, s. P i d e r i t, A.

— s.: Festschrift zum 500jährigen Geburtstage v. Johann Gutenberg.

Hartwig, Otto, Henricus de Langenstein dictus de Hassia. Zwei Untersuchungen über das Leben u. die Schriften Heinrichs v. Langenstein. Marburg 857. Elwert. gr. 8. (IX, 89, 57 S.) 20 ngr.

Hartwig, Otto, aus dem Leben e. deutschen Bibliothekars. Erinnerungen u. biograph. Aufsätze. (VI, 387 S. m. Bildnis.) 8. Marburg 906. N. G. Elwert's Verl. n. 5. —; geb. n. 6. —

Lehr- und Wanderjahre eines alten deutschen Bibliothekars. Von Otto **Hartwig**. ⟨Als Ms. gedr.⟩ *Halle a. S. 1900: E. Karras.* (24 S.) 8° [Umschlagt. F.] [04. 1447 3

Hartwig, Otto, Quellen u. Forschungen zur ältesten Geschichte der Stadt Florenz. 1. Thl. gr. 4. (XLIII, 95 S.) Marburg 875. Elwert's Verl. n. 7. 20

Hartwig, Otto, Quellen u. Forschungen zur ältesten Geschichte der Stadt Florenz. 2. Thl. gr. 4. (VII, 328 S. m. 1 lith. Plan.) Halle 880. Niemeyer. n. 16. — (1. u. 2.: n. 23. 50)

In eigener Sache. (Unterzeichnet:) O[tto] **Hartwig**. *[Halle 1898.]* (3 S.) 1 Bd 8. [98. 3047 Ha

Hartwig, Otto, aus Sicilien. Cultur- u. Geschichtsbilder. 1. u. 2. Bd. Göttingen 867, 69. Wigand. 8. (VII, 334 S., III, 397 S.) Jeder Bd. 1 rthl 15 ngr

— das Stadtreoht von Messina, s.a. **Codex juris municipalis Siciliae.**

Hartwig: Das Stadtrecht von Messina. 74 S. 8°–Rinteln, Progr. 1867.

Stammbaum der Niederhessischen Familie **Hartwig**. Entworfen von Otto **Hartwig**. *Halle a. S. 1902: E. Karras.* (16 S.) 4° [02. 9013] 4

Hartwig, Otto: Die U e b e r s e t z u n g s l i t e r a t u r Unteritaliens in der normannisch-staufischen Epoche. (Als Manuscript gedruckt.) Leipzig [1886].

Hartwig, O. Zwei Untersuchungen über das Leben und die Schriften Heinrichs von Langenstein. Marburg 1857.

Hartwig, Otto. s.: Centralblatt f. Bibliothekswesen.

Hartwig, Otto Edw., († d. 19. Sept. 1802.), s. 1) J. K. G. Jacobsen, technolog. Wöterbuch. 2) P. N. Sprengel, Handwerke u. Künste.

Hartwig, Paul, Bendis. Eine archaeolog. Untersuchg. gr. 4. (IV Blatt, 27 S. m. 8 Abb. u. 2 Lichtdr.-Taf.) Leipzig 897. Giesecke & Devrient. n. 6. —

[F.] Herzog Bogislav. E. Bühnenspiel a. d. pommerschen Geschichte v. Dr. Paul **Hartwig**. Als Ms. gedr. *Pyritz: Selbstv. d. Vf.;* (Aufgest.: *E. Kohlschmidt) 1898.* (3 Bl., 80 S.) 1 Bd 8. [09. 5188

Hartwig, Paul, Farbenspiele. Novellen. 8. (VII, 206 S.) Berlin 896. Freund & Jeckel. n. 8. —

Hartwig, Paul: Zur Casuistik des primären Lungenechinococcus. Halle a. S. 1883. Plötz. 33 S. 8°

Halle-Wittenberg, Med. Diss. v. 18. Juli 1883

Geb. Pyritz (Pommern) 25. 8. 1859. V.

Hartwig, Paul, späte Lieder. (IX, 140 S.) 8. Stuttg. 908. J. G. Cotta Nachf. 2.—; geb. in Leinw. 3. —

Hartwig, Paul, s.: Marées, Hans v., Fresken in Neapel.

Hartwig, Paul, Anselm Feuerbachs Medea, Lucia Brunacci. (42 S. m. Abbildgn. u. 1 Taf.) Lex.-8. Leipzig 904. S. Hirzel. n. 3. —

Hartwig, Paul, die griechischen Meisterschalen der Blüthezeit des strengen rothfigurigen Stiles. Mit Unterstützg. der königl. sächs. Gesellschaft der Wissenschaften u. aus privaten Mitteln hrsg. gr. 4. (IX, 701 S. m. Abbildgn.) Nebst Atlas. gr. Fol. (75 Taf. m. 1 Bl. Text in Mappe.) Berlin 893. W. Spemann. n. 220. —

— Ein Vampyr u. Anderes. Novellen. 8 (103 S.) Frankfurt a/M. 897. A. Vaternahm. n. 1. —

— Die antiken Vasen v. der Akropolis zu Athen, s.: Graef, Botho.

Hartwig, Paul H., als wir jung waren. Geschichten. 12. (156 S.) Leipzig 902. H. Seemann Nachf. n. 2. —

Hartwig, Paul Herm., Kinderland, s.a. **Bücher, die, des dtschn. Hauses.**

Kinderland. Von Paul Hermann **Hartwig**. Ill. von Götz. Berlin-Leipzig-Wien: Buchverlag fürs Deutsche Haus 1908. 304 S. 8° (Die Bücher d. Deutschen Hauses. Bd 53.) [09. 11896

— Schnockelchen. Kindergeschichten. kl. 4. (141 S.) Ebd. (902.) n. 1. —

— Sonnenseite. Lustige Geschichten. 8. (120 S.) Sangerhausen 899. C. F. Huwald. n. 1. —

Hartwig, R. v., die Camera obscura bringt es an den Tag, s.: Volksbücher, vommerische. 11. Hft.

Hartwig

— R. P., Herakles mit d. Füllhorn. Diss. 1888. 78 S.

Hartwig, Richard [aus Neuenklitsche '(Prov. Sachsen)']: Beiträge zur Kenntnis des ana-Oxychinolins . . . Freiburg i. B., F. Wagner'sche Buchdr., 1897; 62 S. 8.
Freiburg i. B., Phil. Fak., Inaug.-Diss. v. 1897

Hartwig, Rich. v., Dichtungen. 8. (118 S.) Berlin 888, Thiel. *

Hartwig, Rich., das Gift des Irokesen, s.: Jugend- u. Volksbibliothek.

Hartwig, Rich. v., e. Idol. Sociales Drama in 5 Akten. 2., veränd. Aufl. 8. (114 S.) Berlin 892 Deutsche Schriftsteller-Genossenschaft. n. 1.

Hartwig, Rich. v., **Welt-Märchen.** 8. (86 S.) Berlin 886. Thiel. n. 1. 50

Hartwig, Rich. v., Welt-Märchen. 2. (Titel-) Aufl. 8. (86 S.) Berlin (886) 895. Charlottenburg, R. Köhler. n. 1. 50

HARTWIG, Rudolf: Über die wirthschaftliche Bedeutung des sogenannten Vorwuchses bei Begründung und Formbildung reiner und gemischter Bestände. - Berlin 1881. 21 S. - Diss. Univ. München, Staatswirtsch. Fak. 1882. - (Forstwiss. Cbl. Jg. 4, 1882)

— **Rudolph Moritz** (Bautzen), **Historia indurationis ventriculi cum tumore adiposo junctae. Dissert. med. Lpz. (Friedrich Andrae) 22. V. 1840. 24 S. (5.—) 13366**

Hartwig, Siegfried R.

Hartwig, S. R., deutsche Handelsbriefe, s.: Pickhan, H. A.

Lehr- und Übungsbuch der kaufmännischen Arithmetik z. Gebr. an Real-, Gewerbe-, Handels- u. höheren Bürgerschulen von S[iegfried] R. Hartwig, Dir. in Dortmund, u. Th. J. Hartwig, Prof. in Wiener-Neustadt. Bd 1. Berlin: H. Spamer [1905]. 8°
(Sammlung kaufmännischer Fach- u. Lehrbücher.) 05. 8970

Hartwig, S. R., u. Th. J. Hartwig, Lehr- u. Uebungsbuch der kaufmännischen Arithmetik zum Gebrauche an Real-, Gewerbe-, Handels- u. höheren Bürgerschulen. 2 Bde. (VIII, 131 u. VI, 140 S.) 8. Berlin (905. 906). H. Spamer. Geb. à n. 1. 90

Hartwig, Theodor

Hartwig, Th. Der Anschluß Hessen-Cassels an Preußen im siebenjährigen Kriege. Progr. Cassel 1868. 8°.

Hartwig, Thdr. J., Einführung in die praktische Physik, s.a. Bibliothek der Naturkunde u. Technik. 1. Bd.

Hartwig, Th. J., Einführung in die praktische Physik in gemeinverständlicher Darstellung. 2 Bde. Stuttgart, 1906—1907.
Bd 1. Physik der Materie. (Mechanik, Akustik und Kalorik.) 1906. 198 S. mit 150 Abb.
Bd 2. Physik des Äthers. (Licht und Elektrizität). 1907. 187 S. mit 166 Abb. u. 1 Taf.

Hartwig, *Theodor* Errichtung des Staatsgymnasiums. (Umschlagtitel: Eröffnung des Gymnasiums.) 4 (14 S., 2 Taf.).
Progr. Kaiser Friedrichs-G. *Frankfurt a. M.* 1889 (362).

Hartwig, Th., Führer durch die Südbayerischen Hochlande vom Bodensee bis zum Königssee, nebst Reiserouten nach Innsbruck und Salzburg und einer Beschreibung von München. Nach eigener Anschauung und den besten Hülfsmitteln bearb. Mit Plan von München (Kpfrst. in 4.) u. 1 Reisekarte (Kpfrst. in Fol.). 4., gänzlich neu bearb., Aufl. München 860. Lindauer. 8. (VIII, 213 S.) n. 28 ngr

Hartwig, Theod., Führer durch die südbayerischen Hochlande, Innsbruck u. Salzburg. Nach den besten Hülfsmitteln u. eigener Anschauung bearb. 3., verm. Aufl. Mit 1 Ans. v. Berchtesgaden u. 1 Reisekarte. 16. (9½ B.) München 846, Lindauer'sche Buchh. *

Hartwig, Theodor. Handbuch für Reisende durch Südbayern, Tyrol, Vorarlberg . . . München 1842. II: *Schaden, Joh. Nep. Adolph von.* (EngG)

—— Handbuch f. Reisende durch Südbayern, Tyrol, Vorarlberg, Salzburg u. das Salzkammergut. Nebst Rundreise um den Bodensee u. Reiserouten nach Mailand u. Venedig. 3., neu bearb. Aufl. d. Taschenbuches f. Reisende durch Bayern's u. Tyrol's Hochlande. gr. 8. (21½ B., 5 Stahlst. u. 1 Karte.) München 842, Lindauer'sche Buchh. *

Hartwig, Theod. Das dreihundertjährige Jubiläum des Gymnasiums. 18 S. **Progr.** *Corbach* 1879.

Hartwig, Theod. Aus dem Leben des Prinzen Christian von Waldeck. Ein Beitrag zur Geschichte der französischen Revolutionskriege nach urkundlichen Quellen. I. 37 S.
Progr. *Corbach* 1882.

—— **Leitfaden der konstruierenden Stereometrie.** Darstellung d. Raumformen im Schrägbilde, nebst einigen Anwendgn. von Schrägbildern auf dem Gebiete der theoret. u. rechn. Stereometrie, darstell. Geometrie, Mineralogie, mathemat. Geographie u. Physik. (39 S. m. 55 Fig.) gr. 8. Wien 906. C. Fromme. n. 1. --

— Die Sätze von Pascal und Brianchon in der Sphärik. 9. ibd. 05. **Progr.**

— Schule der **Mathematik** zum Selbstunterrichte. (Neue mathemat. Unterrichtsbriefe.) (Beilage zu „Wissen, das, f. Alle".) 3 Bde. gr. 8. Wien, M. Perles. n. 8. 50
I. (Lfg. 1—35.) Algebra. (III, 260 S. m. 81 Fig.) 904. n. 3. 50
II. Analytische Geometrie der Ebene u. des Raumes. Mit 92 Fig. im Text, mehr als 70 durchgeführten Musterbeispielen, 150 Aufgaben u. deren Auflösgn. (200 S.) 905. n. 2. 50
III. Differential- u. Integralrechng. Mit 32 Fig. im Text, mehr als 100 durchgeführten Musterbeispielen, 151 Aufgaben u. deren Auflösungen. (200 S.) 906. n. 2. 50

— **Das Stereoskop u. seine Anwendung,** s.a. **Aus Natur u. Geisteswelt.**

Das Stereoskop und seine Anwendungen. Von Prof. Th[eodor] Hartwig. Mit 40 Abb. u. 19 stereosk. Taf. Leipzig: B. G. Teubner 1907. (IV, 70 S.) 8° [F.]
= **Natur,** Aus, u. Geisteswelt. Bdch. 135. 07. 6073

Hartwig, Th., Taschenbuch für Reisende in die südbayer. Hochlande. Ein treuer u. zuverläss. Führer; nach den besten Hülfsmitteln u. eigener Anschauung bearbeitet. Mit 1 Ansicht von Berchtesgaden. 16. München 840. Fleischmann. 3/8 ♃

— **Taschenbuch für Reisende in die südbayerischen Hochlande. Ein treuer u. zuverl. Führer; nach den besten Hülfsmitteln u. eigener Anschauung bearb. 2. mit den Beschreibungen v. Innsbruck u. Salzburg verm. Ausg. Mit 1 Ansicht v. Berchtesgaden und 1 Reisekarte (mit 18 Ansichten. Auf 1 Blatt.) 16. Ebend. 842. geb. n. ½ ♃ — 3. verm. Aufl. u. d. T.: Führer durch die Südbayerischen Hochlande, Innsbruck und Salzburg. Mit 1 Ansicht u. 1 Reisekarte. 16. München 846, Lindauer. n. 16 ngl**

Hartwig Theodor: Transformation sphärischer Punkt- und Linien-Koordinaten. 20. Wiener-Neustadt R. 03
Progr.

Hartwig, Th.: Der Uebertritt des Erbprinzen Friedrich von Hessen-Cassel zum Katholizismus. 46 S. 8° – Cassel, G., Progr. 1869.

Hartwig, Thdr., der Uebertritt des Erbprinzen Friedrich von Hessen-Cassel zum Katholicismus. Ein Beitrag zur Geschichte der kathol. Propaganda aus der Zeit des siebenjähr. Krieges. Nach den Acten des hess. Staatsarchives. Cassel 870. Kay. gr. 8. (VIII, 268 S.) n. 1 ₰ 15 ngr.

Hartwig, Theodor J., s. Hartwig, Theodor

[Umschlagt.:] [F.] **Hartwig,** *Wilhelm:* Der Sklavenkrieg des Spartakus. (Th. 1.) Meiningen, Druck d. Keyssner'schen Hofbuchdr., 1894; 3—15 S. 4.
Meiningen, G. Bernhardinum, OP 1894 (700)

Härtwig, Altes u. Neues aus Oschatz. (73 S.) gr. 8. Oschatz (906). (W. Krasemann Nachf.) n.n. 1. —

Härtwig, Otto, Referendar aus Grünaue: Das geltende deutsche gemeine Rückfallsrecht. *Erlangen 1901: F. Junge.* (56 S.) 8° [J.]
Erlangen, Jur. Diss. v. 10. März 1901

Hartwigk, Hans, eine Gewissensehe. Schauspiel in 4 Aufz. (114 S.) 8. Berlin (910). Zehlendorf, R. Eckstein Nachf. 2. —

Eine Gewissensehe. Schauspiel in 4 Aufz. von Hans **Hartwigk**. Berlin: Eckstein [1910]. 114 S. 8° A 18.910

Hartyg, Giřj. Ludw., Umění lesnj, wydané od Wilíma Wěnceſl. Hamelky. Prohlédnuté, rozmnožené a nowé wydané od Jana Giřjho Nußbaumra. 3 Swaz. gr. 8. (XXII u. 649 S. m. eingedr. Holzschn., 1 col. u. 1 schw. Kpfrtaf. u. 1 Tab. in Fol.) Prag 849. Calve. n. 1 ₰

Hartz: Der Justizrath thor Straten für den Baron Adeler angesehen v. –. o. O. 1827. 8°

Hartz, die Ueberbürdungs-Frage u. die Schulbücher. gr. 8. (24 S.) Königsberg 879. Hartung. — 50

Hartz, Vortrag üb. Cholera u. die Schutzmassregeln gegen dieselbe, geh. im Theatersaale in Landau. 8. (30 S.) Landau 884. Kaussler. — 30

Hartz, A.

Das Kanzleigut **Höckeberg** v. A. Hartz in Schauby. Sonderdruck aus Kreis-Kalender für den Kreis Apenrade 1909. (Apenrade. 1908.) 4° Angebunden an: Beschreibung der zum Gute Hoeckeberg gehörigen Ländereien. Flensburg. 1773. Fol.

Hartz, C. J.

Karte zur kirchlichen Statistik des Herzogthums **Holstein.** Hrgg. v. Capt. C. J. von **Hartz** und Dr. **Lübkert** in Glückstadt. (1:200000 ca.) Altona. 1837. Farbendruck. 6 Bl. Fol., 45,5/37,5 cm.
Die Probsteien sind in folgender Weise auf die einzelnen Blätter verteilt:
Nr. 1: Pinneberg, Rantzau, Münsterdorf, Altona. Nr. 2: Kiel, Oldenburg. Nr. 3: Norder- und Süder-Ditmarschen. Nr. 4: Ploen, Segeberg. Nr. 5: Rendsburg. Nr. 6: Stormarn.

Hartz, Carl Wilhelm, s. Hartz, Karl Wilhelm

Hartz, Detlef: Der Dualismus in der Zahlvorstellung, dem Zahlausdruck und den Zahloperationen. Von –. Hadersleben. 1875. 4° Gymn.- Prog.

Hartz, H.

Hartz: Adnotationum ad Caesaris de bello civili libros fasc. 13 S.–Züllichau, Progr. 1864.

— Ueber den Sprachgebrauch des Caesar. Pr. 1875. 5 S. 4°.

Hartz, Hans Jacob

Vertheidigungs- und Supplicationsschrift des Hufners **Hans Jacob Hartz** zu Dissau in Untersuchungssachen des Dunkelstorfer Gerichts wider ihn wegen Verdachts der Theilnahme an der Ermordung seines Schwiegersohns Johann Hinrich Krohn jun. zu Dunkelstorf. Lübeck. 1821. 8°.

Hartz, Heinrich

Hartz, Henr. (Godofr. Christian.) (geb. Bremen 9. [...] 1831): De anacoluthis apud Aeschylum et Sophoclem. Berolini (1856). (30 S.) 8°
Berlin, Phil. Diss. v. 10. Nov. 1856

Hartz, Heinrich Coniectanea Caesariana 1 (S. III—XIII).
Progr. Christianeum *Altona* 1886 (255).

Hartz, Heinr. Aus der Gymnasialpraxis. Konferenzvorlagen. S. 1—8: Über die Hefte der Schüler, nebst dem Entwurf einer Heftordnung. **Progr.** *Bartenstein* 1883.

Hartz, Heinr. Aus der Gymnasialpraxis. Konferenzvorlagen. S. 8—12: Über einen kalligraphischen Unterricht in der griechischen Schrift. **Progr.** *Bartenstein* 1883.

Hartz, Heinr. Aus der Gymnasialpraxis. Konferenzvorlagen. S. 12—21: Über vorgeschriebene Censurprädikate und ihre Unvereinbarkeit mit der sogenannten Rangordnung. (Referat.) *Bartenstein* 1883 **Progr.**

Hartz, Heinr. Aus der Gymnasialpraxis. Konferenzvorlagen. S. 21—35: Über Ziel und Methode des griechischen Unterrichts. (Referat.) **Progr.** *Bartenstein* 1883.

Hartz, H., aus der Gymnasialpraxis. Conferenzvorlagen. gr. 4. (35 S.) Bartenstein 883. (Altona, Harder.) n. 1. —

Hartz, J., das Neumünster'sche Programm vom 5. Mai 1870. Ein offenes Sendschreiben an Bischof Koopmann. Schleswig 870. Heiberg. 8. (15 S.) 3 ngr.

Hartz, J., Vademecum d. Gustav-Adolf-Vereins. Chronologisch-statist. Uebersicht der ersten 50 Jahre seines Bestehens. qu. Fol. (8 Tab.) Eisenach 885. Rasch & Coch. u.n. — 50

Hartz, J., Wem haben wir zur Stunde unsere Erlösung zu danken? Predigt gehalten am Sonntage Oculi 1864 in der Kirche zu Treya, Amts Gottorf. Schleswig 864. Heiberg in Comm. 8. (12 S.) n. 2½ ngr.

Hartz, Johann Tycho

— Plan zu einer verbesserten Einrichtung d. Armenwesens in d. Stadt Husum. 8. Husum 806.

Hartz, J. T., Predigten z. Beförd. christl. Gesinnung. gr. 8. Schleswig, Christiani.

Hartz, Jh. Tycho, († d. 11. Aug. 1807.) Predigten zur Beförder. christl. Gesinnungen. gr. 8. Flensb. 794. (Hammerich in Altona). 8 gr.

HARTZ, Johannes (Blumenthal): Drei Fälle von Hirngeschwülsten.- München: Finsterlin 1885. 18 S. 30.7.1883 - Urk (Titel: De cerebri tumoribus.); Chr 1883/84,13
Diss.Ingolst.-Landsh.-Mchn.

Hartz, Karl Wilhelm

Hartz, Carl Wilhelm (Bautzen), De crimine incendii. Diss. jur. criminalis. Lpz. (Carl Tauchnitz) 10. VIII. 1809. 53 S. (6.—) 13367

Hartz, R., die Fernsprechtechnik der Gegenw., s.: Hersen, C.

Hartsem, Jakob, Referendar in Bonn: **Gefahrtragung** beim Kauf für die Zeit des Schwebens einer Bedingung. *Borna-Leipzig 1903: R. Noske.* (X, 25 S.) 8° [Ƒ.]
Leipzig, Jur. Diss. v. 1903

Hartzenbusch, Juan Eugen

Hartzenbusch, J. E., los **Amantes** de Teruel, s.a. Bibliothek spanischer Schriftsteller.

Hartzenbusch, J. E., los amantes de Teruel, s.a. Bibliothek, spanische.

Hartzenbusch, Juan Eug., los Amantes de Teruel, drama en 5 actos en prosa y verso. Für Lernende u. Freunde d. span. Sprache mit sprachl. u. sachl. Anmerkungen u. ein. Wörterb. versehen v. Sigismund Ed. Pföhner. 8. (II B.) Leipzig 846, Orthaus.

Hartzenbusch, J. E., la Coja y el Encogido, s. Theater, modernes spanisches.

Hartzenbusch, Juan Eug., y Enrique Lemming, Eco de Madrid, ó sea curso práctico de la buena conversacion española. — The Echo of Madrid: a practical guide to Spanish conversation. With a complete vocabulary, cont. copious explanatory remarks by H. Lemming. Leipzig 858. Giegler. (Violet.) 8. (XII, 144. 84 S.) n. 1 ₰ 20 ngr

— Eco de Madrid, ó sea curso práctico de la buena conversacion española. — Praktische Anleitung zum Spanisch-Sprechen. Mit einem vollständ. Wörterbuche von F. Booch-Arkossy. Leipzig 858. Giegler. (Violet.) 8. (X, 144, 86 S.) n. 1 ₰

— y Enrique **Lemming,** Eco de Madrid, ó sea curso práctico de la buena conversacion española. — Nouveau cours de conversation espagnole. Avec un vocabulaire complet par F. Booch-Arkossy. Leipzig 863. Violet. 8. (VIII, 239 S.) n. 1 ₰ 2 ngr.

Hartzenbusch, Juan Eugen, y Enrique **Lemming,** Eco de Madrid, ó sea curso práctico de la buena conversacion española. — Praktische Anleitung zum Spanisch-Sprechen. Mit einem vollständ. Wörterbuche von F. Booch-Arkossy. 2. u. 3. Aufl. Leipzig 865, 70. Violet. 8. (VIII, 230 S.) n. 1 ₰; geb. n. 1 ₰ 5 ngr.

— — Eco de Madrid, o sea curso practico de la buena conversacion espanola. — The echo of Madrid: a practical guide to spanish conversation. With a complete vocabulary, containing copious explanatory remarks by Henry Lemming. 2. edit. Ebend. 870. 8. (XII, 228 S.) In engl. Einb. n. 1 ₰ 20 ngr.

Hartzenbusch, Juan Eug., y Enrique **Lemming,** Eco de Madrid, ó sea curso práctico de la buena conversacion española. — Praktische Anleitung, zum Spanisch-Sprechen. Mit einem vollständ. Wörterbuche v. F. Booch-Arkossy. 4. Aufl. 8. (VIII, 144 u. 86 S.) Leipzig 877. Violet. n. 3. —

— — dasselbe. Nouveau cours de conversation espagnole. Avec un vocabulaire complet par F. Booch-Arkossy. 2. éd. 8. (VIII, 144 u. 95 S.) Ebend. 877. n. 3. 20

— u. H. **Lemming,** Eco de Madrid. Praktische Anleitg. zum Spanisch-Sprechen. Mit e. Wörterbuche d. Letzteren, aus dem Spanisch-Englischen übers. von F. Booch-Arkossy. 6. Aufl. 8. (VIII, 144 u. 88 S.) Leipzig 887. Violet. n. 3. —; geb. n. 3. 50

Hartzenbusch, Don Juan Eug. v., die Liebenden v. Teruel, s.: Universal-Bibliothek.

obras escogidas, s. Coleccion de autores españoles.

Hartzenbusch, Don Juan Eugenio, un ... y un No. s.: Bibliothek spanischer Schriftsteller.

— Juan de las Viñas, s.: Bibliothek, spanische.

– Juan de las Viñas, s. Theater, Modernes spanisches.

Hartzfeld, W., die verbesserte neue deutsche Buchhaltung in ihrem ganzen Umfange. Zum pract. Gebrauche für Banquiers und Kaufleute, sowie zum Selbstunterricht. 4. (XI und 188 S.) Cöln 854, (Lengfeld.) **

Hartzfeldt, W., die verbesserte neue deutsche Buchhaltung in ihrem ganzen Umfange. Zum pract. Gebrauch für Banquiers u. Kaufleute, so wie zum Selbstunterricht. 854. n. 1 ₰ 22½ ngr. – 2. (Titel-)Ausg. Leipzig 858. E. H. Mayer. Lex.-S. (2 Bl., VII, 188 S.) 1 ₰

Hartzheim, Caspar, s. Hartzheim, Kaspar

Hartzheim, Franz, Societas Jesu Germana, sive Assistentia Germaniae, quae complectitur X provincias, scil. Angliam, Austriam, Boemiam, Flandro- et Gallo-Belgium, Germaniam sup., Lituaniam, ... earumq. Colleg. Semin. Resident. et Mission., excud. M. Seutter. [Augsburg 1740?] . . . . (Br. Mus.)

Hartzheim, Joseph: Apologia Triumvirorum rei monetariae Coloniae Claudiae Augustae Agrippinensis. Coloniae o. J. 8°

Hartzheim, Joseph: Bibliotheca Coloniensis, in qua vita et libri typo vulgati et manuscripti recensentur omnium Archi-Dioeceseos Coloniensis, Ducatuum Westphaliae, Angariae, Moersae, Cliviae, Juliaci, Montium, Comitatus Arensbergae, Marchiae; Vestae Recklinghusanae, Territerriorium Ravensteinii, Ravensbergae, Essendiae, Werdenae, Civitatum Coloniae, Aquarum-Grani, Tremoniae, Indigenarum et Incolarum Scriptorum. Praemittitur chorographica descriptio omnium parochiarum ad Archi-Dioeceseos Coloniensis Hierarchiam pertinentium. Subjungitur Index quadruplex: Primus Cognominum; Secundus Nationum; Tertius Dignitatum et Statuum; Quartus Materiarum et speciatim Historiographorum etiam Anecdotorum, Anonymorum et MSS. de his regionibus, et harum jure publico tractantium. Accedunt Vitae Pictorum, Chalcographorum et Typographorum celebrium nostratium Coloniae Augustae Agrippinensium. 1747. 368, 16 S. 2°

Hartzheim, Joseph: Catalogus Historicus Criticus Codicum MSS. Bibliothecae Metropolitanae Coloniensis. Coloniae Agrippinensium 1752. 162 S. 4°

Hartzheim, Joseph: Programma de edenda collectione Conciliorum Germaniae. Coloniae 1758. fol.

Hartzheim, Joseph: Dissertatio critica qua comparantur inter se Testes affirmantes et negantes catholicam fidem primo et secundo saeculis aerae Christianae Galliis et Germaniae praedicatam fuisse, scripta R. P. Ioanni Periero S.J. Presbytero Theologo ex IIII Viris Hagiographis Antverpiensibus a P. Josepho Hartzheim. Coloniae 1755. 17 S. 4°

– s.a. Concilia Germaniae.

Hartzheim, Joseph: Concilia Germaniae, quae Celsissimi Principis Ioannis Mauritii, Archiepiscopi Pragensis sumptu Cl. Ioannes Fridericus Schannat, magna ex parte primum collegit, dein P. Josephus Hartzheim S.J. ejusdem Celsissimi impensis plurimum auxit, continuavit, notis, digressionibus criticis, charta, et dissertatione chorographicis illustravit. fol.
Tomus I. Coloniae 1759. 548 S.
Tomus II. Ab anno DCCXVI ad M. Ebd. 1760. XXX, 706 S.
Tomus III. Ab anno M ad MCCXC. Ebd. 1761. XXXVIII, 810, LXI S.
Tomus IV. Ab anno MCCXC ad MCCC. Ebd. 1761. XXIV, 662 S.
Tomus V. Ab anno MCCC ad MD. Ebd. 1763. XX, 996 S.

Hartzheim, Joseph, u. Pierre Greuter: Conspectus Lectionum et Praemiorum in Gymnasio Tricoronato Anno Scholastico MDCCL. 3 Bl. 2°

Hartzheim, Joseph: Juris Naturae et Gentium Definitio Ulpiana Falsi Dudum et nunc iterum Convicta, In gratiam Cl. Doctoris canonici Treverici. Vindicis ejusdem recentissimi. Dissertatio theologica Scripta horis subsecivis a Josepho Hartzheim Soc. Jesu. SS. Theologiae doctore, gymnasii Tricoronati regente. Coloniae Augustae Agrippinensium 1750. 48 p. 8°

Hartzheim, Joseph: Sancto Paulo Apostolo Doctori Gentium, Dissertationes in Epistolam ad Romanos praeside R. P. Josepho Hartzheim . . . Regente, publicae crisi subjectas in Aula publica Gymnasii Tricoronati d. d. Franciscus Hubin Leodiensis AA. LL. ac Philo. Magister SS. Script. Candidatus. Anno MDCCXXXIX Septembris die (9 hora 2 pomerid.) Coloniae [1739]. – 18 S. fol.

Hartzheim, Joseph: In secundam quinquagenam Psalmorum Davidicarum selectae dissertationes. S. Aloysio juventutis Principi et Patrono sacrae quas Praeside R. P. Josepho Hartzheim . . . Regente, Propugnabat Dominicus Botti Bobiensis AA. LL. et Phil. Bacc. SS. Scripturae Candidatus. In Aula Gymnasii Tricoronati. MDCCXL Mensis Septembris Die (15). Coloniae Agrippinae [1740]. 8 Bl. 2°

Hartzheim, Joseph: Ioanni Theologo Evangelistae Apostolo Discipulo, quem diligebat Jesus. Selectas Dissertationes ex Commentario litterali-dogmatico ejusdem Evangelii. Praeside R. P. Josepho Hartzheim S.J. SS. Theol. Doct. Gymn. Tricoron. Regente Propugnandas D. D. C. Joannes Wilhelmus Winter ex Walberberg, Franciscus Wilhelmus Bichart ex Flamersheim, Bernardus Baum Rhenoberanus AA. LL. ac Philosophiae Magistri. Ss. Scripturae Candidati. Seminarii Archi-Episcop. Colon. Alumni. In Aula publica Gymnasii Tricoronati. Anno MDCCXLVI Die (9) Septembris. Coloniae Agrippinae [1746]. 24 S. fol.

Hartzheim, Joseph: S. Hermanno Josepho Ordinis Praemonstratensis, Ecclesiae Steinfeldensis, Patriae Urbis Coloniae Agrippinensis, Filio, Canonico, Civi, nunc syderibus recepto, Patrono ac Tutori, Sacrarum Scripturarum Interpreti, Poetae Virgineo, Mariae Sponso, Juventutis Catholicae Speculo dissertationes selectas in tertiam quinquagenam Psalmorum Davidicorum Praeses R. P. Jos. Hartzheim . . . Regens et Defendentes: R. P. Georgius Michels ex Antweiler, Presbyter . . . Seminarii Archiep. Colon. Alumni Sacrae Scripturae Candidati D. D. C. in Aula Gymnasii Tricoronati. Anno MDCCXLIII Die (12) Septembris Coloniae 1743. 10 Bl. 2°

Hartzheim, Joseph: Inscriptionis Hersellensis Ubio-Romanae explanatio ad Excell. D. Jacobum S. R. I. Baronem Walbot de Bassenheim. Coloniae Aug. Agrippinensium 1745. 3 S. 8°

Hartzheim, Joseph: Inscriptionis . . . explanatio. Erklärung und Mitheilung der Notizen über die zu Hersel gefundene ubisch-römische Inschrift, im Jahr 1745 durch den Jesuit Joseph Hartzheim, in lateinischer Sprache herausgegeben; in's Deutsche übersetzt und mit Zusätzen vermehrt von Johann Wilhelm Brower. Mit zwei Abbildungen in Steindruck. Köln 1820. 80 S. 8°

Hartzheim, Joseph: Theses theologicae de Gratia Dei, Quas sub Auspiciis Reverendissimi, Perillustris Amplissimique Viri D. Ioannis Adami de Stoesberg. J. U. Doctoris Protonotarii Apostolici, Insignis Collegiatae Ecclesiae ad S. Georgium Canonici, Scholastici, Decani, Praelati dignissimi, proavunculi omni observantia colendi, Defendet Praeside R. P. Josepho Hartzheim S.J. SS. Theol. Doctore Profess. publico et ordinario, Franciscus Godefridus Doetsch Agrippinensis, Canonicus Collegiatae S. Florini Confluent. SS. Theologiae Auditor in Gymnasio Tricoronato Anno MDCCXXXIV Die (17) Septembris horis pomeridianis. Coloniae [1734]. – 30 S. fol.

— dissertationes et historia rei nummariae Coloniensis, c. 12 tab. aen. 4. Cöln. (Rommerskirchen.) 753.

Hartzheim, Joseph: Historia Rei Nummariae Coloniensis, et Dissertationes de eadem. Pars Prima, de Nummis Archiepiscoporum Coloniensium. Pars secunda de nummis Ducum Juliacensium et Montensium et Agnatorum Genti Juliacensi. Pars tertia, de Nummis Civitatis Coloniensis. Coloniae 1754. 300 S. 4°

Harzheim, **Jos., (†1763.) Dissertationes et historia rei nummariae Coloniensis. Prs I.—III. c. XII tabb. aen. 4. Köln 754. (Rommerskirchen). 1 ß**

Hartzheim, Joseph: De initio Metropoleos Ecclesiasticae Coloniae Claudiae Augustae Agrippinensium Disquisitio I. Coloniae Agrippinae 1731. 13 S. 4°

Hartzheim, Joseph: De initio . . . disquisitio secunda historica-canonica. Disquisitio tertia critica. Ubiorum Colonia 1732. 79 S. 4°

Hartzheim, Joseph: Catholischer Jubel über die Löbliche Gegenwart Christi Jesu im HH. Sacrament des Altars Entgegengesetzt dem vermeinten Jubeljahr Uber die Anno 1730, den 25 Junii Abgehörte Ausspurgische Confession; Und vorgestelt Bei Feyrlicher Umbtragung Desselben HH. Sacraments in der löblichen Freiheit Mulheim am Rhein. Cöllen 1730. 18 S. 8°

Hartzheim, Joseph: Theses de jure naturae, et gentium. Ex historia Veteris, et Novi Testamenti. Has Theses Praeside P. Josepho Hartzheim S.J. Sacrosanctae Theol. Doct. Gymn. Tricor. Regente, Propugnabunt R. Franciscus Bernardinus Geusen, Presbyter. R. Henricus Josephus Klein Diaconus, Semin. Archi-Ep. Alumni. In Gymnasio Tricoronato 1742. Die (13) Septembris hora (8 matut. 2 vespert.) Coloniae [1742]. 4 S. fol.

Hartzheim, Joseph: De de (sic) jure naturae et gentium ex historia sacra Veteris et Novi Testamenti Theses Praeside R. P. Josepho Hartzheim . . . Regente. Propugnabunt RR. DD. Franciscus Bernardus Geusen Linnichius, Presbyter, Henricus Josephus Klein Agrippinensis, Diaconus, Seminarii Archiep. Colon. Alumni. In Aula Majore Gymnasii Tricoronati. Anno MDCCXLII Die (13) Septembris. Coloniae [1742]. – 20 S. fol.

Hartzheim, Jos., De iure naturae et gentium ex historia sacra Veteris et Novi Testamenti. Köln, Trimborn u. Söhne, 1742, Fol., 20 S. Akadem. Schrift.

Hartzheim, Joseph: De Jvre Publico Ecclesiasticorum Theses desumptae ex Commentario litterali Epistolae ad Hebraeos, Praeside R. P. Josepho . . . Regente, Propugnatae ab Reverendo, Perillustri ac Generoso Ignatio Theodoro L. B. ab Imbsen Paderano, Canonico Hildesiensi ad S. Joannem. Coloniae in Gymnasio Tricoronato 1741. Die (14) Septembris. Coloniae Agrippinae 1741. 41, 16 S. fol.

Hartzheim, Joseph: Mappa chorographica omnium episcopatuum in Germania ab A. C. MD ad MDCCLX existentium. Norimbergae 1762. gr. fol.

Hartzheim, Joseph: Sanctis Philosophis omnibus philosophiam universam propugnandam D. D. C. que Praenob. Ingenui et Eruditi DD. Metaphysici . . . AA. LL. ac Philosophiae Licentiati et Magistri In Celeberrimo Trium Coronarum Gymnasio Praeside R. P. Josepho Hartzheim, e Soc. Jesu Philosophiae Professore, Coloniae 1730. Die 25 et 27 Januarii Mane ab 8 ad 10. Vespere a 1 ad 3. Coloniae. 1730. 12 S. 4°

Hartzheim, Joseph: Prodromus historiae Universitatis Coloniensis, quo exhibetur synopsis actorum et scriptorum a Facultate Theologica pro Ecclesia Catholica et republica. Coloniae Augustae Agrippinensium 1759. 40 S. 4°

Hartzheim, Joseph: Summa historiae omnis ab exordio rerum ad annum a Christo nato. 1718.

Hartzheim, Joseph: Sanctis Physicis. Et Hexameri interpretibus Ss. Lucae, Didymo, Eusebio, Basiolo Magno, Gregorio Nysseno et Nazianzeno, Augustino, Thomae Aquinati, systema physices peripatetico-catholicum defendendum DDD. Praenob. Ingenui et Eruditi DD. Baccalaurei Physices: . . . 16 7bris à 1 ad 3 Pomerid. Praeside: R. P. Josepho Hartzheim, S.J. Philosophiae Professore. In celeberrimo Trium Coron. Gymnasio 1729. Die 16 et 19 Septemb. Coloniae. 11 S. 4°

Hartzheim, Joseph: Sanctis Physicis . . . Bacalaurei Physices. . . . Artium LL. ac Phil. Baccalaurei. 19 7bris ab 8 ad 10 Matut. Praeside . . . Gymnasio. 1729. Coloniae. 4°

Hartzheim, Joseph: Theologia naturalis ex. S. Jobi Regis et Prophetae Libro explicata. Quam Praeside R. P. Josepho Hartzheim . . . Regente Defendere conabuntur R. R. Joannes Leonardus Gatzen ex Keyenberg Subdiaconus, D. Bernardus Baum Rhenoberanus, D. Franciscus Wilelmus Bichart ex Flamersheim, D. Joannes Wilelmus Winter ex Monte S. Walburgis, Ss. Scripturae Candidati Seminarii Arch. Ep. Colon. Alumni AA. LL. ac Philosophiae Magistri. Anno MDCCXLV Die (9) Septembris Horis matutinis 8 et 9. Vespertinis 2 et 3. In Aula Gymnasii Tricoronati. Coloniae Agrippinae 1745. 13 Bl. 2°

Hartzheim, Joseph: Theseis polemikai peri Ecclesias. Defendente Jac. Settegast, S. J. Coloniae 1735. 4°

Hartzheim, Joseph: Sancto Mosi Basilei, Nomothetei, Archierei, Prophetei, theses ex Commentario litterali Canonico E. M. N. P. Josephi Hartzheim S.J. SS. Theol. D. Regentis Tricoronati, Dictato in Deuteronomium excerptas. in Gymnasio Tricoronato defendendas D. O. C. Michael Broich ex Elsen. Anno MDCCXXXVI Die..Septembris. Coloniae 1736. 12 Bl. 2°

Hartzheim, Joseph: Sancto Davidi Regi, Prophetae, Viro secundum cor Dei. Theses natas et demonstratas ex Commentario in priores L. Psalmos Davidicos dictato, et praeside E. M. N. P. Josepho Hartzheim S.J. SS. Theol. Doctore Professore Publico et Ordinario, Gymnasii Tricoronati Regente propugnandas in Aula Gymnasii Tricoronati D. D. D. Josephus Dael S.J. Anno 1738. Mensis Septembris Die (17). Coloniae [1738]. 9 Bl. 2°

Hartzheim, Kaspar

Hartzheim, Casp., Explicatio fabularum et superstitionum, quarum in s. Scripturis fit mentio, vario hinc inde sensu praeter litteralem, ut allegorico, morali, anagogico etc. exornatu. Köln, Nöthen, 1724, 8°, 452 S.

Eine italien. Ausgabe zu Padua, 1731.

s.a. Harzheim.

HARTZHEIM, Caspar, Der Cölibat oder der unverheirathete Stand der katholischen Geistlichkeit . . . . (a. d. Lat. übers von Joh. Ant. Sulzer). Wien 1782.

Anon.-Lex. II. p. 266 (nach Sommervogel).

Hartzler, John Schmucker, and Kauffman, Daniel. Mennonite Ch Hist. Scottdale, Pa. 1905.

Hartsmann, Daniel Benjamin (Luckenw. Magd.), De jure principum protestantium circa solennia matrimonii ecclesiastica. Diss. jur. Präs. Just. Henning Böhmer. Halle (Christian Henckel) 30. VIII. 1718. 50 S. (6.50) 13369

HARTZ-ROBINSON, Der. Oder: Geschichte des Herrn Theophili von B** worinnen dessen wunderbare Geburth, Reisen, Soldaten-Leben, Gefangenschaft, und andere lesenswürdige Begebenheiten zu finden sind, von ihm selbst entworffen, nunmehro aber nach dessen Tode zum Druck befördert von LECRANO. Anno 1755. 8°. (Besitzt Prof. Dr. Ullrich, wie auch die beiden folgenden Drucke.)

Titel, „Erste Vorrede" 15 S.S.; „Vorrede des Verfassers an den Herrn von W. gerichtet" 6 S.S.; Text S. 1--280.

— — Der Hartz-Robinson. Oder: Der Geschichte des Herrn Theophili von B** Fortsetzung und Beschluß, worinnen dessen übrige merckwürdige Begebenheiten zu finden, von ihm selbst entworffen, nunmehro aber nach dessen Tode zum Druck befördert von LECRANO. Franckfurth und Leipzig 1757. 8°.

Titel, Vorrede 2 unbez. S.S.; Text S. 5—254.

— — Der Hartz-Robinson etc. Erster Theil. Neue und verbesserte Auflage. Franckfurth und Leipzig 1768. 8°. (30 Mk., 1—2, ebd. „1757—68" Gust. Fock, Lpz., 1908.)

Titel, Vorrede 6 unbez. S.S.; Text S. 1—280.

Der Harugari:

Monthly. Organ of the N.S. Grand Lodge of the Deutscher Orden der Harugari. Printed at Holyoke, Mass.

Greenfield, MA

Das Harugari Amtsblatt: 1887–1891. St. Louis, MO

A weekly published by the great lodge of Harugari for Mo.

Harugari Ordensblatt: 188? Chicago, IL

Monthly. Edited by C. Lehmer.

Harum, Pet., von der Entstehung des Rechts. Ein Vortrag bei Gelegenheit der feierl. Kundmachung der diesjähr. Preisaufgaben und Preisarbeiten gehalten. gr. 8. (36 S.) Innsbruck 863, Wagner'sche Universitäts-Buchh. *

Harum, P., der Entwurf e. Civilgesetzes. [Aus der allgem. österreich. Gerichts-Zeitg.] Wien 869. Manz' Verl. gr. 8. (40 S.) n. 10 ngr.

Harum, Pet., die gegenwärtige österreichische Preßgesetzgebung. Systematische Darstellung und Erläuterung der gesetzlichen Bestimmungen über das Autorrecht und der Preßpolizeigesetzgebung mit einer einleitenden Abhandlung über das Autorrecht im Allgemeinen. gr. 8. (X und 350 S.) Wien 856(57,) Manz.

Harum, Peter, die Preß-Ordnung vom 27. Mai 1852, nebst jenen Bestimmungen d. neuen allgem. Strafgesetzes, welche auf Druckschriften Anwendung finden, u. den sonstigen noch in Kraft bestehenden darauf bezügl. Verordnungen, insbesondere dem a. h. Patente zum Schutze des geistigen Eigenthums vom 19. Oktbr. 1846. Zusammengestellt u. erläutert. Lex. 8. (VI u. 77 S.) Pesth 852, Geibel. n. 1/3 ℛ

— die erste Session des österreichischen Reichsrathes. Drei Vorträge gehalten am 28. Februar, 7. u. 21. März 1863 im Ferdinandeum zu Innsbruck. Ebend. 8. (96 S.) n. 8 ngr.

Harvard oriental series. Edited with the co-operation of various scholars by Charles Rockwell Lanman. Vol. I. gr. 8. Boston, Mass., 891. (Leipzig, O. Harrassowitz.) Geb. in Leinw. n.n. 6. —

The Jātaka-Mālā or Bodhisattvāvadana-Mālā by Ārya-Çūra. Ed. by Hendrik Kern. (XII, 254 S.)

Harvard oriental series. Edited with the co-operation of various scholars by Charles Rockwell Lanman. Vol. II. gr. 8. Cambridge, Mass., 895. (Leipzig, O. Harrassowitz.) Geb. in Leinw. n.n. 6. —

The Sāṁkhya-pravacanabhāṣya, or commentary on the exposition of the Sankhya philosophy by Vijñānabhikṣu, ed. by Rich. Garbe. (XIV, 196 S.)

Harvard oriental series. Edited with the co-operation of various scholars by Charles Rockwell Lanman. Vol. III. gr. 8. Cambridge, Mass. (Leipzig, O. Harrassowitz.) Geb. in Leinw. n.n. 5. —
Buddhism in translations. By Henry Clarke Warren. (XX, 520 S.) 896. n.n. 5. —
Vol. I u. II. Ebd. 891. 895. n.n. 12. —.

Harven, Gustav. (G David.) Ein Fixpunkt und andere Erzählungen aus dem Soldatenleben. 8. (216 S.) 1.10, geb. 1.50
Wien: Verlagsanstalt Reichswehr 1893.

— Unter Sequester und andere Erzählungen aus dem Soldatenleben. 8. (210 S.) 1.10
Gebunden Wien: Verlagsanstalt Reichswehr 1893. 1.50

The Colored Harvest : 1888 / Baltimore, MD
Semi monthly, English German

Harvestehude, Adelinda von, ein romantisches Gemälde . . . Hamburg 1836. Ü: *Zumbach, Frdr. Jos.* (Schr)

Harvey, Mrs., türkische Harems u. circassische Heimath. Aus den Engl. 8. (IV, 280 S.) Leipzig 872. Schlicke. 4. 50

Harvey, Henry, s.: Lawless Emily.

Harvey, Rob., manual of french grammar. 8. (XI, 83 S.) Basel 874. Georg. n. 1. 50

Harvey, Thomas, Compendium de la partie élémentaire de la grammaire anglaise. Redigé pour l'usage des étudiants français et allemands. 8. (20 S.) Genf 853, [Müller-Darier.]

Harvey, Thom., cours de thèmes anglais préparés sur le recueil de morceaux choisis d'Eug. Favre et S. Strebinger. Genève 853. Kessmann. 8. (218 S.) 15 ngr.

—— Cours de thèmes anglais préparés sur le recueil de morceaux choisis de Eug. Favre et S. Strebinger. 8. (214 S.) Genf 853, [Müller-Darier.]

— essai de grammaire historique et étymologique ou tableau de toutes les formes grammaticales de la langue anglaise, rédigé pour l'usage des étudiants français et allemands. Genève 856. Kessmann. gr. 8. (80 S.) 12 ngr.

—— Essai de grammaire historique et étymologique ou tableau de toutes les formes grammaticales de la langue anglaise, rédigé pour l'usage des étudiants français et allemands. 8. (80 S.) Genf 856, [Müller-Darier.]

Harvey, Thomas, the poetical Reader; a selection from the eminent poets of the last period of engl. Literature. With a preliminary essay, biographical introductions, and notes in french and german for the use of young people of both nations. 12. (23 B.) Geneva 816, Kessmann.

Harvey, Thom., thèmes anglais destinés à être traduits de français en anglais avec notes explicatives et traductions idiomatiques. 3. éd., revue et augmentée par Rob. Harvey. 8. (IX, 268 S.) Basel 875. Georg. n. 2. 80

Harvey, William, die Bewegung des Herzens u. des Blutes, s.a. Klassiker der Medizin.

William Harvey. Die Bewegung des Herzens und des Blutes. 1628. (Exercitatio anatomica de motu cordis et sanguinis in animalibus.) Übers. u. erl. von Prof. R[obert] R' v. Töply. Mit 4 Abb. Leipzig: J. A. Barth 1910. 120 S. 8°
(Klassiker d. Medizin. Bd 1.) [10. 10768

Harvstehude. Eine Ode. Hamb. 1746. V: *Hagedorn, Frdr. von.* (Schr)

Harwardt, Max., de Aristophanis irrisionibus earumque fide et usu. Part. I. gr. 8. (69 S.) Königsberg 883. (Beyer.) n. 1. 20

Harwardt, Emil Max [Dr.]: De Aristophanis irrisionibus earumque fide et usu. Particula II. (P. I: Inaug.-Diss. Königsberg 1883; P. III folgt später.) Allenstein, Druck v. A. Harich, 1891; S. I–XVI; 4°
Allenstein, k. G, P 1891 (1)

— Variarum lectionum capp. VII. (Arist. Acharn. 119; Aves 149; Schol. in Equit. 589.) Pr. 1872. 9 S. 4°.

Harweck, G. A., Immortellenkranz auf das Grab Pestalozzi's. Zur Erinnerung an seinen 50jähr. Todestag, am 17. Febr. 1877. [Aus: „Schulbl. d. Prov. Sachsen".] gr. 8. (8 S.) Quedlinburg 877. Huch. n. 10.—

Harweck, G. A., Johann Heinrich Pestalozzi. Ein Vortrag, im Halleschen Lehrer-Vereine am 2. Febr. 1864 gehalten. Halle 870. (Reichardt.) 8. (VII, 32 S.) n.n. 2⅓ ngr.

HARWECK, L., Referendar a. D., Berlin bei Tag und Nacht oder die Geheimnisse von Berlin. Berlin, o. J. (c. 1866). 8°. 114 S. (2 Mk. J. Taussig, Prag, c. 1903.)

Harweck-Waldstedt, G. M., Brockenbuch. Führer u. Erinnerungsgabe f. Brockenwanderer. 1. u. 2. Thl. 12. Harzburg 888. Stolle. n. 1. 80
1. Brocken-Führer. Mit genauer Brocken-Wegekarte u. ausführl. Brocken-Panorama von O. v. Bomsdorff. (XI, 182 S.) cart. n. 1. —
2. Poesie u. Prosa aus den Fremdenbüchern d. Brockens vom J. 1753—1887. (192 S.) n. — 80

— die Clus bei Goslar in Sage, Geschichte u. Märchen. 8. (50 S.) Ebd. 888. — 50

— aus den Fremdenbüchern d. Harzes. 16. (XII, 365 S.) Osterwieck 887. Zickfeldt. n. 1. —

Harweck-Waldstedt, G. M., Friedrich Friesen. Ein Lebens- u. Charakterbild aus der Zeit der deutschen Befreiungskriege. Mit e. Anh.: Deutsche Freundestreue. Ballade. 12. (52 S.) Goslar 885. (Borchers.) n. — 50

Harweck-Waldstedt, G. M., dem Kaiser Heil! Festspiel. 12. (16 S.) Berlin 881. H. R. Mecklenburg. — 25

— was die Ilse rauscht! Schilderungen, Sagen, Märchen u. Liederklänge üb. die Ilse v. Andersen, Eichler, Heine, Pröhle, Roquette, Spieker, Scheffel u. A. 12. (IX, 116 S. m. 1 Holzschn.) Harzburg 888. Stolle. n. 1. —

Harweck-Waldstedt, was die Selke plätschert! Geschichtliches, Gedichte, Sagen u. Märchen aus dem Selkethale. Gesammelt u. hrsg. Mit Orig.-Beiträgen leb. Autoren. Wanderung von der Quelle bis zur Mündg. Mit prakt. Fingerzeigen f. Harzreisende u. Flora d. Selkethales. 16. (XI, 160 S. m. Abbildgn.) Osterwieck/Harz 891. A. W. Zickfeldt. n. 1. —

Harwen, Fr. Fr.

— s. Cicero, epistolae selectae.

Harwen, Fr. Fr., Dictionnaire nouv. compl. franç.-allem. et allem.-franç. II Tom, gr. 8. Augsb. 783. M. Rieger. 4 ₰

— s. Eutropii breviar.

Harwien, Betty, die einfache u. feine französische Küche, unter Mitwirkg. hervorrag. französ. Fachleute hrsg. Mit Buchschmuck v. Willy Planck. (VII, 407 S.) gr. 8. Stuttgart (906). [Klemm & Beckmann.] Berlin, J. Singer & Co. Geb. in Leinw. n. 7. 50

Prachtausg., geb. in Damast n. 10. —

Harwig, C., Geschichte und Thätigkeit des Gabelsberger Stenographen-Vereins zu Braunschweig während der J. 1863—1888. Auf Grund der Akten zusammengestellt. gr. 8. (28 S.) Braunschweig 885, (Schulbuchhandlung.) **

Harwig, C., Geschichte u. Thätigkeit d. Gabelsberger Stenographen-Vereins zu Braunschweig während der J. 1863—1888. gr. 8. (28 S.) Braunschweig 888. (Schulbuchhandlg.) n.n. — 50

Harwig, C., stenogr. Lese- u. Uebungsbuch, s.: Ruthe, E.

Harwig, C., Lese- u. Übungsbuch f. Gabelsbergersche Stenographen, s.: Ruthe, E.

Harwig, Gerhard: Untersuchungen über die Anwendungsmöglichkeit eines von Hand erzeugten elektrischen Stromes für die Sicherung der Zugfahrt und Zugfolge. Diss. Berlin 1905

Harwig, Gerhard, Reg.-Bauführer: Untersuchungen über die Anwendungsmöglichkeit eines von Hand erzeugten elektrischen Stromes für die Sicherung der Zugfahrt und Zugfolge. 1905. 78 S., 5 Taf. 8°
¶ Auch bei Heydenreich in Charlottenburg.
Berlin, Dr.-Ing.-Diss. v. 23. 3. 1906

Harwitz (Hrsg.), s. Repetitorien, Juristische.

Harwood, Busick

Harwood, B., System e. vergleichenden Anatomie u. Physiologie; aus d. Engl., mit Anmerkk. von C. R. W. Wiedemann. Mit 10 Kpft. gr. 4. Berl. 799. Rauck. 2 ₰ 12 ℊ Schrbp. 3 ₰

Harwood, Edward

— Abhandl. üb. d. Socianism. Aus d. Engl. v. Jh. C. F. Schulz. 8. Leipz. 773. Weygand. 5 ℊ

— kl. theolog. Abhandlungen. a. d. Engl. 8. Leipzig, Weygand. 774.

Harwood, Edward. Abhandlungen über die Athanasische Lehre . . . A. d. Engl. Berl. 1774. Ü *Krüger*. (Ky) (MGT)

— Abhandl. über d. Athanasische Lehre, d. Person Christi ꝛc. Aus d. Engl. (v. ... Krüger). 8. Leipz. 774. Weygand. 15 ℊ

Harwood, Ed., vier Abhandlungen, m. Anm. gr. 8. Berl. Himburg. 774.

Harwood, Ed., vier Abhandlungen. Aus d. Engl., mit Anmerkk. gr. 8. Berl. 774. (Reimer). 16 ℊ

— neue Einleit. in d. Studium u. d. Kenntniß d. N. Testam. Aus d. Engl. v. Jh. Cph. Fr. Schulz. gr. 8. Halle 770—73. Gebauer. 2 ₰ 3 ℊ

Harwood, E. Frohe Gedanken über das Glück eines gottseligen Lebens; a. d. Engl. Leipzig 1772. Ü: *Benzler, Joh. Lorenz.* (Ky) (MGT)

— frohe Gedanken über d. Glück e. gottsel. Lebens; aus d. Engl. (v. Jh. Lor. Benzler). 8. Leipz. 772. 2e Aufl. 774. Junius. 5 ℊ

— froh. Gedanken üb. d. Glückseligkeit e. religiösen Lebens, aus dem Engl. 8. Leipz. Compt. f. Litteratur. 781.

— Leben u. Charakter Jesu Christi. Aus d. Engl. 8. Leipz. 781. Compt. f. Liter. 7 ℊ

— über d. Mäßigkeit u. Unmäßigkeit. Aus d. Engl. 8. Leipz. 776. Compt. f. Liter. 3 ℊ

— Uebersetz. verschied. Ausgaben d. griech. u. röm. Classiker. Aus d. Engl. v. Frz. K. Alter. 8. Wien 778. v. Mößle. 1 ₰ 16 ℊ

— Uebers. versch. Ausgaben d. griech. u. röm. Classiker. a. d. Engl. 8. Wien, Weingand. 779.

Harwood, Henry F(rancis): Ueber die quantitative Analyse von Vanadinverbindungen mittels Tetrachlorkohlenstoffs. Heidelberg 1910: Rössler & Herbert. 55 S., 1 Taf. 8°
Heidelberg, Naturw.-math. Diss. v. 12. Okt. 1910, Ref. Curtius
[Geb. 26. März 86 Southport, Lancashire; Wohnort: Erlesdene; Staatsangeh.: Großbritannien; Vorbildung: Univ. Manchester B. Sc. 06, M. Sc. 09; Studium: Manchester 6, Heidelberg 4 S.; Rig. 29. Juni 10.] [U 11. 2340

Harwood, Th., Handbuch d. griech. Alterthümer, nach d. Engl. frei bearb. u. mit vielen Zusätzen verm. v. G. S. Forbiger. 1r Bd. gr. 8. Leipz. 805. N. A. 811. Hinrichs. 2 ₰ 12 ℊ

Harwot, Georg

Harwot, G.: Lessings Leben und Schriften, schulgemäß bearbeitet und erläutert 62. 62. 54. Przemysl 79–81. Progr.

Harwot, Geo., deutsches Lehr- u. Lesebuch f. die Oberclassen höherer Schulen. 1. Bd. 2. Aufl. gr. 8. (VIII, 332 S.) Przemysl 885. (Lemberg, Milikowski.) n. 2. 80

De Harwstmanöver. [Plattdeutsches Gedicht.] [Königsberg i. Pr. um 1900: R. Kemmesies.] (2 Bl.) 8° [Kopft. J.] (cs. 4057 10

Harz [Schlagwort]

– s.a. Braunschweig, Herzogt.

– s.a. Einzelkarten

– s.a. Eisenbahnkarten

– s.a. Grieben's Reisebibliothek

– s.a. Hand- und Reise karten. 12.

– s.a. Magdeburg, Reg.-Bez.

– s.a. Meyer's Reisebücher

– s.a. Miniatur-Bibliothek

– s.a. Radfahrerkarten, Albert R.

– s.a. Radfahrerkarten, Franke, Wunder

– s.a. Seelig's Führer

– s.a. Thale

– s.a. Thüringen

– s.a. Wernigerode

– s.a. Woerl's Reisehandbücher

Harz. Anz, Walt., Höhenschichtenkarte vom Harz. Blatt Brocken. 1:50,000. 41×33 cm. Farbdr. Eisenach (902). H. Kahle. n. 1.—; auf Leinw. n. 1.50

Harz. Bomsdorff's, O. v., neueste Special-Karte v. Harz. 1:100,000. 4 Sectionen. Ausg. 1889. Chromolith. qu. gr. Fol. Magdeburg 889. Rathke. Zusammengehängt in Leinw.-Decke. n. 3.—; in Sectionen à n. 1.—
1. Oberharz. — 2. Thale. — 3. Lauterberg. — 4. Stolberg.

Harz. Bomsdorff's, O. v., neueste Special-Karte vom Harz. 1:100,000. 4 Blatt. Ausg. 1891. Farbendr. 34×47,5 cm. Magdeburg, A. Rathke. à n. 1.—; auf 1 Bl. auf Leinw. in Leinw.-Karton n. 8.—
1. Oberharz. — 2. Thale. — 3. Lauterberg. — 4. Stolberg.

Harz. Bomsdorff's, O. v., neueste Spezial-Karte vom Harz. 1:100,000. Neue Ausg. 1898. 4 Blatt à 34×47 cm. Farbdr. Magdeburg 898. A. Rathke. In Leinw.-Decke n. 3.—; einzelne Blatt n. 1.—; auf Leinw.-Pap. in Mappe n. 1.40
1. Oberharz. — 2. Thale. — 3. Lauterberg. — 4. Stolberg.

— Claussen, W., Karte vom Solkethal u. der neuen Harzbahn. 1:30,000. Lith. qu. gr. Fol. Quedlinburg 887. Vieweg. n. 1.20

Harz. Diercke, C., Schulwandkarte Harz u. Umgebg. 1:100,000. 155×184 cm. Farbdr. Braunschweig (906). G. Westermann. Auf Leinw. m. Stäben 20.—

— Diercke, C., u. E. Gaebler, neueste Karte vom Harz. 1:200,000. Berichtigt u. ergänzt bis 1. Juli 1888. Chromolith. qu. gr. Fol. Hannover 888. C. Meyer. n. 3.—

Harz. Harzklub-Routenkarte der Touristenwege I. O., der wichtigsten Fahrstrassen, Eisenbahn-, Post- u. Omnibus-Linien im Harz. Hrsg. vom Harz-Klub. 18. Jahrg. 1906. Bearb. v. W. Dammann. 1:150,000. 47×66 cm. Farbdr. Mit Fahrplänen auf der Rückseite. Quedlinburg, H. C. Huch. —25

— Harzklub-Routenkarte der Wanderwege I. Ordnung, der wichtigsten Fahrstrassen, Fusswege u. Eisenbahnen. Bearb. u. hrsg. vom Routenkartenausschuss des Harzklubs. 22. Jahrg. 1910. 477—515. Taus. 1:150,000. 48,5×66 cm. Farbdr. Mit Fahrplänen auf der Rückseite. Quedlinburg, H. C. Huch. —25

— — dasselbe. Winter-Ausg. 1910—1911. 526—528. Taus. 48,5×66 cm. Farbdr. Mit Winter-Fahrplänen auf der Rückseite. Ebd. —25

— Höhenschichtenkarte, deutsche, vom Harz. 1:50,000. 44,5×51,5 cm. Farbdr. Braunschweig (907). H. Wollermann. Auf Leinw. 2.10

— Karte vom Harz. 1:200,000. Ausg. 1890. Farbendr. qu. Fol. — Nebst Special-Karte vom Nord-Harz. Red. v. W. Liebenow. 1:50,000. Farbendr. qu. gr. Fol. Berlin 890. A. Goldschmidt. In Mappe. n. —50

— Karte vom Harz. 1:200,000. 33×43,5 cm. Special-Karte vom Nord-Harz. Red. v. W. Liebenow. 1:50,000. Ausg. 1894. 36,5×65 cm. Farbendr. Berlin, A. Goldschmidt. In Futteral. n. —50

— Karte vom Harz. 1:200,000. Ausg. 1897. 33×44 cm. Farbdr. Berlin 897. A. Goldschmidt. In Tasche n. —50

— Karte vom Harz. Ausg. 1899. 38,5×75,5 cm. Leipzig, J. Milde. —15

— Karte vom Harz. [Aus: „Grieben's Reiseführer".] 1:200,000. 32,5×44 cm. Farbdr. Berlin 904. 905. A. Goldschmidt. In Mappe n. —50

— — des Harzes. Hrsg. vom Harzklub. 1:50,000. (à 9 Blatt.) Blatt III: Thale-Messtischblätter: Derenburg, Halberstadt, Blankenburg a. H., Quedlinburg. Ausg. I m. Höhenlinien u. Schummerg., Ausg. II nur m. Höhenlinien Ausg. III ohne Höhenlinien u. ohne Schummerg., Ausg. IV m. Höhenlinien ohne Rotüberdr. der Wanderwege. I. O. à 46,5×48,5 cm. Farbdr. Quedlinburg 906. H. C. Huch. à n. 1.—; auf Leinw. à n. 1.50
Blatt I u. II sind noch nicht erschienen.

— Karte des Harzes. Hrsg. vom Harzklub. 1:50,000. Blatt I. II. IV. V. Ausg. I m. Höhenlinien u. Schummerg., Ausg. II nur m. Höhenlinien, Ausg. III ohne Höhenlinien u. ohne Schummerg., Ausg. IV m. Höhenlinien ohne Rotüberdr. der Wanderwege I. O. à 46,5×48,5 cm. Farbdr. Quedlinburg, H. C. Huch. à 1.—; auf Leinw. à 1.50
I. Ballenstedt. (Messtischblätter: Ballenstedt, Aschersleben, Pansfelde, Leimbach.) 907.
II. Sangerhausen. (Messtischblätter: Wippra, Mansfeld, Sangerhausen, Allstedt.) 909.
IV. Stolberg. (Messtischblätter: Hasselfelde, Harzgerode, Stolberg, Schwenda.) 908.
V. Kyffhäuser. (Messtischblätter: Heringen, Kelbra, Sondershausen, Frankenhausen.) 910.

— Kiessling's Touristen-Karte vom Harz. 1:120,000. Nach den besten Quellen entworfen. 3. Aufl. Berlin 888. Kiessling. 3farbig n. 1.—; 6farbig n. 1.50

— Lange, H., neue Specialkarte vom Ober- u. Unter-Harz in 4 Farben. 1:100,000. qu. gr. Fol. Berlin 887. Pasch. n. 2.50; auf Leinw. n. 3.50

— Lange, Henry, neue Spezialkarte vom Ober- u. Unter-Harz. 2. Aufl., bearb. v. Schmeetz. 1:100,000. 48,5×77 cm. Farbdr. Berlin 902. M. Pasch. n. 2.—; auf Leinw. n. 3.—

— Liebenow, W., Spezial-Karte vom Nord-Harz. 1:50,000. Ausg. 1897. 36,5×65,5 cm. Farbdr. Ebd. 897. In Tasche n. —50

– Linder, R.

— — neueste, v. Harz. [Aus: „Grieben's Reisebücher".] 1:200,000. 33×44 cm. Farbdr. Berlin (900). A. Goldschmidt. n. —50

— Linder, R., topographische Karte vom Harz-Gebirge [der Oberharz]. 1:75,000. (6 Blatt.) Blatt 1 u. 2. Photolith. qu. Fol. Berlin 890. Schropp. à n. 1.—
1. Goslar. — 2. Wernigerode.

— Linder, R., topographische Karte vom Harz-Gebirge [der Oberharz]. 1:75,000. Blatt 3. Photolith. 30,5×40 cm. Berlin 891. S. Schropp. n. 1.—
Quedlinburg, Thale, Blankenburg, Bode-Thal, Treseburg, Victorshöhe, Alexisbad, Harzgerode, Mägdesprung, Selke-Thal, Ballenstedt, Gernrode.

— **Linder**, R., topographische Karte v. Harz-Gebirge. 1 : 75,000. Blatt 5. Nordhausen. 31 × 39,5 cm. Photolith. Berlin 897. S. Schropp. n. 1. —
Blatt 4 ist noch nicht erschienen, wird wahrscheinlich auch nicht erscheinen.

— **Münzel**, E., Spezialkarte d. Harzes zwischen Ilsenburg, Harzburg, Oker u. dem Brocken. Mit besond. Berücksicht. der Touristenwege. 1 : 25,000. Chromolith. qu. gr. Fol. Mit Text. gr. 8. (4 S.) Leipzig 889. Spamer. n. 2. —

— **Rappard**, F. v., Karte vom Harz, vom Kreise Halberstadt u. der Grafsch. Wernigerode. 1:100,000. Lith. Imp.-Fol. Köln 887. Warnitz & Co. n. 1. —; color. 1. 50.

— **Reisekarte** zum Harz. Nebst 5 Ansichten. Lith. Mit Fahrplänen u. Text. qu. 4. (4 S.) Magdeburg 888. Sperling & Co. — 20

— **Relief-Karte** vom Harz, nach e. Relief v. C. Hillecke, hrsg. unter Mitwirkg. des Routenkarten-Ausschusses des Harzklubs. 1 : 50.000. Ausg. 1909. Blatt I—III. Lith. Halberstadt. (Quedlinburg, H. C. Huch.) à 1. —
I. Zellerfeld-Clausthal. 45,5 × 47 cm. (908.)
II. Brocken. 46×48 cm. (908.)
III. Thale. 45×49.5 cm. (908.)

— **Reymann's**, G. D., Specialkarte vom Harzgebirge m. seinen Umgebgn. Gezeichnet v. F. Handtke. 1:200,000. Ausg. 1890. Lith. u. color. qu. gr. Fol. Glogau 890. Flemming. In Carton. 1. 50

— **Reymann's, G. D., Spezialkarte vom Harzgebirge m. seinen Umgebungen. 1 : 200,000. Entworfen u. gezeichnet v. F. Handtke. Neue Ausg. 1893. 49 × 70 cm. Lith. u. kolor. Glogau, C. Flemming. 1. 50**

— **Reymann's**, G. D., Specialkarte vom Harzgebirge m. s. Umgebungen. 1 : 200,000. Entw. u. gezeichn. v. F. Handtke. Neue Ausg. 1894. 49 × 70 cm. Lith. u. kolor. Glogau 895. C. Flemming. 1. 50

— **Routenkarte** der wichtigsten Fahrstrassen u. Fusswege, sowie Post- u. Omnibus-Linien im Harz. Hrsg. vom Harz-Klub. 2. Jahrg. 1890. Farbendr. qu. gr. Fol. Mit Text auf der Rückseite. Quedlinburg 890. (Huch.) — 25

— **Routenkarte** der Touristenwege I. O., der wichtigsten Fahrstrassen, sowie Eisenbahn-, Post- u. Omnibus-Linien im Harz. 1894. VI. Jahrg. Hrsg. vom Harz-Klub. Bearb. v. W. Dammann. 44,5 × 65,5 cm. Farbendr. Mit Fahrplänen auf der Rückseite. Quedlinburg 894. (H. C. Huch.) — 25

— **Routenkarte** d. Touristenwege I. O., d. wichtigsten Fahrstrassen, sowie Eisenbahn-, Post- u. Omnibus-Linien im Harz. 1898. X. Jahrg. Hrsg. v. Harz-Klub. Bearb. v. W. Dammann. 46 × 66 cm. Farbdr. M. Fahrplänen auf d. Rückseite. Quedlinburg 898. (H. C. Huch.) — 25

— **Routenkarte** der Touristenwege I. O., der wichtigsten Fahrstrassen, Eisenbahn- u. Post-Linien im Harz. Hrsg. vom Harz-Klub. 14. Jahrg. 1902. Bearb. v. W. Dammann. 1 : 150,000. 47×66 cm. Farbdr. Mit Fahrplänen auf der Rückseite. Quedlinburg, H. C. Huch. — 25

— **Stolle's** neueste Touristenkarte, Orts- u. Promenadenplan von Harzburg u. Umgegend bis Brocken — Romkerhall — Oker — Ilsenburg. 1 : 30,000. Mit Touren-Anzeiger. 3., verb. Aufl. Harzburg 888. Stolle's Hofbuchhandlg. — 75

— **Verkehrskarte** vom Harz u. Kyffhäuser. 1 : 100,000. 53,5 × 72,5 cm. Farbdr. Braunschweig (Collerstr. 29) (900). R. Wunder. n. — 50

— **Wunder**, Rob., Verkehrskarte vom Harz u. Kyffhäuser. II. Ausg. 1 : 150,000. 35 × 48,5 cm. Lith. Ebd. — 25

Harzes — Geognostisch-Bergmännische Charte des Oestlichen — 1. Abtheilung entw. und Sr. ältest regier. Herz. Durchl. zu Anhalt etc. Alexis Fried. Christian ehrf. gewidmet von Carl Zinken. 1823. Gedr. in E. Robrahns lith. Inst. zu Magdeburg. 1 : 54,000. 2 Bl.

Harz [Sachliches OW]

Harz, der, s. a. Thüringen.

Harz, le. Un abrégé, ou un conducteur pratique par le Harz. Avec une carte (in Fol.) et indication de route dans le Harz. Un vademecum pour les voyageurs. 16. (36 S.) Nordhausen 850, Büchting. 1/2 ℛ

— the. A short but a practical guide in the Harz. With a map (in Fol.) and traveling-indication of the Harz. A vademecum for travellers. 16. (36 S.) Ebd. 850. 1/2 ℛ

Harz, der. Nach der Natur aufgenommen von L. Rohbock. Darmstadt (853.) Lange. qu. gr. 8. (43 Stahlst.) n. 3 ℛ; in 4. n. 4 ℛ

Harz, der. Dargestellt in seinen maler. Landschaftspunkten nach Aquarellen von C. P. C. Köhler, mit Schilderungen von K. Pröhle. Fol. (7 Chromolithogr. mit 48 S. Text.) Darmstadt 880, Köhler's Verlag. geb. mit Goldschn.

Harz, der. Fahrpläne. Reisekarte. Mit Notizen über Touren, und Ansichten. qu. 4. (1 S.) Magdeburg 888, Sperling und Comp.
(Erscheint jährlich.)

Harz, der. Fahrpläne. Reisekarte. Mit Notizen über Touren u. Ansichten. qu. 4. (4 S.) Magdeburg 889. Sperling & Co. — 20
Erscheint jährlich.

Harz, der, in Bildern. Eine Harzwanderg. Dichtung v. Frida Schanz. 20 Foliobilder in photograph. Kunstdr., aufgenommen u. ausgeführt v. E. Mertens & Co. in Berlin. Fol. (28 S. Text.) Berlin 892. Dr. E. Mertens & Co. Geb. in Leinw. n. 25. —

— dasselbe. Oberharz. Fol. (20 Blatt m. 28 S. Text.) Ebd. 892. Geb. in Leinw. n. 25. —

— dasselbe. Unterharz. Fol. (20 Blatt m. 28 S. Text.) Ebd. 892. Geb. in Leinw. n. 25. —

DER HARZ. VEREINSBLATT DES HARZKLUBS.
Verantwortlicher Redacteur: EMIL SPIEKERMANN.
Jahrgänge (1. 2.) 1894 und 1895. (Mit Tafeln.) Magdeburg 1896. Eigenthum des Harzklubs. Commissions-Verlag und Druck: Faber'sche Buchdruckerei. 4°. — Jahrg. (3.) 1896. ib. 1896. — (4.) 1897. ib. 1897. — (5.) 1898. ib. 1898. — (6.) 1899. ib. 1899. — (7.) 1900. ib. 1900. — (8.) 1901. ib. 1901. —
Verantwortlicher Redacteur: Nr. 1—6. JOHANNES ROETHER, Nr. 7. H. C. HUCH, Nr. 8—12. HERMANN HEINECK.
Jahrg. (9.) 1902. ib. 1902. —
Verantwortlicher Redakteur HERMANN HEINECK, Nordhausen.
Jahrg. (10—12.) 1903—1905. ib. 1903—1905. — 13—14. 1906—1907. ib. 1906—1907. —
Verantwortlicher Redakteur EMIL SPIEKERMANN.
Jahrg. 15—16. 1908—1909. ib. 1908—1909. —
Verantwortlicher Redakteur für die Nummern 1—5: SPIEKERMANN-Magdeburg, 6—10: H. C. HUCH-Quedlinburg, 11—12: J. GINSCHEL-Goslar.
Jahrg. 17. 1910. ib. 1910. Eigentum des Harzklubs. Druck: Faber'sche Buchdruckerei in Magdeburg.
Verantwortlicher Redakteur: J. GINSCHEL-Goslar.
Jahrg. 18. 1911. ib. 1911. —
DER HARZ. MONATSSCHRIFT DES HARZKLUBS.
Schriftleitung: JOHANNES GINSCHEL, Goslar.
Jahrg. 19. 1912. ib. 1912. —
Schriftleitung: RICHARD SCHROEDER, Magdeburg.
Jahrg. 20. 1913. ib. 1913. —
Schriftleitung: Für Nr. 1—8: RICHARD SCHROEDER, Magdeburg. Für Nr. 9—12 H. C. HUCH, Quedlinburg.
Jahrg. 21. 1914. ib. 1914. —

Der **Harz**. Prakt. Handbuch f. Reisende. 25. Aufl., neu bearb. u. ergänzt v. W. Dammann, unter ... Mitw. v. Harzklub-Mitgliedern. M. vielen Kt.-Beil. u. Harz-Ansichten. *Berlin: A. Goldschmidt 1896.* (VIII, 263, 44 S., 8 Kt., 1 Taf.) 1 Bd 8.
— **Reisebücher**, Griebens. Bd 2. [96. 6376

Der **Harz**. Kleine Ausg. Nach d. 25. Aufl. d. neu bearb. Führers ... M. 1 Eisenbahnktch. ..., 1 Routenkt. v. Harz, 1 Kt. v. Bodethal u. 1 Kt.: Harzburg-Ilsenburg. *Berlin: A. Goldschmidt 1896.* (IV, 85 S., 1 Bl., 4 Kt.) 1 Bd 8.
— **Reisebücher**, Griebens. Bd 60. [96. 6397

— der. Begleit Büchlein f. harzreis. Naturfreunde, nebst Zusammenstellg. d. beliebtesten Touren v. d. Ausgangspunkten: Blankenburg, Wernigerode, Ilsenburg, Harzburg, Oker, Goslar, Grund, Clausthal-Zellerfeld, St. Andreasberg, Braunlage, Lauterberg, Ilfeld, Stolberg, Alexisbad, Suderode, Thale. 12. (III, 76 S.) Hannover 896. Hahn. n. — 60

— der, in Bild u. Poesie. Illustr. v. Ernst Küpers, hrsg. v. R. Hahn. gr. 8. (56 S. m. z. Tl. farb. Abb.) Magdeburg 896. J. Neumann.
Geb. in Leinw. m. Goldschn. n. 6.

Harz, der. (Grosse Ausg.) qu. gr. 4. (26 Ansichten in Autotyp.) Berlin 897. Graph. Gesellschaft. 3. —; kleine Ausg. qu. 8. (28 Ansichten.) 1. 50; geb. in Leinw. n. 2. —

Der Harz. 14. Auflage. Mit 19 Karten und Plänen und einem Brocken-Panorama. 8. (XII, 252 S.) Cart. 1.20
Wien: Bibliographisches Institut (Meyer) 1897.

Der **Harz**. Prakt. Handb. f. Reisende. 26. Aufl., neu bearb. u. ergänzt v. W. Dammann, unter gefl. Mitwirkg v. Harzklub-Mitgliedern. M. vielen Kt.-Beil. u. Harz-Ansichten. *Berlin: A. Goldschmidt 1898.* (VII, 262, 56 S., 11 Kt.) 1 Bd 8.
— **Reisebücher**, Griebens. Bd 2. [98. 9863

Der **Harz**. Kleine Ausg. Nach d. 26. Aufl. d. neu bearb. Führers durch d. Harz. M. 1 Eisenbahnktch. f. d. Reise nach d. Harz, 1 Kt. v. Bodethal, 1 Kt.: Harzburg-Ilsenburg u. 1 grossen Harz-Kt. *Berlin: A. Goldschmidt 1898.* (IV, 70 S., 4 Kt.) 1 Bd 8.
— **Reisebücher**, Griebens. Bd 60. [98. 9883

Harz, der. 48 photograph. Ansichten. qu. gr. 8. (30 Bl. m. III S. Text.) Berlin (899). Graph. Gesellsch. 2. —

Der **Harz**. 15. Aufl. Mit 20 Kt. u. Pl. u. 1 Brocken-Panorama. Leipzig & Wien: Bibliograph. Instit. 1899. XII, 260 S. 8°
[Umschlagt.:] Wegweiser durch d. Harz.
(Meyers Reisebücher.) [10. 13607

Der **Harz**. Prakt. Handb. f. Reisende. 27. Aufl., neu bearb. u. ergänzt von W. Dammann, unter Mitw. von Harzklub-Mitgliedern. Mit 10 Kartenbeil. *Berlin: A. Goldschmidt 1900.* (XII, 208 S.) 8°
— **Reisebücher**, Griebens. Bd 2. [00. 10597

Der **Harz**. 48 photogr. Ansichten. *Berlin: Graph. Gesellsch. [1900].* (2 Bl., 48 Taf.) quer-8° [00. 11690

Der Harz. Kleine Ausgabe mit 5 Karten und 5 Plänen. 16. Auflage. (Meyers Reisebücher.) Leipzig und Wien. 1901. Bibliographisches Institut. 8°. XII, 264, 32 S. K 1.80. Grosse Ausgabe mit 21 Karten und Plänen und einem Brocken-Panorama
Geb. K 3.—

Der **Harz**. Prakt. Handbuch f. Reisende. 28. Aufl., neu bearb. u. erg. von W. Dammann. Mit 12 Karten. *Berlin: A. Goldschmidt 1902–03.* (XVI, 221 S.) 8° [T. u. Ant.]
— **Reisebücher**, Griebens. Bd 2. [03. 10631

Harz, der. (Deutsche Städte- u. Landschaftsbilder.) (50 Bromsilberphotogr.) qu. gr. 8. Berlin (904). Steglitz, Neue photograph. Gesellschaft.
In Leinw.-Mappe 25.—; einzelne Blatt — 50

Der **Harz**. Prakt. Handbuch f. Reisende. 29. Aufl., neu bearb. u. erg. von W. Dammann, unter Mitw. von Harzklub-Mitgl. Mit 12 Karten. Berlin: A. Goldschmidt 1904–05. (IV, 230 S.) 8°
— **Reiseführer**, Griebens. Bd 2. [04. 5099

Harz. Gr. Ausg. 18. Aufl. Leipzig u. Wien 1905. 8°.
(Meyers Reisebücher.)
[Dasselbe.] 20. Aufl. Leipzig u. Wien 1909. 8°.

Der **Harz**. Prakt. Handbuch f. Reisende. 30. Aufl., neu bearb. u. erg. von W. Dammann, unter gefl. Mitw. von Harzklub-Mitgl. Mit 13 Karten u. 2 Panoramen. Berlin: A. Goldschmidt 1906–07. (IV, 244, 64 S.) 8°
— **Reiseführer**, Griebens. Bd 2. [07. 8485

Der **Harz**. Prakt. Reiseführer. 31. Aufl., neu bearb. u. erg. von W. Dammann, unter Mitw. von Harzklub-Mitgl. u. Kurverwaltungen. Mit 14 Karten u. 1 Panorama. Berlin: A. Goldschmidt 1908–09. (IV, 245, 44 S.) 8°
— **Reiseführer**, Griebens. Bd 2. [08. 13336

Der **Harz**. Prakt. Reiseführer. 32. Aufl. neu bearb. u. erg. von W. Dammann unter Mitw. von Harzklub-Mitgl. u. Kurverwaltungen. Mit 13 Kt. u. 1 Panorama. Berlin: A. Goldschmidt 1910–11. IV, 248 S. 8°
(Griebens Reiseführer. Bd 2.) [10. 9373

Harz, der ganze, für 12 Sgr., s. Wegweiser.

Der **Harz** und das Kyffhäusergebirge sowie die Städte Aschersleben, Bernburg, Braunschweig und Hildesheim. Offiz. Führer d. Harzer Verkehrs-Verbandes. Mit e. Geleitwort von Hans Hoffmann, 48 Routenkt. u. 88 Ansichten aus d. Harze. 41.–45. Taus. Braunschweig: Appelhans 1909. 250 S. 8° [09. 9293

— der, u. das **Kyffhäusergebirge** sowie die Städte Aschersleben, Bernburg, Braunschweig u. Hildesheim. Offizieller Führer d. Harzer Verkehrs-Verbandes. Mit e. Geleitwort v. Hans Hoffmann. 52 Routenkarten u. 89 Ansicht. aus dem Harze. 46.—50. Taus. (269 S.) 8. Braunschweig 910. E. Appelhans & Co. — 50

Harz, der, in Lied, Spruch u. Prosa-Schilderung, s.: Land u. Volk, deutsches.

Harz, der, mit seinen Merkwürdigkeiten, s. Thüringen.

Harz [Verfasser]

Harz C.: Über die Entstehung des fetten Öles in den Oliven (mit 2 Taf.). 8. 61. 1. 900. 1.50
[illegible]

Harz, C. O.

— — Actinomyces bovis, ein neuer Schimmel in den Geweben des Rindes. S.-A. (16 S.) Ebd. 78. M. 1.—

Ueber die Alkohol- und Milchsäuregährung. Wien, 1871. 8vo.

Harz, C. O., Beiträge zur Kenntniss der Pflanzenbezoare d. Pferdes u. der Rinder. [Aus: „Zeitschr. d. allg. österr. Apotheker-Ver."] gr. 8. (14 S.) Wien 876. (Berlin, Friedländer & Sohn.) n. 1. —

Harz, C. O., Beiträge zur Stickstoffernährung einiger Kulturpflanzen. [Aus: „Jahresbericht der k. Thierarzneischule zu München 1885/86".] gr. 8. (36 S.) München 886. (Berlin, Friedländer & Sohn.) n. 1. 20

— über die Entstehung d. fetten Oeles in den Oliven. [Mit 2 (lith. u. color.) Taf. (in qu. gr. 4.)] [Aus d. Sitzungsber. d. k. Akad. d. Wiss.] Lex.-8. (16 S. m. e. Tab. in qu. 4.) Wien 870. (Gerold's Sohn.) n. 1. 50

Harz, C. O.
Gährungserscheinungen. Leipzig, 1867. 8vo. III.

Harz, C. O., Grundzüge der alcoholischen Gährungslehre. Vortrag, geh. zur Schlussfeier des Studienjahres 1876/77 der k. Central-Thierarzneischule zu München. gr. 8. (III, 59 S.) München 877. Literar.-artist. Anstalt. n. 1. 60

— einige neue Hyphomyceten Berlin's u. Wien's nebst Beiträgen zur Systematik derselben. [Mit 5 (lith.) Taf. (in qu. gr. 4.)] gr. 8. (60 S.) Moskau 872. (Berlin, Friedländer & Sohn.) n. 7. 50

Harz, C. O., Die sogenannte Krebspest, ihre Ursachen und Verhütung. (103 S.) Ebd. 81. M. 2.—

— die Samen v. Brassica iberifolia, e. neue Verfälschung d. weißen Senfsamens. [Aus: „Zeitschr. d. landw. Vereins in Bayern".] gr. 8. (9 S.) Ebd. 886. n. — 60

Harz, C. O., landwirthschaftliche Samenkunde. Handbuch f. Botaniker, Landwirthe, Gärtner, Droguisten, Hygieniker. Mit 201 in den Text gedr. Orig.-Holzschn. 2 Bde. gr. 8. (IX, 1362 S.) Berlin 885. Parey. n. 30. —

— gefälschte Sesamkuchen. [Aus: „Zeitschr. d. landw. Vereins in Bayern".] gr. 8. (8 S.) Ebd. 887. n. — 60

— mikroskopische Untersuchung d. Brunnenwassers f. hygienische Zwecke. [Aus: „Zeitschr. f. Biologie".] gr. 8. (27 S.) München 876. Ebend. n. 1. 50

— mikroskopische Untersuchung der Quellwasser d. Mangfallthales bei Miesbach. Bericht an den hohen Magistrat der kgl. Haupt- u. Residenzstadt München. [Aus: „Zeitschr. d. allgem. österr. Apotheker-Vereines".] gr. 8. (20 S.) Wien 876. Ebend. n. 1. 20

— Untersuchungen üb. die Alkohol- u. Milchsäuregährung, nebst e. Bereitungsweise milchsaurer Salze. [Aus „Zeitschrift d. allg. österr. Apotheker-Vereins."] gr. 8. (43 S.) Wien 871. Ebend. n. 1. —

— vollständiges Wörterbuch zur Pharmacopoea germanica f. angeh. Apotheker u. Aerzte. gr. 8. (VIII, 328 S.) Leipzig 873. H. Schultze. n. 5. —

— e. neue Züchtungsmethode d. Maulbeerspinners, Bombyx Mori L., m. e. krautartigen Pflanze. gr. 8. (51 S.) Stuttgart 890. Enke. n. 1. 60

Harz, Carl, s. Harz, Karl

Harz, Carolina, s. Harz, Karolina

Harz, H., tabellarisches Verzeichnis der gebräuchlichsten Wörter von schwankender Orthographie, s.: Fechner, H.

Harz, H., tabellar. Verzeichniß der gebräuchlichsten Wörter v. schwank. Orthographie, s.: Rückheim, Joh., Hilfs- u. Übungsbuch.

Harz, Heinr., aus dem Tagebuche e. Dreijährig-Freiwilligen. 1. u. 2. Aufl. 8. (99 S.) Altona 891. Gebr. Harz. n. 1. —

Wohnungs-Frage und Sociale Frage! Von H(einrich) C. V. **Harz.** Altona: Gebr. Harz [1902]. (32 S.) 8° [F.] 108. 1339 8

Harz, Karl

Harz, Carl, das Bekenntnis der sozialen Religion. Entwurf e. wissenschaftl. Religion. (8 S.) kl. 8. Altona-Ott. 910. Gebr. Harz. — 10

Harz, Karl, aus Ratzeburg: Aus d. pathol. Institute zu Kiel. Ein **Fall** von Echinokokken der rechten Niere mit Ruptur in die Bauchhöle [!]. *Kiel 1899: P. Peters.* (21 S.) 8°
Kiel, Med. Diss. v. [23. Okt.] 1899

— **Der Menschheit Fluch u. Erlösung.** (79 S.) kl. 8. Ebd. 906. — 20

Die Gründung einer ersten Kinder-Genossenschaft. Von Carl **Harz.** Altona-Ottensen: Gebr. Harz (1908). (8 S.) 8° [F.] 108. 1339 8

— **Die Religion der Menschlichkeit.** (26 S.) 8. Ebd. (907). — 10

Die sozialistische Religion. Bekenntnis. Arbeitsplan. Organisation. Von Carl **Harz.** Altona-Ottensen: Gebr. Harz (1908). (31 S.) 8° [F.] 108. 16733 8

— **Taufbrief u. Glücksgesetze der Religion der Menschlichkeit.** Hrsg. v. deutschen Bund der Menschlichkeitsreligion. (24 S.) 8. Ebd. (908). — 50; geb. n 1. —

Eine Weihnachtsfeier im Kurhause Reinfeld. Von Carl **Harz.** Altona: Gebr. Harz (1907). (8 S.) 8° [F.] 108. 13393 8

Harz, Karolina

Harz, Carolina, ausgewählte Volkslieder u. Gedichte für Schule u. Haus. 8. (VII, 143 S.) München 880. Literar.-artist. Anstalt. cart. n. 2. —

Harz, Kurt [Assistent an der technischen Hochschule]: Über die aus Propylaldehyd und den drei isomeren Toluidinen entstehenden Chinolinabkömmlinge .... München, J. G. Weiss' Buchdr. (G. Schöninger), 1885; 59 S. 8°.
Würzburg, Phil. Fak., Inaug.-Diss. v. 1885.

Harz, Kurt, über die aus Propylaldehyd und den drei isomeren Toluidinen entstehenden Chinolinabkömmlinge. Diss. Würzburg 1885, Stahelsche Univ.-Buchh. 8°. 59 S.

Harz, Kurt E., Lehrbuch der anorganischen Chemie u. Mineralogie f. Mittelschulen. Mit 59 in den Text gedr. Abbildgn. u. 1 Spektraltaf. in Farbendr. gr. 8. (XI, 314 S.) Erlangen 899. Palm & Enke. n. 3. 30

— **Lehrbuch der organischen Chemie f. Mittelschulen.** gr. 8. (VIII, 103 S. m. 7 Abbildgn.) Ebd. 899. n. 1. 20

Harz, Ludwig

Die Ennepetalsperre und die mit ihr verbundenen Anlagen des Kreises Schwelm (Wasser- u. Elektrizitätswerk). Eine kurze Denkschrift, dem Kreistage d. Kr. Schwelm von d. Verf. (Landrat [Ludwig] Harz) gewidmet anlässl. d. ... Schlusssteinlegung am 26. Mai 1905. Schwelm (1905): M. Scherz. (68 S.) 8° [F.] [illegible]

HARZ, Wilhelm (Ratzeburg): Beiträge zur Histiologie des Ovariums der Säugethiere. Mit 1 Taf.- 13.2.1863 – Urk (Titel: De ovarii mammalium histologia.); Chr 18[illegible]2/83,18
Diss. Ingolst.-Landsh.-Mchn.

Harz-Album. Ein Führer u. Erinnerungsbuch für Harz-Reisende. gr. 8. (11¾ B. u. 1 Karte.) Braunschweig 845, Rademacher. *

— dass. Mit 30 Stahlst. u. 1 Karte. Ebend. 845. n. 1½ Thlr (Die 30 Stahlst. einzeln n. ⅙ Thlr);

Harz-Album. Ein Führer u. Erinnerungsbuch f. Harz-Reisende. Mit 15 Stahlst. 2. durch e. neue ganz genaue (lith. u. col.) Harzkarte (in gr. Fol.) verm. Aufl. 4 Lfgn. gr. 8. (VIII u. 180 S.) Wolfenbüttel 850, Holle. (à n. ¼ Thlr) n. 1 Thlr; in Engl. Einb. n. 1⅓ Thlr

— Gez. von C. Graeb, lith. von H. Schäffer. 19 Bl. 3. Abdr. Berlin (853.) F. Schulze. 16. n. 10 ngr
Text hierzu vgl.: Lange, Harz-Album.

Harz-Album. 24 Ansichten des Harzes. Gez. von W. Ripe, in in Stahl gest. von A. Schule. Goslar (854.) Brückner. qu. 16. n. 20 ngr

Harz-Album. 24 Ansichten des Harzes in Stahlst. qu. 8. Goslar 855, Brückner. *

Harzauger, E., die Fehler u. Uebelstände, welche sich beim Färben v. loser Wolle, Wollengarnen u. Wollen-Stückwaaren zeigen, deren Ursachen, Verhütg. u. Verbesserg. 8. (IV, 61 S.) Leipzig 887. G. Weigel. n. 1. 50

Harzauger, E., die Fortschritte der losen Wollen- u. Wollengarn-Färberei seit 1881, — die Wäsche, Bleicherei u. Färberei v. loser Wolle u. Wollengarnen, } s.: Sachse, R.

Harzansichten, die schönsten u. interessantesten, in Stahlstich nach Originalzeichn. von W. Saresen. 1. Liefg. qu. gr. 4. (6 Blätter.) Clausthal 844, Schweiger'sche Buchh. 1 Thlr Einzelne Blätter ¼ Thlr — Chines. Papier 1½ Thlr Einzelne Blätter ⅜ Thlr

Harzbecker, Otto, Medizinalprakt.: Ueber den zeitlichen Ablauf der Haemolyse bei Einwirkung fluoreszierender Substanzen im Lichte. München 1908: Kastner & Callwey. 40 S. 8°
München, Med. Diss. v. 18. März 1909, Ref. v. Tappeiner
[Geb. 4. Mai 83 Weimar; Wohnort: Weimar; Staatsangeh.: Sachsen-Weimar; Vorbildung: Gymn. Arnstadt Reife M. 02; Studium: Leipzig 6, München 3, Berlin 1, München 1 S.; Coll. 18. März 09; Approb. 28. Febr. 09] [U 09. 3330

Härzberg-Fränkel, Leo, Polnische Juden. Geschichten und Bilder. 1867. 8. (VI u. 359 S.) Wien, Hilberg's Verlag. 1 fl. 50 kr.

Härzberg-Fränkel, Leo, polnische Juden. Geschichten u. Bilder. Wien 867. (Krakau, Herzog.) 8. (VII, 359 S.) 1 Thlr

Harz-Berg-Kalender, allgemeiner, auf das Schaltjahr 1848. 4. (40 S. und eingedr. Holzschn.) Clausthal 847, Schweiger'sche Buchh.

Harz-Berg-Kalender, allgemeiner, für 1880—1885. 4. (à Jahrg. 32 S.) Clausthal, (Brauns.) à Jahrg. *

Harz-Berg-Kalender, allgemeiner, auf d. J. 1884. 4. (42 S.) Clausthal, (Grosse). n. — 20

Harz-Berg-Kalender, allgemeiner, für 1886—1889. 4. (à Jahrg. 32 S.) Clausthal, (Brauns.) à Jahrg. *

Harz-Berg-Kalender, allgemeiner, für 1889. 4. (32 S.) Clausthal, (Brauns). n. — 20

Harzbibliothek, romantische. Nr. 1—3. 8. Quedlinburg, Ch. F. Vieweg. à — 10
1. Prinzessin Brunhilde. Romantisches Rittergedicht aus alter Zeit, gewidmet allen Besuchern der Roßtrappe u. d. Hexentanzplatzes. (12 S.) 891.
2. Die wilde Jagd. Romantisches Rittergedicht aus alter Zeit, gewidmet allen Besuchern des Harzes. (11 S.) 894.
3. Albert v. Reinstein, der Raubritter des Harzes. Romantisches Gedicht aus alter Zeit, gewidmet allen Besuchern des Regensteins u. des Harzes. (12 S.) 894.

Romantische Harzbibliothek. No. 1–3. [Mehr nicht erschienen.]. Quedlinburg: Exped. d. romant. Harzbibl. [1892-93]. 3 Bde 8° [Umschlagt. F.]
1 = Prinzessin Brunhilde. 1892. 2 = Die wilde Jagd. 1893.
3 = Albert v. Reinstein, d. Raubritter d. Harzes. 1893.

Harz-Bilder. Romantische Darstellungen . . . Altenburg 1833. V: *Freygang, Wilh. von.* (EngG)

Harz-Bilder. Romant. Darstellungen v. W. v. F. 8. (13½ B.) Altenburg 833, Brk.-Exped. d. Eremiten.

Harzblüthen. Den Bewohnern und Freunden des Harzes. Wernigerode 1891. V: *Rudow, Wilh.* (Berl)

Harz-Bote, der, eine Monatsschrift für Stadt u. Land. Jahrg. 1828—33. à 12 Hefte, mit Abbildd. gr. 8. Halberst., Brüggemann. (à 1 Thlr) 6 Thlr

Harz-Bote, der. Eine Monatsschrift für Stadt u. Land, für Jung u. Alt. Jahrgg. 1828—1839. Mit Abbildd. gr. 8. Halberstadt, Lindequist u. Schönrock. (à J. 1 Thlr) 12 Thlr — Fortsetzung, s. Blätter für d. Harz.

Harz-Bote. Zeitschrift für Unterhaltung, Literatur und Leben. Red. u. Herausgeber: A. Brüggemann. 1. Jahrg. April —Decbr. 1854. 39 Nrn. (à 1 Bgn.) Blankenburg, Brüggemann. gr. 4. n. 1 Thlr 15 ngr

Harzburg [Sachliches OW]

Harzburg. Massstab 1:25,000. 1. Hildburghausen [um 1897]: H. Petters. 4°.

Bad Harzburg. Gebirgsluftkurort, Solbad u. Krodo-Trinkquelle. Hrsg. v. Herzogl. Badekommissariat. Bad Harzburg 1908. Braunschweig 1908: Westermann. 42 S. 8° [illegible] 11

Harzburg [Schlagwort]

— s. a.: Braunschweig. Landeskarte.

Harzburg, s.a. Geologische Karten. Karte (Preussen).

Harzburg, s.a. Wernigerode.

Harzburg. Karte v. Bad Harzburg u. Umgebg. Bearb. nach amtl. Material durch herzogl. Landesaufnahme. Hrsg. auf Veranlassg. d. herzogl. Badecommissariats in Bad Harzburg. Gezeichn. v. Carl Jordan u. Ferd. Rösler. 1 : 10,000. 65,5 × 85 cm. Farbdr. Bad Harzburg 897. (H. Woldag.) n. 2. —; auf Leinw. n. 3. 50

Harzburg. Wunder, Rob., Wanderkarten. Bad Harzburg. 1 : 25,000. 21×16,5 cm. Farbdr. Braunschweig (905). R. Wunder. n. — 30

Harzburg [Verfasser]

Harzburg, Hugo, der achtzehnte März. „Dies Buch gehört dem deutschen Volke." Historischer Roman. 4 Thle. gr. 12. (379, 288, 287 u. 440 S.) Berlin 850. 51, Schneider & Co. (1: n. 1⅔ ℳ 2—4: à n. 1⅓ ℳ) n. 5⅔ ℳ

Harzburg, Hugo, Preussens Suprematie in Deutschland. Berlin 1850. 30 S. 8°.

Harzburg-Brocken [Schlagwort]

Harzburg-Brocken. Reliefkarte Harzburg-Brocken. Hrsg. auf Veranlassg. herzogl. Bade-Commissariates unter Benutzg. d. neueren braunschweig. Aufnahmen u. der preuss. Messtischblätter. Ergänzt nach den preuss. u. wernigeröd. Forstbetriebskarten. Gez. 1896—97 v. C. Jordan u. Ferd. Rösler. 1 : 25,000. 49,5 × 56 cm. Farbdr. Bad Harzburg 899. (H. Woldag.) n. 1. —; auf Leinw. n. 2. —

Harze, A. C. vom, s. Schönste, das, Erhabenste u. Lehrreichste aus v. Göthe's Werken.

Harzen, Ernst, über Bartholomaeus Zeitblom, Maler von Ulm, als Kupferstecher. (Abdr. aus dem Archiv für die zeichnenden Künste.) Leipzig 860. R. Weigel. gr. 8. (57 S.) n. 15 ngr.

Harzen-Müller, A. Nikolaus

Harzen-Müller, A. Nikolaus: 12.Sept. 1829 – 12.Sept. 1899. Musikalisches und Musiker aus dem 'Lieder-Verein Berlin 1829' zur Feier des 70. Stiftungsfestes nach d. Akten bearb. von A. Niko. Harzen-Müller. M. 11 Bildn. Berlin: 'Lieder-Verein 1899'. (148 S.) 8°.

Verzeichnis der Plattdeutschen Kunstlieder und ihrer Komponisten nebst Vorw. u. e. Anh. von Instrumental-Kompositionen, welche sich auf d. Plattdeutsche beziehen, von A. N[ikolaus] **Harzen**-Müller, Konzert-Sänger. Hrsg. v. Allg. Plattdeutschen Verband. Berlin: W. Röwer in Komm. 1907. (28 S.) 8° [F.] 07. 14326

Harzer, Albert, aus Deutsch-Neudorf: Über die **Reaktivität** des Sulfuryls. Ein Beitrag zur Kenntnis d. sog. negativen Radikale. *Hildesheim 1904: A. Lax.* (61 S.) 8°
Göttingen, Phil. Diss. v. [5. Apr.] 1904

Harzer, Alb., über die Reaktivität des Sulfuryls. Ein Beitrag zur Kenntnis der sogenannten negativen Radikale. Diss. (61 S.) 8. Hildesheim 904. (Göttingen, Vandenhoeck & Ruprecht.) n. 1. 20

Harzer, August: Zum Accouchement forcé. Freiburg i. B.: Speyer & Kaerner 1910. 52 S. 8°
Freiburg i. B., Med. Diss. v. 1910, Ref. Krönig
[Geb. 16. Febr. 85 Olsnitz i. V.; Wohnort: Freiburg i. B.; Staatsangeh.: Sachsen; Vorbildung: Gymn. Plauen i. V. Reife O. 04; Studium: Tübingen 1, München 1, Kiel 3, Leipzig 2, Freiburg i. B. 3 S.; Coll. 30. Juli 09.] [U 10. 971

Harzer, Aug., der kleine Schmetterlingsjäger, od. e. richt. u. faßl. Anweis., Raupen aufzusuchen u. zu erziehen, Schmetterlinge zu fangen 2c., so wie e. kurzgefaßten Naturgesch. d. Schmetterlings. M. 1 ill. u. 8 schw. Kpfrt. 12. (5½ B.) Pirna 829, [Leipzig,] Friese.

Harzer, Carl August Friedrich,
s. Harzer, Karl August Friedrich

Harzer, Friedrich

Harzer, Frdr., die Anlegung und Benutzung der Eiskeller, sowie die Bereitung des künstlichen Eises und die dazu dienenden Apparate nach neuester und vorzüglichster Konstruktion. 2. verb. u. verm. Aufl. von Eberh. Oucken. Mit 7 (lith.) Quarttaf., enth. 14 Abbildgn. Weimar 864. Voigt. gr. 8. (VIII, 86 S.) 18 ngr.

Harzer, F.: Die Anlegung u. Benutzung der Eiskeller, sowie die Bereitung des kunstlichen Eises u. die dazu dienenden Apparate nach neuester u. vorzuglicher Konstruktion. 2. Aufl. von Eberh. Oucken. Weimar 1864. 8 — 3. Aufl. von K. Swoboda. Weimar 1874. 8 [3. Aufl. in 2 Ex.]

Harzer, Fr.: Der Drahtzieher, Nadler und Drahtarbeiter. Weimar 1851.

– Der wohlunterrichtete Drahtzieher, s. Schauplatz, Neuer, der Künste. 188.

Harzer F., die Eiskeller, sowie die Bereitung des künstl. Eises. 2. A. Weimar 1864

– Die Fabrikation des Siegellackes, s.a. Schauplatz der Künste. H. 170.

Harzer, F.: Die Fabrikation des Siegellackes, wie auch des Siegelwachses und der Briefoblaten. 2. Aufl. von R. Erdmann. Weimar 1863

– Die Glockengießerei, s.a. Schauplatz, Neuer, der Künste.

Harzer Fr., d. Glockengiesserei m. ihr. Nebenarbeit. (Schaupl. d. K. 214) Weimar 1864

Harzer, F., der geschickte Grob- u. Hufschmied, siehe: Schauplatz, neuer, der Künste u. Handwerke, 169. Bd. — Die Siegellackfabrication, siehe: Schauplatz 2c., 170. Bd. — Die Magnet-Electricität, siehe: Schauplatz 2c., 175. Bd. — Die Turbinen, siehe: Schauplatz 2c., 187. Bd. — Der wohlunterrichtete Drahtzieher, siehe: Schauplatz 2c., 188. Bd.

-- Guttapercha und Kautschuk, s.a. Schauplatz der Künste.

Harzer, F.: Guttapercha und Kautschuk, ihr Vorkommen, ihre Eigenschaften und ihre Verarbeitung. 2. Aufl. von H. Keyßerling. Weimar 1864

– Handbuch der Münzkunst, s.a. Schauplatz, Neuer, der Künste.

Harzer, Fr., Vollständiges Handbuch der Münzkunst mit Einschluss des Medaillenprägens, Scheidung des Goldes u. Silbers aus ihren Legirungen etc. Mit 10 lith. Tfln. von 187 Abbild. Weimar 1855. 8°.

– Die Magnet-Electricität, s.a. Schauplatz, Neuer, der Künste. 175.

Harzer, Friedrich: Die Magnet-Elektrizität als motorische Kraft. Weimar 1849

– Die Siegellackfabrikation, s. Schauplatz, Neuer, der Künste. 170.

– Die Turbinen, s.a. Schauplatz, Neuer, der Künste. 187.

Harzer Fr., die Turbinen. (Schauplatz der Künste und Handwerke 187) Weimar 1851

Harzer, F.: Die Turbinen und horizontalen Wasserräder. Weimar 1856.

Vorschriften und Regeln zur Anlegung und Benutzung von Eiskellern, nebst vorausgehender Theorie und Praxis über die Abkühlung der Körper zu wirthschaftl. und technischen Zwecken. Für herrschaftl. u. landwirthschaftl. Haushaltungen, Conditoren, Schlächter rc. Mit 4 lith. Quer-Fol.-Taf. Weimar 853. Voigt. 8. (VI, 90 S.) 12½ ngl

Harzer, Karl August Friedrich

Harzer, Carl Aug. Friedr., naturgetreue Abbildungen der vorzüglichsten essbaren, giftigen u. verdächtigen Pilze, m. besond. Rücksicht auf die verschied. Altersstufen von der ersten Entwickelung bis zum ausgebildeten Wachsthume. Nach eigenen Beobachtungen gezeichnet u. beschrieben. Bevorwortet v. Ludw. Reichenbach. 16 Hfte. Imp.-4. (18½ B. u. 80 ill. Taf.) Dresden 842—44, Pietzsch et Comp. [Hft. 1—15. à * 1 Thlr. 15 Ngr., 16. * 1 Thlr. 24 Ngr.] Thlr. *

Harzer, Karl Aug. Fr., naturgetreue Abbildungen der vorzüglichsten eßbaren, giftigen und verdächtigen Pilze, mit besond. Rücksicht auf die verschied. Altersstufen von der ersten Entwickelung bis zum ausgebildeten Wachsthume. Nach eigenen Beobachtungen gezeichnet u. beschrieben. Bevorwortet von Ldw. Reichenbach. 16 Hefte, jedes mit 5 color. Tafeln. Imp.-4. Dresden 842—45, Adler u. Dietze. n. 24 ℛ 9 ngl

Harzer, Paul

Beschreibung der neuen Meridiankreisanlage. Mit 6 Abb. Von Paul Harzer. Leipzig: Breitkopf & Härtel 1905. (39 S.) 4°
— Beobachtungen, Astronomische, auf d. Sternwarte d. Kgl. Christian-Albrechts-Universität zu Kiel. 1. [05. 5191

Ueber die Bestimmung und Verbesserung der Bahnen von Himmelskörpern nach drei Beobachtungen. Von Paul Harzer. Mit e. Anh. unter Mithülfe von Friedrich Ristenpart u. Wilhelm Ebert berechneter Taf. *Leipzig: Breitkopf & Härtel 1901.* (128 S.) 4°
— Publikation d. Sternwarte in Kiel. 11. [01. 10543

Harzer, P.: Über eine von Tschebyschef angegebene Interpolationsformel. Kiel 1886. 4°.

Ueber die geometrische Methode zur Bestimmung der Bahnen von Himmelskörpern nach fünf Beobachtungen. Von Paul Harzer. Leipzig 1910: Breitkopf & Härtel. 95 S. 4°
(Publikation d. Sternwarte in Kiel. 12.) [10. 10775

Harzer, P.: Eine neue Methode, die negativen und ungeraden Potenzen der Entfernungen der Himmelskörper zu entwickeln. 1882. 4. Habil.-schr. Leipzig

Harzer, P. Über ein dreiflächiges, nach Herrn Scheibners Principien berechnetes Objectiv. Kiel 1886. 4.

Harzer, Paul, über geographische Ortsbestimmungen ohne astronom. Instrumente, s.a. Petermann's, A., Mitteilungen. 123. Ergänzungsheft.

Harzer, P., üb. geograph. Ortsbestimmungen ohne astronom. Instrumente. [Aus: „Mitteilgn. d. Vereinigg. v. Freunden d. Astronomie".] gr. 8. (51 S. m. 1 Taf.) Berlin 896. F. Dümmler's Verl. n. 1. 20

Über geographische Ortsbestimmungen ohne astronomische Instrumente. Elementare Darstellg v. Dr. Paul Harzer, o. Prof. ... in Kiel. M. 19 Fig. im Texte. *Gotha: J. Perthes 1897.* (VIII, 127 S.) 1 Bd 4.
— Mitteilungen, Petermanns, aus J. Perthes' Geogr. Anstalt. Ergzgsh. No 123. [97. 8565

Harzer, Paul: Die Sterne und der Raum. Kiel: Lipsius & Tischer in Komm. 1908. (32 S.) 8°
Kiel, Rede bei Antritt des Rektorats 1908

Harzer, Paul, Untersuchung über Brorsen's Comet im Jahre 1842. 4. (49 S.) Leipzig 878. Engelmann. n. 2. 40

Harzer, P., Untersuchungen üb. e. speciellen Fall d. Problems der drei Körper, s.a. Mémoires de l'académie impériale des sciences de St.-Pétersbourg.

Harzer, P. Untersuchungen über einen speciellen Fall des Problems der drei Körper. St. Petersburg 1886.

— d. säcularen Verändergn. d. Bahnen d. grossen Planeten, s.a. Preisschriften, gekrönt u. hrsg. v. d. fürstl. Jablonowski'schen Gesellschaft zu Leipzig.

Harzer, Paul: Die säcularen Veränderungen der Bahnen der grossen Planeten. Gekrönte Preisschrift. Leipzig 1895.

Harzer, Paul, die exakten Wissenschaften im alten Japan. Rede zur Feier des Geburtstages Sr. Maj. des deutschen Kaisers, Königs v. Preussen Wilhelm II., geh. an der Christian-Albrechts-Universität am 27. I. 1905. (39 S. m. Fig.) gr. 8. Kiel 905. (Lipsius & Tischer.) n. — 60

Harzer, Paul: Über die Zeitbestimmung im Verticale des Polsternes. Von –. Leipzig 1899: Breitkopf & Härtel. (74 S.) 4°.
Publication der Sternwarte in Kiel. 10.

Härzer, F., Sammlung 3stimm. Lieder u. Choräle f. obere Klassen in Volks-Schulen. gr. 8. (10¾ B.) Anklam 840, Dietze. *

Härzer, Fr.

Härzer, F., Sammlung von Chorälen nebst der Liturgie ein-, zwei- u. dreistimmig. 2., verm. u. verb. Aufl. qu. 8. (2⅞ B.) Anclam 843, Dietze. *.

Härzer, Fr., Sammlung v. Chorälen nebst der Liturgie, ein-, zwei- u. dreistimmig. 3. verm. u. verb. Aufl. qu. gr. 8. (38 S.) Anclam 847, Dietze. n. ⅟₁₂ ℛ

Haerzer, Sammlung von Chorälen nebst der Liturgie ein-, zwei- u. dreistimmig. 4. verm. u. verb. Aufl. Anclam (856.) Dietze. gr. 8. (1 Bl., 42 S.) n. 2½ ngl

Härzer, (Organist u. Cantor), Sammlung dreistimmiger Lieder nach den Festen u. Zeiten geordnet, für höhere Bürgerschulen. 8. Anclam 840. Dietze. n. ½ ℛ

— siehe: Sängerchor.

Der Harzfreund, herausgegeben unter Autorisation Königlicher Berghauptmannschaft zu Clausthal. Clausthal Jgge. 1830 u. 1831.

Harz-Führer, illustrirter. Mit e. Uebersichtskarte d. Harzes. 12. (IV, 64 S.) Hannover 892. W. Frerk. n. — 75

Harzgebirge [Schlagwort]

Harz-Gebirge — Karte vom Nordwestlichen — Entw. von C. Prediger. 50,000. Clausthal bei Grosse 1862. (Hor. Curven.) 1 Bl.

— — Karte vom Westlichen — etc. etc. 1865. 1 Bl.

Harz-Gebirge — Charte von dem — und einem Theile der umliegenden Gegenden. Nach den besten vorhandenen Hülfsmitteln und vielen eigenen Messungen und Reisebemerkungen bearbeitet. Zuerst entworfen im Jahre 1817 von Friedrich Julius; vollständig ausgeführt in den Jahren 1818 bis 1821 von Heinrich Berghaus; in Kupfer gestochen und herausgegeben von Heinrich Brose. Berlin 1822, bey Simon Schropp et Comp. 1 : 196,090. Die Reisekärtchen 1 : 500,000. 1 Bl.

Harz-Gebirge — Special-Charte von dem — und den umliegenden Ländern nach den besten Hülfsmitteln etc. entworfen und herausgegeben von dem geographischen Institute zu Weimar 1808. Als Gegenstück zu der Special-Karte zum Thüringer Walde. 1 : 180,000. 4 Bl.

Harzgedichte. Nach e. bessern Orthographie geschrieben u. mit e. Wortregister versehen v. G. Schulze. 8. (6 B.) Clausthal 833, Schweiger.

Harzgedichte. Herausg. u. m. e. Wortregister versehen von G. Schulze. 2. verb. Aufl. 16. (XIV u. 79 S.) Clausthal 851, Schweiger. 1/4 ₰

Harzgedichte, drei. Stade 861. Steudel. 8. (12 S.) n. 2 ngr.

Harzgerode [Schlagwort]

Harzgerode, s.a. Harz.

Harzgerode, s.a. Preussen. Messtischblätter.

Harzheim, Dn., (Jh. Ant. Sulzer), d. Cölibat, oder d. unverheirathete Stand d. kathol. Geistlichkeit, beurtheilt nach Gründen d. Vernunft u. Religion. 8. Wien 782.

Harzheim, Josef, s. Hartzheim

Harzheim, Kaspar

Harzheim, Casp., Explicatio fabularum et superstitionum. 8. Col. 724.
s.a. Hartzheim.

Harzklänge. (28 S.) 8. Lauterburg (904). H. Limbarth. n. — 60; geb. n.n. 1. 20

Harzklub-Zweigverein, Der, Göttingen in den ersten zehn Jahren seines Bestehens. Festschrift zum 10jährigen Stiftungsfeste 1904. Göttingen 1904. V: *Platner, Carl.* (Berl 1904, S. 319)

„Das neue allgemeine Harzmagazin oeconomischer, moralischer, zur Policey, Staatswirthschaft und Staatskunst, wie auch Naturgeschichte gehörigen nützlichen Wahrheiten, Anmerkungen und Nachrichten", Stück 1—12 (nebst Register), Blankenburg 1768 bis 1771 (Reussner). — Vorh.: Preußische Staatsbibliothek Berlin. —

Harzmagazin, d. neue allgemeine, ökonom.-moral., zur Polizei, Staatswirthschaft u. Staatskunst rc. 12 Stcke u. Register. 8. Quedlinb. 768—80. Ernst. 1 ₰ 2 ℊℊ

Harzmagazin, d. neue, v. Sachsen, so in d. Oekonomie rc. schlagen. 12 Stck. u. Reg. 8. Quedlinburg, Ernst. 768—770.

Harzmann, Ernst, Helldunkel-Skizzen aus Brennerode. 8. (30 S.) Berlin 900. [C. Hinstorff.] E. Cumme. n. — 50

Harzmann, Fridericus [Halensis]: Quaestiones scaenicae. . . . Marpurgi Cattorum, typ. Friederici typogr. acad., 1889; 2 Bl. + 58 S. + 1 Bl. 8°
Marburg, Phil. Fak., Inaug.-Diss. v. 18. Nov. 1889

Harzmann, Joannes Fridericus: *De argumentis, ad vindicandam animi immortalitatem allatis. 17 S. 8° (4°)
Halle-Wittenberg, Phil. Diss. v. 12. Sept. 1817
Geb. [Merseburg 17. 5. 1796]
Verf. wurde ohne Rigorosum abwesend promoviert.

Harzmann, M., das Großhandelsgeschäft. Ausländischer Großhandel, s.: Tecymann, W.

Harz-Panorama. Ein Cyklus der schönsten u. interessantesten Harzansichten in Stahlst. nach Originalzeichnungen v. W. Saxesen. Mit Erläuterungen von Ed. Mühlenpfordt. 3 Hfte. Goslar mit dem Rammelsberge. Der Falkenstein. — Bergstadt Zellerfeld (im Winter). Stolberg. — Die Rohmkebrücke im Ockerthal. gr. 4. (3 1/2 B. u. 6 Stahlst.) Clausthal 841, 45, Schweiger'sche Buchh. à * 10 Ngr. — Chines. Pap. à * 15 Ngr. In Schweizer Colorit à *

Harz-Sagen, s.: Eichler, M.

Harztagebuch. Eine Harzreise in eigenhänd. Aufzeichngn. u. Skizzen. Mit dichter. Beigaben v. Frida Schanz. Illustrirt v. E. Schulz. 12. (65 S. m. Randzeichngn. u. 16 Taf.) Leipzig 891. C. Jacobsen. Geb. in Leinw. n. 2.—

Harztagebuch. Eine Harzreise in eigenhänd. Aufzeichngn. u. Skizzen. Mit dichter. Beigaben v. Frieda Schanz. 2. (Titel-)Aufl. 12. (65 S. m. Randzeichngn. u. 16 Taf.) Leipzig (891) 895. C. F. Tiefenbach. Geb. in Leinw. n. 2. -

Harztagebuch. Eine Harzreise in eigenhänd. Aufzeichngn. u. Skizzen. Mit dichter. Beigaben v. Frida Schanz. (Illustr. v. E. Schulz.) 3. Aufl. 12. (65 S. m. Umrahmgn. u. 16 Vollbild.) Leipzig 899. C. F. Tiefenbach. Geb. in Leinw. n. 2. —

Has, J. M. Imperii Russici et Tartariae universae tam majoris et Asiaticae, quam minoris et Europaeae tabula. Nürnberg 1739. 1 Bl. c. K. v.

Has, R: Die Badeinrichtung in der neuen II. Bürgerschule in Weimar. Weimar (1888?)

Has, R., die Badeeinrichtung in der neuen II. Bürgerschule in Weimar. gr. 8. (4 S. m. 3 Taf.) Weimar 889. (Leipzig, Scholtze.) n. — 80

Has, Rhardt, Veranda v. Glasbausteinen am Wohnhaus Orangerie-Allee 8 in Darmstadt gr. 8. (4 S. m. 5 Taf.) Darmstadt 895. (Müller & Rühle.) n. 80

Has, Wilhelm, approb. Arzt aus Cassel ⟨Kurhessen⟩: Die hyperplastischen Erkrankungen der haematopoëtischen Organe ⟨Milz, Lymphdrüsen und Knochenmark⟩ mit besonderer Berücksichtigung der Leukaemie und Pseudoleukaemie im Anschluss an einen Fall von malignem Lymphom. *Würzburg 1899: P. Scheiner.* (121 S.) 8°
Würzburg, Med. Diss. v. 1899

Has, Wilh., die hyperplastischen Erkrankungen der haematopoëtischen Organe (Milz, Lymphdrüsen u. Knochenmark), m. besond. Berücksicht. der Leukaemie u. Pseudoleukaemie, im Anschluss an e. Fall v. malignem Lymphom. Diss. gr. 8. (121 S. m. 2 farb. Taf.) Würzburg 899. (Tübingen, F. Pietzcker.) n.n. 2.—

Hass, R.: Worauf gründet sich d. Recht d. Monarchen, mit d. Tode zu strafen, und sind d. Strafen allezeit die wirksamsten, die aus d. Geist d. Verbrechens genommen sind? *Wien.* '781.

Hasae, Theodor, De decreto Tiberii imperatoris quo Christum referre voluit in numerum deorum. Diss. histor. Hanoviae 1709. 25 Bl. (6.—) 13370

Hasabja Bar Jedithun, Rabbi (Christoph Gottl Richter), Die Bücher der Geschichte der Kinder von Preussen und der Kinder von Sachsen, die sich mit ihnen zugetragen haben in den Tagen, als sie wider einander kriegeten in dem Lande zu Sachsen und von der grossen Schlacht bei Kesselsdorff. Verdollmetschet von Kemuel Ben Meselemja. 1746. 8.

Hasak, Max

Hasak, [Maximilian]: Heimische Dachformen. Von [Maximilian] Hasak, Reg.- u. Baurat a. D. Berlin: Wasmuth 1910. 73 S. 8°

Hasak, Max, Einzelheiten des Kirchenbaues, s.a. Handbuch der Architektur. II. 4.

Einzelheiten des Kirchenbaues. Von Max **Hasak**, Baurat in Grunewald. Mit 511 Abb., sowie 12 Taf. *Stuttgart: A. Bergsträßer 1903.* (VI, 353 S.) 4°(8°)
— Handbuch d. Architektur. T. 2. Bd 4, H. 4.

Hasak, Max, Geschichte der deutschen Bildhauerkunst im XIII. Jahrh. gr. Fol. (XIV. 152 S. m. 122 Abbildgn. im Text u. auf Taf.) Berlin 899. E. Wasmuth. n. 120. —

Zur Geschichte des Magdeburger Dombaues. Von M. **Hasak**, Kgl. Landes-Bauinsp. M. 12 Abb. im Text u. 4 Lichtdrucktaf. *Berlin: W. Ernst & Sohn 1896.* (S.A. a. d. Ztschr. f. Bauwesen. Jg. 1896.) (20 S., 4 Taf.) 1 Bd 4.

— die Kirchen Gross St. Martin u. St. Aposteln in Köln, s.a. **Baukunst, die, 11. Hft.**

Die Kirchen Gross St. Martin und St. Aposteln in Köln von Max Hasak. *Berlin & Stuttgart: W. Spemann [1899].* (16 S., 7 Taf.) 2°
— Baukunst, Die. [Ser. 1,] H. 11.

— haben Steinmetzen unsere mittelalterl. Dome gebaut? [Aus: „Zeitschr. f. Bauwesen".] gr. 8. (93 S. m. 18 Abb.) Berlin 895. W. Ernst & Sohn. n. 4. —

— **der Kirchenbau,** s.a. **Handbuch der Architektur II. Tl., 4. Bd. 3. Hft.**

Der Kirchenbau. Von Max **Hasak**, Reg.R. in Grunewald bei Berlin. Mit 291 Abb., sowie 19 Taf. *Stuttgart: A. Bergsträsser 1902.* (VI, 278 S.) 4°(8°)
— Handbuch d. Architektur. T. 2, Bd 4, H. 3.

Das Laubwerk und der ornamentale Schmuck der Reichsbank in Köln a. Rh. v. [Max] **Hasak**, Landbau-Insp. [Nebst] SA. d. Vorw. *Berlin: E. Wasmuth 1897.* 1 Bd 4. 1 Bd gr 2.
Laubwerk. (3 Bl., 20 Taf.)
SA. d. Vorw.: Wie schafft man Ornamente? (2 Bl., 25 S., 2 Taf.)

Hasak, M., die Predigtkirche im Mittelalter. [Aus: „Zeitschr. f. Bauwesen".] gr. 8. (36 S.) Berlin 893. W. Ernst & Sohn. n. 2. —

Wie schafft man Ornamente? S.A. des Vorwortes zu d. Tafelwerk: Das Laubwerk u. d. ornamentale Schmuck d. Reichsbank in Köln a. Rh. Von [Max] **Hasak**, Landbauinsp. *Berlin: E. Wasmuth 1897.* (25 S.) 4° [X]

Hasak, Maximilian, s. Hasak, Max

Hasak, Vinc. Ein Epheukranz, od. Erklärg. der zehn Gebote Gottes nach den Orig.-Ausgaben v. J. 1483 u. 1516. gr. 8. (VIII, 123 S.) Augsb. 889. Literar. Institut v. M. Huttler. * 2 —

Hasak, Vinc., der christliche Glaube des deutschen Volkes beim Schlusse des Mittelalters dargestellt in deutschen Sprachdenkmalen, oder 50 Jahre der deutschen Sprache im Reformationszeitalter vom J. 1470 bis 1520. Ein christl. Lebensbild. Mit Benutzung von neun verschied. deutschen Bibelausgaben vor Luther. Nach alten Druckwerken u. Handschriften verf. Regensburg 868. Manz. gr. 8. (XVI, 587 S.) n. 2 ℛ 15 sgr.

Hasak, Vinc., Herbstblumen od. alte, ernste Wahrheiten. Zur Illustration d. christl. Volksunterrichtes in der vorreformator. Zeit. Nach Orig.-Schriften bearb. gr. 8. (242 S.) Regensburg 885. Verlags-Anstalt. n. 3. —

Hasak, Vincenz, Die Himmelsstraße, oder: Die Evangelien des Jahres in Erklärungen für das christliche Volk nach deutschen Plenarien aus der Zeit 1500. Regensburg, Manz, jetzt Verl.-Anst., 1882, gr. 8°, 404 S., 5,60 Mk.

— Dr. M. **Luther** u. die religiöse Literatur seiner Zeit bis zum Jahre 1520. gr. 8. (259 S.) Ebend. 881. n. 3. 60

— eine Wanderung durch das Gebiet der religiösen Literatur am Schlusse des Mittelalters. Ein Beitrag zur Aufhellung des „finstern Mittelalters". gr. 8. (26 S.) Augsburg 880, [Literar. Institut von Dr. M. Huttler.] Haugg. *
Aus: Augsburger Postzeitung, besonders abgedruckt.

Zur Geschichte Abessiniens im 17. Jh. Der Gesandtschaftsbericht des Hasan ben Ahmed El-Haimi [**Hasan Ibn-Ahmad al-Haimi**]. Uebs. v. F[elix] E[rnst] Peiser. *Berlin: W. Peiser 1898.* (2 Bl., IV, III—XVIII, 85 S.) 1 Bd 8.

Hasaci, Observationes philologicae. C. figg. Brem. 731. 8. 14 gr.

Hasaeus, C., de episcopo δευτερογάμῳ. Brem. (s. a.) 4

Hasaeus, C., de Jesu patiente in horto. Brem. 1703. 4.

Hasaeus, C., de Jesu patiente in palatio Caiphae. Brem. 1703. 4; rep. in Ikenii thes. dissert. 2. p. 519 ss.

Hasaeus, J., de navibus Alexandrinis apostolum in Italiam deferentibus. Brem. 1716. 4.

Hasaeus, C., num Christus in institutione s. coenae vinum adhibuerit aqua temperatum? Brem. 1701. 4.

Hasaeus, C.: De sanguine et suffocato. – Brem. 1703.

Hasaeus, C., de stigmatibus veterum. Brem. 1704. 4.

Hasaeus, Jacob [Praes.], s. Boclo, Rudolph Wilhelm: De gentilium philosophis atheismi falso suspectis.

Hasaeus, Theodor

Hasaeus, Th.: De baptismo ὑπὲρ τῶν νεκρῶν.– Brem. 1725.

Hasaeus, Theod., de calumnia cultus asinii a gentilibus olim Iudaeis et Christianis impacta. 4. Erfurt. 716.

Hasaeus, T., de decreto Tiberii imp., quo Christum referre voluit in numerum Deorum. Erf. 1715. 4.

Theod. Hasaeus de Liviathan Jobi et Ceto Jonae. Brem. 1723. 8.

— **de Leviathan Iobi et ceto Ionae disq. 8. Brem. Grimm. 723.**

Hasaeus, T., de monimento Paseadensi. I—II. Brem. 1726. 4; rep. in ejsd. sylloge diss. p. 314—450.

Hasaeus, T., de onolatria, a gentilibus olim Judaeis et Christianis impacta. Erf. 1716. 4.

Theod. Hasaeus de ligno Sittim. Brem. 1731. 8. — *Redit in* Ejusd. dissertationum et observationum philologicarum sylloge. Brem. 1732.

— dissertat. et observat. philolog. sylloge. c. fig. 8. Brem. Cramer. 731.

Hasbach, zum Sedanfeste 1875 u. zur Einweihg. der Gedenktafel, welche den in den letzten Kriegen gefallenen Helden aus der evangel. Gemeinde Wesel gewidmet ist, Predigt üb. 5. Mose 4, Vers 9. Mit (lith.) Abbildg. der Gedenktafel. gr. 8. (16 S.) Wesel 875. Kühler. n. — 50

Hasbach, D. H: Die rationelle und einträgliche Kaninchenzucht. 2. Aufl. Leipzig (1887)

Hasbach, D. H., die rationelle u. einträgliche Kaninchenzucht, nach Anleitg. bewährter Fachleute, sowie nach eigener Erfahrg. bearb. Mit vielen Fig. u. Tabellen, sowie 17 merkantilen Schemata. gr. 8. (XII, 135 S.) Leipzig 888. H. Voigt. n. 3. —; geb. n. 4. —

Hasbach, D. H., die rationelle u. einträgliche Kaninchenzucht, nach Anleitg. bewährter Fachleute, sowie nach eigener Erfahrg. bearb. Mit vielen Fig. u. Tab., sowie 17 merkantilen Schemata. 2. (Titel-)Aufl. gr. 8. (XII, 135 S.) Leipzig 891. H. Voigt. n. 3. —

Hasbach, D. H., die rationelle u. einträgliche Kaninchenzucht, nach Anleitg. bewährter Fachleute sowie nach eigener Erfahrg. bearb. 3., gänzl. umgearb. Aufl., hrsg. v. P. Mahlich. gr. 8. (69 S. m. Abbildgn.) Leipzig (901). H. Voigt. n. 1. 20; geb. n. 1. 50

Hasbach, J. W., drei Festpredigten, gehalten am 1. Weihnachtstage 1842, am 1. Ostertage 1843 u. am 2. Pfingsttage 1843 in der evangel. Kirche zu Kettwig. gr. 8. Essen 843, Bädeker. n. 1/6 ℳ

Hasbach, Johann Daniel

Hasbach, J. D., de distorsionibus columnae vertebralis in genere. 8maj. Marb. 820. Krieger. 2 gℊ

Hasbach, Wilhelm

Hasbach, W., das englische Arbeiterversicherungswesen, s. a. Forschungen, staats- u. socialwissenschaftliche.

Hasbach W. d. engl. Arbeiterversicherungswesen. (Forsch. staatsw. V, 1) Leipzig 1883

Hasbach, Wilh., Prof. Dr. Lujo Brentano u. Dr. Karl Kautsky. Ein Beitrag zur Kennzeichng. wissenschaftl. Polemik. gr. 8. (21 S.) Greifswald 891. J. Abel. n. — 40

Prof. Dr. Lujo Brentano und Dr. Karl Kautsky. Ein Beitrag z. Kennzeichnung wissenschaftl. Polemik von W[ilhelm] Hasbach, Prof., Kiel. 2. um e. Vorw. verm. Aufl. *Kiel: R. Cordes 1903.* (15 S.) 8° [J.] 104. 3377

Hasbach, Wilh., Prof. Dr. Lujo Brentano u. Dr. Karl Kautsky. Ein Beitrag zur Kennzeichng. wissenschaftl. Polemik. 2. um e. Vorwort verm. Aufl. (15 S.) 8. Kiel 904. R. Cordes. n. — 50

s.: Festgaben f. Adolph Wagner.

Hasbach, W., die Geldwerttheorien u. Herr Dr. Plenge. (20 S.) gr. 8. Leipzig 909. C. L. Hirschfeld. — 50

Hasbach, W., die philosoph. Grundlagen der von F. Quesnay u. A. Smith begründ. polit. Oekonomie, s. a. Forschungen, staats- u. socialwissenschaftliche.

Hasbach W, die allgemeinen philosophischen Grundlagen der v. F Quesnay u A Smith begründ. polit. Ökonomie. (Forsch. Staats- u sozialwissenschaftl. X, 2) Leipzig 1890

— Güterverzehrung u. Güterhervorbringung. (VII, 88 S.) gr. 8. Jena 906. G. Fischer. n. 2. 40

Hasbach, Prof. Wilh.,

— Die englischen Landarbeiter in den letzten hundert Jahren und die Einhegungen. Mit einem Anhange über die ländlichen socialen Verhältnisse in Dänemark und Schweden von W. Scharling und P. Fahlbeck. (Schrift. d. Ver. f. Soz.-Pol., Bd. 59.) gr. 8°. Leipzig 1894.

Hasbach, Wilh., Untersuchungen üb. Adam Smith u. die Entwicklg. der politischen Ökonomie. gr. 8. (IX, 440 S.) Leipzig 891. Duncker & Humblot. n. 9.

Hasberg, L. James Sheridan Knowles' Leben und dramatische Werke. Diss. Münster 1883. 153 S.

Hasberg, Ludw., Histoire de France, s. a. Schriftsteller, englische u. französische, der neueren Zeit. 34. Bdchn.

Histoire de France depuis les origines jusqu'à nos jours. Extraits des meilleurs historiens franç. Ausgewählt u. erkl. von Oberl. Dr. Ludwig Hasberg, Barmen. Mit 5 Abb., mehreren Karten u. Pl. (Ausg. A.) [Nebst] Wörterbuch, bearb. von H[ans] Seynsche u. Dr. L. Hasberg. Glogau: C. Flemming [1905–06]. 2 Bde 8°
— Schriftsteller, Englische u. franz., d. neueren Zeit. Bdch. 34. [c6. 6884

Hasberg, Ludwig (Bearb.), s. History, Chambers's, of the Victorian Era.

— praktisches Lern- u. Nachschlagebuch f. Französisch. 1. Tl.: Tabelle der unregelmäß. französ. Verben. II. Tl.: Alphabetisches Wörterbuch aller unregelmäß. Formen des französ. Verbs, Substantivs, Adjektivs. Für Schüler, Schülerinnen u. jedermann. (VI, 49 S.) gr. 8. Leipzig 904. Renger. n. 1. —; kart. n. 1. 25

Hasberg, Ludw., französische u. englische Lieder, sowie Übersetzungen deutscher Lieder, nach bekannten Melodien zu singen. Für die Schule u. alle Freunde der fremden Sprachen gesammelt u. m. Singnoten u. Wörterbuch hrsg. 2 Tle. 8. Leipzig 902. Renger. Geb. à n. 1. —
1. Französische Lieder. (80 S.) — 2. Englische Lieder. (80 S.)

Hasberg, Ludw., französische u. engl. Lieder sowie Übersetzgn. deutscher Lieder, nach bekannten dtschn. Melodien zu singen. Für die Schule u. alle Freunde der fremden Sprachen gesammelt u. m. Singnoten u. Wörterbuch hrsg. 1. Tl. Französische Lieder. 2. Aufl. (80 S.) 8. Leipzig 909. Renger. Geb. 1. —

Die neue französische Orthographie und Vereinfachung der Grammatik. Endgült. Erlass d. franz. Unterrichtsminist. nach d. Einigung zw. dem Unterrichtsrate u. d. 'Académie franç.', vom 26. Febr. 1901. Für d. Schulgebr. bearb. von Dr. Ludwig Hasborg, Oberl. in Barmen. *Leipzig: Renger 1901.* (44 S.) 8° [01. 4209

— die neue französische Orthographie u. Vereinfachung der Grammatik. Endgültiger Erlass des französ. Unterrichtsministeriums, nach der Einigg. zwischen dem Unterrichtsrate u. der „Académie française", vom 26. II. 1901. Für den Schulgebrauch bearb. 1. u. 2. unveränd. Aufl. gr. 8. (à 44 S.) Ebd. 901. n. 1.—

— dasselbe. Endgültiger Ministerial-Erlaß vom 26. II. 1901. Für Schüler u. Schülerinnen bearb. (Ergänzungsheft zu jeder französ. Grammatik.) 1.—7. Taus. gr. 8. (à 15 S.) Ebd. 901. n. — 20

— Die neue französische Orthographie u. Vereinfachg. der Grammatik. Entgültiger Ministerial-Erlaß v. 26. II. 1901. Für Schüler u. Schülerinnen bearb. Ergänzungsheft zu jeder französ. Grammatik. 12. Taus. (15 S.) 8. Ebd. 906. — 20

— praktische Phonetik im Klassenunterricht, m. besonderer Berücksicht. des Französischen. Die notwendigsten, rein prakt. phonet. Winke u. Hilfen f. Studierende, Lehrer u. Lehrerinnen. Kurze Anleitg. zur Erzielg. e. reinen französ. Aussprache. gr. 8. (70 S.) Ebd. 901. n. 1.—

Hasberg, Ludw., praktische Phonetik im Klassenunterricht, m. besond. Berücksicht. des Französischen. Die notwendigsten, rein prakt. phonet. Winke u. Hilfen f. Studierende, Seminaristinnen, Lehrer u. Lehrerinnen. Kurze Anleitg. zur Erzielg. e. reinen französ. Aussprache. 3. verb. Aufl. (71 S.) gr. 8. Leipzig 906. Renger. n. 1.20; geb. n. 1.50

— Romanciers du XIXe siècle, s.a. Schriftsteller, englische u. französische, der neueren Zeit.

Romanciers du XIXe siècle. Extraits de P. Mérimée, A. Dumas Père, Pierre Loti, Émile Zola. Für d. Schulgebr. ausgewählt u. erkl. von Dr. Ludwig Hasberg, Oberl. (Ausg. A.) 2., verb. Aufl. [Text.] Glogau: C. Flemming [1907]. 8°
— Schriftsteller, Englische u. franz., d. neueren Zeit. Bdch. 25. [08. 4378

Hasborn [Schlagwort]

Hasborn, s.: Preussen. Messtischblätter.

Auf dem Pegasus. Gedichte von Haesceha. Köln: F. Greven 1892. (VI, 183 S.) 8° [J.] [07. 8710

Haschachar. [Die Morgenröthe.] Hebräisches Organ f. Wissenschaft, Bildg. u. Leben hrsg. v. Pet. Smolensky. 3—5. Jahrg. à 12 Hfte. (ca. 64 S.) gr. 8. Wien 872—74. Brüder Winter. à Jahrg. n. 12. —

Haschachar (Die Morgenröthe.). Sammlung für Wissenschaft, Bildung und Leben. Hrsg. von Peter Smolensky. (In hebräischer Sprache.) 8.—12. Jahrg. 1884—1888. à Jahrg. 12 Hefte. (à Heft 5 Bog.) 12. Wien IX, Wasagasse 23, Selbstverlag des Herausgebers. à Jahrg. **

Haschachar. (Die Morgenröthe.) Sammlung für Wissenschaft, Bildung u. Leben. Hrsg. v. Peter Smolensky. (In hebräischer Sprache.) 9.—13. Jahrg. 1885—1889. à Jahrg. 12 Hfte. (à Hft. 5 B.) 12. Wien IX, Wasagasse 23, Selbstverlag des Herausgeb. à Jahrg. n. n. 12. —

Haschachar. (Die Morgenröthe.) Sammlung f. Wissenschaft, Bildg. u. Leben. Hrsg. v. Moses Orenstein. (In hebr. Sprache.) I. Jahrg. 1893. 12 Hfte. gr. 8. (à Hft. ca. 100 S.) Krakau. (Wien, Ch. D. Lippe.) n. 12. —

Hasche, königl. sächs. Einkommensteuergesetz. 2. Aufl. Nachtrag u. Deckblätter Nr. 1 bis m. 11. (9 S. u. 6 Bl.) kl. 8. Dresden 908. C. Heinrich. — 40
Hauptwerk Ebd. 904. Geb. 4. 80

Hasche, August (*geb. Stülpe in d. Mark*): Ueber Angina diphtheritica. Breslau (1868). (42 S.) 8°
Breslau, Med. Diss. v. 22. Dez. 1868

Hasche, Hugo [aus Hamburg]: Ein Fall von Iristuberkulose ... München, k. Hof- u. Univ.-Buchdr. v. Dr. C. Wolf & Sohn, 1893; 30 S. 8.
München, Med. Fak., Inaug.-Diss. v. 1893

Hasche, Hugo, prakt. Arzt aus Hamburg: Das Irispigment des Katzenauges. *Rostock 1902: H. Winterberg.* (74 S.) 8°
Rostock, Med. Diss. v. [16. Aug.] 1902

Hasche, Johann Christian

— s.a. Beschreib. Dresdens.

BESCHREIBUNG, Umständliche, Dresdens mit allen seinen äusseren und inneren Merkwürdigkeiten (von *Joh. Christian Hasche*). 2 Bde. Mit Plan der chursächs. Armee. Leipzig 1781—83. 8°. (36 Mk. v. Zahn & Jaensch, Dresden, c. 1900:)

Hasche, Jh. Chr., diplom. Geschichte von Dresden, s.a. Geschichte.

GESCHICHTE, Diplomatische, Dresdens (von *Joh. Christian Hasche*). 5 Thle. nebst Urkunden (= 6 Bde.). Dresden 1816—23. 8°. (12 Mk. v. Zahn & Jaensch, Dresden, c. 1900.)
So cplt. sehr geschätzt!

— s.a. Magazin d. sächs. Geschichte.

J. C. Hasche's Magazin d. sächs. Geschichte. 6 Bde. Dresden 1784—89. 8.

— s. Magazin, vermischtes.

Hasche, Paul, königl. sächs. Einkommensteuergesetz, s.a. Handbibliothek, Leipziger juristische.

Hasche, Paul, königl. sächsisches Einkommensteuergesetz vom 24. VII. 1900 nebst der dazu gehörigen Ausführungsverordnung u. Instruktion. Mit Erläutergn. auf Grund gesetzl. Bestimmgn., ergangener Verordngn. u. Entscheidgn. 2. Aufl. (XI, 400 S.) kl. 8. Dresden 904. C. Heinrich. Geb. in Leinw. n. 4.80

Hasche, Königl. sächs. Einkommensteuergesetz. 2. Aufl. Nachtrag u. Deckblätter Nr. 1 bis m. 11. (9 S. u. 6 Bl.) kl. 8. Dresden, C. Heinrich 1908.

— Vortrag über die den Gemeindebehörden durch das königl. sächs. Ergänzungssteuergesetz vom 2. VII. 1902 zugewiesenen Amtsgeschäfte. Geh. am 25. VIII. 1903 im Gemeindetage der Gemeinden in den amtshauptmannschaftl. Bezirken Dresden-Altstadt u. Dresden-Neustadt. (20 S.) gr. 8. Ebd. (903). n. — 50

Hasché, Reinhold (Berlin), Zur Aetiologie, Symptomatologie und Therapie des septischen Abortus. Diss. med.-chir. Bln. (G. Schade [O. Francke]) 27. IX. 1890. 32 S. mit Biogr. (4.80) 13371
Oppon.: H. Holzmann, W. Wagner, E. Mommsen.

Hasche, Theodor

Hasche, Thdr., Erläut. d. Hamburger Fallitnordn. 1r—3r Bd., s.a. C. D. Anderson, Hamb. Privatrecht.

Hasche, Th., Erläut. d. Hamburger Fallitenordn. 1r bis 3r Bd. gr. 8. Hamburg, Perthes. 797.-805. (1r 1 Rthlr. 8 gr. 2r 1 Rthlr. 16 gr. 3r 1 Rthlr. 12 gr.) Schreibp. (1r 1 Rthlr. 16 gr. 2r 2 Rthlr. 3r 1 Rthlr. 20 gr.)

Hasche, Theod., vier Fragen, den üb. d. Central-Casse ausgebroch. Concurs betreff. 8. (2 B.) Hamburg 832, Herold.

Hasche, Theodor (Hamburg), De legibus in favorem commercii latis praesertim in concursu creditorum. Diss. jur. Götting. (Barmeier) 16. II. 1792. 78 S. (6.—) 13372

— Comment. de legibus in favorem commercii lat., praesert. in concursu creditorum. 4. Götting. 792. Brose. 10 gr.

Hasche, Thdr., die Räthsel der Natur und des Lebens. Hamburg 863. O. Meißner. gr. 8. (VIII, 154 S.) 15 ngr.

Hasche, Thdr., die Räthsel der Natur u. des Lebens. 2., durch e. Nachtrag verm. Ausg. Hamburg 867. O. Meißner. 8. (VIII, 175 S.) n. 10 ngr.

Hasche, Th., der Stoffglaube und seine Propheten. Vom naturwissenschaftlichen Standpunkte betrachtet. gr. 8. (16 S.) Hamburg 856, (Perthes-Besser und Mauke.) Thlr.

Hasche, Thdr., Wissen und Glauben. Ein Versuch zur Verständigung. gr. 8. (III, 42 S.) Hamburg 874, [Bernhardt.] Jenichen. *

Hasche, Thdr., Wissen u. Glauben. Ein Versuch zur Verständigung. 2. Ausg. 8. (III, 42 S.) Hamburg 880. Jenichen. n. — 50

Hasche-Klünder, die Tuberkulose im Säuglingsalter vom Standpunkte der öffentl. Gesundheitspflege, s.: Mitteilungen aus den hamburg. Staatskrankenanstalten. IX. 11.

Haschek A.: Über Brechungsexponenten trüber Medien. Vorläufige Mitteilung. S. 97. IIa. 858 . . . vgr.
Separatabdruck

Haschek A.: Über die beiden Integrale

$$\int \frac{\sin (a + b_1 x)}{\sin (a_1 + b_1 x)} d x, \quad \int \frac{\cos (a + b x)}{\cos (a_1 + b_1 x)} d x$$

(37). Brünn L. R. 92.
Progr.

Haschek, Ant. M., photographische Optik. Zum Zwecke v. Vorträgen im „Club der Amateur-Photographen in Wien" zusammengestellt. gr. 8. (VII, 94 S. m. 68 Abbildgn.) Halle a/S. 891, W. Knapp. n. 2. 40

Haschek, Eduard

— u. Heinr. **Mache**, über den Druck im Funken. gr. 8. (13 S. m. 1 Fig.) Wien 898. (C. Gerold's Sohn.) n. — 30
Sonderabdruck aus: „Sitzungsber. d. k. Akad. d. Wiss."

Haschek, Ed., Druck u. Temperatur im elektrischen Funken. gr. 8. (12 S. m. 1 Fig.) Wien 900. (C. Gerold's Sohn.) n. — 30
Sonderabdruck aus: „Sitzungsber. d. k. Akad. d. Wiss."

Haschek, E., üb. d. ultravioletten Funkenspectra d. Elemente, s.: Exner, Frz.

— das Funken- u. Bogenspectrum des Europiums, s.: Exner, Frz.

— Über Leuchterscheinungen des menschlichen Körpers. Nach gemeinsam mit Dr. F. Winkler durchgeführten Versuchen. S. 123. IIa. 520 . . . — 40
Separatabdruck

Haschek, Eduard, über Linienverschiebungen in den Spektren v. Ca, Sn u. Zn, s.: Exner, F.

— und Hönigschmid Otto: Mitteilungen aus dem Institute für Radiumforschung: 31. Zur Frage der Reinheit des internationalen Radiumstandards. S. 121. IIa. 2119 . . . — 30
Separatabdruck

— üb. galvanische Polarisation in alkohol. Lösungen. [Aus: „Sitzungsber. d. k. Akad. d. Wiss."] gr. 8. (10 S. m. 1 Fig.) Wien 897. (C. Gerold's Sohn.) n. — 30

Haschek, E., zur Spektroskopie der seltenen Erden, s.: Exner, Frz.

— spectralanalytische Studien. (1. u. 2. Mittheilung.) gr. 8. Wien (C. Gerold's Sohn). n. — 80
1. (23 S. m. 1 Fig.) 901. n. — 50. — 2. (12 S.) 902. n. — 30.
Sonderabdrucke aus: „Sitzungsber. d. k. Akad. d. Wiss."

— u. K. **Kostersitz**, astrospektrographische Untersuchung der Sterne γ Cygni, α Canis minoris u. ε Leonis. (48 S.) gr. 8. Wien 904. (A. Hölder.) n. — 90

— — dasselbe des Sternes ε Pegasi. (16 S.) gr. 8. Ebd. 905. n. — 40
2 Sonderabdrucke aus: „Sitzungsber. d. k. Akad. d. Wiss."

— Über die Verschiebung der Spektrallinien, s.: Exner, Fr.

— Wellenlängen-Tabellen f. spectralanalytische Untersuchungen, s.: Exner, Frz.

Häschen-, e., u. e. Kätzchengeschichte v. Tante Amanda. Pracht-Ausg. m. 8 Farbenbildern v. Th. Hosemann. 4. (52 S.) Berlin 872. Winckelmann & Söhne. geb. 4. 50

Häschengeschichte, eine, ihren Neffen, Karl, Otto, Paul u. ihrer kleinen Nichte Anna gewidmet v. Tante Amanda. 16. (2 B. u. 6 ill. Bild.) Berlin 846, Winckelmann u. Söhne.

Häschengeschichte, e. neue, f. große u. kleine Kinder. Den Kindern ihrer Neffen u. Nichten gewidmet v. Tante Amanda. 4. (34 S. m. 3 Chromolith.) München 887. (Froh.) cart. n. 2. —

Häschen-Geschichte, noch eine, von der Mutter erzählt. Mit 6 (lith. u.) color. Bildern. Frankfurt a. M. 856. Krebs-Schmitt. 16. (48 S.) n. 10 ngr.

Hascher, Leopold (Hrsg.), s. Sonntagsgast, Der.

Haschka, Lorenz Leopold

Haschka, Gesang auf Herrn Wurz. 4. Wien, Camesina.

Haschka, Lor. Leop., († d. 13. Aug. 1827.) d. Ehre d. Tonkunst. gr. 8. Wien 775. Trattner. 2 gr.

Epinikion. Joh. Aug. Starck, dem beyspiellos Verfolgten, gesungen von Lorenz Leop. **Haschka,** im Oct. 1789. Mit erl. Anmerk. des Verf. und einer fremden Hand. 1790. 23 S. 8°
cf. D. neuesten Religionsbegebenheiten. 13 (1790) S. 345—346.
Allegorisches Gedicht, in welchem Starcks Gegner unter dem Bilde eines Ungeheuers vorgestellt werden, das Starck besiegt habe.

— s. Sined's letztes Lied.

Haschka, Lorenz Leopold: Für unsern S t o l l. Hrsg. von Johann Baptist von Alxinger. Wien: Kurzbeck 1782. 8 S.

Haschke, Carl Ferdinand, s. H a s c h k e, Karl Ferdinand

Karte des Kreises Jauer. Nach Messtischblättern gez. von G. **Haschke.** Massst. 1:25,000. *Jauer: O. Hellmann [1903]; Lith. P. Baron, Liegnitz.* (4 Kartenbl. je 59×47 cm) quer-gr. 2° [kol.] [illegible]

Haschke, Karl Ferdinand

Haschke, Carl Ferdinand (Halberstadt), De ratione illorum qui cortice peruviano destituti febres intermittentes propulsarunt. Dissert. med. Berlin (Brüschck) 26. VII. 1823. 31 S. mit Biogr. (6.—) 13373
Oppon.: Th. Roehl, F. Ritter, C. Schaper. — Gew.: H. C. Diedrich.

Häschke, Exempelbuch f. Liebhaber d. Algebra, Geometrie u. and. nützl. Rechnungsarten; bestch. in 230 Uebungsexempeln. Zum Gebr. f. Gymnasien, höh. Bürgerschulen u. Freunde d. Rechnenkunst. 8. (4½ B.) Leipzig 840, Lauffer.

Häschke, Karl Theodor

Haeschke, Carl Theodor (Leipzig), Ueber die Resection des Ellenbogengelenks nach Schußverletzungen. Dissert. med. Präs. G. B. Guenther. Lpz. (G. Kreysing) 15. IV. 1865. 38 S. mit Biogr. (M.: N. Rentsch.) (6.—) 12690
Oppon.: Hahn, Kessler, Kaufmann.

Häschke, T. L., patriotische Gedichte, nebst einem Anh. v. Gedichten pädagog. Inhalts. 12. (VIII, 87 S.) Leipzig 882. C. G. Naumann. n. 1. —

Hase

— s. a. **Haase.**

Hase, die **Bedeutung** d. Geschichtlichen in der Religion. gr. 8. (80 S.) Leipzig 874. Breitkopf & Härtel. 1. 50

Hase. Die Jungfrau von Orléans. (164) 8. Leipzig 1860. — 2. Aufl. 8. ib. 1861. 2,10.

Petruschky: Rede am Sarge des Generalarztes P e t r u s c h k y gehalten am 6. Februar 1889 von **von Hase** im Saale der Loge zum Todtenkopf und Phönix zu Königsberg i. Pr. Königsberg 1889: Rautenberg. 7 S. 8°. [Umschlagtit.] 21.

Hase, Sammlung verschiedener Schriften, die Viehseuche betreffend. 8. Wittenberg 764. Zimmermann.

v. **Hase,** der Verband der Berufsgenossenschaften. Begründung, Aufgaben, Grenzen. Leipzig 888.

Hase, Albert von (Bremen), De licita juramenti judicialis contra matrimonium delatione, occas. cap. ult. X. de transact. Diss. jur. Rector Jacob Ode. Utrecht (Alex. van Megen) 13. VI. 1743. 48 S. (6.20) 13374

Hase, Albrecht, a. Schmölln (S.-A.): Ueber das Schuppenkleid der Teleosteer. Mit 26 Figuren im Text. Jena: G. Fischer 1907. (63 S.) 8° ¶(Sonderabdruck aus: Jenaische Zeitschrift f. Naturw. Bd 42.)
Jena, Phil. Fak., Ref. Ziegler, Diss. v. 5. Aug. 1907
[Geb. 16 März 82 Schmölln; Wohnort: Schmölln; Staatsangeh.: Sachsen-Altenburg; Vorbildung: Realgymn. Altenburg Reife O. 03; Studium: Marburg 4, Kiel 1, Halle 3, Jena 2 S.; Rig. 22. Febr. 07.]

Hase, August Fr.

Hase, A. F.: Handb. z. Kenntn. d. preuss. Polizey- u. Cameralwesens. *Magdeburg,* Creuz. 793—94. 2 Bde. 8. (2 Thl. 2 Gr.)

Hase, Aug. Fr., († d. 7. Mai 1804.) Handbuch zur Kenntniß d. preuß. Polizei- u. Cameralwesens. 3 Bde. gr. 8. Magdeb. 794—97. Creutz. 3 ₰ 6 gr

Hase, Bernh., Leyer u. Schwert. Patriotische Lieder f. das vaterländ. Heer. 16. (IV u. 104 S.) Aschersleben 852, Fokke. n. ⅙ ₰

– (Hrsg.), s. L i e d e r b u c h des deutschen Volkes:

Hase, C. W., Sammlung von Zeichnungen ausgeführter Kirchen, Schulgebäude und Privatbauten in Hau- und Backstein. 1.—6. Lfg. Fol. (à 6 Stnt. in Imp.-Fol. und 1 Bl. Text.) Hannover 872—75, Schmorl und v. Seefeld. à Lfg. *ℳ 4. *

Hase, C. W., Sammlung von Zeichnungen ausgeführter Kirchen, Schulgebäude und Privatbauten in Haustein und Backstein. 7.—10. (Schluss-)Lfg. Fol. (à Lfg. 6 Stnt.) Hannover 876, Schmorl und v. Seefeld. à Lfg. *ℳ 4. *
1.—6. Lfg. Ebendas. 1872—75. à Lfg. *ℳ 4.

—— das Volksschulhaus. Eine Anleitung zum Bau und zur inneren Einrichtung desselben namentlich in Bezug auf die Resultate der neuesten wissenschaftl. Untersuchungen hinsichtlich der Gesundheitspflege in den Schulzimmern und unter vorzugsweiser Berücksichtigung der Verhältnisse in der Provinz Hannover. gr. 8. (15 S. mit 10 lithogr. Taf. Zeichnungen in gr. 8. und qu. gr. Fol.) Hannover 872, Schmorl und v. Seefeld. *

— das **Volksschulhaus.** Eine Anleitg. zum Bau u. zur inneren Einrichtg. desselben namentlich in Bezug auf die Resultate der neuesten wissenschaftl. Untersuchgn. hinsichtlich der Gesundheitspflege in den Schulzimmern u. unter vorzugsweiser Berücksicht. der Verhältnisse in der Provinz Hannover. Mit 10 (lith.) Taf. Zeichngn. (in gr. 8. u. qu. gr. Fol.) gr. 8. (15 S.) Ebend. 874. n. 1. —

Hase, Carl, s. Hase, Karl

Hase, Carl Alfred, s. Hase, Karl Alfred

Hase, Carl August, s. Hase, Karl August

Hase, Carl Benedict, s. Hase, Karl Benedikt

Hase, Carl Georg, s. Hase, Karl Georg

Hase, Carl Ludwig, s. Hase, Karl Ludwig

Hase, Chr. Hnr., (✝ im März 1791.), s. 1) Lepechin, Tagebuch. 2) Mariti, Reise. 3) Tscherbatoff, russ. Geschichte.

Hase, Chr. Wilh., De auditu difficili ac surditate. 22 pp. Jen. 4°. 1771

Hase, Christian Gottfried

Hase, Chr. Gf., (✝ ...) Antwort auf d. catéchisme à l'honnête-homme. 8. Brandenb. 764. Halle. 7 Gr.

— philos. Anweis. zur französ., italien. u. engl. Sprache. 8. Halle 750. (Hahn in Hannov.) 9 Gr.

Hase, Christian. Godofredus, Nexus canonum linguae Ebraeae grammaticorum syntacticorum criticorum naturalis ad illustrandus linguae sanctae institutiones: quem praeside ... — defendet Iacobus Harmens. Halae Magdeburgicae 1751.

— d. heil. Schrift gegen den Unglauben u. besonders gegen d. Dammischen Auslegungen gerettet. 1r Thl. 8. Züllichau 765. Frommann in Jena. 16 Gr.

— Versuch einer Auslegung des hohen Liedes Salomonis. 4. Brandenb. 765. Halle. 20 Gr.

— Versuch eines Lehrgebäudes d. hebr. Sprache. 8. Halle 750. (Hahn in Hannov.) 5 Gr.

— was muß ich thun, daß ich selig werde? 8. Magdeb. 764. Hechtel. 4 Gr.

— Zergliederung d. ersten Gründe aller menschl. Wissenschaften. 8. Brandenb. 766.

Hase, Conrad, s. Hase, Konrad

Hase, E., Andeutungen zu e. praktischen Vorbereitung auf die Mittelschullehrerprüfung. In Verbindg. m. geprüften Mittelschullehrern hrsg. gr. 8. (XVIII, 113 S.) Leipzig 890. Brandstetter. n. 1. 50

— Andeutungen zu e. praktischen Vorbereitung auf die Rektoratsprüfung. gr. 8. (XII, 68 S.) Ebd. 889. n. 1. —

Hase, E., Eng-Schnell. Praktisch-method. Lehrgang der vereinf. deutschen Stenographie (System Stenotachygraphie). gr. 8. (80 S.) Halle 901. H. Schroedel. n. — 80

Hase, E., s.: Schroedel's Lehr- u. Lesebuch f. den deutschen Geschichtsunterricht.

Hase, E., Weihnachtsbilder, s.a. Bloch's, Ludw., Kinder-Theater.

Weihnachtsbilder. Aufführung mit 4 lebend. Bild. zur Bescherung von E. Hase. *Berlin: E. Bloch (1901).* (8 S.) 8° [F.]
— Kinder-Theater, Ludwig Blochs. No 84.

Hase, Ed. Frdr.

— das jus postliminii u. die fictio legis Corneliae. Eine rechtshistor. Abhandlung. gr. 8. (VIII u. 248 S.) Halle 851, Pfeffer. n. 1 Thlr

Hase, Ed. Frdr., de manu juris Romani antiquioris commentatio. gr. 8. (IV u. 148 S.) Halis 847, Hendel. (Anton.) 16 ngr

Hase, Ernst, die Psychologie als Grundwissenschaft der Pädagogik. Ein Hilfsbuch zur Vorbereitg. auf Lehrer-Prüfgn. In Fragen u. Antworten verf. gr. 8. (VII, 160 S.) Leipzig 885. Dürr'sche Buchh. n. 1. 60

Hase, Erwin v., aus der Heimat der Kartoffel. Chilenische Skizzen. (III, 221 S. m. 3 Taf.) 8. Berlin 907. C. A. Schwetschke & Sohn. 3.50; geb. 4. 50

In der Pampa. Argentinische Skizzen von Erwin v. Hase. Berlin: C. A. Schwetschke & Sohn 1906. (181 S.) 8° [F.]

Hase, Fr. Erdm.

— griechische Alterthumskunde. 2 Bdchn. gr. 12. Dresden 828. jetzt Ernst in Quedlinburg. 1/2 Thlr (Aus der „histor. Taschenbibliothek.")

Hase, Fr. Erdm., (Lehrer d. französ. Sprache in Hamb.), s. deutsche Aufsätze, d. Grundsf. d. französ. Sprache 2c.

— **Franz Gustav** (Steinbach), De vitae principiis. Diss. physiol. Lpz. (Breitkopf-Haertel) 27. IV. 1832. 15 S. (4.80) 13379

Hase, Friedrich: Ein Fall von Struma maligna. Struma sarcomatosa. *München 1897: Kastner & Lossen.* (31 S.) 8°
München, Med. Diss. v. 1897

Hase, Friedr. Edu.: Dissertatio de Tacit [i] German[iae] C. II et Agric[olae] C. VI. Altenburgi [1842]: Aulicus. 10 S. 4° [Umschlagtit.]
Q. F. F. F. Q. S. Sodalitati humanissimae liberorum latomorum quae Altenburgi floret sacra saecularia pridie Kal. Febr. a MDCCCXXXXII celebranda pie gratulantur Gymnasii Fridericiani discipuli interprete Ernesto Reinholdo Rost.

Hase, Friedrich Traugott

Hase, Fr. Traug., (✝ d. 9. Febr. 1823.) s.a. Gust. Aldermann.

ALDERMANN, Gustav. Ein dramatischer (ziemlich zahmer) Roman (von *Friedr. Traugott Hase*). Th. (1) 2. (cplt.) Mit 1 Titelkpf. (Chodowiecki del., Geyser sc.) u. 1 Titelvign. Leipzig. Weygand, 1779. Kl. 8°. (Expl. in Warmbrunn.) (5 Mk., schönes Expl., Adolf Weigel, Lpz., 1908.)
I: 282 S. (incl. 4 Bll. Tit. u. Vorr.). II: 231 S. (incl. 3 Bll. Vorst.). Anon.-Lex. I. p. 37 (nach Meusel, Kayser, Goedeke).

— s.a. Geschichte e. Genies.

— Geschichte

— — eines Genie's (von *Friedr. Traugott Hase*, † 9. Febr. 1823). (Motto aus Bürger: 4 Verszeilen.) 2 Thle. Mit 2 Titelkpfrn. (D. Chodowiecki del. & sc. Gedani). Leipzig, in der Weygand'schen Buchhandlung 1780. 8°. (4 Mk. J. Halle, München, c. 1905; 10 Mk. Max Perl's Berliner März-Auct. 1909.)

I: 2 Bll., 390 S. (358 ist Druckf.), 1 Bl. Druckf.-Verz. II: 2 Bll., 403 S., 1 S. „Nachricht". Zahm. Gegen Hase's Verfasserschaft s. Almanach d. deutschenMusen, 1781, S. 119.

— s.a. **Fr. Mahler.**

MAHLER, Friedr. Ein Beitrag zur Menschenkunde. Ein dramatisirter Roman (von *Fr. Traugott Hase*). 2 Thle. Mit 1 Titelkpfr. Leipzig, Weygand, 1781. 8°. 379 S. (3 Mk. Taussig, 1904; 5 Mk., Adolf Weigel, Lpz., c. 1905.)

Anon.-Lex. III. p. 107 (nach Meusel, Kayser, Goedeke). Vgl. Kläbe, Neuestes Gelehrtes Dresden. Lpz. 1796.

Hase, Fr. Tr., s. 1) Mißverstand, der. 2) Rowe, d. ehrsüchtige Stiefmutter.

Hase, Georg, Referendar in Dippoldiswalde: Das Vorkaufsrecht der Miterben im Bürgerlichen Gesetzbuche. Borna-Leipzig 1908: R. Noske. (VIII, 32 S.) 8° [F.]

Leipzig, Jur. Fak., Diss. v. 8. Mai 1908

[Geb. 6. Febr. 83 Zwickau; Wohnort: Dippoldiswalde; Staatsangeh.: Sachsen; Vorbildung: Realgymn. Zwickau Reife O. 02, Erg.-Prüfung Gymn. Zwickau Reife O. 03; Studium: Leipzig 7 S.; Rig. 28. Sept. 06.]

Hase, Gust., über die Anwendung von Geschwornen, namentl. im Civilprozeß, u. über eine zu entwerfende Justizverfassung f. Deutschland. gr. 8. (55 S.) Weimar 849, Voigt. 1/4 Thlr.

Hase, H. Samml. verschied. Vorschr., welche z. Abhaltg d. Rind-Vieh-Seuche publicieret sind. Wittenberg 1764.

Hase, H. P. Über Erziehung durch Familie und Schule. 23 S.
Progr. Rg. *Zwickau* 1878.

Hase, Hans, Kammergerichtsrefer.: Das Recht der stillen Gesellschaft nach dem Handelsgesetzbuche vom 10. Mai 1897. Heidelberg 1910: Hörning. 76 S. 8°

Heidelberg, Jur. Diss. v. 16. Aug. 1910, Ref. Schröder

[Geb. 25. Dez. 86 Berlin; Wohnort: Werder a. H.; Staatsangeh.: Preußen; Vorbildung: Realgymn. Charlottenburg Reife O. 05; Studium: Berlin 2, Genf 1, Berlin 4 S.; Rig. 26. Juli 10.] [U 10. 1884

Hase, Heinr., die griech. Alterthumskunde. 2 Bdchn. (Neue Ausg.) 8. (21 1/2 B.) Quedlinburg 841, Ernst'sche Buchh.

Aus der: Histor. Taschenbibliothek, besond. abgedruckt.

— class. Alterthumskunde, s.a. Taschenbibliothek, allgem. deutsche. N. 3.

Hase, Hnr., classische Alterthumskunde. 2 Bdchen. 8. Dresd. 828. Hilscher. 18 gr. (Vergl. Taschenbibl. d. Kulturgesch.)

Hase, Heinr., class. (griech.) Alterthumskunde. 2 Bdchn. 8. (21 1/2 B.) Dresden 828. [Bautzen, Nauwerck.]
18 Gr., hrbgf. Pr. Thlr.

Aus der „Allgem. Taschenbibliothek d. menschl. Culturgeschichte" besond. abgedruckt.

— röm. Alterthumskunde. 1s Bdchen. 8. Dresd. 830. Hilscher. 9 gr. (Vergl. Taschenbibl. d. Kulturgesch.)

Hase, Heinr., römische Alterthumskunde. 1. Bdchn. 8. (5 5/8 B.) Dresden 830. [Bautzen, Nauwerck.] 9 Gr., hrbgf. Pr.

Aus der „Allgem. Taschenbibliothek d. menschl. Culturgeschichte" besond. abgedruckt.

— s. Barker-Webb, Untersuchungen.

— s. Bibliothek, ausgewählte histor.

— s. H. E. Bischer, d. Heimath.

— s. Joannis Alexandrini cognomine Philoponi.

— Nachweisungen für Reisende in Italien in Bezug auf Oertlichkeit, Alterthümer, Kunst u. Wissenschaft. Mit 1 Titelkpf. 8. Leipz. 821. Brockhaus. 1 Thlr. 12 gr.

—— Palaeologus. Kleine Schriften meist antiquar. Inhalts. gr. 8. (10 3/4 B. u. 1 Stnt.) Leipzig 837, Hinrichs'sche Buchh.

— s. Samml. von alten rc. Münzen.

Hase, Hnr., Schilderung des röm. Münzwesens, s. Dezobry, Rom im Jahrhundert d. Augustus.

— Uebersichtstafeln zur Geschichte d. neuern Kunst, von d. ersten Jahrh. d. christl. Zeitrechnung an bis zu Rafael Sanzio's Tode. Nach Denkmälern zusammengestellt. Mit 9 Taf. gr. Fol. Dresd. 826. Walter. 1 Thlr. 12 gr.

(——) Verzeichniss d. Bildwerke etc. in d. Sälen d. Kgl. Antikensammlung zu Dresden, s.a. Verzeichniss.

—— Verzeichniss d. alten u. neuen Bildwerke u. übrigen Alterthümer in d. Sälen d. kgl. Antikensammlung zu Dresden. 4., verm. etc. Aufl. 16. (17 B.) Dresden 830, Walther'sche Hofbuchh.

— s. Verzeichniß d. alten u. neuen Werke in Marmor.

Hase

— Heinrich Amadeus (Barby), De restitutione damnatorum. Präs. Augustin v. Leyser. Wittenbg. (Ephr. Gottl. Eichsfeld) Sept. 1742. 16 Seiten. (5.—) 13380

Hasen, Heinrich Amadeo: Sammlung verschiedener ertheilten Vorschriften, welche theils zu Abhaltung, theils zu Hebung der ... grassirenden Rind-Vieh-Seuche, zum Unterricht u. zur Nachachtung... zusammengetragen u. publiciret, ... hierbey auch, wie man sich mit dem Einkölken derer Häute von dem an der Seuche gefallenen Vieh zu verhalten habe... Wittenberg 1764. 37 S.

Hasen, Henr. Roger.: Axiomata jur. ex legibus quibusd. notabilioribus Dig., Cod., Novellar. nec non ordinationum tam provincialium quam forensium Brunsvico-Luneburgensium p. casus demonstrata. *Hannov.* 730. 8.

— axiomata juris ex legib. notabil. demonstr. 8. Hann. Helwing. 730.

Hase, H. Rog., observata ad G. Engelbrechtii compend. jurisprudentiae etc. 4. Hannover, Meyer. 747.

— processus judiciar. provinciar. Brunsv.-Luneburgicae. 4. ibid. 732.

Hase, Herm. v., Joseph Haydn u. Breitkopf & Härtel. Ein Rückblick bei der Veranstaltg. der ersten vollst. Gesamtausgabe seiner Werke. (64 S. m. 10 Abbildgn.) gr. 8. Leipzig 909. Breitkopf & Härtel. 2.50; geb. 3.—

Hase, Hermann von, Verlagsbuchhändl. aus Leipzig: **Die rechtliche Stellung des Vorerben zur Erbschaft nach deutschem bürgerlichen Gesetzbuch.** *Leipzig 1904: Breitkopf & Härtel.* (59 S.) 8°
Leipzig, Jur. Diss. v. 1904

Hase, H(ermann) P(eter): Abhandlung über Begräbnis-, Witwen- und Waisen-Kassen (mit geringer Mitgliederzahl und geringen Unterstützungsbeträgen). *Zwickau 1898: R. Zückler.* (40 S.) 4°
Zwickau, RG, OP 1898 (582)

Hase, J. G.: Für d. Petition an d. Landtag zu Weimar, d. unbeschränkte Pressfreih., m. Vorbehalt eines freisinn. Pressgesetzes auf d. Grund e. Geschwornengerichts u. d. Oeffentlichk. d. Landtagssitzungen betreff.; gegen d. Schrift: „Die Oeffentlichk. d. Verhandll. d. Landtags, erfordert sie d. Oeffentlichk. d. Sitzungen?" *Jena,* **Frommann. 831. gr. 8.** (2 Gr.)
s.a. Hase, Karl Georg

— **Immanuel Heinrich** (Tautenburg/Osterland), Dissertatio de pecunia statis temporibus solvenda, von Tag=Zeiten. Jena (Bauhofer) Juni 1681. 12 Blatt. (6.20) 13381
Gew.: Veit Ludwig v. Seckendorff (Ober=Zenna . .), Georg Conrad Büttner, Bernhard Bergner, Georg Wolffgang Steuer.

— — Dasselbe. Jena (Ehrich). Ohne Widmung. (6.—) 13382

— — Dasselbe. Ed. II. Jena (Jo. Bernh. Heller) 1726. 34 S. Ohne Widm. (6.—) 13383

— **Jo. Bern. Christian** (Münster/Westf.), De restitutione in integrum adversus sententias summorum imperii dicasteriorum remedio ordinario. Diss. jur. Giessen (Eb. H. Lammers) 5. XII. 1743. 76 S. (6.50) 13384
Gew.: Christoph Bernhard Abbing (Vreden). — Widm. v.: H. Chr. Senckenberg.

— **Johann Friedrich** (Frauenprisnitz/Osterland), De domaniis principum inalienabilibus. Diss. jur. Präs. Ernst Immanuel Tenzell. Erfurt (Grosch) 26. IV. 1728. 40 S. (6.30) 13385

Hasius [Hase], Johann Gottfried: De cuneo,
s. Bärmann, Georg Friedrich [Praes.]

Hase, Johann Gottlob

—s.a. Briefe e. Patrioten über Verbesser. d. Sitten.

BRIEFE eines Patrioten, zur Verbesserung der Sitten unsers Jahrzehends (von *Johann Gottlob Hase*). Leipzig 1774. 8°.
Anon.-Lex. I. p. 264 (nach Meusel). — Kayser hat „1775".

Hase, Joh. Glob., Paraphrase, s. Schriften des n. Testaments.

Hase, Jh. Glo., († d. 8. Jan. 1812.) Paraphrase, s. Testament, d. Schriften d. neuen.

— Predigten zum Vorlesen in Landkirchen über d. Sonn- u. Fest-tags-Evangelien. 3 Bde. gr. 8. Altenb, 790—93. (Henninge in Neisse). 4 ß 12 K

Hase, Johann Matthias

Hasii, J. M., Descriptio geographico-historica regni Davidici et Salomonei cum delineatione Syriae et Aegypti. Juncta est urbium maximar. veterum et recentiorum comparatio. Norimb. 739. f. 2 rthl. Ed. 2. multis mappis geogr. et ichnogr. adornata. In off. Homann. 754. f. 2 rthl. 16 gr.

Hase, Johann Matthias.
Historiae Universalis Politicae quantum ad ejus partem I. ac II. . . . Norimbergae 1743.
H: ***Boehme, Aug. Glob.*** (BrMm)

* Differtatio mathematica prior de infinitis curvarum fubevolutis, quam in Alma Leucorea praefide *Joh. Matthia Hafio* eruditorum examini fubmittit auctor M. *Andreas Mayer* Auguftanus d. XVII Novembr.. A. O. R. 1736. Vitemberg in officina Hakiana. 24 S.

Circuli Sveviae mappa ex subsidiis Michalianis delineata et a J[ohann] M[atthias] **Hasio,** quoad accuratam singulorum statuum determinationem emendata et ad LL. magis legitimae project. reducta. — [Norimbergae]: Homanns Erben 1743. 53 × 49½ cm [Stich, kol.]

J. Matth. Hafii diff. de quantitatis et unitatis arithm. vera notione. Vit. 4.

— **Johann Matthias,** Philos. artisque poeticae candidatos ad solennia 17. Oct. 1737 inque iis magisterii et doctoratus philosophici ac laureae poeticae honores invit. Wittbg. (Eichsfeld). 8 Bl. (4.—) 13386

* *M. Joh. Mathiae Hafii* Sciagraphia integri Tractatus de Conftructione Mapparum omnis Generis Geopraphicarum, Hydrographicarum et Aftronomicarum, et in fpecie de Projectionibus Sphaerarum, imprimis ftereographica. Lipfiae. In 4. 4 Bogen, 1 Kupfertafel. 1717.
(Das Werk felbft ift nicht erfchienen.)

* Pithometriae five doliorum menfurae theoria nova algebrae ope eruta et perfecta, cujus partem I. cum fecundae fectione I. praef. *Joh. Matthia Hafio*, Mathem. Prof. Publ. Ord. publice proponit auctor M. *Chriftianus Martini*, Vratislavia - Silefius. Vitembergae literis Chriftiani Schroederi, acad. typ. 4. 82 S. 1723.
Nach pag. 82. folgt: Pithometriae theoriae novae algebrae ope erutae ac perfectae pars III. eaque ultima praef. M. *Chriftiano Martini* Vratislavienfi, refpondente *Georg. Frider. Stuckio*, Jutroszyna - Pol. SS. Theol. ac Math. cult. publice proponitur d. 8 Dec. 1723. Vitembergae, literis Roeberianis. 4. Von Seite 83—97.

Hase, Jh. Otto, Preisschrift über d. Vortheile u. Nachtheile des Kappens d. Bäume. 8. Hamb. 793.

(Hase, K. Fr.:) Die Todesstrafe, ein Votum d. Kirche. Untersuch. üb. d. ***Zulässigk.*** **d. Todesstrafe aus d. christl. Standpunkte.** ***Leipz.,*** **Sühring. 826. 8. (16 Gr.)**

Hase, K. Wilh., u. F. v. Quast, die Gräber in der Schloßkirche zu Quedlinburg. Mit 10 Bl. Abbildungen (in Nadeldr.). Imp.-4. (16 S.) Quedlinburg 877. Huch in Comm. n. 3. —

Hase, Karl, s.a. Hase, Karl Alfred

Hase, Karl, s.a. Hase, Karl August

Hase, Karl *Friedrich Konrad* [aus Hasselfelde im Harz]: Über Mesenterialcysten ... Halle a. S., Hofbuchdr. v. C. A. Kaemmerer & C., 1894; 28 S., 2 Bl. 8.
Halle, Med. Fak., Inaug.-Diss. v. 11. Jan. 1894

Háse, Karl, Wečernj Rozmluwy, kterýmiž se učenj cjrkwe katolické wyswětluge. Přeložil Pantaleon Neumann. 12. (IV u. 281 S.) Prag 849. (Credner & Kleinbub.) n. 8 ngr.

Hase, Carl von, gepr. Rechtskandidat a. Berlin: Die unrichtige Übermittlung des § 120 BGB. Leipzig 1907: Breitkopf & Härtel. (51 S.) 8°
Jena, Jur. Fak., Ref. Danz, Diss. v. 31. Mai 1907
[Geb 2 Mai 83 Hannover; Wohnort: Berlin; Staatsangeh.: Preußen; Vorbildung: Friedrichs-Werdersches Gymn. Berlin Reife M. 03; Studium: Jena 2, Berlin 1, Jena 3 S.; Rig. 5. März 07.]

Hase, Karl Alfred von

Hase, Carl Alfr., Herzog Albrecht v. Preussen u. sein Hofprediger. Eine Königsberger Tragödie aus dem Zeitalter der Reformation. gr. 8. (VIII, 396 S.) Leipzig 879. Breitkopf & Härtel. n. 8. —; geb. n. 9. —

Hase, C. A. v., Christi Armut unser Reichtum. Predigten, geh. in der königl. Hof- u. Garnisonkirche zu Potsdam. gr. 8. (VII, 172 S.) Berlin 893. Buchh. der Berliner Stadtmission. n. 2. —

Hase, Karl Alfr. v., die psychologische Begründung d. religiös. Weltanschauung im XIX. Jahrh. Vorgetragen am 7. V. 1900 in d. psycholog. Gesellsch. z. Breslau. gr. 8. (26 S.) Berlin 901. Herm. Walther. n. — 80
Sonderabdr. a.: „Zeitschr. f. pädag. Psychol. u. Pathol."

Hase, Carl Alfr., vom Evangelium des Johannes. Eine Rede an die Gemeinde. Leipzig 866. Breitkopf & Härtel. gr. 8. (VII, 71 S.) 12 ngr.

— Sebastian Franck von Wörd der Schwarmgeist. Ein Beitrag zur Reformationsgeschichte. Ebend. 869. gr. 8. (XV, 300 S.) 1 ℛ 20 ngr.

— unser evangelisch-reformatorischer Glaube. 2 Predigten, gethan am Reformationsfeste 1867 u. dem darauf folg. Sonntag in der Hofkirche zu Weimar. Weimar 867. Kühn. gr. 8. (20 S.) n. 4 ngr.

Hase, Karl Alfr. v., die Hausandacht, s.: Zimmer's Handbibliothek der praktischen Theologie.

— unsre Hauschronik. Geschichte d. Familie Hase in 4 Jahrhunderten. Lex.-8. (V, 342 S. m. 235 Abb. u. 1 Stammtaf.) Leipzig 898. Breitkopf & Härtel. n. 6. —; geb. n. 7. 50

— die Heimkehr unseres Kaisers im Namen des Herrn. Predigt über Evangelium Lucae 19, 37—40 am 3. Adventsonntag in der königl. Schloßkirche zu Königsberg i. Pr. gehalten. gr. 8. (10 S.) Leipzig 878. Breitkopf & Härtel. — 40

Hase, Carl Alfr. v., Luthers Katechismus, s.: Nesselmann, R.

— die Kreuzgemeinde Christi. Abschieds-Predigt, geh. am 25. Febr. 1894 in der königl. Hof- u. Garnisonkirche zu Potsdam. gr. 8. (9 S.) Ebd. 894. n. — 20

—— s. Luther-Briefe, 275.

— Wormser Luther-Buch zum Feste des Reformations-Denkmals. Ein Gedenkbuch für das deutsche Volk. 1. Aufl. 867. n. 1 ℛ 6 ngr. u. 2. (Titel-)Ausg. Mainz 868. Kunze's Nachf. 8. (VII, 384 S.) 20 ngr.

Hase, Carl Alfr., die innere Mission u. die Zeichen der Zeit. Vortrag, gehalten am 25. Oct. 1877 auf dem Congreß für innere Mission zu Königsberg i/Pr. u. hrsg. vom ostpreuß. Provinzialverein für innere Mission. gr. 8. (20 S.) Leipzig 877. Breitkopf & Härtel. — 50

— die Mission der Kirche an den Gebildeten unter den ihr Entfremdeten. Vortrag, geh. bei der General-Versammlg. des schles. Prov.-Vereins f. Innere Mission, in Liegnitz, am 6. VI. 1900. Hrsg. vom evangel. Preßverein f. Schlesien. 8. (29 S.) Liegnitz 900. Buchh. d. Schles. Prov.-Ver. f. innere Mission. n. — 20

— neutestamentliche Parallelen zu buddhistischen Quellen, s.a. Zeit- u. Streitfragen, biblische. I. 12.

Neutestamentliche Parallelen zu buddhistischen Quellen. Von D. Dr. Karl v. **Hase**, Prof. Gr.Lichterfelde-Berlin: E. Runge 1905. (33 S.) 8° [F.]
— **Zeit-** u. Streit**fragen**, Biblische. Ser. 1. H. 12. [04. 698

Hase, v., am Sarge Kaiser Friedrich's. Gedächtniß-Predigt üb. Jak. 1, 12 beim Trauergottesdienst der Militärgemeinde in der k. Schloßkirche zu Königsberg i. Pr. am 24. Juni 1888. gr. 8. (14 S.) Königsberg 888. Gräfe & Unzer. n.n. — 25

— die Siegesfreudigkeit des Christenthums. Zur Erinnerung an die Kaisertage in Königsberg. Predigt üb. Offenb. S. Joh. 12, 10—12, am 7. Septbr. 1879 in der Krönungskirche geh. gr. 8. (10 S.) Ebend. 879. — 40

— bürgerliche u. kirchliche Toleranz, s.a. Hefte der freien kirchlich-sozialen Konferenz. 34. Heft.

Bürgerliche und kirchliche Toleranz (a.d. Umschl.: Kirchliche und bürgerliche Toleranz). Vortrag geh. auf d. 10. Hauptversammlung d. freien kirchl.-soz. Konferenz zu Breslau 1905 von D. Dr. [Karl] v. **Hase**, Oberkonsist.R. (Berlin: Berliner Stadtmission 1905.) (30 S.) 8° [F.]
— **Hefte** d. freien kirchlich-sozialen Konferenz. H. 34. [1.] [04. 1136

— was sollen wir thun? Predigt über Apostelgeschichte 2, 36—38 zur Buß- u. Dankfeier aus Anlaß des Attentats auf den Kaiser am Pfingstfest 1878 in der kgl. Schloßkapelle zu Königsberg i. Pr. gehalten. gr. 8. (10 S.) Ebend. 878. — 40

— eine Zeitpredigt üb. die Aufhebung d. Taufzwangs. Dom. VI. nach Trinitatis geh. in der Schloßkirche zu Hannover. gr. 8. (12 S.) Hannover 874. Hahn. n. — 30

Hase, Karl August von

— theologische Ährenlese. (Theologische Streit- u. Zeitschriften. 2. Abth.) Hrsg. v. G. Frank. gr. 8. (V, 624 S.) Ebd. 892. n. 12. —; geb. n.n. 13. 50

— Annalen meines Lebens. Hrsg. v. Karl Alfr. v. Hase. gr. 8. (VI, 356 S. m. Bildnis in Photograv.) Ebd. 891. n. 6. —; geb. n.n. 7. 50

Hase, Karl (Aug.), † (Karl v. Steinbach,) Anti-Roehr, s. unten, dess., theol. Streitschriften, 3. Hft.

— s. Baumgarten-Crusius, L. F. O., Compendium der christl. Dogmengesch.

Hase, Karl, Caterina von Siena. Ein Heiligenbild. Leipzig 864. Breitkopf & Härtel. 8. (XVII, 305 S.) 1 ℛ 10 ngr.

— Confessio fidei ecclesiae evangel. nostri temporis rationibus accommodata. Orat. 8maj. (1½ B.) Lipsiae 836, Breitkopf et Haertel.

— Denkschriften zum katholischen Kirchenstreite. [Theologische Reden u. Denkschriften. 1. Abth.] gr. 8. (VII, 370 S.) Ebd. 892. n. 6. —; geb. n.n. 7. 50

— das junge Deutschland. Ein theolog. Votum in e. academ. Rede. 8. (3 B.) Parchim u. Ludwigslust 837, Hinstorff'sche Hfbh.

— s. Disputation, d. Leipziger.

— evangel. Dogmatik, s.a. dess., theol. akadem. Lehrschriften.

— evangelisch-protestantische Dogmatik. 5., verb. Aufl. Ebend. 860. gr. 8. (XVI, 510 S.) 2 Thlr.

Hase, Carl Aug., evangelisch-protestantische Dogmatik. 6., verb. Aufl. Leipzig 870. Breitkopf & Härtel. gr. 8. (XII, 500 S.) 2 Thlr. 15 ngr.

Hase, Carl Aug., des Culturkampfes Ende. 1. u. 2. Aufl. gr. 8. (40 S.) Leipzig 878. Breitkopf & Härtel. n. 1. —

— dasselbe. 3., verm. Aufl. 8. (VII, 80 S.) Ebend. 879. 1. 50

Hase, Karl, die Entwickelung des Protestantismus. Eine akadem. Rede. 855. (32 S.) — 2. Aufl. Leipzig 855. Breitkopf u. Härtel. 8. (38 S.) 5 ngr.

— Erinnerungen an Italien in Briefen an die künftige Geliebte. 2. Abdr. gr. 8. (III, 272 S. m. Portr. in Heliograv.) Ebd. 891. n. 4. —; geb. n.n. 5. 50

— Erinnergn. an Italien in Briefen an d. künft. Geliebte. 3. Abdr. gr. 8. (III, 272 S. m. 1 Bildn.) Ebd. 896. n. 4. —; geb. n.n. 5. 50

— theologische Erzählungen, geistliches Schauspiel u. Rosenvorlesungen. gr. 8. (VII, 541 S.) Ebd. 892. n. 10. —; geb. n.n. 11. 50

— theologische Erzählungen. gr. 8. (VII, 234 S.) Ebd. 892. n. 5. —

— die beiden Erzbischöfe. Ein Fragm. aus d. neuesten Kirchengeschichte. gr. 8. (16½ B.) Leipzig 839, Breitkopf u. Härtel.

— ein Fastnachtsspiel. 8. Germanien. (Erlang. 822.)

— jenaisches Fichte-Büchlein. 8. (XI und 100 S.) Leipzig 855, Breitkopf und Härtel.

— Jenaisches Fichte-Büchlein. Ebend. 856. 8. (XI, 100 S.) 15 ngr.

— de fide. Libri duo. Lib. I. Fides naturalis. 8maj. Tüb. 824. Laupp. 9 gr

— Franz von Assisi. Ein Heiligenbild. Ebend. 856. 8. (XV, 202 S.) 1 Thlr.

— Gedächtnißrede, s. Nippold, Friedr. — Zur Erinnerung.

— Genesis, oder evangel. Glaubenslehre, für d. Gebildeten in d. Gemeinde wissenschaftl. dargestellt. 3 Bde. 8. Leipz. 827—29. Barth. 5 Thlr.

Hase, Karl, Geschichte Jesu. Nach akadem. Vorlesgn. gr. 8. (VIII, 612 S.) Leipzig 875. Breitkopf & Härtel n. 9. —

Hase, Dr. C. A., Geschichte Jesu. Nach akademischen Vorlesungen. Leipzig 1876. 8.

— Geschichte Jesu. Nach akadem. Vorlesgn. 2. Aufl. gr. 8. (X, 774 S.) Ebd. 891. n. 12. —; geb. in Halbfrz. n.n. 13. 50

— Geschichte der katholischen Kirche im 19. Jahrh. (Kirchengeschichte auf der Grundlage akadem. Vorlesgn. 3. Thl. 2. Abth. 2. Hälfte. II.) Hrsg. v. G. Krüger. gr. 8. (S. 729—1023.) Leipzig 892. Breitkopf & Härtel. n. 6. —; geb. in Halbfrz. n.n. 7. 50

Hase, Karl v., Geschichte der protestantischen Kirche im 19. Jahrh. (Kirchengeschichte auf der Grundlage akadem. Vorlesgn. 3. Thl. 2. Abth. 2. Hälfte. I.) Hrsg. v. G. Krüger. gr. 8. (III u. S. 369—728.) Leipzig 892. Breitkopf & Härtel. n. 6. —; geb. n.n. 7. 50

— Glaubenszeugnisse der griechischen Kirche. Anhang zur 5. Aufl. der Dogmatik. Ebend. 860. 8. (51 S.) 7½ ngr.

Hase, Karl, Gnosis, od. evangel. Glaubenslehre, f. d. Gebildeten in d. Gemeinde wissenschaftl. dargest. 2. u. 3. Bd. 8. Leipzig, Barth. [2. (19½ B.) 828. 1 Thlr. 12 Gr., 3. (35 B.) 829. 2 Thlr.]
1. Bd. Ebendas. 1827. 1 Thlr. 12 Gr.

— Gnosis oder protestantisch-evangelische Glaubenslehre für die Gebildeten in der Gemeinde wissenschaftlich dargestellt. 2 Bde. 2., verb. Aufl. Ebend. 869,70. 8. (VII, 493 S. u. III, 481 S.) Jeder Bd. 2 Thlr. 15 ngr.

— Handbuch der protestantischen Polemik gegen die römisch-katholische Kirche. 1. Aufl. 1862. und 2., verb. Aufl. gr. 8. (XXXVI und 646 S.) Leipzig 865, Breitkopf und Härtel. *

— Handbuch der protestantischen Polemik gegen die römisch-katholische Kirche. 3. verb. Aufl. gr. 8. (XXXII, 590 S.) Leipzig 871, Breitkopf und Härtel. *

— Handbuch der protestantischen Polemik gegen die römisch-katholische Kirche. 4., verb. Aufl. gr. 8. (XXXII, 596 S.) Ebend. 878. n. 10. —

— Handbuch der protestantischen Polemik gegen die römisch-katholische Kirche. 5. u. 6. Aufl. gr. 8. (XL, 728 S.) Ebd. 891. 894. n. 12. —; geb. n.n. 13. 50

Hase, Karl v., Handbuch der protestantischen Polemik gegen die römisch-katholische Kirche. 7. Aufl. gr. 8. (XL, 579 S. m. Bildnis.) Leipzig 900. Breitkopf & Härtel. n. 5. —; geb. n. 6. 50; auch in 10 Lfgn. à n. — 50

— Heiligenbilder. Franz v. Assisi — Caterina v. Siena. gr. 8. (VII, 852 S.) Ebd. 892. n. 6. —; geb. n.n. 7. 50

— Hutterus redivivus, s.a. Hutterus.

(—) Hutterus redivivus oder Dogmatik der evangel.-luther. Kirche. Ein dogmat. Repertorium für Studirende. 9. verb. Aufl. Ebend. 858. 8. (XVI, 380 S.) 1 Thlr. 15 ngr.

— Hutterus redivivus oder Dogmatik der evangelisch-lutherischen Kirche. Ein dogmatisches Repertorium für Studirende. 10. verb. Aufl. Ebend. 862. 8. (XVI, 380 S.) 1 Thlr. 15 ngr.

— Ideale und Irrthümer. Jugend-Erinnerungen. 1. Aufl. (IX, 875 S.) 1872, und 2. Aufl. gr. 8. (XIII, 894 S.) Leipzig 873, Brockhaus. *ℳ 5.; geb. *

– Ideale u. Irrthümer. Jugenderinnerungen. 4. Abdr. gr. 8. (IX, 230 S. m. Bildniß d. Verf.) Ebd. 891. n. 4. —; geb. n.n. 5. 50

Ideale und Irrthümer. Jugenderinnerungen von Karl v. Hase. 5. Abdr. *Leipzig: Breitkopf & Härtel 1894.* (VIII, 230 S.) 8° [F.] 11

Hase, Karl v., Ideale u. Irrthümer. Jugenderinnerungen. 6. Aufl. (IX, 230 S. m. Bildnis.) gr. 8. Leipzig 908. Breitkopf & Härtel. 4.—; geb. n 6. 50

— — Index scholarum aestivarum publice et privatim in univers. litter. Jenensi inde a die 26. IV. 1847. — Praefatus est Heinr. Carl Abr. Eichstad. Jena (Bran). 20 S. (3.50) 13378

— — Index scholarum publice privatimque in univers. litter. Jenensi p. hiemem a. 1838. — Praefatus est Heinr. Carl Abr. Eichstad. Jena (Bran). 20 S. (3.50) 13377

— **Carl August** (Steinbach/Misn. u. **Johann August Koehler** (Hartmannsdorf/Borna), De jure ecclesiastico comment. histor. Dissertatio. I, 1. Lpz. (Hartmann) 3. V. 1828. 76 S. (6.30) 13375
Gew.: Christian Friedrich v. Glueck.

Hase, Karl A., **de jure ecclesiastico commentarii historici. Diss. Inest libri primi particula prior. 8maj. Leipz. 828.** Lehnhold. 8 gr

— — Dasselbe. I, 2. Lpz. (Hartmann) 16. IV. 1832. (S. 77—102.) (2.50) 13376
Gew.: Jonathan Schuderoff (Ronneburg).

— s. vom Justizmorde.

(Hase, Karl). Karl von Steinbach, Das Kaiserthum des deutschen Volkes. Eine Stimme aus Sachsen. Leipzig, Breitkopf u. Härtel, 1848. II, 70 S. 8°.

— die deutsche Kirche u. der Staat. Eine academ. Rede. gr. 8. Leipzig 839. Breitkopf u. Härtel. 1/4 Thlr

Hase, Karl, die evangelisch-protestantische Kirche des deutschen Reichs. Eine kirchenrechtl. Denkschrift. 8. (146 S.) Leipzig 849, Breitkopf & Härtel. 1/2 Thlr — 2. Aufl. aus 1848 f. 1852 überarbeitet. 8. (X u. 477 S.) Ebd. 852. 1 Thlr

—— Kirchengeschichte. Lehrb. f. academ. Vorlesn. 1. Aufl. Leipzig 834, Weidmann, u. 2., verb. A. (à 39 B.) gr. 8. Leipzig 836, Breitkopf u. Härtel. à

—— Kirchengeschichte. Lehrb. zunächst f. academ. Vorlesn. 2., verb. Aufl. (40 1/2 B.) 836., 3., verb. A. (41 B.) 837. u. 4., verb. A. gr. 8. (38 1/2 B.) Leipzig 841, Breitkopf u. Härtel. à
Vgl. dess., theol. akadem. Lehrschriften.

— Kirchengeschichte. 6. verb. Aufl. gr. 8. (XIV u. 647 S.) Ebd. 848. 2 1/2 Thlr

— Kirchengeschichte. Lehrbuch zunächst für akademische Vorlesungen. 7. verb. Aufl. 854. (XIV, 732 S.) — 8. verb. Aufl. Ebend. 858. gr. 8. (XXIV, 710 S.) 2 Thlr 22 1/2 ngr

—— Kirchengeschichte. Lehrbuch zunächst für akadem. Vorlesungen. 9., verb. Aufl. gr. 8. (XXIV und 743 S.) Leipzig 867, Breitkopf und Härtel.

—— Kirchengeschichte. Lehrbuch zunächst für akadem. Vorlesungen. 10. verb. Aufl. gr. 8. (XXII, 774 S.) Ebendas. 877. *

Hase, Karl Aug., Kirchengeschichte. Lehrbuch zunächst f. akadem. Vorlesgn. 11. Aufl. gr. 8. (XXII, 762 S.) Leipzig 886. Breitkopf & Härtel. n. 10. —; geb. n. 11. 50

Hase, Karl, Kirchengeschichte auf der Grundlage akademischer Vorlesungen. 1. Thl. Alte Kirchengeschichte. gr. 8. (VII, 538 S.) Leipzig 885. Breitkopf & Härtel. n. 12. —; geb. n.n. 13. 50

— Kirchengeschichte auf der Grundlage akademischer Vorlesungen. 2. Thl. Mittlere Kirchengeschichte. gr. 8. (VI, 578 S.) Ebd. 890. n. 12. —; geb. n.n. 13. 50

— dasselbe. 3. Thl. Neue Kirchengeschichte. 1. Abth. Hrsg. v. G. Krüger. gr. 8. (VII, 438 S.) Ebd. 891. n. 7. —; geb. n.n. 8. 50

— dasselbe. 3. Thl. 2. Abth. I. Hälfte. Hrsg. v. G. Krüger. gr. 8. (VI, 368 S.) Ebd. 892. n. 6. —; geb. n.n. 7. 50

— dasselbe. 3. Thl. 2. Abth. 2. Hälfte. I u. II. Hrsg. v. G. Krüger. gr. 8. (III u. S. 369—1023.) Ebd. 892. n. 6. —

— Kirchengeschichte d. 17. u. 18. Jahrh. (Kirchengeschichte auf der Grundlage akadem. Vorlesgn. 3. Thl. 2. Abth. 1. Hälfte.) Hrsg. v. G. Krüger. gr. 8. (VI, 368 S.) Ebd. 892. n. 6.—; geb. n.n. 7. 50

— Kirchengeschichte auf d. Grundlage akadem. Vorlesungen. 2. Tl. Hrsg. v. G. Krüger. 2. Aufl. gr. 8. (X, 582 S.) Ebd. 895. n. 12. —; geb. n.n. 13. 50

— dasselbe. 3. Thl. 1. Abth. gr. 8. (V, 438 S.) Ebd. 896. n. 7. —; geb. in Halbfrz. n.n. 8. 50

Kirchengeschichte. Von Karl v. Hase. 12. Aufl. (Vorr. Gustav Krüger.) *Leipzig: Breitkopf & Härtel 1900.* (XVIII, 717 S.) 8° [F.] 11

Kirchengeschichte auf der Grundlage akademischer Vorlesungen von Karl v. Hase. 3. Aufl. Durchges. von Gustav Krüger. Th. 1. *Leipzig: Breitkopf & Härtel 1901.* 8° [F.] 7

—— das Leben Jesu. Ein Lehrb. zunächst f. akadem. Vorlesungen. 1. Aufl. (15 1/2 B.) Leipzig 829, Leich. 1 Thlr., 2., verb. A. (18 1/4 B.) 8. Leipzig 835, Breitkopf u. Härtel.

—— das Leben Jesu. 3., verb. Aufl. gr. 8. (15 B.) Leipzig 840, Breitkopf u. Härtel.
Vgl. dess. theol. akadem. Lehrschriften.

— das Leben Jesu. Lehrbuch zunächst für akademische Vorlesungen. 4. verb. Aufl. Ebend. 854. gr. 8. (XIV, 233 S.) 1 Thlr 15 ngr

—— das Leben Jesu. Lehrbuch zunächst für akadem. Vorlesungen. 5., verb. Aufl. 8. (XVI und 284 S.) Leipzig 865, Breitkopf und Härtel.

— Lehrbuch d. evangel. Dogmatik. gr. 8. Stuttg. 826. Metzler. 2 Thlr 8 gr

— Lehrbuch der Evangel. Dogmatik. 2e umgearb. Aufl. 8. Leipzig 838. Breitkopf u. Härtel. 2 1/2 Thlr

—— theolog. akadem. Lehrschriften. 3. Bd. — A. u. d. T.: Evangel. Dogmatik. 3., verb. Aufl. gr. 8. (34 1/4 B.) Leipzig 842, Breitkopf u. Härtel.
Der 1. Bd. bildet dess., das Leben Jesu, der 2. Bd. dess., Kirchengeschichte, vgl. oben.

Hase, Karl Aug., theologisch-akadem. Lehrschriften. 2. Bd. — A. u. d. T.: Kirchengeschichte. 4. verb. Aufl. 841. 5. verb. Aufl. gr. 8. Leipzig 844, Breitkopf u. Härtel. 2 1/2 Thlr

— dass. 3. Bd. — A. u. d. T.: Evangelische Dogmatik. 3. verb. Aufl. gr. 8. Ebend. 842. 2 ℛ (1—3: 6 ℛ)

— theologisch-akademische Lehrschriften. 3. Bd. A. u. d. T.: Evangelische Dogmatik. 4. verb. Aufl. gr. 8. (XVIII u. 536 S.) Ebd. 850. 2 ℛ

—— libri symbolici eccles. Evangelicae sive Concordia, s. Libri.

— der Papst und Italien. Eine Neujahrsbetrachtung. 1. u. 2. Aufl. Ebend. 861. 8. (62 S.) 9 ngr.

Hase, Karl,[1]) Preußen und Oesterreich. (Juli 1849.) Eine politische Denkschrift. Leipzig, Breitkopf u. Härtel, 1849. IV, 50 S. 8⁰.

— neue Propheten. Drei historisch-politische Kirchenbilder. 8. (XII u. 367 S.) Ebd. 851. In Engl. Einb. $1^2/_3$ ℛ

— neue Propheten. Drei historisch-politische Kirchenbilder. 2. Aufl. 1—3. Heft. Ebend. 860, 61. 8. 2 ℛ 3 ngr.
Inhalt: 1. Die Jungfrau von Orleans. (104 S.) — 2. Savonarola. (132 S.) 18 ngr. — 3. Das Reich der Wiedertäufer. (171 S.) 24 ngr.

— neue Propheten. Jungfrau v. Orleans. Savonarola. Das Reich der Wiedertäufer. Historisch-polit. Kirchenbilder. 3. Aufl. gr. 8. (XXIV, 304 S.) Ebd. 893. n. 6. —; geb. n.n. 7. 50

— das gute alte Recht der Kirche. 2 academ. Reden. gr. 8. (43 S.) Ebd. 847. $^1/_3$ ℛ

— Reden an die Jünglinge der freien Hochschulen Deutschlands. gr. 8. (V, 150 S.) Ebd. 891. n. 3. —

— protestantische Reden u. Denkschriften. (Theologische Reden u. Denkschriften. 2. Abth.) gr. 8. (V u. S. 371—681.) Ebd. 892. n. 6. —; geb. n.n. 7. 50

*—— Theologische Reden u. Denkschriften. 2 Abthlgn. gr. 8. Ebd. 892. à Abthl. * 6 —; geb. ** 7 50
1. Denkschriften zum kathol. Kirchenstreite. (VII, S. 1—370.)
2. Protestantische Reden u. Denkschriften. (V, S. 371—681.)

— vaterländische Reden u. Denkschriften. gr. 8. (IX, 588 S.) Ebd. 891. n. 10. —; geb. n. 11. 50

—— vier akademisch-protestantische Reden. 8. (VII und 116 S.) Leipzig 863, Breitkopf und Härtel.

— Reformation u. Gegenreformation. [Kirchengeschichte auf der Grundlage akadem. Vorlesgn. 3. Thl. 1. Abth.] gr. 8. (VII, 438 S.) Ebd. 891. n. 7. —; geb. n.n. 8. 50

(Hase, Karl), Karl von Steinbach, Das deutsche Reich und seine Staaten. Eine Stimme aus Sachsen. Leipzig, Breitkopf u. Härtel, 1848. VI, 144 S. 8⁰.

(Hase, Karl) Karl von Steinbach, Die Republik des deutschen Volkes. Eine Stimme aus Sachsen. Leipzig, Breitkopf u. Härtel, 1848. 77 S. 8⁰.

— s. Robinson, d. griechische.

Hase, Karl, Rosenvorlesungen kirchengeschichtlichen Inhalts. 8. (VI, 178 S.) Leipzig 880, Breitkopf und Härtel. [illegible]
geb. [illegible]

— das geistliche Schauspiel. Geschichtliche Uebersicht. Ebend. 858. (XV, 320 S.) 1 ℛ 15 ngr.

— die Tübinger Schule. Ein Sendschreiben an Herrn Dr. Ferd. Christian v. Baur, ersten Prof. der evangel. Theol. an der Univ. Tübingen ꝛc. Ebend. 855. 8. (1 Bl., 108 S.) 12 ngr.

—— theolog. Streitschriften, als Beilage zu dess. „Hutterus redivivus" u. „Leben Jesu" etc. (1.) u. 2. Hft. 8. Leipzig, Breitkopf u. Härtel.
Hft. 1. Beilage zu Hutterus red. u. Leben Jesu. (8 B.) 834. 12 Gr.
2. Zur Kirchengeschichte. ($8^3/_4$ B.) 836. 12 Gr.

— theologische Streitschriften, als Beilage zu dessen Hutterus redivivus u. Leben Jesu. 8. Leipzig 834. Breitkopf u. Härtel. $^1/_2$ ℛ — (2s Hft.) Zur Kirchengeschichte. 2s Heft. 8. Ebd. 836. $^1/_2$ ℛ — 3s Heft: Anti-Röhr. 8. Ebd. 837. 2e mit e. Anhange verm. Aufl. 8. Ebd. 837. $^2/_3$ ℛ

— theologische Streitschriften. (Theologische Streit- u. Zeitschriften. 1. Abth.) Hrsg. v. G. Frank. gr. 8. (VII, 482 S.) Ebd. 892. n. 6. —; geb. n.n. 7. 50

— des alten Pfarrers Testament. 8. Tübing. 824. Osiander. 16 Xr Schrbp. 22 Xr

— s. H. G. Tzschirner, Glaubenslehre.

— s. Wahrheit über d. Einheit d. evangel. Kirche.

Gesammelte Werke von Karl v. **Hase**. Bd 1–12. Leipzig: Breitkopf & Härtel 1890–93. 8°
1–3. Kirchengeschichte auf d. Grundlage akademischer Vorlesungen. Th. 1–3. 1890–92.
1. Alte Kirchengeschichte. 2. Abdr. 1890.
2, (Abth. 1. 2). Germanische Kirche. Mittlere Kirchengeschichte. 1890.
(1. Alte Kirchengeschichte: Germanische Kirche. Mittlere Kirchengeschichte: Karl d. Gr. bis Innocenz III.)
(2. Mittlere Kirchengeschichte: Innocenz III bis Luther. Hrsg. von Gustav Krüger.)
3. Neue Kirchengeschichte. Abth. 1. 2. Hrsg. von G[ustav] Krüger. 1891. 92.
4. Geschichte Jesu. Nach akad. Vorlesungen. 2. Aufl. (Hrsg.: G[ustav] Kr[uger].) 1891.
5, (Abth. 1. 2.) Heilige und Propheten. (Hrsg.: G[ustav] Krüger.) 1892 (–93).
(1. Heiligenbilder: Franz von Assisi. Caterina von Siena. 2. Aufl. 1892.)
(2. Neue Propheten: Die Jungfrau von Orleans. Savonarola. Das Reich d. Wiedertäufer. 3. Aufl. 1893.)
6, (Abth. 1. 2.) Theologische Erzählungen. Geistliches Schauspiel u. Rosenvorlesungen. (Hrsg.: Karl Alfred v. Hase.)
(1. Theolog. Erzählungen: Des alten Pfarrers Testament. Die Proselyten.)
(2. Das geistliche Schauspiel. Rosenvorlesungen kirchengeschichtl. Inhalts.)
7. Gnosis oder protestantisch-evangelische Glaubenslehre f. d. Gebildeten in d. Gemeinde. 3. Aufl. (Hrsg.: Karl Alfred v. Hase.) 1893.
8, (Abth. 1. 2.) Theologische Streit- u. Zeitschriften. 1892.
(1. Theologische Streitschriften. Hrsg.: Gustav Frank.)
2. Theologische Ährenlese. Hrsg. von G(ustav) Frank.
9. Handbuch d. protest. Polemik gegen d. röm.-kath. Kirche. 5. Aufl. (Hrsg.: G[ustav] Kr[üger].) 1890.
10, (Abth. 1. 2.) Theologische Reden u. Denkschriften. (Hrsg.: Oskar v. Hase.) 1892.
(1. Zum Kirchenstreit.)
(2. Vier akad.-protest. Reden. Die evang.-protest. Kirche d. Deutschen Reichs.)
11, Abth. 1. 2. Karl v. Hases Leben. 1890–91.
1. Jugenderinnerungen: Ideale u. Irrthümer. (3. Abdr.) Erinnerungen an Italien in Briefen an d. künftige Geliebte. (Hrsg.: K[arl] A[lfred] v. H[ase].) 1890.
2. Annalen meines Lebens. Hrsg. von Karl Alfred v. Hase. 1891.
12, (Abth. 1. 2.) Vaterländische Reden u. Denkschriften. 1891.
(1. Reden an d. Jünglinge d. freien Hochschulen Deutschlands u. Denkschriften aus d. Jugendzeit.)
(2. Vaterländische Denkschriften 1848/49. Jenaisches Fichte-Büchlein.)
[10. 13701

Hase, Karl v. Gesammelte Werke. 1.—5. Hlbbd., 6. Hlbbd. 3 Thle., 7.—13. Hlbbd., 14. Hlbbd. 2 Thle., 15. Hlbbd., 16. Hlbbd. 2 Thle. u. 17.—24. (Schluß-)Hlbbd. gr. 8. Lpz., Breitkopf u. Härtel. à Hlbbd. bezw. à Thl. * 5 —; * 140 —
1. 2. Kirchengeschichte auf der Grundlage akademischer Vorlesungen. 1. Thl.: Alte Kirchengeschichte. 2. Abdr. (VII, 638 S. m. Portr. in Heliograv.) 890.
3. —— dass. — 2. Thl.: Germanische Kirche. Mittlere Kirchengeschichte. 1. Abthl. (VI, S. 1—298.) 890.
4. —— dass. — 2. Thl. 2. Abthl.: Mittlere Kirchengeschichte: Innocenz III. bis Luther. (V, S. 299—578.) 890.
5. —— dass. — 3. Thl.: Neue Kirchengeschichte. 1. Abthl. (VII, 438 S.) 891.
6. I. —— dass. — 3. Thl.: Neue Kirchengeschichte. 2. Abthl. 1. Hälfte. Hrsg. v. G. Krüger. (VIII, S. 1—358.) 892.
6. II. III. —— dass. — 3. Thl. 2. Abthl. 2. Hälfte. (V, S. 359—1023.) 892.
7. Geschichte Jesu. Nach akadem. Vorlesgn. 2. Aufl. 1. Abthl. (X, S. 1—362.) 891.
8. —— dass. — 2. Aufl. 2. Abthl. (S. 363—774.) 891.
9. Heilige u. Propheten. 1. Abthl.: Heiligenbilder. Franz v. Assisi. Caterina v. Siena. (2. Aufl.) (IX, 352 S.) 892.
10. —— dass. — 2. Abthl.: Neue Propheten. Die Jungfrau v. Orleans. Savonarola. Das Reich der Wiedertäufer. 3. Aufl. (XXIV, 304 S.) 893.

11. Theologische Erzählungen, geistliches Schauspiel u. Rosenvorlesungen. 1. Abthl.: Theolog. Erzählgn.: Des alten Pfarrers Testament. Die Proselyten. (VII, S. 1—234.) 892.
12. —— dass. — 2. Abthl.: Das geistl. Schauspiel. Rosenvorlesgn. kirchengeschichtl. Inhalts. (S. 235—541.) 892.
13. Gnosis od. protestantisch-evangelische Glaubenslehre f. die Gebildeten in der Gemeinde. 3. Aufl. 1. Abthl. (X, S. 1—314.) 893.
14. I II. —— dass. — 3. Aufl. 2. u. 3. Abthl. (XI. XII, S. 315—898.) 893.
15. Theologische Streit- u. Zeitschriften. 1. Abthl.: Theologische Streitschriften. (VII, 482 S.) 892.
16. I. II. —— dass. — 2. Abthl.: Theologische Ährenlese. I. u. II. Hrsg. v. G. Frank. (V, 624 S.) 892.
17. Handbuch der protestantischen Polemik gegen die römisch-katholische Kirche. 5. Aufl. 1. Abthl. (XL, S. 1—304.) 890.
18. —— dass. — 5. Aufl. 2. Abthl. (S. 305—728.) 890.
19. Theologische Reden u. Denkschriften. 1. Abthl.: Zum Kirchenstreit. (XI, S. 1—370.) 892.
20. —— dass. — 2. Abthl.: Vier akademisch-protestant. Reden. Die evangel.-protestant. Kirche d. deutschen Reichs. (S. 371—681.) 892.
21. Jugenderinnerungen. — Ideale u. Irrthümer. Erinnerungen an Italien in Briefen an die künftige Geliebte. (XIII, 230; III, 272 S. m. 2 Photograv.) 890.
22. Annalen meines Lebens. Hrsg. v. Karl Alfr. v. Hase. (VIII, 356 S. m. Bildnis in Photograv.) 891.
23. Vaterländische Reden u. Denkschriften. 1. Abthl.: Reden an die Jünglinge der freien Hochschulen Deutschlands u. Denkschriften aus der Jugendzeit. (IX, S. 1—317.) 891.
24. —— dass. — 2. Abthl.: Vaterländische Denkschriften 1848/49. Jenaisches Fichte-Büchlein. (S. 319—588.) 891.

Hase, Karl v., gesammelte Werke 3. Bd. Kirchengeschichte auf d. Grundlage akadem. Vorlesgn. 3. Thl. Neue Kirchengeschichte. 2. Abth. 1. u. 2. Hälfte, 2 Tle. Hrsg. v. G. Krüger. 2., durchgeseh. Aufl. gr. 8. (VIII, 1023 S.) Ebd. 897 98. n. 18.—; geb. n.n. 22.—

Hase, Karl Benedikt

Hase, Carl Benedict, Briefe v. der Wanderung u. aus Paris. Hrsg. v. O. Heine. gr. 8. (XII, 115 S.) Leipzig 894. Breitkopf & Härtel. n. 2.—; geb. n.n. 2. 75

Hase, Karl Bdkt., s. 1) *Leonis* Diaconi Caloensis. 2) J. L. *Lydi*, de magistratibus et ejusd. de Ostentis. 3) *Thesaurus* graecae linguae.

Hase, Karl Georg

[Lied.] Am Stiftungsfest, 24. Okt. 1835. [Unterz.: Karl Georg] Hase. [Weimar 1835.] 1 Bl. 8° [Kopftit.]
Ohne Noten: „Weisheit beginnt den Bau, ..."
446.

Hase, K. G., für d. Petition an d. Landtag zu Weimar, d. unbeschränkte Preßfreiheit, mit Vorbehalt e. freisinnigen Preßgesetzes auf d. Grund e. Geschwornengerichts u. d. Oeffentlichkeit d. Landtagssitzungen betreff.; geg. d. Schrift: „die Oeffentlichkeit d. Verhandln. d. Landtags. Erfordert sie d. Oeffentlichkeit d. Sitzungen?" gr. 8. (1 B.) Jena 831, Frommann.
s.a. Hase, J. G.

—— Repertorium üb. alle, ein öffentl. Gesammtinteresse habenden Gesetze, Verordn. u. Nachrichten, die in d. Weimar'schen officiellen Wochenblättern v. 1811 b. u. mit 1827 enthalten sind. gr. 8. (5½ B.) Weimar 828, (Landes-Indust.-Compt.)

Hase, Karl Geo., Repertorium üb. alle, ein öffentl. Gesammtinteresse habenden Gesetze, Verordnungen u. Nachrichten, die in den weimarischen officiellen Wochen-, Zeitungs- u. Regierungsblättern von 1811—1842 enthalten sind. Fortgesetzt v. Friedr. Zwetz. gr. 8. (8 B.) Weimar 843, Voigt.

—— abgedrung. Vertheidigung d. Petition f. Oeffentlichkeit d. Sitzungen d. Landtags zu Weimar. gr. 8. (1 B.) Jena 833, Frommann.
Vgl. Haase, Hasse.

Hase, Karl Edw., (†...) gründl. Anweis. zur Bienenzucht. 4 Thle. 8. Berl. 771—73. Reimer. 1 ℛ 10 𝔤𝔤

Hase, Konrad

Ein Gespräch des HERRN mit St. Petro. Von der jetzigen Welt-Lauff, und ihrem bösen verkehrten Wesen, Durch Conrad Hasen. (Hlzschn.: Christus u. Petrus.) Nützlich und sehr kurtzweilig zu lesen. 8°. 16 Bl. (Dialog.)

S. Peter.

Ach Du, mein lieber HErr und GOtt, ...

Druck aus dem Anfang des 18. Jahrh. Nach G. G. 350 Nr. 80 erschien die erste Ausg. 1559 4°. Vgl. W. 2 S. 372. Abgedr. nach der Ausg. von 1687 in Schade's Satiren 1 S. 154—175.

Hase, Kurt: Aus d. psychiatr. u. Nervenklinik zu Kiel. Ein Fall von akuter apoplektiformer Bulbärparalyse. **Berlin:** Trenkel 1909. 30 S. 8°
Kiel, Med. Diss. v. 27. Juni 1910, Ref. Siemerling
[Geb. 21. Juni 85 Baden-Baden; Wohnort: Lübeck; Staatsangeh.: Preußen; Vorbildung: Gymn. Lübeck Reife O. 04; Studium: Freiburg i. B. 1, Leipzig 5, Kiel 4 S.; Coll. 13. Mai 09; Approb. 1. Juni 10.] [U 10. 2442

Hase, Ludwig

Hase, L., Sachliche Erläuterung des in Plato's Phädo p. 101 B — 107 A enthaltenen Beweises von der Unsterblichkeit der Seele. Pr. 1848. 12 S. 4°.

Hase, Ludw. Sachliche Erläuterung des in Platos Phädo pg. 101 B.— 107 A. enthaltenen Beweises von der Unsterblichkeit der Seele. 12 S.
Magdeburg, D., Progr. 1846

* *Matthias Augusti Hasi* Commentatio math. de Refractionis Ratione ope Lentium ac Prismatum determinanda. Vitemb. 36 S. 1 Kupfert.

— **Matthias August** (Wittenberg), **De mirabili phantasiae varietate e poetis. Comment. I. Präs. Johann Friedrich Hiller. Wittbg. (Gerdes) 17. III. 1766. 24 S. (6.—) 13387**

Hase, Oskar

Hase, Oscar. Breitkopf und Härtel, Buchdrucker, Buch- und Musikalienhändler in Leipzig. (Sonderabdruck aus der Allgemeinen Deutschen Biographie.) Leipzig 1875.

Breitkopf und Härtel, Buch- und Notendrucker, Buch- und Musikalienhändler in Leipzig. Zsgest. von Oscar v. **Hase**. Aus d. Papieren d. Breitkopf & Härtelschen Geschäftsarchives. 1664—1894. (Leipzig 1894: Breitkopf & Härtel.) 40 S 4°(8°)
Erg. aus: Allg. Deutsche Biographie. Herbst 1875–Sommer 1894. A 11. 1170

Hase, O. v., die Entwickelung d. Buchgewerbes in Leipzig. Vortrag. (In deutscher, französ. u. engl. Sprache.) 8. (56 S.) Leipzig 887. Hedeler. n. 1. —

Hase, Osc., die Koberger. Eine Darstellg. d. buchhändler. Geschäftsbetriebes in der Zeit d. Ueberganges vom Mittelalter zur Neuzeit. 2. Aufl. gr. 8. (X, 462 u. Briefbuch 154 S. m. 5 Fcsms.) Leipzig 885. Breitkopf & Härtel. n. 10. —

Hase, Osc., die Koburger, Buchhändler-Familie zu Nürnberg. Eine Darstellung des deutschen Buchhandels in der Zeit des Uebergangs von der scholast. Wissenschaft zur Reformation. Leipzig 869. Breitkopf & Härtel. gr. 8. (VI, 106 S.) n. 20 ngr

Hase, Osk. v., s.a. Kürassierbriefe e. Kriegsfreiwilligen.

Kürassierbriefe eines Kriegsfreiwilligen. (Verf.: Oskar v. **Hase**.) Leipzig: Breitkopf & Härtel 1895. VIII, 130 S. 8° A 12. 6130

Emil Strauß, ein deutscher Buchhändler am Rheine. Gedenkbuch e. Freundes. Mit e. Bildn. Von Oskar v. **Hase**. Leipzig: Breitkopf & Härtel 1907. (XI, 276 S.) 8° [F.] 07. 708

— der Verband der Berufsgenossenschaften. Begründung, Aufgaben, Grenzen. gr. 4. (63 S.) Leipzig 888. (Breitkopf & Härtel.) n. 1. —

Soll ich mir ein Haus bauen? Dr. P. v. **Hase** (Oberstabsarzt a. D.) *Berlin: E. Wasmuth 1897.* (1 Bl., 30 S.) 1 Bd 8. [97. 4337

Hase, Paul, a. Schmölln: Über neue Reaktionen der Aldoxime. Liebertwolkwitz 1907: F. Zeugner. (50 S.) 8°

Leipzig, Phil. Fak., Ref. Beckmann-Hantzsch, Diss. v. 11. März 1907

[Geb. 23. Juli 69 Schmölln, S.-Altenb.; Wohnort: Altenburg, S.-Altenb.; Staatsangeh.: Sachsen-Altenburg; Vorbildung: Gymn. u. Realgymn. Altenburg bis Obersekunda O. 88; Studium: Leipzig 6 S.; Rig. 11. Dez. 06.]

Hase, Paul Erwin: De ostitide gummosa. Accedunt duae tabulae lithographicae. Lipsiae (1864): Breitkopf & Haertel. 23 S., 2 Taf. 4°

Halle-Wittenberg. Med. Diss. v. 27. [vielmehr: 30.] Dez. 1864

Geb. Jena 11. 8. 1840. V.

— **Philipp Georg von** (Bremen), De necessitate officii a juramento calumniae non liberante. Disp. jur. Präs. Georg Heinrich Ayrer. Götting. (Vandenhoeck) 29. IV. 1747. 48 S. (6.50) 13388

Hase, Robert, Oberarzt im 3. Lothring. Inf.-Reg. No. 135, Diedenhofen: Über einen Fall von tuberkulöser Ostitis im und am Atlanto-Occipital-Gelenk. Mit 1 Abb. im Text. Gießen 1908: v. Münchow. (32 S.) 8°

Gießen, Med. Fak., Ref. Bostroem, Diss. v. 4. Febr. 1908

[Geb. 18. April 78 Algermissen, Kr. Hildesheim; Wohnort: Diedenhofen; Staatsangeh.: Preußen; Vorbildung: Gymn. Hildesheim Reife O. 97; Studium: Kaiser-Wilhelms-Akad. Berlin 9 S.; Coll. 12. Dez. 04; Approb. 30. Jan. 05.]

Hase, Rob., der **Froschmäusekrieg.** Komisches Heldengedicht nach Max Hupfinsholz v. Mäuseloch für Jung und Alt frei und neu bearb. Mit 6 (lith. u.) color. Bildern. Nürnberg (858.) Geißler. 8. (2 Bl., 52 S.) 15 ngr

Hase, Rob., der Froschmäusekrieg. Komisches Heldengedicht von Marx Hupfinsholz von Mäuseloch für Jung und Alt neu bearb. Mit 6 (lith. u. color.) Bildern. Nürnberg 858. Geißler. 8. (2 Bl., 52 S.) 15 ngr.

Hase, Rob., Geschichte der neuesten Zeit. Vom Sturze Napoleons bis auf das Jahr 1846. Für d. deutsche Volk bearbeitet. gr. 8. (IV u. 552 S.) Jena 847, Mauke. 1 ₰

— **Häschen auf Reisen.** Zu lehrreicher u. heiterer Unterhaltung der muntern Jugend erzählt. Mit 10 (lith. u.) color. Bildern. Erfurt (856.) Bartholomäus. 4. (60 S.) 18 ngr

Hase, R., der Meierfritz u. der Müllerhans, s.: **Volksbibliothek** d. Lahrer Hinkenden Boten.

Hase, Rob., Miezchen Murr oder Geschichte einer jungen Katze, der muntern Jugend erzählt. Mit 16 (lith.) Bildern von W. Widemann. Weimar 855. Kühn. 16. (40 S.) n. 8 ngr

— Papa Stelzfuß. Harmlose Bilder für Kinder u. Kinderfreunde. Mit 4 (lith. u.) color. Bildern. 16. (64 S.) Suhl 852. Erfurt, Müller's Sort.-B. n. 8 ngr

— Zu ernsten und heitern Stunden. Ein Büchlein für Stadt und Land. Weimar 862. Kühn. 8. (IV, 168 S.) n. 12⅓ ngr.

Hase, Rudolf

Auszug aus dem Bericht über die Tätigkeit der Loge Archimedes zu den drei Reissbretern in Altenburg vom 25. Juni 1905 bis 24. Juni 1907, betr. die Arbeiten der Litterarischen Kommission wegen Vervollständigung der Logenbibliothek. [Unterz.:] Rud. Hase. Altenburg o. J.: Bonde. 9 S. 8°. [Umschlagtit.] 21.

[Bericht über die Feier der Uebergabe des dem Br. Edm. Gust. Dietrich gewidmeten Grabdenkmals auf dem Friedhofe zu Altenburg an dessen Witwe und deren Familie. Von Rud. **Hase.** Altenburg 1904.] 1 Bl. 8⁰

Aus: ⁰Altenburger Ztg f. Stadt u. Land 1904.
Abgedr. mit Beifügung der von R. Gabler gehaltenen Ansprache in: L 27 (1904) S. 121 bis 122. 3.

Zur Geschichte einer freimaurerischen Denkmünze. Von [Rud.] **Hase.** [Hamburg 1898: Rademacher.] 4 Bl. 8⁰ [Kopftit.]

Aus: HZC. 31 (1897—1898) S. 138—146.
Betr. die auf den vollendeten Bau eines neuen Logenhauses in Altenburg 1804 geschlagene Denkmünze. 193. 358a.

Die Kiste in Dobitschen. Ein Beitrag z. Biographie d. Br. Ludwig Friedrich Lenz u. z. Geschichte d. Grossen Landes-Loge d. Freimaurer von Deutschland in Berlin. Von Br. Rudolf **Hase**. A. B. Altenburg 1909: Bonde. 8°

A. Einigung. B. Verstimmung.
(Aus d. Archive d. Loge Archimedes zu d. 3 Reissbretern. 5a. 5b.) [11. 13'21

Die Kiste in Dobitschen. Ein Beitrag zur Biographie des Br. Ludw. Friedr. Lenz und zur Geschichte der Gr. Landes-Loge der Freimaurer von Deutschland in Berlin. Von Rud. **Hase.** [T. 1. 2.] Altenburg 1909: Bonde. 8⁰

[1.] Einigung. 96 S.; [2.] Verstimmung. X, 151 S.
(Aus d. Archive d. Loge Archimedes, Altenburg. 5.)
cf. f. T. 1: DrL. 39 (1908—1909) S. 258 (G. v. Gersdorff); HL. 42 (1908—1909) S. 217 bis 218 (K. Wahlstedt); Bh. 52 (1909) S. 113—114 (A. Erlenmeyer); L. 32 (1909) S. 80 (P. Fischer); S. 16 (1909) S. 38—39 (F. Rackhorst); BZC. 38 (1909) S. 171 bis 172, abgedr. in: BrL. 26 (1908—1909) S. 88; BZC. 38 (1909) S. 196—198 (F. Kneisner); V. 4 (1909—1910) S. 50 (W. H. Deniel v. d. Gon).

f. T. 2: Bh. 52 (1909) S. 259—260 (A. Erlenmeyer); S. 16 (1909) S. 94 (F. Rackhorst); BZC. 38 (1909) S. 431—442 (F. Kneisner).
f. T. 1. 2.: BstF. 18 (1909) S. 153—154 (A. Feld); Bbl. 23 (1909) S. 674—676 (G. Diercks); FZ. 63 (1909) S. 395 (O. Neumann); L. 32 (1909) S. 255 (P. Fischer); R. 36 (1909) S. 97—98 (G. Schanerhammer); 37 (1910) S. 20—22, 35—39, 44—47 (R. Lange).

60 Briefe von Lenz, aufgefunden in einer Kiste im Schlosse Dobitschen. Nebst Erl. u. Einl. dazu.

Hase, Rudolf [aus Hannover]: I. Sulfoharnstoffe des p.Tolylhydrazins. II. Anderweitige Derivate des p.Tolylhydrazins ... Würzburg, Becker's Univ.-Buchdr., 1892; 21 S. 8.
Würzburg, Phil. Fak., Inaug.-Diss. v. 1892

Verzeichnis von Dubletten aus den Publikationen der Loge Archimedes zu den 3 Reissbretern im Or. Altenburg, S.-A. Zsgest. im Juli 1905 von Rud. Hase. Altenburg 1905: Bonde. 12 S. 8° [Umschlagtit.] 358.

von **Hase,** Victor [Oberprimaner]: Principem Ottonem de Bismarck, omnium Germanorum maximum, conditorem atque scutum imperii salutant scholarum Lipsiensium discipuli die ascensionis Domini 1895. (Gedicht.) Leipzig, Druck v. C. Grumbach, 1896; S. II. 4.
Leipzig, Nicolai-G, OP 1896 (551)

Haese, Arth., die einfache Buchführg. des Gewerbetreibenden, s.: Scharf, Th.

Haese, A., Geschäfts-Formulare f. den Unterricht in gewerblichen Fortbildungsschulen, s.: Scharf, Th.

— Geschäftsgänge f. den Unterricht in der Buchführung. 1. Hft. 2. Aufl. 12. (16 S.) Magdeburg 900. Creutz. n.n. — 15

— Geschäftsgänge f. den Unterricht in der Buchführung. I. Heft. 4. Aufl. (16 S.) kl. 8. Magdeburg 903. Creutz. n. — 15

— dasselbe f. den Unterricht in der gewerblichen Buchführung, s.a. Scharf, Th.

Geschäftsgänge für den Unterricht in der kaufmännischen Buchführung von A[rthur] **Haese.** 5. Aufl. H. 1. Magdeburg: Creutz 1905. 8° [05. 9813

Geschäftsgänge für den Unterricht in der kaufmännischen Buchführung von A[rthur] **Haese.** 6. Aufl. H. 1. Magdeburg: Creutz 1906. 8° [07. 1083

— Geschäftsgänge f. den Unterricht in der kaufmännischen Buchführung. I.—III. Heft. kl. 8. Magdeburg, Creutz. — 50
I. 7. Aufl. (16 S.) 907. — 15
II. Bearb. v. B. Eckardt u. O. Holland. (24 S.) 908. — 20
III. Bearb. v. B. Eckardt u. O. Holland. (24 S.) 908. — 20

— Handel u. Wandel, s.: Scharf, Theodor

— Kontor-Formulare, f. den Unterricht an kaufmänn. Schulen zusammengestellt. 2. Aufl. Ausg. A. Fol. (77 Formulare m. II S. Text.) Magdeburg 899. Creutz. n. 1.60

— dasselbe. Ausg. B. Fol. (73 Formulare m. II S. Text.) Ebd. 899. n. 1.60

— dasselbe. Ausg. C. 1. Tl. 3. Aufl. Fol. (58 Formulare m. II S. Text.) Ebd. 901. n. 1.50

— u. P. Niehus, Kontor-Formulare, f. den Unterricht in Baugewerk-Schulen zusammengestellt. Fol. (92 Formulare m. III S. Text.) Ebd. 900. n.n. 2.—

— dasselbe. II. Tl. Fol. (96 Formulare m. III S. Text.) Ebd. 900. n.n. 2.—

Kontor-Formulare für den Unterricht in kaufmännischen Schulen. Zsgest. von A[rthur] **Haese.** Ausg. D. T. 1. 2. Magdeburg: Creutz 1904. 1 Bd 4°, 1 Bd quer-8° [F.]
2. Vordrucke f. Anweisungen ... [05. 9996 B

— Kontor-Formulare f. den Unterricht in kaufmänn. Schulen. Ausg. D. 1. Tl. 2. Aufl. (IV, 160 S.) Lex. 8. Magdeburg (907). Creutz. Geb. 1.80

— Lehrer-Kalender. Jahrg. 1907/8. Für Schulinspektoren, Direktoren, Rektoren, Lehrer u. Seminaristen. (295 S.) 16. Kattowitz, C. Siwinna. Geb. in Leinw. n. 1.—

— gewerbliches Rechnen, s.: Scharf, Th.

— Recht u. Schriftwerk im Geschäftsleben. Der Handelskauf, s.: Hillger's, Herm., Volksbücher.

Haese, Arth., deutsche Schulgrammatik, s.: Gurcke, Gfr.

Wechsellehre auf historischer Grundlage dargest. von Arth. **Haese,** Lehrer zu Magdeburg. *Magdeburg: Creutz 1900.* (VI, 92 S.) 8° [00. 6387

Wechsellehre auf hist. Grundlage dargest. von A[rthur] **Haese.** 2. Aufl. Magdeburg: Creutz 1907. (VIII, 92 S.) 8° [08. 1179

Haese, Carl Samuel, s. Haese, Karl Samuel

Haese, Felix

Auszug aus der Geschichte der Stadt Nordhausen von Prof. Felix **Haese.** Nordhausen 1908: Paalzow, Witt & Co. 22 S. 8° [09. 360

Auszug aus der Geschichte der Stadt Nordhausen von Prof. Felix **Haese.** Nordhausen: (Selbstverl.) 1908. 22 S. 8° [09. 8324

Haese, Fel., Auszug aus der Geschichte der Stadt Nordhausen. (22 S.) 8. Nordhausen 908. (G. Wimmer). nn — 25

— Nordhausen u. Umgegend im J. 1848. Dazu 20 Bilder auf Taf. u. 1 Schlußbildchen. (53 S.) 8. Nordhausen 909. Prof. Fel. Haese. 1.50

Nordhausen und Umgegend im Jahre 1848 von Prof. Felix **Haese.** Dazu 20 Bild. auf Taf. u. 1 Schlußbildchen. Nordhausen: Selbstverl. 1909. 51 S. 8° [10. 1310

Haese, Fritz, die Kultur der Hortensien, s.: Radetzki, gärtnerische Kultur-Anweisungen. 21. Hft.

Haese, Georg: Zur Kenntnis der Strychnins. *(Königsberg i. Pr. 1904:) Gutenberg-Druckerei.* (53 S.) 8°
Königsberg, Phil. Diss. v. 30. Juni 1904

Haese, Georg Fr.

Häse, Geo. Fr., Ansichten über d. höhere oder geringere als d. Normalentschädigung nach dem Edikt von 1811 u. 17, d. Regulirung d. gutsherrl. u. bäuerl. Verhältnisse betreffend. gr. 8. Stargard 820. (Berl., Rücker). 10 ℊ

— mein Glaubensbekenntniß über Ackerbau-Systeme u. d. Hrn. Staatsr. Thär in Bezug auf d. Schriften d. Hrn. Kammeraths Zimmermann. 8. Berl. 808. (Reimer). 10 ℊ

Häse, G. F., mein Glaubensbekenntniß üb. Ackerbau-Systeme, u. üb. d. Hrn. Staatsrath Thaer, in Bezug auf d. Schriften des Hrn. Cammerraths Zimmermann. 8. Berl. Braunes. 812.

— — mein Glaubensbekenntniß über Ackerbausysteme und über d. Herrn Staatsrath Thaer. 8. Berlin. 812. Ist jetzt Verlag von Reimer.

Häse, G. F., der Kartoffelbau in Hinterpommern. gr. 8. Berl. Maurer. 803.

— d. Kartoffelbau in Hinterpommern, oder Beitr. zu d. Behauptung, daß viele Hinterpommersche Landgüter durch d. jetzige Dreifelderwirthschaft sehr schlecht genuzt werden ꝛc. 8. Berl. 804. Maurers B. 18 ℊ

— Schreiben an d. wohllöbl. Bürgerschaft d. Pommer. Stadt Stargard, betreff. d. Gemeinde-Weide u. d. bessere Benutzung d. Ackers. 8. Stargard 818.

Haese, Heinrich [app. Arzt aus Bruel i./M.]: Ueber die Resistenzfähigkeit der Typhus- und Cholerabacillen in der Trocknung ... Rostock, C. Boldt'sche Hof-Buchdr., 1892; 20 S. 8.
Rostock, Med. Fak., Inaug.-Diss. v. [13. Sept.] 1892

Haese, Karl, der Aufsatzunterricht auf der Mittelstufe sowie f. Schulen zweisprachigen Gebietes. 8. (III, 31 S.) Lissa 901. F. Ebbecke. n. — 60

Haese, Karl, Diktat- u. Aufsatzstoffe f. den Unterricht in der 2sprachigen Volksschule. 8. (V, 40 S.) Groß-Strehlitz 894. A. Wilpert. n. — 60

Haese, Karl, Diktat- u. Aufsatzstoffe f. d. Unterr. in d. zweisprach. Volksschule. 2., verb. u. verm. Aufl. gr. 8. (68 S.) Groß-Strehlitz 897. A. Wilpert. n. — 60

Diktat- und Aufsatzstoffe für zweisprachige Volksschulen, sowie für einfache Schulverhältnisse. Zsgest. von Karl **Haese.** 3., verb. u. verm. Aufl. In d. neuesten Rechtschreibung. Groß-Strehlitz: A. Wilpert 1904. (76 S.) 8° [F.] [04. 1640 2

— Erdkunde. Ein Lern- u. Wiederholungsbuch f. Schüler. Auf Grund der Lehrpläne der königl. Regiergn. hrsg. 3., verb. Aufl. gr. 8. (56 S. m. 1 Fig.) Groß-Strehlitz (901). A. Wilpert. n. — 25

— Erdkunde f. einf. Schulverhältnisse, insbes. f. zweisprach. Volksschulen. gr. 8. (48 S.) Ebd. 895. n.n. — 25

— deutsche Geschichte. Ein Lern- u. Wiederholungsbuch f. Schüler. Auf Grund d. Lehrpläne d. kgl. Regiergn. bearb. gr. 8. (40 S.) Ebd. 896. n. — 25

— deutsche Geschichte. Ein Lehr- u. Wiederholungsbuch f. Schüler. Auf Grund der Lehrpläne der kgl. Regiergn. hrsg. 2. verm. Aufl. gr. 8. (56 S.) Ebd. 899. n. — 25

Deutsche Geschichte. Ein Lern- u. Wiederholungsbuch f. Schüler. Auf Grund d. Lehrpläne d. Kgl. Regierungen hrsg. von Karl **Haese.** 3., verb. Aufl. Groß-Strehlitz: A. Wilpert 1903. (56 S.) 8° [Umschlagt. F.] [03. 1460 2

— u. Oskar Wilpert

— — kurze vaterländische Geschichte. Ein Lern- u. Wiederholungsbuch f. Schüler. Auf Grund der amtl. Lehrpläne in rückschreit. Anordng. bearb. Ausg. f. einfache Schulverhältnisse, sowie f. zweisprach. Volksschulen. gr. 8. (32 S.) Ebd. 899. n. — 15

Kurze vaterländische Geschichte. Ein Lern- u. Wiederholungsbuch f. Schüler. Auf Grund der amtl. Lehrpläne in rückschreitender Anordnung bearb. von K[arl] **Haese** u. O[skar] Wilpert. Ausg. f. einfache Schulverhältnisse, sowie f. zweisprach. Volksschulen. 2. Aufl. *Gr.-Strehlitz: A. Wilpert 1903.* (32 S.) 8° [Umschlagt. F.] [03. 1409 2

— vaterländische Geschichte. Ein Lern- u. Wiederholungsbuch f. Schüler zweisprach. Volksschulen. Unter Berücksicht. d. kaiserl. Erlasses vom 1. Mai 1889 in rückschreit. Anordng. bearb. 2., verm. Aufl. gr. 8. (47 S.) Ebd. 894. n. — 25

Haese, Karl, vaterländische Geschichte. Ein Lern- u. Wiederholungsbuch f. Schüler zweisprach. Volksschulen. Unt. Berücksicht. d. kaiserl. Erlasses v. 1. Mai 1889 u. d. Lehrpläne d. kgl. Regiergn. in rückschreit. Anordng. bearb. 3. Aufl. gr. 8. (38 S.) Groß-Strehlitz 895. A. Wilpert. n. — 20

— Vaterländische Geschichte. Ein Lern- u. Wiederholungsbuch f. Schüler. Unter Berücksicht. des kaiserl. Erlasses vom 1. V. 1899 u. der Lehrpläne der königl. Regiergn. in rückschreit. Anordng. bearb. 5. Aufl. gr. 8. (48 S.) Groß-Strehlitz 899. A. Wilpert. n. — 20

Vaterländische Geschichte. Ein Lern- u. Wiederholungsbuch f. Schüler. Unter Berücks d. Kais. Erlasses v. 1. Mai 1899 u. der Lehrpläne d. Kgl. Regierungen in rückschreitender Anordnung bearb. von Karl **Haese.** 6. Aufl. *Gr. Strehlitz: A. Wilpert 1903.* (47 S.) 8° [Umschlagt. F.] [03. 1408 2

Vaterländische Geschichte. Ein Lern- u. Wiederholungsbuch f. Schüler. Auf Grund d. Lehrpläne d. Kgl. Regierungen in rückschreitender Anordnung bearb. von Karl **Haese.** 7. Aufl. Gr.-Strehlitz: A. Wilpert 1906. (48 S.) 8° [Umschlagt. F.] [07. 7358 2

— Heimatkunde des Kreises Posen-Ost. Unter Benutzg. amtl. Quellen bearb. gr. 8. (39 S. m. 1 Fig.) Lissa 902. F. Ebbecke. n. — 20; m. Karte n. — 60

— u. O. Wilpert, Hilfsbuch f. den ersten Geschichtsunterricht in Volksschulen. Ein Lern- u. Wiederholungsbuch f. Schüler. Auf Grund der amtl. Lehrpläne in rückschreit. Anordng. bearb. gr. 8. (12 S.) Ebd. 900. n. — 10

Der Katechismusunterricht auf der Mittelstufe. Eine Sammlung von Unterrichtsproben f. diese Stufe. Hrsg. von Karl **Haese.** *Lissa i. P.: F. Ebbecke 1901.* (128 S.) 8° [F.] [04. 4956

Haese's, Karl, Lehrer-Kalender. Jahrg. 1909/10. Für Direktoren, Schulinspektoren, Rektoren, Lehrer, Lehrerinnen u. Seminaristen. 2 Tle. (176 u. 173 S.) 16, Kattowitz, Phönix-Verlag. Geb. in Leinw. u. geh. 1.—
Fortsetzg., s.: Phönix-Lehrer-Kalender.

— s.: Praxis, die, der Landschule.

— L. Sturm u. O. Wilpert, Realienbuch f. einfache Schulverhältnisse, insbesond. f. zweisprach. Volksschulen. Auf Grund d. Lehrpläne d. kgl. Regiergn. hrsg. Ausg. A. gr. 8. Groß-Strehlitz 896. A. Wilpert. Kart. n.n. — 75
Erdkunde, Geschichte, Naturkunde, Sprachlehre, Raumlehre. (48, 40, 58, 24 u. 14 S. m. Fig.)

— — — dasselbe. Ausg. B. gr. 8. Ebd. 896. Kart. n. — 60
Erdkunde, Geschichte, Naturkunde. (48, 40 u. 48 S.)

— L. Sturm u. O. Wilpert, Realienbuch f. Volksschulen. Auf Grund der Lehrpläne der königl. Regiergn. hrsg. Ausg. A. Erdkunde, Geschichte, Naturkunde, Sprachlehre, Raumlehre. 4., verm. Aufl. (56, 56, 84, 27 u. 16 S. m. Fig.) 8. Groß-Strehlitz (907). A. Wilpert. Geb. — 90

— — — dasselbe. Ausg. B. Erdkunde, Geschichte, Naturkunde. 4., verm. Aufl. (56, 56 u. 84 S. m. 1 Fig.) 8. Ebd. (907). Geb. — 70

— Rechenfibel im schriftlichen Rechnen f. die Unterstufe deutscher Volksschulen. Monographisch bearb. 1. Schulj.: Der Zahlenkreis von 1—10. (Auf Normal-Schreibpap.) 8. (36 S.) Osterwieck 894. A. W. Zickfeldt. Kart. n. — 20

— Sammlung zeitgemäßer pädagogischer Vorträge, s.: Rohde, A.

— deutsche Sprachlehre in ausgeführten Lektionen, nebst zahlreichen Übungsaufgaben. 8. (VI, 52 S.) Hamburg 893. C. Adler. 1. —

— pädagog. Taschenkalender, zugl. e. Nachschlagebuch z. Auffindg. pädagog. Aufsätze f. d. J. 1899/1900. Für Schulinspektoren, Direktoren, Rektoren, Lehrer u. Seminaristen. gr. 16. (258 S.) Osterwieck 898. A. W. Zickfeldt. Geb. in Leinw. — 75

— pädagog. Taschenkalender, zugleich e. Nachschlagebuch zur Auffindg. pädagog. Aufsätze f. d. J. 1903/1904. Für Schulinspektoren, Direktoren, Rektoren, Lehrer u. Seminaristen. 7. Jahrg. gr. 16. (243 S.) Osterwieck, A. W. Zickfeldt. Geb. in Leinw. — 75

— pädagogischer Taschenkalender, zugleich ein Nachschlagebuch zur Auffindg. pädagog. Aufsätze f. d. Jahr 1905/1906. Für Schulinspektoren, Direktoren, Rektoren, Lehrer u. Seminaristen. 9. Jahrg. (278 S.) 16. Osterwieck, A. W. Zickfeldt. Geb. in Leinw. n. — 75
Fortsetzung, s.: Zickfeldt's pädagogischer Taschenkalender.

Haese, Karl Samuel

Haese, Carl Samuel (Görlitz), De secali cornuto ejusque vi in corpus humanum salubri et inimica. Diss. med. Bln. (Joh. Friedr. Starck) 16. XII. 1829. 32 S. mit Literatur u. Biogr. (M.: J. S. Hertel.) (5.50) 12691
Oppon.: Ferrari, Roth, Doinet. — Gew.: G. A. Tzschoppe, A. August Francke.

Hasebrink, Ernst, Ref. in Altenessen: Die Rechtsbehelfe des Käufers einer gestohlenen Sache nach römischem und deutschem bürgerlichen Recht. Borna-Leipzig 1906: R. Noske. (VIII, 59 S.) 8°
Leipzig, Jur. Fak., Diss. v. 6. Juni 1906
[Geb. 2. Okt. 81 Altenessen; Wohnort: Altenessen; Staatsangeh.: Preußen; Vorbildung: Gymn. Essen Reife O. 01; Studium: Freiburg i. B. 1, München 2, Berlin 1, Munster 2 S.; Rig. 21. Juni 04.]

Hasebrock, Karl, s. Hasebroek, Karl

Hasebroek, drei Predigten, s. Zeugnisse des Evangeliums etc.

Hasebroek, J. P., Predigten, s. Zeugnisse des Evangeliums.

Hasebroeck, Johs. Petrus, s.: Jonathan.

HASEBROECK, Karl (Eutin): Ein Beitrag zur Kenntniss der Blutgerinnung.- München: Wolf 1884. 1 Bl., S.40-59, Tab.- S.-Abdr.
13.3.1884 - Urk (Titel: De sanguinis coagulatione.); Chr 1883/84,14
Diss.Ingolst.-Landsh.-Mchn.

Hasebroek, Karl, die Blutdrucksteigerung vom ätiologischen u. therapeutischen Standpunkt. Als Preisaufgabe der Hufelandischen Gesellschaft zu Berlin m. dem Alvarengapreis gekrönt. (XII, 151 S. m. 3 Abbildgn.) gr. 8. Wiesbaden 910. J. F. Bergmann. 3. 60

Hasebrock, Karl. Die Erschütterungen in der Zanderschen Heilgymnastik in physiolog. u. therapeut. Beziehg. Eine krit.-experimentelle Studie. gr. 8. (VII, 64 S. m. Fig.) Hamb. 890, Meissner's Verlag. * 1 60

— Die Zandersche mechanische Heilgymnastik u. ihre Anwendung bei inneren Krankheiten. (VIII, 113 S. m. Fig.) kl. 8. Wiesbaden 907. J. F. Bergmann. Geb. in Leinw. 2. 20

Hasebroek, Karl, üb. Krankheiten d. Herzens u. deren Behandlung mittelst Heilgymnastik u. Massage, s.: Festschrift z. Feier d. 80jähr. Stiftungsfestes d. ärztl. Vereins zu Hamburg.

Hasebroek, Karl, Mittheilungen aus dem Hamburger medico-mechanischen Institut (Ad. Gramcko & Sohn, Ernst Merck-Str. 21), vom J. 1890. gr. 8. (68 S.) Hamburg 891. O. Meissner's Verl. n. 1. 60

— dasselbe vom J. 1891. gr. 8. (40 S. m. Fig. u. 1 graph. Taf.) Ebd. 892. n. 1. 60

— über die Nachbehandlung Verletzter im Hamburger medico-mechan. Institut (Ad. Gramcko & Sohn, Ernst Merck-Str. 21). gr. 8. (30 S.) Ebd. 893. n. — 60

— üb die Nervosität u. den Mangel an körperlicher Bewegung in der Grossstadt. Ein Beitrag zur hygien. Bedeutg. der medico-mechan. Institute. gr. 8. (16 S.) Hamburg 891. O. Meissner's Verl. n. — 40

— üb. d. gymnast. Widerstandsbewegg. in d. Therapie d. Herzkrankheiten. [Aus: „Beiträge z. wissenschaftl. Med., Th. Thierfelder gewidmet".] gr. 8. (20 S. m. 1 Abb.) Leipzig 895. A. Langkammer. n. — 90

— Wie haben wir uns die therapeutische Wirkung der aktiven Gymnastik auf Zirkulationsstörungen zu denken?, s.a. Sammlung klinischer Vorträge.

Hasebroek, Karl: Wie haben wir uns die therapeutische Wirkung der aktiven Gymnastik auf Zirkulationsstörungen zu denken? Von Dr. –.
Leipzig: Barth 1910. 19 S. 8° (4°) [Umschlagt.]
(Sammlung Klinischer Vorträge. N. F. Nr. 565.)

Hasebroek, Karl, das Hamburger medico-mechanische Zander-Institut u. dessen orthopädische Heil-Anstalt. (Ad. Gramcko & Sohn.) Nach der Erweiterg. gr. 8. (64 S. m. Abb.) Hamburg 901. O. Meissner's Verl. n. 1. 60

Haesecke, E., theoretisch-praktische Abhandlung über Ventilation in Verbindung mit Heizung nach mehreren im Berliner Architecten-Verein gehaltenen Vorträgen systematisch dargestellt u. erweitert. Mit 22 Holzschn. im Text u. 3 lith. Taf. gr. 8. (80 S.) Berlin 877. Polytechn. Buchh. n. 2. 50

Haesecke, E. (Bauinsp.), u. H. Rietschel (Ing.) Die neue Drucklüftungsanlage. 8 S. Progr. Wi. G. *Berlin* 1885.
Die Wilhelm-Stiftung zur Unterstützung der Lehrer-Witwen u. Waisen. S. 9—11. — Die Stiftung ehemaliger Schüler zur Begründung eines Universitätsstipendiums. S. 12—13. Wi. G. *Berlin* 1885.

Haesecke, E., die Schulheizung, ihre Mängel u. deren Beseitigung. gr. 8. (III, 46 S. m. 32 Holzschn.) Berlin 893. W. Ernst & Sohn. n. 4. —

Häsecke, Max Die Entstehung des ersten Buches der Ilias. 26 S. Progr. *Rinteln* 1881.

HASEL, Franciscus Ludovicus: De subjecto et objecto infallibilitatis. — (1842) 236 S. 8° (Handschr.) Diss. 140

Diss. Wien, Univ.

Hasel, Franz Seraph. — Das Engelamt des Priesters. Predigt bei Gelegenheit der feierlichen Sekundiz des hochwürdigen Herrn Anton Feßler, regulirten Chorherrn zu Reichersberg und Pfarrers zu Edlitz. Vorgetragen von — —. Zum Besten des Wiener Knabenseminariums. Wien, 1856. Gedr. bei Karl Ueberreuter. (24 S. 8.)

Hasel, Franz Seraph, *Dr. der Theol., k. k. Hofkaplan etc. etc.* Passionsspiegel. Erwägungen über die Leidensgeschichte des Herrn auf alle Tage der heil. Fasten, nebst einigen, dieser heiligen Zeit entsprechenden Andachtsübungen. *Wien* 1858. Druck und Verl. von *C. Ueberreuter.* VIII, 655 S., 3 Bl. 8°. Preis 2 fl.

Hasel, Frz. Seraph, Leidensbilder. Vierzehn Vorträge über die Leidensgeschichte des Herrn gehalten in Wien während der Fasten 1852. Schaffhausen 853. Hurter. gr. 8. (4 Bl., 272 S.) 1 ₰

— Leidensstätten. Sieben Fastenpredigten, gehalten in Wien. St. Pölten 856. (Wien, Prandel u. Meyer.) gr. 8. (2 Bl., 171 S.) n. 27 ngr

Hasel, Franz Seraph — Leidensstätten. Sieben Fastenpredigten, gehalten in der Kirche zu St. Ursula in Wien von — —. St. Pölten, 1856. Druck von Karl Ueberreuter. Verlag von Johann Nep. Passy und Sydy. (171 S. 8.)

— Passions-Spiegel. Erwägungen über die Leidensgeschichte des Herrn auf alle Tage der heil. Fasten, nebst einigen dieser heil. Zeit entsprechenden Andachtsübungen. Wien 858. (Mechitharisten-Congreg.-Buchhdlg.) gr. 8. (VIII, 655 S. u. 1 Stahlst.) n. 1 ₰ 10 ngr

Hasel, Frz. Seraphicus, der Primat des römischen Papstes. Auch ein geistlicher Peterspfennig. Wien 860. Mayer & Co. Lex.-8. (IV, 432 S.) 2 ₰

Hasel, Franz Seraphicus: Der Primat des römischen Papstes. Auch ein geistlicher Peterspfennig. II. wohlfeile Ausgabe. 8⁰ (431 S.) Wien: Mayer 1868.

— Versöhnungsopfer. Vierzehn Vorträge, gehalten in Wien. St. Pölten 854. (Wien, Prandel u. Meyer.) gr. 8. (2 Bl., 273 S.) n. 1 ₰ 7½ ngr

Hasel, Joh. E., die Grundsätze des Harmoniesystems. Ein vollständig umfass. Lehrbuch üb. den Bau, die Verbindg. u. die chromat. Umgestaltg. aller Accorde auf ihren unveränderlich diaton. Fundamenten, nebst e. Anleitg. zur Analyse der vorhandenen Harmonie-Complicationen. Mit besond. Rücksicht auf den Selbstunterricht verf. gr. 8. (XXVII, 680 S.) Wien 892. V. Kratochwill. n. 13. 50

Hasel, Ironimus, humoristische Scenen u. Bilder aus d. Leben eines Schulmeisters. Nebst pädagogischen Räucherungen. 16. (88 S.) Leipzig 852, Wengler. ¼ ₰

Haselbach, Carl, s. Haselbach, Karl

Haselbach, Ernst

Haselbach, E., aus meinem Kriegstagebuch v. 1870/71. Unter Mitbenutzg. der Regiments-Geschichte des Königs-Grenadier-Regiments v. 1897. (93 S.) kl. 8. Berlin 908. E. Trewendt's Nachf. Kart. 1. --

Haselbach, H.

— Prakt. Arzneibuch, enthält d. Krankh. uns. Haustiere, ihre Ursachen, Kennzeichen u. Heilg. (III.) Oranienburg 87. Freyhoff. M. 2.50, geb. M. 3.

Haselbach, H., die Krankheiten der Kaninchen u. ihre rationelle Heilung. 8. (52 S.) Stuttgart 874. Schickhardt & Ebner. --- 75

Haselbach, der Milzbrand. Neuestes sicheres Heilverfahren gegen den Milzbrand der Thiere, nebst Angabe der sicheren Erkennungszeichen im Leben u. nach dem Tode derselben, sowie der zu beobachtenden veterinär-polizeilichen Verordnungen u. des Desinfections-Verfahrens, bearb. für Landwirthe u. Viehzüchter. Kempen 858. (Berlin, Nicolai'sche Sorthdlg.) 8. (IV, 54 S.) n. 7½ ngr

Haselbach, H., der Milzbrand. Sicheres Schutzmittel u. Heilverfahren gegen den Milzbrand der Thiere sowie die zu beobachtenden veterinär-polizeilichen Verordnungen und das Desinfections-Verfahren. 2. Aufl. Berlin 861. Nicolai's Sorthdlg. (Posen, Jagielski.) 8. (IV, 54 S.) n. 7½ ngr

—— i Wł. Jagielski, Poradnik w owczarni czyli chodowanie owiec według najnowszych doświadczeń, zarazem praktyczne sposoby rozpoznania i leczenia chorób u owiec. Do tego dodane wetrynarsko-policyjne i desinfekcyjne przepisy i apteczka domowa. W dwóch oddziałach. (Rathgeber in der Schäferei nach den neuesten Einrichtaugen, so wie auch eine Anweisung zur Erkenntniss der Krankheiten und zu deren Heilung.) br. 8. (152 S.) Berlin 860. [Posen, Jagielski.]

Haselbach, H., Der Ratgeber im Schafstalle oder Krankheiten der Schafe, Kennzeichen und Heilung. Nebst den veterinär-polizeilichen Vorschriften bei Seuchen. 8°. (80 S.) Berlin 60. Nicolai. M. 1.20

—— der Rathgeber im Schaafstalle oder die Krankheiten der Schaafe, Kennzeichen und Heilung. Nebst den veterinair-polizeil. Vorschriften bei Seuchen. 1. Aufl. 1860. und 2. (Titel-)Aufl. gr. 8. (80 S.) Berlin (861)62. [Posen, Jagielski.] *

Haselbach, H., der thierärztliche Rathgeber im Pferdestalle. Bearb. für Pferde-Besitzer u. -Züchter. 16. (III, 200 S.) Trier 877. Lintz. cart. 1. 50

— der thierärztliche Rathgeber im Rinderstalle. Für Landwirthe u. Rindviehzüchter. gr. 8. (X, 96 S.) Eisenach 875. Bacmeister. n. 1. —

Haselbach, H., Tierarzneibuch f. den praktischen Landwirt, enth. die Krankheiten unserer Haustiere, ihre Ursachen, Kennzeichen u. Heilg. Nebst e. Anleitg. zur Geburtshilfe, den gebräuchlichsten Operationen, u. e. allgemeinen Gesundheitspflege der landwirtschaftl. Haustiere. 4. Aufl. Neu bearb., verm. u. verb. v. Paul M. C. Wolff. (11, 404 S. m. 4 Taf.) gr. 8. Berlin 903. E. Freyhoff. n. 3. —

— praktisches Thierarzneibuch oder die Krankheiten sämmtlicher Hausthiere, ihre Ursachen, Kennzeichen und Heilung, nebst den hauptsächlichsten veterinair-polizeilichen Vorschriften bei Seuchen, so wie eine Anleitung zur Geburtshülfe, den gebräuchlichsten Operationen und Einrichtung einer Haus- und Land-Apotheke. Bearb. für Landwirthe und Viehzüchter. 859. — 2. Aufl. Ebend. 862. 8. (VI, 390 S.) 1 ₰ 10 ngr

Haselbach, H., praktisches Thierarznei-Buch oder die Krankheiten sämmtl. Hausthiere, ihre Ursachen, Kennzeichen u. Heilung, nebst den hauptsächlichsten veterinär-polizeil. Vorschriften bei Seuchen, sowie einer Anleitung zur Geburtshülfe, den gebräuchlichsten Operationen u. Einrichtung e. Haus- u. Land-Apotheke. Bearb. für Landwirthe u. Viehzüchter. 3. (Titel-)Aufl. Potsdam (862) 867. Jagielski. 8. (VI, 390 S.) 1 ₰ 10 ngr.

Haselbach, H., praktisches Thierarzneibuch, enth. die Krankheiten unserer Hausthiere, ihre Ursachen, Kennzeichen u. Heilg., nebst e. Anleitg. zur Geburtshülfe, den gebräuchlichsten Operationen, zur Errichtg. e. Hausapotheke u. a. m., sowie das besteh. Viehseuche-Gesetz. Neubearb. f. Landwirthe u. Viehbesitzer. 2. Aufl. 8. (VIII, 420 S.) Berlin 885. (Neufeld.) n. 2. 50; cart. n. 3. —; geb. n. 3. 50

Haselbach, H., praktisches Thierarzneibuch, enth. die Krankheiten unserer Hausthiere, ihre Ursachen, Kennzeichen u. Heilg. Nebst e. Anleitg. zur Geburtshülfe, den gebräuchlichsten Operationen, zur Errichtg. e. Hausapotheke u. a. m., sowie das besteh. Viehseuchen-Gesetz. Neu bearb. f. Landwirthe u. Viehbesitzer. 3. Aufl. 8. (VIII, 420 S.) Oranienburg 888. Freyhoff. 2. 50; geb. 3. —

— zaraza sledziony. Najnowszy, niezawodny sposób leczenia zarazy sledziony, oraz poznaki rozpoznania téjźe choroby tak u żywych jak i nieżywych zwierząt. Do tego dodane weterynarsko-policyjne i desinfekcyjne przepisy. Z niemieckiego na polskie przełożył J. R. Ebend. 860. 8. (40 S.) 7½ ngr.

Haselbach, Hans, Herbstlaub. Gedichte. 12. (60 S. m. Ornamenten.) Villach 895. (Klagenfurt, A. Raunecker.) n.n. 1.—

Haselbach, Hans. Gedichte. Herbstlaub. Villach, Weiler, 1895. 50 S.

Haselbach, Hans, Leitfaden f. die analytisch-chemischen Uebungen an Realschulen. gr. 8. (IV, 53 S. m. 6 Fig.) Wien 899. F. Deuticke. Kart. n. 1. —

Haselbach: Leitfaden für die analytisch-chemischen Übungen an Realschulen. Wien: Deuticke 1904.

Haselbach, die Radioelemente u. die Stoffhypothese Progr. (25 S. m. 2 Taf.) gr. 8. Klagenfurt 905. (F. v. Kleinmayr.) n. 1. —

Haselbach Hans: Die Verflüssigung der Gase. 33. Göding R. 02. **Progr.**

Haselbach, Karl

Haselbach: Aufstände u. Kriege d. Bauern im XVI. Jahrh., vornehmlich in Ober- und Unter-Oesterreich. 22 S. –Krems, Progr. 1863

Haselbach, Carl, der niederösterreichische Bauernkrieg am Ende des 16. Jahrhunderts, nach bisher unbenützten Urkunden mit Unterstützung des Vereines für Landeskunde von Niederösterreich herausg. Mit einer Beilage: Urkunden des Kremser Stadt-Archives. Wien 867. Beck'sche Universitäts-Buchh. gr. 8. (IV, 225 S.) n. 1 ₰ 10 ngr.

Haselbach: Johann Cuspinian, als Staatsmann und Gelehrter. 30 S.–Wien J., Progr. 1867

Haselbach, K.: Die wissenschaftlichen Excursionen des Hof-Mathematikers J. A. Nagel in N.-Oest. u. Steiermark. 24 S. 8° – Wien, Jos. OG., Progr. 1868.

— Lehrbuch der Geographie für Mittelschulen. Ebend. 870. gr. 8. (IV, 143 S.) n. 14 ngr.

Haselbach, K.: Der Hofmathematiker Jos. A. Nagel. – Wien, Josst. OG., Progr. 1868.

Haselbach, K.: Oesterreich und die polnische Königswal von 1587. (Nach gesandschaftlichen Relationen im k.k. Haus-, Hof- u. Staatsarchive und in den Archiven des Reichsfinanzministeriums und des Ministeriums d. I.) 34 S. 8° – Wien, Josst. OG., Progr. 1869.

Haselbach, K.: Österreich und die polnische Königswal v. 1587. (Nach gesandschaftlichen Relationen im k.k. Haus-, Hof- und Statsarchive u. in den Archiven des Reichfinanzministeriums und des Ministeriums des Innern.) 34 S. 8°. – Wien J., Progr. 1869.

Haselbach: Die Politik der ‚Union' gegenüber dem Hause Habsburg. 16 S.–Krems, Progr. 1862

Haselbach, Karl, die Türkennoth im 15. Jahrhundert unter besonderer Berücksichtigung der Zustände Oesterreichs. Mit einer noch unedirten Handschrift der Hofbibliothek zu München. Wien 864. Sartori. gr. 8. (70 S.) 12 ngr.

Haselbacher, J., u. G. Relschel, neuester Führer durch Brandenburg a. d. Havel. 12. (IV, 32 S. m. 1 Plan.) Brandenburg a/H. 889. Wiesike's Sort. cart. n. — 50

Haselbacher, Rich., Selbstporträts u. anderer Leute Bilder. Gedichte u. e. Heimatspiel. (168 S.) 8. Gera 909. (H. Kanitz' Verl.) 2.40; geb. n 3. —

Häselbarth, Bruno, aus Hamburg: Die Putativnotwehr. *Hamburg 1904: M. Lehnert.* (62 S.) 8°
Rostock, Jur. Diss. v. [20. Juni] 1904

Haselbeck, Gallus, manuale historiae ordinis fratrum minorum, s.: Holzapfel, Herib.

Haselbeg, W. v., die Brücken der Berlin-Stettiner Eisenbahn im Oderthal bei Stettin. gr. 4. (10 S. mit 7 Kpfrt.) Berlin 880, Ernst und Korn.
Aus: Zeitschrift für Bauwesen, besonders abgedruckt.

Haselberg, v., Tafeln zur Entlarvung der Simulation einseitiger Blindheit u. Schwachsichtigkeit. Nach Snellen entworfen. 2 Taf. à 44×30 cm. Nebst Text. gr. 8. (8 S.) Wiesbaden 901. J. F. Bergmann. In Etui n. 1. 60
Sonderabdruck aus: „Archiv f. Augenheilkunde".

Haselberg, v., Tafeln zur Entlarvung der Simulation einseitiger Blindheit u. Schwachsichtigkeit. Nach Snellen entworfen. 2. verm. Aufl. (2 S. auf Karton.) 44×30,5 cm. Nebst Text. (22 S.) 8. Wiesbaden 908. J. F. Bergmann. In Mappe 1. 80

von Haselberg, Adolf [aus Stralsund]: Zur Casuistik der Schussverletzungen im Frieden ... Berlin, Buchdr. v. G. Schade, *1893*; 39 S., 2 Bl. 8.
Berlin, Med. Fak., Inaug.-Diss. v. 14. Aug. 1893

Haselberg, E. v., s.: Baudenkmäler, die, der Prov. Pommern.

Haselberg, E. v., die Baudenkmäler des Reg.-Bez. Stralsund, s.: Bau- u. Kunstdenkmäler, die, der Prov. Pommern.

Haselberg, E. v., die asiatische Cholera im Regierungsbezirke Stralsund. Ein Beitrag zur Contagiositätsfrage. (Geschrieben im Herbst 1852. Stralsund 853. Löffler. (Hingst.) gr. 8. (65 S.) n. 12 ngr.

Haselberg, Ernst von

De Induratione telae cellulosae neonatorum.
Gottingae 1808: Herbst. 36 S. 8°

Göttingen, Med. Diss. v. 1808

Haselberg, G. v., zwei Tage in Dänemark. 8. (1½ B.) Stralsund 838, Löffler'sche Buchh. •

v. Haselberg, Ritter Gabr. Pt., juristische Bibliothek. 2 Bde à 4 Stücke. gr. 8. Götting. 788—91. Vandenhöck u. R. (à 10 gr) 3 rß 8 gr 3n u. 4n Bdes 1s, 2s, oder neue jurist. Bibliothek. 1r Bd., 4 Stcke u. 2n Bdes 1s u. 2s Stücc. gr. 8. Bayr. 791—94. Lübecks Erben. (à 12 gr) 3 rß

— — De confirmatione Caesarea pactorum confraternitatis aliorumque quorum interest consensu commentatio. Pars I. Erlang. (Jo. Jac. Palm) 1792. 41 S. (6.—) 13390

— de origine et incremento pacti confraternitatis Saxon. Hass. 4. Götting. 788. Vandenhöck u. R. 3 gr

Haselberg, Gabriel Peter, De origine et incremento pacti confraternitatis Saxo-Hassiaci commentatio. Helmstedt (M. G. Leuckart & Sohn) 1788. 30 S. (6.20) 13389

— de origine et incremento pacti confraternitatis Sax. Hass. 4. Gött. Vandenhök. 789.

— de pactis confraternitatis prolusio. 8maj. Götting. 787. Vandenhöck u. R. 6 gr

Haselberg, Lorenz Wilhelm von

Laurent[ius] Guiliel[mus] ab Haselberg: Febrium intermittentium per ultimos annos terras nostras epidemice pervagentium Adumbratio. P. 2. Gryphiae (1811:) Eckhardt. 8°

P. 2: (1811.)
[Einladungsschrift zur Dr. med.- Promotion von Friedrich Christian Heinrich Creplin, Greifswald, 27. Juli 1811.]

Laurent[ius] Guil[elmus] ab Haselberg: Animadversiones in respirationem hominis et animalium. [Resp.:] Frider[icus] Christian[us] Henr[icus] Creplin. Gryphiae (1811:) Eckhardt. 40 S. 8°

Greifswald, Med. Diss. v. 27. Juli 1811

Haselberg, L. G., comment. chirurg., in qua novam humerum ex articulo exstirpandi methodum proponit. 8. Berl. Lange. 788.

v. Haselberg, Ritter Laur. W., comment. chirurg., in qua nova humerum ex articulo exstirpandi methodus demonstratur, c. fig. 8. Berl. 788. (Reimer). 3 gr

— Untersuchungen und Bemerkungen über Geburtshülfe. 8. Berl. Lange. 808.

— Untersuchungen über Gegenstände d. Geburtshülfe. 8. Berl. 808. (Reimer). 1 rß 8 gr

de Haselberg, Otto (geb. Stralsund 15. 3. 1841): Observationes aliquot de peritonitide in puerperis factae. Berolini (1862). (32 S.) 8°
Berlin, Med. Diss. v. 11. Aug. 1862

Haselberg, Peter, s. Haselberg, Gabriel Peter

de Haselberg, Rud. (Guil. Ludov.) (geb. Stralsund 23. 3. 1837): De fremitu uterino ejusque ad graviditatis diagnosin momento. Berolini (1860). (32 S.) 8°
Berlin, Med. Diss. v. 14. Aug. 1860

Haselberg, W. v., die Brücken der Berlin-Stettiner Eisenbahn im Oderthal bei Stettin. Mit 7 Kupfertaf. [Aus: „Zeitschr. f. Bauwesen".] gr. 4. (10 S.) Berlin 880. Ernst & Korn. n. 6. —

Haselberg, Walter v., aus Stralsund: Ein anatomischer Beitrag zur Frage nach der Bestimmung des Placentarsitzes. *Berlin (1898): E. Ebering.* (28 S.) 8°
Berlin, Med. Diss. v. 22. Nov. 1898

Haselberger: Bücherverzeichnis der Volksbücherei zu Velten. Rektor Haselberger.
Velten 1906: Wolff. 16 S. 8°

Haselberger, Carl, s. Haselberger, Karl

Haselberger, Josef, Rechtsprakt. a. Aichach: Das Stimmrecht des Aktionärs. München: J. Schweitzer 1906. (68 S.) 8° [F.]
Würzburg, Jur. Fak., Ref. Mayer, Diss. v. 17. März 1906
[Geb. 17. Dez. 81 Aichach; Wohnort: Augsburg; Staatsangeh.: Bayern; Vorbildung: Gymn. Neuburg a. D. Reife Juli 99; Studium: München 2, Berlin 1, Würzburg 4 S.; Rig. 13. Dez. 05.]

Haselberger, Karl

Haselberger, Carl, die Tanzkunst. Vollst. Handbuch d. Tanz- u. Anstandslehre. M. illustr. Cotillon u. e. Anh.: Volksfeste m. Tanz, Familien-Festlichkeiten, Gesellschaftsspiele. 8. (X, VI, 234 S.) München 896. H. Hugendubel n. 1. 50

kurzgefaßte Tanz- u. Anstandslehre m. illustr. Cotillon. 8. (VIII, 111 S.) Ebd. 896. n. — 80

Haselberger, Mich., Beiträge zur Rosenflora v. Oberösterreich, Salzburg u. Böhmen, s.: Wiesbauer, J. B.

Haselblätter und Nüsse, oder Erzählungen menschlicher Schicksale, aus der letzten Hälfte des 18ten Jahrhunderts, 8. Leipzig, 795. Meyer. 13 sgl.
Auch unter dem Titel:
Hasenfüße und Schwänze, 8. 796.

HASELBLÄTTER und Nüsse, oder Erzählungen menschlicher Schicksale aus der letzten Hälfte des achtzehnten Jahrhunderts, mit Rücksicht auf die Moralität. Leipzig, Meyer, 1796. 8°. (1 Rthl.) Sehr rar!
Critik der Titel. Halle 1804. 8°. S. 164: Man s. die A. L. Z. v. 1796. Nr. 28. Wir gestehen, dass wir eben so wenig, als der dortige Recensent irgend einen Zusammenhang zwischen der Moralitat und den Haselnüssen entdecken können.

Haselbrunn [Schlagwort]

Haselbrunn, s.: Plauen i. V.

Haeseler, Gottlieb Graf v., Generaloberst der Kavallerie, Kommandirender General des 16. Armeekorps. Ein deutsches Soldatenleben unter 4 Königen. Zu seinem 50jähr. Offiziersjubiläum zusammengestellt v. ***. Mit 6 Abbildgn. v. Eug. Jacobi. (48 S.) 12. Metz 903. (R. Lupus.) n. — 40

Häseler. Anleitung zum Gebrauch des von M. Mannheim verbesserten Rechenstabes. Paris. 12.

Beiträge zur Landwirthschaft und Landhaushaltung zunächst für die Landwirthe auf der Geest — vom Hufner abwärts — und diesen seinen werthen Collegen zu Liebe und aus eigener Erfahrung geschrieben von einem alten Geestbauer [d. i.: Haeseler]. 1. (u. einzige) Sammlung. Altona. 1859. 8°.

Haeseler, über Roborat. gr. 8. (11 S.) Leipzig 902. B. Konegen. n. 1. —
Sonderabdruck aus: „Reichs-Med.-Anzeiger".

Haeseler, Adolf [aus Stadtoldendorf (Braunschw.)]: Ueber drei Faelle von Pfählungsverletzung des Dammes ... Würzburg, Druck v. F. Fromme, 1896; 30 S. 8.
Würzburg, Med. Fak., Inaug.-Diss. v. 1896

Haeseler, Adf., der wirtschaftliche Ruin des Aerztestandes. 1. u. 2., unveränd. Aufl. gr. 8. (47 S.) Frankfurt a/M. 902. Dr. E. Schnapper. n. 1. —

Anton Julius Haeseler

Untersuchung der krummen Linie, in welcher zwey Seiten eines gegebenen Dreyecks unter gleichen Winkeln erscheinen. Von Anton Julius Häseler. Helmstädt 1785: Leuckart. 27 S. 8°

Häseler, Ernst

Häseler, E., das Bergwerk im Rammelsberg bei Goslar. Mit 2 Grubenrissen. 12. (40 S.) Harzburg 888. Stolle. n. — 60

— der Brückenbau. Ein Handbuch zum Gebrauche beim Entwerfen v. Brücken in Eisen, Holz u. Stein, sowie beim Unterrichte an techn. Hochschulen. [In 3 Tln.] Mit vielen eingedr. Fig. u. angehefteten Fig.-Taf. 1. Tl. Die eisernen Brücken. 1. Lfg. gr. 4. (129 S.) Braunschweig 888. Vieweg & Sohn. n. 15. —

Häseler, E., der Brückenbau. Ein Handbuch zum Gebrauche beim Entwerfen von Brücken in Eisen, Holz u. Stein, sowie beim Unterrichte an techn. Hochschulen. [In 3 Tln.] 1. Tl. Die eisernen Brücken. 2. Lfg. gr. 4. (S. 129 – 240 m. Fig. u. 20 Taf. Braunschweig 893. F. Vieweg & Sohn. n. 16. —
(1 u. 2.: n. 31. —)

Häseler, E., d. Brückenbau. Ein Handbuch z. Gebr. b. Entwerfen v. Brücken in Eisen, Holz u. Stein, sow. b. Unterrichte an techn. Hochschulen. [In 3 Tln.] 1. Tl. D. eisernen Brücken. 3. Lfg. gr. 4. (S. 241—392 m. Fig. u. 12 Taf.) Braunschweig 897. F. Vieweg & Sohn. n. 15. — (1.—3.: n. 46. —)

Häseler, E., der Brückenbau. Ein Handbuch zum Gebrauche beim Entwerfen v. Brücken in Eisen, Holz u. Stein sowie beim Unterrichte an techn. Lehranstalten. (In 3 Tln.) 1. Tl. Die eisernen Brücken. 4. Lfg. 1. Hälfte. gr. 4. (S. 393—544 m. Fig. u. 15 Taf.) Braunschweig 900. F. Vieweg & Sohn. n. 15. —
I. Tl. 1.—3. Lfg. Ebd. 888—897. n. 46. —.

Häseler, E., der Brückenbau. Ein Handbuch zum Gebrauche beim Entwerfen von Brücken in Eisen, Holz u. Stein sowie beim Unterrichte an techn. Lehranstalten. (In 3 Tln.) I. Tl. Die eisernen Brücken 4. Lfg. II. Hälfte. 1. Abschn. (S. 545—664 m. Fig. u. 5 Taf.) gr. 4. Braunschweig 903. F. Vieweg & Sohn. n. 10. —

Häseler, E., der Brückenbau. Ein Handbuch zum Gebrauche beim Entwerfen v. Brücken in Eisen, Holz u. Stein sowie beim Unterrichte an techn. Lehranstalten. (In 3 Tln.) I. Tl. Die eisernen Brücken. 4. Lfg. II. Hälfte. 2. Abschn. (XII u. S. 665—888 m. Fig. u. 16 Taf.) 33×25 cm. Braunschweig 908. F. Vieweg & Sohn. 29. —

— Erd- u. Felsarbeiten etc., s.: Meyer, Gust.

— H. Wegele u. L. v. Willmann, Erd- u. Felsarbeiten. Erdrutschungen. Stütz- u. Futtermauern, s.a. Handbuch der Ingenieurwissenschaften. I, 2.

Erd- und Felsarbeiten. Erdrutschungen. Stütz- und Futtermauern. Bearb. von E[rnst] **Häseler**, H[ans] Wegele u. L[eo] v. Willmann, hrsg. von L. v. Willmann, Prof. 4., verm. Aufl. Mit 298 Textabb., vollst. Sachverzeichnis u. 12 Taf. Leipzig: W. Engelmann 1905. (XVIII, 414, VI S.) 4°(8°)
— Handbuch d. Ingenieurwissenschaften. T. 1, Bd 2. (07. 1913

Haeseler, Fr.

— u. Seiler, Lehrbuch des praktischen Rechnens für Real- u. höhere Bürgerschulen. 1. u. 2. Thl. Ebend. 866. gr. 8. (XII, 155 S. u. IV, 112 S.) Jeder Thl. n. 20 ngr.; Facit-Verzeichniß dazu. (42 S.) 7½ ngr.

— — — 1. Thl. 2. verm. u. verb. Aufl. Ebend. 870. gr. 8. (X, 128 S.) n. 20 ngr. Facit-Verzeichniß dazu. (30 S.) 7½ ngr.

— — Facit-Verzeichniß zum Lehrbuch des prakt. Rechnens für Real- und höhere Bürgerschulen. gr. 8. (30 S.) Magdeburg 870, Baensch.

Haeseler, Fr., Vergleichs-Tabelle des alten u. neuen Maaßes u. Gewichts nebst Anleitung zur Preis-Umrechnung. Magdeburg 869. Baensch. 16. (8 S.) 2½ ngr.

Haeseler, Friedrich, approb. Arzt aus Groß-Radisch O. L.: Zur Casuistik der hereditären Ataxie. *Leipzig 1904: B. Georgi.* (29 S.) 8°
Leipzig, Med. Diss. v. (14. März) 1904

Haeseler, Georg Heinrich (Hamburg), De disciplina Christiana. Disp. theol. Präs. Johann August Ernesti. Lpz. (Breitkopf) 22. VI. 1769. 64 S. (6.50) 12692
Gew.: Nicolaus Schuback (Hamburg).

— — Dasselbe. Ed. II. Lpz. (Langenheim) 1771. 62 S. ohne Widm. (6.50) 12693

Häseler, Gottfr., katechet. Stoffe; od. Dispositionen u. Skizzen üb. alle Sonn- u. Festtagsevangelien u. Episteln d. Kirchenjahres, nebst Erklär. ders. Ein prakt. Handb. f. Lehrer an Bürger- u. Landschulen bei Behandl. dies. Perikopen. 8. (10½ B.) Quedlinburg 840, Basse.

Haeseler, Glieb. Graf v., üb. die Alkoholfrage. (2 S.) gr. 8. Berlin (908). Mäßigkeits-Verlag. 100 Stück nn — 90
Sonderabdruck aus: „Mäßigkeits-Blätter".

Zehn Jahre im Stabe des Prinzen Friedrich Karl. Erinnerungen v. Graf Gottlieb F. A. A. Haeseler. Bd. 1—3. Berlin. 1910—15. 8°
1: 1860—1864. Mit 3 Karten u. 3 Skizzen. 1910.
2: 1864. Mit 3 Karten u. 2 Skizzen. 1912.
3: 1865—1866. Mit 5 Karten u. 8 Skizzen. 1915.

— 10 Jahre im Stabe des Prinzen Friedrich Karl. Erinnerungen. I. Bd.: 1860—1864. (VIII, 300 S. m. 3 Skizzen im Text u. auf 1 Taf. u. 3 [2 farb.] Karten.) gr. 8. Berlin 910. E. S. Mittler & Sohn. 5.—; geb. 6.50

— u. Axel Frhr. v. **Maltzahn,** Leistungen v. Reiter u. Pferd, s.a. Bibliothek f. Sport u. Spiel.

Haeseler, G. Grf v., u. A. Frh. v. Maltzahn. Leistungen von Reiter u. Pferd u. Vorbereitung zu solchen. Mit Abb. zc. Leipzig 1908. 129 S.

Haeseler, Harry (aus Hamburg): Ueber α-Naphtylamindisulfonsäure III und ihre Derivate. . . . Freiburg i. B., Univ.-Buchdr. v. Chr. Lehmann, 1889; 42 S. + 1 Bl. 8°
Freiburg i. B., Phil. Fak., Inaug.-Diss. v. 1889

Haeseler, H., die Augen der Welt. Dramatisches Zeitbild in 3 Akten. 8. (48 S.) Berlin 890. Zoberbier. n. 1. —

Haeseler, Harry, Strohmann u. Strohmännin, s.: Vereinstheater.

Haeseler, Helene v., mütterliche Ratschläge f. junge Mädchen. (55 S.) 8. Kassel 905. J. G. Oncken Nachf. n. — 50

Haeseler, Joh. Daniel, Träumereien. (100 S.) 8. Kiel 909. R. Cordes. 2. 50

Haeseler, Johann Friedrich

— über d. jährl. Abnahme e. auf Zinsen gelegten Kapitals durch jährl. Zusatz vom Kapital rc. 4. Holzminden 796.

* *J. Fr. Häselers* Anfangsgründe der Arithmetik, Algebra, Geometrie und Trigonometrie zum eignen Unterricht für Hauslehrer und Gelehrte, welche diese Wissenschaft nicht zum Hauptgeschäfte machen, erster Theil, Lemgo. 8.
1775.

Johann Friedrich Häseler. Anfangsgründe der Arithmetik, Algebra, Geometrie und Trigonometrie zum eignen Unterricht... Th.[1] - 3. Lemgo: Meyer 1776-90. 8°
[Th. 1:] 1776.
Th. 2: 1777.
Th. 3, Abth.[1.] 2: welcher die sphärische Trigonometrie, etwas von ihrer Anwendung in der Astronomie, etwas von den Funktionen, die Kegelschnitte... enthält. 1790.

Häseler, Jh. Fr., († d. 28. April 1797.) Anfangsgründe d. Arithmetik, Algebra, Geometrie u. Trigonometrie. 3 Bde, mit 24 Kpft. 8. Lemgo 776, 77, 90. (1r, 2r Thl. 2e A. 792, 94.) Meyer. 7 Rthlr. Auszug aus den beiden ersten Theilen. 8. Ebd. 781. 1 Rthlr.

* Auszug aus des Abts *J. F. Häseler* Anfangsgründen der Arithmetik, Algebra, Geometrie und Trigonometrie, zum eignen Unterricht. Zum Gebrauch der niedern Classen der Amelunxbornschen Klosterschule in Holzminden. m. Kupf. Lemgo, im Verlage der Meyerschen Buchhandlung, 1 Alph. 10 Bog. 6 Kupf.
1781.

Haeseler (Joh. Frid.), Anfangsgründe der Arithmetik, Algebra, Geometrie und Trigonometrie. Bd. 1—3 (letzterer in 2 Theilen). Lemgo 1810. 1808. 1790. 8.

Häseler, J. F., Anfangsgründe der Arithmetik, Mathematik, Algebra. 3 Bde. 8. Lemgo, Meyer. 802-806. (1r und 2r à 2 Rthlr. 3r 1te Abthl. 1 Rthlr. 2te Abthl. 2 Rthlr.)

Häseler, J. Fr. Anfangsgründe der reinen Mathematik. Lemgo 1790-1806, 3 Thle. (4 Bde.)

Häseler, Joh. Fr.: „Auflösung einer Aufgabe aus der Forstwissenschaft, welche in die jährlichen Gehaue einschlägt", Holzminden 1790 und Lemgo 1792 (Meyer).

Häseler, J. F., Auflösung der chronol. Fr: f. jed. Datum in jed. Jahr der christlichen Zeitrechnung d. Wochentag zu finden. 8. Gött. Dieterich. 797. Rthlr. -

— — dies. 8. Lemgo. Meyer. 797.

— vom Ludolphschen Barometer rc. 4. Holzminden 780. Schulbuchh. in Braunschw. 3 gr

* Einige optische Beyträge zur nächtlichen Erleuchtung, von *Johann Friedrich Häseler*, Prediger an der St. Johanniskirche in Wolfenbüttel, Correspondent der Königl. Götting. Societät der Wissensch. Braunschweig, 8. 60 Seiten, 1 Kupfertafel. 1773.

— opt. Beitr. zur nächtl. Erleuchtung. 8. Braunschw. 773. Schulbuchh. 4 gr

— Progr. Beschreib. u. Berechnung einer Horizontal-Sonnenuhr für jede einzelne Minute jeder Stunde. 4. Holzmind. 781.

— analyt. Betrachtt. über d. Theorie d. sphär. gläsernen Spiegel. Mit Kpf. gr. 8. Münster 775. Coppenrath. 4 gr

Johann Friedrich Haeseler

Betrachtungen ueber das menschliche Auge zur Bewunderung der grossen Werke Gottes und zur Erweiterung der Erkenntniß derer die keine Meßkunstverstandige...sind. Von J(ohann) F(riedrich) Haeseler. Hamburg: Bode 1771. 212 S. 8°

— Betrachtt. über d. menschl. Auge. 8. Hamb. 771. (Göschen in Leipz.) 12 gr

J. F. Häseler's Betrachtt. üb. die natürl. Religion. *Lpz.*, Schwickert. 787. 8° 1 Rthlr.

* *Joh. Friedr. Häselers*, Abts und Generalsuperint. zu Holzminden an der Weser, Betrachtungen über die Zauberlaterne, des Sonnenmicroskops und der Camera obscura, nach der Theorie des Herrn *Leonh. Euler*. Holzminden. 4. 40 Seit. 1 Kupft. 1779.

— Erklär. u. Gebrauch des Kalenders. gr. 4. Lemgo 792. Meyer. 7 gr

J. F. Häseler: Julius, od. v. d. Unsterblichk. d. Seele. *Brschw.*, Schulbh. (790.) 793. 8° 10 gr

— Julius, od. von d. Unsterblichkeit d. Seele. 8. Braunschw. 790. 2e A. 794. Schulbuchh. 10 gr Postp. 12 gr

— d. Leben Jesu, e. göttl. Muster zur Nachfolge; e. Predigt. 4. Braunschw. 777.

— Nachrr. von d. jetz. Verfassung d. Amelunxborn. Klosterschule, u. Auflösung d. chronolog. Frage für jeden Datum in jed. Jahr d. christl. Zeitrechnung d. Wochentage zu finden. 8. Braunschw. 791. u. Auflösung rc. besonders. 2e Aufl. 8. Lemgo 792. Meyer. 3 gr 3e verb. A. 797. Dieterich in Götting. 4 gr

— Rede von d. Haushaltung Gottes im Reich d. Gnaden. 8. Wolfenb. 776.

— Rede von den Wegen d. göttl. Vorsehung bei d. Erleuchtung d. Welt durch Christum. 4. Braunschw. 773.

— heil. Reden üb. wichtige Wahrheiten d. Christenthums. 4 Thle. gr. 8. Braunschw. 772—76. (Albrecht). 2 ℛ

— über die Theorie der sphärischen, gläsernen Spiegel m. K. gr. 8. Münster. Coppenrath. 775.

Häseler, Jo. Fr., über d. Verbesserung d. Zauberlaterne. 4. Braunschw. 770. Schulbuchh. 3 ℊℊ

Julius Haeseler

Verzeichniß [Verzeichnis] und Beschreibung der vornehmsten Schmetterlinge in der Gegend um Holzminden. [Verf.: Julius Häseler.] Holzminden 1782: Bohn. 138 S. 8°

Häseler, Karl Aug., Diss. inaug. med. de morbis a lotio retento. 4. Götting. 770. Dieterich. 2 ℊℊ

Haeseler, W., der Stand d. Fundus uteri zum oberen Rande der Symphyse als diagnostisches Hülfsmittel f. die Zeitrechng. der Schwangerschaft. Inaugural-Dissertation. gr. 8. (16 S.) Kiel 874. Haeseler. n. —50

Der Frühlingsmorgen. Gedicht von F. Crone f. 1 Singstimme mit Pianof.-Begl. comp. von August **Haselhoff**. Op. 34. Hagen i. W.: R. Apitius [1905]. (7 S.) 4° [illegible]

Des Kindes Klage f. 1 Singstimme mit Klavierbegl. comp. ... von Aug. **Haselhoff**. Op. 33. Hagen i. W.: R. Apitius [1905]. (5 S.) 4° [illegible]

Zuflucht. Geh zu d. Mutter u. klage dein Leid. Gedicht von C. Merten f. 1 Singstimme mit Klavierbegl. comp. von August **Haselhoff**. Op. 20 No 1. Hagen i. W.: R. Apitius [1905]. (3 S.) 4° [illegible]

Haselhoff, Emil

Haselhoff, E., Anleitung zur chemischen Untersuchung landwirtschaftlich wichtiger Stoffe, s.: Wolff, Emil.

Die Bedeutung der Kuhmilch als menschliches Nahrungsmittel. Von Dr. E[mil] **Haselhoff** in Münster i. W. *(Münster [um 1892]: Aschendorff.)* (16 S.) 8° [Kopft. F.] [illegible]

— Vorläufiger Bericht über die Versuche zum Anbau der Wintergerste als Braugerste in der Provinz Westfalen, s. Schleh

— u. G. Lindau, die Beschädigung der Vegetation durch Rauch. Handbuch zur Erkenng. u. Beurteilg. v. Rauchschäden. gr. 8. (VII, 412 S. m. 27 Abbildgn.) Leipzig 903. Gebr. Borntraeger. n. 10.—; geb. n. n. 11.—

Denkschrift zum fünfzigjährigen Bestehen der Landwirtschaftlichen Versuchsstation der Landwirtschaftskammer für den Regierungsbezirk Cassel zu Marburg. Hrsg. v. d. Vorsteher d. Versuchsstat. Prof. Dr. E[mil] Haselhoff.
Marburg 1907: Koch. 92 S. 4°

Haselhoff, Emil [aus Wambel]: Ueber Derivate des Indens. Dibromidon .... Marburg, Druck v. Joh Aug. Koch, 1888; 26 S. + 1 Bl. 8°
Marburg, Phil. Fak., Inaug. Diss. v. [27. Apr.] 1888

Haselhoff, Emil, über Derivate des Indens Dibromidon. Diss. Marburg 1888, N. G. Elwertsche Univ.-Buchh. 8°. 26 S.

Das Düngungsbedürfnis der hessischen Böden. Vortrag von Dr. E[mil] **Haselhoff**-Marburg. [Cassel 1905.] (39 S.) 8° [Kopft. F.] [illegible]

— u. H. Breme, die Entwickelung der Landeskultur in der Prov. Westfalen im 19. Jahrh. Eine Denkschrift bei Gelegenheit der Ausstellg. f. Moor-, Haide- u. Wiesenkultur in der Prov. Westfalen unt. Mitwirkg. v. Behörden u. Fachmännern. Lex.-8. (XV, 666 S.) Münster i/W. 900. Landwirtschaftskammer f. die Prov. Westfalen. n. 13.50

Haselhoff, [Emil]: Über die Fabrikation u. Beschaffenheit des Leinkuchens bezw. des Leinmehles. (Nach Erhebungen d. Versuchs-Station Münster i. W.) 8°
Aus: Die landwirtsch. Versuchs-Stationen. Bd 41. 1892. [illegible]

Die landwirtschaftlichen Futtermittel, ihr Futterwert u. ihre Verwendg. nebst Anleitg. z. Aufstellg. v. Futterrationen f. d. landw. Nutztiere. Von Dr. E[mil] **Haselhoff**, Abteilgsvorst. ... in Münster i. W. M. e. Vorw. v. Dr. J[osef] König, ... Prof.... in Münster i. W.
Neudamm: J. Neumann 1898. (VIII, 173 S., 1 Bl.) 1 Bd 8°
(J. Neumanns Landwirtschaftl. Büchersammlung.)

1. Haferdüngungsversuche. 2. Fütterungsversuche. Von E[mil] **Haselhoff** u. A. Alves. Marburg 1910: Koch. 142 S. 8°
(Arbeiten d. Landwirtschaftskammer f. d. Reg.Bez. Cassel. Bd 2.) [illegible]

Die Haideböden Westfalens. Von Dr. E[mil] **Haselhoff**, Abtheilungsvorst. d. landw. Versuchsstation Münster i. W., u. H[einrich] Breme, Meliorationstechniker in Münster i. W. H. 1–6. Berlin 1899–1903: (Die Post.) 6 Bde. 4° (8°)
1. Die Dömerner Haide. 1899.
2. Die Brechte. 1899.
3. Die Hornhaide. 1901.
4. Die Gelmerhaide. 1901.
5. Kr. Wiedenbrück, nördl. Teil. 1903.
6. Beilage. 1903.

Haselhoff, Emil, agrikulturchem. Untersuchungsmethoden, s.a. Sammlung Göschen.

Agrikulturchemische Untersuchungsmethoden von Prof. Dr. Emil **Haselhoff**. Leipzig: Göschen 1909. 152 S. 8°
(Sammlung Göschen. 470.) [illegible]

Haselhoff, E., Versuche über die Einwirkung von Flugstaub auf Boden und Pflanzen. Mitteilung der Landwirtschaftlichen Versuchsstation in Marburg. Berlin, 1907. 50 S. mit 2 Taf.

— Wasser u. Abwässer, s.a. Sammlung Göschen.

Wasser und Abwässer. Ihre Zusammensetzung, Beurteilung u. Untersuchung. Von Prof. Dr. Emil **Haselhoff**. Leipzig: Göschen 1909. 146 S. 8°
(Sammlung Göschen. 473.) [illegible]

Haselhoff, E., wie kann der Landwirt den Stickstoff-Vorrat in seiner Wirtschaft erhalten u. vermehren, s.: König, J.

Haselhoff, Ernst, s. Haselhoff, Emil

Haselhorst, Bertram (geb. Derenburg in d. Prov. Sachs. 14. 10. 1843): Ueber acute Phosphorvergiftung. Berlin (1868). (32 S.) 8°
Berlin, Med. Diss. v. 20. Febr. 1868

Haselhorst, Joan. Adolph. Otto (geb. Brandenburg a. H. 8. 2. 1833): De partus praemature provocandi methodis novissimis. Berolini (1855). (31 S.) 8°
Berlin, Med. Diss. v. 12. Mai 1855

Haselhorst-Nonnendamm [Schlagwort]
Haselhorst-Nonnendamm, s.: Berlin.

Haselhuhn, Johann Georg (Gräfl. v. Ronov. u. Biberstein'scher Rat), De appellationibus in causis non appellabilibus. Von Beruffungen in Sachen da die Beruffung nicht stat hat. Diss. jur. Präs. Christian Wildvogel. Jena (Müller) Febr. 1707. 42 S. (6.40) 13391

— — (Eisenach), Dasselbe. Von Appellationen in Sachen, da sonsten keine Appellation Statt findet, sowol vor Kayserl. Cammer, als auch andern geist= und weltlichen Gerichten. Jena (I. B. Heller) 1755. 52 S. (6.20) 13392

Haselich, Charlotte, Dornen aus d. Leben der großen Welt. 8. Liegnitz 818. Kuhlmey. 1 ₰ 18 ℊ

Haselich, Charlotte
Edwina. Ein Gemälde auf geschichtlichen Hintergrund. Th.1 - 3.
Leipzig: Rein 1827. 8°

— **Heloise u. Adele, od. die Stiefschwestern. 8. Liegn. 815. Kuhlmey.** 1 ₰ 8 ℊ Schrbp. 1 ₰ 12 ℊ

— **Phantasie u. Pflichtgefühl. 2 Erzähll. 8. Liegn. 821. Kuhlmey.** 1 ₰

Haselich, Charlotte, Wintergrün. Drei Erzählungen. 8. (VI u. 330 S.) Breslau 850, Kern. 1 ₰

Die Entstehung und Entwickelung der ‚Deutschland Lebensversicherungs-Actien-Gesellschaft' zu Berlin. Festschrift zum 25jähr. Bestehen der Gesellschaft. (1883—1908.) Von Dr. jur. Häselich. — Berlin 1908: (Müller in Potsdam). 57 S. 8° [Umschlagt.:] Deutschland Lebensversicherungs-Actien-Gesellschaft zu Berlin. 38 A.

Haeselich, Wilhelm, aus Wernigerode am Harz: Wer trägt die Gefahr des Zufalls bei Verträgen über zu leistende Dienste? (nach Pandektenrecht.) *Magdeburg 1898: Friese & Fuhrmann.* (99 S.) 8°
Rostock, Jur. Diss. v. [6. Dez.] 1898

HÄSELLOCH, Das. (Poet. Beschreibung einer „Schwaige" auf einer Anhöhe an der Isar unweit München, einst beliebter Lustort.) O. O. u. J. (München, c. 1770). 4°. (Fehlt in München.)

Haselmaier, W. G., in Wachs bearb. Figuren, s. Probe von d. Charakteristik menschl. Leidenschaften.

Haselmajer, Wilh. Friedr. (Göppingen), Praxis antiquo-moderna actionum forensium in specie purarum et mixtarum in differentiis principalioribus quà usus in jure et foro extantiores. Diss. jur. Präs. Michael Grass. Tübing. (Joseph Sigmund) März 1726. 44 S. (5.—) 13393

Haselmann, das Arbeitsgebiet der Pfarrervereine. Vortrag. gr. 8. (13 S.) Osterwieck 892. A. W. Zickfeldt. n. — 25

Haselmann, A., s.: Beiträge zum Schriftverständniß.

— der Einzug Israels in Canaan. Ein Beitrag zum Schrift-Verständniß. Vortrag geh. im evangel. Vereinshause zu Osnabrück. 8. (48 S.) Barmen 872. Klein. n. — 50

Haselmann, Alfred: Die Aachener Kleinbahnen. Halle a. S. 1909: (Lippert, Naumburg a. S.). 63 S. 8° ¶ (Ersch. vollst. als: Sammlung nationalökon. u. statist. Abhandlungen d. staatswiss. Sem. zu Halle. Bd 60.)
Halle, Phil. Diss. v. 9. Aug. 1909, Ref. Conrad
[Geb. 13. Mai 82 Aachen; Wohnort: Halle a. S.; Staatsangeh.: Preußen; Vorbildung: Realgymn. Aachen Reife O. 04; Studium: Stuttgart Techn. Hochsch. 5, Aachen Techn. Hochsch. 2, Leipzig 1, Halle a. S.; Rig. 30. Juni 09.] [U 09. 1656

Haselmann, Alfr., die Aachener Kleinbahnen, s.a. Sammlung nationalökonom. u. statist. Abhandlungen. 60. Bd.

Die Aachener Kleinbahnen. Von Dr. Alfred **Haselmann**. Mit 1 Plan. Jena: Fischer 1909. VIII, 100 S. 8°
(Sammlung nationalökon. u. statist. Abhandlungen d. staatswiss. Seminars zu Halle. Bd 60.) 09. 11082 2

Haselmayer, Frz., dichterische Bilder aus der deutschen Geschichte der neuen u. neuesten Zeit. Gesammelt u. hrsg. Sachdienlich erläutert von Joh. Ev. Haselmayer. gr. 8. (IV, 131 S.) Würzburg 879. Staudinger. n. 1. 20

Haselmayer, Joh. Evang.

Haselmayer, J. E., neues Aufsatzbuch zum Gebrauche an höheren Schulen u. zum Selbstunterrichte. gr. 8. (XX, 274 S.) Würzburg 888. Staudinger. n. 2. 80

Haselmayer, Joh. Ev., neues Aufsatzbuch zum Gebrauche an höheren Schulen u. zum Selbstunterrichte. 2., bedeutend erweit. u. verm. Aufl. gr. 8. (XXVI, 456 S.) Würzburg 893. Staudinger. n. 4. —; geb. n.n. 4. 50

Haselmayer, Joh. Ev., neues Aufsatzbuch z. Gebr. an höh. Schulen u. z. Selbstunterr. 3., erweit. u. verm. Aufl. gr. 8. (XXII, 521 S.) Würzburg 896. J. Staudinger's Verl. n. 4. 60; geb. n.n. 5. 10

Haselmayer, Joh. Ev., neues Aufsatzbuch zum Gebrauche an höheren Schulen u. zum Selbstunterricht. 4., erweit. u. verb. Aufl. gr. 8. (XXIII, 555 S.) Würzburg 900. J. Staudinger's Verl. n. 4. 90; geb. n.n. 5. 50

Haselmayer, Jos. Ev., neues Aufsatzbuch zum Gebrauche an höheren Schulen u. zum Selbstunterricht. 6., erweit. u. verb. Aufl. v. Heinr. Haselmayer. (XXXII, 592 S.) 8. Würzburg 906. F. X. Bucher. n. 5. —; geb. in Leinw. n.n. 5. 60

Haselmayer, Joh. Ev., neues Aufsatzbuch zum Gebrauche an höheren Schulen zum Selbstunterricht. 7. verb. Aufl. v. Heinr. Haselmayer. (XXXII, 586 S.) 8. Würzburg 909. F. X. Bucher. 5.—; geb. n 5. 60

Haselmayer, Joh. Ev., neue deutsche Aufsätze u. Aufsatzpläne [Dispositionen] f. höhere Kurse der Mittelschulen. gr. 8. (107 S.) Würzburg 885. Staudinger. n. 1. 20

Haselmayer, Joh. Ev., Dichtungslehre [Poetik] für die oberen Kurse der Realschulen Bayerns u. verwandter Anstalten. gr. 8. (116 S.) Würzburg 878. Staudinger. n. 1. 20

— Dichtungslehre (Poetik) f. die oberen Kurse der Realschulen Bayerns u. verwandter Anstalten. Mit Aufgaben zur Übg. in der Form der Dichtgn. 2. unveränd. (Titel=) Ausg. 8. (112 S.) Ebd. 893. n. 1. 20

— der Geschäfts=Stil für die Hand des Fortbildungsschülers, s.: Fortbildungsschule, die unterfränkische.

Haselmayer, Joh. Ev., der Geschäftsstil in Muster, Uebung u. Aufgabe. Für Lernende u. f. Lehrer. gr. 8. (XII, 112 S.) Würzburg 875. Staudinger. n. 1. —

— der Geschäfts-Stil in Muster, Übung u. Aufgabe f. Lernende u. f. Lehrer. 2., verb. Aufl. gr. 8. (VI, 104 S.) Ebend. 885. n. 1. —

— deutsche Grammatik u. Orthographie, s.: Lampart, J., Lehrbuch der deutschen Sprache u. Stylistik.

— Handbuch der Orthographie nach den Berliner Konferenzbeschlüssen m. einem thunlichst vollständigen Wörterbüchlein. gr. 8. (VII, 139 u. VI, 129 S.) Würzburg 877. Staudinger. n. 2. 50

Haselmayer, Joh. Evang. „Über Ortsnamenkunde". pg. 3—56. 8°. Kgl. Un.-Dr. v. H. Stürtz.
Würzburg, Progr. 1889/90

— üb. Ortsnamenkunde. 8. (LVI S.) Würzburg 890. Kellner's Buchh. n. — 60

— die neue Rechtschreibung in neuen Regeln. Nebst der Satzzeichenlehre. Für Schule u. Haus bearb. Ausg. ohne ausführl. Register. gr. 8. (VIII, 70 S.) Ebend. 880. n. — 70

— s.: Schiller's, F. v., ausgewählte Gedichte.

— s.: Schiller's, F. v., Romanzen u. Balladen.

— u. A. Edrl, deutsches Sprach- u. Übungsbuch für die Unterkurse der Mittelschulen. gr. 8. (VIII, 298 S.) Würzburg 880. Staudinger. n. 2. 50

— deutsches Sprach- u. Übungsbuch f. die 4 unteren Kurse der Mittelschulen. 2., verb. Aufl. 8. (XII, 368 S.) Würzburg 889. Staudinger. n. 3. —

Haselmayer, J. Ev., deutsches Sprach- u. Übungsbuch f. d. unt. Klassen d. Mittelschulen. 1. u. 2. Tl. 3., bedeutend verb. Aufl. gr. 8. (XVI, 224 u. VIII, 224 S.) Ebd. 896. 97. à n. 2. 50

— deutsches Sprach- u. Übungsbuch f. die untern Klassen der Mittelschulen. 1. Tl. 4., wiederum verb. Aufl. gr. 8. (XVI, 224 S.) Ebd. 902. n. 2. 60; geb. n. n. 3. —

—— Sprachübungen. 2. Thl.: Der deutsche Satz auf stilistischer Grundlage. gr. 8. (XX, 277 S.) Ebendas. 876. *
1. Thl. Ebendas. 1874. *M 2.

— Uebungen in der deutschen Sprache od. Wortlehre in Verbindg. m. den Grundzügen der Satzlehre f. die unteren Kurse der Mittelschulen. (1. Thl.) gr. 8. (X, 226 S.) Würzburg 874. Staudinger. n. 2. —

— dasselbe. 2. Thl. Der deutsche Satz auf stilistischer Grundlage. gr. 8. (XX. 277 S.) Ebend. 876. n. 2. 50

—— Zwei Vorträge aus der würzburgisch-fränkischen Geschichte, f. Fortbildungsschule, die unterfränkische.

— Wörterbüchlein der deutschen Sprache mit Einschluß aller üblichen Fremdwörter. 8. (VI, 129 S.) Würzburg 877. Staudinger. n. 1. 60

— Wörterverzeichnis zur neuen Rechtschreibung in den bayerischen Schulen. gr. 8. (IV, 44 S.) Ebend. 880. n. — 30

— Wörterverzeichnis zur neuen Rechtschreibung. 2., verb. Aufl. gr. 8. (83 S.) Ebend. 883. n. — 60

Haselmeier, W. C., Betrachtungen über das Leiden und Sterben Jesu. 8. Schw. Hall. 725.

Haselmeyer, W. G., Geschichte der Kunstwerke en bas relief. 8. Stuttg. Heerbrand. 809.

Haseloff, Arthur *Erich Georg*: Der Bildschmuck der Psalterien des Landgrafen Hermann von Thüringen und der verwandten Handschriften. Th. 1 . . . Strassburg, J. H. E. Heitz, 1897; 50 S., 1 Bl. 8.
München, Phil. Fak., Inaug.-Diss. v. 1897

Haseloff, Arth., Codex purpureus Rossanensis. D. Miniaturen d. griech. Evangelien-Handschrift in Rossano. N. photograph. Aufn. hrsg. Imp.-4. (XVI, 151 S. m. 14 Textabb. u. 15 Lichtdr.-Taf.) Leipzig 898. Giesecke & Devrient. p.n. 82. —

Haseloff, Arthur: Hohenstaufische Erinnerungen in Apulien. Braunschwg '06. 17 S. 4° Aus: Westermanns Ill. Dt. Monatshefte. 1906.

Die Glasgemaelde der Elisabethkirche in Marburg. Hrsg. von Arthur **Haseloff**. 3 Taf. in Vierfarbendr. u. 19 Taf. in Lichtdr. nach photogr. Orig.-Aufnahmen. Berlin: M. Spielmeyer (1906). (21 S.) gr. 2° [illegible]

Haseloff, Arth., die Glasgemälde der Elisabethkirche in Marburg. 3 Taf. in Vierfarbendr. u. 19 Taf. in Lichtdr. nach photograph. Orig.-Aufnahmen. (21 S. m. Abbildgn.) 68×50,5 cm. Berlin (907). M. Spielmeyer. In Mappe 50.—; in Leinw.-Mappe. 55. —

Die Kaiserinnengräber in Andria. Ein Beitrag z. apulischen Kunstgeschichte unter Friedrich II. von Arthur **Haseloff**. Mit 9 Taf. u. 25 Textabb. Rom: Loescher & Co. 1905. (VIII, 61 S.) 8°
= **Bibliothek** d. Kgl. Preuß. Hist. Instituts in Rom. Bd 1. [illegible]

— eine thüring.-sächs. Malerschule d. 13. Jahrh., s. a. Studien z. deutschen Kunstgeschichte.

Eine Thüringisch-Sächsische Malerschule d. 13. Jhs. v. Arthur Haseloff. M. zahlr. Abb. *Strassburg: J. H. E. Heitz 1897.* (377 S., 1 Bl., 49 Taf.) 8.
— Studien z. deutschen Kunstgeschichte. H. 9. [illegible]

Haseloff, A., der Psalter Erzbischof Egberts v. Trier, s.: Sauerland, H. V.

Haseloff, Bruno [aus Brück i. d. Mark]: Aus d. zoolog. Institut zu Kiel. Über den Krystallstiel der Muscheln, nach Untersuchungen verschiedener Arten der Kieler Bucht . . . . Osterode a. H., Druck v. Giebel & Oehlschlägel, 1888; 38 S. + 1 Bl. u. 1 Taf. 8°
Kiel, Phil. Fak., Inaug.-Diss. v. 2. März 1888

Haseloff, B., üb. den Krystallstiel der Muscheln, nach Untersuchungen verschiedener Arten der Kieler Bucht. Inaug.-Diss. gr. 8. (38 S. m. 1 Steintaf.) Osterode a/H. 888. (Kiel, Lipsius & Tischer.) n. 1. —

Haseloff, Eduard (geb. Berlin 1797): De fistula ani. (Berolini 1820.) (55 S.) 8°
Berlin, Med. Diss. v. 17. Nov. 1820

Haselsberger, Adelh., Maximilian I., Kaiser v. Mexiko. Drama in 5 Akten. (97 S.) 8. Innsbruck 909. Wagner. 1.50

Haselstein, Erhard v., Reise-Spiegel, s. Reise-Spiegel e. deutsch. Freigeistes.

Haselsteiner, Frz., s. Aufsäze, prosaische.

Haselünne [Schlagwort]

Haselünne, s.: Deutschland. Karte. (Abt. Preussen.)

Haselünne, s.: Geologische Karten. Karte (Preussen).

Haselünne, s.: Preussen. Messtischblätter.

HASELWANDER, Joseph (Regensburg): De plumbo acetico.- Monachii: Jaquet 1852. 22 S. 18.8.1829 - Urk (Titel: De exanthematibus.); F 59
Diss. Ingolst.-Landsh.-Mchn.

Haseman, Charles, a. Linton, Indiana, U. S. A.: Anwendung der Theorie der Integralgleichungen auf einige Randwertaufgaben in der Funktionentheorie. Göttingen 1907: W. F. Kaestner. (46 S.) 8°
Göttingen, Phil. Fak., Ref. Hilbert, Diss. v. 17. Juli 1907
[Geb. 27. Sept. 80 Linton, Verein. Staaten; Wohnort: Linton; Staatsangeh.: Vereinigte Staaten; Vorbildung: H. A. Bloomington Indiana Univ. Juni 03; Studium: Indiana Univ. 3, Göttingen 3 S.; Rig. 28. Juni 07.]

Hasemann, E. v., Die christliche Ortsarmenpflege in unseren Landgemeinden. 8°. Erfurt, Körner'sche B., 1857.

– Dass., s.a. Hasemann, Julius

Hasemann, E., das Papstthum kämpft gegen christlichen Glauben, Bildung u. Freiheit. Reformationspredigt, gehalten am 31. Octbr. 1869 in der Kirche zu Haspe. Hagen 869. Hammerschmidt. gr. 8. (19 S.) n. 2½ ngr.

Hasemann, H., Führer f. Vereine u. Gesellschaften. Prakt. Handbuch z. Gebr. f. Vereinsvorstände. Mit Anh.: Verzeichniss empfehlenswerth. Adressen f. alle Vereinsbedürfnisse. 7. Jahrg. 1898—1899. 12. (120 S.) Berlin. Rosenbaum & Hart. Geb. n. — 75

Hasemann, J., Die Armuthsfrage, Ursachen und Heilmittel des Pauperismus unserer Zeit. Den Preuss. Ständen gewidmet. gr. 8°. Halle, Heymann, 1847.

Hasemann, J., die Armuthsfrage, Ursachen u. Heilmittel des Pauperismus unserer Zeit. Den Preuß. Ständen gewidmet. gr. 8. (VI u. 176 S.) Halle 847, Heynemann. 21 ngr

— Beurtheilung der evangelischen Gemeinde-Ordnung vom 29. Juni 1850 aus der Geschichte u. aus ihr selbst. gr. 8. (IV u. 47 S.) Halle 851, Schmidt. n. 6 ngr

— für Handelsfreiheit. Ein Wort an das Deutsche Volk u. die Deutschen Regierungen. gr. 8. (IV u. 38 S.) Halle 851, Graeger. ⅕ ngr

Hasemann, J., griechische Kirche, s. Griechenland.

Hasemann, J., Papst Pius IX. Ein Bild seiner Persönlichkeit, seines Lebens u. seiner Kirchenleitung. gr. 8. (V, 73 S.) Leipzig 878. Fernau. n. 2. —

Hasemann, J., Diakonus an der Kirche zu U. L. F. in Halle, Preußens Tod und Wiedergeburt aus der volksthümlichen Entwicklung Deutschlands. Halle, Ed. Heynemann. IV, 78 S. 8°.

Hasemann, Jul., die christlichen Ortsarmenpflege in unsern Landgemeinden. 8. (30 S.) Erfurt 857, Körner'sche Buchh. *

– Dass., s.a. Hasemann, E. von

Hasemann, Jul., achtzehn Predigten aus der Versöhnung von Wissenschaft und Christenthum zur Erbauung von Stadt- und Landgemeinden. Erfurt 860. Körner'sche Buchh. 8. (XII. 135 S.) n. 15 ngr.

Hasemann, M., die internationale phono-stenographie oder einfachste u. kürzeste methode der lesbaren aufzeichng. aller sprachen in 12 übungen. 1. teil: deutsch. gr. 8. (42 S.) Leipzig 887. Robolsky. n. 2. —

Hasemann, M. Prüfung der wichtigsten Kurzschriften als Einleitung in seine Sténographie internationale. 20 S. 8. Progr. *Trarbach* 1883.

Hasemann, M., prüfung der wichtigsten kurzschriften als einleitung in seine sténografie internationale. gr. 8. (19 S.) Strassburg 883. (Trübner.) n. 1. —

Hasemann, M., Sténographie internationale. gr. 8. (34 autogr. S.) Strassburg 883, (Trübner.) *

— die weltsprache u. weltschrift od. internationale stenographie. Ein vortrag, geh. in der allgemeinen stenographenversammlg. zu leipzig am 21. aug. 1883, m. e. kurzen bericht üb. das internationale stenograph. wett- u. probeschreiben. gr. 8. (15 S.) Ebend. 883. n. 1. —

Hasemann, P., die redaktionellen Mängel der Strafprozeßordnung u. d. Gerichtsverfassungsgesetzes. gr. 8. (VI, 97 S.) Stuttgart 888. Cotta. n. 2. —

Hasemann, P. Die Überbürdung der Schüler in den höheren Lehranstalten Deutschlands mit Beziehung auf die Wehrhaftigkeit des deutschen Volkes. 2. Aufl. Straßburg 1884. 8°. (1. Aufl. 1883.)

Hasemann, P., die Ueberbürdung der Schüler in den höheren Lehranstalten Deutschlands m. Beziehung auf die Wehrhaftigkeit d. deutschen Volkes. gr. 8. (IV, 80 S.) Straßburg 884. Trübner. n. 1. —

Hasemann, P., Die Überbürdung der Schüler in den höheren Lehranstalten Deutschlands m. Beziehung auf d. Wehrhaftigkeit d. dtschn. Volkes, 2. Aufl., Straßburg 1884, 80 S., 8°.

Hasemann, W., Bilder aus d. Schwarzwald. Text v. Ludw. Pietsch. gr. Fol. (12 Photogr. m. 8 S. Text u. 8 Textbild.) München 897. Photograph. Union. In Leinw.-Mappe 30. —

Hasemann, H. L., Bem. v. e. tödtlich gewordenen Kopfverletzung. Kopenh. 12°. 1777.

Hasen, d., u. Kaninchen, s. d. kleinen Buffon 4r.

Hasen, s. H a s e

Hasenaecker, Heinrich (geb. am 22 Mai 1852 in Frohnhausen Landkr. Essen): Ueber fremde Körper in der Linse des Auges ... Bonn, Druck v. J. F. Carthaus (1877). 23 S., 1 Bl. 8.
Bonn, Med. Fak., Diss. v. 14 Aug. 1877

Hasenau, des Junkers Fritz von, Abenteuer u. Unglücksreisen; e. tragisch-komische Erzähl. 8. Wien, Wallishäuser. 803.

Hasenauer, Karl Frhr. v., Ausschmückung der Interieurs d. k. k. kunsthistorischen Hof-Museums in Wien. gr. Fol. (30 Bl. in Lichtdr. m. 1 Bl. Text.) Wien 892. A. Schroll & Co. In Mappe. n. 32. —

Hasenauer, Carl Frhr. v., s.a. Hofburgtheater, das k. k., in Wien.

Das K. K. Hofburgtheater in Wien. Erbaut von Carl Freiherrn von Hasenauer. Wien 1888. 4°.

Hasenauer, Carl Frhr. v., s.: Hof-Museum, d. k. k. naturhistor. in Wien.

Hasenbach, Georg Ludwig (Siegen/Nassau), De sufficientia theologiae naturalis in foro dei. Diss. acad. I. Präs. Jo. Philipp Schneider. Herborn (Regelin) 1761. 30 S. (6.20) 13394
Widm. v.: H. A. Jungst (Dillenburg/Nassau), A. H. V. Bonnelle, Johann Heinrich Moritz (Herborn/Nassau; dtsch.).

Hasenbach, Jb., s. Jal. Schütz, tägl. Handbuch.

Hasenbach, Mathilde, Fragstücke f. den weiblichen Handarbeitsunterricht. Zum Gebrauche der Schülerinnen in einfachen Volksschulen. gr. 8. (43 S. m. 34 Fig.) Hannover 894. C. Meyer. n. — 50

– Dass., s.a. H a s e n b a l g, M.

Hasenbach, Wilhelm. Beiträge zur Kenntniss der Untersalpetersäure und der salpetrigen Säure. Leipzig, 1871.

Hasenbalg, C. F. F. Heronis Alexandr. definit. geometr. recens. 34 S.
Progr. Stralsund 1826

Hasenbalg, C. F. F., s.a. *Heronis* Alex. definitiones.

Hasenbalg, Ernst [aus Hildesheim]: Zwei Fälle von amyotrophischer Lateralsclerose. . . . Göttingen, Druck d. Univ.-Buchdr. v. W. Fr. Kästner, 1889. 24 S. 8°
Göttingen, Med. Fak., Inaug.-Diss. v. 28. Jun. 1889

Hasenbalg, Ernst. Zwei Fälle v. amyotrophischer Lateralsclerose. Diss. gr. 8. (24 S.) Gött. 889, (Vandenhoeck u. Ruprecht). * — 60

Hasenbalg, F. Commentatio de centonibus. 26 S.
Putbus, Progr. 1846

Hasenbalg, F. Oratio aditialis die XXII. Aug. hab. (Allg. pädagog. Inhalte.) 21 S. . . . .
Progr. Stralsund 1832

Hasenbalg, F. Quid florentiss. reip. tempore populus Rom. in pueris educandis nostrae imprimis aetati proponat imitandi. 8 S. . . . .
Progr. Puttbus 1837

Hasenbalg, F. Uebersicht der innern und äußern Einrichtung des K. Pädagogiums. . . . .
Progr. Putbus 1837

Hasenbalg, F., Uebersicht d. innern u. äußern Einricht. d. kgl. Pädagogiums zu Putbus auf d. Insel Rügen. gr. 8. (3 B.) Stralsund 837, (Löffler'sche Buchh.) Thlr.

Hasenbalg, H.: Beiträge zur Lehre von der Intercession. Bd 1. [einz.] Göttingen 1856.

Hasenbalg, H., Beiträge zur Lehre von der Intercession. 1. Bdchn. 1. Abhdlg.: über das Princip des Sct. Vellejanum. 2. Abhdlg: über Intercession durch Alleinverpflichtung. Göttingen 856. Wigand. gr. 8. (XII, 287 S.) n. 1 ⅌ 10 ngr

Hasenbalg, H., die Bürgschaft des gemeinen Rechts. gr. 8. Düsseldorf 870. Frankfurt a. M., Baer und Comp.

Hasenbalg, H., die Bürgschaft des gemeinen Rechts. Eine civilist. Studie. Düsseldorf 870. Buddeus. 8. (XXIII, 892 S.) n. 4 ⅌ 10 ngr.

Hasenbalg, H., zur Lehre v. der actio Pauliana insbesondere unter welchen Voraussetzgn. kann e. vom Schuldner bestelltes Pfandrecht erfolgreich mittels der gedachten Klage angegriffen werden. Eine civilist. Studie. gr. 8. (93 S.) Berlin 874. Vahlen. n. 2. —

– – zur Strafprozeßordnung. Von der Erhebung der öffentlichen Klage u. ihrer Consumtion durch richterliches Urtheil. Hannover 854. Rümpler. gr. 8. (212 S.) n. 27½ ngr

Hasenbalg, Carolus Fridericus Ferdinandus: De Germanorum residuis in agro Veronensi ac Vicentino.
Halle-Wittenberg, Phil. Diss. v. 25. März 1820
Geb. [Egeln (Kr. Wanzleben) 21. 2. 1793]
Verf. wurde abwesend promoviert. Ms. fehlt.

Hasenbalg M. Fragstücke für den weiblichen Handarbeitsunterricht. Mit 34 Figuren. Hannover 1894

– Dass., s.a. H a s e n b a c h, Mathilde

Hasenbalg, Th. (Hrsg.), s. V i e r t e l j a h r s s c h r i f t für Töchterschulen und Frauenbildung.

Hasenbanck (oder Hasenbauck), J. O.: T y p u s orarum maritimarum ..., s. Z i m m e r m a n n, S. G.

Hasenbäumer, Julius: Über aromatische Antimonverbindungen. *Rostock 1898: C. Boldt.* (28 S.) 8°
Rostock, Phil. Diss. v. [10 März] 1898

Hasenburg. Bischof Burchard von H' und das Kloster St. Alban. (Njbl.) s. [Fechter, Daniel Albert].

Hasenburg, Ritter von, und Adela von Lechfeld, eine böhmische Familiengeschichte aus den hussitischen Zeiten, mit 1 Kupf. 8. Prag, 793. Calve. 18 gl.

Hasencamp, s.a. H a s e n k a m p

– s.a. H a s s e n c a m p

Hasencamp, F. A., u. s. Hassencamp.

Hasencamp, J. G., s. H a s e n k a m p , Johann Gerhard

Hasencamp, R., Geschichte Irlands von der Reformation bis zu seiner Union mit England. gr. 8. (VIII, 344 S.) Leipzig 886, Wartig's Verlag. *

Hasencamp, T. v., Ostpreußen unter dem Doppelaar. Historische Skizze der russ. Invasion in den Tagen des 7jähr. Krieges. Königsberg 866. Theile's Buchh. gr. 8. (IV, 508 S.) 1 ℳ 15 ngr.

Hasenclever, s.a. H a s e n k l e v e r

Hasenclever. Rede des Abgeordneten Hasenclever zum Tabakmonopol. Amtl. stenogr. Bericht vom 14. Juni 1882. Flugblatt. 8°. Hottingen-Zürich, Schweiz. Vereinsbuchdr., s. a.

Hasenclever, A., Maria, die Mutter Jesu, in Geschichte u. Kunst. Ein Vortrag. gr. 8. (35 S.) Karlsruhe 874. Braun. n. — 50

Hasenclever, Adolf (Hrsg.), s. A r n d t , Ernst Moritz: Ungedruckte Briefe . . . an Josua Hasenclever.

— aus Geschichte u. Kunst d. Christentums. Abhandlungen z. Belehrg. f. gebildete Gemeindeglieder. 1. Reihe. 8. (VII, 214 S.) Braunschweig 890. Schwetschke & Sohn. n. 2. —; geb. n. 3. —; Liebhaber-Ausg. n. 5. —

Hasenclever, Adf., aus Geschichte u. Kunst d. Christentums. Abhandlgn. z. Belehrg. f. gebild. Gemeindeglieder. 2. Reihe. 8. (IV, 194 S.) Berlin 898. C. A. Schwetschke & Sohn. n. 2.

Hasenclever, Adf., zur Geschichte Ottheinrichs v. Pfalz-Neuburg, s.a. A r c h i v f. Reformationsgeschichte. Nr. 4.

Zur Geschichte Ottheinrichs von Pfalz-Neuburg ⟨1541⟩ von Adolf Hasenclever, Dr., in Bonn. Berlin: C. A. Schwetschke & Sohn 1904. (S. 396–402.) 8°
— Archiv f. Reformationsgeschichte. Jg. 1, H. 4, [7.] 05. 405 4

Hasenclever, A., Gott befohlen! Abschiedspredigt üb. Apostelgeschichte 20, 32, geh. am 4. Septbr. 1892 in der St. Andreas-Kirche in Braunschweig. gr. 8. (14 S.) Braunschweig 892. B. Goeritz. n. — 30

Hasenclever, Adf., der altchristliche Gräberschmuck. Ein Beitrag zur christl. Archäologie. gr. 8. (264 S.) Braunschweig 886. Schwetschke & Sohn. n. 5. —

Hasenclever, Adf., der Gemeinde Leid u. Freude. 2 Predigten. (31 S.) 8. Freiburg i/B. 907. (C. Troemer.) nn — 45

— Losung u. Ziel unserer kirchlichen Arbeit. Antrittspredigt üb. I. Cor. 3, 11, geh. am 18. Septbr. 1892 in der Stadtkirche zu Freiburg i/B. gr. 8. (16 S.) Freiburg i/B. 892. F. Wagner. n. — 30

— Mannhaft u. Frei. Predigten aus dem Nachlaß. (187 S. m. Bildnis.) 8. Freiburg i/Br. 910. J. Bielefeld. 2.—; geb. in Leinw. 2. 80

Die Politik Kaiser Karls v. und Landgraf Philipps von Hessen vor Ausbruch des schmalkaldischen Krieges ⟨Januar bis Juli 1546⟩ von Adolf Hasenclever. *Marburg i. H.: N. G. Elwert 1903.* (VII, 88 S.) 8° [F.]
Forts. zu des Verf.: Die Politik der Schmalkaldener vor Ausbruch d. schmalkald. Krieges. 1901. 03. 10960

— die kurpfälzische Politik in den Zeiten des schmalkaldischen Krieges (Jan. 1546 bis Jan. 1547), s.a. A b h a n d l u n g e n , Heidelberger, zur mittleren u. neueren Geschichte. 10. Hft.

Die kurpfälzische Politik in den Zeiten des schmalkaldischen Krieges ⟨Jan. 1546 bis Jan. 1547⟩ von Dr. Adolf Hasenclever. Heidelberg: C. Winter 1905. (XVI, 179 S.) 8° [F.]
— Abhandlungen, Heidelberger, z. mittl. u. neueren Geschichte. H. 10. 05 3848

Hasenclever, Adolf, aus Remscheid: Die Politik der Schmalkaldener vor Ausbruch des schmalkaldischen Krieges. *Berlin (1901): E. Ebering.* (VIII, 51 S.) 8° ¶ [Erschien vollst. 1901 als: Hist. Studien, H. 23.]
Berlin, Phil. Diss. v. 23. Jan. 1901

Hasenclever, Adf., die Politik der Schmalkaldener vor Ausbruch des schmalkaldischen Krieges, s.a. S t u d i e n , historische. 23. Hft.

Die Politik der Schmalkaldener vor Ausbruch des schmalkaldischen Krieges. Von Dr. Adolf Hasenclever. *Berlin: E. Ebering 1901.* (XV, 255 S.) 8°
— Studien, Historische. H. 23. 01. 5153 5

— Predigt üb. Joh. 8, 12 beim Jahresfest des Braunschweiger Zweigvereins des allgemeinen evang.-protest. Missionsvereins am 10. Septbr. 1893 in der Martini-Kirche zu Braunschweig. gr. 8. (14 S.) Braunschweig 893. B. Goeritz. n. — 30

Hasenclever, Adf., Predigt beim Trauergottesdienst zum Gedächtnis des Kaisers Friedrich III. am 24. Juni 1888. gr. 8. (9 S.) Braunschweig 888. (Rambohr'sche Buchh.) *

— u. Rogge, zwei Predigten, bei der 46. Hauptversammlg. des evang. Vereins der Gustav-Adolf-Stiftg. in Bremen am 5. u. 6. Septbr. geh. gr. 8. (20 S.) Leipzig 893. (J. C. Hinrichs' Sort.) n. — 40

(1807. 1907.) Hundert Jahre Protestantismus. Festschrift z. Feier d. hundertjähr. Jubiläums d. evangel. Gemeinde in Freiburg i. Br. von Dr. Adolf Hasenclever, Stadtpfarrer. Freiburg i. Br.: C. Troemer in Komm. 1907. (273 S.) 8° [F.] 08. 7264

Hasenclever, Adolf, Dr. phil.: Sleidan-Studien. Die Entwicklung der politischen Ideen Johann Sleidans bis zum Jahre 1545. Bonn: Röhrscheid & Ebbecke 1905. (58 S.) 8° [F.]
Halle, Phil. Fak., Hab.-Schr. v. 1905

Hasenclever, A., des Evangeliums Waffen im Kampf gegen Sorge u. Mangel. Predigt, üb. Johannis 6, 1—15 am Sonntag Lätare 1890 geh. gr. 8. (13 S.) Braunschweig 890. Goeritz' Verl. n. — 30

Hasenclever, J. P., Bilder z. Jobsiade. Nach Gemälden und Zeichnungen, gest. v. T. Th. Janssen. 2, Abdruck. qu. Fol. (3 Stahlst.) Düsseldorf 846, Buddeus. n. 1 ℳ

[F.] Hasenclever, *Karl Adolf* [Pastor Dr.]: Trauerreden bei der Leichenfeier des Gymnasialdirektors Prof. Albrecht geh. am 15. Apr. 1891. Braunschweig, Druck v. J. H. Meyer, 1891; 11 S. 8°
Braunschweig, herz. G Martino-Katharineum, P 1891 (681) ••

Hasenclever, Carl Georg (geb. Aachen 6. 9. 1855): Zur Statistik des Carcinoms der Harnblase. Berlin (1880). (31 S.) 8°
Berlin, Med. Diss. v. 7. Aug. 1880

Hasenclever, Ludwig, a. München: Über Lukians Nigrinos. München 1907: F. Straub. (65 S.) 8° ¶ (= Progr. d. K. Maximilians-Gymn. zu München 1908.)
München, Phil. Fak., Ref. Crusius, Diss. v. 21. Dez. 1906
[Geb. 26. Dez. 81 München; Wohnort: München; Staatsangeh.: Bayern; Vorbildung: Theresien-Gymn. München Reife Juli 00; Studium: München Techn. Hochsch. 1, Univ. 9 S.; Rig. 21. Dez. 06.]

Hasenclever, Ludwig: Über Lukians Nigrinos. München 1908: Straub. 64 S. 8° ¶ [Erschien auch als Phil. Diss. München 1907.]
München, k. Maximilians-G P 1908* [S 08. 108

Hasenclever, Max, aus Zurmühle bei Wermelskirchen: Der Dialekt der Gemeinde Wermelskirchen. Marburg 1904: R. Friedrich. (VII, 98 S.) 8°
Marburg, Phil. Fak., Ref. Vogt, Diss. v. 11. Jan. 1905
[Geb. 22 Dez. 75 Wermelskirchen; Wohnort: Marburg; Staatsangeh.: Preußen; Vorbildung: Gymn. Mülheim a. d. Ruhr Reife M ...; Studium: Berlin 1, München 1, Marburg 6 S., Rig. 27 Juli 04.]

Hasenclever, Max, der Dialekt der Gemeinde Wermelskirchen. (VII, 98 S. m. 1 Karte) 8. Marburg 905. N. G. Elwert's Verl. n. 2. –

Hasenclever, [Max]: Goethes Pädagogik im Wilhelm Meister. Hagen i. W. 1908: Quitmann. S. 3—16. 4°
Hagen i. W., OR P 1908 (495) [S 08. 109

Hasenclever, (Max): Wie ich bei meinen Quartanern das Verständnis für den Subjonctif geweckt habe. Hagen i. W. 1909: Quitmann. S. 3—10. 4°
Hagen i. W., OR P 1909 (515) [S 09. 160

Hasenclever. Peter, aus Lodz in Russisch-Polen: Über die Anwendung des salzsauren Hydroxylamins in der quantitativen Analyse. Wiesbaden 1905. 34 S. 8°. Teilw. S.-A. a. d. Zeitschrift f. analyt. Chemie Bd 44. 1905.
Bern. Phil. Diss. 1904/1905.

Hasenclever, Peter. Über die Anwendung des salzsauren Hydroxylamins in der quantitativen Analyse. Diss. Phil. Bern. [Teilweise Sep.-Abdr. aus: Zeitschrift für analytische Chemie, Jahrg. 44.] 34 S. 8. Wiesbaden, C. W. Kreidel, 1905.

Hasenclever, Rich., das neue Dogma v. der Unfehlbarkeit d. Papstes im Lichte der Vernunft u. der alten Lehre betrachtet. gr. 8. (V, 74 S.) Düsseldorf 872. Buddeus. n. 1. 20

— über die Grundsätze e. rationellen musikalischen Erziehung. gr. 8. (39 S.) Bonn 873. Weber's Verl. n. — 75

Hasenclever, Rich., die Grundzüge der esoterischen Harmonik des Alterthums, im Anschlusse an die Schrift des Frhr. A. v. Thimus über die harmonikale Symbolik des Alterthums dargestellt. Köln 870. Du Mont-Schauberg. gr. 4. (IV, 47 S.) n. 15 *ngr.*

Hasenclever, geistliche Herrschsucht zu allen Zeiten d. Christenthums grösster Feind. Rede, geh. auf dem Alt-Katholiken-Congress zu Köln am 21. Sept. 1872. gr. 8. (13 S.) Leipzig 873. Mayer. — 30

Hasenclever, Richard (Ehringhausen b. Remscheid), De somni sani natura atque causa. Diss. physiol. Bln. (Nietack) 16. II. 1837. 36 S. mit Biogr. (M.: H. Schlosser.) (6.—) 13395
Oppon.: Bruno Claus, Joseph Ladner, Siegfried Reimer. — Gew.: A. Ernsts.

Hasenclever, Richard, die Raumvorstellung aus dem Gesichtssinne. Ein Beitrag z. Theorie des Sinnenlebens. gr. 8. (7 ½ B. m. Holzschn.) Berlin 842, Dümmler.

Hasenclever, Rob., über die Beschädigung der Vegetation durch saure Gase. Mit 1 Farbendr. u. 4 photolith. Taf. [Aus: „Die chem. Industrie".] Lex.-8. (14 S.) Berlin 879. Springer. n. 2. 80

Hasenclever, Sophie, geb. v. Schadow, Erzählungen und Märchen. 2 Bde. 8. Berlin 884. Mittler & Sohn. n. 7. —; geb. n.n. 9. —
1. (434 S.) n. 4. —; geb. n.n. 6. —. — 2. (359 S.) n. 3. —; geb. n.n. 4. —.

— aus der Kriegszeit von 1870—1871, s.: Familien-Bibliothek.

Hasenclever, Sophie, geb. v. Schadow, rheinische Lieder. 16. (VIII, 285 S.) Berlin 881. Mittler & Sohn. n. 3. —

Hasenclever, Walt., Nirwana. Eine Kritik des Lebens in Dramaform. (137 S.) 8. Leipzig 909. Modernes Verlagsbureau. 3. —

Hasenclever, Walter: Nirwana. Eine Kritik d. Lebens in Dramaform.
Berlin-Leipzig: C. Wigand 1909. 136 S. 8°

— Städte, Nächte u. Menschen. Erlebnisse. (54 S.) kl. 8. München(-Schwabing) (910). E. W. Bonsels & Co. 1.—; geb. 1. 50

Hasenclever, Walther, Referendar in Düsseldorf: Die Umwandlung einer Aktiengesellschaft in eine Gesellschaft mit beschränkter Haftung auf Grund der §§ 80, 81 des Reichsgesetzes vom 20. April 1892. Borna-Leipzig 1908: R. Noske. (84 S.) 8°
Leipzig, Jur. Fak., Diss. v. 28. Juli 1908
[Geb. 15. Okt. 84 Düsseldorf; Wohnort: Düsseldorf; Staatsangeh.: Preußen; Vorbildung: Städt. Gymn. Düsseldorf Reife O. 03; Studium: Freiburg i. B. 1, Berlin 1, Bonn 1, Berlin 1, Bonn 2 S.; Rig. 19. Juli 06.]

Hasenclever, Wilh., Erlebtes. Skizzen und Novellen. 8°. Leipzig, Wilh. Röhl, s. a.

Hasenclever, W, d. Feldzug d. Hrn. Findel gegen d. Socialdemokratie, enth. d. Verbots-Verfügg d. binnen 8 Tagen vergriff. Brochüre: „Noch einmal Hr. Findel u. d. Socialdemokratie", m. e. Anh. üb. d. neueren Vorgänge, nebst e. Erklärg d. Reichstagsabg. Auer etc. 8. (29) Lpzg 80, (Goldhausen.) n. — 15

— Der Feldzug des Herrn Findel gegen die Socialdemokratie, enthaltend die Verbots-Verfügung der binnen acht Tagen vergriffenen Brochüre: „Noch einmal Herr Findel und die Sozialdemokratie", mit einem Anhange. 8°. Leipzig, Selbstverlag, 1880.

Hasenclever, W., der Feldzug des Herrn Findel gegen die Socialdemokratie, enth. die Verbots-Verfügung der binnen 8 Tagen vergriffenen Brochüre: „Noch einmal Hr. Findel u. die Socialdemokratie", m. einem Anhang üb. die neueren Vorgänge, nebst einer Erklärung des Reichstagsabgeordneten Auer rc. 8. (29 S.) Stuttgart 880. (Dietz.) n. — 15

Hasenclever, W., K. E. Frohme u. Adph. Lepp, Gedichte, s. a. Arbeiter-Dichtung, deutsche.

Hasenclever, Wilh., **Frohme,** K. F., u. **Lepp,** Ad., Gedichte. 8°. Stuttgart, Dietz, 1893. (Deutsche Arbeiter-Dichtung, Bd. 1.)

Hasenclever, Wilh., s.: Jugendschatz, illustrirter deutscher.

— Liebe, Leben, Kampf. Gedichte. 8°. Hamburg, Philipsen, 1876.

Hasenclever, Wilh., Was will die Arbeiterpartei? Ein offenes Wort an die Arbeiter. Handwerker und Kleinbauern in den kleinen Städten und auf dem Lande. 8°. Druck u. Verlag von Schönfeldt u. Harnisch in Dresden, Selbstverlag d. Verfassers, s. a.

Hasenest, Johann Georg

Hasenest, medicin. Richter, s. Acta Onoldina.

Hasenest, Jh. Geo., († d. 13. Sept. 1782.) d. medicin. Richter, oder Acta physico-medica forensia Collegii medici Onoldini, von 1735 bis auf dermal. Zeiten zusammengetragen. 4 Thle. 4. Ansb. 755—59. (Gassert). 1 ℔ 18 gl.

Johann Georg Hasenest

Des medicinischen Richters oder Actorum physico-medico forensium collegii medici Onoldini ... Th. Von anno 1735 bis auf dermalige Zeiten zusammengetragen,... dann e. deutlichen Erl. der medicinischen Kunstwörter u. e. vollst. Reg. vers. Von Johann Georg Hasenest. Th. 1 - 4. Onolzbach: Posch 1756 - 64. 1 Bd 8°

Th.1: (2. Aufl.) 1764.
Th.2: 1756
Th.3: 1757.
Th.4: 1759.

— Zuflucht derer, die mit Gliedergebrechen u. mehreren Krankheiten geplagt sind, d. i. zwar mattes, aber doch in herrl. Proben als ein Gnadengeschenke Gottes, befundenes Markt-Burgbernheimer Wildbad. 4. Nürnb. 729. N. Aufl., mit e. Vorrede von D. W. Sponsel. 4. Ebd. 768.

Hasenfeld, Emanuel

— eaux ferrugineuses thermales de Sziláos [en Hongrie]. 8. (35 S.) Budapest 878. (Tettey & Co.) n. 1. 50

Hasenfeld, Eman., der Kurort Szliács nächst Neusohl in Ungarn in topograph., histor., phisikalisch-chem. Hinsicht u. seine phisiolog. u. therapeut. Wirkungen. Für Aerzte u. Laien. Wien 867. Braumüller. 8. (VIII, 160 S. mit 3 Ansichten in eingedr. Holzschn. u. 2 lith. Karten, wovon 1 in Buntdr., in 4. u. qu. 4.) n. 26 ngr.

Hasenfeld, Eman., der Kurort Szliács nächst Neusohl in Ungarn in topograph., histor., physikalisch-chem. Hinsicht, seine physiolog. und therapeut. Wirkungen. Für Aerzte und Laien. 2. Aufl. [Bade-Bibliothek Nr. 20.] 8. (VIII, 165 S. mit 3 Ansichten in eingedr. Holzschn. und 2 lithogr. Taf., wovon 1 in Buntdr., in qu. 4.) Wien 872, Braumüller. *

Hasenfeld, Eman., der Kurort Sziliács nächst Neusohl in Ungarn in topographischer, historischer, physikalisch-chemischer Hinsicht, seine physiologischen u. therapeutischen Wirkungen. Für Aerzte u. Laien. 3. Aufl. Mit 3 Ansichten (in eingedr. Holzschn.) u. 2 lith. (zum Thl. color.) Taf. 8. (VIII, 165 S.) Wien 878. Braumüller. n. 2. 60

Hasenfratz, F., die Grundstein-Urkunde der Neuentaler Mühle. Eine Plauderei. (16 S.) 8. Waldshut 909. (H. Zimmermann.) — 50

Hasenfratz-Untereggingen, F., Jubelklänge. Z. 70. Geburtsfeste d. Großherzogs Friedrich v. Baden am 9. Septbr. 1896. 16. (7 S.) Waldshut 896. (H. Zimmermann.) n. — 20

— Die Neuentaler Mühle. Eine Plauderei. (67 S.) 8. Ebd. 908. Kart. 1. —

— Zwei Zwingherren. Romantische Erzählg. aus dem Mittelalter. (72 S.) 8. Ebd. 907. Kart. 2. —

Hasenfratz, Helene, von Frauenfeld: Die Landgrafschaft Thurgau vor der Revolution von 1798. Frauenfeld 1908. VI + 216 S. 8°. [10. VI. 08.]

Zürich. Phil. Diss. 1. S. 1907/08.

Hasenfratz, Helene. Die Landgrafschaft Thurgau vor der Revolution von 1798. VI + 216 S. 8. Frauenfeld, Huber & Co., 1908.

Ausg. A: Diss. Phil. I. Univ. Zürich ... von H' H'....
Ausg. B: Von H' H'. [fr. 3. —]

HASENFUSS, Der auf einem ledernen Gaul weit und breit herum reitende, aber nicht allzuweit gekommene Ritter von, worinnen nicht allein Dessen sehr wunderliche Lebens-Art, sondern auch gethane curieuse u. lächerliche Reisen beschrieben sind, welche dem begierigen Leser zum Vergnügen entworfen. Mit curiosem Titelkpf. Franckfurt u. Leipzig 1751. 8°. (6 Mk. 50 Pfg. Friedr. Klüber, München, 1898.)

Drolliger Vorläufer des Münchhausen. 189 S. (incl. roth u. schwarz gedr. Titel). — Rar!

HASENFUSS, Peter (ps.), Knüttel-Centuria von der Flapps-Historia. 1801.

Weller, Lex. Ps. p. 247. — Rar!

Hasengesellschaft, die. (Ausgestanzt.) qu. 12. (8 z. Tl. farb. S.) Weimar 893. A. Karrer. — 10

Hasenhart, Zachar. Heinr. (Lübeck), De tacita relocatione et reconductione ad ductum juris civilis et statutorum Lubecensium. Diss. jur. Giessen (Eb. Heinr. Lammers) 14. I. 1745. 54 S. (6.50) 13396

Widm. v.: Jo. Fried. Kayser, Jo. Fried. Bürcklin.

Hasenhut's, Ant., Leben und theatral. Laufbahn, s. F. J. Hasdatsch, Launen d. Schicksals.

Hasenjagd, die, ein Gesellschaftsspiel, mit Kupf. Leipzig, Sommer.

Zur 100jährigen Geschichte der St. Andreasloge Quatuor Elementa zu Stralsund. Th. 1. Geschichtliche Notizen über die St. Andreas-Loge Quatuor Elementa zu Stralsund, gesamm. zu deren 50jähriger Stiftungsfeier am 30. Nov. 1850 von [Theod. Aug. Ferd.] Pütter. Th. 2. Geschichte der St. Andreas-Loge Quatuor Elementa zu Stralsund während der zweiten Hälfte ihres ersten Jahrhunderts, dargest. und zu der 100jährigen Jubelfeier am 30. Nov. 1900 den Brüdern gewidmet von [Albert] Hasenjaeger. Greifswald [1900]: Abel. 80 S. 8°
Nebst Verzeichn. der Mitgl.

Hasenjäger, Heinrich, Regierungsrefer.: Beiträge zur Lehre vom Jagdpachtvertrag insbesondere die Stellung des Jagdpachters bei Veränderungen im Bestand des Jagdbezirks während der Pachtzeit nach preußischem Jagdrecht. Borna-Leipzig 1908: Noske. IX, 62 S. 8°
Leipzig, Jur. Diss. v. 3. Dez. 1908
[Geb. 7 Jan 84 Breslau; Wohnort: Krefeld; Staatsangeh.: Preußen; Vorbildung Stadt Gymn Dusseldorf Reife Juli 02, Studium Freiburg i. B. 2, Berlin 2, Bonn 2 S., Rig 1 Febr. 06.] [U 09. 2533

Hasenjaeger, Martin, Gerichtsreferendar: Der volkerrechtliche Begriff der „Interessensphäre" und des „Hinterlandes" im System der aussereuropäischen Gebietserwerbungen. Greifswald 1907 F. W Kunike (IX, 50 S.) 8°
Greifswald, Jur Fak., Ref. Stampe, Diss. v 11 April 1907
[Geb. 8 Juli S. Stargard i Pomm Wohnort Stargard Staatsangeh. Preußen Vorbildung Gymn Stargard Reife M 00 Studium Genf 1 Berlin 3, Greifswald 4 S Rig 16 Febr 05.]

Das Wappen der Andreasloge Quatuor Elementa zu Stralsund. Festvortrag des Br.·. [Rob.] Hasenjaeger am Andreastage 1901. Für die Br.·. .·. als Ms. gedr. Greifswald 1902: Abel. 13 S. 8°
Üb. die Beziehungen zwischen der Wappenform der Loge u. dem Lehrinhalt der Andreasloge.

Hasenkamp, s.a. Brueggeney.

- s.a. Hasencamp

- s.a. Hassencamp

Hasenkamp. Briefwechsel mit Lavater, s. Briefwechsel.

Plattdeutsche Gedichte in ditmarscher Mundart von Johann Meyer v Dr phil. v **Hasenkamp.** (Kiel 1886.) 8°, geb. in 4° Kopft.] Sonderabdruck aus: Kieler Zeitung Nr 11473 v 7 Okt. 1886

Hasenkamp, Adf., die Geldverfassung u. das Notenbankwesen der Vereinigten Staaten. (III, 218 S.) gr. 8. Jena 907. G. Fischer. 5. —

Hasenkamp, *Adolf* [Dr. jur., Referendar]: Die gemeinrechtlichen Grundsätze über den Verkauf mit lex commissoria und ihre Modificierung durch das Reichsgesetz betreffend die Abzahlungsgeschäfte vom 16. Mai 1894 ... Bonn, Druck v. K. Drobnig, 1896; 64 S. 8.
Erlangen, Jur Fak., Inaug.-Diss. v. 1896

Die wirtschaftliche Krisis des Jahres 1907 in den Vereinigten Staaten von Amerika. Von Adolf **Hasenkamp.** Jena: G Fischer 1908. (96 S.) 8° [08.17899]

Hasenkamp, C. H. G., s.a. Hasenkamp, Johann Heinrich

– s.a. Hasenkamp, L. H. G.

Hasenkamp, C. H. G., Katechismus d. Evangeliums. gr. 8. Bremen 823. Kaiser. 9 gGr. 828. Ebd., Heyse. 6 gGr.

Hasenkamp, C. G. H., Predigt über Offenbarung Johannis 2, 1. 2. .. Münster ... Wundermannsche Buchh. 5 gGr.

— Predigt über Offenb. Joh. 2, 1 u. 2. bei d. Synodalfeier zu Tecklenburg d. 19. Juli 1820 gehalten. gr. 8. Bremen 822. Schünemann. 5 gGr.

— zwei Predigten beim Antritt d. christl. Lehramts an d. neuen evangel. Gemeinde zu Vegesack gehalten. gr. 8. Vegesack 821. (Schünemann in Bremen). 20 gGr.

Hasenkamp, C. H. G., die Wahrheit z. Gottseligkeit rc., s. Wahrheit, die.

— Worte d. Ermunterung für Communikanten. Zwei Homilien. 8. Bremen 824. Kaiser. 6 gGr.

Hasenkamp, D. H. von, s.a. Hasenkamp, H. von

v. Hasenkamp, D. H., Darlegung der Gründe meines Austrittes aus d. Militairdienst. gr. 8. Leipz. 845, Mayer. 3 Ngl.

— Kritik der unter d. 3. April 1845, 20. Juli 1843, 16. Mai 1844 u. 27. Sept. 1845 erlassenen preuß. Militair-, Straf- u. ehrengerichtl. Gesetze, Verordnungen u. Kabinetsordren. gr. 8. Leipzig 846, O. Wigand. 1/4 Thlr.

Hasenkamp, Friedrich Arnold, s.a. Hasencamp

Hasenkamp, Fr. Arnold, († d. 3. Apr. 1795.) d. verdunkelte Aufklärung. 8. (Nürnb.) 789. Raw. 4 gGr.

Hasenkamp, J. Arn., Briefe über Propheten und Weissagungen. Duisb. 791. f. II. Bde. 8.

— — über Ahnden und Visionen — ein Anhang zu den Briefen über Propheten und Weissagungen. — Duisb. 792. 8.

— Briefe über Propheten-Weissagungen. an Eichhorn. 2 Thle, nebst Anh. über Ahndungen u. Weissagungen. 8. Duisb. u. Essen 792, 94. Bädeker. 1 Thlr.

— Briefe über wichtige Wahrheiten d. Religion. 2 Thle. 8. Duisb. u. Essen 794. Bädeker. 18 gGr.

— u. Ph. Ldw. Muzel, zwei Briefe über Kants Grundprincip d. Moral. gr. 8. Frankf. a. d. O. 791. Acad. B. 3 gGr.

— d. Israeliten, d. aufgeklärte Nation unter den ältern Völkern. 8. Frankf. a. M. 790. (Raw in Nürnb.) 12 gGr.

— Wahrheiten für ein braves Volk. Eine Einladungsschrift. 4. Nürnb. 793. Raw. 8 gl

Hasenkamp, Georg, Ref. in Düsseldorf: Rückforderung von Schenkungen wegen Undankbarkeit nach gemeinem Recht und nach B.G.B. Borna-Leipzig 1905: R. Noske. (X, 54 S.) 8°

Leipzig, Jur. Fak., Diss. v. 1. Nov. 1905

[Geb. 3. Febr. 80 Arco in Süd-Tirol; Wohnort: Düsseldorf; Staatsangeh.: Preußen; Vorbildung: Stadt. Gymn. Düsseldorf Reife O. 00; Studium: Lausanne 1, Leipzig 1, München 1, Bonn 3 S.; Rig. 3. Aug. 03.]

Hasenkamp, Geo. Er., Peter Fürchtegott, oder d. Geschichte vom Verfall u. Flor des Dorfes Wallersdorf. 8. Rinteln. (Lemgo) 806. Meyer. 10 gl

— einige Gedanken u. Beantwort. d. Frage: ob Nepos d. erste mit d. Jugend zu lesende Schriftsteller sein dürfte? 4. Rinteln 782.

— über den Unterricht, welcher drei Taubstummen ertheilt worden ist. 8. Offenb. 800.

Hasenkamp, Gottfried

Hasenkamp, die Herrlichkeit der Bibel gegenüber den Angriffen ihrer Kritiker. Ein Zeugnis aus der Gemeinde f. die Gemeinde. Mit e. Vorworte v. C. R. Victor. gr. 8. (XI, 368 S.) Gotha 888. F. A. Perthes. n. 4.—

Hasenkamp, H. von, s.a. H a s e n k a m p, D. H. von

(Hasenkamp, H. v.) General Graf Bülow v. Dennewitz in den Feldzügen 1813 und 1814. Leipzig 1843. 8°.

Hasenkamp, H. v., Darlegung der Gründe meines Austrittes aus dem Militairdienst. gr. 8. (1 B.) Leipzig 845, Mayer.

—— Kritik der unter d. 3. April 1845, 20. Juli 1843, 16. Mai 1844 u. 27. Sept. 1845 erlassenen preuß. Militair-, Straf- u. ehrengerichtl. Gesetze, Verordnungen u. Kabinetsordren. gr. 8. (3 B.) Leipzig 846, Otto Wigand.

Hasenkamp, Hermann, aus Bremen: Das Konkurrenzverbot nach dem Handelsgesetzbuche für das deutsche Reich vom 10. Mai 1897. *Greifswald 1899: J. Abel.* (63 S.) 8°

Greifswald, Jur. Diss. v. 1899

Hasenkamp, Hugo v., Anemometer-Studien, s.: Neumayer, G.

v. Hasenkamp, Hugo, offne Briefe. Nr. 1. An den Staats-Minister u. Ober-Präs., Ritter etc. Hrn. Flottwell, Exc., betreffend die Bildung der Königsberger Schwurgerichte. 8. (15 S.) Königsberg 850, Theile. 2 ngr

— Preußens Landwehr. gr. 8. (103 S.) Leipzig 847, Keil & Co. 12 ngr

Hasenkamp, H. v. Die Reorganisation der Armee und die preuß. Verfassung. 2 Aufsätze. Berlin 1849. 8°. (Aus: Deutsche Reform. 1848.)

— die Reorganisation der Armee u. die preuß. Verfassung. Zwei Aufsätze. gr. 8. (VI u. 89 S.) Berlin 849, Duncker & Humblot. n. 8 ngr

Hasenkamp, von, H., Untersuchungen über die Methode der Anemometerprüfung mit dem Rotations-Apparate. (Aus d. Archiv d. Deutsch. Seew. 1890, No. 3.) Hamburg 1890.

von Hasenkamp, *Karl* Hugo *Ludwig* [in Hamburg]: Untersuchungen über die Methode der Anemometerprüfung mit dem Rotations-Apparate der Deutschen Seewarte. . . . Hamburg, gedr. bei Hammerich & Lesser in Altona, 1890; 1 Bl., 35 S. 4°

Leipzig, Phil. Fak., Inaug.-Diss. v. [17 Okt.] 1890

Hasenkamp, Hugo von, Der deutsche Verfassungs-Entwurf der drei verbündeten Kabinette beleuchtet. Berlin, F. Schneider u. Comp., 1849. 30 S. 8°.

— Welche Maßregeln hat Deutschland in militär. Beziehung in diesem Augenblicke zu ergreifen? gr. 8. (24 S.) Aachen 848, Mayer. 1/6 ₰

Hasenkamp, J. G., von Wegräumung der Hindernisse der christlichen Rechtschaffenheit. Neu revid. u. herg. von Freunden christl. Wahrheit. Tübingen 866. (Osiander'sche Buchh.) 8. (36 S.) n. 2 ngr

Hasenkamp, J. G. v., Wegräumung der Hindernisse der christlichen Rechtschaffenheit. Neu rev. u. hrsg. v. Freunden christl. Wahrheit. 2. Aufl. gr. 16. (33 S.) Tübingen 876. Lindenmaier. — 25

Hasenkamp, JG, v. Wegräumg d. Hindernisse d. christl. Rechtschaffenheit. 2. Afl. 16. (33) Tüb. 77, Lindenmaier. — 25

Hasenkamp, Johann Gerhard

Hasencamp, J. G. Erläut. und Rettung s. Gedanken von der Gottesgelahrtheit. 8. 759.

— oratiuncula de optima cum Judaeis de religione disputandi methodo. 4. Frankf. a. M. 772.

— quaestiones de liberorum educatione. VIISect. 4. Duisburg 767—70.

— Predigten im Geschmack d. drei ersten Jahrhunderte d. Christenheit, sammt e. Rede bei dem Begräbnisse d. sel. Gerh. Tersteegen. 1e Samml. 8. Frankf. a. M. 772.

Hasenkamp, Jh. Gerh., († 1777.) theologia supernaturalis. 8. Altona 758. Iversen. 3 gl

— theses contra Socinum. 4. Duisb. 770.

— Unterredungen zwischen Theophilus u. Christophilus über allerhand Schriftwahrheiten wider d. einreißenden Irrthümer unserer Zeit. 8. Mühlheim 775.

— wie d. Christenthum nach den Wünschen d. Philosophen v. Sans-Souci auf Schulen zu lehren sei. gr. 8. Lemgo 776. Meyer. 2 gl

Hasenkamp, Johann Heinrich, s.a. H a s e n k a m p, C. H. G.

– s.a. H a s e n k a m p, L. H. G.

Hasenkamp, Joh. Heinr., christliche Briefe. Aus dessen Nachlaß hersg. von C. H. G. Hasenkamp. 4. Aufl. Bremen 865. Valett & Co. 8. (VIII, 219 S.) 22½ ngr; geb. n. 1 ₰

— Katechismus d. Evangeliums. gr. 8. Bremen 823, Kaiser.

Hasenkamp, Jh. H., († d. 17. Juni 1814.) christl. Schriften. Aus dessen Nachlaß herausg. v. C. H. G. Hasenkamp. 2 Bde. 8. Hamm 816. 2e A. 818. 1 ₰ 8 gl Dass., 2 Bde. (1r A. u. d. T.: christl. Briefe. 3e Aufl. 822.) gr. 8. Bremen, Kaiser. 1 ₰ 8 gl

Hasenkamp, Joh. H., christl. Schriften. Aus dessen Nachlaß herausgegeben von C. H. G. Hasenkamp. 2 Bde. 2te Aufl. 8. Hamm, Schulz und W. 818.

— Worte d. Ermunterung f. Communik. 8. Brem. 824, Kaiser.

Hasenkamp, L. H. G., s.a. H a s e n k a m p , C. H. G.

s.a. H a s e n k a m p , Johann Heinrich

Hasenkamp, (L. H. G.,) Predigt üb. Offenbarung Joh. 2, 1 u. 2. bei d. Synodalfeier zu Tecklenburg d. 19. Juli 1820 gehalten. gr. 8. Bremen 822, Schünemann. Rthlr.

— 2 Predigten beim Antritt d. christl. Lehramts an d. neuen evangel. Gemeinde zu Vegesack gehalten. gr. 8. Vegesack 821. (Schünemann in Bremen.)

— d. Wahrheit i. Gottseligkeit. Eine Zeitschrift in zwanglosen Heften. 1s Hft. gr. 8. Bremen 827, Heyse.

— Worte d. Ermunterung f. Kommunikanten. Zwei Homilien. 8. Bremen 824, Kaiser.

Hasenkamp. Paul. Tierarzt aus Landsberg a. d. Warthe: Beitrag zur Kenntnis der durch den Nekrosebazillus verursachten Erkrankungen bei den Schafen. Münster i. W. 40 S. 8°. [30. X. 08.]

Bern, Vet.-med. Diss. 1908/09

Hasenkamp, Paul. Beitrag zur Kenntnis der durch den Nekrosebazillus verursachten Erkrankungen bei den Schafen. Diss. Vet.-Med. Bern. [Mit Figuren.] 40 S. 8. Münster i. W., Druck der Aktien-Gesellschaft ... «Der Westfale», (1908).

Hasenkamp, X. von, s. H a s e n c a m p

Hasenkampf. Vortr. üb. d. Militär-Sanitätswesen im Fall eines Krieges in den Armeen Rußlands, Deutschlands, Österreichs, Amerikas, Frankreichs. A. d. Russ. St. Petersburg 1872.

Hasenkemp, X. von, s. H a s e n c a m p

Hasenklever, s.a. H a s e n c l e v e r

Hasenklever, J. G., Dr. Rudolf Nagel, der freireligiöse Dissident, und dessen Verdächtigung meines Glaubens. Remscheid 860. Krumm in Comm. gr. 8. (25 S.) 3 ngr.

Hasenknopf, Kriegschirurgen u. Feldärzte der ersten Hälfte des 19. Jahrh., s.: Book.

Hasenknopf, zur Sauerstoff-Therapie. (35 S. m. 1 Abbildg.) Lex.-8. Berlin 904. A. Hirschwald. n. 1.20
Sonderabdruck aus: „Charité-Annalen".

Hasenknopf, Hermann *Friedrich Bernhard* [aus Stettin]: Ueber Sehnenscheidentuberculose ... Berlin, Buchdr. v. G. Schade, *1892:* 28 S., 2 Bl. 8.
Berlin, Med. Fak., Inaug.-Diss. v. 28. Mai 1892

Hasenknopf, (Car. Guil.) Osc. (geb. Salzwedel 18. 5. 1821): De dysenteria. Berolini (1847). (20 S.) 8°
Berlin, Med. Diss. v. 23. Nov. 1847

Hasenmajer, Johann Philipp (Heimsheim), Diss. de potestate imperantium legislatoria part. posterior. Präs. Johann Eberhard Roesler. Tübing. (Wwe. Jo. Cunrad Reis) Sept. 1721. 18 S. (6.—)
13398

Hasenmayer, Max [app. Arzt aus *Pforzheim in Baden]:* Ein Fall von Papillom der Harnblase mit einseitiger Hydronephrose ... Pforzheim, Druck d. Pforzh. Beobachter, 1895; 20 S. 8.
Erlangen, Med. Fak., Inaug.-Diss. v. 14. März 1894

Hasenmüller, Jos., die Nenniger Inschriften keine Fälschung. Fundbericht, Facsimile der Inschriften u. Versuch einer Erklärung. Trier 867. Lintz' Verlag. gr. 8. (32 S. mit 2 lith. Abbild.) n. 10 *ngr.*

Hasenmveller, Iosephvs (geb. am 22 Juli 1840 in Bonn): De Strabonis geographi vita. Part. I [un.] ... Bonnae, typ. C. Georgi (1863). 1 Bl., 37 S. 8. ¶ Erschien zugleich selbständig bei Cohen & Sohn in Bonn.
Bonn, Phil. Fak., Diss. v. 9 März 1863

Hasenmueller, Jos., de Strabonis geographi vita. Commentatio philologica. Bonn 863. Cohen & Sohn. gr. 8. (33 S.) n. 10 *ngr.*

H a s e n m ü l l e r , V. H., de operibus sabbatum depellentibus. Jen. 1708. 4.

Hasenohr, Wilhelm: Patriarch Johannes Maurosii von Antiochien. Ein Charakterbild aus d. Zeit d. Reformkonzilien. (Teil 1.) Berlin & Leipzig: Rothschild 1909. 60 S. 8° ¶ (Ersch. vollst. in: Abhandlungen z. mittleren u. neueren Geschichte.)
Freiburg i. B., Phil. Diss. v. 1909, Ref. Finke
[Geb. 15. Febr. 82 Ottersweier; Wohnort: Ottersweier; Staatsangeh.: Baden; Vorbildung: Gymn. Rastatt Reife Juli 04; Studium: Freiburg i. B. 9 S.; Rig. 6. Juni 08.] [U 09. 1011

Hasenöhrl, Alfred

Hasenöhrl, A., d. Wiener Börse in tabellar. Uebersicht, d. an derselben z. Zeit cotirten, u. in d. amtl. Wiener Coursblatte notirten, Effecten u. deren Wertheigenschaften, nebst einschlägig. Gesetzen, Verordngn. u. Erläutergn., enth., üb. 500 u. alle neu cotirten Effecten, bisher erschienenen Dividenden, u. e. internationalen Banquierbuch. 5., neueste u. verm. Aufl. gr. 16. (96 S.) Wien 896. L. Weiss. — Berlin (E. Apolant.) n. 2. —

[Umschlagt.:] Die Wiener Börse in tabellarischer Uebersicht, der an derselben z. Zeit cotirten, u. in d. amtl. Coursblatte notirten, Effecten u. deren Wertheigenschaften, nebst einschlägigen Gesetzen, Verordngn u. Erläutergn, enth., über 500 u. alle neu cotirten Effecten, bisher erschienenen Dividenden, u. e. Internat. Banquierb. Hrsg. im Verl. v. Dr. A. Hasenöhrl. 5., neueste u. verm. Aufl. 1897. *Wien: In Comm. b. L. Weiss: [Dr. c.] H. Engel & Sohn 1897.* (96 S.) 1 Bd 8. [98. 8194

Hasenöhrl, Dr. Alfred, Uebersicht der an der Wiener Börse cotirten Werth-Effecten und deren Wertheigenschaften nebst einschlägigen Gesetzen, Verordnungen und Erläuterungen. Herbst-Ausgabe 1895/96. (1. November.) 16. (47 S.) —.60
Wien: Weiss 1895.

Hasenöhrl Fritz, Dr.: Wissenschaftliche Abhandlungen von Ludwig Boltzmann. 3 Bände. Leipzig. 1909. Barth 56.–

— Zur Ableitung des mathematischen Ausdruckes des zweiten Hauptsatzes (mit 1 Textfigur). S. 115. IIa. 105 . . . . —.25
Separatabdruck

Hasenöhrl, Fritz, zur Ableitung des mathematischen Ausdruckes des zweiten Hauptsatzes. (4 S. m. 1 Fig.) gr. 8. Wien 906. (A. Hölder.) n. —25

— Über die Absorption elektrischer Wellen in einem Gas (mit 2 Textfiguren). S. 111. IIa. 120 . . . . —.70
Separatabdruck

— Nachtrag zu der Abhandlung: „Über die Absorption elektrischer Wellen in einem Gase." S. 112. IIa. 30 . . . . —.20
Separatabdruck

— über die Absorption elektrischer Wellen in e. Gas. (35 S. m. 2 Fig.) gr. 8. Ebd. 902. n. — 70; Nachtrag. (6 S.) 903. n. — 20

Hasenöhrl, Fritz, zur Berechnung der elektromagnetischen Masse des Elektrons. (6 S.) gr. 8. Wien 908. (A. Hölder.) — 30
Sonderabdruck aus: „Sitzungsber. d. k. Akad. d. Wiss."

– Über das Gleichgewicht eines elastischen Kreiszylinders. S. 110. IIa. 1028 . . . . —.30
Separatabdruck

Hasenöhrl, Fritz, über das Gleichgewicht e. elast. Kreiscylinders. gr. 8. (12 S.) Wien 901. (C. Gerold's Sohn.) n. — 30

— Über die Grundgleichungen der elektromagnetischen Lichttheorie für bewegte Körper (mit 1 Textfigur). S. 111. IIa. 1525 . . . . —.50
Separatabdruck

— über die Grundgleichungen der elektromagnetischen Lichttheorie f. bewegte Körper. (24 S. m. 1 Fig.) gr. 8. Ebd. 902. n. — 50

— Über den Lichtäther, s.: Vorträge des Vereines zur Verbreitung naturwiss. Kenntnisse in Wien. 47. Jhrg. 10. Heft.

Hasenoehrl, Fritz, e. mechanisches Polycykel als Analogon d. Inductionswirkungen beliebig vieler Kreisströme. [Aus: „Sitzungsber. d. k. Akad. d. Wiss."] gr. 8. (7 S. m. 1 Fig.) Wien 896. (C. Gerold's Sohn.) n. — 40

HASENÖHRL, Fritz
Ueber ein Problem der Potentialtheorie von Dr. Fritz Hasenöhrl (Mit 1 Textfigur.) (Aus den Sitzungsberichten der kaiserl. Akademie der Wissenschaften in Wien. Mathem.-naturw. Classe; Bd. CVIII. Abth. II.a. December 1899.) Wien. 1899. In Comm. Gerold's Sohn. Gr.-8°. 27 S. K —.55

— Die Reziprozität des Strahlenganges in bewegten Körpern. Thermodynamische Ableitung des Fresnelschen Fortführungskoeffizienten. S. 113. IIa. 93 . . . . —.20
Separatabdruck

— über die Reziprozität des Strahlenganges in bewegten Körpern. Thermodynamische Ableitg. des Fresnel'schen Fortführungskoeffizienten. (8 S.) gr. 8. Ebd. 904. n. — 20

— Über den Rückstand und die Leitfähigkeit von Paraffin und Schwefel. S. 107. IIa. 1075 . . . . —.20
Separatabdruck

HASENOEHRL, Fritz
Ueber den Rückstand und die Leitfähigkeit von Paraffin und Schwefel von Dr. Fritz Hasenöhrl. Aus den Sitzungsberichten der kaiserl. Akademie der Wissenschaften in Wien. Mathem.-naturw. Classe; Bd. CVII. Abth. II.a. October. 1898. [Wien. 1898. In Comm. Gerold's Sohn.] Gr.-8°. 6 S. fl. —.10

Hasenöhrl Fritz, Dr.: Über den Temperaturkoeffizienten der Dielektrizitätskonstante in Flüssigkeiten und die Mosotti-Clausiussche Formel (mit 5 Textfiguren). S. 105. IIa. 400 . . . . —.50
Separatabdruck

— dasselbe in Flüssigkeiten u. d. Mosotti-Clausius'sche Formel. [Aus: „Sitzungsber. d. k. Akad. d. Wiss."] gr. 8. (17 S. m. 5 Fig.) Ebd. 896. n. — 50

Hasenöhrl Fritz Dr.: Über die Temperaturkoeffizienten der Dielektrizitätskonstante in festen Isolatoren (mit 4 Textfiguren). S. 106. IIa. 69 . . . . K —.40
Separatabdruck

— üb. d. Temperaturcoëfficienten d. Dielectricitätsconstante in festen Isolatoren. [Aus: „Sitzungsber. d. k. Akad. d. Wiss."] gr. 8. (14 S. m. 4 Fig.) Ebd. 896. n. — 40

— Über ein Theorem der statistischen Mechanik (mit 1 Textfigur). S. 120. IIa. 923 . —.55
Separatabdruck

— Zur Theorie der Strahlung bewegter Körper (mit 2 Textfiguren). S. 113. IIa. 1039 . —.40
Separatabdruck

— zur Theorie der Strahlung bewegter Körper. (17 S. m. 2 Fig.) gr. 8. Ebd. 904. n. — 40

HASENOEHRL, Fritz
Zur Theorie der Transversalschwingungen eines von Wirbeln durchzogenen Körpers (I. Mittheilung) von Dr. Fritz Hasenöhrl. (Mit 2 Textfiguren.) Aus den Sitzungsberichten der kaiserl. Akademie der Wissenschaften in Wien. Mathem.-naturw. Classe; Bd. CVII. Abth. II.a. October 1898. Wien. 1898. In Comm. Gerold's Sohn. Gr.-8°. 20 S. fl. —.20

— Zur Thermodynamik bewegter Systeme. S. 116. IIa. 1391 . . . . —.50
— — Fortsetzung. S. 117. IIa. 207 . . . . —.35
Separatabdruck

— Zur Thermodynamik bewegter Systeme. (15 S.) gr. 8. Wien 907. (A. Hölder.) — 50

— dasselbe. (Fortsetzung.) (9 S.) gr. 8. Ebd. 908. — 35

— Über die Veränderung der Dimensionen der Materie infolge ihrer Bewegung durch den Äther (mit 3 Textfiguren). S. 113. IIa. 469 . . . . —.60
Separatabdruck

— über die Veränderung der Dimensionen der Materie infolge ihrer Bewegung durch den Aether. (22 S. m. 3 Fig.) gr. 8. Ebd. 904. n. — 60
Sonderabdruck aus: „Sitzungsber. d. k. Akad. d. Wiss."

— Über den Widerstand, welchen die Bewegung kleiner Körperchen in einem mit Hohlraumstrahlung erfüllten Raume erleidet. S. 119. IIa. 1327 . . . . —.55
Separatabdruck

— Über den Widerstand, welchen die Bewegung kleiner Körperchen in e. m. Hohlraumstrahlung erfüllten Raume erleidet. (23 S.) gr. 8. Ebd. 910. — 55
Sonderabdruck aus: „Sitzungsber. d. k. Akad. d. Wiss."

Hasenöhrl, Johann Georg: Historia medica morbi epidemici sive febris petechialis quae ab anno 1757. fere finiente usque ad annum 1759. Viennae grassata est, cui adjecta notabilium observationum anatomicarum decas.
70 S., gbd.

Vindobonae: typ. Trattner 1760

Hasenöhrl, oder Lagusius, Jh. Geo., († d. 20. Dec. 1796.) hist. med. morbi epidemici sive febris petechialis, quae ab anno fere finiente 1757 ad a. 1759 Viennae grassata est. 8. Wien 763. Trattner. 3 K

Hasenöhrl, Johann Georg: Historia medica trium morborum qui anno 1760. frequentissime in nosocomio mihi occurrebant, cui adjecta est notabilium observationum anatomicarum decas. 110 S., gbd.

Vindobonae: typ. Trattner 1761

Hasenöhrl, Pirminius, O. F. M., Pro ecclesia et pontifice! Für Kirche u. Papst! Sammlung v. Ablaßgebeten nach Meing. des hl. Vaters f. jeden Tag der Woche u. des Monats. Mit Beicht-, Kommunion- u. Meßandacht. Zum Gebrauche f. alle Gläubigen u. besonders f. die Terziaren des hl. Franziskus. (XIII, 162 S. m. Titelbild.) 16. Innsbruck 904. F. Rauch. n. — 50

Hasenöhrl Raimund: Persönlichkeit Henry Beyles-Stendhals in seinen Romanen und Novellen.
II. 1910 PN 3030 Diss. Innsbruck, Univ. 2337

Hasenöhrl, Vikt., Beiträge zur Geschichte des deutsch. Privatrechts in den österreichischen Alpenländern. (160 S.) gr. 8. Wien 908. (A. Hölder.) 3. 70
Sonderabdruck aus: „Archiv f. österr. Gesch."

Hasenöhrl, Vikt., Beiträge zur Geschichte der Rechtsbildung u. der Rechtsquellen in den österreichischen Alpenländern bis zur Rezeption des römischen Rechts. (102 S.) gr. 8. Wien 905. (A. Hölder) n. 1. 60
Sonderabdruck aus: „Archiv f. österr. Gesch."

Hasenöhrl, Vict., d. Bewoiszutheilung im österr. Rechte d. Mittelalters. [Aus: „Sitzungsber. d. k. Akad. d. Wiss."] gr. 8. (172 S.) Ebd. 898. n. 3. 70

Hasenöhrl, Vict., über den Charakter u. die Entstehungszeit des ältesten österreichischen Landrechts. [Aus: Archiv für österreichische Geschichtsquellen.] Wien 866. (Gerold's Sohn.) Lex.-8. (43 S.) n.n. 5 ngr.

d. allgem. Handelsgesetzbuch v. 17. Decbr. 1862. D. Vorschriften üb. Erwerbs- u. Wirthschaftsgenossenschaften, Versicherungsanstalten, Wäg- u. Meßanstalten, Lagerhäuser u. d. Eisenbahnbetrieb, s.a. Gesetze, die österreichischen.

Hasenöhrl, Vict., das allgem. Handelsgesetzbuch sammt den Vorschriften üb. Erwerbs- u. Wirthschaftsgenossenschaften, Versicherungsanstalten, Wäg- u. Meßanstalten 2c., s.a. Gesetze, die österreichischen. 11. I.

Hasenöhrl, österreich. allgem. Handelsgesetzbuch erläutert. 16. Aufl. Wien 895.

(F) Manz'sche Taschen-Ausgabe der österreichischen Gesetze. XI. Bd. I. Abtheilung.

Enthält:

(F) Das allgemeine Handelsgesetzbuch vom 17. December 1862 sammt dem Einführungsgesetze, allen darauf bezüglichen ergänzenden und erläuternden Verordnungen. Die Vorschriften über Erwerbs- u. Wirtschaftsgenossenschaften, Versicherungsanstalten, Wäg- und Messanstalten, Lagerhäuser, Ratengeschäfte, die gemeinschaftliche Vertretung der Besitzer von Pfandbriefen und Theilschuldverschreibungen und den Eisenbahnbetrieb. 17. Auflage. Mit einer Übersicht über die handelsrechtliche Spruchpraxis des k. k. Obersten Gerichtshofes verfasst von Dr. Victor Hasenöhrl. Wien. 1899. Manz. 8°. XI, 740 S. fl. 2.80, geb. fl. 3.30

— österreichisches **Landrecht** im 13. u. 14. Jahrh. Ein Beitrag zur deutschen Rechtsgeschichte. Wien 867. Braumüller. gr. 8. (VII, 283 S.) n. 1 ₰ 10 ngr.

— Deutschlands südöstliche Marken im X., XI. und XII. Jahrhundert (mit 6 Karten). Ar. 82. 4to 4.40
Separatabdruck

— Deutschlands südöstl. **Marken** im 10, 11. u. 12. Jahrh. [Aus: „Archiv f. österr. Geschichte".] Lex.-8. (141 S. m. 6 Karten.) Ebd. 895. n. 4. 40

Hasenöhrl, Vict., das österreichische Obligationenrecht in systematischer Darstellung, mit Einschluss der handels- und wechselrechtl. Lehren. (In 2 Bdn.) 1. Bd. 1. Abthl. gr. 8. (VI, 306 S.) Wien 878, Braumüller. *

Hasenöhrl, Vict., das österreichische Obligationenrecht in systematischer Darstellung mit Einschluss der Handels- und wechselrechtlichen Lehren. 1. Bd. 2. Abthl. gr. 8. (VII, (S. 307—644.) Wien 881, Braumüller.
1. Abthl. Ebendas. 1878. * M 6.

Hasenöhrl, Vict., das österreichische Obligationenrecht in systematischer Darstellung mit Einschluss der handels- und wechselrechtlichen Lehren. 2. Bd. 1. Abthl. gr. 8. (IV, 318 S.) Wien 886, Manz'sche Hof-Verlags- und Universitäts-Buchh. *
1. Bd. 1. und 2. Abthl. [Wien 1878,81, Braumüller.] Ebendas. à * M 6.—.

Hasenöhrl, V., das österreichische Obligationenrecht in systematischer Darstellung m. Einschluss der handels- u. wechselrechtlichen Lehren. 2. Bd. 2. Abth. gr. 8. (IV u. S. 319—662.) Wien 890. Manz. n. 6. — (cplt.: n. 24. —)

—— dass. — 2. durchgesch. Aufl. 1. Bd. gr. 8. (VIII, 700 S.) Ebd. 892. * 12 —
2. Bd. 1. Abthl. Ebd. 1886. * 6 —.

HASENÖHRL, Victor
Das österreichische Obligationenrecht in systematischer Darstellung mit Einschluss der handels- und wechselrechtlichen Lehren von Dr. Victor Hasenöhrl. 2. durchgesehene Auflage. II. Bd. Wien. 1899. Manz. IV, 678 S. fl. 6.—, geb. fl. 7.—
I. u. II. Bd. fl. 12.—, geb. fl. 14.—.

Hasenpat, Albert. (Henr. Florens) (geb. Herford 2. 4. 1830): De accommodandi facultate. Berolini (1854). (30 S.) 8°
Berlin, Med. Diss. v. 16. März 1854

Hasenpatt, Carl: Die rechtliche Natur des Postschecks nach dem Entwurf einer Postscheckordnung. *Berlin: Stuhr 1901.* (63 S.) 8°
Rostock, Jur. Diss. v. [30. Juli] 1901

Hasenritter, Haasenritter.

Hasenritter, J. A. M., üb. den Plan u. die zweckmäßige Anwendung d. f. d. Jahr 1811 in Sachsen verordneten Pericopen. gr. 8. Weissenf. Nere. 811.

Hasenritter, J. A. M., über die Vortheile und Behandlung der Pericopen in Sachsen. 8. Lpz. 810.

Hasenstab, Benedikt

De codicibus Cassiodori Variarum Italis. — Von B. Hasenstab, Stdl. — 1879, Monachii, ibid. — S. 1–46[b].
Progr. München, Maximiliansgymnasium

Hasenstab, *Benedikt*: Studien zu Ennodius. Ein Beitrag zur Geschichte der Völkerwanderung. München, Buchdr. v. J. B. Lindl, 1890; 66 S., 1 Bl. 8°
München, k. Luitpold-G, P 1890

Hasenstab, B., Studien zu Ennodius. Ein Beitrag zur Geschichte der Völkerwanderg. gr. 8. (67 S.) München 890. (H. Korff.) n. — 80

Studien zur Variensammlung des Cassiodorus Senator. Ein Beitrag zur Geschichte der Ostgothenherrschaft in Italien. I. Teil. — Von B. Hasenstab, Stdl. — 1883, München, ibid. — S. 3 96[a].
Progr. München, Maximilians-Gymnasium

Hasenstab, Benedikt Max, Realschullehrer in Jena: Die religiösen Ideen Pestalozzis. Ein Beitrag z. Gesch. d. Pädagogik. Berlin: R. Trenkel 1908. (VI, 80 S.) 8°
Jena, Phil. Fak., Ref. Eucken, Diss. v. 19. Mai 1908
[Geb. 2. Juni 74 Rothenbuch (Bayern); Wohnort: Jena; Staatsangeh.: Bayern; Vorbildung: Gymn. Aschaffenburg Reife 95; Studium: Würzburg 10, Jena 2 S.; Rig. 8. Febr. 08.]

Hasenstrauch, W.

— **A. Hottenrott, P. J. Bruns, C. Flister,** praktischer Rechts-Beistand nebst Eingaben-Mustern aller Art f. d. Verkehr m. Gerichts- u. Verwaltungsbehörden sowie m. der Post u. der Eisenbahn. (II, XVI, 598 S. m. 1 Karte.) 8. Ebd. 910. Geb. in Leinw. 8. —

Der schriftliche Verkehr in Rechtsangelegenheiten. Formularbuch u. prakt. Ratgeber f. jedermann bei Errichtung von Rechtsgeschäften u. Abfassung von Erklärungen, Klagen, Anträgen usw. in gerichtl. Angelegenheiten von W. **Hasenstrauch,** Ger.Sekr. Düsseldorf: L. Schwann 1906. (XII, 261 S.) 8° [15.] [08. 2036]

Hasenstrauch, W., der schriftl. Verkehr in Rechtsangelegenheiten. Formularbuch u. prakt. Ratgeber f. jedermann bei Errichtg. v. Rechtsgeschäften u. Abfassg. v. Erklärgn., Klagen, Anträgen usw. in gerichtl. Angelegenheiten. 2., verm. u. verb. Aufl. (XII, 271 S.) 8. Düsseldorf 909. L. Schwann. Geb. in Leinw. 8. —

Hasentien, Daniel Heinrich

— Diss. de privilegio medicor. creditor. in concursu. 8. Jena 774. Fischer. 4 gl.

Hasentien, Daniel Heinr. (Lübeck), De privilegio medicorum creditorum in concursu. Diss. jur. Präs. Carl Friedr. Walch. Jena (Heller) 28. IX. 1774. 59 S. (6.50) 13400
Widm. v.: Präs., Heinr. Gottfr. Scheidemantel, Jo. Bern. Christ. Eichmann, Ehrhardt Friedr. Frh. v. u. zu Mannsbach, Heinr. Daniel Wunderlich (Hamburg), M. E. Kroeger (Lübeck; dtsch.), Lud. Suhl (Lübeck).

Hasentien, Dan. Henr.: Commentatio de separatione a thoro et mensa. Jenae et Lipsiae 1774.

Hasentien, Da. Hnr., de separatione a toro et mensa. 4. Jena 775. Fischer. 6 gl.

Hasenwinkel, Friedrich Wilhelm (Moeva/Westpr.), De scirrho vaginae. Diss. med.-chir. Bln. (Theophil Brueschcke) 25. VIII. 1819. 24 S. mit Biogr. u. 1 Abb. (6.—) 13401
Gew.: Carl Ferdinand Graefe. — Krankengesch. d. Friderike Kolbe, Catharina Zachen.

Häser, A. F. 1., Anleit. zum Rechnen nach dem Duodecimalsystem. 4. Lemgo 801. Meyer. 12 gl.

Häser, August Ferdinand

Häser, A. F., Chorgesangschule. Für Schul- u. Theaterchöre u. angeh. Singvereine. — Méthode pour apprendre à chanter en choeur. (Trad. p. J. Jelensperger. — Deutsch u. Franz.) gr. 4. (14½ B.) Mainz 831, Schott's Söhne.

Häser, A. F., s. Jelensperger, die Harmonie.

Häser, (A. F.,) Versuch e. systemat. Uebersicht d. Gesanglehre. gr. 8. Leipz. 822, Breitkopf u. H.

Häser, F. A., s. Gambale, Em., die musikal. Reform.

Häser, Georg. Hadlaub. Ein dramatisches Gedicht aus Zürichs Vergangenheit in fünf Bildern. In-8°. 40 S. Zürich, Albert Müllers Verlag. 1 —

Haeser, Georg. Hadlaub. Lyrische Oper in drei Aufzügen. Dichtung und Musik von Georg Haeser. [Text.] 38 S. 8. Zürich, Schulthess & Co., 1903. [fr. 1.—]

Haeser, Georg. Sechs Lieder. Für dreistimmigen Frauenchor komponiert von G' H'. Op. 8. 24 S. 8. Zürich und Leipzig *etc.*, Gebrüder Hug & Co., [1904]. fr. —.50

Haeser, Georg. Frid. Guil. Augustus (geb. Weimar 17. 10. 1829): De eclampsia parturientium. Berolini (1855). (40 S.) 8°
Berlin, Med. Diss. v. 8. Aug. 1855

Haeser, Hans: Der Einfluss des Alkohols auf die Harnsäureausscheidung. *Greifswald 1901: J. Abel.* (53 S.) 8°
Greifswald, Med. Diss. v. 1. Febr. 1901

Haeser, Heinrich

— siehe: Archiv für die gesammte Medicin.

— s.a. Bibliotheca epidemiographica.

Haeser, Heinrich: Bibliotheca epidemiographica sive catalogus librorum de historia morborum epidemicorum conscriptorum. Jenae 1843. VI, 172 S.

Haeser, Heinr., bibliotheca epidemiographica sive catalogus librorum de historia morborum epidemicorum cum generali tum speciali conscriptorum. Editio II. aucta et prorsus recognita. Greifswald 862. Academ. Buchh. gr. 8. (XV, 230 S.) n. 1 ₰ 10 ngr.

Collegae illustrissimo atque suavissimo Henrico Haeser medicinae et chirurgiae doctori ante hos quinquaginta annos in Universitate Jenensi ... promoto ... diem hunc sollemnem ... gratulantur omnium ordinum collegae conjuncti interpretibus Ricardo Roepell Universitatis Vratislaviensis h. t. rectore et senatu academico. P. p. Vratislaviae d. XXI m. Aug. a. 1884. Vratislaviae (1884). (1 Bl.) gr. 2°

Haeser, Heinr., de cura aegrotorum publica a christianis oriunda dissertatio. Gryphiswaldiae 856. (Koch.) gr. 4. (34 S.) n. 12 ngr.

Haeser, Henr., de cura aegrotorum publica a christianis oriunda. Dissertatio. gr. 4. (34 S.) Greifswald 857, (Koch's Verlagsbuchh.) Thlr. *

Haeser, H., Festrede zur Feier d. 50jährigen Jubiläums der Breslauer Singakademie am 4. Mai 1875. gr. 8. (17 S.) Breslau 875. Schletter. n. — 40

Haeser, H., zur Geschichte der medicinischen Facultät Greifswald. gr. 8. (23 S.) Breslau 879. Schletter. n. — 80

— Geschichte christlicher Krankenpflege und Pflegerschaften. Berlin 857. Hertz. gr. 8. (VII, 126 S.) 22½ ngr.

Haeser, Heinr., Geschichte der epidemischen Krankheiten. 2. völlig umgearb. Aufl. Jena 865. Mauke's Verlag. gr. 8. (XVI, 920 S.) n. 5 ₰

Haeser, Heinr., Grundriss der Geschichte der Medicin. gr. 8. (XIII, 418 S.) Jena 884. Fischer. n. 7. —; geb. n. 8. —

— H. (Jena), Zweiter Jahresbericht über die seit d. 4. Oct. 1836 zu Jena bestehende Gesellschaft Studirender für wissenschaftliche Medicin. Jena (J. G. Schreiber) 1838. 8 S. (4.—) 12695

Haeser, Henr., de influentia epidemica. Dissert. inaug. med. 8 maj. (5 B.) Jenae 834, (Croeker.)

Haeser, Heinrich (Romanus), De influentia epidemica. Diss. med. Jena (Schreiber) 21. VIII. 1834. 77 S. mit umfangr. Liter.-Verz. (6.50) 12694
Gew.: Dietrich Georg Kieser.

Haeser, Heinr., Lehrbuch der Geschichte der Medicin u. der epidemischen Krankheiten. 1. Bd. 2. gänzlich umgearb. Aufl. 2 Abthlgn. A. u. d. T.: Lehrbuch der Geschichte der Medicin. 2. völlig umgearb. Aufl. Lex. 8. (XLVIII u. 923 S.) Jena 852. 53, Mauke. 5 ₰

Haeser, Heinr., Lehrbuch der Geschichte der Medicin und der epidemischen Krankheiten. 2. Bd. Geschichte der epidemischen Krankheiten. 2. völlig umgearb. Aufl. 1. u. 2. Abth. Jena 859, 64. Mauke. Lex.-8. (640 S.) 1.: n. 2 ₰; 2.: n. 3 ₰

Haeser, H., Lehrbuch der Geschichte der Medicin und der epidemischen Krankheiten. 3. völlig umgearb. Aufl. 1. Bd.: Geschichte der Medicin im Alterthum und Mittelalter. gr. 8. (XXVIII, 875 S.) Jena 864, Dufft. *

— Lehrbuch der Geschichte der Medicin u. der epidemischen Krankheiten. 2. völlig umgearb. Aufl. 2. Abdr. 1. Bd. 2 Abthlgn. Ebend. 867,68. gr. 8. (XLVIII, 923 S.) Jede Abthl. 2 ₰ 15 ngr.

HAESER, HEINRICH.
Lehrbuch der Geschichte der Medicin und der epidemischen Krankheiten. Dritte Bearbeitung. Jena, 1875–82. 3 vols., 8vo.
First edition, 1845. Second edition, 1865. 2 vols.
A valuable compendium of information concerning the physicians who were also chemists.

Haeser, Heinr., Lehrbuch der Geschichte der Medicin u. der epidemischen Krankheiten. 3. völlig umgearb. Aufl. 1. Bd. Geschichte der Medicin im Alterthum u. Mittelalter. Lex.-8. (XXVIII, 875 S.) Jena 875. Dufft. n. 18. —

— Lehrbuch der Geschichte der Medicin u. der epidemischen Krankheiten. 3. Bearbeitung. 2. Bd. Geschichte der Medicin in der neueren Zeit. gr. 8. (XIV, 1120 S. u. Nachträge 35 Bl.) Jena 879—82. Fischer. n. 24. 50

— dasselbe 3., völlig umgearb. Aufl. 3. Bd. gr. 8. (XVI, 995 S.) Ebend. 880—82. n. 21. — (cplt. n. 60. —)

— Lehrbuch der Geschichte der Medicin u. d. Volkskrankheiten. 6 Liefg. gr. 8. Jena 843—45, Mauke. (à 1 ₰) compl. 5 ₰

—— Lehrbuch der Geschichte d. Medicin u. d. Volkskrankheiten. gr. 8. (60¼ B.) Jena 845, Mauke.

—— s. Pfolsprundt, Heinr. v.

—— Repertorium f. d. gesamm. Medicin, s. Repertorium.

—— de Sorano Ephesio ejusque περὶ γυναικείων πάθων libro nuper reperto programma. 4maj. (2 B.) Ienae 840, (libr. Croeker.)

—— üb. den gegenwärtigen Standpunkt d. pathol. Chemie des Blutes, m. besond. Berücksichtig. d. bisherigen Ergebnisse derselben f. d. Nosologie d. wichtigsten akuten Krankheiten. gr. 8. (7¼ B.) Jena 846, Mauke.
Aus: Archiv d. gesammt. Medicin VIII. Bd. besond. abgedruckt.

Haeser, Heinrich: Die menschliche Stimme, ihre Organe, ihre Ausbildung, Pflege und Erhaltung. Für Sänger, Lehrer und Freunde des Gesanges. 88 S., gbd., 2 Taf.

Berlin: Hirschwald 1839

JB 4.332

— Uebersicht der Geschichte der Chirurgie u. des chirurgischen Standes, s. a. Chirurgie, deutsche.

Haeser, H.: Uebersicht der Geschichte der Chirurgie und des chirurgischen Standes. Stuttgart 1879. VI, 51 S.
(Deutsche Chirurgie. Lfg 1.)

Haeser, H(einrich): Historisch-pathologische Untersuchungen. Als Beiträge zur Geschichte der Volkskrankheiten. Th. 1 - 2, gbd.

Dresden u. Leipzig: Fleischer 1839 - 1841

JB 5.147

— die Vaccination und ihre neuesten Gegner. Mit besonderer Rücksicht auf Carnot's „Essai de mortalité comparée avant et depuis l'introduction de la vaccine en France". Berlin 854. Hertz. gr. 8. (X, 55 S.) n. 10 ngr.

— u. D. Domrich, s.: Verhandlungen deutscher Universitätslehrer.

—— de radii lucis violacei vi magnetica. Commentat. praemio ornata. 4maj. (3¼ B.) Jenae 832, Bran.

Häser, Wilh., die Kunst des Gesanges. Ein Compendium mit Beispielen. Für Künstler und Kunstfreunde. Stuttgart 853. Hallberger'sche Verlhdlg. Fol. (1 Bl., 25 S.) 1 ₰ 12 ngr.

Häserer, Jh. Fr., analyt. Betrachtt. über d. Theorie d. sphär. u. gläsernen Spiegel, mit 1 Kpft. 8. Münster 775. Coppenrath. 4 gr.

Haserodt, Hans, appr. Arzt: Untersuchungen über den diagnostischen Wert der Tuberkulin-Hautimpfung. Halle a. S. 1910: Kaemmerer. 29 S. 8°
Halle, Med. Diss. v. 25. Mai 1910, Ref. Schmidt
[Geb. 11. Dez. 84 Gr.-Wanzleben; Wohnort: Elbing; Staatsangeh.: Preußen; Vorbildung: Stadtgymn. Halle a. S. Reife M. 03; Studium: München 2, Greifswald 1, Halle 2, München 1, Halle 4 S.; Coll. 10. Febr. 09; Approb. 1. Jan. 10.] [U 10. 1685

Hasert, A., die evangelische Freiheit. Ein Beitrag zur Lösung der Frage über die Toleranz. Ein Vortrag gehalten auf der evangelisch-kirchlichen Conferenz zu Stralsund den 3. December 1863. Stralsund 864. Hingst. gr. 8. (IV, 24 S.) 5 ngr.

Hasert, Bruno, neue Erklärung der Bewegungen im Weltsystem. Eine log. Kette v. Folgergn. aus der Kant-Laplacischen Theorie der Weltentstehg., welche überall die Ursache der vorkomm. Erscheingn. klar stellt. gr. 8. (12 S.) Eisenach 874. Baerecke. n. — 50

— Kosmos. Ein didakt. Gedicht. 8. (48 S.) Berlin 873. Denicke's Verl. n. 1. —

Hasert, Chr. Friedr., sechs Einführungsreden. Mit e. Vorr. v. H. A. Schott. gr. 8. (3½ B.) Leipzig 834, Lehnhold.

Hasert, Christian Adolf

Hasert, Chr. Ad., Predigten über die Episteln u. freie Texte. 2 Bde. gr. 8. Greifswald 836, 37. Koch. (à 1½ ₰) 3 ₰

Hasert, Chrstn. Ad., Predigten üb. d. Episteln u. freie Texte. 2 Bde. gr. 8. Greifswald, Koch. [1. (37¾ B.) 836. 2 Thlr., 2. (28⅛ B.) 838. 1½ Thlr.]

—— über d. Religionsunterr. in Volksschullehrer-Seminarien. Ein Beytr. z. Verständigung üb. einige f. jeden Religionsunterr. wicht. Fragen. gr. 8. (5 B.) Greifswald 832, Koch.

—— über d. Vorhersagungen Jesu v. sein. Tode u. seiner Auferstehung. Ein exeget.-dogmat. Versuch. gr. 8. (6 B.) Berlin 839, Reimer.

Hasert, Chr. Ad., wie wir uns als Christen bey d. traurigen Erwartung e. öffentl. lebensgefährl. Noth zu verhalten haben. Predigt. gr. 8. (1¼ B.) Greifswald 831, (Koch.)

Hasert, Fr. Reinho., Leben, Seele, Gott in ihrem innersten Heiligthume aufgesucht u. in ihren wesentlichsten Offenbarn. zusammenhängend dargest. 8. (10¾ B.) Nürnberg 839, Campe'sche Buchh.

Hasert, J. J. K. Rudolf

Hasert, J. J. K. R., Für jedermann eine Erklärung des Unterschiedes zwischen Katholischsein u. Protestantischsein von einem ehemaligen luth. Geistlichen, jetzt kath. Laien, 2. sehr verm. Aufl., bes. durch ein 4. Buch: War Luther ein Mann Gottes, vom hl. Geiste erleuchtet, oder war er vom Satan verblendet? Wien u. Graz, Ferstl, 1856, gr. 8°, VIII, 279 S., 3,60 Mk.
Recenss. Kath. Litztg 1856, S. 214. Sion 1856, Kath. Blätter f. Litt. S. 581—6.

Hasert, J. J. C. Rud., War ich vom Satan verblendet da ich katholisch wurde? Ein Beitrag zur Symbolik von einem ehemal. luther. Geistlichen, jetzt kathol. Laien. Bunzlau 854. (Appun.) gr. 8. (VI, 220 S.) nn. 25 ngr

— — Für Jedermann eine Erklärung des Unterschiedes zwischen Katholisch-Sein und Protestantisch-Sein von einem ehemaligen lutherischen Geistlichen, jetzt katholischen Laien. 2. Aufl., sehr verm., besonders durch ein 4. Buch: War Luther ein Mann Gottes, vom h. Geist erleuchtet, oder war er vom Satan verblendet? Gratz 856. Ferstl. gr. 8. (VIII, 279 S.) n. 1 rf 6 ngr

Hasert, J. C. Rud., War ich vom Satan verblendet da ich katholisch wurde? Für Jedermann eine Erklärung des Unterschiedes zwischen Katholisch-Sein und Protestantisch-Sein von einem ehemal. luther. Geistlichen, jetzt kathol. Laien. 1. Aufl. (VIII und 220 S.) 1854. ** 25 Ngr. und 2., verm. Aufl. gr. 8. (VIII und 279 S.) Gratz 856, Ferstl'sche Buchh. *
Hieraus wurde besonders abgedruckt:

Hasert, J. C. Rudolph — War Luther ein Mann Gottes, vom heil. Geist erleuchtet, oder war er vom Satan verblendet? Besonderer Abdruck des 4. Buches aus dem größeren Werke. 2te Auflage: War ich vom Satan verblendet, da ich katholisch wurde? Von einem ehemaligen lutherischen Geistlichen, jetzt katholischen Laien — —. Wien und Gratz, 1856. Druck von C. Tanzer. Zu haben in der Fr. Ferstl'schen Buchhandlung.

Hasert, Joh. Rud., die göttliche Tragödie. [Allen Bühnen gegenüber Mscr.] Graz 868. Moser. 8. (VII, 118 S.) 20 ngr

Hasert, Just., der falsche Polizist od. Rache ist süß, s.: Bolger's Vereins-Bühne.

Hasert, Konstantin

Hasert, Constantin, Antworten der Natur auf die Fragen: Woher die Welt, woher das Leben? Thier und Mensch; Seele. 3. umgearbeitete Auflage. 8. (IV, 262 S.) —.90
Graz: Moser 1896.

Antworten der Natur auf die Fragen: Woher die Welt, woher das Leben? Thier u. Mensch; Seele. Von Constantin **Hasert**. 4. erw. Aufl. Graz: Moser 1898. IV, 281 S. 8° [28. 6789 8

Hasert, Const., Antworten der Natur auf die Fragen: Woher die Welt, woher das Leben? Tier u. Mensch; Seele. 6., verm. Aufl. (VII, 376 S.) 8. Graz 906. U. Moser. n. 2.—; geb. in Leinw. n. 3.—
5. verm. Aufl. (V, 327 S.) 903. n. 2.—.

Hasert, Const., Antworten der Natur auf die Fragen: Woher d. Welt, woher d. Leben? Tier u. Mensch; Seele. 7. Aufl. (VIII, 412 S.) 8. Graz 908. U. Moser. 2.—; geb. 3.—

Hasert, Constantin, Antworten der Vernunft auf die Fragen: Wozu Religion, Gebet und Kirche? 8. (94 S.) —.50
Graz: Moser 1897.

Hasert, Constantin, Antworten der Vernunft auf die Fragen: Wozu Religion, Gebet und Kirche? 2. durchgesehene Auflage. 8. (99 S.) —.50
Graz: Moser 1897.

— Gedankenlesen. Hypnotismus. Spiritismus. (66 S.) kl. 8. Ebd. 906. n. — 35

— Der Mensch, woher er kommt, wohin er geht. 2. Aufl. (VI, 191 S.) 8. Ebd. 907. 1.40

Hasert, Konstantin, Was ist Christus? Sieben Vorträge. Graz, Moser, 1900, kl. 8°, 86 S., 1 Mk.

HASERT, Constantin
(F) Was ist Christus? Sieben Vorträge von Constantin Hasert. Graz. 1901. Moser's Buchh. 8°. IV, 85 S. K 1.—

— was ist der Mensch? Gemeinverständliche, apologet. Vorträge. gr. 8. (IV, 188 S.) Ebd. 902. n. 1.40

Hasert, Rudolf, s.a. Hasert, J. J. K. Rudolf

Hasert, R., Josef u. seine Brüder, s.a. Theater, kleines.

Hasert, Rud., Joseph und seine Brüder. Ein Schauspiel in 5 Aufzügen. Gratz 859. (Wießner.) 8. (79 S.) n. 5 ngr

Hasfeld, Israel (geb. Warschau 7. 7. 1829): De pancreatis morbis. Berolini (1851). (31 S.) 8°
Berlin, Med. Diss. v. 25. Juli 1851

Hasford, Gust., volksthümliche Darstellung wichtiger Rechtsverhältnisse im Geltungsbereich der Provinzial-Ordnung vom 29. Juni 1875 u. der Kreis-Ordnung vom 13. Dezbr. 1872. Zum Selbstunterricht u. Gebrauch in Fortbildungsschulen. 1. u. 2. Thl. 8. Leipzig 878. 79. Siegismund & Volkening. à 1.—; cart. à 1.20
1. Staats-, Verwaltungs- u. Gemeinde-Rechte. (63 S.)
2. Armenpflege. Rechte u. Pflichten der Vormünder u. Waisenräthe. (58 S.)

— das preußische Feld- u. Forst-Polizeigesetz vom 1. April 1880. Mit erläut. Anmerkungen unter Berücksichtigung der Motive, der Verhandlungen der gesetzgebenden Körperschaften, der einschlagenden Gesetze u. Verfügungen zum praktischen Gebrauch bearb. 8. (181 S.) Königsberg 881. Hartung. n. 1.—

— volkstümliche Rechtskunde. Eine Darstellung wichtiger Rechtsverhältnisse zum Selbstunterricht u. Gebrauch in Fortbildungsschulen in Preußen. 1. Tl.: Verwaltungs- u. Gemeinderecht. 8. (V, 120 S.) Ebend. 881. n. 1.—

— die preußische Schiedsmannsordnung v. 29. März 1879. Mit erläut. Anmerkungen unter Berücksichtigung der Motive, der Verhandlungen der gesetzgebenden Körperschaften, der einschlagenden Gesetze u. Instruktionen zum praktischen Gebrauch bearb. gr. 16. (92 S.) Ebend. 879. n. — 60

Hasfort, Gust., d. preuß. Schiedsmannsordnung v. 29. März 1879. M. erläut. Anmerkgn. unt. Berücksicht. d. Motive, d. Verhandlgn. d. gesetzgeb. Körperschaften, d. einschlag. Gesetze u. Ministerial-Verfüggn. z. prakt. Gebrauch bearb. 3., verb. Aufl. 8. (116 S.) Königsberg 896. Hartung. n. 1.—

Hasford, preuss. Schiedsmannsordnung vom 29. März 1879. 3. Aufl. Königsberg 897.

Hashagen, Fr., s. Hashagen, Johann Friedrich

Hashagen, Johann Friedrich

Hashagen, Fr., die kirchliche Armenpflege, beleuchtet in e. Streifzug durch das Gebiet der Fürsorge f. die Bedürftigen. 8. (III, 154 S.) Gütersloh 901. C. Bertelsmann. n. 2.—; geb. n. 2.60

Hashagen, Fr., s.: Aus der Jugendzeit e. alten Pastors.

Hashagen, Fr., Johann Sebastian Bach als Sänger u. Musiker d. Evangeliums u. d. lutherischen Reformation. (163 S.) gr. 8. Wismar 909. [H. Bartholdi.] Leipzig, E. Ungleich. 2.60; geb. in Leinw. 3. 50

Hashagen, J. Fr., „Befiehl dem HErrn deine Wege". Rede am Sarge des weil. Prof. Dr. Reinhold Bechstein den 9. Octbr. 1894. gr. 8. (10 S.) Rostock 894. Stiller. n. — 30

— Ernst Curtius als Sohn u. Schüler, als Meister u. als Mann. Skizzen zu seinem „Lebensbild in Briefen". (VIII, 123 S.) 8. Leipzig 904. H. G. Wallmann. n. 1. 80; geb. in Leinw. n. 2. 60

— „Dennoch bleibe ich stets an Dir". Rede am Sarge des weil. Consist.-R. Prof. A. W. Dieckhoff den 17. Septbr. 1894. gr. 8. (12 S.) Ebd. 894. n. 30

— zur Erinnerung an Missionsdirektor D. Julius Hardeland, * den 7. I. 1828, † den 11. X. 1903. (85 S. m. 1 Bildnis.) 8. Gütersloh 904. C. Bertelsmann. n. 1. 20; geb. n. 1. 60

Hashagen, J. Fr., die Explosion in Bremerhaven. Ein Tag im Advent. Zur Erinnerg. an den 11. Decbr. 1875. 8. (40 S.) Bremen 876 Valett & Co. n. — 50

[F.] Die Gemeinde des Herrn nach den sieben apokalyptischen Sendschreiben. Von Johann Friedrich Hashagen, ... Prof. ... in Rostock ... (In 3 Heften.) *Gütersloh: C. Bertelsmann 1898.* (X, 497 S.) 1 Bd 8.
— Hashagen, J. F.: Seelsorgliche Kreuzfahrten im Kampf wider kräftige Irrtümer. Bd II. 109 1934

— Die Gleichnisse des Herrn. s.a. Für Gottes Wort u. Luthers Lehr.

Die Gleichnisse des Herrn. Von Prof. D. Fr[iedrich] **Hashagen**. Gütersloh. Bertelsmann 1910. 142 S. 8°
(Für Gottes Wort u. Luthers Lehr' Reihe 3, H. 3/4.) 110. 4330

— Hagar u. Ismael in der Wüste u. am Brunnen. Vortrag, in der Versammlg. des mecklenburg. Frauen-Hülfs-Vereins zu Rostock am 22. VIII. 1902 geh. 12. (16 S.) Schwerin 902. F. Bahn. n. — 20

— Hagar u. Ismael in der Wüste u. am Brunnen. Vortrag in der Versammlg. des mecklenburg. Frauen-Hülfs-Vereins zu Rostock am 22. VIII. 1902 geh. 2. Aufl. (16 S.) 8. Schwerin 903. F. Bahn. n. — 20

die göttlichen Heilsthatsachen u. der christliche Glaube. Vortrag. gr. 8. (45 S.) Ebd. 893. n. 80

Hashagen, Fr., Walther, Köberle u. Grützmacher, ein Herr — ein Glaube! Rostocker akad. Predigten. (III, 183 S.) gr. 8. Wismar 907. H. Bartholdi. 2.75; geb. in Leinw. 3.50

Hashagen, Joh. Fdr., d. Hochschule d. Leidens. Gedächtnißrede in d. akad. Trauergottesdienst nach Ableben d. Großherzogs Friedrich Franz III. am 7. V. 1897, in d. St. Marien-Kirche zu Rostock geh. gr. 8. (12 S.) Rostock 897. Stiller. n. — 30

Hashagen, J. F., die Hochzeit zu Cana. Predigt, am 2. Sonntage nach dem Fest der Erscheinung Christi den 16. Jan. 1881 in der Nicolaikirche zu Leipzig gehalten. gr. 8. (13 S.) Leipzig 881. Hinrichs' Verl. — 30

Hashagen, Friedr. Israel ziehet hin zu seiner Ruhe. Gedächtnißrede nach Ableben J. königl. Hoh. der Großherzogin Alexandrine. gr. 8. (18 S.) Rostock 892, Stiller. [* — 40] * — 30

Hashagen, Fr[iedrich]. Aus der Jugendzeit eines alten Pastors. Hrsg. Wismar i. Meckl. 1906. 8°.

— Aus d. Jugendzeit e. alten Pastors. 2. Aufl. (VIII, 322 S.) gr. 8. Wismar 908. [H. Bartholdi.] Leipzig, E. Ungleich. 4.—; geb. in Leinw. 5. —

— d. gegenwärt. Kampf d. speciellen Seelsorge m. d. religiösen Gleichgültigkeit. Vortrag auf d. Thüringer kirchl. Konferenz zu Eisenach am 1. VII. 1897. gr. 8. (32 S.) Eisenach 897. M. Wilckens. n. — 50

(B) — Der gegenwärt. Kampf. 897. (ABB 29.) Jetzt: Leipzig, D. Simln.

— Aus d. Kandidaten- u. Hauslehrerzeit e. alten Pastors. (VIII, 305 S.) gr. 8. Wismar 910. [H. Bartholdi.] Leipzig, E. Ungleich. Geb. in Leinw. 5. —

— Kirche — Kultur — Staat. Beiträge zur Würdigg. der Notlage der evangelisch-luther. Kirche im modernen deutschen Leben. (VII, 256 S) 8. Gütersloh 903. C. Bertelsmann. n. 2. 40; geb. n. 3. —

— seelsorgl. Kreuzfahrten im Kampf wider kräftige Irrthümer. 1. u. 2. Bd. 3 Hfte. gr. 8. Gütersloh, C. Bertelsmann. n. 10. 50; geb. n. 13. 50
I. D. Knecht Christi. (XII, 356 S.) 896. n. 5. —; geb. n. 6. —
II, 1. D. Gemeinde d. Herrn nach d. 7. apokalypt. Sendschreiben. 1. Hft.: Einleitg. u. Sendschreiben nach Ephesus. (X, 144 S.) 898. n. 2. —
II, 2. Dasselbe. 2. Hft. D. Sendschreiben an d. Engel d. Gemeinden in Smyrna u. Pergamus. (S. 145—295.) 898. n. 2. —
II. Dasselbe. 3. Hft. D. Sendschreiben an d. Engel d. Gemeinden in Thyatira, Sardes, Philadelphia u. Laodicea. (S. 297—497.) 899. n. 2. 50 (2. Bd. kplt.: n. 6. 50; geb. n. 7. 50)

— „Laß dir an meiner Gnade genügen!" Gedächtnisrede am Sarge des weil. Professors D. Justus Köberle, in d. Klosterkirche zu Rostock geh. am 10. II. 1908. (15 S.) 8. Rostock (908). Stiller. — 30

— die kirchliche Lehre von den Ceremonien. Conferenz-Vortrag. [Aus der „hannoverischen Pastoral-Correspondenz".] gr. 8. (16 S.) Hannover 878. Feesche. — 50

— s.: Longinos, üb. das Erhabene.

— Nefanda — Infanda. Der „moderne" Roman u. die Volkserziehg. Ein Protest. (III, 98 S.) gr. 8. Wismar 905. H. Bartholdi. n. 2. 40

— Der „moderne" Roman u. die Volkserziehung. Ein Protest. Neue billige [Titel-]Ausg. (v.: „Nefanda—Infanda"). (III, 98 S.) gr. 8. Ebd. [905] 907. 1. —

— die Schwierigkeiten des Unglaubens. Vortrag im evangel. Verein zu Hannover. gr. 8. (29 S.) Ebend. 878. n. — 50

Aus der Studentenzeit eines alten Pastors. Von D. [Johann] Fr[iedrich] **Hashagen**, Prof. Wismar i. M.: H. Bartholdi 1908. (293 S.) 8° [F.] 107. 1607

Hashagen, Joh. Frdr., d. Tag d. Herrn. E. christl. Wort zur gegenwärt. Bewegg. in Sachen d. Sonntags-Ruhe. Predigt am Himmelfahrtsfeste, d. 27. V. 1897, in d. St. Marien-Kirche zu Rostock geh. gr. 8. (16 S.) Rostock 897. Stiller. n. — 30

Vom Meer zum Fels. 2 Vorträge auf d. Thüringer Kirchl. Konf. zu Paulinzella 1907 über d. ev.-luther. Landeskirchen angesichts d. gegenwärt. theol. u. sozialen Krisis von D. [Johann] Fr[iedrich] **Hashagen**, Rostock. Wismar i. M.: H. Bartholdi 1908. (64 S.) 8° [F.] 108. 4066

— Waffen d. Lichts im Kampf um d. Bibel. Vortrag im kirchl. Verein zu Hamburg am Montag nach Laetare 1896. gr. 8. (19 S.) Hamburg 896. Herold's Verl. n. — 50

— ein Wort vom Kreuze. Predigt üb. Evang. St. Johann. 12, 32, 33, am Tage der Wieder-Einweihg. der Klosterkirche zum hl. Kreuz in Rostock, II. Sonntag im Adv, 1899. gr. 8. (12 S.) Rostock 900. Stiller. n. — 30

Hashagen, Justus: Die rheinische Kirche unter französischer Herrschaft.
Aus: Studium Lipsiense. Ehrengabe f. Karl Lamprecht. 1909.

Hashagen, Justus: Otto von Freising als Geschichtsphilosoph und Kirchenpolitiker. *Dresden 1900: B. G. Teubner.* (34 S.) 8° ¶ [Erschien vollst. 1900 in: Leipziger Studien aus d. Gebiete d. Geschichte, Bd 6, H. 2.]
Leipzig, Phil. Diss. v. [5. Mai] 1900

Hashagen, Just., Otto v. Freising als Geschichtsphilosoph u. Kirchenpolitiker, s.a. Studien, Leipziger, a. d. Gebiet d. Geschichte. VI. 2.

Otto von Freising als Geschichtsphilosoph und Kirchenpolitiker. Von Justus Hashagen. *Leipzig: B. G. Teubner 1900.* (101 S.) 8°
— Studien. Leipziger, aus d. Geb. d. Geschichte. Bd 6, H. 2.

Hashagen, Just., das Rheinland u. die französ. Herrschaft. Beiträge z. Charakteristik ihres Gegensatzes. (XV, 611 S.) gr. 8. Bonn 908. P. Hanstein. nn 15. —

— s.: Zeitschrift, westdeutsche, f. Geschichte u. Kunst.

Hashimoto, Kanjiro, japan. Stabsarzt: Ueber einen Fall von Sepsis nach Verbrennung. Mit 2 Abb. München 1907: Wolf. 19 S. 8°
München, Med. Diss. v. 2. Dez. 1907, Ref. v. Bollinger
[Geb. 31. Dez. 78 Imazu; Wohnort: Imazu; Staatsangeh.: Japan; Vorbildung: Präfektur-Gymn. Kanazawa Reife April 95; Studium: Kanazawa Med. Hochsch. 8, München 1 S.; Rig. 2. Dez. 07.] [U 09. 3331

Hasius, s. Hase

Haske, F. C., d. wichtigsten Angelegenheiten d. Menschen. 8. Braunschw. 802. N. A. 822. Vieweg. 4 ℛ

Haskell, L. P., s.: Morgenstern, M., Grundriss der Zahnersatzkunde.

Haskell, Mellen Woodman [aus Boston]: Ueber die zu der Curve $\lambda^3\mu + \mu^3\nu + \nu^3\lambda = 0$ im projectiven Sinne gehörende mehrfache Ueberdeckung der Ebene. . . . Baltimore, Druck v. Isaak Friedenwald, 1889; 1 Bl. + 51 + 1 S. + 1 Bl. u. 2 Taf. 4°
Göttingen, Phil. Fak., Inaug.-Diss. v. 18. Jun. 1889

Haskell, Mellen Woodman. Ueber die zu der Curve $\lambda^3\mu+\mu^3\nu+\nu^3\lambda=0$ im projectiven Sinne gehörende mehrfache Ueberdeckung der Ebene. Diss. gr. 4. (52 S. m. 2 Taf.) Baltimore 890. (Gött., Vandenhoeck u. Ruprecht.) * 2 80

Haškovec, Ladisl., Beitrag z. Lehre üb. d. Function d. Schilddrüse, s.: Formánek, Eman.

— Johann Martin Charcot, s.a. Formánek, Eman., u. Ladsl. Haškovec, Beitrag z. Lehre üb. d. Function d. Schilddrüse.

Johann Martin Charcot v. Dr Ladislaus Haškovec. *Wien: A. Hölder 1895.* (117—144 S.) 8.
— Zeit- u. Streitfragen, Klinische. Bd IX. H. 3/4.

Hasl, Alois, a. Ebersroith: Geschichte der Anschauungsmethode. Würzburg 1904: C. J. Becker. (68 S.) 8°
München, Phil. Fak., Ref. v. Müller, Diss. v. 15. Apr. 1905
[Geb. 12. Mai 65 Ebersroith, Oberpfalz; Wohnort: Landsberg a. L.; Staatsangeh.: Bayern; Vorbildung: Altes Gymn. Regensburg Reife 87; Studium: München 2, Seminar d. St. Meinrad's Abbey (U.S.A.), Lyceum Regensburg, München 5 S.; Rig. 10. Juni 04.]

Hasl, Max, aus Ebersroith: Zur Geschichte des geographischen Schulbuches. *Würzburg 1903: C. J. Becker.* (103 S.) 8°
Würzburg, Phil. Diss. v. 1903

Haslach [Schlagwort]

Haslach, s.: Geologische Karten, Spezialkarte. (Baden.)

Haslacher, A. R., die hydrometrischen Beobachtungen im Jahre 1886. Tabellarisch und graphisch dargestellt. Mit 52 Tabellen und 3 lithogr. Tafeln. 4°. (VI, 52 S.) Prag, Calve. In Comm. fl. 1.50.

Haslam, Arthur R. [aus Dublin]: Ueber die Einwirkung von Phosphorpentachlorid und Phosphorpentabromid auf Chloralid, Bromalid und Trichlormilchsäure. . . . Bonn, Univ.-Buchdr. v. Carl Georgi, 1880; 88 S. 8°
Erlangen, Phil. Fak., Inaug.-Diss. v. 1880

Haslam, Jh., Beobachtt. über d. Wahnsinn, nebst prakt. Bemerkk. über diese Krankheit ꝛc. Aus d. Engl. 8. Stendal 800. Franzen u. Gr. 8 ℛ

Haslam, John. Erklärungen der Tollheit, welche e. eigenthüml. Fall v. Wahnsinn u. e. nicht minder merkwürd. Unterschied in der ärztl. Begutachtg. vorführen. Aus dem Engl., m. einigen begleit. u. erläut. Bemerkgn. versehen von F. Wollny. gr. 8. (59 S.) Lpz. 889, O. Wigand. * 1 20
Kal.: Wollny, F. Bestätigung d. Erklärungen d. Tollheit.

Haslam, William

Haslam, W., Aehren aus Gottes Erntefeld. Geschichten z. Evangelium Johannis. 8. (VIII, 168 S. m. Titelbild.) Basel (892). Missionsbuchh. n. 1. —; geb. n. 1. 60

Haslam, W., bist Du befriedigt? oder die Bekehrung eines hochkirchlichen Geistlichen in England. Aus dem Englischen. 12. (26 S.) Bonn 881. Schergens. n. — 15

— ein persönlicher Christus. Aus dem Englischen. gr. 16. (26 S.) Köln 879. Schewe & Co. n. — 15

Haslam, W.: Ihr werdet Ruhe finden, s. Missionstraktate, Kleine.

Haslam, W.: Kommt her zu mir!, s. Missionstraktate, Kleine.

Haslam, W., „Nicht aber ich". Führungen u. Erfahrgn. Frei aus dem Engl. übertr. v. A. L. Schettler. 8. (VIII, 433 S.) Bonn 890. Schergens. n. 3. 20; geb. n. 4. 20

Haslam, W., vom Tode zum Leben od. 20 Jahre aus meinem Amtsleben. Frei aus dem Engl. übertr. v. A. L. Schettler. 8. (XII, 363 S.) Bonn 885. Schergens. n. 3. —

— vom Tode zum Leben od. 20 Jahre aus meinem Amtsleben. Frei aus dem Engl. übertr. v. A. L. Schettler. 2., durchgeseh. Aufl. 8. (XII, 368 S.) Ebd. 891. n. 3. —; geb. n. 4. —

Haslam, W., vom Tode zum Leben od. Zwanzig Jahre aus meinem Amtsleben. Frei aus dem Engl. übertr. v. A. L. Schettler. 3. Aufl., m. Vorwort v. J. Dammann, nebst 8 Bildern. (X, 371 S.) 8. Bonn 904. J. Schergens. n. 2. 50; kart. n. 3. —; geb. n. 3. 50

— v. der Spitze aus bauen. Amtsbrüderliches Sendschreiben. 8. (14 S.) Bonn 892. J. Schergens. n. — 10

Haslang, s.a. Hasslang

v. Haslang, Reichsgraf Siegm. Frz., († d. . . . Dec. 1803.) Abhandl. von d. Bereicherung eines Landes durch den Flor u. d. Aufnahme des Handlungsgeschäftes mittelst nützl. Fabriken u. Manufakturen; nebst Reichsgr. Ant. v. Törring's Anhang v. d. Verbess. bei dem Hopfenbau. 4. Münch. 778. Lentner. 8 ℛ

— Abhandl. von d. Einflusse eines wohlgeordneten Ackerbaues in d. Glückseligkeit eines Staats, nebst dessen Erfindung, wie den schadhaften Folgen d. Schneedruckes abzuhelfen sey. 4. Burghausen. (Münch.) 771. Lentner. 3 K

Haslauer, Adolf: Zu Lucans Pharsalia lib. VII. Burghausen 1905: L. Russy. (45 S.) 8°
Burghausen, k. human. G P 1905*

Haslauer, Jos., Deutscher Führer in Venedig. gr. 12. (4⅔ B.) Wien 834, Gollinger.

Haslbeck, Jos., Hülfsbüchlein z. Erlernung d. Kopf- u. Tafelrechnens f. d. Hand d. Werk- u. Feiertagsschüler in d. deutschen Schulen. 2 Abthln. 8. Sulzbach, v. Seidel'sche Bh. à $^{1}/_{12}$ Thlr.
Abthl. 1. Die vier Grundrechnungsarten in gleich u. ungleich benannten Zahlen m. ihren Vorübungen z. Kopf- u. Tafelrechnen ec. (6 B.) 839.
= 2. Eigentliche Kopfrechnungen. (5 B.) 840.

—— Hülfsbüchlein in d. deutschen Sprache u. Rechtschreibelehre, Geographie, bayer. Geschichte, Naturgesch., Naturlehre, Himmelskörperlehre, Zeitrechn., im Kalenderwesen u. in d. Körper- u. Seelenlehre, f. d. Hand d. Werk- u. Feiertagschüler in d. deutsch. Schulen bestimmt. Nach d. neusten Bestimmn. eingerichtet. 8. (13 B.) Sulzbach 838, v. Seidel'sche Buchh.

Haslberger: Das Mikroskop mit besonderer Rücksicht auf die neuesten Verbesserungen. 20 S.– Kremsmünster, Progr. 1857.

Haslbruner, Karl, die Lehre v. der Aufmerksamkeit. Eine philosophisch-pädagog. Studie. gr. 8. (VIII, 107 S.) Wien 901. (H. Kirsch.) n. 1. 20

— Schreibhefte f. Faulmann'sche Stenographie. In 2. Aufl. unverändert m. Bewilligg. des Autors hrsg. vom Centralvereine f. Faulmann'sche Stenographie in Wien. 2 Hfte. gr. 8. (à III, 12 S.) Wien (900). Centralverein f. Faulmann'sche Stenographie. à n. — 25

Haslebacher, Adolf. Experimentelle Beobachtungen über die Nachwirkungen bei der Bromæthyl- und Chloræthylnarkose. Diss. Med. Bern. 38 S. 8. Bern, C. Sturzenegger, 1901.

Häslein, klein. ([3. T. farb.] Bilder v. Fr. Müller-Münster.) [Aus der Sammlg. „Das deutsche Bilderbuch".] (15 S.) 22,5×29,5 cm. Mainz (910). J. Scholz. Geb. 1. —

Haslein, Johann Heinrich, siehe Bragur.

Häslein, Jh. Hnr., († d. 24. Oct. 1796.), s. 1) Hans Sachs, Gedichte. 2) Widerlegung der dem Nürnb. Rugamt gemachten Beschuldigungen

Hasler, s.a. Hassler. – Haszler

Hasler, ..., s.a. Beschreibung der Münsterkirche ec. in Basel.

Hasler und Cie. Beschreibung der Münsterkirche und ihrer Merkwürdigkeiten in Basel, mit 17 Abbildungen. Basel 1842. Fol.

Hasler, Anny Schmid-
s. Schmid-Hasler.

Hasler, Eugen. Die jugendlichen Verbrecher im Straf- und Strafprozessrecht, mit besonderer Berücksichtigung des Vorentwurfs zu einem schweizerischen Strafgesetzbuch und der zürcherischen Strafprozessreform. VIII + 170 S. 8. Aarau, H. R. Sauerländer & Co., 1908.
Ausg. A: Diss. Staatsw. Univ. Zürich ... von E' H'....
Ausg. B: Von Dr. E' H'.

HASLER, Ferdinand (München): Ueber das Verhältniss der heidnischen und christlichen Ethik auf Grund einer Vergleichung des Ciceronianischen Buches "De officiis" mit dem gleichnamigen des heiligen Ambrosius.- München: Franz 1866. 4 Bl., 48 S.
21.7.1866 - Urk (Titel: Quae sit inter ethicam gentilium et christianorum relatio ex libro S. Ambrosii de officiis cum homonymo libro Ciceronis collato explanata.); F 44
Diss. Ingolst.-Landsh.-Mchn.

Hasler, F., über das Verhältniss der heidnischen u. christlichen Ethik auf Grund einer Vergleichung des Ciceronian. Buches „de officiis" mit dem gleichnam. des heil. Ambrosius. München 866. (Franz'sche Buchh.) Lex.-8. (VIII, 48 S.) 12 ngr.

Hasler, Ferd., über das Verhältniss der Volkswirthschaft und Moral. Ethisch-sociale Abhandlung. gr. 8. (40 S.) Passau 887, Waldbauer. * 1 —

Hasler, Friedrich

Häsler, F., u. H. Häsler, s.a. Gallerie berühmter Schweizer der Neuzeit.

Häsler, Fr., Gallerie berühmter Schweizer der Neuzeit. Mit biograph. Text von Alfr. Hartmann. (In 25 Lfgn.) 1.—17. Lfg. Fol. (à Lfg. 4 Stnt. und 16 S. Text.) Baden im A. 1863–67. (Zürich, Schabelitz'sche Buchh.) à Lfg. * 1 Thlr. 10 Ngr. *

Hasler, G. Anlage von Blitzableitern. Bern 1887.

Hasler, G. Barograph und Anemo-Ombrograph von Hasler und Escher in Bern. 4.

Hasler, G. Limnigraph. 4.

Häsler, G. Zur Mostbereitung. 8°. 16 S. Bern, K. J. Wyss. 1899. — 20

Hasler, G. Resultate der Thermographen auf dem Faulhorn und in Mürren. Bern 1881.

Hasler, G. Automatisch funktionierender Thermograph. Bern 1884.

Hasler, G. Wasserstands-Telegraph. Bern 1876.

Hasler, Godofr., de Neuromate. Dissert. inaug. 4maj. (3½ B. u. 3 Stnt.) Turici 835, Orellii, Fuesslini et Soc. *

Hasler, Hans. Der schweizerische Weinbau, mit besonderer Berücksichtigung der zürcherischen Verhältnisse. Eine volkswirtschaftliche Studie. [Mit Figuren.] 8. Zürich, Gebr. Leemann & Co., 1907.
Ausg. A: Diss. Staatsw. Univ. Zürich ... von H' H'.... II+VI+271 S. Z' ... 1907.
Ausg. B: Von Dr. jur. H' H'. [Umschlag mit Vignette.] VI+271 S. Z'-Selnau ... 1907. (fr. 4.80)

Hasler, Jac[ob] Eduard, von Winterthur [Kt. Zürich]: Die Wirkung der Verjährung bei der Schuldklage. Winterthur J. Westfehling Dr. 1872. 2 Bl., 72 S., 1 Bl. Thesen. 8°.
Zürich, Jur. Diss. [v. 2. März 1872].

Hasler, Joachim Leo.

Hasler, J. L., Missa quatuor vocum, s. Musica divina.

Hasler, Jos. Leo., Missa „secunda" ad quatuor voces inaequales. Ex codicibus originalibus redegit et edid. Franc. Witt. (Partitur und Stimmen.) Imp.-4. (IV, 28 S.) Regensburg 870, Pustet. *

Hasler, Johs., ein Frauenleben. Erzählung. (78 S.) 17×11 cm. Basel 909. Kober. — 60

Hasler, Josef

— Abhandl. von den verschied. Arten u. Ursachen d. Schlagflüsse. 8. Landsh. 787. 2e A. 789. (Münch., Lindauer). 3 K

Hasler, Jo., Abh. v. d. verschiedenen Arten u. Ursachen d. Schlagflüsse, nebst den eigentlichen u. wirksamsten Genesungs- u. Verdauungsmitteln. Landsh. 1787. 1791. 8°. A. D. B. Anh. B, 53–86, p. 395.

Hasler, Jos., († 1789.) Abhandl. über den Keichhusten. mit theoret. Beobachtt. 8. Landsh. 789. (Storno). 9 K

Das eheliche Güterrecht im internationalen Privatrecht. Von Dr. Karl **Hasler.** *Zürich: F. Schulthess 1897.* (Erschien zuerst als Zürcher Diss.) (4 Bl., 95 S.) 1 Bd 8. [97. 6359

(HASLER), P. LUCAS A S. NICOLAO: Hoch-verdiente Ehren-Gedächtnuss des Hoch-Edl-gebornen Herrn Mathael von Salbeck, welche zu Rhadna auf denen Hungarischen Seiten am Flusse Marosch, Aradiner Gespannschaft im Jahre 1735 an zehenden Tag des Wein-Monaths, dem ersten aber der dreytägigen Trauer- und Leich-Besingnuss aufgerichtet hat P. Lucas a S. Nicolao (Hasler Viennae Austriae) Trinitarier. Gedr. zu Ofen bey Joh. Georg Nottenstein. 1736. 10 f. - 2°

(HASLER) LUCAS A. S. NICOLAO, FR.: Geistliches Glück- und Freuden-Land zwischen himmlischen Hülff-Geistern u. Insassen der Erde, Welches An deren Heil. Engeln Jährlicher Ehren-Begängnuss den 13ten Sonntag nach Pfingsten deß Monaths Augusti, in würdigen GOttes-Hauss deren Englischen Gliebds-Töchtern deß Heiligen Patriarchen Dominici bey St. Anna zu Brünn in Mähren vermög einer geringsten Ehren-Red Vorgewiesen hat. Gedruckt zu Tyrnau in der Academischen Buchdruckerey durch Fr. Gall. 1721. 10 f. - kl. 4°

(HASLER, FR. LUCAS A. S. NICOLAO). Seraphinisch-Cherubinisches Lobgesang So Allerhöchster Drey Einigen Gottheit Am hohen Titular-Fest des Ordens u. der Englischen Ertz-Bruderschafft der Allerheyligsten Dreyfaltigkeit von Erlösung gefangener Christen in Königl. Freystadt Tyrnau, nach Geburth deß Heilands 1721. den 8-ten Brach-Monaths von eigener Kirchen-Cantzel vor einer zahlreichen versammelten Deutschen Nation, unter erschallenden Trompeten u. Paucken-Chor. Statt dieffschuldigster Ehren-Red angestimmet hat F. Lucas a. S. Nicolao. Gedruckt zu Tyrnau in der Academischen Buchdruckerey durch Fridr. Gall. 1721. 9 f. - 4°

(HASLER) LUCAS A. S. NICOLAO, FR.: Neu-erstammender Trost- und Wunder-Redner heiliger böheimischer Blut-Held Johannes Nepomucenus deme unser heiligst-regierender Vatter Innocentius dises Nahmens der Dreyzehnde die von undencklichen Jahren an erwiene Verehrung zuerkennt. Darauf einen sondern festtäglichen Ehrentag auss schuldiger Pflicht-Erkenntnis die zu Tyrnau versambiete Teutsche Nation mit inbrünstigen Eyfer am 9-ten Sonntags dess August-Monaths, im würdigen Gotteshauss dess Parfüsser-Ordens der allerheil. Dreyfaltigkeit von Aussiöeung gefangener Christen gewidmet. Gedruckt zu Tyrnau in der Academischen Buchdruckerey durch Fridr. Gall. 1721. 14 f. - kl. 4°

(HASLER), LUCAS A S. NICOLAO: Turris Libani respiciens contra Damascum, oder ein mit Wunder beleuchtetes Creutz-Bildnis CHRISTI JESU, so ehemalen in Siebenbürgen zu Hermannstadt verehrt, jezt in Wien bey den Baarfüsser Vätern aufbewahrt worden. Wien 1725. 276 S. - 4°

HASLER, FR. LUCAS A. S. NICOLAO. Vindex libertatis christianae, oder sonder beflissener Freyheit-Bischirmer deren unter tartarisch-türckischer Dienstbarkeit angeschlossenen Christen, vermög wessen der leiblichen Dienstbarkeit unvergleichliches Elend: des über fünff verflossenen Jahr Hundert in Zertrennung deren Banden und Fesseln unübermiedet schwitzenden heil. Ordens der heyl. Dreyfaltigkeit herrlichen Schein, und scheinbaren Ehren-Ruff, alsdann mit merckwürdige Denckzeichen hinterbracht, nun aber auch ... durch öffentlichen Druck den ersten Theil allkündig gemacht hat F. Lucas a S. Nicolao. Tyrnau 1722. Gedruckt in der Academischen Buchdruckerey durch Fr. Gall. 8, 73, 1 S. - 4°
- Dass. Neuere Ausg. Wienn 1731. 187 S. - 4°

Hasler, Mark

— d. Frühling. 4. Helmst. 757

Hasler, Mark., († d. 18. Oct. 1792.) Nachahmungen deutscher Dichter u. Redner. 8. Halle 758. Schwetschke u. S. 7 K

— die durch d. Buchdruckerkunst blühende Religion u. Gelehrsamkeit. 4. Helmst. 757.

Hasler, Max, aus Stäfa [Kt. Zürich]: Ueber die Dauer der Schwangerschaft. Zür. Zürcher u. Furrer Dr. 1876. 2 Bl., 81 S., 2 Taf., 1 Bl. Thesen. 8°.
Zürich, Med. Diss. [v. 20. Dec. 1876].

Haesler, K., Formular-Buch zur Wechsellehre, f. Handelsschulen, kaufmänn Fortbildungs- u. Gewerbeschulen. (16 Bl.) qu. 16. Detmold 906. E. Hammann.
n.n. — 30

Haesler, K., praktische Wechsel- u. Schecklehre. Unter Berücksicht. der neuesten Gesetzgebg., sowie unter Beifügg. v. Übungsformularen, leichtfaßl. bearb. 2. Aufl. (9 S.) 11×29 cm. Detmold 910. E. Hammann.
Geb. in Halbleinw. — 60

Haslerchronik, Die sogenannte. [Bern] 1897. V: *Tobler, Gustav.* (Zuwachsverz. d. Bibliotheken in Zürich 1898 ff.)

Haslett und Hackley, praktisches Taschenbuch für Ingenieure, s.a. **Brauns, D.**

Haslett und Hackley. Praktisches Taschenbuch für Ingenieure und Techniker. Deutsch bearb. von D. Brauns. 2. A. Braunschweig 1885. 12.

Haslhofer Sebastian: Leopold III. in seinem Verhältnis zum großen Schisma des ausgehenden 14. Jahrhunderts.
II. 1894 PN 832 Diss. Wien, Univ. 756

Haslhofer, Geb., ein Wort an die Volksbildner od.: Das Christentum als Religion der Wahrheit, der Freiheit u. des Fortschrittes, s.: Volksaufklärung.

Hasli, Die Landschaft, kömmt an Bern. [Bern 1821.] V: *Stierlin, E.* (AARK)

Häslich, W., Keiner zu klein, Helfer zu sein, s.: Geschichten vom Gustav-Adolf-Verein f. Kinder. 4. Hft.

Haslinde, Heinrich, Reg.-Ass.: Befugnisse der Orts- und Landespolizeibehörde in Preußen gegenüber den Eisenbahnen. Borna-Leipzig 1909: Noske. 46 S. 8°
Leipzig, Jur. Diss. v. 22. Nov. 1909
[Geb. 21. Mai 81 Berlin; Wohnort: Brilon; Staatsangeh.: Preußen u. Sachsen; Vorbildung: Friedrich-Wilhelms-Gymn. Berlin Reife O. 00; Studium: Heidelberg 1, München 1, Bonn 1, Berlin 3 S.; Rig. 5. Okt. 03.] [U 10. 2724

Haslingen, Graf v., Repertorium der wichtigsten bestehenden Erlasse, Verordnungen, Provinz- u. Regierungs-Bekanntmachungen der Prov. Westfalen u. der Reg.-Bezz. Minden, Münster u. Arnsberg. gr. 8. (VI S. u. 95 Bl.) Bielefeld-Gadderbaum 900. W. Bertelsmann. n. 2. 50; kart. n. 3. —

Haslingen, Graf v., Repertorium d. wichtigsten, besteh. Reichs- u. preuß. Gesetze, Ministerial-Erlasse u. Ober-Präsidial-Bestimmgn., sow. Regierungs-Polizei-Verordnungen d. Reg.-Bez. Arnsberg. Wegweiser z. Auffinden f. Jedermann, insbes. aber f. sämmtl. im Polizei- u. Verwaltungsfache beschäft. Beamten, Gehülfen u. s. w. 12. (70 S.) Westhofen 897. (Dortmund, Ruhfus.) n. 1. 20

— Repertorium der wichtigsten Reichs- u. preußischen Gesetze, Verordnungen, Erlasse u. s. w. f. jedermann. 2., verb. u. verm. Aufl. gr. 8. (VI, 96 Bl.) Ebd. 900. n. 2. 50; kart. n. 3. —

Haslingen, Franz von

Haslingen, Graf v., Geschichte des Kadettenhauses in Potsdam. Mit 2 Bildern in Lichtdr., 2 Plänen (Grundrissen) u. 2 Textskizzen. (V, 98 S.) Lex.-8. Berlin 906. E. S. Mittler & Sohn. n. 2. 25

Geschichte des Kadettenhauses in Potsdam von [Franz] Graf v. **Haslingen,** Oberstlt. 2. Aufl. Mit 2 Bild., 2 Pl. u. 2 Textskizzen. Berlin: E. S. Mittler & Sohn 1907. (100 S.) 4°(8°) [F.] [07. 15018

Haslingen, Georg von

Haslingen, Graf v., Ausbildung f. den Krieg, s.a. Zeit- u. Streitfragen, militärische. 18.

Haslingen, Georg Graf v.: Ausbildung für den Krieg. Von –, Gen. Lt. z. D.
Berlin: Bath 1909. 40 S. 8° [Umschlagt.]
(Militärische Zeit- u. Streitfragen. H. 18.)

Haslinger, Carl, s. Haslinger, Karl

Haslinger, Erich, Medizinalprakt.: Untersuchungen über die Gerinnungsfähigkeit des Blutes beim Menschen mit besonderer Berücksichtigung der Menstruation. Borna-Leipzig 1910: Noske. 23 S. 8°
Leipzig, Med. Diss. v. 1. Dez. 1910, Ref. Zweifel
[Geb. 13. Jan. 84 Berlin; Wohnort: Gr.-Lichterfelde; Staatsangeh.: Preußen; Vorbildung: Gymn. Wernigerode Reife M. 04; Studium: Bonn 2, Berlin 4, München 2, Berlin 2 S.; Coll. 9. Dez. 10; Approb. 13. Febr. 11.] [U 11. 3025

Haslinger, Frz., botanisches Excursionsbuch. Eine Anleitung die im Brünner Kreise u. dem angrenzenden Gebiete vorkommenden phanerogamen Pflanzen zu bestimmen. Nach der analyt. Methode zusammengestellt. Brünn 869. Buschak & Irrgang. gr. 16. (XXXI, 230 S.) cart. n. 24 ngr.

Haslinger, Frz., botanisches Excursionsbuch für den Brünner Kreis u. das angrenzende Gebiet, sowie für Theile des Znaimer u. Iglauer Kreises mit Einschluss der Nutz- u. Zierhölzer der Gärten u. öffentlichen Anlagen Brünn's. 2., verm. u. verb. Aufl. 8. (XXIV, 259 S.) Brünn 880. Buschak & Irrgang. cart. n. 2. 60

Haslinger, Frz. v. P., christkathol. Gebetbuch f. Erbau. suchende Christen überh., vorzügl. f. solche aus d. weibl. Geschlechte. 2 Abthln. 12. (28 B. u. 2 Stlkpfr.) Linz 835, Haslinger'sche Buchh. 1⅓ Thlr., Schrbp. 1⅔ Thlr., Schrbp. = Blnp.
Abthl. 1. Vom 1. Advent = Sonntage bis Pfingsten.
" 2. Vom Pfingst = Sonntage bis auf das Advent.

Haslinger, J. M., und **W. C. Reischl,** Erinnerung an den Marien-Mai, s. **Reischl, W. C.**

Haslinger, Joh. Ad. Beiträge zur Menschenbildung. Wien 1788. H: *Richter, Joseph.* (wrztg 1787, S. 2285. 2889) (Allg. Litt.-Zeitung. Jena 1787., Int.-Bl., S. 141ff.) (Biblport)

Haslinger, Karl

Haslinger, Carl: Über die Einwirkung auf Äthylamin auf Isatine. 1908. 52 S. 8° ¶ Vgl. Berichte d. Deutschen Chem. Gesellschaft. Jg. 40. 1907.
Berlin, Dr.-Ing.-Diss. v. 26. 6. 1908

Haslinger, Th., Junggesellen- u. Touristen-Kochbuch. 8. (X, 112 S.) München 896. Braun & Schneider. Kart. n. 1. 50

Haslinger, Th., Junggesellen- u. Touristen-Kochbuch. 2. Aufl. 8. (X, 112 S.) München 896. Braun & Schneider. Kart. n. 1. 50

Haslinger, Th., Reform-Kochbuch „Tischlein deck Dich". Prakt. Handbuch u. Anleitg. zu gut bürgerl. u. feinerer Kochkunst am eig. Herd wie in d. Muster-Gasthof-Küche. Nach nur erprobten Rezepten unt. Mitwirkg. hervorrag. Küchenmeister, Köchinnen u. tücht. Hausfrauen hrsg. Mustermenus f. alle Gelegenheiten u. Jahreszeiten, Tafeldecken, kaltes Buffet, Haus-Konditorei, Wurstmachen, Bowlen- u. Likörbereitg., Picknick-Arrangement. Empfehlenswerte Bezugsquellen 2c. gr. 8. (287 S.) Stuttgart 895. (Berlin, H. v. Treuenfeld.) Geb. in Leinw. n. 4. —

Haslwanter, J., die Zither-Saiten u. deren Behandlung. 8. (38 S.) Tölz 891. Verlag des „Echo vom Gebirge". n. — 50

Hasner, J., Handbuch d. landtäfl. Verfahrens im Königr. Böhmen. gr. 8. Prag 824. (Kronberger u. W.) 1 ₰

Hasner, J.: Handbuch d. landtäflichen Verfahrens im Königr. Böhmen, in Verbindung mit einer chronolog. Geschichte d. königl. böhm. Landtafel von den ältesten bis zu d. neuesten Zeiten. *Prag*, Walther. 824. gr. 8. (1 Thl. 8 Gr.)

Hasner, Josef, s. Hasner von Artha

Hasner, Leopold von. Denkwürdigkeiten. Autobiographisches und Aphorismen. Stuttg. 1892. H: *Hasner, Joseph von.* (Berl)

Hasner, Leop. v., Denkwürdigkeiten. Autobiographisches u. Aphorismen. gr. 8. (III, 196 S.) Stuttgart 892. J. G. Cotta Nachf. n. 5. —; geb. n. 6. —

v. Hasner, Leop., Filosofie des Rechts u. seiner Geschichte in Grundlinien. Lex. 8. (VI u. 308 S.) Prag 851, Calve. 2¼ ₰

Hasner, Leop. v., System der politischen Oekonomie. (In 3 Bdn.) 1. Bd. Prag 860. Credner. gr. 8. (VIII, 310 S.) n. 2 ₰

Hasner von Artha, Josef

Hasner, Jos. v., das mittlere Auge in seinen physiologischen und pathologischen Beziehungen. gr. 8. (VIII, 117 S.) Prag 879, Calve'sche Hofbuchh. * 3 —

Hasner, Jos. v., Beiträge zur Physiologie u. Pathologie d. Auges. Mit 2 Xylogr. im Text. gr. 8. (IV, 82 S.) Prag 873. Calve. n. 2. 40

Hasner Edler v. Artha, Jos., Beiträge zur Physiologie u. Pathologie des Thränenableitungsapparates. [Mit 1 lith. Taf.] Lex. 8. (VIII u. 104 S.) Prag 850, Calve. ¾ ₰

Hasner, Jos. v., über die Benützung foliirter Glaslinsen zur Untersuchung des Augengrundes. Prag 855. Calve. (Tempsky.) gr. 8. (31 S.) 9 ngr.

Hasner, Jos. v., über das Binocularsehen. Mit 2 (lith.) Abbildgn. (Aus den Abhdlgn. der k. böhm. Ges. der Wiss.) Prag 859. (Tempsky.) gr. 4. (12 S.) n. 8 ngr.

—— Tycho Brahe und J. Kepler in Prag. Eine Studie. gr. 8. (47 S.) Prag 872, Calve'sche Universitäts-Buchh. *

Hasner, Jos. v., die Entwickelung d. klinischen Unterrichtes in Prag. [Aus: „Festschrift zur Centenalfeier d. k. k. allgem. Krankenhauses in Prag".] gr. 8. (53 S.) Berlin 891. Fischer's medicin. Buchhandlg. n. 1. —

—— Entwurf einer anatom. Begründung der Augenkrankheiten. gr. 8. (VII und 263 S. mit 1 Stnt.) Prag 847, Calve'sche Vrlgsh. 1

— über die Grenzen der Accommodation d. Auges. Mit 1 (eingedr.) Holzschn. gr. 8. (32 S.) Ebend. 875. n. 1. 60

Hasner v. Artha, J., Lehre von den Verletzungen in gerichtsärztlicher Beziehung, s. Handbuch der gerichtlichen Medicin.

Hasner, Jos. v., die neueste Phase der Staar-Operation. Prag 868. Tempsky. gr. 8. (15 S.) n. 4 ngr.

— die **Statopathien des Auges.** Mit 3 lith. Taff. Ebend. 869. gr. 8. (35 S.) n. 12 *ngr.*

Hasner, Jos. v., phakologische Studien. Eine Streitschrift über die Staaroperationen. Prag 868. Tempsky. gr. 8. (32 S.) 6 *ngr.*

—— System der politischen Oekonomie. (In 8 Bdn.) 1. Bd. gr. 8. (VIII und 810 S.) Prag 860, Credner's Verlags-Conto. *

— klinische Vorträge über Augenheilkunde. (In 2 Abthlgn.) 1. Abth. Krankheiten der Sklera, des Augapfels, Brillenlehre und Ophthalmoskopie. Prag 860. Credner. Lex.-8. (VIII, 119 S. m. Holzschn.) n. 24 *ngr.*

— **klinische Vorträge über Augenheilkunde. 2. Abthl.** Krankheiten der Hornhaut. Prag 865. Credner. Lex.-8. (1. Bd. S. 120—218 mit eingedr. Holzschn.) n. 20 *ngr.*

— — 3. Abthl. Die Krankheiten des Linsensystems. Ebend. 866. Lex.-8. (1. Bd. S. 219—324 mit eingedr. Holzschn. Schluss.) n. 24 *ngr.*

—s. Zeitschrift für Heilkunde

Haesner, Walter, Oberarzt: Über Verwendung des Paraffins zu plastischen Operationen. Breslau 1909: Breslauer Genossensch.-Buchdr. 55 S. 8°

Breslau, Med. Diss. v. 31. Juli 1909, Ref. Küttner

[Geb. 8. Juni 77 Gnesen; Wohnort: Breslau; Staatsangeh.: Preußen; Vorbildung: Gymn. Gnesen Reife O. 97; Studium: Berlin K. W. A. 10 S.; Coll. 23. Juli 09; Approb. 23. Febr. 04.] [U 09. 552

Haso, Karl v.: Kirchengeschichte auf der Grundlage akademischer Vorlesungen v. –. (II. III: Hrsg. v. Prof. Dr. Gustav Krüger.) Tl. I. II. III. Leipzig: Breitkopf & Härtel 1891–98. 6 Bde 8°

Abth. 1. 2, Hälfte 1. 2. I. II.

I. 1891. (1 Bild, VII, 638 S.)

II. 2. durchges. Aufl. 1895. (IX, 582 S.)

III. 2. durchges. Aufl. Abth. I. 1896. (V, 438 S.) Abth. 2. Hälfte. I. 1897. (VIII, 358 S.) Abth. 2. Hälfte 2. I. 1897. (3 Bl., 359–728 S.) Abth. 2. Hälfte 2. II. 1898. (2 Bl., 729–1023 S.)

Haspar, s. Hasper

Haspel, Friedrich Lorenz (Schwäb. Hall), De centena sublimi Suevo-Halensi. Dissert. jur. Präs. Gottfried Daniel Hoffmann. Tübing. (Erhard) 5. I. 1761. 124 S., tlws. dtsch. mit Widm. v. Präs. (10.—) 13403

Johann Friedrich Haspel

De Procesia. Erlangae (1780:) Kunstmann. XXXVI S. 8°

Erlangen, Med. Diss. v. 1. Juni 1780

Haspelmacher, Augustin Zum 4. November 1888. 4 (S. 51 der Schuln.). Progr. G. *Helmstedt* 1889 (654).

„Dem Generalsup. Aug. H. Th. Kuhn zum 50jähr. Predigtamtsiubil. gewidmet."

Haspelmacher, Jh. Geo. Hnr., Postmat, Abhandl. von den schädl. Folgen e. auf nicht sichern Regeln gegründ. Fechtkunst. gr. 8. Helmst. 783. Fleckeisen. 8 gl.

HASPELMANN, Der alberne Handels-Mann Hanß —, der Raeftraeger und dessen seltzame Begebenheit. In poetischer Erzehlung. Derb-komischer Schwank aus dem XVII. Jahrhundert. (Neudruck.) O. O. u. J. (Cöln, Franz Teubner, 1890.) 8°.

Haspels, G. F., frische Brise. 2 Novellen. Aus dem Holl. übers. v. Martha Sommer. (221 S. m. 2 Bildnissen.) kl. 8. Berlin (904). H. Krüger. n. 2. —; geb. n. 3. —

Ⓑ **Haspels, G. F.,** frische Brise. 904. (KVL 33.) Jetzt: Berlin, R. Eckstein Nachf. 2.—; geb. 3. —

Haspels, G. F., auf der Dillenburg, aus „Vreugden van Holland". Autoris. Uebersetzg. 8. (30 S. m. 7 Abb. u. 3 Taf.) Dillenburg 903. Gebr. Richter. n. 1. 20

Hasper, fliegendes Extra-Schalt- u. Schelt-Tageblatt zum 29. Februar im ersten Jahre der neuesten Neufränkischen Republik. Ein Pariser Spiegel mit einer Berlinisch-Deutschen Nachrede. Friedrich-Wilhelmstadt 1848. [Aus dem Neuen Jahrb. für deutsche Sprache u. Alterthumskunde Bd. VIII. abgedr.] gr. 8. (10 S.) Berlin 848, (Leipzig) Herm. Schultze. 1 1/2 *ngr*

Hasper a Spada, eine Sage aus dem 13ten Jahrhunderte, vom Verfasser des Erasmus Schleichers. Leipz. 1792—93. V: *Cramer, Carl Gottlieb* (oder *Gottlob*). (GGr) (MGT) (Ky)

Hasper a Spada, eine Sage aus dem dreyzehnten Jahrhunderte, vom Verf. des Erasmus Schleicher (C. G. Cramer) 2 Theile, neue Aufl. 8. Leipzig, 794. B. Fleischer. 2 Rthl.

Hasper a Spada auf Burg Ilmen, od.: Rache u. Versöhnung. Eine Erzähl. a. d. 13. Jahrh. v. Verf. d. „Jutta v. d. Duba." 2 Thle. 8. (32 B.) Meißen 837, Klinkicht u. Sohn.

Hasper, Gph. Glo., (+ d. 1. Febr. 1797.), s. Leben Jesu.

Hasper, Christoph Gottlob (Marienberg/Misn.), Problema juris matrimonialis an juramentum reo de stupro delatum acceptatum et adjudicatum a consistorio in suppletorium mutari possit si actrix ante ejus praestationem stuprum semiplene probet? Präs. Traugott Thomasius. Lpz. (Langenheim) 2. VIII. 1746. 34 S. (6.20) 13405

Gew.: Christian Gottlieb v. Holtzendorff (Baerenstein . .). — Widm. v. Präs.

Hasper, Elise, die 4 Jahreszeiten. 12. (134 S.) Berlin 847, Lüderitz'sche Verlagsbuchhandlung. n. 1/2 *ß*

Hasper, Elise, das Leben in den vier Jahreszeiten. Ein Naturgemälde religiöser Tendenz. 2. (Titel-)Ausg. 12. (184 S.) Berlin (847)61, Lüderitz'sche Verlagsbuchh.

— Louise. 2 Thle. 8. (VI, 246 u. 213 S.) Ebd. 847. n. 1 1/2 *ß*

—— aus der Mädchenwelt. Ein Roman in Briefen zur Veredelung junger Mädchenherzen. 2 Thle. 2. (Titel-)Ausg. 12. (VI und 459 S.) Berlin (847)61, Lüderitz'sche Verlagsbuchh.

Hasper, F. W. L., kurzgefaßte deutsche Geschichte, von Christi Geburt an bis zu d. J. 1824, oder Reminiscenzen merkwürdiger Begebenheiten von 1824 Jahren, u. d. Geschichte d. Römisch-Fränkischen u. Sächs. Monarchie in gedrängter Kürze. 2 Bde. gr. 8. Annab. 824.

Hasper, H., s. Riquet, F. A., Predigten.

Hasper, Hugo Theodor, s. H a s p e r , Theodor

—- **Johann Carl** (Königsberg/Pr.), De puerperarum regimine. Diss. med. Bln. (Joh. Friedr. Starck) 20. II. 1823. 35 S. mit Biogr. (M.: L. Blank.) (6.20) 13406
Oppon.: M. Mandt, F. Ollenroth, E. Gabler. — Gew.: I. L. Hasper (Vater), I. C. Blanck.

Hasper, Ludwig

Hasper, [Ludovicus]: *De origine fubularum, quae C. Iulii Hygini, Augusti liberti, nomen prae se ferunt. 49 S. 4° (2°)
Halle-Wittenberg, Phil. Diss. v. 10. Juli 1849
Geb. [Könnern (Saalkr.) 13. 8. 1825]

Hasper, Ludwig W.

Hasper, L. W., Beiträge zur Topographie der homerischen Ilias. Brandenburg 867. (Müller.) gr. 4. (44 S.) n. 10 *ngr.*

Hasper, L. W., Pauli Brief an die Epheser. Im Urtext zunächst für den Schulgebrauch erklärt. Leipzig 862. Dyk. 8. (64 S.) n. 8 *ngr.*

- Pauli Brief an die Galater. Im Urtext zunächst für den Schulgebrauch erklärt. Ebend. 861. 8. (111 S.) n. 12½ *ngr.*

Hasper, L. W., Pauli Brief an die Römer. Im Urtext zunächst f. den Schulgebrauch erklärt. 8. (VI, 190 S.) Leipzig 870. Dyk. n. 1. 80

Hasper, L. W. Die Feinheit der Oekonomie und der Charakterzeichnung in den einzelnen Dramen des Sophokles und der Kern der sittlichen Anschauung des Dichters. 2 Teile. 26, 18 SS. **Progr.** Ev. G. *Glogau* 1881. 1882.

Hasper, *Ludwig W.* Goethe als Dramatiker. 8 (24 S.). **Progr.** Ev. G. *Gross-Glogau* 1889 (175).

Hasper, L., Goethe als Dramatiker. gr. 8. (24 S.) Leipzig 889. Fock. n. — 75

Hasper, L. W., Hyginus, philosophus. De imaginibus coeli. 1861. 82 S.

Hasper, L. W. Laocoon sive de limitibus artibus et fingendi et poeticae circumscriptis. Pars altera. [I: 1874.] 24 S. **Progr.** Ev. G. *Glogau* 1876.
Vgl. Laocoon . . . circumscriptis liber, in latinum versus sermonem per L. G. H. (206 S.) 16. Gütersloh 1879, Bertelsmann. 1 Mk. 50 Pf.

Hasper: Ueber Goethe's T o r q u a t o T a s s o. 43 S. –Mühlhausen, Progr. 1862

Hasper, Ludw. W. Das alte Troja und das Schlachtfeld der homerischen Helden. (17) 4. Glogau 1868.

Hasper, *Ludwig W.* Aus den Verhandlungen der Berliner anthropologischen Gesellschaft Sitzung vom 18. April 1885 bezüglich des Pestkreuzes an dem Hause Kupferschmidtstraße No. 9 in Glogau ausgezogen von H. 4 (3 S. der Schuln.). **Progr.** Ev. G. *Gross-Glogau* 1886 (170).

Hasper, Moritz

— — u. **Alfred Wilhelm Volkmann (Leipzig)**, De causis quibusdam incremento artis medicae amplificando atque promovendo maxime infensis. Spec. I. Lpz. (B. G. Teubner) 18. IX. 1824. 60 S. (6.—) 13408

— — Dasselbe. Spec. II. Lpz. (B. G. Teubner) 18. III. 1826. 65 S. (5.50) 13409

— — Dasselbe. Disquis. philos.-med. Lpz. (C. H. F. Hartmann) 1826. (S. 49—128.) (5.50) 13410
Enth.: Sectio III v. Spec. I u. Inh. v. Spec. II.

Hasper, Moritz, die epidem. Cholera od. d. Brechruhr. 1. u. 2. Aufl. (à 2 B.) 8. Leipzig 830, 31, Hartmann. à

A.P.W.Philip, Ueber Indigestion und deren Folgen. Nach der 2.Ausg. frey bearb. u. mit Bemerkungen vornehmlich im Bezug auf englische Literatur von Moritz Hasper. Leipzig: Hartmann 1823. XVI,358 S. 8°
(= Bibliothek der ausländischen Literatur für praktische Medizin. Bd 1.)

Hasper, Moritz: Ueber die Natur und Behandlung der Krankheiten der Tropenländer, durch die medizinische Topographie jener Länder erläutert, nebst der in den Tropenländern zur Verhütung derselben zu beobachtenden Diätetik. Nach den besten ältern und neuern Quellen in geschichtlicher, literärischer und medizinisch-praktischer Hinsicht für Aerzte und für Diejenigen, welche nach den Tropenländern reisen, bearbeitet. Th.1 - 2, gbd.

Leipzig: Hartmann 1831

JB 5.181

— **Moritz** (Eilenburg), De natura irritabilitatis. Diss. med.-chir. theoret.-pract. Lpz. 6. VII. 1821. Dresden (Carl Gottlob Gaertner). 36 Seiten (6.—) 13407
Gew.: Friedrich Ludwig Kreysig, Johann Friedrich August Eisfeld.

— **Diss. inaug. de natura irritabilitatis. 4. Leipz. 821.**

— novus Thesaurus **semiotices pathologicae quam colleg. atque edidit. Vol. I. 8maj. Leipz. 825. (Lehnhold). 2 rþ**
f. Bibliothek d. ausländ. Literatur f. Medicin. 11. Bd.

Hasper, Rich. Quaestionum Horatianarum particula [I. De Horatii epist. ad Pisones v. 75 sq. — II. De Horatii Satira I, 4. 11. — III. De primo Horatii carmine.] 18 S.
Naumburg, Progr. 1858

Hasper, Theodor

Hasper, *Hugo* Theodor: De compositione Militis Gloriosi commentatio. Adiectae sunt emendationes Militis Gloriosi. 4 (28 S.). **Progr.** Kgl. G. *Dresden-Neustadt* 1897
Auch in: Festschrift der 44. Versammlung deutsch. Philol. u. Schulmänner dargeboten von d. öffentl. höh. Lehranstalten Dresdens. 1 (S. 333—360).

Hasper, Theodorus: De compositione Militis Gloriosi commentatio. Adiectae sunt emendationes Militis Gloriosi. Dresden, Druck v. B. G. Teubner, 1897; 28 S. 4.
Dresden-Neustadt, k. G, OP 1897 (557)

Hasper, Theod. Ad Epidicum plautinam coniectanea. 29 S. **Progr.** G. *Dresden-Neustadt* 1882.

Hasper, Thdr., de Epidicum Plautinam conjectanea. 4. (29 S.) Dresdae 882. (Leipzig, Teubner.) n. 1. —

Hasper, Thdr., de poenuli Plautinae duplici exitu. Leipzig 868. Teubner. gr. 8. (29 S.) n. 10 *ngr.*

Hasper, W., s.a. H a s p e r , Ludwig W.

Hasper, W., Galvanoplastik. Gründliche Anleitung für Buchdrucker, Schriftgießer und Holzschneider, auf die einfachste und billigste Art Typen und Kupferplatten darzustellen. Carlsruhe 855. Bielefeld. 8. (VIII, 56 S.) 12 ngl

Hasper, W., Handbuch d. Buchdruckerkunst, s.a. Brun.

Hasper, W., Handbuch d. Buchdruckerkunst. Nach eigener Erfahr. u. unt. Zuzieh. d. Werke v. Brun, Fournier, Hansard, Johnson, Savage, Bodoni u. Täubel hrsg. u. mit (viel. farb.) Holzschn. begleitet. gr. 8. (23 B.) Carlsruhe 835, Marx'sche Bh.

Hasperg jr., H., Polo, s.a. **Bibliothek f.** Sport u. Spiel.

Polo von H. **Hasperg** jr. Mit 44 Abb. Leipzig & Berlin: Grethlein & Co. [1907]. (164 S.) 8°
— Bibliothek f. Sport u. Spiel. [11.] Geb. 1939

Hasperg jr., H. das Polobuch. (V, 202 S. m. Abbildgn.) 8. Hamburg 903. (C. Boysen.) nn. 12.—; erhöht. Pr. n.n. 16.—

— Zieten-Husaren auf der Rennbahn. Ein Beitrag zur Geschichte d. Rennsports. (78 S. m. Abb.) gr. 8. Berlin 910. Deutscher Sport. Geb. in Leinw. 4.—

Hasperg, Heinrich Wilhelm (Wolfenbüttel), Observat. miscell. de rescissione actuum valide et legitime celebratorum. Diss. jur. Präs. Jo. Georg Pertsch. Helmstedt (P. D. Schnorr) 18. III. 1745. 23 S. (6.—) 13411
Widm. v.: Präs., Everh. Jo. Lud. Cellarius, G. F. Camerer (dtsch.), J. G. Möller (Minden; dtsch.).

Haß u. Aussöhnung, oder d. verfolgte Liebe. Schspl. mit Gesang. 8. Glatz 797. (André in Leipz.) 4 gl.

Haß und Aussöhnung; od. d. verfolgte u. triumphirende Liebe. Schausp. 8. Glatz, Nordorf. 797.

— Dass. im Clavierauszuge, componirt v. Brüger. gr. 4. Glatz. (André in Leipz.) 16 gl

Haß u. Fluch, oder ein widerwärtiges Ereigniß, s.: Bibliothek moderner Räubergeschichten, 1. Hft.

Hass und F l u c h

HASSENPFLUG, kurhessischer Minister. — Haß und Fluch. Spitzbubenroman aus Deutschlands Gegenwart. Altona 1850. 8 S. 8°. (5 Mk. R. Hirsekorn, Berlin, 1910.)
Sehr selten! Gegen Minister Haßenpflug.

— u. Liebe, s.a. **Adam, Onkel.** — **Bibliothek, Europäische,** 302—305. Bd.

— **und Liebe.** Schausp. von Bonin. 8. Berlin, Maurer. 786.

Hass und Liebe; Schauspiel in vier Aufzügen. Berlin 1787. V: *Bonin, Christian Frdr. Ferd. Ans. von.* (MGT) (GGr)

Haß und Liebe. Episoden aus einer Familiengeschichte. Von Onkel Adam. Aus dem Schwed. übers. von H. Bertholdi. 3 Bde. 8. (796 S.) Leipzig 850, Kollmann.

Haß, über den offenen u. herzlichen, des Herrn Prof. Vischer in Tübingen, aus dem Standpunkte des wissenschaftl. Universitätslebens. gr. 8. Stuttg. 845, S. G. Liesching. n. 1/12 Thlr

Hass und Täuschung. Trauerspiel in drei Akten. Braunschweig 1799. V: *Markwort, Jon. Chph.* (Ky)

— u. Täuschung. Trspl. in 3 A. (v. J. C. Markwort). 8. Braunschw. 799. Schröder. 12 gl.

Hass, Der, der Tyranney und nicht der Person Oder Sarne durch List eingenommen. O. O. 1775. V: *Bodmer, Johann Jacob.* (GGr) (Bächtold, Litt. d. Schweiz. Frauenfeld 1892. S. 194.)

Haß, gesteigerte Anforderungen an den Katechismus-Unterricht aus der inneren Notlage der Kirche. gr. 8. (27 S.) Frankfurt a/M. 882. Drescher's Verl. n. — 40

Haß & Co., Gebr., Neue Element-Werke, G. m. b. H: Preislisten. [1910] ff. Berlin

Haß, Katechismus-Ausführung. gr. 8. (68 S.) Königsberg 881. Gräfe & Unzer in Comm. n. — 75

— dasselbe für ältere Schüler u. Confirmanden. 2. Aufl. 8. (32 S.) Leipzig 882. Drescher. n.n. — 15

— Katechismus-Predigten. Predigtmäßige Behandlg. d. ganzen Lutherischen Katechismus. Special-Collection aus dem 2. Jahrg. der sonntägl. Predigt. 8. (VI, 356 S.) Königsberg i/Pr. 883. (Frankfurt a/M., Drescher.) n.n. 2. 50; auf feinem Pap. n.n. 3. —

Hass, Ueber Waisenversorgung. 8°. Allenstein 1870.

Haß, Albert, cand. phil., aus Stettin: Das **Stereotype** in den altdeutschen Predigten. Mit einem Anhang: Das Predigtmäßige in Otfrids Evangelienbuch. *Greifswald 1903: F. W. Kunike.* (111 S.) 8°
Greifswald, Phil. Diss. v. 25. Febr. 1903

Hass, Alb., das Stereotype in den altdeutschen Predigten. Mit e. Anh.: Das Predigtmässige in Otfrieds Evangelienbuch. Diss. (109 S.) gr. 8. Greifswald 903. (Leipzig, Buchh. G. Fock.) n. 1. 20

Hass, Carl, s. H a s s , Karl

Hass, Ernst [Referendar in Hamburg]: Die Klagen des Verlierers gegen den Finder. . . . Hamburg, Druck v. F. Schlotke, *1890*; 38 S. 8°
Göttingen, Jur. Fak., Inaug.-Diss. v. [26. Dez.] 1890

Haß, Ernst, die Klagen d. Verlierers gegen den Finder. Diss. gr. 8. (38 S.) Hamburg 890. (Göttingen, Vandenhoeck & Ruprecht.) n. 1.

Hass, F., Schubert-Lieder, s.: **Teuerdank.** 23.

— Sonnen-Märchen, s.: **Teuerdank.** 15.

Hass, H., De Herodis Attici oratione περὶ πολιτείας. Diss. 1880. 48 S. 1.—

Haß, H. L. Ch., Schulstatistik für das Herzogth. Holstein, s. Fick, C. F.

Haß, Heinrich, Referendar in Flensburg: Die Fälle der Selbsthülfe durch Wegnahme, Zerstörung oder Beschädigung einer Sache im Bürgerlichen Gesetzbuche nach Voraussetzungen und Wirkungen, einschließlich der Rechtsfolgen der Überschreitung erlaubter Selbsthülfe. Flensburg 1907: E. Schmidt. (VIII, 44 S.) 8°

Leipzig, Jur. Fak., Diss. v. 22. Febr. 1907

[Geb. 28. März 82 Hamburg; Wohnort: Flensburg; Staatsangeh.: Preußen; Vorbildung: Gymn. Emmerich Reife O. 02; Studium: Freiburg i. B. 3, Kiel 4 S.; Rig. 25. Juli 06.]

Hass, Johannes

Hass, J., Görlitzer Rathsannalen, s. Scriptores rerum Lusaticarum.

Hass, Karl

Hass, Carl, Beiträge zur Lehre von der Arthritis gonorrhoïca. Inaugural-Dissertation. gr. 8. (22 S.) Kiel 887, (Lipsius und Tischer.) * 1 —

Hass, Carl: Ueber die Verwerthbarkeit des Gegensatzes von adäquatem und inadäquatem Kausalzusammenhang in der Lehre vom Interesse. Zugleich ein Beitrag zur Lösung des Kausalitätsproblems in der Rechtswissenschaft. *Jena: G. Fischer 1897.* (327 484 S.) 8° ¶(Aus: Jherings Jahrbücher für die Dogmatik des bürgerlichen Rechts, Bd 37. 2. Folge 1.) [3.]

Erlangen, Jur. Diss. v. 1897

Hass, Mart., s.: Hofordnung, die, Kurfürst Joachims II v. Brandenburg.

Hass, Martin, a. Schöneberg: Die landständische Verfassung und Verwaltung in der Kurmark Brandenburg während der Regierung des Kurfürsten Johann Georg (1571—1598). (Abschn. 1., Kap. 1.) (Halle a. S. 1905: C. A. Kaemmerer & Co.) (100 S.) 8° ¶(Ersch. als Buch 2 einer Darstellung der „Verfassung und Verwaltung der Mark Brandenburg unter Kurf. Johann Georg" in: Veröffentlichungen d. Vereins f. Gesch. d. Mark Brandenburg.)

Berlin, Phil. Fak., Ref. Hintze, Tangl, Diss. v. 24. Juni 1905

[Geb. 25. Jan. 83 Margonin, Prov. Posen; Heimatsort: Berlin; Staatsangeh.: Preußen; Vorbildung: Königl. Gymn. Strasburg in Westpreußen Reife O. 00; Studium: Halle 1, Berlin 8 S.; Rig. 24. Nov. 04.]

Hass, Paul, a. Hamburg: Zur Definition des Begriffs der eindeutigen analytischen Funktion. Kiel 1908: Schmidt & Klaunig. (54 S.) 4°

Kiel, Phil. Fak., Ref. Heffter, Diss. v. 14. Febr. 1908

[Geb. 29. Juni 83 Hamburg; Wohnort: Hamburg; Staatsangeh.: Hamburg; Vorbildung: Oberrealsch. v. d. Holstentore Hamburg Reife O. 03; Studium: Kiel 3, Berlin 2, Kiel 3 S.; Rig. 23. Nov. 07.]

Hass, Wilhelm, a. München: Beiträge zur chemischen Charakteristik der Süssweine. München 1905: G. Hafner. (28 S.) 8°

München, Phil. Fak., Ref. Hilger, Diss. v. 10. März 1905

[Geb. 23. Febr. 76 München; Wohnort: München; Staatsangeh.: Bayern; Vorbildung: VI. Kl. d. Luitpoldgymn. München Juli 94, Apotheker-Approbation 13. Okt. 01; Studium: München 11 S.; Rig. 14. Febr. 05.]

HAESS Karl. Worauf gründet sich das Recht des Monarchen, mit dem Tode zu strafen? . . . Von –. Ghelen, Wien 1784. 1 vol. 29 S.

Hassack, C., s. Hassack, Karl

Hassack, Karl, Baumwollspinnerei u. Baumwollweberei, s.a. Lichtbildervortrag.

Hassack, K., Baumwollspinnerei und Baumwollweberei. [Lichtbildervortrag. Nr. 5.] 8°. (17 S.) K 1.50

Hassack Dr. C.: **Beiträge zur Kenntnis der Zimmtrinde. 6. Wien H.-A. 88. Progr.**

Hass, Carl, Beiträge zur Lehre von der Arthritis gonorrhoïca. Diss. Kiel 1887, Haeselersche Sort.-Buchh. 8°. 22 S.

Hassack, Karl, einiges üb. den Tabak, s.: Vorträge des Vereines zur Verbreitung naturwiss. Kenntnisse in Wien. 48. Jhrg. 4.

— die Erzeugung des Papiers, s.a. **Vorträge des Vereines zur Verbreitung naturwiss. Kenntnisse in Wien. 45. Jhrg. 1.**

Hassack, K., Die Erzeugung des Papiers. [Vorträge des Vereines zur Verbreitung naturwissenschaftlicher Kenntnisse in Wien. 45. Jahrg. Heft 1.] 8°. (37 S. mit 5 Tafeln.) † K 1.— Wien: Braunmüller 1905.

— der Flachs u. seine Bearbeitung, s.: Vorträge des Vereines zur Verbreitung naturwiss. Kenntnisse in Wien. 46. Jahrg. 6.

— Die Gewinng. d. Textilfasern, s.a. Lichtbildervortrag.

Hassack, K., Die Gewinnung der Textilfasern. [Lichtbildervortrag Nr. 4.] Gr.-8°. (27 S.) Wien: Pichler 1907. K [illegible]

Hassack, Karl, über Cacao u. Chocolade, s.: Vorträge des Vereines zur Verbreitung naturwissenschaftlicher Kenntnisse in Wien. 42. Jahrg. 2. Hft.

— der Kautschuk u. seine Industrie, s.: Vorträge d. Vereins zur Verbreitung naturwissenschaftl. Kenntnisse in Wien. 41. Jahrg. 4. Hft.

— Lehrbuch der Warenkunde (m. Ausschluss der chemischen Producte) u. Abriss der mechanischen Technologie f. höh. commercielle Lehranstalten. I. u. II. Thl. gr. 8. Wien, A. Pichler's Wwe. & Sohn. Geb. in 1 Leinw.-Bd. n. 6. —
I. Anorganische Waren. (VIII, 121 S. m. 54 Abbildgn.) 901. Kart. n. 2. —
II. Organische Waren. (VI u. S. 123—406 m. 170 Abbildgn.) 902. Kart. n. 4. —

Hassack, Karl, Lehrbuch der Warenkunde (m. Ausschluss der chemischen Produkte) u. Abriss der mechanischen Technologie f. höhere kommerzielle Lehranstalten. 2, durchgeseh. Aufl. (IX, 388 S. m. 225 Abbildgn.) gr. 8. Wien 904. A. Pichler's Wwe. & Sohn. Geb. in Leinw. n. 6. —

— Lehrbuch d. Warenkunde (m. Ausschluss d. chem. Produkte) u. Abriss der mechan. Technologie f. höh. kommerzielle Lehranstalten. 3., verb. Aufl. Im wesentl. unveränd. Abdr. der 2. Aufl. (IX, 388 S. m. 225 Abb.) gr. 8. Wien 908. A. Pichler's Wwe & Sohn. Geb. in Leinw. 5. —

HASSACK, Karl
Leitfaden der Naturgeschichte mit besonderer Berücksichtigung der Rohstofflehre für commercielle und gewerbliche Lehranstalten von Dr. Karl Hassack. Mit 277 Abbildungen. Mit Erlass des hohen k. k. Ministeriums für Cultus und Unterrricht vom 6. März 1901, Z. 6022, für höhere Handelslehranstalten (Handelsakademien) zulässig erklärt. Wien. 1901. Pichler's W. & S. Gr.-8°. V, 248 S. Geb. K 3.—

— Leitfaden d. Naturgeschichte m. besond. Berücksicht. d. Rohstofflehre f. kommerzielle u. gewerbliche Lehranstalten. 2. verb. Aufl. (V, 246 S. m. 245 Abb.) Ebd. 906. Geb. 2. 50

Hassack, Dr. Karl, Leitfaden der Naturgeschichte mit besonderer Berücksichtigung der Rohstofflehre für kommerzielle und gewerbliche Lehranstalten. 3. Auflage. Wien 1909. Verlag A. Pichlers Witwe und Sohn. Geb. K 3.—.

— Leitfaden der Warenkunde f. zweiklassige Handels-Lehranstalten. Mit besond. Berücksicht. der Chemie bearb. 2 Tle. gr. 8. Wien, A. Pichler's Wwe. & Sohn. Geb. in Leinw. n. 4. 40

1. Unorganische Waren. (Waren aus dem Mineralreiche.) Mit 90 Abbildgn. u. 1 Weltkarte. (IV, 140 S.) 902. n. 2.—
2. Organische Waren. (Waren aus dem Pflanzen- u. Tierreiche.) (V, 175 S. m. 125 Abbildgn.) 903. n. 2.40

— dasselbe. Ausg. in 1 Bde.) Mit 215 Abbildgn. u. 1 Weltkarte. (VII, 318 S) gr. 8. Ebd. 903. Geb. in Leinw. n. 4.—

Hassack, Dr. Karl, Leitfaden der Warenkunde für zweiklassige Handelslehranstalten. 2. Auflage. Wien 1906. A. Pichler's Witwe & Sohn. In Leinwand geb. K 4.—.

— Leitfaden f. Warenkunde f. 2 klassige Handels-Lehranstalten. Mit besond. Berücksicht. der Chemie bearb. Mit 8 Taf., 215 Abb. im Texte u. 1 Weltkarte. 4., ergänzte Aufl. Im wesentl. unveränd. Abdr. der 3. Aufl. (VII, 313 S.) gr. 8. Ebd. 910. Geb. in Leinw. 4.—

— u. Karl Rosenberg, d. Projektionsapparate, Laternbilder u. Projektionsversuche in ihren Verwendgn. im Unterrichte. (VIII, 336 S. m. 308 Abb.) Lex. 8. Ebd. 907. 6.—

— die Ramie. gr. 4. (10 S. m. 11 Fig.) Leipzig-R. 899. L. A. Klepzig. n. 1. 60
Sonderabdruck aus: „Zeitschr. f. d. ges. Textil-Industrie".

Hassack, C.: Die cultivierten Sorghum-Arten, der anatomische Bau ihrer Früchte und ihre technische Bedeutung mit 2 Tafeln. 26 S. – Wien, H.-A., Progr. 1887.

— über Surrogate f. Seide, s.: Vorträge des Vereines zur Verbreitung naturwissensch. Kenntnisse in Wien. 39. Jahrg. 9. Hft.

— die Unterscheidung der Gewebefasern, s.: Vorträge des Vereines zur Verbreitg. naturwissensch. Kenntnisse in Wien. 40. Jahrg. 3. Hft.

Hassack, Carl [aus St. Pölten, Nieder-Oesterreich]: Untersuchungen über den anatomischen Bau bunter Laubblätter nebst einigen Bemerkungen betreffend die physiologische Bedeutung der Buntfärbung derselben . . . . (Sep.-Abdr. aus dem „Botanischen Centralblatt" Bd. XXVIII. 1886.) Cassel, Verl. v. Theodor Fischer, 1886; 1 Bl. + 3- S. u. 1 Taf. 8°.
Tübingen, Naturw. Fak., Inaug.-Diss. v. 1886.

Hassack Dr. C.: Untersuchungen über einige tropische Stärkesorten. 4. Wien H.-A. 88. Progr.

Hassak, über das Verhältniss von Pflanzen zu Bicarbonaten und über Kalkincrustation, s. Untersuchungen aus dem botanischen Institut zu Tübingen.

Hassack, C., Wandtafeln f. Warenkunde u. Mikroskopie. 8 z. Tl. farb. Taf. à 63,5 × 94 cm. M. Text. 8. (8 Blatt.) Wien 897. A. Pichler's Wwe. & Sohn. M. Leinw.-Rand u. Oesen n. 14. 40; einz. Taf. n. 2.—

1. Stärke (Amylum). — 2. Arrowroot, Sago (Amylum).
3. Weizen (Triticum). — 4. Kaffee (Coffea arabica).
5. Schwarzer Pfeffer (Piper nigrum).
6. Muskatnuss (Semen Myristicae).
7. Baumwolle (v. Gossypium herbaceum). Flachs, Lein (v. Linum usitatissimum).
8. Schafwolle (v. Ovis Aries). Angorawolle, Mohair (v. Capra hircus angorensis).

— Wandtafeln f. Warenkunde u. Mikroskopie. Taf. 9—24 (z. Tl. farb.) à 64×94 cm. Mit Text. 8. (8 Bl.) Wien (899. 902). A. Pichler's Wwe. & Sohn. Mit Leinw.-Rand u. Oesen n. 28. 80; einz. Taf. n. 2.—

9. Gerste (Hordeum). — 10. Hülsenfrüchte (Leguminosae). — 11. Cacaobohne (v. Theobroma Cacao L.) — 12. Vanille (Fructus vanillae). — 13. Holz der Edeltanne (Abies alba Mill.) — 14. Dasselbe (Fortsetzg.) — Holz d. Zitterpappel, Aspe. (Populus tremula L.) — 15. Jute (v. Corchorus capsularis L.) — Ramie, Chinagras (v. Boehmeria nivea Hook et Arn.) — 16. Seide (v. Bombyx mori). — Tussahseide (v. Antheraea Mylitta). — 17. Reis (Oryza sativa L.) — 18. Thee (Thea sinensis L.) — 19. Ingwer (Zingiber officinale Rosc.). — 20. Chinesischer Zimmt (Cinnamomum Cassiae Bl.). — 21. Paprika (Capsicum annuum L.). — 22. 23. Holz der Stieleiche (Quercus Robur L.). — 24. Hanf (v. Cannabis sativa L.), Manilahanf (v. Musa textilis L.), Sisalhanf (v. Agave Sisalana Perr.).

— Warenkunde, s.a. Sammlung Göschen.

Hassack, Karl: Warenkunde von Dr. –. 2., verb. Aufl. 1. Leipzig: Göschen 1910. 8°
(Sammlung Göschen. 222.)

– physikalische u. mikroskopische Warenprüfungen. Ein Leitfaden f. die prakt. Uebgn. im Laboratorium f. Warenkunde an kommerziellen u. gewerbl. Lehranstalten, sowie zum Selbstunterricht. (IV, 146 S. m. 152 Abbildgn.) gr. 8. Wien 903 A Pichler's Wwe. & Sohn. n. 2.—

— Physikalische u. mikroskop. Warenprüfungen. Ein Leitfaden f. die prakt. Übgn. im Laboratorium f. Warenkde. an kaufmänn. u. gewerbl. Lehranstalten, sowie zum Selbstunterricht. 2. Aufl. (IV, 146 S. m. 152 Abbildgn.) gr. 8. Wien 909. A. Pichler's Wwe & Sohn. 2.—

— wodurch unterscheiden sich die Textilfasern? Einige Unterrichtsstunden im Mikroskopieren. gr. 8. (48 S. m. Abb.) Leipzig-R. 900. L. A. Klepzig. 1. 20
Sonderabdruck aus: „Zeitschr. f. d. ges. Textil-Industrie".

— über Zelluloid u. verwandte Erzeugnisse, s.a. Vorträge des Vereines zur Verbreitung naturwissenschaftlicher Kenntnisse in Wien. 41. Jhrg. 2. Hft.

Hassack K, über Zelluloid und verwandte Erzeugnisse. (39 S) Wien 1904

Hassack, Paul, Gärungs-Essig. (XVI, 404 S. m. 75 Abb.) gr.-8. Wien 904. A. Hartleben. Geb. in Leinw. n. 10.—

Hassak, Karl, s. Hassack

Hassall's, Arthur Hill, mikroskopische Anatomie des menschlichen Körpers im gesunden u. kranken Zustande. Aus dem Engl. übers. v. Otto Kohlschütter. 12 Lfgn. gr. 8. (XVI u. 429 S. m. 66 lith. theils color. Taf. u. 66 Bl. Erklärung.) Leipzig 850. 51, E. Schäfer. (à n. 1/2 ₰) n. 6 ₰

Hassan und Ariaspes, eine Geschichte. Berlin u. Leipz. 1778. V: *Beuvius, Adam.* (Heine, Roman in Deutschl. Halle 1892. S. 6.) (GGr)

—u. Ariaspes, eine Geschichte. 8. Berl. 778. Rottmann. 16 gr

Hassan, Prinz, der Hochherzige, bestraft durch Rache und belohnt durch Liebe . . . Leipz. 1796. V: *Wallenrodt, Johanne Isabelle Eleonore von geb. Freiin von Koppy.* (Ky) (Schl) (MGT)

Hassan, Prinz, der Hochherzige, bestraft durch Rache u. glücklich durch Liebe, (v. Joh. Js. Eleon. v. Wallenrodt). 8. Leipz. 796. Andrä. 12 K

— Prinz, der Hochherzige bestraft durch Rache und glücklich durch Liebe, eine morgenländische Urkunde, (von der Fr. von Wallenrodt) mit 1 Kupf. 8. Leipzig, 796. Kleefeld. 15 sgl.

Hassan [حسن], Anton, Notiz über die Wüsten-Araber, übersetzt aus No. 32 des arab. Journals Hadikat ul akhbar. [Arabisch und deutsch.] Wien 1858.

Hassan, A., kurzgefasste Grammatik der vulgär-arabischen Sprache mit besonderer Rücksicht auf den egyptischen Dialekt. Wien 869. k. k. Hof- u. Staatsdruckerei. gr. 8. (VIII, 264 S.) n. 2 Thlr.

Hassan, Vita, d. ägyptische Aequatorialprovinz u. d. Ssudan. Volks-(Titel-)Ausg. v. „D. Wahrheit üb. Emin Pascha". Unt. d. Mitarbeit v. Elie M. Baruck. Uebers. u. m. Anmerkgn. vers. v. B. Moritz. Mit 1 Karte z. Uebersicht d. Aequatorialprovinz u. dem Machtbereich d. Mahdismus v. Rich. Kiepert. gr. 8. (XV, 246 u. XIII S. m. Bildnis.) Berlin (893) 895. D. Reimer. 3. —

Hassan, Vita, die Wahrheit üb. Emin Pascha, die ägyptische Aequatorialprovinz u. den Ssudan, unter der Mitarbeit v. Elie M. Baruck. Aus dem französ. Original übers. u. m. Anmerkgn. versehen v. B. Moritz. 2 Tle. gr. 8. Berlin 893. D. Reimer. à n. 3. 50 (kplt. in 1 Bd. geb.: n. 8. —)

1. Emin Pascha, die Aequatorial-Provinz u. der Mahdismus. (XV, 223 S. m. 1 Bildnis.)
2. Emin im Kampfe m. dem Mahdismus u. seine Rückkehr m. Stanley's Expedition. (VII, 246 u. XIII S. m. 1 Karte.)

Hassan-Dschalaljanz, N(erses): Geburten von über 4000 gr. schweren Kindern und ihre forensische Bedeutung. Heidelberg 1910: Pfeffer. 21 S. 8°

Jena, Med. Diss. v. 18. Juni 1910, Ref. Franz

[Geb. 1. Jan. 86 Wank, Armenien; Wohnort: Wank; Staatsangeh.: Rußland; Vorbildung: Realsch. Schouscha Reife 04; Studium: Jena 6, Freiburg i. B. 1 S.; Rig. 25. April 10.] [U 10. 2294

Hassan Effendi, türkische Stimmen der Gegenwart, verdeutscht. 8. (V, 65 S.) Leipzig 881. Friedrich. n. 1. 50

Hassan Bey, oder die Sclavin des Renegaten usw. Meissen 1830. V: *Gersdorf, Wilhelmine v.* Vgl. GGr X, 43, 66. (DARP)

Hassan-Bey, od. d. Sklavin d. Renegaten. Von d. Uebersetzerin d. Reise nach Egypten v. Frau Generalin v. Minutoli (Wilhelmine v. Gersdorf). gr. 12. (10 B.) Meißen, 830, Klinkicht u. Sohn. Thlr.

Hassaureck, Jon. Christoph

— Cölestine, oder d. Festung am Wilga-Strome. Schspl. in 3 A. Nach d. Französ. 8. Wien 806. Wallishausser. 6 K

Hassaureck, Jon. Cph., Joseph u. seine Brüder. Nach d. Französ. 3e A. 12. Wien 820. Wallishausser. 10 K

— s. Prüfung d. Untreue.

— der Vater u. seine Kinder. Schspl. in 3 A. 8. Wien 807. Wallishausser. 10 K

— Wiedervergeltung. Ein Lstspl. in 3 Akt., nach d. Französ. gr. 8. Wien 811. (Gerold). 4 K Wallishausser. 12 K

Hassaurek, Frdr., Gedichte. 16. (100 S. mit einem lith. Portr. d. Verf.) Cincinnati 878. Burgheim. 3. —; geb. 4. —

--Das Geheimnis der Inden. Roman. Deutsch v C. A. Honthumb. Cincinnati, 1879.

Hassaurek, Friedrich. Hierarchie und Aristokratie: Roman. Cincinnati, 1852. UC

Hassaurek, F., vier Jahre unter den Spanisch-Amerikanern. Aus dem Engl. Autoris. Uebersetzg. gr. 8. (XV, 386 S.) Dresden 887. Baensch. n. 7. 50; geb. n. 8. 50

Haßdenpflug, C. W., Moskau von d. ersten Erbauung im 12. Jahrh. unt. d. Regier. d. Czar Juri od. Georg I., b. z. großen Brande 1812 u. Rückzuge Napoleon's. Charakteristik, Sitten u. Gebräuche d. moskowit. Adels u. Volks, nebst e. Anh. v. Anekdoten, Charakterzügen u. histor. Seltenheiten. Mit Czar Juri's Bildn. 1. Aufl. 827. 12 Gr., 2., wohlf. A. (à 5¼ B.) 8. Hanau 835, (Edler.)

HASSDENPFLUG (sol), W. C. v., Abwechselungen. Seitenst. zum Leben. 2 Bdchn. Cassel, Krieger in Commiss. („gedr. bei d. Witwe Aubel" steht auf Tit. von Bdchn. 2.), 1813. 8°.

1: XXII—111 S. 2: 1 Bl., 112 S. — Enth. Erzählgn. u. Gedichte. Unter den ersteren 2 etwas freie: Die gezwungene Heirath ohne Liebe (II, S. 74—78); die Buhlerin (II, S. 79—105).

Hasse. Der Eid, s.a. Jahrbuch, 7., d. Gefängnis-Gesellschaft.

Hasse, der Eid u. seine Behandlung. Vortrag, geh. am 28. Mai 1891. [Aus: „Jahrb. d. Gefängnis-Gesellsch. f. die Prov. Sachsen".] gr. 8. (22 S.) Halle a/S. 892. (J. Fricke's Sort.) n. — 25

Tientsin. Aufgenommen 1900/1901 durch Hauptmann Hasse, Feldtopograph im Deutschen Ostasiat. Expedit.-Korps. Hrsg. von d. Kartogr. Abt. d. Kgl. Preuss. Landes-Aufnahme 1903. Masssť 1:25,000. *[Berlin]: Kgl. Preuss. Landes-Aufnahme 1903.* (1 Kartenbl. 58×50 cm mit Legende) quer-gr. 2° [kol.] [03. 6464

Hasse, A., wie u. woher erhalte ich bestimmt e. Hypothek od. Baugeld? Prakt. Ratschläge e. erfahrenen Fachmannes. 3. verm. Aufl. (III, 29 S.) 8. Leipzig (907). Ewald & Co. Nachf. 1. —

Hasse, Ad. Em. Th., über die Frage (:) In wiefern müssen Schulen auch Erziehungsanstalten sein? 8. (3¼ B.) Danzig 832, (Gerhard.)

Haße, Alfred, a. Hamburg: Studien über englische Volksetymologie. Straßburg i. E. 1904: M. Du Mont-Schauberg. (X, 62 S.) 8°

Straßburg, Phil. Fak., Ref. Köppel, Diss. v. 25. Juni 1904

[Geb. 24. Sept. 81 Hamburg; Wohnort: Hamburg; Staatsangeh.: Hamburg; Vorbildung: Gelehrtenschule des Johanneum Hamburg Reife M. 00; Studium: Berlin 1, Straßburg 7 S.; Rig. 20. Juni 04.]

Hasse, Anton, Tierarzt: Aus d. Klinik d. kleinen Haustiere d. Tierärztl. Hochsch. zu Berlin. Ueber die Wirkung des Atoxyls bei kleinen Haustieren, speziell beim Hunde. Berlin [1909]: Klett. 92 S. 8°

Gießen, Veterinär-Med. Diss. v. 15. Juni 1909, Ref. Geppert

[Geb. 15. Dez. 79 Hermannsdorf i. Schl.; Wohnort: Berlin; Staatsangeh.: Preußen; Vorbildung: Gymn. Guben Reife O. 03; Studium: Berlin Tierärztl. Hochsch. 7 S.; Rig. 30. Juli 08.] [U 09. 1146

Hasse, Armin. Osc. (geb. Quedlinburg 13. 3. 1837): De anaesthesia longe diffusa in individuo epileptico. Berolini (1861). (36 S.) 8°

Berlin, Med. Diss. v. 29. Juli 1861

Denkschrift betr. die Einrichtung einer staubfreien Müllabfuhr und Herstellung einer Müllverbrennungsanlage. (Verf.: [Arnold] **Hasse.**) Breslau (1907): Graß, Barth & Co. (17 S.) 4° [Umschlagt. J.] 108. 3333 2

Hasse, C. [Pseud.], s.a. Mensinga, Wilhelm Peter Johannes

Hasse, C., Beiträge zur allgemeinen Stammesgeschichte der Wirbelthiere. Mit 3 lith. Taf. Imp.-4. (20 S.) Jena 883. Fischer. n. 4. 50

Hasse, C., Beleuchtung der Schrift des Königl. Geh. Mediz.- und Regier.-Rathes Dr. Franz Brefeld „Die Apotheke. Schutz oder Freiheit"? Coesfeld 863. Wittneven. gr. 8. (17 S.) n. 5 *ngr.*

Hasse, C., die Beziehungen der Morphologie zur Heilkunde. Betrachtungen. gr. 8. (26 S.) Leipzig 879. Engelmann. n. — 50

— anatom. u. palaeontolog. Ergebnisse. 4. (33 m. H. u. 2 Lichtdr.) Ebd. 78. n. 2. 40

Hasse, C., die Formen des menschlichen Körpers u. die Formänderungen bei der Athmung. 1. u. 2. Abth. gr. 8. Jena, Fischer. n. 60. —
1. (IV u. S. 1—36 m. Atlas v. 10 Taf. in gr. Fol.) 888. n. 20. —
2. (S. 37—57 m. Atlas v. 16 Taf. in gr. Fol.) 890. n. 40. —

— das Gehörorgan der Frösche. Mit 3 Kpfrtaff. (in qu. 4.) Leipzig 868. Engelmann. gr. 8. (62 S. mit eingedr. Holzschn.) n. 24 *ngr.*

Hasse, C., Hand-Atlas d. sensiblen u. motor. Gebiete d. Hirn- u. Rückenmarksnerven z. Gebr. f. pract. Ärzte u. Studirende. gr. 8. (36 farb. Taf. m. 6 Bl. Text.) Wiesbaden 895. J. F. Bergmann. Kart. n. 12. 60

Hasse, C., Hand-Atlas d. Hirn- u. Rückenmarksnerven in ihren sensiblen u. motorischen Gebieten. Zum Gebrauch f. pract. Ärzte u. Studirende. 2. verm. u. umgearb. Aufl. gr. 8. (40 farb. Taf. m. XI S. Text.) Wiesbaden 900. J. F. Bergmann. Geb. in Leinw. n. 12. 60

Hasse, C. [Mensinga-Flensburg], zur Hygieine in der Frauenkleidung. Winke f. prakt. Aerzte u. Hygieiniker. [Kunstbusen. Beinkleider.] Mit Abbildgn. (1 Steintaf.) gr. 8. (33 S.) Neuwied 885. Heuser's Verl. n. 1. —

— die Krankheiten des Nervensystems, s. Handbuch der speciellen Pathologie.

— aus dem ärztlichen Leben. Ratgeber f. angeh. u. junge Aerzte. gr. 8. (VII, 87 S.) Ebend. 886. 2. 40

Hasse, C. (Mensinga), aus dem ärztl. Leben. Ratgeber f. angeh. u. junge Ärzte. 2. [Titel-]Aufl. gr. 8. (XI, 87 S.) Leipzig [887]. 899. O. Borggold. n. 2. 40

— die Mängel deutscher Universitätseinrichtungen u. ihre Besserung. Lex.-8. (34 S.) Jena 887. Fischer. n. — 80

— Morphologie u. Heilkunde. Betrachtungen. 2., verm. Aufl. gr. 8. (34 S.) Ebend. 880. — 60

Hasse, C., die vergleichende Morphologie u. Histologie d. häutigen Gehörorganes der Wirbelthiere nebst Bemerkungen zur vergleich. Physiologie. Mit 2 (lith.) Taf. (in qu. Fol.) [Supplement zu den anatom. Studien. Bd. 1.] gr. 8. (95 S.) Leipzig 873. Engelmann. n. 3. 75

Hasse, C., das Pessarium occlusivum u. dessen Application. Supplement zu „Ueber facultative Sterilität etc." Mit Abbildungen. (2 Steintaf.) gr. 8. (8 S.) Neuwied 883. Heuser's Verl. n. 1. —

— das Pessarium occlusivum u. dessen Applikation. [Mit Abbildgn.] Suppl. zu: „Ueber facultative Sterilität". 3. Aufl. gr. 8. (15 S.) Ebend. 884. Verklobt. 1. 50

— dasselbe. 4. Aufl. Suppl. zu „Über facultative Sterilität". gr. 8. (50 S.) Ebend. 885. Verklobt. n. 2. —

— die Schwangerschaft und die Geburt des Weibes: Ein Versuch aus dem Gebiete der Naturforschung einen Beitrag für die Wahrheit der Mosaischen Schöpfungsgeschichte zu liefern. Bielefeld 863. Velhagen & Klasing. gr. 8. (20 S.) n. 5 *ngr.*

— über die facultative Sterilität, beleuchtet vom prophylactischen u. hygieinischen Standpunkte für practische Aerzte u. Geburtshelfer. gr. 8. (38 S.) Ebend. 882. n. 1. —

— über facultative Sterilität, beleuchtet vom prophylact. u. hygiein. Standpunkte f. pract. Aerzte. 2. durch Nachtrag verm. Aufl. gr. 8. (38 u. Nachwort 11 S.) Ebend. 883. 1. 50; Suppl. dazu: Das Pessarium occlusivum u. dessen Application. gr. 8. (7 S. m. 1 Steintaf.) Verklobt. n. 1. —

— dasselbe. 3. Aufl. gr. 8. (51 S.) Ebend. 883. 1. 50

—— über facultative Sterilität. 2 Tle. Beleuchtet vom prophylact. und hygiein. Standpunkte für Aerzte und Geburtshelfer. gr. 8. Ebendas. [1. Tl. 5. Aufl. (83 S.) 888; 2. (Suppl.-)Tl.: Das Pessarium occlusivum und dessen Application. 4. Aufl. (50 S.) 885; 5. Aufl. (60 S. mit Abbild.) 888.] à Tl. *ℳ 2.—. * 4 —

Hasse, C., üb. facultative Sterilität. 2 Tle. Beleuchtet vom prophylact. u. hygiein. Standpunkte f. Aerzte u. Geburtshelfer. 5., verm. Aufl. gr. 8. Neuwied 888. Heuser's Verl. à n. 2. —
1. (83 S.) — 2. [Suppl.] Das Pessarium occlusivum u. dessen Application. (60 S. m. Abbildgn.)

— s.: Studien, anatomische.

— das natürliche System der Elasmobranchier auf Grundlage des Baues u. der Entwicklung ihrer Wirbelsäule. Eine morphologische u. paläontologische Studie. Unter Mitwirkung von G. Born, H. Strasser u. Ph. Stöhr. Mit 2 (lith.) Taf. Abbildgn., 2 Stammtaf. u. 6 (eingedr.) Holzschn. Imp.-4. (VII, 76 S. mit 2 Bl. Tafelerklärungen.) Jena 1879. Fischer. n. 10. —

— dasselbe. Besonderer Thl. 1. u. 2. Lfg. Mit 23 (lith., z. Thl. farb.) Taf. Imp.-4. (179 S. m. 23 Bl. Taf.-Erklärungen.) Ebend. 882. à n.n. 20. —

— das natürliche System der Elasmobranchier auf Grundlage d. Baues u. der Entwicklung ihrer Wirbelsäule. Eine morpholog. u. palaeontolog. Studie. Ergänzungsheft. Mit 1 (lith.) Taf., 1 Tab. u. 2 Stammtaf. Imp.-4. (27 S.) Ebend. 885. n.n. 5. — (Hauptwerk I—II, 2. u. Ergänzgshft.: n.n. 55. —)

Hasse, die Verpflichtung der Mütter zum Selbststillen u. die Verwerflichkeit des Ammendienstes. Ein ernstes Wort den jungen deutschen Frauen gewidmet. Gütersloh 867. Bertelsmann. 16. (80 S.) 7½ *ngr.*

Hasse, C., zur Verschönerg. u. zum Schutze d. weiblichen Körpers bes. vor Erkrankg. d. Organe d. Unterkörpers. Hygien. Winke f. prakt. Aerzte u. Laien. M. Abb. (1 Taf.) gr. 8. (IV, 33 S.) Neuwied 887. Leipzig, M. Spohr. n. 1. —

— dasselbe, 2. Aufl., s.: Mensinga.

Hasse, C. E., Schilderung d. Wisconsingebietes in Nordamerika. Ein auf eigne Erfahr. u. Wahrnehm. gegründ. Fingerzeig f. Auswandrer üb. d. Wohin? in d. V. St. v. Nordamerika. gr. 12. (3½ B. u. 2 Karten auf 1 Bl.) Grimma 841, Verlags-Comptoir. *

Hasse, C. L., die Eisenerzeugung Deutschlands aus d. Gesichtspunkte d. Staatswirthschaft betrachtet. Nebst Angabe d. Ursachen ihrer Verminder. u. einigen Vorschlägen z. Vermehr. derselb. Ein Versuch. gr. 8. (28¾ B.) Leipzig 836, Rein'sche Buchh.

Hasse, Carl, s. Hasse, Karl

Hasse, Carl Christian, s. Hasse, Karl Christian

Hasse, Carl Ewald, s. Hasse, Karl Ewald

Hasse, Carl Wilhelm, s. Hasse, Karl Wilhelm

— **Christoph Christian** (Wismar). **De litis contestatione an et quatenus bonae fidei possessor per eam in mala fide constituatur. Diss. jur.** Götting. (Schulz) 21. IV. 1780. 49 S. (6.—) 13417
Widm. v.: Gustav Bernhard Becmann, C. I. v. Hertzberg.

Badeplatz unterhalb Rainville, der zu Altona garnisonirenden Truppen Friedrich VII Königs von Dänemark. Nach d. Nat. u. auf Stein gez. v. E. Hasse in Altona. o. J. 1 Bl. Fol., 28/38 cm.

Hasse, E., zahmes Geflügel. Vier Studien und Vorlegeblätter. In Holzschn. ausgeführt u. herausg. von Hugo Bürkner. Dresden (857). R. Kuntze. Fol. n. 1 ₰ 10 ngl

Hasse, E., Nachrichten über die Verfasser, die Entstehung und die Verbreitung des Heidelberger Katechismus nebst Zeugnissen über dessen Werth und Bedeutung zur Erinnerung an die Herausgabe desselben am 19. Janr. 1563 zusammengestellt. Moers 863. Spaarmann. 8. (16 S.) 2½ ngr.

— heimische Vögel. Zum Nachzeichnen und Ausmalen. 50 Holzschn. Geschnitten u. herausg. von Hugo Bürkner. Leipzig (856). G. Wigand. 4. (28 Bl.) n. 2 ₰ 20 ngl

Hasse, E., Was können und sollen wir jetzt für die deutsche Auswanderung thun? 8⁰. Berlin 1884.

Hasse, Else: Moderne Frauenbildung und ihr sittlicher Gehalt. Ein Beitrag zur Erziehungsfrage unserer Töchter. — Braunschweig: Sattler 1898. 40 S. 8⁰

Hasse, Else, moderne Frauenbildung u. ihr sittl. Gehalt. Ein Beitrag z. Erziehungsfr. uns. Töchter. 2. unveränd. Aufl. gr. 8. (40 S.) Braunschweig 899. R. Sattler. n. — 80

Hasse, Else, Dantes göttl. Komödie. Das Epos v. inneren Menschen. Eine Auslegg. (XIV, 559 S. m. Titelbild.) 8. Kempten 909. J. Kösel. 5.40; geb. 7.40

Hasse, Else: Der Kulturwert der Frau einst und jetzt. Nach einem ... Vortrage. — Dresden: Weiske 1902. 30 S. 8⁰

Hasse, Ernst, die Aufgaben der Inneren Mission in der Wohnungsfrage, s.a. Bibliothek f. Innere Mission.

— Die Aufgaben d. inneren Mission i. d. Wohnungsfrage. (13 S.) Ebd. 1890. Akad. Buchh.

Hasse, Ernst, Autorenängstlichkeit im 16. Jahrh., s. Publikationen des Börsen-Vereins der deutschen Buchhändler.

Hasse, Ernst, Beiträge zur Bevölkerungs- u. Wohnungsstatistik v. Leipzig. [Aus: „Die Stadt Leipzig in hygien. Beziehg."] Lex.-8. (88 S. m. 3 Taf.) Leipzig 891. Duncker & Humblot. n. 1. —

— Beiträge zur Geschichte u. Statistik d. Volksschulwesens v. Gohlis. [Erweit. Abdr. aus „Verwaltungsber. der Stadt Leipzig".] hoch 4. (47 S.) Ebd. 891. n. 1. —

— die Beschlüsse der fünf ersten Konferenzen deutscher Städtestatistiker, s.: Mittheilungen d. statist. Amtes der Stadt Leipzig.

Hasse, Ernst: Die Besiedelung des deutschen Volksbodens von –.
München: J. F. Lehmann 1905. (156 S.) 8⁰
= Hasse: Deutsche Politik. Bd 1, H. 2.

Hasse, Ernst, der Dual im Attischen. Mit e. Vorrede v. F. Blass. gr. 8. (V, 68 S.) Hannover 893. Hahn. n. 1.40

Hasse, Ernst: Ueber den Dual bei den attischen Dramatikern. Bartenstein, gedr. bei Gebr. Kraemer, 1891; 25 S. 4⁰
Bartenstein, k. G, OP 1891 (2)

Hasse, Ernst: Ueber den Dual bei Xenophon und Thucydides. Bartenstein, gedr. bei Gebr. Kraemer, 1889; 21 S. 4⁰
Bartenstein, k. G, OP 1889 (2)

Hasse, Ernst, Einteilg. u. Erklärg. v. Schiller's „Glocke". Progr. gr. 4. (20 S.) Bartenstein 896. (Leipzig, Buchhdlg. G. Fock.) n. 1. —

Hasse, Ernst: Einteilung und Erklärung von Schillers „Glocke". Bartenstein, gedr. bei Gebr. Kraemer, 1896; 20 S. 4.
Bartenstein, k. G, P 1896 (2)

— die Ergebnisse der Volkszählung vom 1. Dec. 1880, s. Mittheilungen des statistischen Amtes der Stadt Leipzig.

Hasse, E., die handelspolitische Erziehung d. deutschen Kaufmanns, s.: Vorträge zur Förderung der Bestrebungen d. Deutschen Kolonialvereins.

— Festlegung d. Osterfonntags, s. Böttcher, J. C.

Hasse, Ernst: Die Finanzen der Stadt Leipzig 1865–1875, s.a. Verwaltungsbericht der Stadt Leipzig.

Hasse, Ernst, die Finanzen der Stadt Leipzig 1865–1875. 1. Hft. d. Verwaltungsberichtes der Stadt Leipzig f. die J. 1866–1875. gr. 8. (V, 56 S.) Leipzig 876. Duncker & Humblot. n. 1. 60

— Geschichte der Leipziger Messen, s.a. Preisschriften, gekrönt u. hrsg. v. der fürstl. Jablonowski'schen Gesellschaft zu Leipzig.

Geschichte der Leipziger Messen v. Ernst Hasse. Leipzig. 1885. = Preisschriften gekrönt v. der Fürstl. Jablonowskischen Gesellschaft zu Leipzig. 25. 4°.

— Schillers „Glocke" u. d. griech. Chorlied, s.: Festschrift, Oskar Schade z. 70. Geburtstage dargebracht.

Hasse, Ernst. Deutsche Grenzpolitik. VI + 186 S. 8. München, J. F. Lehmann, 1906. (M. 3.–, geb. 4.—)
Deutsche Politik von E. H. Band 1: Heimatpolitik. Heft 3....
Darin S. 1—13: Die natürlichen, geschichtlichen und künftigen Grenzen Deutschlands; *S. 112—123:* Die Südgrenze; *S. 152—174:* Das grössere Deutschland; *s. auch S. 175 u. 179 f. im Karten-Verzeichnis.*

Ernst Hasse. Heimatpolitik. (In 4 H.) München: J. F. Lehmann 1907. (Getr. Pag.) 8° [F.]
= Hasse: Deutsche Politik. Bd 1. 08. 3916

1, 1 s. 04. 14868 1, 2 s. 05. 6905 1, 3 s. 06. 115 1, 4 s. 07. 1090

— e. Hochbahn durch die innere Stadt Leipzig. Vorschlag zur Lösg. der Leipziger Centralbahnhofsfrage u. zur Neugestaltg. d. Leipziger Verkehrs. [Aus: „Leipz. Tagebl."] 8. (19 S.) Leipzig 893. (J. C. Hinrichs' Sort.) n.n. — 20

– ist e. Festlegung des Ostersonntags wünschenswerth u. ausführbar? s.: Böttcher, J. C.

Hasse, Ernst, s.: Kanalfrage, die Leipziger.

Hasse, Ernst, Karte der Verbreitung der Socialdemokratie in Deutschland im J. 1878. Auf Grund der Reichstagswahlen vom 30. Juli 1878 bearb. Mit Text auf der Rückseite. Cromolith. Bielefeld 1878. gr. qu.-Fol. . . . .

— s.: Leipzig, die Stadt, in hygienischer Beziehung.

Hasse, E., die Stadt Leipzig u. ihre Umgebung geographisch u. statistisch beschrieben, s.: Verwaltungsbericht der Stadt Leipzig für die Jahre 1866—1877.

— s.: Mittheilungen d. statistischen Bureaus der Stadt Leipzig.

Hasse, Ernst, Nachrichten üb. die Familie Hasse u. einige verwandte Familien. 3. Ausg. 1903. (XI, 119 S.) gr. 8. Leipzig 903. W. Engelmann. n. 3. —

— die Organisation der amtlichen Statistik. Antrittsvorlesung, geh. zu Leipzig am 24. Apr. 1888. Lex.-8. (18 S.) Leipzig 888. Duncker & Humblot. n. 1. —

— deutsche Politik. I. Bd.: Heimatpolitik. 1.—3. Heft. gr. 8. München, J. F. Lehmann's Verl. à n. 3. —; geb. in Leinw. à n. 4. —
1. Das Deutsche Reich als Nationalstaat. (IV, 146 S.) 905.
2. Die Besiedelg. des deutschen Volksbodens. (IV, 156 S.) 905
3. Deutsche Grenzpolitik. (VI, 181 S.) 906.

Hasse, Ernst, deutsche Politik. I. Bd. 4. Heft u. II. Bd. 1. Heft. gr. 8. München, J. F. Lehmann's Verl. 4.50; geb. 6. 50
I. Heimatpolitik. 4. Heft: Die Zukunft d. deutschen Volkstums. (IV, 190 S.) 907. 3.—; geb. 4.— (I. Bd. kplt. 12.—; geb. in 1 Bd. 14. —)
II. Weltpolitik. 1. Heft: Weltpolitik, Imperialismus u. Kolonialpolitik. (IV, 71 S.) 908. 1.50; geb. 2. 50

Hasse, Ernst, Das Deutsche Reich als Nationalstaat. München 1905. 8°.
(Hasse, E. Deutsche Politik. Bd 1. H. 1.)

— der neueste Stand der Leipziger Kanalfrage. Mit e. Karte der Leipziger Umgebg. m. Hafenprojekten. Lex. 8. (48 S.) Leipzig 892. Duncker & Humblot. n. 1. —

— zur Statistik der Leipziger Buchdrucker und Kupferstecher im Jahre 1767, s. Publikationen des Börsen-Vereins der deutschen Buchhändler.

Hasse, Ernst, Die norddeutschen Wasserstrassen u. die Leipziger Kanalprojekte. 2 Karten auf 1 Blatt. 39,5 × 22,5 cm. Leipzig 1892.

Hasse, Ernst, deutsche Weltpolitik. Hrsg. v. All-Deutschen Verbande. gr. 8. (16 S.) München 897. J. F. Lehmann's Verl. n. — 40

Weltpolitik, Imperialismus und Kolonialpolitik. Von Ernst Hasse. München: J. F. Lehmann 1908. (71 S.) 8° [F.]
= Hasse: Deutsche Politik. Bd 2, H. 1. 08. 1150 6

Hasse, Dr. Ernst, Die Wohnungsverhältnisse der ärmeren Volksklassen in Leipzig. (Aus: Schrift. d. Ver. f. Sozialpolit., Bd. 31.) gr. 8°. Leipzig, Duncker u. Humblot, 1886. 100 S.

Die Zukunft des deutschen Volkstums, von Ernst Hasse. München: J. F. Lehmann 1907. (190 S.) 8° [F.]
= Hasse: Deutsche Politik. Bd 1, H. 4. 07 [illegible]

Eine kurze, allgemein verständliche Zusammenstellung der wichtigsten Bestimmungen des Bürgerlichen Gesetzbuches über die Rechte und Pflichten des ländlichen Arbeitgebers gegenüber den ländlichen Arbeitern mit bes. Berücks. d. ostpreuss. Verhältnisse. Im Auftr. d. Vorstandes d. Landwirthschaftskammer f. d. Prov. Ostpreussen bearb. von E[rnst] Hasse, Gerichtsass. *Königsberg i. Pr.: Ostpr. Zeitungs- u. Verl.-Dr. 1900.* (20 S.) 8° [F.] 00. 6672 10

Hasse, E., eine kurze, allgemein verständliche Zusammenstellung d. wichtigsten Bestimmungen d. bürgerl. Gesetzbuches üb. die Rechte u. Pflichten des ländlichen Arbeitgebers gegenüber den ländlichen Arbeitern m. besond. Berücksicht. d. ostpreußischen Verhältnisse. Im Auftrage des Vorstandes der Landwirtschaftskammer f. die Prov. Ostpreußen bearb. 3. Aufl. (20 u. 6 S.) 8. Königsberg 909. (Gräfe & Unzer.) — 60

Hasse, Ernst: Eine kurze, allgemein verständliche Zusammenstellung der wichtigsten Bestimmungen des Bürgerlichen Gesetzbuches über die Rechte und Pflichten des ländlichen Arbeitgebers gegenüber den ländlichen Arbeitern m. besond. Berücks. d. ostpreuß. Verhältnisse. Im Auftr. d. Vorstandes d. Landwirtschaftskammer f. d. Prov. Ostpreußen bearb. von –, Landesrat. 3. Aufl. Königsberg i. Pr.: Ostpreuß. Dr. & Verl. Anst. 1909. 20, 6 S. 8°
(Arbeiten d. Landwirtschaftskammer f. d. Prov. Ostpreußen. [6.])

Hasse, F. G. A., Biograph. Skizze des Generals Fr. A. von Zinzendorf u. Pottendorf. Mit geneal. Tfl. dieses Geschlechts. Stamm- u. Rangliste d. sächs. Armee. Dresden 1805.

Hasse, F. L. [Hrsg.], s. M a g a z i n für Eisenberg- und Hüttenkunde

Hasse, F. L. A., über den militär. Verdienst überhaupt rc. 8. Dresd. Arnold. 805.
Schreibp.

vgl. H a s s e , Friedrich Christian August

Hasse, Friedrich [aus Liegnitz]: Beitrag zur Kenntniss der Rosindone ... Erlangen, k. b. Hof- u. Univ.-Buchdr. v. F. Junge, 1892; 29 S. 8.
Erlangen, Phil. Fak., Inaug.-Diss. v. 1892

Hasse, Friedrich Christian August

Hasse, F. Chr. Aug., Anselm von Canterbury. I. Thl. Das Leben Anselm's. gr. 8. (37 B.) Leipzig 843. [Carl Engelmann jun.]
vgl. H a s s e , Friedrich Rudolf

— s.a. Augusteum, das, u. dessen Uebergabe.

(Hasse, Friedr. Chrstn. Aug.,) das Augusteum u. dess. Uebergabe an d. Universität Leipzig am 3. Aug. 1836. gr. 8. (5³/₄ B.) Leipzig, Breitkopf u. Härtel.

— Friedrich Christian August u. Friedrich Rudolph Hasse (Dresden), Cuinam nostri aevi populo debeamus primas oeconomiae publicae et statisticae notiones. Quaestio historica. Lpz. (Friedrich Brockhaus) 8. X. 1828. 52 S. (6.20) 13418
Gew.: Christian Daniel Beck.

Hasse, Frider. Chrsti. Aug., cuinam nostri aevi populo debeamus primas oeconomiae publ. et statist. notiones? Quaestio histor. Und als Anh.: De cura peculiari, quam Saxon. Principes imprimisque Augustus Elector rei famil. impenderunt. Comment. 4 maj. (10¼ B.) Lipsiae 828, (Brockhaus.)

— — De cura peculiari quam Saxoniae principes inprimisque Augustus elector rei familiari impenderunt. Lpz. (Friedrich Brockhaus) 11. X. 1828. 30 S. (6.—) 13419

— s. 1) Dresden u. d. Umgegend.

—— Erinnerung an Gottfr. Wilh. Frh. v. Leibnitz. Bei d. 200jähr. Feier sein. Geburt in Leipzig. gr. 8. (2 B.) Leipzig 846, W. Engelmann. *

—— kurze Geschichte d. leipziger Buchdruckerkunst im Verlaufe ihres 4. Jahrh. Einladungsschr. d. Universität Leipzig zu d. bei d. 4. Säcularfeier d. Buchdruckerkunst von ihr veranstalt. Feierlichkeit. A. d. Lat. übers. Nebst einigen xylograph. Beil. (2 Bl.) gr. 8. (5 B.) Leipzig 840, Teubner. Thlr. *

— Geschichte d. Lombardei. 4 Bdchen in 5 Abtheill. 8. Dresd. 826 —28. Hilscher. 1 Thlr 21 gr

Hasse, Fr. Chr. Aug., Gestaltung Europas seit d. Ende d. Mittelalters bis auf d. neueste Zeit, nach dem Wiener Congreß. Versuch e. histor.-statist. Entwickelung. 1r Thl., mit 1 Karte, (die Zeiten von 1492 bis zum französ. Revolutionskriege). gr. 8. Leipz. 818. Brockhaus. 2 Thlr 6 gr

— d. Leben Gerhards v. Kügelgen. Mit d. Bilde d. Künstlers u. 8 Umrissen von seinen Gemälden; nebst einigen Nachrichten aus d. Leben d. k. russ. Cabinetsmalers K. v. Kügelgen. Mit Kügelgens Portr. gr. 8. Leipz. 824. Brockhaus. 3 Thlr 8 gr

Hasse, Friedr. Chrstn. Aug., biograph. Magazin f. d. Geschichte uns. Zeit, s. Zeitgenossen.

Hasse, F. C. A., Johann Victor Moreau, s. Moreau.

— — Quantum geographia novissimis periegesibus et transmarinis peregrinationibus profecerit brevis expositio. Pars I. Generalia continens. Lpz. (Staritz) 1837. 31 S. (5.50) 13420

— — Dasselbe. II. Quae ad historiam geognosiae et geologiae, seu geographiae subterraneae, inprimis novissimam spectant. Lpz. (Wilh. Staritz) 25. II. 1841. 24 S. (5.—) 13421

— Rede am Grabe d. Generals v. Christiani. 8. Dresd. 804.

– s. Taschenencyklopädie, deutsche.

– s. Tharands Umgebungen.

— — Typographiae Lipsiensis, imprimis saeculi quarti, historiae brevis adumbratio. Acced. tab. typorum Orient. Fr. Nies. Lips. (Rector acad. oration. in solemnibus typographiae saecularibus quartis). Lpz. (Wilh. Staritz) 25. VI. 1840. 56 S. (6.50) 13422

— über d. militär. Verdienst im Allgemeinen u. d. militär. Ruhm d. sächs. Adels insbesondere. 8. Dresd. 806. Arnold. 4 gr Schrbp. 6 gr
vgl. H a s s e , F. L. A.

– s. Wellington, Herzog Arthur.

—— Zeitgenossen, s. 8. Bd. Zeitgenossen.

Hasse, Friedrich Joachim

Hasse, Fr. Joach., an Mütter, e. Vorschläge zum angenehmen Winter-Zeitvertreib. 8. Lübeck 803. Niemann. 4 gr

— an Mütter, Vorschl. z. angen. Winterabend-Zeitvertreib. 8. Lübeck Niemann. 805.

Hasse, Fr. Jos., der Brief Judä, neu übers. und erl. 8. Jena, Cröcker. 786.

Hasse, Friedrich Rudolf

Hasse, Fr. Rud., Anselm von Canterbury. I. Thl. Das Leben Anselm's. gr. 8. Leipzig 843, Engelmann. 2¼ Rthlr
vgl. H a s s e , Friedrich Christian August

Hasse, F. R., Anselm von Canterbury. 2. Thl.: Die Lehre Anselm's. gr. 8. (X und 633 S.) Leipzig 852, Engelmann.
1. Thl. Ebendas. 1843. 2 Thlr. 7½ Ngr.

Ad audiendam orationem de ontologico Anselmi pro existentia Dei argumento pro aditu muneris prof. ord. in facultate theol. ev. d. XIV Iulii ... habendam ... invitat Fridericus Rudolphus **Hasse** ... — Inest enumeratio variarum Anselmianorum operum editionum. Bonnae, form. C. Georgii 1849. 25 S. 8.

Sacram memoriam ... Friderici Gvilelmi III ... natali eivs III Non. Avg. ... ab lit. vniversitate Fridericia Gvilelmia Rhenana ... celebrandam indicit D. Fridericvs Rvdolphvs **Hasse**, ord. theol. ev. h. a. decanvs. — Inest dissertatio de prima Nebvcadnezaris adversvs Hierosolyma expeditione. Bonnae, litt. C. Georgianis 1856. 1 Bl., 22 S. 4.

Hasse, Frdr. Rud., Geschichte des Alten Bundes. Leipzig 863. Engelmann. gr. 8. (VIII, 215 S.) 1 ℛ

— Kirchengeschichte. Herausg. von Aug. Köhler. 3 Bde. Ebend. 864. gr. 8. (XXVI, 826 S.) 3 ℛ 7½ ngr

Hasse, Frdr. Rud., Kirchengeschichte. Hrsg. v. Aug. Köhler. 2. revid. Aufl. gr. 8. (XVI, 700 S.) Leipzig 872. Engelmann. 9. 75

— **Fried. Wilh. Jul.** (Stargard/Westpr.), De luxatione et fractura vertebrarum lumbi. Diss. med.-chir. Bln. (Nietack) 26. III. 1835. 32 S. mit Biogr. (6.—) 13423
Oppon.: F. Schuerrings, I. Buxbaum, F. Barth. — Gew.: J. H. F. Hasse (Vater). — Krankengesch. d. Johann Mudrich.

Hasse, Geo., über die Einwirkung von Tetrachlorkohlenstoff auf Phenole in alkalischer Lösung. Inaugural-Dissertation. gr. 8. (39 S.) Göttingen 877. (Vandenhoeck & Ruprecht.) n. 1. —

Hasse, Georgius: De typho Halis autumno anni 1845 observato. Halis Saxonum (1846): Colbatzki. 38 S. 8°
Halle-Wittenberg, Med. Diss. v. 17. Aug. 1846
Geb. Barottwitz bei Breslau 19. 5. 1824. V.

— über die Vereinigung der geistlichen u. weltlichen Obergewalt im römischen Kirchenstaate. Von der Teylerschen Gesellschaft zu Haarlem gekrönte Preisschrift. [Verhandelingen, uitgegeven door Teyler's tweede genootschap. 27. Stuk.] gr. 4. (XX u. 248 S.) Haarlem 852. (Amsterdam, Muller.) n. 2 ℛ 3 ngr

Hasse, Gustav [prakt. Arzt aus Westpreussen]: Die Melancholie mit Rücksicht auf Aetiologie und Ausgang in suicidium .... Greifswald, Druck v. Julius Abel, 1886: 32 S. 8°.
Greifswald, Med. Fak., Inaug.-Diss. v. 13. Mai 1886.

Hasse, Gustav, die Melancholie mit Rücksicht auf Aetiologie und Ausgang in suicidium. Diss. Greifswald 1886 Jul. Bindewald. 8°. 32 S.

— **Gustav** (Kiel), De novi operis nuntiatione. Diss. jur. Bonn (C. F. Thormann) 5. IX. 1829. 33 S. (6.—) 13424
Oppon.: Johann Christiansen, Caspar Bluntschli, Friedrich v. Seckendorff. — Gew.: Caspar Bluntschli.

Hasse, Heinrich: Die Richtungen des Erkennens bei Schopenhauer mit besonderer Berücksichtigung des Rationalen und Irrationalen. (Leipzig-R. 1908: F. Glausch.) (110 S.) 8°
Leipzig, Phil. Fak., Ref. Volkelt-Wundt, Diss. v. 28. Juli 1908
[Geb. 31. Juli 84 Lübeck; Wohnort: Lübeck; Staatsangeh.: Lübeck; Vorbildung: Gymn. Katharineum Lübeck Reife O. 04; Studium: Bonn 2, Heidelberg 1, Leipzig 5 S.]

Maecenatibus, Amicis et Commilitonibus Album hocce pietatis monumentum integritatisque tesseram dat, dicat, consecrat Henricus Theophilus Christianus **Hasse**, Barcovia Holsatus. S. V. I. E. G. Symbl: Per aspera ad astra. Chilonii die 16. Martii 1769. Quer-8°.
Stammbuch, von ihm als Student geführt in Kiel und Göttingen 1869–71. Einzelne spätere Eintragungen reichen bis 1777, 78 u. 98.
Mit einer Tuschzeichnung S. 8/9.

Hasse, Hermann

Hasse H., s. Brooks, Soziales Wechselfieber.

Hasse, Hermann: Die Allgemeine Elektrizitäts-Gesellschaft und ihre wirtschaftliche Bedeutung. Monografie eines technischen Großbetriebes. *Heidelberg: K. Winter 1902.* (97 S.) 8°
Heidelberg, Phil. Diss. v. 1902

Hasse, Herm., s.: Jahrbuch f. sozialen Fortschritt u. freiheitliche Weltanschauung.

Hasse, Hermann Gustav

— Abriß d. meißnisch-albertinisch-sächsischen Kirchengeschichte. 1. Hälfte. Bis z. Einführung der Reformation. 8. Leipzig 846, Engelmann. n. ⅓ ℛ

Hasse, Herm. Gust., Abriß der meißnisch-albertinisch-sächsischen Kirchengeschichte. 2. Hälfte. Seit Einführung der Reformation. Mit besonderer Rücksicht auf die Kirchenverfassung u. Gesetzgebung. 8. (XIV u. 468 S.) Leipzig 847, W. Engelmann. n. 1⅓ ℛ (1. u. 2: n. 1⅔ ℛ)

Hasse, Herm. Gust., die Gemeinschaft am Evangelium. Friedens- u. Bundespredigt über Philipper 1, 3—11 am Sonntage nach Sachsens Eintritt in den norddeutschen Bund durch den Frieden vom 21. Octbr. 1866. Freiberg 867. Craz & Gerlach. gr. 8. (14 S.) n. 3 ngr

—— Geschichte des Anfangs der politischen Einheit Deutschlands. Nach den Quellen bearb., nebst einer krit. Schlußabhandl. u. zwei Zugaben. Nebst Vorw. v. Jul. Körner. gr. 8. (7 B.) Schneeberg 811. (Leipzig, Rein'sche Buchh.) Thlr. *

Hasse, Herm. Gust., Geschichte der sächsischen Klöster in der Mark Meißen und Oberlausitz. gr. 8. (VIII, 317 S.) Gotha 887, F. A. Perthes. *

Hasse, Herm. Gust., Grundlinien christlicher Irenik. Aufruf u. Beitrag zum Frieden unter den christlichen Confessionen u. Nationen. gr. 8. (VIII, 63 S.) Leipzig 882. Lehmann. n. 1. —

Hasse, Herm. Gust., das Leben des verklärten Erlösers im Himmel. Nach den eigenen Aussprüchen des Herrn. Ein Beitrag zur biblischen Theologie. Leipzig 854. Hinrichs. gr. 8. (XVI, 408 S.) 2 ℛ

—— J. Jonas' Leben, s. Leben, das, der Altväter der luther. Kirche.

— König Saul. Erzählung nach der heiligen Schrift. Ein Beitrag zur Verbreitung der Bibelkunde im christlichen Volke. Mit 1 (lith.) Bilde von Ludw. Richter. Greiz 854. Henning. 8. (VII, 293 S.) 20 ngr

— unser Trost an Frauensteins Trümmern. Zur Erinnerung an dasige Feuersbrunst vom 3. Octbr. 1869. Dresden 869. (Naumann.) gr. 8. (15 S.) n. 3 ngr

—— über die Vereinigung der geistlichen und weltlichen Obergewalt im römischen Kirchenstaate. Von der teylerschen Gesellschaft zu Haarlem gekrönte Preisschrift. (Verhandelingen, uitgegeven door Teyler's tweede genootschap. 27. Stuk.) gr. 4. (XX und 248 S.) Haarlem 852. (Amsterdam, Müller.) *

— die Zeichensprache der evangelisch-lutherischen Kirche etymologisch u. syntaktisch dargestellt zur Belebung des Katechumenenunterrichts u. zur kirchlichen Kunstlehre. 8. (X, 216 S.) Leipzig 877. Hinrichs' Verl. n. 2. 40

HASSE, HUGO. Ueber Orthotoluidinmetadisulfosäure und einige ihrer Derivate. Greifswald, 1885.

Sammlung der Ortsgesetze, Verordnungen und Statuten der Gemeinde Oliva. Zsgest. von Dr. [Hugo] **Hasse**, Gemeindevorsteher. *Danzig (1902): A. W. Kafemann.* (49 S.) 8° [F.] [..]. 10

Hasse, J. F., Klosterzwang. Ein Beytrag zur Geschichte d. Mönchswesens. Braunschweig, Reichard.

Hasse, J. G.

Hasse, J. G., Augustus Christi nascituri forsan non ignarus. Regiom. 1805. 4.

Hasse, J. G., de die Romanorum lustrico s. paedobaptismi ante Chr. vestigiis. Regiom. 1792. 4.

Hasse, J. G., historiae de Christo in coelum redeunte ex narratione Livii de Romulo illustratio. Regiom. 1805. 4.

Hasse, J. G., Josephum verum ac genuinum Jesu patrem ex scriptura s. non fuisse. I–II. Regiom. 1792. 4.

Hasse, J. G., Jesus Immanuel. I–II. Regiom. 1792. 4.

Hasse, J. G., super loco difficili de censu Cyreniano. Regiom. 1796. 4.

Hasse, J. G., de Muhammede, resurrectionis Christi teste. I–III. Regiom. 1802–4. 4.

Hasse, J. G., de rituum circa natalitia Christi hodie usitatorum prima origine ex Graecorum et Romanorum Saturnalibus. Regiom. 1800. 4.

Hasse, J. G., nativitatis. Chr. cum Platonis nativ. comparatae praestantia. Regiom. 1788. 4.

Hasse (J. H. F.), Der aufgefundene Eridanus, oder neue Aufschlusse über den Ursprung des Bernsteins. Riga 1796. 8.

vgl. Hasse, Johann Gottfried

Hasse, J. M. De indole atque effectibus instrumenti adsecurationis [illegible] [illegible] ex iure hamburgensi spectata. Gottingae 1796.

Hasse, I. Michael

— compend. philosophiae moralis. 8. Vitteb. 748.

— philosophia s. synopsis de prudentia morali. 4. Vitteb. Ludwig. 721.

— scientia de prudentia morali univ. 8. Vitteb. Ahlfeld. 750.

Hasse, I. Mich., selecta angliana s. exempla stili anglic. 8. Vitteb. Ludwig. 712.

Hasse, Johann Adolf

Hasse, Jh. Ad., u. Jh. Ad. Hiller, Beitrr. zur wahren Kirchenmusik. 8. Leipz. ... 2e A. 791. (Snobloch). 2 gl

Hasse, Johann Adolph: La conversione di Sant'Agostino. Oratorio. Hrsg. von Arnold Schering. Leipzig: Breitkopf & Härtel 1905. (XIV, 125 S.) 2° (4°)
= Denkmäler deutscher Tonkunst. Folge 1, Bd 20.

Ausgewählte Werke von J(ohann) A(dolf) **Hasse**. Für Klavier bearb. u. hrsg. von Otto Schmid-Dresden. *Leipzig: Breitkopf & Härtel 1900.* (VI, 41 S.) 4°
— Musik am sächsischen Hofe. Bd 2. [..]. 4356

Hasse, Johann Christian

— Diss. inaug. disquirens: annotatio voluntaria esse possit citra stipulationem. 4. Kiel 812.

Hasse, J. C., Beytrag zur Revis. d. bisherigen Theorie von der ehel. Gütergemeinsch. n. deutsch. Privatrecht. gr. 8. Kiel, Academ. Bchhdl. 808.

— Beitrag zur Revision d. bisher. Theorie von d. ehel. Gütergemeinschaft nach deutschem Privatrecht. gr. 8. Kiel 808. Hesse. 1 rℓ

Hasse, J. C., die Culpa des röm. Rechts. Eine civilistische Abhandlung. gr. 8. Kiel, Akadem. Buchh. 815.

Hasse, Jh. Chr., d. Culpa des röm. Rechts. Eine civilist. Abhandlung. gr. 8. Kiel 815. Hesse. 3 rℓ 6 gl

Hasse, Joh. Chrstn., die Culpa d. röm. Rechts. Eine civilist. Abhandl. 2., verm. Ausg., besorgt v. Aug. Bethmann-Hollweg. gr. 8. (39 B.) Bonn 838, Marcus.

Hasse, ehel. Gütergemeinschaft. Kiel 808. Vergriffen!

— d. Güterrecht d. Ehegatten nach röm. Recht. Eine civilist. Abhandl. 1r Bd. gr. 8. Berl. 824. Reimer. 2 rℓ 14 gl

— s. Museum, Rhein., für Jurisprudenz

Solemnia natalitia . . . Friderici Guilelmi III d. III Aug. ab alma academia Borussica Rhenana . . . celebranda . . . indicit Dr. Ioannes Christianus **Hasse**, ord. iuriscons. h. a. decanus. — Praemissa est Commentatio de variis eorum sententiis, qui in explananda L. 7 §. 1. D. solut. matr. vulgatam interpretationem reliquerunt. Bonnae, typ. Thormannianis 1827. 1 Bl., 22 S. 4.
Enth. zugleich d. **Ergebnisse d. Preisbewerbung** d. J. 1825–26 und d. **Preisaufgaben** f. d. J. 1827–28

— **Johann David** (Neustadt a. Orla), De eo, quod circa probationem delicti, per documenta justum est. Diss. jur. Präs. Tob. Jac. Reinharth. Erfurt (Joh. Christoph Hering) 5. V. 1732. 20 S. (6.40) **13425**

Hasse, Jh. Erdm., († 1795.) Nachr. vom Johanniterorden, insbesondere von dem Herrenmeisterthum in d. Mark, Sachsen, Pommern u. Wendland, aufgesetzt von Jh. Gf. Dienemann, mit beigefügten Wappen 2c. herausg. Mit 18 Kpft. 4. Berl. 767. Winter. 4 rℓ 12 gl

Johann Friedrich Bernhard Hasse

De Struma, eamque sanandi methodo. Helmstadii (1796:) Fleckeisen. XXII S. 8°

Helmstedt, Med. Diss. v. 2. März 1796

Hasse, Jh. Fr. Bernh., d. in Apotheken aufgenomm. Zubereitung f. Anfänger erklärt. Mit e. Vorr. v. L. v. Crell. 8. Lemgo 782. Meyer. 6 gl

Hasse, Johann Gottfried

— Preussens Anspr., als Bernsteinland d. Paradies der Alten und Urland der Menschheit gewesen zu seyn. 8. Ebend. (Nicolovius.) 799.

— Preußens Ansprüche, als Bernsteinland, d. Paradies d. Alten u. Urland d. Menschen gewesen zu seyn. 8. Königsb. 799. Unzer. 6 gr.

Hasse, Jh. Gf., († d. 12. April 1806.) bibl. oriental. Aufsätze. gr. 8. Königsb. 793. Nicolovius. 10 gr.

— letzte Aeußerungen I. Kants. 8. Königsb. 1r u. 2r Abdr. 804. Nicolovius. 6 gr.

Hasse, J. Gf., Aussichten zur künftigen Aufklärung über das alte Testament. 8. Jena, Cröker. 785.

Hasse, Johann Gottfried, s. Aussichten zu Aufklärungen.

— das andere Buch der Maccabäer neu übersetzt. 8. Jena, Cuno. 786.

— de causis styli latini in usum lectionum. 8. Jena 786. Ed. II. 801. Cröker. 10 gr.

— — Curarum in psalmum secundum posteriorum pars I. Diss. crit.-philol.-exeget. Jena (Stranckmann) 22. III. 1783. 27 S. (4.50) 13427

— Entdeckt. im Felde d. ältesten Erd- u. Menschen-Geschichte. 2 Thle. gr. 8. Halle 801—5. (Reinicke). 2 rthl 10 gr.

— Entdeck. im Felde der ältesten Erd- und Menschen-Geschichte rc. 1r und 2r Thl. gr. 8. Halle, Ruff. 801–5. (1r 22 gr. 2r 1 Rthlr. 12 gr.)

— d. aufgefundene Eridanus, oder neue Aufschlüsse über den Ursprung, Zeit d. Entstehung, Vaterland u. Handel d. Bernsteins. gr. 8. Riga 796. Hartknoch (in Leipz.) 10 gr.
vgl. Hasse, J. H. F.

— Jo. Gottfr. (Weimar), De forma Imperii Rom. Germ. dissertatio. Präs. Christoph Gottl. Heinrich. Jena (Fickelscherr's Erb. & Stranckmann) 9. III. 1782. 36 S. (6.30) 13426

— Grammatologie, s. Vers.

— prakt. Handbuch zur Erlernung d. arab. Sprache, s. unten Unterricht, 2r Thl.

— prakt. Handbuch d. arab.-äthiop. Sprache, s. unten Unterricht. 4r Thl.

— prakt. Handb. d. aram. Sprache, s. unt. Unterricht. 3r Thl.

Hasse, Joh. Gottfr., Praktisches Handbuch der Aramäischen oder Syrisch-Chaldäisch-Samaritanischen Sprache. Des praktischen Unterrichts der gesammten orientalischen Sprachen dritter Theil. Jena 1791.

— Idiognomik Davids, oder Untersuchung über Davids Bildung, Eigenes rc., nebst e. metr. Uebersetzung d. schönsten Psalmen, mit Anmerkk. gr. 8. Jena 784. (Schmid). 1 rthl

— Idiognomik Davids, oder über Davids Bildung, Eigenes rc. gr. 8. Jena, Stahl. 784.

Hasse, Johann Gottfried, s. Lectiones Ciceronianae.

— lectiones syro-arabico-samaritano-aethiopicae; cum tabul. element. 8. Königsb. 788. Hartung. (Unzer). 1 rthl

– s. Maccabäer, d. andere Buch.

— Magazin für d. bibl. oriental. Literatur. 1r Thl., 1r—4r Abschnitt. gr. 8. Königsb 788, 89. Unzer. 15 gr.

– s. Nagel, Mch. Th.: Uebersicht.

— — Ueber den gerechten Nationalstolz der Preussen. Eine Rede am Kgl. Geburtsfeste im gross. akad. Hörsaal gehalten. Königsberg (Heinrich Degen) 3. VIII. 1801. 59 S. mit Verz. d. Pränumeranten u. Subskribenten. (6.80) 13428

— über den gerechten Nationalstolz d. Preußen. Eine Rede. 8. Königsb. 801. Unzer. 6 gr.

– s. Salomo's Weisheit.

— s. Chr. Scriver, Gotthold's Andachten.

— libri IV. Regum Syro-hexaplaris specimen. 8maj. Jena 782. (Schmid). 6 gr.

— lib. IV Regum Syro-Hexaplaris specimen. gr. 8. Ienae, Stahl. 782.

— hebr. Sprachlehre, s. unt. Unterricht. 1r Thl.

Hasse, Jh. Gf., prakt. Unterricht über d. gesammten oriental. Sprachen. 4 Thle. 1r Thl. A. unt. d. T.: hebr. Sprachlehre rc. 786. 18 gr. (Ettinger in Gotha. 1 rthl 2 gr.) 2r Thl. A. u. d. T.: prakt. Handbuch zur Erlernung d. hebr. Sprache. 787. 8 gr. 3r Thl. A. u. d. T.: prakt. Handb. d. aramäischen oder syrisch-chaldäisch-samaritan. Sprache. 791. 1 rthl 4r Thl., prakt. Handb. d. arab. u. äthiop. Sprache. 793. 1 rthl gr. 8. Jena 786—93. (Hennings in Neisse). 3 rthl 2 gr.

– s. Untersuchung über Jesum.

Hasse, (J. G.,) freimüthige Untersuchung üb. Jesum d. Sohn Gottes. gr. 8. 798. ist Verl. v. Reinicke u. C. in Halle.

– s. a. Versuch e. griech. u. latein. Grammatologie.

Hasse, J. G., Versuch einer griechischen und lateinischen Grammatologie. Königsb. 792. 8. 6 gr.

— Salomons Weisheit, neu übers. m. Anm. 4. Jena, Cröcker. 788.

— Zigeuner im Herodot, oder ganz neue Aufschlüsse über die ältere Zigeunergeschichte, aus griechischen Schriftstellern. 8. Königsb. Unzer. 803.

Johann Heinrich Friedrich Hasse

Jo[annes] Hear[icus] Frid[ericus] Hasse: De Motibus cordis abnormibus. Halae (1815): Schimmelpfennig. 32 S. 8°

Halle, Med. Diss. v. 30. Jan. 1815

Hasse, Johannes, Redakt.: Ersatzgeld und Schadenersatz im sächsischen Forst- und Feldstrafgesetz vom 26. Februar 1909. Borna-Leipzig 1910: Noske. VI, 56 S. 8°
Leipzig, Jur. Diss. v. 15. Aug. 1910
[Geb. 12. März 80 Dohna; Wohnort: Plauen i. V.; Staatsangeb.: Sachsen; Vorbildung: Gymn. z. hl. Kreuz Dresden Reife M. 01; Studium: Leipzig 1, Kiel 1, Leipzig 7 S.; Rig. 27. Febr. 06.] [U 11. 2856

Festschrift zum 25jährigen Bestehen der Plöner Freiwilligen Feuerwehr. Das Löschwesen der Stadt Plön 1874--1899 v. Johannes **Hasse.** (Plön. 1899.) 8°

Hasse, J., Görlitzer Rathsannalen, s.: Scriptores rerum Lusaticarum.

Hasse, Joannes (geb Fürstenau in Westpr. 25.11.1822): Theses theologicae . . . pro licentiati in s. s. theologia honoribus rite capessendis. Vratislaviae (1847). (2 Bl.) 8°
Breslau, Kath.-theol. Liz.-Thesen v. 14. Mai 1847

Hasse, Karl

Hasse, Carl, Assistenzarzt am Krankenh. d. Landes-Versicherungsanst. Schlesien: Klinische Beiträge zur Pathologie des Thyreoidismus und des 'atypischen' Morbus Basedowii. *Breslau 1900: Bresl. Genossenschafts Buchdr.* (25 S.) 8°
Breslau, Med. Diss. v. 23. März 1900

Hasse, C., Roger van Brügge, der Meister v. Flemalle, s.a.: **Zur Kunstgeschichte des Auslandes. 21. Hft.**

Roger van Brügge, der Meister von Flemalle. Von C[arl] **Hasse**, Prof., Breslau. Mit 8 Taf. *Straßburg: J. H. E. Heitz 1904.* (53 S.) 4°(8°)
= **Kunstgeschichte**, Zur, d. **Auslandes.** H. 21. [04. 8391

Hasse, Carl, de cochlea avium. Dissertatio inauguralis medica. Kiel 866. (Schwers'sche Buchh.) gr. 4. (16 S.)
n. 4 ngr.

Hasse, C[arl]: Anatomische und palaeontologische Ergebnisse. Leipzig: W. Engelmann 1878. (22 S., 2 Taf.) 4°
Breslau, Glückwunsch d. med. Fak. z. 50-jähr. Dr.-Jubil. v. Carl Theod. v. Siebold [am 22. Apr.] 1878

Hasse, Carolus [Ludovicus]: Commentationis de Euripide poeta specimen. Halis Saxonum (1833): Ploetz. 20 S. 8°
Halle-Wittenberg, Phil. Diss. v. 14. Dez. 1833
Geb. [Quedlinburg 9. 7. 1809]
Auszug aus der eingereichten Arbeit: * De Euripide poeta commentatio philologica 33 Bl. 4° (2°) — Vom Verf. ersch. ferner: Euripidis tragici poetae philosophia quae et qualis fuerit. Magdeburg 1843: Heinrichshofen. 44 S. 4° Kloster U. L. Fr., Progr. und: Ursprung. Gegensatz und Kampf des Guten und Bösen im Menschen. Entwickelt aus der physischen Lehre des Euripides und nachgewiesen an einigen Charakteren seiner Dramen. 1. 2. Magdeburg 1859/70: Heinrichshofen. 36, 46 S. 4° Kloster U. L. Fr., Progr.

Hasse, C., Euripidis, tragici poetae, philosophia quae et qualis fuerit. Pr. 1843. 44 S. 4°.

Hasse, Karl [aus Montjoie '(Reg.-Bez. Aachen)']: Der Gonococcus Neisser, sein Vorkommen bei Urethritis u. Bartholinitis ... Strassburg i. E., Buchdr. C. Goeller, 1893; 45 S. 8.
Strassburg, Med. Fak., Inaug.-Diss. v. 1893

Hasse, Carl: K u n s t s t u d i e n von –, Prof., Breslau. Mit Taf. H. 1–5. Jena: G. Fischer (3. 4: Breslau: C. T. Wiskott; 5: E. Trewendt) 1882–94. 4 Bde 2° (4°); 1 Bd 8°
[1 u. d. T.:] Die Venus von Milo. 1882.
2 [u. d. T.:] Wiederherstellung antiker Bildwerke. 2. Ilioneus. 3. Torso vom Belvedere. 1887.
3. 4. Die Verklärung Christi von Raffael. 1889.
4. 5. Das Gebetbuch Philipp d. Guten in d. Kgl. Bibliothek im Haag. 6. Die Bildn. d. Brüder Hubert u. Jan van Eyk. 7. Memling oder Roger van der Weyden? 1892.
5. 8. Roger van Brugge. 9. Gemälde Memling's. 10. Das Werk von A. J. Wauters: 'Hans Memling'. 1894. [01. 10179

Hasse, Carl: Die neue P r ü f u n g s o r d n u n g für Mediciner. Besprechg. u. Vorschläge v. Prof. Dr. Carl Hasse, ... Dir. d. Kgl. Anatomie zu Breslau.
Wiesbaden: J. F. Bergmann 1896. (20 S.) 1 Bd 8°

Hasse: Ursprung, Gegensatz und Kampf des Guten und Bösen im Menschen. Entwickelt aus der physischen Lehre des Euripides und nachgewiesen an einigen Charakteren seiner Dramen. 36 S. – Magdeburg P., Progr. 1859

Hasse, Ursprung, Gegensatz und Kampf des Guten und Bösen im Menschen. Entwickelt aus der physischen Lehre des Euripides und nachgewiesen an einzelnen Charakteren seiner Dramen. (Aus dem Jahresbericht d. Klosters U. L. Fr. zu Magdeburg 1859. Dazu 2 Nachträge.) Magdeburg 859. Heinrichshofen. 4. (2 Bl., 40 S.) n. 10 ngr.

Hasse: U r s p r u n g , Gegensatz und Kampf des Guten und Bösen im Menschen. Entwickelt aus der physischen Lehre des Euripides und nachgewiesen an einigen Charakteren seiner Dramen. 46 S. (Schluss v. 1859.) – Magdeburg, P., Progr. 1870.

Die **Venus** von Milo. Eine Untersuchung auf d. Gebiete d. Plastik u. e. Versuch z. Wiederherstellung d. Statue von C[arl] **Hasse**, Prof., Breslau. Mit 8 Taf. *Jena: G. Fischer 1882.* (12 S.) 2°(4°)
= [**Hasse:** Kunststudien. H. 1.] [01. 10180

— Roger van der Weyden u. Roger van Brügge m. ihren Schulen, s.a. **Zur Kunstgeschichte des Auslandes. 30. Hft.**

Hasse, Carl: Roger van der W e y d e n und Roger van Brügge mit ihren Schulen. Von –. Mit 15 Taf. Straßburg: J. H. E. Heitz 1905. (X, 83 S.) 4° (8°)
= Kunstgeschichte, Zur, d. Auslandes. H. 30.

— **Wiederherstellung antiker Bildwerke. 2. Hft.: 2. Ilioneus. 3. Torso vom Belvedere. Mit 7 lith. Taf. Imp.-4. (21 S.) Ebd. 887.** **n. 6. —**
Das 1. Hft. bildet: **Hasse, C., die Venus v. Milo. 882. n. 7. —**

Hasse, Car. Augustus Frid. (geb. Preuss.-Stargard 5. 5. 1802): De fungo medullari. Berolini (1823). (15 S.) 4°
Berlin, Med. Diss. v. 14. Okt. 1823

Hasse, Karl Christian

— Carl Christian (Auma/Vogtl.), De consilio in criminalibus ejusue effectu. Diss. jur. Präs. Tobias Jac. Reinharth. Erfurt (Joh. Christoph Hering) 10. X. 1732. 26 S. (6.20) 13413

Hasse, Karl Ewald

Hasse, Karl Ewald, specielle patholog. Anatomie. 1. Bd. — A. u. d. T.: Anatom. Beschreibung d. Krankheiten d. Circulations- u. Respirations-Organe. gr. 8. (34 3/8 B.) Leipzig 841, Engelmann. •

— s. **Andral, G., Versuch e. patholog. Hämatologie.**

Hasse, K. E. u. A. Kölliker. Einige Beobachtungen über die Capillargefässe in entzündeten Theilen. 1845.

Hasse, C(arl) E(wald). **Erinnerungen aus meinem Leben. Von K. E. Hasse, weiland Professor an den Universitäten Leipzig, Zürich, Heidelberg und Göttingen. 2. Aufl. Mit zwei Bildnissen des Verfassers in Heliogravüre [Tafeln]. XVI + 444 S. 8. Leipzig, Wilhelm Engelmann, 1902. [geb. M. 7. 50]**

Hasse, C. E(wald), die Krankheiten des Nervensystems, s. Handbuch der speciellen Pathologie und Therapie.

Hasse, K. E., die Menschenblattern u. die Kuhpockenimpfung, eine geschichl. Skizze. Akademischer öffentl. Vortrag gehalten am 11. März 1852 (zu Zürich). 8. (IV u. 49 S.) Leipzig 852, W. Engelmann. n. 8 ngl.

— **Carl Ewald** (Dresden), Observationes de sceleto astaci fluviatilis et marini. Diss. zootomica. Lpz. (Staritz) 19. III. 1833. 38 S. u. 1 Taf. Abb. (E. Hasse del.) (6.—) 13414

Hasse, Car. Frid. Mich. Otto (geb. Potsdam 29. 9. 1836): De ventriculi cordis sinistri hypertrophia. Berolini (1859). (31 S.) 8°
Berlin, Med. Diss. v. 24. Mai 1859

Hasse, Karl Ludwig, s. Hasse, Karl

Hasse, Karl Paul, von Plotin zu Goethe. Die Entwicklg. d. neuplaton. Einheitsgedankens z. Weltanschaug. d. Neuzeit. (VIII, 327 S.) gr. 8. Leipzig 909. H. Haessel Comm.-Gesch. 5.—; geb. 6. 50

Hasse, Karl Wilhelm

— **Carl Wilhelm** (Leipzig), De equitatu veterum in primis Romanorum commentatio qua discessurus a schola Thomana. Lpz. (Klaubarth) April 1803. 16 S. (4.80) 13415
Widm. v.: **Rost.**

— — De jurisdictione tribunorum plebis specimen. Präs. August Ludwig Diemer. Lpz. (Richter) 5. III. 1805. 24 S. (5.50) 13416
Gew.: Carl Wilhelm v. Carlowitz (Stositz . .). — Widm. v. Präs.

Hasse, Kurt, Medizinalpraktikant: Kurzer Ueberblick über die Geschichte und Aetiologie des Keuchhustens mit einigen Beiträgen. München 1906: Kastner & Callwey. (30 S.) 8°
München, Med. Fak., Ref. v. Bauer, Diss. v. 26. Febr. 1907
[Geb. 4. Sept. 80 Posen; Wohnort: Posen; Staatsangeh.: Preußen; Vorbildung: Friedrich-Wilhelms-Gymn. Posen Reife O. 01; Studium: Heidelberg 1, Berlin 5, München 4 S.; Coll. 26. Febr. 07; Approb. 15. Febr. 07.]

Hasse, L. Aug. W., d. Rosen Westfalens. [Aus: „K. Bockhaus, Flora v. Westfalen“.] 12. (37 S.) Münster (893). (Witten, R. Gräfe.) n. — 75

— Schlüssel zur Einführg. in d. Studium d. mitteleuropäischen Rosen (160 Arten, Abarten u. Bastardformen). [Aus: „Allg. bot. Zeitschr.“] gr. 8. (V, 21 S.) Witten 896. (R. Gräfe.) n. — 75

Hasse, L. O.

Hasse, L., die früher u. zum Theil noch herrsch. merkwürdigsten Arten d. religiösen Aberglaubens; mit einigen Bemerkn. z. Beförder. wahren Christenthums. 8. (7 B.) Ilmenau 828, [Weimar,] Voigt.

Hasse, L. O., einige Worte, veranlaßt durch d. Annahme geborner moral. Monstra. Nebst e. Predigt. 8. Rostock 825. (Stiller). 8 gr.

— **Ludolph Christian Conrad** (Goslar), De genuino actionum in bonae fidei et stricti juris divisionis fundamento. Spec. cont. caput juris controvers. Präs. Christian Heinr. Breuning. Lpz. (Langenheim) 21. V. 1768. 16 S. (4.50) 13429
Gew.: Johann Gottlieb Boehm, Carl Gunther Ludovici.

Hasse, Ludw., das Rätsel seiner Ehe. Roman. (208 S.) 8. Berlin 909. H. Steinitz. 2. —

Hasse, Martin (Präs.), s. Faber, Chrn. Beatus: De necessitate extremo vitae conservandae praesido.

Hasse, Martin (Präs.), s. Ficker, Gottlieb Friedrich: De Conditione principis, qui imperio se abdicavit.

Hasse, Martin (Präs.), s. Fritsch, Tobias Ehrenfrid: De officio hominis erga avarum.

Hasse, Martin [Praes.], s. Gersdorff, Carl Siegfried von: De παραπρεσβειας crimine . . .

Hasse, Mart., wahre Staatsklugheit in gewissen Grundsätzen vorgetragen und mit d. Exempel d. russischen Kaisers, Peter des Großen, bestätigt. 4. Lpz. Junius. 739.

Hasse, Max, Peter Cornelius u. sein Barbier v. Bagdad. Die Kritik zweier Partituren. Peter Cornelius gegen Felix Mottl u. Hermann Levi. (VII, 67 S.) Lex.-8. Leipzig 904. Breitkopf & Härtel. Kart. n. 4. —

Hasse, Max, der Dichtermusiker. Ein Märchen. (Der Buchschmuck ist gezeichnet v. Wilh. Römer.) (8 S.) Lex. 8. Magdeburg 908. Faber'sche Buchdr. 1. 50

— **Nicolaus** (Perleberg/Mark), De assumtione seminis Abrahae, ad locum Ebr. II, vers. 16. Diss. theol. Präs. Joh. Wilhelm Bajer. Jena (Gollner) 28. XII. 1693. 46 S. (4.50) 13430

— — **Dasselbe. Textus Germ.** Denn er nimt nirgend die Engel an sich / sondern den Saamen Abrahä nimt er an sich. Ed. II. Jena (Jo. Bernh. Heller) 1723. 56 S. (4.50) 13431

Hasse, Nik. Herm., († d. 30. Nov. 1831.) Predigt am 100jähr. Reformationsfeste. 8. Kiel 817. Hesse. 4 gr.

Hasse, Nik. Herm., über Jesu Worte: Vater vergieb Ihnen rc. Predigt. 8. Kiel 820. Bünsow. 1 gr.

Hasse, Oscar [aus Nordhausen]: Ein Fall von Hydrophthalmus congenitus mit anatomischem Befunde ... Strassburg i. E., Buchdr. C. Goeller, 1892; 26 S., 3 Bl., 3 Taf. 8.
Strassburg, Med. Fak., Inaug.-Diss. v. 1892

Hasse, Osc., die Lammblut-Transfusion beim Menschen. 1. Reihe. 31 eigene Transfusionen umfassend. Mit 10 (eingedr.) Holzschn. Lex.-8. (78 S.) St. Petersburg 874. Hoppe. n. 2. —

Hasse, Paul

Hasse, P., die Anfänge Lübecks. Vortrag. 8. (23 S.) Lübeck 893. Lübcke & Hartmann. n. — 50

Hasse, Paul (Hrsg.), s. Anzeiger, Kirchlicher, f.d. evang. Gemeinden von Essen u. Umgebung.

Dänenrecht und Fremdenrecht in Dänemark zur Zeit Waldemar II Von **Paul Hasse.** Vortrag, gehalten in der 13. Versammlung des Hansischen Geschichtsvereins zu Kiel, am 15. Mai 1883. Als Manuscript gedruckt. Kiel. 1883. 8°.

Die Erhebung König Friedrich I. v. P[aul] **Hasse.** Bonn. 1882. 8° Separatabdruck aus: „Historische Untersuchungen. Arnold Schäfer zum 25 j. Jubiläum seiner akademischen Wirksamkeit gewidmet.“

Kaiser Friedrich I. Freibrief f. Lübeck vom 19. Septbr. 1188. Zum Andenken an das 750jähr. Bestehen der Stadt eingeleitet u. hrsg. gr. 4. (19 S. m. 2 Lichtdr.-Taf.) Lübeck 893. Schüsselbuden 32, E. Tesdorpf. 5. —

Hasse, Paul: Aus der Geschichte der Lübecker Malerei von 1550–1700. 8 Lichtdrucktaf. aus d. Kunstverl.- u. Lichtdruckanst. von Johannes Nöhring mit e. Einl. von Staatsarchivar Dr. –. Festschrift z. Versamml. d. Internat. Kunsthist. Kongr. in Lübeck 1900.
Lübeck: J. Nöhring 1900. (5 S., 8 Taf.) 2°

Die Herzoglich-Braunschweigische Heil- und Pflege-Anstalt Königslutter in ihrer Thätigkeit seit d. Eröffnung am 1. Dec. 1865 – 1. Apr. 1891. ⟨Auszug aus einer dem Herz.-Braunschw. Staats-Minist. von d. Director, Med.R. Dr. [Paul] Hasse überreichten Denkschrift.⟩ *Braunschweig 1893: H. Oeding.* (31 S.) 4° [illegible] 10

Hasse, Paul, aus Beetzendorf in der Altmark: Kontakterscheinungen am Granite der Luisenburg bei Wunsiedel. Mit 1 Kartenskizze, 1 Profil und 3 Lichtdrucktafeln. Erlangen 1905: E. Th. Jacob. (41 S.) 8°
Erlangen, Phil. Fak., Ref. Lenk, Diss. v. 20. Sept. 1904
[Geb. 6. Mai 68 Beetzendorf in der Altmark: Staatsangeh.: Preußen; Vorbildung: Gymn. Hamburg u. Schwerin Reife (für Obersek.) 85; Studium: Berlin; Rig. 20. Sept. 04.]

Hasse, Paul, Leitfaden f. weibl. Jugendpflege. Ein Hilfsbuch f. die Leitg. v. Jungfrauenvereinen. Im Auftrage des deutschen Vorstände-Verbandes hrsg. gr. 8. (VIII, 336 S.) Berlin 899. Buchh. d. ostdeutschen Jünglingsbundes. Geb. in Leinw. n. 2. 80

— dasselbe. 2. stark veränd. Aufl. 3 Bde. gr. 8. Ebd. 902. Geb. in Leinw. n. 6. —
1. Ein Hilfsbuch f. die Leitung v. Jungfrauenvereinen. (XI, 235 S.) n. 2.50
2. Ein Hilfsbuch f. die Darbietung des Wortes Gottes in den Jungfrauenvereinen. (VIII, 152 S.) n. 2. —
3. Ein Hilfsbuch f. verschiedene Arbeitsgebiete der Fürsorge f. die weibl. Jugend. (VI, 118 S.) n. 1.50

Hasse, Paul, Leitfaden f. weibliche Jugendpflege. Im Auftrage des Verbandes der evangel. Jungfrauenvereine Deutschlands hrsg. 2. u. 3. Bd. 8. Berlin, Buchh. des ostdeutschen Jünglingsbundes. Geb. in Leinw. à 2. 50
2. Ein Hilfsbuch f. die Darbietg. des Wortes Gottes in den Jungfrauenvereinen. 3. Aufl. (VIII, 152 S.) (909).
3. Ein Hilfsbuch f. verschied. Arbeitsgebiete der Fürsorge f. die weibl. Jugend. 3. veränd. u. verm. Aufl., bearb. v. Wilh. Fries. (VIII, 141 S.) 910.

Hasse, Paul [Hrsg.], s.a. Miniaturen aus Handschriften des Staatsarchivs in Lübeck.

Hasse, P., Miniaturen aus Handschriften d. Staatsarchivs in Lübeck. Imp.-4. (7 S. m. 10 Lichtdr.-Taf.) Lübeck 897. J. Nöhring. 4. 50

Hasse, P., die Quellen d. Ripener Stadtrechts, Untersuchungen, zur dän. u. lübschen Rechtsgeschichte. gr. 8. (V, 85 S.) Hamburg 883. Voss. n. 3. —

Hasse, P., s.: Regesten u. Urkunden, Schleswig-Holstein-Lauenburgische.

Hasse, Paul, die Reimchronik d. Eberhard v. Gandersheim. Eine Quellenuntersuchg. gr. 8. (60 S.) Göttingen 872. Peppmüller. n. 1. 20

Hasse, P., de sectione caesarea. Commentatio a societate medica Acad. Gottingensis praemio ornata. Cellae 856. Capaun-Karlowa. gr. 4. (2 Bl., 58 S.) n. 20 ngr

— s.: Stadtbuch, Kieler.

Hasse, P., das Schleswiger Stadtrecht. Untersuchungen zur dänischen Rechtsgeschichte. gr. 8. (VII, 132 S.) Kiel 880. Lipsius & Tischer. n. 4. —

— Stellung u. Beruf der Frau in der Gemeinde nach der hl. Schrift. [Aus: „Hasse, Leitfaden f. weibliche Jugendpflege. 2. Aufl."] gr. 8. (15 S.) Ebd. 902. n. —40

Hasse, Paul, die Ueberbürdung unserer Jugend auf den höheren Lehranstalten mit Arbeit im Zusammenhange mit der Entstehung von Geistesstörungen. Vortrag, gehalten auf der Versammlung der deutschen Irrenärzte zu Eisenach am 3. u. 4. Aug. 1880. gr. 8. (V, 92 S.) Braunschweig 880. Vieweg & Sohn. n. 2. —

Hasse, P., aus der Vergangenheit d. Schiffergesellsch. in Lübeck. Festschrift zur Feier des 500jähr. Bestehens. gr. 8. (IV, 69 S. m. 3 Abbildgn. u. 1 Plan.) Lübeck 901. Lübcke & Nöhring. n. 2. —

Hasse, Paul: Das Verhältnis von Erbauung, Belehrung und Unterhaltung in unserer Vereinen.
Von –. Berlin: Vorständererband d. evang. Jungfrauenver. 1899. (8 S.) 8° [Umschlagt.]

Hasse, Paul: Ein Wort der Fürsorge für die weibliche Jugend besonders an die Heimatgemeinde im Auftr. d. Deutschen Vorstände-Verbandes d. evang. Jungfrauenvereine Deutschlands hrsg. von –. Berlin: Selbstverl. d. Vorstände-Verb. [1900.] (24 S.) 8° [Umschlagt.]

Hasse, Paul: 'Das Wort Gottes ist lebendig und kräftig.' 'Die Bibelbesprechung in unsern Vereinen' und 'Bibelkränzchen für Töchter höherer Stände.' 2 Aufsätze von –. Berlin: Selbstverl. d. deutschen Vorständ. Verb. [d. Jungfr.-Vereine] 1898. (12 S.) 8°

Burchard Wulff, ein Lübecker Maler des siebzehnten Jahrhunderts. Von Staatsarchivar Dr. P[aul] Hasse. Mit 5 Lichtdrucktaf. aus d. Kunstverl.- u. Lichtdruckanst. von Johannes Nöhring. *Lübeck: J. Nöhring 1898.* (11 S., 5 Taf.) 2° [S. u. Ant.] [illegible]

Hasse, Paul [Hrsg.], s. Zeitschrift der Gesellschaft für Schleswig-Holstein-Lauenburgische Geschichte

Hasse, R., die einfache Buchführung zum Selbsterlernen f. Handlungslehrlinge in Detail-Geschäften, sowie f. den Unterricht in kaufmänn. Fachschulen in 2 Tln. gr. 8. (XIV, 69 S.) Leipzig 890. Jüstel & Göttel. n. 1. 75

Hasse, R., die einfache Buchführung zum Selbsterlernen f. Handlungslehrlinge in Detail-Geschäften, sowie f. den Unterricht in kaufmännischen Fachschulen. 2. Aufl. gr. 8. (XVI, 69 u. Anh. 8 S.) Leipzig 892. Jüstel & Göttel. n.n. 1. 75

Hasse, Robert [aus Nordhausen]: Über Oxydationsprodukte der α-Campholensäure und des Campholens ... Leipzig, Druck v. E. Eichhorn, 1896; 38 S., 1 Bl. 8.
Leipzig, Phil. Fak., Inaug.-Diss. v. [22. Juni] 1896

Hasse, Theodor: König Wilhelm von Holland. (1247 1256). Erster Theil. 1247 .... Strassburg, Karl J. Trübner, 1885; 4 + 116 S. 8°.
Strassburg, Phil. Fak., Inaug.-Diss. v. 1885.

Hasse, Traugott Leberecht Heinrich

— Darstell. e. anzulegenden Eisenbahn von d. königl. preuß. Saline Dürrenberg u. d. schiffbaren Saale daselbst bis nach Leipzig auf den Waageplatz rc. Mit 1 Steindr. 4. Dresd. 826. (Arnold). 12 gr

Hasse, T. L., s.a. Denkschrift zur Erinnerung an Werner.

Hasse, T. L. Denkschrift zur Erinnerung an Werner und die Fortschritte der Bergakademie zu Freiberg. Dresden 1848. 4.

Hasse, T. L.: „Die Eisenerzeugung Deutschlands aus dem Gesichtspunkte der Staatswirthschaft betrachtet", Leipzig 1836. — Vorh.: Preuß. Oberbergamt Dortmund — F. g. 23.

— s. Elbe-Wochenblatt.

Hasse, Traug. Lebr. H., Grundlinien d. Eisenhüttenkunde. 8. Lpz. 801. Linke. 8 gr

— s. J. H. Hassenfratz, Eisenhüttenkunde.

Hasse, Traugott Leberecht Heinrich, s. Magazin der Eisen-, Berg- und Hüttenkunde

— Magazin d. Eisen-, Berg- u. Hüttenkunde, s. J. L. Jordan.

Hasse, T. L.: „Schutzzoll für die Eisenerzeugung Deutschlands und für alle aus deutschem Eisen und Stahl gefertigten Waaren ist aus staats- und volkswirthschaftlichen Gründen dringend nöthig", Leipzig 1850. — Vorh.: Com. Bibl. Hamburg.

— über Wasserleitungsröhren von Gußeisen, nebst einem Vorwort über d. mannigfaltige nützl. Anwendung dieses Metalls. Mit 1 Kpf. 8. Dresd. 821. (Arnold). 1 Thl 12 gr

Hasse, W., s.: Hasse, L. Aug. W.

Hasse, Wilh. (geb. Belgard in Pomm. 19. 11. 1845): Leberabscesse bei Schädelverletzungen. Berlin (1868). (32 S.) 8°
Berlin, Med. Diss. v. 30 Juli 1868

1778. * D. *Wilh. Gottlieb Hasse* praktische Abhandlung zu Verbesserung der Feuerspritzen, welche auf die aufgestellte Preisfrage von Kurfürstl. Maynzischer Akademie nützlicher Wissenschaften zu Erfurt den Beyfall erhalten. Zum allgemeinen Nutzen herausgegeben, und mit Kupfern erläutert. Gotha, bey Karl Wilhelm Ettinger. gr. 8. 110 S. 4 Kupfert.

Hasseberg, J. F. A., praes. Ph. F. Meckel, De erroribus mentis humanae. 31 pp. Hal. 4°. *Schlegel*, II, p. 301. *Usteri*, Rep. 4°. p. 422. 1790

Hassebrauk, G.: Volksleben in Braunschweig vor dem 30jährigen Kriege. Braunschweigisches Magazin Jhrg. 1903, S. 104 ff. Schützen.

Hassebrauk, G., s.: Volks- u. Soldatenlieder, altbraunschweig.

Hassebrauk, Gustav: Zur Geschichte des Kaisers Theodosius I. Arbogastes. Blankenburg Harz, O. Kirchner, 1894; 24 S. 4.
Blankenburg a. H., herz. G, OP 1894 (689)

Hassebrauk, Gustav: Kaiser Septimius Severus. (Erster Teil.) Holzminden, Druck v. J. H. Stocks Buchdr., 1890; 1 Bl., 26 S. 4°
Holzminden, herz. G, P 1890

Hassebrauk, Gustav: Kaiser Septimius Severus. (Zweiter Teil.) (Forts. d. P-Beil. 1890.) Holzminden, Druck v. J. H. Stocks Buchdr., 1891; 34 S. 4°
Holzminden, herz. G, P 1891 (687)

Hassebrauk, G[ustav]: Westrom zur Zeit des Aëtius. 425–454. *Braunschweig 1899: Grosskluus & Strube.* (31 S.) 4°
Braunschweig, herz. RG, OP 1899 (730)

Hassek, Osc. v., Elementar-Grammatik d. italien. Sprache. 2. Aufl. gr. 8. (220 S.) Triest 897. F. H. Schimpff. n. 2.40

Hassek, Osc. v., Elementar-Grammatik der italienischen Sprache f. Schule u. zum Selbstunterricht. gr. 8. (187 S.) Triest 899. F. H. Schimpff. 1.80

Hassek, Osc., esercizi di versione dall' italiano in tedesco. gr. 8. (III, 176 S.) Triest 894. F. H. Schimpff. Geb. in Leinw. n.n. 2.40

— Grammatik d. italien. Sprache. gr. 8. (187 S.) Ebd. 895. n. 2.40

Hassek, Osk. v. Delle tragedie d'Alessandro Manzoni. Studi critici. 57 S. 8. Progr. Staatsg. *Triest* 1882.

Hassel, s.a. Hassell. – Hassl

Hassel, v. Leitfaden f. d. Unterricht i. d. Dienstkenntnis auf den kgl. (preuß.) Kriegsschulen. Auf Befehl der Gen.-Insp. des Mil.-Erzieh.- u. Bild.-Wesens bearb. Berlin 1883. 30 S.
(s. a. Leitfaden.)

Hassel, A. W., erneuertes Gedächtniß d. ehemal. Ritter-Academie in Wolfenbüttel. 4. Braunschw. 754. Schulbuchh. 2 gr

Hassel, Andr. Heinr. Const. van (Mosae-Trajectensis [= Maastricht]), De poenis. Diss. jur. Rector Johann Carl Friedrich Hauff. Gent (Hipp. Vandekerckhove) 6. VII. 1827. 28 S. (5.—) 13432

— August Wilhelm (Wolfenbüttel), De approximatione dei ad creaturas omnipraesentiam ejus non tollente. Diss. philos. Präs. Jo. Christoph Dommerich. Helmstedt (P. D. Schnorr) 27. VII. 1748. 40 S. (6.50) 13433
Widm. v.: Präs., Georg Samuel Madihn (Wolfenbüttel), Fried. Alb. Christian v. Lehenner (Bückeburg), Georg Phil. Franz Moriz von Lehenner (dtsch.).

Ueber Socialismus, Freihandel und Schutzzoll. Vortrag des Fabrikanten E. HASSEL im Verein für Deutsche Volkswirtschaft am 10. März 1877. Zum Besten der Weber-Unterstützungs-Kasse. Zu beziehen durch den Weber-Altmeister Schmidt. Berlin 1877. Druck von F. A. Günther & Sohn. 8°.

Hassel, Friedr., Schweden in der neuesten Zeit. Eine statistisch-finanzielle Skizze. Berlin 865. Mitscher & Röstell. gr. 8. (36 S. mit 1 Steintaf. in Fol.) 7½ ngr.

v. Hassel, Fr. Wlh., Briefe über England. 8. Hannov. 792. Hahn. 14 gr

Hassel, Georg, s.a. Hassel, Johann Georg Heinrich

Hassel, Gg., Führer zu Nürnbergs Sehenswürdigkeiten. Uebersichtlich geordnet u. beschrieben. 6. Aufl. Mit 1 (lith. u. color.) Plane der Stadt. 8. (70 S.) Nürnberg 885. (Schrag.) n. — 70

— – und Sohn, Führer zu Nürnbergs Sehenswürdigkeiten. Übersichtlich geordnet und beschrieben. 7. Aufl. 8. (44 S. mit Plänen der Stadt und des german. Museums.) Nürnberg 886, (Korn'sche Buchh.)

Hassel, G., u. Sohn, Führer zu Nürnbergs Sehenswürdigkeiten. Uebersichtlich geordnet u. beschrieben. 8. Aufl. Mit Plänen der Stadt u. d. German. Museums. 8. (46 S.) Nürnberg 888. (Korn.) n. — 50

Hassel, Gg., ganz Nürnberg um 60 Pfennig. Führer zu Nürnbergs Sehenswürdigkeiten. Uebersichtlich geordnet u. beschrieben. Mit einem (chromolith.) Plan der Stadt u. dem (chromolith.) Grundriß der Ausstellung. 8. (28 S.) Nürnberg 882. Korn in Comm. — 60

— geschichtliche Uebersicht u. Beschreibung der Stadt Nürnberg. Nach den besten Quellen hrsg. Mit neuestem (lith. u. color.) Plane d. Stadt. 8. (III, 87 S.) Ebend. 882. n. 1. —

Hassel, Joa. Paul., de imperio Brandenburgico ad Rhenum fundato sive de primordiis belli Juliacensis commentatio historica. Berlin 863. Mittler & Sohn. gr. 8. (144 S.) n. 20 ngr.

Hassel, Johann Georg Heinrich

— geograph.-statist. Abriß d. Königr. Holland. Mit Kpf. u. Kart. gr. 8. Weim. 809, Industr.-Compt. 1 rß (A. u. d. T.: neueste Länder- u. Völkerkunde.)

— geograph.-statist. Abriß d. Königr. Westphalen, mit Kpf. u. Kart. gr. 8. Weimar 809. Industr.-Compt. ...

— statist. Abriß d. Russ. Kaiserthums nach seinen neuesten polit. Beziehungen. gr. 8. Nürnb. 807. Campe. 1 rß 12 gr

— statist. Abriß d. Oesterreich. Kaiserthums nach seinen neuesten polit. Beziehungen. gr. 8. Nürnb. 807. Campe. 1 rß 12 gr

Hassel, (Joh.) G(eo.). (Heinr.), genealog.-histor.-statist. Almanach, s. Almanach.

— Beschr. d. britt. u. russ. Amerika, s. Gaspari Handbuch XVI. Bd.

— Beschreib. v. Australien, s. Gaspari, Handb. XXIII. Bd.

— u. K. Bege, geograph.-statist. Beschreib. d. Fürstenthümer Wolfenbüttel u. Blankenburg. 2 Bde. 8. Braunschw. 802, 3. Vieweg. 2 rß 12 gr

Hassel, Johann Georg Heinrich: Beschreibung v. d. Verein. Staaten von Nord-Amerika, s. Gaspari: Handbuch. Bd 17.

— statist. Darstellung des Königreichs Westphalen. gr. 4. Ebend. 805.

— statist. Darstellung d. Königr. Westphalen. gr. 4. Braunschw. 807. Vieweg. 16 gr

—— allgem. Encyklopädie d. Wissenschaften u. Künste ꝛc., s. Encyklopädie, 2. Sect.

—— neue allgem. geograph. u. statist. Ephemeriden, s. Ephemeriden.

— Erdbeschreib. d. britt. u. russ. Amerika, s. Gaspari, Handb. XVII. Bd.

— Erdbeschreib. v. Asien, s. Gaspari, Handb. XII. Thl.

— Erdbeschreib. v. Reiche Mexiko ꝛc., s. Gaspari, Handb. XVIII. Bd.

— Europa, nach seinen politisch-geograph. Umrissen. 3 Lieferr., mit 11 Karten u. 2 Tabellen. gr. Fol. Weimar 807—16. Geograph. Instit. 5 rß 12 gr

Hassel, Johann Georg Heinrich, s. Gaspari, A. E.: Handbuch d. Erdbeschreib.

— vollständ. Handb. d. neuesten Geographie u. Statistik. 1r Bd. 1e Abthl.: d. brit. Reich, Spanien u. Portugal nach seinen neuesten Bestimmungen. gr. 8. Berl. 816 auch 820. Voß. 1 rß 12 gr 1r Bd., 2e Abthl.: Frankreich u. d. Niederlande, nach ihren neuesten Bestimmungen. gr. 8. Ebd. 820. 1 rß 12 gr

— allgem. geograph.-statist. Handwörterbuch nach den neuesten Quellen u. Hülfsmitteln bearbeitet. 2 Bde, mit Nachträgen u. Zusätzen bis zum 1sten April 1818. gr. 8. Weimar 817, 18. Land.-Ind.-Compt. 4 rß 12 gr

— allgem. Handwörterbuch d. Geschichte u. Mythologie, in e. alphabet. Reihenfolge d. denkwürd. mythischen, histor. u. literar. Personen, v. Anbeginne d. Geschichte bis zum Jahre 1825. 1r Bd. 1ste u. 2te Abtheil. u. 2r Bd. 1ste Abtheil. gr. 8. Weimar 826—27, Ind. Compt. à 2 Rthlr.

—— allgem. Handwörterbuch d. Geschichte u. Mythologie, in e. alphabet. Reihenfolge d. denkwürdigsten myth., histor. u. literar. Personen v. Anbeginn d. Gesch. bis z. J. 1825. 2. Bd. 2. Abthl. u. 3. Bd. 1. Abthl. Bel — Brou. gr. 8. Weimar 828, Landes-Indust.-Compt. [2. 2. (22½ B. u. 6 genealog. Taf. gr. 4.) 828., 3. 1. (20 B., 3 gen. Taf. u. v. Hammer's Bildn.) 829. à 2 Thlr.]
1. Bd. (2 Abthln.) u. 2. Bd. 1. Abthl. Ebendas. 1826, 27. à Abthl. 2 Thlr.

— Kunde von Frankreich. gr. 8. Weimar ... 2e A. 819. Industr.-Compt. 3 rß (A. u. d. T.: Länder- u. Völkerkunde. 2r Bd.)

— neueste Kunde d. Königr. Hannover, d. Herzogthums Braunschweig. Mit Kpf. u. Kart. gr. 8. Weimar 819. Geogr. Instit. 3 rß (A. u. d. T.: Länder- u. Völkerkunde. 19r Bd.)

— Kunde vom Preuß. Staate. Mit Kpf. u. Kart. gr. 8. Weimar 819. Geograph. Instit. 3 rß (A. u. d. T.: Länder- u. Völkerkunde. 21r Bd.)

— Lehrbuch d. Statistik d. europ. Staaten, für höhere Lehranstalten, zugleich als Handbuch zur Selbstbelehrung. gr. 8. Weim. 822. Geogr. Instit. 2 rß 6 gr

Hassel, Geo.: „Allgemeines geographisch-statistisches Lexicon, aus Quellen und nach den neuesten Hülfsmitteln bearbeitet", 2 Teile, Weimar 1817. Nachträge dazu ebenda 1818.

Hassel, (Jh.) Geo. Hnr., statist. Repertorium d. Königr. Westphalen, enthalt. eine tabellar. Uebersicht d. Königr. u. seiner Departements; e. alphabet. Verzeichniß aller Ortschaften. Fol. Braunschw. 813. Vieweg. 2 rß 8 gr

— Specialstatistik d. Oesterreich. Monarchie, in Hinsicht ihrer Größe, Bevölkerung, Kulturverhältnisse, Handlung, Finanz- u. Militärverfassung. (Aus d. Umriß ꝛc. besond. abgedr.) Fol. Braunschw. 805. Vieweg. 1 rß 12 gr

— Specialstatistik d. Preuß. Monarchie in Hinsicht ihrer Größe. (Aus d. Umriß besond. abgedr.) Fol. Braunschw. 805. Vieweg. 1 rß 12 gr

Hassel, Ge., Staats- und Adress-Handbuch der Staaten des Rheinischen Bundes für das Jahr 1811, 13. Mit Kupff. u. Tabellen. Weimar 1811, 13. gr. 8.
A. u. d. T.: G. Hassel, Allgem. europ. Staats- u. Adress-Handbuch. Bd. 2.

Hassel, Ge., Staats- und Adress-Handbuch der deutschen Bundesstaaten mit Einschluss von Oesterreich u. Preussen. Weimar 1817. gr. 8.
A. u. d. T.: G. Hassel, Allgem. Europ. Staats- u. Adress-Handbuch. Bd. 1. Abth. 2.

— allgem. europ. Staats- u. Adreß-Handbuch für d. Jahr 1809. 1r Bd. Mit 6 Kpf. gr. 8. Weim. 809. Industr.-Compt. 3 rß 12 gr Besser Pap. 4 rß 12 gr

— Dass., für d. J. 1809. 2r Bd., mit Kpf. A. u. d. T.: Staats- u. Adreß-Handbuch d. Staaten des Rheinischen Bundes für d. J. 1811, mit Kpf. u. Tabb., (von Hnr. Schorch fortges.). gr. 8. Ebd. 811. 2 rß 12 gr Schrbp. 3 rß

— allgem. europ. Staats- u. Addreß-Handbuch. IIr Bd. f. d. J. 1813, (welcher die sämmtl. Staaten des rheinischen Bundes enthält.) Mit Kupf. u. Tabellen (v Heinr. Schorch fortges.)
Auch unt. d. Titel:
Staats- u. Addreß-Handbuch d. Staaten d. rheinisch. Bundes f. das J. 1813. gr. 8. Ebend. Druckp. Schreibp.

— allgem. europ. Staats- u. Adreß-Handbuch. 1r Bd., 1e Abthl. A. u. d. T.: Staats- u. Adreß-Handbuch d. deutschen Bundesstaaten. 1r Thl., mit 6 Kpf. gr. 8. Weimar 816. Land.-Ind.-Compt. 2 rß 6 gr Schrbp. 3 rß 1n Bdes 2e Abthl. A. u. d. T.: Staats- u. Adreß-Handbuch d. deutschen Bundesstaaten, mit Einschluß von Oesterreich u. Preußen. gr. 8. Ebd. 817. 2 rß 12 gr 2n Bdes 1e Abthl. A. u. d. T.: Staats- u. Adreß-Handbuch d. europ. Staaten außerhalb Deutschland, für d. J. 1816. Mit 6 Kpf. 1e Abthl. gr. 8. Ebd. 816. 2 rß Schrbp. 2 rß 12 gr 2e Abthl., d. Adressen sämmtl. europ. Staaten außer Deutschland enthaltend. gr. 8. Ebd. 818. 2 rß 18 gr

— statist. Uebersicht d. 11 Departemente Westphalens. gr. Fol. Braunschw. 811.... (Wurden nur 9 ders. ausgegeben.)

— statist. Uebersichtstabellen d. sämmtl. europ. u. einiger außereurop. Staaten. Mit e. Volksliste von 5000 europ. Städten. gr. Fol. Götting. 809. Dieterich. 2 rß

— — Statistisch-topographische Uebersichtstafeln des Departements der Elbe, der Werra, der Fulda, der Nieder-Elbe etc. im Königreiche Westphalen. Fol. Braunschweig 1811.

— statist. Umriß d. sämmtl. europ. Staaten in Hinsicht ihrer Größe, Bevölkerung, Kulturverhältnisse, Handlung, Finanz- u. Militärverfassung u. ihrer außereurop. Besitzungen. 1r Thl., d. statist. Ansicht u. Spezialstatistik von Mitteleuropa, in 2 Heften. Fol. Braunschw. 805. Vieweg. 4 rß 8 gr

— statist. Umriß d. sämmtl. europ. u. d. vornehmsten außereurop. Staaten, in Hinsicht ihrer Entwickelung, Größe, Volksmenge, Finanz- u. Militärverfassung tabell. dargest. 3 Hefte. gr. Fol. Weimar 823—24. Geogr. Instit. Schrbp. 9 rß 12 gr Velinp. 12 rß

— Verzeichniß d. sämmtl. Pastoralkirchen u. Pfarren d. Königr. Westphalen. Fol. Braunschw. 813. Vieweg. 12 gr

— u. Karl Murhard, Westphalen unter Hieronymus Napoleon I. Eine Monatsschrift. 2 Bde oder 12 Stücke. gr. 8. Braunschw. 812. Vieweg. 5 rß

— geogr. historisch-statistisches Wörterbuch des Königreichs Westphalen. 2 Thle. Gött. Dieterich. 808.

Hassel, Gustav

Hassel, Wittener Ortskunde u. Ortsgesetze. Bürger-Nachschlagebuch. (1078 u. XXVI S.) gr. 8. Witten 902. (C. L. Krüger.) Geb. in Leinw. n.n. 8. —

Hassel, Henriette, Hedwig v. Brandenburg. Ein kulturhistor. Roman aus der letzten Hälfte des 16. Jahrh. nach archival. Akten. gr. 8. (160 S.) Braunschweig (900). Hannover, M. u. H. Schaper. n. 2. —

Hassel, Henriette, Geschichte d. deutschen Frauenwelt in d. Culturbewegg. d. Zeiten bis z. Gegenwart. Mitgabe f. Frauen u. Töchter d. gebild. Stände. 8. (IX, 386 S.) Braunschweig 898. (Bock & Co.) n. 8. —; erm. Preis n. 6. —

Hassel, J. H., statist. Gemälde des Königreichs Westphalen. gr. Fol. Ebend. 811.

Hassel, Joh. Bernh., geistliche Amtsreden über wichtige Wahrheiten der göttlichen Lehren des Glaubens. gr. 8. Braunschweig, Meyer. 735.

Hassel, Joan. Paulus (Otto) (geb. Berlin 22. 7. 1838). De imperio Brandenburgico ad Rhenum fundato sive de primordiis belli Juliacensis. Berolini (1862). (44 S.) 8° * Vollst. ersch. Berlin: Mittler 1863.
Berlin, Phil. Diss. v. 13. Aug. 1862

Hassel, Karl, aus Heidelberg: Quantitative Trennungen durch Persulfat in saurer Lösung. *Heidelberg 1903: J. Horning.* (48 S.) 8°
Heidelberg, Naturw.-math. Diss. v. 1903

Hassel, Louis [cand. med. aus Berlin]: Ueber die Behandlung der normalen Nachgeburtsperiode .... Würzburg, Druck d. Stahel'schen Buchdr., 1887; 18 S. 8°.
Würzburg, Med. Fak., Inaug.-Diss. v. 1887.

Hassel, Ludw., die letzten Stunden des General-Polizei-Direktors v. Hinckeldey. Beitrag zu seinem Nekrolog von einem Augenzeugen. Leipzig 856. Brockhaus. 8. (38 S.) 5 ngr

— **Lud. Fried. Gottfried** (Hedersleben b. Halberstadt), De variis hydrocelen curandi methodis. Diss. med.-chir. Bln. (Nietack) 22. VI. 1836. 32 S. mit Biogr. (M.: M. Soeltel.) (6.—) 13434
Oppon.: H. A. Koehler, C. Waegen, E. Gabler. — Gew.: J. L. Truestedt, Aug. Stoeckicht.

Hassel, P. J., neue Jugend-Bibliothek z. Belehr. u. Unterhalt. Eine Samml. moral. Erzähln., Gedichte, Naturbeschreibn. u. Naturmerkwürdigkeiten. 1. Bdchn. 16. (7½ B. u. 1 col. Abbild.) Aachen 835, Hensen u. Comp.

Hassel, Paul, v. der dritten Armee. Kriegsgeschichtliche Skizzen aus dem Feldzuge von 1870 — 1871. Mit 10 Blättern in Farbendr. nach Originalaufnahmen von Grafen S. v. Seckendorff. gr. 8. (XVI, 561 S.) Leipzig 872. Brockhaus. n. 14. —

— Fehrbellin, s.: Witzleben, v.

Hassel, Paul, der vaterländische Frauen-Verein in Vergangenheit u. Gegenwart. Festrede. gr. 8. (13 S.) Berlin 892. E. S. Mittler & Sohn. — 30

Hassel, Paul, Friedrich Wilhelm der große Kurfürst. Vortrag gehalten am 10. Febr. 1868 in Berlin. Berlin 868. Mittler & Sohn. gr. 8. (32 S.) n. 5 ngr

Hassel, P., Geschichte der preußischen Politik 1807—1815, s.a. Publikationen aus den königl. preußischen Staatsarchiven.

Geschichte der Preussischen Politik 1807 bis 1815. Von Paul Hassel. Th. 1: (1807. 1808.) Leipzig. 1881. = Publicationen aus den K. Preussischen Staatsarchiven. Bd. 6. 8°.

Hassel, P., u. Graf Vitzthum v. Eckstädt, zur Geschichte d. Türkenkrieges im J. 1683. Die Betheilgg. der kursächs. Truppen an demselben. gr. 8. (V, 184 S. m. 2 Karten u. 1 Lichtdr.-Portr.) Dresden 883. Baensch. n. 4. —

Hassel, Paul, aus d. Leben d. Königs Albert v. Sachsen. 1. Thl.: Jugendzeit. M. 1 Bildn. gr. 8. (XIII, 331 S.) Berlin 898. E. S. Mittler & Sohn (Auslieferg. an sächs. Handlungen d. J. C. Hinrichs' Verl. in Leipzig). n. 5. —; geb. in Halbfrz. n.n. 6. 25

Hassel, Paul, aus d. Leben d. Königs Albert v. Sachsen. 2. Thl. König Albert v. Sachsen als Kronprinz. Mit e. Bildniß. gr. 8. (XXI, 550 S.) Berlin 900. E. S. Mittler & Sohn. (Für Sachsen: J. C. Hinrichs' Verl.) n. 8. —; geb. in Leinw. n.n. 9. 50

Hassel, Paul. Joseph Maria v. Radowitz. Band 1: 1797—1848. [Mit 1 Porträt-Tafel.] XVIII + 592 S. 8. Berlin, Ernst Siegfried Mittler & Sohn, 1905. [M. 12. —, geb. 15. —]

S. 1—139: Zur Geschichte meines Lebens. (Memoiren.) Von J' M' von Radowitz.

Darin S. 9. 136/9. 232/4. 457/9. 462/76. 478/82. 486 etc. die Schweiz (*insbes.* 1817/8) *betr.*

— die Reimchronik des Eberhard v. Gandersheim. Eine Quellenuntersuchung. gr. 8. (60 S.) Göttingen 872, Peppmüller. *

Hassel, Sam. Friedr., die Frankfurter Localstücke auf dem Theater der freien Stadt 1821—1866. Skizzen aus meinem Schauspielerleben. Frankfurt a. M. 867. Auffarth. 8. (VIII, 216 S.) n.n. 1 ₰

Hassel, Theodor, Doktor der Staatswiss.: Der internationale Steinkohlenhandel, insbesondere seine wirtschafts-statistische Gestaltung im Jahrzehnt 1891 1900. Essen: G. D. Baedeker 1905. (214 S.) 8°

Tübingen, Staatsw. Fak., Ref. v. Schönberg, Diss. v. 21. Okt. 1904

[Geb. 8. Apr. 81 Dehlerbruck, Westfalen; Wohnort: Unna, Westfalen; Staatsangeh.: Preußen; Vorbildung: Gymn. Hagen Reife f. Obersekunda O. 89; Studium: Handelshochsch. Leipzig 2, Handelshochschule Cöln 2, Tübingen 2 S.; Rig. 21. Okt. 04.]

(Nicht für den Austausch)

Haessel, Hermann. H' H', ein deutscher Buchhändler. Reisebriefe aus der Mitte des 19. Jahrhunderts, nebst einem Lebensabriss. Hrg. von Theodor Sorgenfrey. Mit einem Bildnis ([Tafel, sowie einem] Anhang: Verlags-Verzeichnis 1854–1904. Hrg. von der Verlagshandlung). 144 + *Anhang* IV + 64 S. 8. Leipzig, H. Haessel, 1904. [geb. M. 4. —]

Hässel, Herm., s.: Katalog, Leipziger.

Haessel, Herm., s.: Leß, H.

Hasselbach, Anna, seine Vergangenheit. Roman. 8. (160 S.) Mannheim 899. J. Bensheimer's Verl. n. 2. —; geb. in Leinw. n. 3. —

Hasselbach, Anna, vor sacrum. Ges. Novellen. 8. (106 S.) Straßburg 895. J. H. E. Heitz. n. 2. —

Hasselbach, Bernard. Ludov. (geb. Buslar in Pomm. 12. 9. 1835): De typho petechiali. Berolini (1859). (32 S.) 8°

Berlin, Med. Diss. v. 29. Juli 1859

Hasselbach, Eduard, ueber Hydrodiphtallactonsaeure und Hydrodiphtalyl. Diss. Leipzig 1886, Gustav Fock. 8°. 31 S.

Hasselbach, Eduard [Apotheker aus Fritzlar]: Ueber Hydrodiphtallactonsaeure und Hydrodiphtalyl . . . . Leipzig, Leopold & Bär, 1886; 31 + 1 S. 8°.

Leipzig, Phil. Fak., Inaug.-Diss. v. 23. Aug. 1886.

Hasselbach, Ernst, Volontär-Assistent am patholog. Institut a. Stettin: Aus d. Greifswalder pathol. Institut. Beiträge zur Syphilis der Blutgefäße. Greifswald 1905: F. W. Kunike. (68 S.) 8°

Greifswald, Med. Fak., Ref. Grawitz, Diss. v. 25. März 1905

[Geb. 22. Juni 81 Paris; Wohnort: Stettin; Staatsangeh.: Preußen; Vorbildung: Marienstifts-Gymn. Stettin Reife M. 00; Studium: Berlin 2, Greifswald 2, Freiburg i. B. 2, Berlin 1, Freiburg 2 S.; Coll. 22. Febr. 05; Approb. 18. Aug. 04.]

Hasselbach, Heinr., Festrede, geh. am 2. Septbr. 1875 in der Aula der höheren Bürgerschule zu Schmalkalden. gr. 8. (14 S.) Schmalkalden 875. Wilisch. n. — 25

Hasselbach, Henr., de insula Thaso. Dissert. geograph. et histor. 8maj. (3 B.) Marburgi 838, (Elwert.) *

Hasselbach, (J. P.,) Lebensgeschichte d. k. Russ. Hofr. u. Prof. Chr. H. Wolke. Mit Gedichten u. Briefen von ihm, u. mehreren andern v. Kant, v. Göckingk, Matthisson, Langbein, Zeune rc. an ihn u. über ihn, u. d. Verzeichnisse seiner Werke. Nebst Wolke's Bildniß u. Fac-simile. 8. Aachen 826, Rostel. (Leipz., Wienbrack.) Rthlr.

Hasselbach, J. P., Lese- u. Sprachbuch f. d. mittl. u. obern Klassen d. Elementar- u. Volksschulen u. f. d. unt. Klassen d. höh. Bürgerschulen u. Gymnasien. Bearb. nach d. Regeln d. Lesens u. dem neuesten Standpunkte d. wissenschaftl. teutschen Sprachbildung, mit vorzügl. Rücksicht auf d. Sprachschriften v. K. F. Becker u. K. J. Wurst. 2 Thle. 8. (16½ B.) Jülich 838. (Aachen, Mayer.)

— s. Wochenblatt für Elementarlehrer.

Hasselbach, Jul., die Kunstwäscherei oder Flecke aus allen Stoffen zu machen. Nebst einer Auswahl praktischer Recepte für's Haus. Bremen (856). Feilner. 8. (21 S.) 4 ngr

Hasselbach, K.W.F.: Beitrag zur Geschichte des hiesigen Gymnasiums von 1543 bis 1593. Erste Hälfte. 29 S. – Stettin, Progr. 1851.

Hasselbach, K.W.F.. Das Jageteufelsche Collegium zu Stettin. 47 S. – Stettin, Progr. 1852.

Hasselbach, Karl Friedrich Wilhelm

Hasselbach, K. F. W., Für Bunsen wider Stahl. Halle 856. G. Schwetschke. gr. 8. (2 Bl., 64 S.) n. 10 ngr

— s. Chrysostomus, d. heil., sechs Bücher.

Hasselbach, K. Fr. Wlh., s. Codex Pomeraniae Diplomaticus.

Hasselbach, C. F. W. De ecclesia Tyria a Paulino episc. exstructa. 38 S.

Progr. Stettin 1832

Hasselbach, C. F. W. Commentatio de Cypriani epist. LIV. . . .

Progr. Stettin 1830

Hasselbach, Karl Fr. Wlh., über Erziehung, in Gesprächen. 8. Greifsw. 818. Mauritius. 18 gl

Hasselbach, K.Fr.W. Die Geschichte des ehemaligen Pädagogium, nachherigen Königlichen Gymnasiums, erste Abth. 39 S. und: die dreihundertjährige Jubelfeier des Gymnasiums. 7 S.
Stettin, Progr. 1844

— über Sells Geschichte d. Herzogthums Pommern. 8. Strals. 821. Löffler. 12 gr.

Hasselbach, C. F. W. De multimoda idololatria, cujus Tertullianus ludimagistros et ceteros professores literarum arguit. 36 S. . . . .
Progr. Stettin 1828

Hasselbach, Car. Frider. Guil., de multimoda idololatria, cujus Tertullianus Ludimagistros et cet. Professores litterar. arguit. Oratio. 4maj. (5 B.) Sedini 829, (Morin.)

Hasselbach, C.F.W. De Catechumenorum ordinibus, quot fuerint in veteri ecclesia et Graeca et Latina. 19 S. . . .
Progr. Stettin 1839

Hasselbach, C. F. W., Über den Philoctet des Sophocles. Strals. 817. 8. 18 gr.

— über den Philoktetes des Sophokles. 8. Strals. 818. Löffler. 18 gr.

Hasselbach, C. F. W. De schola, quae Alexandriae in Aegypto floruit, catechetica, qualis fuerit. P. I. 36 S. . .
Progr. Stettin 1826

Hasselbach, K. F. W., Sophokleisches. Zur Rechtfertigung und Allgemeineres. Frankfurt a. M. 861. Sauerländer. br. 8. (316 S.) n. 1 ₰ 10 ngr.

Hasselbach, K. F. W., die Stellung der Schule zu Kirche u. Staat. Ein Votum. gr. 8. (23 S.) Stettin 848, Effenbart's Erbinn. 4 ngr.

Hasselbach, Wilhelm, Referendar: Die Beschädigung eines Einwilligenden nach dem Bürgerlichen Gesetzbuch unter Beziehung auf den § 823 BGB. Berlin 1909: Pilz. 62 S. 8°
Leipzig, Jur. Diss. v. 21. Juni 1909
[Geb. 30. Sept. 80 Hamburg; Wohnort: Hamburg; Staatsangeh.: Hamburg; Vorbildung: Wilhelm-Gymn. Hamburg Reife O. 01; Studium: Lausanne 1, Berlin 2, München 2, Kiel 2 S.; Rig. 21. Dez. 04.] [U 09. 2534

Hasselbalch, K. A.

Ueber die Wirkung d. Lichtes auf die Sauerstoffbindung d. Blutes. Ups. 1906. 13 S. Fig. (Særtr.). 4°

Hasselbarth, das Staats- u. Verwaltungsrecht des Herzogtums Sachsen-Altenburg, s.a. Bibliothek d. öffentl. Rechts.

Hässelbarth, Otto Fürchtegott: Das Staats- und Verwaltungsrecht des Herzogtums Sachsen-Altenburg. Von Landrichter Dr. —. (Altenburg).
Hannover: Jänecke 1909. VIII, 290 S. 8°
(Bibliothek d. Öffentlichen Rechts. Bd 7.)

Hasselbaum, Frdr., die Versicherungs-Gesellschaften, ihre Ergebnisse und ihre Abschlüsse im Jahre 1861. Nebst einer Tabelle (in Fol.) enth.: Grundcapital, Nominalbetrag der Actien, Baareinschuß ꝛc. mit vergleichender Uebersicht gegen das Jahr 1860. Leipzig 862. O. Voigt. gr. 8. (VIII, 86 S.) n. 25 ngr.

Hasselbeck, Hans [app. Arzt aus Ebernburg]: Ueber multiple congenitale Fibrome der Haut. . . . München, Buchdr. v. M. Ernst, 1891; 21 S., 1 Taf. 8°
München, Med. Fak., Inaug.-Diss. v. 1891

Hasselberg, s.a. **Haselborg.**

Hasselberg, B. Das Absorptionsspectrum des Jodgases, s. Mémoires de l'académie impériale des sciences de St.-Petersbourg.

Hasselberg, B. Bearbeitung der photographischen Aufnahmen im Hafen Possiet während des Venusdurchganges 1874. St. Petersburg 1877. 4.

—— s. Expeditionen, russische, zur Beobachtung des Venusdurchgangs 1874.

Hasselberg, Bernhard: Zur chemischen Constitution des Rutils. Von —. ... Stockholm: Kgl. Boktr. P. A. Norstedt & söner 1897. (8 S.) 8°
= Bihang till K. Svenska Vet.-Akad. Handlingar. Bd 23. Afd. I. No 3.

Hasselberg, Bernhard: Über das durch electrische Erregung erzeugte Leuchten der Gase bei niedriger Temperatur, s.a. Mémoires de l'académie impériale des sciences de St. Pétersbourg.

Hasselberg, Das durch elektrische Erregung erzeugte Leuchten der Gase bei niedriger Temperatur. 4°. 17 S. St. Petersburg. 1886. Leipzig, Voss. M. —.80
(Mémoires de l'acad. imp. des sciences de St. Pétersbourg.)

Hasselberg, B., A. Bélopolsky et **M. Morine,** positions apparentes des taches solaires photographiées à Poulkovo dans les années 1881—1888, s.: Mémoires de l'académie impériale des sciences de St.-Pétersbourg.

Hasselberg, Bernhard: Über die Spectra der Cometen u. ihre Beziehung zu denjenigen gewisser Kohlenverbindungen, s. Mémoires de l'académie imperiale des sciences de St. Pétersbourg.

Hasselberg, B., zur Spectroskopie des Stickstoffs, s. Mémoires de l'Académie impériale des sciences de St-Pétersbourg.

Zur Spectroskopie der Verbindungen. Spectrum d. Thonerde von B[ernhard] **Hasselberg**. Mit 1 Taf. Stockholm 1892: P. A. Norstedt & söner. (45 S.) 4°
= Handlingar, K. Svenska Vetenskaps-Akademiens. Bd 24, No 15.

Hasselberg, Bernhard: Studien auf dem Gebiete der Absorbtionsspectralanalyse,
s.a. Mémoires de l'académie imperiale des sciences de St. Pétersbourg.

Hasselberg, B. Studien auf dem Gebiete der Absorptions-spectralanalyse. St Pétersbourg 1878. 4.

Hasselberg, B., Untersuchung üb. das Absorptionsspectrum d. Jodgases, s.: Mémoires de l'académie impériale des sciences de St.-Pétersbourg.

Hasselberg, B., Untersuchungen üb. die Spectra der Metalle im elektrischen Flammenbogen. I—V. gr. 4. Stockholm. (Berlin, R. Friedländer & Sohn). n.n. 18.50
I. Spectrum d. Chroms. (33 S. m. 3 Taf. 1. Fol.) 894. n.n. 4.—
II. Spectrum des Titans. (32 S. m. 3 Taf.) 895. n.n. 3.50
III. Spectrum des Kobalts u. Nickels. (44 S. m. 3 Taf. 1. Fol.) 896. n.n. 4.—
IV. Spectrum des Mangans. (20 S. m. 2 Taf.) 897. n.n. 3.—
V. Spectrum des Vanads. (38 S. m. 3 Taf.) 899. n.n. 4.—
Sonderabdrucke aus: „Vetenskapsakademiens handlingar".

Hasselberg, B, Untersuchungen über die Spectra der Metalle im elektrischen Flammenbogen. VI. Spectrum des Molybdäns. (48 S. m. 2 Taf.) gr. 4. Stockholm 902. (Berlin, R. Friedländer & Sohn.) n.n. 6.—
(I–VI n.n. 23.60)
Sonderabdr. aus: „Svenska Vedenskabs-Akademiens handlingar".

Hasselberg, Bernhard: Untersuchungen über das zweite Spectrum des Wasserstoffs, s.a. Mémoires de l'académie imperiale des sciences de St. Pétersbourg.

Hasselberg, B.: Untersuchungen über das zweite Spectrum des Wasserstoffs. 2 Abhandlungen. St. Petersburg 1882–83. 4. [11154.]

Hasselberg, Laur. Wilh., De capitis laesionibus trepanationem exigentibus. 32 pp. Gott. 4°. Uebers. in: N. Samml. d. auserl. und n. Abhdl. f. Wundärzte. Lpz. 1790, 1. St., 219—66. *Doering*, 1, 222. J. de méd. LXXIX, 758. *Richter*, Chir. Bibl. VIII,

1785

Haſſelberger, Heinr., Schwabenſtreiche. Geſammelt u. hrsg. (72 S.) 8. Augsburg 908. Bayer. Schulmuſeum. Geb. in Leinw. — 80

Haſſelblatt, A., die Ehrenlegion der 14,000 Immatriculirten. Weitere Streifzüge in das „Album Academicum der kaiſ. Univerſität Dorpat". gr. 8. (VIII, 72 S.) Jurjew (Dorpat) 893. (Leipzig, K. F. Köhler.) n. 1.50

— v. den 14,000 Immatriculirten Dorpats, ſ.: Otto, G.

Hasselblatt, A., s.: Urkunden der Stadt Göttingen aus dem 16. Jahrhundert.

Hasselblatt, C.: Nachrichten aus der Mission in Transvaal in Süd-Ost-Afrika. Lfg. 2. Die Einwohner: 1. Kaffern. 2. Bauern. 3. Missionare. 4. Engländer. Reval 1885. 61 S. 8°

Haſſelblatt, Cäcilie, geb. Schultz, die Lieder meines Lebens. 16. (XII, 168 S.) Stuttgart 882. (Reval, Waſſermann.) geb. m. Goldſchn. 4.50

Haſſelblatt, C., zur Beurtheilung der gegenwärtigen Stellung Herrnhuts in Livland. (Abdr. aus der „Dorpater Zeitſchrift für Theologie u. Kirche.") Dorpat 859. Gläſer. gr. 8. (30 S.) 7½ ngr.

Haſſelblatt, Irmgard v., bunte Blätter. Gedichte. (VIII, 138 S.) kl. 8. Dresden (908). E. Pierſon. 1.50; geb. n 2.50

Hasselblatt, Jul., s.a. Norden, Jul.

Hasselblatt, Julius: R. Hellgrewe, 'Afrikanischer Todtentanz' und Anderes von J. Norden [d. i. Julius Hasselblatt]. Berlin: (Ribera) 1899. (22 S.) 8°
= Kunst, Neue. H. 4.

Hasselblatt, Jul., die Justizreform in Russland. [Aus: „Russ. Revue".] gr. 8. (78 S.) St. Petersburg 876. Röttger. n. 2. —

Hasselblatt, Julius: Berliner Künstler-Silhouetten von Julius Norden [d. i. Julius Hasselblatt].
Leipzig: H. Seemann Nachf. 1902. (152 S.) 8°

Hasselblatt, Jul., historischer Ueberblick der Entwickelung der kaiserl. russischen Akademie der Künste in St. Petersburg. Ein Beitrag zur Geschichte der Kunst in Russland. gr. 8. (VI, 194 S. m. 5 Taf.) St. Petersburg 886. (Leipzig, Wagner.) n. 6. —

Hasselblatt, R. G. v., Das alphabetische Real-Register zum Gesetz f. d. evang.-luth. Kirche in Rußland

Hasselblatt, R. G.: Chronologisches Verzeichnis der Mitglieder und Cancellei-Beamten des Moskovischen Evangel.-Lutherischen Consistorii (von 1833—1868) und der mit diesem Consistorio verbundenen Reformirten Sitzung (von 1834—1868) nebst Zusätzen und Beil. 2. Aufl. (mit Erg.) — Moskau 1869: Ries. 19 S. [1. Aufl. 1868.]

Haſſelbring, Otto, drei Feſtpredigten über freie Texte für 3 Gemeinden in 2 Kirchen. Hameln 870. (Schmidt & Suckert.) 8. (III, 22 S.) n. 3 ngr.

(Hasselbrink, Friedrich.) Kurorte in Graubünden. Hrg. vom Verkehrsverein für Gr'. [Mit 4 Tafeln, 1 Karte und illustriertem Umschlag.] 48 S. 8. Davos-Platz, Buchdr. Davos A.-G., (1910).

Hasselbrink, J. C., Ingenieur. Manuductio ad Architecturam militarem, oder gründliche Einleitung zur Kriegsbaukunst. In deren I. Theil die herrliche und hoch-nutzbare Mass-Kunst nach wahren euclidischen Fundamenten sehr deutlich beschrieben und aufs kürzeste abgefasset. Auch im II. Theil die Fortification oder Festungs-Bau nach ganz neuer Manier solchergestalt vorgetragen und erläutert, dass ein fleissiger Liebhaber sich selbsten wird helfen können, zu dem Ende auch dieser Tractat mit darzu nöthigen Kupffern versehen. (Mit 2 Anhänge.) (Kupfer fehlen.) 8. Wolfenbüttel 1710.

Haſſelbrink, J. C., gründliche Einleitung zur Kriegskunſt. m. K. 8. Wolfenbüttel, Meisner. 710.

HASSELBURG, Irmgard von. Eine Rittergeschichte aus den Zeiten Heinrich des Löwen. Th. 1. Mit Titelkpf. Halle, bey Friedr. Dan. Francke. Th. 2. Görlitz, b. Hermsdorf und Anton, 1793. 8°. (1⅓ Rthl.) Zahm.
I: 237 S. (incl. TKpf., Tit. u. 1 Bl. Vorr.). II: 196 S.

v. Haſſelburg, Irmgard; e. Rittergeſchichte. 2 Thle. 8. Görlitz 793. Anton in Halle. 1 ₰ 4 gl

Hasselfelde [Schlagwort]

Hasselfelde, s.: Preussen, Messtischblätter.

Hasselholdt-Stockheim, Gust. Frhr. v., Herzog Albrecht IV. von Bayern u. seine Zeit. Archivalischer Beitrag zur deutschen Reichsgeschichte in der 2. Hälfte des 15. Jahrhunderts. 1. Bd. 1. Abthl. Kampf der wittelsbachischen u. brandenburgischen Politik in den Jahren 1459 bis 1465. Leipzig 865. Wagner. gr. 8. (XXVI, 1094 S.) n. 6 ₰

Hasselholdt-Stockheim, G. Freiherr v., Unter-Lieut. im k. bayer. Inft.-Reg. Seckendorff. Skizze über die Maximilians-Thürme in Linz. Mit (6) Plänen. 12. Passau 1843.

Hassell, s.a. Hassel. — Hassl

Haſſell, v., Leitfaden f. den Unterricht in der Dienſtkenntniß auf den königl. Kriegsſchulen. Auf Befehl der General-Inſpektion d. Militär-Erziehungs- u. Bildungs-Weſen bearb. Lex.-8. (IV, 30 S.) Berlin 883. Bath. n. — 80; cart. n. 1. —

— daſſelbe. 2. verm. Aufl. 4. (IV, 52 S.) Ebend. 885. n. 1.50; cart. n. 1.80

Haſſell, v., Leitfaden f. den Unterricht in der Dienſtkenntnis auf den königl. Kriegsſchulen. 2., verm. Aufl. [Neuer Abdr.] gr. 4. (IV, 52 S.) Berlin 887. Mittler & Sohn. n. 1.50

Hassell, Ulrich von

— brauchen wir e. Kolonial-Reform?, s.a. Zeitfragen des chriſtl. Volkslebens. 236. Hft.

Brauchen wir eine Kolonial-Reform? Kolonialpolit. Betrachtungen von Ulrich v. **Hassell**. Stuttgart: Ch. Belser 1906. (51 S.) 8° [F.]
= **Zeitfragen** d. christlichen Volkslebens. Bd 31, H. 4. [illegible]

Hassell, Ulr. v., öffentliche Bücher- u. Lesehallen als Bildungsmittel f. das Volk, s.a. Zeitfragen des christlichen Volkslebens. 216. Hft.

Öffentliche Bücher- und Lesehallen als Bildungsmittel für das Volk. Von Ulrich v. **Hassell**. *Stuttgart: Ch. Belser 1903.* (47 S.) 8° [F.]
= **Zeitfragen** d. christlichen Volkslebens. Bd 28, H. 7. [illegible]

Hassell, Ulr. v., Christentum u. Heer, s.a. Zeitfragen d. christl. Volkslebens. 177.

[F.] Christentum und Heer. Von Ulrich v. Hassell, Oberstlt. a. D. *Stuttgart: Ch. Belser 1899.* (52 S.) 8.
= **Zeitfragen** d. christlichen Volkslebens. Bd 24. H. 1. [illegible]

— **Deutschland — e. Weltmacht?,** s.a. Zeitfragen des christlichen Volkslebens. 226. Hft.

Deutschland – eine Weltmacht? Von Ulrich v. **Hassell**, Oberstlt. a. D. Stuttgart: Ch. Belser 1905. (46 S.) 8° [F.]
= **Zeitfragen** d. christlichen Volkslebens. Bd 30, H. 2. [illegible]

Hassell, Ulr. v., s.: **Fragen des modernen Geisteslebens.**

— **Haben wir e. Kolonial-Reform?,** s.a. Zeitfragen des christlichen Volkslebens.

Haben wir eine Kolonial-Reform? Kolonialpolit. Betrachtungen über d. Ära Dernburg. Von Ulrich v. **Hassell**. Stuttgart: Belser 1909. 41 S. 8°
(Zeitfragen d. christl. Volkslebens. Bd 34, H. 7.) [illegible]

— **Klar zum Gefecht f. den Kampf um die männliche Jugend d. Großstädte,** s.a. Zeitfragen des christlichen Volkslebens.

Hassell, Ulrich v.: Klar zum Gefecht für den Kampf um die männliche Jugend der Großstädte. Ein Beitrag z. Wichernfeier. Von –, Oberstlt. a. D.
Stuttgart: Ch. Belser 1908. (37 S.) 8°
= Zeitfragen d. christlichen Volkslebens. Bd 33, H. 3.

— **das Kolonialwesen im 19. Jahrh.,** s.a. Zeitfragen d. christl. Volkslebens. 188.

Das Kolonialwesen im 19. Jahrhundert. Von U[lrich] von **Hassell**, Oberstlt. a. D. *Stuttgart: Ch. Belser 1900.* (52 S.) 8°
— **Zeitfragen** des christlichen Volkslebens. Bd 25, H. 4. [illegible]

Hassell, U. v., Deutschlands Kolonieen, s.a. Zeitfragen d. christl. Volkslebens.

[F.] Deutschlands Kolonien. E. Rückblick u. Ausblick. Von U. v. **Hassell**, Oberstlt. a. D. *Stuttgart: Chr. Belser 1897.* (55 S.) 8.
= **Zeitfragen** des christlichen Volkslebens. Bd XXII. H. 2. [illegible]

— s.: **Monatsschrift, allgemeine konservative.**

— s.: **Monatsschrift, konservative.**

— s.: **Monatsschrift f. Stadt u. Land.**

— **Soldaten-Fürsorge, e Pflicht des christlichen Volkes,** s.: Steine zum Bau. III, 1, 2.

— **Streiflichter auf die Unterhaltungs-Litteratur der letzten 20 Jahre,** s.a. Zeifragen d. christl. Volkslebens. 195.

Streiflichter auf die Unterhaltungs-Litteratur der letzten 20 Jahre. Von Ulrich v. **Hassell**. *Stuttgart: Ch. Belser 1901.* (50 S.) 8° [F.]
— **Zeitfragen** d. christlichen Volkslebens. Bd 26, H. 3. [illegible]

— d. christl. Vereine junger Männer in Deutschland u. ihre Aufgabe, s.a. Zeitfragen d. christl. Volkslebens.

[F.] Die Christlichen Vereine junger Männer in Deutschland und ihre Aufgabe. Von Ulrich v. **Hassel**, Oberstlt. a. D. *Stuttgart: Ch. Belser 1898.* (60 S.) 8.
= **Zeitfragen** d. christlichen Volkslebens. Bd 23. H. 1. [illegible]

— **Wer trägt die Schuld? Reformgedanken über die Erziehung der männl. Jugend nach der Konfirmation,** s.a. Zeitfragen des christlichen Volkslebens.

Wer trägt die Schuld? Reformgedanken über d. Erziehung d. männl. Jugend nach d. Konfirmation. Von Ulrich v. **Hassell**, Oberstlt. a. D. Stuttgart: Ch. Belser 1907. (50 S.) 8° [F.]
= **Zeitfragen** d. christl. Volkslebens. Bd 32, H. 5. [illegible]

— **deutsche Zeitschriften u. ihre Wirkung auf das Volk,** s.a. Zeitfragen d. christl. Volkslebens. 201.

HASSELL, Ulrich v. Deutsche Zeitschriften und ihre Wirkungen auf das Volk. Streiflichter auf die Unterhaltungsliteratur der letzten 20 Jahre. Stuttgart, Ch. Belser, 1901. 8°. 48 S. (= Zeitfragen des christlichen Volkslebens, Bd. 26, Heft 3.)

Hassell, Wilhelm von

Hassell, W. v., der Aufstand des jungen Prätendenten Carl Eduard Stuart in den J. 1745 bis 1746. Ein histor. Versuch. gr. 8. (XII, 341 S. mit 1 Portr. in Holzschntaf.) Leipzig 876, O. Wigand. * 6 —

Hassell, W. v., das Bennigsen-Denkmal in historischer Beleuchtung. (23 S.) 8. Hannover (907). (H. Feesche.) — 30

Hassell, W. v., Geschichte d. Königr. Hannover. Unt. Benutzg. bisher unbekannter Aktenstücke. 1. Thl.: Von 1813 bis 1848. M. 5 Porträts. gr. 8. (XXX, 658 u. 10 S.) Bremen 898. Leipzig, M. Heinsius Nachf. 12. —; geb. in Halbfrz. 15. —

Hassell, W. v., Geschichte des Königr. Hannover. Unter Benutzg. bisher unbekannter Aktenstücke. II. Tl. 1. u. 2. Abtlg. gr. 8. Leipzig, M. Heinsius Nachf. 21. —; (kplt. 83. —; geb. 42. —)
II. 1. Von 1849 bis 1862. Mit 3 Portr. (IV, XVIII, 499 u. 13 S.) 899. n. 9. —
2. Von 1863 bis 1866. Mit 4 Portr. u. 2 Karten. (XXVII, 679 S.) 901. 12. —; geb. 15. —

Hassell, W. v., das Kurfürstent. Hannover vom Baseler Frieden bis zur preußischen Occupation im J. 1806. Nach archival. u. handschriftl. Quellen. gr. 8. (XXIV, 455 S. m. 4 Bildnissen.) Hannover 894. C. Meyer. n. 7. 50

Hassell, W. v., die hannoversche Cavallerie u. ihr Ende. gr. 8. (48 S.) Hannover 875. Helwing's Verl. n. 1. —

Hassell, W. v., die schlesischen Kriege u. das Kurfürstenthum Hannover. Insbesondere die Katastrophe von Hastenbeck u. Kloster Zeven. Mit Benutzung archival. Quellen. Nebst einem (lith.) Plane der Schlacht von Hastenbeck. gr. 8. (XXIX, 532 S.) Hannover 879. Hahn. n. 10. —

v. Hassell, (Schwadron-Chef, Rittmeister,) über die Pferde-Züchtung, den Pferde- u. Füllen-Handel u. die Remontirung der Cavallerie des Königreichs Hannover. gr. 8. Hannover 841, Hahn'sche Hofbuchh. 3/4 ₰

v. Hassell, Rathschläge zur Behandlung des Pferdehufes von Jugend auf, mit besonderer Berücksichtigung der Hannoverschen Landespferdezucht. Die Zeichnungen von Blumenbach nach der Natur gez. (auf 12 lith. Taf.) Hannover 862. Lohse. Lex.-8. (27 S.) n. 15 ngr.

v. Hassel, W., über das freie Veräußerungsrecht u. die zweifelhaft gewordenen Erbschafts-Verhältnisse der bäuerl. Gehöfte in den Provinzen Lüneburg, Hoya, dem Bisthum Verden, den Bremenschen Geesten, dem nordwestl. Calenberg u. Ansichten zu deren Feststellung. gr. 8. (54 S.) Hannover 849, Helwing. 1/6 Thlr

v. Hassell, W., welche Einwirkung können die neueren Prinzipien der Züchtung u. Behandlung der Pferde auf die Haltung der Cavallerie gewinnen? Eine Erörterung, welche Stände-Mitgliedern, Pferde-Besitzern, -Händlern u. Liebhabern auch zu empfehlen sein dürfte. gr. 8. (XII u. 192 S.) Berlin 851, A. Duncker. n. 28 ngr

Hasselmann, Leichenrede an Harm's Sarge, s.: Neelsen, H. F., Claus Harms als Seelsorger u. Freund.

Hasselmann, Carl Friedrich, s. Hasselmann, Karl Friedrich

Hasselmann, Fr.

Hasselmann Fr, Initialen aus d. 15.-19. Jahrhundert. (100 T) fol München 1882-83

Hasselmann, Initialen nach den Originalen aus der Kunstsammlung d. Hrzg. H. Photogr. Lichtdr. v. Ch Bruch. 10 Lfgn. Fol. (à 10 Bl.) München 888. (Schandri.) 80. —

Hasselmann Fr. aus der Kunstschmiede-Eisensammlg des. (60 T) fol München 1881

Hasselmann, Fritz, Neuburg a. D. u. s. Umgebg. m. s. Mineralien, in Bezug auf Abbau v. Kalk, Dolomit u. Kreide, nebst e. histor. Rückblick auf s. Vergangenheit. Im Interesse d. heimatl. Industrie, speziell z. Wiederbelebg. e. Dampfschiffverkehrs auf d. ob. Donau, geschildert. 2. Aufl. gr. 8. (IV, 47 S. m. 2 Abb.) Neuburg a/D. 895. (Grießmayer.) n. — 80

Haßelmann, Fritz. Die Steinbrüche d. Donaugebietes von Regensburg bis Neuburg. Technisch u. historisch betrachtet. gr. 8. (42 S.) Münch. 889, Pohl's Verlag. 1 50

Hasselmann, Georg [app. Arzt aus Pase in Hannover]: Beitrag zur Bestimmung des therapeutischen Wertes des Methacetins. (Aus d. med. Klinik . . . . Würzburg, Köhl & Hecker'sche Buchdr., 1889 11 S. 8°
Würzburg. Med. Fak., Inaug.-Diss. v. 1889

Hasselmann, Hermann [app. Arzt aus Nienstedten a/E.]: Ueber Tuberkulose des Oesophagus ... München, kgl. Hof- u. Univ.-Buchdr. v. Dr. C. Wolf & Sohn, 1895; 27 S. 8.
München, Med. Fak., Inaug.-Diss. v. 1895

Hasselmann, K. F. B., die Herrlichkeit Jesu Christi in 7 Predigten, e. Advents- u. 6 Epiphanias-Pred. 8. (9 B.) Lübeck 831, (v. Rohden.)

Hasselmann, Karl

Hasselmann, K., Abschiedspredigt am 11. Novbr. 1866 gehalten. Kiel 866. (G. v. Maack's Verlag.) gr. 8. (18 S.) n. 3 ngr

Hasselmann, K., Predigt gehalten am 3. Januar 1859. dem Tage der Eröffnung der Holsteinischen Provinzialstände-Versammlung in der St. Laurentii-Kirche in Itzehoe. Kiel 859. Akademische Buchh. gr. 8. (14 S.) n. 3 ngr

Hasselmann, Karl: Zwei Predigten aus der Gegenwart, s. Schrader, Ludwig

⊙ Was wollen, die eine Liturgie oder Agende verlangen? Zur Beherzigung für alle Glieder der schleswig-holsteinischen Landeskirche beantw. v. K[arl] Hasselmann. Oldenburg i. H. 1844. 8°

Hasselmann, K., was wollen, die eine Liturgie od. Agende verlangen? Zur Beherzig. f. alle Glieder der schleswig-holstein. Landeskirche. gr. 8. (2 B.) Oldenburg 845. (Leipzig, Geuther.)

Hasselmann, Karl Friedrich

Kurze historische Beschreibung der Feyerlichkeiten, mit welchen auf allergnädigsten Befehl Ihro Kaiserl. Maj. Catharina der Zweiten . . . in obhabender Vormundschafft für den Kaiserl. Cron-Prinzen . . . Paul Petrowitz die Einweihung der von Grund aus neu gebaueten schönen evangelisch-lutherischen . . . Catharinen-Kirche zu Großen Aspe im Herzogthum Holstein den 27. Sept. 1772 verrichtet worden. Benebst der Einweihungs-Rede des General-Superintendenten (Friedrich Franz) Hasselmann und ersten Predigt des Pastoris zu Großen Aspe (Johann Gabriel) Scheel, zum Druck übergeben v. Carl Friedrich Hasselmann. o. O. (1722.) 8°

Hasselmann, Otto, Arzt aus Wiesbaden: Pathologisch-anatomische Beiträge zur Kenntnis der Geschwülste des Auges. Mit 11 Abb. *Marburg 1899: (K. Schwab in Wiesbaden).* (31 S.) 8°
Marburg, Med. Diss. v. (6. Sept.) 1899

Hasselmann v. Hassel, L., die Entdeckung der Schöpfungskraft in der Natur als der größte Sieg der Aufklärung und der Wissenschaft. gr. 16. (56 S.) Hamburg 876 Nestler & Melle. n. 1. —

Hasselmeier, Carl, lustige Deklamanten. Sammlung humor.-plattdeutscher Orig.-Vorträge, sow. e. leicht ausführbaren Schwanks „Niclaas Timm". 12. (37 S.) Melle 895. F. E. Haag. n. 1. —

Hasselmeier, Carl, d. Pflege u. Kultur d. Zimmerpflanzen. Nach sachmänn. Quellen u. prakt. Erfahrgn. bearb. 8. (46 S. m. Abb.) Minden 896. W. Köhler. n. — 60

Hasselquist, Friedrich. Reise nach Palästina in den Jahren von 1749—52 . . . Rostock 1762. Ü: *Gadebusch, Thomas Heinrich.* (ABJP) (MGT) (EngG) (BrMm)

Hasselquist, F., Reisen durch Palästina in den J. 1749—52, herausg. von Karl Linnäus; aus d. Schwed. von Th. H. Gadebusch. gr. 8. Rostock 761. Koppe. 1 Thlr 16 gr

van Hasselt, A., het dorp der goudmakers een leerryk en vermakelyk volksboek vry omgewerkt naer het hoogduitsch van Hendrik Zchokke Versierd met vyftig houtsneden. gr. 16. (252 S.) Antwerpen 845. (Cöln, Eisen.) n. 26 ngr

van Hasselt, A., s. Novellen-Album.

Hasselt, Alexander Willem Michiel

Hasselt, A. W. M. van, Handbuch der Giftlehre für Chemiker, Aerzte, Apotheker und Gerichtspersonen. Nach der 2. Aufl. aus dem Holländ. frei bearb. und mit Zusätzen versehen von J. B. Henkel. 2 Thle. gr. 8. Braunschweig (861)62, Vieweg und Sohn. *

Inhalt:
Thl. 1. Allgemeine Giftlehre und die Gifte des Pflanzenreichs. (XV und 552 S.) * 2 Thlr. 12 Ngr.
» 2. Die Thiergifte und die Mineralgifte. (VIII und 440 S.) * 1 Thlr. 18 Ngr.

Hasselt, Alexander Willem Michiel van. Die Lehre vom Tode und Scheintode. Braunschweig 1862. Ü: *Theile.* (KGBerlin II, 2739)

— die Lehre vom Tode und Scheintode. 1. Bd. Allgemeiner Theil. Ebend. 862. gr. 8. (XII, 176 S.) n. 1 ℛ

Hasselt, J. C. van, Genera et species Orchidear. etc., s. 8. Bd. Kuhl, H.

Hasselt, Jo. Franciscus Leonard van

van Hasselt, J. Fr. L., Specimen juridicum inaug. de legis actionibus. 8maj. Groning. 824. Bökeren. (Leipz., Barth). 1 ℛ 12 gK

van Hasselt, (J. Fr. L.,) Specimen juridicum inaug. de legis actionibus. 8 maj. Groningae 825. (Lipsiae, Barth.)

Hasselt, J. H. v. De thesauris. 4°. Francq. 1762.

Hasselt, J. H. van, die Verfertigung der Gong in Semarang, s.: Jacobson, Edw.

Hasselwander, Albert, appob. Arzt: **Untersuchungen über** die Ossification des menschlichen Fußskeletts. *Stuttgart: E. Nägele 1903.* (S. 438–508.) 8° ¶(Aus: Zeitschr. f. Morphologie u. Anthropol., Bd 5.)
München, Med. Diss. v. 1903

Hasselwander, Albert, Dr.: Untersuchungen über die Ossifikation des menschlichen Fussskeletts. 2. Der Abschluss der Verknöcherungsvorgänge. Stuttgart: Schweizerbart 1909. 140 S. ¶(Aus: Zeitschr. f. Morphol. u. Anthropol. Bd 12.)
München, Med. Hab.-Schr. v. 1909
(Nicht für den Austausch) [U 09. 3536

HASSELWANDER, Bruno (Regensburg): Ueber Injectionen mit Bicyanuretum hydrargyri bei Syphilis.- München: Wolf 1880. 32 S.
20.7.1880 - Urk (Titel: De iniectionibus bicyanureti hydrargyri in syphilitide factis.); Chr 1880/81,14
Diss.Ingolst.-Landsh.-Mchn.

HASSELWANDER, Otto (Regensburg): Ueber einen Fall von Krebs des weichen Gaumens.- München: Wolf 1882. 15 S.
30.12.1882 - Urk (Titel: De veli palatini carcinomate primario.); Chr 1882/83,17
Diss.Ingolst.-Landsh.-Mchn.

Hassen, M., de obligatione hominis naturali ad credenda miracula. Viteb. 1728. 4.

Hassen, Martin. Characteres tyranni Oliverii Cromwelii, Angliae quondam Scotiae et Hiberniae protectoris. 4. Wittenbergae 1722.

Hassenberger, Eduard Ludwig

Hassenberger's, Ed., Führer durch die Landeshauptstadt Graz u Umgebg. Anweisungs- u. Erinnerungsblätter f. Einheimische u. Fremde. Von Jos. Stradner. Mit Illustr. v. Frdr. Schlegel. schmal gr. 8. (56 S. m. 1 Plan.) Wien 902. E. Hassenberger. n. — 60

Hassenberger, Ed., s.: Kaiser-Jubiläums-Dichterbuch.

Hassenberger, E. Lud., die Curorte u. Heilquellen Oesterreich-Ungarns. 12. (VIII, 147 S.) Innsbruck 891. Wien, G. Szelinski. n. 2. 70; geb. 3. —

— **Mariazell** in Steiermark u. Gebiet zwischen der West- u. Südbahn. Neuest. illustr. Pilger- u. Touristenführer nach u. durch den Gnadenort u. dessen Umgebung. Mit 38 Illustr. u. Plan v. Mariazell. 12. (VII, 101 S.) Wien 901. E. Hassenberger. n. 1. —

Hassenberger, Eduard Ludwig [Hrsg.], s. Marienkalender, Mariazeller

Hassenberger, E. Ludwig, Medicinal-Schematismus der graduirten und diplomirten Aerzte, Thierärzte, Apotheker, sowie der Spitäler, Curorte und sonstigen Sanitäts-Anstalten Oesterreich-Ungarns. Mit einem Anhange: Bezugsquellen-Wegweiser medicinischer und pharmaceutischer Gebrauchs- und Handelsartikel etc. Herausgegeben unter Mitwirkung der Herren Carl Franke, Dr. Adolf Samitz, Jos. C. R. Tropper und vieler Anderer. 8. (295 S.) * 3.50
Innsbruck: Hassenberger 1891.

Hassenberger's Regimentsgeschichten. Nr. 1. gr. 8. Wien, E. Hassenberger & Co. n. 1. —
K. u. k. Infanterieregiment Hoch- u. Deutschmeister Nr. 4 1696—1906. Von Alois Veltzé. Illustriert v. Ant. Sußmann. (88 S. m. 2 Bildnissen.) 906.

Hassenberger's Wiener Volks-Kalender f. d. J. 1910. 4. Jahrg. Red. v. Eduard Hassenberger. (112 S. m. Abbildgn.) 8. Wien, E. Hassenberger & Co. — 60

— **Wintersport-Kalender** f. d. J. 1911. Schriftleitg.: Red.: Othm. Hassenberger. (162 S. m. Abbildgn., 1 Taf. u. 1 Bildnis.) kl. 8. Ebd. Geb. in Leinw. 2. —

Hassencamp, s.a. Hasencamp

– s.a. Hasenkamp

Hassencamp, s.a. Hassenkamp

Hassencamp, F. W., die Einführung der Simultanschul unter besond. Berücksicht. ihrer kirchen-politischen Seite gr. 8. (41 S.) Elberfeld 876. Mosel. n. — 60

Hassencamp, Fr.

—— **Historia Arianae controversiae** ab initio inde usque ad synodum Nicaenam. Dissert. hist.-dogmatica. 8 maj. (3¼ B.) Marburgi Cattorum 845, libr. Universit. Elwert.

Hassencamp, Fr., Casseler Katechismus s.a. Katechismus.

— Casseler Katechismus von 1539. gr. 8. Ebend. 846. 1/6 ℛ

Hassencamp, Friedrich Arnold

– s.a. Hasenkamp

Hassencamp, F. A., die verdunkelte Aufklärung. 8. Nürnb. Raw. 789.

— **Briefe** üb. Propheten und Weissagungen an Eichhorn. 2 Thle. n. Anh. 8. Duisb. (Raw, Nürnb.) 792.

— **Briefe** üb. wicht. Wahrh. d. Religion. 2 Thle. 8. Ebend. 794.

— — dieselben. 2 Thle. 8. Duisburg, Bädecker. 794. 95.

— d. Israeliten, d. aufgeklärt. Nation unt. d. alt. Völkern. 8. Frankf. (Raw, Nürnb.) 790.

— Wahrheiten für ein braves Volk. 8. Nürnberg, Raw. 793.

Hassencamp, Friedrich Wilhelm

Hassencamp, F. W., Eintritts-Predigt vor der evangelisch-reformirten Gemeinde in Elberfeld gehalten. Elberfeld 858. Bädeker. gr. 8. (16 S.) 3 ngr

Hassencamp, Fr. Wilh., das Gebet im Namen Jesu. Predigt über Ev. Johannis 16, 24. Elberfeld 869. (Barmen, Klein.) gr. 8. (18 S.) n. 4 ngr.

Hassenkamp, F. W., Hessische Kirchengeschichte seit dem Zeitalter der Reformation. Mit neuen Beiträgen zur allgemeinen Reformationsgeschichte. 1. Bd. 5 Hfte. A. u. d. T.: Hessische Kirchengeschichte im Zeitalter der Reformation. 1. Bd. 5 Hfte. gr. 8. (XXIV u. 790 S.) Marburg 847—52, Elwert. (1/2 ℛ) 2 1/2 ℛ

— hessische Kirchengeschichte seit dem Zeitalter der Reformation. Mit neuen Beiträgen zur allgemeinen Reformationsgeschichte. 2. Bds. 1. Abth. A. u. d. T.: Hessische Kirchengeschichte im Zeitalter der Reformation. 2. Bds. 1. Abth. Marburg 855. Elwert. gr. 8. (VIII, 664 S.) 2 ℛ 24 ngr

Hassencamp, F. W., hessische Kirchengeschichte seit dem Zeitalter der Reformation. Mit neuen Beiträgen zur allgemeinen Reformationsgeschichte. 2 Bde. 2 Ausg. Frankfurt a. M. 864. Völcker. gr. 8. (XXXII, 1455 S.) n. 3 ℛ

— Franciscus Lambert, s.a. Leben und ausgewählte Schriften der Väter und Begründer der reformirten Kirche.

Hassencamp, F[riedrich] W[ilhelm]. Franciscus Lambert von Avignon (1487–1530). 8. Elberfeld 1860.
Leben und ausgewählte Schriften der Väter ... der reformirten Kirche. (Supplement) Theil 9.

— u. Zahn, das Wesen der reformirten Kirche u. die Union. — Die reformirte Abendmahlsfeier. Zwei Vorträge, gehalten zu Detmold auf der Conferenz reformirter Theologen u. Aeltesten im Juni 1867. Elberfeld 867. Friderichs. 8. (III, 92 S.) n. 15 ngr.

Hassencamp, G. C., Peter Fürchtegott, od. d. Geschichte v. Verfall u. Flor d. Dorfs Wallersdorf. 8. Lemgo, Meyer. 806.

Hassencamp, Joh. Matthias

— Anmerkk. über d. letzten §§. d. h. Michaelis Einleit. in d. Schriften d. N. B. 8. Marb. 767. Wöldige 5 gr

Hassencamp, Joh. Matthias, s. Anmerkungen zu Herzliebs Schrift.

Hassencamp, Joh. Matth., Annalen d. theol. Literat. u. Kirchengesch. s. Annalen.

Hassencamp, Joh. Matthias, s. Briefe e. Reisenden über Pyrmont.

Hassencamp, Joh. Matthias, s. Bruce, James: Reisen.

— Erinner. geg. d. im vor. Jahre v. Kennicotten herausg. Anm. üb. 1. Sam. VI. 19. Frankfurt u. Leipzig, Gsellius. 769.

— Erinnerung gegen die von Kennicott herausg. Anmerkk. über 1 Sam. 6, 19. Frankf. u. Leipz. 770. Gsellius. 6 gr

— Erklär. d. 70 Wochen Daniels. gr. 8. Lemgo, Meyer. 772.

1769. * Kurze Geschichte der Bemühungen die Meereslänge zu finden, von *J. M. Hassencamp*, Professor der Mathematik und der orientalischen Literatur zu Rinteln. Rinteln, bey Barth. 8. 4 Bog.
Rec. Allg. d. Bibl. 10. Bd. 2. St. p. 268.

1774. * — — — Zweyte sehr vermehrte und verbesserte Ausgabe. Lemgo, in der Meyerschen Buchhandlung. 8. 104 Seit. (4 Ggr.)

Hassencamp, Joh. Matthias, s. Michaelis, David: Lebensbeschreibung.

— von dem großen Nutzen d. Strahlableiter, u. ihrer vortheilhaften Einrichtung &c. 4. Rinteln 784.

— comment. de Pentateucho LXX interpretum graeco, non ex Hebraeo, sed Samaritano textu converso. 4. Marb. 765.

— Sendschreiben an Bohn, über 1 Sam. 6, 19. gr. 8. Rinteln 771. Müller. 3 gr

Hassencamp, Jh. Matth., († d. 6. Oct. 1797.) d. entdeckte wahre Ursprung d. alten Bibelübersetzungen &c. 8. Minden 775. Körber. 12 gr

— Versuch e. neuen Erklärung d. 70 Wochen Daniels. gr. 8. Lemgo 772. Meyer. 4 gr

Hassencamp, Karl

Hassencamp, Carl: Aus der chirurgischen Klinik zu Bonn. Ueber die Endresultate der Operationen in Mammacarcinomen. *Düsseldorf 1897: E. Lintz.* (32 S.) 8°
Bonn, Med. Diss. v. [24. Sept.] 1897

Hassencamp, R., De cohortibus Romanorum auxiliariis. Diss. 1869. 69 S.

Hassencamp, R. De cohortibus Romanorum auxiliariis. Gottingae 1869.

Hassencamp, Robert

Hassencamp, R., Geschichte Irlands v. der Reformation bis zu seiner Union m. England. gr. 8. (VIII, 344 S.) Leipzig 886. Wartig's Verl. n. 8. —

Hassencamp, R[obert], Prof. Dr., Dir.: Zusammenfassende Geschichts-Wiederholungen für Prima. *Düren 1900: Hamel.* (52 S.) 8°
Düren, G, P 1900 (405)

Hassencamp, R., zusammenfassende Geschichts-Wiederholungen f. Prima. gr. 8. (52 S.) Düren 900. (W. Solinus). n. — 75

Hassencamp, R., zusammenfassende Geschichtswiederholungen f. Prima. 2., durchgeseh. Aufl., besorgt v. K. Schrader. (49 S.) gr. 8. Düren 905. W. Solinus. n. — 75

[J.] Der Düsseldorfer Philosoph Friedrich Heinrich Jacobi und sein Heim in Pempelfort. Von Prof. Dr. [Robert] Hassencamp. *Düsseldorf: L. Voss & C. 1898.* (32 S.) 1 Bd 8.

Hassenkamp, Rob. Irland in der Zeit von 1660—1760. 29 S. Progr. *Ostrowo* 1883.
Vgl. des Verf. Geschichte Irlands von der Reformation bis zu seiner Union mit England. (VIII, 344 SS.) 8. Leipzig 1886, Wartig. 8 Mk.

Hassencamp, R. Das anlautende P im Griechischen. Posen, Marien-G., 1876. 24 S. 4. Progr.

Hassencamp, R., zusammenfassende Wiederholungen aus dem Geschichtspensum der Prima. 3. u. 4. durchgeseh. Aufl., besorgt v. K. Schrader. (48 S.) 8. Düren 908. W. Solinus. 1. —

Hassencamp, Rob., s.: Wieland's, Chr. Mart., neue Briefe, vornehmlich an Sophie v. La Roche.

Hassencamp, R., üb. den Zusammenhang d. letto-slavischen u. germanischen Sprachstammes s.: Preisschriften, gekrönt u. hrsg. v. der fürstl. Jablonowski'schen Gesellschaft zu Leipzig

Hassencamp, S. H. u. J. L. Muzel, zwey Briefe über Kants Grundprincip d. Moral. gr. 8. Frankf. Academ. Handl. 791.

Hassenbang, Heinr., die Wunder der Sympathie. Aus den Chroniken aller Völker gesammelt. 8. (64 S.) Canton 855(58). (Philadelphia, Schäfer und Koradi.)

HASSENDEUBEL, Jacob (Germersheim): De dysenteria epidemica.- Spirae: Kranzbuehler 1835. 14 S. 20.12.1835 - Urk; F 61
Diss. Ingolst.-Landsh.-Mchn.

Hassenfratz, J. H.

— u. Adet, System d. chem. Zeichen, s. Methode chem. Nomenclatur.

Hassenfratz u. Adet, System d. chem. Zeichen f. d. antiphlogist. Chemie u. ihre Nomenclatur, a. d. Fr. v. Meidinger. m. K. gr. 8. Wien, Wappler. (a. Camesina.) 801.
(ob. ist a. e. Anh. z. d. W. Methode d. chem. Nomenclatur.)

Hassenfratz, J. H., d. Wichtigste aus d. Eisenhüttenkunde, übers. u. mit Anmerkk. begleitet von Dr. L. Hasse. 1r Bd. u. 2r Bd. 1s 2s Heft, mit 9 Kpf. gr. 8. Leipz. 820—22. Baumgärtner. 6 ₰

Hassenkamp, s. a. **Hassencamp**.

Hassenkamp. Einführg. d. Simult. Schule. Elberfeld 876.

Hassenkamp, August, aus Freiburg i. B.: Über die Entwickelung der Cystocarpien bei einigen Florideen. Mit 1 Taf. *o. O. 1902.* (24 S.) 4° ¶ (Aus: Botan. Zeitung, Jg. 60.)
Freiburg i. B., Phil. Diss. v. 1902

Hassenkamp, Ernst

Hassenkamp, E., geognostische Beschreibung der Braunkohlenformation in der Rhön. Mit 1 (color.) Steindrucktaf. Abdr. aus den Verhandlungen der Würzburger phys.-med. Gesellschaft. Würzburg (857). (Fulda, Müller.) Lex.-8. (1 Bl., 27 S.) n. 10 ngl.

Hassencamp, Ernst, geognostische Beschreibung der Braunkohlenformation in der Rhön. Lex.-8. (27 S. mit 1 ill. Stnt.) Würzburg 858. (Fulda, Müller'sche Buchh.) Thlr. *
Aus dem VIII. Bd. der Verhandlungen der würzburger phys.-med. Gesellschaft, besonders abgedruckt.

Hassenkamp, Ernst [Assistent an d. bad. chem.-techn. Prüfungs- u. Versuchsanstalt, aus Frankenberg]: Ueber einige Derivate des Acetophenons .... Karlsruhe, Druck d. G. Braun'schen Hofbuchdr., 1885; 41 S. 8°.
Freiburg i. B., Phil. Fak., Inaug.-Diss. v. 1885.

Hassenkamp, Ernst, über einige Derivate des Acetophenons. Diss. Freiburg i. B. 1885, Fr. Wagnersche Univ.-Buchh. 8°. 41 S.

Hassenkamp (E.), Die massigen Gesteine der Rhön und der Breitfirst. (Ohne Druckort und -Jahr.) 8.

Hassencamp, Ernst, geologisch-paläontologische Untersuchungen über die Tertiärbildungen des Rhöngebirges. Würzburg 860. (Fulda, Müller.) gr. 8. (21 S. u. 1 lith. Taf.) n. 10 ngr.

——— Geologisch-paläontologische Untersuchungen über die Tertiärbildungen des Rhöngebirges (Würzburg. naturw. Zeitschr. 1860.) 8.

Hassenpflug, als Minister einer der beiden und ehrenhaftesten oder Sachsen und Hessen. D. C. u. J. 16 S. 8

Hassenpflug, C. W. - Moskau v. d. ersten Erbauung im 12. Jh. unter der Regierung des Czar Juri bis z. grossen Brande 1812. 8. Hanau 1827. 2. Aufl. 1835. 1,50.

Hassenpflug, Eh. St. D., politische Ketzereien. 8. (X u. 78 S.) Grimma 850, Verlags-Comptoir in Comm. n. 1/3 ₰

Hassenpflug, Friedr., über den Einfluß des Wechsels auf unterliegende Obligationsverhältnisse. Cassel 858. Bertram. gr. 8. (2 Bl., 109 S.) n. 16 ngl.

Hassenpflug, Hans Daniel Ludwig Friedrich (Hrsg.),
s. Actenstücke, die landständischen Anklagen wider... H.D.L.F. Hassenpflug betreffend.

Hassenpflug, Hans Dan. Ludw. Fried., üb. das Lieferungs-Geschäft. Zur Erläuterung des eigentl. Sinnes d. §§. 981—987. Tit. 11. Thl. 1. des Allgem. Landrechts. gr. 8. (2 1/4 B.) Berlin 846, Schröder's Verl. *
Aus d. Jurist. Wochenschrift 1845 m. einig. Verbess. besond. abgedr.

—— kleine Schriften jurist. Inhalts. 1. Bdchn. gr. 8. (13 3/4 B.) Leipzig 845, Breitkopf u. Härtel.

Hassenpflug, Hans, Dan. Ldw. Fr., Vertheidigungsschriften, s. Actenstücke d. Landständ. Anklagen.

Hassenpflug, Rudolf [Referendar]: Die Brandenburgische Kammergerichtsordnung von 1709 ... [Erschien vollst. 1895 u. d. T.: Die erste Kammergerichtsordnung Kurbrandenburgs.] Breslau, W. Koebner, 1895; 1 Bl., 48 S., 1 Bl. 8.
Breslau, Jur. Fak., Inaug.-Diss. v. 6. März 1895

Hassenpflug, Rud., die erste Kammergerichtsordnung Kurbrandenburgs. E. Beitrag z. Geschichte d. Civilprozesses i. d. deutschen Territorien. gr. 8. (IV, 76 S.) Breslau 895. [W. Koebner.] M. & H. Marcus. n. 2. —

Hassenpflug, Wilhelm, s. Hastenpflug

Hassenschelm, Leber., s. Anti-Tartar.

Hassenschelm, Leber., Anti-Tartar, s. Kopitar.

Hassenstein, Dietrich Wilhelm Graf vom. Eine patriotische Passionskomödie von Vielleicht Später. Lübeck 862. v. Rohden. 8. (32 S.) n 6 ngr.

Hassenstein, Bestimmung der Entfernungen v Schiffen auf See. Aus dem Engl. nach Admira Ryder. gr. 8. (III, 31 S. m. 1 eingedr. Holzschn. u 8 Tab. in 4.) Kiel 871. Universitäts-Buchh. n. 2. —

— über die ständigen Trugschlüsse in der Marine Architectur. Mit e. (lith.) Taf. erläut. Fig. (in 4.) gr. 8 (22 S.) Ebend. 873. n. — 8

— über die Ursachen d. Unterganges d. königl. brit Thurm-Panzer-Schiffes „Captain" Nach e. in England gehalt. Vortrage wiedergegeben. gr. 8. (IV 43 S. m 4 Steintaf.) Ebend. 872. n. 1. 2

Hassenstein, Bruno, Atlas v. Japan. 7 Blatt. 1:1,000,000 u. 1 Übersichtskarte 1:7,500,000. 1. Abth. Bl. 1—4. Süd- u. Central-Japan. Chromolith. Mit Text. gr. Fol. (4 S.) Gotha 885. J. Perthes. n. 12. —

Hassenstein, B. Atlas von Japan. 7 Blätter im Massstabe 1 : 1 000 000 und 1 Uebersichtskarte im Massstabe 1 : 7 500 000 c. L. Sch. Gotha 1885 und 1887. 2 Hefte.

Hassenstein, B. Die englischen Besitzungen und die unabhängigen Stämme an der Küste zwischen Sierra Leone und Liberia. 1 : 1 250 000. 1883. 1 Bl. c. Zinkätzung. Ff. mit Text.

Hassenstein, Bruno, die kartographischen Ergebnisse der Massai-Expedition des deutschen Antisklaverei-Comités, s.: **Baumann,** Osc.

Hassenstein, B. V. S. Gouldsbury's Expedition zum oberen Gambia und in Futa-Djallon 1. Februar bis 18. April 1881. 1 : 2 000 000. Gotha 1882. 1 Bl. c. A. Ff.

Hassenstein, Dr. B. Das Gebiet der Ewe-Stämme und die Deutschen Erwerbungen im Togo-Land. 1 : 750 000. Gotha 1888. 1 Bl. c. L. Sch.

Hassenstein, Dr. B. Die Gruppe des Adai-Choch im zentralen Kaukasus. 1 : 100 000. Gotha 1889. 1 Bl. c. L. Sch.

—— und A. Petermann, Inner-Afrika, s. Mittheilungen aus Justus Perthes' geographischer Anstalt. Ergänzungsheft Nr. 7.

Hassenstein, Dr. B. Karte der Gebiete von Deutsch- und Britisch-Ost-Afrika zwischen dem Victoria Nyansa und dem Kenia. Mit Benutzung der Routen-Aufnahme Dr. G. A. Fischers. 1 : 750 000. Gotha 1895. 1 Bl. c. A. Sch.

Hassenstein, B. Karte des Tibetanischen und Indo-chinesischen Grenzgebietes. 1 : 3 000 000. Gotha 1882. 1 Bl. c. L. Sch.

Karte der Provinz Schan-Tung mit dem deutschen Pachtgebiet Kiau-Tschou. Hauptsächl. nach japan. u. chines. Quellen entworfen u. gezeichnet v. Dr. Bruno **Hassenstein** ... Übs. u. Erklärg der am häufigsten vorkommenden chines. Worte, v. P. Hoebel. Masst. 1 : 650,000. *Gotha: J. Perthes 1898.* (2 Bl., 1 Ktnbl. ²⁄₂) 1 Bd 2. 98. 11405

Hassenstein, B. Karte eines Theiles des südwestlichen China. Hauptsächlich nach neueren Forschungen in Ssü-Chuen und Yün-Nan. 1 : 2 000 000. Gotha 1883. 1 Bl. c. A. Sch.

Hassenstein, B. Originalkarte der Reise des Dr. Emin-Bey durch die Mudirië-Rohl. Sept. bis Dez. 1881. 1 : 1 000 000. Gotha 1883. 1 Bl. c. A. Ff.

Hassenstein, B. Originalkarte der Reise des Dr. Emin-Bey in die Mudirië von Rohl und Makraka Oktober und November 1881 1 : 500 000. Gotha 1883. 1 Bl. c. A. Sch.

Hassenstein, B. Originalkarte der neuesten Reisen des Dr. Emin-Bey im Lande der Madi und Schuli 1880 und 1881. 1 : 500 000. Gotha 1882. 1 Bl. c. A. Sch.

Hassenstein, Dr. B. Originalkarte des Sankuru-Stromes und seiner Nebenflüsse. Nach den Aufnahmen von Dr. L. Wolf. 1 : 600 000. Gotha 1888. 1 Bl. c. A. Sch.

Hassenstein, B., Ost-Afrika zwischen Chartum und dem rothen Meere, s. a. **Mittheilungen aus Justus Perthes' geographischer Anstalt.**

(**Hassenstein,** Bruno, und August **Petermann**): Ost-Afrika zwischen Chartum und dem Rothen Meere bis Suakin und Massaua. Eine vornehmlich zum Verfolg der v. Heuglin'schen Expedition bestimmte Karte. Unter Dr. A. Petermann's Anleitung und mit einem Memoire begleitet von Bruno Hassenstein. Anhang: Th. v. Heuglin: Ein arabischer Schriftsteller über die Bedja-Länder. Gotha 1861. 16 S., 2 Krt.
= Ergänzungsheft zu Petermann's Geographischen Mittheilungen. No. 6. 8°.

Hassenstein, B. Fr. Bohndorff's Reisen in Central-Afrika in den Jahren 1880 bis 1883. 1 : 1 000 000. Gotha 1885. 1 Bl. A. Sch.

Hassenstein, B. Specialkarte des Damara-Landes. 1 : 1 750 000. Gotha 1885. 1 Bl. c. A. Sch.

Hassenstein, Dr. B. Spezialkarte des Kilima-Ndscharo- und Meru-Gebietes. Nach Breitenbestimmungen, Routen-Aufnahmen, Winkelmessungen von Dr. Hans Meyer, Dr. O. Baumann u. And. 1 : 350 000. Gotha 1893. 1 Bl. c. L. Sch.

Hassenstein, B. Uebersichtskarte der neuesten Forschungsreisen im aequatorialen West-Afrika. 1 : 5 000 000. Gotha 1883. 1 Bl. c. A. Sch.

— — Von Alexandria bis Tanta. Specialkarte des Kriegsschauplatzes. Gotha o. J.

Hassenstein, B., Von Ismailia bis Cairo. Specialkarte des Kriegsschauplatzes. Gotha o. J.

Hassenstein, C., Taschenbuch für Locomotivführer, s. a. **Taschenbuch.**

— Taschenbuch für Locomotivführer u. ihre Gehilfen. Eine auf Erfahrungen begründete Zusammenstellung alles Dessen, was der Führer einer Locomotive kennen muß, um den Ansprüchen, die an ihn gemacht werden, zu genügen. Bearb. nach Florentin Coste u. Martial Chevalier. 16. (XII u. 132 S.) Grimma 847, Verlags-Comptoir. — 2. (Titel-)Aufl. 16. Ebd. 850. ½ ℛ

Hassenstein, C. H., Gutta percha. Ueber ihre Gewinnung, Reinigung, Bearbeitung, Färben derselben, u. besonders über das beste Verfahren die Sohlen v. Gutta percha auf Stiefeln oder Schuhe dauerhaft zu befestigen. gr. 8. (15 S.) Leipzig 848, Bönicke & Sohn. n. 4 ngr

— und C. **Hassenstein, chemisch-elektrische Heilmethode.** Ein neues Verfahren zur sichersten und schnellsten Heilung von Nervenleiden aller Art, Taubheit, Lähmungen, Rheumatismus, Gicht rc. Ebend. 853. 8. (39 S.) n. 8 ngr

— die rationelle Heilung der nervösen, gichtischen u. anderer Krankheiten durch die Magnetoelectricität nach einem neuen, durchaus von den früheren abweichenden Verfahren. 8. (32 S.) Leipzig 848, Matthes in Comm. — 2. verm. Aufl. 8. (XII u. 47 S.) Ebd. 850. ¼ ℛ

—— sichere Heilung nervöser, gichtischer, rheumatischer und anderer Krankheiten durch die Elektrizität und den Magnetismus mittelst eines neuen Apparates und einem neuen von den früheren abweichenden rationellen Verfahrens. 1. Aufl. (32 S.) 1848., 2. Aufl. (XII und 47 S.) 1850. à 7½ Ngr. 3. und 4., unveränd. Aufl. 8. (XIV und 124 S. mit 3 Stnt. in 4.) Leipzig 851(52,) Matthes. *

Hassenstein, C. H., die Heilwirkungen der Elektricität bei rheumatischen, gichtischen, nervösen und andern Leiden. Nach zahlreichen Erfahrungen und Erfolgen mit einem eigens zu Heilzwecken construirten Apparate dargestellt. Leipzig 857. Matthes. 8. (72 S.) 12 ngr

Hassenstein, C. H., Das elektrische Licht. Erläuternde und kritische Besprechung seiner Benützung zur Beleuchtung von Strassen, Plätzen, Rheden etc. Mit 15 Tfln. v. 69 Abbildungen. Weimar 1859. 8°.

Hassenstein, C. H., das elektrische Licht. Erläuternde und kritische Besprechung seiner Benutzung zur Beleuchtung von Straßen, Plätzen, Rheden, Seehäfen rc. Nebst Beschreibung der dazu erforderlichen Apparate u. der neuesten Regulatoren zur Erhaltung eines ganz gleichmäßigen Lichtes. Mit 15 (lith.) Taf. (in 8. u. 4.), enthaltend 69 erläuternde Abbildungen. 859. — 2. Aufl. Weimar 865. Voigt. gr. 8. (XIV, 194 S.) 1 ℛ 7½ ngr

Hassenstein, C. H., das elektrische Licht. Erläuternde u. krit. Besprechung seiner Benutzung zur Beleuchtung von Straßen, Plätzen, Rheden rc. Nebst Beschreibung der dazu erforderlichen Apparate u. der neuesten Regulatoren zur Erhaltung eines ganz gleichmäß. Lichtes. 2. (Titel-)Aufl. Weimar (859)865. B. F. Voigt. gr. 8. (XIV, 194 S. mit 15 Steintaff., enthltd. 69 erläut. Abbild.) 1 ℛ 7½ ngr

Hassenstein, Ed., Blicke in das Reich der Physik u. Technologie f. höhere Töchterschulen, so wie z. Privatgebr. f. Töchter höherer Stände. gr. 8. (17½ B.) Leipzig 840, Barth.

Hassenstein, Ed., u. Gg. A. Winter, Lehrbuch der Naturgeschichte f. Töchterschulen. Zum Gebr. f. Lehrer u. Schülerinnen, sowie zum Selbstunterrichte f. die Gebildeten des weiblichen Geschlechts. 2 Thle.: Mineral- u. Pflanzenreich. — Thierreich. 8. (X u. 470 S.) Leipzig 850, Wöller. (à n. 1/2 ℛ) n. 1 ℛ

— — erstes Lesebuch für Töchterschulen, gr. 8. Königsberg 838. Gebr. Bornträger. 2/3 ℛ — 2r Thl. A. u. d. T.: Lesebuch für die oberen Klassen höherer Töchterschulen, od. Sammlung deutscher Gedichte u. prosaischer Aufsätze für die Gebildeten des weibl. Geschlechts. gr. 8. Ebd. 839. 1 1/4 ℛ

Hassenstein, Ed., u. Ernst Lehde, Lesebuch f. Töchterschulen. 2 Thle. gr. 8. Königsberg, Gebr. Bornträger.
A. u. d. Tiln.:
Thl. 1. Lesebuch f. mittl. Klassen höher. od. f. Oberklassen nieder. Töchterschulen. (24 B.) 838. 22 Gr.
" 2. Lesebuch f. d. oberen Klassen höh. Töchterschulen, od. Samml. deutsch. Gedichte u. prosa. Aufsätze f. d. Gebildeten d. weibl. Geschlechts. (30 1/4 B.) 839. 1 Thlr. 6 Gr.

Hassenstein, Fr., der Trichinensucher. Gotha 867. Thienemann. 8. (16 S. mit 5 chromolith. Abbild.) n. 5 ngr

Hassenstein, Fr. Ed., Comment. de luce ex quorundam animalium oculis prodeunte atque de tapeto lucido. Cum tab. aeri insc. Praem. ornata a summo grat. ord. med. 4. Jena 836. Bran. 3/8 ℛ

Hassenstein, Friedrich

Hassenstein, F., Führer durch Bad Ilmenau in Thüringen u. s. Umgebg. Unt. Mitwirkg. v. A. Fuckel hrsg. M. 1 Karte, 4 Vollbild. u. 12 Illustr. 12. (VIII, 52 S.) Ilmenau 897. F. Fleischer. In Leinw. kart. n. 1. —

Hassenstein, F., Führer durch Bad Ilmenau in Thüringen u. seine Umgebung. Unter Mitwirkg. v. A. Fuckel hrsg. 2., vollständig umgearb. Aufl. Mit 1 Karte der Umgebg. nebst Stadtplan u. 7 Illustr. (II, 49 S. m. Abbildgn. u. Fahrplan 4 S. in 16.) kl. 8. Ilmenau (906). A. Schröter. n. 1. —;
ohne Karte u. Stadtplan n. — 60

Hassenstein, F., Führer durch Bad Ilmenau u. s. Umgebung. 12. (VIII, 52 S. m. 1 Karte, 4 Vollbild. u. 12 Illustr.) Ilmenau 897. [Fleischer.] A. Schröter. Kart. n. 1. —

HASSENSTEIN, Friedrich (Ichtershausen): Zur Casuistik der fremden Körper in der Vorderkammer des Auges.- München: Wolf 1879. 27 S.
28.3.1879 - Urk (Titel: De corporibus alienis camerae oculi anticae obtrusis.); Chr 1878/79,12
Diss. Ingolst.-Landsh.-Mchn.

Spezialkarte von Ilmenau und Umgegend bis zur Schmücke. Auf Grund d. Generalstabskarte u. d. Forstkarten bearb. von San.R.Dr.F[riedrich] Hassenstein. (Maassst. 1:25.000. [Mit 1 Nebenkarte.] Ilmenau: F. Fleischer Nachf. [1906]; Kartogr. H. Kahle, Eisenach.) (1 Kartenbl. 58×41 cm mit Legende.) [Kopft. lith.] [kol.]
[Umschlagt.:] Karte von Bad Ilmenau u. Umgebung. [06. 15840

Hassenstein. G.. De syntaxi A. M. Diss. 1877. 55 S.

Hassenstein, Geo., Ludwig Uhland. Seine Darstellung der Volksdichtung und das Volkstümliche in seinen Gedichten. gr. 8. (XI, 184 S.) Leipzig 887, Reißner. *

Hassenstein, J., aus 15 Jahrhunderten! Bilder aus der Geschichte Altpreußens, des Kreises u. der Stadt Allenstein. gr. 8. (VIII, 67 S.) Allenstein (902). W. E. Harich. n. 1.—

Hassenstein, J., Luther-Feier in der Schule am 10. Novbr. 1883. 3. Aufl. gr. 8. (32 S.) Allenstein 893. (A. Harich.) n. — 20

Hassenstein, Otto, Versuche über Quecksilberausscheidung durch die Galle. Inaugural-Dissertation. gr. 8. (38 S.) Königsberg 879. (Hartung.) n. 1. —

Hassenstein, Paul: Schule für die Haus-Orgel. School for the cottage-organ. Ecole pour l'orgue-harmonium. Von –.
Berlin: Rühle & Hunger (1893). 145 S. 4°

Hassenstein, Rich., gleichseitige Amaurose nach Schädelverletzung, geheilt durch Trepanation. Inaugural-Dissertation. gr. 8. (26 S.) Königsberg 881. (Hartung.) n. — 80

Hassenstein, Walter: Neue Bearbeitung von William Herschels Beobachtungen der inneren Saturnmonde ⟨1789⟩. Königsberg i. Pr. 1905: R. Leupold. (35 S.) 4°
Königsberg, Phil. Fak., Ref. Battermann, Diss. v. 13. Apr. 1905
[Geb. 13. Sept. 83 Königsberg i. Pr.; Wohnort: Königsberg; Staatsangeh.: Preußen; Vorbildung: Wilhelmsgymn. Königsberg i. Pr. Reife O. 01; Studium: Königsberg 4, Göttingen 1, Königsberg 3 S.; Rig. 28. Febr. 05.]

Hassenstein, Walt., Hassenstein einst u. jetzt. Denkwürdigkeiten, Schicksale u. Stammeskunde e. deutsch-böhm. Hauses aus 5 Jahrhunderten. Mit zahlreichen Abbildgn. u. Stammtaf. (XII, 259 S.) Lex.-8. Papiermühle b/Roda 904. (Gebr. Vogt.) n.n. 8. —

Hassenstein, Walter [aus Neu Jucha, Ostpreussen]: Indicationen zur Therapie des Ulcus cruris chronicum .... Lyck, Druck v. A. Glanert (1887); 62 S. | 1 Bl. 8°.
Freiburg i. B., Med. Fak., Inaug. Diss. v. 5. März 1887.

Hassenstein, Walter, Indicationen zur Therapie des Ulcus cruris chronicum. Diss. Freiburg i. B. 1887, Fr. Wagnersche Univ.-Buchh. 8°. 62 S.

Hassert, Kurt, Beiträge z. phys. Geographie v. Montenegro m. bes. Berücksicht. d. Karstes, s.a. Petermann's, A., Mittheilungen aus Justus Perthes' geograph. Anstalt

Hassert, Kurt [Dr.]: Beiträge zur physischen Geographie von Montenegro ... [Erschien vollst. als Ergänzungsheft 115 von: Petermann's Mitteil. aus J. Perthes' geogr. Anst.] Gotha, Druck d. Engelhard-Reyerschen[!] Hofbuchdr., 1895; 1 Bl., 52 S. 4.
Leipzig, Phil. Fak., Hab.-Schr. v. 4. Febr. 1895

Hassert, Kurt, Bericht üb. die neuere Litteratur zur deutschen Landeskunde, s.: Kirchhoff, Alfr.

Hassert, Kurt, die neuen deutschen Erwerbungen in der Südsee: Die Karolinen-, Marianen- u. Samoa-Inseln. Nachtrag zu Deutschlands Kolonien. (IV, 111 S.) gr. 8. Leipzig 903. Dr. Seele & Co. n. 2. 60
(Hauptwerk m. Nachtrag, ermässigter Preis: n. 6. 50)

Hassert, Kurt (Hrsg.), s. Festschrift zur Begrüßung d. 14. Dt. Geographentages.

Der Kampf um Südafrika und die deutschen Interessen. Von Prof. Dr. Kurt Hassert. *Berlin: W. Süsserott 1901.* (27 S.) 8° [F.]
— Beiträge z. Kolonialpolitik u. Kolonialwirtschaft. 1901, Sonderh. [02. 65]

Das Kartenzeichnen im geographischen Unterricht. Von Prof. Dr. Kurt Hassert. *Stuttgart 1901: W. Kohlhammer.* (36 S.) 8°
Aus: Neues Korrespondenzblatt f. d. Gelehrten- u. Realschulen Württembergs Jg. 1901. H. 10–12. [02. 364

Hassert, Kurt: Deutschlands Kolonien, s.a. Hochschulvorträge f. Jedermann.

Deutschlands Kolonien. Erwerbungs- u. Entwickelungsgesch., Landes- u. Volkskunde u. wirtsch. Bedeutung unserer Schutzgebiete v. Dr. Kurt Hassert, Privatdoz. an d. Univ. Leipzig. Mit 8 Taf., 31 Abb. im Text u. 6 Kt. [Nebst] Nachtrag. *Leipzig: Seele & Co. 1899–1902.* 2 Bde 4°(8°)
Nachtr. — Die neuen Deutschen Erwerbungen in der Südsee. [03. 937

Hassert, Kurt, Deutschlands Kolonien. Erwerbungs- u. Entwickelungsgeschichte, Landes- u. Volkskunde u. wirtschaftl. Bedeutg. unserer Schutzgebiete. 2., vollst. umgearb. Aufl. Mit 7 Karten, 2 Diagrammen, 29 Vollbildern u. 59 Abbildungen im Text. (XII, 657 S.) gr. 8. Leipzig 909. 10. Dr. Seele & Co. 10.—; auch in 10 Lfgn. à 1. —

Hassert, Kurt: Deutschlands K o l o n i e n . Erwerbungs- u. Entwicklungsgeschichte, Landes- u. Volkskunde u. wirtschaftl. Bedeutung unserer Schutzgebiete. Von Dr. Kurt Hassert, Prof. Mit 7 Kt., 2 Diagr., 29 Vollbild. u. 59 Abb. 2., erw. u. vollst. umgearb. Aufl.
Leipzig & Berlin: Teubner 1912 (1910). 657 S. 8°

— Landeskunde u. Wirtschaftsgeographie des Festlandes Australien, s.a. S a m m l u n g Göschen.

Hassert, Kurt: L a n d e s k u n d e und Wirtschaftsgeographie des Festlandes Australien. Von Dr. –.
Mit 8 Abb., o. Tab. u. 1 Kt. Leipzig: Göschen 1907.
184 S. 8°
(Sammlung Göschen. 319.)

— Landeskunde des Königr. Württemberg, s.a. S a m m l u n g Göschen.

Hassert, Kurt: L a n d e s k u n d e des Königreichs Württemberg von Dr. Kurt Hassert, Prof.
Mit 16 Vollbild. u. 1 Karte. Leipzig: G. J. Göschen 1903.
(160 S.) 8°
(Sammlung Göschen. 157.)

Hassert, Dr. Kurt. Die Landschaftsformen von Montenegro. 1:800000. Gotha 1894. 1 Bl. c. L.

Aus den Gebirgsländern der Balkan-Halbinsel: Das Fürstentum Montenegro. Vortrag geh. von Dr. Kurt **Hassert**, Privatd. Leipzig: Seele 1898. 20 S. 8°
(Hochschul-Vorträge f. Jedermann. H. 3.) [01. 1910]

Hassert, *Ernst Emil* Kurt: Die Nordpolargrenze der bewohnten und bewohnbaren Erde ... Naumburg a. S., Druck v. H. Sieling, 1891; 1 Bl., 102 S., 1 Bl., 1 Kart. 8°
Leipzig, Phil. Fak., Inaug.-Diss. v. [21. Apr.] 1891

Hassert, Kurt, die N o r d p o l a r g r e n z e der bewohnten u. bewohnbaren Erde [m. e. Karte]. gr. 8. (102 S.) Leipzig 891. (G. Fock.) n. 3. —

— die Polarforschung, s.a. A u s Natur u. Geisteswelt.

Die Polarforschung, Geschichte d. Entdeckungsreisen z. Nord- u. Südpol von d. ältesten Zeiten bis z. Gegenwart. Von Prof. Dr. Kurt **Hassert**. 2., umgearb. Aufl. Mit 5 Karten auf 2 Taf. Leipzig: B. G. Teubner 1907. (IV, 155 S.) 8° [F.]
— **Natur**, Aus, u. Geisteswelt. Bdch. 38. [06. 3100

Hassert, Kurt: Friedrich Ratzel. ([S.-A.] Geographischer Anzeiger, herausgegeben von Justus Perthes in Gotha. 1901) Gotha 1901. 8 S. 8°.

Hassert, Kurt, Dr. Reise durch M o n t e n e g r o nebst Bemerkungen über Land und Leute. Mit 30 Abbildungen nach den Aufnahmen des Verfassers und 1 Karte. Wien, Pest und Leipzig 1893.

— Reise durch Montenegro, nebst Bemerkungen üb. Land u. Leute. Mit 30 Abbildgn. nach den Aufnahmen d. Verf. u. 1 (farb.) Karte. gr. 8. (VI, 236 S.) Wien 893. A. Hartleben. n. 5. —

— Die Städte, geographisch betrachtet, s.a. Aus Natur u. Geisteswelt.

Die Städte geographisch betrachtet. Von Prof. Dr. Kurt **Hassert**. Mit 21. Abb. Leipzig: B. G. Teubner 1907. (VI, 137 S.) 8° [F.]
— **Natur**, Aus, u. Geisteswelt. Bdch. 163. [07. 10066

Hasse, der, u. der Liebe Rache. Schausp. in 5 Akten, v. A. v. Kotzebue. 8. Leipz., Kummer. 815.

Hassforther, Carl, Cholera-Statistik. Hamburg 1892. Graphische Darstellg., auf Grund der Zahlen d. statist. Bureaus bearb. gr. Fol. Hamburg 892. Verlagsanstalt u. Druckerei. n. — 20

Hassfurter, Johann Lorenz (Baruthinus [= Bayreuth]), De basi computi ecclesiastici. Dissert. mathem. Präs. Georg Albert Hamberger. Jena (Gollner) 6. V. 1705. 48 S. u. 2 Erdabbildungen. (6.50) 13437

Hassfurther, Leo Samuel: Analecta quaedam physico-medica. 22 S., gbd.

Erlangae: (Walther) 1778
(Adversaria argumenti physico-medici, Fasc. 2,5)

JB 1,808

Haßfurther Richard: Ueber Leben und Werke William Drummonds.
H. 1905 PN 1878 **Diss.** Wien Univ. 1961

Hassheider, Heinrich: Pädagogische G e d a n k e n üb. die physischen u. psychischen Ursachen d. Materialismus, s. L e h r e r - P r ü f u n g s - u. Informations - A r b e i t e n .

— zehn Reden nebst Programm zur Weihnachtsfeier in der Volksschule. 8. (42 S.) Ebd. 891. n. — 60

Haßheider, H., zehn Reden nebst Programm zur Weihnachtsfeier in der Volksschule. 2. Aufl. (40 S.) 8. Minden 906. A. Hufeland. n. — 80

— 10 Reden nebst Programm zur Weihnachtsfeier in der Volksschule. 3. Aufl. (40 S.) gr. 8. Ebd. 910. — 80

— 12 Reden zur Entlassungsfeier der Kinder in der Volksschule. gr. 8. (46 S.) Minden i/W. 893. A. Hufeland. n. — 80

Haßheider, H., zwölf Reden zur Entlassungsfeier der Kinder in der Volksschule. 2. Aufl. (48 S.) gr. 8. Minden 907. A. Hufeland. — 80

— die Vortragsübungen in der Volksschule, s.a. Lehrer-Prüfungs- u. Informations-Arbeiten.

Die Vortragsübungen in der Volksschule. Von [Heinrich] **Haßheider**, Rektor in Minden. 2. Aufl. *Minden: A. Hufeland 1904.* (18 S.) 8° [F.]
— **Lehrer-Prüfungs-** u. **Informations-Arbeiten**. H. 23, 1. [04. 8630

Hassia [Sachliches OW]

Hassia, Die, zu Giessen. Ihre Geschichte und ihr Corpsbestand... Giessen 1897ff. V: *Flegler, Wilhelm.* (Erman & Horn, Bibl. d. dtsch. Universitäten. 2. Leipz. u. Berl. 1904.)

Hassia inferior. Friederich Hulsius excudit. 1 : 630,000. 1 Bl.

Hassia Landgraviatus. 1 : 380,000. 1 Bl.

Hassia [Schlagwort]

Hassiae Svperioris et Wetteraviae Partis Delineatio, cvm Descriptione Castrorvm prope Giessam et Conjunctionis ad Vrbem Travaici et Batianici Exercitvvm S. Principi ac Domino Dn., Ludovico, Hassiae Landgravio, Principi Hersfeldiae etc. humillime oblata a Christoph Max Pronner, Excudentibus Homannianis Heredibus 1746? 1 : 170,000. 1 Bl.

Hassiae Inferioris — Landgraviatus — Comitatvs Waldeciae Eichsfeldiae Tabvla geographica ad rationes geometricas et astronomicas constructa, Auspiciis Academ. Reg. Scient. Berol. Anno 1761. Gravé par Berger. Berlin? 1 : 135,000. 4 Bl.

Hassiae Inferioris — Landgraviatus — nova Tabula, in qua praecipue Ditiones Hasso-Casselense etc. exhibentur à Joh. Bapt. Homanno. Noribergae 1712? 1 : 360,000. 1 Bl.

Hassia-Kalender für Mitglieder des Landes-Krieger-Verbandes im Großherzogt. Hessen. 1. Jahrg. für das J. 1887. Hrsg. im Auftrage des Verbands-Vorstandes von der Verlagsbuchhandlung. 4. (96 S. mit Illustr.) Gießen 886, Roth. *
Nicht weiter erschienen.

Hassianus, s.a. Zur sozialen Bewegung im kathol. Studententum.

Hassianus, Zur sozialen Bewegung im katholischen Studententum. (82 S.) 8. Trier, Paulinus-Druckerei. 1910. —. 30.

Haessig, Boda. Mitteilungen über die letzten 500 Extraktionen von Altersstar, mit besonderer Berücksichtigung komplizierter Fälle. Diss. Med. Basel. [Sep.-Abdr. aus: Zeitschrift für Augenheilkunde. Band 19.] *Kopftitel:* Aus der Universitäts-Augenklinik Basel ⟨Prof. Dr. Carl Mollinger⟩. 32 S. 8. Berlin, S. Karger, 1908.

Hässig, Johann. Die Anfänge des Toggenburger- oder zweiten Vilmergerkrieges 1698—1706. Diss. Phil. Bern. 217 S. 8. ([Basel, Friedrich Reinhardt.] 1903.)

Hassinger, v., *Dr.* Nekrolog zum Andenken der Vorsteherin der Leopoldstädter Vereins-Krippe, Frau Caroline Lutzenleithner. *Wien. A. Pichler's Wtw. & S.* 4 Bl. 8°.
Vorgetragen in der General-Versammlung des Wiener Central-Krippen-Vereins am 14. Juni 1858 etc.

Hassinger, Hugo

Hassinger, Hugo (Hrsg.), s. Rundschau, Deutsche, für Geographie und Statistik.

Hassinger, Hugo, geomorpholog. Studien aus dem inneralpinen Becken u. s. Randgebirge, s.a. Abhandlungen, geogr. VIII. 3.

Hassinger Hugo: Geomorphologische Studien aus dem inneralpinen Wiener Becken und seinem Randgebirge.
1902 PN 1461 Diss. Wien, Univ. 2373

Geomorphologische Studien aus dem inneralpinen Wiener Becken und seinem Randgebirge von Dr. Hugo Hassinger. Mit 11 Textabb. u. 1 Taf. Leipzig: B. G. Teubner 1905. (205 S.) 4°(8°)
— Abhandlungen, Geographische. Bd 8, H. 3. 05. 3374

Hasskarl, Carl, s. Hasskarl, Karl

Hasskarl, Justus Karl

— Australien u. seine Kolonien, s.a. Länderkunde, neueste, 2. Bd.

Hasskarl, J. K.: Australien und seine Kolonien. Süd-Australien, Australia felix etc.; nach mehrjährigen Beobachtungen und Erfahrungen von Wilkinson, Westgarth, Wyld etc., und den Berichten deutscher Kolonisten. Ein Handbuch für deutsche Auswanderer. Mit Tabellen und Karte. Elberfeld u. Iserlohn 1849. XVII, 404 S. 8°.

Hasskarl, Just. Car., Catalogus plantarum in horto botanico Bogoriensi cultarum alter. — Tweede Catalogus der in's Lands Plantentuin te Buitenzorg gekweekte gewassen. 8maj. (21¾ B.) Bataviae 844. (Düsseldorf, Schaub.) *

Hasskarl (J. K.). Horti malabarici clavis nova. Regensburg, 1862. 8°.

Hasskarl, J. K., Filices Javanicae sive observationes botanicae, quas de Filicibus horti Bogoriensis nec non ad montem Gedeh aliisque locis sua sponte crescentibus a. 1855 et 1856 fecit. Pugillus I. Bataviae 856. (Leipzig, Thomas.) gr. 4. (S. 1—64.) n. 2 ₰

— hortus Bogoriensis descriptus sive Retziae editio nova valde aucta et emendata. Pars I. Amstelodami 858. Günst. (Bonn, Marcus.) gr. 8. (XII, 376 S.) n. 1 ₰ 15 ngr

Hasskarl, J. C., hortus bogoriensis descriptus sive Retziae editio nova valde aucta et emendata. Pars I. gr. 8. (XII und 376 S.) Bonn 858, Marcus. *
Ist nicht fortgesetzt worden.

Hasskarl, Justus Karl, Plantae Javanicae rariores adjectis nonnullis exoticis, in Javae hortis cultis, descriptae. gr. 8. (XIV u. 551 S.) Berlin 848, Förstner. 3½ ₰

— Retzia sive observationes botanicae, quas inprimis in horto botanico Bogoriensi mensibus Februario ad Julium 1855 fecit. Pugillus I. Bataviae 855. (Amsterdam, Günst. — Leipzig, Thomas.) gr. 8. (2 Bl., 252 S.) n. 2 ₰

—— allgemeines Sach- und Namen-Register zu den ersten XXV Jahrgg. der Flora oder allgem. botan. Zeitung von 1818—1842. Mit einer Vorrede von A. E. Fürnrohr. 8. (XVI und 884 S.) Regensburg 851, Manz. *

Hasskarl, J. K., neuer Schlüssel zu Rumph's Herbarium amboinense. [Aus: Abhandlungen der naturforsch. Gesellschaft zu Halle.] Halle 866. Schmidt's Verlag. gr. 4. (247 S.) n. 7 ₰

Hasskarl, Karl

Hasskarl, Carol., Commelinaceae indicae, imprimis Archipelagi indici, adjectis nonnullis hisce terris alienis. Wien 870. (Leipzig, Brockhaus' Sort.) gr. 8. (184 S.) n. 24 ngr.

Hasskerl

— Gottfried Benjamin (Naumburg), Actuarius peccans in actu jurandi. Präs. Gustav Heinrich Mylius. Lpz. (Trog) 31. VIII. 1741. 5 Bl., tlws. dtsch. (5.—) 13439

Hasskerll, Carl Christoph Gottlieb, s. Hasskerll, Karl Christoph Gottlieb

— Christoph (Naumburg), De processu bannitorio Saxonico, vom Sächs. Achts=Proceß. Discurs. jur. pract. Präs. Johann Bernhard Friesen (Pösen). Jena (Werther) März 1713. 36 S., tlws. dtsch. (6.50) 13441

Hasskerll, Karl Christoph Gottlieb

Hasskerll, Carl Christoph Gottlieb (Naumburg), De causarum decisionibus ex argumento legis. Spec. cont. caput juris controvers. Präs. Christian Heinr. Breuning. Lpz. (Langenheim) 1. X. 1767. 12 S. (5.—) 13440

Hassl, s.a. Hassel. – Hassell

Hassl, A., s. Hassl, Joh. Aloys

Hassl, A., Zoll am See u. seine Umgebung. 12. (56 S.) Saalfelden 881. (Salzburg, Dieter.) n. 1.—

Haßl, Guido, Allerhand aus Stadt u. Land, s.: Volksbibliothek, kathol. Nr. 7.

— Christentum u. Buddhismus, s.: Volksaufklärung.

— Am heiligen Felsen, s.: Bücherei, allgemeine.

Haßl, Guido, Gottesacker od. Leichenofen? Ein Beitrag z. Kapitel d. Leichenverbrennung. gr. 8. (IV, 102 S.) Augsburg 898. Kranzfelder. n. 1.20

— Humoristika. I. Unterm Flügelrad. — II. Schwabenstreiche, s.: Bücherei, allgemeine.

Haßl, Guido, in den April geschickt, s.: Gesellschaftsstücke, ausgewählte. Nr. 1.

— in den April geschickt. Lustspiel in 4 Akten. gr. 16. (64 S.) Ravensburg 899. Dorn. n. —70

— machen die Kirchenwände d. Christen? Ein Büchlein für's Volk z. Wehr u. Lehr. 12. (106 S.) Ravensburg 897. Dorn n. —35

— Von Heldengrab zu Heldengrab, s.a. Bücherei, allgemeine.

Haßl, Guido: Von Heldengrab zu Heldengrab. Eine vaterländ. Wallfahrt von Weissenburg bis Mars la Tour. Von –. Mit Orig.-Ill. Mergentheim a. T.: Ohlinger (1910). 94 S. 8⁰ (Allgemeine Bücherei. H. 36.)

— Weihnachten im Bahnwärterhaus. E. Weihnachtsspiel in 2 Auftritten. Nach K. Kümmel's Erzählg. „D. Prager Jesuskind" f. Arbeitervereine frei bearb. 12. (41 S.) Augsburg 899. Kranzfelder. n. —50

— Weihnachten im Bahnwärterhaus. Ein Weihnachtsspiel in 2 Auftritten nach K. Kümmel's Erzählg. „Das Prager Jesuskind" f. Arbeitervereine frei bearb. 2. Aufl. (41 S.) kl. 8. Augsburg 907. Kranzfelder. —50

Haßl, J., das große illustrirte Papstbuch. Geschichte der Päpste aller christlichen Jahrhunderte. Von Petrus bis auf den heil. Papst Pius IX. Dem deutschen Volke erzählt. Mit vielen Brustbildern der Päpste nach alten berühmten Originalen u. 3 feinen Stahlst. gr. 8. (542 S. m. Holzschn.) Ulm 881. Ebner. geb. n. 6.—

Haßl, Joh. Aloys, christl. Anblick d. Natur. Ein Christenlehr- u. Schul-Geschenk f. d. liebe Jugend. 12. (6⅓ B.) Ellwangen 830, Schönbrod.

—— Andacht zu Jesus Christus, dem gekreuzigten Welterlöser. Ein Erbauungsbuch f. alle Tage d. Jahres; zunächst z. Vorbereitung auf e. gutes, seliges Sterben; u. zugleich e. kurze heilsame Legende. 8. (18½ B. u. 5 Bild.) Oettingen 833. (München, Fleischmann.)

— einige Andachtsübungen während des von Leo XII. verliehenen Jubiläum. gr. 8. Ellwang. 826. Schönbrod. 1 gl

Haßl, Joh. Aloys, der erste Beicht- u. Kommuniontag, e. Vorbild recht vieler nachfolgenden, nachhaltend f. das ganze Leben. 16. (88 S. m. 1 Stahlst.) Schw. Hall 851, Haspel. n. 4 ngl.

Haßl, Joh. Aloys, erstes Buch f. Kinder. 8. (1½ B.) Nördlingen 835, Beck'sche Buchh.

—— Denkblatt f. fromme, liebe Seelen. Ein Schul-, Christenlehr- u. Hausgeschenk. 8. (1¼ B.) Ellwangen 835, Schönbrod.

—— die christl. Ehe. Ein Handbüchl. f. Jene, welche d. Ehe antreten wollen, od. schon angetreten haben, od. Andern dazu Rath u. Unterr. zu ertheilen haben. 8. (12 B. u. Titlkpfr.) Augsburg 829, K. Doll. (Regensburg, Manz.)

— d. christl. Ehegatte u. Hausvater u. d. christl. Ehegattin u. Hausmutter. 8. Ellwang. 820. Ritter. 4 gl

— das Eine Nothwendige für Schulen, d. i. wahre Bildung u. treue Pflichterfüllung d. Lehren. 8. Ravensb. 828. Gradmann. 5 gl

—— das treue Festhalten an Jesus Christus d. Gekreuzigten, d. Erlöser d. sündigen Welt, d. Einen Mittler zwischen Gott u. d. Menschen. Ein Gebet- u. Erbauungs-Büchlein. 2., unveränd. Aufl. 12. (13 B.) Oettingen 837. (Regensburg, Manz.) *

Haßl, (J. A.) christl. Fest- u. Gelegenheitspredigten. gr. 8. Nördl. 825, Beck.

—— die heil. Firmung. Worte d. Heils, vor, bei, u. nach d. Empfange dieses heil. Sakramentes. 12. (2 B.) Ellwangen 830, Schönbrod.

Haßl, kathol. Gebetbuch. 12. Gmünd, Ritter. 814.

Haßl, J. A., kathol. Gebetbuch für jeden frommen Christen ꝛc. 2te verm. Aufl. 12. Elwangen. Ritter. 820. Rthlr.

— kathol. Gebetbuch für jeden frommen Christen., 12. Gmünd 814. 2e A. 820. 3e A. 823. 11e A. 828. (Gradmann in Ravensb.) 6 gl

—— vollständ. kathol. Gebetbuch f. alle Lagen u. Verhältnisse d. Lebens. M. 1 Stndr. 8. (22½ B.) Nördlingen 832, Beck.

— Handbüchlein f. kathol. Kinder 2r u. 3r Klasse, 8. Gmünd 821.

— christl. Hausandacht, als Frucht d. päpstl. Jubiläums ꝛc. 8. Ellwang. 820. Schönbrod. 1 gl

Haßl, Joh. Aloys, sonn- u. festtägliche Hausandacht christl. Familien u. Personen. Ein vollständ. Jahrg. gemüthlicher Predigten auf alle Sonn- u. Feiertage nach den Episteln od. Lektionen derselben bearb. 2 Bde. gr. 8. (60⅓ B.) Dinkelsbühl 813, Walthr'sche Buchh.

— allerheilsamstes Hausbuch f. alle christl. Familien, das ist: alle Episteln u. Evangelien d. ganzen Jahres, mit kurzen Erklär., Betrachtt. ꝛc. Mit 1 Kupf. 8. Ellwangen 827, Schönbrod.

—— allerheilsamstes Hausbuch f. alle christl. Familien, d. ist: alle Episteln u. Evangelien d. ganzen Jahres mit kurzen Erklärungen, Betrachtn. ꝛc. Auch zugleich d. allernützl. Lesebuch f. d. Sonntags-Schul-Jugend. 2., unveränd. Ausg. mit Titelkpfr. 8. (53 B.) Ellwangen 832, Schönbrod. 1 Thlr., Schrbp. 1 Thlr. 6 Gr., Velinpp. 1 Thlr. 12 Gr., Velinschrbp. Thlr.

— christkathol. Katechismus. 8. Gmünd 819. Ritter. 6 gl

— — christkathol. Katechismus. 8. Ebend. 821.

— — kleiner katholischer Katechismus des Petrus Canisius. Nach Schmid verm. u. verb. 12. Gmünd, Ritter. 821.

— d. Kern d. heilsamsten Betracht. u. Gebete für d. ganze kathol. Kirchenjahr. 8. Gmünd 814. N. A. 818. Ritter. 24 kr

— Kern prakt. Pastoral, od. ein Vademecum f. angehende Theologen u. Geistliche, auch f. Veteraner z. Weckung u. Bildung relig. Salbung ꝛc. 3 Bdchn. gr. 8. Ravensberg 824, Gradmann.

—— geistl. Lehr-, Trost- u. Hülfsbüchl. bei d. auch nur von d. Ferne drohenden Gefahr d. asiat. Cholera u. jed. and. Gefahr. In ärztl. Hinsicht mit e. Vorrede begleit. v. Fr. v. Jan. 8. (4 3/4 B.) Nördlingen 831, Beck.

— Lesebuch f. d. kathol. Sonntags-Schuljugend, z. Förderung d. Glaubens u. guter Sitten. 8. Heilbr. 824, Claß.

—— Lesebuch f. d. kathol. Sonntags-Schuljugend in u. außer d. Sonntagsschule, z. Förderung d. Glaubens u. guter Sitten. 2. Ausg. 8. (17 B.) Heilbronn 839, Classische Buchh.

Haßl, Jh. Aloys, tägl. Lob Gottes, verbunden mit monatl. oder wenigstens vierteljährl. Beicht- u. Communion-Andachten. Mit 1 Steindr. 12. Nördl. 825. Beck. 3 kr

—— tägliches Lob Gottes, verbunden mit monatl. od. wenigstens vierteljähr. Beicht- u. Kommunions-Andacht. 2 Thle. (1. Thl. 2. verm. Aufl.) 12. (4 2/3 B. u. Titlbild. u. 4 1/6 B.) Nördlingen 835, 39, Beck'sche Buchh. à 1/8 Thlr.

— d. Pfarr-Jubiläum in Thannhausen, mit e. wichtigen Anhange. Ulm (818.) Ebner. 3 kr

—— der betende, betrachtende und segnende Priester. Vademecum für kathol. Seelsorger. 16. (253 S. mit lithochrom. Titel.) Ulm 850, Fr. Ebner.

— der betende, betrachtende u. segnende Priester. Vademecum f. kathol. Seelsorger. 16. (253 S. m. lithochrom. Titel.) Ulm 851, Fr. Ebner. 12 ngr

— kathol. Religionshandbuch z. Erbauung. 2te Aufl. 8. Ravensberg 827, Gradmann.

— christkathol. Religionsunterricht, als Hausbuch für den Bürger u. Landmann. 8. Gmünd 814. 2e Aufl. 8. Ravensb. 827. Gradmann. 16 kr

— Reliquien aus d. christl. Alterthum, zur Warnung u. Belehrung d. Glaubens. 8. Augsb. 825. Kranzfelder. 14 kr

—— Reliquien aus d. christl. Alterthume, z. Weckung u. Belebung d. Glaubens. 2. Ausg. 8. (16 B.) Lindau 833, Kranzfelder.

Haßl, Joh. Alois. Sieg der christlichen Religion von der Himmelfahrt Jesu Christi und der Sendung des heiligen Geistes an, bis auf die neueste Zeit, die Mitte des 19. Jahrhunderts. Dinkelsbühl 853. Walthr. gr. 8. (512 S.) 1 Thlr 12 ngr

—— Siona, d. i. religiöse Abendvorträge an fromme Gebildete, aber nicht Theologen v. Profession, üb. d. Quellen u. wichtigsten Wahrheiten d. heil. kathol. Glaubens. 2 Bde. gr. 8. (58 B.) Passau 830, Ambrosi.

—— Siona. Religiöse Abendvorträge an fromme Gebildete, üb. d. Quellen u. wichtigsten Wahrheiten d. heil. kathol. Glaubens. 2 Bde. (Neue Ausg.) 8. (52 B.) Paßau 840, Ambrosi.

— die Stunden heiliger Andacht, e. vollständ. kathol. Gebet- u. Erbauungsbuch. 8. (XII u. 658 S. mit 3 Stahlst. u. lithochrom. Titel.) Reutlingen 852, Fleischhauer & Spohn. 1 Thlr; in Leder geb. m. Goldschn. u. in Futteral 1 Thlr 24 ngr

— d. Tempel Gottes, d. Herz d. recht betenden u. fromm lebenden Christen. Ein vollst. Gebet- u. Unterrichtsbuch f. Katholiken. 8. Augsb. 827, Kranzfelder.

—— der Tempel Gottes das Herz d. rechtbetenden u. fromm lebenden Christen. Ein vollständ. Gebet- u. Unterr.-Buch f. alle kathol. Christen u. zum Vorbeten f. Seelsorger. 2., unveränd. Aufl. 8. (36 B.) Lindau 832, Kranzfelder.

— christl. Volkspredigten über d. heil. Evangelien aller Sonn- u. Festtage d. ganzen Jahres, zur häusl. Erbauung. 2 Bde. gr. 8. Leipz. 823. Centr.-Compt. 2 Thlr 12 kr

— Walten u. Wirken der christl. Liebe od. Gebetbuch am Kranken- u. Sterbebette; während dem Wachen bei Leichnamen ꝛc. 2. Aufl. 12. (227 S. m. 1 Lith.) Augsburg 850, Jaquet. 1/4 Thlr

— Wegweiser für d. aus d. Schule tretende Jugend. gr. 12. Augsb. 825. Kranzfelder. 6 kr

— worin ist Heil zu suchen? mit Rücksicht auf den Cölibat. Ein Wort zur ernsten Beherzigung. 8. Ellwang. 831. Schönbrod. 3 1/2 kr

Haßlacher, Petrus, Erinnerungen an denselben, s.: Hertkens, J.

Hasslacher, Anton

Hasslacher, A., Beiträge z. ält. Geschichte d. Eisenhüttenwesens im Saargebiete. [Aus: „Zeitschr. f. d. Berg-, Hütten- u. Salinenwesen im Preuss. Staate."] gr. 4. (23 S.) Berlin 896. W. Ernst & Sohn. n. 3. —

Hasslacher, A., geschichtliche Entwickelung d. Steinkohlenbergbaues im Saargebiete, s.a: Steinkohlenbergbau, der, d. Preussischen Staates in der Umgebung v. Saarbrücken.

Haßlacher, A., Geschichtliche Entwicklung des Steinkohlenbergbaues im Saargebiete. Berlin, 1884. 106 S. mit 3 Taf.

Geschichtliche Entwickelung des Steinkohlenbergbaues im Saargebiete. Von A[nton] **Haßlacher**, Geh. Bergrat. Neubearb. u. Fortführung der von d. Verf. im J. 1884 in d. 'Zeitschr. f. d. Berg-, Hütten- u. Salinenwesen im Preuß. Staate' ⟨Bd 32⟩ veröffentl. Abhandlung. Mit 3 Taf. Berlin: J. Springer 1904. (189 S.) 4°(8°)
= **Steinkohlenbergbau**, Der, d. Preuß. Staates in d. Umgebung von Saarbrücken. T. 2. [illegible]

Zur Geschichte der Familien Hasslacher, Oswald und Leyenthal. Den Familienangehörigen gewidmet von A[nton] **Hasslacher**, Geh. Bergrat. (Als Ms. gedr.) Bonn: (C. Georgi) 1905. (60 S.) 8° [illegible]

Zur Geschichte der Familien Hasslacher, Oswald und Leyenthal. Den Familienangehörigen gewidmet von A[nton] **Hasslacher**, Geh. Bergrat. (Als Ms. gedr.) 2. Ausg. Bonn: (C. Georgi) 1907. (67 S.) 8° [illegible]

Hasslacher, A., s.a. Haupt-Bericht der preussischen Schlagwetter-Commission.

Haßlacher, A., Hauptbericht der Preußischen Schlagwetterkommission. Nebst 5 Anl. und 1 Atlas (zu Anl. Bd 3). Berlin, 1885—1887. 1192 S. mit 1 Atlas von 66 Taf.

Hasslacher, A., das Industriegebiet an der Saar u. seine hauptsächlichsten Industriezweige. Eine statistisch-volkswirthschaftliche Skizze. [Aus: „Literatur über das Industriegebiet an der Saar".] gr. 8. (57 S.) Saarbrücken 879. Möllinger's Sort. in Comm. n.n. 1. 25

Hasslacher, A., Literatur üb. das Industriegebiet an der Saar. s.a. Mitteilungen des histor. Vereins für die Saargegend. 10. Heft.

— Litoratur übor das Industriegobiot an dor Saar. Im Auftrago dor königl. Borgwerks-Diroction zu Saarbrückon zusammongestollt. Mit oiner statistisch-volkswirthschaftlichon Skizzo dos Saargobiotos u. soinor hauptsächlichston Industriozwoigo. gr. 8. (LXV, 176 S.) Ebend. 879. n. 4. —

— s.: Stoinkohlenbergbau, der, des proussischen Staates in dor Umgobung v. Saarbrücken.

Haßlacher, A., Die Steinkohlenbergwerke Preußens nach der verschiedenen Art ihrer Wetterführung. Berlin, 1882. 12 S.

Hasslacher, A. Die auf den Steinkohlenwerken Preussens in den Jahren 1861 1881 durch schlagende Wetter veranlassten Unglücksfälle. Abdruck. Berlin, 1882.
dgl. für das Jahr 1882. Abdruck. Berlin, 1883.

Hasslachor, Jakob [Kammergerichtsref.]: Verpflichtungsfähigkeit und Haftung einer handeltreibenden Ehefrau ... *Altenburg i. S., gedr. bei O. Bonde, 1892;* 38 S. 8.
Göttingen, Jur. Fak., Inaug.-Diss. v. [11. Febr.] 1892

Hasslacher, Jak., Verpflichtungsfähigkoit u. Haftung e. handoltroibonden Ehofrau. Diss. gr. 8. (38 S.) Göttingen 892. (Vandenhoeck & Ruprecht.) n. 1

Hasslacher, Johann: Die Haftung des Verkäufers für Fehler und Mängel nach Gemeinem Recht und dem Rechte des Bürgerlichen Gesetzbuches. *Koln (1897): R. Pusch & Zörnsch.* (79 S.) 8° [F.]
Erlangen, Jur. Diss. v. 1897

Hasslacher, Joseph Maximil. (geb. Ems 12. 10. 1857): Ueber Retropharyngealtumoren und Beitrag zur Casuistik derselben. Berlin (1883) (28 S.) 8°
Berlin, Med. Diss. v. 14. Aug. 1883

Hasslang, s.a. H a s l a n g

Haslang, v., Abhandl. v. d. Bereicherung eines Landes d. d. Flor u. Aufnahme d. Handelsgesch. Fabrik, ꝛc. 4. München, Lentner, 778.

Haßlang, v., Abhandl. v. d. Einfluß eines wohlangeordneten Ackerbaues ꝛc. 4. Ebend. 771. Rthlr.

Hasslang, Siegmund Franz

Graf Haßlang, Über die Abwechslung mit dem Anbau der Früchte.
Aus den Schriften der Burghausener Akademie, eine der frühesten Darstellungen der Fruchtwechselwirtschaft, lang vor Thaer. 1772 Burghausen.

Graf v. Haßlang, Ein Mittel wider den Drill, nebst einer Erinnerung über das Jäten.
Aus den Schriften der Burghausener Akademie, wie auch die folg. Nr. 1755—1757. 1771 Burghausen.

Graf von Haßlang, Rede von dem Einflusse eines wohlgeordneten Ackerbaues in die Glückseligkeit eines Staates.
Auch im Baierisch-ökonomischen Hausvater (Nr. 998).
1775 Burghausen.

Hasslauer, Ludwig [cand. med. aus Würzburg]: Über Temporäre Ligaturmethoden grosser Gefässstämme m. bes. Berücks. d. prophylakt. temporären Ligatur d. Arteria iliaca communis bei exarticulatio coxae ... Würzburg, P. Scheiner's Buchdr., 1894; 58 S., 1 Bl. 8.
Würzburg, Med. Fak., Inaug.-Diss. v. 1894

Hasslauer, Ludw., Orthopäd. Therapie, s.: Hessing, Frdr.

Hasslauer, Wilhelm

Hasslauer, die Bakteriologie der akuten Mittelohrentzündung, s.: Vorträge, klinische, aus dem Gebiete der Otologie etc. V. 3.

Hasslauer, W., das Gehörorgan u. die akuten Infektionskrankheiten, s.: Abhandlungen, Würzburger, aus dem Gesamtgebiet der praktischen Medizin. VII, 10. 11.

Hasslauor, Wilhelm [Dr. aus Würzburg]: Pylorusresektion ... Würzburg, kgl. Universitätsdr. v. H. Stürtz, 1891; 91 S., 3 Taf. 8.
Würzburg, Med. Fak., Inaug.-Diss. v. 1891

Hasslauer, üb. hysterische Stimmstörungen, s.: Abhandlungen, Würzburger, aus d. Gesamtgebiet der prakt. Medizin. IX 10.

Haßlehner, Ant. Leop., richtig berechnete Tabelle über d. k. k. Verordn. vom 1. Sept. 1783. gr. 8. Wien 783. Trattner. 4 K.

HASSLEHNER Anton Leopold. Richtig berechnete Tabellen über die in den ... Erblanden gangbarsten Gold- u. Silbermünzen. Wien 1783.

Haesslein F H, d. Dtsch. Reichspat. d. Klasse 28 (Gerberei). (67 S) Freiberg 1901

Probleme des Matthäus-Evangeliums. Zwei Ferienkursvorträge von D. Dr. [Joh.] **Hassleiter,** Prof. in Greifswald. *Gütersloh: C. Bertelsmann 1901.* (30 S.) 8° [F.]
— Beiträge z. Förderung christl. Theologie. Jg. 5, H. 6, (1) [03. 1919]

Hassler, s.a. H a s l e r. — H a s z l e r

Hassler, A., d. elektrischen Eisenbahnsignale m. bes. Berücksicht. d. Einrichtgn. d. k. württemberg. Staatseisenbahnen. gr. 8. (V, 117 S. m. 12 Taf.) Stuttgart 895. W. Kohlhammer. n. 4. —; geb. n. 5. —

Hassler, A., der Staats- u. Eisenbahn-Telegraph m. besond. Berücksicht. der württemberg. techn. Einrichtungen. Ein Handbuch zum prakt. Gebrauch f. Telegraphen-Techniker u. Beamte. Mit e. Atlas v. 22 lith. Taf. (in qu. gr. 4.). gr. 8. (VII, 245 S) Stuttgart 877. (Metzler's Sort.) n. 8. 50

Hassler, A., der Staats- u. Eisenbahn-Telegraph. Ein Leitfaden f. Post-, Telegraphen- u. Eisenbahnbeamte. 2. Aufl. Mit e. Atlas v. 19 lith. Taf. gr. 8. (X, 216 S.) Stuttgart 891. W. Kohlhammer. n. 6. —; geb. n. 7. —

Hassler, A., die Staatstelephonie in Württemberg. Eine gemeinfasslich gehaltene Darstellg. der bei der K. W. Post- u. Telegraphenverwaltg. besteh. techn. Telephoneinrichtgn., m. e. Anh., enth. die zur Zeit geltenden wichtigeren Verwaltungsvorschriften. Mit 7 Fig.-Taf. gr. 8. (VI, 59 S.) Stuttgart 887. (Metzler's Sort.) n.n. 3. —

— die Staatstelephonie in Württemberg. E. gemeinfassl. gehalt. Darstellg. d. bei d. k. w. Post- u. Telegraphenverwaltg. besteh. techn. Telephoneinrichtgn., m. e. Anh., enth. d. zur Zeit gelt. wicht. Verwaltungsvorschriften. 2., neu bearb. Aufl. m. 15 Fig.-Taf. gr. 8. (VIII, 142 S.) Ebd. 897. n. 4. 50; geb. n.n. 5. 30

Hassler, Alfred, von Aarau: Über symmetrische und unsymmetrische Phenylhydrazine. Basel 1905. 30 S. 8°.
Basel. Phil. Diss. 1904/1905.

Hassler, C., siehe: *Monats-Blatt.*

Hassler, Carl, s. Hassler, Karl

Haßler, F. K., vollständiges Lehrbuch d. theoret. u. angewendeten Arithmetik f. d. öffentl. u. Selbst-Unterr. gr. 8. (15 B.) Aarau 834, Christen.

Hans Leo Hassler. 'Luce negl' occhi.' Fünfstimm. Madrigal aus 'Madrigali a 5, 6, 7 und [!] 8 voci'. '(Ausgsburg 1596)' ... *Leipzig: Breitkopf & Härtel [1898?].* (1 Bl., 9 S.) 1 Bd 8.
— Madrigale, Ausgew., u. mehrstimm. Gesänge berühmter Meisterd. 16.—17. Jhs. [No] 11.

Lustgarten. Eine Sammlung deutsche Lieder zu 4, 5, 6 u. 8 Stimmen, nebst 11 Instrumentalsätzen, komp. von Hans Leo Hassler 1601. Neue Ausg. in kleiner Partitur aus d. Quellen hergest. von Friedrich Zelle. Leipzig: Breitkopf & Härtel 1887. (X Sp., 75 S.) 2° [Ant. u. ℌ.]
— Publikation älterer prakt. u. theor. Musikwerke. Jg. 15. (Bd 15.)

Hans Leo Hasslers Werke. Hrsg. von Hermann Gehrmann. Bd 1.
Leipzig: Breitkopf & Härtel 1894. 2°
= Denkmaeler deutscher Tonkunst. Bd 2.

Werke Hans Leo Hasslers (1564–1612). Eingeleitet u. hrsg. von Ernst v. Werra. T. 1. *Leipzig: Breitkopf & Härtel 1903.* 2°(4°)
— Denkmäler d. Tonkunst in Bayern. Jg. 4, Bd 2, [2.]
— Denkmäler deutscher Tonkunst. Folge 2, Jg. 4, Bd 2, [2.]

Hassler, Herm. (i. Fa. H. Cucuel), künstliche Mineralwässer, ihre Vorzüge, Heilwirkung u. Anwendung. Populär dargestellt. (24 S. m. 1 Bildnis.) 8. Freiburg i/B. (Katharinenstr. 16) 907. H. Cucuel. — 50

Haßler, J. F. L., Musterblätter altdeutscher Schriften. qu. Fol. Nürnb. 825. Riegel u. W. 18 gr

Haßler, Jh. G., († d. 29. Sept. 1819.) vollständ. latein.-deutsches u. deutsch-latein. Pflanzen-Lexikon, oder alphabet. Benennung aller in- u. ausländ. offizinellen, technischen, ökonom. u. zur Zierde dienenden Pflanzen; nebst Bemerk. über einjähr. u. zweijähr. perennirende Gewächse oder Bäume u. Sträucher.... 812....

Hassler, K. D. [Hrsg.], s. Verhandlungen der deutschen verfassunggegebenden Reichsversammlung zu Frankfurt am Main

Hassler, Karl

Hassler, Carl [med. pract. von Aarau]: Ueber die idiopathische Entzündung des Zellgewebes des Cavum Retzii. Leipzig 1902. 25 + 1 S. 8°. (S.-A. aus Centralblatt f. d. Krankh. d. Harn- u. Sexualorgane Bd. XIII. 1902.)
Basel. Med. Diss. 1902/1903.

Hassler, C[arl]. Über die idiopathische Entzündung des Zellgewebes des Cavum Retzii. Diss. Med. Basel. 26 S. 8. Leipzig, Georg Thieme, 1902.

Hassler, Karl, Oberl. am Kadettenhaus in Wahlstatt: Ludwig Tiecks Jugendroman William Lovell und der Paysan perverti des Restif de la Bretonne. *Greifswald 1902: J. Abel.* (107 S.) 8°
Greifswald, Phil. Diss. v. 1. Aug. 1902

Hassler, Konrad Dieterich

Hassler, Jüdische Alterthümer aus dem Mittelalter in Ulm. [SA. aus den Verhandlungen des Vereins für Kunst und Alterthum in Ulm.] [Ulm 1865.]

Haßler, Konr. Dieter., Bemerkungen üb. d. Unterricht in d. französ. Sprache auf Realschulen u. Gymnasien. gr. 4. (2 B.) Ulm 836, Wohler'sche Buchh.

Haßler, K. D., die Beziehungen Gustav Adolphs zu der Reichsstadt Ulm. Urkundliche Darlegung. Ulm 860. (Stettin.) 4. (16 S.) 6 ngr

Hassler, Konrad Diederich, s. Bibliothek des litterarischen Vereine in Stuttgart I—IV. LXI. LXXI. LXXXVI.

—— die Buchdrucker-Geschichte Ulm's, z. 4. Säcularfeier d. Erfind. d. Buchdruckerkunst beschrieben. Mit neuen Beiträgen z. Culturgesch., d. Faksimile eines d. ältesten Drucke u. artist. Beiln., besond. z. Gesch. d. Holzschneidekunst. Imp.-4. (11¼ B. u. 8 Kunstbl.) Ulm 840, Stettin'sche Vrlsbuchh.

Hassler, C. D., collatio codicis Vergiliani Minoraugiensis. Cum imagine pictoris Sueviae antiquissimi (lith.). Ulmae 855. (Tübingen, Fues' Sortholg.) 4. (10 S.) 3¾ ngr

Hassler, Konr. Dieter., Explicatio monumenti typograph. antiquissimi nuper reperti. Acced. supplem. nonnulla ad auctoris histor. typograph. Ulmanae. 4maj. (1¼ B. u. 1 Facsim.) Ulmae 840, libr. Stettin. Thlr.

—— zur Geschichte der kirchlichen Baukunst im Mittelalter, mit besond. Beziehung auf das ulmer Münster. Ein Vortrag auf Veranlassung des evangel. Vereins für kirchl. Zwecke gehalten am 23. März 1857. gr. 8. (19 S.) Berlin 857, W. Schultze.

—— Ulms Kunstgeschichte im Mittelalter. Zugleich Text zu den 3 ersten, Ulm betr. Supplementheften der Kunst des Mittelalters in Schwaben. gr. 4. (121 S. mit zahlreichen eingedr. Holzschn. und 6 Bildtaf. in Stahlst.) Stuttgart 871, Ebner und Seubert.

Hassler, K. D., Ulms Kunstgeschichte im Mittelalter. Zugleich Text zu den 3 ersten, Ulm betr. Supplementhftn. der Kunst d. Mittelalters in Schwaben Mit zahlreichen (eingedr.) Holzschn. u. 6 Bildtaf. (in Stahlst.) gr. 4. (121 S.) Stuttgart 872. Ebner & Seubert. n. 8. -

—— Paragraphen für d. Unterricht in d. Philosophie auf Gymnasien u. ähnl. Lehranstalten. 1. Thl.: Psychologie u. Logik. gr. 8. (14 B.) Ulm 832, Wohler.

Hassler, Konr. Dieterich, Paragraphen f. den Unterricht in der Philosophie auf Gymnasien u. ähnl. Lehranstalten. 2. verb. Aufl. A. u. d. T.: Propaedeutisches Lehrbuch der Psychologie, der Logik u. der philosoph. Moral. gr. 8. (XXIV u. 228 S.) Ulm 852. Wohler. 1 ₰

Hassler, Konrad Dietrich: Die Pfahlbaufunde des Ueberlinger Sees, s. Verhandlungen des Vereins für Kunst u. Alterthum.

Hassler, Conr. Dieter., Commentat. crit. de Psalmis Maccabaicis quos ferunt, partic. I. 4maj. (2½ B.) Ulmae 827. (Stettin)

Hassler, Cunrad Dietrich, De psalmis Maccabaicis quos ferunt, part. I. Comment. crit. in gymnasio. Ulm (Jo. Daniel Wagner) 19. IX. 1827. 20 S. (5.50) 13442

(—— und Moser,) zwei Reden gehalt. am Liederfeste rc., s. Reden.

— s. Reden, zwei, im Münster zu Ulm gehalten.

Haßler, K. D., s.: Sailer's, Seb., sämtliche Schriften in schwäbischem Dialekte.

Haßler, K. D., Studien aus der Staatssammlung vaterländischer Alterthümer, s. Verhandlungen des Vereins für Kunst rc. in Ulm und Oberschwaben.

Kr.Dt.**Hassler**'s Unterricht in d.Philos. auf Gymnasien u. ähnl. Lehranstalten. 1r Th. Psychologie u. Logik. 2r Th. Naturrecht u. Moral. *Ulm*, Wohler. B. 832–34. gr8° 2 ß

Hassler, K. D. Ueber den Unterricht in der französischen Sprache auf Realschulen und Gymnasien. Ulm, G., 1836. 15 S. 4. 09'.

Haßler, Leop., Geschichte des österreich. Kaiserstaates. Nach Quellen u. den besten vaterländ. Hilfswerken. Zunächst z. Gebr. bei seinen Vorlesungen dargestellt. gr. 8. (32¾ B.) Wien 842, Klang.

Haßler, Ldw. Ant., exeget. Andeutungen über schwere Stellen d. heil. Schrift d. alten Bundes. gr. 8. Gmünd 822. Ritter. (Enoblochin Leipz.) 1 ß 8 gr

— einziger u. unumstößl. Beweis d. Gott- u. Menschheit Christi; in Gesprächen wider d. Ungläubigen u. Gotteslaugner unserer Zeit. 8. Augsb. 806.

— s. Chateaubriant, d. Märtyrer, u. Dessen Reise nach Jerusalem.

— Chronik d. Würtemberg. Stadt Rottenburg u. Ehingen, mit immerwähr. Hinblick auf d. auswärt. merkwürd. Begebenheiten v. 1200—1819. 8. Rothenb. 819.

— kathol. Gebet- u. Gesangbuch für d. heranwachsende Jugend. Mit 1 Kpf. gr. 12. Rotweil 825. Herder. 6 gr

— d. christl. Glaubens- u. Sittenlehre in Predigten auf alle Sonn- u. Feiertage. 1r Jahrg. in 2 Thlen. gr. 8. Frburg u. Constanz 810. Herder. 2 ß 3 gr 2r Jahrg., 2 Bde. 8. Frburg 812. Herder. 3 ß

— d. immerwähr. Gottesverehrung. Ein kathol. Gebetbuch zum Gebrauche wohlunterrichteter Verehrer Gottes, im Geist u. in d. Wahrheit. 8. Augsb. 804. 2e A. 8. Rotweil 819. 3e A., mit 1 Kpf. 824. Herder. 12 gr Schrbp. 16 gr

— Jesus Christus, Gottmensch. Gespräche zwischen Pfarrer Christmann u. Candidat Hohensteig. Mit 1 Titelkpf. 8. Augsburg 803.

— Materialien zur Geschichte des Landkapitels in Rotweil. 8. Rotweil 808. Herder. 4 gr

— Rede bei d. Huldigung in d. Würtemberg. Stadt Oberndorf d. 7. Oct. 1806 gehalten. 8. Frburg 806. 2 gr

• — christl. Religionsgeschichte in 60 Skizzen, vorzügl. zum Gebrauch in Kirchen- und Schulkatechesen f. Erwachsene. 8. Ebend. 805.

— christl. Religionsgeschichte in 60 Skizzen. 8. Ehrenbreitst. Gebra. 806.

Haßler, Ludw. Ant., christl. Religionslehre u. Religionsgeschichte in 120 Skizzen z. Gebr. in Kirchenkatechesen f. Erwachsene; od. auch z. Privaterbau. aller Religionsfreunde entworfen, u. immer auf Religiosität u. Sittlichkeit angewend. Neue (2.), verb. Aufl. 4 Bdchn. 8. (44½ B.) Rotweil 829, Herder.

— d. christl. Religionslehre in 60 Skizzen, vorzüglich z. Gebr. in Kirchenkatechesen für Erwachs. oder z. Privaterbauung rc. 3 Thle. 8. Freyb. (Waldeck in Munster in Commiss.) 807.

— d. christl. Religionslehre in 60 Skizzen, vorzügl. zum Gebrauch in Kirchenkatechesen für Erwachsene, oder zur Privaterbauung. 3 Thle. 8. Meersburg 805—7. 1 ß 8 gr N. Aufl. unt. d. T.: christl. Religionslehre u. Religionsgesch. in 120 Skizzen rc. 4 Bdchen. 8. Rotweil 829. Herder. 2 ß 9 gr

— homilet. Repertorium, zunächst für kathol. Prediger. 5 Bde. 8. Frburg 818, 19. u. ff. Herder. 5 ß 14 gr

— — die immerwährende Verehrung Gottes. Mit Kpfr. 2te Aufl. 8. Rotweil, Herder. 819.
Vostvav.

Haßler, L. A., die immerwährende Verehrung Gottes. Ein kathol. Gebetbuch. Mit 2 Stahlst. 4e Aufl. Rotweil 837. Herdersche Buchh. ¾ ß

— d. Wandler unter Gräbern. Eine Samml. von 300 Grabschriften allerlei Inhalts u. in mehrern Sprachen. 8. Frburg 817. Herder. 16 gr Hbg. Pr. 8 gr

— d. Wandler unter Gräbern. Eine Samml. von 1000 Grab- u. Inschriften in mehrern Sprachen. 8. Gmünd 819. Ritter. 1 ß

Haßler, Marc., verm. Abhandl. als Nachahm. deutsch. Dichter u. Redner. 8. Halle, Hemmerde u. Schwetschke. 758.

Hassler, Otto, und Ehrsam, Paul. Geschichte der Schweizerischen Studentenverbindung Helvetia und ihrer Sektionen. Hrg. von Dr. O' H', Basel, und P' E', Bern, unter Mitwirkung von Ernest Fischer, Lausanne, Prof. Heinrich Suter und Dr. Max Landolt, Zürich. [Mit Illustrationen und 1 Porträt-Tafel.] VIII + 420 S. 8. Bern, Büchler & Co., 1908. [Subscr. fr. 8.—, im Buchh. 10.—]

Hassler, Otto [von Basel]: Ein Heerführer der Kurie am Anfang des XIII. Jahrhunderts. Pelagius Galvani, Kardinalbischof von Albano. Berlin 1902. 111 S. 8°.
Basel. Phil. Diss. 1901/1902.

Hassler, Otto, ein Heerführer der Kurie am Anfang des XIII. Jahrh. Pelagius Galvani, Kardinalbischof v. Albano. gr. 8. (109 S.) Berlin 902. E. Ebering. n. 3.—

Hassler, Otto (Pfarrer). Die christkath. Minoritäten der Schweiz. Ein Beitrag zur Geschichte der katholischen Reformbewegung. In-8°, 32 S. Olten, Buchdruckerei des Oltener Tagblattes. 1883.

Haßler, Otto, die Petrus-Sage. Ein Vortrag, geh. zu Olten den 14. Dezbr. 1876. gr. 8. (20 S.) Aarau 877. Sauerländer. n. — 20

— zwei Vorträge, s.: Herzog, E.

Haßler, Rud., Arbeitsunterricht der freiwilligen Krankenträger-Abtheilung (Sanitäts-Colonne) Dülken 1891—1892. 8. (XII, 132 S. m. 136 Abbildgn.) Berlin 894. A. Hirschwald. n. 1. 80

Hässler, s.a. Häszler

Hässler, A. M., und A. E. Winckler, vollständiges Choralbuch zum Chemnitzer Gesangbuche in 4 einzelnen, nach Hiller ausgesetzten Stimmheften nebst den in Chemnitz übl. liturg. Gesängen. 4 Hefte: Sopran, Alt, Tenor und Bass. 8. (à Heft 26 S.) Chemnitz 874, Focke.
à Heft * 30 Pf. *

Hässler, Ernst: Vie de Paul Verlaine et quelques-uns de ses ouvrages. Finsterwalde 1908: Espenhahn. S. 3–11. 4°
Finsterwalde, R P 1908 (165) [S 08. 157

Häßler, Fr., s. Blumenzeitung.

Häßler, Friedrich, s. Kreisblatt, Eckartsbergaer.

—— Mittheilungen üb. Wein-, Obst- u. Gemüsebau, s. Mittheilungen.

Häßler, Friedrich, s. Provinzial-Blatt für d. K. Preuß. Provinz Sachsen.

—— weißenfeer Unterhaltungsblatt, s. Unterhaltungsblatt.

Häßler, Friedrich, s. Zeitung, Gastronomische.

HÄSSLICHE, Die liebenswürdige, oder die Gefahr der Schönheit. Aus d. Französ. 2 Thle. Danzig, Schuster, 1756. 8°. 15 Bogen. Zahm. (In Oettingen.) (1 Mk. 50 Pfg. Koebner, vor 1890; jetzt theurer!)
Bibl. J. J. Schwabii II; Cat. Meissner II.
Orig.: La Laideur aimable, ou les dangers de la beauté, histoire véritable. (Anon.) Londres et se vende à Paris, Rollin, 1752. II. 12°. (3 Mk. Albert Cohn, Berlin, 1887.)

Hasslinger, Aemil. Theod., de Dysenteria. Dissert. inaug. med. 8. ($2\frac{1}{4}$ B.) Gryphiae 843. (Bamberg.)

Hasslinger, Otto, u. Emil **Bender,** der Betrieb des Zeichenunterrichts, die Zeichenmaterialien u. Lehrmittel sowie die Anlage u. Einrichtung der Zeichensäle. Ein Handbuch f. Zeichenlehrer, Schulbehörden u. zum Selbstunterricht. Mit Unterstützung des grossherzogl. bad. Oberschulrates hrsg. (X, 103 S. m. 206 Fig. u. 21 Taf.) Lex. 8. Leipzig 907. B. G. Teubner. Geb. in Leinw. 8. —

Hasslinger, Otto, u. Albr. **Gansloser,** Pflanzen-Ornamente f. den Zeichenunterricht, bearb. im Auftrage des grossh. bad. Oberschulrats. 1. u. 2. Lfg. gr. Fol. (12 farb. Taf. m. 1 Bl. Text.) Leipzig (902). B. G. Teubner. à n. 7. —

Hasslinger, Rudolf von

— und Wolf Josef: Über die Entstehung von Diamanten aus Silikatschmelzen. S. 112. IIb. 707 . . . . . . vgr.
Separatabdruck

— Über eine neue Form von Zinnpest (mit 1 Textfigur). S. 117. IIb. 701 . . . vgr.
Separatabdruck

— Über die Herstellung künstlicher Diamanten aus Silikatschmelzen (mit 1 Taf.). S. 111. IIb. 649 . . . . . . vgr.
Separatabdruck

HASSLINGER, Rudolf von
Ueber Potentialdifferenzen in Flammengasen und einigen festen Elektrolyten von Rudolf v. Hasslinger. (Mit 1 Textfigur.) Aus den Sitzungsberichten der kaiserl. Akademie der Wissenschaften in Wien. Mathem.-naturw. Classe. Bd. CX Abth. II. a. Juni 1901.) Wien 1901. In Comm. Gerold's Sohn. Gr.-8°. 10 S. K —.30

— Über das Vorkommen von Eisen im Schwefel. S. 112. IIb. 58 . . . . . vgr.
Separatabdruck

Hasslinger, Rud. v., was ist Kraft? Zur Berichtigg. hierüber herrsch. Unklarheit u. Begriffsverwirrg. gr. 16. (16 S.) Prag 875. Steinhauser. n. — 20

Hasslinger, Rud. v., über das Wesen metallischer u. elektrolytischer Leitung. (85 S. m. 4 Fig.) gr. 8. Wien (A. Hölder.) 1. 10
Sonderabdruck aus: „Sitzungsber. d. k. Akad. d. Wiss."

Haßlinls, E., Gedichte. (V, 76 S.) 8. Dresden 904. E. Pierson. n. 1. 50; geb. n. 2. 50

Hassloch [Schlagwort]

Hassloch, s.: **Deutschland. Kürschner-Pein.**

Hasslwander u. Kletzinsky: Über Oelfarben. 15 S. – Wien OR.W., Progr. 1861.

Haßlwander Friedrich: Alois Düll. †. 2. Wien IV. R. 00.
Progr.

Haßlwander, Frdr., Phantasiestücke. Novellen. 8. (340 S. m. Bildnis.) Dresden 894. E. Pierson. n. 5. —; geb. in Leinw. n. 6. —

Haßlwander, Jos., das Vater-Unser. Nach d. Orig.-Aquarellen v. H. Andenken an d. 50jähr. Jubelfeier d. Erhebg. Papst Leo XIII. z. erzbischöfl. Stuhl v. Perugia im J. 1846. M. e. Bildniß d. hl. Vaters als Gratisbeigabe. hoch 4. (8 Bl. in Farbendr. m. 5 S. Text.) Wien 896. M. Merlin. In Leinw.-Mappe 3. —; Prachtausg. in Halbldr.-Mappe 6. —

Haßmann, Egmont, Lieder. gr. 16. (125 S.) Prag 876. Kosmack & Neugebauer. n. 2. 40

Haßmann, Fr. S. Rud., allgem. Erziehungslehre f. kathol. Lehrer- u. Lehrerinnen-Bildungsanst. gr. 8. (VIII, 155 S.) Paderborn 895. F. Schöningh. n. 1. 25

Haßmann, Fr. S. Rud., allgemeine Erziehungslehre f. Lehrer- u. Lehrerinnen-Bildungsanstalten. 4. Aufl. Inhaltlich unveränd., nach der neuen Rechtschreibg. hergestellter Abdr. der 2. Aufl. (VI, 136 S.) 8. Wien 905. Friese & Lang. — Paderborn, F. Schöningh. Geb. n. 1. 70

Haßmann, Fr. S. Rud., allgemeine Erziehungslehre f. Lehrer- u. Lehrerinnen-Bildungsanstalten. 6. Aufl. Inhaltlich unveränd., nach der neuen Rechtschreibung hergestellter Abdr. der 2. Aufl. (VII, 136 S.) 8. Wien 909. Friese & Lang. — Paderborn, F. Schöningh. Geb. in Leinw. 2. —

-- allgem. Unterrichtslehre f. Lehrer- u. Lehrerinnen-Bildungsanst. gr. 8. (V, 95 S.) Ebd. 898. n. — 90; geb. n. 1. 35

Haßmann, Fr. S. Rud., allgemeine Unterrichtslehre für Lehrer- u. Lehrerinnen-Bildungsanstalten. 2., im wesentlichen unveränd. Aufl. gr. 8. (V, 96 S.) Wien 902. Friese & Lang. — Paderborn, F. Schöningh. Geb. in Leinw. n. 1. 35

— allgemeine Unterrichtslehre f. Lehrer- u. Lehrerinnen-Bildungsanstalten. 3. unveränd. Aufl. (V, 96 S.) 8. Paderborn 906. F. Schöningh. Geb. n. 1. 35

— Allgemeine Unterrichtslehre für Lehrer- u. Lehrerinnen-Bildungsanstalten. 4. unveränd. Aufl. (V, 96 S.) 8. Ebd. 909. Geb. in Leinw. 1. 60

Hassmann, Walther, a. Todtmoos (bad. Schwarzwald): Über die Erfolge der Operationen bei Cataracta congenita. Straßburg i. E. 1904: C. Müh & Cie. (64 S.) 8°
Straßburg, Med. Fak., Ref. Laqueur, Diss. v. 1. Sept. 1904
[Geb. 29. Juni 79 Todtmoos i. Baden; Wohnort: Kehl i. Baden; Staatsangeh.: Baden; Vorbildung: Gymn. Offenburg i. B. Reife M. 98; Studium: Freiburg i. B. 5, Straßburg 5 S.; Coll. 29. Juli 04; Approb. 10. Juni 04.]

Haßmüller, J. J., Tabellen all. Waaren, w. n. Pfund. gek. w. gr. 8. Hamburg, Nestler. 802.

Haßmüller, J. J., Tabellen aller Waaren, wo nach Pfunden gekauft wird. 2 Abthll. 8. Hamb. 803. Nestler u. M. 1 ℛ 12 ℋ

Hässner, Hugo, Medizinalpraktikant: Knochenmetastasen bei Carcinom. München 1906: Kastner & Callwey. (37 S.) 8°
München, Med. Fak., Ref. v. Bollinger, Diss. v. 13. Mai 1907
[Geb. 20. Juli 81 Schömbach b. Altenburg; Wohnort: Altenburg; Staatsangeh.: Sachsen-Altenburg; Vorbildung: Gymn. Altenburg Reife O. 01; Studium: Leipzig 4, Berlin 2, Heidelberg 1, München 2 S.; Coll. 13. Mai 07; Approb. 30. Apr. 07.]

Haessner, Louis Rhold., Untersuchungen über den Nährstoffgehalt in den Wurzeln und Körnern der Gerste und Verhalten desselben zu den im Boden vorhandenen assimilirbaren Pflanzen-Nährstoffen. Inaugural-Dissertation. gr. 8. (72 S.) Jena 887, (Neuenhahn.) *

Haeßner, Max, a. Neustadt a. d. Orla: Die Goliardendichtung und die Satire im 13. Jahrhundert in England. Leipzig 1905: H. John, Halle a. S. (161 S.) 8°
Leipzig, Phil. Fak., Ref. Wülker u. Birch-Hirschfeld, Diss. v. 14. Juli 1905
[Geb. 28. Mai 78 Neustadt a. d. Orla; Wohnort: Neustadt; Staatsangeh.: S.-Weimar; Vorbildung: Realgymn. Weimar Reife O. 98; Studium: München 3, Leipzig 10 S.; Rig. 16./17. Febr. 05.]

Hasso (Hess), Märzenwind. Neue Lieder. (119 S.) kl. 8. Gera (907). C. Englert. 1.50; geb. 2.50

— Watzmannzauber. Ein Sang auf Berchtesgaden. (64 S.) kl. 8. Ebd. (909). Geb. 3. —

Hasso, wilder Wein u. Schelmenklänge. Lieder. (123 S.) 8. Berlin (906). Harmonie. n. 2. —; geb. n. 3. —

Hassold, A., d. Vorsorgg. d. Städte m. Elektrizität, s.: Miller, Osk. v.

Hassold, Ed., einige Worte über höhere Privat-Bildungs-Anstalten u. ihr Wertverhältniß zu den höhern öffentl. scientifischen Schulen (Gymnasien). 8. Erlang. 831. Heyder. 3 gl

Hassold, Ern. Ed., Synopsis variar. immutation. et ambitus et acquisitionis solutionisque patriae Romanor. potestatis, exhibita. 8maj. (9 B.) Onoldi 833, (Dollfuss.)

Hassreiter, Carl, s. Hassreiter, Karl

Haßreiter, J., das Buckelhaus am Bergl, s.: Radler, Fr. v.

Haßreiter, Jos., Sonne u. Erde, — Tanzmärchen, — rund um Wien, } s.: Gaul, Frz.

Hassreiter, Karl

— u. F. Lestienne-Dubois, kleines Hilfsbuch f. den Tanz-Unterricht u. das Arrangement v. Tanz-Unterhaltungen. Praktischer Selbstunterricht. Les Lanciers, Sir Roger, Mazur, Polka, Polka-Mazur, Menuett. Mit 20 Taf. (67 u. 41 S.) 16. Ebd. 909. 1. —

Haßreiter, Carl, les Lanciers. Zum Selbstunterrichte bearb. Mit 11 Abbildgn. (in eingedr. Holzschn.) u. 1 Musikbeilage (in qu. 4.). Wien 869. Wenedikt. 16. (39 S.) 10 ngr.

Haßreiter, Carl, die Quadrille à la Cour od. „Les Lanciers", wie man sie tanzt od. arrangiert. Hilfsbüchlein f. Tänzer, Tanzarrangeure u. zum Selbstunterricht. Mit 11 Taf. Sir Roger, zur Selbsterlernung beschrieben. (Wenedikt's Tanzbücher.) 4. [Titel-]Aufl. (41 S. m. 1 Fig.) 16. Wien [895] 908. F. C. Mickl. — 50

Haßreiter, Carl, Sir Roger. Anleitung, diesen beliebten u. neuesten der Gesellschaftstänze gründlich u. in kurzer Zeit zu erlernen. Als Anh.: Les Lanciers. Zum Selbstunterrichte bearb. 3., verb. Aufl. 16. (41 S. m. 11 Taf.) Wien 895. (Leipzig, Literar. Anstalt A. Schulze.) n. 1. —

Hasswehr, A. [Pseud.], s. a. Wexel, C.

Haßwehr, A., die Thespiade oder die kleine Bretterwelt. Berlin 866. Wegener. gr. 16. (VI, 296 S.) 1 ℛ $7\frac{1}{2}$ ngr.; geb. mit Goldschn. n. 1 ℛ 15 ngr.

Hast du gelernt? u. Wohl dem, dem seine Sünden vergeben sind. Zwei Erzählungen bevorwortet von Phil. v. Nathusius. Halle 866. Fricke. 8. (270 S.) $22\frac{1}{2}$ ngr.

Hast du mich lieb?, s. a. Edelweiß.

Hast Du mich lieb? 64. (16 S.) Carlsruhe 875. (Barmen, Klein.) — 0

Hast, Johann

(J. Hast's) Andeutt. üb. Glauben u. Wissen, od. üb. d. wahre Philos. im Gegensatz zu d. Richtt. uns. Zeit; veranl. durch Schellings erste Vorles. in Berlin. *Münst.*, Hast u. Riese. 842. gr8° 6 gl

Hast, Joh., über d. histor. Auffassen u. d. wissenschaftl. Erfassen d. Christenthums. Ein Beitr. z. Würdigung d. Speculation d. Güntherschen Schule. gr. 8. ($3\frac{1}{2}$ B.) Münster 834, Regensberg.

Hast, Joh., offene Aufforderung zu einer öffentl. Disputation über nachstehende 135 die jetzigen Religionswirren betreff. Sätze an die Häupter der evang. Lichtfreunde. 1. u. 2., verm. u. verb. Aufl. 12. (1 B.) Berlin 845. (Eyssenhardt'sche Bh.?)*

Hast, Jh., offene Aufforderung zu einer öffentlichen Disputation über nachstehende 135 die jetzigen Religionswirren betreffenden Sätze. An König, Uhlich, Wislicenus, Regenbrecht, Schreiber und Theiner. 12. Berlin 845, Moeser u. Kühn. n. $\frac{1}{12}$ ℛ

Hast, Joh., s. Blätter für Erziehung.

— s. Droste-Hülshoff, Beleuchtung.

Hast, Joh., Einladung, Prospect u. Statutenentwurf zu einer unter dem Gewerb- u. Handwerkerstande zu begründenden Berliner Bürgerbank, an der sich jeder selbstständige Mann betheiligen u. aus der er zu jeder Zeit 10—100 ℛ leihen kann. gr. 8. (18 S.) Berlin 847, Gebr. Nocca. baar $1\frac{1}{2}$ ngr.

Hast, Joh., das Elementarische d. Geographie od. d. fünf Welttheile, z. Begründ. e. faßl. u. klaren Grundlage f. d. weit. Unterricht in d. Geographie, zugleich Erläutern. zu den „Charten z. ersten Schulgebrauch." 8. ($3\frac{1}{2}$ B.) Münster 841, [Hast'sche Vrlsh.]

—— es ginge wohl, aber es geht nicht! od.: Glaubensbekenntniß der berliner Pribilschen Protestpartei, durch das man die ganze Dissidenten-Welt u. was daran hängt, unter einen Hut bringen möchte. 12. (2 B.) Berlin 845, Eyssenhardt'sche Buchh. *

—— über d. Fürwahrhalten d. theoret. u. d. Fürwahrannehmen d. prakt. Vernunft im Hermesischen Systeme. Nebst Berichtig. der durch d. Beleuchtung d. Urphilosophie rc. darüber veranlaßten Mißverständnisse. gr. 8. ($5\frac{1}{2}$ B.) Münster 832, Regensberg.

—— kleine bibl. Geschichte, als Grundlage d. ersten Religions-Unterr. in kathol. Schulen. 12. (3 B.) Münster 841, [Hast'sche Vrlsh.]

—— Geschichte d. Wiedertäufer v. ihrem Entstehen bis nach ihrem Sturze. Eine Denkschr. auf d. 300jähr. Feier d. Vertreib. d. Wiedertäufer aus Münster in Westphalen am 25. Juni 1835. (2 Abthln.) gr. 8. (26 B.) Münster 835, Deiters. *

Hast, Johann (Ottenstein)
Geschichte der Wiedertäufer, von ihrem Entstehen zu Zwickau in Sachsen bis auf ihren Sturz zu Münster in Westfalen.
Münster: Deiters 1836. 408 S.
[An Stelle einer Dissertation eingereicht.]
Dr. phil. Giessen 19.11.1836. vorh. 4.

—— Haupt-Momente d. Hermesischen Philosophie. Od. Beleuchtung d. philosoph. Einleit. in d. christkathol. Theologie v. G. Hermes. Ein Versuch. 8. (21 B.) Münster 832, Theissina.

—— Lehrbuch d. Geographie f. Sexta u. Quinta d. Gymnasien. 8. (14¼ B.) Münster 841, [Hast'sche Vrlsh.]

Hast, Joh., Die Lehre von der Bibel und von der Tradition. 2 Hefte aus „Petrus oder der Fels in den Brandungen der Jahrhunderte". Monatsschrift für die Interessen d. Glaubens u. Lebens der röm.-kath. Kirche. Jahrg. 1846. Berlin, Wolf, à Heft 2 Bg. in 4°, 50 Pf.

—— method. Leitfaden z. ersten Unterr. in d. Geographie f. Elementar- u. höh. Bürgerschulen. 8. (6 B.) Münster 841, [Hast'sche Vrlsh.]

—— prakt. Leitfaden z. bildenden Unterr. in d. deutsch. Sprache, f. Schüler in mittl. Elementarschulen. 8. (6 B.) Münster 841, [Hast'sche Vrlsh.]

—— Mittheilungen üb. Klein-Kinder-Bewahr-Anstalten überh. u. d. Münsterischen insbesond. 8. (1¾ B.) Münster 841, [Hast'sche Vrlsh.]

Hast, J(oh.), der Pauperismus. Praktische Vorschläge zu Reorganisationen im Armen-, Kranken- und Gefängnißwesen mit Berücksicht. der Waisenhäuser und Besserungsanstalten und unter steter Hinweisung auf die bisherigen Leistungen verschied. Länder in diesen Gebieten. Lex.-8. (VII und 230 S.) Berlin 853, Schröder's Verlag. *
Wurde 1847 u. d. T.: Wohin? und Wie? Praktische Sozietätsphilosophie ꝛc. bereits ausgegeben.

Hast, Johann [Hrsg.], s. Petrus oder der Fels in den Brandungen der Jahrhunderte

—— Preußen u. d. preuß. Jugend. Eine Schrift f. Erziehung z. Patriotismus. gr. 8. (4¼ B.) Münster 833, Coppenrath.

— der Ruf d. Zeit, s. Brinkmann, A.

— Schulkarten. 1.—3. Blatt: die fünf Welttheile. — Europa. — Deutschland. gr. Fol. Ebend. 841. Lithogr. u. illum. 5/12 ₰

– s. Sonntags-Blatt für kathol. Christen.

Hast, Joh., Wohin? u. Wie? Prakt. Sozietätsphilosophie gegen den Krebs europäischer Menschheit. Lex. 8. (IV u. 230 S.) Berlin 847, Gebr. Rocca in Comm. n. 1 ₰

— Wohin? u. Wie? Eine Stimme aus dem Volke zur Feier der Ersten Einberufung d. Allgemeinen Stände. Den Königl. Ministern u. des Landes hohen Ständen. Lex. 8. (VI u. 230 S.) Ebd. 847, in Comm. n. 1½ ₰

Hast, Joh. Phil., de Philosopho. Ad viros, quibus in patriae finibus instituendi et docendi demandata est provincia. Ed. altera. 8 maj. (2 B.) Lincia ad Rhenum 845. (Bonn, Habicht.) *

— Johann Wilhelm (Nass.-Dillenburg. Advoc.), De unione prolium, vulgo Ein=Kindschafft. Diss. jur. Giessen (Wwe. Joh. Reinh. Vulpius) 17. XII. 1711. 40 S., tlws. dtsch. (6.50) 13447
Widm. v.: Simon Nicolaus Orth, Bernh. Ludw. u. Joh. Heinr. Mollenbeck, Melch. Dethm. Grolman, Immanuel Weber, Georg Ludwig Handwerck, Joh. Sebastian Otto, Johann Thomas Hiltebrand (Speyer).

— — Dasselbe. Giessen 1722. 32 S. (6.—) 13448

Hast, Karl, bacc. jur.: Der Handelsmäkler. Dresden 1909: Hille. 70 S. 8°
Leipzig, Jur. Diss. v. 19. Jan. 1909
[Geb. 30. Dez. 82 Dresden; Wohnort: Dresden; Staatsangeh.: Sachsen; Vorbildung: Wettiner-Gymn. Dresden Reife O. 03; Studium: Genf 1, Berlin 1, München 1, Berlin 1, Leipzig 6 S.; Rig. 8. Juli 08.] [U 09. 2535

Hast, Karl Fr., in genus Echitis observationes quas exp. fac. Upsal. praeside C. P. Thunberg etc. Mit 1 lithogr. Tafel. 4. Upsal 819.

Hasta, Luther-Lied. Ein Epos im Volkston. gr. 16. (XII, 324 S.) Milwaukee 879. (Philadelphia, Schäfer & Koradi.) geb. n. 4. —

Hastenpflug, Rud. [aus Corbach (Waldeck)]: Ueber Vaginal-Myome. . . . Jena, Frommannsche Buchdr. (Hermann Pohle), 1888; 1 Bl. + 32 S. + 1 Bl. 8°
Jena, Med. Fak., Inaug.-Diss. v. 28. Mai 1888

Hastenpflug, Wilhelm von [wirkl. Name], s.a. Mahler, Erasmus [Pseud.]

— Abendzeitvertreib s.a. E. Mahler

MAHLER, Erasmus (d. i. *Wilhelm v. Hastenpflug*), Abend-Zeitvertreib. Historien und Anecdoten. Leipzig 1811. 8°. 200 S. (1 Mk. 20 Pfg. Taussig, 1906.)

Hastenpflug, Wilhelm von, s. Abentheuer e. Genies.

— Anekdoten u. Schnurren. 8. (St. Petersb.) 802.

v. Hastenpflug, Wlh., Charakteristik e. russ. Großen. 8. Hadamar 810.

Hastenpflug, Wilhelm von, s.a. Damian, Pater, und die schöne Kristel

DAMIAN, Pater, und die schöne Kristel (sic!). Ein Klosterroman (von *Wilh. v. Hastenpflug*). Erfurt, Hennings, 1805. 8°.
Einiges etwas frei. Tit. u. 430 S.

Hastenpflug, Wilhelm von, s.a. Galanterien aus d. gelobten Lande.

Hastenpflug, Wilhelm von: Galanterien . . .

— — aus den (sic!) gelobten Lande. Schelmstreiche des Kupido an zween grauen Priestern der Themis (von *Wilh. v. Hastenpflug*). Mit 1 galanten hübschen Kpf. von Jury. Bethulien (Altenburg, Richter) 1799. 8°. 219 S. (5 Mk. G. Priewe; 5 Mk. Wilh. Scholz, Braunschw., 1898.)
Ebenso langweilig als weitschweifig erzählte zahme Geschichte der Susanna und des Daniel. — Auch einen Druck „Riga" (Altenburg) 1799. citirt Kayser.

— — aus X. Y. Z., aus geheimen Nachrichten (in 15 Briefen). Seitenst. zum galanten Sachsen (von *Wilh. v. Hastenpflug*). Paris, o. J. (Lpz., Joachim, 1805). 8°. („Preiß 1 Rthl.") (4 Mk. Oscar Richter, Lpz., vor 1890; 3 fl. Gilhofer & Ranschburg, c. 1888; 8 Mk. Max Harrwitz, 1910.)
312 S. (incl. S. 87 ff.: „Beilagen zu den Briefen an meine Freundinn"), 1 Bl. — Selten! Nicht erotisch, im Gegentheil voll von moralisierenden Lehren.

GALANTERIEN aus X. Y. Z. Seitenstück zum galanten Sachsen. Paris (Leipzig 1805). Kl. 8°.
[Verfasser W. v. Hassenpflug.]

v. Hastenpflug, Wlh., d. Gasthof in d. Vorstadt. Lstspl. in 3 A. 8. Riga 804.

Hastenpflug, Wilhelm von, s.a. Graf, der, u. sein Liebchen.

Hastenpflug, Wilhelm von: Graf ...

— Der, und sein Liebchen. (Zieml. zahmer Roman von *Wilh. v. Hastenpflug.*) Mit hübscher Titelvign. von J. Pentzel. Riga, Hartknoch, o. J. (1792). 8°. 330 S. (1 Mk. 50 Pfg. R. Bertling, Dresden, 1888; 4 Mk. L. Rosenthal, 1910.)
— Dasselbe. (Nachdruck.) Mit Titelvign. Frankfurt u. Leipzig 1792. 8°. (2 Mk. 50 Pfg., geles. Expl., A. Buchholz, München, 1906.)
— Dasselbe. Mit Titelvign. Riga 1805. 8°. (1 Mk. 50 Pfg. J. Neumann, Magdeb., 1906.)
Anon.-Lex. II. p. 235 nennt nur diese Ausgabe (nach Kayser u. Goedeke).

— d. Scharfschützendienst. 8. Riga 805.

— s.a. Schilderung d. Kaisers Paul.

Schilderung des Kaisers Paul (von *Wilhelm v. Hastenpflug*). Germanien 1805.
Anon.-Lex. IV. p. 35 (nach Kayser u. Weller).

Haster, Wilhelm: Rheinfränkische Studien. **Der Konsonantismus in Rheinhessen und der Pfalz mit einer Lautkarte.** Darmstadt: Schröder & Feund 1908. 86 S. 8°.
Gießen, Phil. Diss. v. 29. März 1909, Ref. Behaghel
[Geb. 13. Jan. 73 Oberflorsheim; Wohnort: Gießen; Staatsangeh.: Hessen; Vorbildung: Realgymn. Darmstadt Reife M. 02; Studium: Marburg 2, Gießen 5 S.; Rig. 31. Mai 06.] [U 09. 1207

Der Bienenhonig und seine Ersatzmittel. Gemeinfaßl. Darstellung d. Entstehung, Gewinnung, Verwertung, Untersuchung u. Beurteilung d. Honigs u. s. Ersatzstoffe. Von Dr. Alfred **Hasterlik**. Mit 63 Abb. Wien & Leipzig: Hartleben 1909. VIII, 232 S. 8°
(Chemisch-technische Bibliothek. Bd 314.) [10. 7031

Hasterlik, Alfr., unsere Lebensmittel. Eine Anleitg. zur Kenntnis der wichtigsten Nahrungs- u. Genußmittel, deren Vorkommen u. Beschaffenheit in gutem u. schlechtem Zustande, sowie Hinweise auf ihre Verfälschngn. (VIII, 408 S. m. 3 Abbildgn.) 8. Wien 904. A. Hartleben. n. 6. —; geb. n. 6. 80

— die praktische Lebensmittelkontrolle. Ein Leitfaden f. die Nahrungs- u. Genußmittelpolizei u. f. das Lebensmittelgewerbe. Mit 42 Abbildgn. u. 1 farb. Doppeltaf. (IV, 171 u. 8 S.) 8. Stuttgart 906. E. Ulmer. n. 3. 60; geb. n. 4. —

Hasterlik, Alfred: Kritische Studien über die bisherigen Methoden zum Nachweise fremder Farbstoffe im Weine. ... München, M. Rieger'sche Univ.-Buchh. (Gustav Himmer), 1889; 86 S. 8°
Erlangen, Phil. Fak., Inaug.-Diss. v. 1889

— Der Tafelsenf (Mostrich) u. die technische Verwertg. der Senfpflanze. (VIII, 165. S. m. 56 Abbildgn. u. 3 Taf.) 8. Ebd. 910. 3.—; geb. 3. 80

HASTERLIK, GUSTAV. Zur Kenntniss des p-Dioxychinons. Basel, 1891.

Haesters, Albert

—— Antworten zum Rechenbuch für die Mittelklassen der Volksschule. (Für den Lehrer bestimmt.) 8. (44 S.) Essen 863, Bädeker. *

—— Antworten zum Rechenbuch für die Mittelklassen der Volksschule. Besonders bearb. für die norddeutschen Staaten (außer Preußen) von A. Kniehan. 8. (41 S.) Essen 865, Bädeker. *

—— Antworten zum Rechenbuch für die Oberklassen der Volksschule. (Für den Lehrer bestimmt.) 8. (38 S.) Essen 863, Bädeker. *
Alle 3 Abtheilungen sind für die süddeutschen Staaten von Phil. Röhm bearb. zu gleichen Preisen erschienen.

Haesters, Alb., Fibel oder der Schreib-Lese-Unterricht für die Unterklassen der Volksschule. 853. — 2. verb. Aufl. Essen 854. Bädeker. gr. 8. (64 S.) n. 2 ngr.

— — Für israelitische Schulen bearb. von Eman. Hecht. Ebend. 857. 8. (85 S. und: Hebräische Lesefibel. Nach einer neuen Methode bearb. von Eman. Hecht. 83 S.) n. 5 ngr.

Haesters', (Alb.), Fibel oder der Schreib-Lese-Unterricht für die Unterklassen der Volksschule. Für israelitische Schulen bearb. von Eman. Hecht. 2. (Stereot.)-Aufl. A. u. d. T.: Hebräische Lese-Fibel. Nach einer neuen Methode bearb. von Eman. Hecht. 2. verb. u. verm. Aufl. Essen 861. Bädeker. gr. 8. (84 S.) n. $5\frac{1}{3}$ ngr.

Haesters', Alb., Fibel oder der Schreib-Lese-Unterricht für die Unterklassen der Volksschule. 208. Ster.-Aufl. Essen 867. Bädeker. 8. (64 S.) n. $2\frac{1}{3}$ ngr.; geb. n.n. $3\frac{1}{2}$ ngr.

Haesters, Alb., Fibel oder der Schreiblese-Unterricht für die Unterklassen der Volksschule. 209.—570. [Ster.-]Aufl. 8. (64 S.) Essen 867—74, Baedeker. * 28 Pf.; geb. *
—— dass. — für israelitische Schulen bearb. von Eman. Hecht. 6.—11. [Ster.-]Aufl. 8. (122 S.) Ebendas. 869—74. *
geb. *
Deutscher Text apart *
geb. *
Hebräischer Text apart *
geb. *

Haesters, Alb., Fibel oder der Schreiblese-Unterricht für die Unterklassen der Volksschule. 571.—865. [Ster.-]Aufl. 8. (64 S.) Essen 875—79, Baedeker. * 28 Pf.; geb. ** — 40
—— dass. — Für israelitische Schulen bearb. von Eman. Hecht. 12.—14. [Ster.-Aufl.] 8. (122 S.) Ebendas. 875—79. * — 60
geb. ** — 80

Haesters, Alb., Fibel oder der Schreiblese-Unterricht für die Unterklassen der Volksschule. 866.—1032. [Ster.-]Aufl. 8. (64 S.) Essen 880—84, Baedeker. *
geb. **

Haesters, Alb., Fibel oder der Schreib-Lese-Unterricht für die Unterklassen der Volksschule. Ausgabe A. [In 1 Tl.] 943. [Ster.-]Aufl. gr. 8. (64 S.) Essen 881. Bädeker. n. — 28; geb. n. — 40

— dasselbe. Für israelit. Schulen bearb. v. Eman. Hecht. 16. [Ster.-]Aufl. 8. (84 u. hebr. Lese-Fibel 87 S.) Ebend. 882. n. — 60; geb. n. — 80

— dasselbe. Ausg. B. [In 2 Tln.] 8. Ebend. 882. n. — 50; geb n. — 74
1. Schreib-Lese-Unterricht f. die Unterklasse der Volksschule. 31—35. [Ster.-]Aufl. (48 S.) n. — 20; geb. n. — 32
2. Lesebuch f. die Unterklassen der Volksschule. 21. [Ster.-]Aufl. (72 S.) n. — 30; geb. n. — 42

—— Fibel. Nach der analytisch-synthet. Schreiblese-Methode umgearb. von A. Haesters und G. Richter. Ausg. C. [In 1 Tl.] 1. und 2. Aufl. gr. 8. (80 S. mit Illustr.) Ebendas. 881,84. * 33 Pf.; geb.

—— dass. — 1033. Aufl. Ausg. für Ungarn. Bearb. von Johs. Ebenspanger. 1. Aufl. Nach der neuen Rechtschreibung. gr. 8. (65 S.) Ebendas. 884. geb. **

Haesters, Alb., Fibel oder der Schreib-Lese-Unterricht für die Unterklassen der Volksschule. Ausg. A. [In 1 Tl.] 1034.—1054., 1056.—1080. und 1082.—1125. Aufl. 8. (64 S.) Essen 885—88, Bädeker. * 28 Pf.; geb. **

—— dass. — 1055. und 1081. Aufl. Ausg. für Ungarn. Bearb. von Johs. Ebenspanger. 2. und 3. Aufl. [Nach der neuen Rechtschreibung.] gr. 8. (65 S.) Ebendas. 885. geb. **

— dasselbe f. die Unterklassen der Volksschule. 1033. Aufl. Ausgabe f. Ungarn. Bearb. v. Johs. Ebenspanger. 2. Aufl. Nach der neuen Rechtschreibg. gr. 8. (65 S.) Ebend. 885. — (Budapest, Zilahy.) geb. n.n. — 40

—— Fibel. Nach der analytisch-synthet. Schreiblese-Methode umgearb. von A. Haesters und G. Richter. Ausg. C. [In 1 Tl.] 3.—5. Aufl. gr. 8. (80 S. mit Illustr.) Ebendas. 885—87. * 33 Pf.; geb.

— dasselbe. Ausg. A. [In 1 Tl.] 1081. Aufl. Ausg. f. Ungarn. Bearb. v. J. Ebenspanger. 3. Aufl. 8. (65 S.) Ebd. 887. n.n. — 40

Haesters, Alb., Fibel oder der Schreib-Lese-Unterricht f. die Unterklassen der Volksschule. Ausg. A. [In 1 Tl.] 1152. [Ster.-]Aufl. 8. (64 S.) Essen 890. Bädeker. n. — 28; geb. n.n. — 40

—— Fibel oder der Schreib-Lese-Unterricht f. d. Unterklassen d. Volksschule. Neue Ausg. A. (In 1 Tl.) 1150. Aufl. Für d. deutschen Schulen in Brasilien bearb. v. Friedr. Buchert. Nach d. neuen Rechtschreibung. 8. (65 S.) Ebd. 890. geb. ** — 40

—— dass. — Für israelitische Schulen bearb. v. Eman. Hecht. Nach d. neuen Rechtschreibung. 20. (Stereotyp-)Aufl. 8. (84 S.) Ebd. 892. ** — 35; geb. ** — 50

Mit Hecht, Eman. Hebr. Lese-Fibel als Anh. * — 60; geb. * — 80

—— dass. — 1162. Aufl. Ausgabe für Ungarn. Bearb. v. Johannes Ebenspanger. 10. Aufl. 8. (65 S.) Ebd. (o. J.) (Budap., Pfeifer). geb. ** — 40

Haesters, Albert. Fibel oder d. Schreib-Lese-Unterricht für d. Unterklassen d. Volksschule. Ausg. A. (In 1 Tl.) 1182. (Stereotyp-)Aufl. Nach d. Normal-Alphabet. 8. (64 S.) Essen 893, Baedeker. * — 28; geb. ** — 40

— Fibel. Nach der analytisch-synthet. Schreiblese-Methode umgearb. v. A. Haesters u. G. Richter. Ausg. C. (In 1 Tl.) Nach dem Normal-Alphabet. 10. Aufl. gr. 8. (80 S. m. Bildern.) Ebd. 893. n.n. — 33; geb. n.n. — 48

— dasselbe. 1184. Aufl. Ausg. f. Ungarn. Bearb. v. Johs. Ebenspanger. 11. Aufl. 8 (65 S.) Ebd. 894. — Budapest, F. Pfeifer. Geb. n.n. — 40

Haesters, Alb., Fibel od. der Schreib-Lese-Unterricht f. die Unterklassen der Volksschule. Ausg. A. (In 1 Tl.) 1189. (Ster.-)Aufl. Nach dem Normal-Alphabet. gr. 8. (64 S.) Essen 894. G. D. Baedeker. n. — 28; geb. n.n. — 40

Haesters, Alb., Fibel od. d. Schreib-Lese-Unterricht f. d. Unterklassen d. Volksschule. Ausg. A. (In 1 Tl.) 1197. (Ster.-) Aufl. Nach dem Normal-Alphabet. gr. 8. (64 S.) Essen 895. G. D. Baedecker. n. — 28; geb. n.n. — 40

Haesters, Albert. Fibel oder der Schreib-Lese-Unterricht für die Unterklassen der Volksschule. Von Albert Haesters, Lehrer zu Werden a. d. R. Ausg. A. (In 1 Teil.) 1223. (Stereot.-) Aufl. Nach d. Normal-Alphabet. Essen: G. D. Baedeker 1899. (64 S.) 8°

Haesters, Alb., Fibel oder Schreib-Lese-Unterricht f. die Unterklassen der Volksschule. Ausg. A. (In 1 Tl.) 1239. (Ster.-) Aufl. Nach dem Normal-Alphabet. (64 S.) 8. Essen 903. G. D. Baedeker. Kart. n. — 40

— dasselbe. 1243. Aufl. Ausg. f. Ungarn. Bearb. v. Johs. Ebenspanger. 15. Aufl. (65 S.) 8. Budapest 904. Essen, G. D. Baedeker. Geb. n.n. — 40

Haesters, Alb., deutsche Fibel. Neue, erweit. Ausg. in 2 Thln. gr. 8. Essen 877—79, Baedeker. * 50 Pf.; geb. *

Inhalt:
Thl. 1. Schreib-Lese-Unterricht für die Unterklassen der Volksschule. 1.—13. Aufl. (48 S.) * 20 Pf.; geb. * 32 Pf.
" 2. 2. Lesebuch für die Unterklassen der Volksschule. 1.—9. Aufl. (72 S.) * 30 Pf.; geb. * 42 Pf.

Haesters, Alb., deutsche Fibel. Neue erweit. Ausg. in 2 Thln. gr. 8. Essen 880—82, Baedeker. * 50 Pf.; geb. *

Inhalt:
Thl. 1. Schreib-Lese-Unterricht für die Unterklassen der Volksschule. 14.—35. [Ster.]-Aufl. (48 S.) * 20 Pf.; * geb. 32 Pf.
" 2. Zweites Lesebuch für die Unterklassen der Volksschule. 10.—21. Aufl. (72 S.) * 30 Pf.; geb. * 42 Pf.

— dasselbe. Nach der analytisch-synthet. Schreiblese-Methode umgearb. von A. Haesters u. G. Richter. Ausg. C. [In 1 Tl.] gr. 8. (80 S. mit Illustr.) Ebend. 881. • n. — 33; geb. — 45

—— deutsche Fibel. Nach der analytisch-synthet. Schreiblese-Methode umgearb. von A. Haesters und G. Richter. Ausg. D. [In 2 Tln.] gr. 8. Ebendas. 881. * 55 Pf.; geb. *

Inhalt:
Tl. 1. Schreib-Lese-Unterricht für die Unterklassen der Volksschule. (62 S. mit Illustr.) * 25 Pf.; geb. * 37 Pf.
" 2. Lesebuch für die Unterklassen der Volksschule. (72 S.) * 30 Pf.; geb. * 42 Pf.

—— dass. — Für israelitische Schulen bearb. von Eman. Hecht. 15. und 16. [Ster.-]Aufl. 8. (122 S.) Ebendas. 880,83. * 60 Pf.; geb. **
Deutscher Text allein * 35 Pf.; geb. **
Hebräischer Text allein * 28 Pf.; geb. **

—— deutsche Fibel. Nach der analytisch-synthet. Schreiblese-Methode umgearb. von A. Haesters und G. Richter. Ausg. D. [In 2 Tln.] 2. und 3. Aufl. gr. 8. Ebendas. 882—87. * geb. *

Inhalt:
Tl. 1. Schreib-Lese-Unterricht für die Unterklassen der Volksschule. (62 S. mit Illustr.) * 25 Pf.; geb. * 37 Pf.
" 2. Lesebuch für die Unterklassen der Volksschule. (72 S.) * 30 Pf.; geb. * 42 Pf.

—— deutsche Fibel. Ausg. B. [In 2 Tln.] gr. 8. Ebendas. 883—87. **

Inhalt:
Tl. 1. Schreib-Lese-Unterricht für die Unterklassen der Volksschule. 36.—61. Aufl. (48 S.) * 20 Pf.
" 2. Lesebuch für die Unterklassen der Volksschule. 22.—42. [Ster.-] Aufl. (72 S.) geb. ** 42 Pf.

—— dass. — Für israelitische Schulen bearb. von Eman. Hecht. 17. und 18. [Ster.-]Aufl. 8. (122 S.) Ebendas. 885,87. * geb. **
Deutscher Text allein * 35 Pf.; geb. **
Hebräischer Text allein * 28 Pf.; geb. **

—— Deutsche Fibel. Nach d. analytisch-synthetischen Schreiblese-Methode umgearbeitet v. A. Haesters u. G. Richter. Ausg. D. 4. Aufl. Nach der neuen Rechtschreibung. (In 2 Tln.) 8. Ebd. * — 55; geb. * — 85

1. Schreib-Lese-Unterricht für d. Unterklassen d. Volksschule. (63 S.) 890. * — 25; geb. * — 40. — 2. Lesebuch für die Unterklassen der Volksschule. (63 S.) 889. ** — 30; geb. ** — 45.

— deutsche Fibel. Nach der analytisch-synthet. Schreiblese-Methode umgearb. v. A. Haesters u. G. Richter. Ausg. D. 2 Tle. gr. 8. Ebd. n. — 55; geb. n.n. — 85
1. Schreib-Lese-Unterricht f. die Unterklassen der Volksschule. 4. Aufl. (63 S. m. Abbildgn.) 890. n. — 25; geb. n. — 40
2. Lesebuch f. die Unterklassen der Volksschule. 5. Aufl. (72 S.) 892. n. — 30; geb. n.n. — 45

— dasselbe. Nebst: Hebräische Lese-Fibel. Nach e. neuen Methode bearb. v. Eman. Hecht. 20. Aufl. 8. (84 u. 37 S.) Ebd. 892. n. — 60; geb. n.n. — 80; hebr. Lese-Fibel allein n. — 28; geb. n.n. — 38

—— Deutsche Fibel. Ausg. B. (In 2 Tln.) 8. Ebd. 893. * — 50; geb. * — 74
1. Schreib-Lese-Unterricht für die Unterklassen d. Volksschule. 92. (Stereotyp-)Aufl. Nach d. Normal-Alphabet. (48 S.) * — 20; geb. * — 32. 2. Lesebuch für die Unterklassen d. Volksschule. 62. (Stereotyp-)Aufl. (72 S.) * — 30; geb. ** — 42.

— deutsche Fibel. Ausg. B. (2 Tle.) gr. 8. Ebd. 891. n. — 50; geb. n. — 74
1. Schreib-Lese-Unterricht f. die Unterklassen der Volksschule. 96. (Ster.-)Aufl. Nach dem Normal-Alphabet. (48 S.) n. — 20; geb. n. — 32
2. Lesebuch f. die Unterklassen der Volksschule. 65. (Ster.-)Aufl. (72 S.) n. — 30; geb. n. — 42

— deutsche Fibel. Ausg. B. (In 2 Tln.) 1. Tl. gr. 8. Ebd. 894. n. — 20; geb. n. — 32
Schreib-Lese-Unterricht f. d. Unterklassen d. Volksschule. 97. (Ster.-)Aufl. Nach d. Normal-Alphabet. (48 S.)

— dasselbe. Nach d. analyt.-synthet. Schreiblese-Methode umgearb. v. A. Haesters u. G. Richter. Ausg. D. (In 2 Tln.) 1. Tl. gr. 8. Ebd. 894. n. — 25; geb. n. — 40
Schreib-Lese-Unterricht f. d. Unterklassen d. Volksschule. 5. Aufl. (63 S. m. Abb.)

— deutsche Fibel. Ausg. B. In 2 Tln. 8. Essen, G. D. Baedeker. n. — 60; geb. n.n. — 74
1. Schreib-Lese-Unterricht f. die Unterklassen der Volksschule. 112 (Ster.-)Aufl. Nach dem Normal-Alphabet. (48 S.) 905. n. — 20; geb. n.n. — 32
2. Lesebuch f. die Unterklassen d. Volksschule. 76. (Ster.-)Aufl. (72 S.) 903. n. — 30; geb. n.n. — 42

Haester's, Alb., deutsche Fibel. Ausg. B 2 Tle. (48 S.) 8. Essen, G. D. Baedeker. nn — 74
1. Schreib-Lese-Unterricht f. die Unterklassen der Volksschule. 113. (Ster.-)Aufl. Nach dem Normal-Alphabet. (48 S.) 907. — 20; geb. — 32
2. Lesebuch f. die Unterklassen der Volksschule. 77. (Ster.-)Aufl. (72 S.) 906. Kart. nn — 42

Haesters, A., Hand-Atlas für bayerische Volksschulen, mit besond. Berücksicht. der Methode des weltkundl. Unterrichts in A. Haesters Lehr- und Lesebuch für die Oberklassen der Volkschulen. qu. 4. (11 Karten.) Essen 874, Baedeker. *
Auch in Ausgaben für die Pfalz, Ober-, Mittel- und Unterfranken mit Umwechslung der betr. Specialkarte zu haben.

— Hand-Atlas für preussische Volksschulen, mit besonderer Berücksichtigung der Methode des weltkundlichen Unterrichts in A. Haesters Lehr- und Lesebuch für die Oberklassen der Volksschulen. Ebend. 862. qu. Fol. (11 lith. Karten.) n. 8 ngr.
(In verschiedenen Ausgaben für Brandenburg, Pommern, Posen, Preussen, Rheinprovinz, Sachsen, Schlesien und Westphalen zu haben.)

— Hand-Atlas f. preußische Volksschulen m. besond. Berücksicht. der Methode d. weltkundl. Unterrichts in A. Haesters Lehr- u. Lesebuch f. die Oberklassen der Volksschulen. qu. 4. (11 lith. u. color. Karten.) Ebend. 874. n. — 80
Dieser Atlas ist f. jede preuß. Provinz in e. besond. Ausg. m. Umwechslung der betr. Provinzial-Spezialkarte zu haben.

Haesters, Albert, Lehr- und Lesebuch, oder der sinnl. und sittl. Anschauungsunterricht für die Mittelklassen der Volksschule. 8. (XVI und 228 S.) Essen 851, Bädeker. *

—— Lehr- und Lesebuch oder der sinnliche und sittliche Anschauungsunterricht für die Mittelklassen der Volksschule. 3., verb. (Ster.-)Aufl. 8. (XVI und 216 S.) Essen 853, Bädeker. *

— — Für evangelische Schulen bearbeitet von Wilh. Greef. Ebend. 857. 8. (VIII, 224 S.) n. 6 ngr.

—— Lehr- und Lesebuch oder die Vaterlands- und Weltkunde für die Oberklassen der Volksschule. Für evangel. Schulen bearb. von Ludw. Bender. 1. Aufl. (XVI und 512 S.) 1853. und 2. Aufl. (XII und 500 S.) 1851. und neue, evangel. Ausg. 8. (X und 518 S.) Essen 856, Bädeker. *

—— Lehr- und Lesebuch oder die Vaterlands- und Weltkunde für die Oberklassen katholischer Volksschulen. 8. (VIII und 514 S.) Essen 856, Bädeker. *

—— Lehr- und Lesebuch oder die Vaterlands- und Weltkunde für die Oberklassen der Volksschule. Für israelit. Schulen bearb. von Eman. Hecht. 8. (X und 614 S.) Essen 856, Bädeker. *

—— Lehr- und Lesebuch für katholische Landschulen. 2 Thle. 8. Essen 859, Bädeker. * —
Inhalt:
Thl. 1. Der sinnliche und sittliche Anschauungsunterricht oder die Heimathskunde. Für die mittleren Abtheilungen. (VI und 122 S.) * 4½ Ngr.
2. Die Vaterlands- und Weltkunde. Für die oberen Abtheilungen. (VII und 312 S.) * 8 Ngr.

—— Lehr- und Lesebuch oder der sinnl. und sittl. Anschauungsunterricht für die Mittelklassen der Volksschule. Für protestant. Schulen bearb. von Wilh. Greef. Ausg. für die protestant. Schulen des Königr. Bayern. gr. 8. (XIV und 218 S.) Essen 862, Bädeker. *

—— Lehr- und Lesebuch oder der sinnliche und sittliche Anschauungsunterricht für die Mittelklassen der Volksschule. Für israelit. Schulen bearb. von Eman. Hecht. 1. Aufl. 1857. * 7 Ngr. und 2., verb. Aufl. gr. 8. (X und 224 S.) Essen (861)62, Bädeker. *

Haesters, Alb., Lehr- und Lesebuch oder die Vaterlands- und Weltkunde für die Oberklassen der Volksschule. Für protestant. Schulen bearb. von Ludw. Bender. Ausg. für die protestant. Schulen des Königr. Bayern. gr. 8. (XI und 522 S.) Essen 862, Bädeker. *

Haesters', (Alb.), Lehr- und Lesebuch oder die Vaterlands- und Weltkunde ꝛc. Für israelitische Schulen bearb. von Eman. Hecht. 2. verb. Aufl. Ebend. 863. gr. 8. (X, 618 S.) n. 20 ngr.

—— Lehr- und Lesebuch oder der sinnliche und sittliche Anschauungsunterricht für die Mittelklassen der Volksschule. Für evangelische Schulen bearb. von Wilh. Greef. 20.—26. [Ster.-]Aufl. 8. (VIII, 224 S.) Essen 870—74, Baedeker. * 74 Pf.; geb. **

—— dass. — für katholische Schulen. 20.—70. [Ster.-]Aufl. 8. (VIII, 208 S.) Ebendas. 868—74. *
geb. **

—— dass. — Ausg. für Simultan-Schulen. 20.—45. [Ster.-]Aufl. 8. (216 S.) Ebendas. 869—74. *
geb. **

—— Lehr- und Lesebuch für einklassige [Land-]Schulen. Ein Auszug aus der umfangreicheren Bearbeitung des „Lehr- und Lesebuchs für evangel. Mittelklassen" von Wilh. Greef. 1. Thl.: Der sinnliche und sittliche Anschauungs-Unterricht in der Heimathskunde. Für die mittleren Abthlgn. 1. Aufl. 1869, und 2. [Ster.-]Aufl. 8. (X, 144 S.) Essen 870, Baedeker. *
geb. *

—— dass. — 2. Thl.: Die Vaterlands- und Weltkunde. Ein Auszug aus der umfangreicheren Bearbeitung des „Lehr- und Lesebuchs für evangel. Oberklassen" von Ludw. Bender. Für die oberen Abthlgn. (XII, 324 S. mit eingedr. Holzschn.) Ebendas. 869. (* 80 Pf.) * geb. *

— — oder die Vaterlands- u. Weltkunde für die Oberklassen der Volksschule. Für evangel. Volksschulen bearb. von Ludw. Bender. Nach den Ereignissen des Jahres 1866 umgearb., bericht. 7—11. Ster.-Aufl. Ebend. 867—69. gr. 8. (XII, 523 S.) n. 11 ngr.; geb. n. 14 ngr.

—— Lehr- und Lesebuch oder die Vaterlands- und Weltkunde für die Oberklassen katholischer Volksschulen. Nach den Ereignissen des J. 1866 umgearb., bericht. und verm. 8. Ster.-Aufl. (Neue Ausg.) gr. 12. (VIII und 531 S.) Essen 867, Bädeker. * 11 Ngr.; geb. *

—— dass — Eigene Ausg. für die israelit. Schulen des Königr. Bayern. Nach den Ereignissen des J. 1866 umgearb., bericht. und verm. 3. Ster.-Aufl. 8. (X und 620 S.) Ebendas. 868. *

—— dass. — Für die Oberklassen katholischer Volksschulen. 9.—24. [Ster.-]Aufl. gr. 8. (X, 555 S.) Ebendas. 868—74. (* M 1,10.) geb.

—— Lehr- und Lesebuch für katholische Landschulen. 1. Thl.: Der sinnliche und sittliche Anschauungs-Unterricht oder die Heimathskunde. Für die mittleren Abthlgn. 4.—9. [Ster.-]Aufl. 8. (122 S.) Essen 869—74, Baedeker. * 52 Pf.; geb. *

—— dass — 2. Thl.: Die Vaterlands- und Weltkunde. Für die oberen Abthlgn. Nach den Ereignissen des J. 1866 verb. und verm. 2.—4 [Ster.]Aufl. 1869—71. * 80 Pf.; 5. [Ster.-] Aufl. Ergänzt im geograph. und geschichtl. Theil mit Bezug auf den deutsch-französ. Krieg 1870 und 1871. 1872. * 90 Pf.; 6. Aufl. 1873, und 7. Aufl. gr. 8. (V, 367 S.) Ebendas. 874. * M 1.; geb. * 1 30

—— Lehr- und Lesebuch oder die Vaterlands- und Weltkunde für die Oberklassen der Volksschule. Für evangelische Schulen bearb. von Ludw. Bender. 10.—15. [Ster.-]Aufl. Ergänzt im geograph. und geschichtl. Theil mit Bezug auf den deutsch-französ. Krieg 1870 und 1871. gr. 8. (XII, 554 S.) Essen 871—74, Baedeker. (* M 1,10.) * geb. *

—— dass. — Für israelitische Schulen bearb. von Emanuel Hecht. 4. [Ster.-]Aufl. gr. 8. (X, 662 S.) Ebendas. 872. (* M 1,60.) * geb. *

Haesters, Alb., Lehr- und Lesebuch oder die Vaterlands- und Weltkunde für die Oberklassen katholischer Volksschulen in dem Reichslande Elsaß-Lothringen. 1.—3. Aufl. 8. (401 S.) Essen 872—74, Baedeker. * M 1.; geb. *

— Lehr- u. Lesebuch f. katholische Landschulen. 1. u. 2. Thl. 8. Ebend. 874. n. 1. 52; geb. n.n. 2. 7

1. Der sinnl. u. sittl. Anschauungs-Unterricht od. die Heimatskunde. Für die mittleren Abtheilgn. 9. [Ster.-]Aufl. (X, 122 S.) n. — 52; geb. n.n. — 77

2. Die Vaterlands- u. Weltkunde. Für die oberen Abthlgn. 8 [Ster.] Aufl. (XII, 367 S.) n. 1. —; geb. n.n 1. 30

— dasselbe für die Oberklassen d. Volksschule. Neue Ausg., bearb. nach den „Allgemeinen Bestimmgn." vom 15. Okt. 1872, f. Simultan-Schulen, auch geeignet f. Schulen aller Confessionen. gr. 8. (XVI, 496 S.) Ebend. 876. n. 1.40; geb. n.n. 1. 80

— dasselbe f. einklassige [Land-] Schulen. Ein Auszug aus der umfangreicheren Bearbeitg. d. „Lehr- u. Lesebuchs f. evangel. Mittelklassen" v. Wilh. Greef. 1. Thl. Der sinnl. u. sittl. Anschauungs-Unterricht od. die Heimathskunde. Für die mittleren Abtheilgn. 2. [Ster.-] Aufl. 8. (X, 144 S.) Ebend. 872. n. — 52; geb. n.n. — 77

— dasselbe. Für Simultanschulen. 45. [Ster.-] Aufl. 8. (XVI, 216 S.) Ebend. 874. n. — 74; geb. n.n. 1. —

— dasselbe. Ein Auszug aus d. umfangreicheren Bearbeitg. d. „Lehr- u. Lesebuchs f. evangel. Oberklassen" v. Ludw. Bender. 2. Thl. Die Vaterlands- u. Weltkunde. Für die oberen Abtheilgn. 2. [Ster.-] Aufl. gr. 8. (X, 354 S.) Ebend. 875. n. 1. 40; geb. n.n. 1. 80

— dasselbe od. der sinnl. u. sittl. Anschauungsunterricht f. die Mittelklassen der Volksschule. Für evang. Schulen bearb. v. Wilh. Greef. 28. [Ster.-] Aufl. 8. (XVI, 224 S.) Ebend. 875. n. — 74; geb. n.n. 1. —

— dasselbe. Für israelit. Schulen bearb. v. Eman. Hecht. 7. [Ster.-] Aufl. gr. 8. (224 S.) Ebend. 872. n. — 85; geb. n. 1. 15

— dasselbe. Für kathol. Volksschulen. 77. [Ster.-] Aufl. 8. (VIII, 208 S.) Ebend. 875. n. — 74; geb. n.n. 1. —

— dasselbe, od. die Vaterlands- u. Weltkunde f die Oberklassen kathol. Volksschulen. 25. [Ster.-] Aufl. gr. 8. (III, 555 S.) Ebend. 874. n. 1. 40; geb. n. 1. 75.

— dasselbe. Ausg. für das Königreich Bayern. Bearb. v. Phpp. Röhm. 7. [Ster.-] Aufl. gr. 8. (X, 557 S.) Ebend. 872. n. 1. 10

— dasselbe. Für evangel. Schulen bearb. v. Ludw. Bender. 14. [Ster.-] Aufl. 8. Ebend. 874. n. 1. 40; geb. n.n. 1. 75

— dasselbe. Für israelit. Schulen bearb. v. Eman. Hecht. 8. [Ster.-] Aufl. 8. (VIII, 224 S.) Ebend. 874. n. — 85; geb. n.n. 1. 13

—— dass. — Ausg. für Simultan-Schulen. 10.—19. [Ster.-] Aufl. gr. 8. (XII, 547 S.) Ebendas. 869—74. (* M 1,10.) * geb. *

—— Lehr- und Lesebuch oder die Vaterlands- und Weltkunde für die Oberklassen der Volksschule. Für evangelische Schulen bearb. von Ludw. Bender. 16. [Ster.-]Aufl. Ergänzt im geograph. und geschichtl. Theil mit Bezug auf den deutsch-französ. Krieg 1870 und 1871. gr. 8. (XII, 556 S.) Ebendas. 874. * M 1,40.; geb. *

Haesters, Alb., Lehr- u. Lesebuch. Ausg. f. Simultan-Schulen. 19. [Ster.-] Aufl. 8. (546 S.) Essen 874. Bädeker. n. 1. 40; geb. n.n. 1. 75

—— dass. — Ausg. für Simultan-Schulen. 20.—22. [Ster.-] Aufl. gr. 8. (XII, 547 S.) Ebendas. 875—78. * geb. *

—— dass. — Für katholische Schulen. 71.—98. [Ster.-]Aufl. 8. (XVI, 208 S.) Ebendas. 875—79. * 74 Pf.; geb. **

—— dass. — Für katholische Schulen. 99.—108. [Ster.-] Aufl. 8. (XVI, 208 S.) Ebendas. 880—84. * geb. **

—— dass. — Für die Oberklassen katholischer Volksschulen. 25.—29. [Ster.-]Aufl. gr. 8. (X, 556 S.) Ebendas. 875—79. * geb. *

—— dass. — Für die Oberklassen katholischer Volksschulen in den Reichslanden Elsaß-Lothringen. 3.—5. [Ster.=]Aufl. 8. (XII, 402 S.) Ebendas. 875—79. * ℳ 1.; geb. *

—— Lehr- und Lesebuch oder der sinnliche und sittliche Anschauungsunterricht für die Mittelklassen der Volksschule. Für evangelische Schulen bearb. von Wilh. Greef. 27.—32. [Ster.=]Aufl. 8. (XVI, 224 S.) Ebendas. 875—79. * geb. **

—— dass. — Ausg. für Simultan-Schulen. 46.—53. [Ster.=]Aufl. 8. (XVI, 216 S.) Ebendas. 875—79. * geb. **

—— dass. — Für katholische Landschulen. 2 Thle. 8. Ebendas. 876. * ℳ 1,52.; geb. **

Inhalt:

Thl. 1. Der sinnl. und sittl. Anschauungs-Unterricht oder die Heimatskunde. Für die mittleren Abtheilungen. 10. und 11. [Ster.-]Aufl. (X, 122 S.) 875,79. * 52 Pf.; geb. ** 77 Pf.

„ 2. Die Vaterlands- und Weltkunde. Für die oberen Abtheilungen. 8. [Ster.-]Aufl. (XII, 367 S.) 876. * ℳ 1.; geb. ** ℳ 1,30.

—— dass. — Für israelitische Schulen bearb. von Eman. Hecht. 8. und 9. [Ster.-]Aufl. 8. (VIII, 224 S.) Ebendas. 879. * geb. *

—— Lehr- und Lesebuch oder der sinnliche und sittliche Anschauungsunterricht für die Mittelklassen der Volksschule. Für evangelische Schulen bearb. von Wilh. Greef. 33. [Ster.-] Aufl. 8. (XVI, 224 S.) Ebendas. 880. * geb. **

— dasselbe für die Mittelklassen katholischer Volksschulen. 103. Aufl. Nach der vom königl. preuß. Unterrichts-Ministerium festgestellten Rechtschreibung. 8. (XVI, 208 S.) Ebend. 882. n. — 74; geb. n. 1. —

—— dass. — Ausg. für Simultan-Schulen. 54.—57. [Ster.-] Aufl. 8. (XVI, 216 S.) Ebendas. 880—82. * geb. **

— dasselbe. Eigene Ausg. f. die kathol. Schulen d. Königr. Bayern. 16. [Ster.=]Aufl. 8. (XVI, 208 S.) Ebend. 877. n.n. — 74; geb. n.n. 1. —

— dasselbe. Für protestantische Schulen bearb. v. Wilh. Greef. Eigene Ausgabe für die protestant. Schulen des Königr. Bayern. 27. [Ster.=]Aufl. 8. (XIII, 224 S.) Ebend. 877. n.n. — 74; geb. n.n. 1. —

— dasselbe oder die Vaterlands- u. Weltkunde f. die Oberklassen der Volksschule. Eigene Ausg. f. Kommunal- od. Simultan-Schulen d. Königr. Bayern. Bearb. v. Phpp. Röhm. 7. [Ster.=]Aufl. 8. (X, 549 S.) Ebend. 877. n.n. 1. 40; geb. n.n. 1. 80

— dasselbe. Für protestant. Schulen bearb. von Ludw. Bender. Eigene Ausg. f. die protestant. Schulen des Königreichs Bayern. 21. [Ster.=]Aufl. 8. (XII, 556 S.) Ebend. 877. n.n. 1. 40; geb. n.n. 1. 80

— dasselbe. Eigene Ausg. f. die kathol. Schulen d. Königr. Bayern. Bearb. v. Phpp. Röhm. 16. [Ster.=]Aufl. 8. (X, 557 S.) Ebend. 882. n.n. 1. 40; geb. n.n. 1. 80

— dasselbe, f. das Reichsland Elsaß-Lothringen. 4. Aufl. 8. (XII, 402 S.) Ebend. 877.. n.n. 1. —; geb. n.n. 1. 38

— Lehr- u. Lesebuch od. die Vaterlands- u. Weltkunde f. die Oberklassen der Volksschule. Ausg. f. Simultan-Schulen. 22. [Ster.=]Aufl. 8. (XII, 547 S.) Ebend. 878. n. 1. 40; geb. n.n. 1. 80

—— Lehr- und Lesebuch oder die Vaterlands- und Weltkunde für die Oberklassen der Volksschule. Für die Oberklassen katholischer Volksschulen. 30. [Ster.-]Aufl. gr. 8. (X, 556 S.) Ebendas. 882. ℳ* 1,40.; geb. *

—— dass. — Für die Oberklassen kathol. Volksschulen in dem Reichslande Elsaß-Lothringen. 6. und 7. [Ster.]Aufl. gr. 8. (XII, 402 S.) Ebendas. 882,84. * ℳ 1.; geb. **

Von diesen Lehr- und Lesebüchern für Mittel- und Oberklassen, für evangelische, katholische, Simultan- und israelitische Schulen existiren auch besondere Ausgaben für das Königr. Bayern zu gleichem Preis.

—— Lehr- und Lesebuch oder der sinnliche und sittliche Anschauungsunterricht für die Mittelklassen der Volksschule. Ausg. für Simultan-Schulen. 58.—61. [Ster.-]Aufl. 8. (XVI, 216 S.) Ebendas. 883—86. geb. *

— Lehr- u. Lesebuch od. der sinnl. u. sittl. Anschauungsunterricht f. die Mittelklassen kathol. Volksschulen. 108. [Ster.=]Aufl. (XVI, 208 S.) Ebend. 883. n. — 74; geb. n. 1. —

— Lehr- u. Lesebuch f. die Oberklassen der Volksschule. Neue Ausg., bearb. nach den „Allgemeinen Bestimmgn." vom 15. Okt. 1872, f. Simultan-Schulen, auch geeignet f. Schulen aller Konfessionen. 8. Aufl. 8. (XVI, 496 S.) Ebend. 882. n. 1. 40; geb. n. 1. 80

— dasselbe od. die Vaterlands- u. Weltkunde f. die Oberklassen der Volksschule. Eigene Ausg. f. Kommunal- od. Simultan-Schulen d. Königr. Bayern. Bearb. von Phpp. Röhm. 8. [Ster.=]Aufl. 8. (IX, 545 S.) Ebend. 885. n. 1. 40; geb n.n. 1. 80

— dasselbe f. die Oberklassen kathol. Volksschulen in dem Reichslande Elsaß-Lothringen. 7. [Ster.=]Aufl. gr. 8. (XII, 402 S.) Ebend. 884. n. 1. —; geb. n.n. 1. 38

— dasselbe. Ausg. f. Simultan-Schulen. 57. [Ster.=] Aufl. gr. 8. (XVI, 216 S.) Ebend. 883. n. — 74; geb. n.n. 1. —

—— dass. — Für katholische Schulen. 109.—112. [Ster.-]Aufl. 8. (XVI, 208 S.) Ebendas. 885—87. * 74 Pf.; geb. **

— Lehr- u. Lesebuch oder der sinnliche u. sittliche Anschauungsunterricht für die Mittelklassen der Volksschule. Ausg. f. Simultan-Schulen. 61. [Ster.=] Aufl. 8. (XVI, 216 S.) Ebd. 886. geb. n. 1. —

— dasselbe. Für katholische Schulen. 112. [Ster.=]Aufl. 8. (XVI, 208 S.) Ebd. 887. n. — 74; geb. n.n. 1. —

— Lehr- u. Lesebuch od. die Vaterlands- u. Weltkunde f. die Oberklassen kathol. Volksschulen. 31. [Ster.=]Aufl. 8. (IX, 555 S.) Ebd. 887. geb. n.n. 1. 80

— Lehr- u. Lesebuch f. die Oberklassen d. Volksschule. Neue Ausg., bearb. nach d. „Allgemeinen Bestimmgn." vom 15. Oktbr. 1872, für Simultan-Schulen, sowie für Schulen aller Confessionen. 23. Aufl. 8. (XVI, 496 S.) Ebd. 887. n. 1. 40; geb. n.n. 1. 80

— Lehr- u. Lesebuch od. die Vaterlands- u. Weltkunde f. die Oberklassen katholischer Volksschulen. 31. (Ster.=) Aufl. 8. (X, 557 S.) Ebd. 887. n. 1. 40; geb. n.n. 1. 80

— dasselbe. Ausg. f. Simultanschulen. 23. (Ster.=)Aufl. 8. (X, 543 S.) Ebd. 885. n. 1. 40; geb. n.n. 1. 80

— dasselbe. Neue Ausg., bearb. nach den „Allgemeinen Bestimmgn." vom 15. Okt. 1872, f. Simultan-Schulen, auch geeignet f. Schulen aller Konfessionen. 4. Aufl. 8. (XVI, 497 S.) Ebd. 884. n. 1. 40; geb. n.n. 1. 80

— Lehr- u. Lesebuch od. der sinnl. u. sittl. Anschauungsunterricht f. die Mittelklassen der Volksschule. Ausg. f. Simultan-Schulen. 62. (Ster.-)Aufl. 8. (XVI, 216 S.) Essen 887, G. D. Baedeker. n. — 74; geb. n.n. 1. —

—— und Geo. Richter, deutsches Lesebuch für die Mittelklassen der Volksschule. Neue, nach den „Allgem. Bestimmungen" vom 15. Oktbr. 1872 bearb. Ausg. 1.—3. [Ster.-]Aufl. 8. (VIII, 216 S.) Ebendas. 877,78. * 74 Pf.; geb. *

—— —— dass. — Für evangel. Schulen bearb. von Geo. Richter. Neue, nach den „Allgem. Bestimmungen" vom 15. Oktbr. 1872 bearb. Ausg. 8. (VIII, 216 S.) Ebendas. 878. * geb. *

—— —— dass. — Für kathol. Schulen bearb. von Alb. Haesters. Neue, nach den „Allgem. Bestimmungen" vom 15. Oktbr. 1872 bearb. Ausg. 8. (VIII, 216 S.) Ebendas. 878. * geb. *

—— —— dass. — Eigene Ausg. für die Schulen des Königr. Bayern. Bearb. von Phpp. Röhm. 1.—3. [Ster.-]Aufl. 8. (VIII, 216 S.) Ebendas. 877,78. * 74 Pf.; geb. *

—— —— deutsches Lesebuch für die Oberklassen der Volksschule. Neue, nach den „Allgem. Bestimmungen" vom 15. Oktbr. 1872 bearb. Ausg. 1. und 2. Aufl. 8. (XII, 488 S.) Ebendas. 877,78. * M 1,40.; geb. **

—— —— dass. — Für evangel. Schulen bearb. von Geo. Richter. Neue, nach den „Allgem. Bestimmungen" vom 15. Oktbr. 1872 bearb. Ausg. 8. (XII, 488 S.) Ebendas. 878. * geb. **

—— —— dass. — Für kathol. Schulen bearb. von Alb. Haesters. Neue, nach den „Allgem. Bestimmungen" vom 15. Oktbr. 1872 bearb. Ausg. 8. (XII, 488 S.) Ebendas. 878. * geb. **

—— —— dass. — Eigene Ausg. für die Schulen des Königr. Bayern. Bearb. von Phpp. Röhm. 1. und 2. [Ster.-]Aufl. 8. (XII, 488 S.) Ebendas. 877,78. * M 1,40.; geb. **

—— und Geo. Richter, deutsches Lesebuch für die Mittelklassen der Volksschule. 4.—7. [Ster.-]Aufl. 8. (VIII, 216 S.) Ebendas. 880—82. * 74 Pf.; geb. *

— — dasselbe. 11. Aufl. Ausg. f. Ungarn. Bearb. von Johs. Ebenspanger. 1. Aufl. Nach der neuen Rechtschreibg. gr. 8. (VIII, 216 S.) Ebend. 884. — (Budapest, Zilahy.) geb. n. — 90

— — dasselbe. Unter Mitwirkg. v. Geo. Richter hrsg. Ausg. f. israelit. Schulen, bearb. v. M. Blumenfeld. 8. (VIII, 216 S.) Ebend. 884. n. — 74; geb. n. 1. —

—— —— deutsches Lesebuch für die Oberklassen der Volksschule. Neue nach den „Allgemeinen Bestimmungen" vom 15. Oktbr. 1872 bearb. Ausg. 3.—6. [Ster.-]Aufl. 8. (XII, 488 S.) Ebendas. 880—83. * M 1,40., geb. **

— — dasselbe. 8. Aufl. Ausg. f. Ungarn. Bearb. v. Johs. Ebenspanger. 1. Aufl. Nach der neuen Rechtschreibg. gr. 8. (XII, 498 S.) Ebend. 884. (Budapest, Zilahy.) n. 1. 60

—— —— dass. — Für evangel. Schulen bearb. von Geo. Richter. 2. [Ster.-]Aufl. 8. (XII, 488 S.) Ebendas. 881. * geb. **

— — dasselbe. Für evangel. Schulen bearb. v. Geo. Richter. 3. [Ster.-]Aufl. 8. (VIII, 216 S.) Ebend. 882. n. — 74; geb. n. 1. —

—— —— dass. — Für kathol. Schulen bearb. von Alb. Haesters. 2. [Ster.-]Aufl. 8. (XII, 488 S.) Ebendas. 881. * geb. **

— — dasselbe. Für kathol. Schulen bearb. v. Alb. Haesters. 4. [Ster.-]Aufl. 8. (VIII, 216 S.) Ebend. 882. n. — 74; geb. n. 1. —

— — dasselbe. Ausg. f. israelit. Schulen, bearb. v. M. Blumenfeld. 8. (XIV, 555 S.) Ebend. 884. n. 1. 80; geb. n. 2. 25

— u. Geo. Richter, deutsches Lesebuch für die Mittelklassen der Volksschule. Neue, nach den „Allgem. Bestimmungen" vom 15. Okt. 1872 bearb. Ausg. 6. Aufl. 8. (VIII, 216 S.) Ebend. 882. n.n. — 74; geb. n.n. 1. —

— — dasselbe. Eigene Ausg. für die Schulen d. Königr. Bayern. Bearb. v. Phpp. Röhm. 8. (VIII, 216 S.) Ebend. 877. n.n. — 74; geb. n.n. 1. —

—— —— dass. — Eigene Ausg. für die Schulen des Königr. Bayern. Bearb. von Phpp. Röhm. 3.—16. [Ster.-]Aufl. 8. (XII, 488 S.) Ebendas. 879—84. * M 1,40.; geb. **

— — dasselbe. Für evangelische Schulen bearb. v. Geo. Richter. Neue, nach den „Allgem. Bestimmgn." vom 15. Okt. 1872 bearb. Ausg. 2. Aufl. 8. (VIII, 216 S.) Ebend. 882. n. — 74; geb. n. 1. —

— — dasselbe. Für katholische Schulen bearb. von Alb. Haesters. Neue, nach den „Allgem. Bestimmgn." vom 15. Okt. 1872 bearb. Ausg. 3. Ster.-Aufl. 8. (VIII, 216 S.) Ebend. 882. n. — 74; geb. n. 1. —

— — dasselbe für die Oberklassen der Volksschule. Neue, nach den „Allgem. Bestimmungen" vom 15. Okt. 1872 bearb. Ausg. 5. Aufl. 8. (XII, 488 S.) Ebend. 882. n. 1. 40; geb. n.n. 1. 80

— — dasselbe. Eigene Ausg. f. die Schulen des Königr. Bayern. Bearb. v. Phpp. Röhm. 8. (XII, 488 S.) Ebend. 877. n. 1. 40; geb. n.n. 1. 80

— — dasselbe. Für evangelische Schulen bearb. v. Geo. Richter. Neue, nach den „Allgem. Bestimmungen" v. 15. Okt. 1872 bearb. Ausg. 2. (Ster.) Aufl. 8. (XII, 488 S.) Ebend. 882. n. 1. 40; geb. n.n. 1. 80

— — dasselbe. Für kathol. Schulen bearb. v. Alb. Haesters. Neue, nach den „Allgem. Bestimmungen" vom 15. Okt. 1872 bearb. Ausg. 2. (Ster.-) Aufl. 8. (XII, 488 S.) Ebend. 882. n. 1. 40; geb. n.n. 1. 80

Haesters, Alb., und Geo. Richter, deutsches Lesebuch für die Mittelklassen der Volksschule. Ausg. für katholische Schulen, bearb. von Alb. Haesters. 5.—8. [Ster.-]Aufl. 8. (VIII, 216 S.) Essen 883—87, Bädeker. * 74 Pf.; geb. * 1 —

—— und Geo. Richter, deutsches Lesebuch für die Mittelklassen der Volksschule. Ausg. für Simultanschulen. 8.—11. [Ster.-]Aufl. 8. (VIII, 216 S.) Ebendas. 883—86. * geb. *

—— —— dass. — Für evangelische Schulen bearb. von Geo. Richter. 4. und 5. [Ster.-]Aufl. 8. (VIII, 216 S.) Ebendas. 885,87. * 74 Pf.; geb. *

—— deutsches Lesebuch für die Mittelklassen des Volksschule. Unter Mitwirkung von Geo. Richter hrsg. Ausg. für israelit. Schulen, bearb. von M. Blumenfeld. 8. (VIII, 216 S.) Ebendas. 884. * 74 Pf.; geb. *

—— dass. — Neue Aufl. 8. (XIII, 488 S.) Ebendas. 884. * geb. *

Haesters, Alb., u. G. Richter, deutsches Lesebuch für die Mittelklassen der Volksschule. Ausg. f. israelit. Schulen, bearb. von M. Blumenfeld. 2. Aufl. gr. 8. (VIII, 216 S.) Essen 887. Bädeker. n. — 74; geb. n. 1. —

—— —— deutsches Lesebuch für die Oberklassen der Volksschule. Neue, nach den „Allgemeinen Bestimmungen" vom 15. Oktbr. 1872 bearb. Ausg. Für Simultanschulen. 7. und 8. [Ster.-]Aufl. 8. (XII, 488 S.) Ebendas. 885,87. * 1 40 geb. ** 1 80

—— —— dass. — Für evangelische Schulen bearb. von Geo. Richter. 3. [Ster.-]Aufl. 8. (XII, 488 S.) Ebendas. 887. *ℳ 1.40.; geb. ** 1 80

—— —— dass. — Für katholische Schulen bearb. von Alb. Haesters. 3. und 4. [Ster.-]Aufl. 8. (XII, 488 S.) Ebendas. 883,88. geb. ** 1 80

Von diesen Lesebüchern für Mittel- und Oberklassen, für evangelische, katholische und Simultan-Schulen existiren auch besondere Ausgaben für Bayern und Ungarn.

—— u. Georg Richter. Deutsches Lesebuch für die Mittelklassen der Volksschule. 17. Aufl. 8. (VIII, 216 S.) Essen 893, Baedeker. * — 74; geb. * 1 —

—— dass. — Für evangel. Schulen bearb. v. Georg Richter. 8. (ergänzte) Aufl. 8. (VIII, 216 S.) Ebd. 892. * — 74; geb. * * 1 —

—— dass. — Ausgabe für israelitische Schulen bearb. v. M. Blumenfeld. 3. Aufl. 8. (VIII, 216 S.) Ebd. 892. * — 74; geb. * * 1 —

—— dass. — Für kathol. Schulen bearb. v. Albert Haesters. 16. (Stereotyp-)Aufl. 8. (VIII, 216 S.) Ebd. 892. * — 74; geb. * * 1 —

—— dass. — Ausgabe für Ungarn. Bearb. v. Joh. Ebenspanger. 2. Aufl. 8. (VIII, 216 S.) Ebd. (o. J.) (Budap., Pfeifer). geb. * * — 90

—— dass. — 15. Aufl. Evangel. Ausgabe f. Ungarn. Bearb. v. Johannes Ebenspanger. 8. (VIII, 216 S.) (Ebd.) 891. geb. * * — 90

— dasselbe f. die Oberklassen der Volksschule. 12. (Ster.=) Aufl. 8. (XII, 500 S.) Ebd. 894. n. 1. 40; geb. in Halbldr. n.n. 1. 80

— dasselbe. Ausg. f. israelit. Schulen, bearb. v. M. Blumenfeld. 3. Aufl. 8. (VIII, 216 S.) Ebd. 892. n. — 74; geb. n.n. 1. —

— deutsches Lesebuch f. die Mittelklassen der Volksschule. Unter Mitwirkg. v. Geo. Richter hrsg. 18. Aufl. 8. (VIII, 216 S.) Ebd. 894. n. —. 75; geb. in Halbldr. n.n. 1. —

— u. Geo. Richter, deutsches Lesebuch f. die Mittelklassen der Volksschule. Für evangel. Schulen bearb. v. Geo. Richter. 8. (Ster.=)Aufl. gr. 8. (VIII, 216 S.) Essen 892. G. D. Baedeker. n. — 74; geb. n.n. 1. —

Haesters, Alb., u. Geo. Richter, deutsches Lesebuch f. die Mittelklassen der Volksschule. Für kathol. Schulen bearb. v. Alb. Haesters. 17. (Ster.=)Aufl. 8. (VIII, 216 S.) Essen 893. G. D. Baedeker. n. — 74; geb. n.n. 1. —

— — dasselbe. 14. Aufl. Ausg. f. Ungarn. Bearb. v. Johs. Ebenspanger. 2. Aufl. 8. (VIII, 216 S.) Ebd. 894. — Budapest, F. Pfeifer. Geb. n.n. — 90

— — dasselbe. 15. Aufl. Evangelische Ausg. f. Ungarn. Bearb. v. Johs. Ebenspanger. 8. (VIII, 216 S.) Ebd. 891. Geb. n.n. — 90

— — dasselbe f. die Oberklassen der Volksschule. Für evangel. Schulen bearb. v. Geo. Richter. 4. (Ster.=) Aufl. 8. (XII, 500 S.) Essen 890. G. D. Baedeker. n. 1. 40; geb. n.n. 1. 80

— — dasselbe. Für kathol. Schulen bearb. v. Alb. Haesters. 8. (Ster.=)Aufl. 8. (XII, 500 S.) Ebd. 893. n. 1. 40; geb. n.n. 1. 80

— — dasselbe. 9. Aufl. Evangelische Ausg. f. Ungarn. Bearb. v. Johs. Ebenspanger. 8. (XII, 498 S.) Ebd. 891. — Budapest, F. Pfeifer. Geb. n. 1. 60

— deutsches Lesebuch f. d. Oberklassen d. Volksschule. Unt. Mitwirkg. v. Geo. Richter hrsg. Ausg. f. israelit. Schulen, bearb. v. M. Blumenfeld. 2. Aufl. gr. 8. (XIV, 500 S.) Ebd. 896. n. 1. 40; geb. in Halbldr. n.n. 1. 80

— dasselbe. Anh., enth.: Denkwürdigkeiten aus d. Geschichte d. Israeliten in d. nachbibl. Zeit. 2. Aufl. 8. (71 S.) Ebd. 896. n. — 40

— u. G. Richter, deutsches Lesebuch f. d. Mittelklassen d. Volksschule. F. evang. Schulen bearb. v. Geo. Richter. 8. (ergänzte) Aufl. 8. (VIII, 216 S.) Ebd. 892. n. — 74; geb. n.n. 1. —

— — dasselbe. F. kathol. Schulen bearb. v. Alb. Haesters. 20. (Ster.=) Aufl. 8. (VIII, 216 S.) Ebd. 895. n. — 74; geb. n.n. 1. —

— — dasselbe f. d. Oberklassen d. Volksschule. (Für kathol. Schulen bearb. v. Alb. Haesters. 9. (Ster.=) Aufl. 8. (XII, 500 S.) Ebd. 895. n. 1. 40; geb. n.n. 1. 80

Haesters, A., u. G. Richter, deutsches Lesebuch. Für kathol. Volksschulen in Schlesien bearb. v. Bernh. Stein. 2 Tle. gr. 8. Essen 901. G. D. Baedeker. n.n. 2. 15; geb. n.n. 2. 80
1. Lesebuch f. die Mittelstufe. 3. Aufl. (31. Aufl. der ursprüngl. Ausg.) Mit 44 Abbildgn. (VI, 196 S.) n. — 75; geb. n.n. 1. —
2. Lesebuch f. die Oberstufe. 3. Aufl. (15. Aufl. der ursprüngl. Ausg.) Mit 83 Abbildgn. (VIII, 509 S.) n.n. 1. 40; geb. n.n. 1. 80

Haesters, Alb., u. G. Richter, deutsches Lesebuch für die Oberklassen der Volksschule. Für kathol. Schulen bearb. v. Alb. Haesters. 13. (Ster.)=Aufl. (XII, 500 S.) 8. Essen (904). G. D. Baedeker. Geb. in Halbldr. n.n. 1. 80

— u. G. Richter, deutsches Lesebuch. Für kathol. Volksschulen in Schlesien bearb. v. Bernh. Stein. 2 Tle. gr. 8. Ebd. 904. n.n. 2. 15; geb. n.n. 2. 80
I. Lesebuch f. die Mittelstufe. 6. Aufl. (34. Aufl. der ursprüngl. Ausg.) (VI, 196 S. m. 44 Abb.) n.n. — 75; geb. n.n. 1. —
II. Lesebuch f. die Oberstufe. 6. Aufl. (18. Aufl. der ursprüngl. Ausg.) (VIII, 519 S. m. 81 Abb.) n.n. 1. 40; geb. n.n. 1. 80

— deutsches Lesebuch f. die Oberklassen der Volksschule. Unter Mitwirkg. v. Geo. Richter hrsg. 16. Aufl. (XII, 500 S.) 8. Ebd. 904. Geb. in Halbldr. n.n. 1. 80

— Deutsches Lesebuch f. die Mittelklassen d. Volksschule. Unter Mitwirkg. v. Geo. Richter hrsg. 24. Aufl. (VIII, 216 S.) 8. Ebd. 905. Geb. nn 1. —

— — dasselbe. Für kathol. Schulen bearb. v. Alb. Haesters. 29. (Ster.-)Aufl. (VIII, 216 S.) 8. Ebd. 906. Geb. nn 1 —

— dasselbe. Ausg. f. israel. Schulen, bearb. v. M. Blumenfeld. 4. Aufl. (VIII, 217 S.) 8. Ebd. 907. Geb. nn 1. —

Haester's, Alb., deutsches Lesebuch f. die Oberklassen der Volksschule. Unter Mitwirkg. v. Geo. Richter hrsg. 16. Aufl. (Neue Ausg.) (X, 510 S.) 8. Essen 907. G. D. Baedeker. Geb. nn 1. 80

— — Deutsches Lesebuch f. d. Mittelklassen d. Volksschule. Für evangel. Schulen bearb. v. Geo. Richter. 12. Aufl. (VIII, 216 S.) 8. Ebd. 907. Geb. nn 1. —

— — dasselbe f. d. Oberklassen d. Volksschule. Für evang. Schulen bearb. v. Geo. Richter. 5. Aufl. (X, 510 S.) 8. Ebd. 907. Geb. nn 1. 80

— u. G. **Richter, deutsches Lesebuch.** Für kathol. Volksschulen in Schlesien bearb. v. Bernh. Stein. 2 Tle. 8. Ebd. 908. Geb. nn 2. 80
I. f. die Mittelstufe. 11. Aufl. (VI, 196 S. m. 44 Abb.) nn 1. —
II. f. die Oberstufe. 9. Aufl. (VIII, 519 S. m. 81 Abb.) nn 1.80

Haesters-Richter. Lesebuch. Ergänzung dazu, s. Ebenspanger, Joh.

— Melodien zu den Liedern in Haesters' „Lehr- u. Lesebuch für die Oberklassen der Volksschule“, mit beigedr. Texten. 63 ein-, zwei-, drei- u. vierstimm. Lieder m. bewährten Sangweisen. 2. Aufl. gr. 16. (55 S.) Ebend. 874. n. — 30

— Rechenbuch für die Mittelklassen der Volksschule. Ebend. 862. gr. 8. (IV, 104 S.) n. 5 ngr.; Antworten dazu. [Für den Lehrer bestimmt.] 863. (44 S.) n. 5 ngr.

— Rechenbuch für die Mittelklassen der Volksschule. Besonders bearb. für die norddeutschen Staaten (außer Preußen) von A. Kniehan. Ebend. 865. 8. (IV, 104 S.) n. 5 ngr.; Antworten dazu (41 S.) n. 5 ngr.

— — [Nach der neuen Maaß- u. Gewichtsordnung für den norddeutschen Bund umgearb.] 5. Aufl. Ebend. 870. 8. (IV, 104 S.) n. 5 ngr.; geb. n. 6½ ngr.; Antworten dazu 2. Aufl. (44 S.) n. 5 ngr.

— Rechenbuch für die Mittelklassen der Volksschule. 10. [Ster.-] Aufl. [Umgearb. nach der neuen Maaß- u. Gewichtsordng.] gr. 8. (IV, 104 S.) Ebend. 873. n. — 50; geb. n. — 63

— dasselbe. Antworten. Besonders bearb. f. d. süddeutschen Staaten [m. Gulden- u. Kreuzer-Berechnung] v. Phpp. Röhm. Für den Lehrer bestimmt. 3. Aufl. Vollständ. umgearb. nach der neuen Maaß- u. Gewichtsordn., die vom 1. Januar 1872 ab in Anwendg. kommt. 8. (44 S.) Ebend. 871. n. 50

— Rechenbuch für die Oberklassen der Volksschule. Ebend. 863. gr. 8. (IV, 160 S.) n. 8 ngr.; Antworten dazu. [Für den Lehrer bestimmt.] 8. (38 S.) n. 5 ngr.

— — für die Oberklassen. Ebend. 865. 8. (IV, 160 S.) n. 8 ngr.

—— Rechenbuch für die Oberklassen der Volksschule. [Nach der neuen Maaß- und Gewichtsordnung für den norddeutschen Bund umgearb.] 8.—6. Aufl., und umgearb. nach der neuen Maaß- und Gewichtsordnung. 7. und 8. Aufl. 8. (IV, 176 S.) Essen 872,73, Bädeker. * 80 Pf.; geb. *

—— dass. — Antworten dazu. Für den Lehrer. 8. Aufl. 8. (48 S.) Ebendas. 870. *

— Rechenbuch f. die Oberklassen d. Volksschule. 7. [Ster.-] Aufl. Umgearb. nach der neuen Maaß- n. Gewichtsordng. 8. (176 S.) Ebend. 872. n. — 80; geb. n. 1. —

— Rechenbuch für die Unterklassen der Volksschule. Ausgabe für den Lehrer. Ebend. 861. 8. (IV, 96 S.) n. 8 ngr.

— — Ausgabe für die Schüler. Ebend. 861. 8. (54 S.) n. 2⅔ ngr.; geb. n. 3½ ngr.

—— dass. — für die Unterklassen. 8. (53 S.) Ebendas. 864. Ausg. für den Lehrer. (IV und 95 S.)

—— Rechenbuch für die Unterklassen der Volksschule. Ausg. für die Schüler. [Nach der neuen Maaß- und Gewichtsordnung für den norddeutschen Bund umgearb.] 6.—8. Aufl. 1870—72, und umgearb. nach der neuen Maaß- und Gewichtsordnung. 9.—11. Aufl. 8. (II, 54 S.) Essen 878,74, Baedeker. geb.

— dasselbe. Für die Unterklassen der Volksschule. Ausg. f. die Schüler. Umgearb. nach der neuen Maaß- u. Gewichtsordng. 9. Aufl. 8. (53 S.) Ebend. 872. n. — 27; geb. n. — 43

Haesters', Alb., Rechenbuch für die Unterklassen der Volksschule. Ausg. für den Lehrer. [Nach der neuen Maaß- u. Gewichtsordnung für den norddeutschen Bund umgearb.] 3. Aufl. Ebend. 870. 8. (IV, 96 S.) n. 8 ngr.

— — Ausg. für die Schüler. [Nach der neuen Maaß- u. Gewichtsordng. für den norddeutschen Bund umgearb.] 6. Aufl. Ebend. 870. 8. (II, 54 S.) n. 2⅔ ngr.; geb. n. 3¾ ngr.

—— und Phil. Röhm, Rechenbuch für die deutsche Volksschule. Vollständig umgearb. nach dem neuen Münz-Systeme und der neuen Maaß- und Gewichts-Ordnung des deutschen Reiches. Ausg. für die Schüler. 6 Hefte. 8. Essen 874, Baedeker. *
Inhalt:
Heft 1. Für Unterklassen. 1. Heft. 12.—14. Aufl. (S. 1—27.) * 15 Pf.
" 2. —— dass. — 2. Heft. 12.—14. Aufl. (S. 28—53.) * 15 Pf.
" 3. Für Mittelklassen. 1. Heft. 12.—14. Aufl. (S. 1—71.) * 30 Pf.
" 4. —— dass. — 2. Heft. 11. und 12. Aufl. (S. 72—111.) * 20 Pf.
" 5. Für Oberklassen. 1. Heft. 9.—11. Aufl. (S. 1—92.) * 40 Pf.
" 6. —— dass. — 2. Heft. 9.—11. Aufl. (S. 93—172.) * 40 Pf.

—— und Ph. Röhm, Rechenbuch für die deutsche Volksschule. Umgearb. nach der neuen Münz-, Maß- und Gewichtsordnung und mit Berücksicht. der vorgeschriebenen Abkürzungen der Münz-, Maß- und Gewichtsbezeichnungen, sowie der Stellung des Divisors hinter dem Dividend. Ausg. für die Schüler. 6 Hefte. 8. Ebendas. 879.
Inhalt:
Heft 1. Für Unterklassen. 1. Heft. 15.—28. Aufl. (S. 1—27.) * 15 Pf.
" 2. —— dass. — 2. Heft. 15.—31. Aufl. (S. 28—53.) * 15 Pf.
" 3. Für Mittelklassen. 1. Heft. 15.—33. Aufl. (S. 1—71. * 30 Pf.
" 4. —— dass. — 2. Heft. 13.—29. Aufl. (S. 72—111.) * 20 Pf.
" 5. Für Oberklassen. 1. Heft. 12.—26. Aufl. (S. 1—92.) * 40 Pf.
" 6. —— dass. — 2. Heft. 12—21. Aufl. (S. 93—172.) * 40 Pf.

— — dasselbe. Ausg. f. den Lehrer. 3 Thle. 8. Ebend. 874. n. 1. 80
1. Methodisches Handbuch zu dem Unterklassen-Rechenbuch. 4. Aufl. (95 S.) n. — 80
2. Antworten zum 3. u. 4. Hft. [Für Mittelklassen.] 4. Aufl. (45 S.) n. — 50
3. Antworten zum 5. u. 6. Hft. [Für Oberklassen.] 5. Aufl. (40 S.) n. — 50

—— —— dass. — Ausg. für den Lehrer. 3 Thle. 8. Ebendas. 875. *
Inhalt:
Thl. 1. Methodisches Handbuch zu dem Unterklassen-Rechenbuch. 5. Aufl. (96 S.) * 80 Pf.
" 2. Antworten zum 3. und 4. Heft. [Für Mittelklassen.] 4. Aufl. (45 S.) * 50 Pf.
" 3. Antworten zum 5. und 6. Heft. [Für Oberklassen.] 7. Aufl. (40 S.) * 50 Pf.

—— und Ph. Röhm, Rechenbuch für die deutsche Volksschule. Umgearb. nach der neuen Münz-, Maß- und Gewichtsordnung und mit Berücksicht. der vorgeschriebenen Abkürzungen der Münz-, Maß- und Gewichtsbezeichnungen, sowie der Stellung des Divisors hinter dem Dividend. Ausg. für die Schüler. 6 Hefte. 8. Ebendas. 880—84.
Inhalt:
Heft 1. Für Unterklassen. 1. Heft. 29.—39. Aufl. (S. 1—27.) * 15 Pf.
" 2. —— dass. — 2. Heft. 32.—44. Aufl. (S. 29—53.) * 15 Pf.
" 3. Für Mittelklassen. 1. Heft. 34.—46. Aufl. (S. 1—71.) * 30 Pf.
" 4. —— dass. — 2. Heft. 30.—41. Aufl. (S. 73—111.) * 20 Pf.
" 5. Für Oberklassen. 1. Heft. 27.—33. Aufl. (S. 1—92.) * 40 Pf.
" 6. — dass. — 2. Heft. 22.—27. Aufl. (S. 93—172.) * 40 Pf.

—— —— dass. — Antworten zum 3. und 4. Heft [für Mittelklassen]. Ausg. für den Lehrer. 5. [Ster.-]Aufl. 8. (45 S.) Ebendas. 882.

— dasselbe. Methodisches Handbuch zum 1. u. 2. u. 3. u. 4. Hft. [f. Unterklassen] f. den Lehrer. 5. Aufl. 8. Ebend. 878. 82. n. 1. 30

1. 2. (96 S.) n. — 80. — 3. 4. (45 S.) n. — 50

—— und Ph. Röhm, Rechenbuch für die deutsche Volksschule. Umgearb. mit Berücksicht. der von dem Bundesrat vorgeschriebenen Abkürzungen der Münz-, Maß- und Gewichtsbezeichnungen. 6 Hefte. Ausg. für die Schüler. 8. Ebendas. 885—89. * 1 60

Inhalt:

Heft 1. Für Unterklassen. I. 40.—50. Aufl. (S. 1—27.) * 15 Pf.
„ 2. —— dass. — II. 45.—57. Aufl. (S. 28—53.) * 15 Pf.
„ 3. Für Mittelklassen. I. 47.—63. Aufl. (S. 1—71.) * 30 Pf.
„ 4. —— dass. — II. 42.—50. Aufl. (S. 72—116.) * 20 Pf.
„ 5. Für Oberklassen. I. 34.—43. Aufl. (S. 1—92.) * 40 Pf.
„ 6. —— dass. — II. 28.—33. Aufl. (S. 93—172.) * 40 Pf.

— — dasselbe. Methodisches Handbuch zum 1. u. 2. Hft. [f. Unterklassen] f. den Lehrer. 6. [Ster.-]Aufl. 8. (IV, 95 S.) Ebend. 882. n. — 80

— — dasselbe. Antworten zum 3/4. 5/6. Hft. Ausg. f. den Lehrer. 8. Ebend. 885. à n. — 50

3. 4. Für Mittelklassen. 6. [Ster.-]Aufl. (42 S.) — 5. 6. Für Oberklassen. 9. [Ster.-]Aufl. (40 S.)

— — dasselbe. 2. Hft. [Für die II—III. Klasse.] Neue Ausg., den Zahlenraum von 10 bis 100 in zehnerweiser Fortschreitg. enth. 8. (54 S.) Ebend. 886. n. — 20

— u. Ph. Röhm, Rechenbuch f. die deutsche Volksschule. Umgearb. m. Berücksicht. der v. dem Bundesrat vorgeschriebenen Abkürzgn. der Münz-, Maß- u. Gewichtsbezeichngn. 6 Hfte. Ausg. f. die Schüler. 8. Ebd. 889. n. 1. 60

1. 51. Aufl. (27 S.) n. — 15. — 2. 58. Aufl. (S. 28—53.) n. — 15. — 3. 63. Aufl. (71 S.) n. — 30. — 4. 52. Aufl. (S. 72—117.) n. — 20. — 5. 45. Aufl. (92 S.) n. — 40. — 6. 35. Aufl. (S. 93—173.) n. — 40.

— — dasselbe. Ausg. f. d. Lehrer. 3 Hfte. 8. Ebd. 889. n. 1. 80

1. Methodisches Handbuch zum 1. u. 2. Hft. [für Unterklassen]. 7. [Ster.-]Aufl. (IV, 96 S.) n. — 80. — 2. Antworten zum 3. u. 4. Hft. [für Mittelklassen]. 7. [Ster.-]Aufl. (43 S.) n. — 50. — 3. Antworten zum 5. u. 6. Hft. [f. Oberklassen]. 10. [Ster.-]Aufl. (40 S.) n. — 50.

—— u. Ph. Röhm. Rechenbuch für die deutsche Volksschule. 7 Hefte. 8. Essen, Baedeker. * 1 70

1. (Für Unterklassen 1. Heft.) 55. Aufl. (28 S.) 892. ** — 15; 2. (Für Unterklassen 2. Heft.) 65. Aufl. (53 S.) 893. ** — 15; 3. (Für Mittelklassen 1. Heft.) 73. Aufl. (35 S.) 892. * — 20; 4. (Für Mittelklassen 2. Heft.) 71. Aufl. (72 S.) 892. * — 20; 5. (Für Mittelklassen 3. Heft.) 59. Aufl. (117 S.) 893. * — 20; 6. (Für Oberklassen 1. Heft.) 52. Aufl. (91 S.) 893. * — 40; 7. (Für Oberklassen 2. Heft.) 40. Aufl. (181 S.) 893. * — 40.

Haesters, Albert u. Ph. Röhm. Rechenbuch für die deutsche Volksschule. Method. Handbuch zum 1. u. 2. Heft (für Unterklassen) für d. Lehrer. 7. (Stereotyp-)Aufl. 8. (95 S.) Essen 893, Baedeker. * — 80

—— dass. — Antworten zum 3.—7. Heft. Ausgabe f. den Lehrer. 8. Ebd. 893. * 1 —

3.—5. Heft (für Mittelklassen). 8. (Stereotyp-)Aufl. (44 S.) * — 50.
6. u. 7. Heft (für Oberklassen). 11. (Stereotyp-)Aufl. (42 S.) * — 50.

— u. Ph. Röhm, Rechenbuch f. die deutsche Volksschule. Umgearb. m. Berücksicht. der v. dem Bundesrat vorgeschriebenen Abkürzgn. der Münz-, Maß- u. Gewichtsbezeichngn. Ausg. f. die Schüler. 7 Hfte. 8. Essen 894. G. D. Baedeker. n. 1. 70

1. [Für die Unterklassen 1. Hft.] 57. Aufl. (27 S.) n. — 15
2. [Dasselbe. 2. Hft.] 67. Aufl. (S. 28—53.) n. — 15
3. [Für Mittelklassen 1. Hft.] 74. Aufl. (34 S.) n. — 20
4. [Dasselbe. 2. Hft.] 73. Aufl. (S. 35—71.) n. — 20
5. [Dasselbe. 3. Hft.] 60. Aufl. (S. 72—117.) n. — 20
6. [Für Oberklassen 1. Hft.] 53. Aufl. (92 S.) n. — 40
7. [Dasselbe. 2. Hft.] 41. Aufl. (S. 93—182.) n. — 40

— — dasselbe. Methodisches Handbuch zum 1. u. 2. Hft. (f. Unterklassen) f. den Lehrer. 7. (Ster.-)Aufl. 8. (IV, 96 S.) Ebd. 889. n. — 80

— — dasselbe. Antworten zum 3.—7. Hft. Ausg. f. den Lehrer. 2 Hfte. 8. Ebd. 893. à n. — 50

I. Zum 3.—5. Hft. (f. Mittelklassen). 8. (Ster.-)Aufl. (44 S.)
II. Zum 6. u. 7. Hft. (f. Oberklassen). 11. (Ster.-)Aufl. (42 S.)

Haesters, Alb., u. Ph. Röhm, Rechenbuch f. d. deutsche Volksschule. Umgearb. m. Berücksicht. der v. d. Bundesrat vorgeschrieb. Abkürzgn. d. Münz-, Maß- u. Gewichtsbezeichngn. 7 Hfte. Ausg. f. d. Schüler. 8. Essen, G. D. Baedeker. n.n. 1. 70

1. Für Unterklassen. 1. Hft. 68. Aufl. (27. S.) 895. n.n. — 15
2. Für Unterklassen. 2. Hft. 69. Aufl. (S. 28—53.) 895. n.n. — 15
3. Für Mittelklassen. 1. Hft. 77. Aufl. (35 S.) 896. n. — 20
4. Für Mittelklassen. 2. Hft. (S. 35—71.) 896. n. — 20
5. Für Mittelklassen. 3. Hft. 62. Aufl. (S. 73—117.) 895. n. — 20
6. Für Oberklassen. 1. Hft. 55. Aufl. (92 S.) 896. n. — 40
7. Für Oberklassen. 2. Hft. 42. Aufl. (S. 93—182.) 895. n. — 40

— — dasselbe. Method. Handbuch z. 1. u. 2. Hft. (f. Unterklassen) f. d. Lehrer. 8. Aufl. 8. (IV, 96 S.) Ebd. 895. n. — 80

— u. Ph. Röhm, Rechenbuch für die deutsche Volksschule. Umgearb. m. Berücksicht. der v. dem Bundesrat vorgeschriebenen Abkürzgn. der Münz-, Maß- u. Gewichtsbezeichngn. 6. u. 7. Hft. 8. Ebd. à n. — 40

6. (Für Oberklassen 1. Hft.) Ausg. f. d. Schüler. 58. Aufl. (92 S. m. Fig.) 898.
7. (Für Oberklassen 2. Hft.) Ausg. f. die Schüler. 48. Aufl. (S. 93—182.) 902.

— — dasselbe. Antworten zum 3.—5. Hft. (f. Mittelklassen). Ausg. f. den Lehrer. 9. (Ster.-)Aufl. 8. (44 S.) Ebd. 901. n. — 50

— — dasselbe. Antworten zum 6. u. 7. Hft. (f. Oberklassen). Ausg. f. den Lehrer. 13. Aufl. 8. (42 S.) Ebd. 900. n. — 50

— u. Ph. Röhm, Rechenbuch für die deutsche Volksschule. 1.—7. Heft. Ausg. f. die Schüler. 8. Ebd. n.n. 1. 55

1. (Für Unterklassen 1. Heft.) Hrsg. von S. Graf. 64. Aufl. (28 S.) 905. n.n. — 15
2. (Für Unterklassen 2. Heft.) 79. Aufl. Hrsg. v. S. Graf. (S. 28—53.) 904. n.n. — 15
3. (Für Mittelklassen 1. Heft.) 87. Aufl. (36 S.) 906. n. — 20
4. (Für Mittelklassen 2. Heft.) 84. Aufl. (S. 35—72.) 905. n. — 20
5. (Für Mittelklassen 3. Heft.) 71. Aufl. (S. 72—117.) 906. n. — 20
6. (Für Oberklassen 1. Heft.) 63. Aufl. (96 S.) 905. n.n. — 40
7. (Für Oberklassen 2. Heft.) 50. Aufl. (S. 93—184.) 906. n. — 40

— u. Ph. Röhm, Rechenbuch f. die deutsche Volksschule. Hrsg. v. S. Graf. 1., 2., 4., 6. u. 7. Heft. Ausg. f. die Schüler. 8. Ebd. 1. 30

1. (Für Unterklassen 1. Heft.) 65. Aufl. (28. S.) 907. nn — 15
2. (Für Unterklassen 2. Heft.) 80. Aufl. (S. 28—53.) 907. nn — 15
4. (Für Mittelklassen 2. Heft.) 88. Aufl. (S. 36—72.) 909. — 20
6. (Für Oberklassen 1. Heft.) 64. Aufl. (96 S. m. Fig.) 907. — 40
7. (Für Oberklasien 2. Heft.) 51. Aufl. (S. 93—184.) 907. — 40

— — dasselbe. Antworten zum 6. u. 7. Heft (f. Oberklassen). Ausg. f. den Lehrer. 14. Aufl. (42 S.) 8. Ebd. 907. — 50

Haesters, Alb., die Sprachübungen in den Oberklassen der Volksschule. Im Anschlusse an „Haesters' Lehr- und Lesebuch für die Oberklassen der Volksschule". Ein Uebungsbuch für die Schüler. 1.—5. [Ster.-]Aufl. 8. (IV, 46 S.) Essen 868—74, Baedeker. *

— die Sprachübungen in den Oberklassen der Volksschule. Im Anschlusse an „Haester's Lehr- u. Lesebuch f. die Oberklassen der Volksschule". Ein Uebungsbuch für die Schüler. 6. [Ster.-] Aufl. 8. (IV, 46 S.) Ebend. 875 n. — 30

— dasselbe. Ein method. Handbuch f. d. Lehrer. 3. [Ster.-] Aufl. 8. (VI, 84 S.) Ebend. 874. n. — 90

— die Sprachübungen f. die Oberklassen der Volksschule. Im Anschlusse an Haesters'-Richter's „Deutsches Lesebuch für die Oberklassen" bearb. Ein method. Handbuch f. den Lehrer. 8. (VI, 87 S.) Ebend. 878. n. — 90

— dasselbe. Ein Uebungsbuch für die Schüler. 8. [Ster.=] Aufl. 8. (IV, 46 S.) Ebend. 878. n. — 30

— u. J. Huffschmidt, die Sprach- u. Stilübungen für die Mittelklassen der Volksschule. Im Anschlusse an Haesters'-Richter's „Deutsches Lesebuch für die Mittelklassen" bearb. Ein method. Handbuch f. den Lehrer. 8. (68 S.) Essen 878. Bädeker. n. — 80

Haesters, Alb., u. J. Huffschmidt, die Sprach- u. Stilübungen für die Mittelklassen der Volksschule. Im Anschlusse an Haesters'-Richter's „Deutsches Lesebuch für die Mittelklassen" bearb. Ein Uebungsbuch für die Schüler. 8. (43 S.) Essen 878. Bädeker. n. — 27

— und J. Huffschmidt, die Stilübungen in der Volksschule. Im Anschlusse an „Haesters' Lehr- und Lesebuch" bearb. 1. Thl. Für die Mittelklassen. — 2. Thl. Für die Oberklassen. Ein Uebungsbuch für die Schüler. Essen 864. Bädeker. 8. (IV, 44; IV, 84 S.) 1.: n. 2⅔ ngr; 2.: n. 5 ngr.

—— dass. — Ein method. Handbuch für den Lehrer. 1. Aufl. 1864. und 2. Ster.-Aufl. 8. (VI und 149 S.) Ebendas. 867. *

— u. J. Huffschmidt, die Stilübungen in der Volksschule. Im Anschlusse an „Haesters' Lehr- u. Lesebuch" bearb. 2. Thl. Für die Oberklassen. Ein method. Handbuch für den Lehrer. 2. Ster.-Aufl. Ebend. 867. 8. (IV, 149 S.) n. 14 ngr.

—— und J. Huffschmidt, die Stilübungen in der Volksschule. Im Anschluß an „Haesters' Lehr- und Lesebuch" bearb. Ein Uebungsbuch für die Schüler. 2 Thle. 8. Essen 866—74, Baedeker. *

Inhalt:
Thl. 1. Für die Mittelklassen. 2.—6. [Ster.-]Aufl. (44 S.) * 27 Pf.
„ 2. Für die Oberklassen. 2.—5. [Ster.-]Aufl. (74 S.) * 50 Pf.

—— —— dass. — Ein method. Handbuch für den Lehrer. 2 Thle. 8. Ebendas. 866—74. *

Inhalt:
Thl. 1. Für die Mittelklassen. 2.—4. Aufl. (66 S.) * 80 Pf.
„ 2. Für die Oberklassen. 3. und 4. [Ster.-]Aufl. (149 S.) * ℳ 1,40.

— u. J. Huffschmidt, die Stilübungen in der Volksschule. Im Anschluß an „Haester's Lehr- u. Lesebuch" bearb. Ein Uebungsbnch für die Schüler. 2 Thle. 6. [Ster.-] Aufl. 8. Ebend. 874. n. — 77

1. Für die Mittelklassen. (44 S.) n. — 27
2. Für die Oberklassen. (74 S.) n. — 50

— — dasselbe. Ein method. Handbuch f. den Lehrer. 2 Thle. 8. Ebend. 874. n. 2. 20

1. Für die Mittelklassen. 4. Aufl. (66 S.) n. — 80
2. Für die Oberklassen. 4. [Ster.-]Aufl (149 S.) n. 1. 40

—— —— dass. — Ein method. Handbuch für den Lehrer. 2 Thle. 8. Ebendas. 874,75. *

Inhalt:
Thl. 1. Für die Mittelklassen. 5. Aufl. (66 S.) * 80 Pf.
„ 2. Für die Oberklassen. 4. [Ster.-]Aufl. (149 S.) * ℳ 1,40.

—— —— die Stilübungen in der Volksschule. Im Anschluß an „Haesters' Lehr- und Lesebuch" bearb. Ein Uebungsbuch für die Schüler. 2 Thle. 8. Ebendas. 877,78. *

Inhalt:
Thl. 1. Für die Mittelklassen. 7. und 8. [Ster.-]Aufl. (44 S.) * 27 Pf.
„ 2. Für die Oberklassen. 6.—8. [Ster.-]Aufl. (IV, 74 S.) * 50 Pf.

— Wand-Fibel [13 Tafeln] zu der „Fibel oder dem Schreib-Lese-Unterricht für die Unterklassen der Volksschule." 859. — 2. Aufl. 861. — 3. Aufl. Imp.-Fol. Ebend. 864. n. 1 ℛ

—— Wand-Fibel, [13 Tafeln] zu der „Fibel oder dem Schreib-Lese-Unterricht für die Unterklassen der Volksschule". 6.—16. Aufl. gr. Fol. Essen 868—74, Baedeker. *
Aufgezogen und gefirnißt, 13 Taf. auf Pappdeckel in Mappe.
Die großen Buchstaben auf Holztäfelchen in Kasten **

— Wand-Fibel, [13 Taf.] zu der „Fibel oder dem Schreib-Lese-Unterricht für die Unterklassen der Volksschule". 14. Aufl. gr. Fol. Ebend. 876. n. 3. 75; aufgezogen u. gefirnißt n.n. 25. —

Haesters, Alb., Wand-Fibel, [13 Tafeln] zu der „Fibel oder dem Schreib-Lese-Unterricht für die Unterklassen der Volksschule". 17.—19. Aufl. gr. Fol. Essen 875—79, Baedeker. *
Aufgezogen und gefirnißt, 13 Taf. auf Pappdeckel in Mappe.
Die großen Buchstaben auf Holztäfelchen in Kasten **

—— Wand-Fibel, [13 Tafeln] zu der „Fibel oder dem Schreib-Lese-Unterricht für die Unterklassen der Volksschule". 20. Aufl. gr. Fol. Ebendas. 881. *
Aufgezogen und gefirnißt, 13 Taf. auf Pappdeckel in Mappe.
Die großen Buchstaben auf Holztäfelchen in Kasten **

—— Wand-Fibel, [13 Tafeln] zu der „Fibel oder dem Schreib-Lese-Unterricht für die Unterklassen der Volksschule". 21.—24. Aufl. gr. Fol. Ebendas. 882—87. *
Aufgezogen und gefirnißt, 13 Taf. auf Pappdeckel in Mappe.
Die großen Buchstaben auf Holztäfelchen in Kasten **

— Weltkunde. Ein Lehr- und Lesebuch zur Förderung realer und humaner Bildung für Schule und Haus, besonders für Gewerbe-, Real- und höhere Bürgerschulen. Mit 1 (lith.) Sternkarte (in 4.). Essen 860. (Leipzig) Seemann. Lex.-8. (XII, 539 S.) 1 ℛ 7½ ngr.

Hastfer, Friedrich Wilhelm: Goldgrube eines Landes in der Verbesserung der Schaafszucht, nebst einem zuverläßigen Mittel und Rath gegen die Schaafspocken. Aus dem Dänischen übers. 72 S., gbd., 1 Taf.
Kopenhagen: Mumme 1756

Hastfer, F. W., Goldgrube eines Landes in Verbesser. d. Schafe. Aus d. Dän. 8. Bern 763. Typogr. Soc. 5 gr

— von d. Schafzucht, mit Linné's Noten. gr. 8. Bern. Typogr. Soc. 5 gr

— Unterricht von d. Zucht, Wartung u. besten Art von Schafen. Aus d. Schwed. 8. Leipz. 785. Heinsius. (Gastl in Brünn). 18 gr

v. Hastfer, Frau H., s. v. Genlis, Herzogin v Vallière.

v. Hastfer, Freiin Helmine, geb. v. Klenck, jetzige v. Chezy, Leben u. Kunst in Paris, seit Napoleon I. 2 Thle, mit Kpf. gr. 8. Weimar 805, 6. Industr.-Compt. 2 ℛ 12 gr

Hasting, Johannes: Die Dichte der städtischen Siedlungen in Europa. Berlin: Trenkel 1909. 51 S. 8° ¶ (Ersch. auch als Buch ebd.)
Jena, Phil. Diss. v. 4. März 1909, Ref. Dove
[Geb. 24. Juni 76 Shiloh, Kapland; Wohnort: Shiloh; Staatsangeh.: Großbritannien; Vorbildung: Realgymn. Breslau Reife O. 05; Studium: Theol. Gnadenfeld Theol. Sem. 7, Phil. Berlin 2, Kiel 2, Jena 3 S.; Rig. 15. Juni 08.]
[U 09. 2180

Hasting, Knud, kleines Taschenwörterbuch der deutsch-dänischen u. dänisch-deutschen Sprache, s.: Robolsky, K.

Hastings, H. L., die Inspiration der Bibel. Eine Vorlesg. 8. (47 S.) Basel 886. Spittler. — 15

Hastings, John, die Lungenschwindsucht, mit Erfolg geheilt durch Naphtha. Aus d. Engl. v. J. H. Jansen. 12. (5 B.) Hamburg 844, Kittler.

Hastings, Karl, Abhandl. über d. Entzündung d. Schleimhaut d. Lungen, nebst e. auf Versuche sich gründ. Untersuchung über d. Contractibilität d. Blutgefäße u. d. Natur d. Entzündung; aus d. Engl. übers. von G. v. d. Busch. gr. 8. Bremen 822. Heyse. 2 ℳ 6 ℋ

Warren Hastings. (Siehe in: Macaulay's ausgewählte Schriften. Bd. 1.) 8°.

Hästner, Adalbert [Hrsg.], s. Telegraphen-Kalender

Hastreiter, J., die Geschlechtskrankheiten des Mannes. Mit besond. Berücksicht. ihrer Verhütg. gemeinverständlich dargestellt. (XIV, 316 S. m. 1 Taf.) 8. München (904). Seitz & Schauer. n. 3.—; geb. in Leinw. n. 4.—

Hastreiter, J., was jeder junge Mann zur rechten Zeit erfahren sollte. Ein Buch, zum Schutze vor d. Folgen d. Unwissenheit u. d. Unvorsichtigkeit in geschlechtl. Dingen. 3. [Titel-]Aufl. [v.: „Die Geschlechtskrankheiten d. Mannes"]. (XIV, 315 S. m. 1 Taf.) 8. München [904] (907). E. Reinhardt. 1.80

HASTREITER, Joseph (München): Ueber die Transfusion des Blutes.- München: Straub 1869. 48 S.
22.7.1868 - Urk (Titel: De transfusione sanguinis.); F 72; Chr 1868/69,13
Diss.Ingolst.-Landsh.-Mchn.

Ueber das gegenseitige Verhältniß, in welchem die Religion und die übrigen Elemente der Gymnasial-Bildung ihrer Natur gemäß zu einander stehen, und wie das Resultat einer harmonischen Gesammt-Bildung herbeygeführt werden könne. Von Jos. Hastreiter, Conrect. u. L. P. — 1825. Augsb. Abr. Geiger. — S. 3 - 12.
Progr. Augsburg

HASTREITER, Michael (Münkau): De charactere morborum in nosocomio Monacensi anno 1828/29 observatorum.- Monachii 1829. 25 S.
30.1.1828 - Urk (Titel: De enteritide ac peritonitide.); F 59
Diss. Ingolst.-Landsh.-Mchn.

Deutsche Aussprache beim Reden und Singen. Von W. **Hastung**. *Berlin: Freie Musikal. Vereinigung (1898).* (16 S.) 8° [F.] [oo. 4781

Hastung, W., deutsche Aussprache beim Reden u. Singen. 8. (16 S.) Berlin (900). Verlag der freien musikal. Vereinigg. n. —20

Deutsche Aussprache beim Reden und Singen. Von W[ilhelm] **Hastung**. [Neue Ausg.] Berlin: Freie Musikal. Vereinigung [übergestempelt: Berlin-Gr. Lichterfelde: Ch. F. Vieweg] [1904]. (16 S.) 8° [F.] [o6. 6001

Hastung, W., die Auswahl der Kirchen- u. Volkslieder, s.: Gast, K.

— neue Gesangschule, s.: Gast, K.

Hastung, W., Berliner Schulliederbuch, s.: Gast, Karl.

— Uebungen f. den Gesangunterricht, s.: Gast, K.

Hastung, W., deutsche Volksgesangschule. Übungen, Choräle u. Volkslieder f. d. Singen nach Noten in method. Anordng. 1. Hft. (3., 4. u. 5. Schulj.) gr. 8. (40 S.) Berlin (902). (Hannover, C. Meyer.) n. —50

Hasus, J. P. F., (Jh. Paul Fr. Richter), Auswahl aus d. Teufels Papieren; nebst e. nöthigen Aviso vom Juden Mendel. 8. Gera 788. Beckmann.

Haswell, Alex. Elliot, Compendium der Urosemiotik. Die patholog. Chemie d. Harnes in ihrer Anwendg. zur Ergänzg. der Diagnose u. Prognose interner Krankheiten. gr. 8. (VIII, 109 S.) Wien 886. Gerold's Sohn. n. 2.—

Haswell, John —. Die Lokomotive »Wien-Raab« in der Pariser Industrie-Ausstellung aus der landesbefugten Maschinen-Fabrik der k. k. privileg. österr. Staats-, vormals Wien-Raaber Eisenbahn-Gesellschaft. Von — —. Mit 3 lithogr. Tafeln. Wien. 1855. Druck von Karl Gerold. (18 S. 8.)

HASZ, Stephanus: De eloquentia psalmistica ss. patrum et scriptorum ecclesiasticorum Graecorum. — (1908) 400 Bl. 4° (Handschr.) Diss. 876
Diss. Wien, Univ.

Haszczyc, Antoni: Conspectus morborum in instituto clinico medico sublimiori observatorum. Diss. 26 S., gbd.

Vindobonae: typ.Ueberreuter 1844

Haszler, s.a. Hasler. – Hassler

Haszler, Konrad Dietrich.
Ein Lebensabriss . . . Augsburg 1873. V: *Veesenmeyer, G.* (KatDMG)

Häszler, s.a. Hässler

Häszler: Üb. d. Gesang als Unterrichtsgegenstand. Sondershaus. 4° 18 p. 1864.
Schul/Univ.-Schrift

Haszlinski F. A.: Einige neue oder wenig bekannte Discomyceten. 1887. [Rostr. Saml.].

Hat Benecke Recht od. Unrecht? Ein Gutachten üb. den Werth u. das Schicksal der Benecke'schen Psychologie, Philosophie u. Pädagogik. Mit Hindeutungen auf den zwischen Dreßler u. Calinich darüber obwaltenden Streit. 8. (4 B.) Bautzen 843, Reichel. *

Hat das Fideicommiß-Vermögen der kurfürstl. hessischen Familie e. staatsrechtlichen Charakter oder ist es deren Privat-Eigenthum? gr. 4. (12 S.) Kassel 876. (Württenberger.) n. — 40

— d. kathol. deutsche Reichstheil im Lüneviller Frieden Vorrechte verloren, die d. protestant. Reichstheil im Westphäl. Frieden gewonnen hat u. noch besitzt? 8. Leipz. 805. Joachim. 8 ℋ

Hat der König von Preußen die Eigenschaften eines deutschen Kaisers? und was verlangt man von einem deutschen Bundes-Oberhaupte? Berlin, L. Quien 1848. 8 S. 8.

Hat der König von Sachsen diesem Lande jemals entsaget? . . . O. O. 1814. V: *Kohlschütter, Carl Christian.* (MGT) (KY)

— der Mensch e. Seele?, s.: Volksbibliothek, apologetische.

Hat der Prediger vernünftige Gründe die Einführung der allgemeinen Beichte zu erschweren oder zu hindern? Görlitz 1769. V: *Barthold, Georg Ludwig Traugott.* (MGT) »Hat ein«. (OL) (KY)

Hat der Schulmeister Brod? Oder Ich bin ein Schulpatron. Ein Lustspiel in drei Aufzügen. Von Einem ehemaligen Katecheten. Prag und Leipzig 1786. V: *Cron, Joachim Anton.* (BIBLPORT)

Hat d. Schulmeister Brod, oder ich bin Schulpatron. Lstspl. 8. Prag 787. Widtmann. 3 kr

Hat der Staat das Recht, seine Diener und Unterthanen . . . zur Beobachtung der öffentlichen Religionsgesetze anzuhalten? Frankf. a. M. 1841. V: *Hofmann, Johann Philipp.* (HS)

Hat der Staat d. Recht, seine Diener u. Unterthanen auf irgend eine gesetzl. Weise z. Beobachtung d. öffentl. Religionsfeier anzuhalten? Eine Frage d. Zeit, an Rechtsphilosophen u. Staatsrechtslehrer gerichtet. gr. 8. (4 B.) Frankfurt a. M. 841, Boselli.

Hat Deutschland eine Revolution zu fürchten? Frankf. a. M. 181? 2. Aufl. 1819. V: *Weitzel, Johann Ignaz.* (MGT) (Kn)

Hat die kath. Kirche die Volksbildung vernachlässigt? Paderborn, Bonif.-Druckerei, 1887, kl. 8°, 10 Pf. (Bonif.-Broich. Jahrg. 18, Heft 9.)

— d. kathol. Messe einen schriftmäß. Grund? 8. Leipz. 791. Kleyb. 18 kr

Hat die Losreißung von der kath. Kirche die erträumte Freiheit verschafft? Das. 1895, kl. 8°, 10 Pf. (A. a. O. Heft 10.)

Hat die römische Kirche die Kennzeichen der Kirche Jesu Christi? s. Puaux.

Hat die römisch-kathol. Kirche Gebrechen? — Briefe ein. Laien, hrsg. v. Max. Wangenmüller. gr. 8. (4½ B.) Stuttgart 844. [Becher's Verl.]

Hat die römisch-katholische Kirche Gebrechen? Briefe eines Laien. Stuttgart 1844. 1845. V: *Wangenmüller, Maximilian.* (Sleumer S. 100)

Hat ein bremisches Ministerium die rechtl. Befugniß ein Mitglied zu excludiren? Eine kirchenrechtl. Abhandlung. gr. 8. (1 B.) Bremen 844, Kaiser.

— e. Prediger vernünft. Gründe, d. Einführung d. allgem. Beichte zu erschweren u. zu hindern? (v. G. L. Tr. Barthold). 8. Görlitz 769. (Anton in Halle). 5 kr

Hat es mit dem Ablaß wirklich seine Richtigkeit? s. a. Broschüren-Cyclus.

Hat es mit dem Ablaß wirklich seine Richtigkeit? Was ist Jubelablaß? Nasse, Soest, 1869, 12°, 24 S., 20 Pf. (Broich.-Cyklus f. d. k. Deutschl. 1869, Nr. 8.)

Hat Gott die Welt geschaffen?, s.: Volksbibliothek, apologet.

Hat Heinrich Zschokke eine Nationalgeschichte für Baiern schreiben wollen? Kauzupolis [Landshut] 1818. V: *Träger, Johann Andreas.* (wr)

— Jesus gelebt? Reden, geh. auf dem Berliner Religionsgespräch d. deutsch. Monistenbundes am 31. I. u. 1. II. 1910 im zoolog. Garten üb. „Die Christusmythe" v. Arth. Drews, Herm. v. Soden, Frdr. Steudel, Geo. Hollmann, Max Fischer, Frdr. Lipsius, Hans Francke, Thdr. Kappstein u. Max Maurenbrecher. Hrsg. v. deutschen Monistenbund. (Berliner Religionsgespr. 1. u. 2. Aufl. 1.—10. u. 11.—15. Taus.) (95 resp. 93 S.) gr. 8. Berlin 910. [Verl. d. deutsch. Monistenbundes.] Kulturpolitischer Verlag. — 70; erh. Pr. 1 —

Hat Jesus gelebt? (Cassel) [1910]: Röttger. 10 S. 8° [Umschlagt.] [10. 9849 4

?Hat Jesus gelebt? Eine Prüfung dieser Frage von ***. Kassel: Thiele & Schwarz 1910. 15 S. 8° [10. 11396 4

Hat Jesus gelebt? 1. Leitsätze von Johannes Jansen, Pastor in Kiel. 2. Predigt geh. 1910 von Martin Cornils, Pastor in Kiel. Kiel: Cordes 1910. 17 S. 8° [Umschlagt.] [10. 11013

Hat ihm schon! Lustiger Reisegesellschafter u. Hausfreund. Altes u. Neues. 2. Bdchn. gr. 16. Hamburg 868, 69. Vereinsbuchh. Jedes Bdchn. (III, 92 S.) n. 5 ngr

Hat in Spanien das historische oder das revolutionäre Prinzip gesiegt? . . . [Dortmund 1820]. V: *Sommer, Johann Friedrich Joseph.* (MGT)

Hat Kuhne recht? Darstellung u. Kritik der Kuhne'schen Heilmethode, sowie Nachklänge zum Kuhneprozeß. Bearb. v. e. Leipziger Wahrheitsfreund. gr. 8. (56 S.) Leipzig (901). (O. Borggold.) n. — 60

Hat Napoleon wirklich die Absicht gehabt, Polen wieder herzustellen? Ein Beitrag zur Beurtheilung der Wiederherstellung Polens. (Aus der Nordd. Allgem. Zeitg. abgedr.) Berlin 863. Fahlisch. 8. (44 S.) n. 5 ngr

— Newton eine Naturphilosophie begründet? Drei Vorlesungen v. R. (Jos. v. Randon). gr. 4. München 826. (Lentner). 5 kr

Anonym: „Hat Preußen in dem Kriege am Ende des Jahres 1805 weise gehandelt? that es weise, seine Neutralität zu behaupten?" Leipzig 1806. — Vorh.: Preuß. Staatsbibliothek Berlin.

Hat Preussen in dem Kriege am Ende des Jahres 1805 weise gehandelt? . . . Leipzig [Glogau] 1806. V: *Benkowitz, Carl Friedrich.* (Ky) (MGT) (GGr)

Maibach, v.: **Hat** und behält der Mensch bey und nach einem Religionswechsel seine gesunde Vernunft? oder Geschichte des . . . schen Hofraths v. Maibach welcher von der protestantischen zur katholischen Kirche übergieng. Zur Beherzigung für alle Zweifler. Berlin & Leipzig 1816. 294 S. 8°
S. 37—30 gibt Nachricht üb. Maibachs Verhältnis zur Mrei, S. 41—42 üb. seine Meinung von derselben.

Hat u. behält d. Mensch bei u. nach einem Religionswechsel seine gesunde Vernunft? (A. u. d. T.: Geschichte d. ***schen Hofr. v. Maibach, welcher von d. protestant. zur kathol. Kirche überging). 8. (Frankf. a. M. 816. Jäger). 1 ß

Hata, Riotaro: Gedanken eines Japaners über die Frauen, insbesondere die japanischen. Aus d. Japan. übers. vom Verf. — Wien, Pest, Leipzig: Hartleben 1896. XIV, 127 S. 8°

Hata, Sahatschiro

Hata, S., die experimentelle Chemotherapie d. Spirillosen, s.: Ehrlich, Paul.

Hatano, Saburo, appr. Arzt: Aus d. pathol.-anat. Inst. d. Univ. Marburg. Versuche über die zuverlässigste Färbung der Tuberkelbazillen. Würzburg: Kabitzsch 1910. 15 S. 8° • (Aus: Beiträge z. Klinik d. Tuberkulose. Bd 16.)
Marburg, Med. Diss. v. 1. März 1910. Ref. Beneke
[Geb. 4. März 77 Tokio; Wohnort: Tokio; Staatsangeh.: Japan; Vorbildung: Gymn. [illegible] Reife [illegible]; Studium: Tokio Med. Schule Saiseigakusha [illegible] Rig. [illegible] Febr. 10.] [U 10. 3110

Hatapusch, übers. a. d. Arab. ins Hebr. v. A ben Chasdai, ins Deut. übertr. v. J Musen. 8. (22) Lomb. 73. (Wien, D. Löwy.) n. — 40

Hatapuach, übers. aus dem Arab. in's Hebr. v. Abr. ben Chasdai, in's Deutsche übertr. v. J. Musen. 8. (22 S. deutscher u. hebr. Text.) Lemberg 873. (Wien, Brüder Winter.) n. — 40

Hatch, Edwin, die Gesellschaftsverfassung der christlichen Kirchen im Alterthum. Acht Vorlesgn. Vom Verf. autoris. Uebersetzg. der 2. durchgeseh. Aufl., besorgt u. m. Excursen versehen v. Adf. Harnack. gr. 8. (VIII, 260 S.) Giessen 883. Ricker. n. 4. —

Hatch, Edwin, Griechentum u. Christentum. 12 Hibbertvorlesgn. üb. den Einfluss griech. Ideen u. Gebräuche auf die christl. Kirche. Deutsch v. Erwin Preuschen. Mit Beilagen v. Adf. Harnack u. dem Übersetzer. Rechtmässige Übersetzg. gr. 8. (XVII, 274 S.) Freiburg i/B. 892. J. C. B. Mohr. n. 6. —

Hatch, Edwin, die Grundlegung der Kirchenverfassung Westeuropas im frühen Mittelalter. Vom Verf. autor. Uebersetzung, besorgt von Adf. Harnack. gr. 8. (VII, 130 S.) Giessen 888, Ricker'sche Buchh. * 2 50

Hatch, Frederick H. [aus London]: Ueber die Gesteine der Vulcan-Gruppe von Arequipa .... [Sep.-Abdr. aus Tschermak's mineralogischen u. petrographischen Mittheilungen, VII. Bd., 4. Heft, S. 308–360 u. 1 Taf.] Wien, Alfr. Hölder, 1886; 8°.
Bonn, Phil. Fak., Inaug.-Diss. v. (handschr. 15. März) 1886.

Hatchel, C., Vers. u. Beobacht. üb. d. versch. Karatirung. d. Goldes, a. d. Engl. v. Wuttig. gr. 8. Jena, Cröcker. 804.

Narrative of the expeditions. Geography of Southern Patagonia. By J[ohn] B[ell] **Hatcher**, Carnegie Mus., Pittsburgh. Princeton N.J.: The Univ.; Stuttgart: E. Schweizerbart 1903. (XVI, 314 S.) 4°
— **Reports** of the Princeton University Expeditions to Patagonia, 1896–1899. Vol. 1. [07. 17334

Hatchett, Karl, Versuche u. Beobachtt. über d. verschied. Karatirungen, d. specifische Schwere u. über d. ꝛc. Abnutzen d. Goldes; aus d. Engl. v. J. F. Chr. Wuttig. gr. 8. Jena 804. Cröker. 18 gl.

Ha-Techijjah. Wiederbelebung alter jüdischer Autoren und Werke, mit besond. Berücksicht. auf die Religionsphilosophie des Mittelalters, durch Veröffentlichung ungedruckter Handschriften, nebst Charakteristiken und literar. Anmerkungen hrsg. von Sachs Keidansky. I. Heft enth.: Isaak Israeli, Hai Gaon, Salomon b. Gabirol, Maimonides, Isaak Latef. gr. 8. (XII und 60 S.) Berlin 856. (Leipzig, C. L. Fritzsche.) Thlr. *

Hatem und Suleikha. Ein Cyclus von Liebesliedern ... Bonn 1845. V: *Overbeck, Johann Adolph.* (schr)

Hatfield, James Taft, über die zweite Auflage (A[1]) der ersten Cottaschen Ausgabe v. Goethes Werken. (S. 341—352.) gr. 8. Ithaca 904. Evanston, Ill., Selbstverlag. n. 1. 40
Sonderabdr. a.: „Journal of English and Germanic philology".

— , s. Müller, Wilhelm: Gedichte.

Hatham, A. H. A., Arnstadt nach seinen gegenwärt. Verhältnissen u. unter Beifügung vieler geschichtl. Notizen, sowie ein. kurzen getreuen Schilderung seiner Umgebung dargestellt. Ein Hand- u. Adreßbuch für Einheim. u. Fremde. 2 Hfte. 8. (25 B., 1 Stahlst. u. 2 Stnt.) Sondershausen 843. (Eupel.) Thlr. *

Hatham, A. H. A., Arnstadt in seinem gegenwärtigen Zustande. (Ein treuer Führer zu den Bewohnern und Merkwürdigkeiten Arnstadts und dessen nächster Umgebung mit kurzen topo- und geographischen, so wie historischen Bemerkungen für Einheimische und Fremde. Erfurt 853. Gebhardi. (Bornemann.) 8. (2 Bl., 83 S.) n. 15 ngl

Hatham, A. H. A., der Decimalbruch-Rechenmeister. Oder: Allgemein verständliche Anweisung, Decimalbrüche zu berechnen u. auf das prakt. Leben anzuwenden. Für Bürger-, Gewerb-, Land- u. dergleichen Schulen u. zum Selbstunterrichte. gr. 8. (72 S.) Sondershausen 849, Eupel. 1/6 ꝛß

Hatham, A. H. A., Schloß u. Dorf Elgersburg am Fuße d. Thüringer Waldes mit seiner Wasserheilanstalt u. nächsten Umgebung. gr. 8. (10½ B. u. 4 Ansichten, 3 Fig. u. 1 Karte in Stndr.) Arnstadt 841, Meinhardt. *

— s.: Führer, treuer, zu den Bewohnern Arnstadts.

—— der Türken-Sklave Hans Nikol Fürneisen aus Geschwenda im Fürstenthume Schwarzburg-Sondershausen. 12. (4½ B.) Arnstadt 845. (Meinhardt.) *

Hatham, A. H. A., christlich-religiöse Gedanken über die würdige Feier der Sonn- und Festtage und den Glauben an die Auferstehung der Todten, an ewiges Leben und Seligkeit. Neu-Ruppin 861. Oehmigke. 16. (95 S. u. 1 Holzschn.) n. 8 ngl.

— s. Kalender, immerwährender.

—— der thüringer Wald u. seine nächste Umgebung, m. 80 maler. Ansichten. 1—5. Lfg. gr. 8. (7 B. u. 16 lith. Ansichten.) Arnstadt 839, Meinhardt. à L. *

— **der Thüringer Wald u. seine Umgebung mit 80 Ansichten. 6.—9. Heft. Mit Abbild. gr. 8. Arnstadt 841, Meinhardt. à n. 1/6 ꝛß**

Hatheyer Valentin: Die protestantische Bewegung im Lungau und das Kapuzinerkloster in Tamsweg. 36. Salzburg Priv. G. 02.
Progr.

***Hathuani*, Steph., thermae Varadienses examini physico et medico subjectae etc. 8maj. Wien 779. (Gräffer). 9 K**

Hathvani, Istvan, [Losoncz], Hungarus. Dissertatio inauguralis physico-medica de aestimatione morborum ex facie.

Diss. med., Basel 1748

Hatim Tai's Abentheuer. Eine morgenländ. Erzählung, a. d. Engl. v. *r. (Gtfr. Wilh. Becker.) 2 Thle. 8. (31½ B.) Leipzig 831, Wienbrack.

Der Diwân des arabischen Dichters Hâtim Ṭej (Ṭâî) nebst Fragmenten hrsg., übs. u. erl. von Dr. Friedrich Schulthess, Privatd. ... Göttingen. *Leipzig: J. C. Hinrichs 1897.* (VI, 132, 54 S.) 1 Bd 8.

Hatin, E., maler. Beschreibung der Regentschaft Algier. (Algerien.) Mit einer Uebersicht ihrer Geschichte und ausführl. Erzählung der Eroberung durch die Franzosen im Jahr 1830. Aus d. Französ. übers. u. mit vielen Zusätzen u. e. Geschichte der Begebenheiten bis Ende des J. 1840 versehen von Paul Gauger. Mit 2 Bildn., 4 Holzschn. u. 1 Karte der Barbaresfenstaaten u. der gegenüberlieg. europäischen Küstenstriche. Mit den Plänen von Algier. — Umgegend von Algier. — Oran. — Constantine und Bona. gr. 8. Karlsruhe 841, Macklot. 2 ℳ

Hatin, F., über den Faserstoff des Blutes, s. Andral, G.

Hatin, J., Taschenbuch d. Geburtshülfe in allen schwierigen u. naturwidr. Fällen, od. systemat.-prakt. Darstell. aller regelwidr. Entbindungsfälle u. d. hierbei anzuwend. geburtshülfl. Handleistungen u. Unterstützungsmittel. Für prakt. Aerzte n. d. Franz. bearb. v. C. Fitzler. 12. (11 B.) Ilmenau 828, [Weimar,] Voigt.

Hatle, Eduard

Hatle, Ed., die Minerale des Herzogthums Steiermark. (In 4—5 Heften.) 1. und 2. Heft. gr. 8. (S. 1—96.) Graz 884, Leuschner und Lubensky. à Heft *ℳ 1. ·

Hatle, Ed., die Minerale des Herzogth. Steiermark. 3.—5. (Schluss-)Heft. gr. 8. (XXIV, S. 97—212.) Graz 885, Leuschner und Lubensky. à Heft *ℳ 1.—. * 3 —
1. und 2. Heft. Ebendas. 1884. à *ℳ 1.—.

Hatle, E., der steirische Mineralog. Anleitung zur Bestimmg. der bisher in Steiermark aufgefundenen Minerale mittelst der einfachsten Versuche. gr. 8. (IV, 56 S.) Graz 887. Pochel. n. 1. 80

Haton de la Goupillière, M., Grundriss der Aufbereitungslehre. Autoris. Übersetzg. v. Vikt. Rauscher. Mit 93 Holzschn. gr. 8. (VIII, 200 S.) Leipzig 886. Felix. n. 8. —

Haton de la Goupillière, Hydraulik u. hydraulische Motoren. Autoris. Uebers. v. V. Rauscher. 2 Thle. gr. 8. Leipzig 887. Felix. n. 14. —
1. Hydraulik. Mit 71 Abbildgn. (172 S.) n. 6. 80
2. Hydraulische Motoren. Mit 116 Abbildgn. (IX u. S. 173—327.) n. 7. 20

Hatoulet, J., et E. Picot, proverbes Béarnais. Accompagnés d'un vocabulaire et de quelques proverbes dans les autres dialectes du midi de la France. Leipzig 862. Franck. gr. 8. (VIII, 143 S.) n. 1 ℳ 20 ngr.

Hatschek, s.: Bank-Archiv.

Hatschek, Zur Reform der gewerblichen Strafhausarbeit. 8⁰. Reichenberg 1886.

Hatschek, Alex., Zubereitung und Verwendung der Champignon's nach französ. und deutschen Angaben. fl. 8. (34 S.) Wien 888, (Szelinski.) * — 20

Hatschek, Berthold

Hatschek, Berth., s.: Arbeiten aus den zoologischen Instituten der Universität Wien etc.

HATSCHEK, Berthold: Beiträge zur Entwicklungsgeschichte der Lepidopteren. - Naumburg a. S. 1877. 38 S., 3 Taf. - Diss. Univ. Leipzig, Phil. Fak. 1877

Hatschek, Berthold, Beiträge zur Entwicklungsgeschichte u. Morphologie der Anneliden. [Mit 1 (lith.) Taf.] [Aus: „Sitzungsber. d. k. Akad. d. Wiss."] Lex.-8. (19 S.) Wien 876. (Gerold's Sohn.) n.n. — 70

Hatschek, B., s: Contralblatt, zoolog.

— u. C. J. Cori, Elementarcurs d. Zootomie in 15 Vorlesgn. gr. 8. (VIII, 101 S. m. 4 Fig. u. 18 Taf.) Jena 896. G. Fischer. n. 6. 50; geb. n. 7. 50

Elementarcurs der Zootomie in fünfzehn Vorlesungen. Von Dr. B[erthold] Hatschek, Prof. in Prag, u. Dr. C[arl] I[sidor] Cori, Privatd. in Prag. Mit 18 Taf. u. 4 Fig. *Jena: G. Fischer 1903.* (VIII, 103 S.) 8°

Hatschek, Berth., zur Entwicklung des Kopfes von Polygordius. gr. 8. (12 S. mit 1 lithogr. Taf.) Wien 885, Hölder. * 2 40

Hatschek, Berthold, über Entwicklung von Sipunculus nudus. gr. 8. (80 S. mit 6 lithogr., zum Theil farb. Taf.) Wien 883, Hölder. *
Aus: Arbeiten aus dem zoologischen Institute der Universität Wien, besonders abgedruckt.

—— Entwicklung der Trochophora von Eupomatus uncinatus Philippi. [Serpula uncinata.] gr. 8. (28 S. mit 5 lithogr. Taf.) Ebendas. 885. * 9 60
Vorstehende zwei Schriften sind aus: Arbeiten aus dem zoologischen Institute der Universität Wien, besonders abgedruckt.

— über Entwicklungsgeschichte von Echiurus und die systemat. Stellung der Echiuridae [Gephyrei Chaetiferi]. gr. 8. (34 S. mit 3 lithogr. Taf.) Ebendas. 880.

— über Entwicklungsgeschichte v. Teredo. Mit 3 (lith.) Taf. gr. 8. (44 S.) Ebend. 880. n. 5. 20

— Darwins 100. Geburtstag, s.: Beilage, wissenschaftliche, zum 22. Jahresber. d. philosoph. Gesellschaft an der Universität zu Wien.

— Hypothese der organischen Vererbung. Ein Vortrag, geh. auf der 77. Versammlg. deutscher Naturforscher u. Aerzte in Meran am 29. IX. 1905. (44 S.) gr. 8. Leipzig 905. W. Engelmann. n. 1. —

Hatschek, B., Lehrbuch der Zoologie, eine morpholog. Übersicht d. Thierreiches zur Einführg. in d. Studium dieser Wissenschaft. 1. u. 2. Lfg. gr. 8. Jena, Fischer. n. 7. —
1. (IV u. S. 1—144 m. 155 eingedr. Abbildgn.) 888. n. 3. —
2. (S. 145—304 m. 141 Abbildgn.) 889. n. 4. —

Hatschek, Berth., Lehrbuch der Zoologie; e. morpholog. Uebersicht d. Thierreiches zur Einführg. in das Studium dieser Wissenschaft. 3. Lfg. gr. 8. (S. 305—432 m. 111 Abbildgn.) Jena 891. G. Fischer. n. 2. 50 (1—3.: n. 9. 50)

— Medicin, Naturwissenschaft u. Gymnasialreform. Vortrag, geh. in d. Volksversammlg. d. deutschen naturwissenschaftlich-medicin. Vereins f. Böhmen „Lotos" am 8. Febr. 1896. [Aus: „Lotos".] Lex.-8. (14 S.) Prag 896. (J. G. Calve.) n. — 40

— Protodrilus Leuckartii. Eine neue Gattung der Archianneliden. Mit 2 (lith. u. chromolith.) Taf. gr. 8. (14 S.) Ebend. 880. n. 3. 60

Hatschek, Berthold, Studien über Entwicklung des Amphioxus. Mit 9 (lith., z. Tl. farb.) Taf. [Aus: „Arbeiten des zoolog. Instituts zu Wien".] gr. 8. (88 S.) Wien 881. Hölder. n. 16. —

— Studien über Entwicklungsgeschichte der Anneliden. Ein Beitrag zur Morphologie der Bilaterien. Mit 8 (lith.) Taf. [Aus: „Arbeiten aus dem zoolog. Institute der Universität Wien".] gr. 8. (128 S.) Wien 878. Hölder. n. 12. 80

— s.: Vorträge u. Besprechungen über die Krisis des Darwinismus.

— s.: Zentralblatt, zoologisches.

Hatschek, Hans, d. deutsche Binnenschiffahrtsrecht, s.a. Meinhold's jurist. Handbibliothek.

Hatschek, H. Das deutsche Binnenschiffahrtsrecht. Eine gemeinverständliche Darstellung der Gesetze, betr. die privatrechtlichen Verhältnisse der Binnenschiffahrt und der Flößerei, wie der einschlägigen Bestimmungen des Handelsgesetzbuches, der Reichsgewerbeordnung und anderer Gesetze. Leipzig 1896.

— s.: Börsen-Handbuch, Frankfurter.

Hatschek, Hans, Entwurf e. Arbeits-Ordng. im Sinne d. Gesetzes, betr. die Abänderg. der Gewerbeordng., vom 1. Juni 1891, R.-G.-Bl. Nr. 18. [Vorlage zur Abfassg. v. Arbeits-Ordngn.] Lex.-8. (16 S.) Magdeburg 892 L. Schäfer n. — 80

— Entwurf e. Arbeits-Ordnung im Sinne d. Gesetzes, betr. d. Abänderg. d. Gewerbeordng. v. 1. Juni 1891, R.-G.-Bl. Nr. 18. [Vorlage z. Abfassg. v. Arbeits-Ordngn.] 2. u. 3., unveränd. Aufl. Lex.-8. (16 S.) Magdeburg 892. (F. W. Luhtenberg & Bühling) n. — 80

Hatschek. Dr., Entwurf einer Normal-Fabriksordnung im Sinne d. Gesetzes v. 8. März 1885, R.-G.-Bl. Nr. 22. 4. (17 S.) Reichenberg. Franz Jannasch. 40 kr. 1885

— über Fabriksordnungen u. Fabriks-Unterstützungscassen nach der österreichischen Gewerbeordnung. gr. 8. (30 S.) Ebend. 884. n. — 60

— Kritik d. neuesten Argumente f. Abgaben auf d. natürl. Wasserstrassen, s: Lotz.

— das Manufacturhaus auf dem Tabor in Wien, s.: Forschungen, staats- u. socialwissenschaftliche.

25 Jahre Rheinschiffahrts-Politik. Festschrift anlässlich des 25jähr. Jubiläums des Vereins zur Wahrung der Rheinschiffahrts-Interessen. Im Auftr. d. Vereins-Ausschusses verf. von Hans Hatschek. — Frankfurt a. M.: Selbstverl. 1903. 35 S. 4°

Hatschek, Julius

Hatschek, J., s. Bibliothek des öffentl. Rechts.

Hatschek, Jul., das Interpellationsrecht im Rahmen d. modern. Ministerverantwortlichkeit. Eine rechtsvergleich. Studie. (Veröffentl. f. die Geschäftsordnungskommission d. Reichstags auf Wunsch ihres Vorsitzend.)(164 S.) gr.8. Leipzig 909. G.J.Göschen. 2.20

Hatschek, Jul., die Selbstverwaltung in polit. u. jurist. Bedeutung, s.a. Abhandlungen, staats- u. völkerrechtliche.

Hatschek, Julius, Dr.: Die Selbstverwaltung in politischer und juristischer Bedeutung. *Leipzig: Duncker & Humblot 1898.* (VIII, 236 S.) 8° (= Staats- u. völkerrechtl. Abhandlungen. Bd 2, H 1.)
Heidelberg, Jur. Hab.-Schr. v. [28. Okt.] 1898

— Allgemeines Staatsrecht auf rechtsvergleichender Grundlage, s.a. Sammlung Göschen.

— Allgemeines Staatsrecht auf rechtsvergleichender Grundlage. I. Tl. Das Recht der modernen Monarchie. (166 S.) — II. Tl. Das Recht der modernen Demokratie. (151 S.) — III. Tl. Das Recht der modernen Staatenverbindg. (162 S.) kl. 8. Leipzig, G. J. Göschen.
Geb. in Leinw. jedes Bdchn. —. 80.
Sammlung Göschen, Bdch. 415. 416. 417.

— englisches Staatsrecht m. Berücksicht. der f. Schottland u. Irland geltenden Sonderheiten, s.a. Handbuch des öffentl. Rechts der Gegenwart. IV. 2.

Englisches Staatsrecht mit Berücks. der f. Schottland u. Irland geltenden Sonderheiten von Dr. Julius **Hatschek**, Prof., Heidelberg. Bd 1. 2. Tübingen: J. C. B. Mohr 1905–06. 2 Bde 4°(8°) [F.]
= **Handbuch** d. Oeffentlichen Rechts. Bd 4, Halbbd 2, Abt. 4, 1. 2.

Staats- u. Verwaltungsrecht v. Australien u. Neu-Seeland, s.a. Bibliothek d. öffentl. Rechts.

Staats- und Verwaltungsrecht von Australien und Neu-Seeland. Von Dr. Julius **Hatschek**, Prof. Hannover: Jänecke 1910. 252 S. 8°
(Bibliothek d. Öffentlichen Rechts. Bd 19.)

Hatschek, Jul., die rechtl. Stellung des Fiskus im bürgerl. Gesetzbuche. Eine Studie im Grenzgebiete d. Privat- u. öffentl. Rechts. gr. 8. (III, 57 S.) Berlin 899. C. Heymann. n. 1.20
Sonderabdruck aus: „Verwaltungsarchiv".

— der Ursprung der Nothverordnung. Ein Beitrag zur Receptionsgeschichte des engl. Staatsrechts. gr. 8. (34 S.) Wien 899. A. Hölder. n. 1.—

Hatschek, Ursprung der Nothverordnung. Beitrag zur Receptionsgeschichte des engl. Staatsrechts. Wien 900.

Bismarcks Werk in der Reichsverfassung. Von Dr. Julius **Hatschek**. (Rede, geh. 1900 auf dem v. deutschen Ostmarkenverein u. a. in Posen veranst. Bismarckkommerse.) Tübingen: J. C. B. Mohr 1906. (20 S.) 8° [F.]

Hatschek, Moritz, s. Zeitschrift, Neue, für die österreichisch-ungarische Spiritus-Industrie.

Hatschek, Rich., Berechnungs-Tabelle zur schnellen Bestimmung des Viehpreises f. Gewichte von 400 bis 1000 Kilo, bei Meterzentnerpreisen von 25—45 Gulden ö. W. per 100 Kilo. (5 S. auf Karton.) schmal 8. Salzburg (904). E. Höllrigl. n. — 20

Hatscher, Josephus Robertus *(geb. Mittelwalde in Schles. 13. 10 1824)*: De laesionibus foetus. Vratislaviae (1851.) (23 S.) 8°
Breslau, Med. Diss. v. 13. Sept. 1851

Art und Weise frmr. Vorträge von A[dolf] **Hatsek.** o. O. [ca 1903.]
[Bericht d. symb. Grloge v. Ungarn. 1903 S. 25.]

Hátsek, J. Ethnographische Karte der Länder der Ungarischen Krone. Auf Grund der Volkszählung von 1880. 1 : 4 000 000. Gotha 1885. 1 Bl. c. A.

Hátsek, J. Statistische Karten von Ungarn. Auf Grund der Volkszählungsdaten vom Jahre 1880/1881. Gotha 1882. 1 Bl. c. L.

Hátsek's Wandkarte der Länder der ungarischen Krone. Terrain-Ausgabe. 6 gr. Bl. 1 : 500.000. Wien, Artaria & Cie. fl. 9.—.

Hátsek's Wandkarte von Ungarn. A. Magyar Korona Országainak (Magyarország, Horvát-és Szlavonország) Közigazgalási falu terképé. Kiedas terepel. Terrain-Ausgabe. 6 Imperialfolio-Bl. Wien, Artaria. Zusammengefalzt in Folio fl. 9.—. 1886

Hatt, Th., lectures enfantines faisant suite aux tableaux de lecture à l'usage des petits garçons et des petites filles de 6 à 8 ans. 1. Partie. 16. (XII, 170 S.) Strassburg 870. Schultz & Co. geb. — 60

— dasselbe. 2. partie. 4. éd. 16. (176 S.) Ebend. 874. — 60

Hatt, Th., lectures enfantines, faisant suite aux tableaux de lecture, à l'usage des petits garçons et des petites filles de 6 à 8 ans. 1. partie. 10. éd. 12. (XII, 170 S.) Strassburg 880. Schultz & Co. — 60

— dasselbe. 1. partie. 14. éd. 16. (XII, 170 S.) Ebend. 882. cart. n. — 50

Hatt, Th., lectures enfantines faisant suite aux tableaux de lecture. A l'usage des petits garçons et des petites filles de 6 à 8 ans. 2 parties. 16. Strassburg, Schultz & Co. cart. à n. — 50
1. 19. éd. (XII, 170 S.) 884. — 2. 13. éd. (178 S.) 883.

Hatt, Th., lectures enfantines faisant suite aux tableaux de lecture, à l'usage des petits garçons et des petites filles de 6 à 8 ans. 2 parties. 16. Strassburg, Strassburger Druckerei u. Verlagsanstalt. n. 1. —
1. 28. éd. (XII, 170 S.) 888. n. — 50. — 2. 17. éd. (178 S.) 887. n. — 50.

Hatt, Th., lectures enfantines faisant suite aux tableaux de lecture. A l'usage des petits garçons et des petites filles. 2 parties. 16. Strassburg 888. Strassburger Druckerei u. Verlagsanstalt. Kart. à n. — 50
1. 29. éd. (XII, 170 S.) — 2. 18. éd. (178 S.)

— Scriptolégie rationelle. Méthode destinée à enseigner simultanément la lecture et l'écriture, la langue et l'orthographie. Manuel de l'élève. 1re et 2e édit. 8. (III, 60 S. mit 12 Stnt.) Metz 874,76, Wwe. Alcan et Comp. cart. ** — 32
— dass. — 3e édit. 8. (IV, 72 S., wovon 12 Stnt.) Ebendas. 879. cart. ** — 32
— dass. — Manuel du maître. 8. (15 S.) Ebendas. 879. ** — 32

– scriptologie rationnelle [appliqué à la citológie rationnelle]. Méthode destinée à enseigner simultanément la lecture et l'écriture, la langue et l'orthographie. Manuel d'élève. 5. éd. 8. (IV, 60 S. m. 12 Steintaf.) Metz 883. Gebr. Even. cart. n. — 32

— Scriptolégie rationelle. (Appliquée à la Citolégie rationelle.) Méthode destinée à enseigner simultanément la lecture et l'écriture, la langue et l'orthographie. Manuel de l'élève. 6. Aufl. 8. (60 S.) Metz 886, Gebr. Even. cart. * — 32

Hätt' ich lieber nicht geheirathet; od. zuletzt haben die Weiber Recht. Lustspiel in 2 Aufz. 8. Wien, Wallishäuser. 806. Rthlr. -

Hattala, Martin

Hattala, Mart., de mutatione contiguarum consonantium in linguis slavicis. (Ex actis regiae scient. societ. Bohem.) Prag 865. (Tempsky.) gr. 4. (104 S.) n. 1 ℛ 10 ngr.

— August Schleicher u. die slawischen Consonantengruppen. Ein Beitrag zur neuesten Geschichte der indoeuropäischen Sprachforschg. überhaupt u. der slaw. insbesondere. Prag 869. Satow. gr. 8. (95 S.) n. 12 ngr.

Hattala, M., *Prof.* Mein Standpunkt in der Frage über den Ursprung der slavischen Schrift. *Prag. Friedr. Rohlíček.* 8 S. 8°.

Hattala, Mart, zvukoslovi jazyka staro- i novo-českého a slovenského. Díl 1. Pomocí matice české. Prag 854. (Tempsky.) gr. 8. (VIII, 112 S.) n. 16 ngr

Hattemer, Heinrich

— s. Denkmale des Mittelalters.

Hattemer, Heinr., teutsche Sprachlehre. gr. 8. (19¾ B.) Mainz 839, Kupferberg.

Hattemer, Heinr., teutsche Sprachlehre. 2., theilweise verb. Ausg. gr. 8. (20 B.) Mainz 844, Kupferberg.

— kurzgefaßte teutsche Sprachlehre f. Secundar- u. Realschulen, untere Gymnasien u. s. w. gr. 8. (12½ B.) Solothurn 846, Jent u. Gaßmann.

— lateinische Sprachlehre. gr. 8. (15¾ B.) Stuttgart u Tübingen 842, Cotta'sche Buchh.

— St. Gallens altteutsche Sprachschätze, s. Denkmale.

Hattemer, Heinr., Tiro Latinus. Lateinisches Sprachbuch in naturgemäßem Gange. [Genetischer Methode.] gr. 8. (VIII u. 68 S.) Bern 819. (Jent & Reinert.) n. 8 ngr

— über Ursprung, Bedeutung u. Schreibung d. Wortes Teutsch. Nebst einigen Beigaben. gr. 8. (28 S.) Schaffhausen 817, Brodtmann. 6 ngr

Hattemer, K. J., aus dem Leben der Kinder in Hellas und in Rom. Mainz. 4. 16 S. 1865
Schul-/Univ.-Schrift

Hattemer, Wilhelm: Über traumatische Spondylitis und secundäre traumatische Kyphose. *Tübingen: H. Laupp 1897.* (26 S.) 8° ¶ (Aus: Beiträge zur klinischen Chirurgie, Bd 20 H. 1.)
Rostock, Med. Diss. v. [21. Jan.] 1898

Hattendorf, Karl, s. Hattendorff

Hattendorf, Wilhelm [aus Northeim]: Sprache und Dialekt der spätmittelenglischen Romans of Partenay . . Hildesheim, Druck v. August Lax, 1887: 51 S. + 1 Bl. 8°
Göttingen, Phil. Fak., Inaug.-Diss. v. 27. Apr. 1887

Hattendorf, Wilh., Sprache und Dialekt des spätmittelenglischen Romans of Partenay. Inaugural-Dissertation. gr. 8. (54 S.) Hildesheim 887. (Leipzig, Fock.) * 1 50

Hattendorff, das Gesinderecht des Reg.-Bez. Stade in seiner neuen Gestaltung vom 1. I. 1900 an. Im Auftrage des königl. Regierungs-Präsidenten zu Stade hrsg. gr. 8. (32 S.) Stade 899. F. Schaumburg. n. — 50

Hattendorff, Carl, s. Hattendorff, Karl

Hattendorff, J. H. C., Auslegung des hohen Liedes als der Prophetie von der Liebe der Frommen nach ihrer allgemeinen geschichtl. Entfaltung in 37 Liedern. Marburg 867. Koch. 8. (208 S.) n. 1 ℛ

Festschrift zur Feier des 100jährigen Wiedererstehens der evangel. Gemeinde zu Fulda. (Verf.: Johannes **Hattendorff**, Pfarrer.) *Fulda (1903): O. Ludwig.* (60 S.) 8° [03. 7934 4

Geschichte des evangelischen Bekenntnisses in der Stadt Fulda, mit hauptsächl. Benutzung archival. Materials bearb. von Johannes **Hattendorff**, Pfarrer in Fulda. *Hamburg: H. Grand 1903.* (60 S.) 8° [03. 5757

Hattendorff, Karl

Hattendorff, K, algebr. Analysis. 8. (208 m. H.) Hannov. 77, Rümpler. n. 7. 20

Hattendorff, Karl, algebraische Analysis. Mit 11 (eingedr.) Holzschn. gr. 8. (XII, 298 S.) Hannover 877. Leipzig, Baumgärtner's Buchh. n. 7. 20

Hattendorff, Karl, algebraische Analysis. Mit 11 Holzschn. Neue wohlf. Ausg. gr. 8. (XII, 298 S.) Leipzig 885. Baumgärtner. n. 4. —

Hattendorf, Karl, höhere Analysis. 1. Bd. [1.—3. Buch.] gr. 8. (XIV, 624 S. mit 72 eingedr. Holzschn.) [Hannover 880, Rümpler.] Leipzig, Baumgürtner's Buchh. *

— Einleitung in die höhere Analysis. Mit 72 Holzschn. Neue Ausg. gr. 8. (XV, 624 S.) Ebend. 885. n. 8. —

Hattendorff, K., Einleitung in die analytische Geometrie. Mit 63 (eingedr.) Holzschn. gr. 8. (XII, 221 S.) Hannover 872. Schmorl & v. Seefeld. n. 4. —

— Einleitung in die analytische Geometrie. 2. Aufl. Mit 66 (eingedr.) Holzschn. gr. 8. (XII, 224 S.) Ebend. 877. n. 4. —

— Einleitung in die analytische Geometrie. 3. Ausg. Mit 66 Holzschn. gr. 8. (XII, 224 S.) Hannover 887. Schmorl & v. Seefeld. n. 4. —

— Einleitung in die Lehre von den Determinanten. gr. 8. (XII, 60 S.) Hannover 872. Schmorl & v. Seefeld. n. 1. 20

Hattendorff, K., Einleitung in die Lehre von den Determinanten. 8. Hannover 877, Schmorl und v. Seefeld. *

— Einleitung in die Lehre v. den Determinanten. 2. (Titel-)Ausg. gr. 8. (XII, 60 S.) Ebend. 887. n. 1. —

Hattendorff, K., Ueber die Fläche vom kleinsten Inhalte bei gegeb. Begrenzung. Abhandl. von Riemann. Göttingen 1867. 4°.

Hattendorff, Carl, die elliptischen Functionen in dem Nachlasse v. Gauss. Beitrag zu e. Schreib- u. Druckfehlerverzeichnisse. Hannover 869. Schmorl & v. Seefeld. gr. 8. (15 S.) 3 ngr.

Hattendorff, Karl, über die Sturm'schen Functionen. Inaug.-Dissert. Göttingen 862. (Hannover, Hahn.) gr. 4. (54 S.) n. 20 ngr.

— die Sturm'schen Functionen. 2. Aufl. Lex.-8. (IV, 68 S.) Hannover 874. Rümpler. n. 2. —

Hattendorf, K. Die Prämien-Überträge bei der Lebensversicherung. Berlin 1870.

– (Hrsg.), s. Riemann, Bernhard: Partielle Differential-Gleichungen u. deren Anwendung auf physikalische Fragen.

— s. a. Riemann, Bernh., Schwere, Elektricität und Magnetismus.

Hattendorff, Karl, Schwere, Elektricität und Magnetismus. Nach den Vorlesungen von Bernhard Riemann bearbeitet. Mit 50 Holzschnitten im Text. Hannover 1876.

Hattendorff (K.). Schwere. Electricität und Magnetismus. Nach den Vorlesungen von B. Riemann. 2. Ausgabe. Hannover 1880. 8.

— über Sterbekassen u. die vernünftige Art ihrer Einrichtung. Ein Wort der Warnung. Göttingen 867. Deuerlich'sche Buchh. gr. 8. (34 S.) n. 5 ngr.

Bücher-Verzeichnis der Loge zum goldnen Apfel im Or. Dresden. [Zsgest. von Ernst Hattenius.] Dresden 1905: Pässler. IV, 178 S. 8°
Recens: Bh. 49 (1906) S. 240.
cf. Bbl. 19 (1905) S. 710 (G. Diercks).

Lied der BBr. Gesellen für den 17. März 1908. [Von Ernst Hattenius.] [Dresden 1908.] 1 Bl. 15,5×51,5 cm [Kopftit.]
Ohne Noten: „Geliebte Brüder, lasst uns heute singen . . .“

Hattensauer, (Gastwirth in Stade), ..., meine Lebensgeschichte, vorzügl. meine Schicksale im Augenblicke d. Befreiung Deutschlands. 8. Hamb. 815. Herold jun. 18 gr.

Hattensaur Georg Zur chemischen Zusammensetzung von *Molinia coerulea* (Moench) vom Königsberg bei Kubl. S. 93. Hb. 2. . . . . vgr. Separatabdruck

Hättenschwiller, Alphons

Hättenschwiller, A., soziale Aufgaben auf dem Lande. Anregungen zur Praxis der ländl. Wohlfahrtspflege. (22 S.) 8. Luzern 910. Räber & Co. — 35

Hättenschwiller, A(lph[ons]). Entwicklungstendenzen im modernen Kleinhandel. Sonderabdruck aus der »Monatsschrift für christl. Sozialreform« ..., 1903 Heft 5. II + 17 S. 8. Basel, [Helbing & Lichtenhahn,] 1903. [fr. —. 40]

— s.: Jahrbuch d. schweizer. kathol. Volksvereins.

Hättenschwiller, Alphons s. Kampfe. Zum K' für Sittlichkeit und Volkswohl. Luzern 1908.

Hättenschwiller, A[lphons]. Mittelstandsfragen. Aktuelle Studien über Bauernstand, Handwerk und Kleinhandel. IV + 156 S. 8. Stans, Hans von Matt & Co., 1909. [fr. 2. 50]

Hättenschwiller, A[lphons]. Die Presse. 2. Aufl. 4.—6. Tausend. IV + 23 S. 8. Altdorf, Verlag des Schweizer. Vereins für gute Volkslektüre, 1910. (fr.—. 20)
Stimmen aus dem Volksverein. ... Heft 1.

Hättenschwiller, A[lphons]. Praktisch-soziale Vereinsarbeit auf dem Lande. Ein Referat von Dr. A. H'. 14 S. 8. Altdorf, Verlag des Schweizer. Vereins für gute Volkslektüre, 1910. fr. —. 15
Stimmen aus dem Volksverein. ... Heft 2.

Hättenschwiller, Alphons [Lic. jur. aus Goldach (Kt. St. Gallen)]: Wanderhandel und Wandergewerbe in der westlichen Schweiz unter besonderer Berücksichtigung des Kantons Freiburg. (Sep.-Abdr. aus „Schriften des Vereins für Sozialpolitik“ Bd. 83.) Leipzig 1899. 97 S. 8°.
Freiburg, Jur. Diss. 1898/99.

Hättenschwiller, Joseph

Hättenschwiller, Jos., S. J., auf zum Tische des Herrn! Eine Einladg. z. öfteren hl. Kommunion. Ausg. A: Für studier. Jünglinge. (60 S. m. Titelbild.) 16. Innsbruck 909. F. Rauch. p — 15

— dasselbe. Ausg. B: Für Mädchen. (55 S. m. Titelbild.) 16. Ebd. 909. p — 15

— dasselbe. Ausg. C: Für Jünglinge im allgemeinen. (59 S. m. 1 Abb.) 16. Ebd. 910. p nn — 15

— dasselbe. Ausg. D: Für d. kathol. Volk. (72 S. m. Titelbild.) 16. Ebd. 910. p — 17

Hättenschwiller, Jos., S. J., die seelsorgl. Bedeutung u. Behandlung d. Kommunion-Dekretes v. 20. XII. 1905. (64 S.) 8. Innsbruck 909. F. Rauch. — 50

Hättenschwiller, Jos., S. J., die unbefleckte Empfängnis. Lesungen u. Gebete f. e. Novene od. Monatsandacht zu Ehren der makellosen Jungfrau Maria. Festgabe zum Immaculata-Jubiläum. (XI, 368 S. m. Titelbild.) kl. 8. Münster 904. Alphonsus-Buchh. n. 1. 80; geb. n. 2. 15

Die Unbefleckte Empfängnis. 32 Lesungen f. d. Maimonat mit e. Gebetsanhang. Von Jos. **Haettenschwiller**, S. J. 2. verm. Aufl. Münster i. W.: Alphonsus-Buchh. 1905. (VIII, 431 S.) 8° [F.] [04. 4305]

Hättenschwiller, Jos., S. J., das Herz-Jesu-Bild als Erziehungsbuch, s.: Blüten a. d. Himmelsgarten.

— kleiner Herz-Jesu-Monat. Zur Verehrung der 33 Lebensjahre unseres Herrn. (40 S. m. Titelbild.) 16. Innsbruck 906. F. Rauch. n. — 12

— s.: Herz-Jesu-Priesterkonferenz, die, geh. in Einsiedeln.

(F) **Hättenschwiller**, P. J., Die öftere und tägliche heilige Kommunion nach dem päpstlichen Dekret vom 20. Dezember 1905. 8°. (95 S.) K —.80
Innsbruck: Rauch 1908.

(F) **Hättenschwiller**, P. J., Die öftere und tägliche heilige Kommunion. 2. Aufl. 8°. (95 S.) Ebd. 1908. K —.80

— Die öftere u. tägliche hl. Kommunion nach dem päpstl. Dekrete v. 20. XII. 1905. 3., verm. Aufl. (VI, 97 S. m. Titelbild.) 8. Innsbruck 909. F. Rauch. — 70

— Der hl. Kreuzweg, s.: Verbete, Ch.

— Pius X. Kurzes Lebensbild unseres hl. Vaters Papst Pius' X. (84 S. m. Abbildgn. u. Bildnis.) kl. 8. Wien (IX/4, Canisiusgasse 12), 904. Canisius-Kirchenbau-Verein. n. — 60

— die große Verheißung des göttlichen Herzens Jesu. Eine Trostbotschaft f. das christl. Volk. (IV, 74 S.) 8. Innsbruck 906. F. Rauch. n. — 60

(F) **Hättenschwiller**, P. J., Die große Verheißung des göttl. Herzens Jesu. Eine Trostbotschaft für das christl. Volk. 2. Aufl. Gr.-8°. (74 S.) Ebd. 1907. K —.70

— Die große Verheißung des göttl. Herzens Jesu. Eine Trostbotschaft f. das christl. Volk. 3. Aufl. (IV, 74 S.) Ebd. 908. — 60

Hättich, Emil, a. Freiburg: Ueber den Bau der rudimentären Mundwerkzeuge bei Sphingiden und Saturniden. Berlin 1907: J. Hirsch. (29 S.) 8°
Freiburg i. B., Phil. Fak., Ref. Weismann, Diss. v. 1908
[Geb. 14. März 83 Freiburg i. B.; Wohnort: Freiburg i. B.; Staatsangeh.: Baden; Vorbildung: Gymn. Freiburg i. B. Reife Juli 02; Studium: Freiburg i. B. 9 S.; Rig. 11. Jan. 07.]

Hattingberg, Jos. Ritter v., Das österreichische Entschuldungsprogramm. (Sep.-Abdr. aus der „Oesterr. landwirtschaftl. Genossenschaftspresse".) 8°. Wien 1910.

HATTINGBERG, Josef Ritter von
Die gemeinwirthschaftlichen Credite der österreichischen Landwirthe. Von Josef Ritter von Hattingberg. Wien und Leipzig. 1900. Deuticke. Lex.-8°. 166 S. K 5.—

— die landwirthsch. Credite Oesterreichs in ihrer gemeinnütz. Ausgestaltung, s.: Verwaltung, sociale, in Oesterreich I, 5.

Referat betr. die Frage der Hypothekarentschuldung. Erstattet der landwirtsch. Abth. d. Industrie- u. Landwirtschaftsrathes ⟨Section f. Land- u. Forstwirtsch. u. Montanwesen⟩ von Josef R^r v. **Hattingberg**. Bd 1–3. *Wien: W. Frick 1908.* 3 Bde 4°(8°) [F.] [03. 14126]

— das Sparcassenwesen in Oesterreich, s.: Wacek, F. v.

Hattingen [Schlagwort]

Hattingen, Kreis, s.: Ruhrgebiet.

Hattingen, Kreis, s.: Westfalen. Wegekarte.

Hattingen [Verf.]

Hattingen, Joannes Guilelmus ⟨geb. am 20 Aug. 1801 in Remagen⟩: De morbis viscerum pectoralium in vesanorum cadaveribus cultro anatomico indagatis . . . Bonnae, typ. F. Baadeni (1828). 3 Bl., 25 S., 1 Bl. 4.
Bonn, Med. Fak., Diss. v. 16 Febr. 1828

Hattler, Franz (Seraphicus)

Hattler, Frz. Ser., S. J., Andenken an die geistlichen Exercitien u. an die hl. Mission. (31 S.) 16. Innsbruck 904. F. Rauch. n. — 07

— Anleitung, die 6 Sonntage oder Freitage vor dem Feste des heiligsten Herzens Jesu nützlich zu begehen. 4. Aufl. (71 S. m. Titelbild.) 16. Ebd. 904. n. — 24

Hattler, Frz., Blumen aus dem katholischen Kindergarten. Kinderlegenden, vom Verf. selbst aus seinem größeren Werke „Katholischer Kindergarten" ausgewählt. gr. 16. (203 S. mit eingedr. Holzschn. und 1 Holzschntaf.) Freiburg i. Br. 879, Herder'sche Verlagsh. * — 80
— dass. — 2. Aufl. 12. (211 S.) Ebendas. 879. * — 80
geb. * 1 10

Hattler, Frz., Blumen aus dem katholischen Kindergarten. Kinderlegenden, vom Verf. selbst aus seinem größeren Werke „Kathol. Kindergarten" ausgewählt. Mit 1 Titelbild und in den Text gedr. Holzschn. 3. Aufl. (III, 218 S.) 1882; 4. Aufl. 12. (III, 222 S.) Freiburg i. Br. 884, Herder'sche Verlagsh.

Hattler, Frz., Blumen aus dem katholischen Kindergarten. Kinderlegenden, vom Verf. selbst aus seinem größeren Werke „Kathol. Kindergarten" ausgewählt. 5. Aufl. Mit Titelbild u. vielen Holzschn. 12. (VII, 237 S.) Freiburg i/Br. 886. Herder. 1. —; geb. in Halbleinw. n. 1. 25; in Leinw. n. 2. —

Hattler, F., Blumen aus dem katholischen Kindergarten. Kinderlegenden, v. Verf. selbst aus seinem größern Werke „Kathol. Kindergarten" ausgewählt. 6., umgearb. Aufl. 12. (V, 242 S. m. eingedr. Abbildgn. u. 1 Farbendr.) Freiburg i/Br. 890. Herder. 1.—; cart. n. 1. 30; geb. n. 2. —

Hattler, Frz. Ser., Blumen aus dem katholischen Kindergarten. Kinderlegenden, vom Verf. selbst aus seinem größeren Werke „Kathol. Kindergarten" ausgewählt. 7. Aufl. 12. (V, 242 S. m. Text-Bildern u. 1 Farbendr.) Freiburg i/B. 893. Herder. 1. —; kart. n. 1. 30; geb. in Leinw. n. 2. —

Hattler, Frz., S. J., Blumen aus d. kathol. Kindergarten. Kinderlegenden, v. Verf. selbst aus s. größeren Werke „Kathol. Kindergarten" ausgew. — M. vielen Bild. 8. Aufl. 12. (V, 242 S. m. farb. Titelbild.) Freiburg i/B. 897. Herder. n. — 90; geb. in Halbleinw. n. 1. 30; in Leinw. n. 2. —

Hattler, Frz. Ser., S. J., Blumen aus dem katholischen Kindergarten. Kinderlegenden, vom Verf. selbst aus seinem größern Werke „Kathol. Kindergarten" ausgewählt. — Mit vielen Bildern. 9. Aufl. 12. (V, 242 S. m. farb. Titelbild.) Freiburg i/B. 902. Herder.
Geb. in Halbleinw. n. 1.30; in Leinw. n. 2. —

— Blumen aus dem katholischen Kindergarten. Kinderlegenden, vom Verf. selbst aus seinem größeren Werke „Kathol. Kindergarten" ausgewählt. — Mit vielen Bildern. 10 Aufl. (V, 242 S. m. farb. Titelbild.) kl. 8. Freiburg i/B. 906. Herder. n. 1. —; geb. in Halbleinw. n. 1. 40; in Leinw. n. 2. —

— s.: Blüten aus dem Himmelsgarten.

— Christrosen im Maiengarten od. die Geheimnisse d. hl. Rosenkranzes, ausgelegt. 2., verm. Aufl. 12. (398 S. m. Bildern u. farb. Titelbild.) Innsbruck 892. F. Rauch. n. 1. 60; geb. in Leinw. n.n. 2. 20

Christrosen im Mariengarten od. d. Geheimnisse d. hl. Rosenkranzes. 3., verm. Aufl. M. Bild. u. 1 farb. Titelbild. 8. (398 S.) Innsbruck 894. F. Rauch. n. 1. 60; geb. n.n. 2. 40

— die bildliche Darstellung des göttlichen Herzens u. der Herz-Jesu-Lehre. Nach der Geschichte, den kirchl. Entscheidgn. u. Anfordergn. der Kunst besprochen. 2., verm. Aufl. Mit 1 Stahlst., Vignetten u. Bildern in Holzschn., Zinkogr. u. Lichtdr. 4. (87 S.) Innsbruck 894. F. Rauch. n. 3. —

— Festschrift z. 100jähr. Jubelfeier d. Bundes Tirols m. d. göttl. Herzen Jesu. 1796—1896. M. Titelbild u. and. Bild. geschmückt. gr. 8. (IV, 48 S.) Innsbruck 896. Vereinsbuchh. n. — 80

— der höchste Festtag des Christen, der Tag der hl. Kommunion. Belehrung u. Gebete. (46 S. m. Titelbild.) 16. Ebd. 905. n. — 10
Sonderabdruck aus: „Die hl. Kommunion, das kostbarste Geschenk des Herzens Jesu".

— d. Freund d. armen Seelen, s.: Binet, Steph.

Hattler, Frz. S., der Garten des Herzens Jesu. Mit 12 Standbildern. Mit dem Portr. der sel. Marg. M. Alacoque (in Stahlst.). Umgearbeitet u. erweit. Wien 870. Sartori. 8. (III, 393 S.) 18 ngr.

Hattler, S., der Garten d. Herzens Jesu. Mit 12 Standbildern. Mit dem Portr. der sel. Margarethe M. Alacoque (in Stahlst.) 3. Aufl. gr. 16. (502 S.) Wien 876. Scheuble. n. 2. 80

— der Garten d. Herzens Jesu. Mit 12 Standbildern. 4. Aufl. Mit 1 Stahlst. gr. 16. (496 S.) Regensburg 878. Manz. n. 2. 80

— der Garten d. Herzens Jesu od. d. Christ s. Erlöser nachgebildet. 5., verb. u. m. Bild. geschmückte Aufl. 12. (VIII, 459 S. m. 1 Stahlst.) Regensburg 895. Nationale Verlagsanstalt. Geb. in Leinw. n. 3. —

— der Garten des Herzens Jesu od. der Christ seinem Erlöser nachgebildet. Mit 1 Stahlst. u. 13 Vollbildern. 6. Aufl. 8. (VIII, 459 S.) Regensburg 901. Verlagsanstalt vorm. G. J. Manz. n. 2. 80; geb. in Leinw. n. 3. 50

— der Garten des Herzens Jesu oder der Christ seinem Erlöser nachgebildet. Mit 1 Stahlst. u. 13 Vollbildern. 7. Aufl. (VIII, 459 S.) 8. Regensburg 906. Verlagsanstalt vorm. G. J. Manz. n. 2. 80; geb. in Leinw. n. 3. 60

— die zwölf Gebetsapostel d. göttl. Herzen Jesu. Einf., prakt. Weise, d. Gebet d. Fürbitte in Vereinigg. m. d. göttl. Herzen Jesu f. sich allein od. m. And. zu verrichten. 4., neu bearb. Aufl. gr. 16. (74 S. m. Titelbild.) Innsbruck 896. F. Rauch. n. — 24

— der Geist des Herzens Jesu, geoffenbart in den hl. Evangelien. 2., verm. Aufl. 12. (VI, 264 S. m. farb. Titelbild.) Freiburg i/B. 902. Herder. Geb. n. 2. —

— Geschichte d. Festes u. der Andacht zum Herzen Jesu u. die Denkschrift der poln. Bischöfe vom J. 1765. gr. 16. (VIII, 239 S.) Wien 875. Regensburg, Manz. n. 1. 60

HATTLER, FRANZ SERAPHICUS, S. J.: Geschichte des Festes und der Andacht zum Herzen Jesu und die Denkschrift der polnischen Bischöfe vom Jahre 1765. Festgabe zur zweiten Säcular-Feier des Herz-Jesu-Festes am 16. Juni 1875. Wien-Pest 1875: Carl Sartori. 266 S. - 150 mm

—— das Gnadenbild der Mater ter admirabilis von Ingolstadt in Bayern. Geschichtl. Bericht und Gebete. 16. (87 S. mit 1 chromolithogr. Abbild.) Ebendas. 880.

—— dass. — 2. Aufl. 16. (88 S. mit 1 Abbild. in Holzschn.) Ebendas. 880.

— Gnaden-Novene oder 9täg. Andacht zum göttlichen Herzen Jesu, um e. besondere Gnade zu erlangen, nebst e. 3täg. Danksagungs-Andacht zu demselben hl. Herzen. 32. (64 S.) Innsbruck 892. Vereins-Buchh. u. Buchdr. n. — 20

HATTLER, P. Franz
(F) Gnaden-Novene oder neuntägige Andacht zum göttlichen Herzen Jesu, um eine besondere Gnade zu erlangen nebst einer dreitägigen Danksagungs-Andacht zu demselben heiligen Herzen. Von P. Franz Hattler S. J. Mit Genehmigung des Hochwst. Fürstbischofes von Brixen und der Ordensobern. Innsbruck. 1900. Vereinsbuchhandlung. 16°. 88 S mit 1 Tafel. K —.20

— Gnaden-Novene od. neuntägige Andacht z. göttlichen Herzen Jesu um e. besond. Gnade zu erlangen, nebst e. dreitägigen Danksagungs-Andacht zu demselben hl. Herzen. (Umschlag: 9. Aufl. — 56. Taus.) 16. (87 S. m. Titelbild.) Innsbruck 902. Vereins-Buchh. u. Buchdr. n. — 20

— Gnaden-Novene od. neuntägige Andacht zum göttlichen Herzen Jesu um e. besond. Gnade zu erlangen, nebst e. dreitägigen Danksagungs-Andacht zu demselben hl. Herzen. (Umschlag: 10. Aufl. — 67.—70. Taus.) (87 S. m. Titelbild.) 16. Innsbruck 906. Vereins-Buchh. u. Buchdr. n. — 20

— Gruß an die Mutter. (Für Oesterreich a. u. d. T.: Pilgerreise nach Maria-Zell.) Lehrreiche Auslegung d. Ave Maria mit (eingedr. Holzschn.-) Bildern (u. 1 Stahlst.). Aus d. Verf. größerem Werke: „Wanderbuch f. die Reise in die Ewigkeit". gr. 8. (256 S.) Düsseldorf 877. Schulgen. — Wien, Mayer & Co. in Comm. n. 2. 50

— Handbüchlein d. Gebets-Apostolates in Vereinigung m. dem hl. Herzen Jesu. Nach der neuesten 19. französ. Aufl. bearb. 2. unveränd. Aufl. 16. (IV, 236 S. m. 1 Chromolith.) Innsbruck 884. F. Rauch. n. — 72

— christkathol. Handpostille, s.: Goffiné, Leonh.

— das Haus d. Herzens Jesu. Illustrirtes kathol. Volksbuch. 4. (IV, 258 S. m. Holzschn.) Freiburg i/Br. 884. Herder. geb. n. 3. —

— das Haus des Herzens Jesu. Illustrirtes kathol. Volksbuch. 2. Aufl. 4. (VI, 258 S.) Ebd. 890. cart. n. 2. 80

— das Haus des Herzens Jesu. Illustr. Hausbuch f. die christl. Familie. 3. Aufl. 4. (VI, 266 S. m. 1 Farbdr.) Freiburg i/B. 900. Herder. n. 3. —; geb. in Leinw. n. 5. —

— das Haus des Herzens Jesu. Illustriertes Hausbuch f. die christl. Familie. 4. Aufl. (VIII, 266 S. m. farb. Titelbild.) Lex.-8. Freiburg i/B. 905. Herder. Geb. in Leinw. n. 5. —

Hattler, Frz. Ser., christkatholisches Hausbrod f. Jedermann, der gut leben u. fröhlich sterben will. 2 Bde. Lex.-8. (VII, IV, 83; IV, 144; IV, 124; IV, 152; IV, 171; IV, 212; IV, 160 u. IV, 79 S. m. Illustr.) Innsbruck 892. F. Rauch. 7. 50; geb. in Halbchagrin n.n. 10. —; in Leinw. m. Goldschn. n.n. 12.

dasselbe. Reich illustr. 2. Aufl. Lex.-8. (III, 1180 S. m. 1 Stahlst.) Ebd. 894. 7. 50; geb. in Halbchagrin n.n. 10. —; in Leinw. m. Goldschn. n.n. 12. —

— christkathol. Hausbrod f. Jedermann, der gut leben u. fröhlich sterben will. 3. Aufl. Lex.-8. (IV, 1180 S. m. Abbildgn. u. 1 Stahlst.) Innsbruck 901. F. Rauch. 6.30; geb. in Halbfrz. n. 8.60; in Leinw. m. Goldschn. n. 10. 60

— die drei neuen Heiligen aus der Gesellschaft Jesu, Alfons Rodriguez, Johannes Berchmans u. Pater Peter Claver. Kurze Lebensgeschichte u. Gebete. gr. 16. (VIII, 108 S.) Innsbruck 888. F. Rauch. n. — 40

— dem Herzen Jesu singe. Liederkranz zu Ehren des göttl. Herzens Jesu. Aus d. 25 Jahrgängen d. „Sendboten d. göttl. Herzens" gesammelt v. F. H. 12. (IV, 288 S.) Ebd. 890. n. 2. —; geb. m. Goldschn. n. 3. —

— Großes Herz Jesu-Buch f. d. christl. Familie, in welchem aus d. hl. Schrift, aus d. Legende d. Heiligen, aus d. Kirchengeschichte u. aus wahren Begebenheiten dargethan wird, was für e. wunderbar großes u. liebreiches Herz uns. Heiland hat, u. was wir ihm schuldig sind, nebst häusl. Andachtsübgn. z. Verehrg desselben. Mit 7 farb. Bild. u. vielen Holzschn. 16 Hfte gr. 4. (VII, 816 S.) Regensburg (897). F. Pustet. à — 60

— Herz-Jesu-Büchlein f. Kinder. Belehrung u. Gebete. 1. u. 2. Aufl. 16. (63 S. m. Illustr. u. 1 Stahlst.) Ebd. 887. n. — 24

— Herz-Jesu-Büchlein f. Kinder. Belehrung u. Gebete. 4. Aufl. gr. 16. (64 S. m. Abb.) Ebd. 900. n. — 10

— Herz Jesu-Büchlein f. Kinder. Belehrung u. Gebete. 90.—99. Taus. 9. Aufl. (64 S. m. Titelbild.) 16. Innsbruck 910. F. Rauch. p — 10

— Herz-Jesu-Ehrenpreis. Erklärung der Litanei vom heiligsten Herzen Jesu, zugleich Monat desselben göttl. Herzens m. tägl. Gebeten. 2., verm. Aufl. 8. (589 S. m. Titelbild.) Ebd. 902. n. 2. 80

— Herz-Jesu-Monat. Mit 30 Initialbildern u. e. Titelbild (in Stahlst.). 2., neu durchgesch. Aufl. 12. (VII, 344 S.) Freiburg i/Br. 881. Herder. 1. 80

— Herz-Jesu-Monat. Mit 1 Titelbild in Farbendr. u. 30 Initialbildern. 3., verm. Aufl. 12. (VIII, 344 S.) Freiburg i/B. 894. Herder. 1. 60; geb. in Leinw. n. 2. —

— Herz-Jesu-Monat. Mit 1 Titelbild in Farbendr. u. 30 Initialbildern. 4. Aufl. 12. (VIII, 346 S.) Freiburg i/B. 901. Herder. n. 1.60; geb. in Leinw. n. 2. —

— Herz-Jesu-Monat. 5., verm. Aufl., hrsg. v. Arno Bötsch, S. J. Mit e. Titelbild in Farbendr. u. 30 Initialbildern. (XV, 464 S.) 16. Freiburg i/B. (910). Herder. 2.—; geb. in Kunstldr. 2. 50

Hattler, F., Herz-Mariä-Monat. Zugleich Handbuch für die Bruderschaft d. heiligsten u. unbefleckten Herzens Mariä. Mit e. Titelbild. 12. (XV, 369 S.) Freiburg i/Br. 888. Herder. 1. 80; geb. n. 2. 60

— e. Jahr in der Schule d. Herzens Jesu. Betrachtgn u. Gebete f. den 1. Freitag jeden Monats üb. das göttl. Herz. (Neue [Titel-]Ausg. v. „Liebst du mich?") 16. (221 S.) Regensburg 893. Nationale Verlags-Anstalt n. 1. 20

— ein Jahr in der Schule des Herzens Jesu. Betrachtgn. u. Gebete zum göttl. Herzen f. den ersten Freitag jeden Monats. 2., verm. Aufl. 12. (264 S. m. 1 Stahlst.) Regensburg 901. Verlagsanst. vorm. G. J. Manz. n. 1. 20; geb. in Leinw. n. 1. 80

— katholischer Kindergarten oder Legende f. Kinder. Mit e. Titelbild in Farbendr. u. vielen (eingedr.) Holzschn. gr. 8. (624 S.) Ebend. 877. n. 5. 40

— dasselbe. 2., unveränd. Aufl. gr. 8. (VI, 624 S.) Ebend. 878. n. 5. —; geb. n. 6. 60

— katholischer Kindergarten od. Legende f. Kinder. Mit e. Titelbild in Farbendr. u. vielen Holzschn. 3. Aufl. gr. 8. (IX, 630 S.) Ebend. 884. n. 5. 40; geb. n. 7. —

— katholischer Kindergarten oder Legende für Kinder. 4., umgearb. Aufl. gr. 8. (XII, 606 S. m. Holzschn. u. 1 farb. Titelbild.) Ebd. 889. n. 5. 40; geb. n. 7. —

katholischer Kindergarten od. Legende f. Kinder. M. 1 Titelbild in Farbendr. u. vielen Holzschn 5. Aufl. gr. 8. (XII, 618 S.) Freiburg i/B 895. Herder. n. 5. 40; geb. in Leinw. n. 7.

— katholischer Kindergarten od. Legende f. Kinder. Mit e. Titelbild in Farbendr. u. vielen Abbildgn. im Text. 6., verb. Aufl. gr. 8. (XII, 602 S.) Freiburg i/B. 902. Herder. n. 5. 80; geb. in Leinw. n. 7. 60

— Kinderschutz. 6 Schriften über Erziehung, vom Verf. neu bearb. 12. (VIII, 424 S.) Ebend. 881. n. 1. 60

Hattler, Frz. Ser., S. J., das Kirchenjahr in Bildern, s. a. Untersberger, Jos.

(F) Hattler, Fr. S., Das Kirchenjahr in Bildern. Mit erläuterndem Vorwort. Lex.-8°. (109 S.) geb. K 3 10
Innsbruck: Rauch 1902.

— die hl. Kommunion, das kostbarste Geschenk des Herzens Jesu. Belehrg. u. Gebete. 2. verm. Aufl. (V, 343 S. m. Titelbild.) 8. Innsbruck 904. F. Rauch. n. 1. 80

— Kreuzwegbüchlein. Enth.: Die Kreuzwegbetrachtgn. der gottsel. Katharina Emmerich mit Bildern von Br. M. Schmalzl, nebst Gebeten von F. H. 12. (III, 72 S.) Regensburg 893. F. Pustet. n. — 25; geb. in Leinw. n. — 50

Hattler, Franz, P., S. J. Katholische Landwehr gegen den höllischen Schnapsgeist oder der Mässigkeitsverein auf religiöser Grundlage. Innsbruck 1893. 20 S. 8°.

— Lebensbild des ehrwürdigen P. Claudius de la Colombière S. J., nebst seinem geistlichen Tagebuche. Mit dem Bildnis des Ehrwürdigen. (XI, 246 S.) 12. Freiburg i/B. 903. Herder. n. 1. 60; geb. in Leinw. n. 2. 40

— Heiliger Liebes-Bund, s.: Weninger, Frz. Xav.

— — die neun Liebesdienste zur Verehrung des göttlichen Herzens Jesu in Betrachtungen dargestellt. Ebend. 867. gr. 16. (XXIV, 404 S. m. 2 Stahlst.) 18 ngr.

— die neun Liebesdienste zur Verehrg. d. göttl. Herzens Jesu in Betrachtgn. dargestellt. Nebst den Legenden der neun Patrone u. e. Gebetbuche zu Ehren des Herzens Jesu. 3. Aufl. Mit 2 Stahlst. 8. (XIV, 304 S.) Ebend. 871. 1. 80

— die neun Liebesdienste. Gebet- u. Betrachtungsbuch zu Ehren des göttlichen Herzens Jesu. 4., verb. Aufl. Mit e. Stahlst. 16. (XXI, 509 S.) Regensburg 879. Manz. n. 1. 80

— die neun Liebesdienste zu Ehren des göttlichen Herzens Jesu, in Betrachtungen dargelegt. Nebst den Legenden der neun Patrone u. Gebetbuch. 6., umgearb. Aufl. (XI, 303 S. m. Titelbild.) 8. Regensburg 904. Verlagsanstalt vorm. G. J. Manz. n. 2. —; geb. in Leinw. n. 3. —

— „Liebst du mich?" Doppelfrage in Betrachtungen über das göttliche Herz Jesu beantwortet. 2., verm. Aufl. Mit e. Titelbilde (in Holzschn.). gr. 16. (221 S.) Ebend. 879. 1. 20

— Litanei zum heiligsten Herzen Jesu in 23 Initialbildern m. beigefügtem biblischen Text. Mit e. Titelbild (Stahlst.). 16. (68 S. m. eingedr. Holzschn.) Freiburg i/Br. 878. Herder. cart. n. — 70

Hattler, Franz. Die Luthereier u. die Katholiken. Ein Wort an das kath. Deutschland. Innsbruck. Rauch, 1883, 8°, 16 S., 5 Pf.
Die Broschüre: Katholische Luthereier, drei Gespräche katholischer Freunde, herausgeg. von Vincenz Germanus (Reutlingen, Kocher, 1883, 8°, 24 S., 50 Pf.) ist ein Pamphlet u. nach dem Titel zur Verbreitung unter Katholiken bestimmt, in Wirklichkeit nichts anderes als eine recht einfältige Polemik gegen Evers u. Konstant. Germanus.

— s.: Mai, d. geistl.

Hattler, Frz., S. J., der Mai-Monat. Der Verehrg. d. reinsten Herzens Mariä gewidmet. 2., unveränd. Aufl. d. „Herz-Mariä-Monat". 12. (XV, 369 S. m. farb. Titelbild.) Freiburg i/B. 898. Herder. 1. 60; geb. in Leinw. n. 2. —

— Der Mai-Monat. Der Verehrg. d. reinsten Herzens Mariä gewidmet. 3. Aufl. (IX, 457 S. m. 1 Farbdr.) 16. Freiburg i/B. 907. Herder. 1.80; geb. in Leinw. 2.20

(F) Hattler, F., Der christliche Mann in der Schule des Herzens Jesu. 8°. (44 S.) Innsbruck: Rauch 1907. K —.15

— Der christliche Mann in d. Schule d. Herzens Jesu. Ein offenes Wort an d. Männerwelt in Sachen ihres eigenen Herzens. 6.—10. Taus. (44 S.) 16. Innsbruck 909. F. Rauch. p — 12

HATTLER, Franz
(F) Das hochheilige Messopfer eine bleibende Offenbarung des göttlichen Herzens Jesu. Von Franz Hattler. Mit einem Titelbild. 2. vermehrte Auflage. Mit fürstbischöflicher Approbation und Erlaubnis der Ordensobern. Innsbruck. 1900. Rauch. 8°. IV, 416 S. K 2.—

— das hochheilige Meßopfer, e. bleibende Offenbarung des göttlichen Herzens Jesu. 3. Aufl. (IV, 416 S. m. Titelbild.) kl. 8. Innsbruck 902. F. Rauch. n. 2. —

HATTLER, Franz S. J.
(F) Missionsbilder aus Tirol. Geschichte der ständigen tirolischen Jesuitenmission von 1719—1784. Beitrag zur Geschichte der religiös-sittlichen Cultur des Landes und der socialen Wirksamkeit der Volksmissionen. Von Franz Hattler S. J. Mit dem Porträt des R. P. Christoph Müller S. J., vieljährigen Obern der tirolischen Mission. Innsbruck. 1899. Rauch. Gr.-8°. VIII, 379 S. fl. 2.—

— los niños santos ó leyendas infantiles. Obrita traducida del alemán por Jerónimo Rojas. 12. (V, 238 S. m. Holzschn.) Freiburg i/B. 891. Herder. 2. 10; geb. n. 2. 80

— los niños santos ó leyendas infantiles. Obra traducida del alemán por el P. Jerónimo Rojas, S. J. 2., ed. corregida y aumentada. 8. (IX, 277 S. m. Abb.) Ebd. 896. 2. 10; geb. in Leinw. n. 2. 80

— Los niños santos ó leyendas infantiles. Obra traducida del alemán por P. Jerónimo Rojas, S. J. 3. ed. corregida y aumentada. (XII, 284 S. m. Abbildgn.) kl. 8. Freiburg i/B. 905. Herder. Geb in Leinw. n. 2. 60

— Los niños santos ó leyendas infantiles. Obra traducida del alemán por el P. Jerónimo Rojas, S. J. (XII, 284 S. m. Abb.) kl.8. Freiburg i/B. (909). Herder. 1.92; geb. in Leinw. 2. 60

—— St. Nothburg, die Magd des Herrn. Den glaubwürdigsten Urkunden treuherzig nacherzählt. 16. (IV, 75 S. mit 1 Stnt.) Donauwörth 879, Buchh. des kathol. Erziehungsvereins. ** — 40

— St. Nothburg, die Magd d. Herrn. Den glaubwürdigsten Urkunden treuherzig nacherzählt. 2. Aufl. Mit Titelbild (in Tondr.) u. mehreren (eingedr.) Holzschn.-Bildchen. 16. (III, 91 S.) Donauwörth 880. Buchh. d. kath. Erziehungsvereins. n. — 40

— St. Notburg, die Magd des Herrn. Den glaubwürdigsten Urkunden treuherzig nacherzählt. 3. Aufl. Mit e. farb. Titelbild u. mehreren Textbildchen. 16. (112 S.) Donauwörth 888. Auer. n. — 40; geb. n. — 60

— St. Notburg, d. Magd d. Herrn. D. glaubwürdigsten Urkunden treuherzig nacherz. 4., verm. Aufl. M. 1 farb. Titelbild u. mehr. Textbildchen. gr. 16. (112 S.) Donauwörth 898. L. Auer. Geb. n. — 50

— St. Notburg, die Magd des Herrn. Den glaubwürdigsten Urkunden treuherzig nacherzählt. 5. Aufl. gr. 16. (112 S. m. Abbildgn. u. 1 Farbdr.) Donauwörth (902). L. Auer. n. — 30

— St. Notburg, die Magd d. Herrn. Den glaubwürdigsten Urkunden treuherzig nacherzählt. 6. Aufl. (112 S. m. Abb. u. 1 Farbdr.) 16. Donauwörth (907). L. Auer. — 30

Hattler, P. Ferencz. Sz. Notburga élete. Hiteles adatok nyomán. A rend elöljáróinak engedélyével. Német eredeti után Közli: Dr. Tordai János. Egy színes-nyomatú képpel. 8° (111 S.) Wien, Norbertus-Buchdruckerei. geb. fl. —.40 1887

— das Reich des Herzens Jesu. Zugleich e. Gedenkschrift an die am 11. VI. 1899 vollzogene Weihe des Menschengeschlechtes an das göttl. Herz. gr. 8. (III, 104 S. m. Titelbild.) Innsbruck 900. F. Rauch. n. — 60

— der ehrwürdige P. Jakob Rem aus der Gesellschaft Jesu u. seine Marienkonferenz. Nach den Quellen bearb. u. den christl. Erziehern u. allen Verehrern der Gottesmutter zum Vorbild dargestellt. Mit Rem's Portr. (in Stahlst.) u. mehreren (Holzschn.-)Illustr. Lex.-8. (VIII, 326 S.) Regensburg 881. Manz. n. 6. —

— der ehrwürdige P. Jakob Rem a. d. Gesellschaft Jesu u. s. Marienconferenz. N. d. Quellen bearb. u. d. christl. Erziehern u. allen Verehrern d. Gottesmutter z. Vorbild dargestellt. Mit Rem's Portr. u. mehr. Illustr. (Bill. Volks-[Titel-]Ausg.) Lex.-8. (VIII, 326 S.) Regensburg (881) 896. Nationale Verlagsanstalt. n. 2. —

— das selige Kind Andreas v. Rinn, Patron der Kinder. Sein Martertod u. seine Verherrlichung, nebst Gebeten. 16. (56 S.) Innsbruck 887. F. Rauch. n. — 16

— ein Sträußchen Rosmarin. Bunte Geschichten f. jung u. alt. 12. (V, 323 S.) Freiburg i/B. 901. Herder. n. 1.80; geb. in Halbleinw. n. 2.20

— Ein Sträußchen Rosmarin. Bunte Geschichten f. jung u. alt. 2. Aufl. (VII, 323 S.) kl. 8. Freiburg i/B. 907. Herder. 1.80; geb. in Leinw. 2.20

– (Hrsg.), s. Sendbote, Der, des göttlichen Herzens Jesu.

— heiliges Stillleben im Herzen Jesu für alle Tage der Woche nach der Anweisg. der sel. Marg. Alacoque. 2. vielfach verm. Aufl. Mit 1 Stahlst. Ebend. 868. 8. (189 S.) 9 ngr.

— heiliges Stillleben im Herzen Jesu f. alle Tage der Woche nach der Anweisg. der sel. Marg. Alacoque. 3. Aufl. Mit e. Stahlst. 8. (188 S.) Ebend. 871. — 90

— Stillleben im Herzen Jesu. 5. Aufl. Mit 1 Stahlst. 12. (240 S.) Regensburg 883. Verlags-Anstalt. 1.80

— Stillleben im Herzen Jesu. 6. Aufl. Mit 1 Stahlst. 12. (240 S.) Regensburg 887. Verlags-Anstalt. 1.80

— Stillleben im Herzen Jesu. 7. Aufl. 12. (240 S. m. 1 Stahlst.) Ebd. 896. 1.80

— Stillleben im Herzen Jesu. 8. verb. Aufl. (221 S. m. 1 Stahlst.) 8. Regensburg 904. Verlagsanstalt vorm. G. J. Manz. n. 1.80; geb. in Leinw. n. 2.60

—— s. Stolz, Alban.

— der Tag des Herzens Jesu. Betrachtungen u. Gebete. Hrsg. v. der St. Josef-Bücher-Bruderschaft in Klagenfurt. (VI, 845 S. m. Titelbild.) 12. Klagenfurt 903. Buch- u. Kunsth. des St. Josef-Vereines. n. — 66; geb. in Leinw. n. 1. —; in Lor m. Goldschn. n. 2. —

— des Christen vornehmstes Tagewerk, die hl. Messe. Belehrg. u. Gebete. (44 S. m. Titelbild.) gr. 16. Innsbruck 903. F. Rauch. n. — 10
Sonderabdruck aus: „H., d. hl. Meßopfer."

— s.: Vater unser.

— z. Verehrung Unserer Lieben Frau, s.: Jungmann, Jos.

— das blutige Vergißmeinnicht, od. der heilige Kreuzweg des Herrn. 2. Aufl., vermehrt m. Gebeten u. den Leidensbetrachtgn. vom sel. Heinr. Suso. Mit Bildern, entworfen nach den Gesichten der ehrw. Kath. Emmerich. 12. (336 S.) Innsbruck 890. F. Rauch. n. 1.20; geb. n. 1.80

Hattler, P. Franz, Das blutige Vergißmeinnicht oder der hl. Kreuzweg des Herrn. 3. Auflage. Vermehrt mit Meßgebeten zur Erinnerung an das bittere Leiden Christi. Mit Bildern. 8. (352 S.) —.60, in Lnwd. mit Rothschnitt —.90
Innsbruck: Rauch 1891.

— das blutige Vergißmeinnicht od. der hl. Kreuzweg d. Herrn. 4. Aufl., verm. m. Meß- u. Ablaßgebeten zu Ehren d. bitteren Leidens Christi. Mit neuen Bildern, entworfen nach den Gesichten der ehrw. Kath. Emmerich 12. (368 S. m. farb. Titelbild.) Innsbruck 892. F. Rauch. n. 1.20; geb. in Leinw. n.n. 1.80

— dasselbe. 5. Aufl. 8. (368 S. m. 1 farb. Titelbild.) Ebd. 894. n. 1.20

— d. blutige Vergißmeinnicht od. d. hl. Kreuzweg d. Herrn. 6 Aufl., verm. m. Meß- u. Ablaßgebeten zu Ehren d. bitt. Leidens Christi. Mit 9 Bild., entworfen nach d. Gesichten d. ehrw. Kath. Emmerich. 12. (366 S. m. 1 Farbendr.) Innsbruck 897. F. Rauch. n. 1.20

— das blutige Vergißmeinnicht od. der hl. Kreuzweg des Herrn. 8. Aufl. Mit Meß- u. Ablaßgebeten zu Ehren des bittern Leidens Christi. Mit Bildern, entworfen nach den Gesichten der ehrw. Kath. Emmerich. 8. (404 S. m. 1 Farbdr.) Innsbruck 901. F. Rauch. n. 1.50; geb. in Leinw. n.n. 2.10

— Versorgungsanstalt f. arme Sünder, s.: Stolz, Alban.

— die großen Vorteile des öfteren Empfanges des hl. Sakramentes der Buße. 4. Aufl. Durchgesehen u. m. Beichtgebeten vermehrt. (88 S. m. Titelbild.) 16. Innsbruck 905. F. Rauch. n. — 10

—— Wanderbuch für die Reise in die Ewigkeit. Mit 112 feinen Holzschn. Bildern illustrirt. 36 Lfgn. oder 2 Bde. à 3 Thle. gr. 8. Düsseldorf 883—85, Schulgen. [1. Bd. (XII, 291; 285; 264 S.); 2. Bd. (338; 267; 231 S.).] à Lfg. 50 Pf.; compl. * geb. **

— Der Weg zum Herzen Jesu. (IV, 275 S. m. Titelbild.) 8. Innsbruck 907. F. Rauch. 1.80

— christlicher Wegweiser von der Wiege bis zum Grabe. Mit 7 Aquarellbildern. 12. (207 S.) Straubing (902). M. Hirmer. n. 2. —; kart. n. 2.40

— Wegweiser zum Herzen Gottes. Sammel-Ausg. d. Sendboten-Kalenders von 1874—1881. Mit vielen (eingedr.) Holzschn.-Bildern. 4. (VI, 44, 60, 44, 60, 60, 56, 60 u. 60 S.) Freiburg i/Br. 883. Herder. geb. in Halbleinw. n. 3. —

— Winke, Themen u. Skizzen f. Herz-Jesu-Predigten. (VIII, 167 S.) gr. 8. Ebd. 904. n. 1.60

— Winke, Themen u. Skizzen f. Herz-Jesu-Predigten. 2., verm. Aufl. (VIII, 182 S.) 8. Ebd. 907. 1.80

— ernste Worte an Eltern, Lehrer u. alle Kinderfreunde. 2. Aufl. v. „Kinderschutz". gr. 8. (XII, 296 S.) Freiburg i/B. 895. Herder. n. 1.50; geb. in Leinw. n. 2.20

— ernste Worte an Eltern, Lehrer u. alle Kinderfreunde. 3. Aufl. gr. 8. (XII, 296 S.) Freiburg i/B. 901. Herder. n. 1.60; geb. in Leinw. n. 2.50

Hattler, S., s. Hattler, Franz

Hatto, Bischof v. Mainz, eine Legende des 10. Jahrh., (v. B. Naubert). 8. Leipz. 788. Weygand. 1 ₰ 12 gr

Hatto Bischoff von Mainz; eine Legende ... Leipzig 1789. V: *Naubert, Christiane Benedicte Eug. geb. Hebenstreit.* (MGT) »1788« (Ky) (EE)

Hatto I., Erzbischof von Mainz vom J. 891 - 913. 41 S.– Berlin Kl., Progr. 1865.

Hatton, Josef

Hatton, Jos., sein Doppelgänger! Erzählung. Autoris. deutsche Uebertragg. v. P. Wollmann. (102 S.) 8. Berlin 905. Norddeutsche Verlags-Anstalt L. Hohenstein & Co. n. 1. —

Hatton, J., Klytie, s.: **Collection Spemann.** 304. 305. (1888).

Hatton, Thomas

Hatton, Thom., skizzierende Aquarell-Malerei. Anleitung f. Anfänger. Mit Autorisation der Verlagsfirma Winsor & Newton übers. v. Otto Marpurg. Mit e. Anh: Praktische Winke f. Anfänger im Aquarellmalen. 1. u. 2. Aufl. (à VII, 102 S. m. Abbildgn. u. 6 farb. Taf.) 8. Ravensburg (903. 904.) O. Maier. n. 1. 50; geb. n. 2. —

Skizzierende Aquarell-Malerei [Hints for sketching in water colours from nature]. Anleitung f. Anfänger. Von Thomas **Hatton.** Mit Autor. d. Verlagsfirma Winsor & Newton übers. von Otto Marpurg. Mit e. Anh.: Prakt. Winke f. Anfänger im Aquarellmalen. 2. Aufl. Ravensburg: O. Maier [1904]. (VIII, 102 S.) 8° [F.] [05. 131 7

Hatton, Th: Skizzierende Aquarellmalerei. Deutsch von O. Marpurg. Mit Anh.: Praktische Winke für Anfänger im Aquarellmalen. 3. Aufl. Ravensburg (1906)

Hattorf, v., Beitrag z. Beantwortung d. Frage: Bedürfen z. Erzielung gutlohnender Flachserndten wir des theureren auswärtigen — s. g. rigaer od. russischen — Saatleins, od. können wir eben so gut lohnende dergl. Erndten aus eigenem hier im Lande gewonn. Leinsaamen erzielen? Auf angestellte pract. vergleich. Versuche begründet. gr. 8. (2½ B. u. 1 Tab.) Hannover 840, Hahn'sche Hofbuchh.

Hattorff, v., üb. die Einwirkung des Kartoffeln-Anbaues behuf Branntweingewinnung auf d. Landwirthschaft unter Vergleichung mit anderen Früchten u. Futtergewächsen, nach Ertrag, Düngkraft u. Gekrönte Preisschr. gr. 8. (13⅞ B.) Hannover 813, Helwing'sche Hofbuchh. *

— ist Verarmung u. dauernde Noth für einen Theil unserer Bevölkerung mit Grund zu besorgen, u. was können wir thun, um einer etwaigen derartigen Befürchtung desto sicherer zu begegnen? Wort an alle Menschen- u. Vaterlandsfreunde, ganz vorzügl. aber an unsere landwirthschaftl. u. sonstigen gewerbl. Vereine gerichtet. gr. 8. (8 B.) Hannover 815. (Helwing'sche Hofbuchh.) *

[F.] Auf Bergeshöh'n und Meereswogen. Erlebn. e. ehem. preuss. Offiz. in Europa, im Orient, in Afrika u. Amerika v. Hans v. **Hattorff,** Kap. a. D. 2. Aufl. *(Bielefeld): A. Helmich [1895].* (7 Bl., 186 S.) 1 Bd 8. [97. 1448

Hattori, H., pflanzengeograph. Studien üb. d. Bonin-Inseln. (65 S. m. 1 Fig., 4 Taf. u. 4 Bl. Erklärgn.) Lex. 8. Tōkyō 908. (Berlin, R. Friedländer & Sohn.) nn 4. —
Sonderabdr. aus: „Journal of the college of science, imp. univ., Tōkyō".

Hattori, Tetsu, Arzt a. Osaka ⟨Japan⟩: Über Resorption von Seiten aus isolierten Darmschlingen. Greifswald 1905: H. Adler. (29 S.) 8°

Greifswald, Med. Fak., Ref. Bleibtreu, Diss. v. 30. März 1905

[Geb. 18. Aug. 58 Tokyo; Wohnort: Osaka; Staatsangeh.: Japan; Vorbildung: Tokuschima-Gymn. Tokuschima Reife 80; Studium: Osaka, ferner Erlangen 1, Greifswald 2 S.; Rig. 16. März 05.]

Hattori, U., Konfucius. gr. 8. (19 S.) Frankfurt a/M. 902. Neuer Frankfurter Verlag. n. — 80

Hattstädt, Otto, Handb. der deutsch. Nationalliteratur v. ihren ersten Anfängen bis zur Gegenwart. Zum Gebrauch f. d. Unterricht in d. oberen Klassen höherer Lehranstalten, sowie z. Selbstunterricht. (XV, 512 S.) gr. 8. St. Louis, Mo. 906. (Zwickau, Schriften-Verein.) Geb. 8. 50

Hattstein, Damian Hartard von und zu: Die Hoheit des Teutschen Reichs-Adels, wordurch derselbe zu Chur- und Fürstl. Dignitäten erhoben wird. Das ist: Vollständige Probe der Ahnen unverfälschter adel. Familien, ohne welcher keiner auf Ertz- Dom- hoher Orden- und Ritter-Stiffter gelangen kan oder genommen wird. Nach alphab. Arth versetzt. Th. 1—3. Bamberg 1751.
3 Bde fol.

Hattwich, Emil, Ein Beitrag zu den Untersuchungen über die Ursachen der Temperatur-Steigerung bei fieberhaften Kranken. (Inaugural-Dissertation.) Berlin 1869.

Hattwich, Joseph

Hattwich, Jos., über Dielektrizitätskonstanten beim Schmelzpunkt. (7 S.) gr. 8. Wien 908. (A. Hölder.) — 30
Sonderabdr. aus: „Sitzungsber. d. k. Akad. d. Wiss."

— Über den Zusammenhang zwischen der Intensität des Fluoreszenzlichtes und der des erregenden Lichtes (mit 1 Textfigur). S. 122. IIa. 1929 . . . . — .40
Sonderabdruck

Hattwich, Paul, s.: **Artiston-Kalender**, internat.

Ich und die Bücher. ⟨Selbstvorwürfe des Kritikers.⟩ Von Ludwig **Hatvany.** Berlin: Cassirer 1910. 127 S. 8° [10. 1131

— Die Wissenschaft des nicht Wissenswerten. Ein Kollegienheft. (121 S.) gr. 8. Leipzig 908. J. Zeitler. 2.50

Hatwig, Joseph *(geb. Bobischau in Schles. 13. 11. 1844)*: Ueber das Verhältniss des Spinozismus zur cartesianischen Philosophie. Breslau 1869. (32 S.) 8°

Breslau, Phil. Diss. v. 11. Aug. 1869

Hatz, Ernst. Ueber akzidentelle Herzgeräusche im Kindesalter. Aus der medizinischen Universitäts-Poliklinik.... Diss. Med. Univ. Zürich. 22 S. 8. Schaffhausen, Paul Schoch, 1910.

Hatz, Gottlieb Beiträge zur lateinischen Stilistik (Zur Hendiadys in Ciceros Reden.) 8 (68 S.). **Progr.** Studienanst. *Schweinfurt* 1886.

Hatzel, A. E., s. Hatzel, Adam Heinrich

Hatzel, Adam Heinrich

— Abhandl. über den Kleebau. 8. Heilbr. 795. Claß. 8 gr

Hatzel, Adm. Hnr., († d. 17. Febr. 1802.) Briefe über d. Wirthschaft großer Landgüter, d. Ursachen d. geringen Ertrags derselben rc. 8. Heilbr. 796. Claß. 9 gr

— d. Ganze d. Landwirthschaft. 2 Bde. (A. u. d. T.: Handbuch d. Landwirthschaftslehre rc.) gr. 8. Heilbr. 800—802. Claß. 1 ℛ︁ 16 gr (Deubold in Werthheim). Hbg. Pr. 1 ℛ︁ 6 gr

HATZEL, Adam Heinrich: Grundsätze der Forstpolizey. - Heilbronn, Rothenburg o. T. 1802. 91 S., 5 S.

— Grundsätze d. Forstpolizei. 8. Heibr. 802. Claß. 9 gr

Hatzel A. H.: Grundsätze d. landwirthschaftlichen Polizey u. Industriepflege. Gotha 1800. (10) 208 S.

— Grundsätze d. landwirthschaftl. Polizei u. Industriepflege. gr. 8. Gotha 800. Perthes. 16 gr.

Hatzel, A. H. F.: „Handbuch der Landwirthschaftslehre in systematischer Ordnung; oder das Ganze der Landwirthschaft", 2 Bde., Heilbronn 1799 und 1801 (Class).

— üb. d. Kleebau. 8. Ebend. 795.

— Geo. Reinhardt's, e. deutschen Bauers Leben. 8. Heilbr. 796. N. A. 826. Claß. 14 K

Hatzel, A. E.: „Lebensgeschichte Georg Reinhards, eines fränkischen Bauersmanns; oder vollständige und deutliche Anweisung, wie der Landmann nicht nur zufrieden leben, sondern auch durch eine gute Anweisung im Feld- und Weinbau in kurzer Zeit sich zu einem vermöglichen Manne emporschwingen könne", Heilbronn 1796 (Class).

Hatzel, (D. L. A. H.,) Lebensgeschichte Georg Reinhards, eines fränk. Bauersmannes 2c. N. Aufl. 8. Heilbr. 826, Claß.

Hatzel, D. L. A. H., s. Hatzel, Adam Heinrich

Hatzel, Ed.

— — Der Eisenbahnhochbau der Gegenwart. Systematisch geordnete Sammlung neuerer eiserner Hochbauconstructionen. Aachen 1878 — Fol.
Heft 1: Hochbauten mit eisernen Pult- und Satteldächern. Mit 6 lith. Doppelfoliotfln. u. 139 Holzschn. i. Text.
Heft 2: Hochbauten mit eisernen Tonnendächern. Mit 6 lith. Doppelfoliotfln., 2 lith. Texttfln. u. 45 Holzschn. im Text.

Hatzel, Ed., die Statistik der Baukonstrukzionen ohne Anwendung der Differenzial- und Integral-Rechnung. Zum Gebrauche für Architekten und für Bautechniker überhaupt. Mit 159 Fig. (Holzschn. im Text). Frankfurt a. M. 855. Jügel. gr. 8. (XX, 440 S.) 2 ℛ 22½ ℊ

Hätzerlin, Clara, s. Hätzlerin, Klara

Hatzfeld, Die Vermessung der Längenfelder. Bonn, 1899. 24 S. mit 1 Taf.

Hatzfeld, Ad., der hl. Augustinus. Nach der 2. Aufl. aus dem Franz. übers. v. Frz. Dav. Kerer. 8. (XV, 181 S. m. 1 Stahlst.) Regensburg 900. Verlagsanstalt vorm. G. J. Manz. n. 2. 40

Hatzfeld, August, u. Ernstweiler: Beitrag zur desinfizierenden Wirkung der Benzoesäure und Salicylsäure. Ludwigshafen a. Rh. 1908: W. Wörle. (14 S., 11 Tab.) 8°
Würzburg, Med. Fak., Ref. Lehmann, Diss. v. 3. Juli 1908
[Geb. 14. Aug. 79 Ernstweiler; Wohnort: Würzburg; Staatsangeh.: Bayern; Vorbildung: Gymn. Mannheim Reife Juli 00; Studium: Würzburg 10 S.; Coll. 19. Dez. 07; Approb. 10. Aug. 06.]

Hatzfeld, Fr. Heinrich

HATZFELD, F. H.: Prakt. Anleit., wie Kriegsschäden zu peräquiren, die Schuld zu tilgen, u. die dadurch erschöpften deutschen Reichsländer wieder in Aufnahme zu bringen sind. *Giessen*, Heyer, Vater. 798. 8. (12 Gr.)

— s. Holland vor u. nach d. Revolution.

Hatzfeld, Fr. Hnr., über d. Consolidation d. Feldgüter. 8. Frkf 795. Hermann. 10 K

Hatzfeld, Fr. Hnr. Prüfung der Grundsätze, welche über die Peräquation der Kriegslasten bisher aufgestellt worden. 8°. Frankfurt a. M., Andreä, 1802.

(v. **Hatzfeld**, L. F.) Der Untergang des Churfürstenthums Mainz. Herausgeg. von Neigebauer. (VI. 151.) 8. M. Pl. Frankfurt a. M. 1839. 2,25.

Hatzfeldt, Fürst [Herm.], Herzog zu Trachenberg, [Wilh.] v. *Kardorff* u. Frh. [Octavio] v. *Zedlitz*, Die Geschichte, die Aufgaben und die Ziele der Reichs- und freikonservativen Partei. (Berlin 1907.) 8°.
(Festschrift z. Tagung d. Reichs- u. freikonservat. Partei am 4. u. 5. Mai 1907.)

Hatzfeldts Briefe. Briefe des Grafen Paul **Hatzfeldt** (chem. deutscher Botschafter in London...) an seine Frau. Geschrieben v. Hauptquartier König Wilhelms 1870–71. Mit Vorw. d. Gräfin Helene Hatzfeldt. Autor. Ausg. mit Illustr. Leipzig: H. Schmidt & C. Günther 1907. (VIII, 323 S.) 8° [F.] 1908. 14359

Hatzfeldt, Gräfin Sophie, Briefe an Frau Emma Herwegh, s.: Briefe v. u. an Georg Herwegh.

Hatzfeldt-Hafen [Schlagwort]

Hatzfeldt-Hafen, s.: Seekarten.

Zur Abstammung der alten Makedonier. E. ethnolog. Studie v. G[eorgios] N. **Hatzidakis** [Chatzidakis]. *Athen: Dr. v. Gebr. Perris 1897.* (Erschien in griech. Sprache in d. Zeitschr. Ἀθηνᾶ Bd VIII.) (57 S.) 1 Bd 8. 1898. 5166

Hatzidakis, Georgios N., Die Vergangenheit und Gegenwart ... S. 173 2 [illegible] 30
Separatabdruck

Hatzidakis, G. N., zur Betonung der griechischen Composita, deren zweiter Theil e. Verbaladjectiv trochäischer Messung ist. gr. 8. (6 S.) Berlin 900. (G. Reimer.) n. — 50

Hatzidakis, G. N., Einleitung in die neugriechische Grammatik, s.: Bibliothek indogermanischer Grammatiken.

Die Sprachfrage in Griechenland von Georgios N. **Hatzidakis** [Chatzidakis]. Ἐν Ἀθήναις: (K. Μπέκ) 1905. (144 S.) 8° = Βιβλιοθήκη Μαρασλῆ. [37.] 1906. 3308

— Umwandlung e. Potentialis in Plusquamperfect u. Perfect. gr. 8. (8 S.) Ebd. 900. n. — 50
2 Sonderabdrucke aus: „Sitzungsber. d. preuss. Akad. d. Wiss."

Hatzig, Franz Wilhelm Karl, s. Hatzig, Karl

Hatzig, Hans: Über Kondensationen von o-Nitrobenzal- und o-Nitrobenzyl-chlorid mit o- und m-Nitrobenzaldehyden. Strassburg i. E. 1909: Muh. 49 S. 8°
Straßburg, Math.-naturwiss. Diss. v. 25. Okt. 1909, Ref. Thiele
[Geb. 12. März 86 Hannover; Wohnort: Heidelberg; Staatsangeh.: Preußen; Vorbildung: Lyz. 1 Hannover Reife O. 04; Studium: Heidelberg 4, Straßburg 6 S.] [U 10. 4113

Hatzig, *Franz Wilhelm* Karl [Referendar]: Über den Rücktritt vom Versuch und die sogenannte thätige Reue nach gemeinem Strafrecht und dem Reichsstrafgesetzbuch ... Berlin, Buchdr. v. G. Schade, *1897*; 83 S., 2 Bl. 8.
Berlin, Jur. Fak., Inaug.-Diss. v. 24. Juli 1897

Hatzig, Max, approb. Arzt aus Hannover: **Beitrag** zur operativen Behandlung des Zungencarcinoms. *Göttingen 1904: Dieterich.* (68 S.) 8°
Göttingen, Med. Diss. v. [2. Mai] 1904

Hatzig, Max, Beitrag zur operativen Behandlung des Zungencarcinoms. Diss. (68 S.) 8. Göttingen 904. (Vandenhoeck & Ruprecht.) n. 1. 40

Hatzig, Otto: Die bäuerliche Gesetzgebung in Osnabrück in den Jahren 1764–1783. (Justus Möser und der Osnabrücker Bauer.) Hannover & Leipzig: Hahn 1909. 57 S. 8°
¶ Ersch. vollst. u. d. T.: Justus Möser als Staatsmann u. Publizist, als: Quellen u. Darstellungen z. Gesch. Niedersachsens. Bd 27.)
Heidelberg, Phil. Diss. v. 31. März 1909, Ref. Oncken
[Geb. 19. Febr. 84 Hannover; Wohnort: Heidelberg; Staatsangeh.: Preußen; Vorbildung: Lyz. I Hannover Reife O. 03; Studium: Marburg 2, Heidelberg 5, Berlin 1, Heidelberg 2 S.; Rig. 16. Juni 08.] [U 09. 1994

Hatzig, Otto, Justus Möser als Staatsmann u. Publizist, s.a. Quellen u. Darstellungen zur Geschichte Niedersachsens.

Justus Möser als Staatsmann und Publizist. Von Otto **Hatzig**. Hannover & Leipzig: Hahn 1909. IX, 200 S. 8°
(Quellen u. Darstellungen z. Geschichte Niedersachsens. Bd 27.) 109. 8328

Hatzinger, Camillus, Das Buch der Psalmen Davids. (Metrische Übersetzung.) Kempten, 1772. Rastatt, 1771.

Hatzinger, Olga, was mir die Fee erzählte. 10 (Einbd.: 18) Märchen f. d. Jugend. (60 S. m. 15 farb. Bildertaf.) Lex. 8. Berlin 908. O. Dreyer. Geb. in Leinw. 2. —

Hatzipetros, Nicolaus: **Begriff der unzüchtigen Schrift und ihrer Verbreitung.** '(Str. G. B. § 184.)' ... **Guben, Druck v. A.** König, 1896; 51 S. 8.
Göttingen, Jur. Fak., Inaug.-Diss. v. [20. Juni] 1896

Begriff der unzüchtigen Schrift und ihrer Verbreitung. '(Str.G.B. § 184.)' Von Dr. jur. Nicolaus **Hatzipetros.** *Berlin: H. Bahr 1896.* (51 S.) 1 Bd 8. 96. 9305

Hatzipetros, Nic., Begriff d. unzüchtigen Schrift u. ihrer Verbreitg. (Str. G. B. § 184.) gr. 8. (51 S.) Berlin 896. K. Hoffmann. n. 1.20

HATZLER, Xaver (Hofhegnenberg): De ophthalmitide in genere.- Monachii: Lentner (1818). 24 S.
18.4.1818 - Pe 561; F 58
Diss. Ingolst.-Landsh.-Mchn.

Hätzlerin, Clara, Liederbuch, s.a. Bibliothek der National-Literatur. 8r Bd.

§ * **HATZLERIN,** Clara. — Liederbuch der Clara Hätzlerin, hrsg. v. K. Haltaus. Quedlinburg, Basse, 1840. (Auch titulo: Bibl. d. gesammt. deutsch. Nat.-Lit. VII.) 8°. LVIII, 308 S. u. S. 309—362 Wörterbuch. (In Berlin: Yf 7151.) (6 Mk. Völcker, Frf. a. M., vor 1885; 6 Mk., schönes unbeschn. Expl. auf Velinpap., Max Perl, Berlin, 1909.)

HÄTZLERIN, Clara. Liederbuch. Aus der Handschrift des Böhmischen Museums zu Prag herausgegeben und mit Einleitung und Wörterbuch versehen von Carl Halthaus. Quedlinburg und Leipzig, Gottfr. Basse, 1840. 8°. LXXVIII, 370 S. Pappbd. mit Rückenschild. (Bibl. d. ges. deutsch. Nat.-Lit., Bd. VIII.)
[B. VIII, 161/2.]

HATZ-LUST, Die, ein Quodlibet (in 16 achtzeil. Strophen). O. O. u. J. (München, ca. 1768?) 4°. 2 Bll. Ungemein rar! Unbekannt!

Hatzmann, Adf., Erläuterungen zu dem **Bildercyklus Alt-Wiesbaden,** auf Grund histor. Daten zusammengestellt. gr. 8. (8 S. m. 1 Plan.) **Wiesbaden 884. Moritz & Münzel.** n.n. — 30

Hatzold, Karl, der Gemeinde-Bevollmächtigte, s.: Seiferth. A.